AUTORENREGISTER
SACHREGISTER

CHEMISCHES ZENTRALBLATT

1830 gegründet
1897—1945 von der Deutschen Chemischen Gesellschaft fortgeführt

Herausgegeben im Auftrage
der Deutschen Akademie der Wissenschaften zu Berlin,
der Chemischen Gesellschaft in der DDR,
der Akademie der Wissenschaften zu Göttingen
und der Gesellschaft Deutscher Chemiker
von Prof. Dr. HEINRICH BERTSCH und Prof. Dr. Dr. h. c. WILHELM KLEMM

Chefredakteure
Dr. HELGA VÖLZ und Dr.-Ing. CHRISTIAN WEISKE

Schnellreferate

138. JAHRGANG
1967

Chem. Zbl. 138. Jg.
Autoren- u. Sachregister

Berlin 1969

AKADEMIE-VERLAG GMBH · BERLIN – VERLAG CHEMIE GMBH · WEINHEIM · BERGSTRASSE

Inhalt

Vorwort	II	Autorenregister	1–100
Vorbemerkung zum Autorenregister	III	Sachregister	1–57

Vorwort zum Jahresregister der Schnellreferatehefte 1967

Im Jahre 1968 wurde den Beziehern des Chemischen Zentralblattes ein Register für die Schnellreferatehefte 53–61 von 1967 zugestellt, das durch Kumulieren der Registereintragungen zu den Schnellregistern hergestellt wurde und das den Zeitraum bis zum Erscheinen der ausführlichen Jahresregister überbrücken sollte. In der Zwischenzeit wurden die erforderlichen Programme von unseren Mitarbeitern Dr. F. Ehrhardt, Dr. H. Pagel, Dipl.-Chem. Ch. Zechel und Chem.-Ing. I. Sarow geschrieben, um aus unserem Datenspeicher diese Register maschinell herzustellen. Durch diese nun vorliegenden Register sind die im Vorjahr ausgelieferten kumulierten Schnellregister 1967 überholt.

Das Jahresregister teilt sich wieder in ein Autoren-, Sach- und Formelregister. Die Besonderheiten der Register werden in den Vorbemerkungen zu den Teilregistern erläutert. Neu ist die Unterteilung des Formelregisters in ein Trivialnamenverzeichnis, das eigentliche Formelregister und ein Heteroelementregister.

Berlin, den 30. Mai 1969

Dr. H. Völz Dr. Ch. Weiske

Vorbemerkungen zum Autorenregister

Das Autorenregister enthält in alphabetischer Reihenfolge alle Autoren mit ihren Familiennamen und den Initialen ihrer Vornamen. Zu jedem Autorennamen sind die im SRD-Jahrgang 1967 unter diesem Namen registrierten Titel der Arbeiten ohne Prüfung der Identität der Verfasser in chronologischer Folge mit der Referate-Nr. aufgeführt.

Titel von Reihenmitteilungen sind im allgemeinen nur mit dem Reihentitel und der Nummer der Mitteilung wiedergegeben.

Sämtliche Autorennamen sind ohne diakritische Zeichen sortiert und gedruckt; Umlaute sind als ae, oe, ue eingeordnet und wiedergegeben (z. B. Šemjakin s. Semjakin; Müller s. Mueller).

Bei der Ordnung der Familiennamen wurden nicht berücksichtigt:

- Apostroph (D'Olieslager findet man vor Dolphin)
- Bindestrich (Ben-Efraim findet man hinter Benedikt)
- Lücke (de Cooman findet man hinter Decombe und vor Decoret).

Die Präfixe „von" und „von der" wurden bei der Ordnung ebenso wie die Zusätze „jun.", „sen.", „II", „III" und in Klammern gesetzte Namenszusätze erst in zweiter Linie bei der Feinordnung der Vornameninitialen berücksichtigt (Friedrich von der Haar findet man unter Haar F. von der; W. E. von Doering unter Doering W. E. von).

Namen mit wechselnder Schreibweise (MacLean — McLean; Semjakin — Shemyakin) wurden in der Schreibweise der Originalarbeit übernommen.

Namen aus Veröffentlichungen mit kyrillischen Schriftzeichen sind nach DIN 1460 transliteriert und ohne diakritische Zeichen wiedergegeben.

Herausgeber Prof. Dr Heinrich Bertsch, Berlin, und Prof. Dr. Dr. h. c. Wilhelm Klemm, Münster.
Stellvertretende Herausgeber: Prof. Dr.-Ing. Dr. rer. nat. h. c. Eberhard Leibnitz, 104 Berlin, Schiffbauerdamm 19, Fernsprecher: 425571
und Prof. Dr Bertold Reuter, 1 Berlin 30, Geisbergstraße 39, Fernsprecher. 2119091.
Chefredakteure und verantwortlich für den Inhalt Dr Helga Völz, 104 Berlin, Schiffbauerdamm 19, Fernsprecher: 425571
und Dr.-Ing. Christian Weiske, 1 Berlin 30. Geisbergstraße 39, Fernsprecher 2119091.
Stellvertretender Chefredakteur: Dr.-Ing. Günter Pötzscher, 1 Berlin 30, Geisbergstraße 39, Fernsprecher: 2119091.

Akademie-Verlag GmbH, 108 Berlin, Leipziger Str. 3–4 (Fernsprecher 220441, Telex-Nr. 0112020), und Verlag Chemie GmbH,
6940 Weinheim/Bergstr., Pappelallee 3 (Fernsprecher: Weinheim (06201) 3635; Fernschreiber: 465516 vchwh d). Bestellnummer: 1007/140.
Das Chemische Zentralblatt erscheint wöchentlich. Preis des Jahrganges einschl. Schnellreferatedienst, Autoren-, Patent-, Sach- u. Formelregister 3200,–;
einseitig bedruckte Ausgabe: 3700,–. Abgabe der Zeitschrift nur mit sämtlichen Registern.
Abbestellungen nur bis spätestens 6 Wochen vor Ablauf des Kalenderjahres.

Satz u. Offsetdruck: VEB Druckerei „Thomas Müntzer", 582 Bad Langensalza.
Veröffentlicht unter der Lizenznummer 1273 des Presseamtes beim Vorsitzenden des Ministerrates.
Printed in Germany.

Autorenregister

A

AARON H. S., KATALYT. HYDROGENOLYSE ALS ALTERNATIVE ZUR WOLFF-KISHNER- ODER CLEMMENSEN-RED. V. AZABICYCL. KETONEN 59-0361
AASEN A. J., CAROTINOIDE AUS BAKTERIEN 21. MITT. 58-0441
ABADIE A., BEST. D. SAUERSTOFFBIND.-WINKELS IN HEXAMETHYLDISILOXAN U. EINIGEN TRIORGANO-ALKOXY- ODER -AROXY-SILANEN MIT HILFE D. DIPOLMOMENTE 57-0056
- DIPOLMOMENTE V. 1.2-DICHLORAETHAN U. CHLORACETON, EINFL. V. TEMP. U. LSGM. 58-0037
ABBOT P. J., ADDIT.-RK. HETEROCYCL. VERB. 26.MITT. 58-0338
ABBOTT J. B., RK. V. CHROMENEN U. NAPHTHOPYRANEN MIT BROM U. CHLOR 5. MITT. 61-0416
ABBUEHL S., DERIV. D. 3-METHYL-1-OXO-1H-BENZO(C)PYRAZOLO-(1.2-A)CINNOLINS 60-0403
ABDEL-WAHAB S. M., BETA-AROYLPROPIONSAEUREN 21. MITT. 55-0156
ABDO W. M., SPALT.-RK. MIT ORGAN. DISULFIDEN 56-0161
ABDURASULEVA A. R., ALKYLIER. V. M- U. O-KRESOLEN MIT CHLOR-CYCLOALKANEN 59-0263
ABE H., IN ZWEI STUFEN VERLAUFENDE ABSPALT. V. ALDEHYDEN U. KETONEN BEI D. FRAGMENTIER. V. ACYCL. ALPHA-GLYKOL-DIESTERN 59-0072
ABELL P. I., DURCH BROM-ATOME KATALYSIERTE ISOMERISIER. V. ENDSTAENDIGEN OLEFINEN 2. MITT. 61-0140
ABELLO L., INFRAROTSPEKTROSKOP. UNTERS. D. AUTASSOZIAT. V. CYCLOHEXYLAMIN U. N-METHYL-CYCLOHEXYLAMIN 57-0080
ABENHAIM D., REAKTIVITAET V. ZINK- U. CADMIUMDIALLYL 57-0131
ABOU-ZEID N. Y., UNTERS. D. 5-AMINO-2-METHYLNAPHTH(1.2)I-MIDAZOLS U. D. 5-AMINO-2-METHYLNAPHTH(1.2)IMIDAZOL-3-OXIDS 57-0279
ABRAMOVITCH R. A., BASE-KATALYSIERTE DEPROTONIER. IN PYRIDIN-N-OXIDEN U. PYRIDINIUMSALZEN 54-0124
- DIREKTER BEWEIS FUER EINEN INTERMEDIAERKOMPLEX BEI EINER NUKLEOPHILEN AROMAT. SUBSTITUT. 57-0309
- AROMAT. SUBSTITUT. 17. MITT. 58-0164
ABRAZEVIC A. I., SYNTH. V. NAPHTHALINANALOGA D. CHALKONE U. DEREN ALPHA-KETOXIDE 59-0275
ABU-MUSTAFA E. A., NATUERL. CUMARINE 7.MITT. 55-0269
ABUSAEVA V. V., OX. V. O-AMINOPHENOLAETHERN MIT PBO2 59-0381
ABUSHANAB E., BLDG. V. CYCLOPROPANTRICARBONSAEUREESTERN AUS ACYCL. ALPHA-HALOGENESTERN 60-0246
ABUTAEVA V. V., CHLORIER. V. 2-NITRO-4-TERT.-BUTYLPHENOL 57-0166
ACAMPORA M., SYNTHESE VON FUENFGLIEDRIGEN HETEROCYCLEN AUS DIMETHYLOXOSULFONIUM-METHYLID 53-0146
ACHARYA N. P. V., STRUKTUR U. VORK. V. ARABINOSEMYCOLATEN IN D. LIPIDEN V. ZWEI MYCOBAKTERIEN-STAEMMEN 60-0427
ACHENBACH H., MASSENSPEKTROMETR. UNTERS. AN NATURSTOFFEN 4.MITT. 58-0435
ACHESON R. M., BLDG. V. CYCL(3.2.2)AZINEN AUS PYRIDINEN U. PROPIOLSAEURE-METHYLESTER 56-0372
- ADDIT.-RK. HETEROCYCL. VERB. 26.MITT. 58-0338
- ADDIT.-RK. HETEROCYCL. VERB. 27. MITT. 61-0432
ACHILLADELIS B., BLDG. V. RING C IN DITERPENEN 56-0448
ACHIWA K., NICHTENZYMAT. UMWANDL. V. PHENYLALANIN IN TROPASAEURE 60-0214
ACHMEDOV K. N., ALKYLIER. V. M- U. O-KRESOLEN MIT CHLOR-CYCLOALKANEN 59-0263
ACHREM A. A., STEREOCHEMIE U. KONFORM.-ANALYSE 8. MITT. 54-0064
- STEREOCHEMIE U. KONFORM.-ANALYSE 9.MITT. 54-0229
- STEREOCHEMIE U. KONFORM.-ANALYSE 7. MITT. 54-0231
- STEREOCHEMIE U. KONFORM.-ANALYSE 10. MITT. 54-0232
ACKERMAN L. G. J., BEEINFLUSS. D. RADIOLYSE V. AETHANOL DURCH SAEURE 60-0151
ACTON N., STEREOCHEM. VERLAUF METALLKATALYSIERTER CYCLOADDIT.-RK. V. NORBORNADIEN 60-0288
ADACHI T., STRUKTUR V. JEGOSAPOGENIN, 21-TIGLOYL-BARRINGTOGENOL C 59-0474
ADAM G., ALKALOIDE AUS VERATRUM ALBUM SUBSP. LOBELIANUM (BERNH.) SUESSENGUTH 12. MITT. 53-0198
- SOLANUM-ALKALOIDE 81. MITT. 58-0434
ADAM H. K., METABOLITE V. POLYPORACEAE 2. MITT. 56-0451
- STRUKTUR D. TYROMYCINSAEURE, EINER NEUEN TRITERPENSAEURE AUS TYROMYCES ALBIDUS (POLYPORUS) 58-0466
ADAM W., WRKG. D. PROTONIER. AUF ELEKTRONENDICHTEN IN STICKSTOFFHETEROCYCLEN 59-0076
ADAMS J. H., REAKTION VON AETHYLAT MIT 1.2.3.3-TETRAHALOGEN-CYCLOBUTENEN. ELEKTRONISCHE KONTROLLE DES NUCLEOPHILEN ANGRIFFS 53-0084
ADESOGAN E. K., EXTRAHIERBARES AUS D. SAMEN V. KHAYA SENEGALENSIS 57-0422
- INHALTSSTOFFE AUS D. SAMEN V. KHAYA ANTHOTHECA (WELW.)C.DC. 59-0504
ADINOLFI M., KONFIG. D. ISOAMBREINOLIDS V. F. 98 GRAD 55-0365
ADLEY T. J., OX. V. THIOCARBONATEN MIT BLEITETRAACETAT ODER PERSAEUREN 58-0327
ADMAN E., STRUKTUR V. CIS-CYCLOBUTAN-1.3-DICARBONSAEURE, GEFALTETES CYCLOBUTAN 61-0082
ADOLPHEN G., HYDROXYSKYTANTHIN I U. II, ZWEI NEBENALKALOIDE AUS SKYTANTHUS ACUTUS MEYEN 61-0486
ADVANI B. G., 1.3-CYCLOADDIT.-RK. V. DURCH MILDE THERMOLYSE AUS DELTA(3)-1.3.4-OXADIAZOLINEN ENTSTEHENDEN ''CARBONYL-YLIDEN'' 60-0353
AFANAS'EV I. B., TELOMERISAT. V. AETHYLEN MIT DICHLORBROMMETHAN, FLUORTRICHLORMETHAN U. 1.1-DICHLORAETHAN, POLARE U. RESONANZEFFEKTE D. SUBSTITUENTEN 56-0147
AFT H., REDUKTIVE ACETYLIER. V. QUERCETIN 57-0300
AGAMI C., PROTOLYSE V. DICROTYLMAGNESIUM 55-0003
- STEREOSPEZIFITAET D. METHYLENGRUPPENUEBERTRAG. V. DIMETHYLSULFOXONIUMMETHYLID AUF ENONE 57-0199
- RK. V. DIMETHYLSULFOXONIUMMETHYLID MIT ENONEN 1. MITT. 57-0210
- WRKG. V. DIMETHYLSULFOXONIUMMETHYLID AUF ENONE 2. MITT. 60-0242
AGASIMUNDIN Y. S., FURAN-VERB. 10 MITT. 54-0327
AGETA H., ENDGUELTIGE ZUORDNUNG DER GESAETTIGTEN KOHLENWASSERSTOFFE, DIE SICH VON HYDROXYHOPANON, DIPLOPTEN, ZEORIN UND DUSTANIN ABLEITEN 53-0208
AGOH B., ISOMERISIER. V. ALPHA-METHYL-OMEGA-HYDROXY-BETA-OXASAEUREN ZU GERADKETT. VERB. 54-0166
AGRACEVA E. B., BENZALAZIN U. SEINE DERIV. 3. MITT. 60-0041
AGRANAT I., EINIGE RK. V. BIPHENYL-2.2'-DIALDEHYD 55-0182
AGURELL S., BIOSYNTH. V. MESCALIN IN PEYOTE-KAKTEEN 59-0507
AHARONSON N., STRUKTUR D. CAROTATOXINS, EINES NATUERL. GIFTES AUS KAROTTEN 53-0251
AHLBERG P., TAUTOMERIE IN SUBSTITUIERTEN BENZOFULVENEN 59-0101
AHLBRECHT H., RK. V. ISOCHINOLINIUMSALZEN MIT AROMAT. ALDEHYDEN 55-0290
- EINW. ALIPHAT. AMINE AUF N-STILBYL- U. N-STYRYL-PYRIDINIUMSALZE 55-0292
- VERBESSERTE DARST. BETA-SUBSTITUIERTER N-STYRYL-PYRIDINIUMSALZE 58-0394
- N-VINYL-PYRIDINIUMSALZE 10. MITT. 59-0366
- RK. V. ISOCHINOLINIUMSALZEN MIT AROMAT. ALDEHYDEN 61-0428
- ZUR STRUKTUR D. ALKALIPROD. AUS N-PHENACYL-ISOCHINOLINIUMSALZEN 61-0443
AHLERS K., SYNTH. U. IR-SPEKTREN V. ARYL-ISOSELENOCYANA-TEN 56-0226
- DARST. SUBSTITUIERTER SELENOSEMICARBAZIDE U. SELENOSEMICARBAZONE 56-0227
- SYNTH. V. MONO- U. DISUBSTITUIERTEN ARYL-SELENOHARNSTOFFEN 58-0233
AINSWORTH D. P., SYNTH. V. HETEROCYCL. VERB. 16.MITT. 55-0239
- SYNTH. HETEROCYCL. VERB. 17. MITT. 58-0303
AJELLO T., STRUKTUR V. ATRACTYLOSID 61-0474
AKABOSHI S., 2-AETHOXY.INDOLE U. 2-AETHYLMERCAPTO-INDOLE, IHRE AUTOX. U. RK. MIT PIPERIDIN 61-0363
AKASAKI Y., ORGAN. PHOTOCHEMIE 5. MITT. 56-0307
AKERMARK B., CHEMIE D. LICHENE 25. MITT. 59-0183
- CHEMIE D. LICHENE 26. MITT. 59-0187
AKHTAR I. A., SYNTH. V. SUBSTITUIERTEN PYRIDINEN 2. MITT. 53-0164
- SYNTH. V. SUBSTITUIERTEN PYRIDINEN 3.MITT. 55-0281

AKHTAR M., SYNTH. V. SUBSTITUIERTEN PYRIDINEN 2. MITT. 53-0164
 - SYNTH. V. SUBSTITUIERTEN PYRIDINEN 3.MITT. 55-0281
AKHTAR M. A., ALKALOIDE AUS RYE-GRAD (LOLIUM PERENNE L.) 3. MITT. 58-0439
AKIMOVA A. J., RK. V. ALDEHYDEN MIT OLEFINEN 3. MITT. 60-0365
AKIMOVA G. S., 1.3-DIPOLARE ADDIT. AN UNGESAETT. VERB. 17. MITT. 60-0352
AKNIN J., KONDENS. V. 2-CARBOXY-BENZALDEHYD U. DIAZOESSIGSAEUREAETHYLESTER, NEUE SYNTH. V. ISOCUMARINEN 59-0348
 - OXALYLIER. V. PHTHALID, 4-HYDROXY-3-AETHOXYCARBONYL-ISOCUMARIN 60-0366
ALBERT A., OXYDATIVER AUSTAUSCH D. HYDRAZINO-GRUPPE GEGEN WASSERSTOFF U. DEUTERIUM IN AZANAPHTHALINEN 61-0431
 - EIN NEUER WEG ZU 8-METHYL-8-AZAPURINEN(2-METHYL-2H-1.2.3.4.6-PENTA-AZAINDENEN) 61-0439
ALBERT H. J., REVERSIBLER ANGRIFF V. STANNYLRADIKALEN AUF ALPHA-OLEFINE 58-0106
AL'BICKAJA V. M., CHEMIE ORGAN. ALPHA-OXIDE 27. MITT. 61-0398
ALBONICO S. M., TEMBAMID AUS FAGARA HYEMALIS (ST. HILL.) ENGLER 61-0222
ALBRAND M., SYNTH. V. ALPHA-ALLENALKOHOLEN 57-0130
ALBRECHT H. P., NITROMETHAN-KONDENS. MIT DIALDEHYDEN 7. MITT. 59-0412
ALDEN C. K., RK. FREIER RADIKALE V. HALOGENIERTEN POLYCYCL. BRUECKENVERB. 3. MITT. 58-0296
ALDRIDGE D. C., CYTOCHALASINE, EINE NEUE KLASSE BIOLOG. AKT. SCHIMMELPILZSTOFFWECHSELPROD. 54-0458
ALEKSANDROVA S. L., ALKENYLIER. V. ORTHO- U. ORTHO,ORTHO-SUBSTITUIERTEN PHENOLEN DURCH ALLYLALKOHOL IN D. DAMPFPHASE 54-0184
ALEKSIEV B., DARST. NEUER INDANION-ANALOGA, 1.MITT. 54-0267
ALEMANY A., POTENTIELLE PSYCHOTROPICA 2. MITT. 56-0341
ALI E., IND. ARZNEIPFLANZEN 15.MITT. 58-0530
ALI M. I., BENZOTRIAZOLE 3. MITT. 59-0338
ALI Y., SYNTH. V. 2.3.4.6-TETRAAMINO-2.3.4.6-TETRADESOXY-D-GALAKTOSE- U. -D-IDOSE-DERIV. 60-0422
ALIEV S. M., SYNTH. V. S-SUBSTITUIERTEN DITHIORESORCIN-DERIV. 60-0208
ALKONYI I., DARST. U. EIG. V. 1.1.3-TRIMETHYL-BUTADIEN-(1.3)-CARBONSAEURE-(2) 61-0156
ALLAM M. A., UNTERS. D. 5-AMINO-2-METHYLNAPHTH(1.2)IMIDAZOLS U. D. 5-AMINO-2-METHYLNAPHTH(1.2)IMIDAZOL-3-OXIDS 57-0279
ALLAN Z. J., AROMAT. DIAZO- U. AZOVERB. 72. MITT. 57-0079
 - KUPPL. V. CHINONDIAZIDEN IN STARK SAUREM MEDIUM, BLDG. V. PERI-NAPHTHOCHINONDIAZIDEN 58-0133
 - SULFURIER. 9. MITT. 58-0223
ALLBUTT A. D., STEREOSELEKTIVITAET BEI DER HYDROLYSE VON ACYLOXONIUMIONEN UND ORTHOESTERN STARRER 6-GLIEDRIGER RINGE 53-0219
ALLEN D. W., RK. V. TRIARYLPHOSPHINEN MIT PHENYLACETYLEN IN GGW. V. W. 59-0270
ALLEN F. H., KRIST.-STRUKTUR D. 1 ZU 1-ADDUKTES V. GERMACRATRIEN U. AGNO3 (C15H24, AGNO3) 60-0097
ALLENSTEIN E., N-CYAN-IMIDOKOHLENSAEURE-DIAETHYLESTER U. O-AETHYL-N-CYAN-ISOHARNSTOFFE 61-0168
ALLGEIER H., GLYKOSIDE U. AGLYKONE 286. MITT. 55-0331
 - GLYKOSIDE U. AGLYKONE 287. MITT. 55-0332
ALLGROVE R. C., EINIGE UMWANDL. V. 4-CHLORMETHYL-3.5-DIACETYL-1.4-DIHYDRO-2.6-LUTIDIN U. ERHALTENEN PROD. 54-0372
ALLINGER N. L., KONFORM.-ANALYSE 52. MITT. 55-0377
 - ORGAN. QUANTENCHEMIE 14. MITT. 57-0050
 - KONFORM.-ANALYSE 53. MITT. 59-0085
ALLISON J. M., MODIFIZIERTE STEROIDHORMONE 47. MITT. 55-0380
ALLRED E. L., 2.3-DIAZABICYCLO(2.2.1)HEPTYL-RINGSYST. 4. MITT. 54-0061
ALMASI L., UEBER HETEROORGAN. VERB. 32.MITT. 61-0206
AL SARRAJ S., ZUM MECHANISMUS D. TTC-RK. V. PYRIDINIUMCARBINOLEN 6. MITT. 53-0149
ALTENKIRK B., STRUKTUR V. FAWCETTIMIN, BEZIEH. ZU SERRATININ 55-0343
ALTMAN J., SYNTH. V. (4.4.4)PROPELLAN 54-0280
 - AKTIVIER.-ENERGIE D. RINGINVERS. IN 9.10-DISUBSTITUIERTEN CIS-DEKALINEN 56-0083
ALTMANN B. R., UMSETZ. MIT CHLORTRIFLUORID 7. MITT. 59-0168
AL'TMARK E. M., KETOALDEHYDE 1. MITT. 56-0174
ALTONA C., KONFORM. V. NICHTAROMAT. RINGVERB. 24. MITT. 53-0032
 - BEZIEH. ZWISCHEN TORSIONS- U. BIND.-WINKELN V. CYCLOPENTAN 56-0084
 - KONFORM. NICHTAROMAT. RINGVERB. 33. MITT. 59-0086
 - KONFORM. V. OFFENKETT. VERB. 1. MITT. 61-0077
ALVAREZ C., STRUKTUR V. PERUVININ, EINEM PSEUDOGUAIANOLID AUS AMBROSIA PERUVIANA WILLD. 54-0457
ALVAREZ E. F., POTENTIELLE PSYCHOTROPICA 2. MITT. 56-0341
ALY M. M., PARAMAGNET. FERROCEN-SAEUREADDUKTE 59-0033
AMAR D., CHIRALITAET D. ISOLIERTEN DOPPELBINDUNGSCHROMOPHORS 58-0033
AMBEKAR S. Y., DARST. HALOGEN- U. METHYLSUBSTITUIERTER INDOLE U. IHRER DERIV. 59-0318
AMERY G. W., SYNTH. U. IDENTIFIZIER. EINIGER N-METHYLIERTER AMINONITROPHENOLE 58-0239
AMES D. E., CINNOLINE, 9.MITT. 53-0169
 - SYNTH. V. LANGKETT. SAEUREN 8.MITT. 61-0165
AMIN S. A., METALLKOMPLEXBILDENDE AZOFARBSTOFFE 6.MITT. 55-0204
ANANCHENKO S. N., KONDENS. V. VINYLCYCLENOLEN MIT CYCL. 1.3-DIKETONEN 55-0385
ANAND R. D., ZIRKULARDICHROISMUS V. S(+)-MILCHSAEURE 59-0041
ANARKULOVA L. S., WACHSTUMSAKTIVITAET U. CHEM. STRUKTUR 1. MITT. 61-0250
 - WACHSTUMSAKTIVITAET U. CHEM. STRUKTUR 2.MITT. 61-0251
ANASTAS'EVA A. P., CLAISENSCHE UMLAGER. V. ALLYLPHENYLSELENID 57-0264
ANATOL J., SELEKTIVE ALKYLIER. V. GLYCERIN, DARST. V. POLYAETHERN AUS GLYCERIN U. FETTALKOHOLEN 60-0177
ANDERSEN N. H., SYNTH. V. RINGKONDENSIERTEN CYCLOHEPTANOLEN DURCH CYCLISIER. V. UNGESAETT. ALDEHYDEN 56-0305
 - STRUKTUR V. ALPHA-VETIVON (ISONOOTKATON) 57-0387
ANDERSON C. L., 2.3-DIAZABICYCLO(2.2.1)HEPTYL-RINGSYST. 4. MITT. 54-0061
ANDERSON D. M. W., UNTERS. AN URONSAEURESUBSTANZEN 21. MITT. 61-0561
ANDERSON H. W., RK. V. TROPON MIT DICHLORKETEN 61-0356
ANDERSON J. C., PEPTIDE 24. MITT. 53-0233
ANDERSON J. E., SESSEL-BOOT-ENERGIEDIFFERENZEN BEI 1.3-DIOXANEN 58-0082
ANDERSON R. M., METHANSULFONYL- U. BENZOLSULFONYL-DERIV. V. INDAZOLINON-(3) 59-0329
ANDERSSON M., OPT.-AKT. 3-TERT.-BUTYL- U. 4-TERT.-BUTYLPHENOXY-PROPIONSAEUREN U. IHRE ABS. KONFIG. 54-0183
ANDO M., TOTALSYNTH. V. CHAMAECYNON 60-0468
ANDO T., SYNTH. U. EINIGE RK. V. 7-HALOGEN- U. 7.7-DIHALOGENNORCARANEN 55-0213
 - RINGERWEITER. V. 7-HALOGEN- U. 7.7-DIHALOGEN-2-OXANORCARANEN IN CHINOLIN 60-0414
 - 20-EPIPROTOPANAXADIOL, EIN SAPOGENIN D. GINSENOSIDE R(B-1), R(B-2) U. R(C) 61-0536
ANDO W., PHOTOSENSIBILISIERTE ZERS. V. METHYLDIAZOMALONAT 56-0154
ANDRE E., VGL. D. VERSEIF.-WRKG. 0,5N WSS. LSG. V. KALIUM-, NATRIUM- U. LITHIUMHYDROXID 59-0518
ANDREATTA R. H., SELEKTIVE SPALT. V. PEPTIDEN DURCH ALKALI IN GGW. V. UEBERGANGSMETALLIONEN 56-0477
ANDREEV V. M., STEREOCHEMIE U. REAKTIVITAET V. UNGESAETT. VERB. 3. MITT. 59-0249
 - WACHSTUMSAKTIVITAET U. CHEM. STRUKTUR 1. MITT. 61-0250
 - WACHSTUMSAKTIVITAET U. CHEM. STRUKTUR 2.MITT. 61-0251
ANDREJEVIC V., RK. MIT BLEITETRAACETAT 11. MITT. 54-0134
ANDREWS S. D., UNTERDRUECK. D. SINGULETTS IN ANGEREGTEN AZOVERB. DURCH KONJUGIERTE DIENE 59-0045
ANEJA R., DITERPENALKALOIDE, DREI NEUE DITERPENLACTONALKALOIDE AUS ACONITUM HETEROPHYLLUM WALL 54-0405
ANGIBEAUD P., ADDIT. V. PHENYLMAGNESIUMBROMID AN BENZOYLCYCLOHEXEN IN ABWESENH. U. GGW. V. KUPFERCHLORID, SELEKTIVE DARST. D. BEIDEN STEREOISOMEREN ENOLATE, REZIPROKE ISOMERISIER. IN 1.2-DIMETHOXY-AETHAN 58-0131
ANGIER R. B., VERH. D. 1.2-DITHIOLIUM-KATIONS ZU SELEKTIVEN NUKLEOPHILEN 58-0329
 - SYNTH. V. 2-AMINO-ADAMANTAN-1-OL 60-0283
ANGYAL S. J., CYCLITE 24. MITT. 58-0254
ANISIMOV K. N., ANIONOTROPE UMLAGER. V. TERT. ALPHA-ACETYLENALKOHOLEN D. CYCLOPENTADIENYLMANGAN-TRICARBONYLS 61-0024
ANISUZZAMAN A. K. M., DITHIOLE 23. MITT. 58-0183
 - OX. V. THIOCARBONATEN MIT BLEITETRAACETAT ODER PERSAEUREN 58-0327
ANKER D., V. DICUMAROL ABGELEITETE HETEROCYCL. VERB. 60-0367
ANNER G., STEROIDE 208. MITT. 54-0436
 - STEROIDE 209. MITT. 54-0437
 - STEROIDE 210. MITT. 54-0438
ANOCHINA I. K., ADDIT. V. ACYLESSIGSAEUREESTERN AN 2-ARYLIDEN-INDANDIONE-(1.3) 2.MITT. 61-0272
ANSARI F., STABILE CARBENOIDE 26. MITT. 59-0231
ANSCHEL M., ORGANOPHOSPHOR-CHEMIE 5. MITT. 56-0293
ANTIKAINEN P. J., CHELATBLDG. V. INOSIT MIT OXYSAEUREN 60-0100
ANTONAKIS K., KATALYT. OX. PARTIELL GESCHUETZTER HEXOFURANOSEN MIT PLATIN 55-0337
ANTONOV V. K., BEITRAG ZUR SYNTH. BESTAENDIGER DERIV. V. AZACYCLOLEN 60-0402
ANTONOVICS I., AMINOSAEUREN U. PEPTIDE 25. MITT. 57-0410
ANTONOVSKIJ V. L., SPEKTROSKOP. UNTERS. D. UMKEHRBAREN ADDIT. V. TERT.-BUTYLHYDROPEROXID AN ACETALDEHYD 56-0135
 - EINFL. D. STRUKTUR V. HYDROPEROXIDEN U. EINIGEN ALDEHYDEN AUF D. KINETIK NICHTKATALYT. BLDG. V. ALPHA-HYDROXY-PEROXIDEN 60-0155
AOTA K., SESQUITERPENOIDE 11. MITT. 59-0450
AOYAGI S., OLIGONUCLEOTIDE 2. MITT. 61-0032
AOYAGI Y., SYNTH. V. DL-CEPHARANTHIN 56-0427
AOYAMA T., HOCHAUFGELOESTE MASSENSPEKTREN V. GIBBERELLINEN 55-0051

APLIN R. T., ELEKTRONENSTOSS-INDUZIERTE UMLAGER. V. NATUERL. POLYACETYLENEN 54-0046
- TERPENOIDE 58. MITT. 54-0424
- ISOLIER. V. CYCLOARTENOL U. 24-METHYLEN-CYCLOARTANOL AUS D. UNECHTEN KOLANUSS (GARCINIA KOLA HECKEL) 55-0372
- MASSENSPEKTREN V. AMINOSAEUREN U. PEPTIDDERIV., PHTHALOYLAMINOSAEUREN 57-0041
- 2-O-ALPHA-D-GALAKTOPYRANOSYLGLYCERIN AUS LAURENCIA PINNATIFIDA 61-0482
APPEL H. H., HYDROXYSKYTANTHIN I U. II, ZWEI NEBENALKALOIDE AUS SKYTANTHUS ACUTUS MEYEN 61-0486
APPLETON R. A., TRANSANULARE HYDRIDVERSCHIEB. IN BICYCL. SYST. 2.MITT. 54-0274
- GERUESTUMLAGER. BEI RED. V. BICYCLO(2.2.2)OCTENYL-P-TOLUOLSULFONATEN MIT LITHIUMALUMINIUMHYDRID 61-0311
APSIMON J. W., CHEM. VERSCHIEB. 1. MITT. 58-0045
- CHEM. VERSCHIEB. 2. MITT. 58-0046
- CHEM. VERSCHIEB. 3.MITT. 58-0047
ARCAMONE F., LYSERG- U. DIHYDROLYSERGSAEURE-ALPHA-HYDROXYAETHYLAMIDE 53-0191
ARCT B., RK. V. TRICARBAETHOXYMETHAN 2. MITT. 57-0328
ARDITTI G., DERIV. D. 3-METHYL-1-OXO-1H-BENZO(C)PYRAZOLO-(1.2-A)CINNOLINS 60-0403
ARENS J. F., SYNTH. U. RK. V. ALIPHAT. 1.2.3-TRIENEN 55-0114
- CHEMIE D. ACETYLENAETHER 87. MITT. 55-0118
- AMINOSAEURESEQUENZUNTERS. IN PEPTIDEN DURCH MASSENSPEKTROMETRIE, VERW. V. TRIDEUTEROMETHYLESTERN 56-0066
- CHEMIE V. ACETYLENAETHERN 88. MITT. 57-0129
- CARBANION-BLDG. AUS ESTERN D. ORTHOTHIOKOHLENSAEURE DURCH NUKLEOPHILE SUBSTITUTION AN SCHWEFEL 59-0192
- DARST. U. THERM. ZERS. V. 5-PENTYL-1.2.3.4-THIATRIAZOL 60-0358
- DARST. V. ALLENEN AUS PROPARGYLBROMID U. GRIGNARDVERB. 61-0147
ARIENT J., ANTHRACHINON-FARBSTOFFE 3. MITT. 61-0287
- ANTHRACHINON-FARBSTOFFE 4. MITT. 61-0288
ARIESAN V., SULFONAMIDFORMAZANDERIV. U. D. ENTSPRECHENDEN TETRAZOLIUMSALZE 55-0266
- NITRIERTE SULFONAMID-QUECKSILBER-VERB. 55-0432
ARISON B., ANALOGON V. 18-NOROESTRON MIT AROMAT. C-RING 61-0545
ARISTOVA V. G., BLDG. V. FULVALEN BEI D. OX. V. CYCLOPENTADIENYLIDEN D. ALKALIMETALLE 57-0206
ARIYARATNE J. K. P., BEWEIS FUER D. WECHSELWRKG. D. NAECHSTEN NACHBARN IN EINIGEN CARBOXYMETHYL-UEBERGANGSMETALL-KOMPLEXEN 59-0001
ARM H., UNTERS. UEBER D. VERH. ORGAN. MISCHPHASEN 5. MITT. 58-0093
ARMAND J., BEZIEH. ZWISCHEN CHEM. VERSCHIEB. D. HYDROXYL-PROTONEN U. STRUKTUR EINIGER ALPHA-DIOXIME U. ALPHA-OXIMINOKETONE 58-0055
ARMAREGO W. L. F., NAPHTHYRIDINE 3.MITT. 55-0296
ARMER B., ISOSTERE METALLORGAN. VERB. 9. MITT. 58-0019
ARMITAGE J. E., AUTOMAT. AUFFINDEN V. STRUKTURELLEN AEHNLICHK. IN CHEM. VERB. 57-0001
ARMSTRONG J. J., CYTOCHALASINE, EINE NEUE KLASSE BIOLOG. AKT. SCHIMMELPILZSTOFFWECHSELPROD. 54-0458
ARNAL C., SAEUREKATALYSIERTE UMLAGER. 17. MITT. 61-0314
- SAEUREKATALYSIERTE UMLAGER. 18. MITT. 61-0315
ARNAUD J., PARACHINONE, 1.MITT. 56-0218
ARNAUD P., NEUE SYNTH. V. 1.2-DIALKYL-ACETYLCYCLOPROPENEN 55-0171
- NEUE SYNTH. V. EPOXIDEN MIT ALPHA-FUNKTION 57-0247
- RK.-FAEHIGK. V. IN ALPHA' NICHT ENOLISIERBAREN ALPHA-CYCLOPROPYL-KETONEN IN BAS. MILIEU 60-0254
ARNAUDOV M., UMSETZ.-PROD. V. BENZYLCYANID MIT MAGNESIUM IN FL. AMMONIAK U. SEINE ALKYLIER. 54-0201
ARNDT D., NEUE ACYL-DERIV. D. GLUCOSE 59-0413
ARNDT R. R., ALKALOIDE AUS ANISOTES SESSILIFLORUS C.B.CL. (ACANTHACEAE), FUENF NEUE CHINAZOLON-(4)-ALKALOIDE 61-0488
- DIMERE PIPERIDIN-ALKALOIDE AUS AZIMA TETRACANTHA LAM., AZIMIN, AZCARPIN U. CARPAIN 61-0493
ARNOLD G., STRUKTUR D. PHOTOCHROMEN FORM D. 6-NITRO-2H-1-BENZOPYRAN-(2-SPIRO-2')-1'.3'.3'-TRIMETHYLINDOLINS 56-0367
- BIND.-VERHAELTNISSE U. FARBE BEIM 6-NITRO-2H-1-BENZOPYRAN(2-SPIRO-2')-1'.3'.3'-TRIMETHYL-INDOLIN 58-0076
- STRUKTUR V. FORMAZANEN 59-0223
ARNOLD Z., DIAZOACETALDEHYD ALS QUELLE FUER FORMYLCARBEN. EINE NEUE CARBEN-ART 57-0280
- ELEKTROPHILE SUBSTITUT. V. POLYMETHINIUMSALZEN 58-0206
- SYNTHET. RK. V. DIMETHYLFORMAMID 23. MITT. 60-0349
ARORA S. K., UEBERTRAG.-RK. MIT BOR 13. MITT. 55-0162
ARTHUR A. R. J., NEUARTIGE, D. ACEPLEIADYLEN VERWANDTE, HETEROAROMAT. VERB. 59-0390
ARVOR M., KATALYT. OX. PARTIELL GESCHUETZTER HEXOFURANOSEN MIT PLATIN 55-0337
ASAU T., TOTALSYNTH. V. CHAMAECYNON 60-0468
ASHIDA T., ROENTGENSTRUKTURBESTIMMUNG VON 1.2.3.4-TETRACHLOR-5.6-DI-N-PROPYLCALICEN 53-0034
ASINGER F., ISOMERENBLDG. BEI D. NITRIER. EINFACHER U. SUBSTITUIERTER PARAFFINKOHLENWASSERSTOFFE 54-0095
- ISOMERENBLDG. BEI D. SULFATIER. STELLUNGS- U. KONFIG.-ISOMERER HOEHERMOL. N-OLEFINE 54-0144
- KETONISOMERISIER. MIT SCHWEFEL U. AMINEN UNTER MILDEN BEDING. 54-0195
- RELATIVE REAKTIVITAETEN D. DOPPELBIND. IN STELL.- U. KONFIG.-ISOMEREN N-OLEFINEN 5. MITT. 55-0090
- GEMEINSAME EINW. V. ELEMENTAREM SCHWEFEL U. GASFOERM. AMMONIAK AUF KETONE 58. MITT. 56-0349
- DELTA(3)-DIHYDROMETATHIAZINE 57-0344
- PROBLEM D. TERTIAEREN BUTANSULFOCHLORIDS 58-0180
- ZUR KENNTNIS D. WILLGERODT-KINDLER-RK. 4. MITT. 59-0164
ASKINAZI B. Z., REDUKTIVE METALLIER. V. CARBONYLVERB. 4. MITT. 56-0279
ASPINALL G. O., POLYSACCHARIDE AUS SOJABOHNEN 3. MITT. 58-0515
- POLYSACCHARIDE AUS SOJABOHNEN 4. MITT. 58-0516
- POLYSACCHARIDE AUS SOJABOHNEN 5. MITT. 58-0517
- TRAGACANTH-GUMMI 3. MITT. 58-0518
ATAKISIEVA M. R., DIENOPHILIE U. DIENAKTIVITAET D. CYCLOHEXYLVINYLKETONS 58-0365
ATAVIN A. S., VINYLPROPARGYLDIAETHER D. GLYKOLE 54-0149
- HALOGENACETALE V. PENTAERYTHRIT 54-0345
- VINYLAETHER, D. DREIWERT. PHOSPHOR ENTHALTEN 1. MITT. 56-0168
- VINYLAETHER D. HALOGENALKOHOLE 1. MITT. 56-0170
- SYNTH. V. ACETYLENAMINOALKOHOLEN 57-0155
- SYNTH. D. BETA.BETA-DICHLORVINYLAETHER V. UNGESAETT. ALKOHOLEN 59-0171
- RK. V. 2-METHYL-2-VINYLOXYMETHYL-1.3-DIOXOLAN MIT EINWERTIGEN ALKOHOLEN 60-0330
- RK. V. 2-METHYL-2-VINYLOXYMETHYL-1.3-DIOXOLAN MIT MERCAPTANEN 60-0331
ATHERTON J. H., RK. V. TRIFLUORMETHYLCARBEN MIT CIS- U. TRANS-BUTEN-(2) 61-0244
ATHERTON N. M., HUMINSAEUREN 1. MITT. 57-0040
ATKINSON E., 1.3-DITHIANE 1. MITT. 57-0326
ATKINSON J. G., DIREKTE DARST. V. VOLLSTAENDIG DEUTERIERTEN HOCHMOL. KW-STOFFEN 59-0167
ATKINSON R. E., NATUERL. VORKOMMENDE THIOPHENE 3. MITT. 57-0265
- REAKTIVITAET V. ORGANOPHOSPHORVERB. 20. MITT. 61-0145
- SYNTH. V. ARYL- U. HETEROCYCL. SUBSTITUIERTEN ACETYLENEN UEBER KUPFERACETYLIDE 61-0358
ATKINSON R. S., SYNTH. V. TRISPIRO(5.2.2.5.2.2)HENEICOSA-TETRAEN-(1.4.13.16)-DION-(3.15) DURCH DOPPELTE INTRAMOL. C-ALKYLIER. EINES DIPHENOLS 54-0273
ATTA-UR-RAHMAN, TOTALSYNTH. V. (+-)-METHOXYCARBONYL-DIHYDROCLEAVAMINEN 56-0422
ATTIAS J., KINETIK D. HYDROLYSE V. 3.3-DIMETHYL-BUTYLPHOSPHAT U. PHOSPHORYLCHOLIN 56-0128
AUBAGNAC J., AZOLE, SYNTH., NMR- U. UV-SPEKTREN V. DELTA(3)-PYRAZOLINEN 61-0380
- AZOLE, PROTONIER. U. QUATERNISIER. V. DELTA(3)-PYRAZOLINEN 61-0381
AUDEJUTE R. S., SYNTH. V. LOKALANAESTHET. AKTIVITAET V. 5-(BETA-ALKYLAMINOAETHOXY)-1.4-BENZODIOXANEN MIT ALKYLRESTEN AUS 4 ODER 5 C-ATOMEN IN 6-STELL. 56-0383
AUDIER H., KLEINE RINGE 19. MITT. 56-0065
AUDIER H. E., STRUKTUR V. MARMIN 54-0462
- FRAGMENTIER. IN D. MASSENSPEKTROMETRIE DURCH EINFUEHR. FUNKTIONELLER GRUPPEN 8.MITT. 56-0061
- EINFLUSS D. STEREOISOMERIE AUF D. FRAGMENTIER. BEI D. MASSENSPEKTROMETRIE 3. MITT. 58-0064
- STEREOCHEMIE D. BETA-LACTAME 2. MITT. 61-0065
AUDISIO G., OPT. AKT. PERHYDROTRIPHENYLEN, ERSTMALIGE TRENN. EINES ORGAN. D(3)-MOL. 56-0275
AUE D. H., NITREN-EINSCHIEBUNGSRK. ZUR EINFUEHR. EINER FUNKTIONELLEN GRUPPE IN TRICYCLO(3.3.0.0(2,6))OCTAN 59-0288
AUER E., SPHINGOLIPIDE 2. MITT. 59-0197
AUFDERHAAR E., D. UMSETZ. V. 2-ALKYL-DELTA(2)-OXAZOLINEN MIT BROM U. CHLOR 55-0254
AUGUSTIJN G. J. P., GLEICHGEW.-EINSTELL. V. BENZOLDERIV. 3. MITT. 55-0071
AUGUSTIN M., 2.5-DIKETOPIPERAZINE 6. MITT. 60-0404
AULD D., RK. V. PHENYLMAGNESIUMBROMID MIT 2-BENZOYL-INDANON-(1) U. SEINEM ENOLMETHYLAETHER 57-0220
- UEBERBESETZTE MOLEKUELE 1. MITT. 57-0233
- UEBERBESETZTE MOL. 2.MITT. 61-0304
AULT A., ''DIMETHYLMANGOSTINHYDROCHLORID'' 61-0500
AURNHAMMER G., STRUKTURAUFKLAERUNG V. DIDYMIN, EINEM ISOSAKURANETINRUTINOSID AUS MONARDA DIDYMA L. 58-0430
AUSTEL V., RK. V. ALPHA-AMINOSAEUREN MIT TRIFLUORESSIG-SAEUREANHYDRID 1. MITT. 54-0313
AUSTIN F. L., (S)-3-HYDROXY-PENTEN-(4)-THIONSAEUREAMID, EIN NEUES RK.-PROD. EINES NATUERL. THIOGLUCOSIDES 54-0165
AUSTIN P. W., UMLAGER. BEI D. SOLVOLYSE EINIGER P-NITRO-BENZOYLSULFONSAEUREESTER V. KOHLEHYDRATEN 55-0329
- RINGKONTRAKT. BEI D. HYDROLYSE V. METHYL-4-O-(P-NITRO-BENZOLSULFONYL)-ALPHA-D-GLUCOPYRANOSID 59-0414
AUTERHOFF H., THALLEIOCHIN-RK. 55-0433
- IPECACUANHA-ALKALOIDE 8. MITT. 59-0432
AUTREY R. L., SYNTH. U. STEREOCHEMIE V. ISATYLIDENESSIG-SAEUREDERIV. 54-0299
AVANESJAN E. S., KONDENS. V. VINYL- U. ISOPROPENYLAETHI-NYLCARBINOLEN MIT ACETYLENDICARBONSAEURE 61-0349
AVARO M., SAEUREKATALYSIERTE RK. D. 2-DIAZO-5ALPHA-CHOLESTAN-3-ONS 56-0469
AVERSA M. C., NMR-SPEKTREN V. CIS- U. TRANS-OCTADECENSAEUREN 56-0048
- STRUKTUR V. 4-ARYLAZO-ISOXAZOLONEN-(5) 2. MITT.

57-0031

AVETISJAN E. A., RK. V. AETHERN MIT UNGESAETT. RADIKALEN 6. MITT. 59-0172

AWASTHY A. K., SUBMIKRO-METH. FUER D. ANALYSE ORGAN. VERB. 24. MITT. 58-0546

AYENGAR K. N. N., VORK. V. 31-NORCYCLOARTANOL IN SMILAX ASPERA LINN. 61-0525

AYER W. A., STRUKTUR V. FAWCETTIMIN, BEZIEH. ZU SERRATININ 55-0343

AYLWARD J. B., UMLAGER. EINER NEUEN GRUPPE V. AZIDEN-SAEUREHYDRAZONAZIDEN 56-0214

AYMONINO P. J., NEUE PHOTOCHEM. WEGE ZU PERFLUORMETHYL-CARBONAT 61-0138

AYRES D. C., WEITBEREICHSKOPPL. IM PROTONENMAGNET. RESONANZSPEKTRUM V. BETA-APOPODOPHYLLINSAEUREMETHYLES-TER 56-0049

AZAD I. P., PHOTOCHLORIER. V. N-PROPYL-BENZOL 56-0204

AZERAD R., SAURE ISOMERISIER. V. TOCOCHINONEN 1.MITT. 58-0505

AZZARO M., NMR-UNTERS. EINER REIHE HOMOLOGER PHENOTHIAZINE 59-0064

B

BAAS J. M. A., DARST. V. 4- ODER 5-SUBSTITUIERTEN 2-TERT.-BUTYLBENZOESAEUREN 54-0197

BABAJAN A. T., AMINE U. AMMONIUMVERB. 47.MITT. 57-0153

BABAJAN V. O., KONDENS. V. HALOGENDERIV. D. ALKADIENE-(1.3) MIT AROMAT. VERB. 1. MITT. 58-0244

- SYNTH. V. 1-DIALKYLAMINO-2.3-DICHLORBUTENEN-(2) U. 1.4-BIS-(DIALKYLAMINO)-2.3-DICHLOR-BUTENEN-(2) 61-0173

BABBE D., STEROIDE 312. MITT. 61-0542

BABIN E. P., ALKYLIER. V. TOLUIDINEN AM KERN DURCH DIISOPROPYLAETHER 54-0094

BACON R. G. R., KATALYT. WRKG. BEI D. KUPPL. V. ARYLHALOGENIDEN MIT KUPFEROXID 58-0266

BADANJAN S. O., UNTERS. D. ADDIT. V. AMINEN AN VINYLACETYLENCARBINOLEN DURCH GAS-FL.-CHROMATOGRAPHIE 58-0209

BADAWI M. M., NATUERL. CHROMONE 7. MITT. 55-0352

BADDAR F. G., BETA-AROYLPROPIONSAEUREN 21. MITT. 55-0156

- 1-PHENYL-NAPHTHALIN 6. MITT. 56-0294

BADEA F., ELIMINIER.-RK. AUS 1.2-DIHALOGENVERB. 2. MITT. 61-0162

BADINAND A., 2.2-DIPHENOXY-AETHYLAMINE 59-0210

BAECKSTROEM R., RACEMATTRENN. V. CIS- U. TRANS-2-METHYLCYCLOHEXANOL 57-0195

BAEHLER B., BLDG. U. UMWANDL. V. ESTERN, 72.MITT. 54-0368

- BLDG. U. UMWANDL. V. ESTERN 73. MITT. 57-0103

- BLDG. U. UMLAGER. V. ESTERN 74.MITT. 58-0234

BAEKELMANS P., STEREOCHEMIE D. ELEKTROPHILEN SUBSTITUT. IN D. ALIPHAT. REIHE 56-0247

BAER H. H., SYNTH. V. 3 STEROISOMEREN D. 2-DESOXYSTREPTAMINS 55-0174

BAGAL L. I., NITRIER. V. UNGESAETT. VERB. 2.MITT. 61-0392

BAGGALEY K. H., BICYCLO(3.3.1)NONANE 1.MITT. 53-0117

BAGGIO S., KRIST.-STRUKTUR V. TRANS-SULFITO-ISOTHIOCYANATO-BIS-(AETHYLENDIAMIN)-KOBALT(III)-DIHYDRAT 59-0012

BAGGIOLINI E., PHOTOCHEM. RK. 39. MITT. 54-0277

BAGLI J. F., PROSTAGLANDINE. 2. MITT. 53-0229

BAGRATISVILI G. D., ALKYLIER. V. 6.13-DIHYDROPENTACEN 58-0285

BAHSOUN A., SAURE U. BAS. HYDROLYSE V. ACETYLHYDRAZIN 55-0126

BAIG M. V. A., CYTOTOX. VERB. 9. MITT. 61-0203

BAILEY A. S., DIMERISIER. 2-SUBSTITUIERTER 4-PHENACYLIDEN-HOMOPHTHALIMIDE 55-0294

BAILEY K., ENZYMAT. OX. V. O-AMINO-PHENOLEN 59-0501

- BLDG. V. SULFONEN U. SULFONATEN AUS P-AMINOPHENOLEN 61-0194

BAILEY P. S., OZONISIER. V. VERB. V. TYP AR-CH=CH-G, OZONISIER. IN METHANOL 58-0156

BAILLARGE M., SYNTH. EINES D. LYSERGSAEURE VERWANDTEN TRICYCL. SYST. DURCH EINE 'ARIN'-SUBSTITUT.-RK. 54-0296

BAIRD M. S., EXO- U. ENDO-6-CHLORBICYCLO(3.1.0)HEXAN 56-0306

BAJUSZ S., TOTALSYNTH. D. MENSCHL. CORTICOTROPINS (ALPHA(H)-ACTH) VORL. MITT. 59-0486

BAKASSIAN G., HETEROCYCL. CHLORHYDRINE 3. MITT. 60-0372

BAKER R., WEITREICHENDE SUBSTITUENTENEFFEKTE IN STEROIDSYST. 59-0127

BAKHAEVA G. P., STEREOCHEMIE V. OLIVOMYCINEN 54-0453

BALABAN A. T., UNTERS. D. REVERSIBILITAET V. FRIEDEL-CRAFTS-C-ACETYLIER. MIT HILFE V. MARKIERTEM (14)C 54-0093

BALASUBRAMANIAN K. K., CLAISEN-UMLAGER. 4. MITT. 57-0299

- CLAISEN-UMLAGER. 5. MITT. 61-0232

- CLAISEN-UMLAGER. 6. MITT. 61-0233

BALDWIN J. E., CHINONE V. INTERESSE IN D. TETRACYCLIN-CHEMIE 58-0284

- CYCLOADDIT.- U. CYCLOELIMINIER.-RK. 14.MITT. 58-0294

- STRUKTUR V. HYDROCYANSALID, EINEM NEUEN MG-REAGENZ 61-0347

BALDWIN M., ALKALOIDE V. CROTON-ARTEN 6. MITT. 53-0195

BALDWIN M. A., BLDG. EINES FUENFRINGIONS DURCH ELEKTRONENSTOSS 58-0061

- MASSENSPEKTREN V. MELIACINEN U. VERWANDTEN VERB. 1. MITT. 58-0068

BALL W. J., ALLENE 15. MITT. 54-0140

BALLANTINE J. A., ANALYSE D. LAGE D. CHEM. VERSCHIEB. D. AROMAT. PROTONEN V. PHENOL. VERB. ALS LEITFADEN ZUR ORIENTIER. 57-0026

BALLS D. M., D. TETRACYCLO(4.3.0.0(2,4).0(3,7))NONYL-(8)-CARBONIUM-ION 54-0077

BALNY C., VGL. D. EIG. GELOESTER U. ADSORBIERTER SPIROPYRANE, PHOTOREVERSIBILITAET U. PHOTOCHEM. UMLAGER. 55-0107

BAL'ON J. G., ARYLSULFONYLIMINOSELENOCHLORIDE 58-0222

BALONIAK S., 1-(2-NITRO-, 3-NITRO-, 4-NITRO- U. 2.4-DINITRO-PHENYL)-3.6-DIOXO-1.2.3.6-TETRAHYDRO-PYRIDAZIN 60-0401

BALUCANI D., THIOPHEN-DERIV. 16. MITT. 57-0267

BAMFORD W. R., EIN NEUER WEG ZU ALPHA-CHLORALKYLSILANEN, VERW. V. CHLORALKYL-LITHIUM-VERB. U. CHLORALKYL-MAGNESIUMHALOGENIDEN ALS IN SITU-REAGENTIEN 61-0187

BAND S. J., BIND.-DISSOZIAT.-ENERGIEN U. BLDG.-WAERMEN V. TRIMETHYLSILYLVERB. 61-0086

BANERJEE A. K., SYNTH. U. STEREOCHEMIE D. (+-)-4ALPHA-METHYL-10BETA-HYDROXY-TRANS-1.2.3.4.5.6.7.10-OKTAHYDRO-PHENANTHREN-4BETA-CARBONSAEURE-LACTONS U. D. VIER EPIMEREN (+-)-4-METHYL-1.2.3.4.5.6.7.10-OKTAHYDRO-PHENANTHREN-4-CARBONSAEUREN 53-0103

- NAHEFFEKTE, STEREOCHEMIE D. LITHIUM-AMMONIAK-RED. V. CYCL. STYROL-SYST., D. EINE BENACHBARTE CARBONSAEURE-GRUPPE ENTHALTEN 56-0298

BANERJEE D. K., TOTALSYNTH. V. 17BETA-HYDROXY-DELTA(9)-DES-A-ANDROSTEN-5-ON U. 17BETA-HYDROXY-10ALPHA-DES-A-ANDROSTAN-5-ON 58-0483

BANKAY D., UNTERS. UEBER D. VERH. ORGAN. MISCHPHASEN 5. MITT. 58-0093

BANKS G. R., VERW. V. AETHOXYACETYLEN ZUR SYNTH. V. N-GESCHUETZTEN AMINOSAEUREN 53-0069

BANKS R. E., N-FLUOR-VERB. 2. MITT. 56-0362

- DARST. V. BIS-(TRIFLUORMETHYL)-NITROXYVERB. 59-0194

BANTHORPE D. V., PARAMAGNET. FERROCEN-SAEUREADDUKTE 59-0033

BAPAT J. B., STEREOSELEKTIVE PHOTO-UMLAGER. EINES PYRROLIN-1-OXIDS 54-0297

BAPTISTE J., DODECAHYDROPHENANTHREN-REIHE 8. MITT. 61-0293

BARALLE R., VERH. U. REAKTIVITAET V. HETEROCYCLOAMMONIUM-VERB. BEI D. SYNTH. V. CYANIN- U. CARBOCYANIN-FARBSTOFFEN 5. MITT. 55-0285

- VERH. U. REAKTIVITAET V. HETEROCYCLOAMMONIUM-VERB. BEI D. SYNTH. V. CYANIN- UND CARBOCYANIN-FARBSTOFFEN 6. MITT. 55-0286

- VERH. U. REAKTIVITAET V. HETEROCYCLOAMMONIUM-VERB. BEI D. SYNTH. V. CYANIN- U. CARBOCYANIN-FARBSTOFFEN 8. MITT. 55-0288

BARAM N. I., RK. V. GOSSYPOL-TETRAMETHYLAETHER MIT EPICHLORHYDRIN 58-0442

BARANCEVIC E. N., SYNTH. V. SUBSTITUIERTEN BETA-CHLORHYDRINEN D. STYROLS U. KINETIK IHRER RK. MIT BASEN IN WASSER-DIOXAN-LSG. 2. MITT. 54-0187

BARANTON F., HYDROXYLIER. V. 2H-BENZOPYRANEN 54-0330

BARCHAZ V. A., RK. V. TETRAFLUORDEHYDROBENZOL MIT AROMAT. KW-STOFFEN U. IHREN DERIV. 54-0279

BARDET L., GRUNDSCHWING. D. HYDROGENMALEINAT-IONS IN LSG. 56-0043

BARDOU L., UNTERS. UEBER AZOLE 16. MITT. 54-0311

- UNTERS. UEBER AZOLE 17. MITT. 54-0312

BARDYSEV I. I., DISPROPORTIONIER. D. WASSERSTOFFS IN TERPENEN D. META-REIHE, IM SILVESTREN U. DELTA(1.3,8)-M-MENTHADIEN 58-0451

- DISPROPORTIONIER. D. WASSERSTOFFS IN CAREN-(3) 59-0464

BARIOU B., KINET. UNTERS. V. RK. D. SN2-TYPS IN VERSCHIEDENEN LSGM. 57-0098

BARKER A. C., ABSOLUTE KONFIGURATION VON (-)-ARGEMONIN 53-0193

- BIOSYNTH. V. COLCHICIN, RINGERWEITER. U. LETZTE STUFEN, STRUKTUR V. SPECIOSIN 59-0430

- SYNTH. V. (+-)-ESCHSCHOLTZIN. DIE ABS. KONFIG. V. (-)-ARGEMONIN, (-)-ESCHSCHOLTZIN U. VERWANDTEN ALKALOIDEN 61-0490

BARKOVSKAJA L. J., HOMOLOGE D. AZACYCLOHEPTANS 56-0409

BARLOW C. B., STICKSTOFFHALT. KOHLENHYDRATDERIV. 14. MITT. 59-0421

BARLTROP J. A., ORGAN. PHOTOCHEMIE 4. MITT. 59-0159

BARMAN J., TAKTIZITAET ANION. HERGESTELLTER POLY-ALPHA-METHYLSTYROLE 60-0498

BARNES M. F., GARRYFOLIN-CUAUCHICHICIN-UMLAGER., MECHANISMUS BEI D. (-)-KAURENOLEN 55-0348

BARNETT C., NITRIER. V. EINIGEN 2.3-DIHYDRO-1.4-DIAZEPINIUM-PERCHLORATEN 61-0458

BARNIKOL-OETTLER K., STEROIDE AUS HYODESOXYCHOLSAEURE, UEBER D. SEITENKETTENABBAU EINER 6BETA.19-EPOXY-CHOLANSAEURE 53-0225

BARNIKOW G., ISOTHIOCYANATE 9.MITT. 53-0068

- ISOTHIOCYANATE 10. MITT. 53-0134

- THIONCARBONSAEUREESTER 1.MITT. 58-0195

- THIONCARBONSAEUREESTER 2. MITT. 58-0325

- ISOTHIOCYANATE 14. MITT. 58-0330

- S-N-BIND. 1. MITT. 58-0356

- ISOTHIOCYANATE 15. MITT. 60-0206

BARON D., NMR-UNTERS. D. KOMPLEXBLDG. V. P-KRESOL 58-0054

BARON M., STRUKTUR V. ALPHA-PARABUTYLCHLORAL 60-0411
BARRADAS R. G., ELEKTROKAPILLARUNTERS. D. PYRIDIN-ADSORPT. IN KALIUMCHLORID-LSG. 58-0094
BARRANS J., KONDENS.-RK. V. ALDEHYDEN MIT 3-AMINO-PROPIONAMIDOXIM 60-0354
BARRANS Y., KRISTALLSTRUKTUR V. HEXAMETHONIUMDICHLORID 56-0095
BARRELLE M., SYNTH. U. IR- U. UV-SPEKTROGRAPHIE V. ACETYLEN-ALPHA-KETONEN 56-0215
- UEBERFUEHR. V. TERT. PROPARGYLCARBINOLEN U. SEK. AETHINYLCARBINOLEN IN IHRE NATRIUMVERB., DARST. D. ENTSPRECHENDEN ACETATE 56-0250
BARRERA J. B., TERPENOIDE AUS SONCHUS 6. MITT. 61-0529
BARRETT G. C., ZIRKULARDICHROISMUS V. N-THIOBENZOYL-L-ALPHA-AMINOSAEUREN. 3. MITT. 53-0009
- SPALT. V. N-THIOBENZOYL-DIPEPTIDEN MIT TRIFLUORESSIGSAEURE, GRUNDLAGE EINES NEUEN SCHRITTWEISEN ABBAUS V. POLYPEPTIDEN 59-0484
BARSUKOV L. I., STEREOCHEMIE D. WITTIG-RK. MIT NICHTSTABILISIERTEN U. HALBSTABILISIERTEN YLIDEN 59-0258
BARTAGNON-WEISROCK M., SPEKTROSKOP. UNTERS. V. AROMAT. VERB. D. MAGNESIUMS U. D. ALKALIMETALLE IN HEXAMETAPOL 54-0023
BARTELS-KEITH J. R., VERWANDTE NORTHEBAINSYNTH. 2. MITT. 56-0436
BARTH A., AMINOSAEURE-(PHENYLAZO)-PHENYL-DERIV. 19. MITT. 61-0030
BARTH G., FRAGMENTIER.-RK. AN CARBONYLVERB. MIT BETA-STAEND. ELEKTRONEGATIVEN SUBSTITUENTEN 3.MITT. 55-0217
BARTHELEMY M., SYNTH. V. DELTA-PINEN 56-0458
BARTLE K. D., BESTANDTEILE HOEHERER PILZE 7.MITT. 56-0488
- CYCL. ORGANOPHOSPHORVERB. 5. MITT. 57-0027
BARTOK M., CHEM. UMSETZ. V. DIOLEN U. CYCL. AETHERN 19. MITT. 55-0214
- CHEM. UMSETZ. V. DIOLEN U. CYCL. AETHERN 27. MITT. 55-0215
- CHEM. UMSETZ. V. DIOLEN U. CYCL. AETHERN 20. MITT. 57-0121
BARTON D. H. R., PHENOLOX. U. BIOSYNTH. 12. MITT. 53-0192
- KONSTIT. U. STEREOCHEMIE V. CULMORIN 54-0406
- CHINONE V. INTERESSE IN D. TETRACYCLIN-CHEMIE 58-0284
- NOTIZ ZUR ABS. KONFIG. D. NUDAURINS 60-0444
- PHENOLOX. U. BIOSYNTH. 14. MITT. 61-0571
BARTON J. W., POLYCYCL. BIPHENYLENE 3. MITT. 61-0296
BARTON M. A., PEPTIDE 24. MITT. 53-0233
BARTON T. J., DARST. U. BIND.-ISOMERISIER. V. SUBSTITUIERTEN 5H-1.2-DIAZEPINEN 56-0410
BARTSCH H., STRUKTUR U. STEREOCHEMIE D. TETRACYCL. DITERPENS PHORBOL AUS CROTON TIGLIUM L. 61-0519
BARTULIN J., RINGERWEITER. V. ANTHRANIL ZU CHINOLIN-1-OXIDEN 59-0333
- EINE GERINGE ENERGIESCHWELLE FUER D. DREH. UM C-C-DOPPELBIND. 61-0080
BARUA A. K., TRITERPENOIDE 25. MITT. 55-0375
- TRITERPENOIDE 26. MITT. 55-0376
BARVINOK M. S., PROD. D. RK. V. FURFUROL MIT ANILIN 60-0309
BARYSNIKOVA M. N., OX.-RK. V. STICKSTOFFHALT. ORGAN. VERB. 1. MITT. 59-0116
BASCOUL J., STEROIDHORMONAEHNL. VERB. 56-0309
BASKAKOV J. A., HYDROXYLAMINDERIV. MIT HERBIZIDER WRKG. 6.MITT. 54-0265
BASKEVITCH Z., METHYLIER. D. HYDROXYLGRUPPEN D. BITTERSTOFFE V. SIMARUBACEEN MIT DIAZOMETHAN 59-0497
BASSELIER J., SPEKTROCHEMIE D. REFORMATSKY-RK. 2. MITT. 57-0108
BASSO J., VERTEIL. D. UEBERSCHUESSIGEN PI-LAD. IN DURCH ADDIT. V. ALKOXYLIONEN AN ALPHA-ENALE U. ALPHA-ENONE GEBILDETEN CARBANIAT-ENOLAT-IONEN 56-0071
- AETHYLENVERB. 1. MITT. 57-0054
BASSON R. A., RADIKAL-AUSBEUTE V. PROPIONALDEHYD BEI D. RADIOLYSE V. N-PROPANOL 54-0130
- BEEINFLUSS. D. RADIOLYSE V. AETHANOL DURCH SAEURE 60-0151
BASSOVA G. I., ION. HYDRIER. D. AETHYLENBIND. U. D. DOPPELBIND. V. CARBONYLGRUPPEN 58-0109
BASSUS J., ISOMERISIER. U. DISMUTAT. V. MONO- U. DIISOPROPYL-4-METHYLPHENOLEN IN GGW. V. ALUMINIUMCHLORID 58-0220
BASTIANELLI P., SYNTH. IN D. REIHE D. 2-ALKYLTHIOTHIAZOLE 59-0336
- REAKTIVITAET V. DELTA(4)-THIAZOLINTHION-(2) GEGENUEBER HALOGENKETONEN U. -ALDEHYDEN 59-0337
BASU U. P., STRUKTUR V. MONNIERIN 60-0480
BATES R. B., DIEN-UNTERS. 4.MITT. 53-0001
- DIEN-UNTERS. 5.MITT. 53-0014
BATKOWSKI T., DARST. V. 3-HALOGEN-5-NITRO-PYRIDINEN U. EINIGEN IHRER DERIV. 1. MITT. 57-0312
BATOG A. E., KONDENS. V. TERT.-ALKYLHYDROPEROXIDEN MIT LAEVULINSAEUREESTERN 59-0191
BATTERSBY A. R., ABSOLUTE KONFIGURATION VON (-)-ARGEMONIN 53-0193
- BIOSYNTH. V. KAKTUSALKALOIDEN 54-0478
- KONSTIT. V. IPECOSID, EIN MONOTERPENOIDES ISOCHINOLIN 56-0444
- ALKALOIDE AUS KOPSIA-ARTEN 2. MITT. 58-0438
- BIOSYNTH. V. COLCHICIN, RINGERWEITER. U. LETZTE STUFEN, STRUKTUR V. SPECIOSIN 59-0430
- STRUKTUR U. SYNTH. V. HOMOAPORPHINEN, NEUE GRUPPE V. 1-PHENAETHYL-ISOCHINOLIN-ALKALOIDEN 59-0433
- ROLLE D. CODEINONS IN D. BIOSYNTH. V. MORPHIN-ALKALOIDEN 59-0511
- STEREOCHEM. UNTERS. ZUR BIOSYNTH. V. NARCOTIN, PROTOPIN U. CHELIDONIN 60-0443
- SYNTH. V. (+-)-ESCHSCHOLTZIN. DIE ABS. KONFIG. V. (-)-ARGEMONIN, (-)-ESCHSCHOLTZIN U. VERWANDTEN ALKALOIDEN 61-0490
BATTIONI J., STEREOCHEMIE V. TERT. 2-METHYL-CYCLOPENTANOLEN, MAGNET. KERNRESONANZ V. ALLEN-PHOSPHINOXIDEN 56-0252
BATTISTE M. A., DARST. U. BIND.-ISOMERISIER. V. SUBSTITUIERTEN 5H-1.2-DIAZEPINEN 56-0410
BAUDLER M., DARST. V. TETRAPHOSPHOR-TRITHIO-DIJODID AUS DIPHOSPHORTETRAJODID 58-0012
BAUER H., DIMERE OX.-PROD. AUS ALPHA-AETHOXY-PYRROL-DERIV. 58-0318
- INDIGOIDE FARBSTOFFE AUS BETA-AETHOXY-PYRROL-DERIV. 58-0319
BAUER P., SYNTH. U. EIG. V. ALPHA.ALPHA.ALPHA-TRISUBSTITUIERTEN ALIPHAT. KETONEN 4. MITT. 57-0139
- SYNTH. U. EIG. V. ALPHA.ALPHA.ALPHA-TRISUBSTITUIERTEN ALIPHAT. KETONEN 5. MITT. 57-0140
BAUER S., DIREKTE SYNTH. V. PSEUDOALDOBIURONSAEURE 54-0385
- STOFFWECHSEL V. 2-DESOXY-D-GLUCOSE IN BAECKERHEFE 1. MITT. 57-0434
BAUERSCHMIDT E., LUPINEN-ALKALOIDE 38. MITT. 54-0390
BAULD N. L., CYCL. KONJUGIERTE DIANION-RADIKALE 2. MITT. 55-0046
BAUMANN W., SYNTH. IN D. HETEROCYCL. REIHE 7. MITT. 55-0312
- SYNTH. IN D. HETEROCYCL. REIHE 8.MITT. 55-0315
BAUMGARTEN R. J., NEUE DESAMINIER., SYNTH. V. STYROL AUS 2-PHENYLAETHYLAMIN UNTER ANWEND. D. SACCHARIN-ANIONS ALS ABSPALTENDE GRUPPE 60-0230
BAUMGARTH M., DIGITANOLGLYKOSIDE 14. MITT. 53-0226
BAWDEKAR A. S., TERPENOIDE 104. MITT. 56-0446
BAYER M., HETEROCYCLEN 15. MITT. 54-0356
BAYNE S., WEITERE SYNTH. V. 1-, 2- U. 3-O-METHYL-D-MANNIT 53-0184
BAYSSAT M., NAPHTHYLSUBSTITUIERTE AMINOTHIOAETHER 57-0223
BAZYL'CIK V. V., DISPROPORTIONIER. D. WASSERSTOFFS IN CAREN-(3) 59-0464
BEACHAM J., OPT. ROTATIONSDISPERS. 40. MITT. 54-0015
BECHER D., MASSENSPEKTREN V. KYNURENINEN 57-0046
BECK W., SPEKTROSKOP. UNTERS. AN KOMPLEXVERB. 10. MITT. 54-0013
- PSEUDOHALOGENO-METALLVERB. 18. MITT. 60-0001
BECKA L. N., KRIST.-STRUKTUR V. TRANS-SULFITO-ISOTHIOCYANATO-BIS-(AETHYLENDIAMIN)-KOBALT(III)-DIHYDRAT 59-0012
BECKER A., RK. MIT ISOBUTYRALDEHYD 2. MITT. 61-0444
BECKER D., SYNTH. V. (4.4.4)PROPELLAN 54-0280
BECKER G., NUCLEOPHILE AROMAT. SUBSTITUT.-RK. 7.MITT. 54-0104
BECKER J., SYNTH. V. EXALTON U. RAC. MUSCON AUS CYCLODODECANON 55-0170
BECKER W., OPT. AKT. AROMAT. CHROMOPHORE 6. MITT. 59-0042
BECKETT A. H., ALKALOIDE VOM CORYNANTHEIDINTYP 1.MITT. 53-0030
- ALKALOIDE V. CORYNANTHEIDINTYP 2. MITT. 53-0031
- ABS. KONFIG. V. PAYNANTHEIN U. HIRSUTIN 54-0067
- ELIMINIER. AN 4-ARYL-3-METHYL-PIPERIDINOLEN-(4) 5.MITT. 55-0089
BECKWITH A. J. L., RK. V. ANTHRACEN MIT AETHOXYCARBONYL-NITREN, KONZENTRATIONSABHAENGIGKEIT D. ZUS. D. REAKTIONSPRODUKTES 56-0295
BECUE G., SYNTH. UNGESAETT. PIPERIDINE 54-0339
BEDDOE P. G., ABSOLUTE KONFIG. D. (+)(589)-TRANS-DICHLORO-TRIAETHYLENTETRAMINKOBALT(III)-IONS 59-0004
BEDFORD G. R., BASENKATALYSIERTE ISOMERISIER. V. 2-ACETYLIMINO-3-PHENACYL-THIAZOLIDIN 56-0352
- N-METHYL-DERIV. V. 1.3-DIAMINO-2-PHENYL-NAPHTHALIN 61-0280
BEDIN J., 6.6-DIMETHYL-5.6-DIHYDRO-BENZO(A)PHENAZIN 58-0409
- DURCH RED. U. OX. V. 2-HYDROXY-3.3-DIMETHYL-BUTANOLID-(1-4) ERHALTENE VERB. 59-0310
BEDOS P., NEUE METH. ZUR SYNTH. V. ALPHA-THIOCARBAMOYL-KETONEN IN D. D-CAMPHER-REIHE 60-0473
BEECH W. F., NUCLEOPHILE RK. V. CYANURSAURECHLORID U. 2.4-DICHLOR-1.3.5-TRIAZINEN MIT REAKT. WASSERSTOFF ENTHALTENDEN VERB. 56-0406
BEECHAM A. F., ROTAT. D. RESTE IN OLIGOPEPTIDEN 53-0010
- UNTERS. D. STEREOCHEMIE AM C(3) U. C(7) BEI D. UNCARINEN C,D,E U. F DURCH ZIRKULARDICHROISMUS 55-0063
- STEREOCHEMIE V. FORMOSANIN (UNCARIN B) U. UNCARIN A 60-0081
BEECKEN H., NAPHTHOTRIAZINE 1. MITT. 59-0393
- NAPHTHOTRIAZINE 3. MITT. 59-0395
- NAPHTHOTRIAZINE 4. MITT. 59-0396
- ERGIEBIGE DARST. V. 2.1.3-BENZOTHIADIAZOLEN U. NAPHTHO(1.8-CD)(1.2.6)THIADIAZIN MIT HILFE V. SCHWEFELDIOXID 60-0355
- DARST. AROMAT. N(1).N(2)-DISULFINYL-1.2-DIAMINE, MECHANISMUS D. PIAZTHIOL- U. BASENKATALYSIERTEN BLDG. V. NAPHTHO(1.8-CD)(1.2.6)THIADIAZIN 60-0356
- SUBSTITUIERTE BENZOTHIAZINIUM-SALZE DURCH BROMIER. V.

N-SULFINYLANILIN-BICYCLO(2.2.1)HEPTEN-ADDUKTEN 60-0405
- CYCLOADDIT. HETEROCYCL. N-SULFINYL-AMINE AN BICYCLO(2.2.1)HEPTEN U. AETHOXYACETYLEN 60-0410
BEER R. J. S., D. CHEMIE D. 6A-THIATHIOPHTHENE 55-0256
- 1.3-DITHIANE 1. MITT. 57-0326
BEFFA F., KOORDINAT.-WEISE V. CHROMKOMPLEXEN AUS D. AZOFARBSTOFF 1-AMINO-2-HYDROXY-NAPHTHALIN-4-SULFONSAEUREPIPERIDID - 1-PHENYL-3-METHYL-5-PYRAZOLON 54-0011
BEGBIE R., POLYSACCHARIDE AUS SOJABOHNEN 3. MITT. 58-0515
BEGER J., UMSETZ. V. NITRYLCHLORID MIT OLEFINEN 60-0234
BEGTRUP M., METHYLIERTE 1.2.3-TRIAZOLE 3. MITT. 60-0350
BEGUE J. P., FRAGMENTIER. IN D. MASSENSPEKTROMETRIE DURCH EINFUEHR. FUNKTIONELLER GRUPPEN 8.MITT. 56-0061
BEGUIN C., SOLVOLYSE V. BENZYLFLUORID IN AMEISENSAEURE 56-0200
- FORMOLYSE V. SUBSTITUIERTEN BENZYLFLUORIDEN 56-0201
BEHEIM P., SECO- U. AZA-DERIV. D. SITOSTERINS 58-0491
BEHRINGER H., EINIGE UMSETZ. D. 1-LACTAMS V. 2-THIOHYDANTOIN-(BETA-PROPIONSAEURE)-(5) 54-0307
- NEUE SYNTH. V. OMEGA-PEPTIDEN V. ALPHA-AMINODICARBONSAEUREN 54-0451
- 3H-1.2.4-DITHIAZOL-THIONE-(3) U. 2H-1.3.4-DITHIAZOL-THIONE-(2), (4-AZATRITHIONE U. 4-AZA-ISO-TRITHIONE) 55-0264
- CYCLOADDIT. D. FORMAMIDINIUMCARBODITHIOAT-SYST.-SYNTH. D. 4-PHENYL-1.3-DITHIOLS 58-0331
BE HYEON S., STRUKTUR V. ACTINIDIOLID, DIHYDROACTINIDIOLID U. ACTINIDOL 57-0388
BEIJERSBERGEN J. C. M., ISOLIER. U. IDENTIFIZIER. V. ALPHA-METHYLEN-BUTYROLACTON, EINER FUNGITOX. SUBSTANZ AUS TULPEN 61-0567
BEITZ H., SUBSTITUIERTE INDOLYL-(2)-ESSIGSAEUREAETHYLESTER U. DEREN RK. 53-0129
BEKKER R. A., SYNTH. V. ALKYLPERFLUORVINYLAETHERN, STEREOCHEMIE D. VINYLSUBSTITUT. IN PERFLUOROLEFINEN 60-0175
BELCHER R., SUBMIKRO-METH. FUER D. ANALYSE ORGAN. VERB. 24. MITT. 58-0546
BELECKAJA I. P., POLAROGRAPHIE D. ORGAN. QUECKSILBERVERB. AETHYLESTER D. ALPHA-BROMMERCURIPHENYLESSIGSAEURE U. SEINE SUBSTITUIERTEN 56-0006
- VERLAGER. D. RK.-ZENTRUMS BEI DEUTERODEMERCURIER. V. QUECKSILBERDIBENZYL 56-0015
- IR- U. UV-SPEKTREN D. QUECKSILBERORGAN. VERB. 3. MITT. 58-0001
- BROMDECARBOXYLIER. D. 3.5-DIBROMSALICYLSAEURE 58-0124
BELEGRATIS K., SYNTH. V. HETEROCYCLEN 88. MITT. 54-0321
- SYNTH. V. HETEROCYCLEN 90. MITT. 54-0323
- SYNTH. V. HETEROCYCLEN 91. MITT. 54-0324
- SYNTH. V. HETEROCYCLEN 93. MITT. 59-0341
BEL-GACEM BACCAR, EINW. V. AMIDINEN, GUANIDIN U. HARNSTOFF AUF N-ACYL- U. AETHOXYCARBONYLDERIV. V. IMINOAETHERN 54-0370
BELGODERE E., SYNTH. EINIGER ALPHA.BETA-UNGESAETT. OPT. AKT. KETONE MIT SEK.-BUTYL-GRUPPEN 58-0186
BELIKOVA A. M., SYNTH. V. RIBONUCLEOSIDEN U. DIRIBONUCLEOSID-PHOSPHATEN, D. 2-CHLOR-AETHYLAMIN U. STICKSTOFF-LOST-RESTE ENTHALTEN 61-0480
BELITZ H., SYNTH. V. BETA-METHYLLANTHIONIN 55-0137
BELJAEV V. F., SYNTH. V. NAPHTHALINANALOGA D. CHALKONE U. DEREN ALPHA-KETOXIDE 59-0275
- RK. V. BETA-CHLORVINYLKETONEN MIT BETA-DICARBONYLVERB. 15. MITT. 61-0271
BELL J. A., NITRAMINE 4. MITT. 57-0351
BELL K. H., UMLAGER. V. 10-AETHYL-2-KETO-DELTA(1(9).-3(4))-HEXAHYDRO-NAPHTHALIN 54-0251
- UMLAGER. V. GEKREUZT-KONJUGIERTEN METHYLENCYCLOHEXADIENEN 59-0475
BELL M. G. W., ZWISCHENPROD. U. FARBSTOFFE FUER SYNTHET. FASERN 1. MITT. 53-0159
BELLAART A. C., STRUKTUR V. ''AZODICHINYL'' 59-0378
BELLAMY A. J., DARST. V. 3-ACETOXY-CHOLESTADIEN-(1.3) 54-0444
BELLARDO A., UNTERS. D. CHEMISORPT. DURCH DESORPTIONSSPEKTREN 58-0006
BELLAS M., 1.4-PHOTOADDIT. V. PYRROL AN BZL. 57-0269
- SYNTH. V. HETEROCYCLEN 19. MITT. 59-0294
BELLAVITA V., IN VITRO TUBERKULOSTAT. WIRKSAME DERIV. D. P-PHENYLENDIAMINS 56-0503
BELLEGARDE B., DARST. V. ENOXY- U. POLYENOXY-SILANEN AUS ENOXY-STANNANEN MIT CHLOR-SILA SILANEN 54-0172
BELNIAK K., CYCL. HYDRAZIDE D. AROMAT. U. HETEROCYCL. DICARBONSAEUREN 6. MITT. 57-0329
BELOSTOCKAJA I. S., BLDG. V. CYCLOHEXADIENONEN BEI D. INTRAMOLEKULAREN ALKYLIER. IN D. REIHE D. RAEUML. BEHINDERTEN PHENOLE 57-0235
BELOV V. N., SUBSTITUIERTE LACTONE U. IHRE UMWANDL. 10. MITT. 54-0228
- RK. V. ALDEHYDEN MIT OLEFINEN 3. MITT. 60-0365
- SUBSTITUIERTE LACTONE U. IHRE FOLGERK. 11. MITT. 61-0246
BEL'SKIJ I. F., HOMOLOGE D. AZACYCLOHEPTANS 56-0409
BELTRAME P., KINETIK D. RK. V. PIPERIDIN MIT HALOGEN-NITRONAPHTHALINEN 5. MITT. 58-0123
BEN-AIM R., THERM. ANALYSE EINER VERBRENN.-RK. 1. MITT. 58-0090
BENASSI C. A., PROD. D. OX. V. TRYPTOPHAN MIT PERAMEISENSAEURE 55-0232
- OZONOLYSE V. 7-HYDROXY-DERIV. D. TRYPTOPHANS 55-0233
- PEPTIDE D. KYNURENINS 57-0409
BENDZ G., FLAVYLIUMVERB. 1. MITT. 59-0048
BENEDETTI E., IR- U. RAMANSPEKTREN V. 1.2.5-THIADIAZOL U. ZUORDN. SEINER SCHWING. 57-0018
BENEDIKT G., BORVERB. 11. MITT. 57-0245
BEN-EFRAIM D. A., D. PHOTORED. V. KONJUGIERTEN DIACETYLENEN ZU VINYLACETYLENEN 55-0116
BENES M. J., DARST. U. RK. D. ALKALIMETALLACETYLIDE IN DIMETHYLSULFOXID 54-0002
BENEZET L., NICHT-TERPENOIDER KW-STOFF AUS GALBANUM-ESSENZ 54-0471
BENEZRA C., STEREOIDPHOSPHONATE 1. MITT. 56-0460
- STEROIDPHOSPHONATE 2. MITT. 56-0461
- MAGNET. KERNRESONANZ V. PHOSPHONATEN 3. MITT. 57-0205
BENIGNI J. D., SYNTH. V. DEHYDROBUFOTENIN 56-0484
BEN-ISHAI D., N-BENZOYLBENZALDIMINE U. N-ALPHA-ALKOXYBENZYLBENZAMIDE 59-0218
BENKO A., THIAZOL-VERB. 1. MITT. 60-0343
- THIAZOL-VERB. 3.MITT. 60-0345
BENN M. H., CYCLOBUTADIENYL-KATIONEN. ELEKTRONENSTOSS-INDUZIERTE FRAGMENTIER. V. PYRIDAZIN 60-0058
BENNETT C. R., CHEMIE D. PODOCARPACEEN 12. MITT. 54-0263
BENNETT D. J., DARST. V. (FORMYL-2H)- U. (FORMYL-3H)-ALDEHYDEN 56-0213
BENNETT J. E., 2.2.6.6-TETRAMETHYL-PIPERIDYL-1-THIYL - EIN NEUES STABILES RADIKAL 56-0378
BENNETT M. A., CHLORO-TRIS-(TRIPHENYLPHOSPHIN)-IRIDIUM(I), EIN BEISPIEL FUER WASSERSTOFFUEBERGANG V. KOORDINIERTEN LIGANDEN ZUM METALL 60-0032
BENNETT R. P., DIREKTE UMWANDL. AROMAT. NITROVERB. IN ISOCYANATE MIT KOHLENMONOXID 55-0159
BENNETT T. J., VERBESSERTE TECHNIK ZUR AUFZEICHN. KURZZEIT. ELEKTRONENSPINRESONANZSPEKTREN 60-0512
BENTLEY R. K., STRUKTUR V. CAROTATOXIN, EINEM NATUERL. GIFT AUS KAROTTEN 59-0496
BENTRUDE W. G., PHOTOLYSE V. 1.3.2-DIOXAPHOSPH(V)OLEN 56-0358
- PHOTOKONDENS. V. ACETON MIT 2.2.2-TRIMETHOXY-4.5-DIMETHYL-1.3.2-DIOXAPHOSPHOLEN 59-0340
BENVENISTE P., NACHW. V. SQUALEN-2.3-EPOXID IN TABAK-GEWEBS-KULTUREN IN VITRO 61-0570
BENZ S., RK. MIT NITROSODISULFONAT 34. MITT. 59-0356
BERCES T., THERM. ADDIT. V. BROM AN AETHYLEN IN D. GASPHASE 1. MITT. 59-0141
- THERM. ADDIT. V. BROM AN AETHYLEN IN D. GASPHASE 2. MITT. 59-0142
BERCZ C. V., PHOSPHORORGAN. VERB. 55.MITT. 58-0030
BERCZ J. P., PHOSPHORORGAN. VERB. 55.MITT. 58-0030
BERDINSKIJ I. S., SUBSTITUIERTE HYDRAZIDE D. HYDROXYCARBONSAEUREN 32. MITT. 54-0245
- SUBSTITUIERTE HYDRAZIDE D. HYDROXYCARBONSAEUREN 34. MITT. 54-0246
- SUBSTITUIERTE HYDRAZIDE V. HYDROXYCARBONSAEUREN 36. MITT. 57-0215
- SUBSTITUIERTE HYDRAZIDE V. HYDROXYCARBONSAEUREN 38. MITT. 61-0267
BERECOECHEA J., SELEKTIVE ALKYLIER. V. GLYCERIN, DARST. V. POLYAETHERN AUS GLYCERIN U. FETTALKOHOLEN 60-0177
BERGEL F., CYTOAKT. AMINOSAEUREN U. PEPTIDE 12. MITT. 57-0156
BERGELSON L. D., STEREOCHEMIE D. WITTIG-RK. MIT NICHTSTABILISIERTEN U. HALBSTABILISIERTEN YLIDEN 59-0258
BERGER E., POLYACETYLENVERB. 134. MITT. 61-0554
BERGER M. N., STRUKTUR V. TETRAMEREM ALPHA-METHYLSTYROL 54-0048
BERGK K. H., EINW. V. METALLEN AUF ALPHA-HALOGENAETHER 4.MITT. 57-0008
BERGMAN B. H. H., ISOLIER. U. IDENTIFIZIER. V. ALPHA-METHYLEN-BUTYROLACTON, EINER FUNGITOX. SUBSTANZ AUS TULPEN 61-0567
BERGMANN E. D., ORGAN. FLUORVERB. 36. MITT. 55-0127
- EINIGE RK. V. BIPHENYL-2.2'-DIALDEHYD 55-0182
- FULVENE U. THERMOCHROME AETHYLENE 46.MITT. 61-0284
BERGMANN F., SYNTH. U. EIG. V. 8-PYRIDYL-PURINEN 59-0370
BERGMANN P., SYNTH. GEMISCHTER HEXA-HETARYL-ARYLBENZOLE U. AEHNL. VERB. 55-0178
BERGSON G., TAUTOMERIE IN SUBSTITUIERTEN BENZOFULVENEN 59-0101
BERGTHALLER P., PFLANZL. NATURSTOFFE MIT EINER NITROGRUPPE 6. MITT. 59-0498
BERLIN A. J., SYNTH. D. AETHYLESTERS D. O-ACETYL-BETA-(N-P-BIS-(2-CHLORAETHYL)-AMINOPHENYL)-MILCHSAEURE 59-0227
BERLIN K. D., KINETIK D. ZERS. EINES PHOSPHORYLIERTEN TRIAZOLINS, NACHWEIS EINES DIPOLAREN INTERMEDIAEREN IONS 54-0126
BERLIN P., ZUCKERPEROXIDE 3. MITT. 58-0428
BERLIN Y. A., STEREOCHEMIE V. OLIVOMYCINEN 54-0453
BERNABE M., POTENTIELLE PSYCHOTROPICA 2. MITT. 56-0341
BERNABEI D., DERIV. D. METHYLENDIOXYBENZOLS 22. MITT. 59-0317
BERNARDELLI C., EINHORN-RK. MIT AMINOSAEUREN 1. MITT. 61-0182
- EINHORN-RK. MIT AMINOSAEUREN 2. MITT. 61-0183
- EINHORN-RK. MIT AMINOSAEUREN 3. MITT. 61-0184
BERNARDI L., OXAZOLIDINE, BEISPIEL EINER LEICHTEN DEHYDRIER. 55-0252
- HOMOLOGE U. ANALOGE D. ELEDOISINS 8.MITT. 55-0399

BERNARDI R., NEUER, HOCHSELEKTIVER RADIKAL-
CHLORIERUNGSTYP 58-0084
BERNASCONI C. F., NUCLEOPHILE AROMAT. SUBSTITUTIONS-RK.
6. MITT. 54-0103
- NUCLEOPHILE AROMAT. SUBSTITUT.-RK. 7.MITT. 54-0104
BERNATH G., ORD V. EINIGEN MORPHIN- U. CODEIN-DERIV.
55-0023
- SELEKTIVE QUATERNISIER. V. VERB. MIT MORPHIN-SKELETT
55-0342
BERNATH T., N-BENZOYLBENZALDIMINE U. N-ALPHA-
ALKOXYBENZYLBENZAMIDE 59-0218
BERNAUER K., UNTERS. UEBER METALLORGAN. VERB. 1. MITT.
58-0016
- ORGANOMETALLVERB. 2. MITT. 58-0017
- ORGANOMETALLVERB. 3. MITT. 60-0022
BERNER-FENZ L., RK. MIT PHOSPHORORGAN. VERB. 11. MITT.
59-0230
BERNHARD K., D. BIOLOG. VERH. V. FETTSAEUREN MIT
DREIFACHBIND. 2. MITT. 55-0431
BERNSTEIN D., LITHIUM-HALOGEN-AUSTAUSCH 57-0391
- WAGNER-MEERWEINSCHE U. NAMETKINSCHE UMLAGER. D. 2-
PHENYLBORNEOLS 58-0465
BERSCH H. W., HOFMANN-ABBAU V. 3-SUBSTITUIERTEN 3-
HYDROXY-1.1-DIMETHYL-PIPERIDINIUM-HYDROXIDEN U.
VALENZISOMERIE V. 1-DIMETHYLAMINO-PENTADIENEN-(2.4)
2.MITT 53-0166
BERTELLI D. J., GEHINDERTE ROTAT. D. C-N-EINFACHBIND. IN
N'-ARYL-N.N-DIMETHYLFORMAMIDINEN 59-0080
BERTHOLON G., PHYSIKOCHEM. UNTERS. D. PHENOLE 4.MITT.
55-0143
BERTHOU J., KRIST.-STRUKTUR V. 2-BROM-2-NITRO-FENCHAN
54-0070
BERTI G., 31-NORCYCLOARTANOL U. CYCLOARTANOL AUS
POLYPODIUM VULGARE 53-0209
- ISOLIER. V. SERRATEN AUS POLYPODIUM VULGARE 54-0413
- BEST. D. KONSTIT. U. SYNTH. EINES NEUEN FLAVONS AUS
CISTUS MONSPELIENSIS L. 58-0361
BERTIN D., SUBSTITUT. D. 11-HYDROXYGRUPPE V. 3-OXO-
11BETA-HYDROXY-OESTRADIENEN-(4.9) DURCH NUCLEOPHILE
REAGENZIEN UNTER RETENT. D. KONFIG. 56-0473
BERTINI F., GEM.-DIMETALLVERB., RK. V. GEM.-
DIALUMINIUMVERB. MIT ALDEHYDEN U. KETONEN 57-0192
BERTINI V., ISOMERISIER. V. ISOXAZOL-VERB. DURCH EINW. V.
BASEN 3. MITT. 56-0138
- ISOMERISIER. V. ISOXAZOL-VERB. DURCH EINW. V. BASEN 4.
MITT. 56-0139
- IR- U. RAMANSPEKTREN V. 1.2.5-THIADIAZOL U. ZUORDN.
SEINER SCHWING. 57-0018
BERTRAND M., ISOMERISIER.-MECHANISMEN V. BETA-
ACETYLENKETONEN IN ALPHA-ALLENKETONE 55-0073
- SYNTH. IN D. REIHE D. MITTELGROSSEN RINGE 56-0251
- SYNTH. V. CYCLOPROPEN- U. METHYLENCYCLOPROPANKETONEN
56-0260
- SYNTH. U. IDENTIFIKAT. DURCH IR- U. RAMANSPEKTROSKOPIE
DER BEIDEN CIS- U. TRANS-ISOMEREN 2.2-DIMETHYL-1-
(2'.2'-ODER 3'.3'-DIMETHYL-CYCLOPROPYLIDEN)-
CYCLOPROPAN 56-0276
- UMLAGER. V. ALLEN-KETOALKOHOLEN R(1)R(2)C(OH)-CH=C=CH-
CO-R IN SAUREM MEDIUM 57-0303
- SYNTH. V. ALPHA-ALLEN. EPOXIDEN 61-0339
BESFORD L. S., GEGENSEIT. UMWANDL. V. 5-ARYL-
BICYCLO(2.2.1)HEPTEN-(2)-ONEN-(7) U. 6-ARYL-
BICYCLO(3.2.0)HEPTEN-(3)-ONEN-(2) DURCH SAEURE U.
LICHT 61-0322
BESSIERE J., SAEUREKATALYSIERTE UMLAGER. 17. MITT.
61-0314
- SAEUREKATALYSIERTE UMLAGER. 18. MITT. 61-0315
BESSIS G., BEZIEH. ZWISCHEN D. STATIST. U. DYNAM. INDICES
PAAR. ALTERNIERENDER KONJUGIERTER KOHLENWASSERSTOFFE
58-0073
BEST D. C., SUBSTITUENTENEFFEKTE AUF RK. EINES VERMUTETEN
PHENONIUMIONS 56-0134
BESTMANN H., RK. MIT PHOSPHINALKYLENEN 16. MITT. 59-0260
- RK. MIT PHOSPHINALKYLENEN 17. MITT. 61-0227
BETHKE H., POLYACETYLENVERB. 135. MITT. 61-0555
BETKERUR S. N., SYNTH. V. 1-SUBSTITUIERTEN 5-HYDROXY-2-
PHENYL-INDOL-DERIV. AUS CHINONEN 55-0238
BETTINETTI G. F., RK. V. DIARYLDIAZOALKANEN 7. MITT.
59-0321
BETTONI G., VERW. V. 2-HALOGEN-PYRIDIN-N-OXIDEN IN D.
PEPTID-CHEMIE, ANWEND. V. 2-FLUOR-PYRIDIN-N-OXID ZUR
ANALYSE V. N-TERMINALEN AMINOSAEUREN 55-0400
- OPT. ROTAT.-DISPERS. V. N-(2-PYRIDYL-N-OXID)-
AMINOSAEUREN, EMPIR. WECHSELBEZIEH. ZWISCHEN COTTON-
EFFEKT U. CHROMOPHOREN SUBSTITUENTEN 58-0032
BEUGELMANS R., ALPHA-OX. EINES CYCLOPROPAN-DERIV. D.
STEROID-REIHE 54-0431
- PHOTOCHEM. UMLAGER. D. AUS EINER KETOGRUPPE U. EINEM
DAZU KONJUGIERTEN CYCLOPROPANRING BESTEHENDEN
CHROMOPHORS IN D. ISOSTEROIDREIHE, STEREOCHEMIE
54-0442
- PHOTOADDIT. AN KONJUGIERTE DIENE U. PHOTOCHEM.
ALLYLUMLAGER. 61-0544
BEVAN C. W. L., WESTAFRIKAN. HOELZER 19. MITT. 53-0210
- MASSENSPEKTREN V. MELIACINEN U. VERWANDTEN VERB. 1.
MITT. 58-0068
- WESTAFRIKAN. HOELZER 20. MITT. 58-0467
BEYER H., SYNTH. V. 8H-PHTHALAZINO(1.2-B)CHINAZOLONEN-(8)
55-0302
BEYERMAN H. C., OPT. ROTAT.-DISPERSION V. PELLETIERIN,
EINE BESTAETIG. D. ABS. KONFIG. 54-0063
- SYNTH. U. UNTERS. V. GAMMA-SUBSTITUIERTEN ALPHA-
AETHOXYCARBONYL-GAMMA-LACTONEN 55-0220
BEZAGUET A., SYNTH. U. IDENTIFIKAT. DURCH IR- U.
RAMANSPEKTROSKOPIE DER BEIDEN CIS- U. TRANS-ISOMEREN
2.2-DIMETHYL-1-(2'.2'-ODER 3'.3'-DIMETHYL-CYCLOPROPYL-
IDEN)-CYCLOPROPAN 56-0276
BEZMENOV A. J., SUBSTITUT.-RK. V. SULFOLANDERIV. 58-0315
BEZMENOVA T. E., SUBSTITUT.-RK. V. SULFOLANDERIV. 58-0315
BEZUGLYJ V. D., BEST. D. STELL. D. SUBSTITUENTEN V.
SUBSTITUIERTEN TETRALINEN 54-0252
BHAKUNI D. S., PHENOLOX. U. BIOSYNTH. 12. MITT. 53-0192
- PHENOLOX. U. BIOSYNTH. 14. MITT. 61-0571
BHANDARI A. M., ALKOXY-URAN-BROMIDE 60-0027
BHATIA S. B., ORGAN. VERB. MIT 5-BIND. PHOSPHOR 25. MITT.
59-0265
BHATIA V. K., KONSTIT. V. MANGIFERIN 55-0270
BHATTACHARYYA S., STRUKTUR V. HARMIN 54-0462
BHATTACHARYYA S. C., TERPENOIDE 9.MITT. 54-0415
- TERPENOIDE 95. MITT. 55-0357
- TERPENOIDE 96. MITT. 55-0358
- TERPENOIDE 97. MITT. 55-0359
- TERPENOIDE 99. MITT. 55-0361
- TERPENOIDE 104. MITT. 56-0446
- TERPENOIDE 106. MITT. 56-0447
- TERPENOIDE 103. MITT. 57-0378
- TERPENOIDE 107. MITT. 58-0449
- TERPENOIDE 108. MITT. 58-0450
- TERPENOIDE 105. MITT. 59-0451
BHIDE G. V., ACYLIER. EINES ENAMINS D. ACETESSIGSAEUREME-
THYLESTERS 55-0234
BHIMA RAO R., CLAISEN-UMLAGER. 4. MITT. 57-0299
- CLAISEN-UMLAGER. 5. MITT. 61-0232
- CLAISEN-UMLAGER. 6. MITT. 61-0233
BIANCHETTI G., UNTERS. UEBER ENAMINE 19. MITT. 56-0402
- ENAMINE 20. MITT. 57-0292
- ENAMINE 21. MITT. 57-0293
- ENAMINE 22. MITT. 58-0346
- ENAMINE 23. MITT. 58-0347
- ENAMINE 25. MITT. 58-0349
- ENAMINE 26. MITT. 61-0308
BIANCHI M., OEFFN. D. PYRAZOL-RINGES DURCH BASEN 2. MITT.
57-0283
BIANCHINI J., RK. V. 2-CHLOR-2-METHYL-PENTIN-(3) MIT
CH3MGBR, DARST. V. TETRAMETHYLALLEN 56-0164
BICKEL A. F., CHEMIE U. SPEKTROSKOPIE IN STARK SAUREN
LSG. 3. MITT. 61-0091
- CHEMIE U. SPEKTROSKOPIE IN STARK SAUREN LSG.,
REVERSIBLE RK. ZWISCHEN ALIPHAT. CARBONIUMIONEN U. H
61-0097
- CHEMIE U. SPEKTROSKOPIE IN STARK SAUREN LSG.
ELEKTROPHILE SUBSTITUT. AM ALKAN-KOHLENSTOFF DURCH
PROTONEN 61-0120
BICKELHAUPT F., IN 7-STELL. SUBSTITUIERTE NORBORNADIENE,
STER. VERLAUF V. ADDIT.-RK. UNGESAETT. BICYCLO(2.2.1)-
HEPTANDERIV., GUELTIGK.-BEREICH D. ALDERSCHEN EXO-
REGEL 61-0324
BIEDRON S. I., DARST. D. N.N-DIMETHYL-P-METHOXY-L-
PHENYLALANYL-ANALOGEN V. PUROMYCIN 57-0418
BIEDRZYCKA D., PAPAIN-KATALYSIERTE BLDG. V. 1.2-
DIACYLHYDRAZINEN AUS ACYLIERTEN ALPHA-AMINOSAEUREHYDR-
AZIDEN 55-0136
BIELLMANN J., NEUES BEISPIEL D. (1)N-H-KOPPL.,
PYRIDINIUMSALZE 56-0053
- ROLLE D. NATUR D. BASE BEI D. ZERS. V. TOSYLHYDRAZON-
SALZEN 56-0468
BIELLMANN J. F., LSGM.-EFFEKTE IN D. NMR-SPEKTREN V.
ORGAN. SAEUREN U. SALZEN 59-0061
BIELOWSKI P., MOEGLICHK. EINIGER SYNTH. AUS O-
NITROAETHYLBENZOL 4. MITT. 56-0286
BIELY P., STOFFWECHSEL V. 2-DESOXY-D-GLUCOSE IN
BAECKERHEFE 1. MITT. 57-0434
BIEMANN K., ISOLIER. V. RHAZIDIN U. AKUAMMIDIN AUS
ASPIDOSPERMA QUEBRACHO BLANCO, STRUKTUR V. RHAZIDIN
53-0196
BIEN A. S., SPALT. V. KOHLENSTOFF-STICKSTOFF-BIND. IN
HETEROCYCL. QUATERN. AMMONIUMSALZEN 2. MITT. 57-0271
- SPALT. V. KOHLENSTOFF-STICKSTOFF-BIND. IN HETEROCYCL.
QUATERN. AMMONIUMSALZEN 3. MITT. 61-0216
BIEN S., STER. ASPEKTE D. INTRAMOL. CYCLISIER. V. 2-ARYL-
CYCLOHEXYLESSIGSAEUREN 3. MITT. 53-0102
BIENERT M., STEREOCHEMIE V. CLIVONIN U. CLIVIMIN 54-0066
BIERE H., CHLOROPHYLL U. HAEMIN 13.MITT. 59-0447
BIERMANN U., DARST. U. EIG. V. FLUORCARBONYLISOCYANAT
FCONCO U. DIFLUORPHOSPHORYLISOCYANAT F2PONCO 56-0008
- RK. MIT STICKSTOFFTRIFLUORID 2. MITT. 56-0009
- RK. MIT STICKSTOFFTRIFLUORID 4. MITT. 61-0017
BIERNAT J. F., PAPAIN-KATALYSIERTE BLDG. V. 1.2-
DIACYLHYDRAZINEN AUS ACYLIERTEN ALPHA-AMINOSAEUREHYDR-
AZIDEN 55-0136
BIETHAN U., ASTERANE. 2. MITT. 53-0118
BIFFIN M. E. C., EINFACHE PYRIMIDINE 11. MITT. 57-0335
- NEUER WEG V. 4-METHOXY-5-NITRO-PYRIDIN ZU 3-AMINO-4-
NITRO-PYRAZOL U. PYRAZOLO(3.4-B)PYRAZIN 58-0406
BIGLEY D. B., UEBERGANGSZUSTAENDE BEI D. DECARBOXYLIER.
V. BETA-OXO-SAEUREN U. BETA,GAMMA-UNGESAETT. SAEUREN
59-0148

BIHLMAYER G. A., ZUR KENNTNIS CYCL. ACYLALE 17. MITT. 59-0373
BILD N., MASSENSPEKTROMETR. VERH. QUARTAERER STICKSTOFFVERB. 6. MITT. 57-0044
BILLENSTEIN S., TRICYCL. VERB. MIT ZWEI GEMEINSAMEN KOHLENSTOFFATOMEN 1. MITT. 57-0260
- TRICYCL. VERB. MIT ZWEI GEMEINSAMEN KOHLENSTOFFATOMEN 2. MITT. 57-0261
BILLET D., STRUKTUR V. MADECASSINSAEURE, EINEM NEUEN TRITERPEN AUS CENTELLA ASIATICA AUS MADAGASKAR 59-0473
BILLON J., LEWIS-BASEN, 9-ARYLAMINO-ANTHRACENE 1. MITT. 54-0260
BINDER H., SPALT. V. SUBSTITUIERTEN THIOHARNSTOFFEN 56-0228
BINDER U., SYNTH. V. NEUEN C-5 SUBSTITUIERTEN 2-ALLYL-AMINO-1.3.4-THIADIAZOLEN, VERB. MIT EVENTUELLER CYTOSTAT. WKRG. 61-0394
BINENFELD Z., VERW. V. METALLCHLORIDEN IN STATU NASCENDI ALS SULFURIERUNGSKATALYSATOREN BEI D. SYNTH. V. POLYSULFIDEN D. ACENAPHTHENS 55-0197
BINENFELD Z. J., VERW. V. METALLCHLORIDEN IN STATU NASCENDI ALS SULFURIER.-KATALYSATOREN, DARST. V. TOLUOLPOLYSULFIDEN 56-0149
BINKS R., BIOSYNTH. V. KAKTUSALKALOIDEN 54-0478
BINNIG F., ZUR KONJUGATION IN MAKROCYCL. BIND.-SYST. 7. MITT. 53-0089
- KONJUGAT. IN MAKROCYCL. BIND.-SYST. 8. MITT. 55-0179
- ZUR KONJUGAT. IN MAKROCYCL. BIND.-SYST. 9. MITT. 55-0180
BINSCH G., AROMAT. DIAZOVERB., 3.MITT. 53-0037
BIRCH A. J., RK. V. CYCLOHEXADIENEN 7. MITT. 53-0150
- D. ISOLIER. U. CHARAKTERISIER. EINES NEUEN BIFLAVANDERIV.-TYPS AUS EINER XANTHORRHOEA-ART 54-0326
- UMWANDL. EINIGER DIHALOGENCYCLOPROPANE IN UNGESAETT. KETONE 55-0184
- BISNORSTEROID MIT AROMAT. RING C 55-0386
- HOMOGENE HYDRIER. IN GGW. V. S-VERB. 58-0110
- TOTALSYNTH. V. (+)-EQUILENIN- U. (+)-ISOEQUILENIN-METHYLAETHER, BEMERK. ZU PYCLISIER. MITTELS POLYPHOSPHORSAEURE 60-0485
- SYNTH. V. O-ISOPENTENYL-PHENOLEN 61-0234
- HYDRIER. V. EINIGEN CHINONEN ZU ENDIONEN 61-0279
BIRCHALL J. M., POLYFLUORARENE 8. MITT. 53-0094
- CYCLOPROPANE ALS QUELLE FUER DIFLUORCARBEN 57-0191
- MECHANISMUS D. NUCLEOPHILEN SUBSTITUT.-RK. BEI POLYFLUORARENEN 58-0122
BIRD C. L., UMLAGER. V. CYCLOPROPYLCARBENEN 61-0236
BIRD C. W., ORGANOMETALLZWISCHENSTUFEN 1. MITT. 61-0137
BIRD P. H., STRUKTUR V. DIMEREM AZULENTRICARBONYLMETHYL-MOLYBDAEN, (C10H8MO(CO)3CH3)2 61-0009
BIRD P. R., SYNTH. D. CHOLINPHOSPHATS 56-0192
BIRJUKOV I. P., KERNQUADRUPOLRESONANZ, INDUKT.-EFFEKT U. KONJUGAT. D. GEMINALEN SUBSTITUENTEN IN ORGAN. CHLORVERB. 55-0034
BIRKOFER L., SILICIUMORGAN. VERB. 33.MITT. 60-0202
- SILICIUMORGAN. VERB. 32. MITT. 61-0185
- UEBER SILICIUMORGAN. VERB. 31. MITT. 61-0376
BIRUM G. H., EIN STABILES VIERRING-YLID-KETON-ADDUKT 54-0285
BISHOP E., ISOLIER. U. STRUKTUR V. SPORIDESMOLID IV, EINEM CYCLOHEXADEPSIPEPTID AUS PITHOMYCES MAYDICUS 57-0412
BISHOP G. J., TORSIONSBARRIEREN IN N.N'-DIACYLHYDRAZINEN 61-0050
BITE P., DARST. V. STEROIDGLYKOSIDEN 57-0402
BITHA P., NAPHTHACENCHINONE 55-0201
BITMAN G. L., BLDG. V. FULVALEN BEI D. OX. V. CYCLOPENTADIENYLIDEN D. ALKALIMETALLE 57-0206
- RK. V. CYCLOPENTADIENYLNATRIUM MIT N-BUTYLLITHIUM 61-0238
BIXON M., POTENTIALFUNKT. U. KONFORMAT. V. CYCLOALKANEN 54-0065
- FOLGER. FUER STRUKTUR U. RINGSPANNUNGSENERGIE AUS D. 'INTRAANNULAREN' SUBSTITUT. D. CYCLODECANRINGES 58-0070
BJERRUM A. M., BEWEIS FUER D. WECHSELWRKG. D. NAECHSTEN NACHBARN IN EINIGEN CARBOXYMETHYL-UEBERGANGSMETALL-KOMPLEXEN 59-0001
BLACK D. S. C., STEREOSELEKTIVE PHOTO-UMLAGER. EINES PYRROLIN-1-OXIDS 54-0297
BLACKBOROW J. R., WASSERSTOFF-ISOTOPEN-AUSTAUSCH IN SUBSTITUIERTEN ANILINIUMIONEN 54-0105
BLACKMAN A. J., TRIAZOLE 8. MITT. 57-0294
BLAHA K., AMINOSAEUREN U. PEPTIDE 67. MITT. 55-0021
- AMINOSAEUREN U. PEPTIDE 73. MITT. 60-0489
BLAIR J. A., RK. V. CYCLOHEPTATRIEN MIT BENZOYLIUMFLUORO-BORAT 54-0219
BLANC-GUENEE J., MEHRFUNKTIONELLE ACETYLENDERIV., TERT. ALKOXY- U. AMINOALKOXY-CARBINOLE 58-0177
BLANDAMER M. J., ANWEND. V. SPEKTROSKOP. U. RELAXAT.-TECHNIKEN ZUR UNTERS. V. TERT.-BUTYLALKOHOL-WASSER-GEMISCHEN 57-0073
BLANK H. U., PYRIMIDINE 21. MITT. 55-0309
BLASDALE J. H. C., ISOLIER. V. CYCLOARTENOL U. 24-METHYLEN-CYCLOARTANOL AUS D. UNECHTEN KOLANUSS (GARCINIA KOLA HECKEL) 55-0372
BLASZKIEWICZ P., POLYACETYLENVERB. 122.MITT. 54-0463
BLATCHLY J. M., BIPHENYLENE 16. MITT. 55-0202
BLATTMANN H., ELEKTRONENZUSTAENDE V. PERIMETER-PI-SYST. 2. MITT. 54-0024
BLAUSCHMIDT P., 4-AMINO-THIAZOLE 57-0288
BLEARS D. J., NMR-UNTERS. D. PROTONIER. N-HETEROCYCL. MOLEKUELE 61-0045
BLEISCH S., ORGAN. SCHWEFELVERB., 73. MITT. 53-0073
BLIESENER K., ZUR WEITEREN KENNTNIS D. CHLOROPHYLLS U. D. HAEMINS 14.MITT. 55-0349
BLOCH R., THERM. CYCLISIER. D. EPSILON.ZETA-AETHYLEN-ALDEHYDE 61-0273
BLOODWORTH A. J., RK. V. ORGANOMETALLVERB. 7.MITT. 61-0020
BLOTNY G., BAS. EIG. V. METHYL- U. TERT.-BUTYLESTERN V. AMINOSAEUREN 53-0042
- EINFL. D. STRUKTUR V. AMINOSAEUREN AUF D. GESCHW. D. BLDG. V. PEPTIDBIND 55-0135
BLOUNT J. F., ABS. KONFIG. U. STEREOSPEZIFITAET D. (SARKOSINATO-BIS-(AETHYLENDIAMIN)-KOBALT(III))-IONS 58-0002
BLOURI B., CYCLISIER. REINER KW-STOFFE U. RK. ALIPHAT. AMINE IN GGW. EINES BIFUNKTIONELLEN KATALYSATORS 54-0133
- EINFL. D. TEMP. AUF D. CHLORIER. V. GESAETT. KW-STOFFEN 58-0167
BLUNT J. W., RK. V. EPOXIDEN 13. MITT. 56-0465
BLYTHIN D. J., STRUKTUR V. HYDROCYANSALID, EINEM NEUEN MG-REAGENZ 61-0347
BOBEK M., BESTANDTEILE D. NUCLEINSAEUREN U. IHRER ANALOGEN, 91.MITT. 56-0361
BOCA J., OX. V. AMIN-MAGNESIUMVERB. 58-0321
- NITRONE V. INDOLENINTYP U. TAUTOMERE N-HYDROXY-INDOLE 58-0322
BOCCHI V., STRUKTUR D. PYRROLO-OX.-PROD. C12H17N3O3 54-0298
BOCCU E., OZONOLYSE V. 7-HYDROXY-DERIV. D. TRYPTOPHANS 55-0233
- PEPTIDE D. KYNURENINS 57-0409
BOCEK K., ZUSAMMENHANG V. IR-FREQUENZEN U. -INTENSITAETEN MIT REAKTIVITAETSDATEN 56-0042
BOCHKOV A. F., NEUE METH. D. GLYKOSYLIER. 54-0379
BOCK H., METALL(0)-VERB. MIT NICHTAROMAT. STICKSTOFF-PI-SYST. 6. MITT. 54-0152
BODALSKI R., ALKYL- U. ALKENYLPYRIDINE 14. MITT. 56-0377
- ALKYL- U. ALKENYL-PYRIDINE. 15.MITT. 59-0359
BODANSZKY A., RACEMISIER. BEI PEPTID-SYNTH., MECHANISMUS-SPEZIF. MODELLE 60-0146
BODANSZKY M., RACEMISIER. BEI PEPTID-SYNTH., MECHANISMUS-SPEZIF. MODELLE 60-0146
BODENDORF K., DARST. V. ARYL-BUTEN-INEN U. PHENYLHEXADI-EN-IN 61-0230
BODENNEC G., QUANT. UNTERS. ZUR REAKTIVITAET 13. MITT. 56-0126
BODGER E. O., NIEDERFREQUENTE MOL.-BEWEG. V. HARNSTOFF DURCH NEUTRONENSREUUNGSSPEKTROSKOPIE 54-0052
BODNARJUK F. N., AMINOALKYLESTER D. ALKYLBENZOESAEUREN 1. MITT. 54-0200
BODOT H., KONFORMERENGLEICHGEW. BEI 2-CHLOR-CYCLOHEXANOLEN, (IR U. NMR) 56-0101
- QUANT. UNTERS. ZUR REAKTIVITAET 13. MITT. 56-0126
BODRIKOV I. V., PINAKOLIN-UMLAGER. BEI D. HALOGENIER. TERT. UNGESAETT. ALKOHOLE 58-0185
- UMLAGER. BEI D. HALOGENIER. V. METHYLVINYLPHENYLCARBI-NOL 58-0226
BOECK H., ORGAN. PEROXIDE, 6.MITT. 54-0125
BOEDEKER J., S-N-BIND. 1. MITT. 58-0356
BOEHLER P., HOMO-ISOFLAVONE, EINE NEUE KLASSE V. NATURSTOFFEN, ISOLIER. U. STRUKTUR V. EUCOMIN U. EUCOMOL 61-0413
BOEHM H., PAPAVER BRACTEATUM LINDL 4. MITT. 55-0429
BOEHM J., INNERE ROTAT. UM D. C(AROM)-O-BIND. 1. MITT. 57-0062
- INNERE ROTAT. UM D. C(AROM)-O-BIND. 2. MITT. 60-0069
BOEHME H., ALPHA-THIOCYANATO- U. ALPHA-ISOTHIOCYANATOSUL-FIDE 53-0059
- ALPHA-HALOGENIERTE AMINE 16.MITT. 55-0133
- N-HYDROXYMETHYL- U. N-DIALKYLAMINOMETHYLTHIOCARBON-SAEUREAMIDE 56-0219
- ACETOXY-METHYLRHODANID U. ALKOXY-METHYLENSENFOELE 58-0204
- ALPHA-HALOGENIERTE AMINE 16. MITT. 60-0164
- ALPHA-HALOGENIERTE AMINE 17. MITT. 60-0165
- BLDG. U. RK. V. DIALKYL-BENZYL-AETHOXYCARBONYL-AMMONIUMHALOGENIDEN 60-0220
- ALPHA-HALOGENIERTE AMINE 18. MITT. 60-0389
- ALPHA-HALOGENIERTE AMINE 20. MITT. 61-0167
BOEHRINGER H., INHALTSSTOFFE D. GRUENEN KNOLLENBLAETTER-PILZES, 32. MITT. 58-0503
- INHALTSSTOFFE D. GRUENEN KNOLLENBLAETTERPILZES 33. MITT. 60-0491
BOEHRINGER W., ISOFLAVONGLYKOSIDE 8.MITT. 53-0189
BOEKELHEIDE V., ELEKTRONENZUSTAENDE V. PERIMETER-PI-SYST. 2. MITT. 54-0024
BOESHAGEN H., SYNTH. D. 3-HYDROXY-1.2-BENZISOXAZOLE 55-0249
- 1.2-BENZISOTHIAZOLIN-THIONE-(3) U. 3-IMINO-3H-1.2-BENZODITHIOLE 60-0346
BOGAERT-VERHOOGEN D., SYNTH. AUF D. GEBIET D. AROMAT. POLYCYCL. VERB. 25. MITT. 61-0297

BOGARD T. L., BICYCLONONATRIEN-UMLAGER. 61-0318
BOGATSKIJ A. V., ALKOXYVERB. 24. MITT. 60-0394
BOGDANOVA A. V., SYNTH. U. UMWANDL. V. TERT. DIACETYLEN-U. ALKOXYENINALKOHOLEN ALICYCL. REIHE 56-0263
- SYNTH. U. UMWANDL. V. PRIM. U. SEK. DIACETYLENGLYKOLEN U. ALKOXY- U. ALKYLTHIOENINALKOHOLEN 58-0176
BOGDANOWICZ-SZWED K., ARYLAMIDE V. 2-ARYLAMINO-CYCLOPENTEN-(1)-THIOCARBONSAEUREN U. IHRE ANWEND. ZUR SYNTH. V. HETEROCYCL. VERB. 53-0160
BOGDANSKY S., BEZIEH. ZWISCHEN COTTON-EFFEKT IN D. LAD.-UEBERTRAG.-BANDE U. D. ABS. KONFIG. V. ALPHA-AMINOSAEUREN IN KUPFER(II)-KOMPLEXEN 61-0002
BOGNAR R., CYCLISIER.-RK. V. MONO- U. DISUBSTITUIERTEN BIGUANIDEN MIT PHENYLISOTHIOCYANAT 59-0392
BOGRI T., PROSTAGLANDINE. 2. MITT. 53-0229
BOHLMANN F., POLYACETYLENVERB. 119. MITT. 53-0064
- POLYACETYLENVERB. 120. MITT. 53-0133
- POLYACETYLENVERB. 121. MITT. 54-0147
- LUPINEN-ALKALOIDE 38. MITT. 54-0390
- POLYACETYLENVERB. 122.MITT. 54-0463
- POLYACETYLENVERB. 123. MITT. 56-0328
- POLYACETYLENVERB. 124. MITT. 56-0329
- POLYACETYLENVERB. 125. MITT. 56-0330
- POLYACETYLENVERB. 126. MITT. 56-0331
- POLYACETYLENVERB. 127. MITT. 58-0507
- POLYACETYLENVERB. 128. MITT. 59-0490
- POLYACETYLENVERB. 129. MITT. 59-0491
- POLYACETYLENVERB. 130. MITT. 59-0492
- POLYACETYLENVERB. 131. MITT. 59-0493
- POLYACETYLENVERB. 132. MITT. 59-0494
- POLYACETYLENVERB. 133. MITT. 59-0495
- UEBER FLAVONE AUS CENTAUREA-ARTEN 61-0410
- POLYACETYLENVERB. 134. MITT. 61-0554
- POLYACETYLENVERB. 135. MITT. 61-0555
BOHN M., UMSETZ. V. POLYNITROAROMATEN MIT PHLOROGLUCIN IN ALKAL. LSG. 3. MITT. 53-0113
- RK. V. HALOGENNITROVERB. 1. MITT. 61-0313
BOICHARD J., METALLOCENE 16. MITT. 55-0013
BOISSONNAS C. G., THERMODYNAM. EIG. BIN. GEMISCHE, MISCH.-WAERMEN D. N-ALKANE SOWIE IHRER ISOMEREN 58-0091
BOJARSKA A. B., NEUE, IN 3- U. 5-STELL. SUBSTITUIERTE HYDANTOIN-DERIV. 10. MITT. 57-0281
BOJARSKI J., N-ACYL-DERIV. V. BARBITURATEN 9. MITT. 55-0299
BOJKO I. P., STEREOCHEMIE D. ACETYLENSYNTH. 5. MITT. 58-0390
BOLARD J., ABS. KONFIG. V. HYDROXYSAEUREN 54-0059
BOLDT P., 1.1-DICYAN-CYCLOPROPANE 56-0270
- CHINONSYNTH. 3. MITT. 56-0297
BOLDUREV B. G., THIOSULFONSAEUREN 18.MITT. 60-0209
BOLDYREV B. G., THIOSULFONSAEUREN 15. MITT. 54-0192
BOLESOV I. G., ANWEND. D. IR-SPEKTROSKOPIE ZUR BEST. D. KONFIGURATION V. 2-SUBSTITUIERTEN PHENYLCYCLOPROPANEN 60-0085
BOLGER B. J., STEREOCHEM. UNTERS. AN FLAVANEN 53-0158
BOLT A. J. N., CHEMIE D. SANTONINS 8. MITT. 55-0373
BOLTON C. H., CHLORIMIN BEI D. UMSETZ. V. PHOSPHRPENTA-CHLORID MIT 2-ACETAMIDO-1.3.4.6-TETRA-O-ACETYL-2-DESOXY-BETA-D-GLUCOPYRANOSE 61-0462
BON M., RK. D. CARBONYLGRUPPE MIT AMINOPHOSPHINEN, RK. V. AMINOPHOSPHORANEN 56-0386
BONASTRE J., UNTERS. D. POLARITAET STATIONAERER PHASEN IN D. GAS-FL.-CHROMATOGRAPHIE 1. MITT. 58-0092
BONATI A., TRITERPENE AUS GLYCYRRHIZA GLABRA 4. MITT. 59-0465
BONATI F., KOORDINAT. KLEINER MOL. DURCH BIS-(TRIPHENYLPHOSPHIN)-PLATIN(0), RK. MIT H2S, H2SE U. H2TE 60-0034
BOND. A. C., IR-SPEKTREN V. METHYLDIBORANEN, UNTERS. V. INSTABILEN SUBSTANZEN UNTER ANWEND. D. 'MULTIPLE-SCAN'-INTERFERENZ-SPECTROSCOPIE 56-0038
BONDAREV G. N., GESETZMAESSIGK. D. ADDIT. AN KONJUGIERTE ENINKETONE 3. MITT. 59-0176
- GESETZMAESSIGK. D. ADDIT. AN KONJUGIERTE ENINKETONE 4. MITT. 59-0332
BONDIOU J., CHEM. KONSTIT. D. GLUCIDTEILS V. MADECASSOSID 59-0472
BONDYBEY V., SOLVOLYSE V. DIMETHYL-ARYL-ACETOXY-SILANEN MIT N-PROPANOL 59-0124
BONHOMME M., SYNTH. V. THIENO(2.3-D)PYRIDAZINEN U. THIENO(3.4-D)PYRIDAZINEN AUS THIOPHENDERIV. 61-0442
BONNET P., POLYACETYLENVERB. 124. MITT. 56-0329
BONNETT R., MESO-REAKTIVITAET V. PORPHYRINEN U. VERWANDTEN VERB. 3. MITT. 59-0448
BONNI E., CYCLISIER.-RK. V. N-CARBAMOYL- U. N-ACYL-DERIV. D. DLHOMOSERINS 55-0240
BONNIER J., RK.-FAEHIGK. D. 2-METHYL-NAPHTHALINS MIT FREIEN PHENYLRADIKALEN 54-0249
- REAKTIVITAET V. 1-METHYL-NAPHTHALIN GEGENUEBER FREIEN PHENYLRADIKALEN 56-0291
- EINFL. D. METHYLSUBSTITUENTEN AUF D. RADIKAL-REAKTIVITAET V. PYRIDIN 57-0099
- RADIKALREAKTIVITAET V. 2-METHYL-PYRIDIN GEGENUEBER FREIEN PHENYLRADIKALEN 57-0323
BONOMI L., KINETIK D. RK. V. PIPERIDIN MIT HALOGEN-NITRONAPHTHALINEN 5. MITT. 58-0123
BOOTH B. L., RK. V. FLUOROLEFINEN MIT DIKOBALTOCTACARBO-NYL 60-0029
BOOTH D. J., ADDIT. U. METALLIER. BEI D. RK. V. N-BUTYL-LITHIUM MIT 2-FERROCENYL-PYRIDIN 56-0024
BOOTH H., PROTONENMAGNET. RESONANZ CYCL. VERB., 5. MITT. 53-0022
- H(1)-NMR-SPEKTREN U. KONFORM. V. CIS- U. TRANS-DECAHYDROCHINOLIN 56-0075
- DARST. V. CIS- U. TRANS-2-ALKYL-N.N-DIMETHYL-CYCLOHEXYLAMINEN 58-0263
- BEMERKENSWERTE ''DESHIELDING'' EFFEKTE IN D. (1)H KERNMAGNET. RESONANZSPEKTREN V. SALZEN D. CYCL. N-DITHIOCARBOXYAMINE 61-0048
BOOTHE J. H., NAPHTHACENCHINONE 55-0201
BOR G., SCHWEFELHALT. METALLCARBONYLE 8.MITT. 58-0026
BORCIC S., SEKUNDAERE WASSERSTOFF-ISOTOPEN-EFFEKTE, 9. MITT. 54-0098
- 'BICYCLOBUTONIUM-ION', RK. V. (1-METHYLCYCLOPROPYL)-CARBINYLU. 1-METHYLCYCLOBUTYLMETHANSULFONATEN MIT NATRIUMBORHYDRID UNTER SOLVOLYT. BEDING. 54-0099
BORDEN D. G., BOR-PHOTOCHEMIE, 1-PHENYLCYCLOHEXADIEN-(1.4) AUS NA-TETRAPHENYLBORAT 54-0238
BORDEN W. T., ELEKTRONENSTRUKTUR V. TRIMETHYLENMETHAN 53-0053
- TRIPLETT-ZUSTAND V. CYCLOPROPYLIDEN 54-0078
BORDENCA C., CARBONYLIER. V. PIPERYLEN IN GGW. V. PALLADIUMCHLORID 56-0177
BORISEVIC A. N., RK. V. ARYLAMIDEN D. MONOACETYLTHIOES-SIGSAEURE MIT AMMONIAK U. PRIM. AMINEN 61-0178
BORISOVA E. A., DARST. V. ESTERN D. CYANESSIGSAEURE DURCH UMESTER. 61-0161
BORNOWSKI B., AMINOMETHYLIER. V. TETRALON-(1)-SULFONSAEURE-(3) U. NAPHTHOLSULFONSAEUREN, DARST. V. METHYLNAPHTHOLSULFONSAEUREN 53-0098
BORNUZ M., NITRIERTE-SULFONAMID-QUECKSILBER-VERB. 55-0432
BOROVICKA M., NEUROTROPE U. PSYCHOTROPE SUBSTANZEN 9. MITT. 58-0229
BOROWIECKI L., UNTERS. V. BORNYLEN 61-0516
BOROWITZ I. J., ORGANOPHOSPHOR-CHEMIE 5. MITT. 56-0293
BOROWSKI E., RETROALDOLSPALT. U. OXYDATIVER ABBAU V. AMPHOTERICIN B. PARTIALSTRUKTUR D. ANTIBIOTIKUMS 53-0244
BORRMANN D., UMSETZ. V. CARBONYLVERB. MIT SAEURECHLORIDEN IN GGW. TERT. AMINE 2. MITT. 58-0200
- DARST. V. FORMAMIDINEN U. DICHLORACETIMIDSAEUREESTERN AUS SCHIFFSCHEN BASEN D. CHLORALS 59-0177
- UMSETZ. V. KETONEN MIT KETEN IN GGW. V. BORTRIFLUORID 59-0300
BORROR A. L., UMWANDL. V. DODECYLPYRIDINIUMBROMID 1.MITT. 59-0360
BORSDORF R., DIPOLMESS. U. SPEKTROSKOP. UNTERS. AN ALPHA,ALPHA'-DIHALOGEN-CYCLOHEPTANONEN U. -OCTANONEN 57-0063
BORSY J., DERIV. V. ALKOXYBENZOESAEUREN 3.MITT. 55-0155
- PIPERAZINDERIVATIVE 2. MITT. 59-0383
BORUS I., THIAZOL-VERB. 3.MITT. 60-0345
BOS H. J. T., CARBANION-BLDG. AUS ESTERN D. ORTHOTHIOKOHLENSAEURE DURCH NUKLEOPHILE SUBSTITUTION AN SCHWEFEL 59-0192
BOSC B., SYNTH. EINIGER NEUER TETRAHYDROFURANAETHER 56-0325
BOSE A. K., UNTERS. UEBER LACTAME 7. MITT. 54-0283
- NMR-SPEKTRAL-UNTERS. 4. MITT. 55-0037
- UNGEWOEHNL. FRAGMENTE EINIGER SUBSTITUIERTER BETA-LACTAME BEI ELEKTRONENSTOSS 58-0060
BOSISIO G., HOMOLOGE U. ANALOGE D. ELEDOISINS 8.MITT. 55-0399
BOSNJAK J., RK. MIT BLEITETRAACETAT. 10. MITT. 53-0128
BOSTOCK A. H., H(1)-NMR-SPEKTREN U. KONFORM. V. CIS- U. TRANS-DECAHYDROCHINOLIN 56-0075
- BEMERKENSWERTE ''DESHIELDING'' EFFEKTE IN D. (1)H KERNMAGNET. RESONANZSPEKTREN V. SALZEN D. CYCL. N-DITHIOCARBOXYAMINE 61-0048
BOTER H. L., ORGANOPHOSPHORVERB. 5. MITT. 57-0163
BOTHOREL P., KONFORM.-ANALYSE D. N-ALKANE DURCH DEPOLARISIERTE RAYLEIGH-STREUUNG 56-0030
BOTT K., CARBONSAEURESYNTH. MIT 1.1-DICHLOR-AETHYLEN 1. MITT. 55-0110
BOTTARI F., 31-NORCYCLOARTANOL U. CYCLOARTANOL AUS POLYPODIUM VULGARE 53-0209
- ISOLIER. V. SERRATEN AUS POLYPODIUM VULGARE 54-0413
BOTTEGHI C., SYNTH. EINIGER ALPHA.BETA-UNGESAETT. OPT. AKT. KETONE MIT SEK.-BUTYL-GRUPPEN 58-0186
BOTTINI A. T., LSGM.-ABHAENG. CHEM. VERSCHIEB. D. EXO-ALPHA-(1)H-RESONANZEN IN D. NMR-SPEKTREN V. QUATERN. PIPERIDINIUM-SALZEN 53-0021
- STEREOCHEMIE D. QUATERNISIER. V. PIPERIDINEN 54-0341
BOTTLER R., DARST. V. TEREPHTHALOYLDIISOCYANAT 54-0202
- DISUBSTITUIERTE C-CHLOR-AMINO-METHYLENSULFONAMIDE U. N-ALKOXYCARBONYL-C-CHLOR-METHYLENAMIDE 61-0211
BOTTOMLEY W., RK. V. AMINEN MIT METHYLPROPIOLAT 58-0211
- H-N-C-H-KOPPL. IN D. NMR-SPEKTREN V. 3-AMINO-ACRYLSAEUREESTERN 60-0051
BOTTON F. H., SELEKTIVITAET BEI D. ALKYLIER. MIT BENZYLOXYMETHYL-HALOGENIDEN, EINFL. D. HETEROGENITAET U. ANDERER FAKTOREN 58-0276
BOUAS-LAURENT H., PHOTOADDIT. IN D. ANTHRACENREIHE, DARST. NEUER GEMISCHTER DIMERER 57-0226
- ELEKTRONENVERTEIL. IN MESO-STELL. U. PHOTODIMERISIER. SUBSTITUIERTER ANTHRACENE 58-0077
- SYNTH. U. STRUKTUR V. TRISUBSTITUIERTEN ANTHRACEN-DERIV., D. EINEN PERI-EFFEKT AUFWEISEN 59-0281

BOUBY L., BLDG. NEGATIVER IONEN V. GLYOXAL U. DIACETYL 57-0048
BOUCHERLE A., 2.2-DIPHENOXY-AETHYLAMINE 59-0210
BOUDET R., HYDRIER.-VERS. EINES BENZOMETATHIAZINS MIT LITHIUMALUMINIUMHYDRID 57-0347
BOUGET H., HYDRIER. EINIGER KONJUGIERTER DIENAMINE 59-0195
BOUGOT-DANION R., STRUKTUR EINIGER BETA-MONOSUBSTITUIERTER ALPHA-ACETYL-ACRYLATE, ADDIT. V. DIAZOMETHAN AN DIESE VERB. 55-0248
BOUGUERRA M. L., EINW. V. NATRIUM AUF GEMISCHE V. ALPHA,BETA-AETHYLEN-KETONEN U. ACRYLONITRIL 57-0151
BOUILLANT M., C-GLUCOSYLIER. D. CHALKONS D. NARINGENINS U. UMSETZ. ZUM 6.8-DIGLUCOSYL-APIGENIN 60-0438
BOUKHORS A., MAGNET. U. OPT. UNTERS. D. ANGEREGTEN TRIPLETTZUSTANDS V. INDOL U. METHOXYINDOLEN 55-0025
BOULARAND G., NUCLEOPHILE SUBSTITUT. AN EINEM AETHYLENKOHLENSTOFF, WRKG. V. ORGANOMAGNESIUMVERB. AUF BETA-HALOGEN-CROTONSAEURENITRILE 59-0180
BOULAY N., KINET. UNTERS. D. ALKAL. SOLVOLYSE V. ALPHA-FORMYL-PROPIOPHENON IN AETHANOL-WASSER- U. DIOXAN-WASSER-GEMISCHEN 56-0127
BOULD L., CHINONE V. INTERESSE IN D. TETRACYCLIN-CHEMIE 58-0284
BOULTON A. J., PYRIMIDINE 15. MITT. 59-0387
BOULTON J. J. K., STRUKTUR V. TETRAMEREM ALPHA-METHYLSTYROL 54-0048
BOURDAIS J., NEUE OXINDO-DERIV., ESTER D. 2-OXO-INDOLIN-U. 1-HYDROXY-2-OXO-INDOLIN-3-CARBONSAEUREN 57-0275
BOURGEOIS C. F., VERGLEICHENDE UNTERS. ZWISCHEN THERMOLYT. U. ELEKTRONENSTOSS-FRAGMENTIER. 2. MITT. 53-0052
BOURGERY G., DARST. V. ENAMIDEN U. STEROIDAMIDEN 54-0429
BOURGOIN-LAGAY D., HYDRIER.-VERS. EINES BENZOMETATHIAZINS MIT LITHIUMALUMINIUMHYDRID 57-0347
BOUSCASSE L., PHYSIKO-CHEM. UNTERS. AN THIAZOLEN 4. MITT. 57-0055
BOUSSINESQ J., CIS- U. TRANS-OKTAHYDRO-CYCLOPENTA(B)- U. -CYCLOPENTA(C)PYRANE 59-0352
- KONFIG.-UNTERS. D. 5-AMINO-TRANS-PERHYDROINDANOLE-(6), SYNTH. V. DREI ISOMEREN 60-0268
BOUSTANY K. S., UNTERS. UEBER METALLORGAN. VERB. 1. MITT. 58-0016
- ORGANOMETALLVERB. 2. MITT. 58-0017
- ORGANOMETALLVERB. 3. MITT. 60-0022
BOUTRY P., MECHANISMUS D. DEHYDRIER. EINES PARAFFINS MIT SAUERSTOFF 54-0143
BOUZARD D., OX. V. CHLOR-NITRO-, CHLOR- U. METHYLPHENOLEN 55-0144
BOVERI S., ALKYL- U. ARYL-SUBSTITUIERTE PYRAZINCARBONSAEUREN 54-0358
- AMINOPYRAZINE 54-0359
BOWER H. J., ELEKTRONENSPINRESONANZ V. 2-PYRIDYL IN GAMMA-BESTRAHLTEM PYRIDIN 60-0055
BOWERS A., STEROIDE 296. MITT. 53-0222
BOWIE J. H., MASSENSPEKTROMETRIE 17. MITT. 53-0026
- ELEKTRONENSTOSS-UNTERS. 3.MITT. 55-0049
- STRUKTUR V. OCHROMYCINON 56-0296
- SKELETTUMLAGER. AROMAT. AZOXYVERB. DURCH ELEKTRONENSTOSS 57-0110
- FARBSTOFFE D. APHIDIDAE 32. MITT. 57-0371
- FARBSTOFFE D. APHIDIDAE 33. MITT. 57-0372
- FARBSTOFFE D. APHIDIDAE 34. MITT. 57-0373
- FARBSTOFFE D. APHIDIDAE 35. MITT. 57-0374
- SKELETTUMLAGER. V. MERCAPTOESTERN DURCH ELEKTRONENSTOSS 58-0059
- MASSENSPEKTROMETRIE 20.MITT. 61-0061
- ELEKTRONENSTOSSRK. 20 MITT. SKELETTUMLAGER. ORGAN. SCHWEFELVERB. BEI ELEKTRONENSTOSS 61-0062
BOWMAN D. F., STER. INDUZIERTE ABWEICH. BEI D. PHENOL-OX. 59-0402
BOYD D. R., LITHIUM-HYDROGEN-(1-BUTYL)-BIS-ISOPINOCAMPHEYL-BORAT, EIN REAGENZ FUER ASYMM. RED. V. IMINEN 58-0010
- CHINOLIN-ALKALOIDE AUS SKIMMIA JAPONICA THUNB. 60-0451
BOYER F., DARST. U. EIG. V. EINIGEN HYDROXYMETHYLEN-CYCLOHEXENONEN 54-0233
- DARST. D. BETA-(BENZOFURYL-(3))-PROPIONSAEURE 58-0314
- SYNTH. V. CHINOLINBASEN 60-0386
BOYER J., UMLAGER. V. KETONEN IN D. FLUORENREIHE 2. MITT. 56-0299
BOYKIN D. W. JUN., LSGM.-EINFL. IN D. NMR-SPEKTROSKOPIE, BEST. D. KONFIG. V. 3-RING-CARBONYLVERB. DURCH BENZOL-INDUZIERTE CHEM. VERSCHIEB. 55-0041
BOZJANOV B., ALKALOIDE AUS VINCA HERBACEA W.K. 8. MITT. 57-0365
BRABAND J., KONFORM. U. PHYSIKAL. DATEN V. ALKANEN U. CYCLANEN 2. MITT. 61-0075
BRACHA P., EINIGE RK. V. BIPHENYL-2.2'-DIALDEHYD 55-0182
BRACKMAN W., CU-KATALYSIERTE OX. V. UNGESAETTIGTEN CARBONYLVERB. 6. MITT SYNTH. V. ALPHA,BETA-UNGESAETTIGTEN GAMMA-LACTAMEN DURCH OXYDATIVE KUPPL. V. UNGESAETTIGTEN KETONEN UND AMMONIAK 56-0332
BRADBURY A. F., STRUKTUR V. APAMIN 61-0550
BRADBURY R. B., STRUKTUR U. SYNTH. V. HOMOAPORPHINEN, NEUE GRUPPE V. 1-PHENAETHYL-ISOCHINOLIN-ALKALOIDEN 59-0433
BRADSHAW R. W., BESTANDTEILE V. LEUCADENDRON-ARTEN 1.MITT. 57-0420
- BESTANDTEILE V. LEUCADENDRON-ARTEN 2. MITT. 59-0488
BRAENDLIN H. P., PENTACYCLODECAN-CHEMIE 2. MITT. 55-0206
BRAENDSTROEM A., RK. V. TERT.-BUTYLHYPOCHLORIT MIT M-KRESOL 57-0165
BRAEUNLING H., KONJUGAT. IN MAKROCYCL. BIND.-SYST. 8. MITT. 55-0179
BRAIDY R., GEOMETR. UNTERS. D. KRIST. FORM V. CIS-CYCLOOCTEN-(1)-CARBONSAEURE-(1), BERECHN. D. BEZIEH. ZWISCHEN D. KRIST.-FLAECHENWINKELN U. D. PARAMETERN D. ELEMENTARZELLE 59-0097
BRAMLEY R., PARAMAGNET. FERROCEN-SAEUREADDUKTE 59-0033
BRANDSMA L., SYNTH. U. RK. V. ALIPHAT. 1.2.3-TRIENEN 55-0114
- CHEMIE D. ACETYLENAETHER 87. MITT. 55-0118
- CHEMIE V. ACETYLENAETHERN 88. MITT. 57-0129
- CARBANION-BLDG. AUS ESTERN D. ORTHOTHIOKOHLENSAEURE DURCH NUKLEOPHILE SUBSTITUTION AN SCHWEFEL 59-0192
- DARST. U. THERM. ZERS. V. 5-PENTYL-1.2.3.4-THIATRIAZOL 60-0358
- DARST. V. ALLENEN AUS PROPARGYLBROMID U. GRIGNARDVERB. 61-0147
BRATKOSWKI T., PHOSPHON- U. PHOSPHINSAEUREN MIT BENZYLGRUPPEN 56-0237
BRAULT A., SAURE HYDROLYSE EINIGER 3.3-DIARYL-3-ALKYLOXYCARBONYL-PROPIONALDEHYD-DIALKYLACETALE, SYNTH. V. GAMMA-ALKOXYLACTONEN, KONSTIT. U. EINFL. D. LSGM. 56-0285
BRAULT J., DARST. U. EIG. V. ALKALI-N,N'-TETRAMETHYL-DIAMIDOPHOSPHITEN, SYNTH. V. PHOSPHONAMIDEN 56-0197
BRAUMAN J. I., UMLAGER. EINES NEOPENTYLAMIN-OXIDS 53-0050
BRAUN H., THALIDOMID-ANALOGA 2. MITT. 59-0362
BRAUN J. A., ISOTOPEN-SYNTH. BEIM THIAZOL 55-0257
BRAUN R., SULFONYLAZOKETONE U. TETRAHYDROINDAZOLE AUS BENZOLSULFONYLHYDRAZONEN CYCL. BETA-DICARBONYLVERB. 56-0348
BRAVERMAN S., UMLAGER. V. TRICHLORMETHYLSULFENSAEURE-ALKYLESTERN 57-0134
BRAVO P., SYNTHESE VON FUENFGLIEDRIGEN HETEROCYCLEN AUS DIMETHYLOXOSULFONIUM-METHYLID 53-0146
BRECKOFF W. E., KONJUGIERTE VERB. 3. MITT. 59-0233
- KONJUGIERTE VERB. 4. MITT. 59-0245
BREDERECK H., SYNTH. IN D. HETEROCYCL. REIHE 7. MITT. 55-0312
- SYNTH. IN D. HETEROCYCL. REIHE 8.MITT. 55-0315
- SYNTH. IN D. HETEROCYCL. REIHE 9. MITT. 56-0394
- SYNTH. IN D. PURIN-REIHE 18. MITT. 60-0398
BREDERECK K., SYNTH. V. KETOCELLULOSE 55-0434
BREKIESZ B., DARST. U. EIG. V. 2-METHYL-3-FLUOR-4-NITRO-PYRIDIN-N-OXID 55-0276
BREMSER W., DIPOLMOMENTE 1.6-UEBERBRUECKTER (10)-ANNULENE 54-0017
BRESCH H., STRUKTUR U. STEREOCHEMIE D. TETRACYCL. DITERPENS PHORBOL AUS CROTON TIGLIUM L. 61-0519
BRESINSKY E., POLYACETYLENVERB. 120.MITT. 53-0133
- POLYACETYLENVERB. 126. MITT. 56-0331
BRESLOW D. S., D. EINFL. V. ZUSAETZEN AUF D. RK. V. AETHYL-AZIDOFORMIAT MIT CYCLOHEXAN 58-0202
- 1.4-DIPOLARE CYCLOADDIT. 4.MITT. 58-0418
BRESLOW R., D. PHOTOSENSIBILISIERTE DIMERISIER. V. 1.2.3-TRIPHENYL-CYCLOPROPEN 55-0103
BRETON J. L., TERPENOIDE AUS SONCHUS 6. MITT. 61-0529
BRETTLE R., ANOD. OX. 2. MITT. 61-0163
BREUER E., HYDROGENOLYSE EINIGER CYCLOPROPYLKETONE U. CYCLOPROPYLCARBINOLE MIT DIBORAN U. BORTRIFLUORID 58-0268
BREUER S. W., N-BENZOYLBENZALDIMINE U. N-ALPHA-ALKOXYBENZYLBENZAMIDE 59-0218
BREWER J. P. N., (19)F-H-KOPPL. IN WEITEM BEREICH U. BEHINDERTE ROTAT. 54-0034
BREWIS, CARBONYLIER. V. DIENEN MIT EINEM PALLADIUM-KATALYSATOR 54-0227
BRICAS E., BEST. D. AMINOSAEURESEQUENZEN IN OLIGOPEPTIDEN DURCH D. MASSENSPEKTROMETRIE 9. MITT. 61-0068
BRIDGEMAN J. E., MIKROBIOLOG. HYDROXYLIER. ALS EIN WEG ZUM 5BETA-ANDROSTAN-1-ON 59-0476
BRIENNE M., ASYMM. 1.3-INDUKT. 1. MITT. 56-0283
BRIESKORN C., ZUM CHEMISMUS D. VIOLETTFAERB. D. 4-METHYL-2.6-DI-TERT.-BUTYL-PHENOLS IN ALKAL. MEDIUM 54-0244
BRIESKORN C. H., UEBER D. CHEM. AUFBAU D. APFELSCHALE 4. MITT. 56-0452
- LABIATENBITTERSTOFFE, PIKROPOLIN U. AEHNLICHE DITERPENOIDE AUS POLEIGAMANDER 59-0459
BRIGGS E. M., ORGANOMETALLZWISCHENSTUFEN 1. MITT. 61-0137
BRIMACOMBE J. S., SYNTH. V. JAVOSE (6-DESOXY-2-O-METHYL-D-ALLOSE) 61-0473
BRINI M., POLYMERISAT. V. PENTADIEN-(1.3) IN GGW. V. ALKALIMETALLEN IM HEXAMETAPOL-MILIEU 58-0512
BRINKMANN R., AUFTRENN. ORGAN. BASEN DURCH CRAIG-VERTEIL. 7.MITT. 55-0091
BRISTOW P. A., CHLORIER. U. BROMIER. CYCL. SULFITE 55-0119
- UMESTER. CYCL. ESTER 55-0121
BRITTELLI D. R., 1.2-DIBROM-PYRACYLEN, EIN NEUES AROMATISCHES SYSTEM 53-0108
BRITTEN A. Z., AKUAMMA-ALKALOIDE 9. MITT. 57-0363
BROADBENT A. D., PHOTOCHEM. RK. V. 9.10-ANTHRACHINONEN IN W. 59-0280
BROCHE A., SAURE U. BAS. HYDROLYSE V. ACETYLHYDRAZIN 55-0126

BROCHMANN-HANSSEN E., ROLLE D. CODEINONS IN D. BIOSYNTH. V. MORPHIN-ALKALOIDEN 59-0511
BROCKLEHURST K., CYTIDYL-2'.3'-PHOSPHAT ALS OBLIGATOR. ZWISCHENPROD. BEI D. DURCH RIBONUCLEASE KATALYSIERTEN HYDROLYSE V. CYTIDYL-3'.5'-CYTIDIN 54-0476
BROCKMANN H., ACTINOMYCINE 28. MITT. 53-0245
- ACTINOMYCINE 29.MITT. 55-0403
BROCKMANN H. JUN., ZUR WEITEREN KENNTNIS D. CHLOROPHYLLS U. D. HAEMINS 14.MITT. 55-0349
- CHLOROPHYLL U. HAEMIN 13.MITT. 59-0447
BROCKT M., SUBSTITUIERTE TRIPHENYL-CYCLOPROPENYLIUM-KATIONEN 61-0257
BRODA E., HEMM. D. AKTIVEN BROMIDAUFNAHME DURCH PFLANZENZELLEN DURCH GLUCOSE 59-0509
BRODIE H. J., DARST. U. ENZYMAT. C-1.2-DEHYDRIER. V. (1-(3)H) OESTREN-(4)-DION-(3.17) (83 PZ. BETA) 54-0427
BROOKE G. M., EINE NEUE CARBANION UMLAGERUNG 57-0113
- PARTIELL FLUORIERTE HETEROCYCLEN 2. MITT. 58-0304
- PARTIELL FLUORIERTE HETEROCYCLEN 3. MITT. 58-0305
- PARTIELL FLUORIERTE HETEROCYCLEN 5. MITT. 59-0135
- PARTIELL FLUORIERTE HETEROCYCLEN 4. MITT. 59-0320
BROOKS B. W., STRUKTUR V. TETRAMEREM ALPHA-METHYLSTYROL 54-0048
BROOKS C. A., OX. V. PHENOLEN MIT CHROMYLCHLORID 1. MITT. 59-0216
BROPHY J. J., HYDROLYSE V. BIS-PHOSPHONIUM-SALZEN 58-0415
BROQUET C., RK. V. ORGANOMETALLVERB. MIT ALPHA-AETHYLENACETALEN 57-0132
- 6.6-DIMETHYL-5.6-DIHYDRO-BENZO(A)PHENAZIN 58-0409
- DURCH RED. U. OX. V. 2-HYDROXY-3.3-DIMETHYL-BUTANOLID-(1-4) ERHALTENE VERB. 59-0310
- KONDENS. V. 2-BROM-PROPENAL-ACETAL MIT AROMAT. KERNEN 60-0267
- DEHYDROHALOGENIER. V. ALPHA.ALPHA-BIS-(2- U. 4-METHOXY-NAPHTHYL-(1))-BETA-CHLORAETHANEN DURCH EINE SCHWACHE BASE IN EINEM POLAREN LSGM. 60-0310
- RK. V. AMINEN MIT 4.6-DIMETHOXY-3-CHLORMETHYL-PHTHALID 60-0328
BROSER W., SUBSTITUIERTE PENTAPHENYL-CYCLOPENTADIENYL-VERB. U. TETRACYCLONE 3.MITT. 55-0038
- SUBSTITUIERTE TRIPHENYL-CYCLOPROPENYLIUM-KATIONEN 61-0257
BROUWER D. M., MONO- U. DICARBONIUMIONEN V. 1.3-DIKETONEN 60-0112
BROUWER W. G., ALKALOIDE AUS RYE-GRAD (LOLIUM PERENNE L.) 3. MITT. 58-0439
BROWN B. R., ENZYMAT. OX. V. O-AMINO-PHENOLEN 59-0501
- BLDG. V. SULFONEN U. SULFONATEN AUS P-AMINOPHENOLEN 61-0194
BROWN C., NUKLEOPHILE SUBSTITUT. AN BIVALENTEM SCHWEFEL, ALKAL. HYDROLYSE V. ARYLSULFENSAEUREESTERN 54-0101
BROWN D. A., ELEKTRONENSTRUKTUREN V. PI-KOMPLEXEN HETEROAROMAT. SYST. 59-0075
BROWN D. J., EINFACHE PYRIMIDINE 10.MITT. 57-0334
- EINFACHE PYRIMIDINE 11. MITT. 57-0335
- NEUER WEG V. 4-METHOXY-5-NITRO-PYRIDIN ZU 3-AMINO-4-NITRO-PYRAZOL U. PYRAZOLO(3.4-B)PYRAZIN 58-0406
- DIMROTH-UMLAGER. 8.MITT. 58-0408
- PURINE 5. MITT. 61-0445
BROWN D. M., SYNTH. EINIGER 3-DESOXY-D-RIBOFURANOSE-DERIV. 55-0325
- NEUE SYNTH. V. HALOGEN- U. DESOXYZUCKERN 55-0326
BROWN D. R., STER. VERLAUF D. QUATERNIER. V. 1-ALKYL-4-PHENYL-PIPERIDINEN, N-ALKYLNORTROPANEN U. A. BASEN 59-0151
- MECHANISMUS D. ASYMM. INDUKT. BEI D. HYDROBORIER. MIT OPT. AKT. TETRAISOPINOCAMPHEYLDIBORAN 61-0135
BROWN D. S., STRUKTUR V. (CU(EN)2)(BF4)2 U. INFRAROT-SPEKTROSKOP. MERKMAL FUER ''SEMI-KOORDINIERTE'' POLYANIONEN 59-0007
BROWN E. D., EINE MOEGL. ZWISCHENSTUFE IN D. SESQUITERPENBIOSYNTH. 54-0417
BROWN H. L., ABWEICHENDE MICHAEL-KONDENS. 59-0286
BROWN J. M., VOLLSTAEND. DELOKALISIER. IM KALIUM-BICYCLO(3.2.1)OCTADIENYLID 61-0310
BROWN J. W., UMLAGER. D. 32-OXY-LANOSTANE 55-0387
BROWN K. S. JUN., MASSENSPEKTREN V. KYNURENINEN 57-0046
BROWN R. D., ANALOGON V. 18-NOROESTRON MIT AROMAT. C-RING 61-0545
BROWN R. T., CORDIFOLIN, NEUES INDOLALKALOID V. BIOGENET. INTERESSE 59-0434
BROWN S. D., ZWEI NEUE ALKALOIDE AUS KAKTEEN 56-0430
BROWNE E. J., TRIAZOLE 8.MITT. 57-0294
BRUCE J. M., LICHTINDUZIERTE U. VERWANDTE RK. V. CHINONEN 4.MITT. 61-0291
BRUCE M. I., VALENZTAUTOMERIE IN CYCLOOCTATETRAEN-RUTHENIUM-TRICARBONYL 60-0003
- DREIFACH GELADENE IONEN IM MASSENSPEKTRUM V. TRIPTYCEN 60-0059
BRUGIDOU J., STRUKTUR D. DIMEREN V. ALPHA-METHYLEN-BENZOCYCLENONEN 61-0405
BRUN M., PROTOLYSE V. DICROTYLMAGNESIUM 55-0003
BRUNDLE C. R., CARBONYL-PI-IONISAT.-POTENTIAL V. FORMALDEHYD 58-0141
BRUNEL Y., KRIST.-STRUKTUR V. 2-BROM-2-NITRO-FENCHAN 54-0070
BRUNET M. A., 2.2-DIPHENOXY-AETHYLAMINE 59-0210
BRUNET S., UNTERS. V. POLY-ALPHA-METHYL-STYROL-PROBEN IN BZL.- U. TOLUOL-LSG. DURCH LICHTSTREUUNG U. IR-SPEKTROSKOPIE 54-0475
BRUNI P., ANALOGIE U. EN-SYNTH. 18. MITT. 61-0421
BRUNING W. H., ZERS. V. PENTAMETHYLTETRAZENIUMJODID IN WASSER 54-0087
BRUNN E., 1.4-DIPOLARE CYCLOADDIT., 2. MITT. 56-0404
- CYCLOADDIT. MESOION. OXAZOL-5-ONE AN EINIGE HETEROMEHRFACHBIND. 58-0302
BRUNOVLENSKAJA I. I., AROMAT. KW-STOFFE 35. MITT. 61-0295
BRUNS K., DITERPENSAEUREN AUS OXYSTIGMA OXYPHYLLUM I. LEONARD (LEGUMINOSAE) 60-0465
BRUS G., SYNTH. GEMISCHTFUNKTIONELLER MALONSAEUREDERIV. 59-0186
- SYNTH. V. HETEROCYCLEN 93. MITT. 59-0341
BRUST B., CHINAZOLINE U. 1.4-BENZODIAZEPINE 32.MITT. 55-0320
BRYAN R. F., KRIST.-STRUKTUR V. TRIMETHYLZINN-MANGANPENTACARBONYL 58-0003
BRYANT R., SAURE SPALT. V. 6-METHOXY-2-(2.4.6-TRIMETHOXY-BENZOYL)-CUMARANON-(3) 61-0357
BRYCE T. A., STERINE U. TRITERPENOIDE 11. MITT. 55-0363
- METABOLITE V. POLYPORACEAE 2. MITT. 56-0451
- STOFFWECHSELPROD. V. POLYPORACEA 1. MITT. 61-0568
BRYCE-SMITH D., PHOTOLYSE IN FL. PHASE 10. MITT. 55-0105
- PHOTOLYSE IN FLUESSIGER PHASE 11. MITT. 55-0106
- KATION. ZWISCHENPROD. IN D. PHOTOCHEMIE V. BENZOL 56-0151
- 1.4-PHOTOADDIT. V. PYRROL AN BZL. 57-0269
BRZOZOWSKI Z., DARST. D. NATRIUMSALZES V. 2-ACETYLAMINO-THIAZOL IM WSS. MEDIUM 55-0255
BUBNER M., EINW. V. HYDRAZINHYDRAT AUF MONOTHIOPHTHALIMID U. DESSEN N-ALKYL- U. N-ARYL-DERIV. 56-0336
BUCHANAN G. L., KONFORM. EINES CYCLOHEPTENS 53-0029
- ABWEICHENDE MICHAEL-KONDENS. 59-0286
BUCHANAN G. W., BEST. D. FREIEN KONFORM.-ENERGIE D. FORMYLGRUPPE DURCH (1)H-KERNMAGNET. RESONANZ 56-0076
UCHANAN J. G., SYNTH. V. METHYL-3.4-O-AETHYLIDEN-BETA-L-ARABINOPYRANOSID DURCH RED. EINES ACETOXONIUMSALZES 54-0381
UMLAGER. BEI D. SOLVOLYSE EINIGER P-NITRO-BENZOYLSULFONSAEUREESTER V. KOHLEHYDRATEN 55-0329
- RINGKONTRAKT. BEI D. HYDROLYSE V. METHYL-4-O-(P-NITRO-BENZOLSULFONYL)-ALPHA-D-GLUCOPYRANOSID 59-0414
BUCHANAN J. G. S. C., CLEMMENSEN-RED. 4.MITT. 61-0144
BUCHARDT O., PHOTOCHEM. UNTERS. 9. MITT. 60-0415
BUCHAREVA I. S., PROD. D. RK. V. FURFUROL MIT ANILIN 60-0309
BUCHER G., EINHORN-RK. MIT AMINOSAEUREN 3. MITT. 61-0184
BUCHLER J., ZUM MASSENSPEKTROSKOP. FRAGMENTIER.-VERH. V. STEROIDLACTONEN 59-0074
BUCHTA E., TRICYCL. VERB. MIT ZWEI GEMEINSAMEN KOHLENSTOFFATOMEN 1. MITT. 57-0260
- TRICYCL. VERB. MIT ZWEI GEMEINSAMEN KOHLENSTOFFATOMEN 2. MITT. 57-0261
- DARST. LANGKETTIGER CARBONSAEUREN UNTER VERW. V. VINYL-(OMEGA-ALKOXYCARBONYL-ALKYL)-KETONEN 4. MITT. 58-0201
- POLYCYCL. VERB. 17. MITT. 60-0281
BUCK P., RK. D. PHENYLLITHIUMS MIT NITROBENZOL U. NITROSOBENZOL 56-0202
BUCKINGHAM D. A., ABSOLUTE KONFIG. D. (+)(589)-TRANS-DICHLORO-TRIAETHYLENTETRAMINKOBALT(III)-IONS 59-0004
BUCKINGHAM J., LSGM.-ABHAENGIGK. D. OPT. ROTAT.-DISPERS.-SPEKTREN V. 17-PHENYLAZO-STEROIDEN 60-0036
BUCOURT R., ASYMM. SYNTH. IN D. OESTRADIOLREIHE 56-0467
- VISIERVORR. ZUR MESS. V. DIEDERWINKELN AN DREIDING-MODELLEN 57-0049
- TRIENSTEROIDKONSTIT. U. ANABOL. WRKG. 58-0479
- OPT. AKTIVITAET U. KONFORM.-ANALYSE MIT HILFE V. DIEDERWINKELN BEI LACTONEN 60-0038
BUDDRUS J., EINFACHE DARST. V. 1.1-DIHALOGEN-CYCLOPROPANEN 59-0236
BUDESINSKY Z., 5.6-DIHYDRO-FURO(2.3-D)PYRIMIDINE 57-0330
- 2.5-DIHYDROXY-PYRIMIDINE U. IHRE DERIV. 57-0331
BUDILOVA J., ASYMM. RK. 17. MITT. 60-0080
- ASYMM. RK. 15. MITT. 60-0233
BUDOWSKY E. I., MECHANISMUS D. RK. V. HYDROXYLAMIN U. O-METHYL-HYDROXYLAMIN MIT CYTIDIN 61-0124
BUDZIKIEWICZ H., TERPENOIDE 59. MITT. 53-0033
- MASSENSPEKTROMETRIE BEI STRUKTUR- U. STEREOCHEM. PROBLEMEN 90. MITT. 54-0039
- ZUR KENNTNIS D. CHLOROPHYLLS U. D. HAEMINS 10.MITT. 55-0053
- TRITERPENE 9. MITT. 56-0302
- SOLANUM-ALKALOIDE 79.MITT. 58-0473
- ISOLIER. V. NEOCHLOROGENIN U. PANICULOGENIN AUS SOLANUM PANICULATUM L. 58-0474
- ZUM MASSENSPEKTROSKOP. FRAGMENTIER.-VERH. V. STEROIDLACTONEN 59-0074
BUECHEL K. H., CYCLODIEN-INSEKTIZIDE 5. MITT. 55-0208
- RK. V. N-BROMIMIDEN MIT DISULFIDEN ZU SULFENIMIDEN 56-0281
BUECKING H. W., INTRAMOLEKULARE RK. V. ALKOXYCARBONYLCAR-BENEN 58-0190
BUEHLER E., PURINE 6. MITT. 54-0352
BUEHLER H., PYRROLIZIDINCHEMIE 8. MITT. 60-0323
BUERGLE P., ALKYLIER. AKTIVIERTER AROMATEN DURCH CYCLOPROPENYLIUMSALZE 55-0192
- CYCLOPROPENYLIUMSALZE U. CHINOCYCLOPROPENE 55-0193
- CHEMIE CYCL. PI-ELEKTRONEN-SYST. 3. MITT. 60-0250

BUFFLEB H., KONDENSATIONSPROD. AUS PHENANTHREN 55-0203
BUICK T. G., VERZERR. D. TETRACHLOROGALLATIONS IN LSG. 57-0003
BUI-KHAC-DIEP, VERH. V. O-FLUORCHLORBENZOL BEI FRIEDEL-CRAFTS-BENZOYLIER.RK. 61-0264
BUISSON J., BENZOFURAN 34. MITT. 61-0352
BUKU A., INHALTSSTOFFE D. GRUENEN KNOLLENBLAETTERPILZES, 32. MITT. 58-0503
BULANOVA N. P., HERBIZIDE U. REGULATOREN D. PFLANZENWACHSTUMS 45. MITT. 56-0208
- SYNTH. V. N'-ALKYL- U. N'-ARYL-UREIDEN D. ARYLOXYCARBONSAEUREN 56-0224
- SYNTH. EINIGER DERIV. V. N-ARYLOXYACETYLCARBAMATEN U. -THIOLCARBAMATEN 56-0225
BULANOVA T. F., SYNTH. V. CARBONSAEUREDERIV. UNTER D. BEDING. D. SAEUREKATALYSE AUS CO, OLEFINEN U. ACYLIERBAREN VERB. 25. MITT. 59-0169
BULKA E., SYNTH. U. IR-SPEKTREN V. ARYL-ISOSELENOCYANATEN 56-0226
- DARST. SUBSTITUIERTER SELENOSEMICARBAZIDE U. SELENOSEMICARBAZONE 56-0227
- SYNTH. V. MONO- U. DISUBSTITUIERTEN ARYL-SELENOHARNSTOFFEN 58-0233
BULLEN G. J., KRIST.-STRUKTUR V. 1.8.10.9-TRIAZABORADECALIN 61-0083
BULLIMORE B. K., SYNTH. V. (+-)-PULVILLORSAEURE U. (+-)-DIHYDROPULVILLORSAEUREMETHYLESTER 61-0407
BULLOCK E., BEISPIEL EINER STEREOSELEKTIVEN ISOTOPEN-AUSTAUSCH-RK. 56-0045
- NICHT GLEICHART. METHYLENPROTONEN IN ASYMM. AETHYLAETHERN 56-0046
BULLOT J., RELATIVBEITRAEGE D. FLUORESCENZ U. PHOSPHORESCENZ IN D. RADIOTHERMOLUMINESCENZSPEKTREN D. GLASART. LSG. AROMAT. KW-STOFFE 57-0016
BU'LOCK J. D., URSPRUNG NATUERL. VORKOMMENDER ACETYLENE 55-0117
- CHAGI 55-0153
BULTEN E. J., UNTERS. AN ORGANOGERMANIUMVERB. 7.MITT. 56-0018
BUNCE N. J., ORGAN. PHOTOCHEMIE 4. MITT. 59-0159
BURCKHARDT U., FRAGMENTIER.-RK. 15. MITT. 54-0121
- UMERKENN. D. KONFIG. V. VERATRAMIN U. JERVIN 59-0437
BURDON J., AROMAT. POLYFLUORVERB. 36.MITT. 55-0141
BUREL R., 2-HYDROXY- U. 2-AMINO-NAPHTHALIN-1.3-DISULFONSAEURE U. DERIV. 56-0287
BURGADA R., PHOSPHORANE MIT PHOSPHOR-WASSERSTOFF-BIND. 54-0317
- RK. D. CARBONYLGRUPPE MIT AMINOPHOSPHINEN 54-0319
- RK. D. CARBONYLGRUPPE MIT AMINOPHOSPHINEN, RK. V. AMINOPHOSPHORANEN 56-0386
BURIKOV V. M., MASSENSPEKTROMETR. UNTERS. V. CYCLODEPSIPEPTIDEN, STAPHYLOMYCIN S 60-0068
BURKHARD J., ADAMANTAN U. DESSEN DERIV. 9. MITT. 55-0205
BURKHARDT F., OPT. ROTAT.-DISPERS. U. KONFIG. BEI CARDENOLIDEN 55-0022
BURKHARDT H. J., BLDG. EINES TOX. BUTENOLIDS DURCH FUSARIUM NIVALE (FRIES) CESATI, ISOLIERT AUS ROHRSCHWINGEL (FESTUCA ARUNDINACEA SCHREB.) 54-0164
BURKHARDT J., RK. V. N-DICHLORMETHYLEN-CARBONSAEUREAMIDEN 2. MITT. 61-0373
BURKHARDT S., AKT. ESTER 9. MITT. 60-0124
BURKINSHAW G. F., PHOTOCHEMIE V. HYDROXYCYCLOHEXADIENONEN 60-0285
BURLINGAME A. L., STEREOCHEMIE V. CLIVONIN U. CLIVIMIN 54-0066
BURMEISTER J. L., SYNTH. V. ANORGAN. KETTENISOMEREN D. SELENOCYANAT-IONS 60-0030
BURMISTROV S. I., ALKYLIER. V. TOLUIDINEN AM KERN DURCH DIISOPROPYLAETHER 54-0094
- CHLORMETHYLIER. V. 2- U. 4-(N-METHYL-ARYLSULFONYLAMINO)-TOLUOLEN 56-0210
- CHLORMETHYLIER. V. 2-(ARENSULFONYL-N-METHYL-AMINO)ANISOLEN 56-0212
- SYNTH. V. ARYLSULFONBENZALIMIDEN U. N-(ARYLSULFONYL)-DIARYLKETIMIDEN 56-0282
BURMISTROV V. T., RK. V. HEXAMETHYLEN-DIISOCYANAT MIT EINIGEN ALKOHOLEN 59-0193
BURN D., MODIFIZIERTE STEROIDHORMONE 47. MITT. 55-0380
BURNELL E. E., NICHT GLEICHART. METHYLENPROTONEN IN ASYMM. AETHYLAETHERN 56-0046
BURNELL R. H., STRUKTUR V. FAWCETTIMIN, BEZIEH. ZU SERRATININ 55-0343
BURNETT A. R., CHINONE 8. MITT. 61-0406
BURNS W. D. P., DIMERE NEBENPROD. BEI D. DARST. V. 2.4-DIMETHOXY-BENZYLCYANID AUS 2.4-DIMETHOXY-BETA-NITROSTYROL 61-0268
BURROWS B. F., EIN NEUES FUNGALES TETRAHYDROFURAN 60-0306
BURROWS L. E., PURINE, PYRIMIDINE U. IMIDAZOLE 26. MITT. 58-0433
BURSEY M. M., SPEZIF. UMLAGER. DOPPELT GELADENER, DURCH ELEKTRONENSTOSS GEBILDETER IONEN 60-0057
- PHOTOCHEM. ANALOGIEN IN MASSENSPEKTREN, D. EPOXYCYCLOPENTENON-PYRON-UMLAGER. 60-0063
- TECHNIK ZUR UNTERS. STRUKTURELLER DETAILS V. GASIONEN, SUBSTITUENTENEFFEKTE AUF 'FLAT-TOPPED METASTABILE IONEN', DIE MIT DEM VERLUST V. CO AUS D. MOL.-IONEN V. 2-PYRONEN VERBUNDEN SIND 61-0063
BURSTAIN I. G., STRUKTUR U. STEREOCHEMIE D. KETOSAEUREN, D. SICH V. MENTHOFURAN-PHOTOPEROXID ABLEITEN 59-0253
- PHOTOSENSIBILISIERTE OX. V. ALKYLSUBSTITUIERTEN FURANEN 59-0299
BURTON D. J., RK. V. TRIPHENYLPHOSPHIN MIT TRIHALOGEN-SAEUREDERIV. - BEQUEME DARST. V. ALPHA-HALOGENVINYL-ESTERN U. -NITRILEN 56-0244
BURWOOD R., D. PIGMENTE D. STOCKLACKS 2. MITT. 58-0445
BUSCHHOFF M., RK. D. BETA-ALKOXYALKYL-CARBENE 58-0171
BUSH M. A., KRISTALLSTRUKTUR V. PENTAAETHYL-CYCLOPENTAPHOSPHIN-MOLYBDAEN-TETRACARBONYL, (C2H5P)5MO(CO)4, U. TETRAAETHYL-CYCLOTETRAPHOSPHIN-WOLFRAM-TETRACARBONYL, (C2H5P)4W(CO)4 61-0007
BUSSINK J., KATALYT. OX. V. 4-ARYLOXY-PHENOLEN 58-0111
BUTCHER F. K., MODIFIZIERTE STEROIDHORMONE 47. MITT. 55-0380
BUTENANDT A., OMMOCHROME 24. MITT. 59-0444
BUTIN.K. P., POLAROGRAPHIE D. ORGAN. QUECKSILBERVERB. AETHYLESTER D. ALPHA-BROMMERCURIPHENYLESSIGSAEURE U. SEINE SUBSTITUIERTEN 56-0006
BUTLER R. N., SYNTH. U. SOLVOLYSE V. ARYL-CARBO-(1-METHYL-1H-TETRAZOLYL-(5))-HYDRAZONSAEUREBROMIDE, EIN WEG ZU 6-ARYL-3-METHYL-(1.2.4)-TRIAZOLO(4.3-D)TETRAZOLEN 54-0320
BUTT A., SYNTH. V. SUBSTITUIFRTEN PYRIDINEN 2. MITT. 53-0164
- SYNTH. V. SUBSTITUIERTEN PYRIDINEN 4.MITT. 58-0385
BUTT C. R. M., PI-KOMPLEXBLDG. ZUR MODIFIZIER. D. ANISOTROPIEEFFEKTE IN D. KERNMAGNET. RESONANZSPREKTREN D. 9.10-DIHYDRO-ANTHRACEN-REIHE 58-0043
BUTT M. A., SYNTH. V. SUBSTITUIERTEN PYRIDINEN 3.MITT. 55-0281
BUU-HOI N. P., CARCINOGENE STICKSTOFFVERB. 55. MITT. 54-0342
- THERM. ZERS. AROMAT. ALDAZINE U. DEREN ANWEND. IN D. PRAEPARATIVEN CHEMIE 56-0160
- ISOMERISAT. V. POLYCYCL. AROMAT. KW-STOFFEN UNTER D. EINW. V. ALUMINIUMCHLORID 6. MITT. 56-0342
- UMLAGER. V. 4-FORMYL-ANTIPYRIN IN 4-ACETYL-2-METHYL-1-PHENYL-PYRAZOLON-(5) 56-0347
- THIOPHEN-DERIV. 16. MITT. 57-0267
- CARCINOGENE STICKSTOFFVERB. 56. MITT. 57-0324
- CARCINOGENE STICKSTOFFVERB. 57. MITT. 57-0325
- ISOMERISIER. V. POLYCYCL. AROMAT. KW-STOFFEN DURCH EINW. V. ALCL3 7. MITT. 59-0283
- SYNTH. V. DINAPHTHO(2.3-A, 2'.3'-H)PYREN U. DINAPHTHO(2.3-A, 2'.3'-I)PYREN U. EINE ANOMALE ELBS-RK. 60-0282
- CARCINOGENE STICKSTOFF-VERB. 58. MITT. 61-0429
BUURMAN D. J., HETARINE 14. MITT. 54-0344
BUXBAUM L. H., OX. V. CYCLOHEXANOL MIT MOL. SAUERSTOFF 61-0245
BUXTON G. V., KINETIK D. RK. V. HYDRATISIERTEN ELEKTRONEN, SCHEINBARE WIDERSPRUECHE ZWISCHEN WERTEN AUS D. IMPULSRADIOLYSE U. GLEICHGEW.-UNTERS. 56-0007
BUYS H. R., KONFORM. NICHTAROMAT. RINGVERB. 33. MITT. 59-0086
- KONFORM. V. OFFENKETT. VERB. 1. MITT. 61-0077
BUZBY G. C. JUN., NEUART. TOTALSYNTH. V. STEROIDEN MIT SAUERSTOFF IN 11-STELL. 61-0546
BUZYKIN B. I., RK. V. SYMM.-TRINITROBENZOLDERIV. MIT POCL3 IN GGW. V. PYRIDIN 1. MITT. 54-0178
- RK. V. SYMM. TRINITROBENZOLDERIV. MIT POCL3 IN GGW. V. PYRIDIN 2. MITT. 54-0179
- DERIV. V. 2.4.6-TRINITRO-THIOPHENOLEN 61-0196
BYCROFT B. W., OXYDATIVE UMWANDL. V. 17-ALKOXY-ASPIDOSPERMIDIN-DERIV. IN 17.17-DIALKOXY-17.18-DIHYDRO-1.18-DEHYDRO-ASPIDOSPERMIDINE 60-0446
BYRNE J. C., ALKALOIDE AUS KOPSIA-ARTEN 2. MITT. 58-0438
BYTNAR A., UMLAGER. V. 2.4.6-KOLLIDIN-N-OXID BEI D. EINW. V. ACETANHYDRID 60-0382

C

CABELLA P., BIS-(METHYLMERCAPTO)-METHAN, EIN AROMASTOFF D. WEISSEN TRUEFFEL, TUBER MAGNATUM PICO 57-0137
CADIOT P., FRAGMENTIER. IN D. MASSENSPEKTROMETRIE DURCH EINFUEHR. FUNKTIONELLER GRUPPEN 8.MITT. 56-0061
- UNTERS. D. KONFIG. U. KONFORM. V. 9.10-DIHYDROANTHRACEN-CHINOLEN MIT GESAETT. SEITENKETTEN DURCH KERNMAGNET. RESONANZ 56-0087
- ALKINYLAMINE U. IHRE DERIVATE 56-0166
- PROPARGYL-VERB. U. ALLEN-VERB. V. ELEMENTEN D. GRUPPE IVB 1. MITT. 56-0239
- STEREOCHEMIE V. TERT. 2-METHYL-CYCLOPENTANOLEN, MAGNET. KERNRESONANZ V. ALLEN-PHOSPHINOXIDEN 56-0252
- STEREOCHEMIE D. ADDIT. ALPHA- U. BETA-UNGESAETT. ORGANOMETALLVERB. AN O- U. P-CHINONE, AN CYCLOHEXANDION-(1.4) U. AN BENZIL 56-0300
- STEREOCHEMIE D. ALKINYLIER. V. ANTHRACHINON 57-0225
- BEITRAG ZUR UNTERS. D. KUMULENE 3.MITT. 57-0232
- ALKINYLAMINE, DIARYLPROPARGYLAMINE, INAMINE U. DIINAMINE 57-0346
- WRKG. V. ALPHA- U. BETA- UNGESAETT. MAGNESIUMVERB. AUF 2-CHLOR-CYCLOPENTANON U. 2-CHLOR-CYCLOHEXANON 60-0240
CADOGAN J. I. G., MECHANISMUS D. REDUKTIVEN CYCLISIER. V. NITROVERB. DURCH DREIWERT. ORGANOPHOSPHORVERB. 56-0310
- REAKTIVITAET V. ORGANOPHOSPHORVERB. 20. MITT. 61-0145
- REAKTIVITAET V. ORGANOPHOSPHORVERB. 21. MITT. 61-0146
CAGNIANT D., SCHWEFELHALT. KONDENSIERTE HETEROCYCLEN 36. MITT. 61-0419

CAGNIANT P., 3-SUBSTITUIERTE THIOPHEN-VERB. 54-0292
- NAPHTHO(1.8-BC)THIOPYRANDERIV. 55-0274
- SCHWEFELHALT. KONDENSIERTE HETEROCYCLEN 36. MITT. 61-0419
CAILLY C., MAGNET. U. OPT. UNTERS. D. ANGEREGTEN TRIPLETTZUSTANDS V. INDOL U. METHOXYINDOLEN 55-0025
CAINE D., GESCHW. D. ALKYLIER. V. METALLENOLATEN V. 2.6- U. 2.2-DIMETHYL-CYCLOHEXANON 61-0108
CAINELLI G., GEM.-DIMETALLVERB., RK. V. GEM.-DIALUMINIUMVERB. MIT ALDEHYDEN U. KETONEN 57-0192
- STEREOSPEZIF. HYDROBORIER. SYMM. SUBSTITUIERTER OLEFIN. STEROIDE 59-0479
CALAS R., BEST. D. SAUERSTOFFBIND.-WINKELS IN HEXAMETHYLDISILOXAN U. EINIGEN TRIORGANO-ALKOXY- ODER -AROXY-SILANEN MIT HILFE D. DIPOLMOMENTE 57-0056
- GALLIUM- U. INDIUMCHLORID ALS KATALYSATOREN IN RK. D. ORGANOSILICIUMCHEMIE 58-0215
- NEUE SPALT.-RK. AN ORGAN. DISULFIDEN MIT ORGANO-SILICIUM-VERB. 60-0229
CALDER A., STABILITAET V. ARYL-TERT.-BUTYL-STICKSTOFFOXIDEN 61-0054
CALDER I. C., VERWEND. D. KERNMAGNET. DOPPELRESONANZ FUER D. UNTERS. UMKEHRBARER INTRAMOL. PROZESSE 54-0035
- UNGESAETT. MAKROCYCL. VERB. 47. MITT. 58-0253
CALDERON N., OLEFIN-METATHESE, EINE NEUARTIGE RK. ZUR GERUEST-UMFORM. V. UNGESAETT. KW-STOFFEN 61-0132
CALF G. E., KOBALT ALS KATALYSATOR FUER D. SPEZIF. WASSERSTOFFISOTOPENMARKIER. HETEROCYCL. VERB. 58-0384
CALLET G., BUTEN-(2)-OLIDE-(4) 4.MITT. 54-0290
CALLEWAERT G. L., STRUKTUR V. APAMIN 61-0550
CALLIGARIS M., NUKLEOPHILE SUBSTITUT. AN HETEROAROMATEN 24. MITT. 54-0123
CALLOT H., LSGM.-EFFEKTE IN D. NMR-SPEKTREN V. ORGAN. SAEUREN U. SALZEN 59-0061
CALOT H., NEUES BEISPIEL D. (14)N-H-KOPPL., PYRIDINIUMSALZE 56-0053
CALTI C., ISOLIER. V. LANATOSID A AUS D. BLAETTERN V. DIGITALIS VIRIDIFLORA LINDL 60-0508
CALVIN M., ISOLIER. U. IDENTIFIZIER. D. GESAETT. ISOPRENOID-C17-KOHLENWASSERSTOFFES 2.6.10-TRIMETHYL-TETRADECAN AUS EINEM DEVON-SCHIEFERTON, ROLLE D. SQUALANS ALS EINER MOEGL. VORSTUFE 59-0454
CAMAGGI G., PHOTOCHEM. ISOMERISIER. V. DECAFLUORCYCLOHEX-EN 56-0245
CAMBIE R. C., CHEMIE D. PODOCARPACEEN 12. MITT. 54-0263
CAMBON A., NMR-UNTERS. EINER REIHE HOMOLOGER PHENOTHIAZINE 59-0064
CAMERINO B., LYSERG- U. DIHYDROLYSERGSAEURE-ALPHA-HYDROXYAETHYLAMIDE 53-0191
CAMERON A. F., KRISTALLSTRUKTUR U. ABSOLUTE STEREOCHEMIE V. LAURINTEROL, ABSOLUTE STEREOCHEMIE V. APLYSIN 57-0074
- ABWEICHENDE MICHAEL-KONDENS. 59-0286
CAMERON D. W., EINIGE ACYLDERIV. D. 2.6-DIMETHOXY-ANTHRACENS 53-0101
- BLDG. V. SYST. D. CHROMANONTYPS UEBER DIE ACYLIER. V. 2.6-DIHYDROXY-ANTHRACENDERIV. 53-0152
- FARBSTOFFE D. APHIDIDAE 32. MITT. 57-0371
- FARBSTOFFE D. APHIDIDAE 33. MITT. 57-0372
- FARBSTOFFE D. APHIDIDAE 34. MITT. 57-0373
- FARBSTOFFE D. APHIDIDAE 35. MITT. 57-0374
- 1.6-ADDIT. EINES GRIGNARD-REAGENZES AN ANTHRACHINON 61-0285
CAMERON T. S., RK. V. BENZTRIFUROXAN MIT TRIPHENYLPHOS-PHIN 59-0096
CAMPBELL I. M., STOFFWECHSELPROD. V. POLYPORACEA 1. MITT. 61-0568
- STOFFWECHSELPROD. V. POLYPORACEAE 2. MITT. 56-0451
CAMPBELL S. F., PERFLUORCYCLOALKENYL-LITHIUM-VERB. 56-0012
CANCEILL J., SPEKTROCHEMIE D. REFORMATSKY-RK. 2. MITT. 57-0108
CANNIC G., CYCLISIER. UNGESAETT. DIAZOESTER 60-0315
CANONICA L., TRITERPENE AUS GLYCYRRHIZA GLABRA 4. MITT. 59-0465
- STRUKTUR V. CINNAMOLID, CINNAMOSMOLID U. CINNAMODIAL, SESQUITERPENE MIT DRIMAN-STRUKTUR AUS CINNAMOSMA FRAGRANS BAILLON 59-0466
- STRUKTUR U. STEREOCHEMIE V. PSIADIOL, EINEM NEUEN DITERPENOID 60-0463
- NOMENKLATUR D. OPHIOBOLINE 61-0141
- BIOSYNTH. V. OPHIOBOLINEN 61-0563
CANONNE P., SYNTH. V. 1.3.4.6.7.9-HEXAMETHYL-PHENALEN 57-0231
CANTACUZENE J., EPOXYNITRILE 2. MITT. 56-0199
- EPOXYNITRILE 3. MITT. 56-0318
- EPOXYNITRILE 4. MITT. 58-0300
- CIS.CIS-2.6-DICHLOR-4-TERT.-BUTYL-CYCLOHEXANON, EIN BEISPIEL FUER NICHT KONFORMATIONELL BEDINGTE VERDOPPL. IN D. SPEKTROSKOPIE (IR) 60-0045
CAPERAN M., RELATIVBEITRAEGE D. FLUORESCENZ U. PHOSPHORESCENZ IN D. RADIOTHERMOLUMINESCENZSPEKTREN D. GLASART. LSG. AROMAT. KW-STOFFE 57-0016
CAPLE G., MECHANISMUS D. BLDG. V. 1-PHENYL-PYRIDINIUMCHLORID AUS 1.7-DIPHENYL-1.7-DIAZA-HEPTATRIEN-(1.3.5) 53-0162
CAPLIN G. A., RK. V. DIMETHYLSULFOXONIUMMETHYLID MIT BENZOPYRON-(4)-DERIV. 60-0362
CAPMAU M., STEREOCHEMIE D. ALKINYLIER. V. 3-METHOXY-BUTANON-(2), DIASTEREOISOMERE ALLEN. PHOSPHINOXIDE 60-0227
CAPOBIANCO G., RED. D. ACETYLENBIND. IN PROPARGYL- U. PHENYL-PROPARGYLALDEHYD 57-0088
CAPON B., MECHANISMUS D. ANOMERISIER. D. METHYL-D-GLUCOPYRANOSIDE 54-0115
CAPUTO R., SEMPERVIROL, EINE NEUE ART D. DITERPEN-PHENOLS 55-0366
- BESTANDTEILE D. HARZES V. CUPRESSUS SEMPERVIRENS 3. MITT. 61-0507
- BESTANDTEILE D. HARZES V. CUPRESSUS SEMPERVIRENS 4. MITT. 61-0508
CARAYON-GENTIL A., TRISUBSTITUIERTE DERIV. D. ORTHOPHOSPHORSAEURE U. D. PHOSPHON-SAEURE, D. EINE CARBONYLGRUPPE ENTHALTEN 59-0205
CARBONARO A., OLIGOMERISATIONSKATALYSATOREN 1. MITT. 58-0024
CARBONI S., TETRAZOLDERIV. D. 1.8-NAPHTHYRIDINS 2.MITT. 55-0284
CARDELLINI M., SYNTH. V. PYRROLO(1.2-A)BENZO(F)INDOL-DERIV. 55-0235
CARDILLO G., NATUERL. CHROMENE 2. MITT. 60-0087
CARELLI V., SYNTH. V. PYRROLO(1.2-A)BENZO(F)INDOL-DERIV. 55-0235
- NEUE RK. V. BIS-(O-AMINOPHENYL)-DISULFID MIT KETONEN 1.MITT. 61-0451
CARGILL R. L., SYNTH. U. UMLAGER. V. TRICYCLO(4.3.2.0(1,-6))UNDECEN-(10)-ON-(2) 53-0115
CARIATI F., STRUKTUR V. BIS-(TRIPHENYL-PHOSPHIN)-CARBONATO-PLATIN(II) 59-0008
CARLSON D. A., PHOTOCHEMIE V. BETA,GAMMA-UNGESAETT. CARBONYLVERB., 2.3.3-TRIMETHYL-1-PENTEN-4-ON 57-0197
CARLSSON S. A. I., RK. V. TERT.-BUTYLHYPOCHLORIT MIT M-KRESOL 57-0165
CARMAN R. M., LARIXOL 53-0096
CARNDUFF J., SYNTH. V. (+-)-BAKUCHIOL 60-0460
CARPENTER J. G. D., SYNTH. V. OESTROGEN-MONOGLUCURONIDEN 57-0399
CARPENTER W., MASSENSPEKTROMETRIE BEI STRUKTUR- U. STEREOCHEM. PROBLEMEN 129. MITT. 54-0045
CARRA S., MECHANISMUS D. DURCH PALLADIUM AUF TRAEGER KATALYSIERTEN DISPROPORTIONIER. V. CYCLOHEXEN 55-0100
CARRIE R., STRUKTUR EINIGER BETA-MONOSUBSTITUIERTER ALPHA-ACETYL-ACRYLATE, ADDIT. V. DIAZOMETHAN AN DIESE VERB. 55-0248
- NEUE UMLAGER. V. 3-ACETYL-1-PYRAZOLINEN 57-0286
CARRUTHERS W., MASSENSPEKTREN ORGAN. VERB. 2.MITT. 55-0052
- BESTANDTEILE HOCHSIEDENDER PETROLEUMDESTILLATE 10.MITT. 57-0218
- BESTANDTEILE HOCHSIEDENDER PETROLIUMDESTILLATE 11.MITT. 57-0219
- PHOTOCYCLISIER. EINIGER STILBEN-ANALOGER, SYNTH. V. DIBENZO(A.L)PYREN 61-0303
CARSON M. S., CHEMIE D. SANTONINS 8. MITT. 55-0373
CARSTENS E., N-AMINODERIV. D. URACILS 5. MITT. 58-0405
CARTER R. E., NMR-SPEKTREN V. ANILIDEN 1. MITT. 57-0030
CARTWRIGHT D., D. CHEMIE D. 6A-THIATHIOPHTHENE 55-0256
CARTY A. J., NMR-SPEKTREN SUBSTITUIERTER DIPHOSPHINE U. IHRER DERIV., TAEUSCHEND EINFACHE SPEKTREN 56-0050
CASAGRANDE C., STRUKTUR U. STEREOCHEMIE V. PSIADIOL, EINEM NEUEN DITERPENOID 60-0463
CASERIO M. C., CHLORIERUNG VON ALLEN, PROPIN UND VERWANDTEN VERBINDUNGEN MIT TERT.-BUTYLHYPOCHLORIT 53-0082
CASINOVI C. G., NEUE BETA-DIKETONE AUS HELICHRYSUM ITALICUM G. DON. 53-0062
CASNATI G., ALIPHAT. CHLOROXIME U. IHRE VERW. BEI D. SYNTH. V. ISOXAZOL- U. BETA-FURANON-SYST. 53-0138
CASSAL J., PHOTOISOMERISIER. V. PYRIDINIUMDICYANMETHYLID ZU 2-(2.2-DICYAN-VINYL)-PYRROL 57-0276
CASSAR L., STEREOSPEZIF. CHARAKTER D. CYCLISIERENDEN CARBONYLIER. V. ALLYLHALOGENIDEN 53-0063
CASSEBAUM H., HERST. V. N-METHYLCYCLOHEXYLAMIN U. A. SEK. AMINEN 58-0265
CASSOUX P., SYNTH. U. MAGNETOOPT. UNTERS. EINIGER TETRAKIS-(ALKOXY-DICHLORPHOSPHIN)-NICKEL-VERB. 56-0028
CASTAN P., MAGNET. ROTAT.-VERMOEGEN (FARADAY-EFFEKT) EINIGER ALIPHAT. ALPHA-ALKINYL-CARBONYLVERB. 54-0019
CASTELLUCCI N. C., PHOTOLYSE V. 2.3-DIPHENYL-DELTA(2)-CYCLOPROPEN-CARBONSAEURE-AZID U. IHRES HOMOLOGEN 59-0158
CASTRO B., EXISTENZ U. STABILITAET V. GEM.-ALKOXY-ORGANOMAGNESIUMVERB. 1. MITT. 58-0160
- NUCLEOPHILE EIG. V. GEM. ALKOXYORGANOMAGNESIUMVERB. 2. MITT. 58-0161
- VERW. D. GEM. ALKOXYORGANOMAGNESIUMVERB. ZU SYNTH. 3. MITT. 58-0162
- NICHTRADIKAL. LI-LSG. IN HEXAMETHYLPHOSPHOTRIAMID (HMPT), RK. MIT EINIGEN GEM.-HALOGENDERIV. 59-0163
CASY A. F., ELIMINIER. AN 1.2-DIARYL-4-DIMETHYLAMINO-BUTANOLEN-(2) 2. MITT. 54-0181
- ELIMINIER. AN 4-ARYL-3-METHYL-PIPERIDINOLEN-(4) 5.MITT. 55-0089
- EINIGE DIASTEREOISOMER 3-METHYL-4-PHENYL-PIPERIDINOLE-(4) 58-0018
- ALKYLSAUERSTOFFHETEROLYSE V. 4-ARYL-PIPERIDINOLEN-(4) U. VERWANDTEN ESTERN 3. MITT. 58-0397

CATON M. P. L., PYRIMIDINE 16. MITT. 59-0388
CATSOULACOS P., STEREOCHEMIE 22. MITT. 54-0428
- RK. V. PHENYLHYDRAZIN MIT ALPHA-SUBSTITUIERTEN EPOXIDEN U. KETONEN, ZWISCHENSTUFEN D. OSAZONBLDG. BEI STEROIDEN 54-0449
- SYNTH. V. AMINEN MIT DIBORAN 60-0264
CATTERALL G., OXYDATIVER AUSTAUSCH D. HYDRAZINO-GRUPPE GEGEN WASSERSTOFF U. DEUTERIUM IN AZANAPHTHALINEN 61-0431
CAUBERE P., RK.-FAEHIGK. V. HALOGENBENZOLEN IN APROTON. MEDIUM 60-0204
CAUGHLAN C. N., KRIST.- U. MOL.-STRUKTUR V. 3-BENZYL-2.6-DIPHENYL-2H-THIOPYRAN-5-CARBALDEHYD 54-0073
- KRIST.- U. MOLEKULARSTRUKTUR V. TRIS-(P-NITRO-PHENYL)-PHOSPHAT 56-0091
CAULLET, IR-ABSORPT.-SPEKTREN V. MONOAMINO-BENZOL- U. -NAPHTHALIN-MONOSULFONSAEUREN U. IHREN KALIUMSALZEN IM BEREICH V. 1400 BIS 3650 CM(-1) 60-0046
CAULLET C., IDENTIFIZIER. EINES DURCH ELEKTROCHEM. RED. V. 2-ACETYL-THIOPHEN IN SAUREM MEDIUM IN WASSER-THF ERHALTENEN PROD. 54-0293
- POLAROGRAPHIE U. ELEKTROCHEM. RED. V. 2-ACETYL-FURAN IN EINER SAUREN WASSER-TETRAHYDROFURAN-MISCHUNG 60-0109
CAUQUIL G., UMLAGER. V. KETONEN IN D. FLUORENREIHE 2. MITT. 56-0299
- UMWANDL. V. 2-METHYL-3-CYCLOHEXYL-BUTANDIOL-(2.3) ZU TERT.-BUTYL-CYCLOHEXYL-KETON U. 3-METHYL-3-CYCLOHEXYLBUTANON-(2) 57-0200
- UMLAGER. V. (1-HYDROXY-CYCLOPENTYL)-CARBINOLEN 1. MITT. 59-0243
- ISOMERISIER. V. KETONEN U. EINFL. D. TEMP. AUF D. UMLAGER. SUBSTITUIERTER PROPANDIOLE-(2.3) 61-0247
CAUQUIS G., LEWIS-BASEN, 9-ARYLAMINO-ANTHRACENE 1. MITT. 54-0260
- D. PHOTOCHEM. EIG. D. 9-DIAZO-ANTHRON-(10) U. D. ANTHRONYLIDENCARBENS 56-0155
- ELEKTROCHEM. OX. V. 2.4.6-TRI-TERT.-BUTYL-ANILIN IN ACETONITRIL 59-0217
- ELEKTROCHEM. OX. V. 2.4.6-TRI-TERT.-BUTYL-ANILIN IN METHANOL, ISOLIER. D. PRIMAERPROD. 60-0223
CAUSSE J., RK. V. TRIALKYLSILANEN MIT CARBONSAEURECHLORIDEN 60-0203
CAVA M. P., PHOTOCHEM. CYCLISIER.-RK. 60-0384
CAVALLA J. F., SUBSTITUIERTE PYRROLO(3.4-D)PYRIMIDINE, IHRE DARST. AUS 3-AMINO-4-CYAN-DELTA(3)-PYRROLINEN 57-0339
- 3-AMINO-4-THIOCARBAMOYL-DELTA(3)-PYRROLINE, IHRE UMWANDL. IN PYRROLO(3.4-D)PYRIMIDINTHIOLE-(4) 57-0340
CAVE A., STEROIDALKALOIDE 58. MITT. 56-0462
- STEROIDALKALOIDE, ROLLE V. HEXAMETHYLPHOSPHOTRIAMID (HMPT) ALS DIPOLARES LSGM. BEI D. SUBSTITUTION U. ELIMINIER. V. 20-TOSYLOXY-STEROIDEN 57-0407
- STEROIDALKALOIDE 59. MITT. 60-0483
CAVELL B. D., 6-METHOXY-3-METHYL-BENZOFURANCHINON-(4.7), DIMERE V. 3-METHYL-BENZOFURANEN U. TAUTOMERIE IN 2-ACETYL-3-HYDROXY-5-METHOXY-BENZOCHINON-(1.4) 55-0224
CAVENG P., NUKLEOPHILE AROMAT. SUBSTITUT.-RK. 8. MITT. 57-0034
- NUKLEOPHILE AROMAT. SUBSTITUT.-RK. 9. MITT. 57-0035
- NUKLEOPHILE AROMAT. SUBSTITUT.-RK. 10. MITT. 57-0036
CAVERO I., BEST. D. KONSTIT. U. SYNTH. EINES NEUEN FLAVONS AUS CISTUS MONSPELIENSIS L. 58-0361
CAVILL G. W. K., FAWORSKI-UMLAGER. V. PULEGONEPOXIDEN 55-0173
- ALPHA-FARNESEN, D. DUFOUR-DRUESEN-SEKRET D. AMEISE APHAENOGASTER LONGICEPS (F. SM.) 58-0463
CAZAUX M., RADIKAL. ADDITION V. AETHANOL U. AETHANAL AN BETA-PINEN 57-0393
CECHUTA V. G., ALKYLIER. V. TOLUIDINEN AM KERN DURCH DIISOPROPYLAETHER 54-0094
CEKALIN M. A., ISOMERE AMINOAZONAPHTHALINE U. IHRE SPEKTREN 59-0274
CEKOVIC Z., RK. MIT BLEITETRAACETAT. 10. MITT. 53-0128
- RK. MIT BLEITETRAACETAT 12. MITT. 61-0188
CEKUOLENE L. V., RED. V. BETA-ARYLAMINO-KETONEN ZU D. AMINOALKOHOLEN 60-0222
CELADNIK M., ANTITUBERKULOTIKA 7. MITT. 56-0497
CELECHOVSKY J., DISSOZIATIONSKONSTANTEN V. ANTIPYRIN U. SEINEN DERIV. 58-0098
CELINSKIJ I. V., ANIONEN D. DINITROMETHYLVERB. 2. MITT. 57-0019
CELPANOVA L. F., GESETZMAESSIGK. D. ADDIT. AN KONJUGIERTE ENINKETONE 3. MITT. 59-0176
CENINI S., KOORDINAT. KLEINER MOL. DURCH BIS-(TRIPHENYLPHOSPHIN)-PLATIN(0), RK. MIT H2S, H2SE U. H2TE 60-0034
CEREZO A. S., DAS CARRAGHEENAN-SYST. V. GIGARTINA SKOTTSBERGII S. ET G. 1. MITT. 58-0514
CERFONTAIN H., KINETIK D. ISOMERISIER. V. TOLUOLSULFONSAEUREN IN WSS. SCHWEFELSAEURE 56-0137
- LANGSAME PROTONENUEBERTRAG. BEI D. NITRIER. V. ANTHRACEN, BEST. D. KINET. ISOTOPENEFFEKTS D. WASSERSTOFFS BEI D. NITRIER. V. NAPHTHALIN U. ANTHRACEN MIT NITRONIUMTETRAFLUOROBORAT 57-0100
- AROMAT. SULFONIER. 16. MITT. 58-0117
CERNECKIJ V. P., AMINOSAEUREN U. PEPTIDE 68.MITT. 55-0394
CERNOVA A. V., STRUKTUR U. RK.-FAEHIGK. D. STICKSTOFFHALTIGEN DERIV. V. CARBONYLVERB. 19. MITT. 59-0246
CERNY A., SUBSTANZEN MIT ANTINEOPLAST. WIRKSAMK. 15. MITT. 56-0495
CERNY V., DEHYDROJUVABION - EINE NEUE VERB. MIT JUVENILHORMONAKTIVITAET AUS D. BALSAMTANNE 55-0417
- STEROID-ALKALOIDE AUS MALOUETIA ARBOREA MIERS. U. MALOUETIA TAMAQUARINA (AUBL.) A.DC. 56-0431
CERNYCH V. P., AMIDE U. HYDRAZIDE D. OXALSAEURE 12. MITT. 54-0161
- AMIDE U. HYDRAZIDE D. OXALSAEURE 13. MITT. 59-0184
CERUTTI E., EINE NEUE SYNTH. V. SUBSTITUIERTEN 2.3-DIPHENYLBENZO(B)FURANEN 57-0263
CERVINKA O., ASYMM. RK. 14. MITT. 56-0278
- ASYMM. RK. 16. MITT. 60-0079
- ASYMM. RK. 17. MITT. 60-0080
- ASYMM. RK. 15. MITT. 60-0233
CEU K. D., ANWEND. D. IR-SPEKTROSKOPIE ZUR BEST. D. KONFIGURATION V. 2-SUBSTITUIERTEN PHENYLCYCLOPROPANEN 60-0085
CHABALIER J., EINW. V. NATRIUM AUF GEMISCHE V. ALPHA,BETA-AETHYLEN-KETONEN U. ACRYLONITRIL 57-0151
CHABANNES B., CHEMIE D. FLAVONE 5.MITT. 55-0330
CHABRIER P., TRISUBSTITUIERTE DERIV. D. ORTHOPHOSPHORSAEURE U. D. PHOSPHON-SAEURE, D. EINE CARBONYLGRUPPE ENTHALTEN 59-0205
CHACHATY C., BLDG. FREIER RADIKALE DURCH RK. V. AKTIVEM STICKSTOFF MIT ORGAN. VERB. BEI 77 GRAD K 56-0117
- RADIKALE, D. DURCH GAMMA-BESTRAHL. V. PYRIDIN U. DIAZINEN IN AETHANOL BEI 77 GRAD K UNTER WASSERSTOFF-ADDIT. ENTSTEHEN 58-0152
CHAIGNEAU M., STRUKTUR V. MADECASSINSAEURE, EINEM NEUEN TRITERPEN AUS CENTELLA ASIATICA AUS MADAGASKAR 59-0473
CHAIN E. B., LYSERG- U. DIHYDROLYSERGSAEURE-ALPHA-HYDROXYAETHYLAMIDE 53-0191
CHAINTRON G., KATION. POLYMERISAT. V. BENZO-INDENEN 56-0303
CHAKIMOVA S., ALKENYLIER. V. ORTHO- U. ORTHO,ORTHO-SUBSTITUIERTEN PHENOLEN DURCH ALLYLALKOHOL IN D. DAMPFPHASE 54-0184
CHAKRABARTI P., TRITERPENOIDE 26. MITT. 55-0376
CHAKRABARTY M. R., MOL.-ORBITAL-BERECHN. AN 8-HYDROXY-CHINOLIN U. EINIGEN SEINER AZA-ANALOGA 61-0070
CHAKRABORTY D. P., CHEM. TAXONOMIE 7. MITT. 61-0412
CHAKRABORTY P. K., LITHIUMALUMINIUMHYDRID-RED. EINIGER ORGANOSCHWEFELVERB. 55-0183
CHAKRAVARTI K. K., TERPENOIDE 97.MITT. 55-0359
- TERPENOIDE 99. MITT. 55-0361
- TERPENOIDE 106. MITT. 56-0447
- TERPENOIDE 107. MITT. 58-0449
- TERPENOIDE 117. MITT. 59-0469
CHAKRAVARTY J., SYNTH. U. STEREOCHEMIE D. (+-)-4ALPHA-METHYL-10BETA-HYDROXY-TRANS-1.2.3.4.5.6.7.10-OKTAHYDRO-PHENANTHREN-4BETA-CARBONSAEURE-LACTONS U. D. VIER EPIMEREN (+-)-4-METHYL-1.2.3.4.5.6.7.10-OKTAHYDRO-PHENANTHREN-4-CARBONSAEUREN 53-0103
- NAHEFFEKTE, STEREOCHEMIE D. LITHIUM-AMMONIAK-RED. V. CYCL. STYROL-SYST., D. EINE BENACHBARTE CARBONSAEURE-GRUPPE ENTHALTEN 56-0298
CHALFONT G. R., EFFEKT D. THERM. ZERS. V. BENZOYLPEROXID IN BENZOL IN GGW. VERSCHIEDENER ZUSAETZE 59-0160
CHALLAND B. D., PHOTOCHEM. SYNTH. (+-)-BETA-HIMACHALEN 61-0512
CHALMERS B., BLDG. V. SULFONEN U. SULFONATEN AUS P-AMINOPHENOLEN 61-0194
CHALS M., UMWANDL. V. STEARINSAEURE IN TETRACHLORKOHLENSTOFF DURCH EINW. ELEKTR. FUNKEN 56-0179
CHALVET O., ANWENDBARKEIT D. METH. D. MOL.-DIAGRAMME AUF PHOTOCHEM. RK., FALL D. ELEKTROPHILEN SUBSTITUTIONEN 57-0126
- BEZIEH. ZWISCHEN D. STATIST. U. DYNAM. INDICES PAAR. ALTERNIERENDER KONJUGIERTER KOHLENWASSERSTOFFE 58-0073
CHAMBERLAIN T. R., SYNTH. D. IFFLAIAMINS 61-0496
CHAMBERS C., FLAVININ, EIN NEUES MORPHINANDIENON-ALKALOID AUS CROTON FLAVENS L 60-0452
CHAMBERS R. D., POLYFLUORHETEROCYCL. VERB. 9. MITT. 53-0161
- BIS-(TETRAFLUORPYRIDYL)-QUECKSILBERVERB. U. EIN VERS. ZUR DARST. V. TRIFLUORPYRIDIN 57-0009
- OCTAFLUOR-DIBENZOFURAN DURCH SO-ELIMINAT. 60-0305
CHAMBERS W. D., CAMPHERENOL- U. -HOMOENOLACETAT 61-0527
CHAN W. R., EXTRAKTE AUS CEDRELA ODORATA L. STRUKTUR V. METHYLANGOLENSAT 53-0211
- CROTONIN, EIN FURANOID-NORDITERPEN AUS CROTON LUCIDUS L. 56-0443
- TETRACYCL. TRITERPENE AUS CEDRELA ODORATA L. 60-0457
- LIMONOIDE V. TRICHILIA HAVANENSIS JACQ., EINE EPOXID-UMLAGER. 61-0514
CHANDRA G., C-C-EINSCHIEB.-RK. ZWISCHEN METALL-N-BIND. 54-0010
CHANDRASHEKAR V., EIN NEUER WEG ZUR SYNTH. V. ROTENOIDEN, SYNTH. V. DEHYDROMUNDUSERON U. DEHYDROELLIPTON 58-0364
CHANG C. W. J., NITRIER. V. 2.3-DIMETHOXY-NAPHTHALIN 58-0279
- POLYHYDROXYNAPHTHOCHINONE, DARST. U. HYDROLYSE V. METHOXYLDERIV. 61-0274
CHANG K., WEITBEREICHS-HYPERFEINAUFSPALT. BEI BICYCL. SEMIDIONEN 58-0057
CHANON F., MECHANISMUS D. EINW. V. CHLORWASSERSTOFF AUF CYCLOHEXANDIOLE-(1.3) 56-0249

CHANON M., SYNTH. IN D. REIHE D. 2-ALKYLTHIOTHIAZOLE 59-0336
- REAKTIVITAET V. DELTA(4)-THIAZOLINTHION-(2) GEGENUEBER HALOGENKETONEN U. -ALDEHYDEN 59-0337
CHAPAT J., STEREOCHEMIE IN D. BICYCLO(5.4.0)UNDECANREIHE 1. MITT. 59-0285
CHAPMAN D. J., EINE NEUE KLASSE V. CAROTINOIDEN 57-0369
CHAPMAN G. M., PHENOLOX. U. BIOSYNTH. 14. MITT. 61-0571
CHAPMAN N. B., HOCHFLUORIERTE ANALOGE V. PHARMAKOLOG. WIRKSAMEN VERB. 55-0160
- N.N-DIMETHYL-2-FLUOR-2-PHENYLAETHYLAMIN, DARST. U. SOLVOLYSE IN WSS. ACETON 57-0178
- PHARMAKOLOG. AKT. BENZO(B)THIOPHEN-DERIV. 3. MITT. 57-0266
CHAPMAN R. F., CINNOLINE, 9.MITT. 53-0169
CHAPURLAT R., NUCLEOPHILE ADDITIONEN V. ALPHA-AETHYLENKETONEN AN KETONE MIT AKT. METHYLENGRUPPE 2. MITT. 60-0255
- NUCLEOPHILE ADDITIONEN V. ALPHA-AETHYLENKETONEN AN KETONE MIT AKT. METHYLENGRUPPE 3. MITT. 61-0262
CHARCENKO V. G., NEUE SYNTH. V. OKTAHYDRO-THIOXANTHENEN 57-0307
- NEUE RK. V. SYMM.-OKTAHYDRO-THIOXANTHENEN 61-0418
CHARDIN A. P., SYNTH. V. DIACETATEN HALOGENHALT. ALPHA.ALPHA'-DIHYDROPEROXIDE 56-0172
CHARDONNENS L., ACYLIER. D. METHYLFLUORENE 1. MITT. 54-0257
- ACYLIER. V. METHYLFLUORENEN 2. MITT. 60-0271
- SYNTH. IN D. BIS-INDENO-FLUORENREIHE 3. MITT. 60-0279
CHARI V. M., STRUKTUR V. CLADOFULVIN 55-0351
CHARRIER C., ALKINYL-AMINOPHOSPHINE U. ALKINYL-AMINOPHOSPHINOXIDE, SYNTH. U. SPEKTROGRAPH. UNTERS. 56-0196
CHASKIN B. A., DARST. V. 5-ALKYL-PENTACHLOR-CYCLOPENTADIENEN 61-0237
CHASTRETTE F., SYNTH. V. BETA-CARBOLINEN MIT AMINOACETAL 60-0390
CHASTRETTE M., SYNTH. V. ALIPHAT. POLYALKYLKETONEN, DARST. V. 2.2.3.3.5.5.6.6-OKTAMETHYL-HEPTANON-(4) 57-0138
- SYNTH. U. EIG. V. ALIPHAT. ALPHA.ALPHA.ALPHA-TRISUBSTITUIERTEN KETONEN 6. MITT. 60-0181
CHATELUS G., RK. V. LYSIN MIT BENZALDEHYD 60-0198
CHATTERJEE A., STRUKTUR V. MARMIN 54-0462
- ISOLIER., STRUKTUR U. STEREOCHEMIE V. APHANAMIXIN, EIN NEUES TRITERPEN AUS APHANAMIXIS POLYSTACHYA WALL AND PARKER 56-0472
- ALKALOIDE AUS PIPER LONGUM LINN 1. MITT. 57-0361
CHATTERJEE B. G., SYNTH. SUBSTITUIERTER BETA-LACTAME 53-0124
- BETA-LACTAMDERIV. 53-0125
- SYNTH. SUBSTITUIERTER BETA- U. GAMMA-LACTAME 53-0131
CHATTERJEE N. R., SYNTH. U. STEREOCHEMIE D. (+-)-4ALPHA-METHYL-10BETA-HYDROXY-TRANS-1.2.3.4.5.6.7.10-OKTAHYDRO-PHENANTHREN-4BETA-CARBONSAEURE-LACTONS U. D. VIER EPIMEREN (+-)-4-METHYL-1.2.3.4.5.6.7.10-OKTAHYDRO-PHENANTHREN-4-CARBONSAEUREN 53-0103
- NAHEFFEKTE, STEREOCHEMIE D. LITHIUM-AMMONIAK-RED. V. CYCL. STYROL-SYST., D. EINE BENACHBARTE CARBONSAEURE-GRUPPE ENTHALTEN 56-0298
CHATZOPOULOS M., DARST. V. VERB. MIT DREIWERT. GEMISCHTER FUNKT. 60-0197
CHAUDRON T., BEDEUT. V. SPUREN V. VERUNREINIG. FUER D. BLDG. U. D. STABILITAET V. ORGANOMAGNESIUMVERB. 57-0007
CHAUVIN Y., DIMERISIER. V. PROPYLEN DURCH NICKEL-KOMPLEXE 60-0172
CHAWLA H. P. S., SYNTH. SUBSTITUIERTER BETA- U. GAMMA-LACTAME 53-0131
CHEESEMAN G. W. H., CHLORIER., SULFONIER. U. NITRIER. V. PYRROLO(1.2-A)CHINOXALINEN 59-0385
CHEESMAN D. G., EINW. V. ACETANHYDRID AUF 1-NITROSO-4-HYDROXY-4-PHENYL-PIPERIDIN 59-0368
CHEETHAM N. F., EIN GASPHASEN DONOR-ACCEPTOR-KOMPLEX 56-0068
CHEHATA M., OX. EINES PHENOLAETHERS MIT PERCHROMSAEURE IN SALZSAUREM MEDIUM 57-0168
CHEMERDA J. M., NEUE SYNTH. V. SULFONYLHARNSTOFFEN 57-0170
CHEMINAT B., DERIV. V. DIPHENYLACROLEIN, 4.4-DIPHENYLBUTEN-(3)-OL-(2) U. 5.5-DIPHENYLPENTEN-(4)-OL-(3) 56-0280
CHEN H. Y., OLEFIN-METATHESE, EINE NEUARTIGE RK. ZUR GERUEST-UMFORM. V. UNGESAETT. KW-STOFFEN 61-0132
CHENAULT J., SYNTH. U. RK. V. ORGANOCADMIUMVERB. CD IN HEXAMETHYLPHOSPHOTRIAMID 54-0006
CHENG Y. S., EXTRAHIERBARE BESTANDTEILE AUS D. HOLZ V. TAIWANIA CRYPTOMERIOIDES HAYATA, STRUKTUR V. T-CADINOL U. T-MURROLOL 60-0458
CHENG TENG L., PAPAVERACEEN-ALKALOIDE 7. MITT. 57-0366
CHENU J., CYCLOALKAN-SPIRO-HETEROCYCLEN 1.MITT. 60-0341
CHERBULIEZ E., BLDG. U. UMWANDL. V. ESTERN, 72.MITT. 54-0368
- BLDG. U. UMWANDL. V. ESTERN 73. MITT. 57-0103
- BLDG. U. UMLAGER. V. ESTERN 74.MITT. 58-0234
- BLDG. U. UMWANDL. V. ESTERN 75.MITT. 60-0408
CHERRY P. C., HYDROXY-STEROIDE 9. MITT. 53-0015
- MIKROBIOLOG. HYDROXYLIER. ALS EIN WEG ZUM 5BETA-ANDROSTAN-1-ON 59-0478
CHERUZE J. I., ADDIT. V. BENZOYLCARBEN AN ALKANDIENE-(1.3) 58-0269
CHESHIRE M. V., HUMINSAEURE 2. MITT. 56-0482
CHEUNG H. T., DRYOBALANON, EIN 21-HYDROXY-DAMMARAN-TRITERPEN 60-0466
CHEUTIN A., PARACHINONE, 1.MITT. 56-0218
- BENZOFURAN 34. MITT. 61-0352
CHEVRIER B., KRISTALLSTRUKTUR V. NICKELPICOLINAT-TETRAHYDRAT 56-0089
CHHABRA S. R., PROTONEN-FERNKOPPL. IN REISSERT-VERB. 61-0052
CHIANG Y., PROTONIER. V. N-PHENYL-PYRROLEN 54-0083
CHIARONI A., STRUKTUR V. P-BROM-M-NITRO-N-METHYL-ANILIN 55-0067
CHICHESTER C. O., IDENTITAET V. NEOXANTHIN U. FOLIAXANTHIN 59-0443
CHIERICI L., STRUKTUR D. PYRROLO-OX.-PROD. C12H17NN3O3 54-0298
CHILDS R. F., THERM. UMLAGER. V. 1-SUBSTITUIERTEN 1H-AZEPINEN ZU DERIV. D. 6-AMINO-FULVENS 54-0234
- THERMOLYSE V. 3-AZA-BICYCLO(3.2.0)HEPTENEN-(6) 58-0323
CHILJA V. P., CYANINFARBSTOFFE AUS BENZOXAZIN-(1.4)- U. BENZOSELENAZIN-(1.4)-DERIV. 60-0406
- CYANINFARBSTOFFE AUS BENZAZEPIN- U. BENZODIAZEPIN-DERIV. 60-0413
CHILLEMI F., HOMOLOGE U. ANALOGE D. ELEDOISINS 8.MITT. 55-0399
- SYNTH. V. PEPTIDEN D. BETA-KETTE D. MENSCHL. HAEMOGLOBINS 1. MITT. 58-0497
- SYNTH. V. PEPTIDEN D. BETA-KETTE D. MENSCHL. HAEMOGLOBINS 2. MITT. 58-0498
CHINI P., CYCLISIER. V. 2-METHYL-BUTIN-(3)-OL-(2) 1.MITT. 58-0173
- CYCLISIER. V. 2-METHYL-BUTIN-(3)-OL-(2) 2.MITT. 58-0174
CHIRON R., RK. V. DISAEURE-(1.4)-ANHYDRIDEN MIT META-SUBSTITUIERTEN AROMAT. VERB. 2. MITT. 59-0225
- RK. V. DISAEURE-(1.4)-ANHYDRIDEN MIT META-SUBSTITUIERTEN AROMAT. VERB. 1. MITT. 59-0350
CHISHOLM M., KONFIG.-ANALYSE V. EINIGEN DEKALINAMINOSAEUREN, NEUE KRITERIEN, DIE AUF PK-AENDER. IN BIN. WSS. LSGM. BERUHEN 56-0103
CHIURDOGLU G., TRITERPENE 8. MITT. 54-0032
- TRITERPENE 9. MITT. 56-0302
CHIUSOLI G. F., STEREOSPEZIF. CHARAKTER D. CYCLISIERENDEN CARBONYLIER. V. ALLYLHALOGENIDEN 53-0063
CHIVERS T., HEPTAFLUOR-N-PROPYL-DERIV. V. BOR 56-0357
CHIZNYJ V. A., OX.-RK. AROMAT. ALPHA-DIKETONE IM ALKAL. MEDIUM 61-0099
CHLADEK S., AMINOACYLDERIV. D. NUCLEOSIDE, NUCLEOTIDE U. POLYNUCLEOTIDE 2. MITT. 58-0509
CHMATAL V., FARBIGK. AROMAT. DIAZOVERB. MIT CHINONDIAZIDSTRUKTUR 55-0190
- BLDG. V. AZOVERB. BEI D. ZERS.-RK. AROMAT. DIAZOVERB. IN WSS. MEDIUM 57-0120
CHMEL'NICKIJ R. A., MASSENSPEKTREN U. STRUKTUR ORGAN. VERB. 14. MITT. 58-0066
- MASSENSPEKTREN U. STRUKTUR ORGAN. VERB. 15.MITT. 59-0069
- AROMAT. KW-STOFFE 35. MITT. 61-0295
CHODKIEWICZ W., UNTERS. D. KONFIG. U. KONFORM. V. 9.10-DIHYDROANTHRACEN-CHINOLEN MIT GESAETT. SEITENKETTEN DURCH KERNMAGNET. RESONANZ 56-0087
- ALKINYLAMINE U. IHRE DERIVATE 56-0166
- STEREOCHEMIE V. TERT. 2-METHYL-CYCLOPENTANOLEN, MAGNET. KERNRESONANZ V. ALLEN-PHOSPHINOXIDEN 56-0252
- STEREOCHEMIE D. ADDIT. ALPHA- U. BETA-UNGESAETT. ORGANOMETALLVERB. AN O- U. P-CHINONE, AN CYCLOHEXANDI-ON-(1.4) U. AN BENZIL 56-0300
- STEREOCHEMIE D. ALKINYLIER. V. ANTHRACHINON 57-0225
- BEITRAG ZUR UNTERS. D. KUMULENE 3.MITT. 57-0232
- ALKINYLAMINE, DIARYLPROPARGYLAMINE, INAMINE U. DIINAMINE 57-0346
- STEREOISOMERIE D. TERT. ALPHA-ALKINOLE, NMR-UNTERS. V. ALLENPHOSPHINOXIDEN 60-0095
- STEREOCHEMIE D. ALKINYLIER. V. 3-METHOXY-BUTANON-(2), DIASTEREOISOMERE ALLEN. PHOSPHINOXIDE 60-0227
- WRKG. V. ALPHA- U. BETA- UNGESAETT. MAGNESIUMVERB. AUF 2-CHLOR-CYCLOPENTANON U. 2-CHLOR-CYCLOHEXANON 60-0240
CHODKOWSKI J., POLAROGRAPH. VERH. V. ISOMEREN PHENYL-PYRIDYL-AETHYLENEN U. PHENYL-PYRIDYL-BUTADIENEN 55-0074
CHOLLAR B. H., ABS. KONFIG. V. SULFOXIDEN, 3-THIA-CHOLESTAN-OXIDE U. 1.8.8-TRIMETHYL-3-THIA-BICYCLO-(3.2.1)OCTAN-OXIDE 60-0481
CHOLLET E., NEUE SYNTH. V. 1.2-DIALKYL-ACETYLCYCLOPROPENEN 55-0171
CHOLNOKY L., IDENTITAET V. NEOXANTHIN U. FOLIAXANTHIN 59-0443
CHOPARD P. A., RK. ZWISCHEN ALKYLPHOSPHITEN U. D. CARBONYL-GRUPPE, RK. D. METHYLPHOSPHITE MIT ESSIGSAEURE 58-0216
- SAURE KATALYSE EINIGER NUCLEOPHILER RK. IN D. PHOSPHORANREIHE, WRKG. V. CHLORESSIGSAEUREANHYDRID AUF ALKOXYCARBONYLMETHYLEN-PHOSPHORANE 58-0424
CHOPIN J., C-GLUCOSYLIER. D. CHALKONS D. NARINGENINS U. UMSETZ. ZUM 6.8-DIGLUCOSYL-APIGENIN 60-0438
CHOU T. S., CHEMIE D. CEPHALOSPORINS P(1) 54-0443

CHOUTEAU J., SYNTH. U. IDENTIFIKAT. DURCH IR- U. RAMANSPEKTROSKOPIE DER BEIDEN CIS- U. TRANS-ISOMEREN 2.2-DIMETHYL-1-(2'.2'-ODER 3'.3'-DIMETHYL-CYCLOPROPYLIDEN)-CYCLOPROPAN 56-0276
CHOW J., UEBERTRAG.-RK. MIT BOR 13. MITT. 55-0162
CHOW Y. L., NACHW. D. STEREOSPEZIFITAET EINES BENZOL-NITROSAMIN-KOMPLEXES DURCH NMR-UNTERS. 56-0051
- 10-SUBSTITUIERTE ANTHRON-OXIME 58-0283
CHOWDHURY B. K., CHEM. TAXONOMIE 7. MITT. 61-0412
CHRETIEN-BESSIERE Y., NICHT-TERPENOIDER KW-STOFF AUS GALBANUM-ESSENZ 54-0471
- SYNTH. V. DELTA-PINEN 56-0458
- DARST. V. ALKIN-(1)-YL-SYMM.-TRIAZINEN 57-0349
- SPALT. EINES GEMISCHTEN ALKYLPEROXIDS IN NICHTPROTONISCHEN LSGM. 57-0390
- UNTERS. V. BORNYLEN 61-0516
CHRISTIE M. I., NEUARTIGE RK. V. WASSERSTOFFATOMEN 59-0111
CHRISTOL C., DODECAHYDROPHENANTHREN-REIHE 8. MITT. 61-0293
CHRISTOL H., DODEKAHYDROPHENANTHRENE 6. MITT. 57-0066
- DODEKAHYDROPHENANTHRENE 7. MITT. 57-0067
- DODECAHYDROPHENANTHREN-REIHE 8. MITT. 61-0293
- SAEUREKATALYSIERTE UMLAGER. 17. MITT. 61-0314
- SAEUREKATALYSIERTE UMLAGER. 18. MITT. 61-0315
- STRUKTUR D. DIMEREN V. ALPHA-METHYLEN-BENZOCYCLENONEN 61-0405
CHROLOVA O. R., MASSENSPEKTREN U. STRUKTUR ORGAN. VERB. 15.MITT. 59-0069
CHROMIK J., NEUROTROPE U. PSYCHOTROPE SUBSTANZEN 9. MITT. 58-0229
CHROMOV-BORISOV N. V., DERIV. D. BETA-HYDRAZINO-PROPIONSAEURE 57-0284
- ESTER V. TROPIN, 1-DIAETHYLAMINO-PROPANOL-(2) U. DIAETHYLAMINOAETHANOL 60-0261
- ARZNEIMITTEL IN D. REIHE D. DERIV. V. BETA-PHENYL-ISOPROPYLAMIN 1.MITT. 60-0381
- AROMAT. U. HETEROCYCL. AMIDE D. BETA-DIAETHYLAMINO-AETHAN-SULFONSAEURE, D. BIOLOG. AKTIVITAET BESITZEN 60-0407
CHUDOVERDJAN G., KONDENS. V. HALOGENDERIV. D. ALKADIENE-(1.3) MIT AROMAT. VERB. 1. MITT. 58-0244
CHUIT C., INTRAMOL. ALKYLIER. D. DOPPELBIND. EINES UNGESAETT. SULFONIUMSALZES 59-0244
CHUMAKOV J. I., NEUE SYNTH. V. 3-ALKOXY-PYRIDINEN 55-0289
CHUNG HOE KOO, STRUKTUR V. BIS-(TRIPHENYL-PHOSPHIN)-AETHYLEN-NICKEL 59-0010
CHUPRUNOVA O. A., STEREOCHEMIE V. OLIVOMYCINEN 54-0453
CHURCHILL M. R., STRUKTUR V. DIMEREM AZULENTRICARBONYLMETHYLMOLYBDAEN, (C10H8MO(CO)3CH3)2 61-0009
CHVALOVSKY V., ORGANOSILICIUMVERB., 49.MITT. 54-0096
- ORGANOSILICIUMVERB. 50. MITT. 54-0209
CHYDYROV D. N., GLYKOLAETHER U. IHRE DERIV. 110. MITT. 56-0209
- GLYKOLAETHER U. DERIV. 112. MITT. 58-0219
CIABATTONI J., RK. V. TROPON MIT DICHLORKETEN 61-0356
CIBUL'SKIJ V. V., UNGESAETT. ALKYLHYDRAZONE, KONDENS. V. ISOPROPYLHYDRAZIN MIT UNGESAETT. CARBONYL-VERB. 60-0337
CICERINA V. I., LIPIDE 28.MITT. 61-0151
CIGANEK E., DIELS-ALDER-ADDIT. V. DICYANACETYLEN AN AROMAT. KOHLENWASSERSTOFFE 61-0317
CIGAREV A. G., SYNTH. U. UMWANDL. D. BETA-PHENYL-BETA-CYAN-PROPIONSAEURE 54-0199
CINQUINI M., NACHBARGRUPPEN-BETEILIG. BEIM SULFINYLSAUERSTOFF 2. MITT. 59-0291
CIONI C., KONDENS. V. ALPHA-PROPIONYL-PROPIONSAEURE-AETHYLESTER U. OXALSAEUREDIAETHYLESTER 56-0262
CIRKO A. I., AUTOX. V. BENZYLNAPHTHEN-KOHLENWASSERSTOFFEN 54-0239
CISTOKLETOV V. N., GESETZMAESSIGK. D. ADDIT. AN KONJUGIERTE ENINKETONE 4. MITT. 59-0332
- 1.3-DIPOLARE ADDIT. AN UNGESAETT. VERB. 17. MITT. 60-0352
CIZ G. K., SYNTH. V. ARYLMETHANOLGLYCIDAETHERN 54-0182
CLAESON G., 4-AMINO-3-CARBAETHOXYMETHYLEN-1.2-DITHIOLHYDROCHLORID, EINE NEUE VERB. MIT ''BIND.-FREIER RESONANZ'' 61-0375
CLAESSON S., ZIRKULARDICHROISMUS D. NITRATO-CHROMOPHORS 57-0013
CLAR E., NACHW. D. DOPPELBIND.-CHARAKTERS IN METHYLDERIV. D. PHENANTHRENS, PYRENS, CHRYSENS U. CORONENS DURCH NMR 54-0038
CLARK B. C. JUN., CYCLISIER. V. EPOXYOLEFINEN 4. M ITT. BICYCL. AETHER AUS EINEM CITRONELLALDERIV. 56-0323
- CYCLISIER. V. EPOXYOLEFINEN 5. MITT. 56-0324
CLARK D. T., LAENGE D. ZENTRALBIND. IN THIENO(3.2-B)THIOPHEN 60-0072
CLARK J., NEUART. ADDUKTE AUF D. PTERIDINGEBIET 55-0311
- HETEROCYCLEN 2. MITT. 61-0446
CLARK M. C., CHEMIE D. INDANTHRONS 13. MITT. 58-0407
CLARK N. H., KRIST.-STRUKTUR V. 1.8.10.9-TRIAZABORADECALIN 61-0083
CLARK V. M., PHOSPHORYL-UEBERTRAG. UNTER VERW. V. GEMINALEN DIHALOGENIDEN 54-0174
CLARKE D. A., DARST. U. PHOTOLYSE V. 2-HYDROXYALKYL-CO(III)-AETIOPORPHYRINEN I U. 2-HYDROXYAETHYL-COBALAMIN 58-0440
CLARKE D. E., ANWEND. V. SPEKTROSKOP. U. RELAXAT.-TECHNIKEN ZUR UNTERS. V. TERT.-BUTYLALKOHOL-WASSER-GEMISCHEN 57-0073
CLARKE G. M., RED. V. THIAZOLIUMSALZEN MIT NABH4 2.MITT. 61-0104
- RED. V. THIAZOLIUMSALZEN MIT NABH4 61-0389
CLARKE K., HOCHFLUORIERTE ANALOGE V. PHARMAKOLOG. WIRKSAMEN VERB. 55-0160
- PHARMAKOLOG. AKT. BENZO(B)THIOPHEN-DERIV. 3. MITT. 57-0266
CLARKE R. L., NEUE RK. D. AETHYLENDISULFONYL-GRUPPE 53-0223
CLARKE S. C., SYNTH. V. ENDO-MONOMETHYLEN-ADDUKTEN V. 7-SUBSTITUIERTEN NORBORNENEN U. NORBORNADIENEN 54-0220
CLARKE T. G., AG(II)-KOMPLEXE ALS [illegible]-MITTEL 54-0089
CLARK-LEWIS J. W., MIT PELTOGYNOL VERWANDTE HEMIKETALE, SYNTH. V. ROBINSONS' HEMIKETAL 58-0360
CLAUS P., OX. V. (14)C-MARKIERTEN PHENOLEN (LIGNINMODELLEN) IN WSS.-ALKAL. LSG. MIT SAUERSTOFF 59-0121
CLAUSSEN U., HASCHISCH 13.MITT. 58-0529
CLAVERIE P., LOKALISIERTE PI-ELEKTRONENORBITALE IN KONJUGIERTEN ORGAN. MOL. 58-0078
CLAXTON T. A., ANWEND. V. SPEKTROSKOP. U. RELAXAT.-TECHNIKEN ZUR UNTERS. V. TERT.-BUTYLALKOHOL-WASSER-GEMISCHEN 57-0073
CLAYTON C. J., RK. V. N-BUTYL-LITHIUM MIT PENTACHLORPYRIDIN, EIN LSGM.-EFFEKT 56-0146
- SYNTH. V. METHYL-1-DESOXY-1-MERCAPTO-RIBOSIDEN U. HYDROLYSE V. METHYL-1-DESOXY-1-MERCAPTO-ALPHA-D-RIBOPYRANOSID 57-0355
CLEMENT C., KONFORM.-ANALYSE D. N-ALKANE DURCH DEPOLARISIERTE RAYLEIGH-STREUUNG 56-0030
CLEMENT G., RADIKAL. OX. AROMAT. KOHLENWASSERSTOFFE IN FL. PHASE 57-0092
CLEMENTI S., RELATIVE RK.-FAEHIGK. D. ELEKTROPHILEN SUBSTITUTION V. THIOPHEN, FURAN U. PYRROL, TRIFLUORACETYLIER. 59-0122
CLEMENTS J. H., BIOSYNTH. V. COLCHICIN, RINGERWEITER. U. LETZTE STUFEN, STRUKTUR V. SPECIOSIN 59-0430
CLEMO G. R., BESTANDTEILE V. GROSSSTADTRAUCH 59-0517
CLEOPHAX J., STICKSTOFFHALT. KOHLENHYDRATE 13. MITT. 54-0286
- NICHTGLYCOSID. NUCLEOSID-ANALOGE 1. MITT. 55-0304
- VERDRAENG.-RK. BEI FURANOIDSYST. 3. MITT. 57-0259
- VERDRAENG.-RK. AN FURANOIDSYST. 4. MITT. 57-0357
CLOSSON W. D., UV-ABSORPTIONSSPEKTREN V. OXIMEN 61-0042
CLOVIS J. S., 1.3-DIPOLARE CYCLOADDIT. 25. MITT. 53-0136
- 1.3-DIPOLARE CYCLOADDIT. 28.MITT. 58-0335
CMUTOVA G. A., CLAISENSCHE UMLAGER. V. ALLYLPHENYLSELENID 57-0264
COBURN JUN. W. C., ACTINOBOLIN 1. MITT. 57-0415
COCKER W., CHEMIE D. SANTONINS 8. MITT. 55-0373
- CHEMIE D. TERPENE 3. MITT. 56-0455
- CHEMIE D. TERPENE 4. MITT. 58-0457
- DIMERE NEBENPROD. BEI D. DARST. V. 2.4-DIMETHOXY-BENZYLCYANID AUS 2.4-DIMETHOXY BETA-NITRO-STYROL 61-0268
COE P. L., AROMAT. POLYFLUORVERB. 35. MITT. 53-0077
COGNACQ J., UNTERS. D. KONFIG. U. KONFORM. V. 9.10-DIHYDROANTHRACEN-CHINOLEN MIT GESAETT. SEITENKETTEN DURCH KERNMAGNET. RESONANZ 56-0087
- STEREOCHEMIE D. ADDIT. ALPHA- U. BETA-UNGESAETT. ORGANOMETALLVERB. AN O- U. P-CHINONE, AN CYCLOHEXANDION-(1.4) U. AN BENZIL 56-0300
- STEREOCHEMIE D. ALKINYLIER. V. ANTHRACHINON 57-0225
COGO G., RK. V. 6-PHENYL-IMIDAZO(2.1-B)THIAZOL MIT EINIGEN DIENOPHILEN 58-0342
COHEN D., VERW. V. AETHOXYACETYLEN ZUR SYNTH. V. N-GESCHUETZTEN AMINOSAEUREN 53-0069
- PI-KOMPLEXBLDG. ZUR MODIFIZIER. D. ANISOTROPIEEFFEKTE IN D. KERNMAGNET. RESONANZSPREKTREN D. 9.10-DIHYDROANTHRACEN-REIHE 58-0043
- RK. D. 5.6-CHRYSENCHINODIMETHANS 61-0302
COHEN J. S., BEWEIS D. IMIDOYLPHOSPHAT-ZWISCHENSTUFE BEI D. OXYDATIVEN PHOSPHORYLIER. IN (18O)DIMETHYLFORMAMID 59-0278
COHEN L. A., NMR- U. MASSENSPEKTREN V. CYCLOSERINDERIVATEN 53-0024
COHEN N. C., 'BENZO'-PHOTOOXIDE V. 1.4-DIALKOXY-ANTHRACENEN, IHRE PHOTOISOMERISIER. IN BIS-EPOXIDE 60-0273
COHEN P., CHINONE IN D. PHOSPHORYLIERENDEN OX. 5. MITT. 57-0278
- SAURE ISOMERISIER. V. TOCOCHINONEN 1.MITT. 58-0505
COHEN S. C., DIREKTE SYNTH. V. AROMAT. FLUORDERIV. V. METALLEN U. NICHTMETALLEN 59-0024
COHEN T., VERW. V. KOMPLEXBILDNERN ZUR AKTIVIER. V. KUPFER BEI D. ULLMANN-BIARYL-SYNTH. 54-0236
- STRUKTURAUFKLAER. D. DURCH RK. V. 1.4-NAPHTHOCHINON MIT HYDRAZIN ERHALTENEN PENTACYCL. CINNOLINS 61-0436
COJOCARU Z., SULFONAMIDFORMAZANDERIV. U. D. ENTSPRECHENDEN TETRAZOLIUMSALZE 55-0266
- NITRIERTE SULFONAMID-QUECKSILBER-VERB. 55-0432
COLAPIETRO M., KRISTALL- U. MOLEKULARSTRUKTUR V. BIS-(N.N-DIAETHYLDITHIOCARBAMATO)-NITROSYL-EISEN(II) 60-0007
COLEBOURNE N., GAS-PHASEN-RK. V. SCHWEFEL MIT AMINEN U. VERWANDTEN VERB., NEUE SYNTH. V. THIAZOLEN 57-0290

COLETTI-PREVIERO M., OZONOLYSE V. TRYPTOPHAN, SYNTH. V. N'-FORMYL-KYNURENIN-PEPTIDEN 56-0478

COLIN G., BENZOFURAN, 33.MITT. 56-0380

- SPALT. V. ALPHA-ZINN-KETONEN, -ESTERN U. -NITRILEN DURCH ALKYLHALOGENIDE 57-0147

COLLIER G. L., PYRROLE U. VERWANDTE VERB., 11. MITT. 53-0202

COLLIN G., SAEUREKATALYSIERTE RK. V. NITROSOVERB. 1. MITT. 57-0115

COLLINS C. J., UMLAGER. V. ALPHA-TRIKETONEN 60-0145

COLLINS D. J., GERUESTUMLAGER. V. 6BETA-BROM-4BETA.5-EPOXY-5BETA-CHOLESTAN-3BETA-OL DURCH RED. MIT LITHIUMALUMINIUMHYDRID 54-0450

COLLINS P. M., EINFL. V. METHYLGRUPPEN AUF D. PHOTOLYSE V. DIENONEN, PENTAMETHYL-CYCLOHEXADIEN-(2.4)-ONE 58-0259

- EINGEHENDERE PRUEF. D. MECHANISMUS D. PHOTOLYT. RINGOEFFN. V. CYCLOHEXADIEN-(2.4)-ONEN 59-0247

COLONGE J., 3-HYDROXYMETHYL-TETRAHYDROFURANE 56-0327

COLONNA M., ANALOGIE U. EN-SYNTH. 17. MITT. 58-0320

- ANALOGIE U. EN-SYNTH. 18. MITT. 61-0421

COLONNA S., NACHBARGRUPPEN-BETEILIG. BEIM SULFINYLSAUERSTOFF 2. MITT. 59-0291

COMBRET J., RK. V. ORGANOMETALLVERB. MIT D. DIMEREN V. KETENEN, 2.2.4-TRIMETHYL-3-HYDROXY-PENTEN-(3)-SAEURE-BETA-LACTON 56-0175

COME G., KINET. UNTERS. D. PYROLYSE V. ACETALDEHYD MIT HILFE D. GASCHROMATOGRAPHIE 56-0144

- MECHANISMUS D. PYROLYSE V. ACETALDEHYD BEIM RK.-BEGINN 56-0145

COMER F. W., UMWANDL. EINES POLYPYRONS IN PHENOL. VERB. 56-0364

- PYRON-UNTERS. 1. MITT. 61-0402

COMIN J., ARGENTIN. PFLANZEN 22.MITT. 55-0407

- ARGENTIN. PFLANZEN 23.MITT. 55-0408

COMOY P., BUTEN-(2)-OLIDE-(4) 4.MITT. 54-0290

COMPTON R. N., BLDG. NEGATIVER IONEN V. GLYOXAL U. DIACETYL 57-0048

CONE N. J., VINCAALKALOIDE 29.MITT. 55-0340

CONIA J., KLEINE RINGE 20. MITT. 56-0031

- KLEINE RINGE 19. MITT. 56-0065

- THERMOLYSE U. PHOTOLYSE V. UNGESAETT. KETONEN 5. MITT. 56-0256

- THERMOLYSE U. PHOTOLYSE V. UNGESAETT. KETONEN 6. MITT. 56-0257

- THERMOLYSE U. PHOTOLYSE V. UNGESAETT. KETONEN 7. MITT. 56-0258

- THERMOLYSE U. PHOTOLYSE V. UNGESAETT. KETONEN 8. MITT. 56-0259

- VERW. V. NATRIUM-TERT.-AMYLAT BEI WITTIG-RK. 60-0169

- THERM. CYCLISIER. D. EPSILON.ZETA-AETHYLEN-ALDEHYDE 61-0273

CONKLIN M., SYNTH. V. LAURATEN D. PYROGALLOLS U. VERWANDTER PHENOLE 57-0167

CONNOLLY J. D., BESTANDTEILE V. ERYTHROXYLON MONOGYNUM ROXB. 3. MITT. 57-0424

- MEXICANOL 61-0528

CONSTANT E., MIKROWELLEN- U. LANGWELL. INFRAROTSPEKTREN V. ESSIGSAEURE, MESS. D. ATOMPOLARISAT. D. DIMEREN 58-0096

CONSTANTINE M. F., PHARMAKODYNAM. VERB. 5. MITT. 56-0435

CONSTANTINESCU T., ELIMINIER.-RK. AUS 1.2-DIHALOGENVERB. 2. MITT. 61-0162

CONTASTIN M., STEREOCHEMIE IN D. BICYCLO(5.4.0)UNDECAN-REIHE 1. MITT. 59-0285

CONTE A., CYCLODIEN-INSEKTIZIDE 5. MITT. 55-0208

- RK. V. N-BROMIMIDEN MIT DISULFIDEN ZU SULFENIMIDEN 56-0281

CONTI F., D. BEST. D. ENERGIEBARRIERE FUER D. GEHINDERTE INTERNE ROTAT. IN N.N-DIMETHYLFORMAMID DURCH PROTONENRESONANZ-SPEKTROSKOPIE 55-0042

- KOORDINAT. KLEINER MOL. DURCH BIS-(TRIPHENYLPHOSPHIN)-PLATIN(0), RK. MIT H2S, H2SE U. H2TE 60-0034

CONVERT O., EINW. V. NATRIUM AUF GEMISCHE V. ALPHA,BETA-AETHYLEN-KETONEN U. ACRYLONITRIL 57-0151

CONWAY B. E., ELEKTROKAPILLARUNTERS. D. PYRIDIN-ADSORPT. IN KALIUMCHLORID-LSG. 58-0094

COOK C. D., STRUKTUR V. BIS-(TRIPHENYL-PHOSPHIN)-AETHYLEN-NICKEL 59-0010

COOK J. D., RK. V. N-BUTYL-LITHIUM MIT PENTACHLORPYRIDIN, EIN LSGM.-EFFEKT 56-0146

- ADDUKTE V. 2.5.6-TRICHLOR-3.4-DEHYDROPYRIDIN MIT AROMAT. KW-STOFFEN 60-0383

COOK V. R., KRISTALLSTRUKTUR V. PENTAAETHYL-CYCLOPENTAPHOSPHIN-MOLYBDAEN-TETRACARBONYL, (C2H5P)5MO(CO)4, U. TETRAAETHYL-CYCLOTETRAPHOSPHIN-WOLFRAM-TETRACARBONYL, (C2H5P)4W(CO)4 61-0007

COOKE A. S., OPTISCHE AKTIVITAET IN D. BINAPHTHYL-(1.1')-REIHE, ENERGIEBARRIEREN D. RACEMISIER. V. 8-SUBSTITUIERTEN BINAPHTHYLEN-(1.1') 58-0139

COOKE M., VALENZTAUTOMERIE IN CYCLOOCTATETRAEN-RUTHENIUM-TRICARBONYL 60-0003

COOKS G. R., WANDER. AN DURCH ELEKTRONENSTOSS ERZEUGTE CARBONIUMIONEN 54-0042

COOKS R. C., ELEKTRONENSTOSSRK. 20 MITT. SKELETTUMLAGER. ORGAN. SCHWEFELVERB. BEI ELEKTRONENSTOSS 61-0062

COOKS R. G., RHIZOPHORACEEN-ALKALOIDE 3. MITT. 54-0392

- ELEKTRONENSTOSS-UNTERS. 3.MITT. 55-0049

- SKELETTUMLAGER. AROMAT. AZOXYVERB. DURCH ELEKTRONENSTOSS 57-0110

- SKELETTUMLAGER. V. MERCAPTOESTERN DURCH ELEKTRONENSTOSS 58-0059

- MASSENSPEKTROMETRIE 20.MITT. 61-0061

COOKSON R. C., CYCLOPROPANONE U. VERWANDTE VERB. 2. MITT. 56-0320

- CYCLOPROPANONE U. VERWANDTE VERB. 3. MITT. 58-0298

- UMLAGER. V. OXO-DICYCLOPENTADIENEN 61-0321

- GEGENSEIT. UMWANDL. V. 5-ARYL-BICYCLO(2.2.1)HEPTEN-(2)-ONEN-(7) U. 6-ARYL-BICYCLO(3.2.0)HEPTEN-(3)-ONEN-(2) DURCH SAEURE U. LICHT 61-0322

- UMLAGER. V. POLYARYL-BICYCLO(2.2.1)HEPTEN-(2)-ONEN-(7) U. -BICYCLO(3.2.0)HEPTEN-(3)-ONEN-(2) 61-0323

COOMBES G. E. A., PHOTOCHEM. UMWANDL. 2. MITT. 55-0378

COOMBES R. G., GESCHW. D. AROMATENNITRIER. IN SCHWEFELSAEURE 58-0116

COOPER J., GEGENSEIT. UMWANDL. V. 5-ARYL-BICYCLO(2.2.1)-HEPTEN-(2)-ONEN-(7) U. 6-ARYL-BICYCLO(3.2.0)HEPTEN-(3)-ONEN-(2) DURCH SAEURE U. LICHT 61-0322

COOPER R. D. G., STRUKTUR V. HYDROCYANSALID, EINEM NEUEN MG-REAGENZ 61-0347

COOPER R. E., PARAMAGNET. FERROCEN-SAEUREADDUKTE 59-0033

COPPENS W., FAVORSKII-UMLAGER. V. DICHLORMETHYLKETONEN 60-0190

CORBELLA A., STRUKTUR V. CINNAMOLID, CINNAMOSMOLID U. CINNAMODIAL, SESQUITERPENE MIT DRIMAN-STRUKTUR AUS CINNAMOSMA FRAGRANS BAILLON 59-0466

CORBELLINI A., SYNTH. V. PEPTIDEN D. BETA-KETTE D. MENSCHL. HAEMOGLOBINS 1. MITT. 58-0497

- SYNTH. V. PEPTIDEN D. BETA-KETTE D. MENSCHL. HAEMOGLOBINS 2. MITT. 58-0498

CORBETT J. F., CHEMIE D. HYDROXYCHINONE 2. MITT. 57-0173

- SYNTH. U. IDENTIFIZIER. EINIGER N-METHYLIERTER AMINONITROPHENOLE 58-0239

- EINW. V. HNO2 AUF N.N.N'.N'-TETRAMETHYL-P-PHENYLENDIAMIN 59-0224

CORBETT R. E., SELIN-11-EN-4ALPHA-OL AUS D. AETHER. OEL V. PODOCARPUS DACRYDIOIDES 55-0370

- DITERPENE AUS D. AETHER. OEL V. DACRYDIUM COLENSOI 55-0374

COREY E. J., EIN NEUER WEG ZU SULFONIUMYLIDEN, DIPHENYLSULFONIUMISOPROPYLID 59-0265

- DARST. V. PHOSPHIT-YLIDEN AUS TRITHIOCARBONATEN U. TRIMETHYLPHOSPHIT U. IHRE VERW. ZU VERLAENGER. V. KOHLENSTOFFKETTEN 61-0330

COREY E. R., STRUKTUR V. 2.2.4.4-TETRAFLUOR-1.3-DIMETHYL-2.4-DIPHENYL-1.3-DIAZA-2.4-DIPHOSPHACYCLOBUTAN 54-0076

CORI O., SAEUREKATALYSIERTE HYDROLYSE V. NERYLPYROPHOSPHAT U. GERANYLPYROPHOSPHAT 61-0117

CORNFORTH J. W., ABS. STEREOCHEMIE V. (+)-ABSCISIN II 54-0469

CORNILS B., UMSETZ. MIT KRYOLITH 4.MITT. 54-0482

- FLUORIER. ORGAN. VERB. MIT CHLORTRIFLUORID 5.MITT. 58-0166

- UMSETZ. MIT CHLORTRIFLUORID 7. MITT. 59-0168

CORREL R., UNTERS. V. PFLANZEN, 12.MITT. 54-0387

CORRIU R., DARST. OPT. AKT. VINYLSILANE 56-0240

- KINETIK U. MECHANISMUS D. SAEUREKATALYSIERTEN ADDIT. V. ESSIGSAEURE AN CYCLOHEXEN 60-0141

- PI-KOMPLEXE V. AROMATEN MIT LEWISSAEUREN, STRUKTUR U. REAKTIVITAET 1. MITT. 61-0105

- PI-KOMPLEXE V. AROMATEN MIT LEWISSAEUREN, STRUKTUR U. REAKTIVITAET 2. MITT. 61-0106

- PI-KOMPLEX V. AROMATEN MIT LEWISSAEUREN, STRUKTUR U. REAKTIVITAET 3.MITT. 61-0107

CORSANO S., STRUKTUR V. INCENSOL 57-0377

CORT L. A., NAPHTHAZARIN- U. 2-METHYL-NAPHTHAZARIN-DERIV. 58-0277

CORTES L., PHOTOCHEM. VALENZISOMERISIER. V. OXABICYCLO-ANALOGEN D. NORBORNADIENS 59-0309

COSTA G., NEUE PHOTOCHEM. RK. V. ORGANOKOBALT(III)-KOMPLEXEN MIT KOHLENMONOXID IN ALKOHOL 58-0027

- ACYL- U. ALKOXYCARBONYLKOBALT(III)-CHELATE 58-0028

COSTANTINO A., CYCLISIER. V. BETA-ARYL-DIAZOKETONEN 54-0242

COSTANZO S. J., CHARGE-TRANSFER-KOMPLEXE V. ALUMINIUMCHLORID 59-0003

COSTE C., PI-KOMPLEXE V. AROMATEN MIT LEWISSAEUREN, STRUKTUR U. REAKTIVITAET 1. MITT. 61-0105

- PI-KOMPLEXE V. AROMATEN MIT LEWISSAEUREN, STRUKTUR U. REAKTIVITAET 2. MITT. 61-0106

- PI-KOMPLEX V. AROMATEN MIT LEWISSAEUREN, STRUKTUR U. REAKTIVITAET 3.MITT. 61-0107

COTTRELL I. W., POLYSACCHARIDE AUS SOJABOHNEN 4. MITT. 58-0516

COTTRELL W. R. T., HYDROXY-STEROIDE 9. MITT. 53-0015

COUFFIGNAL R., NEUE SYNTH. V. ALPHA-ALLEN. U. BETA-ACETYLEN. KETONEN 60-0183

COURET C., RK. D. GERMANIUM-PHOSPHOR-BIND. V. TRIALKYLGERMANYLPHOSPHINEN 60-0023

COURT J., EINFL. D. METHYLSUBSTITUENTEN AUF D. RADIKAL-REAKTIVITAET V. PYRIDIN 57-0099

- RADIKALREAKTIVITAET V. 2-METHYL-PYRIDIN GEGENUEBER FREIEN PHENYLRADIKALEN 57-0323

COURTNEY J. L., EIN NEUER ALPHA,BETA-UNGESAETT. C20-ALDEHYD (3.7.13-TRIMETHYL-10-ISOPROPYL-TETRADECATETRAEN-(2.6.11.13)-AL-(1)) AUS TABAK 54-0414

COUSSEMANT F., ANWEND. D. KINET. ISOTOPENEFFEKTES IN DEUTERIERTEM W. ZUR UNTERS. D. HYDRATATIONSMECHANISMUS V. ALPHA-METHYLSTYROLEN 60-0140

COWAN D. O., LSGM.-EINFL. AUF D. PHOTODIMERISIER. V. ACENAPHTHYLEN 56-0153
COX J. J., RK. V. FLUOROLEFINEN MIT DIKOBALTOCTACARBONYL 60-0029
COX J. M., CYCL. HEMITHIOACETALE, ANALOGE D. THIOZUCKER MIT SCHWEFEL IM RING 59-0406
- THIOZUCKER 3. MITT. 59-0417
COX J. W., STRUKTUR V. 2.2.4.4-TETRAFLUOR-1.3-DIMETHYL-2.4-DIPHENYL-1.3-DIAZA-2.4-DIPHOSPHACYCLOBUTAN 54-0076
COX M. R., ABS. KONFIG. V. (+)-2-METHYL-2-ISOPROPYL-GLUTARSAEURE U. (+)-2-METHYL-2-ISOPROPYL-BERNSTEIN-SAEURE 56-0180
COXON B., STRUKTUR U. KONFORM. EINIGER D-GLYCERO-DELTE(2)-PENTENOPYRANOSYLDERIV. U. D. BEST. D. RELATIVEN WERTE EINIGER ASSOZIIERTER PROTONENKOPPL.-KONST. IM WEITEN BEREICH 59-0087
COXON J. M., RK. V. EPOXIDEN 13. MITT. 56-0465
- RK. V. EPOXIDEN 14. MITT. 61-0533
CRABALONA L., VORK. V. LINKSDREHENDEM JASMONSAEURE-METHYLESTER (CIS-2-(PENTEN-(2)-YL)-3-OXOCYCLOPENTYLES-SIGSAEURE-METHYLESTER) IM AETHER. OEL D. TUNES. ROSMARINS 60-0476
CRABBE P., STEROIDE 296. MITT. 53-0222
- OPT. ROTATIONS-DISPERS. 43. MITT. 61-0033
CRAGG R. H., CHEMIE D. BORS 39. MITT. 60-0200
CRAIG W. G., CHEM. VERSCHIEB. 1. MITT. 58-0045
- CHEM. VERSCHIEB. 2. MITT. 58-0046
- CHEM. VERSCHIEB. 3.MITT. 58-0047
CRAMER F., SYNTH. V. OLIGO- U. POLYNUCLEOTIDEN 8. MITT. 58-0432
- HYDROLYSE V. PHOSPHATEN U. PYROPHOSPHATEN EINIGER MONOTERPENALKOHOLE, MODELLRK. ZUR BIOSYNTH. D. MONOTERPENE 61-0504
- HYDROLYSE V. 2.3-DIHYDROTERPENYLPHOSPHATEN U. -PYROPHOSPHATEN 61-0505
CRANDALL J. K., 1.5-WASSERSTOFFWANDER. IN MITTELGROSSEN 3.4-EPOXY-CYCLOALKENEN 57-0352
CRANWELL P. A., HUMINSAEURE 2. MITT. 56-0482
- HUMINSAEUREN 1. MITT. 57-0040
CRASTES DE PAULET A., STEROIDHORMONAEHNL. VERB. 56-0309
CRAWFORD J. W., SYNTH. U. UMLAGER. V. TRICYCLO(4.3.2.0-(1,6))UNDECEN-(10)-ON-(2) 53-0115
CREED D., LICHTINDUZIERTE U. VERWANDTE RK. V. CHINONEN 4.MITT. 61-0291
CREMER S. E., SYNTH. U. STRUKTUR V. 3-BENZYL-2.6-DIPHENYL-2H-THIOPYRAN-5-CARBALDEHYD 54-0335
CREMLYN R. J. W., SULFONHYDRAZIDE U. VERWANDTE VERB. 7. MITT. 53-0081
- KONFIG.-ANALYSE V. EINIGEN DEKALINAMINOSAEUREN, NEUE KRITERIEN, DIE AUF PK-AENDER. IN BIN. WSS. LSGM. BERUHEN 56-0103
CRISAFULLI M., NMR-SPEKTREN V. CIS- U. TRANS-OCTADECENSAEUREN 56-0048
- STRUKTUR V. 4-ARYLAZO-ISOXAZOLONEN-(5) 2. MITT. 57-0031
- ISOXAZOLONCYCLISIER. 6. MITT. 61-0384
CRITCHLOW A., OX. EINIGER PYROGALLOL- U. PURPUROGALLIN-DERIV. 59-0207
CROCE P. D., ENAMINE 26. MITT. 61-0308
CROFTS P. C., 1-INDENYLIDENTRIPHENYLPHOSPHORAN 58-0274
CROLL B. T., AROMAT. POLYFLUORVERB. 35. MITT. 53-0077
CROMBIE L., POLYKETOENOLE U. CHELATE 1. MITT. 58-0378
- POLYKETOENOLE U. CHELATE 2. MITT. 58-0379
- POLYKETOENOLE U. CHELATE 3. MITT. 58-0380
- POLYKETOENOLE U. CHELATE 4. MITT. 58-0381
- STRUKTUR U. STEREOCHEMIE V. PHORBOL, D. DITERPENGRUND-KOERPER D. COCARCINOGENE D. CROTONOELS 61-0513
CROMWELL N. H., NEUE SYNTH. EINIGER 1-ALKYL-2.4-DIPHENYL-PYRROLE 60-0325
CROOK E. M., CYTIDYL-2'.3'-PHOSPHAT ALS OBLIGATOR. ZWISCHENPROD. BEI D. DURCH RIBONUCLEASE KATALYSIERTEN HYDROLYSE V. CYTIDYL-3'.5'-CYTIDIN 54-0476
CROPP P. L., BAS. HYDROLYSE D. ESTERFUNKT. IN KOMPLEXIONEN V. TYP CIS-(CO(EN)2(NH2-CH2COOC2H5)CL)CL2 61-0013
CROSBY D. G., STRUKTUR D. CAROTATOXINS, EINES NATUERL. GIFTES AUS KAROTTEN 53-0251
CROSS A. D., STRUKTUR VON MECAMBRIDIN (OREOPHILIN). 17. MITT. UEBER ALKALOIDE DER GATTUNG PAPAVER 53-0197
- ISOLIER. U. CHEMIE D. ALKALOIDE AUS PFLANZEN D. GATT. PAPAVER 36. MITT. 54-0398
- STRUKTUR D. ALKALOIDS AUS GENTIANA TIBETICA KING 56-0424
- STRUKTUREN V. EDULITIN U. EDULININ 24. MITT. 59-0066
CROUT D. H. G., PYRROLIZIDINALKALOIDE, BIOSYNTH. D. ANGELATKOMPONENTE D. HELIOSUPINS 59-0442
CROUZET J., UMLAGER. V. (1-HYDROXY-CYCLOPENTYL)-CARBINOLEN 1. MITT. 59-0243
CROWE D. F., SYNTH. V. 1BETA.2BETA-METHYLEN-STEROIDEN 58-0470
CROZET M., RADIKAL. CYCLISIER. V. AETHYLENMERCAPTANEN 56-0316
CSER F., STRAHLENINDUZIERTE FESTSTOFFPOLYMERISAT. 20. MITT. 59-0500
CUBABRIJA M. J., SYNTH. U. EIG. V. DIBENZO- U. DINAPHTHO-3.3'-(2-OXATRIMETHYLEN)-2.2'-BISPIROPYRANEN 58-0366
CUCHADZJAN E. O., AMINE U. AMMONIUMVERB. 47.MITT. 57-0153
CUGNON DE SEVRICOURT M., SYNTH. V. THIENO(3.2-D)PYRIMIDIN U. EINIGEN DERIV. 54-0350
CUKERVANIK I. P., FUROYLIER. AROMAT. VERB. 61-0350
CUM G., STRUKTUR V. 4-ARYLAZO-ISOXAZOLONEN-(5) 2. MITT. 57-0031
CUMMING C. W., SYNTH. V. CYCL(3.3.2)AZINONEN U. BENZ(CD)AZULENONEN 56-0373
CUNNINGHAM J. A., OCTAFLUOR-DIBENZOFURAN DURCH SO-ELIMINAT. 60-0305
CUONG N. K., 'BENZO'-PHOTOOXIDE V. 1.4-DIALKOXY-ANTHRACENEN, IHRE PHOTOISOMERISIER. IN BIS-EPOXIDE 60-0273
CUPRIJANOVA N. E., ENOLDERIV. V. ALKOXYMALONDIALDEHYDEN 54-0153
CURE J., DARST., KONSTIT. U. REAKTIVITAET D. REFORMATSKI-KOMPLEXES V. N.N-DIAETHYL-BROMACETAMID 54-0163
CURPHEY T. J., C-ALKYLIER. V. ALDEHYDENAMINEN 59-0174
CURRAN W. V., SYNTH. V. 2-AMINO-ADAMANTAN-1-OL 60-0283
CURRELL D., SYNTH. V. GEMINAL METHYLIERTEN 4-CHLORBUTYLAMINEN 55-0134
CURRIE A. C., BASEN-KATALYSIERTE RK. D. GLYOXALS 1.MITT. 56-0398
CURRY D. C., DIIMID-RED. V. AROMAT. ALDEHYDEN 59-0213
CURTIS R. F., NATUERL. VORKOMMENDE THIOPHENE 3. MITT. 57-0265
- SYNTH. V. ARYL- U. HETEROCYCL. SUBSTITUIERTEN ACETYLENEN UEBER KUPFERACETYLIDE 61-0358
CUVIGNY T., KONDENS. V. PHENYLAETHINYLMAGNESIUMBROMID MIT PROPYLENOXID 55-0004
CYR N., ELEKTRONENSPINRESONANZ D. BEI ROENTGENBESTRAHL. V. MALONSAEUREDIAMID GEBILDETEN RADIKALS V. SIGMA-TYP 56-0058
CZERNECKI S., ZUS. V. AUS 2-ALLYLVERB. HERGESTELLTEN KOHLENWASSERSTOFFGEMISCHEN, RK. V. 3-CHLOR-BUTEN-(1) U. 1-CHLOR-BUTENEN-(2) MIT DICROTYL-MAGNESIUM 56-0165
CZIESLA M., ISOBENZPINAKOL ALS URSACHE D. SPEKTRALEN EFFEKTS BEI D. PHOTORED. D. BENZOPHENONS 53-0013
CZU V. P., ISOMERE UMWANDL. D. 4.5-DICHLORNAPHTHALIN-1-SULFONSAEURE 54-0255
CZUBA W., SKRAUP-SYNTH. MIT 3.5-DIAMINOPYRIDIN 55-0277
- SYNTH. V. 6-HYDROXY-3.5-DINITRO-2-METHYL-PYRIDIN U. 2-HYDROXY-3.5-DINITRO-4-METHYL-PYRIDIN 56-0375
CZUCHAJOWSKI L., THEORET. BETRACHT. ZUR DECARBOXYLIER.-TEMP. V. HUMINSAEUREN. VGL. MIT IR-SPEKTREN 55-0096
- IR-ABSORPT.-SPEKTREN EINIGER 7-MONO- U. 7.8-DISUBSTITUIERTER THEOPHYLLINE U. 1-SUBSTITUIERTER THEOBROMINDERIV. 59-0050

D

DABARD R., SYNTH. U. PHYSIKOCHEM. UNTERS. V. BENZOL-CHROMTRICARBONYLEN 56-0021
- KONDENS. V. ALDEHYDEN ODER KETONEN MIT VERSCHIEDENEN CARBONYLVERB. V. CYCLOPENTADIENYLMANGANTRICARBONYL ('CYMANTREN') U. BENZOLCHROMTRICARBONYL ('BENCHROTREN') 59-0027
DABROWSKI J., IMIN-ENAMIN-TAUTOMERIE 9.MITT. 57-0112
DAEHNE S., NEUE POLYMETHINSYNTH. 2. MITT. 61-0172
DAHL C. J., D. ISOLIER. U. CHARAKTERISIER. EINES NEUEN BIFLAVANDERIV.-TYPS AUS EINER XANTHORRHOEA-ART 54-0326
DAHLEN M. E., EMPFINDL. TEST FUER TERT. AMINE UNTER VERW. V. ALPHA.GAMMA-ANHYDRO-ACONITSAEURE 57-0442
DAHLMANN J., METALLORGAN. PEROXIDE 6.MITT. 58-0212
DAHMEN K., PERFLUORACYLOXY-VERB. D. POSITIVEN JODS 58-0009
DAIEV C., UNTERS. STARK VERDUENNTER CER(IV)-LSG. MIT HILFE V. (144)CE 57-0005
DAINTON F. S., KINETIK D. RK. V. HYDRATISIERTEN ELEKTRONEN, SCHEINBARE WIDERSPRUECHE ZWISCHEN WERTEN AUS D. IMPULSRADIOLYSE U. GLEICHGEW.-UNTERS. 56-0007
D'ALCONTRES G. S., ISOXAZOLONCYCLISIER. 6. MITT. 61-0384
DALLACKER F., DARST. U. RK. D. 2.2.3-TRIMETHYL-CYCLOHEXANON-(4)-CARBONSAEURE 58-0262
- DERIV. D. METHYLENDIOXYBENZOLS 22. MITT. 59-0317
DALLA CROCE P., ENAMINE 20. MITT. 57-0292
- ENAMINE 21. MITT. 57-0293
- ENAMINE 22. MITT. 58-0346
- ENAMINE 24. MITT. 58-0348
- RK. V. HYDRAZONHALOGENIDEN MIT PYRIDIN, CHINOLIN U. ISOCHINOLIN 61-0426
DALL'ASTA G., OLIGOMERISATIONSKATALYSATOREN 1. MITT. 58-0024
DALLE J., PHOTOSENSIBILISIERTE OX. IN D. REIHE D. BETA-JONONE 55-0104
DALLINGA G., ELEKTRONENBEUG. AN GASEN, MOL.-STRUKTUR V. BICYCLO(2.1.1)HEXAN 54-0057
DALOZE D., TRITERPENE 9. MITT. 56-0302
DALTON D. R., HALOGENHYDRINBLDG. IN DIMETHYLSULFOXID 60-0251
DALY J. W., SYNTH. V. DEHYDROBUFOTENIN 56-0484
DAMALL K. R., PHOTOKONDENS. V. ACETON MIT 2.2.2-TRIMETHOXY-4.5-DIMETHYL-1.3.2-DIOXAPHOSPHOLEN 59-0340
DAMANSKI A., VERW. V. METALLCHLORIDEN IN STATU NASCENDI ALS SULFURIERUNGSKATALYSATOREN BEI D. SYNTH. V. POLYSULFIDEN D. ACENAPHTHENS 55-0197
DAMANSKI A. F., VERW. V. METALLCHLORIDEN IN STATU NASCENDI ALS SULFURIER.-KATALYSATOREN, DARST. V. TOLUOLPOLYSULFIDEN 56-0149
DAMM F., DARST. EINIGER TETRAKIS-(DIALKYL-AMINO)-SILANE 61-0018

DAMMERT W., KONDENS.-PROD. AUS FLUOR-TRIMESINSAEURE-TRIMETHYLESTER U. ALPHA-AMINO-BETA-HYDROXY-VERB. 60-0224
DAMODARAN N. P., PHOTOCHEMIE D. ZERUMBONS 53-0086
- SYNTH. V. (+-)-BAKUCHIOLMETHYLAETHER 60-0470
DANA G., NMR-UNTERS. D. STEREOCHEMIE D. DUPLIKATIVEN REDUKTION V. UNGESAETTIGTEN ALDEHYDEN U. KETONEN MIT MAGNESIUM 57-0065
DANDICKO D., KONFORMERENGLEICHGEW. BEI 2-CHLOR-CYCLOHEXANOLEN, (IR U. NMR) 56-0101
DANECEK M., ASYMM. RK. 15. MITT. 60-0233
DANEK O., DIAZOTIER. D. AMINOPHENOLE IN KONZ. FLUORBORSAEURE 57-0181
D'ANGELI F., RK. NICHTAROMAT. HETEROCYCLEN MIT DIKETEN 56-0312
- REAKTIVITAET CHARAKTERIST. GRUPPEN IN NICHTAROMAT. HETEROCYCLEN 3. MITT. 61-0326
- REAKTIVITAET CHARAKTERIST. GRUPPEN IN NICHTAROMAT. HETEROCYCLEN 4. MITT. 61-0327
D'ANGELO J., SYNTH. V. (2-AETHOXY-CYCLOBUTYL)-ALKYL(ODER ARYL)-CARBINOLEN AUS ORGANOMAGNESIUM-VERB. U. 2-AETHOXY-2.3-DIHYDRO-GAMMA-PYRAN 54-0223
- RK. V. ORGANOMETALLVERB. MIT ALPHA-AETHYLENACETALEN 57-0132
- EINW. V. ORGANOMAGNESIUMVERB. AUF ALPHA,BETA-UNGESAETT. ACETALE 2. MITT. 58-0172
DANG QUOC QUAN, HALOGENKETONE, ALPHA-DICHLOR-CYCLOOCTANONE, DARST. U. KONSTIT. 54-0226
DANG-QUOC-QUAN, CIS.CIS-2.6-DICHLOR-4-TERT.-BUTYL-CYCLOHEXANON, EIN BEISPIEL FUER NICHT KONFORMATIONELL BEDINGTE VERDOPPL. IN D. SPEKTROSKOPIE (IR) 60-0045
DANIEL A., URSPRUNG D. DIAMAGNET. ANISOTROPIE D. C=N-OH-GRUPPE NMR-SPEKTRUM D. HYDROXYMETHYLEN-CAMPHERS 56-0054
DANIELI B., TRITERPENE AUS GLYCYRRHIZA GLABRA 4. MITT. 59-0465
DANIELI N., TERPENSYNTH. 13.MITT. 53-0099
- SYNTH. AUF D. GEBIET D. HERZAGLYKONE 7. MITT. 54-0434
- VERW. V. 2-METHYL-2-CARBOXYMETHYL-3-OXO-CYCLOPENTANCARBONSAEURE-DERIV. BEI STEROIDSYNTH. 61-0537
DANILENKO G. I., ADAMANTAN U. SEINE DERIV. 13. MITT. 57-0238
- ADAMANTAN U. SEINE DERIV. 14. MITT. 59-0290
DANION-BOUGOT R., NEUE UMLAGER. V. 3-ACETYL-1-PYRAZOLINEN 57-0286
DANN O., ACETYLCHOLIN 13. MITT. 60-0507
DANNENBERG H., DEHYDRIER. V. STEROIDEN. 14. MITT. 53-0104
- DEHYDRIER. V. STEROIDEN 13. MITT. 53-0221
- DEHYDRIER. V. STEROIDEN 15. MITT. 57-0222
DANREE B., NEOPENTYL-PHENYLAETHER 55-0142
DANYLUK S. S., NMR-UNTERS. D. PROTONIER. N-HETEROCYCL. MOLEKUELE 61-0045
DA RE P., NOTIZ UEBER FLAVON-CARBONSAEURE-(5) 56-0370
- CHROMON- U. FLAVON-7-CARBONSAEUREN 57-0301
- KINETIK D. RK. V. PIPERIDIN MIT HALOGEN-NITRONAPHTHALINEN 5. MITT. 58-0123
DARLIND S. F., MASSENSPEKTREN V. NATUERL. GLUCOSIDEN U. STRUKTUR V. SALIREPOSID 58-0065
DAS B. C., STRUKTUR V. MARMIN 54-0462
- TRITERPENOIDE 26. MITT. 55-0376
- ALKALOIDE D. SAMEN V. CONOPHARYNGIA DURISSIMA STAPF, ISOLIER. D. CORONARIDINS, TABERSONINS U. D. D. CORONARIDIN ENTSPRECHENDEN HYDROXYINDOLENINS 59-0441
- BESTANDTEILE V. CALOPHYLLUM TOMENTOSUM U. CALOPHYLLUM APETALUM NUESSEN, STRUKTUR EINES NEUEN 4-ALKYL- U. ZWEI NEUER 4-PHENYL-CUMARINE 60-0370
- ALKALOIDE AUS VOACANGA 7. MITT. 60-0445
- BEST. D. AMINOSAEURESEQUENZEN IN OLIGOPEPTIDEN DURCH D. MASSENSPEKTROMETRIE 9. MITT. 61-0068
- CHEM. TAXONOMIE 7. MITT. 61-0412
- LOGANIACEEN D. ELFENBEINKUESTE 4. MITT. 61-0491
DAS N. C., BLDG. V. SUBSTITUIERTEN PHENALENEN DURCH RED. V. PYREN U. PERYLEN 54-0266
- ESR-SPEKTRUM D. 1.2.3-TRIHYDROPYRENYLS 57-0039
DAS V. G. K., SPIN-SPIN-KOPPL. IM WEITEN BEREICH IN TOLYL-BLEI-VERB. 58-0044
DA SETTIMO A., TETRAZOLDERIV. D. 1.8-NAPHTHYRIDINS 2.MITT. 55-0284
DASEVSKIJ M. M., SYNTH. V. 4.4'-DIAMINO-DIPHENYLAETHER 60-0221
DASEVSKIJ V. G., KONFORM. V. CYCLOPENTADIENYLDERIV. D. UEBERGANGSMETALLE 56-0001
DAS GUPTA P. C., D. HEMICELLULOSE D. SISALFASER (AGAVE SISALANA) 59-0418
DASKEVIC L. B., KOHLENSUBOXID U. EINIGE SEINER RK. 27. MITT. 58-0196
DASTOOR N. J., OPT. ROTAT.-DISPERS. 42.MITT. 54-0014
- ALKALOIDE V. ASPIDOSPERMA DISCOLOR A. DC. 54-0396
DASUNIN V. M., SUBSTITUIERTE LACTONE U. IHRE UMWANDL. 10. MITT. 54-0228
DAUBEN W. G., CYCLOPROPYLCARBINYL-UMLAGER. IN D. THUJOPSEN-REIHE 57-0114
- ADDIT. V. METHANOL AN EINIGE BICYCLOBUTANE 60-0295
DAUDEL R., ANWENDBARKEIT D. METH. D. MOL.-DIAGRAMME AUF PHOTOCHEM. RK., FALL D. ELEKTROPHILEN SUBSTITUTIONEN 57-0126
DAUKSAS V. K., NEUE LOKALANAESTHETICA 6-ALLYL(PROPYL)-5-(BETA-ALKYLAMINO-AETHOXY)-1.4-BENZO-DIOXANE U. IHRE STRUKTURANALOGEN 54-0346
- SYNTH. V. LOKALANAESTHET. AKTIVITAET V. 5-(BETA-ALKYLAMINOAETHOXY)-1.4-BENZODIOXANEN MIT ALKYLRESTEN AUS 4 ODER 5 C-ATOMEN IN 6-STELL. 56-0383
- KETONE D. 1.4-BENZODIOXAN-REIHE 5. MITT. 59-0372
- 5-(N-(BETA-ALKYLAMINOAETHYL)-AMINO)-1.4-BENZODIOXANE U. IHRE 7-BROMDERIV. 60-0393
DAUM S. J., NEUE RK. D. AETHYLENDISULFONYL-GRUPPE 53-022[illegible]
DAUMAS J., MECHANISMUS D. DEHYDRIER. EINES PARAFFINS MIT SAUERSTOFF 54-0143
DAUNIS J., 1.2.4-TRIAZINE 61-0452
DAUPHIN G., STRUKTUR V. P-BROM-M-NITRO-N-METHYL-ANILIN 55-0067
- STRUKTUR V. N-(P-BROMPHENYL)-BENZOLSULFONAMID 55-0068
- FORTLEIT. V. ELEKTRONENEFFEKTEN BEI SUBSTITUIERTEN TOLANEN 55-0191
DAVEY J., SYNTH. U. IONISAT.-KONST. EINIGER FLUORENAMINE 53-0100
DAVID P., KONDENS. V. CARBONYLDERIV. MIT THIOPHEN U. NEUE ANWEND. D. DESULFURIERENDEN HYDRIER. 60-0317
DAVID S., DERIV. V. DL-2-AMINO-2-DESOXY-GLYCERINALDEHYD 59-0198
- V. MONO- U. POLYHYDROXY-KETONEN ABGELEITETE DIOXINDOLE, VERSUCHTE RED. ZU INDOLEN 60-0322
- ANTIGENE MIT NUCLEOSID-DETERMINANTEN 2. MITT. 60-0434
DAVIDOVICS G., SYNTH. U. IDENTIFIKAT. DURCH IR- U. RAMANSPEKTROSKOPIE DER BEIDEN CIS- U. TRANS-ISOMEREN 2.2-DIMETHYL-1-(2'.2'-ODER 3'.3'-DIMETHYL-CYCLOPROPYL-IDEN)-CYCLOPROPAN 56-0276
DAVIDSON I. M. T., BIND.-DISSOZIAT.-ENERGIEN U. BLDG.-WAERMEN V. TRIMETHYLSILYLVERB. 61-0086
DAVIDSON R. S., RK. V. TETRAPHENYLDIPHOSPHIN MIT AROMAT. CARBONSAEUREN 61-0229
DAVIES A. G., ORGANOZINN-CHEMIE 4. MITT. 55-0011
- ORGANOMETALLRK. 6. MITT. 58-0020
- GRIGNARD-AEHNL. RK. V. AETHINYL-PB-VERB., NEUE WEGE ZU N.N'-DIARYLURACILEN 59-0026
- RK. V. ORGANOMETALLVERB. 7.MITT. 61-0020
- RK. V. ORGANOMETALLVERB. 8. MITT. 61-0021
DAVIES A. R., 5ALPHA,7ALPHA-CYCLOSTEROIDE 58-0485
- BROMIER. V. 7BETA-ACETOXY-5ALPHA-CHOLESTANON-(4) 59-0482
DAVIES D. B., TRAGACANTH-GUMMI 3. MITT. 58-0518
DAVIES D. I., RK. FREIER RADIKALE V. HALOGENIERTEN POLYCYCL. BRUECKENVERB. 3. MITT. 58-0296
DAVIES D. W., QUADRUPOLKOPPL.-KONST. U. DIPOLMOMENTE V. OXAZOL U. ISOXAZOL 57-0024
DAVIES G. R., STRUKTUR EINES ACETYLEN-PLATIN(II)-KOMPLEXES 59-0009
DAVIES J. H., NEUE SYNTH. V. HYDROXY-1.2.3-BENZOTHIADIAZOLEN 55-0260
DAVIES M. T., MODIFIZIERTE STEROIDHORMONE 47. MITT. 55-0380
DAVIS A., ELEKTRONENSPINRESONANZ-NACHWEIS V. DURCH GAMMA-RADIOLYSE AUS KRISTALLINEN DIARYLCARBONATEN GEBILDETEN RADIKALPAAREN 59-0065
DAVIS B. R., PHOTOCHEMIE V. HYDROXYCYCLOHEXADIENONEN 60-0285
- CLEMMENSEN-RED. 4.MITT. 61-0144
DAVIS M., RK. V. PHENYLACETONITRIL MIT CS2 U. D. DARST.V. 4-ARYL-ISOTHIAZOLEN 53-0144
- STEROIDAMINE 4. MITT. 58-0494
DAVIS R. B., PHOTOCHROME CHELATBILDENDE AGENTIEN 57-0014
DAVIS R. E., SCHWING.-EFFEKTE 1. MITT. 54-0055
- SCHWING.-EFFEKTE 2. MITT. 54-0056
DAVISON A., SYNTH. V. BIS-(TRIFLUORMETHYL)-1.2-DISELENETEN U. CIS-1.2-DITRIFLUORMETHYLAETHYLEN-1.2-DISELENOLATO-KOMPLEXEN 61-0029
DAWSON J. W., B-N-VERB. 28.MITT. 59-0202
DAY A. C., UNTERDRUECK. D. SINGULETTS IN ANGEREGTEN AZOVERB. DURCH KONJUGIERTE DIENE 59-0045
DAY M., ZWISCHENPROD. U. FARBSTOFFE FUER SYNTHET. FASERN 1. MITT. 53-0159
DEADY L. W., DARST. V. OXAZINDERIV. U. 2.4-DIARYL-PYRROLEN AUS METHYL-ARYL-KETOXIMEN 61-0447
DE AGUIRRE I., CHEMIE D. HARNSTOFFES 4.MITT. 54-0110
- CHEMIE D. HARNSTOFFES 5. MITT. 54-0111
- CHEMIE D. HARNSTOFF 6. MITT. 54-0112
DEAN F. M., CUMARINE AUS PTAEROXYLON OBLIQUUM 58-0373
- UMTATIN U. VERWANDTE CHROMONE AUS D. KERNHOLZ V. PTAEROXYLON OBLIQUUM 60-0371
- CHROMONE MIT OXEPINRING AUS PTAEROXYLON OBLIQUUM 61-0457
DE ANTONI A., PROD. D. OX. V. TRYPTOPHAN MIT PERAMEISENSAEURE 55-0232
DEBOER C., D. PHOTOSENSIBILISIERTE DIMERISIER. V. 1.2.3-TRIPHENYL-CYCLOPROPEN 55-0103
DE BOER T. J., NUKLEOPHILE AROMAT. ADDIT. 7. MITT. 54-0008
- C-NITROSOVERB. 3. MITT. 54-0141
- CHEMIE D. CYCLOPROPANONE 4.MITT. 57-0189
- CHEMIE D. CYCLOPROPANONE 5.MITT. 57-0190
- C-NITROSOVERB. 4. MITT. 58-0056
- C-NITROSOVERB. 5. MITT. 60-0236
- CHEMIE D. CYCLOPROPANONE 6. MITT. 60-0238
- SAEUREKATALYSIERTE RK. V. PSEUDOJONON IN WASSER 61-0155

DE BOTTUN M., KONDENS. V. AETHOXYMETHYL-MGCL MIT ALPHA-AETHYLENKETONEN, MESITYLOXID U. METHYLVINYLKETON 54-0148
DECHRISTOPHER P. L., NEUE DESAMINIER., SYNTH. V. STYROL AUS 2-PHENYLAETHYLAMIN UNTER ANWEND. D. SACCHARIN-ANIONS ALS ABSPALTENDE GRUPPE 60-0230
DECOMBE J., DARST. U. EIG. V. EINIGEN HYDROXYMETHYLEN-CYCLOHEXENONEN 54-0233
- DARST. V. SPIROVERB. V. HOMOPHTHALIMID-DERIV. 54-0338
- SYNTH. V. CHINOLINBASEN 60-0386
DE COOMAN E., CHEMIE D. HARNSTOFFES 4.MITT. 54-0110
DECORET C., THEORET. BERECHN. D. STRUKTUR U. D. SPEKTRUMS V. ANILIN 61-0039
DE COURVILLE A., ALLGEMEINGUELTIGK. D. HAMMETT-KONST. SIGMA 60-0070
DEEN R., BEWEIS FUER EINEN 'THROUGH-SPACE'-MECHANISMUS EINER WEITREICHENDEN PROTON-PROTON-KOPPL. IN ACETON 54-0050
DEFAYE J., NICHTGLYCOSID. NUCLEOSID-ANALOGE 1. MITT. 55-0304
- RK. V. SEK. VIC. DI-O-P-TOLUOLSULFONATEN V. TETRAHYDROFURANEN MIT NATRIUMJODID 1. MITT. 56-0326
- EINW. V. SALPETR. SAEURE AUF ACYCL. DERIV. V. AMINOZUCKERN, DARST. V. 2.5-ANHYDRO-D-GLUCOSE 56-0414
DE FILIPPO D., BEST. D. DISSOZIAT.-KONST. EINIGER DITHIOCARBAMINSAEUREN 61-0134
DEGANI I., HETEROAROMAT. KATIONEN 7.MITT. 57-0084
- HETEROAROMAT. KATIONEN 8. MITT. 57-0305
DEGENER E., HOCHTEMP.-CHLORIER. V. AMINEN U. ACYLAMINEN 2. MITT. 55-0112
- DERIV. D. DICHLORMALEINIMIDS 60-0324
DEGENER S., MECHANISMUS D. AMADORI-UMLAGER. 2. MITT. 55-0328
DE GRAAF W. L., IN 7-STELL. SUBSTITUIERTE NORBORNADIENE, STER. VERLAUF V. ADDIT.-RK. UNGESAETT. BICYCLO(2.2.1)-HEPTANDERIV., GUELTIGK.-BEREICH D. ALDERSCHEN EXO-REGEL 61-0324
DEGUCHI Y., ESR-SPEKTRUM V. 2.3.5-TRIPHENYL-TETRAZOLIUM 61-0055
DEHNER K., SYNTH. STICKSTOFFHALT. HETEROCYCLEN 40. MITT. 61-0396
DEICHMANN D., 3H-1.2.4-DITHIAZOL-THIONE-(3) U. 2H-1.3.4-DITHIAZOL-THIONE-(2), (4-AZATRITHIONE U. 4-AZA-ISO-TRITHIONE) 55-0264
DEJEU W. H., BEWEIS FUER EINEN 'THROUGH-SPACE'-MECHANISMUS EINER WEITREICHENDEN PROTON-PROTON-KOPPL. IN ACETON 54-0050
DE JONGE A. P., SYNTH. V. LACTONEN 1. MITT. 58-0370
DE JONGE K., HETEROCYCL. STEROIDE 9.MITT. 61-0547
DEJONGH D. C., VERGLEICHENDE UNTERS. ZWISCHEN THERMOLYT. U. ELEKTRONENSTOSS-FRAGMENTIER. 2. MITT. 53-0052
DE JONGH H. A. P., UMERKENN. D. KONFIG. V. VERATRAMIN U. JERVIN 59-0437
DEKKER H., FOLGER. FUER STRUKTUR U. RINGSPANNUNGSENERGIE AUS D. 'INTRAANNULAREN' SUBSTITUT. D. CYCLODECANRINGES 58-0070
DE KOE P., ELEKTROPHILE SUBSTITUTIONSRK. V. 9.10-DIMETHYL-TRIPTYCEN 61-0309
DE KONING A. J., DARST. EINIGER NEUER M-DI-TERT.-BUTYL-BENZOLDERIV. 54-0177
DELBOURGO R., WRKG. V. DI-TERT.-BUTYL-PEROXID AUF KALTE FLAMMEN IN DIAETHYLAETHER-LUFT-GEMISCHEN UNTER VERMINDERTEM DRUCK 60-0156
DELGADO J. G., PHOTOCHEM. BLDG. V. BERBERIN-ALKALOIDEN AUS PROTOPIN-ALKALOIDEN 59-0440
DE LIGNY C. L., PEAKVERBREITER. BEI D. PAPIERCHROMATOGRAPHIE ALS FUNKT. D. FLIESSGESCHW. D. ELUENTEN 57-0438
DELMAU J., NMR-UNTERS. D. KONFORMATION V. CYANAETHYLIERTEN ALPHA-METHYL-CYCLOHEXANONEN 57-0071
DELPUECH J., SOLVOLYSE V. BENZYLFLUORID IN AMEISENSAEURE 56-0200
DEMARCHE A., STEREOCHEMIE 15. MITT. 58-0487
DEMARCO P. V., CHEM. VERSCHIEB. 1. MITT. 58-0045
- CHEM. VERSCHIEB. 2. MITT. 58-0046
- CHEM. VERSCHIEB. 3.MITT. 58-0047
DE MAYO P., PHOTOCHEMISCHE SYNTHESEN. 14. MITT. 53-0060
- ALPHA-VETIVON 54-0250
- ISAMSAEURE, EIN AZOMETHINIMIN 54-0304
- PHOTOCHEMISCHE SYNTH. 15. MITT. 55-0305
- PHOTOCHEM. SYNTH., STIPITATONSAEURE 61-0249
- PHOTOCHEM. SYNTH., (+-)-BETA-HIMACHALEN 61-0512
DEMERSEMAN P., BENZOFURAN, 33.MITT. 56-0380
DEMOLE E., STEREOSELEKTIVE SYNTH. ZWEIER STEREOISOMERER TRIOXIDE C18H30O3, V. AMBREINOLID U. SCLAREOLLACTON AUS (+)-MANOOLDERIV. 60-0462
DEMPSEY A. M., CHLORIMIN BEI D. UMSETZ. V. PHOSPHORPENTACHLORID MIT 2-ACETAMIDO-1.3.4.6-TETRA-O-ACETYL-2-DESOXY-BETA-D-GLUCOPYRANOSE 61-0462
DEMPSTER D. N., RK. V. S(1D)-ATOMEN MIT DICYAN U. ACETYLEN 60-0154
DE MUNNO A., ISOMERISIER. V. ISOXAZOL-VERB. DURCH EINW. V. BASEN 3. MITT. 56-0138
- ISOMERISIER. V. ISOXAZOL-VERB. DURCH EINW. V. BASEN 4. MITT. 56-0139
DEMUYNCK M., ORGAN. SCHWEFEL-VERB. 15. MITT. 57-0198
DEN HERTOG H. J., HETARINE 14. MITT. 54-0344
- HETARINE 15. MITT. 60-0379
DENIAU J., RK. V. ORGANOMAGNESIUM- U. -CADMIUM-VERB. MIT EPOXIDEN 58-0221
DENIS G. I., RED. V. BETA-ARYLAMINO-KETONEN ZU D. AMINOALKOHOLEN 60-0222
DENISENKO V. P., SYNTH. EINIGER DIQUART. AMMONIUMSALZE AUS N.N'-SUBSTITUIERTEN HEXAMETHYLENDIAMINEN U. SUBSTITUIERTEN BROMMETHYL-STILBENEN BZW. -TOLANEN 54-0216
DENIVELLE L., SCHONENDE OX. SUBSTITUIERTER AROMAT. PRIMAERER AMINE 54-0207
- OX. V. CHLOR-NITRO-, CHLOR- U. METHYLPHENOLEN 55-0144
DENNILAULER R., VERH. U. REAKTIVITAET V. HETEROCYCLOAMMONIUM-VERB. BEI D. SYNTH. V. CYANIN- U. CARBOCYANIN-FARBSTOFFEN 5. MITT. 55-0285
- VERH. U. REAKTIVITAET V. HETEROCYCLOAMMONIUM-VERB. BEI D. SYNTH. V. CYANIN- UND CARBOCYANIN-FARBSTOFFEN 6. MITT. 55-0286
- VERH. U. REAKTIVITAET V. HETEROCYCLOAMMONIUM-VERB. BEI D. SYNTH. V. CYANIN- U. CARBOCYANIN-FARBSTOFFEN 7. MITT. 55-0287
- VERH. U. REAKTIVITAET V. HETEROCYCLOAMMONIUM-VERB. BEI D. SYNTH. V. CYANIN- U. CARBOCYANIN-FARBSTOFFEN 8. MITT. 55-0288
DENNY R., PHOTOSENSIBILISIERTE OX. V. ALKYLSUBSTITUIERTEN FURANEN 59-0299
DE PINTO G., PHOTOCHEM. VALENZISOMERISIER. V. OXABICYCLO-ANALOGEN D. NORBORNADIENS 59-0309
DERFLINGER G., ZUR KENNTNIS CYCL. ACYLALE 17. MITT. 59-0373
DERIGLAZOV N. M., SYNTH. U. UMWANDL. D. ACETALE V. PRIMAER-TERT.-ACETYLENGLYKOLEN 56-0171
DE RIJKE C., ELEKTROPHILE SUBSTITUTIONSRK. V. 9.10-DIMETHYL-TRIPTYCEN 61-0309
DERKAC G. I., DERIV. V. N-ACYLIMINO-KOHLENSAEUREN 2.MITT. 57-0174
- CHLORIER. V. ISOTHIOCYANATEN N-SUBSTITUIERTER CARBIMIDSAEUREN 60-0215
DERKOSCH J., ZUR KENNTNIS CYCL. ACYLALE 17. MITT. 59-0373
DEROULEDE A., RELATIVBEITRAEGE D. FLUORESCENZ U. PHOSPHORESCENZ IN D. RADIOTHERMOLUMINESCENZSPEKTREN D. GLASART. LSG. AROMAT. KW-STOFFE 57-0016
DE RUGGIERI P., STEROIDE 28. MITT. 58-0486
DERVIL E., BANDENINTENSITAETEN U. -BREITEN EINIGER RCX2-VERBINDUNGEN IN VERSCHIEDENEN LSGM. 54-0026
DE SANTIS A., ALLG. SYNTH. V. C-SUBSTITUIERTEN IMIDAZOLEN 53-0135
DE SARLO F., DARST. U. TAUTOMERIE V. 3.4-DIMETHYL-ISOXAZOLIN-5-ON 54-0318
DESAULLES P., RED. V. BENZYLIDENMALONSAEUREDIAETHYLESTER DURCH LIALH4 58-0230
DESAULLES P. A., STEROIDE 209. MITT. 54-0437
DESCHAMPS J., THEORET. UNTERS. V. ELEKTRONENSPEKTREN D. UEBERGANGS PI NACH PI(STERN) V. NAPHTHOCHINON-(1.4) U. ANTHRACHINON-(1.4) IN VERD. LSG. NACH D. PARISER-PARR-POPLE-METH. 54-0021
- IR-SPEKTROSKOP. UNTERS. D. GLEICHGEW. D. ROTAT.-ISOMEREN D. 2-CHLOR- U. 2-BROM-CYCLOHEXANONS 57-0070
- ANWEND. D. MOL.-DIAGRAMME EINIGER OXIME BEI D. DEUT. V. ASSOZIAT.-ERSCHEIN. 58-0074
DESCOINS C., VERLAUF D. SAUREN SPALT. SUBSTITUIERTER CYCLOPROPANOLCARBONSAEUREN U. CYCLOPROPANDIOLE 54-0211
DESCOTES G., ANWEND. D. MANNICH-RK. AUF 2-ALKYL-CYCLOHEXANONE 56-0274
- HETEROCYCL. CHLORHYDRINE 5. MITT. 60-0372
- KATALYT. DEHYDRATAT. V. GAMMA-UNGESAETT. SEK. ALKOHOLEN 61-0150
- KATALYT. DEHYDRATISIER. V. SUBSTITUIERTEN TETRAHYDROFURYLCARBINOLEN 1. MITT. 61-0353
- KATALYT. DEHYDRATISIER. V. SUBSTITUIERTEN TETRAHYDROFURYLCARBINOLEN 2. MITT. 61-0354
DE SELMS R. C., RK. V. DICHLORCARBEN U. TRICHLORMETHID MIT O-ALKENYLESTERN U. -AETHERN, N-VINYLAMIDEN U. 1-HALOGENALKENEN 55-0166
DESHAYES H., HALOGEN-AUSTAUSCH U. ELIMINIER. IN HEXAMETHYLPHOSPHORTRIAMID (HMPT) 60-0237
DESHPANDE K. G., TERPENOIDE 105. MITT. 59-0451
DESIMONI G., MEHRKERN. ISOXAZOLE, 1.MITT. 54-0353
- MEHRKERNIGE ISOXAZOLE 2. MITT. 54-0354
- MEHRKERN. ISOXAZOLE 3. MITT. 54-0355
- 3-PHENYL-4-AMINO-ISOXAZOL5-CARBONSAEURE 55-0250
- SYNTH. V. DERIV. D. PYRAZOLO(3.4-D)PYRIMIDINS 56-0387
DE SOUZA GUIMARAES I. S., TERPENOIDE 58. MITT. 54-0424
DESTRO R., KRISTALLSTRUKTUR V. 2.4.6-TRINITRO-PHENETOL 58-0085
DESVOYE M., BENZOFURAN 34. MITT. 61-0352
DETERING K., DIHYDROISOCHINOLINUMLAGER. 6. MITT. 55-0282
DEULOFEU V., TEMBAMID AUS FAGARA HYEMALIS (ST. HILL.) ENGLER 61-0222
- SYNTH. V. HUNNEMANNIN 61-0487
DEV S., ISOLIERUNG UND CHARAKTERISIERUNG VON GERANYLGERANIOL 53-0058
- PHOTOCHEMIE D. ZERUMBONS 53-0086
- FRIEDEL-CRAFTS-KONDENS. V. ALLYLMALONSAEUREDIAETHYLESTER MIT ANISOL 58-0231
- BETA-CYCLOLAVANDULAL, EIN NEUER NATUERL. VORKOMMENDER MONOTERPEN-TYP 60-0464
- SYNTH. V. (+-)-ISOLONGIFOLEN 60-0469
- SYNTH. V. (+-)-BAKUCHIOLMETHYLAETHER 60-0470
DEVADZE L. V., SYNTH. U. EIG. V. DIBENZO- U. DINAPHTHO-3.3'-(2-OXATRIMETHYLEN)-2.2'-BISPIROPYRANEN 58-0366

DEVISSAGUET J., ALKALOIDE AUS VOACANGA 5. MITT. 55-0339

DEVIVAR A. R., BESTANDTEILE V. ZALUZANIA AUGUSTA. STRUKTUR V. ZALUZANIN A U. B 53-0207

DEVRIES J. X., INHALTSSTOFFE D. GRUENEN KNOLLENBLAETTERPILZES 31. MITT. 53-0239

DE WAAL H. L., DIMERE PIPERIDIN-ALKALOIDE AUS AZIMA TETRACANTHA LAM., AZIMIN, AZCARPIN U. CARPAIN 61-0493

DEWALD R. R., RK. V. SOLVATISIERTEN ELEKTRONEN MIT WASSER IN FL. AMMONIAK 61-0015

DEWAR M. J. S., PHOTOELEKTRONENSPEKTREN V. FLUORIERTEN BENZOLEN 59-0078

DEWAR R., MOLEKULARSTRUKTUR V. FUENF- U. SECHSGLIEDRIGEN CYCL. SULFONATEN 56-0090

DHAR M. M., 4-(BETA-CHLOR-AETHYLAMINO)-PYRIMIDINE U. D. BLDG. V. IMIDAZOLIDINO(1.2-C)PYRIMIDINEN DURCH BEHANDL. V. 4-(BIS-(BETA-HYDROXY-AETHYL)-AMINO)-PYRIMIDINEN MIT SAEUREN 55-0300

DIAMY A., THERM. ANALYSE EINER VERBRENN.-RK. 1. MITT. 58-0090

DI B LLO C., RK. NICHTAROMAT. HETEROCYCLEN MIT DIKETEN 56-0312

- REAKTIVITAET CHARAKTERIST. GRUPPEN IN NICHTAROMAT. HETEROCYCLEN 3. MITT. 61-0326

- REAKTIVITAET CHARAKTERIST. GRUPPEN IN NICHTAROMAT. HETEROCYCLEN 4. MITT. 61-0327

DICKENS B., KRISTALLSTRUKTUR V. HYDRAZINNITROFORM (N2H5(+)C(NO2)3(-)) 56-0092

DICKER I. D., BLDG. V. NICKEL-TETRAHYDROCORRINEN U. -PORPHINEN AUS LINEAREN TETRAPYRROLEN VERSCHIEDENER OXYDATIONSSTUFEN 60-0456

D[illegible]SON J. P., 6-DESOXY-5-THIO-L-TALOPYRANOSE 54-0380

DI[illegible]NSON W. R., SYNTH. U. UMLAGER. EINES ALLENAMIDS 60-0326

DIDENKO L. A., UMWANDL. V. HALOGENHALT. AROMAT. VERB. IN GGW. EINER ORGAN. BASE 5.MITT. 54-0254

DIETL A., ISOINDIGOIDE FARBSTOFFE D. PYRROL-REIHE 57-0274

DIETRICH H., INTRAMOLEKULARE RK. V. ALKOXYCARBONYLCARBENEN 58-0190

- RK. D. 2-ALLYLOXY-PHENYLDIAZOMETHANS 61-0329

DIETSCHE W. H., D. THIOALKYLIER. V. PHOSPHORCHLORIDEN DURCH RK. MIT XANTHOGENSAEUREESTERN 61-0224

DIETZ F., CHEMIE ANGEREGTER ZUSTAENDE 1. MITT. 54-0129

DIETZ G., N-AMINODERIV. D. URACILS 5. MITT. 58-0405

DIETZ H., DURCH JOD KATALYSIERTE SCHWEFELKOHLENSTOFF-CHLORIER. 58-0181

- UMSETZ. MIT TRICHLORMETHANTHIOSULFENYLCHLORID 58-0224

DIJKSTRA G., AMINOSAEURESEQUENZUNTERS. IN PEPTIDEN DURCH MASSENSPEKTROMETRIE, VERW. V. TRIDEUTEROMETHYLESTERN 56-0066

DIJONG I., MECHANISMUS D. AMADORI-UMLAGER. 2. MITT. 55-0328

DILLING M. L., PENTACYCLODECAN-CHEMIE 3. MITT. 55-0048

DILLING W. L., CARBENE U. CARBENOID-CHEMIE 2.MITT. 54-0265

- PENTACYCLODECAN-CHEMIE 3. MITT. 55-0048

- PENTACYCLODECAN-CHEMIE 2. MITT. 55-0206

- CARBEN- U. CARBENOID-CHEMIE 1. MITT. 56-0157

- CHEMIE D. PENTACYCLODECANS 4.MITT. 60-0287

DI MAIO G., RINGERWEITER. 6. MITT. 58-0135

- RINGERWEITER. 5. MITT. 59-0271

DIMMEL D. R., BICYCLO(1.1.1)PENTAN DURCH HG-SENSIBILISIERTE U. -NICHTSENSIBILISIERTE GASPHASEN-PHOTOLYSE V. BICYCLO(2.1.1)HEXANON-(2) 55-0210

DI MODICA G., NEUE BETA-DIKETONE AUS HELICHRYSUM ITALICUM G. DON. 53-0062

DIMROTH K., STABILE PHENOXY-KATIONEN AUS ARYLIERTEN PHENOLEN 53-0090

- CHINOLE, CHINOLAETHER U. CHINOLESTER AUS ARYLIERTEN PHENOLEN 54-0185

- RINGVERENG.-RK. AN 2.4.6-TRIPHENYL-O-CHINOLACETAT, BEITRAG ZUR THERMOCHROMIE SUBSTITUIERTER CYCLOPENTADIENONE 59-0272

DINER S., LOKALISIERTE PI-ELEKTRONENORBITALE IN KONJUGIERTEN ORGAN. MOL. 58-0078

DINUNNO L., NUCLEOPHILE AROMAT. SUBSTITUTION. REAKTIVITAET D. THIOMETHOXID-IONS MIT EINIGEN AROMAT. HALOGENVERB. 60-0130

DINWOODIE A. H., BASEN-KATALYSIERTE RK. D. GLYOXALS 1.MITT. 56-0398

- BASEN-KATALYSIERTE RK. V. GLYOXAL 2. MITT. 56-0399

DIRNBERGER J., BRENZTRAUBENSAEURE MIT O-DIAMINEN 3. MITT. 59-0328

DITTMAR A., SYNTH. V. MALECYL- U. GLUTARYL-GLYCYLCHLORID 61-0177

DIXON J. R., BICYCLO(3.3.1)NONANE 1.MITT. 53-0117

- TRANSANULARE HYDRIDVERSCHIEB. IN BICYCL. SYST. 2.MITT. 54-0274

DIXON W. T., KERNMAGNET. RESONANZ U. BIMOLEKULARE ELIMINIER. 59-0138

- KOPPL.-KONST. U. REAKTIVITAET IN ALIPHAT. SYST. 60-0071

D'JAKONOV I. A., RK. V. CARBENEN MIT DIEN-, ENIN- U. DIIN-SYST. 4. MITT. 56-0246

- RK. V. DIAZOESSIGSAEUREAETHYLESTER MIT KUPFERSALZEN V. FETTSAEUREN 61-0157

- SYNTH. V. 1-HYDROXYMETHYL-2-AMINOMETHYL-CYCLOPROPAN 61-0253

DJATKIN B. L. D., SYNTH. V. ALKYLPERFLUORVINYLAETHERN, STEREOCHEMIE D. VINYLSUBSTITUT. IN PERFLUOROLEFINEN 60-0175

DJEGA-MARIADASSOU G., INFRAROTSPEKTROSKOP. UNTERS. D. AUTASSOZIAT. V. CYCLOHEXYLAMIN U. N-METHYL-CYCLOHEXYLAMIN 57-0080

DJERASSI C., TERPENOIDE 59. MITT. 53-0033

- MASSENSPEKTROMETRIE BEI STRUKTUR- U. STEREOCHEM. PROBLEMEN 90. MITT. 54-0039

- MASSENSPEKTROMETRIE BEI STRUKTUR- U. STEREOCHEM. PROBLEMEN 129. MITT. 54-0045

- TERPENOIDE 58. MITT. 54-0424

- KLEINE RINGE 20. MITT. 56-0031

- MASSENSPEKTROMETRIE BEI STRUKTURELLEN U. STEREOCHEM. PROBLEMEN 122. MITT. 58-0062

- PHOTOCHEM. UNTERS. 9. MITT. 60-0415

- MASSENSPEKTROMETRIE BEI STRUKTURELLEN U. STEREOCHEM. PROBLEMEN 117.MITT. 61-0056

DJOKIC S., ERYTHROMYCIN-UNTERS., 9-AMINO-3-O-CLADINOSYL-5-O-DESOSAMINYL-6.11.12-TRIHYDROXY-2.4.6.8.10.12-HEXAMETHYL-PENTADECANOLID-(13) 57-0416

DMITRIEVA A. P., RK. V. 2-METHYL-2-VINYLOXYMETHYL-1.3-DIOXOLAN MIT MERCAPTANEN 60-0331

DMITRIEVA L. P., RK. V. 2-METHYL-2-VINYLOXYMETHYL-1.3-DIOXOLAN MIT EINWERTIGEN ALKOHOLEN 60-0330

DOBENECK H. VON, STOKVIS-RK. (SR) 14. MITT. 54-0300

DO CARMO FERREIRA DE ALMEIDA R., UNTERS. UEBER 2- U. N-SUBSTITUIERTE OXAZOLIDINE 55-0253

DODSON R. M., ABS. KONFIG. V. SULFOXIDEN, 3-THIA-CHOLESTANOXIDE U. 1.8.8-TRIMETHYL-3-THIA-BICYCLO-(3.2.1)OCTAN-OXIDE 60-0481

- ABS. KONFIG. V. SULFOXIDEN, 2-THIA-5ALPHA-ANDROSTAN-17BETA-OL-OXIDE 60-0482

DOELLING J., INHALTSSTOFFE D. GRUENEN KNOLLENBLAETTERPILZES 26.MITT. 53-0234

DOELLING K., O-CHINONE 29. MITT. 59-0284

DOEPKE W., STEREOCHEMIE V. CLIVONIN U. CLIVIMIN 54-0066

- MASSENSPEKTREN D. 13-OXOPROTOPIN-ALKALOIDE U. DEREN TETRAHYDRODERIV. 58-0063

- NOTIZ ZUR ABS. KONFIG. D. NUDAURINS 60-0444

DOEPPERT K., UMSETZ. V. DIAZOVERB. MIT AZOVERB. 6. MITT. 55-0258

DOERING C., BEST. D. RELATIVEN AUTOX.-GESCHW. VERSCHIEDENER KOHLENWASSERSTOFFE DURCH KONKURRENZRK. 60-0113

DOERING E., KONFORM. U. PHYSIKAL. DATEN V. ALKANEN U. CYCLANEN 2. MITT. 61-0075

DOERING F., DARST. V. 3.5-DI-TERT.-BUTYL-CUMOL 58-0218

DOERING W. E. VON, UMWANDL. V. 9.10-DIHYDRONAPHTHALIN U. BICYCLO(4.2.2)DECA-(2.4.7.9)-TETRAEN 53-0119

DOHNER R. E., KOMPLEXE V. NONACTIN U. MONACTIN MIT NATRIUM-, KALIUM- U. AMMONIUM-IONEN 60-0015

DOKUNICHIN N. S., MEHRWERT. JODVERB. IN D. ANTHRACHINON-REIHE 61-0290

DOL'BERG E. B., OX. V. CHLORAETHYLENEN 4. MITT. 57-0094

DOLBY L. J., C-D-RING-SPALT. V. DIHYDROCORYNANTHEINDERIV., PARTIALSYNTH. V. DIHYDROBURNAMYCIN 53-0190

DOLEJS L., STRUKTUR VON MECAMBRIDIN (OREOPHILIN). 17. MITT. UEBER ALKALOIDE DER GATTUNG PAPAVER 53-0197

- ISOLIER. U. CHEMIE D. ALKALOIDE AUS PFLANZEN D. GATT. PAPAVER 36. MITT. 54-0398

- DEHYDROJUVABION - EINE NEUE VERB. MIT JUVENILHORMONAKTIVITAET AUS D. BALSAMTANNE 55-0417

- STRUKTUR D. ALKALOIDS AUS GENTIANA TIBETICA KING 56-0424

- MASSENSPEKTREN D. 13-OXOPROTOPIN-ALKALOIDE U. DEREN TETRAHYDRODERIV. 58-0063

- MASSENSPEKTROMETRIE V. ALKALOIDEN V. RHOEADIN-TYP 61-0058

DOLE ROBBE J., NORMALES GEFRIEREN D. LSG. V. POLYISOBUTYLEN U. V. COPOLYMEREN D. POLYISOBUTYLENS 57-0429

- WRKG. V. OZON AUF D. DOPPELBIND. V. ISOBUTYLEN-ISOPREN-COPOLYMEREN IN GGW. V. DI-N'-BUTYLSULFID 3. MITT. 57-0430

- WRKG. V. OZON AUF D. DOPPELBIND. V. ISOBUTYLEN-ISOPREN-COPOLYMEREN IN GGW. V. DI-N-BUTYLSULFID 4. MITT. 57-0431

- WRKG. V. OZON AUF D. DOPPELBIND. V. ISOBUTYLEN-ISOPREN-COPOLYMEREN IN GGW. V. DI-N-BUTYLSULFID 5. MITT. 57-0432

DOLGALEV A. A., OX.-RK. AROMAT. ALPHA-DIKETONE IM ALKAL. MEDIUM 61-0099

D'OLIESLAGER W., CHEMIE D. HARNSTOFFF 6. MITT. 54-0112

DOLPHIN D., BLDG. V. NICKEL-TETRAHYDROCORRINEN U. -PORPHINEN AUS LINEAREN TETRAPYRROLEN VERSCHIEDENER OXYDATIONSSTUFEN 60-0456

DOMAGALINA E., CYCL. HYDRAZIDE D. AROMAT. U. HETEROCYCL. DICARBONSAEUREN 6. MITT. 57-0329

- CYCL. HYDRAZIDE D. AROMAT. U. HETEROCYCL. DICARBONSAEUREN 5. MITT. 61-0441

DOMBROVSKIJ A. V., SYNTH. EINIGER DIQUART. AMMONIUMSALZE AUS N.N'-SUBSTITUIERTEN HEXAMETHYLENDIAMINEN U. SUBSTITUIERTEN BROMMETHYL-STILBENEN BZW. -TOLANEN 54-0216

- HALOGENARYLIER. UNGESAETT. VERB. MIT AROMAT. DIAZOVERB. 32. MITT. 58-0236

DOMENICANO A., KRISTALL- U. MOLEKULARSTRUKTUR V. BIS-(N.N-DIAETHYLDITHIOCARBAMATO)-NITROSYL-EISEN(II) 60-0007

DOMIN S., LADUNGSVERTEIL. U. REAKTIVITAET PHOSPHORORGAN. VERB. 8. MITT. 59-0082

DOMINGUEZ X. A., PHOTOCHEM. BLDG. V. BERBERIN-ALKALOIDEN AUS PROTOPIN-ALKALOIDEN 59-0440
DONALD A. S. R., SAEUREKATALYSIERTE ZERS. V. 1-AZIDO-1-(4-NITRO-PHENYL)-BUTANON-(3) 59-0226
DONDONI A., SUBSTITUENTEN-EINFL. BEI D. RK. V. BENZONITRIL-N-OXIDEN MIT ARYLACETYLENEN 59-0140
DONDOS A., METALLIER.- U. PFROPFRK. AN D. KETTE D. POLY-2-VINYL-PYRIDINS 56-0494
DONETTI A., RK. V. DIARYLDIAZOALKANEN 7. MITT. 59-0321
DONNELLY D. M. X., OX. V. ALPHA-METHYLCHALKONEN 55-0273
DONNET J. B., DIE STRUKTUR D. STAERKE 60-0506
DOOLAN P. C., FRIEDEL-CRAFTS-ACETYLIER. V. ALUMINIUM-(III)- U. EISEN(III)-ACETYLACETONATEN 54-0007
DORME R., PARACHINONE, 1.MITT. 56-0218
DORN K., SYNTH. V. SPIROHETEROCYCLEN 5. MITT. 56-0238
DORNOW A., SYNTH. STICKSTOFFHALT. HETEROCYCLEN 40. MITT. 61-0396
- SYNTH. STICKSTOFFHALT. HETEROCYCLEN 41. MITT. 61-0397
DOROFEENKO G. N., SYNTH. V. PYRYLIUMSALZEN AUS CYCL. TERTIAEREN ALKOHOLEN 59-0347
DOROFEEVA R. A., SUBSTITUT.-RK. V. SULFOLANDERIV. 58-0315
DORVAL P., INTERPRETAT. D. IR-SPEKTREN V. 3.3-DIMERCAPTO-1-(THIENYL-(2))-PROPEN-(2)-ON-(1) U. 3.3-DIMERCAPTO-1-PHENYL-PROPEN-(2)-ON-(1) ZWISCHEN 625-1000CM(-1) U. NACHWEIS D. CHELATBLDG. C=O....HS 54-0025
DOSKOCILOVA D., EIN-ELEKTRONEN-OX. V. 2-METHOXY-4.6-DI-TERT.-BUTYL-PHENOL 58-0113
- PHOTOCHEM. RK. D. TERT.-ALKYL-P-BENZOCHINONE IN ALKOHOL. MEDIUM 60-0157
DOSLOV O. I., MASSENSPEKTREN U. STRUKTUR ORGAN. VERB. 14. MITT. 58-0066
- MASSENSPEKTREN U. STRUKTUR ORGAN. VERB. 15.MITT. 59-0069
DOTY J. C., BOR-PHOTOCHEMIE, 1-PHENYLCYCLOHEXADIEN-(1.4) AUS NA-TETRAPHENYLBORAT 54-0238
DOU H. H. J. M., THERM. ZERS. V. N-BENZYL-THIAZOLIUMCHLORIDEN IN GGW. V. CU 60-0348
DOU H. J., RADIKAL. PHENYLIER. V. THIAZOL, NEUE VERTEIL. D. ISOMEREN-REAKTIVITAET 58-0107
DOU H. J. M., PHENYLIER. V. ALKYLTHIAZOLEN DURCH P-SUBSTITUIERTE BENZOYLPEROXIDE IM NEUTRALEN U. SAUREN MILIEU 54-0316
- SYNTH. IN D. REIHE D. 2-BENZYL- U. 2-PHENAETHYL-THIAZOLE 58-0345
- RADIKAL. PHENYLIER. V. MONO- U. DIMETHYLPYRIDINEN 59-0369
DOUCET G., CYCLOHEXEN-NITROSOCHLORID 60-0249
DOUCET J., BROMIER. IN D. REIHE D. AROMATEN, ANWEND. D. LCAO-METH. ZUR BERECHN. D. REAKTIVITAETEN 61-0112
DOUCET M., V. MONO- U. POLYHYDROXY-KETONEN ABGELEITETE DIOXINDOLE, VERSUCHTE RED. ZU INDOLEN 60-0322
DOUGHTY R. A., NICHTPLANARES CYCLOBUTAN 2. MITT. 61-0073
DOUGLAS A. F., OX.-PROD. V. N.N-DIMETHYL-P-PHENYLAZO-ANILIN 57-0179
DOUGLAS G. H., NEUART. TOTALSYNTH. V. STEROIDEN MIT SAUERSTOFF IN 11-STELL. 61-0546
DOUGLAS P. M., UMLAGER. V. 2.3-DIMETHYL-1-(3-OXOBUTENYL-(1))INDOL 58-0316
DOUHERET G., DIELEKTRIZITAETSKONST. EINIGER GEMISCHE ORGAN. VERB. MIT W. 56-0032
- DISSOZIAT. ORGAN. VERB. IN WSS.-ORGAN. MEDIEN 1. MITT. 58-0099
DOURAGHI-ZADEH K., HETEROCYCL. VERB. AUS HARNSTOFFDERIV. 11. MITT. 57-0295
DOUSSE R., ACYLIER. D. METHYLFLUORENE 1. MITT. 54-0257
- ACYLIER. V. METHYLFLUORENEN 2. MITT. 60-0271
DOUZOU P., VGL. D. EIG. GELOESTER U. ADSORBIERTER SPIROPYRANE, PHOTOREVERSIBILITAET U. PHOTOCHEM. UMLAGER. 55-0107
DOVGERO S., NICHTGLYCOSID. NUCLEOSID-ANALOGE 1. MITT. 55-0304
DOWNES J. E., ARYLSUBSTITUIERTE DERIV. V. 4.4'-BIPYRIDYLIUM-SALZEN, SPEKTROSKOP. EIG. U. STEREOCHEMIE 61-0430
DOWNIE I. M., ZUCKERESTER. 4. MITT. 53-0065
DOWNING A. P., ROTAT.-ISOMERIE V. FULVEN-DERIV. 54-0069
- KONFORM.-VERH. V. TRI-O-CARVACROTID DURCH KERNMAGNET. RESONANZ-SPEKTROSKOPIE 56-0067
DOWNS A. J., STRUKTUR V. 2.2.2.4.4.4-HEXAFLUOR-1.3-DIMETHYL-1.3-DIAZA-2.4-DIPHOSPHA-CYCLOBUTAN (CH3N-PF3)2 61-0069
DOYLE J., OPT. ISOMERE V. CIS-DICHLORO-BIS-(AETHYLENDIAMIN)-PLATIN(IV) U. IHRE STEREOSPEZIF. RK. MIT AETHYLENDIAMIN 59-0040
DOYLE P., BASENKATALYSIERTE ISOMERISIER. V. 2-ACETYLIMINO-3-PHENACYL-THIAZOLIDIN 56-0352
DOYLE R. R., RK. V. CYCLOPROPYL-LITHIUM MIT TETRAPHENYLPHOSPHONIUMBROMID, CYCLOPROPYLIDENTRIPHENYLPHOSPHORAN 57-0183
DRABER W., ABS. STEREOCHEMIE V. (+)-ABSCISIN II 54-0469
- SYNTH. V. 1.4-DITHIINEN AUS DERIV. D. MALEINIMIDS 58-0402
DRAKESMITH F. G., BIS-(TETRAFLUORPYRIDYL)-QUECKSILBER-VERB. U. EIN VERS. ZUR DARST. V. TRIFLUORPYRIDIN 57-0009
DRAPALA T., EINFL. D. STRUKTUR AUF D. RK.-FAEHIGK. AROMAT. VERB. IN STER. BEEINFLUSSTEN RK. 1. MITT. 55-0080
DREES F., SYNTH. D. GLUCAGONS 13. MITT. 55-0397
DREIDING A. S., SYNTH. V. TRISPIRO(5.2.2.5.2.2)HENEICOSA-TETRAEN-(1.4.13.16)-DION-(3.15) DURCH DOPPELTE INTRAMOL. C-ALKYLIER. EINES DIPHENOLS 54-0273
- PRAEBETANIN, EIN SCHWEFELSAEURE-HALBESTER D. BETANINS, EIN BEITRAG ZUR KENNTNIS DER BETACYANE 55-0350
- UMWANDL. V. BETANIDIN U. BETANIN IN NEOBETANIDINDERIV. 61-0499
DRENTH W., KERNMAGNET. RESONANZSPEKTREN EINIGER ACETYLEN-PHOSPHOR-VERB. 54-0030
- STEREOCHEMIE D. S(N)2'-RK. 56-0077
- 3-PHENYL-3-BENZOBOREPIN, EIN C-B-HETEROCYCLUS MIT AROMAT. CHARAKTER 56-0411
DREUX J., DISMUTAT. V. 3.4-DIHYDRO-NAPHTHALIN-DERIV. 2. MITT. 54-0253
- WRKG. V. GEMISCHTEN ORGANOMAGNESIUM-VERB. AUF PYRONE-(2) 56-0371
- NUCLEOPHILE ADDITIONEN V. ALPHA-AETHYLENKETONEN AN KETONE MIT AKT. METHYLENGRUPPE 2. MITT. 60-0255
- NUCLEOPHILE ADDITIONEN V. ALPHA-AETHYLENKETONEN AN KETONE MIT AKT. METHYLENGRUPPE 3. MITT. 61-0262
DREWES S. E., DREI DIASTEREOISOMERE 4.6-VERKNUEPFTE BILEUKOFISETINIDINE AUS D. KERNHOLZ V. ACACIA MEARNSII 59-0449
- EINIGE STEREOCHEM. IDENT. BIFLAVANOLE AUS D. RINDENTANNINEN V. ACACIA MEARNSII 61-0458
- ISOLIER. V. MOPANIN AUS COLOPHOSPERMUM MOPANE U. WECHSELBEZIEH. V. FLAVONOID-KOMPONENTEN AUS PELTOGYNE SP. 61-0503
DREYER D., PROTONIER. V. 1-FORMYL- U. 1-ACETYL-AZULENEN 58-0130
DRISCHEL W., KONJUGIERTE VERB. 4. MITT. 59-0245
DRISKO R. L., LSGM.-EINFL. AUF D. PHOTODIMERISIER. V. ACENAPHTHYLEN 56-0153
DROBINSKAYA N. A., SYNTH. V. 2-NORPYRIDOXAL-5'-PHOSPHAT 57-0320
DROLL K., OPT. VERH. V. ALPHA-HYDROXYCARBONSAEUREN BEI ZUGABE V. LAUGE 60-0040
DRON D., STEREOCHEMIE D. ALKINYLIER. V. 3-METHOXY-BUTANON-(2), DIASTEREOISOMERE ALLEN. PHOSPHINOXIDE 60-0227
DROZD V. N., MECHANISMUS D. SMILES-UMLAGER. V. O-METHYL-DIARYLSULFONEN, STABILISIER. D. URSPRUENGL. GEBILDETEN CARBANIONS 56-0025
- MECHANISMUS D. SMILES-UMLAGER. V. O-METHYLDIARYLSULFONEN, UMLAGER. V. DIMESITYLSULFON 57-0306
DRUCK S. J., KONFORM.-UNTERS. AN D. AMIDGRUPPE, GEHINDERTE INTERNE ROTAT. IN N.N'-DIALKYL-HYDRAZOCARB-OXYLATEN 57-0068
D'SILVA T. D. J., NMR-METHYLVERSCHIEB. U. KONFORM.-GLEICHGEW. V. PROTONIERTEN METHYLCYCLOHEXANONEN 56-0057
DUBAC J., BLDG. EINER GERMANIUM-WASSERSTOFF-BIND. BEI SPALT.-RK. V. GERMACYCLOBUTANEN DURCH HYDROGENSILANE U. HYDROGENGERMANE 53-0071
DUBENKO R. G., UNTERS. IN D. BIS-(ARYLSULFONYL)-METHANREIHE 2. MITT. 54-0191
DUBINA V. L., SYNTH. V. ARYLSULFONBENZALIMIDEN U. N-(ARYLSULFONYL)-DIARYLKETIMIDEN 56-0282
DUBOIS J., SYST. DARC, STRUKTURDARST. NACH DER METH. D. 'DESCRIPTEUR PAR ENVIRONNEMENT LIMITE' (DEL) 54-0051
- SYNTH. V. ALIPHAT. POLYALKYLKETONEN, DARST. V. 2.2.3.3.5.5.6.6-OKTAMETHYL-HEPTANON-(4) 57-0138
- SYNTH. U. EIG. V. ALPHA.ALPHA.ALPHA-TRISUBSTITUIERTEN ALIPHAT. KETONEN 4. MITT. 57-0139
- SYNTH. U. EIG. V. ALPHA.ALPHA.ALPHA-TRISUBSTITUIERTEN ALIPHAT. KETONEN 5. MITT. 57-0140
- KONDENS.-RK. V. ESTERN MIT HILFE V. MAGNESIUMORGAN. VERB. MIT VERZWEIGTER KOHLENSTOFF-KETTE 15. MITT. 57-0149
- CHEM. THERMOKINETIK 1. MITT. 59-0513
- BROMIER. IN D. REIHE D. AROMATEN, ANWEND. D. LCAO-METH. ZUR BERECHN. D. REAKTIVITAETEN 61-0112
DUBOIS J. C., STRUKTUR U. OESTROGENE WRKG. 25. MITT. 59-0276
DUBOIS J. E., SYNTH. U. EIG. V. ALIPHAT. ALPHA.ALPHA.ALPHA-TRISUBSTITUIERTEN KETONEN 6. MITT. 60-0181
- KINETIK D. BROMADDIT. AN OLEFINEN 10. MITT. 61-0111
DUBS P., SYNTH. V. AZAPROTOANEMONINEN 57-0233
DUBYKINA N. V., PYRAN, SEINE ANALOGA U. VERWANDTE VERB. 25. MITT. 57-0253
DUCHER S., SYNTH. V. ZWEI BETA-HALOGEN-GAMMA-LACTONEN DURCH ANLAGER. V. HALOGENWASSERSTOFF AN BUTEN-(2)-OLID 56-0185
DUCOM J., KRISTALLISAT. V. ACETYLENMAGNESIUMVERB. 56-0004
- VERW. V. HEXAMETHYLPHOSPHORTRIAMID (HMPT) ALS KRYOSKOP. LSGM. 56-0005
DUDEK E. P., SPEKTROSKOP. UNTERS. V. KETO-ENOL-GLEICHGEW. 10. MITT. 61-0090
DUDEK G., SPEKTROSKOP. UNTERS. V. KETO-ENOL-GLEICHGEW. 10. MITT. 61-0090
DUDINOV A. A., 1.2-ADDIT. V. AZODIBENZOYL AN FURAN 56-0322
DUDLEY K. H., FLAVINREIHE 12. MITT. 55-0307
DUDOCK B. S., THALICTRUM-ALKALOIDE 4.MITT.D 61-0483
DUELL K., PHOSPHAZENE 4. MITT. 56-0195
DUERBECK H., ACYL-LACTON-UMLAGER. 38. MITT. 56-0314
DUERCKHEIMER W., N-ALKYLDERIV. D. 6-AMINO-PENICILLANSAEURE 56-0480

DUERR H., PHOTOCHEMIE KLEINER RINGE 1. MITT. 57-0124
- LSGM.-EINFL. AUF D. NMR-SPEKTREN V. CYCLOPROPAN-DERIV. 58-0053
DUFEY P., NMR-UNTERS. D. KONFORMATION V. CYANAETHYLIERTEN ALPHA-METHYL-CYCLOHEXANONEN 57-0071
DUFFAUT N., SYNTH. U. CHEM. EIG. BIS-TRIPHENYLSILYL-DISULFID 55-0163
- NEUE SPALT.-RK. ? ?GAN. DISULFIDEN MIT ORGANO-SILICIUM-VERB. 60-0229
DUFFIELD A. M., MASSENSPEKTROMETRIE BEI STRUKTUR- U. STEREOCHEM. PROBLEMEN 129. MITT. 54-0045
- TERPENOIDE 58. MITT. 54-0424
- PHOTOCHEM. UNTERS. 9. MITT. 60-0415
DUFFIN H. C., KINETIK D. OX. SUBSTITUIERTER TOLUOLE MIT CHROMYLCHLORID 59-0113
DUFOUR M., CARCINOGENE STICKSTOFF-VERB. 58. MITT. 61-0429
DUFRAISSE C., LABILE BIND. V. SAUERSTOFF AN KOHLENSTOFF IN FUENFGLIEDR. HETEROCYCLEN, ZWEI IN D. KOMPONENTEN SPALTBARE PHOTOOXIDE MIT OZONIDSTRUKTUR, PHOTOOXIDE V. 2.5-DIPHENYL-FURAN U. TETRAPHENYLFURAN 55-0227
DUGAN J. J., CONOFLORIN 54-0394
DUGO G., NMR-SPEKTREN V. CIS- U. TRANS-OCTADECENSAEUREN 56-0048
DUHAMEL L., SYNTH. V. LINEAREN ALIPHAT. ALPHA-AMINOALDEHYDEN MIT FREIER ALDEHYD-GRUPPE 57-0322
DUHAMEL P., SYNTH. V. LINEAREN ALIPHAT. ALPHA-AMINOALDEHYDEN MIT FREIER ALDEHYD-GRUPPE 57-0322
DUKES M., TAXINE, 5.MITT. 56-0489
DU LAURENS B., SYNTH. U. IDENTIFIKAT. DURCH IR- U. RAMANSPEKTROSKOPIE DER BEIDEN CIS- U. TRANS-ISOMEREN 2.2-DIMETHYL-1-(2'.2'-ODER 3'.3'-DIMETHYL-CYCLOPROPYL-IDEN)-CYCLOPROPAN 56-0276
DULOG L., INHIBITOR-EFFICIENCY V. HYDROCHINON BEI AUTOX.-RK. 58-0105
DUMAS J., BEST. D. PK V. MONOSAEUREN DURCH MESS. D. EMK V. KETTEN MIT DIFFUSIONSPOTENTIAL 56-0107
DUMONT J., ALKINYLAMINE U. IHRE DERIVATE 56-0166
- ALKINYLAMINE, DIARYLPROPARGYLAMINE, INAMINE U. DIINAMINE 57-0346
DUNITZ J. D., FOLGER. FUER STRUKTUR U. RINGSPANNUNGSENERGIE AUS D. 'INTRAANNULAREN' SUBSTITUT. D. CYCLODECAN-RINGES 58-0070
DUNKELBLUM E., STEREOCHEMIE U. GESCHW. D. RED. SUBSTITUIERTER CYCLOHEXANONE MIT DIBORAN 53-0044
DUNLOP J. H., COTTON-EFFEKTE U. KONFIG. IN ACIDOPENTAMMIN-KOBALT(III)-KOMPLEXEN V. ASYMM. SAEUREN 53-0007
DUNSTAN I., NITRAMINE 4. MITT. 57-0351
DUPERRIER A., DISMUTAT. V. 3.4-DIHYDRO-NAPHTHALIN-DERIV. 2. MITT. 54-0253
DUPEYRAT M., ELEKTROADSORPT. V. OCTADECYL-TRIMETHYL-AMMONIUMPIKRAT 57-0078
DUPLAN J., NMR-UNTERS. D. KONFORMATION V. CYANAETHYLIERTEN ALPHA-METHYL-CYCLOHEXANONEN 57-0071
DUPONT P. E., UMLAGER. V. O-ARYL-OXIMEN 60-0211
DUPUY C., RADIKAL. CYCLISIER. V. AETHYLENMERCAPTANEN 56-0316
DURANT G. J., RK. V. BENZOYL-ISOTHIOCYANAT MIT HYDRAZIN-DERIV. 1. MITT. 53-0147
- RK. V. BENZOYLISOTHIOCYANAT MIT HYDRAZIN-DERIV. 2. MITT. 58-0423
DURHAM L., STEROIDE 307. MITT. 54-0433
DURHAM L. J., TERPENOIDE 59. MITT. 53-0033
- UMERKENN. D. KONFIG. V. VERATRAMIN U. JERVIN 59-0437
- 2-O-ALPHA-D-GALAKTOPYRANOSYLGLYCERIN AUS LAURENCIA PINNATIFIDA 61-0482
DUROVA O. S., CHLORIER. V. 2-NITRO-4-TERT.-BUTYLPHENOL 57-0166
DUSEK K., BLDG. EINES DREIDIMENSIONALEN NETZWERKES BEI D. KOPOLYMERISAT. V. STYROL U. DIVINYLBENZOL 56-0491
DUSOLD L. R., PHOTOCHEM. ANALOGIEN IN MASSENSPEKTREN, D. EPOXYCYCLOPENTENON-PYRON-UMLAGER. 60-0063
- TECHNIK ZUR UNTERS. STRUKTURELLER DETAILS V. GASIONEN, SUBSTITUENTENEFFEKTE AUF 'FLAT-TOPPED METASTABILE IONEN', DIE MIT DEM VERLUST V. CO AUS D. MOL.-IONEN V. 2-PYRONEN VERBUNDEN SIND 61-0063
DUSS F., SKELETTUMLAGER. V. MERCAPTOESTERN DURCH ELEKTRONENSTOSS 58-0059
DUTCHER J. D., RETROALDOLSPALT. U. OXYDATIVER ABBAU V. AMPHOTERICIN B. PARTIALSTRUKTUR D. ANTIBIOTIKUMS 53-0244
DUTT U., DEKONJUGIER. ALPHA.BETA-UNGESAETT. CARBONYLVERB. 1. MITT. 55-0072
DUTTA C. P., STRUKTUR V. MARMIN 54-0462
- ALKALOIDE AUS PIPER LONGUM LINN 1. MITT. 57-0361
DUTTA T., STRUKTUR V. MONNIERIN 60-0480
DUUREN B. L., SYNTH. V. LAURATEN D. PYROGALLOLS U. VERWANDTER PHENOLE 57-0167
DUUS F., ELEKTRONENSTOSSRK. 20 MITT. SKELETTUMLAGER. ORGAN. SCHWEFELVERB. BEI ELEKTRONENSTOSS 61-0062
DUYNSTEE E. F. J., ZERS. V. DIMEREN ALPHA-NITROSOCARBON-SAEUREN IN SCHWEFELSAEURE 61-0391
DWORSKY P., 3-KETO-L-GULONAT-DECARBOXYLASE AUS SCHWANIOMYCES OCCIDENTALIS 59-0502
DYCHANOVA A. S., BEST. D. STELL. D. SUBSTITUENTEN V. SUBSTITUIERTEN TETRALINEN 54-0252
DYKE S. F., 1.2-DIHYDRO-ISOCHINOLINE 5. MITT. 61-0420
DYNESEN E., ELEKTRONENSTOSS-UNTERS. 3.MITT. 55-0049
DZAPARIDZE K. G., SYNTH. U. EIG. V. DIBENZO- U. DINAPHTHO-3.3'-(2-OXATRIMETHYLEN)-2.2'-BISPIROPYRANEN 58-0366
DZIERZYNSKI M., KINET. UNTERS. D. PYROLYSE V. ACETALDEHYD MIT HILFE D. GASCHROMATOGRAPHIE 56-0144
DZIEWONSKA D., RK. V. CHLORDIOXID MIT ORGAN. VERB. 11.MITT. 61-0195
DZIOMKO V. M., NEUE SYNTH. V. 2-SUBSTITUIERTEN DIKETONEN-(1.3) 58-0188
DZIURZYNSKA B., EINFL. D. MOL.-STRUKTUR AUF D. OPT. EIG. V. SULFOXIDEN 32.MITT. 60-0252

E

EABORN C., SCHUTZ V. ENDSTAENDIGEN AETHINYLGRUPPEN BEI GRIGNARD-SYNTH. 61-0225
EADE R. A., AUTOX. D. KONJUGIERTEN TRIENSEITENKETTE V. EBELINLACTON 54-0404
- KONSTIT. D. BEI D. OX. V. OLEANADIEN-(11.13(18))-SAEURE-(28)-METHYLESTER ERHALTENEN BETA.GAMMA-UNGESAETT. LACTONS C31H44O5 56-0454
EARLEY J. V., CHINAZOLINE U. 1.4-BENZODIAZEPINE 32.MITT. 55-0320
EBEL H. F., ENERGETIK D. PROTON-AUSTAUSCHS, KINET. ACIDITAET IN D. TRIPHENYLMETHAN-REIHE 59-0136
EBEL S., BEST. V. CARBONYLVERB. NACH D. OXIMMETH. MIT HILFE V. IONENAUSTAUSCHERN 59-0515
EBERHARD L., HEMICELLULOSEN D. HOLZES V. PINUS PINASTER SOLANDER SUBSP. P.MARITIMA (POIRET) FIESCHI ET GAUSSEN 6. MITT. 58-0426
EBERHARDT M. K., RK. V. DIHYDROAROMAT. VERB. 3. MITT. 61-0189
EBERT K. H., ZUSTAND NATIVER DEXTRANE IN LSG. UNTER ANNAHME EINER HELIX-KONFORM. 59-0079
ECKARDT K., ROTE ANTIBIOTIKA AUS ACTINOMYCETEN, ZUR IDENTIFIZIER. EINER REIHE V. ANTHRACYCLINONPIGMENTEN AUS STREPTOMYCES GALILAEUS STAMM JA 3043 (GALIRUBINE U. GALIRUBINONE) 61-0566
ECKELL A., 1.3-DIPOLARE CYCLOADDIT. 25. MITT. 53-0136
- 1.3-DIPOLARE CYCLOADDIT. 28.MITT. 58-0335
- 1.3-DIPOLARE CYCLOADDIT. 31. MITT. 60-0133
ECKERT R., UNTERS. D. RK.-PROD. AUS OLEFINEN, WEISSEM PHOSPHOR U. SAUERSTOFF 54-0175
- NATUERL. GERBSTOFFE 34. MITT. 61-0466
- NATUERL. GERBSTOFFE 40. MITT. 61-0472
ECKSTEIN F., EIN DINUCLEOSIDTHIONOPHOSPHAT 56-0419
- BETA.BETA.BETA-TRICHLOR-AETHANOL ALS PHOSPHORSAEURE-SCHUTZGRUPPE FUER NUCLEOTIDE 60-0430
- SYNTH. V. OLIGO- U. POLYNUCLEOTIDEN 9. MITT. 60-0431
- DIURIDIN-3'.5'-THIOPHOSPHAT 61-0481
ECKSTEIN M., IR-ABSORPT.-SPEKTREN EINIGER 7-MONO- U. 7.8-DISUBSTITUIERTER THEOPHYLLINE U. 1-SUBSTITUIERTER THEOBROMINDERIV. 59-0050
ECKSTEIN Z., SYNTH. U. UMWANDL. EINIGER N-PHENYL-GLYCIN-DERIV. 56-0194
EDAMURA F. Y., CARBENE U. CARBENOID-CHEMIE 2.MITT. 54-0265
- CARBEN- U. CARBENOID-CHEMIE 1. MITT. 56-0157
EDER J., SYNTH. V. AMINOBIOPTERIN U. AMINONEOPTERIN 55-0301
EDGAR A. R., SYNTH. V. METHYL-3.4-O-AETHYLIDEN-BETA-L-ARABINOPYRANOSID DURCH RED. EINES ACETOXONIUMSALZES 54-0381
EDMUNDSON R. S., CYCL. ORGANOPHOSPHORVERB. 4. MITT. 53-0179
- CYCL. ORGANOPHOSPHORVERB. 5. MITT. 57-0027
EDWARDS E. I., D. EINFL. V. ZUSAETZEN AUF D. RK. V. AETHYL-AZIDOFORMIAT MIT CYCLOHEXAN 58-0202
EDWARDS J. A., STEROIDE 307. MITT. 54-0433
- STEROIDE 312. MITT. 61-0542
EDWARDS R. L., BESTANDTEILE HOEHERER PILZE 4. MITT. 56-0485
- BESTANDTEILE HOEHERER PILZE 5.MITT. 56-0485
- BESTANDTEILE HOEHERER PILZE 6. MITT. 56-0487
- BESTANDTEILE HOEHERER PILZE 7. MITT. 56-0488
- VARIEGATSAEURE, EINE NEUE TETRONSAEURE, D. FUER D. BLAUE RK. IN FUNGUS SUILLUS (BOLETUS) VARIEGATUS (SWARTZ EX FR.) VERANTWORTL. IST 59-0489
EFFENBERGER F., SYNTH. IN D. PURIN-REIHE 18. MITT. 60-0398
EFIMOVA G. A., HETEROCYCL. DERIV. AUF BASIS SUBSTITUIERTER 1.4-NAPHTHOCHINONE 4.MITT. 54-0256
- HETEROCYCL. DERIV. AUF D. BASIS V. SUBSTITUIERTEN 1.4-NAPHTHOCHINONEN 5. MITT. 56-0388
EFREMOV V. V., QUASIAUTONOME SYST. IN D. ABSORPTIONSSPEKTREN D. ARENDERIV. 6. MITT. 61-0041
EFROS L. S., HETEROCYCL. DERIV. AUF BASIS SUBSTITUIERTER 1.4-NAPHTHOCHINONE 4.MITT. 54-0256
- HETEROCYCL. DERIV. AUF D. BASIS V. SUBSTITUIERTEN 1.4-NAPHTHOCHINONEN 6. MITT. 56-0346
- HETEROCYCL. DERIV. AUF D. BASIS V. SUBSTITUIERTEN 1.4-NAPHTHOCHINONEN 5. MITT. 56-0388
- HETEROCYCL. DERIV. AUF D. BASIS V. 1.4-NAPHTHOCHINON 7. MITT. 57-0285
EGAN S. V., POLYSACCHARIDE AUS SOJABOHNEN 4. MITT. 58-0516
EGE G., ZUR KONJUGAT. IN MAKROCYCL. BINDUNGSSYST. SCF-MO-BERECHN. D. BIND.-ABSTAENDE IN MAKROCYCL. BIND.-SYST. 53-0028
- QUANTENCHEM. BERECHN. ALS BEITRAG ZUR KONSTIT.-AUFKLAER. KONDENSIERTER AZULENSYST. 54-0020

EGE S. N., PHOTOCHEMIE V. 2.3-DIMETHYL-1-PHENYL-3-PYRAZOLIN-5-ON 59-0327
EGGART G., STEROIDE U. SEXUALHORMONE 232. MITT. 57-0403
EGGENSPERGER H., MESOMERE ARSEN-RADIKALE 60-0228
EGGERS S. H., DARST. D. N.N-DIMETHYL-P-METHOXY-L-PHENYLALANYL-ANALOGEN V. PUROMYCIN 57-0418
- DREI DIASTEREOISOMERE 4.6-VERKNUEPFTE BILEUKOFISETINIDINE AUS D. KERNHOLZ V. ACACIA MEARNSII 59-0449
- CHEMIE D. FLECHTEN-BESTANDTEILE 4.MITT. 61-0066
- EINIGE STEREOCHEM. IDENT. BIFLAVANOLE AUS D. RINDENTANNINEN V. ACACIA MEARNSII 61-0408
- ALKALOIDE AUS ANISOTES SESSILIFLORUS C.B.CL. (ACANTHACEAE), FUENF NEUE CHINAZOLON-(4) ALKALOIDE 61-0488
EGIER-SADOWSKA S., EINFL. D. MOLEKULARSTRUKTUR AUF D. OPT. EIG. V. SULFINYLVERB. 31. MITT. 59-0273
EGLINTON G., IDENTIFIZIER. V. GIBBERELLINEN IN PFLANZEN-ROHEXTRAKTEN DURCH KOMBINIERTE GASCHROMATOGRAPHIE-MASSENSPEKTROSKOPIE 59-0516
EGOROV N. V., SYNTH. V. ACETYLENAMINOALKOHOLEN 57-0155
EHRENBERG A., UEBER PTERINCHEMIE 18. MITT. 55-0308
- ROENTGENSTRUKTURUNTERS. V. EINIGEN FLAVINDERIV. 57-0075
EICHER T., RK.-WEISE D. CYCLOPROPENONSYST., 4.MITT. 56-0366
EICHLER D., ALPHA-HALOGENIERTE AMINE 17. MITT. 60-0165
EICHLER S., MECHANISMUS D. WITTIG-RK. MIT TRIARYL-ALKOXYCARBONYLMETHYLEN-PHOSPHORANEN 56-0136
EICKEN K. R., FRAGMENTIER. V. AZOVERB. 4. MITT. 58-0264
EIDEN F., UNTERS. AN GAMMA-PYRONEN, 12.MITT. 56-0365
- ACYL-ENAMINE 11.MITT. 58-0242
- UNTERS. AN ACYL-ENAMINEN 10. MITT. 61-0386
- UNTERS. AN GAMMA-PYRONEN 14. MITT. 61-0404
EILINGSFELD H., SYNTH. V. 1.3.5-TRIAZINEN 59-0391
EISENBACH W., METALLORGAN. VERB. 48.MITT. 60-0021
EISENBRAND J., DARST. EINER ROTFLUORESZIERENDEN, D. MILCHSAEUREGAER. HEMMENDEN SUBSTANZ 61-0275
EISENBRAUN E. J., CHEMIE D. CEPHALOSPORINS P(1) 54-0443
EISENTHAL R., N-OXIDE U. VERWANDTE VERB. 30. MITT. 59-0139
EISNER U., EINIGE UMWANDL. V. 4-CHLORMETHYL-3.5-DIACETYL-1.4-DIHYDRO-2.6-LUTIDIN U. ERHALTENEN PROD. 54-0372
EISTERT B., 2.5-DIPHENYL-3.4-BIS-(PYRIDYL-(2))-CYCLOPENTADIENON U. SEINE UMSETZ. MIT DIAZOALKANEN 58-0400
- RINGERWEITER. V. FLUORENONEN ZU PHENANTHROLAETHERN MIT DIAZOMETHAN U. -AETHAN 59-0282
EITEL A., ZUR KENNTNIS CYCL. ACYLALE 15. MITT. 58-0097
EITER K., HETEROCYCLEN AUS CARBONSAEUREDERIV. 1. MITT. 59-0344
EJDUS J. A., FURYLALKINE, 8.MITT. 54-0028
EJDUS J. T., SYNTH. V. CARBONSAEUREDERIV. UNTER D. BEDING. D. SAEUREKATALYSE AUS CO, OLEFINEN U. ACYLIERBAREN VERB. 25. MITT. 59-0169
EJGES C. A., STRUKTUR U. UMWANDL. V. AROMAT. DIAZOVERB. 41. MITT. 61-0269
EKLADIOS L., 1-PHENYL-NAPHTHALIN 6. MITT. 56-0294
EKONG D. E. U., WESTAFRIKAN. HOELZER 20. MITT. 58-0467
- INHALTSSTOFFE EINIGER WESTAFRIKAN. VERTRETER D. GATT. TERMINALIA 58-0532
- NEUART. MELIACINE (LIMONOIDE) AUS D. HOLZ V. PSEUDOCEDRELA KOTSCHYII 61-0530
ELAD D., PHOTOALKYLIER. V. CYCL. AETHERN 61-0329
ELAMAYEM M. S. A., ALKAL. HYDROLYSE V. AETHYLACETAT IN GGW. V. GLYKOL ODER GLYCEROL 61-0118
EL-AZIZ AZAB A., 1-PHENYL-NAPHTHALIN 6. MITT. 56-0294
ELBADRAWY S., GEWINN. V. PARAFFINWACHS AUS BALAYIEM-ROHOEL 57-0444
- UNTERS. V. MIKROKRISTALLINEM WACHS 57-0445
ELCE J. S., SYNTH. V. OESTROGEN-MONOGLUCURONIDEN 57-0399
EL-CHAHAWI M., 2.5-DIPHENYL-3.4-BIS-(PYRIDYL-(2))-CYCLOPENTADIENON U. SEINE UMSETZ. MIT DIAZOALKANEN 58-0400
EL-CHAHAWI M. A., RINGERWEITER. V. FLUORENONEN ZU PHENANTHROLAETHERN MIT DIAZOMETHAN U. -AETHAN 59-0282
EL'CINOV D. P., CHEMIE D. FREIEN RADIKALE D. HYDRAZINREIHE 43. MITT. 56-0353
- CHEMIE D. FREIEN RADIKALE D. HYDRAZINREIHE 45. MITT. 57-0243
- CHEMIE D. FREIEN RADIKALE D. HYDRAZINREIHE 46. MITT. 57-0244
EL'COV A. V., TROPONOIDE 2. MITT. 54-0269
- 1.2-DIHYDRO-BENZIMIDAZOL-DERIV. 4. MITT. 54-0308
- 1.2-DIHYDRO-BENZIMIDAZOL-DERIV. 5.MITT. 54-0309
- DEUTEROAUSTAUSCH V. VERATROL, 1.4-BENZODIOXAN U. 1.3-BENZODIOXOL MIT TRIFLUORESSIGSAEURE 56-0131
- DERIV. EINES NEUEN AROMAT. IONS, D. KATIONS V. 2-AZONIAAZULEN 61-0367
- 1.2-DIHYDRO-BENZIMIDAZOL-DERIV. 6.MITT. 61-0378
ELGAMAL M. H. A., DEHYDRATISIER. U. SOLVOLYSEPROD. V. GLYCYRRHETINSAEURE 57-0375
EL-GARBY YOUNES M., TRITERPENOIDE D. WEIDENROESCHENS (ROSE-BAY WILLOW-HERB) 56-0457
- TRITERPENOIDE IN APFELSCHALEN 58-0531
ELGUERO J., UNTERS. UEBER AZOLE 16. MITT. 54-0311
- UNTERS. UEBER AZOLE 17. MITT. 54-0312
- UNTERS. UEBER AZOLE 20. MITT. 55-0245
- UNTERS. IN D. AZOL-REIHE, MECHANISMUS D. OX. V. PYRAZOLEN ZU PYRAZOLONEN 60-0338
- UNTERS. UEBER AZOLE 23. MITT. 61-0344
- AZOLE, SYNTH., NMR- U. UV-SPEKTREN V. DELTA(3)-PYRAZOLINEN 61-0380
- AZOLE, PROTONIER. U. QUATERNISIER. V. DELTA(3)-PYRAZOLINEN 61-0381
ELISEEVA N. V., RK. V. AROMAT. AETHERN U. THIOAETHERN MIT ALKALIMETALLEN 58-0143
ELIX J. A., UMWANDL. V. TRI-O-METHYL-SOLORINSAEURE IN TETRA-O-METHYL-AVERYTHRIN 61-0289
ELJASBERG M. E., RK. V. ACETYL- U. 1.1'-DIACETYL-FERROCEN MIT NATRIUMACETYLID IN FL. AMMONIAK 59-0030
EL KHADEM H., KOHLEHYDRATDERIV. V. 1-SUBSTITUIERTEN 1.2.3-TRIAZOLEN 56-0417
EL KHOLY A. S., ALKAL. HYDROLYSE V. AETHYLACETAT IN GGW. V. GLYKOL ODER GLYCEROL 61-0118
ELKIK E., ALPHA-FLUOR-ZIMTSAEUREN U. BETA-FLUOR-STYROLE 58-0249
- HOMOLYT. RK. V. ENAMINEN MIT CCL4 59-0175
ELLERMANN J., SYNTH. V. SPIROHETEROCYCLEN 5. MITT. 56-0238
- SPIROHETEROCYCL. VERB. 7. MITT. 60-0225
ELLIS J., AUTOX. D. KONJUGIERTEN TRIENSEITENKETTE V. EBELINLACTON 54-0404
ELLIS J. J., BLDG. EINES TOX. BUTENOLIDS DURCH FUSARIUM NIVALE (FRIES) CESATI, ISOLIERT AUS ROHRSCHWINGEL (FESTUCA ARUNDINACEA SCHREB.) 54-0164
ELLIS J. N., LICHTINDUZIERTE U. VERWANDTE RK. V. CHINONEN 4.MITT. 61-0291
ELORANTA J., KONDUKTOMETR. U. SPEKTROMETR. UNTERS. D. RED. V. NAPHTHACEN U. SEINEM NEGATIVEN ION IN 1.2-DIMETHOXYAETHAN 59-0105
ELPHIMOFF-FELKIN I., DARST. U. SPEKTROSKOP. EIG. IM UV U. IR EINIGER ISOMERER ALPHA-KETOLE IN AROMAT. RESTEN, D. MIT D. CARBONYL KONJUGIERT ODER NICHT KONJUGIERT SIND 57-0020
- GLEICHGEWICHTSEINSTELLUNG ISOMERER ALPHA-KETOLE, DEREN ARYL-RESTE MIT D. CARBONYL KONJUGIERT ODER NICHT KONJUGIERT SIND, D. SCHWACHE EINFL. D. KONJUGAT. AUF D. RELATIVE STABILITAET D. ISOMEREN 57-0082
EL-SAWY M. M., RK. V. 1-ARYL-ISOBENZOPYRYLIUMSALZEN MIT AMMONIAK 2. MITT. 58-0399
ELSWORTHY G. C., BESTANDTEILE HOEHERER PILZE 4. MITT. 56-0485
- BESTANDTEILE HOEHERER PILZE, 5.MITT. 56-0486
- VARIEGATSAEURE, EINE NEUE TETRONSAEURE, D. FUER D. BLAUE RK. IN FUNGUS SUILLUS (BOLETUS) VARIEGATUS (SWARTZ EX FR.) VERANTWORTL. IST 59-0489
EMIG P., NMR-UNTERS. AN ZUCKERN U. CYCLANOLEN 3. MITT. 54-0058
EMRAN A., THIENOBENZOPYRONE U. -FURANE 59-0313
EMSLIE P. H., WECHSELWRKG. V. ELEKTRONENAKZEPTOREN MIT BASEN 21. MITT. 53-0020
ENAYAT I., BETA-AROYLPROPIONSAEUREN 21. MITT. 55-0156
ENDO K., ALPHA-VETIVON 54-0250
- CHAMIGREN, EIN SESQUITERPENKOHLENWASSERSTOFF MIT EINEM NEUARTIGEN KOHLENSTOFFGERUEST 56-0441
- ANORMALE OPT. ROTAT.-DISPERS. V. STEROIDGEBUNDENEN TETRAHYDROFURANONEN 60-0039
ENGBERTS J. B. F. N., ROTAT.-BARRIEREN D. ESTERFUNKT. V. EINIGEN CARBAMATEN, ANWEND. EINES ITERATIVEN COMPUTERPROGRAMMS BEI EINER NMR-UNTERS. 55-0061
- MECHANISMUS D. RK. V. ALPHA-DIAZOSULFONEN 4.MITT. 55-0147
- MANNICH-KONDENS. EINER SULFINSAEURE MIT ALDEHYDEN U. CARBONSAEUREAMIDEN, SULFONAMIDEN ODER LACTAMEN 4. MITT. 58-0225
ENGELHARDT A., UNTERS. AN GAMMA-PYRONEN, 12.MITT. 56-0365
ENGOVATOVA S. A., TELOMERISAT. V. AETHYLEN MIT DICHLORBROMMETHAN, FLUORTRICHLORMETHAN U. 1.1-DICHLORAETHAN, POLARE U. RESONANZEFFEKTE D. SUBSTITUENTEN 56-0147
ENNIS B. C., 2-TRIHALOGENMETHYL-BENZAZOLE 1. MITT. 53-0139
- 2-TRIHALOGENMETHYL-BENZAZOLE 3. MITT. 53-0141
- 2-TRIHALOGENMETHYL-BENZAZOLE 4.MITT. 53-0142
ENSLIN P. R., BITTERE PRINZIPIEN D. CUCURBITACEEN 15. MITT. 58-0459
- BITTERE PRINZIPIEN D. CUCURBITACEEN 16. MITT. 58-0460
ENTWISTLE I. D., RK. U. MASSENSPEKTREN EINIGER ARYLALKYLSULFOXIDE 55-0095
ENZELL C. R., C. CHEMIE D. ORDN. ARAUCARIALES 6.MITT. 55-0411
- MASSENSPEKTROMETR. UNTERS. V. DITERPENEN, 3.MITT. 56-0063
- CHEMIE D. ARAUCARIA-ARTEN 7. MITT. 59-0071
EPPINGER K., ISOBENZPINAKOL ALS URSACHE D. SPEKTRALEN EFFEKTS BEI D. PHOTORED. D. BENZOPHENONS 53-0013
EPSTEIN R., IR-SPEKTREN V. METHYLDIBORANEN, UNTERS. V. INSTABILEN SUBSTANZEN UNTER ANWEND. D. 'MULTIPLE-SCAN'-INTERFERENZ-SPECTROSCOPIE 56-0038
EPSZTEIN R., KONDENS. V. PHENYLAETHINYLMAGNESIUMBROMID MIT PROPYLENOXID 55-0004
- ALPHA-GLYKOLE MIT ACETYLEN-GRUPPIER. 1. MITT. 59-0173
EREMINA T. N., TELOMERISAT. V. AETHYLEN MIT DICHLORBROMMETHAN, FLUORTRICHLORMETHAN U. 1.1-DICHLORAETHAN, POLARE U. RESONANZEFFEKTE D. SUBSTITUENTEN 56-0147
ERIKSSON L. E. G., ROENTGENSTRUKTURUNTERS. V. EINIGEN FLAVINDERIV. 57-0075

ERMAKOV O. A., ISOMERE UMWANDL. V. EPOXIDVERB. MIT BEWEGL. WASSERSTOFFATOMEN IN D. KOHLENSTOFFSEITENKETTE 11. MITT. 57-0246

ERMAN W. F., TOTALSYNTH. V. ALPHA-SANTALOL 54-0408

- STEREOSPEZIFISCHE SYNTH. V. CIS-BETA-BERGAMOTEN 55-0369

ERO J., STRAHLENINDUZIERTE FESTSTOFFPOLYMERISAT. 20. MITT. 59-0500

ERRINGTON S. G., STRUKTUR V. A1-BARRIGENOL U. R1-BARRIGENOL 56-0459

ERSOV B. A., STRUKTUR D. PROD. D. ALKYLIER. V. NA-DERIV. D. BENZOYLACETONS U. ACETYLACETONS MIT ALPHA-BROMOXIDEN 56-0311

- ISOMERE UMWANDL. V. EPOXIDVERB. MIT BEWEGL. WASSERSTOFFATOMEN IN D. KOHLENSTOFFSEITENKETTE 11. MITT. 57-0246

ERSOV V. V., BLDG. V. CYCLOHEXADIENONEN BEI D. INTRAMOLEKULAREN ALKYLIER. IN D. REIHE D. RAEUML. BEHINDERTEN PHENOLE 57-0235

ERUENLUE R. K., SYNTH. V. HOEHEREN BENZOLOGEN D. PHENALENS 54-0270

ESCHENMOSER A., EINE NEUART. FRAGMENTIER. CYCL. ALPHA,BETA-UNGESAETT. CARBONYLSYST., SYNTH. V. EXALTON U. RAC-MUSCON AUS CYCLODODECANON 55-0211

- SYNTH. U. CHIRALITAET D. (-)-CANNABIDIOLS 55-0413

ESER H., FOLGER. FUER STRUKTUR U. RINGSPANNUNGSENERGIE AUS D. 'INTRAANNULAREN' SUBSTITUT. D. CYCLODECANRINGES 58-0070

ESPEJO O., BLDG. U. UMWANDL. V. ESTERN, 72.MITT. 54-0368

- BLDG. U. UMWANDL. V. ESTERN 73. MITT. 57-0103

- BLDG. U. UMWANDL. V. ESTERN 75.MITT. 60-0408

ESPIE J., A-NORCHOLESTANOLE-(2), AEQUILIBRIER., RED. DURCH IN FL. AMMONIAK GELOESTE METALLE, UEBERWIEGENDE BLDG. V. INSTABILEN ISOMEREN U. V. PINAKOLEN 56-0100

ETEMADI A., GLEICHZEIT. ANWESENH. V. MYCOLSAEUREN MIT ZWEI CYCLOPROPANRINGEN ODER ZWEI DOPPELBIND. IN D. LIPIDEN V. MYCOBACTERIUM PHLEI 59-0499

ETEMADI A. H., BESTANDTEILE V. MYCOBAKTERIEN 95. MITT. 54-0473

ETIENNE A., DERIV. D. 3-METHYL-1-OXO-1H-BENZO(C)PYRAZOLO-(1.2-A)CINNOLINS 60-0403

ETLIS V. S., EPR V. RADIKALEN-DERIV. D. THIOXANTHHYDROL-DIOXIDES 60-0056

ETZEMUELLER J., 1.1-DICYAN-CYCLOPROPANE 56-0270

EUGSTER C. H., INHALTSSTOFFE V. FLIEGENPILZEN 24. MITT. 54-0303

- ZUR NOMENKLATUR D. NEUEN VERB. AUS AMANITA-ARTEN 54-0314

- PHOTORK. V. N-HETEROCYCLEN 6. MITT. 54-0315

EVANEGA G. R., PHOTOCHEM. ADDIT. V. BENZOPHENON AN FURAN 59-0304

EVANS D., SELEKT. KATALYT. HOMOGENE HYDRIER. V. ENDSTAENDIGEN OLEFINEN UNTER VERW. V. TRIS-(TRIPHENYLPHOSPHIN)-HYDRIDOCHLORORUTHENIUM-(II), H-D-AUSTAUSCH U. ISOMERISIER.-RK. V. OLEFINEN 58-0108

EVANS J. M., BICYCLO(3.3.1)NONANE 1.MITT. 53-0117

- TRANSANULARE HYDRIDVERSCHIEB. IN BICYCL. SYST. 2.MITT. 54-0274

EVANS M. J., STRUKTUR V. TETRAMEREM ALPHA-METHYLSTYROL 54-0048

EVLETH E. M., ELEKTRONENSTRUKTUR V. BICYCLO(3.1.0)HEXA-TRIEN 61-0071

EVSTAFEEVA N. E., RK. V. ALPHA-CHLORIERTEN AETHERN IN GGW. V. ZN 5. MITT. 61-0278

EXNER O., ZUSAMMENHANG V. IR-FREQUENZEN U. -INTENSITAETEN MIT REAKTIVITAETSDATEN 56-0042

- OXIMDERIV. 9.MITT. 60-0078

EYRE D. H., TAXINE, 5.MITT. 56-0489

- TAXINE 6. MITT. 56-0490

F

FABIAN J., PARISER-PARR-POPLE-BERECHN. AN THIOFLUORENON 58-0039

FABRYCY A., BASIZITAET D. HYDROXYPHTHALANE 5. MITT. 53-0041

- FARB. DIHYDROFURYLIUMSALZE 2. MITT. 55-0218

FABRYOVA A., ASYMM. RK. 14. MITT. 56-0278

FACHAN L., LANSOESAEURE, EIN BICYCL. TRITERPEN 61-0526

FAHR E., 1.2-DIAZETIDINE. 2. MITT. 53-0123

- UMSETZ. V. DIAZOVERB. MIT AZOVERB. 6. MITT. 55-0258

- 1.2-DIAZETIDINE 4.MITT. 61-0340

FAIRBROTHER J. R. F., NATUERL. ACETYLENE 25. MITT. 58-0536

FAIRLIE J. C., GERUESTUMLAGER. BEI RED. V. BICYCLO-(2.2.2)OCTENYL-P-TOLUOLSULFONATEN MIT LITHIUMALUMINI-UMHYDRID 61-0311

FAJARDO M., TERPENOIDE AUS SONCHUS 6. MITT. 61-0529

FAJKOS J., STEROIDE 104. MITT. 56-0464

FALIUS H., FLUOROTHIOPHOSPHATE, IHRE DARST. U. EIG. 56-0011

FALK H., FERROCENDERIV. 32. MITT. 54-0012

- FERROCENDERIV. 33. MITT. 59-0031

FALKENBERG J., CYCLOADDIT. D. FORMAMIDINIUMCARBODITHIOAT-SYST.-SYNTH. D. 4-PHENYL-1.3-DITHIOLS 58-0331

FALKOWSKI L., RETROALDOLSPALT. U. OXYDATIVER ABBAU V. AMPHOTERICIN B. PARTIALSTRUKTUR D. ANTIBIOTIKUMS 53-0244

FALLER P., SCHWEFELHALT. KONDENSIERTE HETEROCYCLEN 35. MITT. 55-0045

FALSHAW C. P., HUMINSAEURE 2. MITT. 56-0482

FARGHALY M., EIG. V. (ARYLMERCAPTO)ACETHYDROXAMSAEUREN 60-0207

FARGO J. C., THERM. CIS-TRANS-ISOMERISIER. SUBSTITUIERTER AZOBENZOLE, LITERATURKORREKTUR 54-0114

FARID S., PHOTO-CYCLOADDIT. MIT FUROCUMARINEN U. FUROCHROMONEN 58-0368

FARINA M., OPT. AKT. PERHYDROTRIPHENYLEN, ERSTMALIGE TRENN. EINES ORGAN. D(3)-MOL. 56-0275

FARKAS J., NUCLEINSAEUREBESTANDTEILE U. IHRE ANALOGEN 88. MITT. 54-0363

- BESTANDTEILE D. NUCLEINSAEUREN U. IHRER ANALOGEN, 91.MITT. 56-0361

- NUCLEINSAEUREKOMPONENTEN U. IHRE ANALOGA 93. MITT. 57-0333

FARKAS L., ISOFLAVONGLYKOSIDE 8.MITT. 53-0189

- SYNTH. V. WIGHTIN U. ECHIOIDININ, ZWEI FLAVONE AUS ANDROGRAPHIS WIGHTIANA 54-0329

- TRANSACYLIER. IN D. FLAVONOID-REIHE 1. MITT. 56-0368

- SYNTH. D. MIKANINS, EINES FLAVONOLS AUS MIKANIA CORDATA (BURM. F.) B. L. ROBINSON 58-0369

- NEUE SYNTH. D. SUDACHITINS U. DESMETHOXY-SUDACHITINS 58-0377

- SYNTH. EINIGER FLAVONKOMPONENTEN AUS RICINOCARPUS STYLOSUS 60-0364

- UNTERS. UEBER ISORHAMNETINGLYKOSIDE 2. MITT. 60-0432

FARKAS R., MOLEKULARSTRUKTUR V. ALKYL- U. ARYL-ALKOXYSILANEN 1. MITT. 59-0047

FARLEY C. E., SEK. PHOSPHINOXIDE, EINFL. D. STRUKTUR AUF SAEURESTAERKE U. GESCHW. D. SPALT. V. DISULFIDEN 55-0094

FARNOUX C. C., CYCLISIER. V. ARYLACETYLENGLYKOLEN ZU FURANEN U. PYRANEN 54-0281

FARRIER D. S., STEREOCHEMIE V. CLIVONIN U. CLIVIMIN 54-0066

FATIADI A. J., NEUART. AROMATISIER. V. INOSITEN IN DIMETHYLSULFOXID-ACETANHYDRID 59-0242

FATUTTA S., VINYLAMINE 7. MITT. 55-0314

FAUCHER A., SYNTH. V. GERMACYCLAN- U. SILACYCLANDERIV. MITTLERER RINGGROESSE 60-0419

FAUQUEMBERGUE R., MIKROWELLEN- U. LANGWELL. INFRAROTSPEKTREN V. ESSIGSAEURE,-MESS. D. ATOMPOLARI-SAT. D. DIMEREN 58-0096

FAUVEAU C., SIMMONS-SMITH-RK. AN AUFGEDAMPFTEN MAGNESIUM-U. ZINK-FILMEN, NATUR D. ZWISCHENPRODUKTS 61-0242

FAUVELOT G., ELEKTROCHEM. OX. V. 2.4.6-TRI-TERT.-BUTYL-ANILIN IN ACETONITRIL 59-0217

- ELEKTROCHEM. OX. V. 2.4.6-TRI-TERT.-BUTYL-ANILIN IN METHANOL, ISOLIER. D. PRIMAERPROD. 60-0223

FAUVET J. E., CYCLISIER. REINER KW-STOFFE U. RK. ALIPHAT. AMINE IN GGW. EINES BIFUNKTIONELLEN KATALYSATORS 54-0133

FAVINI G., ELEKTRONENUEBERGAENGE IN AROMAT. CHLORAZINEN 4. MITT. 57-0053

FAVORSKAJA T. A., CYCLISIER. EINES ACETYLENNITRILS DURCH RADZIZEVSKI-RK. 54-0375

FAWCETT J. K., ROENTGEN-STRUKTUR-ANALYSE V. ALL-CIS-1.6-DICHLOR-CYCLODEKATETRAEN-(1.3.6.8) 61-0084

FAY T., RADIKALREAKTIVITAET V. 2-METHYL-PYRIDIN GEGENUEBER FREIEN PHENYLRADIKALEN 57-0323

FAYAT C., INTEGRALE INTENSITAETEN D. CARBONYL-VALENZSCHWING.-BANDEN V. SUBSTITUIERTEN OXAZOLIDIN-DIONEN, THIAZOLIDIN-DIONEN U. SELENOAZOLIDIN-DIONEN 60-0047

- INTEGRIERTE IR-BANDENINTENSITAETEN D. CARBONYLVALENZ-SCHWING. IN AZETIDINONEN-(2) U. AZETIDINDIONEN-(2.4) 60-0048

FAYET J., NATUR D. (PO)-BIND., ELEKTR. DIPOLMOMENT IN MOL. V. TYP OP(XYZ) U. P(XYZ) 60-0042

FAYEZ M. B. E., NATUERL. CUMARINE 7.MITT. 55-0269

- NATUERL. CHROMONE 7. MITT. 55-0352

- DEHYDRATISIER. U. SOLVOLYSEPROD. V. GLYCYRRHETINSAEURE 57-0375

FEARON F. W. G., TETRAKIS-(TRIMETHYLSILYL)-ALLEN AUS PENTAFLUORBENZOL U. TETRAFLUORBENZOLDERIV. 54-0173

FEDORONKO M., UMWANDL. V. PENTOSEN IN PYRIDIN 60-0420

FEDOROV L. A., VERLAGER. D. RK.-ZENTRUMS BEI DEUTERODEMERCURIER. V. QUECKSILBERDIBENZYL 56-0015

FEENEY J., DREI DIASTEREOISOMERE 4.6-VERKNUEPFTE BILEUKOFISETINIDINE AUS D. KERNHOLZ V. ACACIA MEARNSII 59-0449

- EINIGE STEREOCHEM. IDENT. BIFLAVANOLE AUS D. RINDENTANNINEN V. ACACIA MEARNSII 61-0408

FEHLHABER H., ALKALOIDE AUS RHAMNACEEN 1. MITT. 53-0199

- TETRACYCL. TRITERPENE AUS CEDRELA ODORATA L. 60-0457

FEHLHAMMER W. P., PSEUDOHALOGENO-METALLVERB. 18. MITT. 60-0001

FEIBUSH B., TRENN. V. ENANTIOMEREN DURCH GAS-FL.-CHROMATOGRAPHIE MIT HILFE OPT. AKT. STATIONAERER PHASEN, VERW. V. FUELLKOERPERKOLONNEN 61-0181

FEICHTINGER H., HALOGENIERTE 4.7-METHYLEN-4.7.8.9-TETRAHYDRO-PHTHALANE 3. MITT. 55-0222

FEIJEN J., ISOKONDENSIERTE THIENOPYRROLE, 5-AETHYL-5H-THIENO(2.3-C)PYRROL, EIN NEUES HETEROAROMAT. SYST. 60-0318

FELDER E., ALKYL- U. ARYL-SUBSTITUIERTE PYRAZINCARBON-SAEUREN 54-0358

FELDL K., PSEUDOHALOGENO-METALLVERB. 18. MITT. 60-0001
FELIX D., EINE NEUART. FRAGMENTIER. CYCL. ALPHA,BETA-UNGESAETT. CARBONYLSYST., SYNTH. V. EXALTON U. RAC-MUSCON AUS CYCLODODECANON 55-0211
FELKIN H., INTRAMOL. ALKYLIER. D. DOPPELBIND. EINES UNGESAETT. SULFONIUMSALZES 59-0244
FELL B., ISOMERENBLDG. BEI D. NITRIER. EINFACHER U. SUBSTITUIERTER PARAFFINKOHLENWASSERSTOFFE 54-0095
- ISOMERENBLDG. BEI D. SULFATIER. STELLUNGS- U. KONFIG.-ISOMERER HOEHERMOL. N-OLEFINE 54-0144
- RELATIVE REAKTIVITAETEN D. DOPPELBIND. IN STELL.- U. KONFIG.-ISOMEREN N-OLEFINEN 5. MITT. 55-0090
- PROBLEM D. TERTIAEREN BUTANSULFOCHLORIDS 58-0180
FELLENBERGER K., ACETOLYSE V. ENDO- U. EXO-BICYCLO(N.1.0)ALKYL-TOSYLATEN 61-0119
FELLION E., ALKALOIDE D. SAMEN V. CONOPHARYNGIA DURISSIMA STAPF, ISOLIER. D. CORONARIDINS, TABERSONINS U. D. D. CORONARIDIN ENTSPRECHENDEN HYDROXYINDOLENINS 59-0441
FELTKAMP H., 1.2-BENZISOTHIAZOLIN-THIONE-(3) U. 3-IMINO-3H-1.2-BENZODITHIOLE 60-0346
FENSELAU A. H., OLIGOMERE V. ALLENEN 2. MITT. 55-0167
FENZL W., BORVERB. 11. MITT. 57-0245
FERAUD P., GLEICHGEW.-KONST. U. ENTHALPIEN D. RK. D. FORMALDEHYDS MIT AMINOSAEUREN 60-0098
FERENCZI-GRESZ S., MOLEKULARSTRUKTUR V. ALKYL- U. ARYL-ALKOXYSILANEN 1. MITT. 59-0047
FERGUSON G., SYNTH. U. ROENTGENANALYSE EINES TRICYCLO(5.3.1.1(2.6))DODECANS 54-0275
- KONFIGURAT. D. EPOXIDRINGS IN PALMARIN, EIN FALL UEBERMAESSIGER KONFORMATIVER DEFORMAT. 56-0074
- KRISTALLSTRUKTUR U. ABSOLUTE STEREOCHEMIE V. LAURINTEROL, ABSOLUTE STEREOCHEMIE V. APLYSIN 57-0074
- ABWEICHENDE MICHAEL-KONDENS. 59-0286
- STRUKTUR U. STEREOCHEMIE V. PHORBOL, D. DITERPENGRUND-KOERPER D. COCARCINOGENE D. CROTONOELS 61-0513
FERLES M., UNTERS. IN D. PYRIDINREIHE 16. MITT. 54-0343
- UNTERS. IN D. PYRIDINREIHE 17.MITT. 57-0316
- PYRIDINE 18. MITT. 58-0395
- UNTERS. IN D. PYRIDINREIHE 19. MITT. 60-0376
FERNANDES L., ISOLIER. V. 7ALPHA-HYDROXY-, 7BETA-HYDROXY-U. 11ALPHA-HYDROXY-PARAVALLARIN, STEROIDALKALOIDE AUS PARAVALLARIS MICROPHYLLA PITARD (APOCYNACEAE) 60-0454
FERNANDEZ-GARCIA J. G., THERMODYNAM. EIG. BIN. GEMISCHE, MISCH.-WAERMEN D. N-ALKANE SOWIE IHRER ISOMEREN 58-0091
FERNANDO Q., STRUKTUR D. BIS-(ACETYLACETONATO)-KUPFER(II)-CHINOLIN-ADDUKTES 60-0005
FERRARI G., STRUKTUR U. STEREOCHEMIE V. PSIADIOL, EINEM NEUEN DITERPENOID 60-0463
FERRARINI P. L., TETRAZOLDERIV. D. 1.8-NAPHTHYRIDINS 2.MITT. 55-0284
FERRETTI A., LYSERG- U. DIHYDROLYSERGSAEURE-ALPHA-HYDROXYAETHYLAMIDE 53-0191
FERRIER R. J., FREIE ENERGIEN BEI KONFORM.-AENDER. ALLYLISCHER HYDROXY-, ACETOXY- U. METHOXYGRUPPEN IN CYCLOHEXEN 61-0037
FERRUTI P., UNTERS. UEBER ENAMINE 19. MITT. 56-0402
- ENAMINE 23. MITT. 58-0347
- ENAMINE 24. MITT. 58-0348
- ENAMINE 25. MITT. 58-0349
FERSTUT E. V., AMINOALKYLESTER D. ALKYLBENZOESAEUREN 1. MITT. 54-0200
FESER M. M., NACHW. D. STEREOSPEZIFITAET EINES BENZOL-NITROSAMIN-KOMPLEXES DURCH NMR-UNTERS. 56-0051
FETIZON M., FRAGMENTIER. IN D. MASSENSPEKTROMETRIE DURCH EINFUEHR. FUNKTIONELLER GRUPPEN 8.MITT. 56-0061
- KLEINE RINGE 19. MITT. 56-0065
- BEST. D. VORZEICHENS D. KONST. D. ALLYLKOPPL. IN 13-METHOXY-5ALPHA-PODOCARPATETRAEN-(6.8.11.13) 57-0038
- SYNTH. IN D. 5ALPHA.13ALPHA-ANDROSTAN-REIHE 57-0397
- EINFLUSS D. STEREOISOMERIE AUF D. FRAGMENTIER. BEI D. MASSENSPEKTROMETRIE 3. MITT. 58-0064
- STEREOCHEMIE D. BETA-LACTAME 2. MITT. 61-0065
FEUGEAS C., METALLORGAN. DERIV. EINES ALPHA.BETA-ACETYLEN-KETALS 59-0020
- DARST. V. VERB. MIT DREIWERT. GEMISCHTER FUNKT. 60-0197
FEWSTER J. A., WEITERE SYNTH. V. 1-, 2- U. 3-O-METHYL-D-MANNIT 53-0184
FEY L., SPEKTROMETR. UNTERS. IN D. CHINAZOLINREIHE 60-0044
FIALKIEWICZOWA Z., OX.-PROD. V. N-ACETYL-N-(4.6-O-BENZYLIDEN-D-GLUCOPYRANOSYL)-P-ANISIDIN U. -P-AMINO-AZOBENZOL MIT NATRIUM-METAPERJODAT 53-0183
FICINI J., RK. V. INAMINEN MIT P-BENZOCHINON U. N-PHENYL-P-BENZOCHINON-IMIN 59-0266
FIECCHI A., BIS-(METHYLMERCAPTO)-METHAN, EIN AROMASTOFF D. WEISSEN TRUEFFEL, TUBER MAGNATUM PICO 57-0137
- NOMENKLATUR D. OPHIOBOLINE 61-0141
- BIOSYNTH. V. OPHIOBOLINEN 61-0563
FIELDS E. K., EIN NEUER MECHANISMUS FUER D. PYROLYSE V. ACETYLEN ZU AROMAT. KOHLENWASSERSTOFFEN 54-0119
- RK. V. NITROMETHAN MIT BENZOL BEI 500 GRAD 59-0112
FIELDS R., RK. V. TRIFLUORMETHYLCARBEN MIT CIS- U. TRANS-BUTEN-(2) 61-0244
FIESSER H., NATUERL. GERBSTOFFE 38. MITT. 61-0470
- NATUERL. GERBSTOFFE 40. MITT. 61-0472
FIGEYS H. P., PROTONENKERNMAGNET. RESONANZSPEKTROSKOP. UNTER. AROMAT. KOHLENWASSERSTOFFE, INDUZIERTER PARAMAGNET. RINGSTROM IM VIERRING V. BIPHENYLEN U. VERWANDTEN KOHLENWASSERSTOFFEN 59-0062
FIGEYS M., LCAO-UNTERS. D. RK.-MECHANISMUS D. HYDRODIMERISIER. AKT. OLEFINE 59-0155
FILD M., DARST. U. EIG. V. FLUORCARBONYLISOCYANAT FCONCO U. DIFLUORPHOSPHORYLISOCYANAT F2PONCO 56-0008
FILIP J., NUCLEINSAEUREBESTANDTEILE U. IHRE ANALOGEN 88. MITT. 54-0363
FILIRA F., REAKTIVITAET CHARAKTERIST. GRUPPEN IN NICHTAROMAT. HETEROCYCLEN 4. MITT. 61-0327
FINAR I. L., DARST. U. EIG. EINIGER PYRAZOLYLKETONE 61-0382
FINDLAY J. A., STRUKTUR V. RYANODIN 53-0248
FINGER C., EINFACHE DARST. V. 1.1-DIHALOGEN-CYCLOPROPANEN 59-0236
FINK G., 2.5-DIPHENYL-3.4-BIS-(PYRIDYL-(2))-CYCLOPENTADIENON U. SEINE UMSETZ. MIT DIAZOALKANEN 58-0400
FINK W., CHEMIE D. SI-N-BIND. 10. MITT. 58-0358
- CHEMIE D. SI-N-BIND. 11.MITT. 58-0359
FINKEL'STEJN A. I., UMWANDL. V. CYANGUANYLHARNSTOFF IN ALKAL. U. SAUREN LSG., 1.3-DICARBAMID-GUANIDIN 57-0348
FINZI P. V., MEHRKERN. ISOXAZOLE 1. MITT. 54-0353
- MEHRKERN. ISOXAZOLE 2. MITT. 54-0354
- MEHRKERN. ISOXAZOLE 3. MITT. 54-0355
FIRESTONE R. A., SYNTH. V. PYRIDOXIN DURCH DIELS-ALDER-RK. V. 4-METHYL-5-ALKOXY-OXAZOLEN 54-0452
- RED. V. ESTERN MIT ''HMGBR'' 60-0385
FIRTH R. A., METALL-LIGAND-WECHSELWRKG. IN KOBALT(III)-KOMPLEXEN, D. SICH V. VITAMIN B12 ABLEITEN 59-0034
FISCHER A., RK. V. 5ALPHA-HYDROXYSTEROIDEN 7. MITT. 53-0224
- SAEUREKATALYSIERTE RK. V. ALKOHOLEN IN ACETANHYDRID 57-0096
FISCHER E. O., AROMATENKOMPLEXE V. METALLEN 97.MITT. 55-0019
- RK. V. OXEPINDERIV. MIT EISENPENTACARBONYL 59-0029
- UEBERGANGSMETALL-CARBEN-KOMPLEXE 2. MITT. 60-0028
- STRUKTUR V. HYDRIDOTETRACYCLOPENTADIENYLTRIRHODIUM 61-0008
FISCHER G., IR-SPEKTROSKOP. UNTERS. U. STEREOCHEMIE U. ENERGIEUEBERTRAG. IN INTRAMOL. WASSERSTOFFBRUECKEN SUBSTITUIERTER PHENYLGLYOXYLSAEUREN, ZUR THEORIE D. ALPHA-KETOSAEUREN, 15.MITT. 54-0060
- UEBER D. DARST. D. 4-STYRYL-AZULENS U. EINIGER SUBSTITUIERTER ANALOGA 54-0264
FISCHER G. W., SYNTH., TOXIZITAET U. CHOLINESTERASE-HEMMWRKG. V. N-METHYL-PYRIDINIUM-2-ALDOXIM-SALZEN INSEKTIZIDER PHOSPHORSAEUREESTER 58-0542
FISCHER H., ZUR KONJUGAT. IN MAKROCYCL. BINDUNGSSYST. SCF-MO-BERECHN. D. BIND.-ABSTAENDE IN MAKROCYCL. BIND.-SYST. 53-0028
- D. PARTIELLE BIRCH-RED. V. 1-BENZYL-ISOCHINOLIN-DERIV. 53-0163
- QUANTENCHEM. BERECHN. ALS BEITRAG ZUR KONSTIT.-AUFKLAER. KONDENSIERTER AZULENSYST. 54-0020
- WECHSELWRKG. ORTHOGONALER PI-ELEKTRONENSYST. BEI KUMULENEN 1. MITT. 55-0055
- WECHSELWRKG. ORTHOGONALER PI-ELEKTRONENSYST. BEI KUMULENEN 1. MITT. 55-0055
- HETARINE 7. MITT. 60-0137
- HETARINE 8. MITT. 60-0138
FISCHER J., ANTIGENE MIT NUCLEOSID-DETERMINANTEN 2. MITT. 60-0434
FISCHER M., DELTA(3)-DIHYDROMETATHIAZINE 57-0344
FISCHER N. H., NEUE PSEUDOGUAJANOLIDE AUS AMBROSIA CONFERTIFLORA DC. (COMPOSITAE) 59-0453
FISCHER P. B., NUKLEOPHILE AROMAT. SUBSTITUT.-RK. 8. MITT. 57-0034
FISCHER P. H. H., VERDAZYLE 12. MITT. 57-0052
FISCHER W., 1.2-DIAZETIDINE. 2. MITT. 53-0123
- 1.2-DIAZETIDINE 4.MITT. 61-0340
FISCHMEISTER I., INFRAROTSPEKTREN SAEMTL. STELL.-ISOMERER MONOHYDROXY- U. MONOKETOOCTADECANSAEUREN U. DEREN METHYLESTER 2. MITT. 56-0039
FISHER J. F., NEUES CUMARIN AUS GRAPEFRUCHTSCHALENOEL 59-0346
FISHMAN J., SYNTH. V. OESTRATRIEN-(1.3.5,10)-TETRAOL-(3.15ALPHA.16ALPHA.17BETA), EINEM NEUEN METABOLITEN D. OESTRADIOLS 60-0486
FISHMAN M., SYNTH. IN D. LYCOPODIUM-ALKALOID-REIHE 4. MITT. 56-0432
FISILIVIC E. J., DARST. V. ALPHA-BROM-MERCURI-AETHYL-BENZOL U. SEINE SPALT. IN ANTIPODEN 59-0021
FITTON A. O., SYNTH. U. ZERS. V. THIOCARBAMOYLMERCAPTOME-THYL-PHENOLEN 56-0206
FITZGERALD B. M., CYCLISIERUNGSPHASE D. FISCHERSCHEN INDOLSYNTH., STRUKTUR U. BEDEUT. V. PLIENINGERS ZWISCHENPROD. 57-0256
FITZGERALD J. A., CYCLISIERUNGSPHASE D. FISCHERSCHEN INDOLSYNTH., STRUKTUR U. BEDEUT. V. PLIENINGERS ZWISCHENPROD. 57-0256
FLAMENT I., AROMEN 13. MITT. 55-0414
- AROMEN 14.MITT. 55-0415
FLAMMANG-BARBIEUX M., SYNTH. AUF D. GEBIET D. POLYCYCL. AROMAT. VERB. 24. MITT. 55-0198
FLAMME W., DIPOLMESS. U. SPEKTROSKOP. UNTERS. AN ALPHA,ALPHA'-DIHALOGEN-CYCLOHEPTANONEN U. -OCTANONEN 57-0063

FLANAGAN P. J., EIN UNGEWOEHNL. AROMAT. SECO-STEROID 57-0396
FLEET B., QUANT. BEHANDL. V. SUBSTITUENTENEFFEKTEN IN D. POLAROGRAPHIE 5. MITT. 60-0106
FLEISCHER E. B., RHODIUM- U. IRID'UM-PORPHYRINE 56-0029
- MOLEKULARSTRUKTUR V. FUENF- U. SECHSGLIEDRIGEN CYCL. SULFONATEN 56-0090
- MOLEKULARSTRUKTUR V. ZWEISAEURIGEM ALPHA.BETA.GAMMA.-DELTA-TETRAPYRIDYL-(4)-PORPHIN U. ALPHA.BETA.GAMMA.-DELTA-TETRAPHENYLORPHIN 58-0069
FLEMING I., ENAMINE 2. MITT. 54-0332
- NMR-SPEKTREN V. VIERGLIEDRIGEN CARBOCYCL. RINGSYST. 59-0057
FLENTJE H., NOTIZ ZUR ABS. KONFIG. D. NUDAURINS 60-0444
FLEURY D., ENDIOL-KETOL-TAUTOMERIE V. DIHYDROXYFUMARSAEURE U. DEREN EINFL. AUF D. DECARBOXYLIER. 60-0102
- EINW. V. DERIV. D. TYPS R-NH-NH2 AUF DIHYDROXYFUMARSAEURE 61-0128
FLEURY J., HETEROCYCLISIER. V. ALPHA-ACYLAMINO-NITRILEN 1.MITT. 55-0161
- RED. V. BENZYLIDENMALONSAEUREDIAETHYLESTER DURCH LIALH4 58-0230
FLEURY J. P., NEUER TYP STABILER YLIDE, TRIALKYLAMMONIOAZO-DICYAN-METHYLIDE 54-0170
FLEURY M., UNTERS. D. HEMIMERCAPTALS HOCO-CH(SH)-S-CH2-COOH 56-0186
- ENDIOL-KETOL-TAUTOMERIE V. DIHYDROXYFUMARSAEURE U. DEREN EINFL. AUF D. DECARBOXYLIER. 60-0102
- EINW. V. DERIV. D. TYPS R-NH-NH2 AUF DIHYDROXYFUMARSAEURE 61-0128
FLIKWEERT J. P., AMINOSAEURESEQUENZUNTERS. IN PEPTIDEN DURCH MASSENSPEKTROMETRIE, VERW. V. TRIDEUTEROMETHYLESTERN 56-0066
FLORA T., THERM. ZERS. V. ZIRAM U. ZINEB 54-0168
FLORENTIEV V. L., SYNTH. V. 2-NORPYRIDOXAL-5'-PHOSPHAT 57-0320
FLOWERDAY P., NEUARTIGE, D. ACEPLEIADYLEN VERWANDTE, HETEROAROMAT. VERB. 59-0390
FLOWERS W. T., SYNTH. U. RK. V. PENTACHLORPYRIDIN 59-0365
FLOYD A. J., HUMINSAEURE 2. MITT. 56-0482
- HUMINSAEUREN 1. MITT. 57-0040
FOA M., STEREOSPEZIF. CHARAKTER D. CYCLISIERENDEN CARBONYLIER. V. ALLYLHALOGENIDEN 53-0063
FOCHI R., HETEROAROMAT. KATIONEN 7.MITT. 57-0084
- HETEROAROMAT. KATIONEN 8. MITT. 57-0305
FODOR G., OPT. DREH.-VERMOEGEN U. KONFORM. 3. MITT. 59-0043
FODOR P., EINW. V. SCHWEFELWASSERSTOFF AUF AMIDINE, DARST. V. PRIM. THIOAMIDEN 58-0192
FOEHLISCH B., ALKYLIER. AKTIVIERTER AROMATEN DURCH CYCLOPROPENYLIUMSALZE 55-0192
- CYCLOPROPENYLIUMSALZE U. CHINOCYCLOPROPENE 55-0193
- CHEMIE CYCL. PI-ELEKTRONEN-SYST. 3. MITT. 60-0250
FOLLMANN H., SYNTH. V. DINUCLEOSIDPHOSPHATEN UNTER VERW. UNGESCHUETZTER NUCLEOSIDE 58-0431
FONTAINE G., HYDROXYLIER. V. 2H-BENZOPYRANEN 54-0330
FONTAINE L., NAPHTHYLSUBSTITUIERTE AMINOTHIOAETHER 57-0223
FONTANA A., PEPTIDE D. KYNURENINS 57-0409
FOOKS A. G., EINW. V. HNO2 AUF N.N.N'.N'-TETRAMETHYL-P-PHENYLENDIAMIN 59-0224
FOOTE C. S., STRUKTUR U. STEREOCHEMIE D. KETOSAEUREN, D. SICH V. MENTHOFURAN-PHOTOPEROXID ABLEITEN 59-0253
- PHOTOSENSIBILISIERTE OX. V. ALKYLSUBSTITUIERTEN FURANEN 59-0299
FORAITA H. G., SYNTH. V. HETEROCYCLEN 92. MITT. 56-0343
FORBES E. J., PHOTOCHEM. UMLAGER. V. TROPOLONEN 3. MITT. 57-0255
- NEUES LSGM.-SYST. FUER PHOTOOXYDATIONEN 59-0156
FORCELLESE M. L., UMWANDL. D. PYRROLENINS V. PLANCHER DURCH EINW. V. BASEN 1. MITT. 56-0333
- PLANCHER-UMLAGER. V. PYRROLENINEN DURCH BASEN 2. MITT. 59-0315
FORCHIASSIN M., VINYLAMINE 7. MITT. 55-0314
FORCHIONI A., BLDG. FREIER RADIKALE DURCH RK. V. AKTIVEM STICKSTOFF MIT ORGAN. VERB. BEI 77 GRAD K 56-0117
- RADIKALE, D. DURCH GAMMA-BESTRAHL. V. PYRIDIN U. DIAZINEN IN AETHANOL BEI 77 GRAD K UNTER WASSERSTOFF-ADDIT. ENTSTEHEN 58-0152
FORD D. N., (1)H-KERNMAGNET. RESONANZSPEKTREN V. METHYLQUECKSILBER-VERB. 61-0004
FORD P. W., EINFACHE PYRIMIDINE 10.MITT. 57-0334
- PURINE 5. MITT. 61-0445
FOREL M., ZUORDN. D. SKELETTSCHWING. D. CYCLOPENTANONS 57-0021
FOREMAN M. I., WECHSELWRKG. V. ELEKTRONENAKZEPTOREN MIT BASEN 21. MITT. 53-0020
FORRESTER A. R., STABILITAET V. ARYL-TERT.-BUTYL-STICKSTOFFOXIDEN 61-0054
FORREY J., METHYLIER. D. HYDROXYLGRUPPEN D. BITTERSTOFFE V. SIMARUBACEEN MIT DIAZOMETHAN 59-0497
FORS E. B., RK. V. METHYLLINOLEATDIOXID MIT EISESSIG 58-0367
FORSEN S., SPEKTROSKOP. UNTERS. AN ENOLEN 8. MITT. 60-0244
FORT G., BASEN-KATALYSIERTE RK. D. GLYOXALS 1.MITT. 56-0398
FORT R. C. JUN., SCHWACHE MOL.-WECHSELWRKG. 1. MITT. 61-0046
FOSS F. D., ALKOHOLYSE-MECHANISMUS 3. ORDN. V. SAEURECHLORIDEN IN APROT. LSGM. 60-0126
FOSTER G. H., SPALT. V. HEXAHYDRO-INDOLPYRROCOLIN ZU NEUNGLIEDR. RINGSYST. 54-0377
FOSTER R., WECHSELWRKG. V. ELEKTRONENAKZEPTOREN MIT BASEN 21. MITT. 53-0020
FOSTER R. G., KERNMAGNET. RESONANZSPEKTREN V. 5-SUBSTITUIERTEN BICYCLO(2.2.1)HEPTENEN-(2) 57-0029
- GAS-PHASEN-RK. V. SCHWEFEL MIT AMINEN U. VERWANDTEN VERB., NEUE SYNTH. V. THIAZOLEN 57-0290
FOSTER T., DARST. U. EIG. EINIGER PYRAZOLYLKETONE 61-0382
FOULCHER C., BASIZITAET EINIGER AMINONITRILE U. ISOLOGER AMINOAMIDOXIME 57-0086
FOUR P., UNTERS. D. DURCH ADDIT. V. BENZOL AN UNGESAETT. ALIPHAT. VERB. IN GGW. V. ALCL3 ERHALTENEN ISOMEREN 56-0221
FOURNARI P., POLAROGRAPH. UNTERS. D. N-NITRAMINE 2. MITT. 57-0089
- POLAROGRAPH. VERH. V. SUBSTITUIERTEN MONOHALOGENTHIOPHENEN 59-0109
FOURNIE R., IR-UNTERS. V. KONDENSATORPAPIER, VERW. EINER HEIZBAREN ZELLE 58-0042
FOURNIER C., DARST. V. SPIROVERB. V. HOMOPHTHALIMIDDERIV. 54-0338
FOURNIER M., KATALYT. DEHYDRATAT. V. GAMMA-UNGESAETT. SEK. ALKOHOLEN 61-0150
FOWLER F. W., STEREOCHEMIE, 28. MITT. 56-0317
FOX M. F., ANWEND. V. SPEKTROSKOP. U. RELAXAT.-TECHNIKEN ZUR UNTERS. V. TERT.-BUTYLALKOHOL-WASSER-GEMISCHEN 57-0073
FOXTON M. W., ADDIT.-RK. HETEROCYCL. VERB. 26.MITT. 58-0338
FOY P., EINFLUSS D. STEREOISOMERIE AUF D. FRAGMENTIER. BEI D. MASSENSPEKTROMETRIE 3. MITT. 58-0064
FRAINNET E., RK. V. TRIALKYLSILANEN MIT CARBONSAEURECHLORIDEN 60-0203
FRANC Z., SUBSTANZEN MIT ANTINEOPLAST. WIRKSAMK. 15. MITT. 56-0495
FRANCE C. J., RK. V. CHROMENEN U. NAPHTHOPYRANEN MIT BROM U. CHLOR 5. MITT. 61-0416
FRANCIS R. J., STEREOCHEM. UNTERS. ZUR BIOSYNTH. V. NARCOTIN, PROTOPIN U. CHELIDONIN 60-0443
FRANCK H., KONDENSATIONSPROD. AUS PHENANTHREN 55-0203
FRANCK R. W., NEUES ERGEBNIS EINER PERI-WECHSELWRKG. 58-0138
FRANCOIS, DERIV. D. (+-)-CIS-PINSAEURE 2. MITT. 56-0266
- DERIV. D. (+-)-CIS-PINSAEURE 3. MITT. 56-0267
FRANCOIS H., DERIV. D. (+-)-CIS-PINSAEURE 1. MITT. 56-0265
FRANCOIS P., KONSTIT. V. IPECOSID, EIN MONOTERPENOIDES ISOCHINOLIN 56-0444
FRANCOVA V., SUBSTANZEN MIT ANTINEOPLAST. WIRKSAMK. 15. MITT. 56-0495
FRANGOPOL M., UNTERS. D. REVERSIBILITAET V. FRIEDEL-CRAFTS-C-ACETYLIER. MIT HILFE V. MARKIERTEM (14)C 54-0093
FRANGOPOL P. T., UNTERS. D. REVERSIBILITAET V. FRIEDEL-CRAFTS-C-ACETYLIER. MIT HILFE V. MARKIERTEM (14)C 54-0093
FRANK D., FRAGMENTIER.-RK. AN CARBONYLVERB. MIT BETA-STAEND. ELEKTRONEGATIVEN SUBSTITUENTEN 4.MITT. 55-0207
- FRAGMENTIER.-RK. AN CARBONYLVERB. MIT BETA-STAEND. ELEKTRONEGATIVEN SUBSTITUENTEN 3.MITT. 55-0217
FRANK F., UMLAGER. VINYLOGER CARBONSAEURECHLORIDE 5. MITT. 61-0130
FRANKE H., SUBSTITUT. AM AZULEN 1. MITT. 60-0276
- SUBSTITUT. AM AZULEN 2.MITT. 60-0277
FRANKE W. H., INNERMOL. UMLAGER. V. ANELLIERTEN CARBAZOLEN 61-0364
FRANKEL M., CYCLISIER.-RK. V. N-CARBAMOYL- U. N-ACYL-DERIV. D. DLHOMOSERINS 55-0240
- SYNTH. AKTIVIERTER ESTER V. N-GESCHUETZTEN AMINOSAEUREN 57-0160
- POLYHEXAMETHYLENCARBODIIMID, EIN UNLOESL. KONDENS.-REAGENS IN D. PEPTIDSYNTH. 61-0176
- SYNTH. V. DL-P-TRIMETHYLSILYL-PHENYLALANIN ENTHALTENDEN DIPEPTIDEN 61-0551
FRANKEN W., UMLAGER. ORGAN. ANIONEN 6. MITT. 58-0140
FRANKENFELD E., BLDG. U. UMWANDL. V. ESTERN 73. MITT. 57-0103
FRANKLIN N. C., DARST. V. CIS- U. TRANS-2-ALKYL-N.N-DIMETHYL-CYCLOHEXYLAMINEN 58-0263
FRANZ C. A., (19)F-NMR V. EINIGEN FLUORCHINOLINEN 58-0049
FRANZ M., UEBER SILICIUMORGAN. VERB. 31. MITT. 61-0376
FRANZEN V., UMSETZ. V. ACETYLENEN MIT DEHYDROBENZOL 58-0288
FRAPPIER F., STEROIDALKALOIDE, UMLAGER. D. 3-AMINO-DELTA(5)-STEROID-GERUESTES IN SAUREM MEDIUM, ENTSTEH. V. DERIV. D. A-NOR-D-HOMO-ANDROSTANS 59-0480
FRASER G. M., NICHTUMGELAGERTE U. ANDERE SOLVOLYSE-PROD. V. NEOPENTYL-P-TOLUOLSULFONAT 60-0122
FRASER R. N., TRAGACANTH-GUMMI 3. MITT. 58-0518
FRATER G., UEBER D. PHOTOCHEM. CYCLISIER. V. 2-ALLYLPHENOLEN 7. MITT. UEBER PHOTORK. V. HETEROCYCLEN 54-0334
FRAY G. I., PHOTOLYSE IN FLUESSIGER PHASE 11. MITT. 55-0106
- 9.10.11.12-TETRAPHENYL-TETRACYCLO(6.4.0.0(4,12).-0(5,9-))DODECEN-(10) 60-0284

FREEMAN H. C., SELEKTIVE SPALT. V. PEPTIDEN DURCH ALKALI IN GGW. V. UEBERGANGSMETALLIONEN 56-0477
- ABS. KONFIG. U. STEREOSPEZIFITAET D. (SARKOSINATO-BIS-(AETHYLENDIAMIN)-KOBALT(III))-IONS 58-0002
FREEMAN P. K., D. TETRACYCLO(4.3.0.0(2,4).0(3,7))NONYL-(8)-CARBONIUM-ION 54-0077
FREI V., KOORDINAT.-VERB. V. ORGAN. OXOSUBSTANZEN 27. MITT. 59-0022
FREIBERG J., ALPHA-HALOGENAETHER 29.MITT. 57-0158
FREIBERG W., 1.2.4-TRIAZOLE 16. MITT. 58-0051
FREITAG D., SYNTH. V. 1.2.3.4-TETRAPHENYL-5.6-BENZO-PENTALEN 61-0298
FREITAG H., D. GLYKOSIDE D. BLAETTER V. ISOPLEXIS ISOBELLIANA (WEBB) MASF 3. MITT. 60-0510
FREJMANIS J. M., BERECHN. NACH D. LCAO-MOH-METH. V. KONJUGIERTEN ENAMINEN, ELEKTRONENSPEKTREN V. EINFACHEN BETA-AMINOVINYLCARBONYL-SYST. 60-0074
FRENKEL Z., THIAZOLE 16. MITT. 60-0347
FRENZEL H., GLYKOSIDE V. HETEROCYCLEN 18. MITT. 59-0425
- GLYKOSIDE V. HETEROCYCLEN 19.MITT. 59-0426
- GLYKOSIDE V. HETEROCYCLEN 21. MITT. 61-0475
FREON P., RK.-VERMOEGEN V. ORGANOZINKVERB. 55-0005
- REAKTIVITAET V. ZINK- U. CADMIUMDIALLYL 57-0131
- RK. V. ORGANOMAGNESIUM- U. -CADMIUM-VERB. MIT EPOXIDEN 58-0221
FRETER K., NEUE INDOLO(3.2-E)(2)BENZAZONINE AUS TETRAHYDRO-13H-ISOINDOLO(1.2-A)-BETA-CARBOLINEN 59-0408
FREUDENBERG K., UMWANDL. D. PHENYLALANINS IN LIGNIN-BILDENDE GLUCOSIDE 58-0534
FREUDENBERGER V., CYCL., GEKREUZT-KONJUGIERTE BIND.-SYST. 13.MITT. 58-0052
FREY H. M., UMLAGER. V. CYCLOPROPYLCARBENEN 61-0236
FREY V., METALLCARBONYLE 156. MITT. 59-0038
FRIC I., AMINOSAEUREN U. PEPTIDE 67. MITT. 55-0021
FRID T. J., MECHANISMUS D. SMILES-UMLAGER. V. O-METHYL-DIARYLSULFONEN, STABILISIER. D. URSPRUENGL. GEBILDETEN CARBANIONS 56-0025
FRIDRICHSONS J., MOLEKULARSTRUKTUR V. HODGKINSIN, C33H38N6 61-0495
FRIED J., UMLAGER. D. 32-OXY-LANOSTANE 55-0387
FRIED J. H., STEROIDE 307. MITT. 54-0433
- STEROIDE 312. MITT. 61-0542
FRIEDMANN G., ANW. ZUR ANWEND. V. METALL. LITHIUM IN FORM EINER EMULS. IN VASELINE 56-0492
- BEST. D. FEINSTRUKTUR V. POLYPENTADIENEN-(1.3) DURCH IR- U. NMR-SPEKTROSKOPIE 1. MITT. 56-0493
- POLYMERISAT. V. PENTADIEN-(1.3) IN GGW. V. ALKALIMETALLEN IM HEXAMETAPOL-MILIEU 58-0512
- POLYMERISAT. D. PENTADIEN-(1.3) IN GGW. V. ALKALIMETALLEN 2. MITT. 61-0559
FRIEDRICH F., ORGAN. RHODANVERB. 27. MITT. 61-0212
FRIEDRICH K., 2.4-DICYAN- U. 2.4.6-TRICYAN-FLUORBENZOL 55-0158
- 1.3.5-TRICHLOR-2.4.6-TRICYAN-BENZOL U. 1.3.5-TRIFLUOR-2.4.6-TRICYAN-BENZOL 57-0177
FRIEDRICH L. E., CYCLOPROPYLCARBINYL-UMLAGER. IN D. THUJOPSEN-REIHE 57-0114
FRIEDRICH W., AUFBAURK. MIT BETA.BETA-DIALKYL-ACRYLSAEUREESTERN 54-0333
FRIEDRICHSEN W., D. PARTIELLE BIRCH-RED. V. 1-BENZYL-ISOCHINOLIN-DERIV. 53-0163
- CYCLISIER. V. OCTAHYDRO-ISOCHINOLINDERIV. DURCH MORPHINAN-RINGSCHLUSS, SYNTH. D. DIHYDROTHEBAINONS 58-0391
FRITZ P. W., B-N-VERB. 28.MITT. 59-0202
FRITZSCHE H., STICKSTOFFLOST-DERIV. DURCH RK. V. N.N-BIS-(BETA-CHLOR-AETHYL)-P-TRICYANVINYL-ANILIN MIT NATRIUMSALZEN V. OH-, NH-, PH- U. SH-ACIDEN VERB. 61-0214
FROEHLICH J., ZUR STRUKTUR D. ALKALIPROD. AUS N-PHENACYL-ISOCHINOLINIUMSALZEN 61-0443
FROMAGEOT H. P. M., SYNTH. V. OLIGORIBONUCLEOTIDEN 3. MITT. 59-0423
FROSTELL R., ABS. KONFIG. V. CAMPHER U. CAMPHERDERIV. 60-0093
- CHELATBLDG. V. INOSIT MIT OXYSAEUREN 60-0100
FRUCHIER A., UNTERS. UEBER AZOLE 23. MITT. 61-0344
FRUMKIS H., VERW. V. 2-METHYL-2-CARBOXYMETHYL-3-OXO-CYCLOPENTANCARBONSAEURE-DERIV. BEI STEROIDSYNTH. 61-0537
FRYDRYCH R., DARST. D. HEXAJODATOPLUMBATE(IV) ME2(PB(JO3)6) U. ME(PB(JO3)6) 56-0019
FRYER R. I., CHINAZOLINE U. 1.4-BENZODIAZEPINE 32.MITT. 55-0320
FUCHS E., HETEROCYCLEN 15. MITT. 54-0356
FUCHS F., DARST. LANGKETTIGER CARBONSAEUREN UNTER VERW. V. VINYL-(OMEGA-ALKOXYCARBONYL-ALKYL)-KETONEN 4. MITT. 58-0201
FUCHS J., HYDROLYSE AMPHOTERER METALLALKOXIDE 8.MITT. 60-0026
FUCHS R., STEREOCHEMIE D. ADDITION V. PHENYLDIIMID AN PHENYLACETYLEN 59-0259
- N-CYAN-IMIDOKOHLENSAEURE-DIAETHYLESTER U. O-AETHYL-N-CYAN-ISOHARNSTOFFE 61-0168
FUCHSBERGER K., AUFTRENN. ORGAN. BASEN DURCH CRAIG-VERTEIL. 7.MITT. 55-0091
FUERST A., OPT. ROTAT.-DISPERS. U. KONFIG. BEI CARDENOLIDEN 55-0022
- 9BETA.10ALPHA-STEROIDE 3. MITT. 60-0484
FUERST W., OX.-PROD. D. 7-DEHYDROCHOLESTERINS 1. MITT. 55-0381
- OX.-PROD. D. ERGOSTERINS 3. MITT. 55-0425
- OX.-PROD. D. ERGOSTERINS 4.MITT. 58-0523
- OX.-PROD. D. ERGOSTERINS 5.MITT. 58-0524
FUGANTI C., STRUKTUR V. ATRACTYLOSID 61-0474
FUHRHOP J., ZUR WEITEREN KENNTNIS D. CHLOROPHYLLS U. D. HAEMINS 7. MITT. UEBER MESO-OXO-PORPHINOGENE 53-0130
FUJI K., MONOTERPENGLUCOSIDE 5. MITT. 59-0091
FUJISE Y., PENTACYCLO(7.5.0.0(2.7).0(5.13).0(6.12))TETRA-DECADIEN-(3.10)-ON-(8) 55-0212
FUJITA E., STRUKTUR U. STEREOCHEMIE V. TRICHOKAURIN, EINEM NEUEN DITERPENOID AUS ISODON TRICHOCARPUS KUDO 56-0439
- ORIDONIN, EIN NEUES DITERPENOID AUS ISODONARTEN 57-0379
- ACYLOINKONDENS. MIT GAMMA-LACTONESTERN 57-0380
- STEREOCHEMIE D. ACETOXY-GRUPPE AN C-15 V. TRICHOKAURIN 59-0461
- CHEM. UMWANDL. V. TRICHOKAURIN IN (-)-KAUREN, ATISIN, GARRYIN U. VEATCHIN 59-0462
FUJITA S., PHOTOCHEM. RK. V. AZIDOAMEISENSAEURE-AETHYLESTER MIT CYCL. AETHERN U. ACETALEN 53-0120
FUJITA T., STRUKTUR U. STEREOCHEMIE V. TRICHOKAURIN, EINEM NEUEN DITERPENOID AUS ISODON TRICHOCARPUS KUDO 56-0439
- ORIDONIN, EIN NEUES DITERPENOID AUS ISODONARTEN 57-0379
- ACYLOINKONDENS. MIT GAMMA-LACTONESTERN 57-0380
- DIPOLMOMENTE V. SUBSTITUIERTEN 1-NAPHTHOESAEUREN U. METHYL-1-NAPHTHOATEN 59-0046
- STEREOCHEMIE D. ACETOXY-GRUPPE AN C-15 V. TRICHOKAURIN 59-0461
- CHEM. UMWANDL. V. TRICHOKAURIN IN (-)-KAUREN, ATISIN, GARRYIN U. VEATCHIN 59-0462
FUJITANI K., SYNTH. V. DL-CEPHARANTHIN 56-0427
FUJIWARA Y., AROMAT. SUBSTITUTION D. STYROL-PALLADIUMCHLORIDKOMPLEXES 55-0181
FUKUMARU T., TERPENOIDE 59. MITT. 53-0033
FUKUMOTO K., BIOGENET. SYNTH. V. CULARIN-TYP-VERB. 60-0442
FUKUSHIMA S., ENDGUELTIGE ZUORDNUNG DER GESAETTIGTEN KOHLENWASSERSTOFFE, DIE SICH VON HYDROXYHOPANON, DIPLOPTEN, ZEORIN UND DUSTANIN ABLEITEN 53-0208
FUKUYAMA M., PHOTOCYCLOADDIT. V. THIOBENZOPHENON AN OLEFINEN 58-0401
FUKUYAMA S., RK. V. ALPHA-KETO-SULFIDEN MIT TRIAETHYLPHOSPHIT 59-0215
FULLER M. W., STRUKTUR V. A1-BARRIGENOL U. R1-BARRIGENOL 56-0459
FUNASAKA W., SYNTH. U. EINIGE RK. V. 7-HALOGEN- U. 7.7-DIHALOGENNORCARANEN 55-0213
- RINGERWEITER. V. 7-HALOGEN- U. 7.7-DIHALOGEN-2-OXANORCARANEN IN CHINOLIN 60-0414
FUNG B. M., KERNMAGNET. DOPPELRESONANZ-UNTERS. BEI CHEM. AUSTAUSCH, EFFEKT D. SPIN-SPIN-KOPPL. 57-0028
FUNKE E., CYCLOADDIT. MESOION. OXAZOL-5-ONE AN EINIGE HETEROMEHRFACHBIND. 58-0302
FURNISS B. S., PARTIELL FLUORIERTE HETEROCYCL. VERB. 3.MITT. 58-0305
FURTH B., MECHANISMEN D. KONDENS. ALPHA,BETA- UNGESAETT. KETONE IN BAS. MILIEU, KONDENS. D. PENTEN-3-ON-(2), GEMISCHTE KONDENS. V. MESITYLOXID U. BENZYLIDENACETON ODER FURFURYLIDENACETON 56-0264
- STEREOSPEZIFITAET D. RED. V. BENZYLIDENACETON 57-0186
- CHEM. RK. IN D. REIHE D. TRICYCLO(7.3.1.0(2,7))-DELTA(2,7)-TRIDECENOLE-(1) 57-0241
- DIMERISIER. SUBSTITUIERTER CYCLOHEXEN-(2)-ONE-(1) 58-0126
- MASSENSPEKTROMETRIE 1. MITT. 60-0061
FURUKAWA N., SULFOXIDE 15. MITT. 56-0132
FUSCO R., OEFFN. D. PYRAZOL-RINGES DURCH BASEN 2. MITT. 57-0283
- RK. V. HYDRAZONHALOGENIDEN MIT PYRIDIN, CHINOLIN U. ISOCHINOLIN 61-0426
FUTAKI R., TRACERUNTERS. D. MECHANISMUS D. DIENON-PHENOL-UMLAGER. MIT MINERALSAEUREN 59-0145
FYFE C. A., WECHSELWRKG. V. ELEKTRONENAKZEPTOREN MIT BASEN 21. MITT. 53-0020

G

GAASBEEK C. J., CHEMIE U. SPEKTROSKOPIE IN STARK SAUREN LSG., REVERSIBLE RK. ZWISCHEN ALIPHAT. CARBONIUMIONEN U. H 61-0097
GABALI E. N., SOLVOLYSE V. TOLUOLSULFONSAEUREESTERN 27. MITT. 61-0515
GABARD J., STEREOCHEMIE EINIGER CAMPHANDERIV. 54-0418
GABORIAUD R., EINIGE EIG. V. WASSER-AMIN-GEMISCHEN 54-0084
- ACIDITAETSKONSTANTEN IN GEMISCHEN AUS WASSER U. AMINEN ODER ESSIGSAEUREN 56-0104
GACKOVSKIJ V. F., BENZALAZIN U. SEINE DERIV. 3. MITT. 60-0041
GADEKAR K. N., SYNTH. V. POTENTIELLEN ANTIKREBSMITTELN 1. MITT. 59-0311
- SYNTH. V. POTENTIELLEN ANTIKREBSMITTELN 2. MITT. 59-0312

GADELLE C., RADIKAL. OX. AROMAT. KOHLENWASSERSTOFFE IN FL. PHASE 57-0092
GADZIZADE F. S., AETHER U. IHRE DERIV. 119. MITT. 60-0231
GAERTNER V. R., UNTER RINGOEFFN. VERLAUFENDE ALKYLIER. U. GLEICHGEW. MIT IN 3-STELL. SUBSTITUIERTEN 1.1-DIAETHYL-AZETIDINIUM-KATIONEN 54-0284
- ALKYL-2.3-EPOXYPROPYLAMINE, CYCLODIMERISIER. U. ACHTRINGSCHLUSS 59-0407
GAFFIELD W., ROTATIONSDISPERSION-UNTERSUCHUNGEN. 5. MITT. 53-0011
GAFT S. I., DERIV. D. BETA-HYDRAZINO-PROPIONSAEURE 57-0284
GAGIU F., NEUE VERB. MIT MOEGL. CYTOSTAT. WIRKSAMK., HALOGEN-ACETYLDERIV. V. 2-AMINO-5-ALKYL-1.3.4-THIADIAZOLE 56-0356
- SYNTH. V. NEUEN C-5 SUBSTITUIERTEN 2-ALLYL-AMINO-1.3.4-THIADIAZOLEN, VERB. MIT EVENTUELLER CYTOSTAT. WKRG. 61-0394
GAGNAIRE D., EINFL. D. RAEUML. LAGE D. FREIEN ELEKTRONENPAARS D. PHOSPHORS AUF D. PHOSPHOR-PROTON-KOPPL.-KONST. EINES P-O-C-H-FRAGMENTS 60-0053
GAGNEUX A. R., PHOTORK. V. N-HETEROCYCLEN 6. MITT. 54-0315
GAIFFE A., DURCH METALLHALT. ORGAN. VERB. KATALYSIERTE OX. U. AUTOX. V. MYRCEN, ALPHA-PINEN, BETA-PINEN U. ALPHA-PHELLANDREN MIT SAUERSTOFF 57-0392
- RED. V. CYANAETHERN ZU D. ENTSPRECHENDEN AMINOAETHERN 58-0210
GAIGE R., KONFIG.-BEST. ADRENALINVERWANDTER ALPHA-AMINO-CYCLANOLE MITTELS NMR 60-0275
GAILLARD-CUSIN F., ANWEND. D. METH. D. MOMENTANINHIBIT V. VERBRENN.-RK. AUF D. UNTERS. D. INHIBITORWRKG. HALOGENIERTER METHANE 58-0008
GAJ B. J., SUBSTITUIERTE 1-ALKYL-AZETIDINOLE-(3) 58-0301
GAL J., POLYMERISAT. D. METHYLMETHACRYLATS BEI HOHEN UMSAETZEN. 3.MITT. 55-0423
GALBRAITH M. N., SYNTH. V. (+-)-PULVILLORSAEURE U. (+-)-DIHYDROPULVILLORSAEUREMETHYLESTER 61-0407
GALE I. A. D., MESO-REAKTIVITAET V. PORPHYRINEN U. VERWANDTEN VERB. 3. MITT. 59-0448
GALEFFI C. NEUE BETA-DIKETONE AUS HELICHRYSUM ITALICUM 6. DON. 53-0062
GALIK V., KONSTIT. D. SANDARAKOPIMARSAEURE 3.MITT. 58-0448
GAL'KOVSKA A. G., ANIONEN D. DINITROMETHYLVERB. 2. MITT. 57-0019
GALLAGHER M. J., HYDROLYSE V. BIS-PHOSPHONIUM-SALZEN 58-0415
GALLI A., NEUER, HOCHSELEKTIVER RADIKAL-CHLORIERUNGSTYP 58-0084
GALLI R., NEUER, HOCHSELEKTIVER RADIKAL-CHLORIERUNGSTYP 58-0084
GALLO G. G., ENAMINE 22. MITT. 58-0346
GALSOMIAS J., EIG. EINIGER N-SPIRO-AMMONIUMVERB. (MORPHOLONIUM- U. PIPERAZINIUMVERB.) 59-0371
GALUST'JAN G. G., FUROYLIER. AROMAT. VERB. 61-0350
GAMES D. E., POLYKETOENOLE U. CHELATE 1. MITT. 58-0378
- POLYKETOENOLE U. CHELATE 2. MITT. 58-0379
- POLYKETOENOLE U. CHELATE 3. MITT. 58-0380
- POLYKETOENOLE U. CHELATE 4. MITT. 58-0381
GAMES M. L., STRUKTUR U. STEREOCHEMIE V. PHORBOL. D. DITERPENGRUNDKOERPER D. COCARCINOGENE D. CROTONOELS 61-0513
GANDOLFI C., STEROIDE 28. MITT. 58-0486
GANESCU I., NEUE STELLUNGSISOMERE REINECKESALZAEHNL. VERB. MIT TOLUIDINEN 56-0020
GANJOO T. N., CHEM. U. PHYSIOLOG.-CHEM. STUDIEN AN DERMATOMYCETEN 2. MITT. 59-0503
- CHEM. U. PHYSIOLOG.-CHEM. STUDIEN AN DERMATOMYCETEN 3. MITT. 60-0455
GANNON W. F., SYNTH. V. DEHYDROBUFOTENIN 56-0484
GANO J. E., CYCLOADDIT.- U. CYCLOELIMINIER.-RK. 14.MITT. 58-0294
GAONI Y., HASCHISCH 10. MITT. 55-0419
GARBETT K., NEUART. ABBAU EINES BENZOLRINGES 61-0028
GARBISCH E. W. JUN., HYDROXYMETHYLKETONE. ALDO-ENOL-GLEICHGEWICHT 53-0039
GARDIA C., KRISTALLSTRUKTUR V. HEXAMETHONIUMDICHLORID 56-0095
GARDINI G. P., STRUKTUR D. PYRROL-OX.-PROD. C12H17N3O3 54-0298
GARDNER D. V., BIPHENYLENE 16. MITT. 55-0202
GARDNER P. D., PHOTOCHEM. BLDG. V. BERBERIN-ALKALOIDEN AUS PROTOPIN-ALKALOIDEN 59-0440
- DIREKTE BEOBACHT. V. CYCLOPROPENEN BEIM DEHYDROCHLORIEREN V. CHLORCYCLOPROPANEN 60-0235
GAREEV G. A., ACRYLESTER V. ALIPHAT. GLYKOLEN 60-0187
GARG H. G., NUCLEOSIDE. 4. MITT. 53-0188
GARNEAU F. X., QUECKSILBER-DERIVATE VON ALPHA-DIAZOKETONEN 53-0002
GARNER R., SYNTH. HETEROCYCL. VERB. 15. MITT. 53-0137
- SYNTH. V. 1.2-DISUBSTITUIERTEN BENZIMIDAZOLEN DURCH N-HETEROPARAFFINRINGSPALT. 54-0310
GARNERO J., NICHT-TERPENOIDER KW-STOFF AUS GALBANUM-ESSENZ 54-0471
GARNETT J. L., KOBALT ALS KATALYSATOR FUER D. SPEZIF. WASSERSTOFFISOTOPENMARKIER. HETEROCYCL. VERB. 58-0384
GARNIER M., DURCH METALLHALT. ORGAN. VERB. KATALYSIERTE OX. U. AUTOX. V. MYRCEN, ALPHA-PINEN, BETA-PINEN U. ALPHA-PHELLANDREN MIT SAUERSTOFF 57-0392
GARRATT P. J., VERWEND. D. KERNMAGNET. DOPPELRESONANZ FUER D. UNTERS. UMKEHRBARER INTRAMOL. PROZESSE 54-0035
- UNGESAETT. MAKROCYCL. VERB. 44.MITT. 57-0229
- UNGESAETT. MAKROCYCL. VERB. 47. MITT. 58-0253
- BESTANDTEILE V. CASIMIROA EDULIS LLAVE ET. LEX 8. MITT. 58-0362
GARRISON W. M., MECHANISMUS U. STOECHIOMETRIE D. RADIOLYT. OX. V. PURINEN U. AMINOPURINEN IN WSS. LSG. 61-0438
GARSIDE P., EINW. V. ACETANHYDRID AUF 1-NITROSO-4-HYDROXY-4-PHENYL-PIPERIDIN 59-0368
GASC J., ASYMM. SYNTH. IN D. OESTRADIOLREIHE 56-0467
- TRIENSTEROIDKONSTIT. U. ANABOL. WRKG. 58-0479
GASET A., CYCLOTRIMERISIER. V. ACETYLEN DURCH DIMESITYLENYLKOBALT 56-0203
GASPARIC J., MODIFIKAT. D. FRANKLAND-RK. 5. MITT. 58-0416
GASPARJAN S. M., RK. V. AETHERN MIT UNGESAETT. RADIKALEN 6. MITT. 59-0172
GAST C., STEREOCHEMIE 15. MITT. 58-0487
GASTAMBIDE B., STEREOCHEM. UNTERS., RED. EINIGER DIELS-ALDER-ADDUKTE IN D. REIHE D. DITERPENE 60-0474
GATTUSO M., ISOXAZOLONCYCLISIER. 6. MITT. 61-0384
GAUCH R., UEBER IN 11-STELL. AMINO-SUBSTITUIERTE DIBENZO(B,F)-1.4-THIAZEPINE U. -OXAZEPINE 9. MITT. UEBER SIEBENGLIEDR. HETEROCYCLEN 54-0374
GAUDEMAR M., ALPHA-ACETYLEN-ALPHA'-ALLEN-KETONE 54-0154
- DARST., KONSTIT. U. REAKTIVITAET D. REFORMATSKI-KOMPLEXES V. N.N-DIAETHYL-BROMACETAMID 54-0163
- DARST. U. RK.-FAEHIGK. D. ESTER V. ALPHA-ACETYLEN-GAMMA-HALOGEN-ALKOHOLEN 58-0175
- NEUE SYNTH. V. ALPHA-ALLEN. U. BETA-ACETYLEN. KETONEN 60-0183
GAUDEMER A., NMR-SPEKTREN V. DERIV. D. GLAUCARUBINS U. D. GLAUCARUBINONS, STRUKTUR V. ISOGLAUCANOL A, EINEM ISOMEREN D. GLAUCANOLS 55-0416
- STRUKTUR V. VERNOLID, EINEM NEUEN SESQUITERPENESTER AUS VERNONIA COLORATA 56-0449
- METABOLITE V. POLYPORACEAE 2. MITT. 56-0451
- STRUKTUR D. TYROMYCINSAEURE, EINER NEUEN TRITERPENSAEURE AUS TYROMYCES ALBIDUS (POLYPORUS) 58-0466
- METHYLIER. D. HYDROXYLGRUPPEN D. BITTERSTOFFE V. SIMARUBACEEN MIT DIAZOMETHAN 59-0497
GAUDIANO G., SYNTHESE VON FUENFGLIEDRIGEN HETEROCYCLEN AUS DIMETHYLOXOSULFONIUM-METHYLID 53-0146
GAUDRY M., ORIENTIER. D. HALOGENIER. ASYMM. KETONE 58-0118
GAUGER J., KONDENS.-PROD. D. QUADRATSAEURE MIT PRIMAEREN U. SEKUNDAEREN AROMAT. AMINEN 61-0255
GAULT F G., SIMMONS-SMITH-RK. AN AUFGEDAMPFTEN MAGNESIUM- U. ZINK-FILMEN, NATUR D. ZWISCHENPRODUKTS 61-0242
GAULT I., KONFORM.-AENDER. IN HETEROCYCL. ANALOGA D. METACYCLOPHANS, WECHSELWRKG. ZWISCHEN UNGEBUNDENEN ELEKTRONENPAAREN 60-0083
GAULT Y., SIMMONS-SMITH-RK. AN AUFGEDAMPFTEN MAGNESIUM- U. ZINK-FILMEN, NATUR D. ZWISCHENPRODUKTS 61-0242
GAULTIER J., KRIST.-STRUKTUR D. 2.3-DIBROM-ANTHRACHINONS-(1.4), VORL. MITT. 56-0093
- KRISTALL- U. MOLEKULARSTRUKTUR D. VITAMINS K(5) (VORL. MITT.) 56-0094
GAURAT C., VERH. U. REAKTIVITAET V. HETEROCYCLOAMMONIUM-VERB. BEI D. SYNTH. V. CYANIN- U. CARBOCYANIN-FARBSTOFFEN 5. MITT. 55-0285
- VERH. U. REAKTIVITAET V. HETEROCYCLOAMMONIUM-VERB. BEI D. SYNTH. V. CYANIN- UND CARBOCYANIN-FARBSTOFFEN 6. MITT. 55-0286
- VERH. U. REAKTIVITAET V. HETEROCYCLOAMMONIUM-VERB. BEI D. SYNTH. V. CYANIN- U. CARBOCYANIN-FARBSTOFFEN 8. MITT. 55-0288
GAUTHERON B., METALLOCENE 10. MITT. 55-0013
GAUTIER J., CYCLISIER. V. ARYLACETYLENGLYKOLEN ZU FURANEN U. PYRANEN 54-0281
- SELEKTIVE AMINOMETHYLIER. V. ACETYLENKETONEN 56-0242
- AROMAT.-ALIPHAT. KETONE MIT ACETYLEN-FUNKT. 2. MITT. 58-0247
GAUTIER J. A., AROMAT.-ALIPHAT. KETONE MIT ACETYLEN-FUNKT. 1. MITT. 58-0246
- AROMAT.-ALIPHAT. KETONE MIT ACETYLEN-FUNKT. 3. MITT. 58-0248
GAUTRET DE LA MORICIERE G., RK. V. LYSIN MIT BENZALDEHYD 60-0198
GAUTSCHI F., AROMEN 13. MITT. 55-0414
- AROMEN 14.MITT. 55-0415
GAVAT I., UNTERS. AUF D. FURFUROL-GEBIET 44. MITT. 60-0311
- UNTERS. AUF D. FURFUROL-GEBIET 45. MITT. 60-0312
GAVRILOVA L. D., POLAROGRAPHIE V. CYCLOPENTADIENYLTHALLIUM 60-0010
GAZIS E., DICHROIT. IR-MESS. AM ANTHRACHINON U. ANTHRACHINON-D8 56-0041
GEBERT U., INHALTSSTOFFE D. GRUENEN KNOLLENBLAETTERPILZES 30. MITT. 53-0238
- INHALTSSTOFFE D. GRUENEN KNOLLENBLAETTERPILZES, 32. MITT. 58-0503
- INHALTSSTOFFE D. GRUENEN KNOLLENBLAETTERPILZES 33. MITT. 60-0491
GECZY I., SYNTHET. LINEARE POLYMERE 25. MITT. 55-0424

GEHLEN H., 2-AMINO-1.3.4-OXDIAZOLE 17. MITT. 57-0291
- RINGSCHLUSSRK. V. 1-ACYL-5-CARBAMOYL(THIOCARBAMOYL)-DIAMINOGUANIDINEN ZU SUBSTITUIERTEN 1.2.4-TRIAZOLEN U. 1.2.4-TRIAZOLONEN-(5) 58-0351
- 2-AMINO-1.3.4-OXDIAZOLE 17. MITT. 58-0353
- 2-AMINO-1.3.4-OXDIAZOLE 18. MITT. 58-0354
GEIGER U. P., GLYKOSIDE U. AGLYKONE 284. MITT. 54-0425
- GLYKOSIDE U. AGLYKONE 285 MITT. STROGOSID, STRUKTURBEST. 54-0426
GEIGER W., 1.2-BENZISOTHIAZOLIN-THIONE-(3) U. 3-IMINO-3H-1.2-BENZODITHIOLE 60-0346
GEISE H. J., KONFORM. V. NICHTAROMAT. RINGVERB. 24. MITT. 53-0032
- BEZIEH. ZWISCHEN TORSIONS- U. BIND.-WINKELN V. CYCLOPENTAN 56-0084
- KONFORM. NICHTAROMAT. RINGVERB. 37. MITT. 57-0061
GEISERT M., EINFACHE U. ERGIEBIGE SYNTH. D. 2.4.6-TRIMETHOXYANILINS 57-0180
GEISSLER G., ZUR RK. V. DIPHENYLPHOSPHINSAEURE-HYDRAZID MIT BETA-KETOESTERN 55-0241
GEISSMAN T. A., SESQUITERPENLACTONE AUS ARTEMISIA-ARTEN 3.MITT. 58-0455
- SESQUITERPENLACTONE V. ARTEMISIA-SPEZIES 4. MITT. 58-0462
GELAS J., CYCL. ACETALE D. GLYCERINCHLORHYDRINE, CHLORIER. D. CYCL. GLYCERINACETALE MIT SOCL2 59-0375
- UNGESAETTIGTE CYCL. ACETALDERIV. D. GLYCERINS 60-0302
GELIN R., SYNTH. V. ALPHA-ALLENALKOHOLEN 57-0130
- SYNTH. V. GAMMA-ACETYLENKETONEN 60-0182
- RINGOEFFN. V. DIHYDROPYRONEN-(4) ZU AETHYLEN. BETA-DIKETONEN 60-0184
GELIN S., SYNTH. V. ALPHA-ALLENALKOHOLEN 57-0130
- RINGOEFFN. V. DIHYDROPYRONEN-(4) ZU AETHYLEN. BETA-DIKETONEN 60-0184
GELUS M., RK.-FAEHIGK. D. 2-METHYL-NAPHTHALINS MIT FREIEN PHENYLRADIKALEN 54-0249
- REAKTIVITAET V. 1-METHYL-NAPHTHALIN GEGENUEBER FREIEN PHENYLRADIKALEN 56-0291
- EINFL. D. METHYLSUBSTITUENTEN AUF D. RADIKAL-REAKTIVITAET V. PYRIDIN 57-0099
GEMENDEN C. W., ALKALOIDE AUS RYE-GRAD (LOLIUM PERENNE L.) 3. MITT. 58-0439
GENDRE J., IR-ABSORPT.-SPEKTREN V. MONOAMINO-BENZOL- U. -NAPHTHALIN-MONOSULFONSAEUREN U. IHREN KALIUMSALZEN IM BEREICH V. 1400 BIS 3650 CM(-1) 60-0046
GENEL F., RELATIVE RK.-FAEHIGK. D. ELEKTROPHILEN SUBSTITUTION V. THIOPHEN, FURAN U. PYRROL, TRIFLUOR-ACETYLIER. 59-0122
GENET J., RK. V. AMINEN MIT 4.6-DIMETHOXY-3-CHLORMETHYL-PHTHALID 60-0328
GENT C. A., (S)-3-HYDROXY-PENTEN-(4)-THIONSAEUREAMID, EIN NEUES RK.-PROD. EINES NATUERL. THIOGLUCOSIDES 54-0165
GENUNCHE A., UNTERS. D. REVERSIBILITAET V. FRIEDEL-CRAFTS-C-ACETYLIER. MIT HILFE V. MARKIERTEM (14)C 54-0093
GEOFFRE S., KRIST.-STRUKTUR D. 2.3-DIBROM-ANTHRACHINONS-(1.4), VORL. MITT. 56-0093
GEORGE T. A., C-C-EINSCHIEB.-RK. ZWISCHEN METALL-N-BIND. 54-0010
GEORGI V., INHALTSSTOFFE D. GRUENEN KNOLLENBLAETTERPILZES 28.MITT. 53-0236
- INHALTSSTOFFE D. GRUENEN KNOLLENBLAETTERPILZES 29. MITT. 53-0237
GEORGOULIS C., ZUS. V. AUS 2-ALLYLVERB. HERGESTELLTEN KOHLENWASSERSTOFFGEMISCHEN, RK. V. 3-CHLOR-BUTEN-(1) U. 1-CHLOR-BUTENEN-(2) MIT DICROTYL-MAGNESIUM 56-0165
GERBER R., DARST. V. BETA-HYDROXY-ALPHA-PHENYLALKANCAR-BONSAEUREESTERN 60-0212
GERDING J. J. T., TRIPLETT-ESR-SPEKTREN D. NEGATIVEN IONEN V. EINIGEN BETA-DIKETONEN 58-0058
GERIG J. T., GEHINDERTE ROTAT. D. C-N-EINFACHBIND. IN N'-ARYL-N.N-DIMETHYLFORMAMIDINEN 59-0080
GERMANI C., PLANCHER-UMLAGER. V. PYRROLENINEN DURCH BASEN 2. MITT. 59-0315
GERO S. D., STICKSTOFFHALT. KOHLENHYDRATE 13. MITT. 54-0286
- VERDRAENG.-RK. BEI FURANOIDSYST. 3. MITT. 57-0259
- VERDRAENG.-RK. AN FURANOIDSYST. 4. MITT. 57-0357
GERSENOVIC A. I., GESETZMAESSIGK. D. DARST. V. DISULFOCHLORIDEN GASFOERMIGER PARAFFINE 58-0182
GERSON F., ESR-SPEKTRUM D. 1.2.3-TRIHYDROPYRENYLS 57-0039
GERSTL R., STEREOSELEKTIVITAET V. CARBENZWISCHENSTUFEN 3.MITT. 59-0235
GERTNER D., SYNTH. V. DL-P-TRIMETHYLSILYL-PHENYLALANIN ENTHALTENDEN DIPEPTIDEN 61-0551
GERVAIS H., KONFORM.-EFFEKTE BEI SULFONEN 57-0072
GESKE U., ZUR DEUT. D. PHOTOTROPIE EINFACHER PENTAMETHIN-CYANINFARBSTOFFE 61-0038
GEURSEN H. J., SALCOMIN KATALYSIERTE OX. V. PHENOLEN, NEUE METH. ZUR DARST. V. P-BENZOCHINONEN 58-0227
GEWALD K., 4-AMINO-THIAZOLE 57-0288
GEYER E., O-CHINONE 29. MITT. 59-0284
GEYER T., CHEMIE SUBSTITUIERTER BENZOCHINONE 2. MITT. 55-0151
GHATAK U. R., SYNTH. U. STEREOCHEMIE D. (+-)-4ALPHA-METHYL-10BETA-HYDROXY-TRANS-1.2.3.4.5.6.7.10-OKTAHYDRO-PHENANTHREN-4BETA-CARBONSAEURE-LACTONS U. D. VIER EPIMEREN (+-)-4-METHYL-1.2.3.4.5.6.7.10-OKTAHYDRO-PHENANTHREN-4-CARBONSAEUREN 53-0103
- NAHEFFEKTE, STEREOCHEMIE D. LITHIUM-AMMONIAK-RED. V. CYCL. STYROL-SYST., D. EINE BENACHBARTE CARBONSAEURE-GRUPPE ENTHALTEN 56-0298
GHATGE B. B., TERPENOIDE 105. MITT. 59-0451
GHERA E., PINAKOLIN-UMLAGER. IM RING D V. STEROIDEN 53-0217
GHIRINGHELLE D., OXAZOLIDINE, BEISPIEL EINER LEICHTEN DEHYDRIER. 55-0252
GHOSEZ L., STEREOCHEMIE D. CYCLOPROPYL-ALLYL-UMLAGER. 1. MITT. 60-0290
- STEREOCHEMIE D. CYCLOPROPYL-ALLYL-UMLAGER. 2.MITT. 60-0291
GHOSH-MAZUMDAR B. N., UNGEWOEHNL. FRAGMENTE EINIGER SUBSTITUIERTER BETA-LACTAME BEI ELEKTRONENSTOSS 58-0060
GIACOMETTI G., RED. D. ACETYLENBIND. IN PROPARGYL- U. PHENYL-PROPARGYLALDEHYD 57-0088
GIACOPELLO D., SYNTH. V. HUNNEMANNIN 61-0487
GIBBS J. A., LIMONOIDE V. TRICHILIA HAVANENSIS JACQ., EINE EPOXID-UMLAGER. 61-0514
GIBERT C., LSGM.-EFFEKT AUF D. RK. V. BITOSYLATEN MIT NACN ZU VERB. MIT NEOPENTYLSTRUKTUR 60-0259
GIBIAN H., TOTALSYNTH. OPT. AKT. STEROIDE 1.MITT. 55-0390
- TOTALSYNTH. OPT. AKT. STEROIDE 2. MITT. 55-0391
- TOTALSYNTH. OPT. AKT. STEROIDE 3.MITT. 57-0406
- TOTALSYNTH. OPT. AKT. STEROIDE 4. MITT. 60-0488
GIBSON J. A., BASEN-KATALYSIERTE RK. V. GLYOXAL 2. MITT. 56-0399
GIBSON T. W., CYCL. PHOTOPROD. AUS PHORON 53-0153
- STEREOSPEZIFISCHE SYNTH. V. CIS-BETA-BERGAMOTEN 55-0369
GIBSON W. K., SYNTH. V. CYCL(3.3.2)AZINONEN U. BENZ(CD)AZULENONEN 56-0373
GIDLEY G. C., DARST. V. CIS- U. TRANS-2-ALKYL-N.N-DIMETHYL-CYCLOHEXYLAMINEN 58-0263
GIELEN M., STEREOCHEMIE D. ELEKTROPHILEN SUBSTITUT. IN D. ALIPHAT. REIHE 56-0247
GIESE B., NEUES ZUM STERISCHEN ABLAUF D. AMIN-ADDITION AN CARBONESTER D. ACETYLENREIHE 58-0127
- ZUR KINETIK D. AMIN-ADDITION AN CARBONESTER D. ACETYLENREIHE 58-0128
GIGG J., DARST. V. UNSYMM. DIGLYCERIDEN 56-0178
GIGG R., DARST. V. UNSYMM. DIGLYCERIDEN 56-0178
- ALLYLAETHER ALS SCHUTZGRUPPE IN D. KOHLENHYDRATCHEMIE 57-0356
GILARDEAU C., ORGAN. QUANTENCHEMIE 14. MITT. 57-0050
GIL-AV E., TRENN. V. ENANTIOMEREN DURCH GAS-FL.-CHROMATOGRAPHIE MIT HILFE OPT. AKT. STATIONAERER PHASEN, VERW. V. FUELLKOERPERKOLONNEN 61-0181
GILBEA H., AKTIVIER.-ENERGIE D. RINGINVERS. IN 9.10-DISUBSTITUIERTEN CIS-DEKALINEN 56-0083
GILBERT A., PHOTOLYSE IN FL. PHASE 10. MITT. 55-0105
- KATION. ZWISCHENPROD. IN D. PHOTOCHEMIE V. BENZOL 56-0151
- 1.4-PHOTOADDIT. V. PYRROL AN BZL. 57-0269
GILBERT B., TERPENOIDE 58. MITT. 54-0424
GILDE H., ELEKTROLYT. OX. V. DICARBONSAEUREN 59-0239
GILLARD R. D., COTTON-EFFEKTE U. KONFIG. IN ACIDOPENTAMMIN-KOBALT(III)-KOMPLEXEN V. ASYMM. SAEUREN 53-0007
- NEUART. ABBAU EINES BENZOLRINGES 61-0028
GILLER S. A., FURYLALKINE, 8.MITT. 54-0028
GILLIER-PANDRAUD H., GEOMETR. UNTERS. D. KRIST. FORM V. CIS-CYCLOOCTEN-(1)-CARBONSAEURE-(1), BERECHN. D. BEZIEH. ZWISCHEN D. KRIST.-FLAECHENWINKELN U. D. PARAMETERN D. ELEMENTARZELLE 59-0097
GILMAN H., TETRAKIS-(TRIMETHYLSILYL)-ALLEN AUS PENTAFLUORBENZOL U. TETRAFLUORBENZOLDERIV. 54-0173
GILMAN N. W., STICKSTOFFANALOGA D. CLAISEN-UMLAGER. 56-0230
- ASYMM. INDUKT. BEI D. COPE-UMLAGER. 61-0129
GINDORF T. J., CYCLOTRIMERISAT. V. ACETYLENEN 9.MITT. 56-0148
GINESINA A. A., TROPONOIDE 2. MITT. 54-0269
- DERIV. EINES NEUEN AROMAT. IONS, D. KATIONS V. 2-AZONIAAZULEN 61-0367
GINJAAR L., REAKTIVITAET V. ORGANOPHOSPHORVERB. 3. MITT. 58-0120
GINSBURG D., D. PHOTODIMERE V. P-BENZOCHINON 53-0107
- SYNTH. V. (4.4.4)PROPELLAN 54-0280
- AKTIVIER.-ENERGIE D. RINGINVERS. IN 9.10-DISUBSTITUIERTEN CIS-DEKALINEN 56-0083
GINZBURG A. G., RED. V. SUBSTITUIERTEN PHTHALSAEURE-ANHYDRIDEN MIT LIALH4 60-0274
GIORMANI V., REAKTIVITAET CHARAKTERIST. GRUPPEN IN NICHTAROMAT. HETEROCYCLEN 3. MITT. 61-0326
GIOVANOLI-JAKUBCZAK T., POLAROGRAPH. VERH. V. ISOMEREN PHENYL-PYRIDYL-AETHYLENEN U. PHENYL-PYRIDYL-BUTADIENEN 55-0074
GIRAL L., UMWANDL. V. 2-METHYL-3-CYCLOHEXYL-BUTANDIOL-(2.3) ZU TERT.-BUTYL-CYCLOHEXYL-KETON U. 3-METHYL-3-CYCLOHEXYLBUTANON-(2) 57-0200
- UMLAGER. V. (1-HYDROXY-CYCLOPENTYL)-CARBINOLEN 1. MITT. 59-0243
- ISOMERISIER. V. KETONEN U. EINFL. D. TEMP. AUF D. UMLAGER. SUBSTITUIERTER PROPANDIOLE-(2.3) 61-0247
GIRARD J., CIS- U. TRANS-OKTAHYDRO-CYCLOPENTA(B)- U. -CYCLOPENTA(C)PYRANE 59-0352
- KONFIG.-UNTERS. D. 5-AMINO-TRANS-PERHYDROINDANOLE-(6), SYNTH. V. DREI ISOMEREN 60-0268

GIROTRA N. N., TOTALSYNTH. D. MAKROLIDS ZEARALENON 56-0481

GIROUD A., A-NORCHOLESTANOLE-(2), AEQUILIBRIER., RED. DURCH IN FL. AMMONIAK GELOESTE METALLE, UEBERWIEGENDE BLDG. V. INSTABILEN ISOMEREN U. V. PINAKOLEN 56-0100

GIROUD-ABEL B., KATALYT. DEHYDRATISIER. V. SUBSTITUIERTEN TETRAHYDROFURYLCARBINOLEN 1. MITT. 61-0353

- KATALYT. DEHYDRATISIER. V. SUBSTITUIERTEN TETRAHYDROFURYLCARBINOLEN 2. MITT. 61-0354

GIRSOVIC M. Z., 1.2-DIHYDRO-BENZIMIDAZOL-DERIV. 6.MITT. 61-0378

GITIS S. S., SYNTH. V. AROMAT. DICARBONSAEUREN U. IHREN DERIV. MIT HILFE V. DIMETHYLCARBAMYLCHLORID 54-0204

GIUDICELLE R., SYNTH. EINIGER 4.5-POLYMETHYLEN-2-AMINO-OXAZOLE MIT VASKULAER-ANALEPT. EIG. 60-0340

GIUDICELLI R., SYNTH. EINIGER 2-IMINO-OXAZOLIDON-(4)-DERIV. 8. MITT. 55-0251

GIUSTI G., METALLORGAN. DERIV. EINES ALPHA.BETA-ACETYLEN-KETALS 59-0020

GIVENS E. N., UMLAGER. V. ALPHA-TRIKETONEN 60-0145

GLACET C., SYNTH. UNGESAETT. PIPERIDINE 54-0339

- PYROLYSEPROD. V. ALPHA-PROPYL-N.N-DIMETHYL-PIPERIDINIUMHYDROXID 60-0391

GLADKOVSKIJ G. A., SYNTH. U. POLYMERISAT. V. SUBSTITUIERTEN DIAZOALKANEN 1. MITT. 54-0169

- SYNTH. U. POLYMERISAT. V. BETA- U. ALPHA-SUBSTITUIERTEN DIAZOALKANEN 2. MITT. 58-0205

GLADSTONE W. A. F., RK. V. BLEITETRAACETAT 9. MITT. 57-0217

GLEHN M. VON, KRIST.-STRUKTUR V. CA- U. SR-3-DESOXY-2-C-HYDROXYMETHYL-D-ERYTHRO-PENTONAT U. EINIGE HUECKEL-BERECHN. UEBER D. ENTSPRECHENDE SAEURE 57-0076

GLEMSER O., DARST. U. EIG. V. FLUORCARBONYLISOCYANAT FCONCO U. DIFLUORPHOSPHORYLISOCYANAT F2PONCO 56-0008

- RK. MIT STICKSTOFFTRIFLUORID 2. MITT. 56-0009

- PHOSPHORYL- U. THIOPHOSPHORYLVERB. 5.MITT. 60-0217

- RK. MIT STICKSTOFFTRIFLUORID 3. MITT. 61-0016

- RK. MIT STICKSTOFFTRIFLUORID 4. MITT. 61-0017

GLEN A. T., TRITERPENOIDE D. WEIDENROESCHENS (ROSE-BAY WILLOW-HERB) 56-0457

GLENAT R., SYNTH. U. IR- U. UV-SPEKTROGRAPHIE V. ACETYLEN-ALPHA-KETONEN 56-0215

- UEBERFUEHR. V. TERT. PROPARGYLCARBINOLEN U. SEK. AETHINYLCARBINOLEN IN IHRE NATRIUMVERB., DARST. D. ENTSPRECHENDEN ACETATE 56-0250

GLINEUR M., STEREOCHEMIE D. CYCLOPROPYL-ALLYL-UMLAGER. 2.MITT. 60-0291

GLINKA H., BASIZITAET D. HYDROXYPHTHALANE 5. MITT. 53-0041

GLINSKI R. P., 6-DESOXY-5-THIO-L-TALOPYRANOSE 54-0380

GLOBUS R. L., MECHANISMUS D. BLDG. V. FORMAMIDINSULFIN-SAEURE DURCH OX. D. THIOHARNSTOFFES MIT H2O2 60-0116

GLOEDE J., ALPHA-HALOGENAETHER 29.MITT. 57-0158

- DERIV. D. PHOSPHORSAEURE-O-PHENYLENESTERS 5 MITT. NOTIZ ZUR DARST. V. SAEUREBROMIDEN MITTELS O-PHENYLENDIOXYPHOSPHORTRIBROMID (''BRENZKATECHYLPHOS-PHORTRIBROMID'') 58-0191

GLOSS R. A., D. KRIST.- U. MOL.-STRUKTUR V. DIMETHYLSULFONDIIMIN 55-0066

GLOTTER E., EPOXIDE 1. MITT. 61-0548

GLOVER E. E., CYCL. QUATERNAERE AMMONIUMSALZE 4. MITT. 56-0397

GLUCHOVCEV V. G., EPOXYAMINOPROPIONITRILE D. FURANREIHE 54-0289

GLYNN G. A., DECARBAETHOXYLIER. V. GEMINALEN DICARBAETHOXY-VERB. 53-0088

GMELIN R., HESPERALIN, EIN NEUER NATUERL. CHOLINESTER IN D. SAMEN V. HESPERIS MATRONALIS L. 55-0428

- METABOLITE V. POLYPORACEAE 2. MITT. 56-0451

- WIRKSTOFFANALYSE V. GRATIOLA OFFICINALIS L., VORK. V. ELATERINID U. DESACETYL-ELATERINID IN D. FRISCHPFLANZE 56-0500

- STRUKTUR D. TYROMYCINSAEURE, EINER NEUEN TRITERPENSAEURE AUS TYROMYCES ALBIDUS (POLYPORUS) 58-0466

GODFREY K. E., EINIGE HALOGENIERTE AMINE 56-0231

GOEBBLER K. H., D. INTRAMOL. WECHSELWRKG. IN COENZYMEN 3. MITT. 53-0243

GOERDELER J., SYNTH. V. PYRIMIDINTHIONEN-(4) U. PYRAZOLO(3.4-D)PYRIMIDINEN 53-0172

- THIOACYL-ISOCYANATE 7. MITT. 58-0297

- IMIDAZOLIN-DIONE-(4.5) 1. MITT. 59-0326

- SYMM.-TRIAZIN-THIONE AUS AROYL-ISOTHIOCYANATEN U. AMIDINO-VERB. 60-0409

GOERLITZER K., ZUR ANALYTIK EINIGER HYDROXYCUMARANONE-(3) 58-0312

- POLYHYDROXYAURONE MIT VICINALEN HYDROXYLGRUPPEN 58-0313

GOEROEG S., ANALYSE V. STEROIDEN 6.MITT. 54-0480

GOETH H., PHOTORK. V. N-HETEROCYCLEN 6. MITT. 54-0315

GOETZ H., LAD.-VERTEIL. U. REAKTIVITAET PHOSPHORORGAN. VERB. 7.MITT. 55-0058

- LADUNGSVERTEIL. U. REAKTIVITAET PHOSPHORORGAN. VERB. 8. MITT. 59-0082

GOFFREDO O., HOMOLOGE U. ANALOGE D. ELEDOISINS 8.MITT. 55-0399

GOGGIN P. L., VERZERR. D. TETRACHLOROGALLATIONS IN LSG. 57-0003

GOGTE V. N., SYNTH. V. POTENTIELLEN ANTIKREBSMITTELN 1 MITT. 59-0311

- SYNTH. V. POTENTIELLEN ANTIKREBSMITTELN 2. MITT. 59-0312

GOLANKIEWICZ B., HYDROLYSE EINIGER BENZOXAZOLDERIV. 56-0350

GOLANKIEWICZ K., HYDROLYSE EINIGER BENZOXAZOLDERIV. 56-0350

GOLD E. H., D. PHOTODIMERE V. P-BENZOCHINON 53-0107

GOLD V., KINET. H-ISOTOPEN-EFFEKT IN EINER PROTONEN-AUSTAUSCHRK., D. ALLGEMEIN SAEUREKATALYSIERTE HYDROLYSE V. CYANKETENDIMETHYLACETAL 54-0102

GOLDEN J. H., ELEKTRONENSPINRESONANZ-NACHWEIS V. DURCH GAMMA-RADIOLYSE AUS KRISTALLINEN DIARYLCARBONATEN GEBILDETEN RADIKALPAAREN 59-0065

GOL'DIN G. S., IMINOESTER D. ADIPINSAEURE 54-0160

GOL'DING I. R., RK. V. KUPFERACETYLENIDEN MIT SAEUREHALOGENIDEN 61-026

GOLDING P. D., BEISPIEL EINER STEREOSELEKTIVEN ISOTOPEN-AUSTAUSCH-RK. 56-0045

GOLDMAN I. M., AROMEN 14.MITT. 55-0415

GOLDMAN L., OXYDATIVE UMWANDL. V. 17-ALKOXY-ASPIDOSPERMIDIN-DERIV. IN 17.17-DIALKOXY-17.16-DIHYDRO-1.18-DEHYDRO-ASPIDOSPERMIDINE 60-0446

GOLDSMITH D. J., CYCLISIER. V. EPOXYOLEFINEN 4. M ITT. BICYCL. AETHER AUS EINEM CITRONELLALDERIV. 56-0323

- CYCLISIER. V. EPOXYOLEFINEN 5. MITT. 56-0324

GOLDSTEIN E. J., MONO- U. POLYRADIKALE AUS HALOGENVERB., EIN GASPHASEN-ALKALIMETALL-REAKTOR 58-0544

GOLE J., DARST. AROMAT. MAGNESIUMVERB. IN EINEM APROT. POLAREN LSGM. 54-0004

- DARST. V. FLUORENYLMAGNESIUM, SPEKTRALANALYSE D. FLUORENYLIONEN IN HEXAMETAPOL 54-0022

- SPEKTROSKOP. UNTERS. V, AROMAT. VERB. D. MAGNESIUMS U. D. ALKALIMETALLE IN HEXAMETAPOL 54-0023

GOLLNICK K., EINW. V. WASSERFREIEM ALUMINIUMCHLORID AUF O-(3-ACETOXY-3-METHYL-BUTYL)- U. O-(3-METHYL-DELTA(2)-BUTENYL)-PHENYLACETAT 60-0265

GOLUSINSKA J., HOMO- U. KOPOLYMERISAT. V. HOMOLOGEN C8-METHACRYLATEN 55-0421

GOMPPER R., KETENDERIV. 12. MITT. 54-0136

GONCALVES H., BASIZITAET EINIGER AMINONITRILE U. ISOLOGER AMINOAMIDOXIME 57-0086

- SYNTH. EINIGER 3-AMINO-AMIDOXIME 57-0161

- KONDENS.-RK. V. ALDEHYDEN MIT 3-AMINO-PROPIONAMIDOXIM 60-0354

GONZALEZ A. G., TERPENOIDE AUS SONCHUS 6. MITT. 61-0529

GONZY G., TRISUBSTITUIERTE DERIV. D. ORTHOPHOSPHORSAEURE U. D. PHOSPHON-SAEURE, D. EINE CARBONYLGRUPPE ENTHALTEN 59-0205

GOODBURN T. G., SYNTH. V. LANGKETT. SAEUREN 8.MITT. 61-0165

GOODMAN L., NEUER LSGM.-EINFL. AUF D. NMR-SPEKTREN EINIGER N.N-DIMETHYL-FORMAMIDINE 55-0039

GOODMAN M., MECHANIST. UNTERS. D. PEPTIDOXAZOLON-RACEMISIER. 58-0146

- SYNTH. V. PEPTIDOXAZOLONEN U. VERWANDTEN VERB. 58-0496

GOODMAN P. A., BENZOYLIER. V. P-DICHLORBENZOL NACH FRIEDEL-CRAFTS 60-0257

GOODWIN T. W., EINE NEUE KLASSE V. CAROTINOIDEN 57-0369

GOODY R. S., EINIGE N-6-ACYLIERTE CYTOSINE 53-0173

GOPINATH K. W., SYNTH. D. POLYALTHSAEUREANTIPODEN AUS LAEVOPIMARSAEURE 54-0409

GORDON A. J., ACETYLSALICYLAMID, ACETYLWANDER. V. O ZUM N 54-0117

GORDON M., PHOSPHONSAEUREN U. ESTER 18.MITT. 57-0162

GORDON W., POLYACETYLENVERB. 123. MITT. 56-0328

GORDON-GRAY C. G., SENECIO-ALKALOIDE 19. MITT. 57-0368

GORE J., KLEINE RINGE 20. MITT. 56-0031

- KLEINE RINGE 19. MITT. 56-0065

GORE P. H., FRIEDEL-CRAFTS-ACETYLIER. V. ALUMINIUM(III)- U. EISEN(III)-ACETYLACETONATEN 54-0007

- OX.-PROD. V. N.N-DIMETHYL-P-PHENYLAZO-ANILIN 57-0179

- BENZOYLIER. V. P-DICHLORBENZOL NACH FRIEDEL-CRAFTS 60-0257

- FRIEDEL-CRAFTS-ACETYLIER. V. ANTHRACEN IN NITROBENZOL-LSG. 61-0292

GORIN J. A., KATALYT. HYDRATAT. V. ACETYLEN U. SEINEN DERIV. IN D. DAMPFPHASE 12. MITT. 54-0146

GORJAEV M. I., STEREOCHEM. UNTERS. 22.MITT. 54-0412

GORMAN A. A., OPT. ROTAT.-DISPERS. 42.MITT. 54-0014

- ALKALOIDE V. ASPIDOSPERMA DISCOLOR A. DC. 54-0396

GORN I. K., KATALYT. HYDRATAT. V. ACETYLEN U. SEINEN DERIV. IN D. DAMPFPHASE 12. MITT. 54-0146

GORSKAJA T. V., HYDROXYLAMINDERIV. MIT HERBIZIDER WRKG. 6.MITT. 54-0205

GOSSELINK D. W., DIEN-UNTERS. 4.MITT. 53-0001

- DIEN-UNTERS. 5.MITT. 53-0014

GOTO K., ACUTUMIN U. ACUTUMIDIN, CHLORHALTIGE ALKALOIDE MIT NEUART. SKELETT 1. MITT. 59-0438

- ACUTUMIN U. ACUTUMIDIN, CHLORHALTIGE ALKALOIDE MIT NEUARTIGEM SKELETT 2. MITT. 59-0439

GOTTARDI W., RK. V. BROM MIT ALKALIMETALLCYANURATEN 56-0408

GOTTARELLI G., OPT. ROTAT.-DISPERS. 46. MITT. 61-0035

- OPT. ROTAT.-DISPERS. 47. MITT. 61-0036

GOTTHARDT H., CYCLOADDIT. MESOION. OXAZOL-5-ONE AN EINIGE HETEROMEHRFACHBIND. 58-0302

- PHOTOCYCL. ADDIT. V. CARBONYLVERB. AN ALLENE 59-0296

GOUESNARD J., STEREOCHEMIE V. FUNKTIONELLEN DIENEN, TRENN. D. STEREOISOMEREN V. 1-ALKOXY- ODER 2-ALKOXY-ALKADIENEN-(1.3) DURCH GASCHROMATOGRAPHIE U. IDENTIFIZIER. DURCH KERNMAGNET. RESONANZ, STRUKTURELLE ANWEND. 56-0167
- STEREOCHEMIE V. FUNKTIONELLEN DIENEN, UMLAGER. IN D. AETHOXY-1.3-DIEN-REIHE 60-0150
GOUEZO F., NMR-UNTERS. EINER REIHE HOMOLOGER PHENOTHIAZINE 59-0064
GOUNELLE Y., KONFORMERENGLEICHGEW. BEI 2-CHLOR-CYCLOHEXANOLEN, (IR U. NMR) 56-0101
GOURDENNE A., VERW. V. LEBENDEN KONJUGIERTEN DIEN-POLYMEREN IM HINBLICK AUF D. DARST. V. SEQUENZ-KOPOLYMEREN 1. MITT. 61-0558
GOUTAREL R., STEROIDALKALOIDE, FAMILIE D. BUXACEEN, BEZIEH. ZWISCHEN CYCLOXOBUXIDINEN U. BUXIDIENINEN 56-0438
- STEROIDALKALOIDE 58. MITT. 56-0462
- STEROIDALKALOIDE, ROLLE V. HEXAMETHYLPHOSPHOTRIAMID (HMPT) ALS DIPOLARES LSGM. BEI D. SUBSTITUTION U. ELIMINIER V. 20-TOSYLOXY-STEROIDEN 57-0407
- PEPTIDALKALOIDE 4. MITT. 58-0500
- STEROIDALKALOIDE, UMLAGER. D. 3-AMINO-DELTA(5)-STEROID-GERUESTES IN SAUREM MEDIUM, ENTSTEH. V. DERIV. D. A-NOR-D-HOMO-ANDROSTANS 59-0480
- STEROIDALKALOIDE 59. MITT. 60-0483
GOVINDACHARI T. R., BESTANDTEILE VON MESUA FERREA L. 1. MITT. 53-0203
- SESQUITERPENE AUS NEOLITSEA ZEYLANICA MERR. 1. MITT. 53-0212
- SESQUITERPENE V. NEOLITSEA ZEYLANICA MERR. 2.MITT. 53-0213
- SESQUITERPENE V. NEOLITSEA ZEYLANICA MERR. 3. MITT. 53-0214
- SYNTH. V. EVOXANTHIN 57-0362
- TRITERPENE V. CALOPHYLLUM INOPHYLLUM LINN. 57-0376
- BERICHTIGTE STRUKTUREN V. DIPHYLLIN U. JUSTICICIN A 61-0557
GOZZO F., PHOTOCHEM. ISOMERISIER. V. DECAFLUORCYCLOHEXEN 56-0245
GRABITZ E. B., ALKYL- U. ARYL-SUBSTITUIERTE PYRAZINCARBONSAEUREN 54-0358
GRADY J. M., PHOTOCHEM. UMWANDL. 2. MITT. 55-0378
GRAEFE G., MANNICHBASEN V. ACETONYLTHEOBROMINEN 1.MITT. 55-0303
GRAEFE J., SYNTH. CYCLOALIPHAT. KETONE AUS CYCLODODECA-TRIEN-(1.5.9) 2. MITT. 53-0087
GRAF E., VERS. ZUR SYNTH. D. AGARICINSAEURE 1. MITT. 53-0067
- VERS. ZUR SYNTH. D. AGARICINSAEURE 2.MITT. 58-0198
GRAF G., RK. MIT PHOSPHINALKYLENEN 16. MITT. 59-0260
- RK. MIT PHOSPHINALKYLENEN 17. MITT. 61-0227
GRAFF Y., RK. V. DISAEURE-(1.4)-ANHYDRIDEN MIT META-SUBSTITUIERTEN AROMAT. VERB. 2. MITT. 59-0225
- RK. V. DISAEURE-(1.4)-ANHYDRIDEN MIT META-SUBSTITUIERTEN AROMAT. VERB. 1. MITT. 59-0350
GRAGEROV I. P., RADIKALMECHANISMUS D. OX. V. KOHLENWASSERSTOFFEN DURCH CHROMYLCHLORID 57-0093
- UNTERS. D. MECHANISMUS D. HOMOLYT. RK. MIT D. ISOTOPEN- U. MASSENSPEKTROMETR. METH. 11. MITT. 57-0110
GRAHAM S. H., BICYCLO(3.3.1)NONANE 1.MITT. 53-0117
- TRANSANULARE HYDRIDVERSCHIEB. IN BICYCL. SYST. 2.MITT. 54-0274
GRAMACCIOLI C. M., KRISTALLSTRUKTUR V. 2.4.6-TRINITRO-PHENETOL 58-0085
GRAMAIN J., SYNTH. IN D. 5ALPHA.13ALPHA-ANDROSTAN-REIHE 57-0397
GRAMMATICAKIS P., DARST. U. UV-ABSORPT. EINIGER 2.4.6-TRIMETHYL-BENZOYLHYDRAZONE 54-0198
- ABSORPT. V. ARYL- U. AROYLHYDRAZONEN IM ULTRAVIOLETTEN U. SICHTBAREN GEBIET 6.MITT. 55-0028
- SYNTH. U. UV-ABSORPTION EINIGER 2-METHYL- U. 2.4.6-TRIMETHYL-PHENYLSEMICARBAZONE 56-0037
- DARST. U. UV-ABSORPT. EINIGER 2.4.6-TRICHLOR-PHENYLHYDRAZONE 58-0237
- DARST. U. UV-ABSORPT. EINIGER 2.4.6-TRIMETHYL-BENZOLSULFONYLHYDRAZONE 60-0210
GRANCHELLI F. E., UNGEWOEHNL. GRIGNARD-ADDITION AN EIN CUMARIN 61-0127
GRAND M., NAPHTHYLSUBSTITUIERTE AMINOTHIOAETHER 57-0223
GRANDBERG I. I., MASSENSPEKTREN U. STRUKTUR ORGAN. VERB. 15.MITT. 59-0069
GRANDIN A., DARST. U. RK. V. 5-ARYL-3-IMINO-1.2-DITHIOL-HYDROCHLORIDEN 58-0332
GRANDJEAN D., KRISTALLSTRUKTUR V. NICKELPICOLINAT-TETRAHYDRAT 56-0089
GRANGER P., NMR U. DARST. ALPHA-DEUTERIERTER TOLUOLE 57-0033
GRANGER R., STEREOCHEMIE IN D. BICYCLO(5.4.0)UNDECANREIHE 1. MITT. 59-0285
- CIS- U. TRANS-OKTAHYDRO-CYCLOPENTA(B)- U. -CYCLOPENTA(C)PYRANE 59-0352
- KONFIG.-UNTERS. D. 5-AMINO-TRANS-PERHYDROINDANOLE-(6), SYNTH. V. DREI ISOMEREN 60-0268
GRANROTH B., BIOSYNTH. V. CYCLOALLIN IN D. ZWIEBEL 61-0569
GRANT P. K., SYNTH. V. A-NOR-19-NOR-TESTOSTERON 58-0480
GRANT R. R., REDUKTIVE ACETYLIER. V. QUERCETIN 57-0300
GRASHEY D., 1.3-DIPOLARE CYCLOADDIT. 31. MITT. 60-0133
GRASHEY R., 1.4-DIPOLARE CYCLOADDIT. 4.MITT. 58-0418
GRASSELLI P., GEM.-DIMETALLVERB., RK. V. GEM.-DIALUMINIUMVERB. MIT ALDEHYDEN U. KETONEN 57-0192
GRATZL J., OX. V. (14)C-MARKIERTEN PHENOLEN (LIGNINMODELLEN) IN WSS.-ALKAL. LSG. MIT SAUERSTOFF 59-0121
GRAY C. H., ORIENTIER. D. ALKYLGRUPPEN D. ENDSTAEND. RINGE D. NATUERL. U. RACEM. STERCOBILINS 53-0201
GRAYSON M., SEK. PHOSPHINOXIDE, EINFL. D. STRUKTUR AUF SAEURESTAERKE U. GESCHW. D. SPALT. V. DISULFIDEN 55-0094
GREAM G. E., OXYDATIVE DECARBOXYLIER. V. EXO- U. ENDO-2-CARBOXY-BORNAN MIT BLEI-TETRACETAT 54-0271
GRECO A., OLIGOMERISATIONSKATALYSATOREN 1. MITT. 58-0024
GREEN M., PENTAFLUORPHENYLARSEN-DERIV. 54-0208
- MECHANISMUS D. NUCLEOPHILEN SUBSTITUT.-RK. BEI POLYFLUORARENEN 58-0122
- VALENZTAUTOMERIE IN CYCLOOCTATETRAEN-RUTHENIUM-TRICARBONYL 60-0003
GREEN M. J., STEROIDSCHWEFELVERB. 1. MITT. 57-0398
- RK. V. SULFOXIDEN MIT SULFONYLHALOGENIDEN 61-0540
GREEN M. L. H., BEWEIS FUER D. WECHSELWRKG. D. NAECHSTEN NACHBARN IN EINIGEN CARBOXYMETHYL-UEBERGANGSMETALL-KOMPLEXEN 59-0001
GREENFIELD S., EPOXIDE 1. MITT. 61-0548
GREENWALD J. R., RK. V. TRIPHENYLPHOSPHIN MIT TRIHALOGENSAEUREDERIV. - BEQUEME DARST. V. ALPHA-HALOGENVINYLESTERN U. -NITRILEN 56-0244
GREGORY B., NICHT GLEICHART. METHYLENPROTONEN IN ASYMM. AETHYLAETHERN 56-0046
- KONSTIT. V. IPECOSID, EIN MONOTERPENOIDES ISOCHINOLIN 56-0444
GREGORY H., ALKALOIDE AUS KOPSIA-ARTEN 2. MITT. 58-0438
GREINER H., STEROIDE AUS HYODESOXYCHOLSAEURE, UEBER D. SEITENKETTENABBAU EINER 6BETA.19-EPOXY-CHOLANSAEURE 53-0225
GREKOV A. P., STRUKTUR U. RK.-FAEHIGK. V. HYDRAZINDERIVATEN 8.MITT. 61-0109
- STRUKTUR U. RK.-FAEHIGK. V. HYDRAZINDERIV. 9. MITT. 61-0110
- STRUKTUR U. RK.-FAEHIGK. V. HYDRAZINDERIV. 10. MITT. 61-0126
GREKSAKOVA O., DISSOZIATIONSKONSTANTEN V. ANTIPYRIN U. SEINEN DERIV. 58-0098
GRELLMANN K. H., PHOTOCHEM. SYNTH. HETEROCYCL. FUENFRINGE 58-0326
GREN' A. I., ALKOXYVERB. 24. MITT. 60-0394
GREN E. J., EINFL. D. STRUKTUR D. ANIONEN V. BETA-DIKETONEN AUF D. GESCHW. U. RICHT. D. ALKYLIER. 60-0118
GRENIER P., UNTERS. D. POLARITAET STATIONAERER PHASEN IN D. GAS-FL.-CHROMATOGRAPHIE 1. MITT. 58-0092
GRENON B. J., DECARBAETHOXYLIER. V. GEMINALEN DICARBAETHOXY-VERB. 53-0088
GRENZ M., POLYACETYLENVERB. 134. MITT. 61-0554
GREUB H. R., D. BIOLOG. VERH. V. FETTSAEUREN MIT DREIFACHBIND. 2. MITT. 55-0431
GREUSARD J., POLAROGRAPH. UNTERS. D. N-NITRAMINE 2. MITT. 57-0089
GREWE R., D. PARTIELLE BIRCH-RED. V. 1-BENZYL-ISOCHINOLIN-DERIV. 53-0163
- CYCLISIER. V. OCTAHYDRO-ISOCHINOLINDERIV. DURCH MORPHINAN-RINGSCHLUSS, SYNTH. D. DIHYDROTHEBAINONS 58-0391
- SYNTH. D. SHIKIMISAEURE 61-0248
GRIEVE A. J., WEITERE SYNTH. V. 1-, 2- U. 3-O-METHYL-D-MANNIT 53-0184
GRIFFIN B. E., SYNTH. V. OLIGORIBONUCLEOTIDEN 2. MITT. 59-0422
- SYNTH. V. OLIGORIBONUCLEOTIDEN 3. MITT. 59-0423
GRIFFIN C. E., PHOSPHONSAEUREN U. ESTER 18.MITT. 57-0162
GRIFFIN G. W., PHOTOFRAGMENTIER. V. OXIRANEN, VORSTUFEN FUER PHENYLCYANCARBEN U. PHENYLMETHOXYCARBONYLCARBEN 61-0335
GRIFFITHS J., PHOTOCHEM. UMLAGER. V. TROPOLONEN 3. MITT. 57-0255
- NEUES LSGM.-SYST. FUER PHOTOOXYDATIONEN 59-0156
GRIGAT E., NOTIZ ZUR HERST. V. PYRIMIDINEN AUS CYANSAEUREESTERN U. CH-ACIDEN VERB. 56-0396
GRIGG R., THERM. UMLAGER. V. 1-SUBSTITUIERTEN 1H-AZEPINEN ZU DERIV. D. 6-AMINO-FULVENS 54-0234
- DARST. U. PHOTOLYSE V. 2-HYDROXYALKYL-CO(III)-AETIOPORPHYRINEN I U. 2-HYDROXYAETHYL-COBALAMIN 58-0440
- DREISTUFENSYNTH. EINES NICKEL-CORRIN-PERCHLORATES AUS PYRROL. ZWISCHENPROD. 59-0037
- BLDG. V. NICKEL-TETRAHYDROCORRINEN U. -PORPHINEN AUS LINEAREN TETRAPYRROLEN VERSCHIEDENER OXYDATIONSSTUFEN 60-0456
GRIMALDI J., SYNTH. V. ALPHA-ALLEN. EPOXIDEN 61-0339
GRIMAUD J., ISOMERISIER. BEI D. BROMIER. V. 3-METHYL-(3-(14)C)BUTANON-(2) MIT N-BROM-SUCCINIMID, SYNTH. V. 3-METHYL-3-PHENYL-(2-(14)C)BUTANON-(2) 54-0188
GRIMISON A., WRKG. D. PROTONIER. AUF ELEKTRONENDICHTEN IN STICKSTOFFHETEROCYCLEN 59-0076
GRIMME W., THERM. UMLAGER. V. CIS-BICYCLO(6.1.0)NONATRI-EN-(2.4.6)-MOLYBDAENTRICARBONYL 53-0006
- METALLORGAN. VERB. 44. MITT. 60-0017

GRIN L. M., SYNTH. EINIGER ALPHA,BETA-UNGESAETT. ALKOHOLE
D. AROMAT. REIHE 54-0212
GRINEVA N. I., SYNTH. V. RIBONUCLEOSIDEN U.
DIRIBONUCLEOSID-PHOSPHATEN, D. 2-CHLOR-AETHYLAMIN U.
STICKSTOFF-LOST-RESTE ENTHALTEN 61-0480
GRINEVA V. S., SYNTH. V. DELTA(1)-PYRROLINEN 58-0317
GRISDALE P. J., BOR-PHOTOCHEMIE, 1-PHENYLCYCLOHEXADIEN-
(1.4) AUS NA-TETRAPHENYLBORAT 54-0238
GRIVNAK L. M., THIOSULFONSAEUREN 15. MITT. 54-0192
GROB C. A., FRAGMENTIER.-RK. 15. MITT. 54-0121
- FRAGMENTIER.-RK. 16. MITT. 55-0083
- SYNTH. V. GEMINAL METHYLIERTEN 4-CHLORBUTYLAMINEN
55-0134
- ENONAMIN-ENOLIMIN-TAUTOMERIE 57-0083
GROEBEL W., GAS-CHROMATOGRAPH. ANALYSE V. LINIMENTEN
56-0508
GROEBKE W., NATUERL. GERBSTOFFE 35.MITT. 61-0467
GROEGER D., BIOSYNTH. V. CATHARANTHUS-ALKALOIDEN 59-0510
GROENEVELD W. L., KOMPLEXE MIT S=O-HALT. LIGANDEN 3.MITT.
61-0003
GROHMANN K., UNGESAETTIGTE MAKROCYCL. VERB. 49 MITT. ALL-
CIS-1.6-DICHLOR-CYCLODECATETRAEN-(1.3.6.8) U. ALL-CIS-
1-CHLOR-CYCLODECATRIEN-(1.3.8)-IN-(6), DERIV. V.
DIHYDRO-(10)-ANNULEN 61-0241
GRONOWITZ S., PROTONENMAGNET. RESONANZ V. PYRIMIDINEN 3.
MITT. 59-0058
GROPPELLI G., REAKTION VON AETHYLAT MIT 1.2.3.3-
TETRAHALOGEN-CYCLOBUTENEN. ELEKTRONISCHE KONTROLLE DES
NUCLEOPHILEN ANGRIFFS 53-0084
GROS G., UMWANDL. V. 2-METHYL-3-CYCLOHEXYL-BUTANDIOL-
(2.3) ZU TERT.-BUTYL-CYCLOHEXYL-KETON U. 3-METHYL-3-
CYCLOHEXYLBUTANON-(2) 57-0200
- ISOMERISIER. V. KETONEN U. EINFL. D. TEMP. AUF D.
UMLAGER. SUBSTITUIERTER PROPANDIOLE-(2.3) 61-0247
GROSBORNE P., KINET. UNTERS. D. OX. V. AETHERN IN FL.
PHASE 61-0100
GROSS B., ZUS. V. AUS 2-ALLYLVERB. HERGESTELLTEN
KOHLENWASSERSTOFFGEMISCHEN, RK. V. 3-CHLOR-BUTEN-(1)
U. 1-CHLOR-BUTENEN-(2) MIT DICROTYL-MAGNESIUM 56-0165
GROSS H., ALPHA-HALOGENAETHER 29.MITT. 57-0158
- DERIV. D. PHOSPHORSAEURE-O-PHENYLENESTERS 5 MITT.
NOTIZ ZUR DARST. V. SAEUREBROMIDEN MITTELS O-
PHENYLENDIOXYPHOSPHORTRIBROMID (''BRENZKATECHYLPHOS-
PHORTRIBROMID'') 58-0191
- BEST. D. RELATIVEN AUTOX.-GESCHW. VERSCHIEDENER
KOHLENWASSERSTOFFE DURCH KONKURRENZRK. 60-0113
GROSSE D., SCHWING.-EFFEKTE 2. MITT. 54-0056
GROTH A. B., EMPFINDL. TEST FUER TERT. AMINE UNTER VERW.
V. ALPHA.GAMMA-ANHYDRO-ACONITSAEURE 57-0442
GROUILLER A., CHEMIE D. FLAVONE 5.MITT. 55-0330
- CHEMIE D. FLAVONVERB. 6. MITT. 60-0052
GRUDZINSKA P., SYNTH. V. DICARBONSAEURE-MONOALKYL-
CYANMETHYLESTERN U. IHRE RK. MIT PHENYLHYDRAZIN
61-0160
GRUENANGER P., MEHRKERN. ISOXAZOLE, 1.MITT. 54-0353
- MEHRKERN. ISOXAZOLE 3. MITT. 54-0355
- 3-PHENYL-4-AMINO-ISOXAZOL5-CARBONSAEURE 55-0250
GRUENDEMANN C., DIAZIRIDINE, 8.MITT. 53-0121
- CYCL. DIAZOVERB. 6. MITT. 59-0295
GRUENDEMANN E., PROTONENRESONANZ-UNTERS. ZUR INVERSION AM
DREIBINDIGEN STICKSTOFFATOM 1. MITT. 59-0059
GRUETZMACHER H., MASSENSPEKTROMETRIE INSTABILER ORGAN.
MOL. 1. MITT. 60-0065
GRUM-GRZIMAJLO M. A., LIPIDE 26. MITT. 58-0193
GRUNDER H. T., DIPOLMOMENTE 1.6-UEBERBRUECKTER (10)-
ANNULENE 54-0017
GRUNDON M. F., LITHIUM-HYDROGEN-(1-BUTYL)-BIS-
ISOPINOCAMPHEYL-BORAT, EIN REAGENZ FUER ASYMM. RED. V.
IMINEN 58-0010
- CHINOLIN-ALKALOIDE AUS SKIMMIA JAPONICA THUNB. 60-0451
- SYNTH. D. IFFLAIAMINS 61-0496
GRUSZECKI W., TUMORHEMMSTOFFE 37.MITT. 55-0279
GRYSZKIEWICZ-TROCHIMOWSKI E., THERM. ZERS. V.
METHANPHOSPHONSAEURE-METHYLESTERCHLORID U. METHANTHIO-
NOPHOSPHONSAEURE-METHYLESTERCHLORID 60-0201
GRZESKOWIAK R., VERW. V. PHENYLNATRIUM BEI D. DARST. V.
ALKYLPYRIDINEN 55-0295
GSCHWENDT M., CHEMIE D. PHORBOLS 3.MITT. 60-0475
- STRUKTUR U. STEREOCHEMIE D. TETRACYCL. DITERPENS
PHORBOL AUS CROTON TIGLIUM L. 61-0519
GSTIRNER F., VERGLEICHENDE CHEM. UNTERS. AN GINSENGDROGEN
58-0543
- EINFL. V. AEROSIL U. 'FUELLSTOFF R 972' AUF D.
FLIESSEIG. V. ZINKOXID 60-0511
GUBELT G., PROBLEM D. TERTIAEREN BUTANSULFOCHLORIDS
58-0180
GUEDJ R., NMR-UNTERS. EINER REIHE HOMOLOGER PHENOTHIAZINE
59-0064
- SCHONENDE OX. IN D. GASPHASE 6. MITT. 61-0239
- SCHONENDE OX. IN D. GASPHASE 7. MITT. 61-0240
GUEGUEN N., DISSOZIAT. EINIGER ARYLBORONSAEUREN IN W.-
METHANOL-GEMISCHEN 54-0082
GUENTHARD H. H., UNTERS. REVERSIBLER PHOTOPROZESSE DURCH
BLITZLICHTPHOTOLYSE 3.MITT. 55-0020
- UNTERS. REVERSIBLER PHOTOPROZESSE DURCH BLITZLICHTPHO-
TOLYSE 4. MITT. 57-0015
GUENTHER E., NATUERL. GERBSTOFFE 40. MITT. 61-0472
GUENTHER H., EINFL. D. DELOKALISAT. AUF PROTON-SPIN-SPIN-
KOPPL.-KONST. IN UNGESAETT. SYST. 60-0075
- PROTONENRESONANZ-SPEKTROSKOPIE UNGESAETT. RINGSYST.
6.MITT. 61-0053
- UMSETZ. D. 16ALPHA.17ALPHA-EPOXY-16BETA-
METHYLPREGNENOLONS MIT AMMONIAK U. PRIM. AMINEN
61-0543
GUENZET J., KINETIK U. MECHANISMUS D. SAEUREKATALYSIERTEN
ADDIT. V. ESSIGSAEURE AN CYCLOHEXEN 60-0141
GUERRA A. M., RK. V. 6-PHENYL-IMIDAZO(2.1-B)THIAZOL MIT
EINIGEN DIENOPHILEN 58-0342
GUERRA G., ANALOGIE U. EN-SYNTH. 18. MITT. 61-0421
GUERTLER O., ANALYT. STUDIEN AN ANORGAN. STICKSTOFFVERB.
1. MITT. 57-0439
- ANALYT. STUDIEN AN ANORGAN. STICKSTOFFVERB. 2. MITT.
57-0440
- ANALYT. STUDIEN AN ANORGANISCHEN STICKSTOFFVERB. 3.
MITT. 57-0441
- ANALYT. UNTERS. AM ANIONENAUSTAUSCHEP WOFATIT SBW 2.
MITT. 58-0545
GUESTEN H., KERNMAGNET. RESONANZ-SPEKTREN SUBSTITUIERTER
TRANS-STILBENE 53-0017
- KERNMAGNET. RESONANZSPEKTREN SUBSTITUIERTER CIS-
STILBENE 53-0019
- HMO-BERECHN. AN MONOSUBSTITUIERTEN TRANS-STILBENEN,
VGL. MIT D. KERNMAGNET. RESONANZSPEKTREN 60-0073
GUETTE J., BEZIEH. ZWISCHEN CHEM. VERSCHIEB. D. HYDROXYL-
PROTONEN U. STRUKTUR EINIGER ALPHA-DIOXIME U. ALPHA-
OXIMINOKETONE 58-0055
- ASYMM. SYNTH. DURCH RK. EINES CHIRALEN REAGENZ MIT
EINEM PARTNER MIT MINDESTENS EINEM ASYMMETRIEZENTRUM,
MENGENVERHAELTNIS D. VIER GEBILDETEN ENANTIOMEREN
58-0114
GUGGISBERG A., PAPAVER BRACTEATUM LINDL 4. MITT. 55-0429
GUHN G., FRAGMENTIER. V. AZOVERB. 5. MITT. 58-0103
GUHR U., ISOMERENBLDG. BEI D. SULFATIER. STELLUNGS- U.
KONFIG.-ISOMERER HOEHERMOL. N-OLEFINE 54-0144
GUIDOTTI R., NEUE SYNTH. V. EPOXIDEN MIT ALPHA-FUNKTION
57-0247
GUILARD R., POLAROGRAPH. VERH. V. SUBSTITUIERTEN
MONOHALOGENTHIOPHENEN 59-0109
GUILHEM J., ROENTGENUNTERS. D. KRIST.-STRUKTUR V.
DIHYDROXYANTHRACHINONEN 1. MITT. 58-0088
- ROENTGENUNTERS. D. KRIST.-STRUKTUR V. DIHYDROXYANTHRA-
CHINONEN 2.MITT. 58-0089
GUILLEMONAT A., RK. V. 2-CHLOR-2-METHYL-PENTIN-(3) MIT
CH3MGBR, DARST. V. TETRAMETHYLALLEN 56-0164
- PHOTOCHLORIER. V. N-PROPYL-BENZOL 56-0204
GUILLERM G., STEREOCHEMIE D. ALKINYLIER. V. ANTHRACHINON
57-0225
GUILLEUX J., STER. ORIENTIER. D. EPOXYDAT. V. STERINEN
3.MITT. 55-0384
GUILLOT G., GASCHROMATOGRAPH. UNTERS. D. ISOMERENGLEICH-
GEW. V. ALPHA-KETOLEN 60-0101
GUIOCHON G., GAS-FESTKOERPER-CHROMATOGRAPHIE AN
KRISTALLINEN ORGAN. VERB., TRENN. V. PHENOLEN AN
KUPFERPHTHALOCYANIN 60-0514
GUIRAUD G., UNTERS. UEBER AZOLE 20. MITT. 55-0245
GUNDALOVA T. M., SYNTH. V. 1-HYDROXYMETHYL-2-AMINOMETHYL-
CYCLOPROPAN 61-0253
GUNN D. M., BESTANDTEILE V. ERYTHROXYLON MONOGYNUM ROXB.
3. MITT. 57-0424
GUNNING H. E., PHOTOLYSE V. TRICARBONYL-CYCLOBUTADIEN-
EISEN, HINWEIS AUF D. BLDG. V. FREIEM CYCLOBUTADIEN
59-0017
GUNSTONE F. D., AFZELIA CUANZENSIS-SAMENOEL, QUELLE FUER
CREPENINSAEURE U. 14.15-DEHYDROCREPENINSAEURE 57-0421
GUPTA A. S., FRIEDEL-CRAFTS-KONDENS. V. ALLYLMALONSAEURE-
DIAETHYLESTER MIT ANISOL 58-0231
GUREVICH A. I., TETRACYCLIN-REIHE. 44. MITT. 53-0109
GUSAROV A. V., VINYLAETHER D. HALOGENALKOHOLE 1. MITT.
56-0170
GUSEJNOV K. Z., AROMAT. THIOLE 3. MITT. 54-0193
GUSEVA L. J., HERBIZIDE U. REGULATOREN D. PFLANZENWACHS-
TUMS 45. MITT. 56-0208
GUSTAFSON D. H., TOTALSYNTH. V. ALPHA-SANTALOL 54-0408
GUSTAFSSON R., SAEUREKATALYSIERTE RK. ZWISCHEN
CHLORACETON ODER 1.3-DICHLORACETON U. SCHWEFELWASSER-
STOFF 60-0417
GUT J., NUCLEINSAEUREBESTANDTEILE U. ANALOGA 87. MITT.
54-0362
- BESTANDTEILE D. NUCLEINSAEUREN U. IHRER ANALOGEN,
91.MITT. 56-0361
GUTHRIE R. D., VERW. V. MIT PERJODAT OXYDIERTEN
GLYKOSIDEN ZUR ROBINSON-SCHOEPF-KONDENS., EINIGE
ANALOGE D. 9-METHYL-3-OXAGRANATANONS-(7) 53-0176
- STICKSTOFFHALT. KOHLENHYDRATE 13. MITT. 54-0286
- STICKSTOFFHALT. KOHLENHYDRATDERIV. 14. MITT. 59-0421
- LSGM.-ABHAENGIGK. D. OPT. ROTAT.-DISPERS.-SPEKTREN V.
17-PHENYLAZO-STEROIDEN 60-0036
GUTMANN V., DONORSTAERKEN IN 1.2-DICHLORAETHAN 3. MITT.
56-0099
GUTOWSKI G. E., 6-DESOXY-5-THIO-L-TALOPYRANOSE 54-0380
GUYOT M., NEUE SYNTH. V. 2-PHENYL-NAPHTHALIN 58-0278
GUY-ROUAULT A., SYNTH. V. CYCLOPROPANEN AUS SULFONEN,
ANWEND. AUF CHRYSANTHEMSAEURE 57-0204
GUZIK H., SYNTH. V. OESTRATRIEN-(1.3.5,10)-TETRAOL-
(3.15ALPHA.16ALPHA.17BETA), EINEM NEUEN METABOLITEN D.
OESTRADIOLS 60-0486
GUZZI U., STEROIDE 28. MITT. 58-0486
GYIMESI J., GEGENSTROMVERTEIL. V. TRICHOMYCIN,
CANDICIDIN U. HAMYCIN, D. ANTIFUGALEN HEPTAEN-
MACROLID-ANTIBIOTIKA DER AROMAT. UNTERGRUPPE 55-0405

- STRUKTUR V. CROTOCIN, EINEM ANTIFUNGALEN ANTIBIOTIKUM 57-0417
GYOERFI Z., SYNTH. V. NEUEN C-5 SUBSTITUIERTEN 2-ALLYL-AMINO-1.3.4-THIADIAZOLEN, VERB. MIT EVENTUELLER CYTOSTAT. WKRG. 61-0394
GYOERGYDEAK Z., CYCLISIER.-RK. V. MONO- U. DISUBSTITUIERTEN BIGUANIDEN MIT PHENYLISOTHIOCYANAT 59-0392
GYOERGYFY K., IDENTITAET V. NEOXANTHIN U. FOLIAXANTHIN 59-0443
GYSLING H. J., SYNTH. V. ANORGAN. KETTENISOMEREN D. SELENOCYANAT-IONS 60-0030

H

HAAKE M., ALPHA-HALOGENIERTE AMINE 18. MITT. 60-0389
HAAR F. VON DER, ZUR WEITEREN KENNTNIS D. CHLOROPHYLLS U. D. HAEMINS 7. MITT. UEBER MESO-OXO-PORPHINOGENE 53-0130
- ZUR KENNTNIS D. CHLOROPHYLLS U. D. HAEMINS 10.MITT. 55-0053
HAAS A., DARST. U. EIG. V. CHLORFLUORMETHYLSULFENYLPSEU-DOHALOGENIDEN 54-0156
HAASE H., DURCH JOD KATALYSIERTE SCHWEFELKOHLENSTOFF-CHLORIER. 58-0181
- UMSETZ. MIT TRICHLORMETHANTHIOSULFENYLCHLORID 58-0224
HABAGUCHI K., LANSOESAEURE, EIN BICYCL. TRITERPEN 61-0526
HABERMALZ U., ZUR STRUKTUR D. ALKALIPROD. AUS N-PHENACYL-ISOCHINOLINIUMSALZEN 61-0443
HABERMEHL G., SAMANDARIN U. VERWANDTE ALKALOIDE 17.MITT. 61-0498
HABISCH D., DIAZIRIDINE, 8.MITT. 53-0121
HABLOT J., SYNTH. V. GAMMA-ACETYLENKETONEN 60-0182
HABRAKEN C. L., PYRAZOLE 3. MITT. 54-0031
HADDADIN M. J., PHOTOLYSE EINES CHINOXALIN-DI-N-OXIDS 54-0364
HADFIELD J. R., BIOSYNTH. V. PILZMETABOLITEN 2. MITT. 57-0435
HADLINGTON M., UNSYMM. DISUBSTITUIERTE FERROCENE 1. MITT. 61-0026
HADZI D., WASSERSTOFFBRUECKENBIND. IN DILEUCINHYDROCHLO-RID (IM VGL. MIT TRIGLYCINSULFAT) 54-0047
HAECKER W., KOMPLEXSALZE D. DIAETHYLBERYLLIUMS MIT QUARTAEREN AMMONIUMHALOGENIDEN 54-0003
HAEFLIGER W., SYNTH. U. CHIRALITAET D. (-)-CANNABIDIOLS 55-0413
HAENSEL R., INHALTSSTOFFE V. PIPER-ARTEN 14.MITT. 55-0027
- ZUR FRAGE D. 'HELICHRYSUM-AURONOLS', EINE BERICHTIG. 55-0271
- NOTIZ ZUR STRUKTUR D. CUBEBINS 60-0066
- BEMERK. ZU EINEM FORMELVORSCHLAG FUER 'SILYBIN' 61-0411
HAERLE E., CHEMIE D. PHORBOLS 2.MITT. 55-0364
- STRUKTUR U. STEREOCHEMIE D. TETRACYCL. DITERPENS PHORBOL AUS CROTON TIGLIUM L. 61-0519
HAEUSLER C., IR-UNTERS. V. GASGEMISCHEN AUS HCL U. EINIGEN CARBONYLVERB. 54-0080
HAFNER K., PROTONIER. V. 1-FORMYL- U. 1-ACETYL-AZULENEN 58-0130
HAGE S. M., ANIONRADIKALE 4. MITT. UEBER RADIKAL. U. NICHT-RADIKAL. ALKALIMETALLADDUKTE AROMAT. AZOXYVERB. 56-0229
HAGEMAN H. J., KONFORM. NICHTAROMAT. RINGVERB. 33. MITT. 59-0086
HAGIHARA N., DIMERISAT. V. BUTADIEN MIT PALLADIUM-KOMPLEX-KATALYSATOREN 59-0110
HAGIWARA T., GESCHW. D. RK. V. SUBSTITUIERTEN O-METHOXYPHENYLMAGNESIUMBROMIDEN MIT DI-TERT.-BUTYL-KETON 58-0132
HAGLID F., SYNTH. V. TETRAHYDRO-NAPHTHYRIDINEN 57-0311
- METHYLIER. V. NICOTIN MIT METHYL-LITHIUM 58-0387
- METHYLIER. V. 3-PICOLIN U. N-(3-PICOLYL)-PYRROLIDIN MIT METHYL-LITHIUM 58-0388
HAHN I., BEST. D. RELATIVEN AUTOX.-GESCHW. VERSCHIEDENER KOHLENWASSERSTOFFE DURCH KONKURRENZRK. 60-0113
HAHN W. E., RK. V. DIMERCAPTO-MALEINSAEURE 7.MITT. 60-0395
HAKR J., DIHYDROPYRIDINE 14. MITT. 57-0315
HALDER N., MUSCARIN 15.MITT. 60-0447
HALFAR K., STRUKTUR V. FORMAZANEN 59-0223
HALL C. D., FAWORSKI-UMLAGER. V. PULEGONEPOXIDEN 55-0173
- RK. V. CYCLOPENTADIENYLIDEN-TRIPHENYLPHOSPHORAN MIT CYAN-OLEFINEN 61-0256
HALL D. M., DARST. U. STRUKTURBEWEIS V. BENTLEY U. ROBINSON'S 'DEHYDROTHEBAIN' 54-0400
HALL G. E., MAGNET. NICHT-AEQUIVALENZ IN D. METHYLENGRUPPE EINES AETHYLESTERS 53-0016
HALL L. H., ENDO- U. EXO-UEBERGANGSZUSTAENDE IN D. DIELS-ALDER-RK. 61-0123
HALL R. T., (19)F-NMR V. EINIGEN FLUORCHINOLINEN 58-0049
HALLER G., FERROCENDERIV. 32. MITT. 54-0012
- FERROCENDERIV. 33. MITT. 59-0031
- FERROCENDERIV. 34. MITT. 59-0032
HALLER R., SYNTH. EPIMERER ALKOHOLE AUS HETEROCYCL. BETA-KETODICARBONSAEUREESTERN 55-0267
- EINFL. POLARER GRUPPEN AUF D. STEREOCHEMIE D. RED. MIT LITHIUMALANAT 59-0355
HALLMAN P. S., SELEKT. KATALYT. HOMOGENE HYDRIER. V. ENDSTAENDIGEN OLEFINEN UNTER VERW. V. TRIS-(TRIPHENYLPHOSPHIN)-HYDRIDOCHLORORUTHENIUM-(II), H-D-AUSTAUSCH U. ISOMERISIER.-RK. V. OLEFINEN 58-0108
HALPERN B., MAGNET. NICHTAEQUIVALENZ EINER ISOPROPYLGRUP-PE AUF GRUND STER. HINDER. 56-0044
- BEST. D. ABS. KONFIG. V. ALPHA-ALKYLPHENYLESSIGSAEUREN DURCH GAS-FL.-CHROMATOGRAPHIE 56-0079
- SPALT. V. TERT.-BUTYLOXYCARBONYLPEPTIDEN MIT AMEISENSAEURE 60-0490
- NMR-SPEKTROSKOP. UNTERS. D. STER. REINH. V. MODELL-PEPTIDEN 61-0078
HALSALL T. G., WESTAFRIKAN. HOELZER 19. MITT. 53-0210
- ISOLIER. V. CYCLOARTENOL U. 24-METHYLEN-CYCLOARTANOL AUS D. UNECHTEN KOLANUSS (GARCINIA KOLA HECKEL) 55-0372
- WESTAFRIKAN. HOELZER 20. MITT. 58-0467
HALTON B., CYCLOPROPANONE U. VERWANDTE VERB. 3. MITT. 58-0298
HAM N. S., ZUSAMMENFALL D. SATELLITENBANDEN IM (1)H-NMR-SPEKTRUM V. DIMETHYLQUECKSILBER U. METHYLQUECKSILBER-JODID 57-0004
HAMANN K., RK. V. N-DICHLORMETHYLEN-CARBONSAEUREAMIDEN 2. MITT. 61-037'
HAMBOECK H., SYNTH. MIT NITRILEN 12. MITT. 56-0301
HAMBRIGHT P., BLDG.-KONST. EINIGER PYRIDIN-METALLPORPHYRINE 59-0015
HAMELIN M., STRUKTURUNTERS. D. STRONTIUMVIOLURATS (C4H2N3O4)2SR-4H2O 60-0008
HAMILTON A., POLYSACCHARIDE AUS SOJABOHNEN 3. MITT. 58-0515
HAMILTON L., RK. V. ARYL-AROYL-AZIRIDINEN MIT DIPHENYLJODONIUMJODID 58-0340
HAMILTON P. G., ELEKTROKAPILLARUNTERS. D. PYRIDIN-ADSORPT. IN KALIUMCHLORID-LSG. 58-0094
HAMMER D., 1,4-PHENYLEN-BIS-DIPHENYLDERIV. D. ELEMENTE D. 5. HAUPTGRUPPE D. PERIODENSYST. 59-0002
HAMMER W., SYNTH. IN D. BIS-INDENO-FLUOREN-REIHE 3. MITT. 60-0279
HAMMOND G. S., PHOTOCYCL. ADDIT. V. CARBONYLVERB. AN ALLENE 59-0296
HAMMOND W. B., CYCLOPROPANONE 6. MITT. 61-0254
HAMPSON P., CHEM. VERSCHIEB. V. (14)N IN EINIGEN HYDROXYCHINOLINEN 59-0051
HANACK M., NACHBARGRUPPENWRKG. U. UMLAGER. BEI 2-METHYLENCYCLOHEXYLCARBINYLVERB. 56-0125
- HOMOALLYLUMLAGER. BEI PYROLYSERK. 58-0134
- SOLVOLYSEN V. (CYCLOOCTEN(4)-YL-(1)-METHYL)-TOSYLAT U. ENDO-BICYCLO(3.3.1)NONYL-(2)-TOSYLAT 58-0295
- CYCLOPROPANVERB. 11. MITT. 59-0240
HANAOKA M., TOTALSYNTH. V. SECURININ U. VIROSECURININ 55-0338
HAND E. S., STRUKTURAUFKLAER. D. DURCH RK. V. 1,4-NAPHTHOCHINON MIT HYDRAZIN ERHALTENEN PENTACYCL. CINNOLINS 61-0436
HANDA K. L., CHEM. BESTANDTEILE D. WURZELN V. SELINUM VAGINATUM 1. MITT. 57-0298
- MEXICANOL 61-0528
HANDS A. R., 2.2.2-TRIPHENYL-1.2-OXAPHOSPH(V)OLAN U. -OXAARS(V)OLAN 58-0344
HANESSIAN S., RK. V. KOHLENHYDRATEN MIT OXONIUMSALZEN 1. MITT. 56-0415
HANIFIN J. W., NMR-UNTERS. V. EINIGEN CHROMON-KETEN-DIMETHYLACETAL-PHOTOADDUKTEN. WEITREICHENDE SPIN-SPIN-KOPPL. U. KONFORM.-ANALYSE V. ANKONDENSIERTEN CYCLOBUTANEN 59-0063
HANIKAINEN R. M., IONISATIONSKONST. V. SUBSTITUIERTEN 2-NITROPHENOLEN IN 50 PZIG. WSS. AETHANOL 56-0102
HANKS D. R., HETEROCYCL. VERB. AUS HARNSTOFF-DERIV. 12. MITT. 57-0296
HANNAH E. D., ABSPALT. V. TOLUOL-P-SULFONYL-GRUPPEN AUS SULFONAMIDEN 3.MITT. 55-0237
HANNART J., STEROIDALKALOIDE, UMLAGER. D. 3-AMINO-DELTA(5)-STEROID-GERUESTES IN SAUREM MEDIUM, ENTSTEH. V. DERIV. D. A-NOR-D-HOMO-ANDROSTANS 59-0480
HANRAHAN E. S., MOL.-ORBITAL-BERECHN. AN 8-HYDROXY-CHINOLIN U. EINIGEN SEINER AZA-ANALOGA 61-0070
HANSEN A., RK.-WEISE D. CYCLOPROPENONSYST., 4.MITT. 56-0366
HANSON J. R., CHEMIE V. TETRACYCL. DITERPENOIDEN 5. MITT. 54-0410
- CHEMIE V. TETRACYCL. DITERPENOIDEN 6. MITT. 54-0411
- NEUE STOFFWECHSELPROD. V. GIBBERELLA FUJIKUROI 12. MITT. 54-0460
- BLDG. V. RING C IN DITERPENEN 56-0448
HANSTEIN W., MECHANISMUS D. WASSERSTOFFUEBERTRAG. MIT PYRIDINNUCLEOTIDEN, 28. MITT. 54-0049
HANUISE J., DARST. V. METHYLCYCLANYLKETONEN DURCH RK. NACH DARZENS-KONDAKOV U. NENITZESCU 60-0241
HANUS V., STRUKTUR VON MECAMBRIDIN (OREOPHILIN). 17. MITT. UEBER ALKALOIDE DER GATTUNG PAPAVER 53-0197
- ISOLIER. U. CHEMIE D. ALKALOIDE AUS PFLANZEN D. GATT. PAPAVER 36. MITT. 54-0398
- MASSENSPEKTREN D. 13-OXOPROTOPIN-ALKALOIDE U. DEREN TETRAHYDRODERIV. 58-0063
- MASSENSPEKTROMETRIE V. ALKALOIDEN V. RHOEADIN-TYP 61-0058
HARA M., PHOTOLYSE V. N-BUTYLCYANAT 57-0152
- PHOTOADDIT. V. DIAETHYLOXOMALONAT AN OLEFINE 60-0304
HARADA H., STEREOCHEMIE U. ABS. KONFIG. V. STENIN U. TUBEROSTEMONIN 59-0436

HARAYAMA T., STRUKTUR V. FAWCETTIMIN, BEZIEH. ZU SERRATININ 55-0343
HARDEGGER E., MUSCARIN 15.MITT. 60-0447
HARDING C. J., UEBERGANGSZUSTAND BEI D. GASPHASENELIMINIER. V. HALOGENIDEN 57-0106
HARDMAN M. J., RK. V. 5ALPHA-HYDROXYSTEROIDEN 7. MITT. 53-0224
- SAEUREKATALYSIERTE RK. V. ALKOHOLEN IN ACETANHYDRID 57-0096
HARDY G., RADIKAL. POLYMERISAT. V. EINIGEN NORBORNEN-DERIV. 57-0425
- RADIKAL. KOPOLYMERISAT. V. NORBORNEN-DERIV. MIT MALEINANHYDRID 57-0426
- STRAHL.-INDUZIERTE POLYMERISAT. IM FESTEN ZUSTAND 18. MITT. 57-0427
- STRAHL.-INDUZIERTE FESTSTOFF-POLYMERISAT. 19.MITT. 57-0428
- STRAHLENINDUZIERTE FESTSTOFFPOLYMERISAT. 20. MITT. 59-0500
HARDY J., PHOTOCHROMIE U. PHENANTHREN-CYCLISIER. V. CIS-3-BENZOYL-2.3-DIPHENYL-ACRYLSAEURE, EINFL. D. LSGM. 60-0314
HARDY P. M., PEPTIDE 24. MITT. 53-0233
HARDY W. B., DIREKTE UMWANDL. AROMAT. NITROVERB. IN ISOCYANATE MIT KOHLENMONOXID 55-0159
HARE C. R., BEZIEH. ZWISCHEN COTTON-EFFEKT IN D. LAD.-UEBERTRAG.-BANDE U. D. ABS. KONFIG. V. ALPHA-AMINOSAEUREN IN KUPFER(II)-KOMPLEXEN 61-0002
HARGITTAI I., MOL.-STRUKTURUNTERS. AN (CH3)2NSO2CL DURCH ELEKTRONENBEUG. 59-0081
HARGREAVES J. R., RK. V. ALPHA.BETA-UNGESAETT. SAEURECHLORIDEN MIT ENAMINEN 1. MITT. 61-0307
HARGREAVES M. K., ZIRKULARDICHROISMUS V. S(+)-MILCHSAEURE 59-0041
HARLEY-MASON J., SPALT. V. HEXAHYDRO-INDOLPYRROCOLIN ZU NEUNGLIEDR. RINGSYST. 54-0377
- TOTALSYNTH. V. (+-)-METHOXYCARBONYL-DIHYDROCLEAVAMINEN 56-0422
HARNIK M., ACETYLIER. U. TRIFLUORACETYLIER. V. STEROIDEN AN C(16) 53-0227
- RED. V. 3.6-DIMETHOXY-OESTRAPENTAEN- U. 3.6-DIMETHOXY-OESTRAHEXAENCARBONSAEUREN 57-0395
- VERW. V. 2-METHYL-2-CARBOXYMETHYL-3-OXO-CYCLOPENTANCARBONSAEURE-DERIV. BEI STEROIDSYNTH. 61-0537
HARRIS D., D. CHEMIE D. 6A-THIATHIOPHTHENE 55-0256
- 1.3-DITHIANE 1. MITT. 57-0326
HARRIS D. L., CIS-TRANS-ISOMERIE BEI N-ARYL-FORMAMIDINIUMSALZEN 57-0058
- STRUKTUR V. MONO-, DI- U. TRI-PROTONIERTEN BIGUANIDEN 60-0067
HARRIS E. E., SYNTH. V. PYRIDOXIN DURCH DIELS-ALDER-RK. V. 4-METHYL-5-ALKOXY-OXAZOLEN 54-0452
HARRIS M. M., RACEMISIER.-PARAMETER FUER 8'-METHYL-1.1'-BINAPHTHYL-8-CARBONSAEURE, UNBEDEUTENDE STER. HINDER. D. CARBONSAEURE-GRUPPE 54-0118
- OPTISCHE AKTIVITAET IN D. BINAPHTHYL-(1.1')-REIHE, ENERGIEBARRIEREN D. RACEMISIER. V. 8-SUBSTITUIERTEN BINAPHTHYLEN-(1.1') 58-0139
HARRIS R. K., NMR-SPEKTREN SUBSTITUIERTER DIPHOSPHINE U. IHRER DERIV., TAEUSCHEND EINFACHE SPEKTREN 56-0050
- KERNMAGNET. RESONANZUNTERS. D. GEHINDERTEN INNEREN ROTAT. IN D. DAMPFPHASE, DIMETHYL-NITROSAMIN 58-0071
HARRISON J. W., TAXINE, 5.MITT. 56-0489
- TAXINE 6. MITT. 56-0490
HARRISON M. J., RK. V. BLEITETRAACETAT 9. MITT. 57-0217
HARRISON P. G., ORGANOZINN-CHEMIE 4. MITT. 55-0011
- RK. V. ORGANOMETALLVERB. 8. MITT. 61-0021
HARRISON R., SYNTH. EINES 1-3-VERKNUEPFTEN DISACCHARIDS AUS ZWEI D-GLUCOSAMIN-EINHEITEN 53-0185
- SYNTH. EINES 1-4-VERKNUEPFTEN DISACCHARIDS AUS ZWEI D-GLUCOSAMIN-EINH. 61-0465
HART F. A., (1)H-NMR-SPEKTRUM V. DIAMAGNET. U. PARAMAGNET. KOMPLEXEN D. SELTENERDMETALLSALZE MIT EINEM AROMAT. AMIN 54-0001
HART H., DICARBONIUMIONEN D. BIPHENYL-REIHE 56-0036
- ALKOXYCARBONIUMIONEN 3. MITT. 56-0055
- LAD.-VERTEIL. IN DICARBONIUMIONEN 56-0056
- EINFL. V. METHYLGRUPPEN AUF D. PHOTOLYSE V. DIENONEN, PENTAMETHYL-CYCLOHEXADIEN-(2.4)-ONE 58-0259
- EINGEHENDERE PRUEF. D. MECHANISMUS D. PHOTOLYT. RINGOEFFN. V. CYCLOHEXADIEN-(2.4)-ONEN 59-0247
HART N. K., UNARIN C, D. (SPECIOPHYLLN), E U. F, C(3)- U. C(7)-EPIMERE OXINDOLE, D. MIT TETRAHYDROALSTONIN VERWANDT SIND 54-0393
- UNTERS. D. STEREOCHEMIE AM C(3) U. C(7) BEI D. UNCARINEN C,D,E U. F DURCH ZIRKULARDICHROISMUS 55-0063
- STEREOCHEMIE V. FORMOSANIN (UNCARIN B) U. UNCARIN A 60-0081
HARTKE K., 6-AMINO-FULVENE 3. MITT. UEBER HETEROSUBSTITUIERTE FULVENE 53-0170
HARTMANN H., ELEKTROPHILE RK. AM 2-AMINOTHIOPHENSYST., DARST. U. EIG. V. SUBSTITUIERTEN THIENYL-ARYL-METHINEN 61-0359
HARTMANN W., PHOTOSENSIBILISIERTE C4-CYCLOADDIT. MIT VINYLENCARBONAT 53-0132
HARTOG J., STERINE 31.MITT. 56-0463
HARTSHORN M. P., RK. V. 5ALPHA-HYDROXYSTEROIDEN 7. MITT. 53-0224
- RK. V. EPOXIDEN 13. MITT. 56-0465
- SAFUREKATALYSIERTE RK. V. ALKOHOLEN IN ACETANHYDRID 57-0096
- RK. V. EPOXIDEN 14. MITT. 61-0533
HARTSHORN S. R., SEK. WASSERSTOFF-ISOTOPEN EFFEKTE BEI D. NITRIER. V. ANILINIUM-IONEN 54-0127
HARTUNG H., RK. MIT PHOSPHINALKYLENEN 17. MITT. 61-0227
HASAN M., SYNTH. V. SUBSTITUIERTEN PYRIDINEN 4.MITT. 58-0385
HASEGAWA M., TERPENOIDE 59. MITT. 53-0033
- TERPENOIDE 60. MITT. 57-0069
HASHIZUME T., BESTANDTEILE D. JAPAN. PFEFFERMINZOELS 1.MITT. 61-0523
HASIAK B., PYROLYSEPROD. V. ALPHA-PROPYL-N.N-DIMETHYL-PIPERIDINIUMHYDROXID 60-0391
HASLAM D. L., SAURE SPALT. V. 6-METHOXY-2-(2.4.6-TRIMETHOXY-BENZOYL)-CUMARANON-(3) 61-0357
HASLAM E., OX. EINIGER PYROGALLOL- U. PURPUROGALLINDERIV. 59-0207
HASSALL C. H., BIOSYNTH. V. PHENOLEN 11. MITT. 58-0272
- AMINOSAEUREN U. PEPTIDE 6.MITT. 58-0502
HASSERODT U., CHEMIE D. SCHWEFELCHLORIDE 1. MITT. 58-0199
HASSNER A., STEREOCHEMIE 22. MITT. 54-0428
- RK. V. PHENYLHYDRAZIN MIT ALPHA-SUBSTITUIERTEN EPOXIDEN U. KETONEN, ZWISCHENSTUFEN D. OSAZONBLDG. BEI STEROIDEN 54-0449
- STEREOCHEMIE, 28. MITT. 56-0317
- SYNTH. V. AMINEN MIT DIBORAN 60-0264
HASZELDINE R. N., POLYFLUORARENE 8. MITT. 53-0094
- N-FLUOR-VERB. 2. MITT. 56-0362
- CYCLOPROPANE ALS QUELLE FUER DIFLUORCARBEN 57-0191
- MECHANISMUS D. NUCLEOPHILEN SUBSTITUT.-RK. BEI POLYFLUORARENEN 58-0122
- DARST. V. BIS-(TRIFLUORMETHYL)-NITROXYVERB. 59-0194
- PERFLUORALKYL-DERIV. D. STICKSTOFFS 25. MITT. 59-0196
- SYNTH. U. RK. V. PENTACHLORPYRIDIN 59-0365
- RK. V. FLUOROLEFINEN MIT DIKOBALTOCTACARBONYL 60-0029
HATA T., CHEMIE D. LEUCOMYCINE 1. MITT. 54-0454
- CHEMIE D. LEUCOMYCINE 2. MITT. 56-0479
HATA Y., UMLAGER. D. BENZOBICYCLO-(3.2.0)-HEPTENYL-SYST. ZU D. (INDENYL-(2))-AETHYL- U. BENZOBICYCLO-(2.2.1)-HEPTENYL-SYST. 54-0278
HATAM N. A. R., BESTANDTEILE V. SEQUOIA SEMPERVIVENS, STRUKTUREN V. SEQUIRIN B U. C 55-0409
HATHAWAY B. J., ELEKTRONENSPEKTREN V. AUF DER OBERFLAECHE V. SILICAGEL ADSORBIERTEN KATION. AMINKOMPLEXEN DES NI(II)-IONS 59-0005
- STRUKTUR V. (CU(EN)2)(BF4)2 U. INFRAROT-SPEKTROSKOP. MERKMAL FUER ''SEMI-KOORDINIERTE'' POLYANIONEN 59-0007
HATTON R., N-FLUOR-VERB. 2. MITT. 56-0362
HATZ R., DEKONJUGIER. ALPHA.BETA-UNGESAETT. CARBONYLVERB. 1. MITT. 55-0072
HAUG A., CHEM. HETEROGENITAET V. CARRAGHEENANEN, GEZEIGT DURCH FRAKTIONIERTE FAELL. MIT KALIUMCHLORID 57-0436
- SEQUENZ V. URONSAEUREESTERN IN ALGINSAEURE 60-0504
- BEZIEH. ZWISCHEN CHEM. STRUKTUR U. PHYSIKAL. EIG. V. ALGINATEN 60-0505
HAUG W., GLYKOLSPALTENDE REAGENZIEN 3. MITT. 60-0513
HAUPTMANN S., OMEGA-DIAZOFETTSAEUREESTER 5.MITT. 57-0282
- OMEGA-DIAZOFETTSAEUREESTER 6.MITT. 61-0342
- OMEGA-DIAZOFETTSAEUREESTER 7. MITT. 61-0343
- SYNTH. V. 1-AMINO-4-ARYL-1.2.3-TRIAZOLEN AUS ALPHA.ALPHA-DIBROM-CARBONYLVERB. 61-0390
HAUSER C. R., 1.3-DIANION V. DIMETHYLSULFON U. 1.1-DIANION V. BENZYLPHENYLSULFON 61-0261
HAUSER D., DESAMINIER. V. 6-AMINOPENICILLANSAEURE 60-0494
HAUSIGK D., ACYL-LACTON-UMLAGER. 42. MITT. 61-0164
HAUSSMANN W., SYNTH. V. 2-N-SULFONYLAMINO-1.3.4-OXDIAZOLEN 55-0259
- DIAMINOMETHYLEN-SULFONAMIDE U. ACETALE V. SULFONYLISOCYANATEN 60-0333
- DISUBSTITUIERTE C-CHLOR-AMINO-METHYLENSULFONAMIDE U. N-ALKOXYCARBONYL-C-CHLOR-METHYLENAMIDE 61-0211
- DARST. U. RK. V. N-(C-CHLOR-S-CHLORMERCAPTOMETHYLEN)-CARBONSAEUREAMIDEN U. IHREN DERIV. 61-0213
HAUTHAL H. G., SAEUREKATALYSIERTE RK. V. NITROSOVERB. 1. MITT. 57-0115
- BEST. D. RELATIVEN AUTOX.-GESCHW. VERSCHIEDENER KOHLENWASSERSTOFFE DURCH KONKURRENZRK. 60-0113
HAUW C., KRIST.-STRUKTUR D. 2.3-DIBROM-ANTHRACHINONS-(1.4), VORL. MITT. 56-0093
- KRISTALL- U. MOLEKULARSTRUKTUR D. VITAMINS K(5) (VORL. MITT.) 56-0094
HAVERLAND H., UNTERS. AN GAMMA-PYRONEN 14. MITT. 61-0404
HAVINGA E., PHOTORK. AROMAT. VERB. 13.MITT. 56-0233
- KONFORM. NICHTAROMAT. RINGVERB. 35. MITT. 57-0059
- KONFORM. NICHTAROMAT. RINGVERB. 36.MITT. 57-0060
- ABBAURK. V. HISTIDIN MIT JOD 57-0122
- UNTERS. EINES MOEGL. (14)C-ISOTOPEN-EFFEKTES BEI PHOTODISSOZIAT. 58-0142
- KONFORM. NICHTAROMAT. RINGVERB. 33. MITT. 59-0086
- KONFORM. V. OFFENKETT. VERB. 1. MITT. 61-0077
HAVLICEK S. C., PHOTOCHEM. CYCLISIER.-RK. 60-0384
HAVRANEK M., AMINOSAEUREN U. PEPTIDE 72. MITT. 58-0495
HAWES E. M., 1.8-NAPHTHYRIDINE 2. MITT. 61-0434
HAWKINSON S., MOLEKULARSTRUKTUR V. FUENF- U. SECHSGLIEDRIGEN CYCL. SULFONATEN 56-0090
HAWKS G. H., HETEROCYCL. SYNTH. MIT O-AMINONITRILEN 28. MITT. 59-0376

HAWKSLEY M. L., WEITERE SYNTH. V. 1-, 2- U. 3-O-METHYL-D-MANNIT 53-0184
HAWLEY L. B. JUN., SYNTH. D. POLYALTHSAEUREANTIPODEN AUS LAEVOPIMARSAEURE 54-0409
HAWORTH R. D., HUMINSAEURE 2. MITT. 56-0482
- HUMINSAEUREN 1. MITT. 57-0040
- OX. EINIGER PYROGALLOL- U. PURPUROGALLINDERIV. 59-0207
HAWTREY A. O., DARST. D. N.N-DIMETHYL-P-METHOXY-L-PHENYLALANYL-ANALOGEN V. PUROMYCIN 57-0418
HAXO F. T., EINE NEUE KLASSE V. CAROTINOIDEN 57-0369
HAY R. W., CU(II)-KATALYSIERTE HYDROLYSE V. HISTIDINMETHYLESTER 54-0100
- BAS. HYDROLYSE D. ESTERFUNKT. IN KOMPLEXIONEN V. TYP CIS-(CO(EN)2(NH2-CH2COOC2H5)CL)CL2 61-0013
- DURCH METALLIONEN KATALYSIERTE HYDROLYSE V. CYSTEINMETHYLESTER 61-0014
V. BAS. HYDROLYSE V. HIPPURSAEURE-METHYLESTER 61-0114
HAYASHI E., ORGAN. MASSENSPEKTROMETRIE 8. MITT. 60-0064
HAYASHI F., A-NORSTEROIDE 6. MITT. 54-0446
HAYASHI S., EIN NEUES SCHWEFEL ENTHALTENES AZULEN, 3.5.8-TRIMETHYL-AZULENO(6.5-B)THIOPHEN 61-0360
HAYASHI T., STRUKTUR V. JEGOSAPOGENIN, 21-TIGLOYL-BARRINGTOGENOL C 59-0474
HAYASHI Y., OX. V. CARBENEN DURCH DIMETHYLSULFOXID 58-0158
- 1-ARYL-2.4.6.8-TETRAOXA-BICYCLO(3.3.0)OCTANE AUS AROMAT. METHYLKETONEN, DIMETHYLSULFOXID U. EINEM SAEURECHLORID 58-0328
- MECHANISMUS D. OX. V. SULFIDEN MIT AKT. ALPHA-METHYLENGRUPPEN DURCH DIMETHYLSULFOXID U. BENZOYLCHLORID 61-0101
HAYASI Y., RK. V. SULFONIUMYLIDEN MIT SULFONYLCHLORIDEN 59-0214
HAYES D. H., HYDRAZINOLYSE EINIGER PURINE U. PYRIMIDINE U. IHRER ENTSPRECHENDEN NUCLEOSIDE U. NUCLEOTIDE 61-0383
HAYES-BARON F., HYDRAZINOLYSE EINIGER PURINE U. PYRIMIDINE U. IHRER ENTSPRECHENDEN NUCLEOSIDE U. NUCLEOTIDE 61-0383
HAYNES L. J., ALKALOIDE V. CROTON-ARTEN 6. MITT. 53-0195
- D. ALKALOIDE 8.14-DIHYDROSALUTARIDIN U. 8.14-DIHYDRONORSALUTARIDIN AUS CROTON LINEARIS JACQ. 54-0388
- PHENOLOX. U. BIOSYNTH. 14. MITT. 61-0571
HAYWARD L. D., ZIRKULARDICHROISMUS D. NITRATO-CHROMOPHORS 57-0013
HAZARD R., POLYFLUORARENE 8. MITT. 53-0094
HEANEY H., (19)F-H-KOPPL. IN WEITEM BEREICH U. BEHINDERTE ROTAT. 54-0034
- ARIN-CHEMIE 6. MITT. 60-0289
HEBENBROCK K., DEHYDRIER. V. STEROIDEN 13. MITT. 53-0221
HEBERT M., IDENTIFIZIER. EINES DURCH ELEKTROCHEM. RED. V. 2-ACETYL-THIOPHEN IN SAUREM MEDIUM IN WASSER-THF ERHALTENEN PROD. 54-0293
- POLAROGRAPHIE U. ELEKTROCHEM. RED. V. 2-ACETYL-FURAN IN EINER SAUREN WASSER-TETRAHYDROFURAN-MISCHUNG 60-0109
HECKER E., CHEMIE D. PHORBOLS 2.MITT. 55-0364
- CHEMIE D. PHORBOLS 3.MITT. 60-0475
- STRUKTUR U. STEREOCHEMIE D. TETRACYCL. DITERPENS PHORBOL AUS CROTON TIGLIUM L. 61-0519
HEDAYATULLAH M., SCHONENDE OX. SUBSTITUIERTER AROMAT. PRIMAERER AMINE 54-0207
- OX. V. CHLOR-NITRO-, CHLOR- U. METHYLPHENOLEN 55-0144
- CYANSAEURE- U. IMIDOKOHLENSAEURE-ARYLESTER 1. MITT. 55-0187
- CYAN- U. IMIDOKOHLENSAEURE-ARYLESTER 2.MITT. 55-0188
- CYAN- U. IMIDOKOHLENSAEURE-ARYLESTER 3.MITT. 55-0189
HEDGLEY E. J., KONSTIT. U. REAKTIVITAET V. ANHYDROZUCKERN 7. MITT. 58-0427
HEDRLIN I., BESTANDTEILE D. NUCLEINSAEUREN U. IHRER ANALOGEN 90. MITT. 56-0360
HEERMA W., AMINOSAEURESEQUENZUNTERS. IN PEPTIDEN DURCH MASSENSPEKTROMETRIE, VERW. V. TRIDEUTEROMETHYLESTERN 56-0066
HEFENDEHL F. W., ZUS. D. AETHER. OELS V. MENTHA AQUATICA L. BEITRAEGE ZUR TERPENBIOGENESE 59-0505
HEGARTY A. F., UMLAGER. EINER NEUEN GRUPPE V. AZIDEN-SAEUREHYDRAZONAZIDEN 56-0214
- KINETIK D. SYN-ANTI-ISOMERIE V. 2.4-DINITRO-PHENYLHYDRAZONEN 60-0143
HEIDRICH D., MO-BERECHN. AN HETEROCYCLEN 1. MITT. 56-0072
- MO-BERECHN. AN HETEROCYCLEN 2. MITT. 56-0073
HEILBRONNER E., DIPOLMOMENTE 1.6-UEBERBRUECKTER (10)-ANNULENE 54-0017
- ELEKTRONENZUSTAENDE V. PERIMETER-PI-SYST. 2. MITT. 54-0024
- RECHENSCHIEBERBERECHN. V. HUECKEL-MOLEKELORBITALEN 54-0054
- NUKLEOPHILE AROMAT. SUBSTITUT.-RK. 8. MITT. 57-0034
- ESR-SPEKTRUM D. 1.2.3-TRIHYDROPYRENYLS 57-0039
- PROTONIER. V. 1-FORMYL- U. 1-ACETYL-AZULENEN 58-0130
HEIM P., DICHROIT. IR-MESS. AM ANTHRACHINON U. ANTHRACHINON-D8 56-0041
HEINE H. W., AZIRIDINE 14.MITT. 58-0299
HEINEMANN H., STABILE CARBENOIDE, 21.MITT. 54-0218
HEINISCH L., N-METHYLDERIV. 7-SUBSTITUIERTER 6-AZA-LUMAZINE 55-0317
HEINZE G., GEWINN. V. PARAFFINWACHS AUS BALAYIEM-ROHOEL 57-0444
- UNTERS. V. MIKROKRISTALLINEM WACHS 57-0445
HEITZ S., STRUKTUR V. MADECASSINSAEURE, EINEM NEUEN TRITERPEN AUS CENTELLA ASIATICA AUS MADAGASKAR 59-0473
HEITZER H., DERIV. D. DICHLORMALEINIMIDS 60-0324
HELFERICH B., N-(BETA-CARBOXY-ACRYLOYL)- U. N-MALEOYL-VERB. V. AMINOSAEUREN 54-0295
- NEUE ACYL-DERIV. D. GLUCOSE 59-0413
HELFFERICH J., EIG. V. DIAZOSULFONATEN 1.MITT. 57-0117
HELLER H. G., RK. V. PHENYLMAGNESIUMBROMID MIT 2-BENZOYL-INDANON-(1) U. SEINEM ENOLMETHYLAETHER 57-0220
- UEBERBESETZTE MOLEKUELE 1. MITT. 57-0233
- UEBERBESETZTE MOL. 2.MITT. 61-0304
HELLIN M., ANWEND. D. KINET. ISOTOPENEFFEKTES IN DEUTERIERTEM W. ZUR UNTERS. D. HYDRATATIONSMECHANISMUS V. ALPHA-METHYLSTYROLEN 60-0140
HELLWINKEL D., STEREOCHEMIE ORGAN. DERIV. D. FUENF- U. SECHS-BIND. ARSENS, TRIS-(2.2'-BIPHENYLYLEN)-ARSENAT-ANION U. BIS-(2.2'-BIPHENYLYLEN)-2-BIPHENYLYL-ARSEN 60-0263
HELMICK L. S., WASSERSTOFF-DEUTERIUM-AUSTAUSCH IN POLYAZAINDENEN 59-0377
HEMER I., RED. U. HYDROLYSE D. TRICHLORMETHYLGRUPPE IN FLUORALKANEN 60-0171
HEMMERICH P., FLAVINREIHE 12. MITT. 55-0307
- UEBER PTERINCHEMIE 18. MITT. 55-0308
HENBEST H. B., RK. V. KETONEN MIT OX.-MITTELN 3. MITT. 57-0408
- KATALYSE D. WASSERSTOFFUEBERTRAG. V. PROPANOL-(2) AUF ALPHA.BETA-UNGESAETT. KETONE DURCH ORGANOIRIDIUMVERB., EINE KOHLENSTOFF-IRIDIUM-VERB. MIT CHELATISIERTER KETOGRUPPE 60-0031
HENDERSON W. A. JUN., REVERSIBLE CYCLOHEXADIEN-HEXATRIEN-VALENZ-ISOMERISIER. EINE NEUE KLASSE PHOTOCHROMER VERB. 55-0024
- IDENTITAET V. PHOTOCHEM. ZWISCHENVERB. BEI D. CYCLOHEXADIEN-BIND.-AUTOMERISIER., UMLAGER. ZU BICYCLO(3.1.0)HEXENEN 55-0102
HENDRICH A., ZUR KONFORM. D. CARAN-5-OLE U. CARYL-5-AMINE 59-0467
HENDRICH W., IR-SPEKTRUM V. CHLOROPHYLL A IN ORGAN., BAS. LSG. 57-0017
HENNART C., SYNTH. U. EIG. EINIGER ALPHA.BETA-DISUBSTITUIERTER 2-VINYL-BENZIMIDAZOLE 57-0289
- N.N'-BIS-(TRICHLORMETHANSULFENYL)-DIIMIDE 59-0251
HENNEQUIN F., SYNTH. U. EIG. V. ALPHA.ALPHA.ALPHA-TRISUBSTITUIERTEN ALIPHAT. KETONEN 4. MITT. 57-0139
HENNING D., KONDENS. V. CARBONYLVERB. MIT HYDRAZINEN 17. MITT. 54-0203
HENRY J., VGL. D. VERSEIF.-WRKG. 0,5N WSS. LSG. V. KALIUM-, NATRIUM- U. LITHIUMHYDROXID 59-0518
HENRY-BASCH E., RK.-VERMOEGEN V. ORGANOZINKVERB. 55-0005
- REAKTIVITAET V. ZINK- U. CADMIUMDIALLYL 57-0131
- RK. V. ORGANOMAGNESIUM- U. -CADMIUM-VERB. MIT EPOXIDEN 58-0221
HENSON R. C., TEMP.-ABHAENGIGKEIT D. PRIMAERPROZESSES D. PHOTOLYSE V. DIPHENYLACETYLEN IN LSG. 56-0150
HERALD C. L., ISOBUFADIENOLIDE 59-0476
HERBERT R. B., STRUKTUR U. SYNTH. V. HOMOAPORPHINEN, NEUE GRUPPE V. 1-PHENAETHYL-ISOCHINOLIN-ALKALOIDEN 59-0433
HERBIG K., 1.4-DIPOLARE CYCLOADDIT., 2. MITT. 56-0404
- 1.4-DIPOLARE CYCLOADDIT. 3. MITT. 56-0405
HERBORT H., UMSETZ. V. CYANSTILBENDERIV. 61-0422
HERLEM D., STEROIDALKALOIDE, FAMILIE D. BUXACEEN, BEZIEH. ZWISCHEN CYCLOXOBUXIDINEN U. BUXIDIENINEN 56-0438
HERLINGER H., STEREOSELEKTIVE SYNTH. 2. MITT. 61-0208
HERNDON W. C., ENDO- U. EXO-UEBERGANGSZUSTAENDE IN D. DIELS-ALDER-RK. 61-0123
HEROUT V., STRUKTUR V. VALERIANOL, EINEM SESQUITERPEN-ALKOHOL V. EREMOPHILANTYP AUS BALDRIANOEL 54-0416
- TERPENE 183. MITT. 55-0353
- TERPENE 184. MITT. 55-0354
- TERPENE 185. MITT. 55-0355
- ISOLIER. V. ECDYSTERON (CRUSTECDYSON) AUS POLYPODIUM VULGARE L. RHIZOMEN 57-0405
- TERPENE 186. MITT. 58-0453
- TERPENE 187. MITT. 59-0468
HERRIOTT A. W., SYNTH. V. ARYLMETHYLEN-CYCLOPROPAN-CARBONSAEUREN 59-0250
HERTZBERG S., BAKTERIELLE CAROTINOIDE 20.MITT. 57-0370
HERVIEU J., NEUE BLDG.-WEISE D. RUHEMANN-PURPURS, RK. V. 2-OXIMINO-INDANDION-(1.3) MIT NINHYDRIN 58-0273
HERZ W., STRUKTUR V. MIKANOLID, EINEM NEUEN SESQUITERPEN-DILACTON V. MIKANIA SCANDENS (L.)WILLD. 61-0518
HERZOG E. G., PHOTOCHEM. RK. 39. MITT. 54-0277
HERZOG H., SYNTH. O- U. C-ALKYLIERTER INDOXYLDERIV. VORARBEITEN ZU EINER SYNTH. D. ECHINULINS 59-0319
- CHEM. THERMOKINETIK 1. MITT. 59-0513
HERZOG-WIEGAND U., THIOESTER D. BRENZTRAUBENSAEURE 55-0130
HESSE A., PEROXYGENIER. V. ACETALEN 1.MITT. 54-0302
- PEROXYGENIER. V. ACETALEN 2.MITT. 61-0455
HESSE G., DEKONJUGIER. ALPHA.BETA-UNGESAETT. CARBONYLVERB. 1. MITT. 55-0072
HESSE M., D. MASSENSPEKTROMETR. VERH. QUART. N-VERB. 5.MITT. 54-0040
- CONOFLORIN 54-0394
- ISOLIER. QUART. ALKALOIDE AUS PLEIOCARPA TUBICINA STAPF 55-0341

- PAPAVER BRACTEATUM LINDL 4. MITT. 55-0429
- GAMBIRIN, EIN NEUES INDOL-ALKALOID AUS UNCARIA GAMBIER ROXB. 56-0433
- MASSENSPEKTROMETR. VERH. QUARTAERER STICKSTOFFVERB. 6. MITT. 57-0044
- ALKALOIDE AUS VINCA HERBACEA W.K. 8. MITT. 57-0365
- MASSENSPEKTROMETR. VERH. QUART. STICKSTOFFVERB. 7.MITT. 58-0437
- INDOL-ALKALOIDE AUS GAMBIR. STRUKTUR V. GAMBIRTANNIN, OXOGAMBIRTANNIN U. DIHYDROGAMBIRTANNIN 61-0485

HESSE R., VERB. MIT UROTROPIN-STRUKTUR 37. MITT. 59-0374
HEUCHEL D., ISATIN-4-SULFONSAEURE 59-0316
HEUKELBACH E., NUKLEOPHILE ADDIT. AN SENFOELE U. ANDERE HETEROKUMULENE 60-0168
HEWERTSON W., STRUKTUR EINES ACETYLEN-PLATIN(II)-KOMPLEXES 59-0009
HEWETT C. L., AMINOSTEROIDE 2.MITT. 57-0400
HEWGILL F. R., OX. V. ALKOXYPHENOLEN 9. MITT. 57-0212
- OX. V. ALKOXYPHENOLEN 10. MITT. 57-0213
- STER. INDUZIERTE ABWEICH. BEI O. PHENOL-OX. 59-0402

HEWITT D. G., OX. V. ALKOXYPHENOLEN 9. MITT. 57-0212
- OX. V. ALKOXYPHENOLEN 10. MITT. 57-0213

HEWITT L., PI-KOMPLEXBLDG. ZUR MODIFIZIER. D. ANISOTROPIEEFFEKTE IN D. KERNMAGNET. RESONANZSPREKTREN D. 9.10-DIHYDRO-ANTHRACEN-REIHE 58-0043
HEY D. G., LEUCKART-RK. MIT 4-TERT.-BUTYL-CYCLOHEXANON 61-0252
HEY D. H., EINFL. V. KUPFERSALZEN AUF D. THERM. ZERS. V. BENZOYLPEROXID IN BENZOL 56-0220
- EFFEKT D. THERM. ZERS. V. BENZOYLPEROXID IN BENZOL IN GGW. VERSCHIEDENER ZUSAETZE 59-0160
- BRAUCHBARE SYNTH. V. ARYLBENZOLEN 59-0262
- CYCLISIER. ZWISCHEN KERNEN 21. MITT. 61-0332
- CYCLISIER. ZWISCHEN KERNEN 22. MITT. 61-0333

HEYNS K., SYNTH. EINES 1-3-VERKNUEPFTEN DISACCHARIDS AUS ZWEI D-GLUCOSAMIN-EINHEITEN 53-0185
- MONOSACCHARIDE MIT STICKSTOFFHALT. RING 13.MITT. 55-0323
- QUANT. UNTERS. D. RK. V. HEXOSEN MIT AMINOSAEUREN 58-0429
- SELEKTIVE KATALYT. OX. 24. MITT. 60-0423
- MASSENSPEKTROMETR. UNTERS. 18. MITT. 61-0064
- SYNTH. EINES 1-4-VERKNUEPFTEN DISACCHARIDS AUS ZWEI D-GLUCOSAMIN-EINH. 61-0465
- SYNTH. V. 9-BETA-L-SORBOPYRANOSYL-ADENIN (9-BETA-L-XYLO-HEXULOPYRANOSYL-ADENIN) 61-0477

HICKMOTT P. W., RK. V. ALPHA.BETA-UNGESAETT. SAEURECHLORIDEN MIT ENAMINEN 1. MITT. 61-0307
HIDDEN N. J., ANWEND. V. SPEKTROSKOP. U. RELAXAT.-TECHNIKEN ZUR UNTERS. V. TERT.-BUTYLALKOHOL-WASSER-GEMISCHEN 57-0073
HIEBER W., METALLCARBONYLE 155. MITT. 53-0008
- METALLCARBONYLE 156. MITT. 59-0038

HIKINO H., SESQUITERPENOIDE 7. MITT. 54-0402
- SESQUITERPENOIDE 11. MITT. 59-0450
- STRUKTUR V. CYASTERON, EINE NEUE INSEKTENHAEUTENDE C29-SUBSTANZ AUS CYATHULA CAPITATA 61-0541

HIKINO Y., SESQUITERPENOIDE 7. MITT. 54-0402
- STRUKTUR V. CYASTERON, EINE NEUE INSEKTENHAEUTENDE C29-SUBSTANZ AUS CYATHULA CAPITATA 61-0541

HILBERS C. W., CHEMIE U. SPEKTROSKOPIE IN STARK SAUREN LSG. 3. MITT. 61-0091
HILDESHEIM J., RK. V. SEK. VIC. DI-O-P-TOLUOLSULFONATEN V. TETRAHYDROFURANEN MIT NATRIUMJODID 1. MITT. 56-0326
- VERDRAENG.-RK. AN FURANOIDSYST. 4. MITT. 57-0357

HILGETAG G., TOTALSYNTHESE DES A-NOR-2.3-DIAZA-STEROID-RINGSYSTEMS 53-0218
- BETA-LACTAME 4.MITT. 56-0337
- SYNTH. V. 2-ALKYL-1.3-DIKETONEN DURCH BISACYLIER. V. ENOLACETATEN 57-0201
- SCHWEINEGALLENSAEUREN 6. MITT. 58-0493
- ISOTHIOCYANATE 15. MITT. 60-0206
- BETA-LACTAME 5. MITT. 61-0449

HILL A., NEUER TYP EINES MAKROCYCL. LACTONS AUS TORULOPSIS APICOLA 60-0429
HILL H. A. O., METALL-LIGAND-WECHSELWRKG. IN KOBALT(III)KOMPLEXEN, D. SICH V. VITAMIN B12 ABLEITEN 59-0034
HILL J., BENZOFURANO-OXAZINE 57-0342
- SPEKTRALER BEWEIS FUER ZWISCHENSTUFEN BEI DER OX. V. ALPHA-MERCAPTANEN 60-0114

HILL J. S., RK. V. CYCLOHEXADIENEN 7. MITT. 53-0150
HILL R. K., STICKSTOFFANALOGA D. CLAISEN-UMLAGER. 56-0230
- ASYMM. INDUKT. BEI D. COPE-UMLAGER. 61-0129

HILLS D. W., VERWANDTE NORTHEBAINSYNTH. 2. MITT. 56-0436
HILS J., SI-N-BIND. 24.MITT. 58-0214
HINDE R. W., 2-TRIHALOGENMETHYL-BENZAZOLE 1. MITT. 53-0139
HINMAN R. L., PROTONIER. V. N-PHENYL-PYRROLEN 54-0083
HINO T., 1-(3-METHYL-INDOLYL-(2))-PYRIDINIUMBROMID, SYNTH. U. AUTOX. SEINES HYDRIER.-PROD. 55-0280
- 2-AETHOXY.INDOLE U. 2-AETHYLMERCAPTO-INDOLE, IHRE AUTOX. U. RK. MIT PIPERIDIN 61-0363

HINOH H., TRITERPENOIDE AUS BUPLEURUM FLACATUM L. 1. MITT. 61-0509
HINRICHS H., PROTONENRESONANZ-SPEKTROSKOPIE UNGESAETT. RINGSYST. 6.MITT. 61-0053
HIPPE R., RK. V. GLYCIDYLAETHERN 7.MITT. 57-0148
- RK. V. GLYCIDYLAETHERN 6. MITT. 59-0049

HIRABAYASHI M., MONOTERPENGLUCOSIDE 5. MITT. 59-0091
HIRAI K., STRUKTUR V. SICCANIN 58-0375
- NOMENKLATUR D. OPHIOBOLINE 61-0141

HIRAO K., SYNTH. U. KONFORM. V. TRICYCL. 20-NORDITERPENEN MIT AROMAT. C-RING 58-0446
HIRATA Y., STRUKTUR V. CODAPHNIPHYLLIN 54-0389
- ZWEISTUFENSYNTH. D. PYRONO-CHINOIDSYST. 57-0277
- ANORMALE AUFHEB. D. ABSCHIRM. EINES METHINPROTONS DURCH EINE BENACHBARTE ACETYLGRUPPE 60-0050
- CHEMOTAXONOM. UNTERS. AN ALKALOIDEN 1. MITT. 60-0449
- CHEMOTAXONOM. UNTERS. AN ALKALOIDEN 2. MITT. 60-0450
- ISOLIER. V. YUZURIMIN A U. B AUS DAPHNIPHYLLUM MACROPODUM MIQUEL 60-0453
- UNTERS. AN DAPHNIPHYLLIN 61-0492

HIROSE Y., D. CHEMIE D. ORDN. ARAUCARIALES 6.MITT. 55-0411
- STRUKTUR V. CUBENOL U. EPICUBENOL 58-0456

HIROTA K., SYNTH.-RK. MIT KOMPLEX-KATALYSATOR 4. MITT. 54-0206
- SYNTH.-RK. MIT KOMPLEXKATALYSATOR 5. MITT. 56-0190

HIROTA M., GESCHW. D. RK. V. SUBSTITUIERTEN O-METHOXYPHENYLMAGNESIUMBROMIDEN MIT DI-TERT.-BUTYLKETON 58-0132
HIRSCH B., NEUE POLYMETHINSYNTH. 2. MITT. 61-0172
HIRSCH H. V., EIN NEUES VERF. ZUR SYNTH. V. AMINALEN U. ENAMINEN 56-0381
HIRSCHBERG K., OMEGA-DIAZOFETTSAEUREESTER 5.MITT. 57-0282
- OMEGA-DIAZOFETTSAEUREESTER 6.MITT. 61-0342
- OMEGA-DIAZOFETTSAEUREESTER 7. MITT. 61-0343

HIRSHFELD A., SYNTH. V. ZAPOTIDIN 53-0200
HIRST E., UNTERS. AN URONSAEURESUBSTANZEN 21. MITT. 61-0561
HIRST M., STEREOCHEM. UNTERS. ZUR BIOSYNTH. V. NARCOTIN, PROTOPIN U. CHELIDONIN 60-0443
HIRVIMIES A., SYNTH. NEUER EPHEDRIN-DERIV. 57-0367
HISATOME M., STEREOCHEMIE, RINGSCHLUSS- U. RINGOEFFNUNGS-RK. V. FERROCENOPHAN-AETHERN 60-0091
HLAVKA J. J., NAPHTHACENCHINONE 55-0201
HOBBS J. J., GERUESTUMLAGER. V. 6BETA-BROM-4BETA.5-EPOXY-5BETA-CHOLESTAN-3BETA-OL DURCH RED. MIT LITHIUMALUMINIUMHYDRID 54-0450
HOBERG H., VERH. VERSCHIEDENER HALOGENMETHYLALANE GEGENUEBER ORGANOLITHIUM U. ORGANOALANEN 58-0015
HOCHAPFEL A., ISOMERISIER. V. ALPHA-METHYL-OMEGA-HYDROXY-BETA-OXASAEUREN ZU GERADKETT. VERB. 54-0166
HOCHMANN P., TABELLEN V. QUANTENCHEM. DATEN 12. MITT. 60-0035
HOCKS P., ACTINOMYCINE 29.MITT. 55-0403
HODGKINS J. E., ZWEI NEUE ALKALOIDE AUS KAKTEEN 56-0430
HODKOVA J., STEROID-DERIV. 44. MITT. 54-0448
HOEER R., SYNTH. D. MIKANINS, EINES FLAVONOLS AUS MIKANIA CORDATA (BURM. F.) B. L. ROBINSON 58-0369
HOEFFINGER J., SYNTH. V. DINAPHTHO(2.3-A, 2'.3'-H)PYREN U. DINAPHTHO(2.3-A, 2'.3'-I)PYREN U. EINE ANOMALE ELBS-RK. 60-0282
HOEFT E., ANWEND. V. PMR-SPEKTREN ZUR LSG. STRUKTURELLER PROBLEME 29. MITT. 61-0368
HOEGENAUER G., METH. ZUR PRAEPARATIVEN HERST. MARKIERTER TRINUCLEOTIDE 56-0421
HOEHN R., SAEUREKATALYSIERTE RK. V. NITROSOVERB. 1. MITT. 57-0115
HOEHNE E., HALOGENALKYLHYDROPEROXIDE 3. MITT. 60-0418
HOERHAMMER L., ISOFLAVONGLYKOSIDE 8.MITT. 53-0189
- TRANSACYLIER. IN D. FLAVONOID-REIHE 1. MITT. 56-0368
- SYNTH. D. MIKANINS, EINES FLAVONOLS AUS MIKANIA CORDATA (BURM. F.) B. L. ROBINSON 58-0369
- STRUKTURAUFKLAERUNG V. DIDYMIN, EINEM ISOSAKURANETIN-RUTINOSID AUS MONARDA DIDYMA L. 58-0430
- UNTERS. UEBER ISORHAMNETINGLYKOSIDE 2. MITT. 60-0432

HOERIG C., CYCL. DIAZOVERB. 7. MITT. 59-0292
- CYCL. DIAZOVERB. 6. MITT. 59-0295

HOERNFELDT A., UNGESAETT. GAMMA-THIOLACTONE 5. MITT. 60-0142
HOET P., STEREOCHEMIE D. CYCLOPROPYL-ALLYL-UMLAGER. 2.MITT. 60-0291
HOEVER H., CHLOROLYSE VERZWEIGTER KOHLENWASSERSTOFFE 54-0145
HOFER O., OPT. AKTIVITAET U. ABS. KONFIG. V. RUTHENOCENDERIV. 61-0001
HOFFMANN A. K., MECHANISMUS D. ELEKTROCHEMILUMINESZENZ 54-0016
HOFFMANN H., AUTOX. V. CUMOL IN GGW. V. SUBSTITUIERTEN KUPFER-PHTHALOCYANINEN U. VERWANDTEN KUPFER-KOMPLEXEN 6. MITT. UEBER KATALYSE DURCH PHTHALOCYANINE 54-0088
- DARST. V. TRI-TERT.-BUTYLPHOSPHIN 54-0176
- ARZNEIMITTELANALYSEN MITTELS POLAROGRAPHIE ODER OSZILLOPOLAROGRAPHIE 7.MITT. 56-0108
- UMSETZ. MIT P-METHOXYPHENYL-DITHIO-PHOSPHONSAEUREANHYDRID 60-0226

HOFFMANN H. M. R., NICHTUMGELAGERTE U. ANDERE SOLVOLYSE-PROD. V. NEOPENTYL-P-TOLUOLSULFONAT 60-0122
HOFFMANN K., AMINOSAEURE-(PHENYLAZO)-PHENYL-DERIV. 19. MITT. 61-0030
HOFFMANN R. W., DIMETHOXYCARBEN BEI D. GASPHASENPYROLYSE EINES 7.7-DIMETHOXY-NORBORNADIENS 55-0209
- FRAGMENTIER. V. AZOVERB. 5. MITT. 58-0103
- 1.8-DEHYDRO-NAPHTHALIN 1. MITT. 58-0250
- FRAGMENTIER. V. AZOVERB. 4. MITT. 58-0264
- BILDUNGSMECHANISMUS D. DELTA(3)-OXDIAZOLINE-(1.3.4.) BEI D. BLEITETRAACETAT-OX. V. BENZOYLHYDRAZONEN

61-0393

HOFFMANN-OSTENHOF O., 3-KETO-L-GULONAT-DECARBOXYLASE AUS SCHWANIOMYCES OCCIDENTALIS 59-0502

HOFFSOMMER R. D., TOTALSYNTH. D. MAKROLIDS ZEARALENON 56-0481

HOFMANN A., ADSORPT.-VERH. V. ALKALOIDSALZEN GEGENUEBER KIESELGEL 59-0099

HOFMEISTER H., POLYACETYLENVERB. 124. MITT. 56-0329

HOGEVEEN H., CHEMIE U. SPEKTROSKOPIE IN STARK SAUREN LSG. 2. MITT. 56-0115

- CHEMIE U. SPEKTROSKOPIE IN STARK SAUREN LSG. 3. MITT. 61-0091
- CHEMIE U. SPEKTROSKOPIE IN STARK SAUREN LSG. 4. MITT. 61-0092
- CHEMIE U. SPEKTROSKOPIE IN STARK SAUREN LSG., REVERSIBLE RK. ZWISCHEN ALIPHAT. CARBONIUMIONEN U. H 61-0097
- CHEMIE U. SPEKTROSKOPIE IN STARK SAUREN LSG., ELEKTROPHILE SUBSTITUT. AM ALKAN-KOHLENSTOFF DURCH PROTONEN 61-0120

HOGG A. M., CYCLOBUTADIENYL-KATIONEN. ELEKTRONENSTOSS-INDUZIERTE FRAGMENTIER. V. PYRIDAZIN 60-0058

HOGG D. R., NUKLEOPHILE SUBSTITUT. AN BIVALENTEM SCHWEFEL, ALKAL. HYDROLYSE V. ARYLSULFENSAEUREESTERN 54-0101

HOLAN G., 2-TRIHALOGENMETHYL-BENZAZOLE 1. MITT. 53-0139

- 2-TRIHALOGENMETHYL-BENZAZOLE 2. MITT. 53-0140
- 2-TRIHALOGENMETHYL-BENZAZOLE 3. MITT. 53-0141
- 2-TRIHALOGENMETHYL-BENZAZOLE 4.MITT. 53-0142

HOLAND S., ALPHA-GLYKOLE MIT ACETYLEN-GRUPPIER. 1. MITT. 59-0173

HOLDER G. M., EINIGE AUSNAHMEN V. D. AXIAL-HALOGEN-KETON-REGEL 54-0439

- ORD 45. MITT. 61-0034

HOLE M., POLYFLUORHETEROCYCL. VERB. 9. MITT. 53-0161

HOLIAN J., MECHANISMUS U. STOECHIOMETRIE D. RADIOLYT. OX. V. PURINEN U. AMINOPURINEN IN WSS. LSG. 61-0438

HOLIK M., UNTERS. IN D. PYRIDINREIHE 16. MITT. 54-0343

- PYRIDINE 18. MITT. 58-0395
- UNTERS. IN D. PYRIDINREIHE 19. MITT. 60-0376

HOLKER J. S. E., EINIGE AUSNAHMEN V. D. AXIAL-HALOGEN-KETON-REGEL 54-0439

- BIOSYNTH. V. PILZMETABOLITEN 2. MITT. 57-0435

HOLLAND G., WEITBEREICHS-HYPERFEINAUFSPALT. BEI BICYCL. SEMIDIONEN 58-0057

HOLLEROVA J., OXIMDERIV. 9.MITT. 60-0078

HOLMQUIST L., SYNTH. V. 1.3-DI-O-ACETYL-GLYCERIN AUS GLYCERIN U. ESSIGSAEUREANHYDRID U. EINE METHODE ZUR BEST. D. VERHAELTNISSES V. 1.2-DI-O-ACETYL-GLYCERIN U. 1.3-DI-O-ACETYL-GLYCERIN IN EINEM GEMISCH 57-0143

HOLTSCHMIDT H., HOCHTEMP.-CHLORIER. V. AMINEN U. ACYLAMINEN 2. MITT. 55-0112

- DERIV. D. DICHLORMALEINIMIDS 60-0324

HOLUB M., TERPENE 183. MITT. 55-0353

- TERPENE 184.MITT. 55-0354
- TERPENE 185.MITT. 55-0355
- TERPENE 187. MITT. 59-0468

HOLY A., SYNTH. V. 5'-DESOXY-URIDIN-5'-PHOSPHONSAEURE 55-0246

- SYNTH. V. 2'.5'-O-GESCHUETZTEN RIBONUCLEOSIDEN 55-0310

HOLZAPFEL C. W., BITTERE PRINZIPIEN D. CUCURBITACEEN 15. MITT. 58-0459

- BITTERE PRINZIPIEN D. CUCURBITACEEN 16. MITT. 58-0460

HOLZAPFEL H., ANALYT. STUDIEN AN ANORGAN. STICKSTOFFVERB. 1. MITT. 57-0439

- ANALYT. STUDIEN AN ANORGAN. STICKSTOFFVERB. 2. MITT. 57-0440
- ANALYT. STUDIEN AN ANORGANISCHEN STICKSTOFFVERB. 3. MITT. 57-0441
- ANALYT. UNTERS. AM ANIONENAUSTAUSCHER WOFATIT SBW 2. MITT. 58-0545
- QUELL.-UNTERS. AN WOFATIT KPS U. DESSEN AUFHELL.-PROD. 60-0499

HONDA M., WECHSELWRKG. V. BENZOL MIT BIS-(N.N-DIALKYLDITHIOCARBANATO)-METHYLZINN U. BIS-(N.N-DIMETHYLDITHIOCARBAMATO)-METHYLZINN-HALOGENEN 61-0006

HONG CUNG N. TIEN DUC, UNTERS. UEBER AZOLE 20. MITT. 55-0245

- UNTERS. IN D. AZOL-REIHE, MECHANISMUS D. OX. V. PYRAZOLEN ZU PYRAZOLONEN 60-0338

HONMA Y., PHOTOCHEM. RK. V. PYRAZIN-N-OXIDEN 56-0390

HONWAD V. K., TERPENOIDE 100. MITT. 55-0362

HOOPER J. W., OX.-PROD. V. N.N-DIMETHYL-P-PHENYLAZO-ANILIN 57-0179

HOOVER J. R. E., SYNTH. V. NORADAMANTAN 60-0292

HOPKALA H., CYCL. HYDRAZIDE D. AROMAT. U. HETEROCYCL. DICARBONSAEUREN 6. MITT. 57-0329

HOPKINS L. O., CHEMIE D. SANTONINS 8. MITT. 55-0373

HORAK J., RK. V. TRICHLORMETHANSULFENYLCHLORID U. SEINEN DERIV. 5. MITT. 55-0082

- RK. V. TRICHLORMETHANSULFENYLCHLORID U. SEINEN DERIV. 6. MITT. 57-0090
- RK. V. TRICHLORMETHANSULFENYLCHLORID U. SEINEN DERIV. 7. MITT. 60-0121

HORAK V., PHYSIKAL. EIG. U. CHEM. REAKTIVITAETEN V. ALTERNIERENDEN KW-STOFFEN U. VERWANDTEN VERB. 11. MITT. 60-0043

- SYNTH. V. 6.6-DIMETHYL-6H-PYRANO(3.2-B,5.6-B')-BIS-(1)BENZOTHIOPHEN 60-0359

HORDER J. R., ORGANOMETALL. EINLAGER.-RK. V. DIKETEN. SYNTH. V. BETA-KETO-ENOLATEN 59-0025

HOREAU A., ANWEND. D. PARTIELLEN SPALT. IN HOMOGENER PHASE 6. MITT. 55-0064

- BEST. D. KONFIG. DURCH 'PARTIELLE SPALT.' 7. MITT. 55-0065
- ASYMM. SYNTH. DURCH RK. EINES CHIRALEN REAGENZ MIT EINEM PARTNER MIT MINDESTENS EINEM ASYMMETRIEZENTRUM, MENGENVERHAELTNIS D. VIER GEBILDETEN ENANTIOMEREN 58-0114
- STRUKTUR U. OESTROGENE WRKG. 25. MITT. 59-0276

HORI T., STRUKTUR V. FIBRAURIN U. EINEM NEBENPROD. AUS FIBRAUREA CHLOROLEUCA 59-0455

HORIBE I., INHALTSSTOFFE D. WURZEL V. LINDERA STRYCHNIFOLIA VILL. 12.MITT. 57-0385

- TOTALSYNTH. V. (+-)-CARABRON 58-0306

HORII Z., TOTALSYNTH. V. SECURININ U. VIROSECURININ 55-0338

HORIKE A., SYNTH. U. EINIGE RK. V. 7-HALOGEN- U. 7.7-DIHALOGENNORCARANEN 55-0213

HORN A., RK. MIT N-SULFINYLVERB. 7.MITT. 58-0357

HORN H., RK. V. ORGANOMETALLVERB. 3. MITT. 59-0016

- PHOSPHORYL- U. THIOPHOSPHORYLVERB. 5.MITT. 60-0217

HORN K., UMSETZ. D. DIAZONEOPENTANS MIT SAEUREN 58-0208

- VGL. D. KATALYT., THERM. U. PHOTOLYT. ZERS. V. DIAZOALKANEN 61-0148

HORN P., SPALT. V. DL-ARMEPAVIN IN OPT. ANTIPODEN 60-0441

HORNBY G. M., ISOLIER. V. CYCLOARTENOL U. 24-METHYLEN-CYCLOARTANOL AUS D. UNECHTEN KOLANUSS (GARCINIA KOLA HECKEL) 55-0372

HORNER L., PHOSPHORORGAN. VERB. 55.MITT. 58-0030

- ALPHA-METHOXY-, ALPHA-AETHYLMERCAPTO- U. ALPHA-DIMETHYLAMINO-ACRYLESTER AUS SUBSTITUIERTEN ESSIGESTERN MIT ALDEHYDEN 58-0228
- O-CHINONE 29. MITT. 59-0284

HORNISCHER B., SYNTH. MIT NITRILEN 12. MITT. 56-0301

HORNKE I., STABILE CARBENOIDE 24. MITT. 55-0092

HORSPOOL W. M., 1.4-(FERROCENYLEN-(1.1'))-PENTANON-(1) (1-METHYL-4-OXO-(4)-FERROCENOPHAN) - EINE NEUE CYCLISIER.-RK. 56-0022

- PHOTOCHEM. ADDITION V. OLEFINEN 56-0363

HORSTMANN C., SOLANUM-ALKALOIDE 81. MITT. 58-0434

HORVATH I., GEGENSTROMVERTEIL. V. TRICHOMYCIN, CANDICIDIN U. HAMYCIN, D. ANTIFUGALEN HEPTAEN-MACROLID-ANTIBIOTIKA DER AROMAT. UNTERGRUPPE 55-0405

HORVATH I. P., POLAROGRAPH. UNTERS. V. CYTOSTAT. MANNITDERIV. 1.MITT. 60-0108

HOSHINO H., HOCHAUFGELOESTE MASSENSPEKTREN V. GIBBERELLINEN 55-0051

HOSHINO T., UMWANDL. V. FRIEDELIN IN TETRANORSHIONANSAEU-RE-METHYLESTER 60-0472

HOTZEL H., N-HYDROXYMETHYL- U. N-DIALKYLAMINOMETHYLTHIO-CARBONSAEUREAMIDE 56-0219

HOUALLA D., PHOSPHORANE MIT PHOSPHOR-WASSERSTOFF-BIND. 54-0317

HOUGH L., CHLORIMIN BEI D. UMSETZ. V. PHOSPHORPENTACHLO-RID MIT 2-ACETAMIDO-1.3.4.6-TETRA-O-ACETYL-2-DESOXY-BETA-D-GLUCOPYRANOSE 61-0462

HOUGH T. L., CHINOLIZINE 10. MITT. 59-0367

HOULTON P. R., SYNTH. V. 7.12-DIHYDRO-8.9-BENZOPLEIADEN 57-0230

HOUMINER Y., THERM. ZERS. V. IN VERSCHIEDENEN STELL. (14)C-MARKIERTER D-GLUCOSE 56-0413

HOUSTY J., GESAETT. ALIPHAT. DICARBONSAEUREN MIT UNVERZWEIGTER KETTE, STRUKTUR, MOL.-KONFIG., KRIST.-KOHAESION 54-0075

HOYER E., AMPHOTERE IONENAUSTAUSCHERHARZE 1. MITT. 58-0007

HOYLE W., AMIDHYDRAZONE AUS HYDRAZONEN U. SULFONYLCHLO-RID-AMID-KOMPLEXEN 57-0262

HRADIL J., ORGANOSILICIUMVERB., 49.MITT. 54-0096

HRBEK J. JUN., SUBSTANZEN D. PFLANZEN D. UNTERFAMILIE WURMBAEOIDEAE U. IHRE DERIV. 65. MITT. 54-0481

HROMATKA O., SYNTH. V. DERIV. D. FLUORENO(1.9-EF)-1.4-DIAZEPINS 59-0404

HSI N., STRUKTURUNTERS. DURCH KERNMAGNETISCHE RESONANZ 11. MITT. 55-0059

HUANG Y., SYNTH. V. 4- ODER 5-AMINOINDOLEN DURCH ''ARINSUBSTITUTION'' 60-0327

HUB L., ASYMM. RK. 16. MITT. 60-0079

HUBER F., RK. V. ORGANOMETALLVERB. 3. MITT. 59-0016

HUBER H., NEUES ZUM STERISCHEN ABLAUF D. AMIN-ADDITION AN CARBONESTER D. ACETYLENREIHE 58-0127

- 1.3-DIPOLARE CYCLOADDIT. 30. MITT. 59-0325

HUBER J. R., UNTERS. REVERSIBLER PHOTOPROZESSE DURCH BLITZLICHTPHOTOLYSE 3.MITT. 55-0020

- UNTERS. REVERSIBLER PHOTOPROZESSE DURCH BLITZLICHTPHO-TOLYSE 4. MITT. 57-0015

HUBERT A. J., MULTIMAKROCYCL. VERB. 1. MITT. 53-0110

- MULTIMAKROCYCL. VERB. 2. MITT. 53-0111
- MULTIMAKROCYCL. VERB. 3.MITT. 53-0112
- WANDER. V. DOPPELBIND. IN ENDSTAEND. BLOCKIERTEN LINEAREN OLEFINVERB. 54-0237

HUBERT-HABART M., BENZOFURAN 32.MITT. 54-0348

- BENZOFURAN 34. MITT. 61-0352

HUCKERBY T. N., CIS-1H.1H.4H-TRIFLUOR-BUTADIEN-(1.3), CHARAKTERISIER. EINES NEUEN KONJUGIERTEN DIENS DURCH NMR-SPEKTROSKOP. ANALYSE 54-0033

- PROTONIER. V. KONJUGIERTEN ENOLDERIV. 3. MITT. 55-0087

HUCKSTEP L. L., VINCAALKALOIDE 29.MITT. 55-0340
HUDEC J., WEITREICHENDE SUBSTITUENTENEFFEKTE IN STEROIDSYST. 59-0127
- KONFORM. V. CHOLESTEN-(6)-ON-(3), EIN VERSAGEN D. OKTANTEN-REGEL 60-0082
- UMLAGER. V. OXO-DICYCLOPENTADIENEN 61-0321
- STRUKTUR U. EINIGE CHEM. EIG. V. PSEUDOASCARIDOL 61-0520
HUDLICKY M., ORGAN. FLUORVERB. 12. MITT. 54-0162
- ORGAN. FLUORVERB., 11.MITT. 54-0171
HUDSON R. F., EINE ALLG. STOER.-BEHANDL. D. CHEM. REAKTIVITAET 55-0075
- MECHANISMUS D. SAUREN HYDROLYSE V. CARBAMATEN 58-0121
HUEBNER H., SAEUREKATALYSIERTE RK. V. NITROSOVERB. 1. MITT. 57-0115
HUECKEL W., SOLVOLYSE V. TOLUOLSULFONSAEUREESTERN 27. MITT. 61-0515
HUEHSAM G., RK. V. BETA-CHLOR-VINYLALDEHYDEN 1. MITT. 54-0373
HUENIG S., AZOFARBSTOFFE DURCH OXYDATIVE KUPPL. 27.MITT. 53-0143
- AZOFARBSTOFFE DURCH OXYDATIVE KUPPL. 28. MITT. 55-0097
HUERZELER E., ACETYLIER. U. TRIFLUORACETYLIER. V. STEROIDEN AN C(16) 53-0227
HUET J., HYDRIER. EINIGER KONJUGIERTER DIENAMINE 59-0195
- NUCLEOPHILE ADDITIONEN V. ALPHA-AETHYLENKETONEN AN KETONE MIT AKT. METHYLENGRUPPE 2. MITT. 60-0255
- NUCLEOPHILE ADDITIONEN V. ALPHA-AETHYLENKETONEN AN KETONE MIT AKT. METHYLENGRUPPE 3. MITT. 61-0262
HUETTEL R., OLEFIN-GOLD-KOMPLEXE 4. MITT. 55-0018
HUETTENRAUCH R., GALENIK D. VITAMINE 12. MITT. 59-0354
- FARB. STEROIDE 7.MITT. 61-0538
HUFF B. J. L., GESCHW. D. ALKYLIER. V. METALLENOLATEN V. 2.6- U. 2.2-DIMETHYL-CYCLOHEXANON 61-0108
HUFFMAN K. R., REVERSIBLE CYCLOHEXADIEN-HEXATRIEN-VALENZ-ISOMERISIER. EINE NEUE KLASSE PHOTOCHROMER VERB. 55-0024
- IDENTITAET V. PHOTOCHEM. ZWISCHENVERB. BEI D. CYCLOHEXADIEN-BIND.-AUTOMERISIER., UMLAGER. ZU BICYCLO(3.1.0)HEXENEN 55-0102
HUGHES A. N., RK. ZWISCHEN TRIPHENYLPHOSPHIN U. 5-METHOXYFURAN-2.3.4-TRICARBONSAEURE-TRIMETHYLESTER 61-0223
HUGHES D., MAGNET. NICHT-AEQUIVALENZ IN D. METHYLENGRUPPE EINES AETHYLESTERS 53-0016
HUGHES D. W., ISOLIER. U. STRUKTUR V. PAPAVERRUBIN C (EPIPORPHYROXIN) 56-0437
HUGHES M. T., BLDG. V. DIHYDROPYRANEN AUS CIS-HEXEN-(3)-DION-(2.5) U. FULVENEN 60-0361
HUGHES N. A., SYNTH. V. METHYL-1-DESOXY-1-MERCAPTO-RIBOSIDEN U. HYDROLYSE V. METHYL-1-DESOXY-1-MERCAPTO-ALPHA-D-RIBOPYRANOSID 57-0355
- AUSTAUSCHRK. BEI ACYCL. KOHLENHYDRATDERIV. 2. MITT. 59-0419
- AUSTAUSCHRK. ACYCL. KOHLENHYDRATDERIV. 3.MITT. 59-0420
HUGHES N. W., D. STRUKTUR V. DIGACETIGENIN 61-0535
HUGHES P. R., CARBONYLIER. V. DIENEN MIT EINEM PALLADIUM-KATALYSATOR 54-0227
HUISGEN R., 1.3-DIPOLARE CYCLOADDITIONEN. 26. MITT. 53-0092
- 1.3-DIPOLARE CYCLOADDIT. 25. MITT. 53-0136
- CYCLOADDIT. V. NITRILOXIDEN AN METHYLENPHOSPHORANE 55-0262
- UMSETZ. D. NITRILOXIDE MIT IMINOPHOSPHORANEN 55-0263
- 1.4-DIPOLARE CYCLOADDIT., 2. MITT. 56-0404
- 1.4-DIPOLARE CYCLOADDIT. 3. MITT. 56-0405
- NEUES ZUM STERISCHEN ABLAUF D. AMIN-ADDITION AN CARBONESTER D. ACETYLENREIHE 58-0127
- ZUR KINETIK D. AMIN-ADDITION AN CARBONESTER D. ACETYLENREIHE 58-0128
- CYCLOADDIT. MESOION. OXAZOL-5-ONE AN EINIGE HETEROMEHRFACHBIND. 58-0302
- 1.3-DIPOLARE CYCLOADDIT. 27. MITT. 58-0334
- 1.3-DIPOLARE CYCLOADDIT. 28. MITT. 58-0335
- 1.4-DIPOLARE CYCLOADDIT. 5. MITT. 58-0403
- 1.4-DIPOLARE CYCLOADDIT. 4. MITT. 58-0418
- 1.3-DIPOLARE CYCLOADDIT. 29. MITT. 59-0324
- 1.3-DIPOLARE CYCLOADDIT. 30. MITT. 59-0325
- 1.3-DIPOLARE CYCLOADDIT. 31. MITT. 60-0133
- 1.3-DIPOLARE CYCLOADDITIONEN 32. MITT. 61-0121
HUISMAN H. O., HETEROCYCL. STEROIDE 9.MITT. 61-0547
HUKE M., ZUR ANALYTIK EINIGER HYDROXYCUMARANONE-(3) 58-0312
- POLYHYDROXYAURONE MIT VICINALEN HYDROXYLGRUPPEN 58-0313
HUKKI J., SYNTH. NEUER EPHEDRIN-DERIV. 57-0367
HULL R., RK. V. DIHALOGENKETENEN MIT CARBODIIMIDEN 59-0298
HUMMEL K. F., ADDIT. V. BIS-CARBOMETHOXYCARBEN AN OLEFINE 53-0049
HUNG J. C., C-ALKYLIER. V. ALDEHYDENAMINEN 59-0174
HUNGER B., ORGAN. SCHWEFELVERB. 81. MITT. 60-0332
HUNGER K., UNTERS. D. RK.-PROD. AUS OLEFINEN, WEISSEM PHOSPHOR U. SAUERSTOFF 54-0175
- DARST. V. S-DIALKOXYPHOSPHORYL- U. S-DIALKOXYTHIOPHOS-PHORYL-THIOOXIMEN 60-0256
HUNT K., POLYSACCHARIDE AUS SOJABOHNEN 5. MITT. 58-0517
HUNT R. R., PYRIMIDINE 16. MITT. 59-0388
HUNZIKER F., UEBER IN 11-STELL. AMINO-SUBSTITUIERTE DIBENZO(B,F)-1.4-THIAZEPINE U. -OXAZEPINE 9. MITT. UEBER SIEBENGLIEDR. HETEROCYCLEN 54-0374
HURLOCK R. J., SYNTH. U. ZERS. V. THIOCARBAMOYLMERCAPTO-METHYL-PHENOLEN 56-0206
HURNAUS R., 2-DICHLORMETHYLEN-PSEUDOOXAZOLONE-(5) 59-0331
HURST D. T., PYRIMIDINE 15. MITT. 59-0387
- PYRIMIDINE 16. MITT. 59-0388
HURSTHOUSE M. B., ABS. KONFIG. V. (+)-2-METHYL-2-ISOPROPYL-GLUTARSAEURE U. (+)-2-METHYL-2-ISOPROPYL-BERNSTEINSAEURE 56-0180
HUSAIN A., SYNTH. V. JAVOSE (6-DESOXY-2-O-METHYL-D-ALLOSE) 61-0473
HUSBANDS G. E. M., D. ALKALOIDE 8.14-DIHYDROSALUTARIDIN U. 8.14-DIHYDRONORSALUTARIDIN AUS CROTON LINEARIS JACQ. 54-0388
HUSSON H., ISOLIER. V. 7ALPHA-HYDROXY-, 7BETA-HYDROXY- U. 11ALPHA-HYDROXY-PARAVALLARIN, STEROIDALKALOIDE AUS PARAVALLARIS MICROPHYLLA PITARD (APOCYNACEAE) 60-0454
HUTCHINSON D. W., PHOSPHORYL-UEBERTRAG. UNTER VERW. V. GEMINALEN DIHALOGENIDEN 54-0174
HUTCHINSON J., BIS-(TETRAFLUORPYRIDYL)-QUECKSILBERVERB. U. EIN VERS. ZUR DARST. V. TRIFLUORPYRIDIN 57-0009
HUTLEY B. G., STER. VERLAUF D. QUATERNIER. V. 1-ALKYL-4-PHENYL-PIPERIDINEN, N-ALKYLNORTROPANEN U. A. BASEN 59-0151
HUTSON D. H., 6-S-BETA-D-GLUCOPYRANOSYL-6-THIO-D-GLUCOPYRANOSE, EIN THIOGLYKOSID. ANALOGON D. GENTIOBIOSE 56-0416
HUXTABLE R., BIOSYNTH. V. KAKTUSALKALOIDEN 54-0478
HUY-GIAO D., SYNTH. V. AROMAT. HOMOLOGEN D. ALANINOLS. DISKUSS. D. NMR-SPEKTREN 60-0199
HUYNH C., SYNTH. D. CHRYSANTHEMSAEURE (VORL. MITT.) 1. MITT. 56-0268
- SYNTH. D. CHRYSANTHEMSAEURE (VORL.MITT.) 2.MITT. 56-0269
HYDE D. L., DARST. V. BIS-(TRIFLUORMETHYL)-NITROXYVERB. 59-0194

I

IBRAHIM E. H. M., THERM. KONDENS.-RK. V. PHENYLTHIOPHOS-PHONSAEUREDIAMIDEN, EIN NEUES PHOSPHOR-STICKSTOFF-SCHWEFEL-RINGSYST. 56-0359
IDEMUDIA O. G., INHALTSSTOFFE EINIGER WESTAFRIKAN. VERTRETER D. GATT. TERMINALIA 58-0532
IFZAL S. M., RK. V. STERINEN MIT DIMETHYLSULFOXID U. ACETANHYDRID 57-0404
IGNATOVA N. P., EINIGE ALPHA,BETA-DIACYL-PHENYLHYDRAZINE 61-0217
IGOLEN J., SYNTH. EINES D. LYSERGSAEURE VERWANDTEN TRICYCL. SYST. DURCH EINE 'ARIN'-SUBSTITUT.-RK. 54-0296
- SYNTH. V. 4- ODER 5-AMINOINDOLEN DURCH ''ARINSUBSTITU-TION'' 60-0327
IHARA M., SYNTH. HETEROCYCL. VERB. 172.MITT. 57-0317
IITAKA Y., STRUKTUR V. PYRIDOMYCIN 61-0085
IKEHARA M., BROMIER. V. ADENIN-NUCLEOSIDEN U. NUCLEOTIDEN 54-0351
IKEKAWA N., PHOTOCHEM. RK. V. PYRAZIN-N-OXIDEN 56-0390
IKUTA A., BIOSYNTH. V. EVODIA-ALKALOIDEN 2.MITT. 61-0573
IL'ICEV I. E., EPR V. RADIKALEN-DERIV. D. THIOXANTH-HYDROLDIOXIDES 60-0056
IL'INA L. M., RADIKAL. ADDIT. V. ACETOXYESSIGSAEUREME-THYLESTER AN OLEFINE U. PYROLYSE D. ADDUKTE 56-0184
ILLI V., SYNTH. V. HETEROCYCLEN 94. MITT. 59-0342
IMADA I., UBICHINONE U. VERWANDTE SUBSTANZEN 11. MITT. 57-0047
IMAI K., STRUKTUREN V. AESCIGENIN U. PROTOAESCIGENIN IN BEZIEH. ZU D. THEASAPOGENOLEN A U. B (BARRINGTOGENOL C) KONFIG. D. HYDROXYLGRUPPEN AM RING E 54-0421
- SAPOGENINE AUS ROSSKASTANIEN-SAPONINEN DURCH BODENBAKTERIEN-HYDROLYSE, EIN NEUES NEBENSAPOGENIN, 16-DESOXY-BARRINGTOGENOL C 60-0479
IMAMOTO S., NEUE METABOLITE AUS PSEUDOMONAS OVALIS, 2-NONAPRENYL-PHENOL U. 2-NONAPRENYL-3-METHYL-6-METHOXY-1.4-BENZOCHINON 56-0483
IMJANITOV N. S., HYDROCARBOXYLIER. V. BUTADIEN U. ISOPREN 56-0176
IMMEL H., UNTERS. ZUR BIOSYNTH. D. MUTTERKORNALKALOIDE 3. MITT. 61-0564
IMMER H., PROTONENRESONANZSPEKTROSKOP. UNTERS. AN BICYCLO(2.2.1)HEPTAN- U. BICYCLO(2.2.2)OCTAN-DERIV., EINFL. V. SUBSTITUENTEN AUF D. CHEM. VERSCHIEB. 54-0037
IMPERATO F., SYNTH. V. CARBONSAEUREN U. GAMMA-OXO-CARBONSAEUREN AUS 2.2-DIALKOXY-2.3-DIHYDRO-FURANEN 59-0303
INADA K., UNTERSUCH. D. PHOTOIONISAT. V. ALKANEN IN FESTER PHASE MITTELS ESR-SPEKTREN 53-0023
INDENBOM M. L., ESTER V. TROPIN, 1-DIAETHYLAMINO-PROPANOL-(2) U. DIAETHYLAMINOAETHANOL 60-0261
- AROMAT. U. HETEROCYCL. AMIDE D. BETA-DIAETHYLAMINO-AETHAN-SULFONSAEURE, D. BIOLOG. AKTIVITAET BESITZEN 60-0407
INFARNET Y., 3-HYDROXYMETHYL-TETRAHYDROFURANE 56-0327
INHOFFEN H. H., ZUR WEITEREN KENNTNIS D. CHLOROPHYLLS U. D. HAEMINS 7. MITT. UEBER MESO-OXO-PORPHINOGENE 53-0130

- ZUR KENNTNIS D. CHLOROPHYLLS U. D. HAEMINS 10.MITT. 55-0053
- ZUR WEITEREN KENNTNIS D. CHLOROPHYLLS U. D. HAEMINS 14.MITT. 55-0349
- ZUR WEITEREN KENNTNIS D. CHLOROPHYLLS U. D. HAEMINS 15. MITT. 58-0444
- CHLOROPHYLL U. HAEMIN 12. MITT. 59-0446
- CHLOROPHYLL U. HAEMIN 13.MITT. 59-0447

INOUE A., STEREOCHEMIE DER HELVOLSAEURE 59-0090

INOUE H., SYNTH. V. B-C-TRANS-MORPHIN 56-0428

INOUE Y., OLIGONUCLEOTIDE 2. MITT. 61-0032

INOUYE H., MONOTERPENGLUCOSIDE 5. MITT. 59-0091
- BIOSYNTH. D. BITTEREN GLUCOSIDE D. GENTIANAZEEN, D. GENTIOPICROSIDS, D. SWERTIAMARINS U. D. SWEROSIDS 61-0572

INOUYE Y., OPT. ROTATIONSDISPERS. V. TRANS-CYCLAN-1.2-DICARBONSAEURETHIONAMIDEN 61-0031

INSTITORIS L., POLAROGRAPH. UNTERS. V. CYTOSTAT. MANNITDERIV. 1.MITT. 60-0108

INUBUSHI Y., STRUKTUR V. FAWCETTIMIN, BEZIEH. ZU SERRATININ 55-0343

IOFFE B. V., SYNTH. U. EIG. V. ALLYLHYDRAZINEN 60-0196
- UNGESAETT. ALKYLHYDRAZONE, KONDENS. V. ISOPROPYLHYDRAZIN MIT UNGESAETT. CARBONYL-VERB. 60-0337
- RLK. V. CHLORACETYLENE MIT HYDRAZINEN 3.MITT. 61-0377
- EINE NEUE ART V. RING-KETTEN-TAUTOMERIE U. D. EINFACHSTEN TETRAHYDRO-1.3.4-OXADIAZIN-DERIV. 61-0454

IOFFE D. V., SYNTH. U. UMWANDL. D. BETA-PHENYL-BETA-CYAN-PROPIONSAEURE 54-0199
- REDUKTIVE METALLIER. V. CARBONYLVERB. 4. MITT. 56-0279
- RED. METALLIER. D. CARBONYLVERB. 5.MITT. 57-0207

IOFFE S. L., MECHANISMUS D. THERM. ZERS. V. NITRONAETHERN 58-0145

IONOVA L. V., SYNTH. V. 2-NORPYRIDOXAL-5'-PHOSPHAT 57-0320

IORIO M. A., ELIMINIER. AN 4-ARYL-3-METHYL-PIPERIDINOLEN-(4) 5.MITT. 55-0089
- EINIGE DIASTEREOISOMER 3-METHYL-4-PHENYL-PIPERIDINOLE-(4) 58-0018

IRIARTE ..., STEROIDE 296. MITT. 53-0222

IRIE H., STEREOCHEMIE U. ABS. KONFIG. V. STENIN U. TUBEROSTEMONIN 59-0436
- STRUKTUR V. GLAUPALOL, EINEM NEUEN FURANOCUMARIN AUS GLAUCIDIUM PALMATUM SIEB. ET ZUCC. 60-0360
- KORRIGIERTE STRUKTUR V. BILOBANON 61-0511

IRIE T., BESTANDTEILE V. MEERESPFLANZEN 6. MITT. 55-0149
- BESTANDTEILE V. MEERESPFLANZEN 7. MITT. 61-0522

IRIKAWA H., STRUKTUR V. CODAPHNIPHYLLIN 54-0389
- ISOLIER. V. YUZURIMIN A U. B AUS DAPHNIPHYLLUM MACROPODUM MIQUEL 60-0453
- UNTERS. AN DAPHNIPHYLLIN 61-0492

IRIUCHIJIMA S., STEREOCHEM. STRUKTUR V. PYRETHROSIN, CYCLOPYRETHROSIN-ACETAT U. ISOCYCLOPYRETHROSIN-ACETAT 58-0454

ISACESCU D. A., UNTERS. AUF D. FURFUROL-GEBIET 44. MITT. 60-0311
- UNTERS. AUF D. FURFUROL-GEBIET 45. MITT. 60-0312

ISAEV I. S., BIND.-ZUSTAND D. ALIPHAT. KOHLENSTOFFATOMS IN ARENONIUMIONEN 55-0056

ISAKSSON G., BARRIERE D. INNERENROTAT. UM D. C-C-DOPPELBIND. IN KETENMERCAPTALEN U. AMINALEN 59-0089

ISARD A., UMLAGER. V. STRUKTUREN MIT DIALLYLCHARAKTER 1. MITT. 59-0255
- UMLAGER. V. STRUKTUREN MIT DIALLYLCHARAKTER 2. MITT. 59-0256

ISAYAMA K., PD-KATALYSIERTE RK. V. AETHYLEN, GAMMA-BUTYROLACTON U. CUCL2 61-0159

ISHAQ M., BEWEIS FUER D. WECHSELWRKG. D. NAECHSTEN NACHBARN IN EINIGEN CARBOXYMETHYL-UEBERGANGSMETALL-KOMPLEXEN 59-0001

ISHIBASHI K., STRUKTUR V. SICCANIN 58-0375

ISHII H., STRUKTUR V. FAWCETTIMIN, BEZIEH. ZU SERRATININ 55-0343

ISHII Y., KINET. UNTERS. D. ADDIT.-RK. V. TRIMETHYLSILYL-U. TRIMETHYLGERMYLAMINEN MIT BETA-PROPIOLACTON 54-0107
- ADDIT.-RK. V. ALKOXYGERMANEN 56-0017
- RK. D. ORGANOMETALLVERB. D. 4. GRUPPE 5. MITT. 60-0025

ISHIKAWA M., UNTERS. UEBER SIEBENGLIEDRIGE RINGDERIV. 6. MITT. 56-0086
- SESQUITERPENOIDE 15. MITT. 56-0453
- N-OXIDE V. N-HETEROAROMATEN MIT PI-ELEKTRONEN-UNTERSCHUSS 9.MITT. 58-0422

ISHITOBI H., UMLAGER. D. BENZOBICYCLO-(3.2.0)-HEPTENYL-SYST. ZU D. (INDENYL-(2))-AETHYL- U. BENZOBICYCLO-(2.2.1)-HEPTENYL-SYST. 54-0278

ISHIZU A., ZUCKERSAEUREN AUS D-XYLOSE U. D-FRUCTOSE 58-0425

ISKANDER G. M., UMWANDL. EINIGER DIHALOGENCYCLOPROPANE IN UNGESAETT. KETONE 55-0184

ISLAM K. M. S., KONFIGURAT. D. EPOXIDRINGS IN PALMARIN, EIN FALL UEBERMAESSIGER KONFORMATIVER DEFORMAT. 56-0074

ISLER O., CHEMIE D. VITAMINS E 7. MITT. 58-0504
- CHEMIE D. VITAMINS E 8. MITT. 60-0492

ISMAILOV A. G., DIENOPHILIE U. DIENAKTIVITAET D. CYCLOHEXYLVINYLKETONS 58-0365

ISMAILOV A. I., RK. V. GOSSYPOL-TETRAMETHYLAETHER MIT EPICHLORHYDRIN 58-0442

ISMIEV I. I., AETHER U. IHRE DERIV. 119. MITT. 60-0231

ISOBE K., ENDGUELTIGE ZUORDNUNG DER GESAETTIGTEN KOHLENWASSERSTOFFE, DIE SICH VON HYDROXYHOPANON, DIPLOPTEN, ZEORIN UND DUSTANIN ABLEITEN 53-0208

ISOE S., STRUKTUR V. ACTINIDIOLID, DIHYDROACTINIDIOLID U. ACTINIDOL 57-0388

ISOLA M., KONDENS. V. 2-BENZOYLBENZOESAEURE MIT PHENYLESSIGSAEURE, EIN NEUER EINFACHER WEG ZU PENTAPHEN 54-0268
- NOTIZ UEBER FLAVON-CARBONSAEURE-(5) 56-0370

ISSIDORIDES C. H., PHOTOLYSE EINES CHINOXALIN-DI-N-OXIDS 54-0364

ISSLEIB K., ALKALI-PHOSPHORVERB. U. IHR REAKTIVES VERH. 46. MITT. 54-0217
- PHOSPHAZOLIDINE 56-0355
- ALKALIMETALL-PHOSPHORVERB. U. IHR REAKTIVES VERH. 51.MITT. 61-0388

ITAGAKI Y., GINKGOLIDE, 1.MITT. 54-0464
- GINKGOLIDE, 2.MITT. 54-0465
- IN ZWEI STUFEN VERLAUFENDE ABSPALT. V. ALDEHYDEN U. KETONEN BEI D. FRAGMENTIER. V. ACYCL. ALPHA-GLYKOL-DIESTERN 59-0072

ITAI A., NOMENKLATUR D. OPHIOBOLINE 61-0141

ITAYA T., RK. V. CYCLOALKANONEN IN GEGENWART V. PLATIN-METALL-KATALYSATOREN U. WASSERSTOFF 59-0241

ITO M., SYNTH. EINIGER NEUER TETRAHYDROFURANAETHER 56-0325
- UMWANDL. V. FRIEDELIN IN TETRANORSHIONANSAEURE-METHYLESTER 60-0472

ITO S., SESQUITERPENOIDE 7. MITT. 54-0402
- STRUKTUR V. CAMELLIAGENINEN 54-0419
- PENTACYCLO(7.5.0.0(2.7).0(5.13).0(6.12))TETRADECADIEN-(3.10)-ON-(8) 55-0212
- ZWEI NEUE TRITERPENE AUS CAMELLIA SINENSIS U. CAMELLIA SASANQUA 55-0371
- CHAMIGREN, EIN SESQUITERPENKOHLENWASSERSTOFF MIT EINEM NEUARTIGEN KOHLENSTOFFGERUEST 56-0441
- STRUKTUREN V. A(1)-BARRIGENOL U. R(1)-BARRIGENOL 58-0468
- ANORMALE OPT. ROTAT.-DISPERS. V. STEROIDGEBUNDENEN TETRAHYDROFURANONEN 60-0039
- BESTANDTEILE V. MEERESPFLANZEN 7. MITT. 61-0522

ITO Y., SYNTH.-RK. MIT KOMPLEX-KATALYSATOR 4. MITT. 54-0206
- SYNTH.-RK. MIT KOMPLEXKATALYSATOR 5. MITT. 56-0190
- RK. V. AMIDCHLORIDEN 4. MITT. 58-0155
- RK. V. P-YLIDEN MIT SULFENEN 58-0240

ITOH K., KINET. UNTERS. D. ADDIT.-RK. V. TRIMETHYLSILYL-U. TRIMETHYLGERMYLAMINEN MIT BETA-PROPIOLACTON 54-0107
- ADDIT.-RK. V. ALKOXYGERMANEN 56-0017
- RK. D. ORGANOMETALLVERB. D. 4. GRUPPE 5. MITT. 60-0025

ITOH M., MAGNET. ANISOTROPIE D. CYCLOBUTANSYST. MIT GEFALTETER STRUKTUR 55-0044

ITOKAWA N., STRUKTUREN V. CAMELLIAGENIN A, B UND C AUS CAMELLIA JAPONICA L. 54-0420

IVANOV C., UMSETZ.-PROD. V. BENZYLCYANID MIT MAGNESIUM IN FL. AMMONIAK U. SEINE ALKYLIER. 54-0201
- ADDUKTE V. MAGNESIUM MIT DIPHENYL, PHENANTHREN U. ANTHRACEN IN FL. AMMONIAK 58-0014
- METALLIER. V. INDEN, FLUOREN U. BENZYLCYANID MIT ADDIT.-VERB. V. MAGNESIUM MIT NAPHTHALIN, BIPHENYL U. PHENANTHREN IN FL. AMMONIAK 59-0165
- RED. D. NAPHTHALINS MIT MAGNESIUM IN FLUESSIGEM AMMONIAK 59-0277

IVANOV G. E., DARST. U. EIG. V. THIOXANTHHYDROL 60-0375

IVANOV O. V., NEUE SYNTH. V. 2-SUBSTITUIERTEN DIKETONEN-(1.3) 58-0188

IVANOV V. T., OPT. ROTATIONSDISPERS. 40. MITT. 54-0015

IVANOVA N. G., RK. V. TETRAFLUORDEHYDROBENZOL MIT AROMAT. KW-STOFFEN U. IHREN DERIV. 54-0279

IVANOVA V. I., STRUKTUR D. PROD. D. ALKYLIER. V. NA-DERIV. D. BENZOYLACETONS U. ACETYLACETONS MIT ALPHA-BROMOXIDEN 56-0311

IVANOVA V. M., SYNTH. V. AROMAT. DICARBONSAEUREN U. IHREN DERIV. MIT HILFE V. DIMETHYLCARBAMYLCHLORID 54-0204

IVANOVA Z. M., DERIV. V. N-ACYLIMINO-KOHLENSAEUREN 2.MITT. 57-0174

IVANSKIJ V. I., SYNTH. V. 1-HYDROXYMETHYL-2-AMINOMETHYL-CYCLOPROPAN 61-0253

IVERSEN P. E., ELEKTROORGAN. PRAEPARAT. 21.MITT. 57-0087
- ELEKTROORGAN. PRAEPARAT. 22. MITT. 58-0341

IWAKURA Y., NEUE DARST. V. PSEUDOXAZOLONEN 61-0385

IWASAKI M., STEROIDKOMPONENTEN V. KULTURPFLANZEN 50. MITT. 58-0471

IWASAKI S., PHOTOCHEM. RK. 39. MITT. 54-0277
- STEREOCHEMIE DER HELVOLSAEURE 59-0090

IWATA K., ENDGUELTIGE ZUORDNUNG DER GESAETTIGTEN KOHLENWASSERSTOFFE, DIE SICH VON HYDROXYHOPANON, DIPLOPTEN, ZEORIN UND DUSTANIN ABLEITEN 53-0208

IWATA T., UNTERS. UEBER SIEBENGLIEDRIGE RINGDERIV. 6. MITT. 56-0086

IYER V. S., HYDROXAMSAEUREN U. IHRE DERIV. 2. MITT. 54-0158

IZAWA Y., PHOTOCHEM. ADDIT. V. MONOCHLORAMIN AN CYCLOHEXEN 55-0109

IZMAIL'SKIJ V. A., DARST. U. EIG. V. THIOXANTHHYDROL 60-0375

IZMAJLOVA R. G., DIARYLFULVENE IN D. DIENSYNTH. 61-0122

J

JABLONSKI J. M., ARIN-CHEMIE 6. MITT. 60-0289
JABLONSKI L., PHOTOCHEM. UMLAGER. V. 16ALPHA.17-EPOXY-20-OXO-PREGNANDERIV. U. SYNTH. V. PYRAZOLO(3'.4'-16.17)STEROIDEN 53-0216
JACCARD J., ADDIT.-VERB. V. LEWIS-SAEUREN 28. MITT. 54-0027
JACCARD S., BLDG. U. UMWANDL. V. ESTERN 73. MITT. 57-0103
- BLDG. U. UMWANDL. V. ESTERN 75.MITT. 60-0408
JACHONTOV L. N., 7-AZA-INDOLDERIV. 25. MITT. 57-0085
JACKSON A., SYNTH. V. DESAETHYL-DASYCARPIDON 59-0435
JACKSON A. H., PYRROLE U. VERWANDTE VERB., 11. MITT. 53-0202
- MASSENSPEKTROMETRIE BEI STRUKTUR- U. STEREOCHEM. PROBLEMEN 90. MITT. 54-0039
- THEORIE D. ELEKTROPHILEN SUBSTITUT. IN 3-SUBSTITUIERTEN INDOLEN 57-0104
JACKSON B., ISOLIER. NEUER BIFLAVANONE AUS D. KERNHOLZ V. GARCINIA BUCHANANII 55-0410
- EXTRAKTE AUS GUTTIFEREN 5. MITT. 58-0511
- BEMERK. ZUR MASSENSPEKTROMETR. U. THERM. FRAGMENTIER. V. FLAVANONEN U. BIFLAVANONEN 61-0502
JACKSON C., FREIE RADIKALE AUS PHENOTHIAZIN 59-0389
JACKSON W. R., LITHIUM-HYDROGEN-(1-BUTYL)-BIS-ISOPINOCAMPHEYL-BORAT, EIN REAGENZ FUER ASYMM. RED. V. IMINEN 58-0010
JACOB K., ISOINDIGOIDE FARBSTOFFE D. PYRROL-REIHE 57-0274
JACOBELLI G., STRUKTUR U. AKTIVITAET D. 'ACYLOPHILEN' BEREICHS D. URIDINDIPHOSPHATGLUCOSE-GLYKOGENTRANSFERA-SE D. KANINCHENMUSKELS U. D. PFLANZL. URIDINDIPHOS-PHATGLUCOSE-ANTHRANYL-TRANSFERASE 56-0496
JACOBS T. L., ORIENTIER. D. NUCLEOPHILEN ADDIT. V. MERCAPTANEN AN 2-METHYL-BUTEN-(1)-IN-(3) 60-0135
JACOT-GUILLARMOD A., UNTERS. UEBER METALLORGAN. VERB. 1. MITT. 58-0016
- ORGANOMETALLVERB. 2. MITT. 58-0017
- ORGANOMETALLVERB. 3. MITT. 60-0022
JACQUES J., ASYMM. 1.3-INDUKT. 1. MITT. 56-0283
- SPEKTROCHEMIE D. REFORMATSKY-RK. 2. MITT. 57-0108
JACQUESY J., STEREOCHEMIE 15. MITT. 58-0487
- STEREOCHEMIE 17. MITT. 58-0489
JACQUESY J. C., SKELETT-UMLAGER. V. DELTA(5)-ANDROSTEN-3BETA.17BETA-DIOL, EIN CHEM. NACHW. 54-0432
JACQUESY R., STEREOCHEMIE 16. MITT. 58-0488
- STEREOCHEMIE 17. MITT. 58-0489
JACQUIER R., UNTERS. UEBER AZOLE 16. MITT. 54-0311
- UNTERS. UEBER AZOLE 17. MITT. 54-0312
- ACYLIER. V. BETA-ENAMIN-KETONEN D. 2-ACYLCYCLANONE 55-0176
- UNTERS. UEBER AZOLE 17. MITT. 55-0242
- UNTERS. UEBER AZOLE 18. MITT. 55-0243
- UNTERS. UEBER AZOLE 19. MITT. 55-0244
- UNTERS. UEBER AZOLE 20. MITT. 55-0245
- UNTERS. IN D. AZOL-REIHE, MECHANISMUS D. OX. V. PYRAZOLEN ZU PYRAZOLONEN 60-0338
- UNTERS. UEBER AZOLE 23. MITT. 61-0344
- UNTERS. UEBER AZOLE 24. MITT. 61-0345
- UNTERS. UEBER AZOLE 25. MITT. 61-0346
- AZOLE, SYNTH., NMR- U. UV-SPEKTREN V. DELTA(3)-PYRAZOLINEN 61-0380
- AZOLE, PROTONIER. U. QUATERNISIER. V. DELTA(3)-PYRAZOLINEN 61-0381
- 1.2.4-TRIAZINE 61-0452
JACQUIGNON P., ISOMERISAT. V. POLYCYCL. AROMAT. KW-STOFFEN UNTER D. EINW. V. ALUMINIUMCHLORID 6. MITT. 56-0342
- CARCINOGENE STICKSTOFFVERB. 56. MITT. 57-0324
- SYNTH. V. DINAPHTHO(2.3-A, 2'.3'-H)PYREN U. DINAPHTHO(2.3-A, 2'.3'-I)PYREN U. EINE ANOMALE ELBS-RK. 60-0282
- CARCINOGENE STICKSTOFF-VERB. 58. MITT. 61-0429
JAEGER P., CHLOROPHYLL U. HAEMIN 12. MITT. 59-0446
JAEGER-MESSIET J., DIE STRUKTUR D. STAERKE 60-0506
JAEGGI K. A., GLYKOSIDE U. AGLYKONE 292. MITT. 60-0477
- SYNTH. V. ISOBUFALIN-METHYLESTER 61-0539
JAHR K. F., HYDROLYSE AMPHOTERER METALLALKOXIDE 8.MITT. 60-0026
JAIN A. C., NEUE SYNTH. V. 3-PHENYL-4-HYDROXY-CUMARINEN 58-0363
JAIN M. K., TETRANORTRITERPENOIDE AUS MELIA AZADIRACHTA 57-0382
- TERPENOIDE 6. MITT. 61-0531
JAKOBSEN H. J., THIOPHEN-CHEMIE 12. MITT. 54-0294
- KONFORM. U. STEREOSPEZIF. SPINFERNKOPPL. V. CIS-3.5-DIBROMCYCLOPENTEN 58-0081
- GEHINDERTE INNERE ROTAT. UM D. N-S-BIND. IN N.N-DIMETHYLTRICHLORMETHANSULFINAMID 61-0047
JAKOVENKO T. I., BENZALAZIN U. SEINE DERIV. 3. MITT. 60-0041
JAKOVLEV S. V., RK. V. PHTHALYLIUMSALZEN MIT PRIM. AROMAT. AMINEN 59-0301
JAKUBKE H., AMINOSAEUREN U. PEPTIDE 67. MITT. 55-0021
- AKT. ESTER 9. MITT. 60-0124
JAMBOR B., POLAROGRAPH. UNTERS. V. CYTOSTAT. MANNITDERIV. 1.MITT. 60-0108
JAMES H., ANWEND. D. METH. D. MOMENTANINHIBIT. V. VERBRENN.-RK. AUF D. UNTERS. D. INHIBITORWRKG. HALOGENIERTER METHANE 58-0008
JAMES M. I., POLAROGRAPHIE V. ORGAN. KATIONEN 59-0108
JAMES R., PHENOLOX. U. BIOSYNTH. 12. MITT. 53-0192
- NOTIZ ZUR ABS. KONFIG. D. NUDAURINS 60-0444
JAMKHANDI P. S., SYNTH. V. 4-HYDROXY-1-THIA-CUMARINEN 2. MITT. 60-0374
JANCULEV J., FRAGMENTIER.-RK. AN CARBONYLVERB. MIT BETA-STAEND. ELEKTRONEGATIVEN SUBSTITUENTEN 3.MITT. 55-0217
JANCZEWSKI M., EINFL. D. MOLEKULARSTRUKTUR AUF D. OPT. EIG. V. SULFINYLVERB. 31. MITT. 59-0273
- EINFL. D. MOL.-STRUKTUR AUF D. OPT. EIG. V. SULFOXIDEN 32.MITT. 60-0252
- EINFL. D. MOL.-STRUKTUR AUF D. OPT. EIG. V. SULFOXID-VERB. 33.MITT. 61-0277
JANIAK P. S., GLYKOSIDE U. AGLYKONE 293.MITT. 60-0478
JANICKIN L. P., HALOGENALKYLIER. D. AROMAT. KERNS MIT ALLYLHALOGENIDEN 58-0217
- ALKYLIER. V. AROMAT. VERB. MIT DIENKOHLENWASSERSTOFFEN U. IHREN HYDROCHLORIDEN 15. MITT. 59-0208
JANIK A., MECHANISMUS D. THERM. OX. V. CIS-1.4-POLYBUTADIEN 2. MITT. 61-0098
JANJIC D., UNTERS. IN D. CYCLITREIHE 35.MITT. 58-0005
JANOT M., KONSTIT. V. IPECOSID, EIN MONOTERPENOIDES ISOCHINOLIN 56-0444
JANSEN A. B. A., SYNTH. V. BENZYLPENILLONSAEUREMETHYL-ESTER 59-0335
JANSEN M. L., BAS. HYDROLYSE D. ESTERFUNKT. IN KOMPLEXIONEN V. TYP CIS-(CO(EN)2(NH2-CH2COOC2H5)CL)CL2 61-0013
JANSSEN P. A. J., ABS. KONFIG. D. OPT. ISOMEREN D. BREITBAND-ANTHELMINTHIKUMS TETRAMISOL 56-0354
JARDINE F. H., HOMOGENE KATALYT. HYDRIER. V. UNGESAETT. ALDEHYDEN ZU GESAETT. ALDEHYDEN 55-0113
JARDINE I., MECHANISMUS D. HYDRIER. 6. MITT. 53-0043
JARKOVA E. G., DIARYLFULVENE IN D. DIENSYNTH. 61-0122
JARKOVSKY J., AROMAT. DIAZO- U. AZOVERB. 72. MITT. 57-0079
JARMAN M., SYNTH. V. OLIGORIBONUCLEOTIDEN 2. MITT. 59-0422
JAROVA L. N., SYNTH. V. PYRYLIUMSALZEN AUS CYCL. TERTIAEREN ALKOHOLEN 59-0347
JAROVENKO E. J., MECHANISMUS D. BLDG. V. FORMAMIDINSUL-FINSAEURE DURCH OX. D. THIOHARNSTOFFES MIT H2O2 60-0116
JARREAU F., STEROIDALKALOIDE 58. MITT. 56-0462
- PEPTIDALKALOIDE 4. MITT. 58-0500
- STEROIDALKALOIDE, UMLAGER. D. 3-AMINO-DELTA(5)-STEROID-GERUESTES IN SAUREM MEDIUM, ENTSTEH. V. DERIV. D. A-NOR-D-HOMO-ANDROSTANS 59-0480
JARY J., SOLVOLYSE V. BENZYLIDENDERIV. 2. MITT. 55-0081
JASCHE K., ALKALI-PHOSPHORVERB. U. IHR REAKTIVES VERH. 46. MITT. 54-0217
JASINA O. G., SYNTH. V. AETHINYLKETONEN MIT HILFE V. CD-DERIV. 54-0214
JASINSKI T., SPEKTROPHOTOMETR. UNTERS. D. RK. V. ACRIDIN MIT CARBONSAEUREN IN BENZOL 1. MITT. 55-0017
JASIOBEDZKI W., ACETYLEN-GAMMA-GLYKOLRK. 6. MITT. 61-0259
JASNICKIJ B. G., OX. V. CHLORAETHYLENEN 4. MITT. 57-0094
- OX. V. CHLORAETHYLENEN 5. MITT. 59-0114
- OX. V. CHLORAETHYLENEN 6. MITT. 59-0115
JASUNSKIJ V. G., SYDNONE U. SYDNONIMINE 33. MITT. 59-0339
JATZKEWITZ H., SYNTH. (35S)-MARKIERTER D-GALAKTOSE-SULFATE U. CERAMID-GALAKTOSE-SULFATE (=CEREBROSIDSUL-FATE) 58-0508
JAUREGUIBERRY G., BESTANDTEILE V. MYCOBAKTERIEN 99. MITT. 54-0470
JAUTELAT M., METHYLENIERTE METALLHALOGENIDE 5. MITT. 57-0242
- EIN NEUER WEG ZU SULFONIUMYLIDEN, DIPHENYLSULFONIUM-ISOPROPYLID 59-0265
JAWDOSIUK M., RK. ORGAN. ANIONEN 10.MITT. 60-0260
JAZ J., RK. V. ARYLDIAZOMETHANEN MIT N-PHENYLMALEINIMID 60-0336
JEDLINSKI Z., RK. V. GLYCIDYLAETHERN 7.MITT. 57-0148
- RK. V. GLYCIDYLAETHERN 6. MITT. 59-0049
- MECHANISMUS D. THERM. OX. V. CIS-1.4-POLYBUTADIEN 2. MITT. 61-0098
JEFFERSON A., SYNTHET. UNTERS. IN BEZUG AUF FRANKLINON U. SAEUREKATALYSIERTE UMLAGER. V. PYRONOCHROMANON-DERIV. 53-0155
JEFFERY E. A., ZUSAMMENFALL D. SATELLITENBANDEN IM (1)H-NMR-SPEKTRUM V. DIMETHYLQUECKSILBER U. METHYLQUECKSIL-BERJODID 57-0004
- PHENYLBRUECKENBLDG. IN DIMETHYLPHENYLALUMINIUM 61-0005
JEFFERY G. H., VERW. V. PHENYLNATRIUM BEI D. DARST. V. ALKYLPYRIDINEN 55-0295
JEFFORD C. W., ZUGANG ZUM BICYCLO(4.2.1)NONAN-SYST. 58-0289
JEFFREYS J. A. D., ALKALOIDE AUS RYE-GRAD (LOLIUM PERENNE L.) 3. MITT. 58-0439
JEFFS P. W., STEREOCHEMIE V. CLIVONIN U. CLIVIMIN 54-0066
JEHLICKA V., OXIMDERIV. 9.MITT. 60-0078
JELINEK V., SUBSTANZEN MIT ANTINEOPLAST. WIRKSAMK. 15. MITT. 56-0495
JELLINEK F., TRIPHENYLPHOSPHONIUM- U. TRIAETHYLPHOSPHONI-UMHYLOGENIDE 56-0236

JEMINET G., DARST. AROMAT. SULFIDE U. SULFONE MIT STARRER STRUKTUR 56-0412
JENNER G., POLYMERISAT. KONJUGIERTER DIENE BEI HOHEM DRUCK 6. MITT. 54-0474
JENNINGS H. J., STRUKTUR U. KONFORM. EINIGER D-GLYCERO-DELTE(2)-PENTENOPYRANOSYLDERIV. U. D. BEST. D. RELATIVEN WERTE EINIGER ASSOZIIERTER PROTONENKOPPL.-KONST. IM WEITEN BEREICH 59-0087
- SYNTH. V. 6-O-ALPHA-D-XYLOPYRANOSYL-D-MANNOPYRANOSE UNTER BENUTZ. D. NICHT BETEILIGTEN CHLORSULFATGRUPPE 61-0463
JENNINGS J. P., OPT. ROTAT.-DISPERS. 44. MITT. 58-0035
JENSEN E. V., ACETYLIER. U. TRIFLUORACETYLIER. V. STEROIDEN AN C(16) 53-0227
- RED. V. 3.6-DIMETHOXY-OESTRAPENTAEN- U. 3.6-DIMETHOXY-OESTRAHEXAENCARBONSAEUREN 57-0395
JENSEN H., NEUE BLDG.-WEISE D. RUHEMANN-PURPURS, RK. V. 2-OXIMINO-INDANDION-(1.3) MIT NINHYDRIN 58-0273
JENSEN S. L., BAKTERIELLE CAROTINOIDE 20.MITT. 57-0370
- CAROTINOIDE AUS BAKTERIEN 21. MITT. 58-0441
JEREMIC D., RK. MIT BLEITETRAACETAT 12. MITT. 61-0188
JERMSTAD S. F., GAS-CHROMATOGRAPH. U. MASSENSPEKTROMETR. UNTERS. D. TRIMETHYLSILYLAETHER V. VITAMIN A U. EINIGEN SEINER ISOMEREN 60-0086
JESAITIS R. G., EINFL. V. CYCLOPROPYLGRUPPEN U. KONKURRIERENDER EINFL. D. NORBORNANSYST. 60-0125
JESCHKE J. P., AUFBAURK. MIT BETA.BETA-DIALKYL-ACRYLSAEUREESTERN 54-0333
JILEK J. O., SYNTHET. ANALGETIKA 7. MITT. 56-0504
JIMENEZ F. G., CORYMBOSIN, EIN GLUCOSID AUS TURBINA CORYMBOSA 59-0424
JINDRA H., BLDG. U. UMWANDL. V. ESTERN, 72.MITT. 54-0368
JIRKOVSKY I., SYNTH. IN D. LYCOPODIUM-ALKALOID-REIHE 4. MITT. 56-0432
- SYNTHET. ANALGETIKA 8. MITT. 56-0505
- SYNTH. IN D. REIHE D. LYCOPODIUM-ALKALOIDE 5. MITT. 58-0436
JIZBA J., ISOLIER. V. ECDYSTERON (CRUSTECDYSON) AUS POLYPODIUM VULGARE L. RHIZOMEN 57-0405
JOB B. E., DURCH UMLAGER. ENTSTANDENE IONEN IM MASSENSPEKTRUM V. THIONYLANILIN 54-0041
JOCHIMS J. C., RK. D. MONOSACCHARIDE MIT RHODANWASSERSTOFFSAEURE 55-0324
- PROTONENRESONANZSPEKTREN V. SOLVATATIONSDIASTEREOMEREN 58-0048
- FERNKOPPL. BEI GLUCOPYRANOSEN IN D. 1-C-KONFORM. 61-0079
JOFFE B. W., ISOMERISIER. U. FRAGMENTIER. V. CARBENIUMIONEN BEI D. SCHWEFELSAUREN ALKYLIER. 61-0190
- ZUS. D. DURCH SCHWEFELSAURE ALKYLIER. V. TOLUOL ERHALTENEN CYMOLE 61-0191
JOHANSSON N., CHEMIE D. LICHENE 25. MITT. 59-0183
JOHN P., METALLCARBONYLE 156. MITT. 59-0038
JOHNS, ANTIRHIN, NEUES INDOLALKALOID AUS ANTIRHEA PUTAMINOSA (F. V. MUELL.) BAIL. 56-0423
JOHNS S. R., UNARIN C, D. (SPECIOPHYLLN), E U. F, C(3)- U. C(7)-EPIMERE OXINDOLE, D. MIT TETRAHYDROALSTONIN VERWANDT SIND 54-0393
- UNTERS. D. STEREOCHEMIE AM C(3) U. C(7) BEI D. UNCARINEN C,D,E U. F DURCH ZIRKULARDICHROISMUS 55-0063
- STEREOCHEMIE V. FORMOSANIN (UNCARIN B) U. UNCARIN A 60-0081
JOHNSON A. L., 2.3-DIAZABICYCLO(2.2.1)HEPTYL-RINGSYST. 4. MITT. 54-0061
JOHNSON A. W., THERM. UMLAGER. V. 1-SUBSTITUIERTEN 1H-AZEPINEN ZU DERIV. D. 6-AMINO-FULVENS 54-0234
- STRUKTUR V. OCHROMYCINON 56-0296
- THERMOLYSE V. 3-AZA-BICYCLO(3.2.0)HEPTENEN-(6) 58-0323
- DARST. U. PHOTOLYSE V. 2-HYDROXYALKYL-CO(III)-AETIOPORPHYRINEN I U. 2-HYDROXYAETHYL-COBALAMIN 58-0440
- DREISTUFENSYNTH. EINES NICKEL-CORRIN-PERCHLORATES AUS PYRROL. ZWISCHENPROD. 59-0037
- BLDG. V. NICKEL-TETRAHYDROCORRINEN U. -PORPHINEN AUS LINEAREN TETRAPYRROLEN VERSCHIEDENER OXYDATIONSSTUFEN 60-0456
JOHNSON B. L., SYNTH. V. ENDO-MONOMETHYLEN-ADDUKTEN V. 7-SUBSTITUIERTEN NORBORNENEN U. NORBORNADIENEN 54-0220
JOHNSON C. L., INTRAMOL. KATALYSE BEI D. HYDROLYSE V. O-METHANSULFONAMIDO-BENZOESAEURE-P-NITROPHENYLESTER 53-0045
JOHNSON D. H., REDUKTIVE AMINIER. 1. MITT. 61-0425
JOHNSON F., STER. STOER. IN ALLYL- U. PSEUDOALLYLSYST. 4.MITT. 55-0078
- STER. WECHSELWRKG. IN ALLYL- U. PSEUDOALLYL-SYST. A((1,2))-SPANN. ZWISCHEN METHYLGRUPPE U. WASSERSTOFF 59-0088
JOHNSON M. D., EINFUEHR. V. ISOCYANWASSERSTOFF IN SAEUREKATALYSIERTE RK. V. ORGANOPENTACYANOCOBALTAT (III)-IONEN 57-0012
JOHNSON M. G., PHOTOLYSE IN FL. PHASE 10. MITT. 55-0105
JOHNSON R. L., AZEPIN-DARST. AUS BENZOL U. CARBAETHOXYNITREN. RK. V. SINGULETT-NITREN 55-0318
JOHNSON W. S., UMERKENN. D. KONFIG. V. VERATRAMIN U. JERVIN 59-0437
JOHNSTON D. B. R., TRICHLORAETHOXYCARBONYL, EINE ALLGEMEIN VERWENDBARE SCHUTZGRUPPE 60-0166
JOHNSTON G. A. R., ACETYLWANDER. IN 3-BETA-D-XYLOSYL-URACILDERIV. 60-0436
JOHNSTON K. M., ELEKTROLYSE EINIGER HYDROXYACETOPHENONE 55-0185
JOHNSTONE R. A. W., MASSENSPEKTREN ORGAN. VERB. 2.MITT. 55-0052
- RK. U. MASSENSPEKTREN EINIGER ARYLALKYLSULFOXIDE 55-0095
JOINES R. C., CYCLISIER. V. EPOXYOLEFINEN 4. M ITT. BICYCL. AETHER AUS EINEM CITRONELLALDERIV. 56-0323
JOLY R., BIOSYNTH. V. STEROIDSAPOGENINEN, EINBAU U. VERTEIL. D. RADIOAKTIVITAET V. (2-14C)- U. (3-14C)-MEVALONAT IN TIGOGENIN 61-0574
JOMMI G., STRUKTUR V. VALERIANOL, EINEM SESQUITERPENALKOHOL V. EREMOPHILANTYP AUS BALDRIANOEL 54-0416
- STRUKTUR V. CINNAMOLID, CINNAMOSMOLID U. CINNAMODIAL, SESQUITERPENE MIT DRIMAN-STRUKTUR AUS CINNAMOSMA FRAGRANS BAILLON 59-0466
JONAS G., ISOSTERE METALLORGAN. VERB. 8.MITT. 56-0013
JONCZYK A., ARYLBORVERB. 13.MITT. 61-0456
JONES D. F., NEUE MACROCYCL. GLYKOLIPIDE V. TORULOPSIS GROPENGIESSERI 56-0420
JONES D. G., THIAZOLOPYRIDINIUM-SALZE 1. MITT. 56-0382
- HALOGENHYDRINBLDG. IN DIMETHYLSULFOXID 60-0251
JONES D. M., SYNTH. V. ARYL- U. HETEROCYCL. SUBSTITUIERTEN ACETYLENEN UEBER KUPFERACETYLIDE 61-0358
JONES D. N., STEROIDSCHWEFELVERB. 1. MITT. 57-0398
- RK. V. KETONEN MIT OX.-MITTELN 3. MITT. 57-0408
- RK. V. SULFOXIDEN MIT SULFONYLHALOGENIDEN 61-0540
JONES D. W., BESTANDTEILE HOEHERER PILZE 7.MITT. 56-0488
- CYCL. ORGANOPHOSPHORVERB. 5. MITT. 57-0027
JONES E., ISOMERE DITHENYLSULFIDE 61-0361
JONES E. R. H., MIKROBIOLOG. HYDROXYLIER. ALS EIN WEG ZUM 5BETA-ANDROSTAN-1-ON 59-0478
JONES (SIR) E. R. H., NATUERL. ACETYLENE 25. MITT. 58-0536
- NATUERL. ACETYLENE 26.MITT. 58-0537
JONES G., THIAZOLOPYRIDINIUM-SALZE 1. MITT. 56-0382
- CHINOLIZINE 10. MITT. 59-0367
JONES G. C., ALPHA-KOHLENSTOFF-BETEILIG. BEI ELEKTROLYT. HYDRODIMERISIER. 54-0085
JONES G. H., SYNTH. EINIGER 3-DESOXY-D-RIBOFURANOSE-DERIV. 55-0325
- NEUE SYNTH. V. HALOGEN- U. DESOXYZUCKERN 55-0326
JONES J. H., ANCHIMERE BESCHLEUNIG. D. AMINOLYSE V. ESTERN U. D. ANWEND. ZU PEPTID-SYNTH. 54-0113
- MASSENSPEKTREN V. AMINOSAEUREN U. PEPTIDDERIV., PHTHALOYLAMINOSAEUREN 57-0041
JONES J. I., 4.6-DIPHENYL-1.2.3.5-OXATHIADIAZIN-2.2-DIOXID 54-0371
JONES J. R., KINET. ISOTOPENEFFEKTE IN PROTONENAUSTAUSCH-RK. 61-0136
JONES M. JUN., ADDIT. V. BIS-CARBOMETHOXYCARBEN AN OLEFINE 53-0049
- PHOTOSENSIBILISIERTE ZERS. V. METHYLDIAZOMALONAT 56-0154
JONES R. G., CHLORIER. U. BROMIER. CYCL. SULFITE 55-0119
- NICHTAEQUIVALENZ D. METHYLENPROTONEN V. N-BENZYL-N-(O-CHLORPHENYL)-2-CHLOR-ACETAMID U. N-NITROSO-N-BENZYL-O-CHLOR-ANILIN 58-0083
JONES S. A., POLYCYCL. BIPHENYLENE 3. MITT. 61-0296
JONES W. M., SYNTH. V. ARYLMETHYLEN-CYCLOPROPAN-CARBONSAEUREN 59-0250
JONES W. R., EINIGE AUSNAHMEN V. D. AXIAL-HALOGEN-KETON-REGEL 54-0439
JONKER H., EIG. V. DIAZOSULFONATEN 1.MITT. 57-0117
JONSSON E., DARST. U. ZUORDN. D. KONFIG. ZWEIER STEREOISOMERER SULFOXIDE, IHRE UMLAGER.- U. ELIMINIER.-RK. IN SAUREM MEDIUM 55-0228
JOPLING D. W., PARAMAGNET. FERROCEN-SAEUREADDUKTE 59-0033
JORDAAN A., ALKALOIDE AUS ANISOTES SESSILIFLORUS C.B.CL. (ACANTHACEAE), FUENF NEUE CHINAZOLON-(4) ALKALOIDE 61-0488
JORDANIDES C., 1-HYDROXY-NAPHTHALIN-CARBONSAEUREN-(3) U. IHRE AZOFARBSTOFFE 57-0221
JOSCHEK H., UMSETZ. V. ACETYLENEN MIT DEHYDROBENZOL 58-0288
JOSEPH K. T., DIELS-ALDER-RK. V. MALEINSAEUREANHYDRID U. BETA-TRANS-OCIMEN 53-0215
- SYNTHET. ANWEND. D. DIELS-ALDER ADDUKTS AUS BETA-TRANS-OCIMEN U. MALEINSAEUREANHYDRID 2. MITT. 61-0506
JOSEPH-NATHAN P., STRUKTUR V. PERUVININ, EINEM PSEUDOGUAIANOLID AUS AMBROSIA PERUVIANA WILLD. 54-0457
JOSEPOVITS G., DITHIOCARBAMAT-FUNGIZIDE 1.MITT. 55-0132
JOSHI B. N., TERPENOIDE 97.MITT. 55-0359
JOSHI B. S., SESQUITERPENE AUS NEOLITSEA ZEYLANICA MERR. 1. MITT. 53-0212
- SESQUITERPENE V. NEOLITSEA ZEYLANICA MERR. 2.MITT. 53-0213
- SESQUITERPENE V. NEOLITSEA ZEYLANICA MERR., 3.MITT. 53-0214
JOSHI G. C., CAMPHERENOL- U. -HOMOENOLACETAT 61-0527
JOSHI G. D., TERPENOIDE 103. MITT. 57-0378
JOSHI R. K., SUBSTANZEN AUS D. PFLANZEN D. UNTERFAMILIE WURMBAEOIDEAE U. IHRE DERIV. 66. MITT. 54-0477
JOST K., AMINOSAEUREN U. PEPTIDE 69. MITT. 56-0474
JOULE J. A., AKUAMMA-ALKALOIDE 9. MITT. 57-0363
- SYNTH. V. DESAETHYL-DASYCARPIDON 59-0435
JUDAT A., METALLKOMPLEXE D. DIALKYLDITHIOPHOSPHINSAEUREN 3. MITT. 55-0015

JUGELT W., KINETIK U. MECHANISMUS D. SAEUREKATALYSIERTEN HYDROLYSE V. 2-DIAZO-ACENAPHTHENON-(1) 55-0086
JUGIE G., MAGNETOOPT. U. OPT. EIG. D. AUS PHOSPHINEN U. TRIALKYLPHOSPHITEN MIT BH3 ERHALTENEN ADDIT.-VERB. 54-0018
JUILLARD J., DISSOZIAT. EINIGER ARYLBORONSAEUREN IN W.-METHANOL-GEMISCHEN 54-0082
- PH-SKALA IN DIMETHYL-FORMAMID 59-0104
- DISSOZIATION V. SAEUREN IN DIMETHYLFORMAMID 60-0105
JULIA M., VERLAUF D. SAUREN SPALT. SUBSTITUIERTER CYCLOPROPANOLCARBONSAEUREN U. CYCLOPROPANDIOLE 54-0211
- SYNTH. EINES D. LYSERGSAEURE VERWANDTEN TRICYCL. SYST. DURCH EINE 'ARIN'-SUBSTITUT.-RK. 54-0296
- SYNTH. V. CYCLOPROPANEN AUS SULFONEN, ANWEND. AUF CHRYSANTHEMSAEURE 57-0204
- BLDG. V. CYCLOHEXANDERIV. AUS CYCLOPENTANRADIKALEN 60-0245
- SYNTH. V. 4- ODER 5-AMINOINDOLEN DURCH ''ARINSUBSTITUTION'' 60-0327
JULIA S., CYCLISIER. V. BETA-ARYL-DIAZOKETONEN 54-0242
- DARST. V. ENAMIDEN U. STEROIDAMIDEN 54-0429
- CYCLISIER. UNGESAETT. DIAZOESTER 60-0315
JULLIEN J., SCHONENDE OX. IN D. GASPHASE 6.MITT. 61-0239
- SCHONENDE OX. IN D. GASPHASE 7. MITT. 61-0240
JULLIEN M. J., EMPIRISCHER ZUSAMMENHANG ZWISCHEN NMR D. PROTONS U. FLUORS U. IHRE BEZIEH. ZUR MOL.-STRUKTUR 5. MITT. 55-0040
- SCHONENDE OX. IN D. GASPHASE 2. MITT. 59-0117
- SCHONENDE OX. IN D. GASPHASE 3. MITT. 59-0118
- SCHONENDE OX. IN D. GASPHASE 4. MITT. 59-0119
- SCHONENDE OX. IN D. GASPHASE 5. MITT. 59-0120
JUNEK H., ZUM PROBLEM D. MICHAEL-ADDIT. AN CUMARIN 54-0331
- SYNTH. MIT NITRILEN 12. MITT. 56-0301
- SYNTH. MIT NITRILEN 14. MITT. 59-0363
JUNG A., 1.2-DIAZETIDINE. 2. MITT. 53-0123
- 1.1-DIPHENYL-ALKANE U. IHRE DERIV. 4.MITT. 55-0033
JUNG L., KONDENS.-PROD. V. BENZYLIDENBRENZTRAUBENSAEURE MIT CYCLOHEXANON, KONFIG. U. KONFORM. D. ADDIT.-VERB. 60-0296
JUNGE B., INVERS. U. STEREOCHEMIE MONO- U. BICYCL. HYDRAZIN-DERIV. 55-0062
JUNGERS J., CHEMIE D. HARNSTOFFES 3. MITT. 54-0109
JUNKER H., OX.-RK. MIT HEXAMETHYL-BICYCLO(2.2.0)HEXADIEN-(2.5) (=HEXAMETHYL-DEWAR-BENZOL) 61-0312
JUNKER P., UEBER DIE RK. V. KETENEN MIT O-CHINONEN 4. MITT. 53-0168
JURD L., ANTHOCYANIDINE U. VERWANDTE VERB. 11. MITT. 55-0268
JUR'EV J. N., THERM. ZERS. D. OZONIDS V. HEXEN-(1) 56-0143
JURINSKI N. B., LAD.-UEBERTRAG.-KOMPLEXE IN LSG. 2.MITT. 55-0070
- CHARGE-TRANSFER-KOMPLEXE V. ALUMINIUMCHLORID 59-0003
JURZENKO T. I., SYNTH. U. IR-SPEKTREN V. UNDECYLENPERSAEUREESTERN 61-0158
JUST G., SYNTH. EINES PROSTAGLANDINS 58-0261
- PHOTOLYSE V. PODOCARPONITRILOXID U. MESITONITRILOXID 61-0369
JUST M., 2-AMINO-1.3.4-OXDIAZOLE 17. MITT. 58-0353
- 2-AMINO-1.3.4-OXDIAZOLE 18. MITT. 58-0354
JUTZ C., VILSMEIER-FORMYLIER. V. UNGESAETT. KOHLENWASSERSTOFFEN 2.MITT. 58-0452
JUVARA A., ELIMINIER.-RK. AUS 1.2-DIHALOGENVERB. 2. MITT. 61-0162

K

KAABAK L. V., MECHANISMUS D. BEI D. ELEKTROLYSE V. ALKYLHALOGENIDEN IN DIMETHYLFORMAMID VERLAUFENDEN KATHODENPROZESSES 54-0086
KABACHNIK M. I., BEZIEH. ZWISCHEN D. NQR-FREQUENZEN V. MONOSUBSTITUIERTEN (35)CL-CHLORBENZOLEN U. D. SIGMA-HAMMETT-KONST. 59-0093
- KORRELAT. ZWISCHEN KERNQUADRUPOLRESONANZFREQUENZEN U. TAFT-KONST. SIGMA (STERN) 60-0049
KABACNIK M. I., MECHANISMUS D. BEI D. ELEKTROLYSE V. ALKYLHALOGENIDEN IN DIMETHYLFORMAMID VERLAUFENDEN KATHODENPROZESSES 54-0086
KABBE H., HETEROCYCLEN AUS CARBONSAEUREDERIV. 1. MITT. 59-0344
- HETEROCYCLEN AUS CARBONSAEUREDERIV. 2. MITT. 59-0345
KACHAROV A. G., ALKYLIER. AROMAT. VERB. MIT DIENKOHLENWASSERSTOFFEN U. IHREN HYDROCHLORIDEN 14. MITT. 58-0245
- ALKYLIER. V. AROMAT. VERB. DURCH DIENKOHLENWASSERSTOFFE U. IHRE HYDROCHLORIDE 16. MITT. 59-0209
KACHE R., UMSETZ. V. BETA-KETOALDEHYDEN U. BETA-DIKETONEN MIT O-PHENYLENDIAMIN 58-0421
KACZYNSKI J. A., DIEN-UNTERS. 4.MITT. 53-0001
- DIEN-UNTERS. 5.MITT. 53-0014
KADIVAL M. V., TERPENOIDE 96. MITT. 55-0358
- TERPENOIDE 103. MITT. 57-0378
KAEB K., EXISTENZ V. ALKINYL-TETRAPHENYLPHOSPHORANEN 61-0228
KAEMMERER E., DARST. V. 3-(OMEGA-HYDROXYALKYL)-SUBSTITUIERTEN N-METHYLPIPERIDINEN U. N-METHYLPIPERIDONEN-(2) 60-0378
KAGAN H. B., STRUKTUR U. OESTROGENE WRKG. 25. MITT. 59-0276
- STEREOCHEMIE D. BETA-LACTAME 2. MITT. 61-0065
KAGEYAMA T., SYNTH. V. BOSHNIALACTON U. SEINEN STEREOISOMEREN 56-0272
KAHL W., N-ACYL-DERIV. V. BARBITURATEN 9. MITT. 55-0299
KAISER E. M., 1.3-DIANION V. DIMETHYLSULFON U. 1.1-DIANION V. BENZYLPHENYLSULFON 61-0261
KAISER E. T., MOLEKULARSTRUKTUR V. FUENF- U. SECHSGLIEDRIGEN CYCL. SULFONATEN 56-0090
KAISER F., HERZGLYKOSIDE 26. MITT. 56-0506
- HERZGLYKOSIDE 27. MITT. 56-0507
KAISER W., REVERSIBLER ANGRIFF V. STANNYLRADIKALEN AUF ALPHA-OLEFINE 58-0106
- SOLVOLYSEN V. (CYCLOOCTEN(4)-YL-(1)-METHYL)-TOSYLAT U. ENDO-BICYCLO(3.3.1)NONYL-(2)-TOSYLAT 58-0295
- SILICIUMORGAN. VERB. 33.MITT. 60-0202
KAISIN M., TRITERPENE 13. MITT. 58-0461
KAKAC B., ORGAN. FLUORVERB. 12. MITT. 54-0162
KAKUDO M., ROENTGENSTRUKTURBESTIMMUNG VON 1.2.3.4-TETRACHLOR-5.6-DI-N-PROPYLCALICEN 53-0034
KALASZ H., GEGENSTROMVERTEIL. V. TRICHOMYCIN, CANDICIDIN U. HAMYCIN, D. ANTIFUGALEN HEPTAEN-MACROLID-ANTIBIOTIKA DER AROMAT. UNTERGRUPPE 55-0405
KALBAG S. M., STRUKTUR D. REAKTIONSPRODUKTES V. 2-AMINOTHIOPHENOL MIT ACETYLENDICARBONSAEURE-DIAETHYLESTER 57-0343
KALE N., BESTANDTEILE HOEHERER PILZE 4. MITT. 56-0485
KALININA V. A., ADDIT. V. BENZOYLCARBEN AN ALKANDIENE-(1.3) 58-0269
KALINOVSKAJA E. A., KINETIK U. CHEANISMUS D. ALKAL. HYDROLYSE V. ESTERN 1. MITT. 56-0120
KALLNER A., GALLENSAEUREN U. STEROIDE 182. MITT. 58-0472
- GALLENSAEUREN U. STEROIDE 175. MITT. 58-0540
KALLOS G. J., PRAEPARATIVE GAS-FLUESSIGKEITS-CHROMATOGRAPHIE ZUR (2)H-MARKIER. ORGAN. VERB. 56-0159
KALMAN A., BIND.-SYST. V. N-ACYL-SULFILIMINEN 4. MITT. 60-0076
KALMANOWA M., OX.-PROD. V. N-ACETYL-N-(4.6-O-BENZYLIDEN-D-GLUCOPYRANOSYL)-P-ANISIDIN U. -P-AMINO-AZOBENZOL MIT NATRIUM-METAPERJODAT 53-0183
KALNINS M. V., RK. V. HALOGENIERTEN ACRYLONITRILDERIV. MIT ARYLSULFINSAEURESALZEN, EINE NEUE KETTENVERKUERZ.-RK. 55-0145
KALRA V. K., SYNTH. V. LUCERNOL U. SATIVOL-DIMETHYLAETHER 58-0374
- SYNTH. V. (+-)-7.8.4'-TRIMETHOXYPTEROCARPAN U. (+-)-7-HYDROXY-8.4'-DIMETHOXYPTEROCARPAN 61-0401
KALSI P. S., TERPENOIDE 99. MITT. 55-0361
KALUGINA S. V., SUBSTITUIERTE HYDRAZIDE D. HYDROXYCARBONSAEUREN 32. MITT. 54-0245
KALUSKI Z. L., KONFORM. V. CYCLOPENTADIENYLDERIV. D. UEBERGANGSMETALLE 56-0001
KALVODA J., STEROIDE 208. MITT. 54-0436
- STEROIDE 209. MITT. 54-0437
KALVODA R., OSZILLOGRAPH. POLAROGRAPHIE MIT RECHTWINKL. WECHSELSTROM 3. MITT. 60-0107
KAMAT V. N., SESQUITERPENE AUS NEOLITSEA ZEYLANICA MERR. 1. MITT. 53-0212
- SESQUITERPENE V. NEOLITSEA ZEYLANICA MERR. 2.MITT. 53-0213
- SESQUITERPENE V. NEOLITSEA ZEYLANICA MERR., 3.MITT. 53-0214
KAMEL M., METALLKOMPLEXBILDENDE AZOFARBSTOFFE 6.MITT. 55-0204
- UNTERS. D. 5-AMINO-2-METHYLNAPHTH(1.2)IMIDAZOLS U. D. 5-AMINO-2-METHYLNAPHTH(1.2)IMIDAZOL-3-OXIDS 57-0279
- HETEROCYCL. AZOFARBSTOFFE 1. MITT. 58-0350
- BENZOTRIAZOLE 3. MITT. 59-0338
KAMEL M. M., HETEROCYCL. AZOFARBSTOFFE 1. MITT. 58-0350
- BENZOTRIAZOLE 3. MITT. 59-0338
KAMERNICKIJ A. V., STEREOCHEMIE U. KONFORM.-ANALYSE 8. MITT. 54-0064
- STEREOCHEMIE U. KONFORM.-ANALYSE 9.MITT. 54-0229
- STEREOCHEMIE U. KONFORM.-ANALYSE 7. MITT. 54-0231
- STEREOCHEMIE U. KONFORM.-ANALYSE 10. MITT. 54-0232
KAMETANI T., SYNTH. HETEROCYCL. VERB. 172.MITT. 57-0317
- TOTALSYNTH. V. (+-)-GLAZIOVIN DURCH PHENOL. OX.-KOPPL. 59-0429
- BIOGENET. SYNTH. V. CULARIN-TYP-VERB. 60-0442
- TOTALSYNTH. V. (+-)-GLAUCIN-METHOPIKRAT DURCH PHENOL. OXYDATIVE KUPPL. 61-0497
KAMINSKAJA E. G., SYNTH. V. AROMAT. DICARBONSAEUREN U. IHREN DERIV. MIT HILFE V. DIMETHYLCARBAMYLCHLORID 54-0204
KAMINSKIJ A. J., SYNTH. V. AROMAT. DICARBONSAEUREN U. IHREN DERIV. MIT HILFE V. DIMETHYLCARBAMYLCHLORID 54-0204
KAMINSKY D., FISCHER-INDOL-AEHNL. SYNTH., EIN VERSUCH ZUR DARST. V. BENZOFURANEN U. BENZOTHIOPHENEN 55-0223
KAMIYA K., ACUTUMIN U. ACUTUMIDIN, CHLORHALTIGE ALKALOIDE MIT NEUART. SKELETT 1. MITT. 59-0438
- ACUTUMIN U. ACUTUMIDIN, CHLORHALTIGE ALKALOIDE MIT NEUARTIGEM SKELETT 2. MITT. 59-0439
KAMPOURIS E. W., HERST. V. NITROHYDROCHINONEN U. DEREN METHYLAETHERN U. BENZOLSULFONYLDERIV. 59-0211
KAN G., HYDROFORMYLIER. V. KOHLENHYDRAT-EPOXIDEN 54-0382
KANAZAWA Y., 2-O-ALPHA-D-GALAKTOPYRANOSYLGLYCERIN AUS LAURENCIA PINNATIFIDA 61-0482

KANEKO C., N-OXIDE V. N-HETEROAROMATEN MIT PI-ELEKTRONENDEFIZIT 8. MITT. 55-0101
- N-OXIDE V. N-HETEROAROMATEN MIT PI-ELEKTRONEN-UNTERSCHUSS 9.MITT. 58-0422
KANEKO M., BROMIER. V. ADENIN-NUCLEOSIDEN U. -NUCLEOTIDEN 54-0351
KANEKO T., 2-HYDROXY-4-PHENYL-CHINOLIZIDIN 59-0364
KANNENGIESSER G., DARST. EINIGER TETRAKIS-(DIALKYL-AMINO)-SILANE 61-0018
KANO H., PHOTOCHEM. CYCLOADDIT. V. BENZOPHENON AN FURANE 54-0376
KAPLAN F., PHOSPHOR-WASSERSTOFF SPIN-SPIN-KOPPL. IN WEITEN BEREICHEN IN AROMAT. SYST. 59-0052
KAPLAN M., ANWEND. D. GAS-FL.-CHROMATOGRAPHIE FUER D. STRUKTURUNTERS. V. POLYSACCHARIDEN 2. MITT. 53-0252
KAPLAN M. L., EIN STABILES TRICARBONIUMION, 1.3.5-TRIS-(CYCLOHEPTATRIENYLIUM)-BENZOL 56-0096
- RINGINVERSION IN 1.1.4.4-TETRAMETHYLCYCLOHEXAN 56-0140
KAPOOR P. N., ALKYLOXIDBROMIDE D. TANTALS 61-0023
KAPOOR R. N., ALKOXY-URAN-BROMIDE 60-0027
- ALKYLOXIDBROMIDE D. TANTALS 61-0023
KAPOVITS I., BIND.-SYST. V. N-ACYL-SULFILIMINEN 4. MITT. 60-0076
KAPPE T., SYNTH. V. HETEROCYCLEN 89. MITT. 54-0322
- SYNTH. V. HETEROCYCLEN 92. MITT. 56-0343
- SYNTH. V. HETEROCYCLEN 95. MITT. 59-0343
KAPS R., ASSOZIATIONSVERH. V. GLYCERIDEN 60-0099
KAPTEYN H., POLYACETYLENVERB. 130. MITT. 59-0492
KARABATSOS G. J., STRUKTURUNTERS. DURCH KERNMAGNETISCHE RESONANZ 11. MITT. 55-0059
- STRUKTURUNTERS. DURCH KERNMAGNET. RESONANZ 12. MITT. 55-0060
KARANJGAOKAR C. G., MORELLOFLAVON, EIN 3(8)-FLAVONYLFLAVAN AUS D. KERNHOLZ V. GARCINIA MORELLA 61-0409
KARAPETYAN M. G., TETRACYCLIN-REIHE. 44. MITT. 53-0109
KARASAWA S., ELEKTRONENSTRUKTUR U. SPEKTREN V. TRIAFULVEN, TRIAFULVALEN U. CALICEN 58-0072
KARAVAN V. S., UMLAGER. V. PHENACYLMALODINITRIL ZUM 5-PHENYL-3-CYAN-2-AMINO-FURAN 57-0254
- RK. V. METALLDERIV. V. H-ACIDEN VERB. MIT ALPHA-HALOGENKETONEN 2. MITT. 58-0308
KARGER B. L., DAMPFDRUCKE V. CIS- U. TRANS-ESTERN V. 4-TERT.-BUTYL-CYCLOHEXANCARBONSAEURE U. 4-TERT.-BUTYL-CYCLOHEXANOL 61-0088
KARGER M. H., ENAMINE 2. MITT. 54-0332
KARNICKAJA A. N., AUTOX. V. BENZYLNAPHTHEN-KOHLENWASSERSTOFFEN 54-0239
KARPEISKY M. Y., SYNTH. V. 2-NORPYRIDOXAL-5'-PHOSPHAT 57-0320
KARPINSKAJA E. V., AROMAT. U. HETEROCYCL. AMIDE D. BETA-DIAETHYLAMINO-AETHAN-SULFONSAEURE, D. BIOLOG. AKTIVITAET BESITZEN 60-0407
KARTASOV V. R., PINAKOLIN-UMLAGER. BEI D. HALOGENIER. TERT. UNGESAETT. ALKOHOLE 58-0185
- UMLAGER. BEI D. HALOGENIER. V. METHYLVINYLPHENYLCARBINOL 58-0226
KARTASOVA N. A., RK. V. MIT LEWIS-SAEUREN KATALYSIERTEN PEROXIDEN 3. MITT. 60-0174
KASHMAN Y., EPOXIDE 1. MITT. 61-0548
KASLOW C. E., (19)F-NMR V. EINIGEN FLUORCHINOLINEN 58-0049
KASPAR E., UMLAGER.-RK. BEIM ABBAU D. DINOR-DELTA(4)-CHOLENON-(3)-SAEURE-(22) 56-0466
KASPRZYK Z., STERINE AUS FUENF PFLANZEN D. FAMILIE D. COMPOSITAE 55-0426
KASTURI T. R., STEROIDE U. VERWANDTE NATURPROD. 39. MITT. 58-0469
- ESSENTIELLES OEL V. AGERATUM CONYZOIDES, ISOLIER. U. STRUKTUR V. ZWEI NEUEN INHALTSSTOFFEN 60-0369
- UMLAGER. V. ISODIGITOXIGENIN 61-0534
- SYNTH. V. ISOBUFALIN-METHYLESTER 61-0539
KASZTREINER E., DERIV. V. ALKOXYBENZOESAEUREN 3.MITT. 55-0155
KATAEV E. G., AROMAT. THIONYLAMINE IN D. DIENSYNTH. 56-0403
- CLAISENSCHE UMLAGER. V. ALLYLPHENYLSELENID 57-0264
- RK.-FAEHIGK. V. SELENOHARNSTOFF 59-0222
KATAYAMA H., ORIDONIN, EIN NEUES DITERPENOID AUS ISODONARTEN 57-0379
- ACYLOINKONDENS. MIT GAMMA-LACTONESTERN 57-0380
KATAYAMA T., IDENTITAET V. NEOXANTHIN U. FOLIAXANTHIN 59-0443
KATKEVIC R. I., FURYLALKINE 10. MITT. 59-0302
- FURYLALKINE 11. MITT. 60-0308
- FURYLALKINE 12. MITT. 61-0351
KATO K., ZWEISTUFENSYNTH. D. PYRONO-CHINOIDSYST. 57-0277
KATO M., PHOTOLYSE V. TRICARBONYL-CYCLOBUTADIEN-EISEN, HINWEIS AUF D. BLDG. V. FREIEM CYCLOBUTADIEN 59-0017
- PHOTOLYSE V. 2.3-DIPHENYL-DELTA(2)-CYCLOPROPEN-CARBONSAEURE-AZID U. IHRES HOMOLOGEN 59-0158
KATO T., KETEN U. SEINE DERIV. 13.MITT. 61-0175
KATRITZKY A. R., N-OXIDE U. VERWANDTE VERB. 30. MITT. 59-0139
- ANWEND. V. PMR-SPEKTREN ZUR LSG. STRUKTURELLER PROBLEME 29. MITT. 61-0368
KATSUI N., BESTANDTEILE V. MEERESPFLANZEN 6. MITT. 55-0149
KATSUMOTO K., SOLVOLYSE V. BRUECKENKOPF-SUBSTITUIERTEN BICYCLO-(2.2.0)-HEXANEN 61-0316
KATSURAGAWA S., RK. V. AMIDCHLORIDEN 4. MITT. 58-0155
KATZ T. J., STEREOCHEM. VERLAUF METALLKATALYSIERTER CYCLOADDIT.-RK. V. NORBORNADIEN 60-0288
- 4-AZAPENTALENYL-ANION 61-0362
KAUFFMAN G. M., WASSERSTOFF-DEUTERIUM-AUSTAUSCH IN EINIGEN HALOPYRIDIN-N-OXIDEN. RELATIVE STELL.-AKTIVITAET 53-0046
KAUFFMANN T., ANIONRADIKALE 4. MITT. UEBER RADIKAL. U. NICHT-RADIKAL. ALKALIMETALLADDUKTE AROMAT. AZOXYVERB. 56-0229
- HETARINE 7. MITT. 60-0137
- HETARINE 8. MITT. 60-0138
KAUL J. L., SUBSTANZEN AUS D. PFLANZEN D. UNTERFAMILIE WURMBAEOIDEAE U. IHRE DERIV. 66. MITT. 54-0477
KAUPP G., AZOFARBSTOFFE DURCH OXYDATIVE KUPPL. 27.MITT. 53-0143
- AZOFARBSTOFFE DURCH OXYDATIVE KUPPL. 28. MITT. 55-0097
KAWAMATSU Y., CHROMOMYCIN A2, A3 U. A4 53-0246
- STEREOCHEMIE V. CHROMOMYCINON U. EINE BEMERK. ZUR BENZOAT-REGEL 53-0247
KAWANA T., BIOSYNTH. V. EVODIA-ALKALOIDEN 2.MITT. 61-0573
KAWANISI M., CIS-TRANS-ISOMERISIER. ZWOELFGLIEDR. CYCL. OLEFINE 58-0251
KAWASAKI A., KINETIK D. TISCHTSCHENKO-RK. V. ACETALDEHYD MIT ALUMINIUM-TRIISOPROPYLAT 54-0091
KAWASAKI I., 2-HYDROXY-4-PHENYL-CHINOLIZIDIN 59-0364
KAWASAKI Y., WECHSELWRKG. V. BENZOL MIT BIS-(N.N-DIALKYLDITHIOCARBANATO)-METHYLZINN U. BIS-(N.N-DIMETHYLDITHIOCARBAMATO)-METHYLZINN-HALOGENEN 61-0006
KAWASHIMA K., CHROMOMYCIN A2, A3 U. A4 53-0246
- STEREOCHEMIE V. CHROMOMYCINON U. EINE BEMERK. ZUR BENZOAT-REGEL 53-0247
KAY I. T., THERM. RK. EINIGER PHOSPHORIMIDATE 59-0204
KAYE H., UNTERS. UEBER PHOSPHORYLIER. 30. MITT. 61-0226
KAZANCEVA G. N., SUBSTITUIERTE HYDRAZIDE D. HYDROXYCARBONSAEUREN 34. MITT. 54-0246
KAZMIERCZAK R., INTRAMOL. RK. IN PEPTIDAEHNL. SYST. 1. MITT. 53-017
KAZMIROWSKI H., N-AMINODERIV. D. URACILS 5. MITT. 58-040
KEBARLE P., PHOTOLYSE V. TRICARBONYL-CYCLOBUTADIEN-EISEN, HINWEIS AUF D. BLDG. V. FREIEM CYCLOBUTADIEN 59-0017
KEEFER L. K., KONFIG. D. CINCHONA-ALKALOIDE AN C-9, KMR-UNTERS. ABGELEITETER OXIRANE 61-0072
KEENE B. H. T., SYNTH. U. IONISAT.-KONST. EINIGER FLUORENAMINE 53-0100
KEENE B. R. T., METHOXYDECHLORIER. V. PHENANTHRIDINDERIV. 56-0129
KELEMEN J., PHOTOELEKTRONENSPEKTREN V. FLUORIERTEN BENZOLEN 59-0078
KELKAR G. R., TERPENOIDE 104. MITT. 56-0446
KELLER H., DEHYDRIER. V. STEROIDEN. 14. MITT. 53-0104
- DEHYDRIER. V. STEROIDEN 15. MITT. 57-0222
KELLER H. J., SPEKTROSKOP. UNTERS. AN KOMPLEXVERB. 10. MITT. 54-0013
KELLER-SCHIERLEIN W., STOFFWECHSELPROD. V. MIKROORGANISMEN 55. MITT. 57-0414
KELLIE A. E., SYNTH. V. OESTROGEN-MONOGLUCURONIDEN 57-0399
KELLY R. S. A., STRUKTUR U. EINIGE CHEM. EIG. V. PSEUDOASCARIDOL 61-0520
KELSEY J. E., STEREOCHEMIE V. GERMACRANOLID-SESQUITERPENEN 60-0092
KEMP D. S., N-AETHYL-BENZISOXAZOLIUMKATION 2. MITT. 58-0119
KEMP W., SYNTH. V. 7.12-DIHYDRO-8.9-BENZOPLEIADEN 57-0230
- DIELS-ALDER-RK. MIT BIINDENYLEN 1. MITT. 61-0300
- DIELS-ALDER-RK. MIT BIINDENYLEN 2. MITT. 61-0301
KENDE A. S., THERM. DOPPEL-SIGMATROPE UMLAGER. V. 9.9-DIPHENYL-BICYCLO(5.2.0)NONADIEN-(3.5)-DION-(2.8) 60-0089
- BICYCLONONATRIEN-UMLAGER. 61-0318
KENKYUSHO R., PHOTOCHEM. RK. V. PYRAZIN-N-OXIDEN 56-0390
KENNARD C. H. L., KRIST.-STRUKTUR V. DICHLORO-(2.9-DIMETHYL-1.10-PHENANTHROLIN)-ZINK(II) 61-0010
KENNARD O., MOL.- U. KRISTALLSTRUKTUR V. 2ALPHA-BROM-ARBORINON, STRUKTUR D. TRITERPENS ARBORINOL 53-0035
- KRISTALL- U. MOLEKULARSTRUKTUR V. TOMATIDIN-HYDROBROMID U. SEINE BEZIEH. ZU STEROIDEN BROMSAPOGENINEN 58-0087
- ROENTGEN-STRUKTUR-ANALYSE V. ALL-CIS-1.6-DICHLOR-CYCLODEKATETRAEN-(1.3.6.8) 61-0084
KENNEALLY M. F., BIOSYNTH. V. ELEAGNIN 59-0512
KENNER G. W., PYRROLE U. VERWANDTE VERB., 11. MITT. 53-0202
- PEPTIDE 24. MITT. 53-0233
- MASSENSPEKTROMETRIE BEI STRUKTUR- U. STEREOCHEM. PROBLEMEN 90. MITT. 54-0039
KERAMAT A., EPOXYNITRILE 3. MITT. 56-0318
KERFANTO M., RK. V. DIMORPHOLINO-ESSIGSAEURE U. GLYOXYLSAEURE MIT OLEFINEN 54-0365
- KINET. UNTERS. V. RK. D. SN2-TYPS IN VERSCHIEDENEN LSGM. 57-0098
- SYNTH. D. 1.2.4.5-TETRAFORMYL-BENZOLS 57-0172
KERGOMARD A., STRUKTUR V. P-BROM-M-NITRO-N-METHYL-ANILIN 55-0067
- STRUKTUR V. N-(P-BROMPHENYL)-BENZOLSULFONAMID 55-0068
- FORTLEIT. V. ELEKTRONENEFFEKTEN BEI SUBSTITUIERTEN TOLANEN 55-0191

- DARST. AROMAT. SULFIDE U. SULFONE MIT STARRER STRUKTUR 56-0412
- DARST. U. EIG. EINIGER CHLOR-DERIV. V. THIOPHEN U. V. ALKYL-THIOPHENEN 60-0316

KERN M., INFRAROTSPEKTROSKOP. UNTERS. D. AUTASSOZIAT. V. CYCLOHEXYLAMIN U. N-METHYL-CYCLOHEXYLAMIN 57-0080

KERR J. A., KINETIK D. ZERS. V. PROPIONYLRADIKALEN 56-0114
- KINETIK D. ZERS. V. CHEM. AKTIVIERTEM AETHYLFLUORID 59-0146

KERR K. A., STRUKTUR D. BENZILMONOXIME 56-0088
- ROENTGEN-STRUKTUR-ANALYSE V. ALL-CIS-1.6-DICHLOR-CYCLODEKATETRAEN-(1.3.6.8) 61-0084

KERSHAW J. R., PROTONEN-FERNKOPPL. IN REISSERT-VERB. 61-0052

KERSTEN H., GEMEINSAME EINW. V. ELEMENTAREM SCHWEFEL U. GASFOERM. AMMONIAK AUF KETONE 58. MITT. 56-0349

KERSTEN S., SYNTH. D. SHIKIMISAEURE 61-0248

KERSULENE L. K., 5-(N-(BETA-ALKYLAMINOAETHYL)-AMINO)-1.4-BENZODIOXANE U. IHRE 7-BROMDERIV. 60-0393

KERSULIS O. I., 5-(N-(BETA-ALKYLAMINOAETHYL)-AMINO)-1.4-BENZODIOXANE U. IHRE 7-BROMDERIV. 60-0393

KESSLER H., ZUR KENNTNIS D. CHINOIDEN ZUSTANDES. 5.MITT. 53-0040

KETTLE S. F. A., MECHANISMUS D. ASYMM. INDUKT. BEI D. HYDROBORIER. MIT OPT. AKT. TETRAISOPINOCAMPHEYLDIBORAN 61-0135

KEVILL D. N., PERCHLORATIONEN-KATALYSE BEI D. METHANOLYSE V. METHYLPERCHLORAT IN BENZOL 59-0126
- ALKOHOLYSE-MECHANISMUS 3. ORDN. V. SAEURECHLORIDEN IN APROT. LSGM. 60-0126

KHALIL F. Y., KINETIK D. SAUREN HYDROLYSE V. BENZYLACETAT IN GLYKOL-WASSER- U. GLYCERIN-WASSER-GEMISCHEN 59-0129

KHAN A. A., PROTONENMAGNET. RESONANZ V. PYRIMIDINEN 3. MITT. 59-0058

KHAN A. M., MECHANISMUS D. HYDRIER. 6. MITT. 53-0043

KHAN Z. M., ISOLIER. QUART. ALKALOIDE AUS PLEIOCARPA TUBICINA STAPF 55-0341
- MASSENSPEKTROMETR. VERH. QUART. STICKSTOFFVERB. 7.MITT. 58-0437

KHARASCH N., PHOTOLYSE AROMAT. SULFONE U. VERWANDTER VERB. 54-0131
- PHOTOCHEM. CARBOXYMETHYLIER. V. OLEFINEN MIT JOD- U. BROM-ESSIGSAEURE 59-0179
- BLDG. V. DEHYDROBENZOLEN DURCH PHOTOLYSE V. 1.2-DIJOD-ARYL-VERB. 59-0206
- PHOTOCHEM. CYCLISIER. V. BENZANILIDEN 61-0423

KHEIFETS G. M., PROTONENMAGNET. RESONANZSPEKTRUM U. STRUKTUR V. 4.6-DIHYDROXY-PYRIMIDIN U. SEINEN DERIV. 55-0036

KHIM Y. H., SULFOXIDE 15. MITT. 56-0132

KHODAIR A. I. A., PHOTOLYSE AROMAT. SULFONE U. VERWANDTER VERB. 54-0131

KHORLIN A. J., NEUE METH. D. GLYKOSYLIER. 54-0379

KHROMOV-BORISOV N. V., PROTONENMAGNET. RESONANZSPEKTRUM U. STRUKTUR V. 4.6-DIHYDROXY-PYRIMIDIN U. SEINEN DERIV. 55-0036

KHUONG-HUU F., STEROIDALKALOIDE, FAMILIE D. BUXACEEN, BEZIEH. ZWISCHEN CYCLOXOBUXIDINEN U. BUXIDIENINEN 56-0438

KHUONG-HUU Q., STEROIDALKALOIDE 58. MITT. 56-0462
- STEROIDALKALOIDE, UMLAGER. D. 3-AMINO-DELTA(5)-STEROID-GERUESTES IN SAUREM MEDIUM, ENTSTEH. V. DERIV. D. A-NOR-D-HOMO-ANDROSTANS 59-0480

KIANG A. K., LINDCARPIN, EIN ALKALOID AUS LINDERA PIPERICARPA BOERL (LAURACEAE) 55-0345
- STRUKTUR V. FIBRAURIN U. EINEM NEBENPROD. AUS FIBRAUREA CHLOROLEUCA 59-0455
- LANSOESAEURE, EIN BICYCL. TRITERPEN 61-0526

KICKUTH R., RK. MIT 1.1.1-TRIFLUORACETON 1. MITT. 57-0188

KIDO F., STRUKTUR D. ZIZANOESAEURE, EINEM NEUEN SESQUITERPEN IM VETIVEROEL 60-0467

KIEFER E. F., PHOTOCHEMIE V. BETA,GAMMA-UNGESAETT. CARBONYLVERB., 2.3.3-TRIMETHYL-1-PENTEN-4-ON 57-0197

KIEFER H. R., FRAGMENTIER.-RK. 15. MITT. 54-0121
- FRAGMENTIER.-RK. 16. MITT. 55-0083

KIEFFER F., RELATIVBEITRAEGE D. FLUORESCENZ U. PHOSPHORESCENZ IN D. RADIOTHERMOLUMINESCENZSPEKTREN D. GLASART. LSG. AROMAT. KW-STOFFE 57-0016

KIELCZEWSKI M., SYNTH. OPT. AKT. ALPHA.ALPHA'-(NAPHTHYLEN-(1.6)-DIOXY)-DIPROPIONSAEUREN 61-0276

KIENLE M. G., BIS-(METHYLMERCAPTO)-METHAN, EIN AROMASTOFF D. WEISSEN TRUEFFEL, TUBER MAGNATUM PICO 57-0137
- NOMENKLATUR D. OPHIOBOLINE 61-0141
- BIOSYNTH. V. OPHIOBOLINEN 61-0563

KIER L. B., BEVORZUGTE KONFORM. V. 3-PHENYL-SYDNON, EHT-MO-BERECHN. 56-0070

KIERKEGAARD P., ROENTGENSTRUKTURUNTERS. V. EINIGEN FLAVINDERIV. 57-0075
- KRIST.-STRUKTUR V. CA- U. SR-3-DESOXY-2-C-HYDROXYMETHYL-D-ERYTHRO-PENTONAT U. EINIGE HUECKEL-BERECHN. UEBER D. ENTSPRECHENDE SAEURE 57-0076

KIESLICH K., TOTALSYNTH. OPT. AKT. STEROIDE 1.MITT. 55-0390
- TOTALSYNTH. OPT. AKT. STEROIDE 3.MITT. 57-0406

KIKUCHI T., ACUTUMIN U. ACUTUMIDIN, CHLORHALTIGE ALKALOIDE MIT NEUART. SKELETT 1. MITT. 59-0438
- ACUTUMIN U. ACUTUMIDIN, CHLORHALTIGE ALKALOIDE MIT NEUARTIGEM SKELETT 2. MITT. 59-0439
- BIOGENET. SYNTH. V. CULARIN-TYP-VERB. 60-0442
- ISOLIER. U. STRUKTUR V. PACHYSANDIOL-A U. EINE ANMERK. ZUR STEREOCHEMIE V. CERIN 61-0521

KILCAST D., AFZELIA CUANZENSIS-SAMENOEL, QUELLE FUER CREPENINSAEURE U. 14.15-DEHYDROCREPENINSAEURE 57-0421

KILLE G., HETEROCYCLISIER. V. ALPHA-ACYLAMINO-NITRILEN 1.MITT. 55-0161

KILTHAU G., STEREOCHEMIE ORGAN. DERIV. D. FUENF- U. SECHS-BIND. ARSENS, TRIS-(2.2'-BIPHENYLYLEN)-ARSENAT-ANION U. BIS-(2.2'-BIPHENYLYLEN)-2-BIPHENYLYL-ARSEN 60-0263

KIMURA H., KORRIGIERTE STRUKTUR V. BILOBANON 61-0511

KIMURA Y., STRUKTUR V. PIERICIDIN B U. STEREOCHEMIE D. PIERICIDINE 58-0510

KINASTOWSKI S., MOL.-STRUKTUR U. EIG. V. PHTHALYL- U. PHTHALIDYL-MALONSAEUREESTERN 53-0078
- STRUKTUR U. UMWANDL. V. NAPHTHALYL-MALONSAEUREESTER 55-0194
- ANOMALE RK. D. NAPHTHALYLMALONESTERS 56-0288
- NAPHTHALIDYL-MALONSAEUREESTER 56-0289

KING D. R., AROMAT. POLYFLUORVERB. 36.MITT. 55-0141

KING J. F., STEREOSELEKTIVITAET BEI DER HYDROLYSE VON ACYLOXONIUMIONEN UND ORTHOESTERN STARRER 6-GLIEDRIGER RINGE 53-0219

KING T. J., PLATHYTERPOL, EIN DITERPEN AUS PLATHYMENIA RETICULATA 60-0459

KINGSBURY C. A., SUBSTITUENTENEFFEKTE AUF RK. EINES VERMUTETEN PHENONIUMIONS 56-0134

KINGSTON D. G. I., EINIGE ACYLDERIV. D. 2.6-DIMETHOXY-ANTHRACENS 53-0101

KINOSHITA K., STRUKTUR V. GLAUPALOL, EINEM NEUEN FURANOCUMARIN AUS GLAUCIDIUM PALMATUM SIEB. ET ZUCC. 60-0360

KINSTLE T. H., MOL.-UMLAGER. DURCH ELEKTRONENSTOSS 3. MITT. 60-0062

KINTZINGER J. P., KONFORM.-WECHSEL IN HETEROCYCL. SYST. D. TYPS BICYCLO(4.4.0)DECAN U. BICYCLO(3.3.0)OCTAN 56-0078
- KERN-SPIN-SPIN-WECHSELWRKG., EINFL. D. ORIENTIER. D. FREIEN STICKSTOFF-ELEKTRONENPAARES AUF D. GEMINALE (15)N-(1)H-SPIN-SPIN-KOPPL. 61-0049

KIPKER K., DARST. V. TETRAPHOSPHOR-TRITHIO-DIJODID AUS DIPHOSPHORTETRAJODID 58-0012

KIPRIANOV A. I., CYANINE U. HEMICYANINE AUS D. ANIL D. ACETOPHENONS 54-0282
- CYANINFARBSTOFFE AUS BENZOXAZIN-(1.4)- U. BENZOSELENAZIN-(1.4)-DERIV. 60-0406
- CYANINFARBSTOFFE AUS BENZAZEPIN- U. BENZODIAZEPIN-DERIV. 60-0413

KIRBY A. J., LICHTEMPFINDL. SCHUTZGRUPPE FUER PHOSPHATESTER 59-0212
- PHOTOCHEM. PHOSPHORYLIER. 59-0228

KIRBY G. W., PHENOLOX. U. BIOSYNTH. 12. MITT. 53-0192
- DARST. V. (FORMYL-2H)- U. (FORMYL-3H)-ALDEHYDEN 56-0213
- NOTIZ ZUR ABS. KONFIG. D. NUDAURINS 60-0444
- PHENOLOX. U. BIOSYNTH. 14. MITT. 61-0571

KIRBY P., NEUE SYNTH. V. HYDROXY-1.2.3-BENZOTHIADIAZOLEN 55-0260

KIRILLOV A. I., ZERS. V. CYCLOHEXANONPEROXIDEN 56-0122

KIRK A. W., KINETIK D. ZERS. V. CHEM. AKTIVIERTEM AETHYLFLUORID 59-0146

KIRK D. N., RK. V. 5ALPHA-HYDROXYSTEROIDEN 7. MITT. 53-0224
- RK. V. EPOXIDEN 13. MITT. 56-0465
- SAEUREKATALYSIERTE RK. V. ALKOHOLEN IN ACETANHYDRID 57-0096
- RK. V. EPOXIDEN 14. MITT. 61-0533

KIRKPATRICK D., PENTAFLUORPHENYLARSEN-DERIV. 54-0208

KIRMSE W., RK. D. BETA-ALKOXYALKYL-CARBENE 58-0171
- INTRAMOLEKULARE RK. V. ALKOXYCARBONYLCARBENEN 58-0190
- UMSETZ. D. DIAZONEOPENTANS MIT SAEUREN 58-0208
- VGL. D. KATALYT., THERM. U. PHOTOLYT. ZERS. V. DIAZOALKANEN 61-0148
- RK. D. 2-ALLYLOXY-PHENYLDIAZOMETHANS 61-0329

KIRRMANN A., VGL. D. MASSENSPEKTREN D. AGLYKONS D. ASCAROSIDS B U. D. 2.6-DIHYDROXY-HENTRIAKONTANS 57-0141
- UNTERS. UEBER ORGANOMAGNESIUMVERB. IN TERT. AMINEN 1. MITT. 60-0176

KIRSANOV A. V., ALKYL- U. ARYLDICHLORSULFIMIDE U. DERIV. V. SULFDIIMID 61-0152
- CHLORIDE U. ARYLESTER V. AREN-N-ALKYLSULFONIMIDSAEUREN 61-0198

KIRSANOVA N. A., DERIV. V. N-ACYLIMINO-KOHLENSAEUREN 2.MITT. 57-0174
- CHLORIER. V. ISOTHIOCYANATEN N-SUBSTITUIERTER CARBIMIDSAEUREN 60-0215

KIRSCHE C., IR-ABSORPT.-SPEKTREN V. MONOAMINO-BENZOL- U. -NAPHTHALIN-MONOSULFONSAEUREN U. IHREN KALIUMSALZEN IM BEREICH V. 1400 BIS 3650 CM(-1) 60-0046

KIRSCHKE K., HALOGENALKYLHYDROPEROXIDE 2. MITT. 53-0057
- HALOGENALKYLHYDROPEROXIDE 3. MITT. 60-0418

KIRSON I., TERPENOIDE 6. MITT. 61-0591

KIRYUSHKIN A. A., MASSENSPEKTROMETR. UNTERS. V. CYCLODEPSIPEPTIDEN, STAPHYLOMYCIN S 60-0068

KISE M., SULFOXIDE 15. MITT. 56-0132
- SULFOXIDE 17. MITT. 56-0133

KISELEV O. G., SYNTH. U. UMWANDL. V. AETHINYLIERTEN BETA-CHLORHYDRINEN UNTER EINFL. V. ALKALI 59-0297

KISHI I., KINETIK D. TISCHTSCHENKO-RK. V. ACETALDEHYD MIT ALUMINIUM-TRIISOPROPYLAT 54-0091
KISS J., UMWANDL.-PROD. D. 'BLIX-SULFATIDS' U. HERST. V. QUART. DIHYDRO-SPHINGOSINIUM-SALZEN 60-0435
KISZA A., PHYSIKO-CHEM. EIG. V. GESCHMOLZENEN ORGAN. SALZEN 1.MITT. 55-0069
KITADANI M., WECHSELSEITIGE UMWANDL. ZWISCHEN HIBAEN U. KAUREN 55-0356
KITAEV J. P., STRUKTUR U. RK.-FAEHIGK. D. STICKSTOFFHALTIGEN DERIV. V. CARBONYLVERB. 19. MITT. 59-0246
KITAGAWA I., STRUKTUREN V. AESCIGENIN U. PROTOAESCIGENIN IN BEZIEH. ZU D. THEASAPOGENOLEN A U. B (BARRINGTOGENOL C) KONFIG. D. HYDROXYLGRUPPEN AM RING E 54-0421
- STRUKTUR V. JEGOSAPOGENIN, 21-TIGLOYL-BARRINGTOGENOL C 59-0474
- SAPOGENINE AUS ROSSKASTANIEN-SAPONINEN DURCH BODENBAKTERIEN-HYDROLYSE, EIN NEUES NEBENSAPOGENIN, 16-DESOXY-BARRINGTOGENOL C 60-0479
KITAGAWA T., NICHTENZYMAT. UMWANDL. V. PHENYLALANIN IN TROPASAEURE 60-0214
KITAHARA Y., ROENTGENSTRUKTURBESTIMMUNG VON 1.2.3.4-TETRACHLOR-5.6-DI-N-PROPYLCALICEN 53-0034
- WECHSELSEITIGE UMWANDL. ZWISCHEN HIBAEN U. KAUREN 55-0356
- RK. EINIGER TROPONE MIT AETHYLAZODICARBOXYLAT 60-0416
KITAJGORODSKIJ A. I., KONFORM. V. CYCLOPENTADIENYLDERIV. D. UEBERGANGSMETALLE 56-0001
KITAMURA S., BESTANDTEILE V. MEERESPFLANZEN 6. MITT. 55-0149
KITAURA Y., PHOTORK. 12. MITT. 61-0204
- PHOTORK. 11.MITT. 61-0299
KITCHING W., SPIN-SPIN-KOPPL. IM WEITEN BEREICH IN TOLYL-BLEI-VERB. 58-0044
KIVINEN A., FLUORALKOHOLE 2. MITT. 55-0031
- FLUORALOHOLE 3. MITT. 55-0032
- EINFL. D. DRUCKES AUF D. AETHANOLYSE V. BENZOYL- U. ANISOYLCHLORID 55-0085
KIVITY S., POLYHEXAMETHYLENCARBODIIMID, EIN UNLOESL. KONDENS.-REAGENS IN D. PEPTIDSYNTH. 61-0176
KIVOKURCEVA L. N., DERIV. EINES NEUEN AROMAT. IONS, D. KATIONS V. 2-AZONIAAZULEN 61-0367
KLAMANN D., EINFACHE DARST. V. 1.1-DIHALOGEN-CYCLOPROPANEN 59-0236
- RK. MIT PHOSPHONYL- U. THIOPHOSPHONYLDICHLORIDEN 59-0254
- SYNTH. V. OXINDOL-DERIV. 59-0314
KLAR G., RK.-WEISE V. 2.2'-DILITHIUM-BIPHENYL GEGENUEBER METALLHALOGENIDEN 2. MITT. 59-0018
KLASINC L., HMO-BERECHN. AN MONOSUBSTITUIERTEN TRANS-STILBENEN, VGL. MIT D. KERNMAGNET. RESONANZSPEKTREN 60-0073
KLAYMAN D. L., 2-AMINO-2-THIAZOLIN 3. MITT. 53-0145
- STRUKTUR EINES N-CARBAMOYLDERIV. V. 2-AMINO-DELTA(2)-THIAZOLIN, MASSENSPEKTROMETRIE EINES (15)N-DERIV. V. 2-AMINO-DELTA(2)-THIAZOLIN 57-0043
KLEEV B. V., RK. V. ALDEHYDEN MIT OLEFINEN 3. MITT. 60-0365
KLEIMANN H., STEREOSELEKTIVE SYNTH. 2. MITT. 61-0208
KLEIN E., 3.7.7-TRIMETHYL-BICYCLO(3.1.1)HEPTEN-(2), EIN ISOMERES ALPHA-PINEN 59-0458
KLEIN F. M., SYNTH. V. TRANS.TRANS-2.5-DI-TERT.-BUTYL-CYCLOHEXANOL DURCH HYDROBORIER. V. 1.4-DI-TERT.-BUTYL-CYCLOHEXEN 55-0168
KLEIN H., NEUE WEGE ZU ORGANOGALLIUMHALOGENIDEN 2. MITT. 56-0016
KLEIN J., STEREOCHEMIE U. GESCHW. D. RED. SUBSTITUIERTER CYCLOHEXANONE MIT DIBORAN 53-0044
KLEINEBERG G., SYNTH. V. HETEROCYCLEN 88. MITT. 54-0321
KLEINER M., SYNTH. U. EIG. V. 8-PYRIDYL-PURINEN 59-0370
KLEMMENSEN P., ENAMIN-CHEMIE 9.MITT. 54-0336
KLEPP M., SPHINGOLIPIDE 1. MITT. 56-0193
KLIEGEL W., UNSYMM. AMINALE 61-0328
KLIMENKO S. K., NEUE SYNTH. V. OKTAHYDRO-THIOXANTHENEN 57-0307
- NEUE RK. V. SYMM.-OKTAHYDRO-THIOXANTHENEN 61-0418
KLIMKO V. T., ENOLDERIV. V. ALKOXYMALONDIALDEHYDEN 54-0153
KLINCK R. E., EINGESCHRAENKTE ROTAT. IN SUBSTITUIERTEN ACETOPHENONEN U.BENZALDEHYDEN, INTERESSANTER LOESUNGSMITTELEFFEKT 59-0054
KLINGMUELLER V., OPT. VERH. V. ALPHA-HYDROXYCARBONSAEUREN BEI ZUGABE V. LAUGE 60-0040
KLINOT J., TRITERPENE, 12.MITT. 56-0445
KLJUCNIKOVA L. A., RK. V. METHYLLINOLEATDIOXID MIT EISESSIG 58-0367
KLJUEVA N. I., UNGESAETT. ALKYLHYDRAZONE, KONDENS. V. ISOPROPYLHYDRAZIN MIT UNGESAETT. CARBONYL-VERB. 60-0337
KLOOSTERZIEL H., CHEMIE D. CYCLOHEPTATRIENS 14. MITT. 58-0136
KLOPMAN G., EINE ALLG. STOER.-BEHANDL. D. CHEM. REAKTIVITAET 55-0075
KLOSA J., SYNTH. SPASMOLYT. WIRKSAMER SUBSTANZEN 22. MITT. 60-0258
- SYNTH. NEUER RUTINDERIV. 60-0495
- SYNTH. NEUER 1-PHENYL-1-HYDROXY-2-ALKYLAMINO-PROPANE (EPHEDRIN-DERIV.) 61-0220
- SYNTH. V. BENZOTHIAZEPINONEN, EINER NEUEN KOERPERKLASSE 61-0459
KLOSE W., SYNTH. V. METHYL-AETHYLIDEN-SUCCINIMID 56-0340
KLUMPP E., SCHWEFELHALT. METALLCARBONYLE 8.MITT. 58-0026
KLUMPP G. W., IN 7-STELL. SUBSTITUIERTE NORBORNADIENE, STER. VERLAUF V. ADDIT.-RK. UNGESAETT. BICYCLO(2.2.1)-HEPTANDERIV., GUELTIGK.-BEREICH D. ALDERSCHEN EXO-REGEL 61-0324
KLYNE W., OPT. ROTAT.-DISPERS. 42.MITT. 54-0014
- OPT. ROTATIONS-DISPERS. 43. MITT. 61-0033
- ORD 45. MITT. 61-0034
- OPT. ROTAT.-DISPERS. 46. MITT. 61-0035
KNABE J., ZUR KONSTIT. EINES KONDENS.-PROD. AUS HOMOPHTHALSAEUREHALBESTERCHLORID 3. MITT. 53-0157
- DIHYDROISOCHINOLINUMLAGER. 6. MITT. 55-0282
- SPALT. V. DL-ARMEPAVIN IN OPT. ANTIPODEN 60-0441
- UMSETZ. V. CYANSTILBENDERIV. 61-0422
KNACKMUSS H., STRUKTUR U. SYNTH. D. PIGMENTES V. PSEUDOMONAS LEMONNIERI 61-0501
KNAFO R., SYNTH. U. EIG. V. 8-PYRIDYL-PURINEN 59-0370
KNAPPE J., THIOESTER D. BRENZTRAUBENSAEURE 55-0130
KNIGHT J. C., ISOBUFADIENOLIDE 59-0476
- UMLAGER. V. ISODIGITOXIGENIN 61-0534
KNIGHT M. H., POLYKETOENOLE U. CHELATE 1. MITT. 58-0378
- POLYKETOENOLE U. CHELATE 2. MITT. 58-0379
- POLYKETOENOLE U. CHELATE 3. MITT. 58-0380
- POLYKETOENOLE U. CHELATE 4. MITT. 58-0381
KNIZEK I., DIAZOTIER. D. AMINOPHENOLE IN KONZ. FLUORBORSAEURE 57-0181
KNOBLER Y., CYCLISIER.-RK. V. N-CARBAMOYL- U. N-ACYL-DERIV. D. DLHOMOSERINS 55-0240
KNOBLOCH W., HYDRAZINVERB. ALS HETEROBESTANDTEILE IN PEPTIDEN 8. MITT. 61-0171
KNOEFEL W., D. EINW. V. DIARYLDIAZOMETHANEN AUF CHLORAMIN T U. AUF DITHIOURETHANE 58-0281
KNOESTER C. J., DARST. EINIGER NEUER M-DI-TERT.-BUTYL-BENZOLDERIV. 54-0177
KNOLLMUELLER M., SYNTH. V. DERIV. D. FLUORENO(1.9-EF)-1.4-DIAZEPINS 59-0404
KNUNJANC I. L., SYNTH. V. ALKYLPERFLUORVINYLAETHERN, STEREOCHEMIE D. VINYLSUBSTITUT. IN PERFLUOROLEFINEN 60-0175
KNUPFER H., 1.3-DIPOLARE CYCLOADDITIONEN 27. MITT. 58-0334
KNUTSSON L., FAVORSKI-UMLAGER. 12. MITT. 57-0111
KOBAYASHI K., SYNTH. U. KMR-SPEKTREN V. 22.27-IMINO-17.23-OXIDO-JERVAN-DERIV. 56-0425
KOBAYASHI S., SYNTH.-RK. MIT KOMPLEX-KATALYSATOR 4. MITT. 54-0206
- SYNTH.-RK. MIT KOMPLEXKATALYSATOR 5. MITT. 56-0190
KOBAYASHI T., ABBAURK. V. CALYCANTHIN 61-0484
KOBAYASHI Y., AROMATISIER. V. CYCLOHEXANDIONDIOXIMEN 53-0079
KOBISCHKE H., ZUR DEUT. D. PHOTOTROPIE EINFACHER PENTAMETHIN-CYANINFARBSTOFFE 61-0038
KOBLICOVA Z., SYNTH. IN D. LYCOPODIUM-ALKALOID-REIHE 6. MITT. 60-0448
KOCERGINA O. V., INTRAMOL. UMLAGER. MIT RINGERWEITER. 54-0116
KOCETKOVA N. S., SYNTH. V. KOMPLEXEN VERB. D. 4-BUTYROYL-U. 4-BENZOYL-1.2.3-TRIAZOLS MIT FE(II), FE(III), NI(II), U. CO(II) 56-0027
KOCETOV A. P., SYNTH. U. EIG. V. ALLYLHYDRAZINEN 60-0196
KOCH E., PHOTOLYSE V. STICKSTOFFWASSERSTOFFSAEURE, METHYL- U. AETHYLAZID IN LSG. 56-0152
KOCH H., TOTALSYNTH. OPT. AKT. STEROIDE 1.MITT. 55-0390
- THALIDOMID-ANALOGA 2. MITT. 59-0362
KOCH H. J., SYNTH. EINIGER KOBALTDERIV. V. KOHLENHYDRATEN 55-0014
KOCH H. P., ABS. KONFIG. V. (+)-2-METHYL-2-ISOPROPYL-GLUTARSAEURE U. (+)-2-METHYL-2-ISOPROPYL-BERNSTEIN-SAEURE 56-0180
KOCH K., MAGNET. UNTERS. ZUR PHOTOCHROMIE U. THERMOCHROMIE D. DEHYDRODIANTHRONE 58-0036
KOCH M., LOGANIACEEN D. ELFENBEINKUESTE 4. MITT. 61-0491
KOCH W., CHEMIE D. PHORBOLS 2.MITT. 55-0364
KOCHETKOV N. K., NEUE METH. D. GLYKOSYLIER. 54-0379
- MECHANISMUS D. RK. V. HYDROXYLAMIN U. O-METHYL-HYDROXYLAMIN MIT CYTIDIN 61-0124
KOCHLOEFL K., MECHANISMUS D. DEHYDRATISIER. SEK. ALKOHOLE UEBER ALUMINIUMOXID-KETALYSATOREN 3. MITT. 60-0131
KOCZKA K., ORD V. EINIGEN MORPHIN- U. CODEIN-DERIV. 55-0023
- SELEKTIVE QUATERNISIER. V. VERB. MIT MORPHIN-SKELETT 55-0342
KODAMA M., SESQUITERPENOIDE 7. MITT. 54-0402
- STRUKTUR V. CAMELLIAGENINEN 54-0419
- CHAMIGREN, EIN SESQUITERPENKOHLENWASSERSTOFF MIT EINEM NEUARTIGEN KOHLENSTOFFGERUEST 56-0441
- STRUKTUREN V. A(1)-BARRIGENOL U. R(1)-BARRIGENOL 58-0468
KOEBRICH G., STABILE CARBENOIDE, 21.MITT. 54-0218
- STABILE CARBENOIDE 24. MITT. 55-0092
- RK. D. PHENYLLITHIUMS MIT NITROBENZOL U. NITROSOBENZOL 56-0202
- STABILE CARBENOIDE 26. MITT. 59-0231
- KONJUGIERTE VERB. 3. MITT. 59-0233
- KONJUGIERTE VERB. 4. MITT. 59-0245
KOEHLER H., KETONISOMERISIER. MIT SCHWEFEL U. AMINEN UNTER MILDEN BEDING. 54-0195

KOEHLER W., EINW. V. HYDRAZINHYDRAT AUF MONOTHIOPHTHALIMID U. DESSEN N-ALKYL- U. N-ARYL-DERIV. 56-0336
KOELLE U., PROTONENRESONANZ-UNTERS. ZUR INNEREN ROTAT. 4.MITT. 55-0057
KOENIG B., ORGAN. SCHWEFELVERB. 50. MITT. 55-0297
KOENIG K., GRIGNARD-ANALOGE RK. D. C-SN-BIND. 54-0009
KOENIG T., O-AUSTAUSCHRK. V. AROMAT. AMIN-N-OXIDEN, CARBOXY-INVERS.-MECHANISMUS 60-0149
KOENIGSDORFER K., UMSETZ. V. DIAZOVERB. MIT AZOVERB. 6. MITT. 55-0258
KOEPPL F., BRENZTRAUBENSAEURE MIT O-DIAMINEN 3. MITT. 59-0328
KOESTER H., SYNTH. V. 9-BETA-L-SORBOPYRANOSYL-ADENIN (9-BETA-L-XYLO-HEXULOPYRANOSYL-ADENIN) 61-0477
KOESTER R., BORVERB. 11. MITT. 57-0245
- BORVERB. 12. MITT. 59-0514
KOEVENDI A., SPEKTROMETR. UNTERS. IN D. CHINAZOLINREIHE 60-0044
KOGA K., EINFL. V. FUNKTIONELLEN NACHBARGRUPPEN AUF D. BLDG. V. ASYMM. ZENTREN IN 1.2-STELL. BEI D. RED. V. KETONEN MIT NABH4 57-0091
KOHDA S., ELEKTRONENSTRUKTUR U. SPEKTREN V. TRIAFULVEN, TRIAFULVALEN U. CALICEN 58-0072
KOHL H., DIGITANOLGLYKOSIDE 16. MITT. 55-0379
KOHLHAAS F., RK. MIT IMIDSAEUREESTERN 7. MITT. 55-0293
KOHLHAUPT R., UMLAGER. VINYLOGER CARBONSAEURECHLORIDE 5. MITT. 61-0130
KOHLL C. F., OXYDATIVE KUPPL. V. VINYLACETAT MIT PALLADIUMACETAT, SYNTH. V. 1.4-DIACETOXY-BUTADIEN-(1.3) 56-0173
KOHOUT L., STEROIDE 104. MITT. 56-0464
KOLC J., AMINOSAEUREN U. PEPTIDE 68.MITT. 55-0394
- AMINOSAEUREN U. PEPTIDE 70. MITT. 56-0475
- AMINOSAEUREN U. PEPTIDE 71. MITT. 56-0476
KOL'COV A. I., ISOMERE UMWANDL. V. EPOXIDVERB. MIT BEWEGL. WASSERSTOFFATOMEN IN D. KOHLENSTOFFSEITENKETTE 11. MITT. 57-0246
KOLESNIKOVA S. A., THIOSULFONSAEUREN 15. MITT. 54-0192
KOLMAKOVA L. E., THIOSULFONSAEUREN 15. MITT. 54-0192
KOLOBOVA N. E., ANIONOTROPE UMLAGER. V. TERT. ALPHA-ACETYLENALKOHOLEN D. CYCLOPENTADIENYLMANGAN-TRICARBONYLS 61-0024
KOLODJAZNAJA S. N., AZOKUPPL. D. BENZOLS U. SEINER HOMOLOGEN MIT BENZIMIDAZOL-2-DIAZONIUMSALZEN 60-0335
KOLODZIEJCZYK A., RK. V. TRICARBAETHOXY-METHAN 3. MITT. 60-0400
KOLOMNIKOVA G. D., RK. V. TROPYLIUMBROMID MIT ALKOHOLEN U. AETHERN 60-0239
KOLOSOV M. N., TETRACYCLIN-REIHE. 44. MITT. 53-0109
- STEREOCHEMIE V. OLIVOMYCINEN 54-0453
KOLSAKER P., OZONISIER. V. VERB. V. TYP AR-CH=CH-G, OZONISIER. IN METHANOL 58-0156
KOLTSOV A. I., PROTONENMAGNET. RESONANZSPEKTRUM U. STRUKTUR V. 4.6-DIHYDROXY-PYRIMIDIN U. SEINEN DERIV. 55-0036
KOMAGOROV A. M., ISOMERE UMWANDL. D. 4.5-DICHLORNAPHTHALIN-1-SULFONSAEURE 54-0255
KOMORI S., UMLAGER. V. N-CHLOR-N-ALKYL-ALKANSULFONAMIDEN 57-0136
KOMPIS I., ALKALOIDE AUS VINCA HERBACEA W. K. 56-0498
KONDO E., TRANSFORMAT. V. STEROIDEN DURCH MIKROORGANISMEN 11. MITT. 58-0522
KONDO K., SULFONIUM- U. OXOSULFONIUM-CARBALKOXYMETHYLIDE 54-0189
- NICHTAEQUIVALENZ D. CHEM. VERSCHIEB. V. DIASTEREOTOPEN GRUPPEN IN SULFONIUMSALZEN 56-0002
KONG N. P., STEREOSPEZIFITAET BEI D. UEBERTRAG. V. WASSERSTOFFATOMEN AUF ISOMERE VINYLRADIKALE, D. AUS CIS-UND TRANS-TERT.-BUTYL-ALPHA-BROM-PERCINNAMATEN ERZEUGT WURDEN 54-0215
KONIJNENBERG E., NMR-SPEKTREN V. CH3ALCL2-DONATOR-KOMPLEXEN IN GGW. GERINGER UEBERSCHUESSE V. (CH3ALCL2)2 ODER DONATOR 58-0050
KONOIKE M., STRUKTUR V. CAMELLIAGENINEN 54-0419
KONOVALOV A. I., DIARYLFULVENE IN D. DIENSYNTH. 61-0122
KONOVALOVA L. K., RK.-FAEHIGK. V. SELENOHARNSTOFF 59-0222
KONSTANTINOV J. S., SYNTH. V. ALKYLPERFLUORVINYLAETHERN, STEREOCHEMIE D. VINYLSUBSTITUT. IN PERFLUOROLEFINEN 60-0175
KOOMEN G. J., HETEROCYCL. STEROIDE 9.MITT. 61-0547
KOOREMAN H. J., CHEMIE D. POLYTHIENYLE 3. MITT. 54-0291
KOOYMAN E. C., GLEICHGEW.-EINSTELL. V. BENZOLDERIV. 3. MITT. 55-0071
- THERMOLYT. RK. V. ESTERN 2.MITT. 55-0076
KOPECKY F., DISSOZIATIONSKONSTANTEN V. ANTIPYRIN U. SEINEN DERIV. 58-0098
KOPECKY J., 1-HALO-BICYCLO(2.2.2)OCTANE 58-0291
KOPTEVA N. I. K., ASYMMETRISCHE ORGANISCHE ALPHA-OXIDE 27. MITT. 57-0150
KOPTJUG V. A., ISOMERE UMWANDL. D. 4.5-DICHLORNAPHTHALIN-1-SULFONSAEURE 54-0255
KOPTYUG V. A., BIND.-ZUSTAND D. ALIPHAT. KOHLENSTOFFATOMS IN ARENONIUMIONEN 55-0056
KOPYLOV V. V., RK. V. AROMAT. AETHERN U. THIOAETHERN MIT ALKALIMETALLEN 58-0143
KORENCZKI F., AMINOSAEUREN U. PEPTIDE 68.MITT. 55-0394
KORNEVA L. M., BETA-KETOVINYLIER., SYNTH. U. ZERS. V. 3.3-DIARYL-3-HYDROXY-PROPENYL-TRIMETHYL-AMMONIUMSALZEN 59-0268
KORNEVA V. V., ALLYLBROMIER. V. TRANS.TRANS.TRANS- U. CIS.TRANS.TRANS-CYCLODODECATRIEN-(1.5.9) 54-0221
KORNILOVA T. A., RK. V. CARBENEN MIT DIEN-, ENIN- U. DIIN-SYST. 4. MITT. 56-0246
KORNIS G., KONSTIT. D. BEI D. OX. V. OLEANADIEN-(11.13(18))-SAEURE-(28)-METHYLESTER ERHALTENEN BETA.GAMMA-UNGESAETT. LACTONS C31H44O5 56-0454
- PHOTOCHEM. SYNTH. (+-)-BETA-HIMACHALEN 61-0512
KOROBKO V. G., TETRACYCLIN-REIHE. 44. MITT. 53-0109
KOROTAEVA I. M., VINYLAETHER, D. DREIWERT. PHOSPHOR ENTHALTEN 1. MITT. 56-0168
KORPELA J., N-METHYL-PYRROLIDON-(2) ALS MEDIUM FUER CHEM. RK. 3.MITT. 61-0087
KORSAKOVA L. N., SYNTH. V. 1-ISOCYANATO-6-ALKOXYCARBONYL-AMINO-HEXANEN U. 1.6-BIS-(ALKOXYCARBONYLAMINO)-HEXANEN 56-0189
RK. V. HEXAMETHYLEN-DIISOCYANAT MIT EINIGEN ALKOHOLEN 59-0193
UNOV M. A., AMINOALKYLESTER D. ALKYLBENZOESAEUREN 1. TT. 54-0200
KORSUNOV S. P., FURYLALKINE, 8.MITT. 54-0028
- FURYLALKINE 10. MITT. 59-0302
- FURYLALKINE 11. MITT. 60-0308
- FURYLALKINE 12. MITT. 61-0351
KORT C. W. F., KINETIK D. ISOMERISIER. V. TOLUOLSULFONSAEUREN IN WSS. SCHWEFELSAEURE 56-0137
KORTE F., ACYL-LACTON-UMLAGER. 37. MITT. 56-0313
- ACYL-LACTON-UMLAGER. 38. MITT. 56-0314
- ACYL-LACTON-UMLAGER. 39. MITT. 56-0315
- HETEROCYCLEN DURCH ABFANGRK. AN GEOEFFNETEN ACYL-LACTONEN, 4. MITT. 56-0393
- ACYL-LACTON-UMLAGER. 40. MITT. 58-0392
- HASCHISCH 13.MITT. 58-0529
- SYNTH. V. DELTA-LACTAMEN AUS 5-CHLORVALERIANSAEUREAMIDEN 59-0178
- KETTENLAENGENEFFEKTE IN PARAFFINEN 4. MITT. 59-0185
- ACYL-LACTON-UMLAGER. 41. MITT. 60-0307
- ACYL-LACTON-UMLAGER. 42. MITT. 61-0164
KORTUEM G., PIEZOCHROMIE U. THERMOCHROMIE D. DEHYDRODIANTHRONE 53-0012
- MAGNET. UNTERS. ZUR PHOTOCHROMIE U. THERMOCHROMIE D. DEHYDRODIANTHRONE 58-0036
KOSCOVA A. G., ALKANSULFONSAEUREN 35. MITT. 58-0179
KOSHIMIZU K., ISOLIER. V. (-)-DIHYDROZEATIN, EINEM CYTOKININ, AUS UNREIFEN LUPINUS LUTEUS-SAMEN 56-0391
- DIPOLMOMENTE V. SUBSTITUIERTEN 1-NAPHTHOESAEUREN U. METHYL-1-NAPHTHOATEN 59-0046
KOSHIRO C., STRUKTUR V. JEGOSAPOGENIN, 21-TIGLOYL-BARRINGTOGENOL C 59-0474
KOSKINEN M., STABILITAET GEMISCHTER CU(II)-KOMPLEXE MIT ALIPHAT. DIAMINEN 2. MITT. 61-0012
KOSMAN D., EPR-SPEKTREN V. SEMICHINONEN 4.MITT. 56-0059
KOSMOL H., TOTALSYNTH. OPT. AKT. STEROIDE 1.MITT. 55-0390
- TOTALSYNTH. OPT. AKT. STEROIDE 3.MITT. 57-0406
KOSSANYI J., CHEM. RK. IN D. REIHE D. TRICYCLO(7.3.1.0-(2,7))-DELTA(2,7)-TRIDECENOLE-(1) 57-0241
- DIMERISIER. SUBSTITUIERTER CYCLOHEXEN-(2)-ONE-(1) 58-0126
- MASSENSPEKTROMETRIE 1. MITT. 60-0061
KOSTJUCENKO V. M., GESETZMAESSIGK. D. DARST. V. DISULFOCHLORIDEN GASFOERMIGER PARAFFINE 58-0182
KOSTKA K., UNTERS. IN D. CHROMON-REIHE. 5. MITT. 53-0151
KOSUL'NIKOVA N. A., SUBSTITUIERTE LACTONE U. IHRE UMWANDL. 10. MITT. 54-0228
KOTAKE M., ISOLIER. NEUER OXETONDERIV. AUS HOPFENOEL 57-0423
- EIN NEUER BESTANDTEIL D. HOPFENOELS 59-0349
KOTERA K., STEREOCHEMIE D. AZIRIDIN-BLDG. DURCH RED. V. OXIMEN MIT LITHIUM-ALUMINIUM-HYDRID 55-0216
- TOTALSYNTH. V. SECURININ U. VIROSECURININ 55-0338
KOTLAN J., THALIDOMID-ANALOGA 2. MITT. 59-0362
KOTLER-BRAJTBURG J., 3.4-TETRAMETHYLEN-TETRAHYDRO-1.3-OXAZIN ALS NEBENPROD. D. METHYLIER. V. BETA-(PIPERIDYL-(2))-AETHANOL 61-0448
KOTOK L. A., BEST. D. STELL. D. SUBSTITUENTEN V. SUBSTITUIERTEN TETRALINEN 54-0252
KOTTKE K., ORGAN. RHODANVERB. 27. MITT. 61-0212
KOULKES M., ALPHA-GLYKOLE MIT ACETYLEN-GRUPPIER. 1. MITT. 59-0173
KOVACS K., CHEM. UMSETZ. V. DIOLEN U. CYCL. AETHERN 27. MITT. 55-0215
KOVALENKO G. I., OX. V. CHLORAETHYLENEN 4. MITT. 57-0094
KOVALEV B. G., KETOALDEHYDE 3. MITT. 60-0193
KOVALEV V. G., KETOALDEHYDE 1. MITT. 56-0174
KOVALEVA E. V., SYNTH. V. SUBSTITUIERTEN BETA-CHLORHYDRINEN D. STYROLS U. KINETIK IHRER RK. MIT BASEN IN WASSER-DIOXAN-LSG. 2. MITT. 54-0187
KOVAR J., SOLVOLYSE V. BENZYLIDENDERIV. 2. MITT. 55-0081
KOVAR K. A., IPECACUANHA-ALKALOIDE 8. MITT. 59-0432
KOVATS E., AETHER. OELE 6. MITT. 57-0196
KOYAMA G., STRUKTUR V. PYRIDOMYCIN 61-0085
KOYAMA K., RK. FREIER RADIKALE BEI ORGAN. ELEKTRODENPROZESSEN 3. MITT. 59-0106
- RK. FREIER RADIKALE BEI ORGAN. ELEKTRODENPROZESSEN 4. MITT. 59-0107
KOZEVNIKOV S. P., DERIV. D. BETA-HYDRAZINO-PROPIONSAEURE 57-0284
KOZIARA A., PHOSPHORIGSAEURE-AMIDE 2. MITT. 59-0200

KOZIMA S., OPTISCH AKTIVE ORGANO-ZINN-VERBINDUNGEN. 1. MITT. 53-0003
KOZLJAK R. I., RK. V. BETA-CHLORVINYLKETONEN MIT BETA-DICARBONYLVERB. 15. MITT. 61-0271
KOZLOV E. M., SYNTH. V. DIACETATEN HALOGENHALT. ALPHA.ALPHA'-DIHYDROPEROXIDE 56-0172
KOZLOV N. S., KATALYT. RED. V. NITROBENZOL MIT ISOPROPYLALKOHOL 54-0135
KOZLOVA G. S., SYNTH. D. OPT. AKT. ALPHA-HYDROXY-BETA.BETA-DIMETHYLGAMMA-BUTYROLACTONE (PANTOLACTONE) 59-0190
KOZLOWSKI K., FARB. DIHYDROFURYLIUMSALZE 2. MITT. 55-0218
KOZMA B., CHEM. UMWANDL. V. DIOLEN U. CYCL. AETHERN 20. MITT. 57-0121
KOZUB G. I., SYNTH. U. UMWANDL. V. PRIM. U. SEK. DIACETYLENGLYKOLEN U. ALKOXY- U. ALKYLTHIOENINALKOHOLEN 58-0176
KRAEHENBUEHL C., STEROIDE 209. MITT. 54-0437
KRAEMER E., SILICIUMORGAN. VERB. 32. MITT. 61-0185
KRAEMER H., UNTERS. UEBER ISORHAMNETINGLYKOSIDE 2. MITT. 60-0432
KRAEUTER W., UMSETZ. V. BETA-KETOALDEHYDEN U. BETA-DIKETONEN MIT O-PHENYLENDIAMIN 58-0421
KRAEVSKIJ A. A., MAKROCYCL. VERB. 8.MITT. 57-0146
- MAKROCYCL. VERB. 9. MITT. 58-0256
KRAFT M. J., CARBONYLDERIV. D. FLUORENREIHE 4. MITT. 61-0283
KRAJKAROVA K., RK. V. TRICHLORMETHANSULFENYLCHLORID U. SEINEN DERIV. 6. MITT. 57-0090
- RK. V. TRICHLORMETHANSULFENYLCHLORID U. SEINEN DERIV. 7. MITT. 60-0121
KRANZ J., NEUER WEG ZU 3-SUBSTITUIERTEN PHTHALIMIDINEN 60-0319
KRAPCHO A. P., DECARBAETHOXYLIER. V. GEMINALEN DICARBAETHOXY-VERB. 53-0088
KRASNOKUTSKAJA D. M., 7-AZA-INDOLDERIV. 25. MITT. 57-0085
KRASOVICKIJ B. M., BEST. D. STELL. D. SUBSTITUENTEN V. SUBSTITUIERTEN TETRALINEN 54-0252
- AZOMETHINBASEN 11. MITT. 54-0258
KRATKY O., ASSOZIAT. D. AZOFARBSTOFFS BETA-NAPHTHOLORANGE IN LSG. NACH D. ROENTGENKLEINWINKELMETHODE 56-0098
KRATZL K., OX. V. (14)C-MARKIERTEN PHENOLEN (LIGNINMODELLEN) IN WSS.-ALKAL. LSG. MIT SAUERSTOFF 59-0121
KRAUCH C. H., PHOTO-CYCLOADDIT. MIT FUROCUMARINEN U. FUROCHROMONEN 58-0368
KRAUS M., MECHANISMUS D. DEHYDRATISIER. SEK. ALKOHOLE UEBER ALUMINIUMOXID-KETALYSATOREN 3. MITT. 60-0131
KRAUS M. A., EINIGE RK. V. BIPHENYL-2.2'-DIALDEHYD 55-0182
KRAUS W., SOLVOLYSEN V. (CYCLOOCTEN(4)-YL-(1)-METHYL)-TOSYLAT U. ENDO-BICYCLO(3.3.1)NONYL-(2)-TOSYLAT 58-0295
KRAUSE M., 1.3.5.7-TETRASUBSTITUIERTE ADAMANTANE 58-0286
KRAVCENKO A. L., SYNTH. V. 1-ISOCYANATO-6-ALKOXYCARBONYL-AMINO-HEXANEN U. 1.6-BIS-(ALKOXYCARBONYLAMINO)-HEXANEN 56-0189
- RK. V. HEXAMETHYLEN-DIISOCYANAT MIT EINIGEN ALKOHOLEN 59-0193
KREIBICH G., STRUKTUR U. STEREOCHEMIE D. TETRACYCL. DITERPENS PHORBOL AUS CROTON TIGLIUM L. 61-0519
KREITER C. G., RK. V. OXEPINDERIV. MIT EISENPENTACARBONYL 59-0029
KREPINSKY J., STRUKTUR V. VALERIANOL, EINEM SESQUITERPENALKOHOL V. EREMOPHILANTYP AUS BALDRIANOEL 54-0416
- STRUKTUR V. CINNAMOLID, CINNAMOSMOLID U. CINNAMODIAL, SESQUITERPENE MIT DRIMAN-STRUKTUR AUS CINNAMOSMA FRAGRANS BAILLON 59-0466
KRESS T. J., EINSTUFENSYNTH. V. 1.6-NAPHTHYRIDIN 54-0337
KRESZE G., RK. MIT N-SULFINYLVERB. 7.MITT. 58-0357
KREUTZKAMP N., CARBONYL- U. CYAN-PHOSPHONESTER 9.MITT. 55-0139
- DARST. EINIGER GAMMA- U. ALPHA-DICARBONYL-PHOSPHONSAEURE-ESTER 10. MITT. UEBER CARBONYL- U. CYAN-PHOSPHONESTER 59-0201
KRIEF A., RK. V. INAMINEN MIT P-BENZOCHINON U. N-PHENYL-P-BENZOCHINON-IMIN 59-0266
KRIEGER B., UMLAGER.-RK. BEIM ABBAU D. DINOR-DELTA(4)-CHOLENON-(3)-SAEURE-(22) 56-0466
KRIEGER H., AMINOALKYLIERTE BICYCLO-ALKANONE 5. MITT. 58-0293
KRINGS P., DARST. DEFINIERT TRITIIERTER OLEFINE, (SYNTH. V. IN ALLYLSTELL. TRITIIERTEM N-OCTEN-(1)) 55-0115
KRINSKY N. I., IDENTITAET V. NEOXANTHIN U. FOLIAXANTHIN 59-0443
KRISHNAMURTI M., EIN NEUER WEG ZUR SYNTH. V. ROTENOIDEN, SYNTH. V. DEHYDROMUNDUSERON U. DEHYDROELLIPTON 58-0364
KRISHNAN V., PROANTHOCYANIDINE AUS SALACIA CHINENSIS LINN 59-0508
KRIZ J., DARST. U. RK. D. ALKALIMETALLACETYLIDE IN DIMETHYLSULFOXID 54-0002
KROEGER C., 1.2.4-TRIAZOLE 16. MITT. 58-0051
- 1.2.4-TRIAZOLE 14. MITT. 60-0351
KROEGER H., POLYCYCL. VERB. 17. MITT. 60-0281
KROEHNKE F., RK. V. ISOCHINOLINIUMSALZEN MIT AROMAT. ALDEHYDEN 55-0290
- EINW. ALIPHAT. AMINE AUF N-STILBYL- U. N-STYRYL-PYRIDINIUMSALZE 55-0292
- VERBESSERTE DARST. BETA-SUBSTITUIERTER N-STYRYL-PYRIDINIUMSALZE 58-0394
- N-VINYL-PYRIDINIUMSALZE 10. MITT. 59-0366
- RK. V. ISOCHINOLINIUMSALZEN MIT AROMAT. ALDEHYDEN 61-0428
- ZUR STRUKTUR D. ALKALIPROD. AUS N-PHENACYL-ISOCHINOLINIUMSALZEN 61-0443
KROENER H., ISOSTERE METALLORGAN. VERB. 6. MITT. 55-0008
KROLIKOWSKA M., CHEM. BESTANDTEILE D. PFLANZE EUPHRASIA ROSTKOVIANA HAYNE 1. MITT. 55-0427
- CHEM. BESTANDTEILE V. EUPHRASIA ROSTKOVIANA HAYNE 2. MITT. 56-0501
KRONENBERG M. E., PHOTORK. AROMAT. VERB. 13.MITT. 56-0233
KROPF H., RK. MIT BLEITETRAACETAT 1. MITT. 53-0056
- RK. MIT BLEITETRAACETAT 2. MITT. 53-0091
- AUTOX. V. CUMOL IN GGW. V. SUBSTITUIERTEN KUPFER-PHTHALOCYANINEN U. VERWANDTEN KUPFER-KOMPLEXEN 6. MITT. UEBER KATALYSE DURCH PHTHALOCYANINE 54-0088
KROPP P. J., CYCL. PHOTOPROD. AUS PHORON 53-0153
KRUEGER K., ISOTHIOCYANATE 15. MITT. 60-0206
KRUEGER P. J., KERNMAGNET. RESONANZUNTERS. D. INTRAMOL. WASSERSTOFFBIND. IN D. MONOKAT. V. SPARTEIN- U. ALPHA-ISOSPARTEIN-N-OXID 56-0082
KRUEGER U., ZUR CHEM. VERSCHIEB. D. GAMMA-PROTONENSIGNALS IN ALPHA-SUBSTITUIERTEN PYRIDINDERIV. 56-0052
KRUG R., GUANIDIN-DERIV. 2. MITT. 60-0216
KRUGER J. E., NACHW. PROTONIERTER CYCLOPROPAN-ZWISCHENSTUFEN BEI D. DESAMINIER. V. 1-PROPYLAMIN U. MECHANIST. FOLGER. FUER PROTONIERTE CYCLOPROPANE 59-0152
KRUMEL K. L., STRUKTURUNTERS. DURCH KERNMAGNET. RESONANZ 12. MITT. 55-0060
KRUPICKA J., AENDER. D. BLDG.-GESCHW. V. CYCLOALKENEN AUS CYCLOALKYLBROMIDEN MIT D. RINGGROESSE ALS HINWEIS AUF D. MECHANISMUS 54-0106
KRUPINA T. I., NEUE RK. V. SYMM.-OKTAHYDRO-THIOXANTHENEN 61-0418
KRYLOVA V. N., SYNTH. D. OPT. AKT. ALPHA-HYDROXY-BETA.BETA-DIMETHYLGAMMA-BUTYROLACTONE (PANTOLACTONE) 59-0190
KRYLOVA Y. I., BEITRAG ZUR SYNTH. BESTAENDIGER DERIV. V. AZACYCLOLEN 60-0402
KUBADINOW N., SILYLVERB. CYCL. POLYALKOHOLE 55-0177
KUBIK A., ZUR KONFORM. D. CARAN-5-OLE U. CARYL-5-AMINE 59-0467
KUBINYI H., STRUKTUR U. STEREOCHEMIE D. TETRACYCL. DITERPENS PHORBOL AUS CROTON TIGLIUM L. 61-0519
KUBOTA H., 2.5.7-TRIPHENYL-NORCARADIEN U. VERWANDTE CYCLOHEPTATRIENE 61-0320
KUBOTA T., A-NORSTEROIDE 6. MITT. 54-0446
- SYNTH. V. SCLERIN U. SCLEROLID, METABOLITE V. SCLEROTINIA LIBERTIANA 55-0199
- TRITERPENOIDE AUS BUPLEURUM FLACATUM L. 1. MITT. 61-0509
- TRITERPENOIDE AUS BUPLEURUM FALCATUM L. 2. MITT. 61-0510
KUCENKO L. M., SYNTH. EINIGER ALPHA,BETA-UNGESAETT. ALKOHOLE D. AROMAT. REIHE 54-0212
KUCERA J., ELEKTROPHILE SUBSTITUT. V. POLYMETHINIUMSALZEN 58-0206
KUCH H., SYNTH. V. 5-PHENYL-4.1-BENZOTHIAZEPIN-DERIV. 58-0419
KUCHARCZYK N., SYNTH. V. 6.6-DIMETHYL-6H-PYRANO(3.2-B,5.6-B')-BIS-(1)BENZOTHIOPHEN 60-0359
KUCHEN W., METALLKOMPLEXE D. DIALKYLDITHIOPHOSPHINSAEUREN 3. MITT. 55-0015
KUCHEROV V. F., CYCLISIER. V. ISOPRENOIDEN VERB., STEREOCHEMIE D. ADDIT. AN D. TERMINALE (2.3)-DOPPELBIND. 56-0080
KUCK A. M., TEMBAMID AUS FAGARA HYEMALIS (ST. HILL.) ENGLER 61-0222
KUCSMAN A., BIND.-SYST. V. N-ACYL-SULFILIMINEN 4. MITT. 60-0076
KUCZYNSKI H., STEREOSELEKTIVER WEG ZUR DARST. ALPHA,BETA-UNGESAETT. ALKOHOLE 5. MITT. 56-0255
- STEREOISOMERE 6.6-DIMETHYL-BICYCLO(3.1.0)HEXANOLE-(3) 59-0287
- ZUR KONFORM. D. CARAN-5-OLE U. CARYL-5-AMINE 59-0467
KUDRJASOVA N. I., ARZNEIMITTEL IN D. REIHE D. DERIV. V. BETA-PHENYL-ISOPROPYLAMIN 1.MITT. 60-0381
KUECHLER B., TRIARYL-FORMAZANE DURCH C-ARYLIER. AUS MALONSAEURE 61-0218
KUEHLEIN K., ORGANOGERMANIUMVERB. 2. MITT. 57-0010
- ORGANOGERMANIUMVERB. 3. MITT. 57-0011
KUEHN G., AMPHOTERE IONENAUSTAUSCHERHARZE 1. MITT. 58-0007
- SYNTH., TOXIZITAET U. CHOLINESTERASE-HEMMWRKG. V. N-METHYL-PYRIDINIUM-2-ALDOXIM-SALZEN INSEKTIZIDER PHOSPHORSAEUREESTER 58-0542
KUEHN L., ISOLIER. U. STRUKTUR V. PAPAVERRUBIN C (EPIPORPHYROXIN) 56-0437
KUENZLE F., UEBER IN 11-STELL. AMINO-SUBSTITUIERTE DIBENZO(B,F)-1.4-THIAZEPINE U. -OXAZEPINE 9. MITT. UEBER SIEBENGLIEDR. HETEROCYCLEN 54-0374
KUEPPERS H., METHOXYMETHYL-LITHIUM AUS CHLORMETHYL-METHYLAETHER U. LITHIUM IN METHYLAL 59-0019
KUGAJEVSKY I., UNTERS. UEBER LACTAME 7. MITT. 54-0283
- NMR-SPEKTRAL-UNTERS. 4. MITT. 55-0037
KUGATOVA S. G. P., STEREOCHEMIE U. REAKTIVITAET V. UNGESAETT. VERB. 3. MITT. 59-0249

KUGATOVA-SEMJAKINA G. P., SYNTH. U. UMWANDL. V. TERT. DIACETYLEN- U. ALKOXYENINALKOHOLEN ALICYCL. REIHE 56-0263
- SYNTH. U. UMWANDL. V. PRIM. U. SEK. DIACETYLENGLYKOLEN U. ALKOXY- U. ALKYLTHIOENINALKOHOLEN 58-0176
- WACHSTUMSAKTIVITAET U. CHEM. STRUKTUR 1. MITT. 61-0250
- WACHSTUMSAKTIVITAET U. CHEM. STRUKTUR 2.MITT. 61-0251
KUGATOVA-SHEMYAKINA G. P., STEREOCHEMIE U. REAKTIVITAET V. UNGESAETT. VERB. 4. MITT. 61-0040
KUGITA H., SYNTH. V. B-C-TRANS-MORPHIN 56-0428
KUHN R., ACIDITAET V. DIBENZOFLUORENEN 58-0100
- 1.2-DIBENZOYLOXY-AETHYLEN 59-0219
- VERDAZYLE 16. MITT. 59-0401
- HOCHACIDE KOHLENWASSERSTOFFE 9.MITT. 61-0094
KUKLA A. S., SYNTH. V. LUCERNOL U. SATIVOL-DIMETHYLAETHER 58-0374
- SYNTH. V. (+-)-7.8.4'-TRIMETHOXYPTEROCARPAN U. (+-)-7-HYDROXY-8.4'-DIMETHOXYPTEROCARPAN 61-0401
KUL'BICKIJ G. N., HETEROCYCL. DERIV. AUF D. BASIS V. 1.4-NAPHTHOCHINON 7. MITT. 57-0285
KULCZYCKI A. JUN., ADDIT. V. BIS-CARBOMETHOXYCARBEN AN OLEFINE 53-0049
- PHOTOSENSIBILISIERTE ZERS. V. METHYLDIAZOMALONAT 56-0154
KULIEV A. B., SYNTH. U. FOLGERK. D. P-CHLOR-THIOPHENOLS 61-0197
KULIEV A. M., AROMAT. THIOLE 3. MITT. 54-0193
- SYNTH. V. S-SUBSTITUIERTEN DITHIORESORCIN-DERIV. 60-0208
- SYNTH. U. FOLGERK. D. P-CHLOR-THIOPHENOLS 61-0197
KULIKOVA A. E., PROD. D. RK. V. 1.1.2.2-TETRACHLOR-AETHAN MIT ALCL3 61-0266
KULKARNI C. L., NEUART. VERDRAENG.-RK. AN ALPHA-CHLORDIPHENYLACETAMIDEN 56-0284
KULKARNI S. N., TERPENOIDE 103. MITT. 57-0378
KUL'KINA S. D., HYDRATAT. V. PHENYLACETYLENALKOHOLEN NACH D. KUCEROV-RK. 59-0232
KUMARI D., NEUARTIGE UMLAGER. D. LATIFOLINGRUNDGERUESTES 56-0277
KUMMER R., METALLCARBONYLE 155. MITT. 53-0008
KUMPFERT H., DIPOLMESS. U. SPEKTROSKOP. UNTERS. AN ALPHA,ALPHA'-DIHALOGEN-CYCLOHEPTANONEN U. -OCTANONEN 57-0063
KUNDU A. B., ISOLIER., STRUKTUR U. STEREOCHEMIE V. APHANAMIXIN, EIN NEUES TRITERPEN AUS APHANAMIXIS POLYSTACHYA WALL AND PARKER 56-0472
KUNESCH G., BESTANDTEILE V. CALOPHYLLUM TOMENTOSUM U. CALOPHYLLUM APETALUM NUESSEN, STRUKTUR EINES NEUEN 4-ALKYL- U. ZWEI NEUER 4-PHENYL-CUMARINE 60-0370
KUNESCH N., ALKALOIDE AUS VOACANGA 7. MITT. 60-0445
KUNISHIMA S., ACYLOINKONDENS. MIT GAMMA-LACTONESTERN 57-0380
KUNSTMANN F. W., STEROIDE AUS HYODESOXYCHOLSAEURE, UEBER D. SEITENKETTENABBAU EINER 6BETA.19-EPOXY-CHOLANSAEURE 53-0225
KUNSTMANN W., UMSETZ. V. ALDEHYDEN MIT BETA-KETOCARBONSAEUREN UNTER MILDEN BEDING. 54-0196
KUNZ V., KRISTALL- U. MOLEKELSTRUKTUR D. NAPHTHALIN-CHROMTRICARBONYLS C10H8CR(CO)3 58-0004
KUNZEK H., ISOTHIOCYANATE 9.MITT. 53-0068
KUO C. H., TOTALSYNTH. D. MAKROLIDS ZEARALENON 56-0481
- UMWANDL. IN D. 1.2.5.6-TETRAHYDRO-PYRIDIN-REIHE 61-0433
KUO Y. H., EXTRAHIERBARE BESTANDTEILE AUS D. HOLZ V. TAIWANIA CRYPTOMERIOIDES HAYATA, STRUKTUR V. T-CADINOL U. T-MURROLOL 60-0458
KUPCHAN S. M., STEREOCHEMIE V. GERMACRANOLID-SESQUITERPENEN 60-0092
KUPIN B. S., RICHT. D. ANLAGER. V. MERCAPTANEN AN PHENYLALKYLACETYLENE 60-0139
KUPRIK V. S., PROD. D. RK. V. FURFUROL MIT ANILIN 60-0309
KUPRYSZEWSKI G., INTRAMOL. RK. IN PEPTIDAEHNL. SYST. 1. MITT. 53-0177
KURAN W., POLYMERISAT. V. ACENAPHTHYLEN IN GGW. D. ZIEGLER-KATALYSATORS TICL4-AL(I-C4H9)2H 55-0420
KURANOVA I. L., RK. V. METHYLLINOLEATDIOXID MIT EISESSIG 58-0367
KURDJUKOV A. M., SYNTH. D. BIS-(HYDROXYMETHYL)-PEROXID-DINITRATES 57-0133
KUREK E., ARZNEIMITTELANALYSEN MITTELS POLAROGRAPHIE ODER OSZILLOPOLAROGRAPHIE 7.MITT. 56-0108
KURIHARA N., ZUR CHEMIE D. BENZOLGLYKOLS 16.MITT. 55-0327
KURIYAMA K., UNTERS. UEBER SIEBENGLIEDRIGE RINGDERIV. 6. MITT. 56-0086
KUROKAWA S., EIN NEUES SCHWEFEL ENTHALTENES AZULEN, 3.5.8-TRIMETHYL-AZULENO(6.5-B)THIOPHEN 61-0360
KUROSAWA E., BESTANDTEILE V. MEERESPFLANZEN 7. MITT. 61-0522
KURPIEL I., CYCL. HYDRAZIDE D. AROMAT. U. HETEROCYCL. DICARBONSAEUREN 5. MITT. 61-0441
KURRECK H., SUBSTITUIERTE PENTAPHENYL-CYCLOPENTADIENYL-VERB. U. TETRACYCLONE 3.MITT. 55-0038
KURSANOV D. N., ION. HYDRIER. D. AETHYLENBIND. U. D. DOPPELBIND. V. CARBONYLGRUPPEN 58-0109
- RK. V. TROPYLIUMBROMID MIT ALKOHOLEN U. AETHERN 60-0239
- RED. V. SUBSTITUIERTEN PHTHALSAEUREANHYDRIDEN MIT LIALH4 60-0274
KURTEV B., OPT. DREH.-VERMOEGEN U. KONFORM. 5. MITT. 59-0043
KURUSU Y., SYNTH. V. POLYSTYROL MIT VERDAZYL-STRUKTUR 61-0560
KURYLO M. J., LAD.-UEBERTRAG.-KOMPLEXE IN LSG. 2.MITT. 55-0070
KURZER F., HETEROCYCL. VERB. AUS HARNSTOFFDERIV. 11. MITT. 57-0295
- HETEROCYCL. VERB. AUS HARNSTOFF-DERIV. 12. MITT. 57-0296
KUSAKI T., ISOLIER. V. (-)-DIHYDROZEATIN, EINEM CYTOKININ, AUS UNREIFEN LUPINUS LUTEUS-SAMEN 56-0391
KUTCHEROV V. F., RK. V. CYANHYDRINEN MIT ALPHA.BETA-UNGESAETT. ALDEHYDEN 55-0157
KUTHAN J., DIHYDROPYRIDINE 13.MITT. 56-0069
- DIHYDROPYRIDINE 14. MITT. 57-0315
- KONSTIT. D. SANDARAKOPIMARSAEURE 3.MITT. 58-0448
KUTNEVIC A. M., PROD. D. CHLORIER. V. 1.1.2.3-TETRAMETHYL-CYCLOHEXADIEN-(2.4) 2. MITT. 57-0193
KUWATA K., UNTERSUCH. D. PHOTOIONISAT. V. ALKANEN IN FESTER PHASE MITTELS ESR-SPEKTREN 53-0023
KUZNECOV V. S., HETEROCYCL. DERIV. AUF D. BASIS V. SUBSTITUIERTEN 1.4-NAPHTHOCHINONEN 6. MITT. 56-0346
KUZNECOVA G. V., HERBIZIDE U. REGULATOREN D. PFLANZENWACHSTUMS 45. MITT. 56-0208
KUZNECOVA T. S., SYNTH. U. UMWANDL. D. ACETALE V. PRIMAER-TERT.-ACETYLENGLYKOLEN 56-0171
KVIS F., NEUROTROPE U. PSYCHOTROPE SUBSTANZEN 9. MITT. 58-0229
KWART H., DIREKTER BEWEIS FUER D. EINSCHRAENK. D. ANWENDBARK. KINET. METH. IN D. KONFORM.-ANALYSE 54-0068
- MECHANISMUS D. EPOXYDAT. V. OLEFINEN U. WEITERE MOEGLICHE ANWEND. D. 1.3-DIPOLAR-MECHANISMUS D. OX. MIT PEROXYSAEUREN 58-0125
- UMLAGER. V. ALPHA-TRIKETONEN 60-0145
KWOK P. W. N., THERM. ZERS. V. CYCLOBUTAN-CARBALDEHYD-P-TOSYL-HYDRAZON 58-0255

L

LABAN G., ORGAN. SCHWEFELVERB. 80. MITT. 58-0383
LABARRE J., MAGNET. ROTAT.-VERMOEGEN (FARADAY-EFFEKT) EINIGER ALIPHAT. ALPHA-ALKINYL-CARBONYLVERB. 54-0019
- SYNTH. U. MAGNETOOPT. UNTERS. EINIGER TETRAKIS-(ALKOXY-DICHLORPHOSPHIN)-NICKEL-VERB. 56-0028
LABARRE M., NATUR D. (PO)-BIND., ELEKTR. DIPOLMOMENT IN MOL. V. TYP OP(XYZ) U. P(XYZ) 60-0042
LABLER L., DEHYDROJUVABION - EINE NEUE VERB. MIT JUVENILHORMONAKTIVITAET AUS D. BALSAMTANNE 55-0417
LACK R. E., STEROIDE 28. MITT. 55-0392
- D. STRUKTUR V. DIGACETIGENIN 61-0535
LACK R. W., STEROIDE U. WALDENSCHE UMKEHR. 60. MITT. 59-0481
LACKNER H., ACTINOMYCINE 28. MITT. 53-0245
LACOMBE L., BEZIEH. ZWISCHEN CHEM. VERSCHIEB. D. HYDROXYL-PROTONEN U. STRUKTUR EINIGER ALPHA-DIOXIME U. ALPHA-OXIMINOKETONE 58-0055
LACOUNT R. B., THERM. TETRAMERISIER. V. ACETYLENDICARBON-SAEURE-DIMETHYLESTER 59-0305
LADKANY D., SYNTH. AKTIVIERTER ESTER V. N-GESCHUETZTEN AMINOSAEUREN 57-0160
LAFFITTE P., ANWEND. D. METH. D. MOMENTANINHIBIT. V. VERBRENN.-RK. AUF D. UNTERS. D. INHIBITORWRKG. HALOGENIERTER METHANE 58-0008
- THERM. ANALYSE EINER VERBRENN.-RK. 1. MITT. 58-0090
- WRKG. V. DI-TERT.-BUTYL-PEROXID AUF KALTE FLAMMEN IN DIAETHYLAETHER-LUFT-GEMISCHEN UNTER VERMINDERTEM DRUCK 60-0156
LAGIDZE D. R., KONDENS. V. VINYLCYCLENOLEN MIT CYCL. 1.3-DIKETONEN 55-0385
LAGODZINSKAJA G. V., ISOXAZOLIZIDINE 5.MITT. 58-0339
LAI M., RED. EINIGER BROMIERTER FETTSAEUREN 60-0188
LAJSIC S., SELEKTIVE BORANRED. V. PROGESTERON 58-0481
LAKOMY J., IONISATIONSKONST. V. SUBSTITUIERTEN 2-NITROPHENOLEN IN 50 PZIG. WSS. AETHANOL 56-0102
LALA L. K., HARNSTOFF ALS BASE IN ORGAN. RK. 61-0169
LALANDE R., RADIKAL. ADDITION V. AETHANOL U. AETHANAL AN BETA-PINEN 57-0393
LALO-KOURILSKY C., ANWEND. D. METH. D. MOMENTANINHIBIT. V. VERBRENN.-RK. AUF D. UNTERS. D. INHIBITORWRKG. HALOGENIERTER METHANE 58-0008
LAMANOVA I. A., CHLORIER. V. 2-NITRO-4-TERT.-BUTYLPHENOL 57-0166
LAMARTINE R., KINET. UNTERS. D. DISMUTATION V. 2-METHYL-5-ISOPROPYL-PHENOL (CARVACROL) MIT ALCL3 58-0137
LAMAZOUERE A., NEUE METH. ZUR SYNTH. V. ALPHA-THIOCARBAMOYL-KETONEN IN D. D-CAMPHER-REIHE 60-0473
LAMBECK R., RK. MIT BLEITETRAACETAT 1. MITT. 53-0056
- RK. MIT BLEITETRAACETAT 2. MITT. 53-0091
LAMBERT C. A., BIND.-DISSOZIAT.-ENERGIEN U. BLDG.-WAERMEN V. TRIMETHYLSILYLVERB. 61-0006
LAMBERT R. M., NEUARTIGE RK. V. WASSERSTOFFATOMEN 59-0111
LAMBERTI V., SYNTH. V. LACTONEN 1. MITT. 58-0370
- SYNTH. V. LACTONEN 2. MITT. 58-0371
LAMBERTON J. A., UNARIN C, D. (SPECIOPHYLLN), E U. F, C(3)- U. C(7)-EPIMERE OXINDOLE, D. MIT TETRAHYDRO-ALSTONIN VERWANDT SIND 54-0393
- UNTERS. D. STEREOCHEMIE AM C(3) U. C(7) BEI D.

UNCARINEN C,D,E U. F DURCH ZIRKULARDICHROISMUS 55-0063
- ANTIRHIN, NEUES INDOLALKALOID AUS ANTIRHEA PUTAMINOSA (F. V. MUELL.) BAIL. 56-0423
- STEREOCHEMIE V. FORMOSANIN (UNCARIN B) U. UNCARIN A 60-0081
LAMONICA G., GLEICHZEIT. ANWESENH. V. MYCOLSAEUREN MIT ZWEI CYCLOPROPANRINGEN ODER ZWEI DOPPELBIND. IN D. LIPIDEN V. MYCOBACTERIUM PHLEI 59-0499
LA MONICA G., KOORDINAT. KLEINER MOL. DURCH BIS-(TRIPHENYLPHOSPHIN)-PLATIN(0), RK. MIT H2S, H2SE U. H2TE 60-0034
LANCASTER J. E., KUMULATIVE EINFL. KONJUGIERTER SUBSTITUENTEN AUF D. PI-SYST.-EIG. AROMAT. KW-STOFFE 12. MITT. 59-0055
LANCEVA L. T., SYNTH. V. ALKYLPERFLUORVINYLAETHERN, STEREOCHEMIE D. VINYLSUBSTITUT. IN PERFLUOROLEFINEN 60-0175
LANDA S., ADAMANTAN U. DESSEN DERIV. 9. MITT. 55-0205
LANDINI D., CIS-2-CHLOR-VINYL-KETONE 56-0241
LANDOR P. D., ALLENE, 13.MITT. 54-0138
LANDOR S. R., ASYMM. SYNTH. 3. MITT. 54-0137
- ALLENE, 13.MITT. 54-0138
- ALLENE 14. MITT. 54-0139
- ALLENE 15. MITT. 54-0140
- ASYMMETR. SYNTH. 4. MITT. 59-0166
LANDQUIST J. K., N-METHYL-DERIV. V. 1.3-DIAMINO-2-PHENYL-NAPHTHALIN 61-0280
LANG E., DARST. EINER ROTFLUORESZIERENDEN, D. MILCHSAEUREGAER. HEMMENDEN SUBSTANZ 61-0275
LANG L. K., EINFL. D. BENACHBARTEN BENZOYLGRUPPE IM 1.2- U. 1.3-DIOLSYST. 54-0097
LANG P. C., SYNTH. U. UMLAGER. EINES ALLENAMIDS 60-0326
LANG Z., TOTALSYNTH. D. MENSCHL. CORTICOTROPINS (ALPHA(H)-ACTH) VORL. MITT. 59-0486
LANGE C., ACYL-LACTON-UMLAGER. 41. MITT. 60-0307
LANGE G. L., PHOTOCHEM. SYNTH., STIPITATONSAEURE 61-0249
- PHOTOCHEM. SYNTH. (+-)-BETA-HIMACHALEN 61-0512
LANGE J., RK. ORGAN. ANIONEN 13. MITT. 61-0209
LANGENBECK W., ISATIN-4-SULFONSAEURE 59-0316
LANGER H. G., INTERMOLEKULARE UMWANDLUNGEN ZWISCHEN METALLVERBINDUNGEN DER 4. GRUPPE IN DIMETHYLSULFOXID (DMSO) 53-0004
LANGFORD P., MOLEKULARSTRUKTUR V. FUENF- U. SECHSGLIEDRIGEN CYCL. SULFONATEN 56-0090
LANGHAMMER L., INHALTSSTOFFE V. PIPER-ARTEN 14.MITT. 55-0027
LANGLOIS N., STEREOCHEM. UNTERS., RED. EINIGER DIELS-ALDER-ADDUKTE IN D. REIHE D. DITERPENE 60-0474
LANHEC G., EINFL. D. TEMP. AUF D. CHLORIER. V. GESAETT. KW-STOFFEN 58-0167
LANNOY J., CYCLOALKAN-SPIRO-HETEROCYCLEN 1.MITT. 60-0341
LAPIDOT A., BEWEIS D. IMIDOYLPHOSPHAT-ZWISCHENSTUFE BEI D. OXYDATIVEN PHOSPHORYLIER. IN (18O)DIMETHYLFORMAMID 59-0278
LAPKIN I. I., NEUE SYNTH. MIT ZINKORGAN. VERB. 2. MITT. 60-0192
- RK. V. ALPHA-CHLORIERTEN AETHERN IN GGW. V. ZN 5. MITT. 61-0278
LAPOUYADE R., PHOTOADDIT. IN D. ANTHRACENREIHE, DARST. NEUER GEMISCHTER DIMERER 57-0226
- SYNTH. U. STRUKTUR V. TRISUBSTITUIERTEN ANTHRACEN-DERIV., D. EINEN PERI-EFFEKT AUFWEISEN 59-0281
LAPPERT M. F., C-C-EINSCHIEB.-RK. ZWISCHEN METALL-N-BIND. 54-0010
- ORGANOMETALL. EINLAGER.-RK. V. DIKETEN. SYNTH. V. BETA-KETO-ENOLATEN 59-0025
- CHEMIE D. BORS 39. MITT. 60-0200
LARDELLI G., SYNTH. V. LACTONEN 1. MITT. 58-0370
LARDICCI L., SYNTH. EINIGER ALPHA.BETA-UNGESAETT. OPT. AKT. KETONE MIT SEK.-BUTYL-GRUPPEN 58-0186
LAREZE F., SUBSTITUT. D. H2O IM AQUODIPYRIDINIRIDIUM-(III)-CHLORID DURCH ALKOHOLE, PROPANON U. DIMETHYL-SULFOXID 60-0033
LARGE D. G., RINGKONTRAKT. BEI D. HYDROLYSE V. METHYL-4-O-(P-NITRO-BENZOLSULFONYL)-ALPHA-D-GLUCOPYRANOSID 59-0414
LARINA G. N., RK. V. ALLYLAMIN MIT CITRACON- U. ITACONSAEURE 61-0366
LARIVE H., VERH. U. REAKTIVITAET V. HETEROCYCLOAMMONIUM-VERB. BEI D. SYNTH. V. CYANIN- U. CARBOCYANIN-FARBSTOFFEN 5. MITT. 55-0285
- VERH. U. REAKTIVITAET V. HETEROCYCLOAMMONIUM-VERB. BEI D. SYNTH. V. CYANIN- UND CARBOCYANIN-FARBSTOFFEN 6. MITT. 55-0286
- VERH. U. REAKTIVITAET V. HETEROCYCLOAMMONIUM-VERB. BEI D. SYNTH. V. CYANIN- U. CARBOCYANIN-FARBSTOFFEN 7. MITT. 55-0287
- VERH. U. REAKTIVITAET V. HETEROCYCLOAMMONIUM-VERB. BEI D. SYNTH. V. CYANIN- U. CARBOCYANIN-FARBSTOFFEN 8. MITT. 55-0288
LAROCHE P., STEREOCHEMIE D. CYCLOPROPYL-ALLYL-UMLAGER. 1. MITT. 60-0290
- STEREOCHEMIE D. CYCLOPROPYL-ALLYL-UMLAGER. 2.MITT. 60-0291
LARROUQUERE J., DIE REAKTIVITAET DER TYROSYLGRUPPE D. TYROSINS U. DES ANGIOTENSINAMIDS 59-0487
LARSEN B., CHEM. HETEROGENITAET V. CARRAGHEENANEN, GEZEIGT DURCH FRAKTIONIERTE FAELL. MIT KALIUMCHLORID 57-0436
- EINFL. D. PH U. D. PUFFERIONEN AUF D. ZERS. V. KOHLENHYDRATEN DURCH FENTONS REAGENZ 58-0147
- SEQUENZ V. URONSAEUREESTERN IN ALGINSAEURE 60-0504
- BEZIEH. ZWISCHEN CHEM. STRUKTUR U. PHYSIKAL. EIG. V. ALGINATEN 60-0505
LASAROV D., RED. D. NAPHTHALINS MIT MAGNESIUM IN FLUESSIGEM AMMONIAK 59-0277
LASKI E. M., SYNTH. U. DISSOZIAT.-KONST. ISOMERER NAPHTHYL-(1)-NAPHTHALINCARBONSAEUREN 60-0270
LASTAUSKENE G. B., KETONE D. 1.4-BENZODIOXAN-REIHE 5. MITT. 59-0372
LASTOVSKIJ R. P., MECHANISMUS D. BLDG. V. FORMAMIDINSUL-FINSAEURE DURCH OX. D. THIOHARNSTOFFES MIT H2O2 60-0116
LATIF K. A., LITHIUMALUMINIUMHYDRID-RED. EINIGER ORGANOSCHWEFELVERB. 55-0183
LATTES A., SYNTH. V. AROMAT. HOMOLOGEN D. ALANINOLS. DISKUSS. D. NMR-SPEKTREN 60-0199
- DARST. V. AROMAT. ENAMINEN DURCH ELIMINIER.-RK. U. DURCH UMLAGER. V. ALLYL-AMINEN 60-0219
LAUDIEN D., SYNTH. V. HETEROCYCLEN MIT HYDROXYMETHYLEN-KETONEN. 8. MITT. 53-0165
LAUE P., PROBLEM D. TERTIAEREN BUTANSULFOCHLORIDS 58-0180
LAUNAY C., RED. V. CYANAETHERN ZU D. ENTSPRECHENDEN AMINOAETHERN 58-0210
LAURENCE C., INFRAROTSPEKTROSKOP. UNTERS. D. SUBSTITUENTENEFFEKTE AUF D. MOL.-ASSOZIAT. UEBER WASSERSTOFFBRUECKEN 57-0081
LAURENT A., KRIST.-STRUKTUR V. 2-BROM-2-NITRO-FENCHAN 54-0070
- ISOMERISIER. BEI D. BROMIER. V. 3-METHYL-(3-(14)C)BUTANON-(2) MIT N-BROM-SUCCINIMID, SYNTH. V. 3-METHYL-3-PHENYL-(2-(14)C)BUTANON-(2) 54-0188
- EINFL. D. LSGM. AUF D. NITROSE DESAMINIER. SOWIE ART U. STEREOCHEMIE D. GEBILDETEN PROD. 1. MITT. 60-0134
LAURENT D., SYST. DARC, STRUKTURDARST. NACH DER METH. D. 'DESCRIPTEUR PAR ENVIRONNEMENT LIMITE' (DEL) 54-0051
LAURENT J., MAGNETOOPT. U. OPT. EIG. D. AUS PHOSPHINEN U. TRIALKYLPHOSPHITEN MIT BH3 ERHALTENEN ADDIT.-VERB. 54-0018
LAURENT P. A., UNTERS. UEBER 2- U. N-SUBSTITUIERTE OXAZOLIDINE 55-0253
- DARST. U. EIG. V. OXAZOLIDIN 56-0351
LAURENT S., ANWEND. D. MANNICH-RK. AUF 2-ALKYL-CYCLOHEXANONE 56-0274
LAURENT-DIEUZEIDE E., EINFL. D. LSGM. AUF D. NITROSE DESAMINIER. SOWIE ART U. STEREOCHEMIE D. GEBILDETEN PROD. 1. MITT. 60-0134
LAURIA F., EINHORN-RK. MIT AMINOSAEUREN 1. MITT. 61-0182
- EINHORN-RK. MIT AMINOSAEUREN 2. MITT. 61-0183
- EINHORN-RK. MIT AMINOSAEUREN 3. MITT. 61-0184
LAUTERBUR P. C., (1)H-KERNMAGNET. RESONANZSPEKTREN V. METHYLQUECKSILBER-VERB. 61-0004
LAVERS G. C., SYNTH. V. LAURATEN D. PYROGALLOLS U. VERWANDTER PHENOLE 57-0167
LAVIE D., TETRANORTRITERPENOIDE AUS MELIA AZADIRACHTA 57-0382
- TERPENOIDE 6. MITT. 61-0531
- EPOXIDE 1. MITT. 61-0548
LAVIELLE G., (1)H- U. (31)P-NMR-UNTERS. V. PHOSPHONATEN 58-0038
LAVIRON E., POLAROGRAPH. UNTERS. D. N-NITRAMINE 2. MITT. 57-0089
LAVIT-LAMY D., ISOMERISIER. V. POLYCYCL. AROMAT. KW-STOFFEN DURCH EINW. V. ALCL3 7. MITT. 59-0283
LAVRISCEV V. A., RED. FORMYLIER. D. ANTHRACHINONS 61-0286
LAVROV V. I., VINYLPROPARGYLDIAETHER D. GLYKOLE 54-0149
LAVRUSIN V. F., SYNTH. EINIGER ALPHA,BETA-UNGESAETT. ALKOHOLE D. AROMAT. REIHE 54-0212
LAWESSON S., MASSENSPEKTROMETRIE 17. MITT. 53-0026
- THIOPHEN-CHEMIE 12. MITT. 54-0294
- ENAMIN-CHEMIE 9.MITT. 54-0336
- ELEKTRONENSTOSS-UNTERS. 3.MITT. 55-0049
- SKELETTUMLAGER. V. MERCAPTOESTERN DURCH ELEKTRONEN-STOSS 58-0059
- MASSENSPEKTROMETRIE 20.MITT. 61-0061
- ELEKTRONENSTOSSRK. 20 MITT. SKELETTUMLAGER. ORGAN. SCHWEFELVERB. BEI ELEKTRONENSTOSS 61-0062
LAWLOR J. M., METALLIONEN-KATALYSIERTE KONDENS. V. ESSIGSAEURE MIT HYDROXYLAMIN IN WSS. LSG. 59-0143
LAWRIE W., TRITERPENOIDE D. WEIDENROESCHENS (ROSE-BAY WILLOW-HERB) 56-0457
- TRITERPENOIDE IN APFELSCHALEN 58-0531
LAWSON A. M., GASCHROMATOGRAPH. U. MASSENSPEKTROMETR. EIG. V. PERDEUTERIERTEN FETTSAEUREMETHYLESTERN 57-0042
LEANDER K., ORCHIDACEAE-ALKALOIDE 7. MITT. 61-0494
LEAVER D., SYNTH. V. CYCL(3.3.2)AZINONEN U. BENZ(CD)AZULENONEN 56-0373
LEBOEUF M., STEROIDALKALOIDE 58. MITT. 56-0462
- STEROIDALKALOIDE, ROLLE V. HEXAMETHYLPHOSPHOTRIAMID (HMPT) ALS DIPOLARES LSGM. BEI D. SUBSTITUTION U. ELIMINIER. V. 20-TOSYLOXY-STEROIDEN 57-0407
- STEROIDALKALOIDE 59. MITT. 60-0483
LE BOULCH N., EPOXYDAT. IN D. REIHE D. SECO-STEROIDE 2. MITT. 60-0487
LECLERC G., DARST. EINIGER AMINOALKYLHYDRAZINE 56-0191
- THERAPEUT. INTERESSANTE PYRIDAZINDERIV. 2. MITT. 57-0336
- THERAPEUT. INTERESSANTE PYRIDAZINDERIV. 3. MITT. 57-0337

LECLERCQ F., KATALYT. OX. PARTIELL GESCHUETZTER HEXOFURANOSEN MIT PLATIN 55-0337

LE COARER J., SAURE U. BAS. HYDROLYSE V. ACETYLHYDRAZIN 55-0126

LECOMTE J., SYNTH. V. THIENO(2.3-D)PYRIMIDIN-DERIV. 54-0349

- SYNTH. V. THIENO(3.2-D)PYRIMIDIN U. EINIGEN DERIV. 54-0350

LE COQ A., SYNTH. U. EIG. EINES DICHLORVINYLEPOXIDS, 3.4-OXIDO-1.1-DICHLOR-BUTEN-(1) 57-0249

LE COUNT D. J., IODONIUMSALZSYNTH., BEWEIS FUER ISOMERENBLDG. BEI D. DIARYLJODONIUMSALZSYNTH. 61-0192

LEDERER E., BESTANDTEILE V. MYCOBAKTERIEN 99. MITT. 54-0470

- BIOSYNTH. D. AETHYLSEITENKETTE V. STIGMASTERINDERIV. IM SCHLEIMPILZ DICTYOSTELIUM DISCOIDEUM 55-0389

- STRUKTUR U. VORK. V. ARABINOSEMYCOLATEN IN D. LIPIDEN V. ZWEI MYCOBAKTERIEN-STAEMMEN 60-0427

- BEST. D. AMINOSAEURESEQUENZEN IN OLIGOPEPTIDEN DURCH D. MASSENSPEKTROMETRIE 9. MITT. 61-0068

LEDERMAN Y., VERW. V. 2-METHYL-2-CARBOXYMETHYL-3-OXO-CYCLOPENTANCARBONSAEURE-DERIV. BEI STEROIDSYNTH. 61-0537

LEDFORD T. H., ALPHA-KOHLENSTOFF-BETEILIG. BEI ELEKTROLYT. HYDRODIMERISIER. 54-0085

LEDGER A. P., DIMERISIER. 2-SUBSTITUIERTER 4-PHENACYLIDEN-HOMOPHTHALIMIDE 55-0294

LEDOCHOWSKI A., TUMORINHIBIERENDE VERB. 36. MITT. 55-0298

- RK. AM C9 V. ACRIDINDERIV. 1. MITT. 57-0101

- TUMORHEMMENDE VERB. 35. MITT. 57-0313

- RK. AM C(9) V. ACRIDINDERIV. 2.MITT. 61-0116

LEDOCHOWSKI Z., TUMORHEMMSTOFFE 37.MITT. 55-0279

- TUMORINHIBIERENDE VERB. 36. MITT. 55-0298

LEDWINKA H., ASSOZIAT. D. AZOFARBSTOFFS BETA-NAPHTHOLORANGE IN LSG. NACH D. ROENTGENKLEINWINKEL-METHODE 56-0098

LEE C. C., NACHW. PROTONIERTER CYCLOPROPAN-ZWISCHENSTUFEN BEI D. DESAMINIER. V. 1-PROPYLAMIN U. MECHANIST. FOLGER. FUER PROTONIERTE CYCLOPROPANE 59-0152

LEE C. M., ALKALOIDE VOM CORYNANTHEIDINTYP 1.MITT. 53-0030

- ALKALOIDE V. CORYNANTHEIDINTYP 2. MITT. 53-0031

- ABS. KONFIG. V. PAYNANTHEIN U. HIRSUTIN 54-0067

LEE H., CYCL. DERIV. V. STEROIDHYDROXAMSAEUREN 53-0228

LEE I. K., RK. D. ORGANOMETALLVERB. D. 4. GRUPPE 5. MITT. 60-0025

LEE J. B., ZUCKERESTER. 4. MITT. 53-0065

- AG(II)-KOMPLEXE ALS OX.-MITTEL 54-0089

- ZUCKER MIT POTENTIELLER ANTIVIRUS-AKTIVITAET 1. MITT. 59-0410

LEE J. D., STRUKTUR V. (CU(EN)2)(BF4)2 U. INFRAROT-SPEKTROSKOP. MERKMAL FUER ''SEMI-KOORDINIERTE'' POLYANIONEN 59-0007

LEE L. T. C., RK. V. ORGANOBORANEN MIT DIMETHYLSULFONIUM-METHYLID 59-0203

LEE T. C., EINFACHE PYRIMIDINE 11. MITT. 57-0335

LEEMANS F. A. J. M., GASCHROMATOGRAPH. U. MASSENSPEKTROMETR. EIG. V. PERDEUTERIERTEN FETTSAEUREMETHYLESTERN 57-0042

LEEMING M. G. R., EINIGE AUSNAHMEN V. D. AXIAL-HALOGEN-KETON-REGEL 54-0439

LEETE E., BIOSYNTH. D. TIGLINSAEURERESTES IM METELOIDIN IN DATURA METELOIDES 57-0437

LEFEBVRE G., DIMERISIER. V. PROPYLEN DURCH NICKEL-KOMPLEXE 60-0172

LEFORT D., UNTERS. D. DURCH ADDIT. V. BENZOL AN UNGESAETT. ALIPHAT. VERB. IN GGW. V. ALCL3 ERHALTENEN ISOMEREN 56-0221

LEFTWICK A. P., TOTALSYNTH. V. ASTAXANTHIN U. HYDROXYECHINENON 54-0401

LE GALL Y., IR-UNTERS. V. KONDENSATORPAPIER, VERW. EINER HEIZBAREN ZELLE 58-0042

LEGG J. I., GEOMETR. ISOMERIE, ENTSTANDEN AUS D. VERSCHIEDENEN ORIENTIER. V. CHELIERTEM (-)-PROPYLENDIAMIN 61-0027

LEGLER G., EINFUEHR. EINER ALPHA-SAUERSTOFFUNKT. IN UNGESAETT. SECHSRINGKETONE 59-0248

LEGOFF E., THERM. TETRAMERISIER. V. ACETYLENDICARBONSAEU-RE-DIMETHYLESTER 59-0305

LEGOFF N., KONDENS. V. PHENYLAETHINYLMAGNESIUMBROMID MIT PROPYLENOXID 55-0004

LE GOFFIC F., SYNTH. EINES D. LYSERGSAEURE VERWANDTEN TRICYCL. SYST. DURCH EINE 'ARIN'-SUBSTITUT.-RK. 54-0296

LEGRAND L., HETEROCYCL. S-VERB. 26.MITT. 60-0297

LEGRAND M., OPT. AKTIVITAET U. KONFORM.-ANALYSE MIT HILFE V. DIEDERWINKELN BEI LACTONEN 60-0038

LE GRAS J., ISOMERISIER.-MECHANISMEN V. BETA-ACETYLENKETONEN IN ALPHA-ALLENKETONE 55-0073

LEGZDYN A. J., RK. V. SCHWEFEL MIT ORGAN. VERB. 11. MITT. 57-0154

LEHAUP B., SYNTH. U. EIG. V. ALPHA.ALPHA.ALPHA-TRISUBSTITUIERTEN ALIPHAT. KETONEN 4. MITT. 57-0139

LE HENAFF P., GLEICHGEW.-KONST. U. ENTHALPIEN D. RK. D. FORMALDEHYDS MIT AMINOSAEUREN 60-0098

LEHMANN G., TOTALSYNTHESE DES A-NOR-2.3-DIAZA-STEROID-RINGSYSTEMS 53-0218

- SYNTH. V. 2-ALKYL-1.3-DIKETONEN DURCH BISACYLIER. V. ENOLACETATEN 57-0201

- SCHWEINEGALLENSAEUREN 6. MITT. 58-0493

LEHMANN R., ZUS. D. DURCH SCHWEFELSAURE ALKYLIER. V. TOLUOL ERHALTENEN CYMOLE 61-0191

LEHMKUHL H., METALLORGAN. VERB. 44. MITT. 60-0017

- METALLORGAN. VERB. 45. MITT. 60-0018

- METALLORGAN. VERB. 46.MITT. 60-0019

- METALLORGAN. VERB. 47.MITT. 60-0020

- METALLORGAN. VERB. 48.MITT. 60-0021

LEHN J., UNTERS. D. KINETIK U. D. KONFORM. DURCH NMR 7. MITT. 57-0032

LEHN J. M., KONFORM.-WECHSEL IN HETEROCYCL. SYST. D. TYPS BICYCLO(4.4.0)DECAN U. BICYCLO(3.3.0)OCTAN 56-0078

- KERN-SPIN-SPIN-WECHSELWRKG., EINFL. D. ORIENTIER. D. FREIEN STICKSTOFF-ELEKTRONENPAARES AUF D. GEMINALE (15)N-(1)H-SPIN-SPIN-KOPPL. 61-0049

LEHNER R., SUBSTITUIERTE PHOSPHORYLHALOGENIDE 2.MITT. 56-0026

LEHNERT W., DERIV. D. TETRAHYDRO-1.4-AETHANO-NAPHTHALINS AUS BETA-AMINOSAEUREN 60-0286

- NEUE SYNTH. FUER HYDRO-BENZ(CD)INDOL-DERIV. 60-0320

LEIBOVICI C., THEORET. UNTERS. V. ELEKTRONENSPEKTREN D. UEBERGANGS PI NACH PI(STERN) V. NAPHTHOCHINON-(1.4) U. ANTHRACHINON-(1.4) IN VERD. LSG. NACH D. PARISER-PARR-POPLE-METH. 54-0021

- ELEKTRONENVERTEIL. IN MESO-STELL. U. PHOTODIMERISIER. SUBSTITUIERTER ANTHRACENE 58-0077

LEIMGRUBER W., STRUKTUR V. MYXIN 54-0456

LEINERT H., EINE EINFACHE SYNTH. V. STREPTAMIN U. ACTINAMIN 60-0493

LEISTNER E., EINBAU D. SHIKIMISAEURE IN 1.2-DIHYDROXY-ANTHRACHINON (ALIZARIN) DURCH RUBIA TINCTORUM L. 54-0479

LEITCH L. C., SYNTH. V. 1.3.4.6.7.9-HEXAMETHYL-PHENALEN 57-0231

LEITICH J., ZUR KENNTNIS CYCL. ACYLALE 15. MITT. 58-0097

- BEMERK. ZUR VEROEFFENTLICH. ''PHOTOCHEM. CYCLOADDIT. V. BENZOPHENON AN FURANE'' 58-0311

LEJHANCOVA I., ORGAN. FLUORVERB. 12. MITT. 54-0162

LEMATRE J., SYNTH. U. REAKTIVITAET VEREINFACHTER MODELLE V. 15.16-DIAZA-STEROIDEN 61-0549

LE MEN J., ISOLIER. V. 7ALPHA-HYDROXY-, 7BETA-HYDROXY- U. 11ALPHA-HYDROXY-PARAVALLARIN, STEROIDALKALOIDE AUS PARAVALLARIS MICROPHYLLA PITARD (APOCYNACEAE) 60-0454

- LOGANIACEEN D. ELFENBEINKUESTE 4. MITT. 61-0491

LE MEUR J., BUTEN-(2)-OLIDE-(4) 4.MITT. 54-0290

LEMME F., 2-AMINO-1.3.4-OXDIAZOLE 17. MITT. 57-0291

- RINGSCHLUSSRK. V. 1-ACYL-5-CARBAMOYL(THIOCARBAMOYL)-DIAMINOGUANIDINEN ZU SUBSTITUIERTEN 1.2.4-TRIAZOLEN U. 1.2.4-TRIAZOLONEN-(5) 58-0351

LEMMETTI L., KUPFERKOMPLEXE V. 1.2-DIAMINOPROPAN 1. MITT. 59-0013

LEMMON G. A., ORIENTIER. D. ALKYLGRUPPEN D. ENDSTAEND. RINGE D. NATUERL. U. RACEM. STERCOBILINS 53-0201

LEMPERT K., HYDANTOINE, THIOHYDANTOINE, GLYKOCYAMIDINE 25.MITT. 54-0306

- RK. V. 2-OXO-5.5-DIAETHOXY- U. 2-OXO-5.5-AETHYLENDIOXY-CYCLOHEXANCARBONSAEUREESTERN MIT BROM, N-BROM-SUCCINIMID U. SELENDIOXID, EINE NEUART. AROMATISIER. 55-0186

LEMPERT-SRETER M., 1.5-DIKETONE 2. MITT. 54-0248

LENARD K., TETRAHYDROCANNABINANALOGE, SYNTH. V. 2-(3-METHYL-OCTYL-(2))-3-HYDROXY-6.6.9-TRIMETHYL-7.8.9.10-TETRAHYDRO-DIBENZO(B.D)PYRAN 53-0156

- BEQUEME TOTALSYNTH. V. 8.13-DIAZA-18-NOR-OESTRONMETHYLAETHERN 54-0441

LENFANT M., BIOSYNTH. D. AETHYLSEITENKETTE V. STIGMASTERINDERIV. IM SCHLEIMPILZ DICTYOSTELIUM DISCOIDEUM 55-0389

LENZI M., (1)H- U. (31)P-NMR-UNTERS. V. PHOSPHONATEN 58-0038

LEONARD J. A., CYCLISIER. ZWISCHEN KERNEN 21. MITT. 61-0332

LEONOVA N. P., TELOMERISAT. V. AETHYLEN MIT DICHLORBROMMETHAN, FLUORTRICHLORMETHAN U. 1.1-DICHLORAETHAN, POLARE U. RESONANZEFFEKTE D. SUBSTITUENTEN 56-0147

LEPERCHEC P., THERMOLYSE U. PHOTOLYSE V. UNGESAETT. KETONEN 5. MITT. 56-0256

LE PERCHEC P., THERMOLYSE U. PHOTOLYSE V. UNGESAETT. KETONEN. 6.MITT. 56-0257

- THERMOLYSE U. PHOTOLYSE V. UNGESAETT. KETONEN 7. MITT. 56-0258

LEPLEY A. R., MOL.-ORBITAL-BERECHN. AN 8-HYDROXY-CHINOLIN U. EINIGEN SEINER AZA-ANALOGA 61-0070

LEPPIN E., EINW. V. WASSERFREIEM ALUMINIUMCHLORID AUF O-(3-ACETOXY-3-METHYL-BUTYL)- U. O-(3-METHYL-DELTA(2)-BUTENYL)-PHENYLACETAT 60-0265

LE QUAN R., BEST. D. VORZEICHENS D. PROTON-PROTON-KOPPL.-KONST. BEI ENINEN, CIS-1-METHOXY-BUTEN-(1)-IN-(3) U. CIS-1-METHOXY-PENTEN-(1)-IN-(3) 60-0054

LERAUX Y., ZWEIFACHE RED. V. HEPTADIEN-(3.5)-ON-(2) 56-0261

LERCHE G., ALPHA-HALOGENIERTE AMINE 16. MITT. 60-0164

- BLDG. U. RK. V. DIALKYL-BENZYL-AETHOXYCARBONYL-AMMONIUMHALOGENIDEN 60-0220

LE ROUX Y., WRKG. D. DURCH RADIOLYSE D. WASSERS ENTSTANDENEN CHEM. PROD. AUF C-C DOPPELBIND. 60-0158

LE ROY P., RK. V. DIMORPHOLINO-ESSIGSAEURE U. GLYOXYLSAEURE MIT OLEFINEN 54-0365

LESBRE M., BLDG. EINER GERMANIUM-WASSERSTOFF-BIND. BEI SPALT.-RK. V. GERMACYCLOBUTANEN DURCH HYDROGENSILANE U. HYDROGENGERMANE 53-0071
LESKA J., PI-ELEKTRONENSTRUKTUR D. TRANS-1.2-DI-(PYRIDYL)-AETHYLENE KURZE MITT. 54-0053
LESPAGNOL A., UNTERS. IN D. REIHE D. SULFONAMIDE 59-0384
LESPAGNOL C., UNTERS. IN D. REIHE D. SULFONAMIDE 59-0384
LETCHER R. M., CHEMIE D. FLECHTEN-BESTANDTEILE 4.MITT. 61-0066
LETHAM D. S., REGULATOREN D. ZELLTEIL. IN PFLANZENGEWEBEN 3. MITT. 53-0230
LETOQUART C., SYNTH. V. ALIPHAT. POLYALKYLKETONEN, DARST. V. 2.2.3.3.5.5.6.6-OKTAMETHYL-HEPTANON-(4) 57-0138
LETTRE H., VERBESSER. D. DARST. V. 6-AZA-STEROIDEN 58-0490
- SECO- U. AZA-DERIV. D. SITOSTERINS 58-0491
LEUPOLD D., ZUR DEUT. D. PHOTOTROPIE EINFACHER PENTAMETHIN-CYANINFARBSTOFFE 61-0038
LEUSINK A. J., 3-PHENYL-3-BENZOBOREPIN, EIN C-B-HETEROCYCLUS MIT AROMAT. CHARAKTER 56-0411
LEUTE R., CHEMIE SUBSTITUIERTER BENZOCHINONE 2. MITT. 55-0151
- SOLVOLYSE V. 9-SUBSTITUIERTEN 10-ANTHRANYL-SYST. 59-0130
LEVALLOIS C., SYNTH. EINIGER NEUER TETRAHYDROFURANAETHER 56-0325
LE-VAN-THOI, DERIV. D. (+-)-CIS-PINSAEURE 1. MITT. 56-0265
- DERIV. D. (+-)-CIS-PINSAEURE 2. MITT. 56-0266
- DERIV. D. (+-)-CIS-PINSAEURE 3. MITT. 56-0267
LEVAS E., UNTERS. V. HALOGENIERTEN AETHYLEN-ALPHA-KETOESTERN D. TYPS CCL2-CH-CO-CO2R, SYNTH. AUSGEHEND V. AETHOXYACRYLSAEUREAETHYLESTER 56-0188
- SYNTH. U. EIG. EINES DICHLORVINYLEPOXIDS, 3.4-OXIDO-1.1-DICHLOR-BUTEN-(1) 57-0249
LEVAS M., UNTERS: V. HALOGENIERTEN AETHYLEN-ALPHA-KETOESTERN D. TYPS CCL2-CH-CO-CO2R, SYNTH. AUSGEHEND V. AETHOXYACRYLSAEUREAETHYLESTER 56-0188
LEVCENKO E. S., ARYLSULFONYLIMINOSELENOCHLORIDE 58-0222
- ALKYL- U. ARYLDICHLORSULFIMIDE U. DERIV. V. SULFDIIMID 61-0152
- CHLORIDE U. ARYLESTER V. AREN-N-ALKYLSULFONIMIDSAEUREN 61-0198
LEVENBERG B., VERWERT. D. INTAKTEN C-KETTE D. METHIONINS FUER D. BIOSYNTH. V. AZETIDIN-2-CARBONSAEURE IN CONVALLARIA MAJALIS 58-0535
LEVI I. S., SYNTH. D. AETHYLESTERS D. O-ACETYL-BETA-(N-P-BIS-(2-CHLORAETHYL)-AMINOPHENYL)-MILCHSAEURE 59-0227
LEVINA R. J., MASSENSPEKTREN U. STRUKTUR ORGAN. VERB. 14. MITT. 58-0066
- ANWEND. D. IR-SPEKTROSKOPIE ZUR BEST. D. KONFIGURATION V. 2-SUBSTITUIERTEN PHENYLCYCLOPROPANEN 60-0085
- AROMAT. KW-STOFFE 34. MITT. 60-0272
- AROMAT. KW-STOFFE 35. MITT. 61-0295
LEVINE R. A., SYNTH. U. DISSOZIAT.-KONST. ISOMERER NAPHTHYL-(1)-NAPHTHALINCARBONSAEUREN 60-0270
LEVISALLES J., SKELETT-UMLAGER. V. DELTA(5)-ANDROSTEN-3BETA.17BETA-DIOL, EIN CHEM. NACHW. 54-0432
- KONSTIT. V. IPECOSID, EIN MONOTERPENOIDES ISOCHINOLIN 56-0444
- SAEUREKATALYSIERTE RK. D. 2-DIAZO-5ALPHA-CHOLESTAN-3-ONS 56-0469
- STEREOCHEMIE 15. MITT. 58-0487
- STEREOCHEMIE 16. MITT. 58-0488
- STEREOCHEMIE 17. MITT. 58-0489
- TERPENOIDE 2. MITT. 60-0461
LEVIT A. F., UNTERS. D. MECHANISMUS D. HOMOLYT. RK. MIT D. ISOTOPEN- U. MASSENSPEKTROMETR. METH. 11. MITT. 57-0119
LEVY A., IR-UNTERS. V. GASGEMISCHEN AUS HCL U. EINIGEN CARBONYLVERB. 54-0080
LEVY R. S., RK. V. AROMAT. ISOCYANATEN, ALLYLISOTHIOCYANAT U. KALIUMCYANAT MIT IMINODIACETONITRIL U. METHYLIMINODIACETONITRIL 56-0273
LEWARS E., NEUE UNTERS. D. STRUKTUR EINES VERMEINTL. DIBENZO(A.E)CYCLOOCTENTRIONS 61-0403
LEWIN A. H., VERW. V. KOMPLEXBILDNERN ZUR AKTIVIER. V. KUPFER BEI D. ULLMANN-BIARYL-SYNTH. 54-0236
LEWIS C. E., ELEKTRONENSPEKTREN V. AUF DER OBERFLAECHE V. SILICAGEL ADSORBIERTEN KATION. AMINKOMPLEXEN DES NI(II)-IONS 59-0005
LEWIS G. E., SKELETTUMLAGER. AROMAT. AZOXYVERB. DURCH ELEKTRONENSTOSS 57-0110
LEWIS H. B., PHOTOCHEM. CYCLISIER. V. BENZANILIDEN 61-0423
LEWIS P., PHOTOCHEM. CARBOXYMETHYLIER. V. OLEFINEN MIT JOD- U. BROM-ESSIGSAEURE 59-0179
LEWIS R. G., TOTALSYNTH. V. ALPHA-SANTALOL 54-0408
LEWIS S. C., SOLVOLYT. UMLAGERUNGEN V. BICYCLO(3.2.0)HEPTEN-(6)-YL-(2)- U. BICYCLO(3.2.0)HEPTYL-(2)-DERIV. 55-0093
LEYENDECKER F., THERMOLYSE U. PHOTOLYSE V. UNGESAETT. KETONEN 8. MITT. 56-0259
LHOMME J., OX. D. LONGIFOLOLE MIT BLEITETRAACETAT, BLDG. V. CYCLOPROPANDERIV. 59-0460
LIANG K. S. Y., EINFL. V. KUPFERSALZEN AUF D. THERM. ZERS. V. BENZOYLPEROXID IN BENZOL 56-0220
- EFFEKT D. THERM. ZERS. V. BENZOYLPEROXID IN BENZOL IN GGW. VERSCHIEDENER ZUSAETZE 59-0160
- BRAUCHBARE SYNTH. V. ARYLBENZOLEN 59-0262
LIBERMAN A. L., 3.3.6.6-TETRAMETHYL-CYCLOHEPTANON U. SEINE DERIV., SYNTH. V. 1.1.4.4-TETRAMETHYL-CYCLOHEPTAN 58-0257
LIBERT H., 1.2-ALKYLSUBSTITUIERTE PHENANTHRENE U. DIHYDROPHENANTHRENE 54-0261
- SPHINGOLIPIDE 1. MITT. 56-0193
- SPHINGOLIPIDE 2. MITT. 59-0197
LIBMAN N. M., IMMONIUMSALZE 61-0424
LICHOSERSTOV V. M., UMLAGER. V. 2.3-DIALKOXY-DELTA(3)-DIHYDROPYRANEN ZU D. MONOACETALEN D. GLUTACONALDEHYDES 58-0184
LICHTENTHALER F. W., NMR-UNTERS. AN ZUCKERN U. CYCLANOLEN 3. MITT. 54-0058
- NITROMETHAN-KONDENS. MIT DIALDEHYDEN 7. MITT. 59-0412
- NITROMETHAN-KONDENS. MIT DIALDEHYDEN 6. MITT. 59-0427
- NITROMETHAN-KONDENS. MIT DIALDEHYDEN 8. MITT. 60-0424
- EINE EINFACHE SYNTH. V. STREPTAMIN U. ACTINAMIN 60-0493
LIEB F., ARSA-METHIN-CYANINE 61-0331
LIEBENOW W., DARST. NITRIERTER 4-CHLOR-SALICYLSAEUREN 61-0210
LIEDHEGENER A., RK. AKT. METHYLENVERB. MIT AZIDEN 15. MITT. 59-0267
LIERMAIN A., NEUE BLDG.-WEISE D. RUHEMANN-PURPURS, RK. V. 2-OXIMINO-INDANDION-(1.3) MIT NINHYDRIN 58-0273
LIFSON S., POTENTIALFUNKT. U. KONFORMAT. V. CYCLOALKANEN 54-0065
- FOLGER. FUER STRUKTUR U. RINGSPANNUNGSENERGIE AUS D. 'INTRAANNULAREN' SUBSTITUT. D. CYCLODECANRINGES 58-0070
LILLIEN I., NICHTPLANARES CYCLOBUTAN 2. MITT. 61-0073
LIM F. Y., LANSOESAEURE, EIN BICYCL. TRITERPEN 61-0526
LIMASSET J., VERW. V. NATRIUM-TERT.-AMYLAT BEI WITTIG-RK. 60-0169
LIN T., RK. V. DICHLORCARBEN U. TRICHLORMETHID MIT O-ALKENYLESTERN U. -AETHERN, N-VINYLAMIDEN U. 1-HALOGENALKENEN 55-0166
LIN W. C., ELEKTRONENSPINRESONANZ D. BEI ROENTGEN-BESTRAHL. V. MALONSAEUREDIAMID GEBILDETEN RADIKALS V. SIGMA-TYP 56-0058
LIN Y., PHYTOCHEM. UNTERS. 6.MITT. 55-0412
LIN Y. T., EXTRAHIERBARE BESTANDTEILE AUS D. HOLZ V. TAIWANIA CRYPTOMERIOIDES HAYATA, STRUKTUR V. T-CADINOL U. T-MURROLOL 60-0458
LINDA P., NUKLEOPHILE SUBSTITUT. AN HETEROAROMATEN 24. MITT. 54-0123
- RELATIVE REAKTIVITAETEN EINIGER FURAN- U. THIOPHENDERIV. BEI D. JOD- U. ZINNTETRACHLORID-KATALYSIERTEN ACETYLIER. MIT ACETANHYDRID IN DICHLORAETHAN 57-0097
- RELATIVE RK.-FAEHIGK. D. ELEKTROPHILEN SUBSTIT. D. THIOPHEN-, FURAN- U. PYRROLRINGES, BROMIER. D. 2-METHOXYCARBONYLDERIV. 59-0123
LINDAUER R. F., PHOTOCHEM. ISOMERISIER. V. 1-ACETYL-BICYCLO(4.1.0)HEPTAN, INTRAMOL. UMLAGER. 59-0289
LINDBERG B., METHYL-6-DESOXY-6-NITRO-GLUCOPYRANOSIDE 57-0354
- ZUCKERSAEUREN AUS D-XYLOSE U. D-FRUCTOSE 58-0425
LINDE H. H. A., STEREOCHEMIE U. KONFORM. D. SWEROSIDS 57-0359
- D. GLYKOSIDE D. BLAETTER V. ISOPLEXIS ISOBELLIANA (WEBB) MASF 3. MITT. 60-0510
LINDEN H., HALOGENIERTE 4.7-METHYLEN-4.7.8.9-TETRAHYDROPHTHALANE 3. MITT. 55-0222
LINDNER E., SUBSTITUIERTE PHOSPHORYLHALOGENIDE 2.MITT. 56-0026
LINDSTROM T. R., SCHWACHE MOL.-WECHSELWRKG. 1. MITT. 61-0046
LINEK K., UMWANDL. V. PENTOSEN IN PYRIDIN 60-0420
LINEVA V. S., KONDENS. V. 5.5-DIMETHYL-2.4-DIPHENYL-2-HYDROXY-2.5-DIHYRO-FURAN MIT ACETESSIG-, NITROESSIG- U. CYANESSIGESTER 58-0310
LINGENS F., SYNTH. V. N-PYRUVOYL-ANTHRANILSAEURE U. V. L-GLUTAMINSAEURE-5-ANTHRANILID 57-0182
LINI D. C., KERNMAGNET. RESONANZUNTERS. V. BIS-(ALLYL)-RHODIUM-CHLORID 59-0006
LINNETT J. W., NEUARTIGE RK. V. WASSERSTOFFATOMEN 59-0111
LINNETT P. E., BIOSYNTH. V. THIAMIN 2.MITT. 58-0525
LINSCHEID P., UNTERS. D. KINETIK U. D. KONFORM. DURCH NMR 7. MITT. 57-0032
LINSTRUMELLE G., CYCLISIER. V. BETA-ARYL-DIAZOKETONEN 54-0242
- CYCLISIER. UNGESAETT. DIAZOESTER 60-0315
LIPATNIKOV N. A., SYNTH. V. 1-ISOCYANATO-6-ALKOXYCARBONYL-AMINO-HEXANEN U. 1.6-BIS-(ALKOXYCARBONYLAMINO)-HEXANEN 56-0189
LIPOVIC T. V., FURYLALKINE 10. MITT. 59-0302
LIPP M., DARST. U. RK. D. 2.2.3-TRIMETHYL-CYCLOHEXANON-(4)-CARBONSAEURE 58-0262
LISICYN V. N., UMWANDL. V. HALOGENHALT. AROMAT. VERB. IN GGW. EINER ORGAN. BASE 5.MITT. 54-0254
LISO G., NEUE RK. V. BIS-(O-AMINOPHENYL)-DISULFID MIT KETONEN 1.MITT. 61-0451
LIST P. H., PILZINHALTSSTOFFFE 14. MITT. 58-0528
LITTLE J. H., PROTONENMAGNET. RESONANZ CYCL. VERB., 5. MITT. 53-0022
LITVINENKO L. M., KINETIK D. ACYLIER. V. AROMAT. DIAMINEN 58-0115
- KINETIK D. RK. V. PYRIDINEN MIT PHENACYLBROMID IN NITROBENZOL 59-0131

LIU C. F., OPT. ISOMERE V. CIS-DICHLORO-BIS-(AETHYLENDIAMIN)-PLATIN(IV) U. IHRE STEREOSPEZIF. RK. MIT AETHYLENDIAMIN 59-0040
LIU K., VERS. ZUR SYNTH. D. AGARICINSAEURE 1. MITT. 53-0067
- VERS. ZUR SYNTH. D. AGARICINSAEURE 2.MITT. 58-0198
LIVI O., BEST. D. KONSTIT. U. SYNTH. EINES NEUEN FLAVONS AUS CISTUS MONSPELIENSIS L. 58-0361
LIVINGSTONE R., RK. V. CHROMENEN U. NAPHTHOPYRANEN MIT BROM U. CHLOR 5. MITT. 61-0416
LIVKE T. N., INTRAMOL. UMLAGER. MIT RINGERWEITER. 54-0116
LLOYD A. C., KINETIK D. ZERS. V. PROPIONYLRADIKALEN 56-0114
LLOYD D., EIN SELENONIUM-YLID 59-0264
LO T., PHYTOCHEM. UNTERS. 6.MITT. 55-0412
LOADER C. E., UNTERS. UEBER PHOTOCHEMIE 3.MITT. 61-0399
- PHOTOCHEM. UNTERS. 4. MITT. 61-0400
LOBANOV D. I., BEZIEH. ZWISCHEN D. NQR-FREQUENZEN V. MONOSUBSTITUIERTEN (35)CL-CHLORBENZOLEN U. D. SIGMA-HAMMETT-KONST. 59-0093
- KORRELAT. ZWISCHEN KERNQUADRUPOLRESONANZFREQUENZEN U. TAFT-KONST. SIGMA (STERN) 60-0049
LOBANOVA T. P., OXIME V. 2- U. 4-PHENYL-XANTHONEN U. IHRE BECKMANNSCHE UMLAGER. 57-0350
LOCKSLEY H. D., ISOLIER. NEUER BIFLAVANONE AUS D. KERNHOLZ V. GARCINIA BUCHANANII 55-0410
- EXTRAKTE AUS GUTTIFEREN 5. MITT. 58-0511
- INHALTSSTOFFE V. GUTTIFERAE 6. MITT. 58-0526
BEMERK. ZUR MASSENSPEKTROMETR. U. THERM. FRAGMENTIER. V. FLAVANONEN U. BIFLAVANONEN 61-0502
LOETZBEYER J., DARST. V. ARYL-BUTEN-INEN U. PHENYLHEXADIEN-IN 61-0230
LOEV B., TETRAHYDROCANNABINANALOGE, SYNTH. V. 2-(3-METHYL-OCTYL-(2))-3-HYDROXY-6.6.9-TRIMETHYL-7.8.9.10-TETRAHYDRO-DIBENZO(B.D)PYRAN 53-0156
LOEWE E., SYNTH. D. ELEDOISINSEQUENZ LYS-ASP-ALA-PHE ANALOGER TETRAPEPTIDE 58-0499
LOEWENSTEIN A., AKTIVIER.-ENERGIE D. RINGINVERS. IN 9.10-DISUBSTITUIERTEN CIS-DEKALINEN 56-0083
LOEWENTHAL H. J. E., SYNTH. V. (4.4.4)PROPELLAN 54-0280
LOGANI M. K., BETA-CYCLOLAVANDULAL, EIN NEUER NATUERL. VORKOMMENDER MONOTERPEN-TYP 60-0464
LOGEMANN W., EINHORN-RK. MIT AMINOSAEUREN 1. MITT. 61-0182
- EINHORN-RK. MIT AMINOSAEUREN 2. MITT. 61-0183
- EINHORN-RK. MIT AMINOSAEUREN 3. MITT. 61-0184
LOHAUS G., AUFBAURK. MIT BETA.BETA-DIALKYL-ACRYLSAEUREESTERN 54-0333
- NITRILSYNTH. MIT CHLORSULFONYLISOCYANAT 61-0142
LOHMANN J., MASSENSPEKTROMETRIE INSTABILER ORGAN. MOL. 1. MITT. 60-0065
LOHS K., SYNTH., TOXIZITAET U. CHOLINESTERASE-HEMMWRKG. V. N-METHYL-PYRIDINIUM-2-ALDOXIM-SALZEN INSEKTIZIDER PHOSPHORSAEUREESTER 58-0542
LOHSE C., PHOTOCHEM. UNTERS. 9. MITT. 60-0415
LOIM N. M., ION. HYDRIER. D. AETHYLENBIND. U. D. DOPPELBIND. V. CARBONYLGRUPPEN 58-0109
LOISELEUR H., KRISTALLSTRUKTUR V. NICKELPICOLINAT-TETRAHYDRAT 56-0089
LOMBARD R., UNTERS. UEBER AUTOX., IONISCHE AUTOX., AUTOX. V. FULVENEN IN GGW. V. ALKOHOLATEN 61-0260
LONGMORE R. B., ALKALOIDE AUS PHYSOSTIGMA VENENOSUM 5. MITT. 60-0439
LONGONE D. T., PARACYCLOPHANE, SPALT. V. DISYMMETR. TETRAMETHYL(2.2)PARACYCLOPHAN 54-0276
- RK. V. CYCLOPROPYL-LITHIUM MIT TETRAPHENYLPHOSPHONIUM-BROMID, CYCLOPROPYLIDENTRIPHENYLPHOSPHORAN 57-0183
- ABSCHIRMUNGSEFFEKTE IN SUBSTITUIERTEN CYCLOPROPANEN 59-0060
LONGUET-HIGGINS H. C., KATION. ZWISCHENPROD. IN D. PHOTOCHEMIE V. BENZOL 56-0151
- UNGESAETT. MAKROCYCL. VERB. 47. MITT. 58-0253
LOOS P., BEST. V. PHARMAZEUT. HILFSSTOFFEN U. ARZNEISTOFFEN 10. MITT. 61-0575
LOPEZ S. V., EINSTUF. UMWANDL. D. C-ATOM-ASYMMETRIE IN D. BIPHENYL-ASYMMETRIE U. IHRE BEZIEH. ZUR ABS. KONFIG. V. CARANIN 60-0090
LOPUSANSKIJ A. I., QUART. AMMONIUMSALZE AUS DITERTIAEREN DIAMINEN U. ALPHA-BROMALKYL-ARYLKETONEN 56-0235
LORA-TAMAYO M., POTENTIELLE PSYCHOTROPICA 2. MITT. 56-0341
LORD E., RK. V. CYCLOPENTADIENYLIDEN-TRIPHENYLPHOSPHORAN MIT CYAN-OLEFINEN 61-0256
LORKOWSKI H., FERROCENDERIV. 8. MITT. 58-0023
LOS J. M., KONST. D. HYDROLYT. DISSOZIAT. SUBSTITUIERTER 4-AMINO-BENZOESAEUREN 60-0152
- DECARBOXYLIER. SUBSTITUIERTER 4-AMINO-BENZOESAEUREN IN SAURER WSS. LSG. 60-0153
LOSSE A., UEBER D. DIMEREN CROTONALDEHYD 56-0369
LOUBINOUX B., PH-SKALA IN DIMETHYL-FORMAMID 59-0104
- RK.-FAEHIGK. V. HALOGENBENZOLEN IN APROTON. MEDIUM 60-0204
LOUDON A. G., ALKALOIDE V. CROTON-ARTEN 6. MITT. 53-0195
- BLDG. EINES FUENFRINGIONS DURCH ELEKTRONENSTOSS 58-0061
- MASSENSPEKTREN V. MELIACINEN U. VERWANDTEN VERB. 1. MITT. 58-0068
LOUW R., THERMOLYT. RK. V. ESTERN 2.MITT. 55-0076
LO VECCHIO G., STRUKTUR V. 4-ARYLAZO-ISOXAZOLONEN-(5) 2. MITT. 57-0031
- ISOXAZOLONCYCLISIER. 6. MITT. 61-0384
LOVING B. A., DIREKTE BEOBACHT. V. CYCLOPROPENEN BEIM DEHYDROCHLORIEREN V. CHLORCYCLOPROPANEN 60-0235
LOW M. J. D., IR-SPEKTREN V. METHYLDIBORANEN, UNTERS. V. INSTABILEN SUBSTANZEN UNTER ANWEND. D. 'MULTIPLE-SCAN'-INTERFERENZ-SPECTROSCOPIE 56-0038
LOWRY L., IDENTITAET V. NEOXANTHIN U. FOLIAXANTHIN 59-0443
LOY M., REVERSIBLE CYCLOHEXADIEN-HEXATRIEN-VALENZ-ISOMERISIERUNG. EINE NEUE KLASSE PHOTOCHROMER VERB. 55-0024
LOZAC'H N., HETEROCYCL. SCHWEFEL-VERB. 24. MITT. 56-0344
- HETEROCYCL. SCHWEFELVERB. 25. MITT. 56-0345
- HETEROCYCL. SCHWEFELVERB. 26. MITT. 60-0297
- HETEROCYCL. SCHWEFELVERB. 27. MITT. 60-0298
- HETEROCYCL. SCHWEFELVERB. 28. MITT. 60-0299
- HETEROCYCL. SCHWEFELVERB. 29. MITT. 60-0300
LUBJANICKIJ I. J., INTRAMOL. UMLAGER. MIT RINGERWEITER. 54-0116
LUCENTE G., SYNTH. V. 2-ALKOXY-2-PHENYL-ACETAMIDO-CARBONSAEUREN 61-0180
LUCHE J. L., STEREOCHEMIE D. BETA-LACTAME 2. MITT. 61-0065
LUCKEN E. A. C., UNTERS. IN D. CYCLITREIHE 34. MITT. 54-0225
- UNTERS. IN D. CYCLITREIHE 35.MITT. 58-0005
LUDWIG U., UMLAGER. ORGAN. ANIONEN 6. MITT. 58-0140
LUEBKE K., PEPTIDSYNTH. 41.MITT. 57-0413
LUEDKE G., SARSAPARILLOSID, EIN SAPONINDERIV. MIT BIS-GLYKOSID. FUROSTANOLSTRUKTUR 60-0437
LUENING B., ORCHIDACEAE-ALKALOIDE 7. MITT. 61-0494
LUESSI H., TAKTIZITAET ANION. HERGESTELLTER POLY-ALPHA-METHYLSTYROLE 60-0498
LUETTKE W., IR-SPEKTROSKOP. UNTERS. AN ISOTOPEN STICKSTOFFVERB. 4. MITT. 53-0051
- D. INFRAROT-SPEKTREN EINIGER P-TOLUOLSULFONYL-VERB. 56-0040
LUFT P., PILZINHALTSSTOFFFE 14. MITT. 58-0528
LUFT R., VERTEIL. D. UEBERSCHUESSIGEN PI-LAD. IN DURCH ADDIT. V. ALKOXYLIONEN AN ALPHA-ENALE U. ALPHA-ENONE GEBILDETEN CARBANIAT-ENOLAT-IONEN 56-0071
- AETHYLENVERB. 1. MITT. 57-0054
LUKASHEVICH V. O., UMLAGER. V. HYDRAZOVERB. 55-0108
LUKASIEWICZ A., RK. V. TRIHALOGENESSIGSAEUREN 5. MITT. 57-0176
LUKASIEWICZ Z., INDOLDERIV. 2. MITT. 60-0321
- INDOLDERIV. 1. MITT. 61-0365
LUKE M. O., DIREKTE DARST. V. VOLLSTAENDIG DEUTERIERTEN HOCHMOL. KW-STOFFEN 59-0167
LUK'JANOV O. A., 1.3-DIPOLARE CYCLOADDIT. V. NITRONSAEUREESTERN AN KONJUGIERTE UNGESAETT. VERB. 60-0342
LUKNICKIJ F. I., SYNTH. U. RK. V. BETA-LACTONEN 3. MITT. 59-0189
LUMB J. T., SOLVOLYSE D. TRICHLORACETATS V. ENDO-BICYCLO(3.1.0)HEXEN-(2)-YL-(6)-METHANOL 54-0224
LUMBROSO H., ELEKTR. MOMENTE EINIGER THIONAMIDE U. ZWEIER DELTA(2)-THIAZOLINE 56-0033
- KONFORM. D. ESTER RC(=O)SR', RC(=S)OR' U. RC(=S)SR' 56-0085
LUMBROSO-BADER N., SYNTH. V. ALPHA-BROM-HYDROXY U. -ACETOXY-ALLENEN U. NMR-UNTERS. 54-0159
- NMR-UNTERS. D. KOMPLEXBLDG. V. P-KRESOL 58-0054
LUND H., ELEKTROORGAN. PRAEPARAT. 21.MITT. 57-0087
- ELEKTROORGAN. PRAEPARAT. 22. MITT. 58-0341
LUNDELL S., KUPFERKOMPLEXE V. 1.2-DIAMINOPROPAN 1. MITT. 59-0013
LUNDSTROEM J., BIOSYNTH. V. MESCALIN IN PEYOTE-KAKTEEN 59-0507
LUNT E., N-OXIDE U. VERWANDTE VERB. 30. MITT. 59-0139
LUSINCHI X., STERIODALKALOIDE 57. MITT. 53-0194
LUTHARDT H. J., BILDUNGSMECHANISMUS D. DELTA(3)-OXDIAZOLINE-(1.3.4.) BEI D. BLEITETRAACETAT-OX. V. BENZOYLHYDRAZONEN 61-0393
LUTZ H. J., FRAGMENTIER.-RK. 16. MITT. 55-0083
LUTZ R. E., LSGM.-EINFL. IN D. NMR-SPEKTROSKOPIE, BEST. D. KONFIG. V. 3-RING-CARBONYLVERB. DURCH BENZOL-INDUZIERTE CHEM. VERSCHIEB. 55-0041
LUUKKONEN E., EINHEITSZELLE, RAUMGRUPPE U. ANDERE EIGENSCHAFTEN V. BIS-(1.3-PROPANDIAMIN)-KUPFER(II)-BROMID 59-0014
LUZENINA V. N., FURYLALKINE 11. MITT. 60-0308
LWOWSKI W., AZEPIN-DARST. AUS BENZOL U. CARBAETHOXYNITREN. RK. V. SINGULETT-NITREN 55-0317
LYLE G. G., ROTATIONSDISPERSION-UNTERSUCHUNGEN. 5. MITT. 53-0011
- KONFIG. D. CINCHONA-ALKALOIDE AN C-9, KMR-UNTERS. ABGELEITETER OXIRANE 61-0072
LYNCH M. F., AUTOMAT. AUFFINDEN V. STRUKTURELLEN AEHNLICHK. IN CHEM. VERB. 57-0001
LYNCH T. R., STRUKTUR U. STEREOCHEMIE V. DESAURIN (AUS ACETOPHENON) 53-0036
LYTHGOE B., TAXINE, 5.MITT. 56-0489
- TAXINE 6. MITT. 56-0490
LYTHGOE D., ALKALOIDE AUS CASSIA CARNAVAL SPEG., CASSIN U. CARNAVALIN 55-0344

M

MAASBOEL A., UEBERGANGSMETALL-CARBEN-KOMPLEXE 2. MITT. 60-0028

MAAT L., OPT. ROTAT.-DISPERSION V. PELLETIERIN, EINE BESTAETIG. D. ABS. KONFIG. 54-0063

- SYNTH. U. UNTERS. V. GAMMA-SUBSTITUIERTEN ALPHA-AETHOXYCARBONYL-GAMMA-LACTONEN 55-0220

MABILE M., EINFL. D. REINH. V. PROPARGYLALKOHOL AUF SEINE INHIBIER.-FAEHIGK. D. KORROS. V. EISEN IN SAUREM MEDIUM 56-0510

MABILLE P., CARCINOGENE STICKSTOFFVERB. 57. MITT. 57-0325

MABRY T. J., NEUE PSEUDOGUAJANOLIDE AUS AMBROSIA CONFERTIFLORA DC. (COMPOSITAE) 59-0453

- UMWANDL. V. BETANIDIN U. BETANIN IN NEOBETANIDINDERIV. 61-0499

MACCOLL A., ALKALOIDE V. CROTON-ARTEN 6. MITT. 53-0195

- UEBERGANGSZUSTAND BEI D. GASPHASENELIMINIER. V. HALOGENIDEN 57-0106

- BLDG. EINES FUENFRINGIONS DURCH ELEKTRONENSTOSS 58-0061

- MASSENSPEKTREN V. MELIACINEN U. VERWANDTEN VERB. 1. MITT. 58-0068

MACCONAILL R. J., BECKMANN-UMLAGER. V. MANNICH-BASEN- U. VERWANDTEN OXIMEN 53-0075

MACDONALD A. M. G., SUBMIKRO-METH. FUER D. ANALYSE ORGAN. VERB. 24. MITT. 58-0546

MACDONALD D. B., KERNMAGNET. RESONANZSPEKTRUM V. M-DIFLUORBENZOL 61-0051

MACHIDA Y., STEREOCHEMIE DER HELVOLSAEURE 59-0090

MACKAY M. F., MOLEKULARSTRUKTUR V. HODGKINSIN, C33H38N6 61-0495

MACKENZIE A. M., MEARNSITRIN, EIN NEUES FLAVONOLGLYKOSID AUS D. BLAETTERN V. ACACIA MEARNSII 59-0428

MACKIE R. K., REAKTIVITAET V. ORGANOPHOSPHORVERB. 21. MITT. 61-0146

MACKOR A., C-NITROSOVERB. 3. MITT. 54-0141

- C-NITROSO-VERB. 4. MITT. 58-0056

- C-NITROSOVERB. 5. MITT. 60-0236

MACKOR E. L., CHEMIE U. SPEKTROSKOPIE IN STARK SAUREN LSG. 3. MITT. 61-0091

MACKRODT W. C., QUADRUPOLKOPPL.-KONST. U. DIPOLMOMENTE V. OXAZOL U. ISOXAZOL 57-0024

MACLEAN C., CHEMIE U. SPEKTROSKOPIE IN STARK SAUREN LSG. 3. MITT. 61-0091

MACLEOD J. K., MASSENSPEKTROMETRIE BEI STRUKTURELLEN U. STEREOCHEM. PROBLEMEN 122. MITT. 58-0062

MACMILLAN J., 6-METHOXY-3-METHYL-BENZOFURANCHINON-(4.7), DIMERE V. 3-METHYL-BENZOFURANEN U. TAUTOMERIE IN 2-ACETYL-3-HYDROXY-5-METHOXY-BENZOCHINON-(1.4) 55-0224

- GARRYFOLIN-CUAUCHICHICIN-UMLAGER., MECHANISMUS BEI D. (-)-KAURENOLEN 55-0348

- SOLVOLYSE V. GIBBERELLIN-A(5)-METHYLESTER-P-TOLUOLSULFONAT EIN BICYCLO(3.2.1)OCTAN-BRUECKENKOPF-DERIV. 57-0102

- EPIMERISIER. V. 2-HYDROXYGIBBANLACTONEN-(1-4A) 57-0419

- STRUKTUR EINER C12-SAEURE AUS D. SAMEN V. PHASEOLUS MULTIFLORUS 58-0197

- IDENTIFIZIER. V. GIBBERELLINEN IN PFLANZEN-ROHEXTRAKTEN DURCH KOMBINIERTE GASCHROMATOGRAPHIE-MASSENSPEKTROSKOPIE 59-0516

MACOJAN S. G., KONDENS. V. VINYL- U. ISOPROPENYLAETHINYL-CARBINOLEN MIT ACETYLENDICARBONSAEURE 61-0349

MACROSSON W. D. K., SYNTH. U. ROENTGENANALYSE EINES TRICYCLO(5.3.1.1(2.6))DODECANS 54-0275

MADSEN P., MASSENSPEKTROMETRIE 17. MITT. 53-0026

- SKELETTUMLAGER. V. MERCAPTOESTERN DURCH ELEKTRONEN-STOSS 58-0059

- MASSENSPEKTROMETRIE 20.MITT. 61-0061

MAEDA K., STRUKTUR V. PYRIDOMYCIN 61-0085

MAEDA S., SYNTH. V. SCLERIN U. SCLEROLID, METABOLITE V. SCLEROTINIA LIBERTIANA 55-0199

MAEHLHOP R., CHLOROPHYLL U. HAEMIN 12. MITT. 59-0446

MAELKOENEN P. J., ABS. KONFIG. V. CAMPHER U. CAMPHERDERIV. 60-0093

MAERKL G., UMLAGER. VINYLOGER CARBONSAEURECHLORIDE 5. MITT. 61-0130

- DARST. V. PHOSPHIT-YLIDEN AUS TRITHIOCARBONATEN U. TRIMETHYLPHOSPHIT U. IHRE VERW. ZU VERLAENGER. V. KOHLENSTOFFKETTEN 61-0330

- ARSA-METHIN-CYANINE 61-0331

MAGBOUL B. I., UMWANDL. EINIGER DIHALOGENCYCLOPROPANE IN UNGESAETT. KETONE 55-0184

MAGER K. A., DARST. V. ESTERN D. CYANESSIGSAEURE DURCH UMESTER. 61-0161

MAGID R. M., MECHANISMUS D. 'SALZ-EFFEKTES' BEI CARBENOID-RK. 60-0132

- EINFL. V. HALOGENIDIONEN AUF EINE ALPHA-ELIMINIER.-RK. 60-0136

MAGNUS K. E., EXTRAKTE AUS CEDRELA ODORATA L. STRUKTUR V. METHYLANGOLENSAT 53-0211

MAGNUS P. D., CHINONE V. INTERESSE IN D. TETRACYCLIN-CHEMIE 58-0284

MAGOMEDOV G. K., ANIONOTROPE UMLAGER. V. TERT. ALPHA-ACETYLENALKOHOLEN D. CYCLOPENTADIENYLMANGAN-TRICARBONYLS 61-0024

MAGYAR K., GEGENSTROMVERTEIL. V. TRICHOMYCIN, CANDICIDIN U. HAMYCIN, D. ANTIFUGALEN HEPTAEN-MACROLID ANTIBIOTI-KA DER AROMAT. UNTERGRUPPE 55-0405

MAHAJAN S. N., ZUGANG ZUM BICYCLO(4.2.1)NONAN-SYST. 58-0289

MAHESHWARI M. L., TERPENOIDE 95. MITT. 55-0357

MAHESWARI M. L., TERPENOIDE 106. MITT. 56-0447

MAHES-WARI M. L., TERPENOIDE 107. MITT. 58-0449

MAHIEU C., NEUE OXINDO-DERIV., ESTER D. 2-OXO-INDOLIN- U. 1-HYDROXY-2-OXO-INDOLIN-3-CARBONSAEUREN 57-0275

MAHRAN M. R., UNTERS. AN SUBSTITUIERTEN 7-METHYL-FUROCHROMONEN, KHELLIN U. VISNAGIN 59-0351

MAIER K. A., SYNTH. V. DERIV. D. FLUORENO(1.9-EF)-1.4-DIAZEPINS 59-0404

MAILLARD J., CYCLOALKAN-SPIRO-HETEROCYCLEN 1.MITT. 60-0341

MAILLET M., DISMUTAT. V. PHENYLDIHYDROBENZO(B)THIOPHENEN U. NEUE SYNTH. V. ALKYLBIPHENYLEN 57-0268

- KONDENS. V. CARBONYLDERIV. MIT THIOPHEN U. NEUE ANWEND. D. DESULFURIERENDEN HYDRIER. 60-0317

MAILLOLS J., GRUNDSCHWING. D. HYDROGENMALEINAT-IONS IN LSG. 56-0043

MAIS R. H. B., STRUKTUR EINES ACETYLEN-PLATIN(II)-KOMPLEXES 59-0009

MAITTE P., CIS- U. TRANS-OCTAHYDRO-CYCLOPENTA(B)PYRAN 54-0328

- HYDROXYLIER. V. 2H-BENZOPYRANEN 54-0330

- UNTERS. IN D. REIHE D. HOMOISOCHROMANS 59-0405

MAJATNIKOVA V. A., MEHRWERT. JODVERB. IN D. ANTHRACHINONREIHE 61-0290

MAJERSKI Z., 'BICYCLOBUTONIUM-ION', RK. V. (1-METHYLCYCLOPROPYL)-CARBINYL- U. 1-METHYL-CYCLOBUTYLME-THANSULFONATEN MIT NATRIUMBORHYDRID UNTER SOLVOLYT. BEDING. 54-0099

MAJID S. A., SYNTH. U. RK. V. PENTACHLORPYRIDIN 59-0365

MAKAROV M. A., ACRYLESTER V. ALIPHAT. GLYKOLEN 60-0187

MAKIN S. M., UMLAGER. V. 2.3-DIALKOXY-DELTA(3)-DIHYDROPYRANEN ZU D. MONOACETALEN D. GLUTACONALDEHYDES 58-0184

MAKOSZA M., RK. ORGAN. ANIONEN 10.MITT. 60-0260

- RK. ORGAN. ANIONEN 13. MITT. 61-0209

MAKSIMOVIC Z., RK. MIT BLEITETRAACETAT 12. MITT. 61-0188

MAL'CEV V. I., PHOTOLYSE D. LOESUNG V. H2O2 IN ALIPHAT. AMINEN BEI 77 GRAD K 54-0132

- PHOTOLYSE D. LSG. V. H2O2 IN ACETON BEI 77 GRAD K 57-0123

MAL'CEVA V. A., SUBSTITUIERTE HYDRAZIDE V. HYDROXYCARBON-SAEUREN 36. MITT. 57-0215

MALENOK N. M., HYDRATAT. V. PHENYLACETYLENALKOHOLEN NACH D. KUCEROV-RK. 59-0232

MALESANI G., 4.7-DIMETHOXY-INDOLYL-(3)-ESSIGSAEURE U. D.L-4.7-DIMETHOXYTRYPTHOPHAN 56-0334

MALHOTRA A., LANCEOLARIN, EIN NEUES ISOFLAVON-GLYKOSID D. DALBERGIA LANCEOLARIA 53-0205

MALHOTRA S. K., STER. STOER. IN ALLYL- U. PSEUDOALLYL-SYST. 4. MITT. 55-0078

- STER. WECHSELWRKG. IN ALLYL- U. PSEUDOALLYL-SYST. A((1,2))-SPANN. ZWISCHEN METHYLGRUPPE U. WASSERSTOFF 59-0088

MALINA J. F., STEREOCHEMIE D. ACETYLENSYNTH. 5. MITT. 58-0390

MALLAMS A. K., EINE NEUE KLASSE V. CAROTINOIDEN 57-0369

- IDENTITAET V. NEOXANTHIN U. FOLIAXANTHIN 59-0443

MALLET A., DISSOZIATION V. SAEUREN IN DIMETHYLFORMAMID 60-0105

MALONE J. F., KRIST.-STRUKTUR V. TRIPHENYLALUMINIUM 59-0011

MALRIEU J., LOKALISIERTE PI-ELEKTRONENORBITALE IN KONJUGIERTEN ORGAN. MOL. 58-0078

MALYSEVA L. V., LIPIDE 28.MITT. 61-0151

MAMCUR L. P., SYNTH. U. IR-SPEKTREN V. UNDECYLENPERSAEU-REESTERN 61-0158

MAMEDOV F. V., EPOXYAMINOPROPIONITRILE D. FURANREIHE 54-0289

MAMEDOV S., GLYKOLAETHER U. IHRE DERIV. 110. MITT. 56-0209

- GLYKOLAETHER U. DERIV. 112. MITT. 58-0219

- AETHER U. IHRE DERIV. 119. MITT. 60-0231

MAMEDOVA L. G., EPOXYAMINOPROPIONITRILE D. FURANREIHE 54-0289

MAMONT P., CHINONE IN D. PHOSPHORYLIERENDEN OX. 5. MITT. 57-0278

- SAURE ISOMERISIER. V. TOCOCHINONEN 1.MITT. 58-0505

MAMUZIC R. I., RK. MIT BLEITETRAACETAT. 10. MITT. 53-0128

MANAS M. M., ADDIT. V. PHENOLEN AN N.N'-DICYCLOHEXYLCAR-BODIIMID 56-0223

MANAWWAR Z., SYNTH. V. SUBSTITUIERTEN PYRIDINEN 4.MITT. 58-0385

MANCINI F., VILSMEIER-HAACK-RK. MIT KETO-STEROIDEN U. DERIV. 5. MITT. 58-0475

- VILSMEIER-HAACK-RK. MIT KETOSTEROIDEN U. DERIV. 6. MITT. 58-0476

- NEUES REAGENZ ZUR VERESTER. D. HYDROXYLGRUPPEN V. STEROIDEN 58-0477

MANCUSO A., MECHANISMUS D. SAUREN HYDROLYSE V. CARBAMATEN 58-0121

MANDELBAUM A., 31-NORCYCLOARTANOL U. CYCLOARTANOL AUS POLYPODIUM VULGARE 53-0209

- ISOLIER. V. SERRATEN AUS POLYPODIUM VULGARE 54-0413

MANECKE G., VINYL-NAPHTHOCHINONE-(1.4) 55-0195
- KONDENS.-PROD. D. QUADRATSAEURE MIT PRIMAEREN U. SEKUNDAEREN AROMAT. AMINEN 61-0255

MANGANE M., CARCINOGENE STICKSTOFFVERB. 56. MITT. 57-0324

MANGER M. C., KONSTIT. U. SYNTH. V. MUNDULEA-LACTON 60-0363

MANGOLD D., DERIV. D. TETRAHYDRO-1.4-AETHANO-NAPHTHALINS AUS BETA-AMINOSAEUREN 60-0286

MANGONI L., KONFIG. D. ISOAMBREINOLIDS V. F. 98 GRAD 55-0365
- SEMPERVIROL, EINE NEUE ART D. DITERPEN-PHENOLS 55-0366
- BESTANDTEILE D. HARZES V. CUPRESSUS SEMPERVIRENS 3. MITT. 61-0507
- BESTANDTEILE D. HARZES V. CUPRESSUS SEMPERVIRENS 4. MITT. 61-0508

MANHAS M. S., UNGEWOEHNL. FRAGMENTE EINIGER SUBSTITUIERTER BETA-LACTAME BEI ELEKTRONENSTOSS 58-0060

MANI J., PHOTOSENSIBILISIERTE OX. IN D. REIHE D. BETA-JONONE 55-0104

MANITHOMAS T., ESSENTIELLES OEL V. AGERATUM CONYZOIDES, ISOLIER. U. STRUKTUR V. ZWEI NEUEN INHALTSSTOFFEN 60-0369

MANN G., KONFORM. U. PHYSIKAL. DATEN V. ALKANEN U. CYCLANEN 1. MITT. 61-0074
- KONFORM. U. PHYSIKAL. DATEN V. ALKANEN U. CYCLANEN 2. MITT. 61-0075

MANN I., STRUKTUR VON MECAMBRIDIN (OREOPHILIN). 17. MITT. UEBER ALKALOIDE DER GATTUNG PAPAVER 53-0197

MANNERING G., SYNTH. U. IONISAT.-KONST. EINIGER FLUORENAMINE 53-0100

MANNINEN K., AMINOALKYLIERTE BICYCLO-ALKANONE 5. MITT. 58-0293

MANNING A. R., RK. V. PI-CYCLOPENTADIENYL-TRIPHENYLPHOSPHIN-NI(II)-CHLORID U. SN(II)-CHLORID - NEUES KATIONISCHES NI(II)-DERIV. 59-0036

MANNSCHRECK A., PROTONENRESONANZ-UNTERS. AN SIEBENGLIEDR. RINGVERB. 1. MITT. 53-0018
- 1.2-DIAZETIDINE. 2. MITT. 53-0123
- PROTONENRESONANZ-UNTERS. ZUR INNEREN ROTAT. 4.MITT. 55-0057
- PROTONENRESONANZ-UNTERS. ZUR INVERSION AM DREIBINDIGEN STICKSTOFFATOM 1. MITT. 59-0059
- UNTERS. AN SIEBENRING-SYST. 4. MITT. 60-0280

MANSER W. W. T., DARST. U. STRUKTURBEWEIS V. BENTLEY U. ROBINSON'S 'DEHYDROTHEBAIN' 54-0400

MANTECON J., PHOTOCHEM. VALENZISOMERISIER. V. OXABICYCLO-ANALOGEN D. NORBORNADIENS 59-0309

MANTIONE R., PROTOTROPE ISOMERISAT. V. DERIV. D. 1-AETHINYL-CYCLOHEXENS 59-0238

MANUEL G., EINW. EINES GERMANIUMJODID-JODWASSERSTOFF-GEMISCHS AUF ALPHA-AETHYLENCARBONYL-SYST. 61-0019

MANUKOV E. N., DISPROPORTIONIER. D. WASSERSTOFFS IN TERPENEN D. META-REIHE, IM SILVESTREN U. DELTA(1.3,8)-M-MENTHADIEN 58-0451

MANUKOW E. N., DISPROPORTIONIER. D. WASSERSTOFFS IN CAREN-(3) 59-0464

MANYA P., MECHANISMUS D. RK. V. DIMETHYL- U. METHYLARYLSULFOXIDEN MIT AROMAT. ORGANOMAGNESIUMVERB. 57-0171

MARATHE K. G., STEREOCHEM. UNTERS. AN FLAVANEN 53-0158

MARAVAL P., KONFORM.-ANALYSE D. N-ALKANE DURCH DEPOLARISIERTE RAYLEIGH-STREUUNG 56-0030

MARBET R., NEUARTIGE SYNTH. V. BETA-KETOALLENEN DURCH RK. V. TERT. ACETYLENCARBINOLEN MIT VINYLAETHERN, EINE ERGIEBIGE METH. ZUR DARST. D. PSEUDOJONONS U. VERWANDTER VERB. 58-0187

MARCHAND A., ORGANOSILICIUMVERB. MIT AMINFUNKT. 3. MITT. 59-0094

MARCHAND J., PEPTIDALKALOIDE 4. MITT. 58-0500

MARCHETTI L., ANALOGIE U. EN-SYNTH. 17. MITT. 58-0320

MARCHINI P., NEUE RK. V. BIS-(O-AMINOPHENYL)-DISULFID MIT KETONEN 1.MITT. 61-0451

MARCHIORI F., SYNTH. V. PEPTIDANALOGEN D. N-TERMINALEN EIKOSAPEPTIDSEQUENZ D. RIBONUCLEASE A. I. MITT. 53-0240
- SYNTH. V. PEPTIDANALOGEN D. N-TERMINALEN EIKOSAPEPTIDSEQUENZ D. RIBONUCLEASE A 2. MITT. 53-0241
- SYNTH. V. PEPTIDANALOGEN D. N-TERMINALEN EIKOSAPEPTIDSEQUENZ D. RIBONUCLEASE A 3. MITT. 53-0242
- SYNTH. V. PEPTIDANALOGEN D. N-TERMINALEN EICOSAPEPTIDSEQUENZ D. RIBONUCLEASE A 4. MITT. 57-0411

MARCISZEWSKI H., WASSERSTOFFBRUECKENBIND. IN DILEUCINHYDROCHLORID (IM VGL. MIT TRIGLYCINSULFAT) 54-0047

MARCOT B., SYNTH. V. 1.2.4-SUBSTITUIERTEN TETRAHYDROISOCHINOLINEN 60-0388

MARCOU A., WRKG. V. ALPHA- U. BETA- UNGESAETT. MAGNESIUMVERB. AUF 2-CHLOR-CYCLOPENTANON U. 2-CHLOR-CYCLOHEXANON 60-0240

MARECHAL E., KATION. POLYMERISAT. V. BENZO-INDENEN 56-0303

MARES F., ORGANOSILICIUMVERB. 50. MITT. 54-0209

MARETS J., ADDIT. V. PHENYLMAGNESIUMBROMID AN BENZOYL-CYCLOHEXEN IN ABWESENH. U. GGW. V. KUPFERCHLORID, SELEKTIVE DARST. D. BEIDEN STEREOISOMEREN ENOLATE, REZIPROKE ISOMERISIER. IN 1.2-DIMETHOXY-AETHAN 58-0131

MARGINEANU C., SULFONAMIDFORMAZANDERIV. U. D. ENTSPRECHENDEN TETRAZOLIUMSALZE 55-0266

MARGOMENOU-LEONIDOPOULOU G., SUBSTITUIERTE BETA-HYDROXY-BETA-PHENYL-ALKYLAMINE 61-0221

MARGULIS T. N., STRUKTUR V. CIS-CYCLOBUTAN-1.3-DICARBONSAEURE, GEFALTETES CYCLOBUTAN 61-0082

MARIANI P., HALOGENIER. V. EINFACH-UNGESAETT. ALIPHAT. VERB. IN ALLYL-STELL. 9. MITT. 59-0161

MARICLE D. L., MECHANISMUS D. ELEKTROCHEMILUMINESZENZ 54-0016

MARIEVA T. D., MAKROCYCL. VERB. 8.MITT. 57-0146

MARIGNAN R., GRUNDSCHWING. D. HYDROGENMALEINAT-IONS IN LSG. 56-0043

MARINO G., NUKLEOPHILE SUBSTITUT. AN HETEROAROMATEN 24. MITT. 54-0123
- RELATIVE REAKTIVITAETEN EINIGER FURAN- U. THIOPHENDERIV. BEI D. JOD- U. ZINNTETRACHLORID-KATALYSIERTEN ACETYLIER. MIT ACETANHYDRID IN DICHLORAETHAN 57-0097
- RELATIVE RK.-FAEHIGK. D. ELEKTROPHILEN SUBSTITUTION V. THIOPHEN, FURAN U. PYRROL, TRIFLUORACETYLIER. 59-0122
- RELATIVE RK.-FAEHIGK. D. ELEKTROPHILEN SUBSTIT. D. THIOPHEN-, FURAN- U. PYRROLRINGES, BROMIER. D. 2-METHOXYCARBONYLDERIV. 59-0123

MAR'JASKIN N. J., RK. V. ACETYL- U. 1.1'-DIACETYL-FERROCEN MIT NATRIUMACETYLID IN FL. AMMONIAK 59-0030

MARKEVIC V. S., SPEKTROPHOTOMETR. UNTERS. D. KINETIK D. HYDRATAT. D. CROTONALDEHYDS U. SEINER KONDENS. MIT ACETON 57-0107

MARKEY S., ISOLIER. V. RHAZIDIN U. AKUAMMIDIN AUS ASPIDOSPERMA QUEBRACHO BLANCO, STRUKTUR V. RHAZIDIN 53-0196

MARKGRAF J. H., 1.2-DIHYDRO-CYCLOBUTA(B)CHINOLIN 57-0310

MARKO L., SCHWEFELHALT. METALLCARBONYLE 8.MITT. 58-0026

MARKOV P., UMSETZ.-PROD. V. BENZYLCYANID MIT MAGNESIUM IN FL. AMMONIAK U. SEINE ALKYLIER. 54-0201
- ADDUKTE V. MAGNESIUM MIT DIPHENYL, PHENANTHREN U. ANTHRACEN IN FL. AMMONIAK 58-0014
- METALLIER. V. INDEN, FLUOREN U. BENZYLCYANID MIT ADDIT.-VERB. V. MAGNESIUM MIT NAPHTHALIN, BIPHENYL U. PHENANTHREN IN FL. AMMONIAK 59-0165
- RED. D. NAPHTHALINS MIT MAGNESIUM IN FLUESSIGEM AMMONIAK 59-0277

MARKOVA J. V., DERIV. D. HYDROXYLAMINS 61-0387

MARKOVITS J., BESTANDTEILE V. MYCOBAKTERIEN 95. MITT. 54-0473

MARKOVITS-KORNIS R., RK. V. 2-OXO-5.5-DIAETHOXY- U. 2-OXO-5.5-AETHYLENDIOXY-CYCLOHEXANCARBONSAEUREESTERN MIT BROM, N-BROM-SUCCINIMID U. SELENDIOXID, EINE NEUART. AROMATISIER. 55-0186

MARKOVSKIJ L. N., ALKYL- U. ARYLDICHLORSULFIMIDE U. DERIV. V. SULFDIIMID 61-0152
- CHLORIDE U. ARYLESTER V. AREN-N-ALKYLSULFONIMIDSAEUREN 61-0198

MARKS R. E., SAEUREKATALYSIERTE ZERS. V. 1-AZIDO-1-(4-NITRO-PHENYL)-BUTANON-(3) 59-0226

MARKUSINA I. A., SELEKTIVE ACETYLIER. D. AMINOALKOHOLE AM STICKSTOFF, D. EINE SEK. AMINOGRUPPE ENTHALTEN 56-0335

MARMIGNON C., KINETIK D. HYDROLYSE V. 3.3-DIMETHYL-BUTYLPHOSPHAT U. PHOSPHORYLCHOLIN 56-0128

MARPLES B. A., (19)F-H-KOPPL. IN WEITEM BEREICH U. BEHINDERTE ROTAT. 54-0034

MARQUARDING D., SYNTH. D. BEIDEN STEREOISOMEREN 2-CARBOXYADAMANTANONE-(4) 58-0290

MARQUET A., STEREOCHEMIE EINIGER CAMPHANDERIV. 54-0418
- BEST. D. KONFIG. DURCH 'PARTIELLE SPALT.' 7. MITT. 55-0065
- ORIENTIER. D. HALOGENIER. ASYMM. KETONE 58-0118

MARR D. H., EINGESCHRAENKTE ROTAT. IN SUBSTITUIERTEN ACETOPHENONEN U.BENZALDEHYDEN, INTERESSANTER LOESUNGSMITTELEFFEKT 59-0054

MARRONY R., UNTERS. V. POLY-ALPHA-METHYL-STYROL-PROBEN IN BZL.- U. TOLUOL-LSG. DURCH LICHTSTREUUNG U. IR-SPEKTROSKOPIE 54-0475

MARSAL C., ANWEND. D. METH. D. MOMENTANINHIBIT. V. VERBRENN.-RK. AUF D. UNTERS. D. INHIBITORWRKG. HALOGENIERTER METHANE 58-0008

MARSCHALL H., FRAGMENTIER.-RK. AN CARBONYLVERB. MIT BETA-STAEND. ELEKTRONEGATIVEN SUBSTITUENTEN 4.MITT. 55-0207

MARSH J. P., NEUER LSGM.-EINFL. AUF D. NMR-SPEKTREN EINIGER N.N-DIMETHYL-FORMAMIDINE 55-0039

MARSHALL J. A., SYNTH. V. RINGKONDENSIERTEN CYCLOHEPTANOLEN DURCH CYCLISIER. V. UNGESAETT. ALDEHYDEN 56-0305
- STRUKTUR V. ALPHA-VETIVON (ISONOOTKATON) 57-0387

MARSHALL J. T. B., MASSENSPEKTROMETRIE 18.MITT. 53-0027

MARSICO W. E., CARBONYLIER. V. PIPERYLEN IN GGW. V. PALLADIUMCHLORID 56-0177

MARSILI A., 31-NORCYCLOARTANOL U. CYCLOARTANOL AUS POLYPODIUM VULGARE 53-0209
- KONDENS. V. 2-BENZOYLBENZOESAEURE MIT PHENYLESSIGSAEURE, EIN NEUER EINFACHER WEG ZU PENTAPHEN 54-0268
- ISOLIER. V. SERRATEN AUS POLYPODIUM VULGARE 54-0413

MARSTUPA V. P., ALKYLIER. V. TOLUIDINEN AM KERN DURCH DIISOPROPYLAETHER 54-0094

MARSZAK I., ALPHA-GLYKOLE MIT ACETYLEN-GRUPPIER. 1. MITT. 59-0173

MARTANI A., IN VITRO TUBERKULOSTAT. WIRKSAME DERIV. D. P-PHENYLENDIAMINS 56-0503

MARTEL, SYNTH. D. CHRYSANTHEMSAEURE (VORL. MITT.) 1. MITT. 56-0268
MARTEL B., SYNTH. U. CHEM. EIG. V. BIS-TRIPHENYLSILYL-DISULFID 55-0163
- NEUE SPALT.-RK. AN ORGAN. DISULFIDEN MIT ORGANO-SILICIUM-VERB. 60-0229
MARTEL J., SYNTH. D. CHRYSANTHEMSAEURE (VORL.MITT.) 2.MITT. 56-0269
MARTENS R. J., HETARINE 15. MITT. 60-0379
MARTENSSON O., FLAVYLIUMVERB. 1. MITT. 59-0048
MARTH J., SYNTH. V. 8H-PHTHALAZINO(1.2-B)CHINAZOLONEN-(8) 55-0302
MARTIN D., CYANSAEUREESTER 11. MITT. 53-0080
- CYANSAEUREESTER 12. MITT. 57-0175
MARTIN D. J., PHOSPHONSAEUREN U. ESTER 18.MITT. 57-0162
MARTIN G., STEREOCHEMIE V. FUNKTIONELLEN DIENEN, TRENN. D. STEREOISOMEREN V. 1-ALKOXY- ODER 2-ALKOXY-ALKADIENEN-(1.3) DURCH GASCHROMATOGRAPHIE U. IDENTIFIZIER. DURCH KERNMAGNET. RESONANZ, STRUKTURELLE ANWEND. 56-0167
MARTIN G. J., STEREOCHEMIE V. FUNKTIONELLEN DIENEN, UMLAGER. IN D. AETHOXY-1.3-DIEN-REIHE 60-0150
MARTIN J., BRUECKENRINGSYST. 10. MITT. 53-0114
- SYNTH. U. ROENTGENANALYSE EINES TRICYCLO(5.3.1.1-(2.6))DODECANS 54-0275
- BRUECKENRINGSYSTEME 12.MITT. 55-0172
- SYNTH. V. NEOCLOVEN 56-0440
- KATALYT. DEHYDRATISIER. V. SUBSTITUIERTEN TETRAHYDROFURYLCARBINOLEN 1. MITT. 61-0353
- KATALYT. DEHYDRATISIER. V. SUBSTITUIERTEN TETRAHYDROFURYLCARBINOLEN 2. MITT. 61-0354
MARTIN J. A., ROLLE D. CODEINONS IN D. BIOSYNTH. V. MORPHIN-ALKALOIDEN 59-0511
MARTIN M., STEREOCHEMIE V. FUNKTIONELLEN DIENEN, TRENN. D. STEREOISOMEREN V. 1-ALKOXY- ODER 2-ALKOXY-ALKADIENEN-(1.3) DURCH GASCHROMATOGRAPHIE U. IDENTIFIZIER. DURCH KERNMAGNET. RESONANZ, STRUKTURELLE ANWEND. 56-0167
- STEREOCHEMIE D. THERM. U. PHOTOCHEM. ZERFALLS V. 2.3-DIAZA-BICYCLO(2.2.1)HEPTEN-(2) 57-0338
MARTIN R., KINET. UNTERS. D. PYROLYSE V. ACETALDEHYD MIT HILFE D. GASCHROMATOGRAPHIE 56-0144
- MECHANISMUS D. PYROLYSE V. ACETALDEHYD BEIM RK.-BEGINN 56-0145
MARTIN R. H., SYNTH. AUF D. GEBIET D. POLYCYCL. AROMAT. VERB. 24. MITT. 55-0198
- SYNTH. AUF D. GEBIET D. AROMAT. POLYCYCL. VERB. 25. MITT. 61-0297
MARTIN T. G., AMINOSAEUREN U. PEPTIDE 6.MITT. 58-0502
MARTINET A., KONDENS.-PROD. D. DIOXOBERNSTEINSAEUREDIMETHYLESTERS MIT TOLUIDINEN BZW. XYLIDINEN IN ESSIGSAUREM MEDIUM 58-0324
- CHEM. EIG. D. KONDENS.-PROD. V. DIOXOBERNSTEINSAEURE-DIMETHYLESTER MIT TOLUIDINEN U. XYLIDINEN 60-0329
MARTINET P., BROMIER. D. HEXADIEN-(1.5)-DIOLE-(3.4) U. 3.4-DIACETOXY-HEXADIENE-(1.5) 58-0178
MARTINEZ A., SYNTH. V. 22.23-DIHYDRO-BRASSICASTERIN 55-0382
MARTIN-SMITH M., STERINE U. TRITERPENOIDE 11. MITT. 55-0363
MARTIROSJAN O. A., SYNTH. V. 1-DIALKYLAMINO-2.3-DICHLORBUTENEN-(2) U. 1.4-BIS-(DIALKYLAMINO)-2.3-DICHLOR-BUTENEN-(2) 61-0173
MARUYAMA M., GINKGOLIDE, 1.MITT. 54-0464
- GINKGOLIDE, 2.MITT. 54-0465
- GINKGOLIDE, 3.MITT. 54-0466
- GINKGOLIDE, 4.MITT. 54-0467
- GINKGOLIDE, 5.MITT. 54-0468
MARVELL E. N., ANOMALE CLAISEN-UMLAGERUNG. 2. MITT. 53-0127
- MECHANISMUS D. BLDG. V. 1-PHENYL-PYRIDINIUMCHLORID AUS 1.7-DIPHENYL-1.7-DIAZA-HEPTATRIEN-(1.3.5) 53-0162
MARWEDE G., DIGITANOLGLYKOSIDE 17. MITT. 56-0470
MARX B., RK.-VERMOEGEN V. ORGANOZINKVERB. 55-0005
MARZILLI P. A., ABSOLUTE KONFIG. D. (+)(589)-TRANS-DICHLORO-TRIAETHYLENTETRAMINKOBALT(III)-IONS 59-0004
MARZOTTO A., SYNTH. V. PEPTIDANALOGEN D. N-TERMINALEN EICOSAPEPTIDSEQUENZ D. RIBONUCLEASE A 4. MITT. 57-0411
MASAKI M., SYNTH. V. 1-HYDROXY-3-ISOBUTYL-6-(1-HYDROXY-1-METHYL-AETHYL)-2-PYRAZINON U. D. STRUKTUR V. MUTAASPERGILLSAEURE 55-0306
MASAKI N., MONOTERPENGLUCOSIDE 5. MITT. 59-0091
- STEREOCHEMIE U. ABS. KONFIG. V. STENIN U. TUBEROSTEMONIN 59-0436
MASAMUNE S., PHOTOLYSE V. TRICARBONYL-CYCLOBUTADIEN-EISEN, HINWEIS AUF D. BLDG. V. FREIEM CYCLOBUTADIEN 59-0017
- PHOTOLYSE V. 2.3-DIPHENYL-DELTA(2)-CYCLOPROPEN-CARBONSAEURE-AZID U. IHRES HOMOLOGEN 59-0158
MASAMUNE T., C-NOR-D-HOMOSTEROIDE U. VERWANDTE ALKALOIDE 8. MITT. 56-0156
- SYNTH. U. KMR-SPEKTREN V. 22.27-IMINO-17.23-OXIDO-JERVAN-DERIV. 56-0425
- INFRAROTSPEKTROSKOP. UNTERS. UEBER D. ORIENTIER. D. EINSAMEN ELEKTRONENPAARE BEI PIPERIDINDERIV. 61-0043
MASCHWITZ U., ARTHROPODENABWEHRSTOFFE 23. MITT. 58-0538
MASCRIER-DEMAGNY L., SELEKTIVE AMINOMETHYLIER. V. ACETYLENKETONEN 56-0242
- AROMAT.-ALIPHAT. KETONE MIT ACETYLEN-FUNKT. 1. MITT. 58-0246
- AROMAT.-ALIPHAT. KETONE MIT ACETYLEN-FUNKT. 2. MITT. 58-0247
- AROMAT.-ALIPHAT. KETONE MIT ACETYLEN-FUNKT. 3. MITT. 58-0248
MASLOVA L. F., ALKANSULFONSAEUREN 35. MITT. 58-0179
MASON R., STRUKTUR V. BIS-(TRIPHENYL-PHOSPHIN)-CARBONATO-PLATIN(II) 59-0008
- STRUKTUR EINES BIS-(DIMETHYLSULFOXID)-IRIDIUM(III)-KOMPLEXES MIT METALL-KOHLENSTOFF-SIGMA-BIND. 60-0006
MASON S. F., ABS. KONFIG. V. 1S.5S-(-)-ARGEMONIN U. V. 1R.3R-(+)-TROEGERSCHER BASE 53-0182
- ELEKTRONENABSORPT.-SPEKTRUM, ZIRKULARDICHROISMUS U. ABS. STEREOCHEMIE D. TRIS-(BRENZCATECHINATO)-ARSENAT(V)-IONS 57-0051
- CHINOLIZIDINE 5.MITT. 57-0319
- ABSOLUTE KONFIG. D. (+)(589)-TRANS-DICHLORO-TRIAETHYLENTETRAMINKOBALT(III)-IONS 59-0004
- NEUE CHEMILUMINESZENZ-RK. 59-0044
- CIRCULAR-DICHROISMUS U. STEREOCHEMIE EINES NEUEN FUNGALEN TETRAHYDROFURANS 60-0037
MASON (BANUS) J., ELEKTRONENABSORPT.-SPEKTRUM, ZIRKULARDICHROISMUS U. ABS. STEREOCHEMIE D. TRIS-(BRENZCATECHINATO)-ARSENAT(V)-IONS 57-0051
MASSCOT J., NMR-UNTERS. D. AUSTAUSCHRK. V. AROMAT. PHENOL-PROTONEN IM ALKAL. MEDIUM (NAOD) 2. MITT. 60-0129
MASSE J., DARST. OPT. AKT. VINYLSILANE 56-0240
MASSEY A. G., DIREKTE SYNTH. V. AROMAT. FLUORDERIV. V. METALLEN U. NICHTMETALLEN 59-0024
MASSICOT J., NMR-UNTERS. D. AUSTAUSCHRK. V. AROMAT. PHENOL-PROTONEN IM ALKAL. MEDIUM (NAOD) 1.MITT. 60-0128
MASSINGILL J. L., ZWEI NEUE ALKALOIDE AUS KAKTEEN 56-0430
MASSON J., PROPARGYL-VERB. U. ALLEN-VERB. V. ELEMENTEN D. GRUPPE IVB 1. MITT. 56-0239
MASSON S., EINW. V. DICHLORJODBENZOL AUF ENDO-NORBORNEN-(5)-CARBONSAEURE-(2), ENDO.ENDO-NORBORNEN-(5)-DICARBONSAEURE-(2.3) U. DEREN ANHYDRID 57-0394
MASSY-WESTROPP R. A., NACHW. V. SQUALEN-2.3-EPOXID IN TABAK-GEWEBS-KULTUREN IN VITRC 61-0570
MASTALERZ P., PHOSPHON- U. PHOSPHINSAEUREN MIT BENZYLGRUPPEN 56-0237
MATEOS J. L., DIREKTER BEWEIS FUER D. EINSCHRAENK. D. ANWENDBARK. KINET. METH. IN D. KONFORM.-ANALYSE 54-0068
MATERIKOVA R. B., SYNTH. V. KOMPLEXEN VERB. D. 4-BUTYROYL- U. 4-BENZOYL-1.2.3-TRIAZOLS MIT FE(II), FE(III), NI(II), U. CO(II) 56-0027
MATEVOSJAN R. O., CHEMIE D. FREIEN RADIKALE D. HYDRAZINREIHE 43. MITT. 56-0353
- CHEMIE D. FREIEN RADIKALE D. HYDRAZINREIHE 45. MITT. 57-0243
- CHEMIE D. FREIEN RADIKALE D. HYDRAZINREIHE 46. MITT. 57-0244
- CHEMIE D. FREIEN RADIKALE D. HYDRAZINREIHE 44. MITT. 60-0334
MATHES K., VERBESSER. D. DARST. V. 6-AZA-STEROIDEN 58-0490
MATHIAS A., CHEM. VERSCHIEB. V. (14)N IN EINIGEN HYDROXYCHINOLINEN 59-0051
MATHIESON D. W., CHEM. VERSCHIEB. 1. MITT. 58-0045
- CHEM. VERSCHIEB. 2. MITT. 58-0046
- CHEM. VERSCHIEB. 3.MITT. 58-0047
MATHIEU J., TRIENSTEROIDKONSTIT. U. ANABOL. WRKG. 58-0479
MATHIS F., RK. D. CARBONYLGRUPPE MIT AMINOPHOSPHINEN, RK. V. AMINOPHOSPHORANEN 56-0386
- KONDENS.-RK. V. ALDEHYDEN MIT 3-AMINO-PROPIONAMIDOXIM 60-0354
MATHIS-NOEL R., INFRAROTSPEKTREN U. STRUKTUR EINIGER PYRIDYL-KETIMINE 57-0023
MATHUR R. K., TERPENOIDE 98. MITT. 55-0360
- TERPENOIDE 108. MITT. 58-0450
MATIC R., RK. MIT BLEITETRAACETAT 12. MITT. 61-0188
MATISEV A. F., AUTOX. V. BENZYLNAPHTHEN-KOHLENWASSERSTOFFEN 54-0239
MATOBA K., ACUTUMIN U. ACUTUMIDIN, CHLORHALTIGE ALKALOIDE MIT NEUART. SKELETT 1. MITT. 59-0438
- ACUTUMIN U. ACUTUMIDIN, CHLORHALTIGE ALKALOIDE MIT NEUARTIGEM SKELETT 2. MITT. 59-0439
MATOLCSY G., DITHIOCARBAMAT-FUNGIZIDE 1.MITT. 55-0132
MATRKA M., FARBIGK. AROMAT. DIAZOVERB. MIT CHINONDIAZID-STRUKTUR 55-0190
- BLDG. V. AZOVERB. BEI D. ZERS.-RK. AROMAT. DIAZOVERB. IN WSS. MEDIUM 57-0120
MATSUBARA S., ISOLIER. V. (-)-DIHYDROZEATIN, EINEM CYTOKININ, AUS UNREIFEN LUPINUS LUTEUS-SAMEN 56-0391
MATSUDA A., STRUKTUREN V. AESCIGENIN U. PROTOAESCIGENIN IN BEZIEH. ZU D. THEASAPOGENOLEN A U. B (BARRINGTOGENOL C) KONFIG. D. HYDROXYLGRUPPEN AM RING E 54-0421
MATSUDA I., RK. D. ORGANOMETALLVERB. D. 4. GRUPPE 5. MITT. 60-0025
MATSUEDA S., SESQUITERPENLACTONE AUS ARTEMISIA-ARTEN 3.MITT. 58-0455
- SESQUITERPENLACTONE V. ARTEMISIA-SPEZIES 4. MITT. 58-0462
MATSUI M., SYNTH. V. (+-)-JUVABION ((+-)-TODOMATUSAEURE-METHYLESTER), EINEM SESQUITERPENESTER MIT JUVENILHORMON-AKTIVITAET 59-0471

MATSUNAGA T., 2-HYDROXY-4-PHENYL-CHINOLIZIDIN 59-0364
MATSUURA, BLDG. V. 4.4'-DIHYDROXY-3.3'.5.5'-TETRAJOD-BENZOPHENON AUS 4-HYDROXY-3.5-DIJOD-PHENYLBRENZTRAUBENSAEURE U. 4-HYDROXY-3.5-DIJOD-BENZOESAEURE 61-0265
MATSUURA T., PHOTORK. 12. MITT. 61-0204
- PHOTORK. 11.MITT. 61-0299
- EIN NEUES SCHWEFEL ENTHALTENES AZULEN, 3.5.8-TRIMETHYL-AZULENO(6.5-B)THIOPHEN 61-0360
- PHOTOSENSIBILISIERTE OX. HYDROXYLIERTER PURINE 61-0440
MATTHEWS C. N., EIN STABILES VIERRING-YLID-KETON-ADDUKT 54-0285
MATTHIAS G., ISOBENZPINAKOL ALS URSACHE D. SPEKTRALEN EFFEKTS BEI D. PHOTORED. D. BENZOPHENONS 53-0013
- ALKYLIER. V. METALLKETYLEN 55-0150
MATTISON P., FAVORSKII-UMLAGER. V. PULEGONOXID 57-0202
MATTOCKS A. R., NEBENALKALOIDE V. HELIOTROPIUM INDICUM L. 55-0347
MATTSSON O. H., BLDG. V. CYCLOPROPAN- U. DIHYDROBENZOFURAN-DERIV. DURCH OXYDATIVE KUPPL. V. METHYLEN-BIS-1.3-CYCLOHEXANDIONEN 58-0270
MATUBARA S., SULFONIUM- U. OXOSULFONIUM-CARBALKOXYMETHYLIDE 54-0189
MATUROVA M., ISOLIER. U. CHEMIE D. ALKALOIDE AUS PFLANZEN D. GATT. PAPAVER 36. MITT. 54-0398
MAUGER R., BEST. D. PK V. MONOSAEUREN DURCH MESS. D. EMK V. KETTEN MIT DIFFUSIONSPOTENTIAL 56-0107
MAUL J. J., 2-AMINO-2-THIAZOLIN 3. MITT. 53-0145
MAUMY M., BLDG. V. CYCLOHEXANDERIV. AUS CYCLOPENTANRADIKALEN 60-0245
MAUNG M., SYNTH. V. O-ISOPENTENYL-PHENOLEN 61-0234
MAURER A. H., MECHANISMUS D. ELEKTROCHEMILUMINESZENZ 54-0016
MAURET P., CYCLOTRIMERISIER. V. ACETYLEN DURCH DIMESITYLENYLKOBALT 56-0203
- BEST. D. SAUERSTOFFBIND.-WINKELS IN HEXAMETHYLDISILOXAN U. EINIGEN TRIORGANO-ALKOXY- ODER -AROXY-SILANEN MIT HILFE D. DIPOLMOMENTE 57-0056
- DIPOLMOMENTE V. 1.2-DICHLORAETHAN U. CHLORACETON, EINFL. V. TEMP. U. LSGM. 58-0037
- NATUR D. (PO)-BIND., ELEKTR. DIPOLMOMENT IN MOL. V. TYP OP(XYZ) U. P(XYZ) 60-0042
MAURIN R., SYNTH. IN D. REIHE D. MITTELGROSSEN RINGE 56-0251
MAURY G., ACYLIER. V. BETA-ENAMIN-KETONEN D. 2-ACYLCYCLANONE 55-0176
- UNTERS. UEBER AZOLE 17.MITT. 55-0242
- UNTERS. UEBER AZOLE 18.MITT. 55-0243
- UNTERS. UEBER AZOLE 19. MITT. 55-0244
MAVOUNGOU-GOMES L., VERW. V. FURFUROL ZUR DIENSYNTH. 1. MITT. 59-0306
- VERW. V. FURFUROL ZUR DIENSYNTH. 2. MITT. 59-0307
- VERW. V. FURFUROL ZUR DIENSYNTH. 3. MITT. 59-0308
MAVRODIN A., NEUE VERB. MIT MOEGL. CYTOSTAT. WIRKSAMK., HALOGEN-ACETYLDERIV. V. 2-AMINO-5-ALKYL-1.3.4-THIADIAZOLE 56-0356
MAY L., KONFORM.-UNTERS. AN D. AMIDGRUPPE, GEHINDERTE INTERNE ROTAT. IN N.N'-DIALKYL-HYDRAZOCARBOXYLATEN 57-0068
MAYER A., ZUR KENNTNIS D. WILLGERODT-KINDLER-RK. 4. MITT. 59-0164
MAYER H., CHEMIE D. VITAMINS E 7. MITT. 58-0504
- CHEMIE D. VITAMINS E 8. MITT. 60-0492
MAYER R., ORGAN. SCHWEFELVERB., 73. MITT. 53-0073
- ORGAN. SCHWEFELVERB. 74. MITT. 57-0142
- 4-AMINO-THIAZOLE 57-0288
- ORGAN. SCHWEFELVERB. 77. MITT. 58-0112
- ORGAN. SCHWEFELVERBINDUNGEN 82. MITT. 58-0194
- ORGAN. SCHWEFELVERB. 80. MITT. 58-0383
- ORGAN. SCHWEFELVERB. 81. MITT. 60-0332
MAYER U., DONORSTAERKEN IN 1.2-DICHLORAETHAN 3. MITT. 56-0099
MAYNARD J. A., REAKTIVITAET V. ORGANOPHOSPHORVERB. 21. MITT. 61-0146
MAZENGO R. Z., RACEMISIER.-PARAMETER FUER 8'-METHYL-1.1'-BINAPHTHYL-8-CARBONSAEURE, UNBEDEUTENDE STER. HINDER. D. CARBONSAEURE-GRUPPE 54-0118
MAZEROLLES P., BLDG. EINER GERMANIUM-WASSERSTOFF-BIND. BEI SPALT.-RK. V. GERMACYCLOBUTANEN DURCH HYDROGENSILANE U. HYDROGENGERMANE 53-0071
- SYNTH. V. GERMACYCLAN- U. SILACYCLANDERIV. MITTLERER RINGGROESSE 60-0419
- EINW. EINES GERMANIUMJODID-JODWASSERSTOFF-GEMISCHS AUF ALPHA-AETHYLENCARBONYL-SYST. 61-0019
MAZHAR-UL-HAQUE, KRIST.- U. MOL.-STRUKTUR V. 3-BENZYL-2.6-DIPHENYL-2H-THIOPYRAN-5-CARBALDEHYD 54-0073
- KRIST.- U. MOLEKULARSTRUKTUR V. TRIS-(P-NITRO-PHENYL)-PHOSPHAT 56-0091
MAZITOVA F. N., CHLORIER. V. 2-NITRO-4-TERT.-BUTYLPHENOL 57-0166
- OX. V. O-AMINOPHENOLAETHERN MIT PBO2 59-0381
MAZONSKI T., MOEGLICHK. EINIGER SYNTH. AUS O-NITROAETHYLBENZOL 4. MITT. 56-0286
MAZUOLITE L. E., NEUE LOKALANAESTHETICA 6-ALLYL(PROPYL)-5-(BETA-ALKYLAMINO-AETHOXY)-1.4-BENZO-DIOXANE U. IHRE STRUKTURANALOGEN 54-0346
- SYNTH. V. LOKALANAESTHET. AKTIVITAET V. 5-(BETA-ALKYLAMINOAETHOXY)-1.4-BENZODIOXANEN MIT ALKYLRESTEN AUS 4 ODER 5 C-ATOMEN IN 6-STELL. 56-0383
MAZUR Y., TERPENSYNTH. 13.MITT. 53-0099
- SYNTH. AUF D. GEBIET D. HERZAGLYKONE 7. MITT. 54-0434
- CHIRALITAET D. ISOLIERTEN DOPPELBINDUNGSCHROMOPHORS 58-0033
MCANDREW B. A., NACHW. D. DOPPELBIND.-CHARAKTERS IN METHYLDERIV. D. PHENANTHRENS, PYRENS, CHRYSENS U. CORONENS DURCH NMR 54-0038
MCARDLE P. A., RK. V. PI-CYCLOPENTADIENYL-TRIPHENYLPHOSPHIN-NI(II)-CHLORID U. SN(II)-CHLORID - NEUES KATIONISCHES NI(II)-DERIV. 59-0036
MCAULEY A., SPEKTRALER BEWEIS FUER ZWISCHENSTUFEN BEI DER OX. V. ALPHA-MERCAPTANEN 60-0114
MCBEE E. T., PENTACYCLODECAN-CHEMIE 2. MITT. 55-0206
MCCABE P. H., BESTANDTEILE D. NIESHOLZES, PTAEROXYLON OBLIQUUM (THUNB.) RADLK. 1. MITT. 53-0154
MCCARTEY J. R. JUN., SYNTH. V. MIT ANGUSTMYCIN A VERWANDTEN UNGESAETT. ADENIN-NUCLEOSIDEN 60-0428
MCCARTHY E. D., ISOLIER. U. IDENTIFIZIER. D. GESAETT. ISOPRENOID-C17-KOHLENWASSERSTOFFES 2.6.10-TRIMETHYL-TETRADECAN AUS EINEM DEVON-SCHIEFERTON, ROLLE D. SQUALANS ALS EINER MOEGL. VORSTUFE 59-0454
MCCARTHY E. P., NEUE SYNTH. V. SULFONYLHARNSTOFFEN 57-0170
MCCARTHY J. F., VERW. V. MIT PERJODAT OXYDIERTEN GLYKOSIDEN ZUR ROBINSON-SCHOEPF-KONDENS., EINIGE ANALOGE D. 9-METHYL-3-OXAGRANATANONS-(7) 53-0176
MCCARTHY M., C-C-SPALT. MIT KBH4, VORSCHLAG ZUM MECHANISMUS 55-0291
MCCLOSKEY J. A., GASCHROMATOGRAPH. U. MASSENSPEKTROMETR. EIG. V. PERDEUTERIERTEN FETTSAEUREMETHYLESTERN 57-0042
MCCLURE J. D., NEUE STEREOSPEZIF. SYNTH. V. CIS-BETA,GAMMA-UNGESAETT. NITRILEN AUS ACRYLONITRIL, TRIPHENYLPHOSPHIN U. ALIPHAT. ALDEHYDEN 59-0181
- PHOSPHACYCLOBUTAN ALS MOEGL. INTERMEDIAERES BEI D. RK. V. CARBOXYMETHYLENTRIPHENYL-PHOSPHORAN MIT ACRYLONITRIL 59-0229
MCCORKINDALE J., STRUKTUR D. TYROMYCINSAEURE, EINER NEUEN TRITERPENSAEURE AUS TYROMYCES ALBIDUS (POLYPORUS) 58-0466
MCCORKINDALE N. J., METABOLITE V. POLYPORACEAE 2. MITT. 56-0451
- STOFFWECHSELPROD. V. POLYPORACEA 1. MITT. 61-0568
MCCORMACK C. G., ELEKTRONENSTRUKTUREN V. PI-KOMPLEXEN HETEROAROMAT. SYST. 59-0075
MCCORMICK A., IDENTIFIZIER. V. GIBBERELLINEN IN PFLANZENROHEXTRAKTEN DURCH KOMBINIERTE GASCHROMATOGRAPHIE-MASSENSPEKTROSKOPIE 59-0516
MCCRAE J. M., KONFORM. EINES CYCLOHEPTENS 53-0029
MCCRINDLE R., BESTANDTEILE D. NIESHOLZES, PTAEROXYLON OBLIQUUM (THUNB.) RADLK. 1. MITT. 53-0154
- BESTANDTEILE V. ERYTHROXYLON MONOGYNUM ROXB. 3. MITT. 57-0424
- GERUESTUMLAGER. BEI RED. V. BICYCLO(2.2.2)OCTENYL-P-TOLUOLSULFONATEN MIT LITHIUMALUMINIUMHYDRID 61-0311
- MEXICANOL 61-0528
MCDONALD E., BIOSYNTH. V. COLCHICIN, RINGERWEITER. U. LETZTE STUFEN, STRUKTUR V. SPECIOSIN 59-0430
MCDONALD I. R. C., REGULATOREN D. ZELLTEIL. IN PFLANZENGEWEBEN 3. MITT. 53-0230
MCDONALD S., EIN NEUER ALPHA,BETA-UNGESAETT. C20-ALDEHYD (3.7.13-TRIMETHYL-10-ISOPROPYL-TETRADECATETRAEN-(2.6.11.13)-AL-(1)) AUS TABAK 54-0414
MCDONALD W. S., KRIST.-STRUKTUR V. TRIPHENYLALUMINIUM 59-0011
MCEWEN W. W., D. WRKG. D. FERROCENYLGRUPPEN AUF D. ZERS. V. QUARTAEREN PHOSPHONIUMHYDROXIDEN 54-0122
MCFARLANE W., (13)C-(31)P SPIN-SPIN KOPPL. IN ORGANOPHOSPHORVERB. 54-0029
MCGAHREN W. J., MECHANIST. UNTERS. D. PEPTIDOXAZOLON-RACEMISIER. 58-0146
- SYNTH. V. PEPTIDOXAZOLONEN U. VERWANDTEN VERB. 58-0496
MCGINNIS E. L., UNTERS. IN D. STEROID-GRUPPE 77. MITT. 59-0483
MCGRATH W. D., RK. V. S(1D)-ATOMEN MIT DICYAN U. ACETYLEN 60-0154
MCHALE D., AMINOOXY-DERIV. 7. MITT. 59-0399
MCINTOSH C. L., PHOTOCHEMISCHE SYNTHESEN. 14. MITT. 53-0060
MCIVOR M. C., KERNMAGNET. RESONANZSPEKTREN V. 5-SUBSTITUIERTEN BICYCLO(2.2.1)HEPTENEN-(2) 57-0029
MCKENNA J., STER. VERLAUF D. QUATERNIER. V. 1-ALKYL-4-PHENYL-PIPERIDINEN, N-ALKYLNORTROPANEN U. A. BASEN 59-0151
- MECHANISMUS D. ASYMM. INDUKT. BEI D. HYDROBORIER. MIT OPT. AKT. TETRAISOPINOCAMPHEYLDIBORAN 61-0135
MCKENNA J. M., STER. VERLAUF D. QUATERNIER. V. 1-ALKYL-4-PHENYL-PIPERIDINEN, N-ALKYLNORTROPANEN U. A. BASEN 59-0151
- MECHANISMUS D. ASYMM. INDUKT. BEI D. HYDROBORIER. MIT OPT. AKT. TETRAISOPINOCAMPHEYLDIBORAN 61-0135
MCKILLOP A., SYNTH. V. BETA-OXO-ADIPINSAEUREDIAETHYLESTER 54-0167
- HETEROCYCL. SYNTH. MIT O-AMINONITRILEN, 26. MITT. 54-0360
- SYNTH. V. HETEROCYCLEN AUS O-AMINONITRILEN 27. MITT. 54-0361
- HETEROCYCL. SYNTH. MIT O-AMINONITRILEN 28. MITT. 59-0376

MCKILLOP T. F. W., SYNTH. V. NEOCLOVEN 56-0440
MCLAFFERTY F. W., SPEZIF. UMLAGER. DOPPELT GELADENER, DURCH ELEKTRONENSTOSS GEBILDETER IONEN 60-0057
MCLAUCHLAN K. A., STRUKTUR U. KONFORM. EINIGER D-GLYCERO-DELTE(2)-PENTENOPYRANOSYLDERIV. U. D. BEST. D. RELATIVEN WERTE EINIGER ASSOZIIERTER PROTONENKOPPL.-KONST. IM WEITEN BEREICH 59-0087
MCLAUGHLIN G. P., RK. V. CYCLOHEPTATRIEN MIT BENZOYLIUMFLUOROBORAT 54-0219
MCLEAN J., TRITERPENOIDE D. WEIDENROESCHENS (ROSE-BAY WILLOW-HERB) 56-0457
- TRITERPENOIDE IN APFELSCHALEN 58-0531
MCL. MATHIESON A., MOLEKULARSTRUKTUR V. HODGKINSIN, C33H38N6 61-0495
MCMURRY T. B. H., CHEMIE D. SANTONINS 8. MITT. 55-0373
- DIMERE NEBENPROD. BEI D. DARST. V. 2.4-DIMETHOXY-BENZYLCYANID AUS 2.4-DIMETHOXY-BETA-NITRO-STYROL 61-0268
MCMURTRY R. J., DURCH REAKTION VON GRIGNARD-VERBINDUNGEN MIT EINIGEN ALICYCLISCHEN, POLYFLUORIERTEN OLEFINEN RESULTIERENDE SUBSTITUTIONS- UND UMLAGERUNGSREAKTIONEN. EINFLUSS DER RINGGROESSE AUF DIE PRODUKTVERTEILUNG 53-0085
- NEUART. RK. V. 1-CHLOR-2-(ALPHA-BROMAETHYL)-HEXAFLUORCYCLOPENTEN-(1) MIT GRIGNARD-REAGENZIEN 56-0248
MCOMIE J. F. W., BIPHENYLENE 16. MITT. 55-0202
- PYRIMIDINE 15. MITT. 59-0387
- PYRIMIDINE 16. MITT. 59-0388
- SYNTH. V. (+-)-PULVILLORSAEURE U. (+-)-DIHYDROPULVILLORSAEUREMETHYLESTER 61-0407
MCPARTLIN M., STRUKTUR EINES BIS-(DIMETHYLSULFOXID)-IRIDIUM(III)-KOMPLEXES MIT METALL-KOHLENSTOFF-SIGMA-BIND. 60-0006
MCQUILLIN F. J., MECHANISMUS D. HYDRIER. 6. MITT. 53-0043
- SELEKTIVITAET BEI D. ALKYLIER. MIT BENZYLOXYMETHYL-HALOGENIDEN, EINFL. D. HETEROGENITAET U. ANDERER FAKTOREN 58-0276
MCRAE J. A., ELEKTRONENSPINRESONANZ-NACHWEIS V. DURCH GAMMA-RADIOLYSE AUS KRISTALLINEN DIARYLCARBONATEN GEBILDETEN RADIKALPAAREN 59-0065
- ELEKTRONENSPINRESONANZ V. 2-PYRIDYL IN GAMMA-BESTRAHLTEM PYRIDIN 60-0055
MEAKINS G. D., HYDROXY-STEROIDE 9. MITT. 53-0015
- HYDROXYSTEROIDE 10.MITT. 55-0393
- MIKROBIOLOG. HYDROXYLIER. ALS EIN WEG ZUM 5BETA-ANDROSTAN-1-ON 59-0478
- UNTERS. IN D. STEROID-GRUPPE 77. MITT. 59-0483
- LEUCKART-RK. MIT 4-TERT.-BUTYL-CYCLOHEXANON 61-0252
MEALLIER P., KINETIK D. SAUERSTOFF-ABSORPT. EINFACHER AROMAT. AMINE UNTER EINFL. V. UV-STRAHLEN 58-0153
MEARY-TERTIAN A., FORMOLYSE V. SUBSTITUIERTEN BENZYLFLUORIDEN 56-0201
MECCA T. G., BEZIEH. ZWISCHEN COTTON-EFFEKT IN D. LAD.-UEBERTRAG.-BANDE U. D. ABS. KONFIG. V. ALPHA-AMINOSAEUREN IN KUPFER(II)-KOMPLEXEN 61-0002
MECHLINSKI W., RETROALDOLSPALT. U. OXYDATIVER ABBAU V. AMPHOTERICIN B. PARTIALSTRUKTUR D. ANTIBIOTIKUMS 53-0244
MECHOULAM R., SYNTH. V. ZAPOTIDIN 53-0200
- HASCHISCH 10. MITT. 55-0419
MECKEL W., 1.6-ADDIT. EINES GRIGNARD-REAGENZES AN ANTHRACHINON 61-0285
MEDANA R., UNTERS. D.CHEMISORPT. DURCH DESORPTIONSSPEKTREN 58-0006
MEDARY R. T., ZUGANG ZUM BICYCLO(4.2.1)NONAN-SYST. 58-0289
MEDEMBLIK L., DIE STRUKTUR D. STAERKE 60-0506
MEDZIHRADSZKY K., TOTALSYNTH. D. MENSCHL. CORTICOTROPINS (ALPHA(H)-ACTH) VORL. MITT. 59-0486
MEHLHORN A., PARISER-PARR-POPLE-BERECHN. AN THIOFLUORENON 58-0039
MEHRA M. M., TERPENOIDE 105. MITT. 59-0451
MEHTA M. D., PHARMAKODYNAM. VERB. 5. MITT. 56-0435
MEIER J. D., O-CHINODIMETHAN- U. 2.2-DIMETHYL-ISO-INDENEISEN-TRICARBONYL 58-0025
MEIER W., OPT. ROTAT.-DISPERS. U. KONFIG. BEI CARDENOLIDEN 55-0022
MEINDL P., SYNTHET. KETOSIDE D. N-ACETYL-D-NEURAMINSAEURE 3. MITT. 54-0384
MEINWALD J., BICYCLO(1.1.1)PENTAN DURCH HG-SENSIBILISIERTE U. -NICHTSENSIBILISIERTE GASPHASEN-PHOTOLYSE V. BICYCLO(2.1.1)HEXANON-(2) 55-0210
- NITREN-EINSCHIEBUNGSRK. ZUR EINFUEHR. EINER FUNKTIONELLEN GRUPPE IN TRICYCLO(3.3.0.0(2,6))OCTAN 59-0288
MEISEL H., GEMEINSAME EINW. V. ELEMENTAREM SCHWEFEL U. GASFOERM. AMMONIAK AUF KETONE 58. MITT. 56-0349
MEISTER H., SYNTH. V. DL-EPI-, ALLO- U. -NORMUSCARIN AUS OCTADIIN-(3.5)-DIOL-(2.7) 55-0225
MEJER S., PHOTOCHEM. UMLAGER. V. 16ALPHA.17-EPOXY-20-OXO-PREGNANDERIV. U. SYNTH. V. PYRAZOLO(3'.4'-16.17)STEROIDEN 53-0216
MELENT'EVA T. G., RED. V. PHTHALYLIUMSALZEN 58-0309
MELERA A., STRUKTUR V. CROTOCIN, EINEM ANTIFUNGALEN ANTIBIOTIKUM 57-0417
MEL'KANOVICKAJA S. C., ALLYLIER. V. PHENOLEN U. PHENOLAETHERN 6. MITT. 54-0186
MEL'KANOVICKAJA S. G., ALLYLIER. V. PHENOLEN U. PHENOLAETHERN 6. MITT. 58-0267
MELKONJAN S. A., UNTERS. D. ADDIT. V. AMINEN AN VINYLACETYLENCARBINOLEN DURCH GAS-FL.-CHROMATOGRAPHIE 58-0209
MELLER A., IR-SPEKTREN V. B-METHOXY- U. B-TRIDEUTEROMETHOXY-BORAZINEN U. -BOROXINEN U. TRI(METHOXY(D3))BORAN 56-0003
- 1.3.5-TRIMETHYL- U. 1.3.5-TRI(METHYL(D3))BORAZINDERIV. 56-0010
MELLOR I. P., STRUKTUR U. STEREOCHEMIE V. DESAURIN (AUS ACETOPHENON) 53-0036
MEL'NIKOV N. N., HERBIZIDE U. REGULATOREN D. PFLANZENWACHSTUMS 45. MITT. 56-0208
- EINIGE ALPHA,BETA-DIACYL-PHENYLHYDRAZINE 61-0217
- DARST. V. 5-ALKYL-PENTACHLOR-CYCLOPENTADIENEN 61-0237
MEL'NIKOV V. V., ANIONEN D. DINITROMETHYLVERB. 2. MITT. 57-0019
MELODY D. P., OX. V. ALPHA-METHYLCHALKONEN 55-0273
MELOUNOU P., DARST. EINIGER AMINOALKYLHYDRAZINE 56-0191
MELSOM B. G. A., STRUKTUR V. (CU(EN)2)(BF4)2 U. INFRAROT-SPEKTROSKOP. MERKMAL FUER ''SEMI-KOORDINIERTE'' POLYANIONEN 59-0007
MELTON T., INDOLIZINE 4. MITT. 58-0398
MELTZER R. I., FISCHER-INDOL-AEHNL. SYNTH., EIN VERSUCH ZUR DARST. V. BENZOFURANEN U. BENZOTHIOPHENEN 55-0223
MELVILLE D. W., KONFIGURAT. D. EPOXIDRINGS IN PALMARIN, EIN FALL UEBERMAESSIGER KONFORMATIVER DEFORMAT. 56-0074
MENCKE B., SYNTH. V. PYRIDO(1,2-A)BENZIMIDAZOL-4-CARBONSAEUREN 60-0377
MENEZ C., HETEROCYCL. SCHWEFELVERB. 27. MITT. 60-0298
MENGEL W., CARBONYL- U. CYAN-PHOSPHONESTER 9.MITT. 55-0139
- DARST. EINIGER GAMMA- U. ALPHA-DICARBONYL-PHOSPHONSAEURE-ESTER 10. MITT. UEBER CARBONYL- U. CYAN-PHOSPHONESTER 59-0201
MENGER F. M., INTRAMOL. KATALYSE BEI D. HYDROLYSE V. O-METHANSULFONAMIDO-BENZOESAEURE-P-NITROPHENYLESTER 53-0045
MENGLER C., CHLOROPHYLL U. HAEMIN 12. MITT. 59-0446
MENICHI G., BENZOFURAN 34. MITT. 61-0352
MENIN J., SYNTH. EINIGER 2-IMINO-OXAZOLIDON-(4)-DERIV. 8. MITT. 55-0251
- SYNTH. EINIGER 4.5-POLYMETHYLEN-2-AMINO-OXAZOLE MIT VASKULAER-ANALEPT. EIG. 60-0340
MENON C. S., SYNTH. V. OESTRON-ZWISCHENPROD. 55-0169
MENTZER C., NEUE SYNTH. V. 2-PHENYL-NAPHTHALIN 58-0278
- V. DICUMAROL ABGELEITETE HETEROCYCL. VERB. 60-0367
- SYNTH. V. TETRA-O-METHYL-DISTEMONANTHIN 61-0417
MENZ F., RK. CH-AKTIVER VERB. MIT AZIDEN 16. MITT. 55-0148
MERA H., SYNTH. V. BOSHNIALACTON U. SEINEN STEREOISOMEREN 56-0272
MERBACH A., BEST. D. STABILITAETSKONST. V. CHELATEN DURCH PROTONENRESONANZ 60-0009
MERCER A. J. H., 2.2.2-TRIPHENYL-1.2-OXAPHOSPH(V)OLAN U. -OXAARS(V)OLAN 58-0344
MERCIER M., PRAEBETANIN, EIN SCHWEFELSAEURE-HALBESTER D. BETANINS, EIN BEITRAG ZUR KENNTNIS DER BETACYANE 55-0350
MERENYI F., SPEKTROSKOP. UNTERS. AN ENOLEN 8. MITT. 60-0244
MERESZ O., BILDUNG VON DIHYDRO-SYMM.-TETRAZINEN DURCH REAKTION VON ALPHA-DIAZOKETONEN MIT BASEN 53-0180
- KONSTIT. U. REAKTIVITAET V. ANHYDRCZUCKERN 7. MITT. 58-0427
MERGARD H., KETTENLAENGENEFFEKTE IN PARAFFINEN 4. MITT. 59-0185
MERKEL W., DELTA(1)-PIPERIDEIN U. VERWANDTE VERB. 13. MITT. 55-0313
MERLE G., 3-SUBSTITUIERTE THIOPHEN-VERB. 54-0292
MERLINI L., GAMBIRIN, EIN NEUES INDOL-ALKALOID AUS UNCARIA GAMBIER ROXB. 56-0433
- NATUERL. CHROMENE 2. MITT. 60-0087
- INDOL-ALKALOIDE AUS GAMBIR. STRUKTUR V. GAMBIRTANNIN, OXOGAMBIRTANNIN U. DIHYDROGAMBIRTANNIN 61-0485
MERTZ R., NEUER TYP STABILER YLIDE, TRIALKYLAMMONIOAZO-DICYAN-METHYLIDE 54-0170
MERZ E., AROMAT. DIAZOVERB., 3.MITT. 53-0037
MESSERSCHMIDT W., WASSERDAMPFDESTILLAT D. BLAETTER V. HAMAMELIS VIRG. L. 1. MITT. 60-0509
MESSINGER P., EINIGE SYNTH. MIT N-BENZYLGLYCINESTER 53-0167
- PRIM. ENAMIN D. 1-AETHOXY-PENTAN-2,4-DIONS U. SEIN REAKTIVES VERHALTEN 55-0283
MESTER L., IDENTIFIZIER. V. N-BETA-ASPARAGYL- U. N-GAMMA-GLUTAMYL-2-DESOXY-2-ACETAMIDO-BETA-D-GLUCOSYLAMIN-DERIV. DURCH MASSENSPEKTROMETRIE 57-0443
- STRUKTURAENDER. BEI D. MUTAROTAT. D. ZUCKEROSAZONE 60-0094
MESTRONI G., NEUE PHOTOCHEM. RK. V. ORGANOKOBALT(III)-KOMPLEXEN MIT KOHLENMONOXID IN ALKOHOL 58-0027
- ACYL- U. ALKOXYCARBONYLKOBALT(III)-CHELATE 58-0028
MESZAROS M., RK. V. 1-ARYL-ISOBENZOPYRYLIUMSALZEN MIT AMMONIAK 2. MITT. 58-0399
METLESICS W., CHINAZOLINE U. 1.4-BENZODIAZEPINE 35. MITT. 59-0403

METRAS F., ORGANOSILICIUMVERB. MIT AMINFUNKT. 3. MITT. 59-0094
METZGER C., UMSETZ. V. KETONEN MIT KETEN IN GGW. V. BORTRIFLUORID 59-0300
METZGER G., IR-UNTERS. V. KONDENSATORPAPIER, VERW. EINER HEIZBAREN ZELLE 58-0042
METZGER J., PHENYLIER. V. ALKYLTHIAZOLEN DURCH P-SUBSTITUIERTE BENZOYLPEROXIDE IM NEUTRALEN U. SAUREN MILIEU 54-0316
- ISOTOPEN-SYNTH. BEIM THIAZOL 55-0257
- VERH. U. REAKTIVITAET V. HETEROCYCLOAMMONIUM-VERB. BEI D. SYNTH. V. CYANIN- U. CARBOCYANIN-FARBSTOFFEN 5. MITT. 55-0285
- VERH. U. REAKTIVITAET V. HETEROCYCLOAMMONIUM-VERB. BEI D. SYNTH. V. CYANIN- UND CARBOCYANIN-FARBSTOFFEN 6. MITT. 55-0286
- VERH. U. REAKTIVITAET V. HETEROCYCLOAMMONIUM-VERB. BEI D. SYNTH. V. CYANIN- U. CARBOCYANIN-FARBSTOFFEN 7. MITT. 55-0287
- VERH. U. REAKTIVITAET V. HETEROCYCLOAMMONIUM-VERB. BEI D. SYNTH. V. CYANIN- U. CARBOCYANIN-FARBSTOFFEN 8. MITT. 55-0288
- PHYSIKO-CHEM. UNTERS. AN THIAZOLEN 4. MITT. 57-0055
- RADIKAL. PHENYLIER. V. THIAZOL, NEUE VERTEIL. D. ISOMEREN-REAKTIVITAET 58-0107
- SYNTH. IN D. REIHE D. 2-BENZYL- U. 2-PHENAETHYL-THIAZOLE 58-0345
- CHEMIE D. VITAMINS E 7. MITT. 58-0504
- KRYOMETR. UNTERS. V. ASSOZIAT.-ERSCHEIN. IN FL. ZUSTAND 1. MITT. 59-0100
- SYNTH. IN D. REIHE D. 2-ALKYLTHIOTHIAZOLE 59-0336
- REAKTIVITAET V. DELTA(4)-THIAZOLINTHION-(2) GEGENUEBER HALOGENKETONEN U. -ALDEHYDEN 59-0337
- RADIKAL. PHENYLIER. V. MONO- U. DIMETHYLPYRIDINEN 59-036^
- THERM. ZERS. V. N-BENZYL-THIAZOLIUMCHLORIDEN IN GGW. V. CU 60-0348
- CHEMIE D. VITAMINS E 8. MITT. 60-0492
METZINGER G., MASSENSPEKTROMETR. UNTERS. AN EINIGEN VERBRUECKTEN POLYCYCL. KW-STOFFEN 61-0059
MEUCHE D., PROTONIER. V. 1-FORMYL- U. 1-ACETYL-AZULENEN 58-0130
MEUNIER H. G., DURCH BROM-ATOME KATALYSIERTE ISOMERISIER. V. ENDSTAENDIGEN OLEFINEN 2. MITT. 61-0140
MEVIS M. E. A. H., ZERS. V. DIMEREN ALPHA-NITROSOCARBON-SAEUREN IN SCHWEFELSAEURE 61-0391
MEWS R., RK. MIT STICKSTOFFTRIFLUORID 3. MITT. 61-0016
MEYER A., SYNTH. U. PHYSIKOCHEM. UNTERS. V. BENZOL-CHROMTRICARBONYLEN 56-0021
- KONDENS. V. ALDEHYDEN ODER KETONEN MIT VERSCHIEDENEN CARBONYLVERB. V. CYCLOPENTADIENYLMANGANTRICARBONYL ('CYMANTREN') U. BENZOLCHROMTRICARBONYL ('BENCHRO-TREN') 59-0027
MEYER K., D. GLYKOSIDE D. BLAETTER V. ISOPLEXIS ISOBELLIANA (WEBB) MASF 3. MITT. 60-0510
MEYER M., KRYOMETR. UNTERS. V. ASSOZIAT.-ERSCHEIN. IN FL. ZUSTAND 1. MITT. 59-0100
MEYER R., KRYOMETR. UNTERS. V. ASSOZIAT.-ERSCHEIN. IN FL. ZUSTAND 1. MITT. 59-0100
MEYER W. L., TOTALSYNTH. V. DITERPENOIDEN, A-B-C-SKLETT 4. MITT. 59-0470
MEYERS A. I., AZASTEROIDE 6. MITT. 54-0440
MEYERSON S., EIN NEUER MECHANISMUS FUER D. PYROLYSE V. ACETYLEN ZU AROMAT. KOHLENWASSERSTOFFEN 54-0119
- RK. V. NITROMETHAN MIT BENZOL BEI 500 GRAD 59-0112
MEYER ZU RECKENDORF W., FERNKOPPL. BEI GLUCOPYRANOSEN IN D. 1-C-KONFORM. 61-0079
MICHAEL C., SILACYCLEN 2. MITT. 61-0460
MICHAEL U., STER. ASPEKTE D. INTRAMOL. CYCLISIER. V. 2-ARYL-CYCLOHEXYLESSIGSAEUREN 3. MITT. 53-0102
MICHALEWSKA M., PHOSPHON- U. PHOSPHINSAEUREN MIT BENZYLGRUPPEN 56-0237
MICHALSKI J., ALKYL- U. ALKENYLPYRIDINE 14. MITT. 56-0377
- ALKYL- U. ALKENYL-PYRIDINE. 15.MITT. 59-0359
MICHEEL F., MECHANISMUS D. AMADORI-UMLAGER. 2. MITT. 55-0328
- KONDENS.-PROD. AUS FLUOR-TRIMESINSAEURE-TRIMETHYLESTER U. ALPHA-AMINO-BETA-HYDROXY-VERB. 60-0224
- RK. D. D-GLUCOAMINS, 18.MITT. 60-0425
MICHEJDA C. J., ZERS. V. PENTAMETHYLTETRAZENIUMJODID IN WASSER 54-0087
MICHEL C., DIPOLMOMENTE V. 1.2-DICHLORAETHAN U. CHLORACETON, EINFL. V. TEMP. U. LSGM. 58-0037
MICHEL E., SYNTH. V. ALPHA-BROM-HYDROXY U. -ACETOXY-ALLENEN U. NMR-UNTERS. 54-0159
- SYNTH. EINFACHER ALPHA- U. GAMMA-ALLENVERB. 60-0170
MICHEL J., ELEKTROADSORPT. V. OCTADECYL-TRIMETHYL-AMMONIUMPIKRAT 57-0078
MICHET A., SYNTH. V. ZWEI BETA-HALOGEN-GAMMA-LACTONEN DURCH ANLAGER. V. HALOGENWASSERSTOFF AN BUTEN-(2)-OLID 56-0185
MICHMAN M., ORGAN. RK. IN SCHMELZEN U. FESTKOERPERN 5. MITT. 61-0143
MICNER B. I., MAKROCYCL. VERB. 9. MITT. 58-0256
- LIPIDE, SYNTH. V. DL-ERYTHRO-2-N.3-O-DISTEAROYL-DIHYDROSPHINGOSIN 61-0174
MIELERT A., STUDIE D. DIELS-ALDER-RK. 7. MITT. 53-0116
MIENO M., OX. V. CARBENEN DURCH DIMETHYLSULFOXID 58-0158
MIET C., ALKALOIDE AUS VOACANGA 5. MITT 55-0339
MIETHCHEN R., 1.2.4-TRIAZOLE 14. MITT. 60-0351
MIFTACHOVA R. A., NITROALKYLIMIDATE 1. MITT. 59-0182
MIGINIAC P., EINW. EINES BETA-UNGESAETT. SUBSTITUIERTEN HALOGENIDS AUF MAGNESIUM, BEISPIEL D. 3-BROMMETHYLPEN-TADIENS-(1.4) 58-0168
MIHAILOVIC M. L., RK. MIT BLEITETRAACETAT 11. MITT. 54-0134
- RK. MIT BLEITETRAACETAT 10. MITT. 53-0128
- RK. MIT BLEITETRAACETAT 12. MITT. 61-0188
MIHAILOVSKI A., ORIENTIER. D. NUCLEOPHILEN ADDIT. V. MERCAPTANEN AN 2-METHYL-BUTEN-(1)-IN-(3) 60-0135
MIJS W. J., WEITBEREICHS-SPIN-SPIN-KOPPL. ZWISCHEN PROTONEN V. GEMINALEN METHYLGRUPPEN IN 1.3-DIOXANDERIV. 56-0047
- KATALYT. OX. V. 4-ARYLOXY-PHENOLEN 58-0111
MIKOLAJCZYK M., ORGANOPHOSPHORVERB. D. SCHWEFELS U. SELENS 37. MITT. 55-0138
MILBORROW B. V., ABS. STEREOCHEMIE V. (+)-ABSCISIN II 54-0469
MILER-SRENGER E., STRUKTUR D. ANHYDROBASE V. 2.3-DIMETHYL-BENZOTHIAZOLIUM-SALZEN 60-0077
MILLAR I. T., PI-KOMPLEXBLDG. ZUR MODIFIZIER. D. ANISOTROPIEEFFEKTE IN D. KERNMAGNET. RESONANZSPREKTREN D. 9.10-DIHYDRO-ANTHRACEN-REIHE 58-0043
- DIELS-ALDER-RK. V. 9.10-ANTHRACHINODIMETHAN U. 9-METHYLEN-ANTHRON 58-0287
- RK. D. 5.6-CHRYSENCHINODIMETHANS 61-0302
MILLARD B. J., MASSENSPEKTREN ORGAN. VERB. 2.MITT. 55-0052
- RK. U. MASSENSPEKTREN EINIGER ARYLALKYLSULFOXIDE 55-0095
MILLER A. H., ABSCHIRMUNGSEFFEKTE IN SUBSTITUIERTEN CYCLOPROPANEN 59-0060
MILLER A. L., NUKLEOPHILE AROMAT. SUBSTITUT.-RK. 8. MITT. 57-0034
MILLER B., RK. V. HALOGENIERTEN ACRYLONITRILDERIV. MIT ARYLSULFINSAEURESALZEN, EINE NEUE KETTENVERKUERZ.-RK. 55-0145
MILLER B. J., ASYMM. SYNTH. 3. MITT. 54-0137
MILLER J. A., SYNTH. V. (+-)-BAKUCHIOL 60-0460
MILLER R. L., 2.3-DIAZABICYCLO(2.2.1)HEPTYL-RINGSYST. 4. MITT. 54-0061
MILLET W., RK. V. ARYLDIAZOMETHANEN MIT N-PHENYLMALEIN-IMID 60-0336
MILLIARESI E. E., QUASIAUTONOME SYST. IN D. ABSORPTIONSSPEKTREN D. ARENDERIV. 6. MITT. 61-0041
MILLS K. R., ADDIT.-RK. HETEROCYCL. VERB. 26.MITT. 58-0338
MILLS O. S., STRUKTUR V. HYDRIDOTETRACYCLOPENTADIENYLTRI-RHODIUM 61-0008
MILNE G. W. A., NMR- U. MASSENSPEKTREN V. CYCLOSERINDERI-VATEN 53-0024
- 2-AMINO-2-THIAZOLIN 3. MITT. 53-0145
- STRUKTUR EINES N-CARBAMOYLDERIV. V. 2-AMINO-DELTA(2)-THIAZOLIN, MASSENSPEKTROMETRIE EINES (15)N-DERIV. V. 2-AMINO-DELTA(2)-THIAZOLIN 57-0043
MILNER D. L., CHLORO-TRIS-(TRIPHENYLPHOSPHIN)-IRIDIUM(I), EIN BEISPIEL FUER WASSERSTOFFUEBERGANG V. KOORDINIER-TEN LIGANDEN ZUM METALL 60-0032
MIL'NER R. S., BEST, D. STELL. D. SUBSTITUENTEN V. SUBSTITUIERTEN TETRALINEN 54-0252
MILOSEV M., DARST. NEUER INDANION-ANALOGA, 1.MITT. 54-0267
MILOVANOV V. N., RED. V. SUBSTITUIERTEN PHTHALSAEUREANHY-DRIDEN MIT LIALH4 60-0274
MIL'VICKAJA E. M., ADDIT. V. DICHLORCARBEN AN 2-METHYL-BICYCLO(2.2.1)HEPTEN-(5) 57-0236
MINATO H., UNTERS. UEBER SIEBENGLIEDRIGE RINGDERIV. 6. MITT. 56-0086
- SESQUITERPENOIDE 15. MITT. 56-0453
- INHALTSSTOFFE D. WURZEL V. LINDERA STRYCHNIFOLIA VILL. 12.MITT. 57-0385
- TOTALSYNTH. V. (+-)-CARABRON 58-0306
- TOTALSYNTH. V. (+-)-LINDESTREN 58-0447
- BIOCHEM. UMWANDL. V. PFLANZENSTEROIDEN 1. MITT. 58-0533
MINH LE QUAN, PROPARGYL-VERB. U. ALLEN-VERB. V. ELEMENTEN D. GRUPPE IVB 1. MITT. 56-0239
MINISCI F., NEUER, HOCHSELEKTIVER RADIKAL-CHLORIERUNGSTYP 58-0084
MINKEVITCH-BONAZZOLA L., SCHONENDE OX. IN D. GASPHASE 2. MITT. 59-0117
- SCHONENDE OX. IN D. GASPHASE 3. MITT. 59-0118
- SCHONENDE OX. IN D. GASPHASE 4. MITT. 59-0119
- SCHONENDE OX. IN D. GASPHASE 5. MITT. 59-0120
MINNIKIN D. E., SYNTH. V. 3.12.15-TRIMETHYL- U. 3.15-DIMETHYL-DOKOSANSAEUREMETHYLESTER 57-0145
- UNTERS. UEBER PHTHIOCEROL 7. MITT. 58-0189
- STRUKTURUNTERS. V. MYCOLSAEUREN 58-0271
MIOCQUE M., SELEKTIVE AMINOMETHYLIER. V. ACETYLENKETONEN 56-0242
- MEHRFUNKTIONELLE ACETYLENDERIV., TERT. ALKOXY- U. AMINOALKOXY-CARBINOLE 58-0177
- AROMAT.-ALIPHAT. KETONE MIT ACETYLEN-FUNKT. 1. MITT. 58-0246
- AROMAT.-ALIPHAT. KETONE MIT ACETYLEN-FUNKT. 2. MITT. 58-0247
- AROMAT.-ALIPHAT. KETONE MIT ACETYLEN-FUNKT. 3. MITT. 58-0248

MION L., BLDG. V. CYCLOHEXANDERIV. AUS CYCLOPENTANRADIKALEN 60-0245

MIOTTI U., EINFL. D. LSGM. AUF D. BEWEGLICHK. D. AUSTRETENDEN GRUPPE BEI S(N)2-RK. 57-0105

MIR I., BESTANDTEILE HOEHERER PILZE 6. MITT. 56-0487
- BESTANDTEILE HOEHERER PILZE 7.MITT. 56-0488

MIREK J., ADDIT. V. ISOTHIOCYANATEN AN INDOLIZINE 2.MITT. 55-0278

MIRSKOVA A. N., SYNTH. D. BETA.BETA-DICHLORVINYLAETHER V. UNGESAETT. ALKOHOLEN 59-0171

MISHRA S. N., CHEMIE D. MELANINE 3. MITT. 61-0370
- CHEMIE D. MELANINE 4. MITT. 61-0371
- CHEMIE D. MELANINE 5. MITT. 61-0372

MISLOW K., NICHTAEQUIVALENZ D. CHEM. VERSCHIEB. V. DIASTEREOTOPEN GRUPPEN IN SULFONIUMSALZEN 56-0002
- PYRAMIDENINVERSION V. SULFONIUMIONEN, RACEMISIER. V. ADAMANTYL-(1)-AETHYL-METHYL-SULFONIUMPERCHLORAT 60-0148

MISON P., EINFL. D. LSGM. AUF D. NITROSE DESAMINIER. SOWIE ART U. STEREOCHEMIE D. GEBILDETEN PROD. 1. MITT. 60-0134

MISONO A., TRIS-(TRIPHENYLPHOSPHIN)-KOBALT-DIHYDRID, EIN MOL. STICKSTOFF BINDENDER KOMPLEX 59-0035

MITAL R. L., UNTERS. D. SYNTH. V. NITROPHENOTHIAZINEN DURCH SMILES-UMLAGER., RK. V. HALOGENNITROBENZOLEN MIT O-AMINOTHIOPHENOL 57-0345

MITCHELL P. R., RK. V. FLUOROLEFINEN MIT DIKOBALTOCTACARBONYL 60-0029

MITRA C. R., NERIIFOLIOL, NEUER PENTACYCL. TRITERPENALKOHOL AUS OLEANDRA NERIIFOLIA 56-0450
- BESTANDTEILE V. CALOPHYLLUM TOMENTOSUM U. CALOPHYLLUM APETALUM NUESSEN, STRUKTUR EINES NEUEN 4-ALKYL- U. ZWEI NEUER 4-PHENYL-CUMARINE 60-0370

MITSCH R. A., PHOTOLYSE V. PERFLUOR-2.3-DIAZABUTADIEN-(1.3) 54-0142

MITSUGI T., TRANSFORMAT. V. STEROIDEN DURCH MIKROORGANISMEN 11. MITT. 58-0522

MITSUI T., ISOLIER. V. (-)-DIHYDROZEATIN, EINEM CYTOKININ, AUS UNREIFEN LUPINUS LUTEUS-SAMEN 56-0391
- DIPOLMOMENTE V. SUBSTITUIERTEN 1-NAPHTHOESAEUREN U. METHYL-1-NAPHTHOATEN 59-0046

MITTERHOFER F., THERM. STABILITAET AROMAT. TERT. PHOSPHINE 54-0120

MIURA I., GINKGOLIDE, 5.MITT. 54-0468

MIYAMOTO M., CHROMOMYCIN A2, A3 U. A4 53-0246
- STEREOCHEMIE V. CHROMOMYCINON U. EINE BEMERK. ZUR BENZOAT-REGEL 53-0247

MIYAMOTO S., STRUKTUR V. PIERICIDIN B U. STEREOCHEMIE D. PIERICIDINE 58-0510

MIYAMURA M., CHEMOTAXONOM. UNTERS. AN ALKALOIDEN 2. MITT. 60-0450

MIYASHI T., ORGAN. PHOTOCHEMIE, 4. MITT. 54-0243
- ORGAN. PHOTOCHEMIE 2.MITT. 57-0211
- THERM. ORGAN. RK. 2.MITT. 61-0319

MIYAWAKI M., INHALTSSTOFFE D. WURZEL V. LINDERA STRYCHNIFOLIA VILL. 12.MITT. 57-0385

MIYAZAKI S., STEREOCHEMIE D. AZIRIDIN-BLDG. DURCH RED. V. OXIMEN MIT LITHIUM-ALUMINIUM-HYDRID 55-0216

MKRJAN G. M., RK. V. AETHERN MIT UNGESAETT. RADIKALEN 6. MITT. 59-0172
- RK. V. AETHERN MIT UNGESAETT. RESTEN 7. MITT. 61-0149

MNDZOJAN S. L., RK. V. AETHERN MIT UNGESAETT. RADIKALEN 6. MITT. 59-0172

MOAKLEY D. F., STER. STOER. IN ALLYL- U. PSEUDOALLYLSYST. 4.MITT. 55-0078
- STER. WECHSELWRKG. IN ALLYL- U. PSEUDOALLYL-SYST. A((1,2))-SPANN. ZWISCHEN METHYLGRUPPE U. WASSERSTOFF 59-0088

MOCZAR E., STRUKTURAENDER. BEI D. MUTAROTAT. D. ZUCKEROSAZONE 60-0094

MOEBIUS L., 1.3-DIPOLARE CYCLOADDITIONEN 32. MITT. 61-0121

MOEHRLE H., HESPERALIN, EIN NEUER NATUERL. CHOLINESTER IN D. SAMEN V. HESPERIS MATRONALIS L. 55-0428
- GLYKOLSPALTENDE REAGENZIEN 2. MITT. 58-0238
- EINFL. D. RINGSPANN. AUF D. BLDG. V. OXA-AZA-VERB. BEI D. DEHYDRIER. V. HYDROXYAMINEN 58-0410
- DARST. V. 3-(OMEGA-HYDROXYALKYL)-SUBSTITUIERTEN N-METHYLPIPERIDINEN U. N-METHYLPIPERIDONEN-(2) 60-0378
- GLYKOLSPALTENDE REAGENZIEN 3. MITT. 60-0513

MOELLER F., HETEROCYCLEN AUS CARBONSAEUREDERIV. 1. MITT. 59-0344

MOENCH H., POLYACETYLENVERB. 122.MITT. 54-0463
- POLYACETYLENVERB. 133. MITT. 59-0495

MOGA M., SULFONAMIDFORMAZANDERIV. U. D. ENTSPRECHENDEN TETRAZOLIUMSALZE 55-0266

MOISEEV V. V., 2-ARYL-INDANDIONE-(1.3) IN RADIKALRK., ZUSAMMENHANG ZWISCHEN D. STRUKTUR U. D. ANTIOXYDATIVEN WRKG. 58-0101
- VERW. V. 2-ARYL-INDANDIONEN-(1.3) BEI D. INHIBITORMETH. 58-0102
- ALKYLIER. AROMAT. VERB. MIT DIENKOHLENWASSERSTOFFEN U. IHREN HYDROCHLORIDEN 14. MITT. 58-0245

MOISEEVA Z. Z., MEHRWERT. JODVERB. IN D. ANTHRACHINONREIHE 61-0290

MOJSAK I. E., RK. V. SYMM.-TRINITROBENZOLDERIV. MIT POCL3 IN GGW. V. PYRIDIN 1. MITT. 54-0178
- RK. V. SYMM. TRINITROBENZOLDERIV. MIT POCL3 IN GGW. V. PYRIDIN 2. MITT. 54-0179

MOLDENHAUER W., UNTERS. ZUR HYDRAZON-AZO- U. -EN-HYDRAZIN-TAUTOMERIE SOWIE ENTSPRECHENDER TAUTOMERIEN BEI SEMICARBAZONEN DURCH WASSERSTOFFAUSTAUSCH 59-0102

MOLE T., ZUSAMMENFALL D. SATELLITENBANDEN IM (1)H-NMR-SPEKTRUM V. DIMETHYLQUECKSILBER U. METHYLQUECKSILBER-JODID 57-0004
- PHENYLBRUECKENBLDG. IN DIMETHYLPHENYLALUMINIUM 61-0005

MOLENAAR E., RK. V. GAMMA-THIOPYRAN-1.1-DIOXID 57-0304

MOLEVA Z. N., EINFL. D. STER. HINDER. AUF D. GESCHW. D. OX. V. CHLORALKYLBENZOLEN 54-0090

MOLHO D., 2-PHENYL-3.9-DIHYDROXY-PERINAPHTHEN-(2)-ON-(1), PROD. D. THERM. KONDENS. V. BETA-NAPHTHOL U. PHENYLMALONSAEURE-DIAETHYLESTER 57-0228
- KONDENS. V. 2-CARBOXY-BENZALDEHYD U. DIAZOESSIGSAEURE-AETHYLESTER, NEUE SYNTH. V. ISOCUMARINEN 59-0348
- OXALYLIER. V. PHTHALID, 4-HYDROXY-3-AETHOXYCARBONYL-ISOCUMARIN 60-0366

MOLHO L., 2-PHENYL-3.9-DIHYDROXY-PERINAPHTHEN-(2)-ON-(1), PROD. D. THERM. KONDENS. V. BETA-NAPHTHOL U. PHENYLMALONSAEURE-DIAETHYLESTER 57-0228

MOLL H., BLDG. U. UMLAGER. V. ESTERN 74.MITT. 58-0234

MOLLIER Y., HETEROCYCL. SCHWEFEL-VERB. 24. MITT. 56-0344
- 4-(1.2-DITHIOLYLIDEN-(3))-CYCLOHEXADIENONE 59-0322
- HETEROCYCL. SCHWEFELVERB. 27. MITT. 60-0298

MOLYNEUX R. J., REDUKTIVE ACETYLIER. V. QUERCETIN 57-0300

MONASTIRSKAYA G. S., MECHANISMUS D. RK. V. HYDROXYLAMIN U. O-METHYL-HYDROXYLAMIN MIT CYTIDIN 61-0124

MONDELLI R., GAMBIRIN, EIN NEUES INDOL-ALKALOID AUS UNCARIA GAMBIER ROXB. 56-0433
- INDOL-ALKALOIDE AUS GAMBIR. STRUKTUR V. GAMBIRTANNIN, OXOGAMBIRTANNIN U. DIHYDROGAMBIRTANNIN 61-0485

MONDVAI I., POLYMERISAT. D. METHYLMETHACRYLATS BEI HOHEN UMSAETZEN 2.MITT. 55-0422
- POLYMERISAT. D. METHYLMETHACRYLATS BEI HOHEN UMSAETZEN. 3.MITT. 55-0423

MONEY T., UMWANDL. EINES POLYPYRONS IN PHENOL. VERB. 56-0364
- PYRON-UNTERS. 1. MITT. 61-0402

MONSEUR X., PEPTIDALKALOIDE 4. MITT. 58-0500

MONTANARI F., CIS-2-CHLOR-VINYL-KETONE 56-0241
- NACHBARGRUPPEN-BETEILIG. BEIM SULFINYLSAUERSTOFF 2. MITT. 59-0291

MONTARNAL R., MECHANISMUS D. DEHYDRIER. EINES PARAFFINS MIT SAUERSTOFF 54-0143

MONTEATH ROBERTSON J., DIE ROENTGENSTRUKTURANALYSE V. 17BETA-BROMACETOXY-DELTA(4)-9BETA.10ALPHA -ANDROST-4-EN-3-ON 54-0074

MONTHEARD J., DARST. V. ALKIN-(1)-YL-SYMM.-TRIAZINEN 57-0349
- SPALT. EINES GEMISCHTEN ALKYLPEROXIDS IN NICHTPROTONISCHEN LSGM. 57-0390

MONTI H., SYNTH. V. CYCLOPROPEN- U. METHYLENCYCLOPROPAN-KETONEN 56-0260

MONTIJN P. P., SYNTH. U. RK. V. ALIPHAT. 1.2.3-TRIENEN 55-0114
- CHEMIE D. ACETYLENAETHER 87. MITT. 55-0118

MONTILLIER J., WRKG. V. GEMISCHTEN ORGANOMAGNESIUM-VERB. AUF PYRONE-(2) 56-0371

MOODIE I. M., ISOMERE DITHENYLSULFIDE 61-0361

MOODIE R. B., GESCHW. D. AROMATENNITRIER. IN SCHWEFELSAEURE 58-0116

MOONEY E. F., CIS-1H.1H.4H-TRIFLUOR-BUTADIEN-(1.3), CHARAKTERISIER. EINES NEUEN KONJUGIERTEN DIENS DURCH NMR-SPEKTROSKOP. ANALYSE 54-0033
- SPALT. V. AETHERN U. DEHYDRATISIER. V. ALKOHOLEN MIT BORTRIFLUORID 56-0169
- SELBSTASSOZIAT. V. PHENYLBORONSAEURE-DIBENZYLESTER 58-0095

MOORADIAN A., UMLAGER. V. SUBSTITUIERTEN O-ARYL-OXIMEN ZU 5- UND 7SUBSTITUIERTEN BENZOFURANEN 54-0287
- UMLAGER. V. O-ARYL-OXIMEN 60-0211

MOORE D. R., SUBSTITUIERTE 1-ALKYL-AZETIDINOLE-(3) 58-0301

MOORE I., SYNTHET. UNTERS. IN BEZUG AUF FRANKLINON U. SAEUREKATALYSIERTE UMLAGER. V. PYRONOCHROMANON-DERIV. 53-0155
- INHALTSSTOFFE V. GUTTIFERAE 6. MITT. 58-0526

MOORE R. E., NITRIER. V. 2.3-DIMETHOXY-NAPHTHALIN 58-0279
- POLYHYDROXYNAPHTHOCHINONE, DARST. U. HYDROLYSE V. METHOXYLDERIV. 61-0274

MOORE W. R., CYCL. KUMULENE, SYNTH. U. EINIGE RK. V. 1.2.3-CYCLODECATRIEN 61-0243

MOOTOO B. S., EXTRAKTE AUS CEDRELA ODORATA L. STRUKTUR V. METHYLANGOLENSAT 53-0211

MORACCI F. M., NEUE RK. V. BIS-(O-AMINOPHENYL)-DISULFID MIT KETONEN 1.MITT. 61-0451

MORAVEK J., BLDG. V. OLIGONUCLEOTIDEN WAEHREND D. ERHITZENS EINES GEMISCHS AUS URIDIN-2'(3')-PHOSPHAT U. URIDIN 57-0360

MOREAU G., BEST. D. VORZEICHENS D. KONST. D. ALLYLKOPPL. IN 13-METHOXY-5ALPHA-PODOCARPATETRAEN-(6.8.11.13) 57-0038

MOREAU R. C., EINW. V. SCHWEFELWASSERSTOFF AUF AMIDINE, DARST. V. PRIM. THIOAMIDEN 58-0192

MORELLI D., KOORDINAT. KLEINER MOL. DURCH BIS-(TRIPHENYLPHOSPHIN)-PLATIN(O), RK. MIT H2S, H2SE U. H2TE 60-0034

MORELLI I., 31-NORCYCLOARTANOL U. CYCLOARTANOL AUS POLYPODIUM VULGARE 53-0209
- ISOLIER. V. SERRATEN AUS POLYPODIUM VULGARE 54-0413

MORENAS M., DIELEKTRIZITAETSKONST. EINIGER GEMISCHE ORGAN. VERB. MIT W. 56-0032
MORGAN E. D., SYNTH. V. P-ALKYL-PHENYLESSIGSAEUREN 56-0162
MORI K., SYNTH. V. (+-)-JUVABION ((+-)-TODOMATUSAEUREMETHYLESTER), EINEM SESQUITERPENESTER MIT JUVENILHORMON-AKTIVITAET 59-0471
MORI T., EINE NEUE SYNTH. V. CYCLOPENTADECANON AUS CYCLODODECANON 55-0123
- BIOSYNTH. V. EVODIA-ALKALOIDEN 2.MITT. 61-0573
MORI Y., SYNTH. U. KMR-SPEKTREN V. 22.27-IMINO-17.23-OXIDO-JERVAN-DERIV. 56-0425
MORIARTY R. M., KONFORM.-UNTERS. AN D. AMIDGRUPPE, GEHINDERTE INTERNE ROTAT. IN N.N'-DIALKYL-HYDRAZOCARBOXYLATEN 57-0068
MORIKAWA M., 1.4-DIPOLARE CYCLOADDIT., 2. MITT. 56-0404
- 1.4-DIPOLARE CYCLOADDIT. 3. MITT. 56-0405
- 1.4-DIPOLARE CYCLOADDIT. 5. MITT. 58-0403
- 1.4-DIPOLARE CYCLOADDIT. 4.MITT. 58-0418
MORIMOTO H., UBICHINONE U. VERWANDTE SUBSTANZEN 11. MITT. 57-0047
MORISAKI M., NOMENKLATUR D. OPHIOBOLINE 61-0141
- BIOGENESE V. OPHIOBOLINEN, D. URSPRUNG D. SAUERSTOFFATOMS IN D. OPHIOBOLINEN 61-0562
MORITA H., HOCHAUFGELOESTE MASSENSPEKTREN V. GIBBERELLINEN 55-0051
MORITA K., STEREOCHEMIE V. CHROMOMYCINON U. EINE BEMERK. ZUR BENZOAT-REGEL 53-0247
- NEUE DIPOLARE 1.3-CYCLOADDIT.-RK., SYNTH. EINIGER ISOXAZOLIDIN-DERIV. 59-0330
- NEUE, PHOTO-INDUZIERTE METHYLIER. V. PYRIMIDINEN U. KONDENSIERTEN PYRIMIDIN-VERB. 59-0382
MORITA Y., BORVERB. 12. MITT. 59-0514
MORITANI I., EINFL. D. LSGM. AUF D. PHOTORK. V. TETRAPHENYLCYCLOPENTADIENON 53-0105
- EINE UNGEWOEHNL. PHOTOCHEM. UMWANDL. V. TETRAPHENYLCYCLOPENTADIENON 53-0106
- AROMAT. SUBSTITUTION D. STYROL-PALLADIUMCHLORIDKOMPLEXES 55-0181
- STRUKTUR U. REAKTIVITAET V. KLEINEN RINGSYST. 2. MITT. 56-0123
MORIYAMA M., UNTERS. UEBER SIEBENGLIEDRIGE RINGDERIV. 6. MITT. 56-0086
MORIYAMA Y., D. STRUKTUR V. SHIONON 60-0471
MORIZUR J., CHEM. RK. IN D. REIHE D. TRICYCLO(7.3.1.0-(2,7))-DELTA(2,7)-TRIDECENOLE-(1) 57-0241
- DIMERISIER. SUBSTITUIERTER CYCLOHEXEN-(2)-ONE-(1) 58-0126
- MASSENSPEKTROMETRIE 1. MITT. 60-0061
MORLACCHI F., SYNTH. V. PYRROLO(1.2-A)BENZO(F)INDOL-DERIV. 55-0235
MORNON J., ANWEND. D. METH. D. SYMBOL. ADDITION. KRIST.-STRUKTUR V. ALPHA-NAPHTHYL-CIS-TETRAHYDROPHTHALAMIDSAEURE 54-0071
MORODER L., SYNTH. V. PEPTIDANALOGEN D. N-TERMINALEN EIKOSAPEPTIDSEQUENZ D. RIBONUCLEASE A 3. MITT. 53-0242
MORON J., BESTANDTEILE D. WURZELN V. POLYGALA PAENEA L. 5. MITT. 54-0472
MORREY D. P., RK. V. CHROMENEN U. NAPHTHOPYRANEN MIT BROM U. CHLOR 5. MITT. 61-0416
MORRIS D. J., HYDROXYSTEROIDE 10.MITT. 55-0393
- UNTERS. IN D. STEROID-GRUPPE 77. MITT. 59-0483
MORRIS P. J., CU(II)-KATALYSIERTE HYDROLYSE V. HISTIDINMETHYLESTER 54-0100
- BAS. HYDROLYSE V. HIPPURSAEURE-METHYLESTER 61-0114
MORRISON I. M., POLYSACCHARIDE AUS SOJABOHNEN 4. MITT. 58-0516
- POLYSACCHARIDE AUS SOJABOHNEN 5. MITT. 58-0517
MORROCCHI S., D. KATALYT. WRKG. V. BF3 BEI D. CYCLOADDIT. V. BENZONITRIL AN NITRILE U. CARBONYLVERB. 53-0148
MORROW T., RK. V. S(1D)-ATOMEN MIT DICYAN U. ACETYLEN 60-0154
MORTON G. O., NMR-UNTERS. V. EINIGEN CHROMON-KETEN-DIMETHYLACETAL-PHOTOADDUKTEN. WEITREICHENDE SPIN-SPIN-KOPPL. U. KONFORM.-ANALYSE V. ANKONDENSIERTEN CYCLOBUTANEN 59-0063
MOSCINSKAJA N. K., SYNTH. V. ARYLMETHANOLGLYCIDAETHERN 54-0182
MOSE W. P., OPT. ROTAT.-DISPERS. 44. MITT. 58-0035
- OPT. ROTAT.-DISPERS. 45. MITT. 61-0034
MOSER K., SYNTH. V. 1-AMINO-4-ARYL-1.2.3-TRIAZOLEN AUS ALPHA.ALPHA-DIBROM-CARBONYLVERB. 61-0390
MOSKOWITZ H., MEHRFUNKTIONELLE ACETYLENDERIV., TERT. ALKOXY- U. AMINOALKOXY-CARBINOLE 58-0177
MOSS R. A., STEREOSELEKTIVITAET V. CARBENZWISCHENSTUFEN 3.MITT. 59-0235
MOSS V. A., DARST. V. (FORMYL-2H)- U. (FORMYL-3H)-ALDEHYDEN 56-0213
MOSSELMAN C., FOLGER. FUER STRUKTUR U. RINGSPANNUNGSENERGIE AUS D. 'INTRAANNULAREN' SUBSTITUT. D. CYCLODECANRINGES 58-0070
MOSTAFE I. Y., EIG. V. (ARYLMERCAPTO)ACETHYDROXAMSAEUREN 60-0207
MOTHES K., PAPAVER BRACTEATUM LINDL 4. MITT. 55-0429
- BIOSYNTH. V. CATHARANTHUS-ALKALOIDEN 59-0510
MOTL O., STRUKTUR D. LEPRARSAEURE, EINES CHROMONS AUS FLECHTEN 58-0376
MOUCHEL P., SYNTH. V. 1.2-DITHIOL-THIONEN-(3) 58-0333
MOULINEAU C., KONDENS.-RK. V. ESTERN MIT HILFE V. MAGNESIUMORGAN. VERB. MIT VERZWEIGTER KOHLENSTOFFKETTE 15. MITT. 57-0149
MOUSSERON-CANET M., PHOTOSENSIBILISIERTE OX. IN D. REIHE D. BETA-JONONE 55-0104
- STER. ORIENTIER. D. EPOXYDAT. V. STERINEN 3.MITT. 55-0384
- SYNTH. EINIGER NEUER TETRAHYDROFURANAETHER 56-0325
- OX. V. AMIN-MAGNESIUMVERB. 58-0321
- NITRONE V. INDOLENINTYP U. TAUTOMERE N-HYDROXY-INDOLE 58-0322
MOUSSET G., BROMIER. D. HEXADIEN-(1.5)-DIOLE-(3.4) U. 3.4-DIACETOXY-HEXADIENE-(1.5) 58-0178
MOUZIN G., VERLAUF D. SAUREN SPALT. SUBSTITUIERTER CYCLOPROPANOLCARBONSAEUREN U. CYCLOPROPANDIOLE 54-0211
MOYE C. J., ABBAU V. RESORCIN 56-0207
MOZA P. N., BETA-LACTAMDERIV. 53-0125
MUCKENSTURM B., UNTERS. UEBER AUTOX., IONISCHE AUTOX., AUTOX. V. FULVENEN IN GGW. V. ALKOHOLATEN 61-0260
MUEHLSTAEDT M., SYNTH. CYCLOALIPHAT. KETONE AUS CYCLODODECATRIEN-(1.5.9) 2. MITT. 53-0087
- CHEMIE ANGEREGTER ZUSTAENDE 1. MIT. 54-0129
- UEBER D. DARST. D. 4-STYRYL-AZULENS U. EINIGER SUBSTITUIERTER ANALOGA 54-0264
- DIPOLMESS. U. SPEKTROSKOP. UNTERS. AN ALPHA,ALPHA'-DIHALOGEN-CYCLOHEPTANONEN U. -OCTANONEN 57-0063
- ELEKTROPHILE SUBSTITUTIONEN NACH FRIEDEL-CRAFTS AM DELTA(3)-CAREN 59-0457
- SUBSTITUT. AM AZULEN 1. MITT. 60-0276
- SUBSTITUT. AM AZULEN 2.MITT. 60-0277
- KONFORM. U. PHYSIKAL. DATEN V. ALKANEN U. CYCLANEN 2. MITT. 61-0075
MUELLER A., RK. V. 1-ARYL-ISOBENZOPYRYLIUMSALZEN MIT AMMONIAK 2. MITT. 58-0399
- ORGAN. SCHWEFELVERB. 81. MITT. 60-0332
MUELLER B., MASSENSPEKTREN D. 13-OXOPROTOPIN-ALKALOIDE U. DEREN TETRAHYDRODERIV. 58-0063
MUELLER D., MASSENSPEKTROMETR. UNTERS. 18. MITT. 61-0064
MUELLER E., UEBER PHOSPHORVERB. 4. MITT. 54-0235
- PHOTOOXIMIER. BICYCL., AM BRUECKENKOPF DEUTERIERTER KW-STOFFE 58-0292
- MESOMERE ARSEN-RADIKALE 60-0228
MUELLER F., UEBER PTERINCHEMIE.18. MITT. 55-0308
- ROENTGENSTRUKTURUNTERS. V. EINIGEN FLAVINDERIV. 57-0075
- SILICIUMORGAN. VERB. 33.MITT. 60-0202
MUELLER G., QUANT. UNTERS. D. RK. V. HEXOSEN MIT AMINOSAEUREN 58-0429
MUELLER H., RUTARETIN, EIN NEUES FUROCUMARIN AUS RUTA GRAVEOLENS L. 53-0250
MUELLER K., CHINOLE, CHINOLAETHER U. CHINOLESTER AUS ARYLIERTEN PHENOLEN 54-0185
- RINGVERENG.-RK. AN 2.4.6-TRIPHENYL-O-CHINOLACETAT, BEITRAG ZUR THERMOCHROMIE SUBSTITUIERTER CYCLOPENTADIENONE 59-0272
MUELLER M., 9BETA.10ALPHA-STEROIDE 3. MITT. 60-0484
MUELLER W., ACTINOMYCINE 29.MITT. 55-0403
- VILSMEIER-FORMYLIER. V. UNGESAETT. KOHLENWASSERSTOFFEN 2.MITT. 58-0452
MUFTI A. S., ORGANOZINN-DERIV. D. MALEINSAEURE 61-0022
MUKAI T., ORGAN. PHOTOCHEMIE, 4. MITT. 54-0243
- ORGAN. PHOTOCHEMIE 5. MITT. 56-0307
- ORGAN. PHOTOCHEMIE 2.MITT. 57-0211
- TROPONOID-BENZOID-UMLAGER. BEI PYROLYT. PROZESSEN 59-0150
- THERM. ORGAN. RK. 2.MITT. 61-0319
- 2.5.7-TRIPHENYL-NORCARADIEN U. VERWANDTE CYCLOHEPTATRIENE 61-0320
MUKAIYAMA T., RK. V. ALPHA-KETO-SULFIDEN MIT TRIAETHYLPHOSPHIT 59-0215
- RK. SCHWEFELHALT. PHOSPHONIUMSALZE 61-0201
- D. RK. V. OMEGA-PHENYLMERCAPTO-ACETOPHENON 61-0235
MUKERJES S. K., NEUARTIGE UMLAGER. D. LATIFOLINGRUNDGERUESTES 56-0277
MUKHERJEE P. P., D. HEMICELLULOSE D. SISALFASER (AGAVE SISALANA) 59-0418
MULDER R. J., CHEMIE D. ALPHA-DIAZOSULFONE 9. MITT. 56-0253
- CHEMIE D. ALPHA-DIAZOSULFONE 11. MITT. 61-0131
- SYNTH. V. ARYL-METHOXYMETHYL-SULFONEN 61-0199
MULLER J., NAPHTHO(1.8-BC)THIOPYRANDERIV. 55-0274
MULLOCK E. B., EINE EINFACHE SYNTH. V. GAMMA-PYRONEN 58-0382
MUNDAY R., SYNTHET. NAEHER. AN D. CYCLOHEPTA(D.E.F)FLUORENSYST. 60-0278
MUNDY J. W., WEITBEREICHSKOPPL. IM PROTONENMAGNET. RESONANZSPEKTRUM V. BETA-APOPODOPHYLLINSAEUREMETHYLESTER 56-0049
MUNGALL W., BEZIEH. ZWISCHEN COTTON-EFFEKT IN D. LAD.-UEBERTRAG.-BANDE U. D. ABS. KONFIG. V. ALPHA-AMINOSAEUREN IN KUPFER(II)-KOMPLEXEN 61-0002
MUNRO H. D., PHOTOISOMERISIER. V. 1-(2.4-DIMETHOXY-PHENYL)-BUTEN-(2)-ON-(1) 57-0187
- CURVULARIN 5.MITT. 58-0232
MUNRO M. H. G., STRUKTUR U. SYNTH. V. HOMOAPORPHINEN, NEUE GRUPPE V. 1-PHENAETHYL-ISOCHINOLIN-ALKALOIDEN 59-0433
MUNTER H. J., PYRAZOLE 3. MITT. 54-0031

MUNTZ R. L., MOL.-UMLAGER. DURCH ELEKTRONENSTOSS 3. MITT. 60-0062
MURAKAMI T., STRUKTUREN V. CAMELLIAGENIN A, B UND C AUS CAMELLIA JAPONICA L. 54-0420
MURATA I., ROENTGENSTRUKTURBESTIMMUNG VON 1.2.3.4-TETRACHLOR-5.6-DI-N-PROPYLCALICEN 53-0034
- RK. EINIGER TROPONE MIT AETHYLAZODICARBOXYLAT 60-0416
MURATA K., PYROLYSE V. ORGAN. VERB. 2.MITT. 57-0116
MURAVIC-ALEKSANDR C. L., 1.2-DIHYDRO-BENZIMIDAZOL-DERIV. 5.MITT. 54-0309
MUROFUSHI N., HOCHAUFGELOESTE MASSENSPEKTREN V. GIBBERELLINEN 55-0051
- GIBBERELLIN IN UNREIFEN SAMEN V. PHARBITIS NIL 55-0418
MURPHY J. W., STRUKTUR D. ALKALOIDS AUS GENTIANA TIBETICA KING 56-0424
- STRUKTUREN V. EDULITIN U. EDULININ 24. MITT. 59-0066
MURPHY M. R., KONFORM.-UNTERS. AN D. AMIDGRUPPE, GEHINDERTE INTERNE ROTAT. IN N.N'-DIALKYL-HYDRAZOCARB-OXYLATEN 57-0068
MURPHY P. J., STRUKTUR V. MONO-, DI- U. TRI-PROTONIERTEN BIGUANIDEN 60-0067
MURRAY A. W., BESTANDTEILE V. LEUCADENDRON-ARTEN 1.MITT. 57-0420
- BESTANDTEILE V. LEUCADENDRON-ARTEN 2. MITT. 59-0488
MURRAY R. D. H., BESTANDTEILE D. NIESHOLZES, PTAEROXYLON OBLIQUUM (THUNB.) RADLK. 1. MITT. 53-0154
- BESTANDTEILE V. ERYTHROXYLON MONOGYNUM ROXB. 3. MITT. 57-0424
MURRAY R. W., EIN STABILES TRICARBONIUMION, 1.3.5-TRIS-(CYCLOHEPTATRIENYLIUM)-BENZOL 56-0096
- RINGINVERSION IN 1.1.4.4-TETRAMETHYLCYCLOHEXAN 56-0140
MURRILL J. B., BIOSYNTH. D. TIGLINSAEURERESTES IM METELOIDIN IN DATURA METELOIDES 57-0437
MURSAKULOV I. G., CYCLISIER. V. ISOPRENOIDEN VERB., STEREOCHEMIE D. ADDIT. AN D. TERMINALE (2.3)-DOPPELBIND. 56-0080
MURTHY K. L., FRIEDEL-CRAFTS-KONDENS. V. ALLYLMALONSAEU-REDIAETHYLESTER MIT ANISOL 58-0231
MURTHY P. S. N., TOTALSYNTH. V. 17BETA-HYDROXY-DELTA(9)-DES-A-ANDROSTEN-5-ON U. 17BETA-HYDROXY-10ALPHA-DES-A-ANDROSTAN-5-ON 58-0483
MURTI V. V. S., CUPRESSUFLAVON, EIN NEUES BIFLAVONYLPIG-MENT 53-0204
- LANCEOLARIN, EIN NEUES ISOFLAVON-GLYKOSID D. DALBERGIA LANCEOLARIA 53-0205
MURTO J., FLUORALKOHOLE 2. MITT. 55-0031
- FLUORALOHOLE 3. MITT. 55-0032
MURTY V. K., CHEM. UNTERS. V. EMBELIA RIBES, 8.MITT. 54-0366
MUSGRAVE O. C., PHOTOISOMERISIER. V. 1-(2.4-DIMETHOXY-PHENYL)-BUTEN-(2)-ON-(1) 57-0187
- CURVULARIN 5.MITT. 58-0232
MUSGRAVE W. K. R., POLYFLUORHETEROCYCL. VERB. 9. MITT. 53-0161
- BIS-(TETRAFLUORPYRIDYL)-QUECKSILBERVERB. U. EIN VERS. ZUR DARST. V. TRIFLUORPYRIDIN 57-0009
MUSIAL L., NEUE, IN 3- U. 5-STELL. SUBSTITUIERTE HYDANTOIN-DERIV. 10. MITT. 57-0281
MUSICHINA V. N., NEUE SYNTH. MIT ZINKORGAN. VERB. 2. MITT. 60-0192
MUSINA A. A., CLAISENSCHE UMLAGER. V. ALLYLPHENYLSELENID 57-0264
MUSKER W. K., STICKSTOFFYLIDE 2. MITT. 55-0001
MUSKIN J. I., UMWANDL. V. CYANGUANYLHARNSTOFF IN ALKAL. U. SAUREN LSG., 1.3-DICARBAMID-GUANIDIN 57-0348
MUSSO H., ASTERANE. 2. MITT. 53-0118
- PHENOXAZINE 10. MITT. 58-0040
MUSTAFA A., RK. MIT ORGANOPHOSPHORVERB. 3. MITT. 53-0095
- RK. MIT ORGANOPHOSPHORVERB. 4. MITT. 53-0171
- SPALT.-RK. MIT ORGAN. DISULFIDEN 56-0161
- THIENOBENZOPYRONE U. -FURANE 59-0313
- UNTERS. AN SUBSTITUIERTEN 7-METHYL-FUROCHROMONEN, KHELLIN U. VISNAGIN 59-0351
MUTHUKUMARASWAMY N., BESTANDTEILE VON MESUA FERREA L. 1. MITT. 53-0203
MUZALEWSKI F., REAKTIVITAET D. AMINO-GRUPPE V. SULFANILAMIDEN 1.MITT. 61-0115
MYKLESTAD S., BEZIEH. ZWISCHEN CHEM. STRUKTUR U. PHYSIKAL. EIG. V. ALGINATEN 60-0505
MYRSINA R. A., ADAMANTAN U. SEINE DERIV. 12. MITT. 57-0237
MYSYK D. D., CHLORMETHYLIER. V. 2- U. 4-(N-METHYL-ARYLSULFONYLAMINO)-TOLUOLEN 56-0210
- CHLORMETHYLIER. V. 2-(ARENSULFONYL-N-METHYL-AMINO)ANISOLEN 56-0212

N

NADER F., RK. AN FLAVAN-DERIV. 5. MITT. 61-0415
NAESAENEN R., EINHEITSZELLE, RAUMGRUPPE U. ANDERE EIGENSCHAFTEN V. BIS-(1.3-PROPANDIAMIN)-KUPFER(II)-BROMID 59-0014
- STABILITAET GEMISCHTER CU(II)-KOMPLEXE MIT ALIPHAT. DIAMINEN 2. MITT. 61-0012
NAGAI M., STEREOCHEMIE V. PROTOPANAXADIOL, SAEURE-KATALYSIERTE EPIMERISIER. D. C-20-HYDROXYLS V. BETULAFOLIENTRIOL, PROTOPANAXADIOL U. IHREN DERIV. 54-0423
- 20-EPIPROTOPANAXADIOL, EIN SAPOGENIN D. GINSENOSIDE R(B-1), R(B-2) U. R(C) 61-0536
NAGAI T., RK. V. BENZYLSULFONYLHALOGENIDEN MIT PHENYL-LI, DARST. V. SULFONEN 54-0190
- RK. V. ANTHRACEN MIT SCHWEFELDIOXID IN GGW. V. BENZOYLPEROXID. BLDG. V. ANTHRACENSULFONEN 57-0224
- RK. D. CLAISEN-KONDENS.-TYP EINES SULFONSAEUREESTERS, RK. V. PHENYLBENZYLSULFONAT MIT PHENYLLITHIUM 61-0200
NAGAOKO T., RK. V. ALPHA-KETO-SULFIDEN MIT TRIAETHYLPHOS-PHIT 59-0215
NAGAR B. S., UNTERS. AN ACYL-ENAMINEN 10. MITT. 61-0386
NAGARAJAN K., HYDROXAMSAEUREN U. IHRE DERIV. 2. MITT. 54-0158
- EINE NEUE RK. V. 4-DICHLORMETHYL-4-METHYL-CYCLOHEXADIEN-(2.5)-ON-(1) 54-0230
- KONFIG. D. AMIDBIND. IN N-ACYLINDOLINEN U. N-ACYLTETRAHYDROCHINOLINEN 56-0081
- NEUART. VERDRAENG.-RK. AN ALPHA-CHLORDIPHENYLACETAMI-DEN 56-0284
NAGARAJAN R., ABS. KONFIG. V. SULFOXIDEN, 3-THIA-CHOLESTAN-OXIDE U. 1.8.8-TRIMETHYL-3-THIA-BICYCLO(3.2-.1)OCTAN-OXIDE 60-0481
- ABS. KONFIG. V. SULFOXIDEN, 2-THIA-5ALPHA-ANDROSTAN-17BETA-OL-OXIDE 60-0482
NAGASAKI T., TOTALSYNTH. V. (+-)-LINDESTREN 58-0447
NAGASAMPAGI B. A., ISOLIERUNG UND CHARAKTERISIERUNG VON GERANYLGERANIOL 53-0058
NAGATA W., PARTIALSYNTH. V. ALDOSTERON 57-0401
NAGPAL K. L., 4-(BETA-CHLOR-AETHYLAMINO)-PYRIMIDINE U. D. BLDG. V. IMIDAZOLIDINO(1.2-C)PYRIMIDINEN DURCH BEHANDL. V. 4-(BIS-(BETA-HYDROXY-AETHYL)-AMINO)-PYRIMIDINEN MIT SAEUREN 55-0300
NAGY G., STRAHL.-INDUZIERTE FESTSTOFF-POLYMERISAT. 19.MITT. 57-0428
- STRAHLENINDUZIERTE FESTSTOFFPOLYMERISAT. 20. MITT. 59-0500
NAGY J., POLYMERISAT. D. METHYLMETHACRYLATS BEI HOHEN UMSAETZEN 2.MITT. 55-0422
- MOLEKULARSTRUKTUR V. ALKYL- U. ARYL-ALKOXYSILANEN 1. MITT. 59-0047
NAGY P., THIAZOL-VERB. 1. MITT. 60-0343
NAIR M. D., KONFIG. D. AMIDBIND. IN N-ACYLINDOLINEN U. N-ACYLTETRAHYDROCHINOLINEN 56-0081
- STRUKTUR D. REAKTIONSPRODUKTES V. 2-AMINOTHIOPHENOL MIT ACETYLENDICARBONSAEURE-DIAETHYLESTER 57-0343
NAIR M. S. R., TERPENOIDE 96. MITT. 55-0358
NAJDAN V. M., HALOGENARYLIER. UNGESAETT. VERB. MIT AROMAT. DIAZOVERB. 32. MITT. 58-0236
NAJER H., SYNTH. EINIGER 2-IMINO-OXAZOLIDON-(4)-DERIV. 8. MITT. 55-0251
- SYNTH. EINIGER 4.5-POLYMETHYLEN-2-AMINO-OXAZOLE MIT VASKULAER-ANALEPT. EIG. 60-0340
NAKADAIRA Y., GINKGOLIDE, 3.MITT. 54-0466
- GINKGOLIDE, 4.MITT. 54-0467
- GINKGOLIDE, 5.MITT. 54-0468
NAKAGAWA M., 1-(3-METHYL-INDOLYL-(2))-PYRIDINIUMBROMID, SYNTH. U. AUTOX. SEINES HYDRIER.-PROD. 55-0280
- 2-AETHOXY.INDOLE U. 2-AETHYLMERCAPTO-INDOLE, IHRE AUTOX. U. RK. MIT PIPERIDIN 61-0363
NAKAGAWA N., MAGNET. ANISOTROPIE D. CYCLOBUTANSYST. MIT GEFALTETER STRUKTUR 55-0044
NAKAGAWA T., NITROMETHAN-KONDENS. MIT DIALDEHYDEN 6. MITT. 59-0427
NAKAM H., TOTALSYNTH. V. SECURININ U. VIROSECURININ 55-0338
NAKAJIMA M., ZUR CHEMIE D. BENZOLGLYKOLS 16.MITT. 55-0327
- SYNTH. V. 6-DESOXY-D-ARABINO-HEXOFURANO-5-ULOSE, D. ZUCKERKOMPONENTE V. HYGROMYCIN A 59-0415
NAKAJIMA T., ELEKTRONENSTRUKTUR U. SPEKTREN V. TRIAFULVEN, TRIAFULVALEN U. CALICEN 58-0072
NAKAMURA A., ADDIT.-RK. V. ALKOXYGERMANEN 56-0017
NAKAMURA S., ANORMALE AUFHEB. D. ABSCHIRM. EINES METHINPROTONS DURCH EINE BENACHBARTE ACETYLGRUPPE 60-0050
NAKAMURA Y., BIOSYNTH. D. BITTEREN GLUCOSIDE D. GENTIANAZEEN, D. GENTIOPICROSIDS, D. SWERTIAMARINS U. D. SWEROSIDS 61-0572
NAKANISHI K., CHROMOMYCIN A2, A3 U. A4 53-0246
- STEREOCHEMIE V. CHROMOMYCINON U. EINE BEMERK. ZUR BENZOAT-REGEL 53-0247
- GINKOLIDE, 1.MITT. 54-0464
- GINKGOLIDE, 2.MITT. 54-0465
- GINKGOLIDE, 3.MITT. 54-0466
- GINKGOLIDE, 4.MITT. 54-0467
- GINKGOLIDE, 5.MITT. 54-0468
- IN ZWEI STUFEN VERLAUFENDE ABSPALT. V. ALDEHYDEN U. KETONEN BEI D. FRAGMENTIER. V. ACYCL. ALPHA-GLYKOL-DIESTERN 59-0072
- STRUKTUR V. FIBRAURIN U. EINEM NEBENPROD. AUS FIBRAUREA CHLOROLEUCA 59-0455
- OLIGONUCLEOTIDE 2. MITT. 61-0032
- LANSOESAEURE, EIN BICYCL. TRITERPEN 61-0526
NAKANO T., TERPENOIDE 59. MITT. 53-0033
- TERPENOIDE 60. MITT. 57-0069
NAKASHIMA R., BLDG. V. 4.4'-DIHYDROXY-3.3'.5.5'-TETRAJOD-BENZOPHENON AUS 4-HYDROXY-3.5-DIJOD-PHENYLBRENZTRAU-BENSAEURE U. 4-HYDROXY-3.5-DIJOD-BENZOESAEURE 61-0265
NAKATA H., VERH. V. SEMICARBAZONEN IM MASSENSPEKTROMETER 56-0062
- ORGAN. MASSENSPEKTROMETRIE 8. MITT. 60-0064

NAKATA T., PHOTOLYSE V. BENZOYLPEROXID IN AROMAT. LSGM. U. DURCH O2 INDUZIERTE AROMAT. BENZOYLOXYLIER. 61-0139
NAKAYAMA Y., STEREOCHEMIE DER HELVOLSAEURE 59-0090
NAKAZAWA T., TROPONOID-BENZOID-UMLAGER. BEI PYROLYT. PROZESSEN 59-0150
NALEPA K., UMSETZ. V. AZLACTONEN MIT AMINOVERB. 1.MITT. 56-0407
NANTKA-NAMIRSKI P., RK. D. 5-BROMURACILYL-(4)-ESSIGSAEURE 57-0327
NARASIMHAN K., 1.4-CYCLOADDIT. AN EIN KETOKETEN 58-0414
NARAYANAN C. R., NIMBININ, EIN NEUES TETRANORTRITERPENOID 61-0524
NARISADA M., PARTIALSYNTH. V. ALDOSTERON 57-0401
NASIELSKI J., SYNTH. AUF D. GEBIET D. POLYCYCL. AROMAT. VERB. 24. MITT. 55-0198
- STEREOCHEMIE D. ELEKTROPHILEN SUBSTITUT. IN D. ALIPHAT. REIHE 56-0247
NASINI G., GAMBIRIN, EIN NEUES INDOL-ALKALOID AUS UNCARIA GAMBIER ROXB. 56-0433
- INDOL-ALKALOIDE AUS GAMBIR. STRUKTUR V. GAMBIRTANNIN, OXOGAMBIRTANNIN U. DIHYDROGAMBIRTANNIN 61-0485
NAST R., EXISTENZ V. ALKINYL-TETRAPHENYLPHOSPHORANEN 61-0228
NATARAJAN P. N., ANWEND. D. KERNRESONANZSPEKTROSKOPIE IN D. PHARMAZIE, 2.MITT. 56-0509
NATH N., KINETIK U. MECHANISMUS D. OX. D. DISACCHARIDE MELIBIOSE, CELLOBIOSE, LACTOSE U. MALTOSE DURCH HEXACYANOFERRAT(III) IN ALKAL. LSG. 55-0077
NATHAN P. J., BESTANDTEILE V. ZALUZANIA AUGUSTA. STRUKTUR V. ZALUZANIN A U. B 53-0207
NATHORST-WESTFELT L., ENZYMAT. HYDROLYSE V. EINIGEN PENICILLINEN U. CEPHALOSPORINEN DURCH ESCHERICHIACOLI-ACYLASE 58-0520
NATTAGHE A., QUANT. UNTERS. ZUR REAKTIVITAET 13. MITT. 56-0126
NAUDET M., OX. V. OELSAEUREMETHYLESTER MIT QUECKSILBER-ACETAT 56-0182
- HALOGENIER. V. EINFACH-UNGESAETT. ALIPHAT. VERB. IN ALLYL-STELL. 9. MITT. 59-0161
- RED. EINIGER BROMIERTER FETTSAEUREN 60-0188
NAVES Y., FLUECHT. PFLANZENSTOFFE, 202.MITT. 54-0213
NAYA Y., ISOLIER. NEUER OXETONDERIV. AUS HOPFENOEL 57-0423
- EIN NEUER BESTANDTEIL D. HOPFENOELS 59-0349
NAZARENKO A. I., AZOMETHINBASEN 11. MITT. 54-0258
NEBELUNG A., HYDROLYSE AMPHOTERER METALLALKOXIDE 8.MITT. 60-0026
NEDELEC L., ASYMM. SYNTH. IN D. OESTRADIOLREIHE 56-0467
- TRIENSTEROIDKONSTIT. U. ANABOL. WRKG. 58-0479
NEELAKANTAN S., STRUKTUR V. CLADOFULVIN 55-0351
NEFEDOVA M. J., IR- U. UV-SPEKTREN D. QUECKSILBERORGAN. VERB. 3. MITT. 58-0001
NEGLIA M. T., KUMULATIVE EINFL. KONJUGIERTER SUBSTITUENTEN AUF D. PI-SYST.-EIG. AROMAT. KW-STOFFE 12. MITT. 59-0055
NEGOITA N., UNTERS. D. REVERSIBILITAET V. FRIEDEL-CRAFTS-C-ACETYLIER. MIT HILFE V. MARKIERTEM (14)C 54-0093
NEIDLEIN R., DARST. V. TEREPHTHALOYLDIISOCYANAT 54-0202
- SYNTH. V. 2-N-SULFONYLAMINO-1.3.4-OXDIAZOLEN 55-0259
- TETRAZOLYL-MERCAPTOMETHYL-ISOCYANATE U. IHRE DERIV. 55-0265
- NUKLEOPHILE ADDIT. AN SENFOELE U. ANDERE HETEROKUMULENE 60-0168
- DIAMINOMETHYLEN-SULFONAMIDE U. ACETALE V. SULFONYLISOCYANATEN 60-0333
- DISUBSTITUIERTE C-CHLOR-AMINO-METHYLENSULFONAMIDE U. N-ALKOXYCARBONYL-C-CHLOR-METHYLENAMIDE 61-0211
- DARST. U. RK. V. N-(C-CHLOR-S-CHLORMERCAPTOMETHYLEN)-CARBONSAEUREAMIDEN U. IHREN DERIV. 61-0213
NEIER W., RK. D. D-GLUCOAMINS, 18.MITT. 60-0425
NELHANS A., UNSYMM. DISUBSTITUIERTE FERROCENE 1. MITT. 61-0026
NELSON P. H., STEROIDE 307. MITT. 54-0433
NEMECKOVA A., UMWANDL. CD. ALKALOIDS R-S (PAPAVERRUBIN A) AUS PAPAVER RHOEAS L. IN ISORHOEADIN 54-0399
NEMLEVA S. A., SYNTH. V. AROMAT. DICARBONSAEUREN U. IHREN DERIV. MIT HILFE V. DIMETHYLCARBAMYLCHLORID 54-0204
NENCINI G., TAUTOMERE FORMEN V. SAUERSTOFFHALT. DERIV. D. 1.3.5-TRIAZINS 5. MITT. 59-0144
NENITZESCU C. D., ELIMINIER.-RK. AUS 1.2-DIHALOGENVERB. 2. MITT. 61-0162
NEPAULT G., SYNTH. V. TETRA-O-METHYL-DISTEMONANTHIN 61-0417
NEPLJUEV V. M., UNTERS. IN D. BIS-(ARYLSULFONYL)-METHANREIHE 2. MITT. 54-0191
NERALI S. B., TERPENOIDE 117. MITT. 59-0469
NERDEL F., FRAGMENTIER.-RK. AN CARBONYLVERB. MIT BETA-STAEND. ELEKTRONEGATIVEN SUBSTITUENTEN 4.MITT. 55-0207
- FRAGMENTIER.-RK. AN CARBONYLVERB. MIT BETA-STAEND. ELEKTRONEGATIVEN SUBSTITUENTEN 3.MITT. 55-0217
- EINFACHE DARST. V. 1.1-DIHALOGEN-CYCLOPROPANEN 59-0236
- SYNTH. V. OXINDOL-DERIV. 59-0314
NESBIT M. R., ANWEND. V. PMR-SPEKTREN ZUR LSG. STRUKTURELLER PROBLEME 29. MITT. 61-0368
NESMEJANOV A. N., SYNTH. V. KOMPLEXEN VERB. D. 4-BUTYROYL- U. 4-BENZOYL-1.2.3-TRIAZOLS MIT FE(II), FE(III), NI(II), U. CO(II) 56-0027
- BETA-KETOVINYLIER., SYNTH. U. ZERS. V. 3.3-DIARYL-3-HYDROXY-PROPENYL-TRIMETHYL-AMMONIUMSALZEN 59-0268
- ANIONOTROPE UMLAGER. V. TERT. ALPHA-ACETYLENALKOHOLEN D. CYCLOPENTADIENYLMANGAN-TRICARBONYLS 61-0024
NESMEJANOV N. A., THERM. ZERS. EINES AS-YLIDS 57-0184
NESPOULOUS D., MOL.-KOMPLEXE V. CHLORANIL MIT AROMAT. VERB. IN CHLOROFORM 56-0097
NESTEROVA L. M., SYNTH. V. N'-ALKYL- U. N'-ARYL-UREIDEN D. ARYLOXYCARBONSAEUREN 56-0224
- SYNTH. EINIGER DERIV. V. N-ARYLOXYACETYLCARBAMATEN U. -THIOLCARBAMATEN 56-0225
NESTLER H. J., HYDROLYSEKINETIK D. PYRIDINCARBONSAEUREAN-HYDRIDE 59-0125
NESYNOV E. P., DARST. V. CARBAZINSAEUREARYLESTERN NACH D. CARBONATMETHODE 59-0221
NEUBERT G., OMMOCHROME 24. MITT. 59-0444
NEUENSCHWANDER M., RK. V. HALOGENIERTEN SYMM.-TRIAZINEN MIT CYCLOPENTADIENYLNATRIUM 57-0239
NEUFFER J., SYMM.-TRIAZIN-THIONE AUS AROYL-ISOTHIOCYANATEN U. AMIDINO-VERB. 60-0409
NEUGEBAUER F. A., VERDAZYLE 13. MITT. 56-0060
- VERDAZYLE. 14. MITT. 59-0400
- VERDAZYLE 16. MITT. 59-0401
- TRIARYL-FORMAZANE DURCH C-ARYLIER. AUS MALONSAEURE 61-0218
- TERT.-BUTYL-BIS-BENZOLAZO-METHAN 61-0219
NEUKOM H., GAS-CHROMATOGRAPH. UNTERS. AN URONSAEUREN U. URONSAEUREDERIV. 60-0515
NEUMANN C. L., KONFORM.-ANALYSE 52. MITT. 55-0377
NEUMANN R., AETHINIER.-RK. 25. MITT. 54-0340
NEUMANN W. P., GRIGNARD-ANALOGE RK. D. C-SN-BIND. 54-0009
- ORGANOZINNVERB. 15. MITT. 55-0012
- ABFANGRK. KURZLEB. RADIKALE 2. MITT. 56-0116
- ORGANOGERMANIUMVERB. 2. MITT. 57-0010
- ORGANOGERMANIUMVERB. 3. MITT. 57-0011
- ABFANGRK. KURZLEB. RADIKALE 3. MITT. 58-0104
- REVERSIBLER ANGRIFF V. STANNYLRADIKALEN AUF ALPHA-OLEFINE 58-0106
NEUMEYER J. L., C-C-SPALT. MIT KBH4, VORSCHLAG ZUM MECHANISMUS 55-0291
- SYNTH. V. APORPHINEN 61-0427
NEUNER-JEHLE N., SCHLUESSELBRUCHSTUECKE IN D. MASSENSPEKTREN V. ALKALOIDEN 6. MITT. 59-0073
NEUSS N., VINCAALKALOIDE 29.MITT. 55-0340
NEUSTADT B. R., SYNTH. V. APORPHINEN 61-0427
NEUZIL E., NEUE BLDG.-WEISE D. RUHEMANN-PURPURS, RK. V. 2-OXIMINO-INDANDION-(1.3) MIT NINHYDRIN 58-0273
NEWBERY J. E., (1)H-NMR-SPEKTRUM V. DIAMAGNET. U. PARAMAGNET. KOMPLEXEN D. SELTENERDMETALLSALZE MIT EINEM AROMAT. AMIN 54-0001
NEWMAN B. C., STEROIDE 28. MITT. 55-0392
- D. STRUKTUR V. DIGACETIGENIN 51-0535
NEWMAN H., VERH. D. 1.2-DITHIOLIUM-KATIONS ZU SELEKTIVEN NUKLEOPHILEN 58-0329
NEWMAN M. S., STRUKTUR D. BENZILMONOXIME 56-0088
- HARNSTOFF ALS BASE IN ORGAN. RK. 61-0169
NEWSOROFF G. P., EINE HOHE BARRIERE FUER D. ROTAT. AN EINER SP(2)-SP(3) KOHLENSTOFF-KOHLENSTOFF-BIND. 60-0088
NEWTON T., AZIRIDINE 14.MITT. 58-0299
NGUYEN L. (BENZING), NEUER WEG ZU VERZWEIGT-KETT. ZUCKERN DURCH ANWEND. EINER MODIFIZIERTEN WITTIG-RK. BEI KETONEN 59-0416
NGUYEN BIK CHA, AROMAT. KW-STOFFE 34. MITT. 60-0272
NGUYEN-DUONG HOANG M., UNTERS. AN SIEBENRINGSYST. 3. MITT. 55-0319
NGUYEN THANH THUONG, TRISUBSTITUIERTE DERIV. D. ORTHOPHOSPHORSAEURE U. D. PHOSPHON-SAEURE, D. EINE CARBONYLGRUPPE ENTHALTEN 59-0205
NGUYEN-THI-CAM-VAN, VERH. V. O-FLUORCHLORBENZOL BEI FRIEDEL-CRAFTS-BENZOYLIER.RK. 61-0264
NICCOLI E., KONDENS. V. ALPHA-PROPIONYL-PROPIONSAEURE-AETHYLESTER U. OXALSAEUREDIAETHYLESTER 56-0262
NICHOLSON D. O., ORIENTIER. D. ALKYLGRUPPEN D. ENDSTAEND. RINGE D. NATUERL. U. RACEM. STERCOBILINS 53-0201
NICHOLSON J., PHOTOCHROME CHELATBILDENDE AGENTIEN 57-0014
NICKON A., SYNTH. V. NORADAMANTAN MIT FUNKT. AM C(2) 60-0294
NICLAS H., CYANSAEUREESTER 11. MITT. 53-0080
NICLAUSE M., KINET. UNTERS. D. PYROLYSE V. ACETALDEHYD MIT HILFE D. GASCHROMATOGRAPHIE 56-0144
- MECHANISMUS D. PYROLYSE V. ACETALDEHYD BEIM RK.-BEGINN 56-0145
NICOLAUS R. A., SYNTH. V. CARBONSAEUREN U. GAMMA-OXO-CARBONSAEUREN AUS 2.2-DIALKOXY-2.3-DIHYDRO-FURANEN 59-0303
NICOLETTI R., UMWANDL. D. PYRROLENINS V. PLANCHER DURCH EINW. V. BASEN 1. MITT. 56-0333
- STRUKTUR V. INCENSOL 57-0377
- PLANCHER-UMLAGER. V. PYRROLENINEN DURCH BASEN 2. MITT. 59-0315
NIEDBALLA U., POLYACETYLENVERB. 131. MITT. 59-0493
NIEDENBRUECK H., OX.-RK. MIT HEXAMETHYL-BICYCLO(2.2.0)HE-XADIEN-(2.5) (=HEXAMETHYL-DEWAR-BENZOL) 61-0312
NIEDENZU K., B-N-VERB. 28.MITT. 59-0202
NIEDRICH H., SYNTH. D. ELEDOISINSEQUENZ LYS-ASP-ALA-PHE ANALOGER TETRAPEPTIDE 58-0499
NIELSEN J. I., MECHANISMUS D. GUERBET-RK. 57-0109
NIENHOUSE E. J., 3-METHYLINDENYLMAGNESIUMBROMID, EIN BUTENYL-GRIGNARD-REAGENS 54-0005
NIETO O., POTENTIELLE PSYCHOTROPICA 2. MITT. 56-0341

NIEUWSTAD T. J., PERI-EFFEKT BEI D. HYDRIER. V. 1-TERT.-BUTYL- U. 1.4-DI-TERT.-BUTYL-NAPHTHALIN AN PALLADIUM 59-0084
NIGAM S. K., BESTANDTEILE V. CALOPHYLLUM TOMENTOSUM U. CALOPHYLLUM APETALUM NUESSEN, STRUKTUR EINES NEUEN 4-ALKYL- U. ZWEI NEUER 4-PHENYL-CUMARINE 60-0370
NIGGLI A., KRISTALLSTRUKTUR V. MACROSALHIN-BROMID 58-0086
NIKIFOROVA I. S., ALLYLIER. V. PHENOLEN U. PHENOLAETHERN 6. MITT. 54-0186
NIKISIN G. I., RADIKAL. ADDIT. V. ACETOXYESSIGSAEUREMETHYLESTER AN OLEFINE U. PYROLYSE D. ADDUKTE 56-0184
- RADIKAL. RK. V. CYCLOPENTANON U. CYCLOHEXANON MIT UNGESAETT. VERB. 56-0254
NIKITIN V. M., VINYLAETHER, D. DREIWERT. PHOSPHOR ENTHALTEN 1. MITT. 56-0168
NIKOLAEV G. M., STEREOCHEMIE U. REAKTIVITAET V. UNGESAETT. VERB. 3. MITT. 59-0249
- STEREOCHEMIE U. REAKTIVITAET V. UNGESAETT. VERB. 4. MITT. 61-0040
NIKOLAJEWSKI H. E., NEUE POLYMETHINSYNTH. 2. MITT. 61-0172
NIKOLETIC M., SEKUNDAERE WASSERSTOFF-ISOTOPEN-EFFEKTE, 9. MITT. 54-0098
- 'BICYCLOBUTONIUM-ION', RK. V. (1-METHYLCYCLOPROPYL)-CARBINYLU. 1-METHYLCYCLOBUTYLMETHANSULFONATEN MIT NATRIUMBORHYDRID UNTER SOLVOLYT. BEDING. 54-0099
NIKOL'SKAJA G. S., ADDIT. V. 9-DIAZOFLUOREN AN UNGESAETT. VERB. 1. MITT. 57-0234
- ADDIT. V. 9-DIAZO-FLUOREN AN UNGESAETT. VERB. 2. MITT. 58-0280
NILSSON E., FLAVYLIUMVERB. 1. MITT. 59-0048
NILSSON M., SPEKTROSKOP. UNTERS. AN ENOLEN 8. MITT. 60-0244
NIMZ H., ISOLIERUNG DES GUAJACYLGLYCERINS U. SEINES DIMEREN BETA-ARYLAETHERS AUS FICHTENLIGNIN 53-0253
- ALDEHYD. DILIGNOLE AUS FICHTENLIGNIN 61-0556
NISBET M. A., CHEMIE D. SANTONINS 8. MITT. 55-0373
NISHIDA S., STRUKTUR U. REAKTIVITAET V. KLEINEN RINGSYST. 2. MITT. 56-0123
NISHIGUCHI I., VERB. MIT KLEINEN RINGEN 14. MITT. 54-0180
NISHIKAWA K., CHEMOTAXONOM. UNTERS. AN ALKALOIDEN 1. MITT. 60-0449
- CHEMOTAXONOM. UNTERS. AN ALKALOIDEN 2. MITT. 60-0450
NISHIKAWA M., ACUTUMIN U. ACUTUMIDIN, CHLORHALTIGE ALKALOIDE MIT NEUART. SKELETT 1. MITT. 59-0438
- ACUTUMIN U. ACUTUMIDIN, CHLORHALTIGE ALKALOIDE MIT NEUARTIGEM SKELETT 2. MITT. 59-0439
NISHIKAWA T., SYNTH. V. SCLERIN U. SCLEROLID, METABOLITE V. SCLEROTINIA LIBERTIANA 55-0199
NISHIMURA A., PYROLYSE V. ORGAN. VERB. 2.MITT. 57-0116
NISHIMURA S., RK. V. CYCLOALKANONEN IN GEGENWART V. PLATIN-METALL-KATALYSATOREN U. WASSERSTOFF 59-0241
NISHIMURA T., STRUKTUREN V. AESCIGENIN U. PROTOAESCIGENIN IN BEZIEH. ZU D. THEASAPOGENOLEN A U. B (BARRINGTOGENOL C) KONFIG. D. HYDROXYLGRUPPEN AM RING E 54-0421
NISHIWAKI T., ELEKTRONENSTOSSUNTERS. AN EINFACHEN PYRIMIDINEN 3.MITT. 55-0047
- 5-HALOGENPYRIMIDINE 5. MITT. 59-0056
- MASSENSPEKTREN V. ORGANOPHOSPHORVERB. 2. MITT. 59-0067
- RK. U. MASSENSPEKTREN V. 2-ACYLTHIOPHENEN 61-0057
NISHIYAMA R., UNTERS. AN 2.3.5.6-TETRACHLOR-PHENYLESSIGSAEURE 56-0243
NISIKAWA Y., CIS-TRANS-ISOMERISIER. ZWOELFGLIEDR. CYCL. OLEFINE 58-0251
NISSEN P., UNTERS. V. STERINEN 32. MITT. 56-0471
NITECKI D. E., SPALT. V. TERT.-BUTYLOXYCARBONYLPEPTIDEN MIT AMEISENSAEURE 60-0490
- NMR-SPEKTROSKOP. UNTERS. D. STER. REINH. V. MODELL-PEPTIDEN 61-0078
NITKA B., PHOSPHON- U. PHOSPHINSAEUREN MIT BENZYLGRUPPEN 56-0237
NITTA K., OOSPOLID, EIN ZEHNGLIEDRIGES CYCL. LACTON AUS OOSPORA ASTRINGENES 60-0497
NITTA M., THERM. ORGAN. RK. 2.MITT. 61-0319
NITTA T., RK. EINIGER TROPONE MIT AETHYLAZODICARBOXYLAT 60-0416
NIXON J. F., SYNTH. V. ALKYLAMINO-BIS-DICHLOR- U. ALKYLAMINO-BIS-DIFLUORPHOSPHINEN 61-0170
NIZOVKINA T. V., RK. V. CARBENEN MIT DIEN-, ENIN- U. DIIN-SYST. 4. MITT. 56-0246
NOEDEN H., ZUCKERPEROXIDE 3. MITT. 58-0428
NOEL D., 5-ARYL-1.3.4-DITHIAZOLTHIONE-(2) 60-0357
NOETH H., CHEMIE D. BORS 39. MITT. 60-0200
NOFRE C., WRKG. D. DURCH RADIOLYSE D. WASSERS ENTSTANDENEN CHEM. PROD. AUF C-C DOPPELBIND. 60-0158
NOGAJDELI A. I., ALKYLIER. V. 6.13-DIHYDROPENTACEN 58-0285
- SYNTH. U. EIG. V. DIBENZO- U. DINAPHTHO-3.3'-(2-OXATRIMETHYLEN)-2.2'-BISPIROPYRANEN 58-0366
NOGRADI M., SYNTH. V. WIGHTIN U. ECHIOIDININ, ZWEI FLAVONE AUS ANDROGRAPHIS WIGHTIANA 54-0329
- TRANSACYLIER. IN D. FLAVONOID-REIHE 1. MITT. 56-0368
- NEUE SYNTH. D. SUDACHITINS U. DESMETHOXY-SUDACHITINS 58-0377
- SYNTH. EINIGER FLAVONKOMPONENTEN AUS RICINOCARPUS STYLOSUS 60-0364
NOGUCHI I., TOTALSYNTH. V. (+-)-GLAUCIN-METHOPIKRAT DURCH PHENOL. OXYDATIVE KUPPL. 61-0497
NOLAN T. J., ZUCKER MIT POTENTIELLER ANTIVIRUS-AKTIVITAET 1. MITT. 59-0410
NOLTE W., ZUR WEITEREN KENNTNIS D. CHLOROPHYLLS U. D. HAEMINS 15. MITT. 58-0444
NOLTES J. G., UNTERS. AN ORGANOGERMANIUMVERB. 7.MITT. 56-0018
- 3-PHENYL-3-BENZOBOREPIN, EIN C-B-HETEROCYCLUS MIT AROMAT. CHARAKTER 56-0411
NOMINE G., SYNTH. D. CHRYSANTHEMSAEURE (VORL. MITT.) 1. MITT. 56-0268
- TRIENSTEROIDKONSTIT. U. ANABOL. WRKG. 58-0479
NOMOTO K., STRUKTUR V. CYASTERON, EINE NEUE INSEKTENHAEUTENDE C29-SUBSTANZ AUS CYATHULA CAPITATA 61-0541
NONN K., SYNTH. D. 5-(PYRIDYL-(2))-5.6.7.8-TETRAHYDRO-CHINOLINS U. EINIGER 8-SUBSTITUIERTER DERIV. 60-0380
NOORDIK J. H., STRUKTUR V. DISULFID-DIOXIDEN (THIOLSULFONATEN) 55-0054
NORDBY H. E., NEUES CUMARIN AUS GRAPEFRUCHTSCHALENOEL 59-0346
NOREN J. O., METHYLIER. V. 3-PICOLIN U. N-(3-PICOLYL)-PYRROLIDIN MIT METHYL-LITHIUM 58-0388
NORICINA M. V., SELEKTIVE ACETYLIER. D. AMINOALKOHOLE AM STICKSTOFF, D. EINE SEK. AMINOGRUPPE ENTHALTEN 56-0335
NORMAN R. O. C., RK. V. BLEITETRAACETAT 9. MITT. 57-0217
- SYNTH. V. ZWEI 3.3.3-TRIARYL-PROPENEN U. ZWEI 2-METHYL-3.3.3-TRIARYL-PROPENEN 59-0261
NORMANT H., KONDENS. V. AETHOXYMETHYL-MGCL MIT ALPHA-AETHYLENKETONEN, MESITYLOXID U. METHYLVINYLKETON 54-0148
- ANWEND. D. HALOGENMAGNESIUMAUSTAUSCH-RK. AUF D. DARST. V. ALPHA-SUBSTITUIERTEN ORGANOMAGNESIUMVERB. 56-0163
- DARST. U. EIG. V. ALKALI-N.N'-TETRAMETHYL-DIAMIDOPHOSPHITEN, SYNTH. V. PHOSPHONAMIDEN 56-0197
NORMANT J., CIS- U. TRANS-OCTAHYDRO-CYCLOPENTA(B)PYRAN 54-0328
NORMANT J. F., HALOGEN-AUSTAUSCH U. ELIMINIER. IN HEXAMETHYLPHOSPHORTRIAMID (HMPT) 60-0237
NORMANT-CHEFNAY C., UNTERS. IN D. REIHE D. HOMOISOCHROMANS 59-0405
NORRESTAM R., ROENTGENSTRUKTURUNTERS. V. EINIGEN FLAVINDERIV. 57-0075
- KRIST.-STRUKTUR V. CA- U. SR-3-DESOXY-2-C-HYDROXYMETHYL-D-ERYTHRO-PENTONAT U. EINIGE HUECKEL-BERECHN. UEBER D. ENTSPRECHENDE SAEURE 57-0076
NORRIS R. K., TAUTOMERIE U. SYN-ANTI-ISOMERIE D. P-NITROSO-PHENOL P-BENZOCHINON-MONOXIM-SYST. 53-0038
NORTH B., ISOMERISIER. V. SAFROL ZU ISOSAFROL MIT HILFE V. EISENPENTACARBONYL U. ALKALI 54-0301
NORTON K. B., BITTERE PRINZIPIEN D. CUCURBITACEEN 15. MITT. 58-0459
- BITTERE PRINZIPIEN D. CUCURBITACEEN 16. MITT. 58-0460
NOSEK J., MODIFIKAT. D. FRANKLAND-RK. 4. MITT. 58-0159
- MODIFIKAT. D. FRANKLAND-RK. 5. MITT. 58-0416
NOSENKO N. V., IMINOESTER D. ADIPINSAEURE 54-0160
NOURI-BIMORGHI R., SYNTH. V. LINEAREN ALIPHAT. ALPHA-AMINOALDEHYDEN MIT FREIER ALDEHYD-GRUPPE 57-0322
NOUZOVA S., DIAZOTIER. D. AMINOPHENOLE IN KONZ. FLUORBORSAEURE 57-0181
NOVACEK A., NUCLEINSAEUREBESTANDTEILE U. ANALOGA 87. MITT. 54-0362
- BESTANDTEILE D. NUCLEINSAEUREN U. IHRER ANALOGEN 90. MITT. 56-0360
- ACYLIER. V. EINIGEN HARNSTOFFDERIV. 58-0235
NOVACEK L., ANTITUBERKULOTIKA 7. MITT. 56-0497
NOVACKAJA N. I., NITRIER. V. UNGESAETT. VERB. 2.MITT. 61-0392
NOVAK L., CHEMIE D. HETEROCYCL., PSEUDOBAS. AMINOCARBINOLE 32. MITT. 59-0380
NOVELLI A., ALLG. SYNTH. V. C-SUBSTITUIERTEN IMIDAZOLEN 53-0135
NOVIKOV A. N., DIREKTE JODIER. V. PHENANTHRENCHINON, FLUOREN U. SEINEN DERIV. 61-0282
NOVIKOV S. S., ISOXAZOLIZIDINE 4. MITT. 57-0287
- MECHANISMUS D. THERM. ZERS. V. NITRONAETHERN 58-0145
- ISOXAZOLIZIDINE 5.MITT. 58-0339
- ISOXAZOLIZIDINE 6.MITT. 60-0339
- 1.3-DIPOLARE CYCLOADDIT. V. NITRONSAEUREESTERN AN KONJUGIERTE UNGESAETT. VERB. 60-0342
NOVOZILOV A. V., MAKROCYCL. VERB. 9. MITT. 58-0256
NOWACKI W., KRISTALL- U. MOLEKELSTRUKTUR D. NAPHTHALIN-CHROMTRICARBONYLS C10H8CR(CO)3 58-0004
NOWAK K., OLEFIN-GOLD-KOMPLEXE 4. MITT. 55-0018
- GUANIDIN-DERIV. 2. MITT. 60-0216
NOWOCZEK G., SYNTH. (35S)-MARKIERTER D-GALAKTOSE-SULFATE U. CERAMID-GALAKTOSE-SULFATE (=CEREBROSIDSULFATE) 58-0508
NOYER H., WRKG. D. DURCH RADIOLYSE D. WASSERS ENTSTANDENEN CHEM. PROD. AUF C-C DOPPELBIND. 60-0158
NOYORI R., PHOTOCHEM. RK. V. AZIDOAMEISENSAEURE-AETHYLESTER MIT CYCL. AETHERN U. ACETALEN 53-0120
- EINE NEUE SYNTH. V. CYCLOPENTADECANON AUS CYCLODODECANON 55-0123
- CIS-TRANS-ISOMERISIER. ZWOELFGLIEDR. CYCL. OLEFINE 58-0251
NOZAKI H., PHOTOCHEM. RK. V. AZIDOAMEISENSAEURE-AETHYLESTER MIT CYCL. AETHERN U. ACETALEN 53-0120
- SULFONIUM- U. OXOSULFONIUM-CARBALKOXYMETHYLIDE 54-0189
- EINE NEUE SYNTH. V. CYCLOPENTADECANON AUS CYCLODODECANON 55-0123

- CIS-TRANS-ISOMERISIER. ZWOELFGLIEDR. CYCL. OLEFINE 58-0251
- RK. V. SULFONIUMYLIDEN MIT SULFONYLCHLORIDEN 59-0214

NOZOE S., STRUKTUR V. SICCANIN 58-0375
- NOMENKLATUR D. OPHIOBOLINE 61-0141
- BIOGENESE V. OPHIOBOLINEN, D. URSPRUNG D. SAUERSTOFFATOMS IN D. OPHIOBOLINEN 61-0562

NOZOE T., SESQUITERPENOIDE 7. MITT. 54-0402
- TOTALSYNTH. V. CHAMAECYNON 60-0468

NSEIC S., MAGNET. KERNRESONANZ V. PHOSPHONATEN 3. MITT. 57-0205

NUERNBERG R., HETARINE 7. MITT. 60-0137
- HETARINE 8. MITT. 60-0138

NURGATIN V. V., RK. V. SYMM.-TRINITROBENZOLDERIV. MIT POCL3 IN GGW. V. PYRIDIN 1. MITT. 54-0178
- RK. V. SYMM. TRINITROBENZOLDERIV. MIT POCL3 IN GGW. V. PYRIDIN 2. MITT. 54-0179
- DERIV. V. 2.4.6-TRINITRO-THIOPHENOLEN 61-0196

NURIDZANJAN K. A., HERBIZIDE U. REGULATOREN D. PFLANZENWACHSTUMS 45. MITT. 56-0208
- SYNTH. V. N'-ALKYL- U. N'-ARYL-UREIDEN D. ARYLOXYCARBONSAEUREN 56-0224
- SYNTH. EINIGER DERIV. V. N-ARYLOXYACETYLCARBAMATEN U. -THIOLCARBAMATEN 56-0225

NUSCH D., DURCH JOD KATALYSIERTE SCHWEFELKOHLENSTOFF-CHLORIER. 58-0181
- UMSETZ. MIT TRICHLORMETHANTHIOSULFENYLCHLORID 58-0224

NYBURG S. C., STRUKTUR U. STEREOCHEMIE V. DESAURIN (AUS ACETOPHENON) 53-0036
- STRUKTUR V. BIS-(TRIPHENYL-PHOSPHIN)-AETHYLEN-NICKEL 59-0010

NYE M. J., CYCLOPROPANONE U. VERWANDTE VERB. 2. MITT. 56-0320

NYITRAI J., HYDANTOINE, THIOHYDANTOINE, GLYKOCYAMIDINE 25.MITT. 54-0306

NYITRAY K., RADIKAL. POLYMERISAT. V. EINIGEN NORBORNEN-DERIV. 57-0425
- RADIKAL. KOPOLYMERISAT. V. NORBORNEN-DERIV. MIT MALEINANHYDRID 57-0426
- STRAHL.-INDUZIERTE POLYMERISAT. IM FESTEN ZUSTAND 18. MITT. 57-0427

NYMAN C. J., BIS-(TRIPHENYLPHOSPHIN)-CARBONATO-PLATIN(II) 59-0039

O

OAE S., SULFOXIDE 15. MITT. 56-0132
- SULFOXIDE 17. MITT. 56-0133

OAKES J., ANWEND. V. SPEKTROSKOP. U. RELAXAT.-TECHNIKEN ZUR UNTERS. V. TERT.-BUTYLALKOHOL-WASSER-GEMISCHEN 57-0073

OBASE H., PYROLYSE V. ORGAN. VERB. 3. MITT. 57-0389

OBAYASHI M., NEUE DIPOLARE 1.3-CYCLOADDIT.-RK., SYNTH. EINIGER ISOXAZOLIDIN-DERIV. 59-0330

OBERHAENSLI W. E., DIE ROENTGENSTRUKTURANALYSE V. 17BETA-BROMACETOXY-DELTA(4)-9BETA.10ALPHA -ANDROST-4-EN-3-ON 54-0074

OBRUBA K., ANTHRACHINON-FARBSTOFFE 3. MITT. 61-0287
- ANTHRACHINON-FARBSTOFFE 4. MITT. 61-0288

OCCOLOWITZ J., STEROIDE U. VERWANDTE NATURPROD. 39. MITT. 58-0469

OCCOLOWITZ J. L., ANTIRHIN, NEUES INDOLALKALOID AUS ANTIRHEA PUTAMINOSA (F. V. MUELL.) BAIL. 56-0423

OCHIAI M., NEUE DIPOLARE 1.3-CYCLOADDIT.-RK., SYNTH. EINIGER ISOXAZOLIDIN-DERIV. 59-0330
- NEUE, PHOTO-INDUZIERTE METHYLIER. V. PYRIMIDINEN U. KONDENSIERTEN PYRIMIDIN-VERB. 59-0382

ODA R., VERB. MIT KLEINEN RINGEN 14. MITT. 54-0180
- RK. V. AMIDCHLORIDEN 4. MITT. 58-0155
- OX. V. CARBENEN DURCH DIMETHYLSULFOXID 58-0158
- RK. V. P-YLIDEN MIT SULFENEN 58-0240
- 1-ARYL-2.4.6.8-TETRAOXA-BICYCLO(3.3.0)OCTANE AUS AROMAT. METHYLKETONEN, DIMETHYLSULFOXID U. EINEM SAEURECHLORID 58-0328
- CYCLOADDIT. V. VINYLDIAZOMETHAN MIT UNGESAETT. VERB. 59-0323
- MECHANISMUS D. OX. V. SULFIDEN MIT AKT. ALPHA-METHYLENGRUPPEN DURCH DIMETHYLSULFOXID U. BENZOYLCHLORID 61-0101
- RK. V. DEHYDROBENZOL MIT DISULFIDEN 61-0202

ODAIRA Y., PHOTOCYCLOADDITION VON ACETYLCYANID AN OLEFINE 53-0122
- PHOTOLYSE V. N-BUTYLCYANAT 57-0152
- PHOTOADDIT. V. DIAETHYLOXOMALONAT AN OLEFINE 60-0304

ODDON A., KINETIK U. MECHANISMUS D. RINGOEFFN. V. EPISULFIDEN DURCH SEK. AMINE 1. MITT. 58-0149
- KINETIK U. MECHANISMEN D. RINGOEFFN. V. EPISULFIDEN IN SAUREM MEDIUM 2. MITT. 58-0150

ODEYE M., HYDRIER. EINIGER KONJUGIERTER DIENAMINE 59-0195

ODHAM G., SYNTH. V. (+)-2L.4L-DIMETHYL-HEXANSAEUREMETHYLESTER U. (-)-2D.4L-DIMETHYL-HEXANSAEUREMETHYLESTER U. TRENN. D. DIASTEREOISOMEREN DURCH PRAEPARATIVE GASCHROMATOGRAPHIE 55-0125

O'DONOVAN D. G., BIOSYNTH. V. ELEAGNIN 59-0512

OEHME G., IR-SPEKTROSKOP. UNTERS. D. STEREOCHEMIE U. ENERGIEUEBERTRAG. IN INTRAMOL. WASSERSTOFFBRUECKEN SUBSTITUIERTER PHENYLGLYOXYLSAEUREN, ZUR THEORIE D. ALPHA-KETOSAEUREN, 15.MITT. 54-0060

OEHME H., PHOSPHAZOLIDINE 56-0355
- ALKALIMETALL-PHOSPHORVERB. U. IHR REAKTIVES VERH. 51.MITT. 61-0388

OELDERIK J. M., CHEMIE U. SPEKTROSKOPIE IN STARK SAUREN LSG., REVERSIBLE RK. ZWISCHEN ALIPHAT. CARBONIUMIONEN U. H 61-0097

OELSCHLAEGER H., ARZNEIMITTELANALYSEN MITTELS POLAROGRAPHIE ODER OSZILLOPOLAROGRAPHIE 7.MITT. 56-0108
- EINFACHE U. ERGIEBIGE SYNTH. D. 2.4.6-TRIMETHOXYANILINS 57-0180

OERTENGREN B., ENZYMAT. HYDROLYSE V. EINIGEN PENICILLINEN U. CEPHALOSPORINEN DURCH ESCHERICHIACOLI-ACYLASE 58-0520

OESTERLIN H. G., SYNTH. IN D. PURIN-REIHE 18. MITT. 60-0398

OFFERMANNS H., KETONISOMERISIER. MIT SCHWEFEL U. AMINEN UNTER MILDEN BEDING. 54-0195

OGATA M., PHOTOCHEM. CYCLOADDIT. V. BENZOPHENON AN FURANE 54-0376

OGATA Y., KINETIK D. TISCHTSCHENKO-RK. V. ACETALDEHYD MIT ALUMINIUM-TRIISOPROPYLAT 54-0091
- KINETIK D. SALPETERSAEUREOX. V. BENZALDEHYDEN ZU BENZOESAEURE 54-0092
- PHOTOCHEM. ADDIT. V. MONOCHLORAMIN AN CYCLOHEXEN 55-0109
- BLDG. V. PERSAEUREN DURCH PERHYDROLYSE MIT H2O2 IN ALKAL. LSG. 61-0205

OGAWA K., 1-(3-METHYL-INDOLYL-(2))-PYRIDINIUMBROMID, SYNTH. U. AUTOX. SEINES HYDRIER.-PROD. 55-0280

OGAWA S., AMINOCYCLITE 15. MITT. 60-0426

OGDEN P. H., PHOTOLYSE V. PERFLUOR-2.3-DIAZABUTADIEN-(1.3) 54-0142
- STEREOISOMERISIER. V. PERFLUOR-N-METHYLEN-ISOPROPYLAMIN 60-0144

OBIGIN J. N., RADIKAL. ADDIT. V. ACETOXYESSIGSAEUREMETHYLESTER AN OLEFINE U. PYROLYSE D. ADDUKTE 56-0184

OGINO T., ZWEI NEUE TRITERPENE AUS CAMELLIA SINENSIS U. CAMELLIA SASANQUA 55-0371
- STRUKTUREN V. A(1)-BARRIGENOL U. R(1)-BARRIGENOL 58-0468
- ANORMALE OPT. ROTAT.-DISPERS. V. STEROIDGEBUNDENEN TETRAHYDROFURANONEN 60-0039

OGISO A., SYNTH. V. DREI HARZSAEURE-ABBAUPROD. 54-0262

OGNJANOV I., TERPENE 184.MITT. 55-0354

OGNYANOV I., ALKALOIDE AUS VINCA HERBACEA W. K. 56-0498
- ALKALOIDE AUS VINCA HERBACEA W.K. 8. MITT. 57-0365
- STEREOCHEMIE V. HERBACEIN U. HERBALIN 60-0084

OGOLEVA L. N., ISOMERENVERHAELTNIS BEI AZOKUPPL. 6. MITT. 56-0292
- ISOMERENVERHAELTNIS BEI EINER AZOKUPPL. 7. MITT. 59-0153
- ISOMERENVERHAELTNIS BEI EINER AZOKUPPL. 8. MITT. 59-0154

O'GRADY B. V., KINETIK D. ZERS. V. CHEM. AKTIVIERTEM AETHYLFLUORID 59-0146

OGURA H., CHEMIE D. LEUCOMYCINE 1. MITT. 54-0454
- CHEMIE D. LEUCOMYCINE 2. MITT. 56-0479

OH D., DARST. U. EIG. V. CHLORFLUORMETHYLSULFENYLPSEUDO-HALOGENIDEN 54-0156

OHASHI T., UMLAGER. V. N-CHLOR-N-ALKYL-ALKANSULFONAMIDEN 57-0136

OHE T., BLDG. V. 4.4'-DIHYDROXY-3.3'.5.5'-TETRAJOD-BENZOPHENON AUS 4-HYDROXY-3.5-DIJOD-PHENYLBRENZTRAUBENSAEURE U. 4-HYDROXY-3.5-DIJOD-BENZOESAEURE 61-0265

OHLOFF G., EINE AUSSERGEWOEHNL. STEREOSPEZIFITAET BEI D. HYDROBORIER. D. DIASTEREOMEREN (1R)-ISOPULEGOLE MIT DIBORAN 54-0288
- SYNTH. V. EXALTON U. RAC. MUSCON AUS CYCLODODECANON 55-0170
- EINE NEUART. FRAGMENTIER. CYCL. ALPHA,BETA-UNGESAETT. CARBONYLSYST., SYNTH. V. EXALTON U. RAC-MUSCON AUS CYCLODODECANON 55-0211
- THERM. UMLAGER. D. CARYOPHYLLENE 55-0368
- SYNTH. U. CHIRALITAET D. (-)-CANNABIDIOLS 55-0413
- AETHER. OELE 6. MITT. 57-0196

OHME R., OXAZIRIDINE 4.MITT. 57-0248
- PROTONENRESONANZ-UNTERS. ZUR INVERSION AM DREIBINDIGEN STICKSTOFFATOM 1. MITT. 59-0059
- OXAZIRIDINE 6.MITT. 61-0337
- OXAZIRIDINE 7.MITT. 61-0338

OHNO A., SCHWING.-EFFEKTE 1. MITT. 54-0055
- SCHWING.-EFFEKTE 2. MITT. 54-0056

OHNO K., ORGAN. SYNTH. MIT HILFE V. EDELMETALLVERB. 32. MITT. 58-0031

OHNO M., OPT. ROTATIONSDISPERS. V. TRANS-CYCLAN-1.2-DICARBONSAEURETHIONAMIDEN 61-0031

OHSAWA T., STEREOCHEMIE V. PROTOPANAXADIOL, SAEURE-KATALYSIERTE EPIMERISIER. D. C-20-HYDROXYLS V. BETULAFOLIENTRIOL, PROTOPANAXADIOL U. IHREN DERIV. 54-0423

OHTA M., SYNTH. V. 1-HYDROXY-3-ISOBUTYL-6-(1-HYDROXY-1-METHYL-AETHYL)-2-PYRAZINON U. D. STRUKTUR V. MUTAASPERGILLSAEURE 55-0306

OHTA Y., STRUKTUR V. CUBENOL U. EPICUBENOL 58-0456

OKABE K., STRUKTUR V. GINKGOLID A, EINEM NEUEN DITERPENOID-TRILACTON 57-0381

OKADA T., STEREOCHEMIE D. AZIRIDIN-BLDG. DURCH RED. V. OXIMEN MIT LITHIUM-ALUMINIUM-HYDRID 55-0216
- UEBER PTERINCHEMIE 18. MITT. 55-0308

OKAHARA M., UMLAGER. V. N-CHLOR-N-ALKYL-ALKANSULFONAMIDEN 57-0136
OKAMOTO Y., ACUTUMIN U. ACUTUMIDIN, CHLORHALTIGE ALKALOIDE MIT NEUART. SKELETT 1. MITT. 59-0438
- ACUTUMIN U. ACUTUMIDIN, CHLORHALTIGE ALKALOIDE MIT NEUARTIGEM SKELETT 2. MITT. 59-0439
OKAMURA W. H., 4-AZAPENTALENYL-ANION 61-0362
OKANO M., RK. V. AMIDCHLORIDEN 4. MITT. 58-0155
- RK. V. P-YLIDEN MIT SULFENEN 58-0240
- CYCLOADDIT. V. VINYLDIAZOMETHAN MIT UNGESAETT. VERB. 59-0323
- EIN NEUES SCHWEFEL ENTHALTENES AZULEN, 3.5.8-TRIMETHYL-AZULENO(6.5-B)THIOPHEN 61-0360
OKAWARA M., SYNTH. V. POLYSTYROL MIT VERDAZYL-STRUKTUR 61-0560
OKAZAKI K., RK. V. DEHYDROBENZOL MIT DISULFIDEN 61-0202
OKI M., GESCHW. D. RK. V. SUBSTITUIERTEN O-METHOXYPHENYLMAGNESIUMBROMIDEN MIT DI-TERT.-BUTYL-KETON 58-0132
OKORIE D. A., STRUKTUR V. HEUDELOTTIN AUS TRICHILIA HEUDELOTTII 54-0435
OKU A., VERB. MIT KLEINEN RINGEN 14. MITT. 54-0180
OKUDA S., STEREOCHEMIE DER HELVOLSAEURE 59-0090
- NOMENKLATUR D. OPHIOBOLINE 61-0141
- BIOGENESE V. OPHIOBOLINEN, D. URSPRUNG D. SAUERSTOFFATOMS IN D. OPHIOBOLINEN 61-0562
OLAGBEMI E. O., NEUART. MELIACINE (LIMONOIDE) AUS D. HOLZ V. PSEUDOCEDRELA KOTSCHYII 61-0530
OL'GERT I. V., ALKANSULFONSAEUREN 35. MITT. 58-0179
OLIJNSMA T., ROTAT.-BARRIEREN D. ESTERFUNKT. V. EINIGEN CARBAMATEN, ANWEND. EINES ITERATIVEN COMPUTERPROGRAMMS BEI EINER NMR-UNTERS. 55-0061
- MANNICH-KONDENS. EINER SULFINSAEURE MIT ALDEHYDEN U. CARBONSAEUREAMIDEN, SULFONAMIDEN ODER LACTAMEN 4. MITT. 58-0225
OLLE C., SCHONENDE OX. SUBSTITUIERTER AROMAT. PRIMAERER AMINE 54-0207
OLLIS W. D., ROTAT.-ISOMERIE V. FULVEN-DERIV. 54-0069
- KONFORM.-VERH. V. TRI-O-CARVACROTID DURCH KERNMAGNET. RESONANZ-SPEKTROSKOPIE 56-0067
- RK. V. DIMETHYLSULFOXONIUMMETHYLID MIT BENZOPYRON-(4)-DERIV. 60-0362
- KONSTIT. U. SYNTH. V. MUNDULEA-LACTON 60-0363
OLSCHWANG D., DARST. V. VERB. MIT DREIWERT. GEMISCHTER FUNKT. 60-0197
OLSSON K., POLYTHIAADAMANTANE 3. MITT. 56-0384
- POLYTHIAADAMANTANE 4. MITT. 56-0385
OLTAY E., ISOMERENBLDG. BEI D. NITRIER. EINFACHER U. SUBSTITUIERTER PARAFFINKOHLENWASSERSTOFFE 54-0095
OMURA S., CHEMIE D. LEUCOMYCINE 1. MITT. 54-0454
- CHEMIE D. LEUCOMYCINE 2. MITT. 56-0479
O'NEILL R. C., NEUE SYNTH. V. SULFONYLHARNSTOFFEN 57-0170
ONISCENKO A. A., ISOXAZOLIZIDINE 4. MITT. 57-0287
- ISOXAZOLIZIDINE 5.MITT. 58-0339
- ISOXAZOLIZIDINE 6.MITT. 60-0339
ONO S., D. RK. V. OMEGA-PHENYLMERCAPTO-ACETOPHENON 61-0235
ONOPRIENKO V. V., TETRACYCLIN-REIHE. 44. MITT. 53-0109
OOI S., STRUKTUR D. BIS-(ACETYLACETONATO)-KUPFER(II)-CHINOLIN-ADDUKTES 60-0005
OOSTEN B. J., LOESLICHK.-DIAGRAMMM V. LACTOSE U. LACTULOSE IN WASSER 61-0089
- KRISTALLISAT. V. LACTULOSE 61-0461
OPPENHEIMER A. W., 9.10.11.12-TETRAPHENYL-TETRACYCLO(6.4-.0.0(4,12).0(5,9))DODECEN-(10) 60-0284
OPPENLAENDER K., UNTERS. AN SIEBENRINGSYST. 3. MITT. 55-0319
OPPOLZER W., EIN NEUER WEG ZU SULFONIUMYLIDEN, DIPHENYLSULFONIUMISOPROPYLID 59-0265
ORAZI O. O., UNTERS. V. PFLANZEN, 12.MITT. 54-0387
O'RELL M. K., LSGM.-ABHAENG. CHEM. VERSCHIEB. D. EXO-ALPHA-(1)H-RESONANZEN IN D. NMR-SPEKTREN V. QUATERN. PIPERIDINIUM-SALZEN 53-0021
- STEREOCHEMIE D. QUATERNISIER. V. PIPERIDINEN 54-0341
ORENSKI P. J., UV-ABSORPTIONSSPEKTREN V. OXIMEN 61-0042
ORLOVA A. N., KONDENS. V. 5.5-DIMETHYL-2.4-DIPHENYL-2-HYDROXY-2.5-DIHYRO-FURAN MIT ACETESSIG-, NITROESSIG-U. CYANESSIGESTER 58-0310
ORTH H., ALPHA-HALOGENIERTE AMINE 16.MITT. 55-0133
ORZALESI H., STEREOCHEMIE IN D. BICYCLO(5.4.0)UNDECANREIHE 1. MITT. 59-0285
OSAKI K., MONOTERPENGLUCOSIDE 5. MITT. 59-0091
- STEREOCHEMIE U. ABS. KONFIG. V. STENIN U. TUBEROSTEMONIN 59-0436
- ACUTUMIN U. ACUTUMIDIN, CHLORHALTIGE ALKALOIDE MIT NEUART. SKELETT 1. MITT. 59-0438
- ACUTUMIN U. ACUTUMIDIN, CHLORHALTIGE ALKALOIDE MIT NEUARTIGEM SKELETT 2. MITT. 59-0439
OSBORN J. A., SELEKT. KATALYT. HOMOGENE HYDRIER. V. ENDSTAENDIGEN OLEFINEN UNTER VERW. V. TRIS-(TRIPHENYLPHOSPHIN)-HYDRIDOCHLORORUTHENIUM-(II), H-D-AUSTAUSCH U. ISOMERISIER.-RK. V. OLEFINEN 58-0108
OSBORNE G. O., SYNTH. V. O.O-DIALKYL-DITHIOPHOSPHORSAEUREDERIV. D. 1.3.5-TRIAZINS 59-0397
OSECKAJA V. A., SYNTH. U. IR-SPEKTREN V. UNDECYLENPERSAEUREESTERN 61-0158
OSSKE G., STERINE U. TRITERPENOIDE 11. MITT. 55-0363
OSTROUMOVA N. G., DERIV. D. HYDROXYLAMINS 61-0387
OTANI N., KORRIGIERTE STRUKTUR V. BILOBANON 61-0511
OTHMAN A. A., DIELS-ALDER-RK. DIHYDROAROMAT. VERB., 1. MITT. 53-0055
OTREMBA M., SPEZIF. UMWANDL. V. OLEFINEN IN GGW. FESTER KATALYSATOREN 58-0151
OTSUKA H., STRUKTURUNTERS. UEBER D. KLEINSTEN BAUSTEINE V. CHINOXALINANTIBIOTIKA 55-0402
OTTINGER R., TRITERPENE 8. MITT. 54-0032
OTTO H., ALPHA-HALOGENIERTE AMINE 20. MITT. 61-0167
OTTO J., D. RK. V. CHLORDIOXID MIT ORGAN. VERB. 8.MITT. 55-0154
- RK. V. METHYLDICHLORPHOSPHIN MIT EINIGEN O-DISUBSTITUIERTEN BENZOLEN 55-0261
OUANNES C., ASYMM. 1.3-INDUKT. 1. MITT. 56-0283
OUCHIDA A., UBICHINONE U. VERWANDTE SUBSTANZEN 11. MITT. 57-0047
OURISSON G., STEREOCHEM. UNTERS. IN D. CEDRANREIHE 2.MITT. 55-0367
- STEREOIDPHOSPHONATE 1. MITT. 56-0460
- STEROIDPHOSPHONATE 2. MITT. 56-0461
- MAGNET. KERNRESONANZ V. PHOSPHONATEN 3. MITT. 57-0205
- OX. D. LONGIFOLOLE MIT BLEITETRAACETAT, BLDG. V. CYCLOPROPANDERIV. 59-0460
- D. STRUKTUR V. SHIONON 60-0471
- EPOXYDAT. IN D. REIHE D. SECO-STEROIDE 2. MITT. 60-0487
- LANSOESAEURE, EIN BICYCL. TRITERPEN 61-0526
OVEREND W. G., KONSTIT. U. REAKTIVITAET V. ANHYDROZUCKERN 7. MITT. 58-0427
OVERSEEM J. C., ISOLIER. U. IDENTIFIZIER. V. ALPHA-METHYLEN-BUTYROLACTON, EINER FUNGITOX. SUBSTANZ AUS TULPEN 61-0567
OVERTON K. H., KONFIGURAT. D. EPOXIDRINGS IN PALMARIN, EIN FALL UEBERMAESSIGER KONFORMATIVER DEFORMAT. 56-0074
- BESTANDTEILE V. ERYTHROXYLON MONOGYNUM ROXB. 3. MITT. 57-0424
- KONFIGURAT. AM C(13) IN LABDANOL- U. EPERUSAEURE 58-0458
- HYDROXYSKYTANTHIN I U. II, ZWEI NEBENALKALOIDE AUS SKYTANTHUS ACUTUS MEYEN 61-0486
- MEXICANOL 61-0528
OWELLEN R. J., CYCLISIERUNGSPHASE D. FISCHERSCHEN INDOLSYNTH., STRUKTUR U. BEDEUT. V. PLIENINGERS ZWISCHENPROD. 57-0256
OWEN A. J., HMO-BEHANDL. V. -O-NO2-, -N-NO2- U. -C-NO2-GRUPPEN 56-0109
OWEN E. D., TEMP.-ABHAENGIGKEIT D. PRIMAERPROZESSES D. PHOTOLYSE V. DIPHENYLACETYLEN IN LSG. 56-0150
OWEN L. N., DITHIOLE 23. MITT. 58-0183
- OX. V. THIOCARBONATEN MIT BLEITETRAACETAT ODER PERSAEUREN 58-0327
- CYCL. HEMITHIOACETALE, ANALOGE D. THIOZUCKER MIT SCHWEFEL IM RING 59-0406
- THIOZUCKER 3. MITT. 59-0417
- D. ERSATZ V. SULFONYLOXY-GRUPPEN AM C4 IN PYRANOSIDEN 60-0421
- CYTOTOX. VERB. 9. MITT. 61-0203
OWEN T. C., AMINO-ALKANTHIOLE AUS AMINOALKOHOLEN UEBER AMINOALKYLSULFATE U. THIAZOLIDINTHIONE 61-0153
- RADIOLYT. ZERS. V. ALPHA-LIPONSAEURE DURCH X-STRAHLEN IN WSS. LSG., EINE KETTENRK. 61-0374
OWSTON P. G., STRUKTUR EINES ACETYLEN-PLATIN(II)-KOMPLEXES 59-0009
OZAKI S., ISOCYANSAEURE U. DERIV. 2.MITT. 61-0341
OZRETICH T. M., CYCL. KUMULENE, SYNTH. U. EINIGE RK. V. 1.2.3-CYCLODECATRIEN 61-0243

P

PAATZ R., CARBONYLIER. ALIPHAT. KW-STOFFE IN GGW. V. HF-SBF5 55-0111
PACHALY P., EINE STEREOSELEKTIVE SYNTH. V. CIS- U. TRANS-3-PHENYL-2-CARBOXY-PYRROLIDON-(5) 56-0338
PACHAPURKAR R. V., NIMBININ, EIN NEUES TETRANORTRITERPENOID 61-0524
PACHECO H., CHEMIE D. FLAVONE 5.MITT. 55-0330
- CHEMIE D. FLAVONVERB. 6. MITT. 60-0052
- KONFIG.-BEST. ADRENALINVERWANDTER ALPHA-AMINO-CYCLANOLE MITTELS NMR 60-0275
PACHLER K. G. R., PMR-UNTERS. V. PTEROCARPANDERIV. KONFORM. D. 6A.11A-DIHYDRO-6H-BENZOFURO(3.2-C)(1)BENZOPYRAN-RINGSYST. 57-0057
- PEUCENIN AUS NIESHOLZ (PTAEROXYLON OBLIQUUM) 57-0302
PADDON-ROW M. N., DIMROTH-UMLAGER. 8.MITT. 58-0408
PADEKEN H. G., UEBER PHOSPHORVERB. 4. MITT. 54-0235
PADWA A., RK. V. ARYL-AROYL-AZIRIDINEN MIT DIPHENYLJODONIUMJODID 58-0340
- PHOTOCHEM. ANALOGIEN IN MASSENSPEKTREN, D. EPOXYCYCLOPENTENON-PYRON-UMLAGER. 60-0063
PAGANI G., TEILNAHME D. NACHBARGRUPPEN AN SOLVOLYSERK. V. ALPHA-CHLOR-KETONEN 56-0217
PAGE G., SYNTH. V. O.O-DIALKYL-DITHIOPHOSPHORSAEUREDERIV. D. 1.3.5-TRIAZINS 59-0397
PAI B. R., BESTANDTEILE VON MESUA FERREA L. 1. MITT. 53-0203
- SYNTH. V. EVOXANTHIN 57-0362
- TRITERPENE V. CALOPHYLLUM INOPHYLLUM LINN. 57-0376
- BERICHTIGTE STRUKTUREN V. DIPHYLLIN U. JUSTICICIN A

61-0557
PAILER M., PFLANZL. NATURSTOFFE MIT EINER NITROGRUPPE 6. MITT. 59-0498
PAINTER T. J., STATIST. DEPOLYMERISER. V. HETEROPOLY-SACCHARIDEN 1. MITT. 58-0513
PAIS M., PEPTIDALKALOIDE 4. MITT. 58-0500
PAISLEY H. M., 4.6-DIPHENYL-1.2.3.5-OXATHIADIAZIN-2.2-DIOXID 54-0371
PAJETTA P., PROD. D. OX. V. TRYPTOPHAN MIT PERAMEISEN-SAEURE 55-0232
PAKRASHI S. C., IND. ARZNEIPFLANZEN 15.MITT. 58-0530
PALAT K., ANTITUBERKULOTIKA 7. MITT. 56-0497
PALCKOV V. A., SYNTH. V. PYRYLIUMSALZEN AUS CYCL. TERTIAEREN ALKOHOLEN 59-0347
PALETA O., ADDIT.-RK. V. HALOGENOLEFINEN 3. MITT. 57-0128
- RED. U. HYDROLYSE D. TRICHLORMETHYLGRUPPE IN FLUORALKANEN 60-0171
PALLADINO N., CYCLISIER. V. 2-METHYL-BUTIN-(3)-OL-(2) 1.MITT. 58-0173
- CYCLISIER. V. 2-METHYL-BUTIN-(3)-OL-(2) 2.MITT. 58-0174
PALLAUD R., DARST. DIMERER AROMAT. THIOLAETHER UEBER INTERMEDIAERE ORGANOMAGNESIUMVERB. IN GGW. GERINGER MENGEN COCL2 60-0253
PALTAUF F., HETEROCYCLEN 15. MITT. 54-0356
PALUCH K., D. RK. V. CHLORDIOXID MIT ORGAN. VERB. 8.MITT. 55-0154
- RK. V. CHLORDIOXID MIT ORGAN. VERB. 11.MITT. 61-0195
PANAJOTOVA B., HYDRIER. V. ARYLIERTEN AZETIDINTHIONEN-(2) ZU ARYLSUBSTITUIERTEN 3-AMINO-PROPANTHIOLEN-(1) 57-0250
PANDEY G. N., NERIIFOLIOL, NEUER PENTACYCL. TRITERPENALKOHOL AUS OLEANDRA NERIIFOLIA 56-0450
PANDEY R. C., BETA-CYCLOLAVANDULAL, EIN NEUER NATUERL. VORKOMMENDER MONOTERPEN-TYP 60-0464
PANDIT G. D., SYNTH. V. NORADAMANTAN MIT FUNKT. AM C(2) 60-0294
PANDIT U. K., HETEROCYCL. STEROIDE 9.MITT. 61-0547
PANHARE E. D., KONSTIT. V. LACCAINSAEURE B 59-0445
PANKOVA M., SYN-ANTI-ELIMINIER.-DICHOTOMIE, GEMEINSAMES MERKMAL IN D. HOFMANN-ELIMINIER. 59-0137
PANKOW H., THALLEIOCHIN-RK. 55-0433
PANNETIER G., INFRAROTSPEKTROSKOP. UNTERS. D. AUTASSOZIAT. V. CYCLOHEXYLAMIN U. N-METHYL-CYCLOHEXYLAMIN 57-0080
PANNIER R., FERROCENDERIV. 8. MITT. 58-0023
PANSE P., MECHANISMUS D. WITTIG-RK. MIT TRIARYL-ALKOXYCARBONYLMETHYLEN-PHOSPHORANEN 56-0136
PANT B. C., EIN NEUER WEG ZU ALPHA-CHLORALKYLSILANEN, VERW. V. CHLORALKYL-LITHIUM-VERB. U. CHLORALKYL-MAGNESIUMHALOGENIDEN ALS IN SITU-REAGENTIEN 61-0187
PANTANELLA F., SYNTH. V. 2-ALKOXY-2-PHENYL-ACETAMIDO-CARBONSAEUREN 61-0180
PAOLONI L., TAUTOMERE FORMEN V. SAUERSTOFFHALT. DERIV. D. 1.3.5-TRIAZINS 5. MITT. 59-0144
PAPAZJAN N. A., RK. V. AETHERN MIT UNGESAETT. RESTEN 7. MITT. 61-0149
PAPE M., ISOBENZPINAKOL ALS URSACHE D. SPEKTRALEN EFFEKTS BEI D. PHOTORED. D. BENZOPHENONS 53-0013
PAPPAS B. C., PHOTOADDIT. V. ALKINEN AN METHOXY-P-BENZOCHINON 57-0240
PAPPAS J. J., NEUE SYNTH. V. SULFONYLHARNSTOFFEN 57-0170
PAPPAS S. P., PHOTOADDIT. V. ALKINEN AN METHOXY-P-BENZOCHINON 57-0240
PAQUETTE L. A., EINE NEUART. UMLAGER. BEI D. ADDIT. V. SULFENEN AN 1.3-BIS-(DIMETHYLAMINO)-3-PHENYL-1-PROPEN 55-0120
PAQUOT C., ISOMERISIER. V. ALPHA-METHYL-OMEGA-HYDROXY-BETA-OXASAEUREN ZU GERADKETT. VERB. 54-0166
PARDHASARADHI M., STRUKTUR V. DIOSPYRIN 56-0290
PARFITT R. T., RK. V. TETRALONEN U. IHREN ENAMINEN MIT HALOGENCYANEN, NEUE SYNTH. V. NAPHTHYL-(2)-AMINEN 53-0097
PARIAUD J., BEST. D. PK V. MONOSAEUREN DURCH MESS. D. EMK V. KETTEN MIT DIFFUSIONSPOTENTIAL 56-0107
PARIKH I., UMWANDL. V. BETANIDIN U. BETANIN IN NEOBETANIDINDERIV. 61-0499
PARK J. D., REAKTION VON AETHYLAT MIT 1.2.3.3-TETRAHALOGEN-CYCLOBUTENEN. ELEKTRONISCHE KONTROLLE DES NUCLEOPHILEN ANGRIFFS 53-0084
- DURCH REAKTION VON GRIGNARD-VERBINDUNGEN MIT EINIGEN ALICYCLISCHEN, POLYFLUORIERTEN OLEFINEN RESULTIERENDE SUBSTITUTIONS- UND UMLAGERUNGSREAKTIONEN. EINFLUSS DER RINGGROESSE AUF DIE PRODUKTVERTEILUNG 53-0085
- NEUART. RK. V. 1-CHLOR-2-(ALPHA-BROMAETHYL)-HEXAFLUORCYCLOPENTEN-(1) MIT GRIGNARD-REAGENZIEN 56-0248
PARKANYI C., PHYSIKAL. EIG. U. CHEM. REAKTIVITAETEN V. ALTERNIERENDEN KW-STOFFEN U. VERWANDTEN VERB. 11. MITT. 60-0043
PARKER J. B., BASEN-KATALYSIERTE RK. V. GLYOXAL 2. MITT. 56-0399
PARKER W., BRUECKENRINGSYST. 10. MITT. 53-0114
- SYNTH. U. ROENTGENANALYSE EINES TRICYCLO(5.3.1.1-(2.6))DODECANS 54-0275
- BRUECKENRINGSYSTEME 12.MITT. 55-0172
- SYNTH. V. NEOCLOVEN 56-0440
PARKIN J. G., ANOD. OX. 2. MITT. 61-0163
PARNELL E. W., STEROIDAMINE 4. MITT. 58-0494
PARNES Z. N., ION. HYDRIER. D. AETHYLENBIND. U. D. DOPPELBIND. V. CARBONYLGRUPPEN 58-0109
- RK. V. TROPYLIUMBROMID MIT ALKOHOLEN U. AETHERN 60-0239
PARRISH J. R., MONOMERE LIGNINSULFONSAEUREN 2. MITT. 59-0220
PARS H. C., UNGEWOEHNL. GRIGNARD-ADDITION AN EIN CUMARIN 61-0127
PARTON B., CUMARINE AUS PTAEROXYLON OBLIQUUM 58-0373
- UMTATIN U. VERWANDTE CHROMONE AUS D. KERNHOLZ V. PTAEROXYLON OBLIQUUM 60-0371
- CHROMONE MIT OXEPINRING AUS PTAEROXYLON OBLIQUUM 61-0457
PARUSZEWSKI R., SYNTH. EINIGER AUS ZWEI MOL. GLUTAMINSAEURE U. EINEM MOL. GLYCIN AUFGEBAUTER TRIPEPTIDE 55-0396
PASCAULT J., DARST. AROMAT. MAGNESIUMVERB. IN EINEM APROT. POLAREN LSGM. 54-0004
- DARST. V. FLUORENYLMAGNESIUM, SPEKTRALANALYSE D. FLUORENYLIONEN IN HEXAMETAPOL 54-0022
- SPEKTROSKOP. UNTERS. V. AROMAT. VERB. D. MAGNESIUMS U. D. ALKALIMETALLE IN HEXAMETAPOL 54-0023
PASCHINGER H., HEMM. D. AKTIVEN BROMIDAUFNAHME DURCH PFLANZENZELLEN DURCH GLUCOSE 59-0509
PASCOE P. F., HYDROXYAETHYLCARBAMIDSAEUREBETAIN-CHELAT 60-0195
- POLYMERISATIONSPROD. AUS AETHANOLAMIN U. CO2 60-0500
- ERMITTL. D. ZUS. V. POLYMEREN AUS AETHANOLAMIN U. N-METHYL-AETHANOLAMIN 60-0501
- MECHANISMUS D. POLYMERISAT. V. AETHANOLAMIN MIT KOHLENDIOXID 60-0502
PASCUAL C., 'LONG-RANGE'-KOPPL. ZWISCHEN PROTONEN GEMINALER METHYLGRUPPEN IN KERNRESONANZSPEKTREN 54-0036
- PROTONENRESONANZSPEKTROSKOP. UNTERS. AN BICYCLO-(2.2.1)HEPTAN- U. BICYCLO(2.2.2)OCTAN-DERIV., EINFL. V. SUBSTITUENTEN AUF D. CHEM. VERSCHIEB. 54-0037
- STEROIDE U. SEXUALHORMONE 232. MITT. 57-0403
PASKOFF B., RADIKAL. ADDITION V. AETHANOL U. AETHANAL AN BETA-PINEN 57-0393
PASKOVICH D. H., BLDG. V. SUBSTITUIERTEN PHENALENEN DURCH RED. V. PYREN U. PERYLEN 54-0266
- ESR-SPEKTRUM D. 1.2.3-TRIHYDROPYRENYLS 57-0039
- THERM. ZERS. V. CYCLOBUTAN-CARBALDEHYD-P-TOSYL-HYDRAZON 58-0255
PASKUCZ L., UEBER HETEROORGAN. VERB. 32.MITT. 61-0206
PASLAWSKI J., RK. V. CYCLOHEPTATRIEN MIT BENZOYLIUMFLUOR-OBORAT 54-0219
PASTO D. J., UEBERTRAG.-RK. MIT BOR 13. MITT. 55-0162
- SYNTH. V. TRANS.TRANS-2.5-DI-TERT.-BUTYL-CYCLOHEXANOL DURCH HYDROBORIER. V. 1.4-DI-TERT.-BUTYL-CYCLOHEXEN 55-0168
PASYNKIEWICZ S., KOMPLEXE AUS ORGANOALUMINIUMVERB. U. ESTERN U. IHRE INFRAROTSPEKTREN 60-0002
PATAI S., THERM. ZERS. V. IN VERSCHIEDENEN STELL. (14)C-MARKIERTER D-GLUCOSE 56-0413
- ORGAN. RK. IN SCHMELZEN U. FESTKOERPERN 5. MITT. 61-0143
PATAKI G., N-TERMINALE SEQUENZANALYSE V. PEPTIDEN MITTELS EDMANN-ABBAUS, KOMBINIERTE ANWEND. D. DIREKTEN U. D. SUBSTRAKTIVEN METH., ANWEND. D. DUENNSCHICHT-CHROMATOGRAPHIE ZUR SEQUENZANALYSE V. PEPTIDEN 7. MITT. 58-0501
PATCHETT A. A., ANALOGON V. 18-NOROESTRON MIT AROMAT. C-RING 61-0545
PATEL N. K. D., FREIE RADIKALE AUS PHENOTHIAZIN 59-0389
PATIL L. J., SYNTH. V. BETA-ELEMEN U. ELEMOL 58-0464
PATNEKAR S. G., TERPENOIDE 9.MITT. 54-0415
PATRICK C. R., AROMAT. POLYFLUORVERB. 35. MITT. 53-0077
PATSCH M., UMLAGER. ORGAN. ANIONEN 6. MITT. 58-0140
- ACETOLYSE V. ENDO- U. EXO-BICYCLO(N.1.0)ALKYL-TOSYLATEN 61-0119
PATTERDEN G. E., VERW. V. AETHOXYACETYLEN ZUR SYNTH. V. N-GESCHUETZTEN AMINOSAEUREN 53-0069
PAUDLER W. W., EINSTUFENSYNTH. V. 1.6-NAPHTHYRIDIN 54-0337
- WASSERSTOFF-DEUTERIUM-AUSTAUSCH IN POLYAZAINDENEN 59-0377
PAUL H., SYNTH. GEMISCHTER HEXA-HETARYL-ARYLBENZOLE U. AEHNL. VERB. 55-0178
PAUL L., BETA-LACTAME 4.MITT. 56-0337
- SYNTH. V. MALECYL- U. GLUTARYL-GLYCYLCHLORID 61-0177
- BETA-LACTAME 5. MITT. 61-0449
PAUL R., WRKG. V. NATRIUMAMID AUF QUATERN. AMMONIUMVERB. 1.MITT. 58-0207
PAUL V., TOTALSYNTH. V. 17BETA-HYDROXY-DELTA(9)-DES-A-ANDROSTEN-5-ON U. 17BETA-HYDROXY-10ALPHA-DES-A-ANDROSTAN-5-ON 58-0483
PAULAY Z., TOTALSYNTH. D. MENSCHL. CORTICOTROPINS (ALPHA(H)-ACTH) VORL. MITT. 59-0486
PAULSEN H., SYNTH. EINES 1-3-VERKNUEPFTEN DISACCHARIDS AUS ZWEI D-GLUCOSAMIN-EINHEITEN 53-0185
- MONOSACCHARIDE MIT N-HALT. RING 12. MITT.. 54-0378
- MONOSACCHARIDE MIT N-HALT. RING 13. MITT. 55-0323
- QUANT. UNTERS. D. RK. V. HEXOSEN MIT AMINOSAEUREN 58-0429
- SELEKTIVE KATALYT. OX. 24. MITT. 60-0423
- MASSENSPEKTROMETR. UNTERS. 18. MITT. 61-0064
- HYDRAZINRK. 2. MITT. 61-0464

- SYNTH. EINES 1-4-VERKNUEPFTEN DISACCHARIDS AUS ZWEI D-GLUCOSAMIN-EINH. 61-0465
- SYNTH. V. 9-BETA-L-SORBOPYRANOSYL-ADENIN (9-BETA-L-XYLO-HEXULOPYRANOSYL-ADENIN) 61-0477

PAULUS E. F., STRUKTUR V. HYDRIDOTETRACYCLOPENTADIENYL-TRIRHODIUM 61-0008
PAUSON P. L., PHOTOCHEM. ADDITION V. OLEFINEN 56-0363
- CYCLOHEPTATRIEN- U. TROPYLIUM-METALLKOMPLEXE 4. MITT. 58-0021
- CYCLOHEPTATRIEN- U. TROPYLIUM-METALLKOMPLEXE 5. MITT. 58-0022

PAVIA A. A., URSPRUNG D. DIAMAGNET. ANISOTROPIE D. C=N-OH-GRUPPE NMR-SPEKTRUM D. HYDROXYMETHYLEN-CAMPHERS 56-0054
PAVLOVA L. A., MASSENSPEKTREN V. EINIGEN HYDROXY-PHTHALANEN U. VERWANDTEN VERB. 58-0067
- RED. V. PHTHALYLIUMSALZEN 58-0309
- RK. V. PHTHALYLIUMSALZEN MIT PRIM. AROMAT. AMINEN 59-0301

PAWLOWSKA E., EINFL. D. MOL.-STRUKTUR AUF D. OPT. EIG. V. SULFOXID-VERB. 33.MITT. 61-0277
PAYO E., PHOTOCHEM. VALENZISOMERISIER. V. OXABICYCLO-ANALOGEN D. NORBORNADIENS 59-0309
PAZDRO K. M., ULTRAVIOLETT-SPEKTRUM V. TETRAHYDROTHIOPHEN 55-0026
- SPALT. V. KOHLENSTOFF-STICKSTOFF-BIND. IN HETEROCYCL. QUATERN. AMMONIUMSALZEN 2. MITT. 57-0271
- SPALT. V. KOHLENSTOFF-STICKSTOFF-BIND. IN HETEROCYCL. QUATERN. AMMONIUMSALZEN 3. MITT. 61-0216

PEARL I. A., MASSENSPEKTREN V. NATUERL. GLUCOSIDEN U. STRUKTUR V. SALIREPOSID 58-0065
PEARLMAN W. M., NICHTPYROPHORE TROCKENE KATALYSATOREN AUS EDELMETALLHYDROXIDEN AUF KOHLE 57-0006
PECENJUK V. A., KOHLENSUBOXID U. EINIGE SEINER RK. 27. MITT. 58-0196
PECK G. Y., STEREOCHEMIE V. OLIVOMYCINEN 54-0453
PECKA J., PHYSIKAL. EIG. U. CHEM. REAKTIVITAETEN V. ALTERNIERENDEN KW-STOFFEN U. VERWANDTEN VERB. 11. MITT. 60-0043
PEDERSEN C., RK. V. CIS- U. TRANS-1.2-DIACETOXY-CYCLOHEXAN MIT WASSERFREIEM FLUORWASSERSTOFF 54-0222
- METHYLIERTE 1.2.3-TRIAZOLE 3. MITT. 60-0350

PEDERSEN J., 4-AMINO-3-CARBAETHOXYMETHYLEN-1.2-DITHIOLHYDROCHLORID, EINE NEUE VERB. MIT ''BIND.-FREIER RESONANZ'' 61-0375
PEEL T. E., BLDG. V. KOHLENMONOXID BEI D. PYROLYSE V. N-ALKYL-CHLORACETAMIDEN 56-0142
PEER H. G., PROPADIEN-CHEMIE 3. MITT. 55-0122
- PROPADIEN-CHEMIE 2.MITT. 55-0164
- PROPADIEN-CHEMIE 4. MITT. 60-0392

PEKKARINEN L., EINFL. V. SCHWERMETALLSALZEN AUF D. STABILITAET V. SORBINSAEURE GEGEN O2 IN VERDUENNTEN SCHWEFELSAEURELSG. 57-0095
PELA A., NEUE BETA-DIKETONE AUS HELICHRYSUM ITALICUM G. DON. 53-0062
PELC B., STEROID-DERIV. 44. MITT. 54-0448
PEL'KIS P. S., UNTERS. IN D. BIS-(ARYLSULFONYL)-METHANREIHE 2. MITT. 54-0191
- DARST. V. CARBAZINSAEUREARYLESTERN NACH D. CARBONATMETHODE 59-0221
- RK. V. ARYLAMIDEN D. MONOACETYLTHIOESSIGSAEURE MIT AMMONIAK U. PRIM. AMINEN 61-0178

PELLA E., BIOSYNTH. V. OPHIOBOLINEN 61-0563
PELLETIER S. W., SYNTH. V. DREI HARZSAEURE-ABBAUPROD. 54-0262
- DITERPENALKALOIDE, DREI NEUE DITERPENLACTONALKALOIDE AUS ACONITUM HETEROPHYLLUM WALL 54-0405
- SYNTH. D. POLYALTHSAEUREANTIPODEN AUS LAEVOPIMARSAEURE 54-0409

PELTER A., D. ISOLIER. U. CHARAKTERISIER. EINES NEUEN BIFLAVANDERIV.-TYPS AUS EINER XANTHORRHOEA-ART 54-0326
- STRUKTUREN V. GB1, GB1A U. GB2, EINE NEUE GRUPPE V. BISFLAVONOIDEN 58-0443
- MASSENSPEKTREN V. SAUERSTOFF-HETEROCYCLEN 4. MITT. 61-0067

PELTIER D., ALLGEMEINGUELTIGK. D. HAMMETT-KONST. SIGMA 60-0070
PELZ K., NEUROTROPE U. PSYCHOTROPE SUBSTANZEN 12. MITT. 60-0373
PENDERS T. J., AMINOSAEURESEQUENZUNTERS. IN PEPTIDEN DURCH MASSENSPEKTROMETRIE, VERW. V. TRIDEUTEROMETHYLE-STERN 56-0066
PENE C., BENZOFURAN, 33.MITT. 56-0380
PENTIMALLI L., RK. V. 6-PHENYL-IMIDAZO(2.1-B)THIAZOL MIT EINIGEN DIENOPHILEN 58-0342
PENTIN J. P., IR- U. UV-SPEKTREN D. QUECKSILBERORGAN. VERB. 3. MITT. 58-0001
PEPPER E. S., ALLENE, 13.MITT. 54-0138
- ALLENE 14. MITT. 54-0139

PERCOVSKIJ A. L., DISPROPORTIONIER. D. WASSERSTOFFS IN TERPENEN D. META-REIHE, IM SILVESTREN U. DELTA(1.3,8)-M-MENTHADIEN 58-0451
PEREKALIN V. V., SYNTH. V. DELTA(1)-PYRROLINEN 58-0317
- NUCLEOPHILE SUBSTITUTION V. 1-HALOGEN-2-NITROALKENEN 61-0231

PEREL'MAN L. A., KINETIK D. RK. V. PYRIDINEN MIT PHENACYLBROMID IN NITROBENZOL 59-0131
PEREVALOVA E. G., RK. V. CYCLOPENTADIENYLNATRIUM MIT N-BUTYLLITHIUM 61-0238
PEREYRE M., DARST. V. ENOXY- U. POLYENOXY-SILANEN AUS ENOXY-STANNANEN MIT CHLOR-SILA SILANEN 54-0172
- SPALT. V. ALPHA-ZINN-KETONEN, -ESTERN U. -NITRILEN DURCH ALKYLHALOGENIDE 57-0147
- RK. V. TRIORGANOZINNHYDRIDEN MIT KONJUGIERTEN SYST., KONJUGIERTE ALKENKETONE 60-0024

PEREZ C., DIREKTER BEWEIS FUER D. EINSCHRAENK. D. ANWENDBARK. KINET. METH. IN D. KONFORM.-ANALYSE 54-0068
PEREZAMADOR M. C., CORYMBOSIN, EIN GLUCOSID AUS TURBINA CORYMBOSA 59-0424
PERGAL M., VERW. V. METALLCHLORIDEN IN STATU NASCENDI ALS SULFURIERUNGSKATALYSATOREN BEI D. SYNTH. V. POLYSULFIDEN D. ACENAPHTHENS 55-0197
PERGAL M. A., VERW. V. METALLCHLORIDEN IN STATU NASCENDI ALS SULFURIER.-KATALYSATOREN, DARST. V. TOLUOLPOLYSUL-FIDEN 56-0149
PERKAMPUS H., ZUR CHEM. VERSCHIEB. D. GAMMA-PROTONENSIGNALS IN ALPHA-SUBSTITUIERTEN PYRIDINDERIV. 56-0052
PERKINS M. J., EINFL. V. KUPFERSALZEN AUF D. THERM. ZERS. V. BENZOYLPEROXID IN BENZOL 56-0220
- EFFEKT D. THERM. ZERS. V. BENZOYLPEROXID IN BENZOL IN GGW. VERSCHIEDENER ZUSAETZE 59-0160
- BRAUCHBARE SYNTH. V. ARYLBENZOLEN 59-0262
- NEUARTIGE, D. ACEPLEIADYLEN VERWANDTE, HETEROAROMAT. VERB. 59-0390

PERKINS N. R. D., DIMERISIER. 2-SUBSTITUIERTER 4-PHENACYLIDEN-HOMOPHTHALIMIDE 55-0294
PERKINS P. G., (P-D)PI-BIND. IN TRISILYLAMIN 57-0002
PERNAS A. J., CHEM. HETEROGENITAET V. CARRAGHEENANEN, GEZEIGT DURCH FRAKTIONIERTE FAELL. MIT KALIUMCHLORID 57-0436
PERNER J., STRUKTUR EINES C30H26O12-PROCYANIDINS AUS KOLANUESSEN 58-0506
PERON J., INTERPRETAT. D. IR-SPEKTREN V. 3.3-DIMERCAPTO-1-(THIENYL-(2))-PROPEN-(2)-ON-(1) U. 3.3-DIMERCAPTO-1-PHENYL-PROPEN-(2)-ON-(1) ZWISCHEN 625-1800CM(-1) U. NACHWEIS D. CHELATBLDG. C=O....HS 54-0025
PERREE M., CYCLISIER. REINER KW-STOFFE U. RK. ALIPHAT. AMINE IN GGW. EINES BIFUNKTIONELLEN KATALYSATORS 54-0133
PERRIN R., PHYSIKOCHEM. UNTERS. D. PHENOLE 4.MITT. 55-0143
- KINET. UNTERS. D. DISMUTATION V. 2-METHYL-5-ISOPROPYL-PHENOL (CARVACROL) MIT ALCL3 58-0137
- ISOMERISIER. U. DISMUTAT. V. MONO- U. DIISOPROPYL-4-METHYLPHENOLEN IN GGW. V. ALUMINIUMCHLORID 58-0220

PERRIOT P., DARST. U. RK.-FAEHIGK. D. ESTER V. ALPHA-ACETYLEN-GAMMA-HALOGEN-ALKOHOLEN 58-0175
PERRON R., UMWANDL. V. STEARINSAEURE IN TETRACHLORKOHLEN-STOFF DURCH EINW. ELEKTR. FUNKEN 56-0179
PERROT C., EINE NEUE SYNTH. V. SUBSTITUIERTEN 2.3-DIPHENYLBENZO(B)FURANEN 57-0263
PERSON M., POLAROGRAPH. VERH. V. SUBSTITUIERTEN MONOHALOGENTHIOPHENEN 59-0109
PERST H., CHINOLE, CHINOLAETHER U. CHINOLESTER AUS ARYLIERTEN PHENOLEN 54-0185
- RINGVERENG.-RK. AN 2.4.6-TRIPHENYL-O-CHINOLACETAT, BEITRAG ZUR THERMOCHROMIE SUBSTITUIERTER CYCLOPENTADI-ENONE 59-0272

PERUCAUD M., KRISTALLISAT. V. ACETYLENMAGNESIUMVERB. 56-0004
PESAK M., DISSOZIATIONSKONSTANTEN V. ANTIPYRIN U. SEINEN DERIV. 58-0098
PESKA J., DARST. U. RK. D. ALKALIMETALLACETYLIDE IN DIMETHYLSULFOXID 54-0002
PETE J., ROLLE D. NATUR D. BASE BEI D. ZERS. V. TOSYLHYDRAZONSALZEN 56-0468
PETERS A. T., ZWISCHENPROD. U. FARBSTOFFE FUER SYNTHET. FASERN 1. MITT. 53-0159
PETERSEN R. J., MONO- U. POLYRADIKALE AUS HALOGENVERB., EIN GASPHASEN-ALKALIMETALL-REAKTOR 58-0544
PETITCOLAS P., 2-HYDROXY- U. 2-AMINO-NAPHTHALIN-1.3-DISULFONSAEURE U. DERIV. 56-0287
PETJUNIN P. A., AMIDE U. HYDRAZIDE D. OXALSAEURE 12. MITT. 54-0161
- AMIDE U. HYDRAZIDE D. OXALSAEURE 13. MITT. 59-0184

PETO A. G., ISOMERISIER. V. SAFROL ZU ISOSAFROL MIT HILFE V. EISENPENTACARBONYL U. ALKALI 54-0301
PETRANEK J., EIN-ELEKTRONEN-OX. V. 2-METHOXY-4.6-DI-TERT.-BUTYL-PHENOL 58-0113
- PHOTOCHEM. RK. D. TERT.-ALKYL-P-BENZOCHINONE IN ALKOHOL. MEDIUM 60-0157

PETRELLIS P. C., PHOTOFRAGMENTIER. V. OXIRANEN, VORSTUFEN FUER PHENYLCYANCARBEN U. PHENYLMETHOXYCARBONYLCARBEN 61-0335
PETRENKO G. P., DERIV. D. ACENAPHTHYLENS 54-0259
- HALOGENDERIV. V. ACENAPHTHYLEN 3. MITT. 59-0279

PETRISSANS J., IR-SPEKTROSKOP. UNTERS. D. GLEICHGEW. D. ROTAT.-ISOMEREN D. 2-CHLOR- U. 2-BROM-CYCLOHEXANONS 57-0070
- CIS.CIS-2.6-DICHLOR-4-TERT.-BUTYL-CYCLOHEXANON, EIN BEISPIEL FUER NICHT KONFORMATIONELL BEDINGTE VERDOPPL. IN D. SPEKTROSKOPIE (IR) 60-0045

PETROV A. A., PHOTOLYSE D. LOESUNG V. H2O2 IN ALIPHAT. AMINEN BEI 77 GRAD K 54-0132
- RICHT. D. ELEKTROPHILEN U. NUKLEOPHILEN ANLAGER. AN NITRODIENE U. NITROENINE 57-0127
- KONDENS. V. HALOGENDERIV. D. ALKADIENE-(1.3) MIT

AROMAT. VERB. 1. MITT. 58-0244
- ADDIT. V. BENZOYLCARBEN AN ALKANDIENE-(1.3) 58-0269
- GESETZMAESSIGK. D. ADDIT. AN KONJUGIERTE ENINKETONE 3. MITT. 59-0176
- GESETZMAESSIGK. D. ADDIT. AN KONJUGIERTE ENINKETONE 4. MITT. 59-0332
- RICHT. D. ANLAGER. V. MERCAPTANEN AN PHENYLALKYLACETYLENE 60-0139
- KATALYT. ADDIT. ORGAN. SAEUREN AN ENINKOHLENWASSERSTOFFE IN D. DAMPFPHASE 2. MITT. 60-0186
- 1.3-DIPOLARE ADDIT. AN UNGESAETT. VERB. 17. MITT. 60-0352
- RICHT. D. ION. U. RADIKAL. ANLAGER. V. HALOGENWASSERSTOFFEN AN 1.3-DIACETYLEN-KOHLENWASSERSTOFFE 61-0113
PETROV A. K., STRUKTUR D. PROD. D. ALKYLIER. V. NA-DERIV. D. BENZOYLACETONS U. ACETYLACETONS MIT ALPHA-BROMOXIDEN 56-0311
PETROV L. A., CHEMIE D. FREIEN RADIKALE D. HYDRAZINREIHE 44. MITT. 60-0334
PETROVIC D., STRUKTUR V. GLYCERIN-ACETALEN 61-0435
PETROW V., MODIFIZIERTE STEROIDHORMONE 47. MITT. 55-0380
PETRU F., KONSTIT. D. SANDARAKOPIMARSAEURE 3.MITT. 58-0448
PETRZILKA T., SYNTH. U. CHIRALITAET D. (-)-CANNABIDIOLS 55-0413
- INHALTSSTOFFE D. HASCHISCH 2. VORL. MITT. SYNTH. V. (-)-DELTA(6,1)-3.4-TRANS-TETRA-HYDROCANNABINOL SOWIE V. (+-)-DELTA(6,1)-3.4-TRANS-TETRAHYDROCANNABINOL 60-0496
PETTERSEN R. C., STRUKTUR U. STEREOCHEMIE V. PHORBOL, D. DITERPENGRUNDKOERPER D. COCARCINOGENE D. CROTONOELS 61-0513
PETTERSSON G., EINE NEUE TECHNIK ZUR BEST. D. UNMITTELBAREN PROD. D. DECARBOXYLIER.-RK. 58-0521
PETTIT G. R., STEROIDE U. VERWANDTE NATURPROD. 39. MITT. 58-0469
- ISOBUFADIENOLIDE 59-0476
- UMLAGER. V. ISODIGITOXIGENIN 61-0534
- SYNTH. V. ISOBUFALIN-METHYLESTER 61-0539
PETZOLDT K., TOTALSYNTH. OPT. AKT. STEROIDE 1.MITT. 55-0390
PEYRON L., NICHT-TERPENOIDER KW-STOFF AUS GALBANUM-ESSENZ 54-0471
PFAENDER P., INHALTSSTOFFE D. GRUENEN KNOLLENBLAETTERPILZES 27. MITT. 53-0235
- RUTARETIN, EIN NEUES FUROCUMARIN AUS RUTA GRAVEOLENS L. 53-0250
PFAU M., DARST. V. N-SUBSTITUIERTEN ASPARAGINSAEUREESTERN U. BETA-AMINOSAEUREESTERN SOWIE D. ENTSPRECHENDEN SAEUREN 57-0157
PFEIFER G., THERM. ZERS. V. ZIRAM U. ZINEB 54-0168
PFEIFER S., STRUKTUR VON MECAMBRIDIN (OREOPHILIN). 17. MITT. UEBER ALKALOIDE DER GATTUNG PAPAVER 53-0197
- ISOLIER. U. STRUKTUR V. PAPAVERRUBIN C (EPIPORPHYROXIN) 56-0437
PFEIL E., OPT. AKT. AROMAT. CHROMOPHORE 6. MITT. 59-0042
PFEUFFER T., LABIATENBITTERSTOFFE, PIKROPOLIN U. AEHNLICHE DITERPENOIDE AUS POLEIGAMANDER 59-0459
PFISTER J., PHOTOCHEM. RK. 40. MITT. 54-0445
PFLEIDERER W., PURINE 6. MITT. 54-0352
- PYRIMIDINE 21. MITT. 55-0309
PHILBIN E. M., STEREOCHEM. UNTERS. AN FLAVANEN 53-0158
- OX. V. ALPHA-METHYLCHALKONEN 55-0273
PHILIPSBORN W. VON, D. BEST. D. ENERGIEBARRIERE FUER D. GEHINDERTE INTERNE ROTAT. IN N.N-DIMETHYLFORMAMID DURCH PROTONENRESONANZ-SPEKTROSKOPIE 55-0042
PHILLIPS J. N., H-N-C-H-KOPPL. IN D. NMR-SPEKTREN V. 3-AMINO-ACRYLSAEUREESTERN 60-0051
PHILLIPSON J. D., ABS. KONFIG. V. PAYNANTHEIN U. HIRSUTIN 54-0067
PHOCAS I., NEUE METH. BEI PEPTID-SYNTH. 4. MITT. 61-0553
PHOTAKI I., NEUE METH. BEI PEPTID-SYNTH. 4. MITT. 61-0553
PIATKOWSKI K., ZUR KONFORM. D. CARAN-5-OLE U. CARYL-5-AMINE 59-0467
PICK C., EINFL. V. AEROSIL U. 'FUELLSTOFF R 972' AUF D. FLIESSEIG. V. ZINKOXID 60-0511
PICKERING W. F., SPEKTRALER BEWEIS FUER ZWISCHENSTUFEN BEI DER OX. V. ALPHA-MERCAPTANEN 60-0114
PIELICHOWSKI J., HALOGENIER.-RK. D. 9-VINYL-CARBAZOLS 57-0272
PIERDET A., SUBSTITUT. D. 11-HYDROXYGRUPPE V. 3-OXO-11BETA-HYDROXY-OESTRADIENEN-(4.9) DURCH NUCLEOPHILE REAGENZIEN UNTER RETENT. D. KONFIG. 56-0473
PIERRE J., RK.-FAEHIGK. V. IN ALPHA' NICHT ENOLISIERBAREN ALPHA-CYCLOPROPYL-KETONEN IN BAS. MILIEU 60-0254
PIERRE J. L., NEUE SYNTH. V. EPOXIDEN MIT ALPHA-FUNKTION 57-0247
PIETRASANTA Y., DODEKAHYDROPHENANTHRENE 6. MITT. 57-0066
- DODEKAHYDROPHENANTHRENE 7. MITT. 57-0067
- DODECAHYDROPHENANTHREN-REIHE 8. MITT. 61-0293
PIETSCH H., SYNTH. STICKSTOFFHALT. HETEROCYCLEN 41. MITT. 61-0397
PIETTA P. G., SYNTH. V. PEPTIDEN D. BETA-KETTE D. MENSCHL. HAEMOGLOBINS 1. MITT. 58-0497
- SYNTH. V. PEPTIDEN D. BETA-KETTE D. MENSCHL. HAEMOGLOBINS 2. MITT. 58-0498
PIGENET C., ELEKTR. MOMENTE EINIGER THIONAMIDE U. ZWEIER DELTA(2)-THIAZOLINE 56-0033
PIJEWSKA L., SUBSTANZEN AUS D. PFLANZEN D. UNTERFAMILIE WURMBAEOIDEAE U. IHRE DERIV. 66. MITT. 54-0477
PIJPERS F. W., TRIPLETT-ESR-SPEKTREN D. NEGATIVEN IONEN V. EINIGEN BETA-DIKETONEN 58-0058
PIKE R. M., CHEMIE D. SILYLAMINE 6. MITT. 60-0123
PILAR J., EIN-ELEKTRONEN-OX. V. 2-METHOXY-4.6-DI-TERT.-BUTYL-PHENOL 58-0113
PILGRAM K., O.O-DIMETHYL-S-(2.4-DINITROPHENYL)-THIOPHOSPHAT 61-0193
PILLAI P. M., KONFIG. D. AMIDBIND. IN N-ACYLINDOLINEN U. N-ACYLTETRAHYDROCHINOLINEN 56-0081
PILLINGER C. T., ANALYSE D. LAGE D. CHEM. VERSCHIEB. D. AROMAT. PROTONEN V. PHENOL. VERB. ALS LEITFADEN ZUR ORIENTIER. 57-0026
PILZ I., ASSOZIAT. D. AZOFARBSTOFFS BETA-NAPHTHOLORANGE IN LSG. NACH D. ROENTGENKLEINWINKELMETHODE 56-0098
PINAR M., WEITERE ALKALOIDE AUS ASPIDOSPERMA LIMAE WOODS. 54-0395
PINDER R. M., HOCHFLUORIERTE ANALOGE V. PHARMAKOLOG. WIRKSAMEN VERB. 55-0160
PINE S. H., EINE PARA-SOMMELET-HAUSER UMLAGER. 61-0133
PINEL R., HETEROCYCL. SCHWEFEL-VERB. 24. MITT. 56-0344
- 4-(1.2-DITHIOLYLIDEN-(3))-CYCLOHEXADIENONE 59-0322
- HETEROCYCL. SCHWEFELVERB. 27. MITT. 60-0298
PINHAS H., CHEM. KONSTIT. D. GLUCIDTEILS V. MADECASSOSID 59-0472
- STRUKTUR V. MADECASSINSAEURE, EINEM NEUEN TRITERPEN AUS CENTELLA ASIATICA AUS MADAGASKAR 59-0473
PINHEY J. T., STRUKTUR V. OLEARIN, EINEM DITERPENDILACTON 54-0403
PINNOCK H. A., DARST. U. PHOTOLYSE V. 2-HYDROXYALKYL-CO(III)-AETIOPORPHYRINEN I U. 2-HYDROXYAETHYL-COBALAMIN 58-0440
PINO P., ISOMERISIER. V. ISOXAZOL-VERB. DURCH EINW. V. BASEN 3. MITT. 56-0138
- ISOMERISIER. V. ISOXAZOL-VERB. DURCH EINW. V. BASEN 4. MITT. 56-0139
PINOL A. C., ADDIT. V. PHENOLEN AN N.N'-DICYCLOHEXYLCARBODIIMID 56-0223
PINTE F., BESTANDTEILE V. MYCOBAKTERIEN 95. MITT. 54-0473
PIODA L. A. R., KOMPLEXE V. NONACTIN U. MONACTIN MIT NATRIUM-, KALIUM- U. AMMONIUM-IONEN 60-0015
PIOTROVICH L. A., STEREOCHEMIE V. OLIVOMYCINEN 54-0453
PIOZZI F., STRUKTUR V. ATRACTYLOSID 61-0474
PISCHEL H., GLYKOSIDE V. HETEROCYCLEN 22. MITT. 61-0476
PISKOV V. B., TETRACYCLINANALOGA 1. MITT. 56-0181
- TETRACYCLINANALOGE 2. MITT. 61-0281
PITEA M., SULFONAMIDFORMAZANDERIV. U. D. ENTSPRECHENDEN TETRAZOLIUMSALZE 55-0266
- NITRIERTE SULFONAMID-QUECKSILBER-VERB. 55-0432
PITRE D., ALKYL- U. ARYL-SUBSTITUIERTE PYRAZINCARBONSAEUREN 54-0358
- AMINOPYRAZINE 54-0359
PITTEROFF W., METHOXYMETHYL-LITHIUM AUS CHLORMETHYLMETHYLAETHER U. LITHIUM IN METHYLAL 59-0019
PITTMAN C. U. JUN., BEOBACHT. EINES 1.1'-DI-ALPHA-FERROCENYL-CARBONIUMIONS 61-0025
PITTS A. D., MECHANISMUS D. NUCLEOPHILEN SUBSTITUT.-RK. BEI POLYFLUORARENEN 58-0122
PLAT M., ALKALOIDE D. SAMEN V. CONOPHARYNGIA DURISSIMA STAPF, ISOLIER. D. CORONARIDINS, TABERSONINS U. D. D. CORONARIDIN ENTSPRECHENDEN HYDROXYINDOLENINS 59-0441
- LOGANIACEEN D. ELFENBEINKUESTE 4. MITT. 61-0491
PLATE A. F., ADDIT. V. DICHLORCARBEN AN 2-METHYL-BICYCLO(2.2.1)HEPTEN-(5) 57-0236
PLATENBURG D. H. J. M., ORGANOPHOSPHORVERB. 5. MITT. 57-0163
PLATONOV A. P., PROD. D. RK. V. FURFUROL MIT ANILIN 60-0309
PLATT A. E., RK. V. CHLORFLUORALKANEN MIT TRIAETHYLPHOSPHIT 59-0170
PLATTEEUW J. C., CHEMIE U. SPEKTROSKOPIE IN STARK SAUREN LSG., REVERSIBLE RK. ZWISCHEN ALIPHAT. CARBONIUMIONEN U. H 61-0097
PLAZANET J., ORGANOSILICIUMVERB. MIT AMINFUNKT. 3. MITT. 59-0094
PLEMENKOV V. V., AROMAT. THIONYLAMINE IN D. DIENSYNTH. 56-0403
PLENKIEWICZ J., SYNTH. U. UMWANDL. EINIGER N-PHENYL-GLYCIN-DERIV. 56-0194
PLESCH P. H., POLAROGRAPHIE V. ORGAN. KATIONEN 59-0108
PLESCHBERGER H., ITERATIONSVERF. ZUR BERECHN. D. DISSOZIATIONSKONST. V. AMPHOLYTEN ODER ZWEIBASIGEN SAEUREN, GLEICHGEW.-KONST. V. O- U. P-AMINOBENZOESAEURE IN W. 56-0105
PLIENINGER H., SYNTH. O- U. C-ALKYLIERTER INDOXYLDERIV. VORARBEITEN ZU EINER SYNTH. D. ECHINULINS 59-0319
- DERIV. D. TETRAHYDRO-1.4-AETHANO-NAPHTHALINS AUS BETA-AMINOSAEUREN 60-0286
- NEUE SYNTH. FUER HYDRO-BENZ(CD)INDOL-DERIV. 60-0320
- UNTERS. ZUR BIOSYNTH. D. MUTTERKORNALKALOIDE 3. MITT. 61-0564
PLONER K., ACYL-LACTON-UMLAGER. 40. MITT. 58-0392
PLOUIN D., UEBERFUEHR. V. TERT. PROPARGYLCARBINOLEN U. SEK. AETHINYLCARBINOLEN IN IHRE NATRIUMVERB., DARST. D. ENTSPRECHENDEN ACETATE 56-0250
PLUCINSKI J., RK. V. AETHYLENCHLORHYDRIN U. AETHYLENGLYKOLCHLORHYDRINEN MIT AMINEN 60-0127

PLUZNOV V. K., AROMAT. THIONYLAMINE IN D. DIENSYNTH. 56-0403
POCAR D., UNTERS. UEBER ENAMINE 19. MITT. 56-0402
- ENAMINE 20. MITT. 57-0292
- ENAMINE 21. MITT. 57-0293
- ENAMINE 22. MITT. 58-0346
- ENAMINE 23. MITT. 58-0347
- ENAMINE 25. MITT. 58-0349
- ENAMINE 26. MITT. 61-0308
POCHA P., ELIMINIER. AN 1.2-DIARYL-4-DIMETHYLAMINO-BUTANOLEN-(2) 2. MITT. 54-0181
- EINIGE DIASTEREOISOMER 3-METHYL-4-PHENYL-PIPERIDINOLE-(4) 58-0018
- ALKYLSAUERSTOFFHETEROLYSE V. 4-ARYL-PIPERIDINOLEN-(4) U. VERWANDTEN ESTERN 3. MITT. 58-0397
PODDUBNYJ V. G., IMINOESTER D. ADIPINSAEURE 54-0160
PODSTATA J., AROMAT. DIAZO- U. AZOVERB. 72. MITT. 57-0079
- KUPPL. V. CHINONDIAZIDEN IN STARK SAUREM MEDIUM, BLDG. V. PERI-NAPHTHOCHINONDIAZIDEN 58-0133
POELLMANN P., PSEUDOHALOGENO-METALLVERB. 18. MITT. 60-0001
POGOSJAN A. A., RK. V. AETHERN MIT UNGESAETT. RESTEN 7. MITT. 61-0149
POGOSJAN G. M., KONDENS. V. VINYL- U. ISOPROPENYLAETHINYLCARBINOLEN MIT ACETYLENDICARBONSAEURE 61-0349
POHLE G., STICKSTOFFHALT. STEROIDE 16. MITT. 58-0478
POHLOUDEK-FABINI R., CHEM. U. PHYSIOLOG.-CHEM. STUDIEN AN DERMATOMYCETEN 2. MITT. 59-0503
- CHEM. U. PHYSIOLOG.-CHEM. STUDIEN AN DERMATOMYCETEN 3. MITT. 60-0455
- ORGAN. RHODANVERB. 27. MITT. 61-0212
POINTER D. J., STRUKTUR U. STEREOCHEMIE V. PHORBOL, D. DITERPENGRUNDKOERPER D. COCARCINOGENE D. CROTONOELS 61-0513
POIRIER Y., HETEROCYCL. SCHWEFELVERB. 25. MITT. 56-0345
- HETEROCYCL. SCHWEFELVERB. 29. MITT. 60-0300
POISSON J., ALKALOIDE AUS VOACANGA 5. MITT. 55-0339
- CHIRALITAET V. OXINDOLALKALOIDEN, NEUE BENENN. 58-0154
- ALKALOIDE AUS VOACANGA 7. MITT. 60-0445
POLANSKY O. E., ZUR KENNTNIS CYCL. ACYLALE 17. MITT. 59-0373
POLCZYNSKI P., BETA-LACTAME 5. MITT. 61-0449
POLGAR N., SYNTH. V. 3.12.15-TRIMETHYL- U. 3.15-DIMETHYL-DOKOSANSAEUREMETHYLESTER 57-0145
- UNTERS. UEBER PHTHIOGEROL 7. MITT. 58-0189
- STRUKTURUNTERS. V. MYCOLSAEUREN 58-0271
POLJAKOVA A. A., MASSENSPEKTREN U. STRUKTUR ORGAN. VERB. 14. MITT. 58-0066
- MASSENSPEKTREN V. EINIGEN HYDROXY-PHTHALANEN U. VERWANDTEN VERB. 58-0067
- MASSENSPEKTREN U. STRUKTUR ORGAN. VERB. 15.MITT. 59-0069
- MASSENSPEKTREN U. STRUKTUR ORGAN. VERB. 16. MITT. 59-0070
- MASSENSPEKTREN V. ORGAN. VERB. 17. MITT. 60-0060
- AROMAT. KW-STOFFE 35. MITT. 61-0295
POLJAKOVA A. M., DARST. V. ESTERN D. CYANESSIGSAEURE DURCH UMESTER. 61-0161
POLLER R. C., ORGANOZINN-DERIV. D. MALEINSAEURE 61-0022
POLONSKY J., BESTANDTEILE D. WURZELN V. POLYGALA PAENEA L. 5. MITT. 54-0472
- METABOLITE V. POLYPORACEAE 2. MITT. 56-0451
- STRUKTUR D. TYROMYCINSAEURE, EINER NEUEN TRITERPENSAEURE AUS TYROMYCES ALBIDUS (POLYPORUS) 58-0466
- METHYLIER. D. HYDROXYLGRUPPEN D. BITTERSTOFFE V. SIMARUBACEEN MIT DIAZOMETHAN 59-0497
- BESTANDTEILE V. CALOPHYLLUM TOMENTOSUM U. CALOPHYLLUM APETALUM NUESSEN, STRUKTUR EINES NEUEN 4-ALKYL- U. ZWEI NEUER 4-PHENYL-CUMARINE 60-0370
POLVANI M., 31-NORCYCLOARTANOL U. CYCLOARTANOL AUS POLYPODIUM VULGARE 53-0209
POLYA J. B., TRIAZOLE 8.MITT. 57-0294
POLYDOROPOULOS C., BEZIEH. ZWISCHEN D. STATIST. U. DYNAM. INDICES PAAR. ALTERNIERENDER KONJUGIERTER KOHLENWASSERSTOFFE 58-0073
POMERANCEVA E. G., PROD. D. RK. V. 1.1.2.2-TETRACHLORAETHAN MIT ALCL3 61-0266
POMYKACEK J., SYNTHET. ANALGETIKA 7. MITT. 56-0504
PONOMARCUK M. P., RADIKALMECHANISMUS D. OX. V. KOHLENWASSERSTOFFEN DURCH CHROMYLCHLORID 57-0093
PONOMAREV A. A., SELEKTIVE ACETYLIER. D. AMINOALKOHOLE AM STICKSTOFF, D. EINE SEK. AMINOGRUPPE ENTHALTEN 56-0335
PONOMAREV F. G., ASYMMETRISCHE ORGANISCHE ALPHA-OXIDE 27. MITT. 57-0150
PONSOLD K., STICKSTOFFHALT. STEROIDE 16. MITT. 58-0478
POPKOV K. K., BLDG. V. FULVALEN BEI D. OX. V. CYCLOPENTADIENYLIDEN D. ALKALIMETALLE 57-0206
POPLI S. P., ALKALOIDE AUS KOPSIA-ARTEN 2. MITT. 58-0438
POPOVA R. S., KINETIK D. ACYLIER. V. AROMAT. DIAMINEN 58-0115
POPP F. D., REISSERT-VERB., EINE REISSERT-VERB. AUS PHTHALAZIN 54-0347
POPP G., KOMPLEXSALZE D. DIAETHYLBERYLLIUMS MIT QUARTAEREN AMMONIUMHALOGENIDEN 54-0003
POPRAVKO S. A., TETRACYCLIN-REIHE. 44. MITT. 53-0109
POQUET E., BERECHN. D. MOL. MAGNET. SUSZEPTIBILITAETEN D. PYRENS 56-0035
PORAJ-KOSIC B. A., STRUKTUR U. UMWANDL. AROMAT. DIAZOVERB. 37. MITT. 56-0232
- STRUKTUR U. UMWANDL. V. AROMAT. DIAZOVERB. 41. MITT 61-0269
PORFIR'EVA J. I., RICHT. D. ION. U. RADIKAL. ANLAGER. V. HALOGENWASSERSTOFFEN AN 1.3-DIACETYLEN-KOHLENWASSERSTOFFE 61-0113
PORKKA E., EINFL. V. SCHWERMETALLSALZEN AUF D. STABILITAET V. SORBINSAEURE GEGEN O2 IN VERDUENNTEN SCHWEFELSAEURELSG. 57-0095
PORTER L. J., DURCH METALLIONEN KATALYSIERTE HYDROLYSE V. CYSTEINMETHYLESTER 61-0014
PORTER Q. N., NEUER WEG V. 4-METHOXY-5-NITRO-PYRIDIN ZU 3-AMINO-4-NITRO-PYRAZOL U. PYRAZOLO(3.4-B)PYRAZIN 58-0406
PORTNJAGIN J. M., SYNTH. U. UMWANDL. V. AETHINYLIERTEN BETA-CHLORHYDRINEN UNTER EINFL. V. ALKALI 59-0297
PORTNOV M. A., 7-AZA-INDOLDERIV. 25. MITT. 57-0085
PORTNOVA S. L., STEREOCHEMIE U. KONFORM.-ANALYSE 8. MITT. 54-0064
- PYRAN, SEINE ANALOGA U. VERWANDTE VERB. 25. MITT. 57-0253
POSPISIL J., ALKYLIER. V. C-METHYLDERIV. ZWEIWERT. PHENOLE MIT ISOBUTYLEN IN GGW. EINES KATIONENAUSTAUSCHERS 60-0205
POSSELT H. S., PERCHLORATIONEN-KATALYSE BEI D. METHANOLYSE V. METHYLPERCHLORAT IN BENZOL 59-0126
POSTA A., ADDIT.-RK. V. HALOGENOLEFINEN 3. MITT. 57-0128
- RED. U. HYDROLYSE D. TRICHLORMETHYLGRUPPE IN FLUORALKANEN 60-0171
POSTERNAK T., UNTERS. IN D. CYCLITREIHE 34. MITT. 54-0225
- UNTERS. IN D. CYCLITREIHE 35.MITT. 58-0005
POTAPOV V. M., STEREOCHEM. UNTERS. 22.MITT. 54-0412
POTEKHIN A. A., EINE NEUE ART V. RING-KETTEN-TAUTOMERIE U. D. EINFACHSTEN TETRAHYDRO-1.3.4-OXADIAZIN-DERIV. 61-0454
POTESILOVA H., ISOLIER. U. CHEMIE D. ALKALOIDE AUS PFLANZEN D. GATT. PAPAVER 36. MITT. 54-0398
- SUBSTANZEN D. PFLANZEN D. UNTERFAMILIE WURMBAEOIDEAE U. IHRE DERIV. 65. MITT. 54-0481
POTIER P., KONSTIT. V. IPECOSID, EIN MONOTERPENOIDES ISOCHINOLIN 56-0444
- ISOLIER. V. 7ALPHA-HYDROXY-, 7BETA-HYDROXY- U. 11ALPHA-HYDROXY-PARAVALLARIN, STEROIDALKALOIDE AUS PARAVALLARIS MICROPHYLLA PITARD (APOCYNACEAE) 60-0454
POTIN P., EINFL. STER. EFFEKTE AUF D. CHEM. U. NMR-SPEKTROSKOP. EIG. V. TRANS-9-AMINO-10-DEKAHYDRO-NAPHTHOL 57-0037
POULTER C. D., ADDIT. V. METHANOL AN EINIGE BICYCLOBUTANE 60-0295
POULTON G. A., DIREKTER BEWEIS FUER EINEN INTERMEDIAERKOMPLEX BEI EINER NUKLEOPHILEN AROMAT. SUBSTITUT. 57-0309
POURRAT H., BESTANDTEILE D. WURZELN V. POLYGALA PAENEA L. 5. MITT. 54-0472
POUSSET J. L., CHIRALITAET V. OXINDOLALKALOIDEN, NEUE BENENN. 58-0154
POUYET B., KINETIK D. SAUERSTOFF-ABSORPT. EINFACHER AROMAT. AMINE UNTER EINFL. V. UV-STRAHLEN 58-0153
POWELL J. W., WESTAFRIKAN. HOELZER 19. MITT. 53-0210
- EXTRAHIERBARES AUS D. SAMEN V. KHAYA SENEGALENSIS 57-0422
POWELL R. G., AFZELIA CUANZENSIS-SAMENOEL, QUELLE FUER CREPENINSAEURE U. 14.15-DEHYDROCREPENINSAEURE 57-0421
POZHARSKII A. F., UNERWARTETE BLDG. V. 2-NITRO- U. 2.2'-AZO-BENZIMIDAZOL 58-0337
POZZI H., ARGENTIN. PFLANZEN 22.MITT. 55-0407
PRACEJUS H., KINETIK U. MECHANISMUS KATALYT. ADDITIONSRK. AN KUMULIERTE DOPPELBIND.-SYST. 3. MITT. 53-0047
PRAEFCKE K., UMSETZ. V. ALIPHAT. DIAZOVERB. MIT ACETALEN, ORTHOCARBONSAEUREESTERN U. IHREN SCHWEFELANALOGA UNTER LEWIS-SAEURE-KATALYSE 6.MITT. 55-0129
PRAKASH S., ALKYLOXIDBROMIDE D. TANTALS 61-0023
PRASAD K. K., (-)-ISODIOSPYRIN, EIN NEUARTIGES, ATROPISOMERIE AUFWEISENDES BINAPHTHOCHINON, U. ANDERE EXTRAKTE AUS DIOSPYROS CHLOROXYLON 60-0269
PRASAD M., KONDENS. V. BRENZTRAUBENSAEURE MIT N-METHYL-PIPERIDON-(4) 54-0325
- KONDENS. V. BRENZTRAUBENSAEURE MIT CYCLOHEXANON 1. MITT. 57-0257
- KONDENS. V. BRENZTRAUBENSAEURE MIT CYCLOHEXANON 2. MITT. 57-0258
PRASAD N., FREIE ENERGIEN BEI KONFORM.-AENDER. ALLYLISCHER HYDROXY-, ACETOXY- U. METHOXYGRUPPEN IN CYCLOHEXEN 61-0037
PRATT J. M., METALL-LIGAND-WECHSELWRKG. IN KOBALT(III)-KOMPLEXEN, D. SICH V. VITAMIN B12 ABLEITEN 59-0034
PRATT R. E., CHLORIERUNG VON ALLEN, PROPIN UND VERWANDTEN VERBINDUNGEN MIT TERT.-BUTYLHYPOCHLORIT 53-0082
PRAVDINA V. V., THERM. ZERS. EINES AS-YLIDS 57-0184
PRAVEDNIKOV A. N., RK. V. AROMAT. AETHERN U. THIOAETHERN MIT ALKALIMETALLEN 58-0143
PREDVODITELEVA G. S., SYNTH. V. BENZOMORPHOLINDERIV. 5. MITT. 57-0341
PRELICZ D., RK. V. TRIS-(CARBAETHOXY)-METHAN 1. MITT. 55-0128
- RK. V. TRICARBAETHOXYMETHAN 2. MITT. 57-0328
- RK. V. TRICARBAETHOXY-METHAN 3. MITT. 60-0400

PREOBRAZENSKIJ N. A., MAKROCYCL. VERB. 8.MITT. 57-0146
- LIPIDE 26. MITT. 58-0193
- MAKROCYCL. VERB. 9. MITT. 58-0256
- SYNTH. D. OPT. AKT. ALPHA-HYDROXY-BETA.BETA-DIMETHYLGAMMA-BUTYROLACTONE (PANTOLACTONE) 59-0190
- SPEKTRALUNTERS. V. PFLANZENOELEN U. TIER. FETTEN 3. MITT. 61-0044
- LIPIDE 28.MITT. 61-0151
- LIPIDE, SYNTH. V. DL-ERYTHRO-2-N.3-O-DISTEAROYL-DIHYDROSPHINGOSIN 61-0174
PRESTON H. S., KRIST.-STRUKTUR V. DICHLORO-(2.9-DIMETHYL-1.10-PHENANTHROLIN)-ZINK(II) 61-0010
PRESTON J., PEPTIDE 24. MITT. 53-0233
PRETI C., BEST. D. DISSOXIAT.-KONST. EINIGER DITHIOCARBAMINSAEUREN 61-0134
PRETSCH E., PROTONENRESONANZSPEKTROSKOP. UNTERS. AN BICYCLO(2.2.1)HEPTAN- U. BICYCLO(2.2.2)OCTAN-DERIV., EINFL. V. SUBSTITUENTEN AUF D. CHEM. VERSCHIEB. 54-0037
PREVIERO A., OZONOLYSE V. TRYPTOPHAN, SYNTH. V. N'-FORMYL-KYNURENIN-PEPTIDEN 56-0478
PREVOST C., PROTOLYSE V. DICROTYLMAGNESIUM 55-0003
- ZUS. V. AUS 2-ALLYLVERB. HERGESTELLTEN KOHLENWASSERSTOFFGEMISCHEN, RK. V. 3-CHLOR-BUTEN-(1) U. 1-CHLOR-BUTENEN-(2) MIT DICROTYL-MAGNESIUM 56-0165
- WRKG. V. DIMETHYLSULFOXONIUMMETHYLID AUF ENONE 2. MITT. 60-0242
PREVOST J., WRKG. V. DIMETHYLSULFOXONIUMMETHYLID AUF ENONE 2. MITT. 60-0242
PREY V., SILYLVERB. CYCL. POLYALKOHOLE 55-0177
PRICE A. W., UMTATIN U. VERWANDTE CHROMONE AUS D. KERNHOLZ V. PTAEROXYLON OBLIQUUM 60-0371
PRICE B. I., KONFORM.-AENDER. IN HETEROCYCL. ANALOGA D. METACYCLOPHANS, WECHSELWRKG. ZWISCHEN UNGEBUNDENEN ELEKTRONENPAAREN 60-0083
PRICE B. J., TORSIONSBARRIEREN IN N.N'-DIACYLHYDRAZINEN 61-0050
PRICE D., SYNTH. V. HETEROCYCLEN 19. MITT. 59-0294
PRIKRYL J., 2.5-DIHYDROXY-PYRIMIDINE U. IHRE DERIV. 57-0331
PRINZ R., EIN NEUER WEG ZUR DARST. SUBSTITUIERTER METALLCARBONYL-KOMPLEXE V. CHROM U. MOLYBDAEN 53-0005
PRINZBACH H., CYCL., GEKREUZT-KONJUGIERTE BIND.-SYST. 13.MITT. 58-0052
PRITZKOW W., SAEUREKATALYSIERTE RK. V. NITROSOVERB. 1. MITT. 57-0115
- SAEUREKATALYT. RK. V. NITROSOVERB. 2.MITT. 58-0163
- BEST. D. RELATIVEN AUTOX.-GESCHW. VERSCHIEDENER KOHLENWASSERSTOFFE DURCH KONKURRENZRK. 60-0113
PROCHAZKA Z., STEROIDE 103.MITT. 55-0430
PROCHODA A. M., STEREOCHEMIE U. KONFORM.-ANALYSE 8. MITT. 54-0064
- STEREOCHEMIE U. KONFORM.-ANALYSE 9.MITT. 54-0229
- STEREOCHEMIE U. KONFORM.-ANALYSE 7. MITT. 54-0231
- STEREOCHEMIE U. KONFORM.-ANALYSE 10. MITT. 54-0232
PROCTER I. M., STRUKTUR V. (CU(EN)2)(BF4)2 U. INFRAROT-SPEKTROSKOP. MERKMAL FUER ''SEMI-KOORDINIERTE'' POLYANIONEN 59-0007
PROCTOR G. R., AZABENZOCYCLOHEPTENONE 6. MITT. 53-0181
- ABSPALT. V. TOLUOL-P-SULFONYL-GRUPPEN AUS SULFONAMIDEN 3.MITT. 55-0237
PROFFT E., ZUR KENNTNIS AROMAT. 1.3-DIALDEHYDE, RK. D. 5-METHOXY-6-HYDROXY-ISOPHTHALALDEHYDS 53-0074
PROPP K., SYNTH. EINES 1-4-VERKNUEPFTEN DISACCHARIDS AUS ZWEI D-GLUCOSAMIN-EINH. 61-0465
PROT T., RK. V. BENZYLIDENANILIN U. SEINES PIKRATS MIT PIKRYL-PYRIDINIUMCHLORID 61-0215
PROTIVA M., SYNTHET. ANALGETIKA 7. MITT. 56-0504
- SYNTHET. ANALGETIKA 8. MITT. 56-0505
- NEUROTROPE U. PSYCHOTROPE SUBSTANZEN 9. MITT. 58-0229
- NEUROTROPE U. PSYCHOTROPE SUBSTANZEN 10. MITT. 58-0404
- NEUROTROPE U. PSYCHOTROPE SUBSTANZEN 11. MITT. 58-0420
- NEUROTROPE U. PSYCHOTROPE SUBSTANZEN 12. MITT. 60-0373
PROUSA R., ORGAN. SCHWEFELVERB. 81. MITT. 60-0332
PROUT C. K., BEWEIS FUER D. WECHSELWRKG. D. NAECHSTEN NACHBARN IN EINIGEN CARBOXYMETHYL-UEBERGANGSMETALL-KOMPLEXEN 59-0001
- RK. V. BENZTRIFUROXAN MIT TRIPHENYLPHOSPHIN 59-0096
PRUDHOMME G., UMLAGER. V. STRUKTUREN MIT DIALLYLCHARAKTER 1. MITT. 59-0255
- UMLAGER. V. STRUKTUREN MIT DIALLYLCHARAKTER 2. MITT. 59-0256
PRUSIKOVA M., ALKYLIER. V. C-METHYLDERIV. ZWEIWERT. PHENOLE MIT ISOBUTYLEN IN GGW. EINES KATIONENAUSTAUSCHERS 60-0205
PRYCE J., EPIMERISIER. V. 2-HYDROXYGIBBANLACTONEN-(1-4A) 57-0419
PRYCE R. J., SOLVOLYSE V. GIBBERELLIN-A(5)-METHYLESTER-P-TOLUOLSULFONAT EIN BICYCLO(3.2.1)OCTAN-BRUECKENKOPF-DERIV. 57-0102
- IDENTIFIZIER. V. GIBBERELLINEN IN PFLANZEN-ROHEXTRAKTEN DURCH KOMBINIERTE GASCHROMATOGRAPHIE-MASSENSPEKTROSKOPIE 59-0516
PRYSTAS M., N-SUBSTITUIERTE DERIV. V. 4-HYDROXY-1H-PYRIMIDINON-(6) VORL. MITT. 56-0389
PUA R., ALKOHOLAUFNAHME BEI D. PHOTOLYSE V. PAPAVERIN 57-0314
PUCIN V. A., SYNTH. U. IR-SPEKTREN V. UNDECYLENPERSAEURE-ESTERN 61-0158
PUCKORJUS K. K., SYNTH. V. LOKALANAESTHET. AKTIVITAET V. 5-(BETA-ALKYLAMINOAETHOXY)-1.4-BENZODIOXANEN MIT ALKYLRESTEN AUS 4 ODER 5 C-ATOMEN IN 6-STELL. 56-0383
PUCNOVA V. A., AROMAT. KW-STOFFE 34. MITT. 60-0272
PUDDEPHATT R. J., GRIGNARD-AEHNL. RK. V. AETHINYL-PB-VERB., NEUE WEGE ZU N.N'-DIARYLURACILEN 59-0026
PUETTER R., NOTIZ ZUR HERST. V. PYRIMIDINEN AUS CYANSAEUREESTERN U. CH-ACIDEN VERB. 56-0396
PUIG P., INFRAROTSPEKTREN U. STRUKTUR EINIGER PYRIDYL-KETIMINE 57-0023
PUISIEUX F., ALKALOIDE AUS VOACANGA 5. MITT. 55-0339
PULLIN A. D. E., EIN GASPHASEN DONOR-ACCEPTOR-KOMPLEX 56-0068
PULLUKAT T. J., VERBESSERTE SYNTHESE FUER N.N'-THIOCARBONYLDIIMIDAZOL 58-0336
PUNJA N., ALLENE 15. MITT. 54-0140
PUODZJUNAJTE B. A., NEUE LOKALANAESTHETICA 6-ALLYL(PROPYL)-5-(BETA-ALKYLAMINO-AETHOXY)-1.4-BENZODIOXANE U. IHRE STRUKTURANALOGEN 54-0346
PURANIK G. S., SYNTH. HETEROCYCL. VERB. 18. MITT. 58-0352
PURRELLO G., WILLGERODT-KINDLER-RK. 13. MITT. 58-0411
- WILLGERODT-KINDLER-RK. 14. MITT. 58-0412
- WILLGERODT-KINDLER-RK. 15.MITT. 58-0413
PUSSET J., PHOTOADDIT. AN KONJUGIERTE DIENE U. PHOTOCHEM. ALLYLUMLAGER. 61-0544
PUSZYNSKI A., NITRAMINO-PYRIDINE 1. MITT. 59-0358
PUZICKIJ K. V., SYNTH. V. CARBONSAEUREDERIV. UNTER D. BEDING. D. SAEUREKATALYSE AUS CO, OLEFINEN U. ACYLIERBAREN VERB. 25. MITT. 59-0169
PYREK J., STERINE AUS FUENF PFLANZEN D. FAMILIE D. COMPOSITAE 55-0426
PYUSKYULEV B., ALKALOIDE AUS VINCA HERBACEA W. K. 56-0498
- ALKALOIDE AUS VINCA HERBACEA W.K. 8. MITT. 57-0365
- STEREOCHEMIE V. HERBACEIN U. HERBALIN 60-0084

Q

QASEEM M. A., SPALT. V. AETHERN U. DEHYDRATISIER. V. ALKOHOLEN MIT BORTRIFLUORID 56-0169
QASSEEM M. A., DIELS-ALDER-RK. DIHYDROAROMAT. VERB., 1. MITT. 53-0055
QUASEM M. A., PARTIELL FLUORIERTE HETEROCYCLEN 2. MITT. 58-0304
- PARTIELL FLUORIERTE HETEROCYCL. VERB. 5. MITT. 59-0135
QUEEN A., RK. V. GRIGNARD-REAGENTIEN MIT N-SUBSTITUIERTEN MALEINIMIDEN 55-0236
QUELET R., SYNTH. V. (2-AETHOXY-CYCLOBUTYL)-ALKYL(ODER ARYL)-CARBINOLEN AUS ORGANOMAGNESIUM-VERB. U. 2-AETHOXY-2.3-DIHYDRO-GAMMA-PYRAN 54-0223
- RK. V. ORGANOMETALLVERB. MIT ALPHA-AETHYLENACETALEN 57-0132
- EINW. V. ORGANOMAGNESIUMVERB. AUF ALPHA,BETA-UNGESAETT. ACETALE 2. MITT. 58-0172
QUEROIX-TRAVERS S., ALPHA-ACETYLEN-ALPHA'-ALLEN-KETONE 54-0154
QUILICO A., STRUKTUR V. ATRACTYLOSID 61-0474
QUILLET J. P., DISMUTAT. V. 3.4-DIHYDRO-NAPHTHALIN-DERIV. 2. MITT. 54-0253
QUINKERT G., ZUM MASSENSPEKTROSKOP. FRAGMENTIER.-VERH. V. STEROIDLACTONEN 59-0074
QUINTANA J., ZERS. V. ALPHA-DIAZOKETONEN U. BETA-KETOSULFONIUMYLIDEN, CYCLOPROPANIER. V. ALPHA-DIAZOKETONEN 58-0258
QUIRING B., EINFUEHR. EINER ALPHA-SAUERSTOFFUNKT. IN UNGESAETT. SECHSRINGKETONE 59-0248
QUITZSCH K., THERMODYNAMIK BINAERER FLUESSIGKEITSGEMISCHE MIT HOMOLOGEN FORMAMIDEN 7. MITT. 57-0077

R

RABADEUX J., ALPHA.ALPHA-DISUBSTITUIERTE DICARBONSAEUREN U. SAEUREN MIT GEMISCHTER FUNKT. U. IHRE DERIV. 38. MITT. 57-0208
- ALPHA.ALPHA-DISUBSTITUIERTE DICARBONSAEUREN U. SAEUREN MIT GEMISCHTER FUNKT. U. IHRE DERIV. 39.MITT. 57-0209
RABESIAKA J., UNTERS. UEBER ORGANOMAGNESIUMVERB. IN TERT. AMINEN 1. MITT. 60-0176
RABILLOUD G., DURCH BESTRAHL. AUSGELOESTE ADDITION-RK. 6.MITT. 56-0211
RABINOVITZ M., FULVENE U. THERMOCHROME AETHYLENE 46.MITT. 61-0284
RABINOWITZ J., BLDG. U. UMWANDL. V. ESTERN, 72.MITT. 54-0368
- BLDG. U. UMWANDL. V. ESTERN 73. MITT. 57-0103
- BLDG. U. UMLAGER. V. ESTERN 74.MITT. 58-0234
- BLDG. U. UMWANDL. V. ESTERN 75.MITT. 60-0408
RACZY L., MIKROWELLEN- U. LANGWELL. INFRAROTSPEKTREN V. ESSIGSAEURE, MESS. D. ATOMPOLARISAT. D. DIMEREN 58-0096
RADEGLIA R., 1.2.4-TRIAZOLE 16. MITT. 58-0051
- PROTONENRESONANZ-UNTERS. ZUR INVERSION AM DREIBINDIGEN STICKSTOFFATOM 1. MITT. 59-0059
RADEMACHER P., D. INFRAROT-SPEKTREN EINIGER P-TOLUOLSULFONYL-VERB. 56-0040
RADHAKRISHNAN P. V., MORELLOFLAVON, EIN 3(8)-FLAVONYLFLAVAN AUS D. KERNHOLZ V. GARCINIA MORELLA 61-0409

RADUNZ H., RK. AN INDOLDERIV. 4. MITT. 58-0393
RAE D., MAGNET. NICHT-AEQUIVALENZ IN D. METHYLENGRUPPE EINES AETHYLESTERS 53-0016
RAEYMAEKERS A. H. M., ABS. KONFIG. D. OPT. ISOMEREN D. BREITBAND-ANTHELMINTHIKUMS TETRAMISOL 56-0354
RAFF L. M., KINETIK D. ZERS. EINES PHOSPHORYLIERTEN TRIAZOLINS, NACHWEIS EINES DIPOLAREN INTERMEDIAEREN IONS 54-0126
RAGAB M. S., STEREOCHEMIE U. KONFORM. D. SWEROSIDS 57-0359
RAGAINI V., MECHANISMUS D. DURCH PALLADIUM AUF TRAEGER KATALYSIERTEN DISPROPORTIONIER. V. CYCLOHEXEN 55-0100
RAGUE SCHLEYER P. VON, NORADAMANTAN DURCH ALUMINIUMHALOGENID-KATALYSIERTE UMLAGER. 60-0293
RAIMONDI M., ELEKTRONENUEBERGAENGE IN AROMAT. CHLORAZINEN 4. MITT. 57-0053
RAISON J., LEWIS-BASEN, 9-ARYLAMINO-ANTHRACENE 1. MITT. 54-0260
RAJAGOPAL S., FURAN-VERB. 10 MITT. 54-0327
- SYNTH. V. 4-HYDROXY-1-THIA-CUMARINEN 2. MITT. 60-0374
RAJAGOPALAN P., STRUKTUR D. REAKTIONSPRODUKTES V. 2-AMINOTHIOPHENOL MIT ACETYLENDICARBONSAEUREDIAETHYLESTER 57-0343
- 1.3-CYCLOADDIT.-RK. V. DURCH MILDE THERMOLYSE AUS DELTA(3)-1.3.4-OXADIAZOLINEN ENTSTEHENDEN ''CARBONYLYLIDEN'' 60-0353
- SYNTH. V. 4-HYDROXY-, 4-CHLOR-, 4-AMINO- U. 4-SUBSTITUIERTEN AMINO-ISOXAZOLO(5.4-D)PYRIMIDINEN 61-0437
RAJAPPA S., HYDROXAMSAEUREN U. IHRE DERIV. 2. MITT. 54-0158
RAJSNER M., NEUROTROPE U. PSYCHOTROPE SUBSTANZEN 11. MITT. 58-0420
RAJU R. R., CHEMIE V. TERMINALIA-SPEZIES 11. MITT. 54-0247
RALL G. J. H., DIMERE PIPERIDIN-ALKALOIDE AUS AZIMA TETRACANTHA LAM., AZIMIN, AZCARPIN U. CARPAIN 61-0493
RALL K. B., RICHT. D. ELEKTROPHILEN U. NUKLEOPHILEN ANLAGER. AN NITRODIENE U. NITROENINE 57-0127
RAMACHANDRAN S., HYDRATISIER. V. BICYCL. AETHINYLALKOHOLEN U. IHREN DERIV. 58-0275
RAMADAS RAO U., TRITERPENE V. CALOPHYLLUM INOPHYLLUM LINN. 57-0376
RAMAGE G. R., BENZOFURANO-OXAZINE 57-0342
RAMAGE R., BIOSYNTH. V. COLCHICIN, RINGERWEITER. U. LETZTE STUFEN, STRUKTUR V. SPECIOSIN 59-0430
- STRUKTUR U. SYNTH. V. HOMOAPORPHINEN, NEUE GRUPPE V. 1-PHENAETHYL-ISOCHINOLIN-ALKALOIDEN 59-0433
RAMAKRISHNAN V. T., HYDRATISIER. V. BICYCL. AETHINYLALKOHOLEN U. IHREN DERIV. 58-0275
RAMAN P. V., CUPRESSUFLAVON, EIN NEUES BIFLAVONYLPIGMENT 53-0204
RAMANATHAN J. D., KONSTIT. V. MANGIFERIN 55-0270
RAMARAO A. V., KONSTIT. V. LACCAINSAEURE B 59-0445
RAMASWAMY S. K., TERPENOIDE 108. MITT. 58-0450
RAMBAUD R., DERIV. V. DIPHENYLACROLEIN, 4.4-DIPHENYLBUTEN-(3)-OL-(2) U. 5.5-DIPHENYLPENTEN-(4)-OL-(3) 56-0280
- CYCL. ACETALE D. GLYCERINCHLORHYDRINE, CHLORIER. D. CYCL. GLYCERINACETALE MIT SOCL2 59-0375
- UNGESAETTIGTE CYCL. ACETALDERIV. D. GLYCERINS 60-0302
RAMEY K. C., ZUGANG ZUM BICYCLO(4.2.1)NONAN-SYST. 58-0289
- KERNMAGNET. RESONANZUNTERS. V. BIS-(ALLYL)-RHODIUMCHLORID 59-0006
RAMHOLD K., ASSOZIATIONSVERH. V. GLYCERIDEN 60-0099
RAMIREZ F., ORGAN. VERB. MIT 5-BIND. PHOSPHOR 25. MITT. 59-0269
- ''PENTAOXYPHOSPHORANE'' AUS D. RK. V. FLUORENON MIT TRIALKYLPHOSPHITEN 61-0395
RAMLOW G., VINYL-NAPHTHOCHINONE-(1.4) 55-0195
RANDALL M. H., CYCLITE 24. MITT. 58-0254
RANGASWAMI S., FOMENTARSAEURE, EIN NEUARTIGER TYPUS EINER ALKYLBERNSTEINSAEURE AUS FOMES FOMENTARIUS (L.) FR. 53-0066
- PROANTHOCYANIDINE AUS SALACIA CHINENSIS LINN 59-0508
- VORK. V. 31-NORCYCLOARTANOL IN SMILAX ASPERA LINN. 61-0525
RANJON A., LABILE BIND. V. SAUERSTOFF AN KOHLENSTOFF IN FUENFGLIEDR. HETEROCYCLEN, ZWEI IN D. KOMPONENTEN SPALTBARE PHOTOOXIDE MIT OZONIDSTRUKTUR, PHOTOOXIDE V. 2.5-DIPHENYL-FURAN U. TETRAPHENYLFURAN 55-0227
RANZI B. M., BIOSYNTH. V. OPHIOBOLINEN 61-0563
RAO A. S., TERPENOIDE 98. MITT. 55-0360
- TERPENOIDE 100. MITT. 55-0362
- TERPENOIDE 108. MITT. 58-0450
- SYNTH. V. BETA-ELEMEN U. ELEMOL 58-0464
RAO G. S. K., SYNTHET. ANWEND. D. DIELS-ALDER ADDUKTS AUS BETA-TRANS-OCIMEN U. MALEINSAEUREANHYDRID 2. MITT. 61-0506
RAO K. G. S., DIELS-ALDER-RK. V. MALEINSAEUREANHYDRID U. BETA-TRANS-OCIMEN 53-0215
RAO R. B., ACYLIER. EINES ENAMINS D. ACETESSIGSAEUREMETHYLESTERS 55-0234
RAO T. V. P., CHEM. UNTERS. V. EMBELIA RIBES, 8.MITT. 54-0366
RAO U. R., BESTANDTEILE VON MESUA FERREA L. 1. MITT. 53-0203
RAO V. V., SYNTH. SUBSTITUIERTER BETA-LACTAME 53-0124
RAOUL Y., EPOXYDAT. IN D. REIHE D. SECO-STEROIDE 2. MITT. 60-0487
RAPALA R. T., CHEMIE D. CEPHALOSPORINS P(1) 54-0443
RAPHAEL R. A., BRUECKENRINGSYSTEME 12.MITT. 55-0172
RAPIN M., CYCLOALKAN-SPIRO-HETEROCYCLEN 1.MITT. 60-0341
RAPPE C., FAVORSKI-UMLAGER. 12. MITT. 57-0111
- SAEUREKATALYSIERTE RK. ZWISCHEN CHLORACETON ODER 1.3-DICHLORACETON U. SCHWEFELWASSERSTOFF 60-0417
RAPPL A., ZYTOSTATICA 5. MITT. 56-0118
- ZYTOSTATICA 6. MITT. 56-0119
- ZYTOSTATIKA 7. MITT. 60-0262
RASHI M., SYNTH. U. EIG. V. 8-PYRIDYL-PURINEN 59-0370
RASHID A., CHINON-EPOXIDE 2.MITT. 61-0334
RASMADZJAN K. A., AMINE U. AMMONIUMVERB. 47.MITT. 57-0153
RASSAT A., KRIST.-STRUKTUR V. 2-BROM-2-NITRO-FENCHAN 54-0070
- A-NORCHOLESTANOLE-(2), AEQUILIBRIER., RED. DURCH IN FL. AMMONIAK GELOESTE METALLE, UEBERWIEGENDE BLDG. V. INSTABILEN ISOMEREN U. V. PINAKOLEN 56-0100
- NITROXIDE 23. MITT. 56-0379
RATUSKY J., AUFNAHME V. (14)CO2 AUS D. RK.-ATMOSPHAERE BEI D. ISOMERISIER. V. KALIUMSALZEN D. BENZOLDICARBONSAEUREN ZU KALIUMTEREPHTHALAT 58-0148
RAUNHARDT O., GAS-CHROMATOGRAPH. UNTERS. AN URONSAEUREN U. URONSAEUREDERIV. 60-0515
RAUSS-GODINEAU J., BEITRAG ZUR UNTERS. D. KUMULENE 3.MITT. 57-0232
RAVELOJAONA R., IR-SPEKTROSKOP. UNTERS. D. GLEICHGEW. D. ROTAT.-ISOMEREN D. 2-CHLOR- U. 2-BROM-CYCLOHEXANONS 57-0070
RAWSON R. J., GERUESTUMLAGER. V. 6BETA-BROM-4BETA.5-EPOXY-5BETA-CHOLESTAN-3BETA-OL DURCH RED. MIT LITHIUMALUMINIUMHYDRID 54-0450
RAY J., ALLYLUMLAGER. BEI DICHLORBUTENVERB., GAMMA.GAMMA-DICHLOR-VINYLESSIGSAEURE, GAMMA.GAMMA-DICHLOR-CROTONSAEURE U. EINIGE DERIV. 54-0157
RAZ K., SUBSTANZEN MIT ANTINEOPLAST. WIRKSAMK. 15. MITT. 56-0495
RAZDAN R. K., UNGEWOEHNL. GRIGNARD-ADDITION AN EIN CUMARIN 61-0127
RAZUMOVSKIJ S. D., THERM. ZERS. D. OZONIDS V. HEXEN-(1) 56-0143
- ISOMERISIER. U. ZERFALL D. RADIKALE BEI THERM. ZERS. V. HYDROPEROXIDEN 59-0147
RAZUVAEV G. A., RK. V. MIT LEWIS-SAEUREN KATALYSIERTEN PEROXIDEN 3. MITT. 60-0174
READ G., D. PIGMENTE D. STOCKLACKS 2. MITT. 58-0445
- CHINON-EPOXIDE 2.MITT. 61-0334
REBANE E., DARST. U. EIG. LANGKETT. SELENINSAEUREN U. EINIGE BEMERK. ZU IHREN IR-SPEKTREN 54-0151
- LANGKETTIGE OMEGA-CARBOXY-ALKAN-SELENINSAEUREN U. ALKAN-ALPHA.OMEGA-DISELENINSAEUREN 60-0178
- DARST. EINIGER ALIPHAT. SELENONSAEUREN 60-0179
REDAELLI S., LYSERG- U. DIHYDROLYSERGSAEURE-ALPHA-HYDROXYAETHYLAMIDE 53-0191
REDDOCH H. A., ESR-SPEKTRUM D. 1.2.3-TRIHYDROPYRENYLS 57-0039
REDDY M. L. N., DIREKTE SYNTH. V. AROMAT. FLUORDERIV. V. METALLEN U. NICHTMETALLEN 59-0024
REDMOND J. W., RK. V. ANTHRACEN MIT AETHOXYCARBONYLNITREN, KONZENTRATIONSABHAENGIGKEIT D. ZUS. D. REAKTIONSPRODUKTES 56-0295
REED R. I., ELEKTRONENSTOSS U. MOL.-DISSOZIAT. 16. MITT. 59-0068
REES C. W., CYCLISIER. ZWISCHEN KERNEN 21. MITT. 61-0332
- CYCLISIER. ZWISCHEN KERNEN 22. MITT. 61-0333
REESE C. B., EXO- U. ENDO-6-CHLORBICYCLO(3.1.0)HEXAN 56-0306
- SYNTH. V. OLIGORIBONUCLEOTIDEN 2. MITT. 59-0422
- SYNTH. V. OLIGORIBONUCLEOTIDEN 3. MITT. 59-0423
REETZ M. T., PARACYCLOPHANE, SPALT. V. DISYMMETR. TETRAMETHYL(2.2)PARACYCLOPHAN 54-0276
- LCAO-HMO-BERECHN. D. ACIDITAET UNGESAETT. CARBONSAEUREN 61-0093
REEVES W. P., PHOTOCHEM. BLDG. V. BERBERIN-ALKALOIDEN AUS PROTOPIN-ALKALOIDEN 59-0440
REGAN J. P., ALLENE 14. MITT. 54-0139
- ASYMMETR. SYNTH. 4. MITT. 59-0166
REGAN T. H., BOR-PHOTOCHEMIE, 1-PHENYLCYCLOHEXADIEN-(1.4) AUS NA-TETRAPHENYLBORAT 54-0238
REGITZ M., RK. CH-AKTIVER VERB. MIT AZIDEN 16. MITT. 55-0148
- RK. AKT. METHYLENVERB. MIT AZIDEN 15. MITT. 59-0267
REHM S., BITTERE PRINZIPIEN D. CUCURBITACEEN 15. MITT. 58-0459
REHMAN M. A., AZABENZOCYCLOHEPTENONE 6. MITT. 53-0181
- ABSPALT. V. TOLUOL-P-SULFONYL-GRUPPEN AUS SULFONAMIDEN 3.MITT. 55-0237
REICHENBACH G., CHROMON- U. FLAVON-7-CARBONSAEUREN 57-0301
REICHHELM W., DITERPENSAEUREN AUS OXYSTIGMA OXYPHYLLUM I. LEONARD (LEGUMINOSAE) 60-0465
REICHSTEIN T., GLYKOSIDE U. AGLYKONE 284. MITT. 54-0425
- GLYKOSIDE U. AGLYKONE 285. MITT. 54-0426
- OPT. ROTAT.-DISPERS. U. KONFIG. BEI CARDENOLIDEN 55-0022
- GLYKOSIDE U. AGLYKONE 286. MITT. 55-0331
- GLYKOSIDE U. AGLYKONE 287. MITT. 55-0332
- GLYKOSIDE U. AGLYKONE 288. MITT. 55-0333
- GLYKOSIDE U. AGLYKONE 290. MITT. 55-0335

- GLYKOSIDE U. AGLYKONE 291. MITT. 55-0336
- GLYKOSIDE U. AGLYKONE 292. MITT. 60-0477
- GLYKOSIDE U. AGLYKONE 293. MITT. 60-0478
REID J. A. W., IODONIUMSALZSYNTH., BEWEIS FUER ISOMERENBLDG. BEI D. DIARYLJODONIUMSALZSYNTH. 61-0192
REID S. T., PHOTOCHEM. UMWANDL. 2. MITT. 55-0378
REIFF H., TRIMERISIER. V. AETHYLIDENMALONSAEURE-DIMETHYLESTER 60-0247
REIFF L. P., KATALYT. HYDROGENOLYSE ALS ALTERNATIVE ZUR WOLFF-KISHNER- ODER CLEMMENSEN-RED. V. AZABICYCL. KETONEN 59-0361
REINEKE C. E., CHEMIE D. PENTACYCLODECANS 4.MITT. 60-0287
REINER R., INHALTSSTOFFE V. FLIEGENPILZEN 24. MITT. 54-0303
REINERT K., BORVERB. 11. MITT. 57-0245
REINHAIMER H., OLEFIN-GOLD-KOMPLEXE 4. MITT. 55-0018
REIPAS A., RK. V. GRIGNARD-REAGENTIEN MIT N-SUBSTITUIERTEN MALEINIMIDEN 55-0236
REISCH J., STUDIEN AUF D. GEBIET D. NATURSTOFFCHEMIE, 7.MITT. 60-0440
REJCHSFEL'D V. O., CYCLOTRIMERISAT. V. ACETYLENEN 9.MITT. 56-0148
REKKER R. F., KONST. D. HYDROLYT. DISSOZIAT. SUBSTITUIERTER 4-AMINO-BENZOESAEUREN 60-0152
- DECARBOXYLIER. SUBSTITUIERTER 4-AMINO-BENZOESAEUREN IN SAURER WSS. LSG. 60-0153
REMBOLD H., SYNTH. V. AMINOBIOPTERIN U. AMINONEOPTERIN 55-0301
REMIJNSE A. G., PEAKVERBREITER. BEI D. PAPIERCHROMATOGRAPHIE ALS FUNKT. D. FLIESSGESCHW. D. ELUENTEN 57-0438
REMOND G., CYCLOALKAN-SPIRO-HETEROCYCLEN 1.MITT. 60-0341
REMPEL D., INHALTSSTOFFE D. GRUENEN KNOLLENBLAETTERPILZES, 32. MITT. 58-0503
RENFREW A. J., KONFIGURAT. AM C(13) IN LABDANOL- U. EPERUSAEURE 58-0458
RENNER U., CONOFLORIN 54-0394
RENTH E., ALPHA-METHOXY-, ALPHA-AETHYLMERCAPTO- U. ALPHA-DIMETHYLAMINO-ACRYLESTER AUS SUBSTITUIERTEN ESSIGESTERN MIT ALDEHYDEN 58-0228
RERAT B., STRUKTUR V. P-BROM-M-NITRO-N-METHYL-ANILIN 55-0067
- STRUKTUR V. N-(P-BROMPHENYL)-BENZOLSULFONAMID 55-0068
RERAT C., KRIST.-STRUKTUR V. 2-BROM-2-NITRO-FENCHAN 54-0070
- STRUKTUR V. P-BROM-M-NITRO-N-METHYL-ANILIN 55-0067
- STRUKTUR V. N-(P-BROMPHENYL)-BENZOLSULFONAMID 55-0068
RETTEGI T., DARST. V. STEROIDGLYKOSIDEN 57-0402
REUSCH W., FAVORSKII-UMLAGER. V. PULEGONOXID 57-0202
- MASSENSPEKTROMETRIE BEI STRUKTURELLEN U. STEREOCHEM. PROBLEMEN 117.MITT. 61-0056
REUTER W., SYNTH. V. PYRIDOXIN DURCH DIELS-ALDER-RK. V. 4-METHYL-5-ALKOXY-OXAZOLEN 54-0452
REUTOV O. A., POLAROGRAPHIE D. ORGAN. QUECKSILBERVERB. AETHYLESTER D. ALPHA-BROMMERCURIPHENYLESSIGSAEURE U. SEINE SUBSTITUIERTEN 56-0006
- VERLAGER. D. RK.-ZENTRUMS BEI DEUTERODEMERCURIER. V. QUECKSILBERDIBENZYL 56-0015
- THERM. ZERS. EINES AS-YLIDS 57-0184
- BROMDECARBOXYLIER. D. 3.5-DIBROMSALICYLSAEURE 58-0124
- DARST. V. ALPHA-BROM-MERCURI-AETHYL-BENZOL U. SEINE SPALT. IN ANTIPODEN 59-0021
REVANKAR G. R., BENZIMIDAZOLE, 7.MITT. 54-0305
REVERDY G., D. PHOTOCHEM. EIG. D. 9-DIAZO-ANTHRON-(10) U. D. ANTHRONYLIDENCARBENS 56-0155
REWICKI D., ACIDITAET V. DIBENZOFLUORENEN 58-0100
- HOCHACIDE KOHLENWASSERSTOFFE 9.MITT. 61-0094
REY P., NITROXIDE 23. MITT. 56-0379
REY-LAFON M., ZUORDN. D. SKELETTSCHWING. D. CYCLOPENTANONS 57-0021
REYNAUD P., ELEKTR. MOMENTE EINIGER THIONAMIDE U. ZWEIER DELTA(2)-THIAZOLINE 56-0033
- EINW. V. SCHWEFELWASSERSTOFF AUF AMIDINE, DARST. V. PRIM. THIOAMIDEN 58-0192
REYNAUD R., BEST. D. EFFEKTIVEN LAD.-VERTEIL. IN EINIGEN ANILINIUMIONEN U. IM PYRIDINIUMION AUS D. ELEKTR. MOMENTEN 59-0083
- AENDER. D. PK(A)-WERTE V. ZEHN AROMAT. ODER HETEROCYCL. BASEN IN ABHAENGIK. V. D. DIELEKTRIZITAETSKONST. D. LSGM. NACH D. AUF IONEN ANGEWENDETEN ELEKTROSTAT. THEORIE V. K. HIROMI 60-0104
REZVUKHIN A. I., BIND.-ZUSTAND D. ALIPHAT. KOHLENSTOFF-ATOMS IN ARENONIUMIONEN 55-0056
RHAESE H., SYNTH. V. OLIGO- U. POLYNUCLEOTIDEN 8. MITT. 58-0432
RHODES A. P., MAGNET. NICHT-AEQUIVALENZ IN D. METHYLENGRUPPE EINES AETHYLESTERS 53-0016
RHOMBERG A., RED. D. O-ALKYLSALZE V. PHOSPHINOXIDEN, PHOSPHONATEN U. PHOSPHONITEN 54-0210
RIBERA A., BLDG. EINES FUENFRINGIONS DURCH ELEKTRONENSTOSS 58-0061
RICARD D., EPOXYNITRILE 2. MITT. 56-0199
- EPOXYNITRILE 4. MITT. 58-0300
RICCA A., ALIPHAT. CHLOROXIME U. IHRE VERW. BEI D. SYNTH. V. ISOXAZOL- U. BETA-FURANON-SYST. 53-0138
- D. KATALYT. WRKG. V. BF3 BEI D. CYCLOADDIT. V. BENZONITRIL AN NITRILE U. CARBONYLVERB. 53-0148
RICCA F., UNTERS. D. CHEMISORPT. DURCH DESORPTIONSSPEKTREN 58-0006
RICCI A., THIOPHEN-DERIV. 16. MITT. 57-0267
- NUCLEOPHILE REAKTIVITAET V. 2-CHLOR-BENZIMIDAZOL U. 2-CHLOR-N-METHYL-BENZIMIDAZOL 59-0132
- BENZIMIDAZOLE 2. MITT. 59-0133
- BENZIMIDAZOLE 3. MITT. 59-0134
RICHARDS D. H., STRUKTUR V. TETRAMEREM ALPHA-METHYL-STYROL 59-0257
RICHARDS E. E., HYDROXY-STEROIDE 9. MITT. 53-0015
RICHARDS K. E., DIELS-ALDER-RK. V. 9.10-ANTHRACHINODIMETHAN U. 9-METHYLEN-ANTHRON 58-0287
- RK. D. 5.6-CHRYSENCHINODIMETHANS 61-0302
RICHARDSON A. C., SELEKTIVE ACYLIER. V. PYRANOSIDEN 1.MITT. 55-0321
- SELEKTIVE ACYLIER. V. PYRANOSIDEN 2. MITT., 57-0353
- SYNTH. V. 2.3.4.6-TETRAAMINO-2.3.4.6-TETRADESOXY-D-GALAKTOSE- U. -D-IDOSE-DERIV. 60-0422
RICHTER P., ELEKTROPHILE SUBSTITUTIONEN NACH FRIEDEL-CRAFTS AM DELTA(3)-CAREN 59-0457
RICHTER W., GASCHROMATOGRAPH. U. MASSENSPEKTROMETR. UNTERS. V. VITAMIN-B6-TRIMETHYLSILYLDERIV. 55-0401
RIDD J. H., WASSERSTOFF-ISOTOPEN-AUSTAUSCH IN SUBSTITUIERTEN ANILINIUMIONEN 54-0105
- SEK. WASSERSTOFF-ISOTOPEN EFFEKTE BEI D. NITRIER. V. ANILINIUM-IONEN 54-0127
RIDDELL F. G., SESSEL-BOOT-ENERGIEDIFFERENZEN BEI 1.3-DIOXANEN 58-0082
- KONFORMATIONSEFFEKTE BEI VERB. MIT SECHSGLIEDRIGEN RINGEN 6. MITT. 61-0076
RIECHE A., HALOGENALKYLHYDROPEROXIDE 2. MITT. 53-0057
- PEROXYGENIER. V. ACETALEN 1.MITT. 54-0302
- METALLORGAN. PEROXIDE 6.MITT. 58-0212
RIED, UEBER RK. V. AMIDRAZONEN MIT 1.2-UNGESAETTIGTEN KETONEN 55-0247
RIED W., UEBER DIE RK. V. KETENEN MIT O-CHINONEN 4. MITT. 53-0168
- RK. MIT IMIDSAEUREESTERN 6. MITT. 53-0170
- UMSETZ. V. ALDEHYDEN MIT BETA-KETOCARBONSAEUREN UNTER MILDEN BEDING. 54-0196
- AETHINIER.-RK. 25. MITT. 54-0340
- RK. MIT IMIDSAEUREESTERN 7. MITT. 55-0293
- SYNTH. V. 1.2.3.4-TETRAPHENYL-5.6-BENZO-PENTALEN 61-0298
RIEDEL T., RK. D. D-GLUCOAMINS, 18.MITT. 60-0425
RIEDLINGER K., CYCLOPROPANVERB. 11. MITT. 59-0240
RIEKER A., ZUR KENNTNIS D. CHINOIDEN ZUSTANDES. 5.MITT 53-0040
- MESOMERE ARSEN-RADIKALE 60-0228
RIEZEBOS G., ISOMERISIER. V. SAFROL ZU ISOSAFROL MIT HILFE V. EISENPENTACARBONYL U. ALKALI 54-0301
RIGAU J., SUBSTITUENTEN-EFFEKTE IN D. KOOX.-RK. V. INDEN MIT AROMAT. THIOLEN, NACHW. EINES GLEICHGEW. V. KLASS. U. BRUECKENRADIKALEN 61-0081
RIGAUDY J., ELEKTROCHEM. OX. V. 2.4.6-TRI-TERT.-BUTYL-ANILIN IN ACETONITRIL 59-0217
- ELEKTROCHEM. OX. V. 2.4.6-TRI-TERT.-BUTYL-ANILIN IN METHANOL, ISOLIER. D. PRIMAERPROD. 60-0223
- 'BENZO'-PHOTOOXIDE V. 1.4-DIALKOXY-ANTHRACENEN, IHRE PHOTOISOMERISIER. IN BIS-EPOXIDE 60-0273
RIGBY A., SYNTH. U. ZERS. V. THIOCARBAMOYLMERCAPTOMETHYL-PHENOLEN 56-0206
RIGBY C. W., RK. V. CYCLOPENTADIENYLIDEN-TRIPHENYLPHOSPHORAN MIT CYAN-OLEFINEN 61-0256
RIHOVA E., TRITERPENE, 12.MITT. 56-0445
RIMPLER H., INHALTSSTOFFE V. PIPER-ARTEN 14.MITT. 55-0027
- ZUR FRAGE D. 'HELICHRYSUM-AURONOLS', EINE BERICHTIG. 55-0271
- VORK. V. 20-HYDROXY-ECDYSON IN VITEX MEGAPOTAMICA 58-0539
- NOTIZ ZUR STRUKTUR D. CUBEBINS 60-0066
RINAUDO J., RK.-FAEHIGK. D. 2-METHYL-NAPHTHALINS MIT FREIEN PHENYLRADIKALEN 54-0249
- REAKTIVITAET V. 1-METHYL-NAPHTHALIN GEGENUEBER FREIEN PHENYLRADIKALEN 56-0291
RINDONE B., STRUKTUR U. STEREOCHEMIE V. PSIADIOL, EINEM NEUEN DITERPENOID 60-0463
RINGOLD H. J., NMR-METHYLVERSCHIEB. U. KONFORM.-GLEICHGEW. V. PROTONIERTEN METHYLCYCLOHEXANONEN 56-0057
RIO G., LABILE BIND. V. SAUERSTOFF AN KOHLENSTOFF IN FUENFGLIEDR. HETEROCYCLEN, ZWEI IN D. KOMPONENTEN SPALTBARE PHOTOOXIDE MIT OZONIDSTRUKTUR, PHOTOOXIDE V. 2.5-DIPHENYL-FURAN U. TETRAPHENYLFURAN 55-0227
- PHOTOCHROMIE U. PHENANTHREN-CYCLISIER. V. CIS-3-BENZOYL-2.3-DIPHENYL-ACRYLSAEURE, EINFL. D. LSGM. 60-0314
RIOBE O., DARST. DELTA, EPSILON-UNGESAETT. NITRILE U. SAEUREN 54-0155
RIORDAN J. C., BECKMANN-UMLAGER. V. MANNICH-BASEN- U. VERWANDTEN OXIMEN 53-0075
RIPPERGER H., NOTIZ ZUR ABS. KONFIG. V. 1.2.3.6.7.11B-HEXAHYDRO-4H-PYRAZINO(2.1-A)ISOCHINOLIN, OPT. ROTAT.-DISPERS. U. ZIRKULARDICHROISMUS 8. MITT. 56-0395
- SOLANUM-ALKALOIDE 80. MITT. 56-0434
- OPT. ROTATIONSDISPERS. U. ZIRKULARDICHROISMUS 7. MITT. 57-0308
- SOLANUM-ALKALOIDE 79.MITT. 58-0473
- ISOLIER. V. NEOCHLOROGENIN U. PANICULOGENIN AUS SOLANUM PANICULATUM L. 58-0474

RISALITI A., VINYLAMINE 7. MITT. 55-0314
RISSMANN G., PROTONENRESONANZ-UNTERS. AN SIEBENGLIEDR. RINGVERB. 1. MITT. 53-0018
RITCHIE A. C., EINW. V. ACETANHYDRID AUF 1-NITROSO-4-HYDROXY-4-PHENYL-PIPERIDIN 59-0368
RITTERBUSCH G., ENERGETIK D. PROTON-AUSTAUSCHS, KINET. ACIDITAET IN D. TRIPHENYLMETHAN-REIHE 59-0136
RITTERSDORF W., HYDROLYSE V. PHOSPHATEN U. PYROPHOSPHATEN EINIGER MONOTERPENALKOHOLE, MODELLRK. ZUR BIOSYNTH. D. MONOTERPENE 61-0504
- HYDROLYSE V. 2.3-DIHYDROTERPENYLPHOSPHATEN U. - PYROPHOSPHATEN 61-0505
RIVA DI SANSEVERINO L., MOL.- U. KRISTALLSTRUKTUR V. 2ALPHA-BROM-ARBORINON, STRUKTUR D. TRITERPENS ARBORINOL 53-0035
- KRISTALL- U. MOLEKULARSTRUKTUR V. TOMATIDIN-HYDROBROMID U. SEINE BEZIEH. ZU STEROIDEN BROMSAPOGENINEN 58-0087
RIVAS C., PHOTOCHEM. VALENZISOMERISIER. V. OXABICYCLO-ANALOGEN D. NORBORNADIENS 59-0309
RIVET- LE GUELLEC P., DIPOLMOMENTE EINIGER DICYANAETHYLENE 56-0034
.IVETT D. E. A., STRUKTUR V. EURYOPSONOL 58-0307
RIVIERE H., ADDIT. V. PHENYLMAGNESIUMBROMID AN BENZOYLCYCLOHEXEN IN ABWESENH. U. GGW. V. KUPFERCHLORID, SELEKTIVE DARST. D. BEIDEN STEREOISOMEREN ENOLATE, REZIPROKE ISOMERISIER. IN 1.2-DIMETHOXY-AETHAN 58-0131
RIVIERE M., DARST. V. AROMAT. ENAMINEN DURCH ELIMINIER.-RK. U. DURCH UMLAGER. V. ALLYL-AMINEN 60-0219
RJABINKIN I. I., MASSENSPEKTROMETRIE V. ALPHA-OXIDEN U. KETONEN 54-0044
RJABOVA K. G., SYNTH. V. CARBONSAEUREDERIV. UNTER D. BEDING. D. SAEUREKATALYSE AUS CO, OLEFINEN U. ACYLIERBAREN VERB. 25. MITT. 59-0169
ROBBA M., SYNTH. V. THIENO(2.3-D)PYRIMIDIN-DERIV. 54-0349
- SYNTH. V. THIENO(3.2-D)PYRIMIDIN U. EINIGEN DERIV. 54-0350
- SYNTH. V. 4-SUBSTITUIERTEN FURO(2.3-D)PYRIDAZINEN 54-0357
- SYNTH. V. THIENO(2.3-D)PYRIDAZINEN U. THIENO(3.4-D)PYRIDAZINEN AUS THIOPHENDERIV. 61-0442
ROBERT J., EINFL. D. RAEUML. LAGE D. FREIEN ELEKTRONENPAARS D. PHOSPHORS AUF D. PHOSPHOR-PROTON-KOPPL.-KONST. EINES P-O-C-H-FRAGMENTS 60-0053
ROBERTS B. M., UNTERS. D. PEROXYDASEWRKG. 16.MITT. 55-0175
ROBERTS D. R., NEUE CHEMILUMINESZENZ-RK. 59-0044
ROBERTS D. W., CYCLOPROPANE ALS QUELLE FUER DIFLUORCARBEN 57-0191
ROBERTS J. D., INNERE RUECKUMLAGER. BEI D. SOLVOLYSE V. CYCLOPROPYLCARBINYLDERIV. 56-0124
ROBERTS J. S., SYNTH. V. NEOCLOVEN 56-0440
ROBERTSON A. V., SELEKTIVE SPALT. V. PEPTIDEN DURCH ALKALI IN GGW. V. UEBERGANGSMETALLIONEN 56-0477
ROBERTSON G. B., STRUKTUR V. BIS-(TRIPHENYL-PHOSPHIN)-CARBONATO-PLATIN(II) 59-0008
ROBERTSON J. C., FREIRADIKAL. RK.-WEG D. BAEYER-VILLIGER-RK. 60-0111
ROBERTSON J. M., STRUKTUR D. BENZILMONOXIME 56-0088
- KRISTALLSTRUKTUR U. ABSOLUTE STEREOCHEMIE V. LAURINTEROL, ABSOLUTE STEREOCHEMIE V. APLYSIN 57-0074
ROBINS M. J., SYNTH. V. MIT ANGUSTMYCIN A VERWANDTEN UNGESAETT. ADENIN-NUCLEOSIDEN 60-0428
ROBINS R. K., SYNTH. V. MIT ANGUSTMYCIN A VERWANDTEN UNGESAETT. ADENIN-NUCLEOSIDEN 60-0428
ROBINSON B., ALKALOIDE AUS PHYSOSTIGMA VENENOSUM 5. MITT. 60-0439
ROBINSON D. A., BLDG. V. CYCL(3.2.2)AZINEN AUS PYRIDINEN U. PROPIOLSAEURE-METHYLESTER 56-0372
ROBINSON M. J. T., SESSEL-BOOT-ENERGIEDIFFERENZEN BEI 1.3-DIOXANEN 58-0082
- KONFORMATIONSEFFEKTE BEI VERB. MIT SECHSGLIEDRIGEN RINGEN 6. MITT. 61-0076
ROBINSON R., SYNTH. V. BENZYLPENILLONSAEUREMETHYLESTER 59-0335
ROBSON A., AROMAT. SUBSTITUT. 17. MITT. 58-0164
ROBSON E., GAS-PHASEN-RK. V. SCHWEFEL MIT AMINEN U. VERWANDTEN VERB., NEUE SYNTH. V. THIAZOLEN 57-0290
ROCCHI R., SYNTH. V. PEPTIDANALOGEN D. N-TERMINALEN EIKOSAPEPTIDSEQUENZ D. RIBONUCLEASE A. 1. MITT. 53-0240
- SYNTH. V. PEPTIDANALOGEN D. N-TERMINALEN EIKOSAPEPTIDSEQUENZ D. RIBONUCLEASE A 2. MITT. 53-0241
- SYNTH. V. PEPTIDANALOGEN D. N-TERMINALEN EIKOSAPEPTIDSEQUENZ D. RIBONUCLEASE A 3. MITT. 53-0242
- SYNTH. V. PEPTIDANALOGEN D. N-TERMINALEN EICOSAPEPTIDSEQUENZ D. RIBONUCLEASE A 4. MITT. 57-0411
ROCHLITZ J., EINFL. D. SOLVATAT. AUF ABSORPT. U. FLUORESZENZ V. CHINOLINDERIV. 55-0029
- NEUE RK. D. CARCINOGENEN KW-STOFFE 2. MITT. 61-0294
ROCKETT B. W., ADDIT. U. METALLIER. BEI D. RK. V. N-BUTYL-LITHIUM MIT 2-FERROCENYL-PYRIDIN 56-0024
- UNSYMM. DISUBSTITUIERTE FERROCENE 1. MITT. 61-0026
RODE K., POLYACETYLENVERB. 121. MITT. 54-0147
- POLYACETYLENVERB. 127. MITT. 58-0507
- POLYACETYLENVERB. 129. MITT. 59-0491
- POLYACETYLENVERB. 132. MITT. 59-0494
RODEBAUGH R. M., NEUE SYNTH. EINIGER 1-ALKYL-2.4-DIPHENYL-PYRROLE 60-0325
RODIGHIERO G., 4.7-DIMETHOXY-INDOLYL-(3)-ESSIGSAEURE U. D.L-4.7-DIMETHOXYTRYPTHOPHAN 56-0334
RODMAR B., PROTONENMAGNET. RESONANZ V. PYRIMIDINEN 3. MITT. 59-0058
RODMAR S., PROTONENMAGNET. RESONANZ V. PYRIMIDINEN 3. MITT. 59-0058
RODRIGO S., PLATHYTERPOL, EIN DITERPEN AUS PLATHYMENIA RETICULATA 60-0459
RODRIGUEZ G., WRKG. D. PROTONIER. AUF ELEKTRONENDICHTEN IN STICKSTOFFHETEROCYCLEN 59-0076
RODRIGUEZ P. A. B., NAPHTHAZARIN- U. 2-METHYL-NAPHTHAZARIN-DERIV. 58-0277
ROEDIG A., UMLAGER. VINYLOGER CARBONSAEURECHLORIDE 5. MITT. 61-0130
ROENNQUIST O., KRIST.-STRUKTUR V. CA- U. SR-3-DESOXY-2-C-HYDROXYMETHYL-D-ERYTHRO-PENTONAT U. EINIGE HUECKEL-BERECHN. UEBER D. ENTSPRECHENDE SAEURE 57-0076
ROENSCH H., PAPAVER BRACTEATUM LINDL 4. MITT. 55-0429
ROESKY H. W., DARST. U. UNTERS. V. DIFLUOROTHIOPHOSPHATEN 55-0140
- DARST. U. UNTERS. V. DICHLOROTHIOPHOSPHATEN U. CHLOROFLUOROTHIOPHOSPHATEN 58-0011
- DIAZIDO-, FLUORO-AZIDO-, DIFLUOROTHIOPHOSPHATE U. DICYANODITHIOPHOSPHATE 60-0012
- DARST. V. PHOSPHORFLUORIDISOTHIOCYANATEN 60-0013
- RK. MIT PYROPHOSPHORYLTETRAFLUORID 60-0014
ROESLER H., PRAEBETANIN, EIN SCHWEFELSAEURE-HALBESTER D. BETANINS, EIN BEITRAG ZUR KENNTNIS DER BETACYANE 55-0350
ROESLER P., HETEROCYCLISIER. V. ALPHA-ACYLAMINO-NITRILEN 1.MITT. 55-0161
ROESLER W., SAEUREKATALYT. RK. V. NITROSOVERB. 2.MITT. 58-0163
ROEST B. C., SAEUREKATALYSIERTE RK. V. PSEUDOJONON IN WASSER 61-0155
ROEVENS L. F. C., ABS. KONFIG. D. OPT. ISOMEREN D. BREITBAND-ANTHELMINTHIKUMS TETRAMISOL 56-0354
ROFF J. E., SYNTH. V. CYCL(3.3.2)AZINONEN U. BENZ(CD)AZULENONEN 56-0373
ROFFEY P., SYNTH. V. A-NOR-19-NOR-TESTOSTERON 58-0480
- UMWANDL. V. TRI-O-METHYL-SOLORINSAEURE IN TETRA-O-METHYL-AVERYTHRIN 61-0289
ROGERS D., ABS. KONFIG. V. (+)-2-METHYL-2-ISOPROPYL-GLUTARSAEURE U. (+)-2-METHYL-2-ISOPROPYL-BERNSTEINSAEURE 56-0180
- KRIST.-STRUKTUR D. 1 ZU 1-ADDUKTES V. GERMACRATRIEN U. AGNO3 (C15H24, AGNO3) 60-0097
ROGERS N. A. J., DIELS-ALDER-RK. DIHYDROAROMAT. VERB., 1. MITT. 53-0055
- PROTONIER. V. KONJUGIERTEN ENOLDERIV. 3. MITT. 55-0087
ROGOVIK V. I., RED. FORMYLIER. D. ANTHRACHINONS 61-0286
ROHATGI V. K., NEUE SYNTH. V. 3-PHENYL-4-HYDROXY-CUMARINEN 58-0363
ROJAHN W., 3.7.7-TRIMETHYL-BICYCLO(3.1.1)HEPTEN-(2), EIN ISOMERES ALPHA-PINEN 59-0458
ROJTSTEJN L. M., 1.2-DIHYDRO-BENZIMIDAZOL-DERIV. 5.MITT. 54-0309
ROLLE W., SAEUREKATALYSIERTE RK. V. NITROSOVERB. 1. MITT. 57-0115
ROLLETT J. S., MOL.- U. KRISTALLSTRUKTUR V. 2ALPHA-BROM-ARBORINON, STRUKTUR D. TRITERPENS ARBORINOL 53-0035
- KRISTALL- U. MOLEKULARSTRUKTUR V. TOMATIDIN-HYDROBROMID U. SEINE BEZIEH. ZU STEROIDEN BROMSAPOGENINEN 58-0087
ROLSKI S., SYNTH. EINIGER AUS ZWEI MOL. GLUTAMINSAEURE U. EINEM MOL. GLYCIN AUFGEBAUTER TRIPEPTIDE 55-0396
ROMANCEVIC M. K., KONDENS. V. TERT.-ALKYLHYDROPEROXIDEN MIT LAEVULINSAEUREESTERN 59-0191
ROMANS D., ZERS. V. PENTAMETHYLTETRAZENIUMJODID IN WASSER 54-0087
ROMEO A., SYNTH. V. 22.23-DIHYDRO-BRASSICASTERIN 55-0382
- SYNTH. V. CAMPESTERIN 55-0383
- SYNTH. V. 2-ALKOXY-2-PHENYL-ACETAMIDO-CARBONSAEUREN 61-0180
ROMERS C., KONFORM. V. NICHTAROMAT. RINGVERB. 24. MITT. 53-0032
- BEZIEH. ZWISCHEN TORSIONS- U. BIND.-WINKELN V. CYCLOPENTAN 56-0084
ROMO J., BESTANDTEILE V. ZALUZANIA AUGUSTA. STRUKTUR V. ZALUZANIN A U. B 53-0207
- STRUKTUR V. PERUVININ, EINEM PSEUDOGUAIANOLID AUS AMBROSIA PERUVIANA WILLD. 54-0457
ROMO DE VIVAR A., STRUKTUR V. PERUVININ, EINEM PSEUDOGUAIANOLID AUS AMBROSIA PERUVIANA WILLD. 54-0457
RONAYNE J., EIN STABILES ALKYLIDENDIPHOSPHORAN 58-0243
ROOF G. L., CHEMIE D. TRIS-(ALKYLMERCAPTO)-METHYLIONEN 1. MITT. 60-0180
ROQUES B., SYNTH. V. 4-SUBSTITUIERTEN FURO(2.3-D)PYRIDAZINEN 54-0357
- SYNTH. V. THIENO(2.3-D)PYRIDAZINEN U. THIENO(3.4-D)PYRIDAZINEN AUS THIOPHENDERIV. 61-0442
ROSEN J. D., PHOTOLYSE V. ALDRIN 56-0304
ROSEN M., EINE NEUART. UMLAGER. BEI D. ADDIT. V. SULFENEN AN 1.3-BIS-(DIMETHYLAMINO)-3-PHENYL-1-PROPEN 55-0120
ROSENBAUM J., STEROIDAMINE 4. MITT. 58-0494
ROSENBERG D., KERNMAGNET. RESONANZSPEKTREN EINIGER ACETYLEN-PHOSPHOR-VERB. 54-0030

ROSENBERGER H., STEROIDE AUS HYODESOXYCHOLSAEURE, UEBER D. SEITENKETTENABBAU EINER 6BETA.19-EPOXY-CHOLANSAEURE 53-0225
ROSENTHAL A., HYDROFORMYLIER. V. KOHLENHYDRAT-EPOXIDEN 54-0382
- SYNTH. EINIGER KOBALTDERIV. V. KOHLENHYDRATEN 55-0014
- NEUER WEG ZU VERZWEIGT-KETT. ZUCKERN DURCH ANWEND. EINER MODIFIZIERTEN WITTIG-RK. BEI KETONEN 59-0416
ROSENTHAL I., PHOTOALKYLIER. V. CYCL. AETHERN 61-0325
ROSENTHAL J. W., UMWANDL. V. 9.10-DIHYDRONAPHTHALIN U. BICYCLO(4.2.2)DECA-(2.4.7.9)-TETRAEN 53-0119
ROSEWATER W. H., VERW. V. KOMPLEXBILDNERN ZUR AKTIVIER. V. KUPFER BEI D. ULLMANN-BIARYL-SYNTH. 54-0236
ROSINOV B. V., MASSENSPEKTROMETR. UNTERS. V. CYCLODEPSIPEPTIDEN, STAPHYLOMYCIN S 60-0068
ROSNATI V., TEILNAHME D. NACHBARGRUPPEN AN SOLVOLYSERK. V. ALPHA-CHLOR-KETONEN 56-0217
ROSS R. A., UEBERGANGSZUSTAND BEI D. GASPHASENELIMINIER. V. HALOGENIDEN 57-0106
ROSSI I., IR-UNTERS. V. GASGEMISCHEN AUS HCL U. EINIGEN CARBONYLVERB. 54-0080
ROSSI J., CIS- U. TRANS-OKTAHYDRO-CYCLOPENTA(B)- U. -CYCLOPENTA(C)PYRANE 59-0352
- KONFIG.-UNTERS. D. 5-AMINO-TRANS-PERHYDROINDANOLE-(6), SYNTH. V. DREI ISOMEREN 60-0268
ROSSMANITH K., HERST. V. REINEM LITHIUMCYANAT 56-0014
ROTH H. J., ZUM MECHANISMUS D. TTC-RK. V. PYRIDINIUM-CARBINOLEN 6. MITT. 53-0149
ROTH W. R., STEREOCHEMIE D. THERM. U. PHOTOCHEM. ZERFALLS V. 2.3-DIAZA-BICYCLO(2.2.1)HEPTEN-(2) 57-0338
- O-CHINODIMETHAN- U. 2.2-DIMETHYL-ISO-INDENEISEN-TRICARBONYL 58-0025
ROTHENWOEHRER W., SOLVOLYSEN V. (CYCLOOCTEN(4)-YL-(1)-METHYL)-TOSYLAT U. ENDO-BICYCLO(3.3.1)NONYL-(2)-TOSYLAT 58-0295
ROUDIER A. J., HEMICELLULOSEN D. HOLZES V. PINUS PINASTER SOLANDER SUBSP. P.MARITIMA (POIRET) FIESCHI ET GAUSSEN 6. MITT. 58-0426
ROUESSAC F., THERMOLYSE U. PHOTOLYSE V. UNGESAETT. KETONEN 5. MITT. 56-0256
- THERMOLYSE U. PHOTOLYSE V. UNGESAETT. KETONEN. 6.MITT. 56-0257
- THERMOLYSE U. PHOTOLYSE V. UNGESAETT. KETONEN 7. MITT. 56-0258
ROUMESTANT M., UNTERS. UEBER AZOLE 24. MITT. 61-0345
- UNTERS. UEBER AZOLE 25. MITT. 61-0346
ROUSCHIAS G., RHENIUM(IV)-NITRILKOMPLEXE 59-0028
ROUSSEL-PERIN O., ISOMERISIER. V. POLYCYCL. AROMAT. KW-STOFFEN DURCH EINW. V. ALCL3 7. MITT. 59-0283
ROUVIER C., UMLAGER. V. ALLEN-KETOALKOHOLEN R(1)R(2)C(OH)-CH=C=CH-CO-R IN SAUREM MEDIUM 57-0303
ROUX D. G., PEUCENIN AUS NIESHOLZ (PTAEROXYLON OBLIQUUM) 57-0302
- DREI DIASTEREOISOMERE 4.6-VERKNUEPFTE BILEUKOFISETINIDINE AUS D. KERNHOLZ V. ACACIA MEARNSII 59-0449
- EINIGE STEREOCHEM. IDENT. BIFLAVANOLE AUS D. RINDENTANNINEN V. ACACIA MEARNSII 61-0408
- ISOLIER. V. MOPANIN AUS COLOPHOSPERMUM MOPANE U. WECHSELBEZIEH. V. FLAVONOID-KOMPONENTEN AUS PELTOGYNE SPP 61-0503
ROUX-SCHMITT M., LSGM.-EFFEKT AUF D. RK. V. BITOSYLATEN MIT NACN ZU VERB. MIT NEOPENTYLSTRUKTUR 60-0259
ROUZAUD J., UMLAGER. V. KETONEN IN D. FLUORENREIHE 2. MITT. 56-0299
- UMWANDL. V. 2-METHYL-3-CYCLOHEXYL-BUTANDIOL-(2.3) ZU TERT.-BUTYL-CYCLOHEXYL-KETON U. 3-METHYL-3-CYCLOHEXYLBUTANON-(2) 57-0200
- UMLAGER. V. (1-HYDROXY-CYCLOPENTYL)-CARBINOLEN 1. MITT. 59-0243
- ISOMERISIER. V. KETONEN U. EINFL. D. TEMP. AUF D. UMLAGER. SUBSTITUIERTER PROPANDIOLE-(2.3) 61-0247
ROW L. R., CHEMIE V. TERMINALIA-SPEZIES 11. MITT. 54-0247
- KRIST. BESTANDTEILE V. EUPHORBIACEAE 6. MITT. 56-0205
- CORDIFOLIN, NEUES INDOLALKALOID V. BIOGENET. INTERESSE 59-0434
ROY S. K., SYNTH. SUBSTITUIERTER BETA- U. GAMMA-LACTAME 53-0131
ROYALL D. J., 1.3-DITHIANE 1. MITT. 57-0326
ROYER R., BENZOFURAN 32.MITT. 54-0348
- BENZOFURAN, 33.MITT. 56-0380
- BENZOFURAN 34. MITT. 61-0352
ROYO G., DARST. OPT. AKT. VINYLSILANE 56-0240
ROZENTAL' G. F., EINFL. D. STRUKTUR D. ANIONEN V. BETA-DIKETONEN AUF D. GESCHW. U. RICHT. D. ALKYLIER. 60-0118
ROZUMEK K., BEITRAG ZUR CHEM. DIFFERENZIER. INNERHALB D. ART V. SOLANUM DULCAMARA L. 58-0527
R. SCHLEYER P. VON, ACETOLYSE V. ENDO- U. EXO-BICYCLO(N.1.0)ALKYL-TOSYLATEN 61-0119
RUBCOV M. V., 7-AZA-INDOLDERIV. 25. MITT. 57-0085
RUCKELSHAUSS G., ANIONRADIKALE 4. MITT. UEBER RADIKAL. U. NICHT-RADIKAL. ALKALIMETALLADDUKTE AROMAT. AZOXYVERB. 56-0229
RUDAKOV G. A., KINETIK U. CHEANISMUS D. ALKAL. HYDROLYSE V. ESTERN 1. MITT. 56-0120
- KINETIK U. MECHANISMUS D. ALKAL. HYDROLYSE V. ESTERN 2.MITT. 56-0121
RUDINGER J., AMINOSAEUREN U. PEPTIDE 69. MITT. 56-0474
- AMINOSAEUREN U. PEPTIDE 72. MITT. 58-0495
- AMINOSAEUREN U. PEPTIDE 73. MITT. 60-0489
RUDKOVSKIJ D. M., HYDROCARBOXYLIER. V. BUTADIEN U. ISOPREN 56-0176
RUDLER H., TERPENOIDE 2. MITT. 60-0461
RUDNAJA G. V., SPEKTRALUNTERS. V. PFLANZENOELEN U. TIER. FETTEN 3. MITT. 61-0044
RUDOL'FI T. A., SUBSTITUIERTE LACTONE U. IHRE UMWANDL. 10. MITT. 54-0228
- SUBSTITUIERTE LACTONE U. IHRE FOLGERK. 11. MITT. 61-0246
RUDOLPH W., HYDROGENOLYSE V. ALPHA-ALKYL-FURFURYLIDEN-ACETALDEHYDEN 61-0348
RUEBSAMEN K., ABFANGRK. KURZLEB. RADIKALE 2. MITT. 56-0116
- ABFANGRK. KURZLEB. RADIKALE 3. MITT. 58-0104
RUECHARDT C., AROMAT. DIAZOVERB., 3.MITT. 53-0037
- ORGAN. PEROXIDE, 6.MITT. 54-0125
- MECHANISMUS D. WITTIG-RK. MIT TRIARYL-ALKOXYCARBONYL-METHYLEN-PHOSPHORANEN 56-0136
RUECKER G., ANWEND. D. KERNRESONANZSPEKTROSKOPIE IN D. PHARMAZIE, 2.MITT. 56-0509
RUEDIGER W., SYNTH. V. METHYL-AETHYLIDEN-SUCCINIMID 56-0340
RUEEGG R., CHEMIE D. VITAMINS E 7. MITT. 58-0504
RUEHLE H., RK. V. OXEPINDERIV. MIT EISENPENTACARBONYL 59-0029
RUEHLMANN K., SI-N-BIND. 24.MITT. 58-0214
- SILACYCLEN 2. MITT. 61-0460
RUETER J., RK. CH-AKTIVER VERB. MIT AZIDEN 16. MITT. 55-0148
RUFER C., TOTALSYNTH. OPT. AKT. STEROIDE 2. MITT. 55-0391
- TOTALSYNTH. OPT. AKT. STEROIDE 3.MITT. 57-0406
- TOTALSYNTH. OPT. AKT. STEROIDE 4. MITT. 60-0488
RUFF F., RK. V. 1-ARYL-ISOBENZOPYRYLIUMSALZEN MIT AMMONIAK 2. MITT. 58-0399
RULKO F., STRUKTUR D. ALKALOIDS AUS GENTIANA TIBETICA KING 56-0424
RUMMENS F. H. A., STRUKTUR V. ''AZODICHINYL'' 59-0378
RUMPF P., CYCLISIER. REINER KW-STOFFE U. RK. ALIPHAT. AMINE IN GGW. EINES BIFUNKTIONELLEN KATALYSATORS 54-0133
- PARACHINONE, 1.MITT. 56-0218
- OX. EINES PHENOLAETHERS MIT PERCHROMSAEURE IN SALZSAUREM MEDIUM 57-0168
- MECHANISMUS D. RK. V. DIMETHYL- U. METHYLARYLSULFOXIDEN MIT AROMAT. ORGANOMAGNESIUMVERB. 57-0321
- KONDENS.-RK. V. 2-METHYL-1.2-DIHYDROISOCHINOLIN, EINEM CYCL. ENAMIN 57-0321
- EINFL. D. TEMP. AUF D. CHLORIER. V. GESAETT. KW-STOFFEN 58-0167
- GASCHROMATOGRAPH. UNTERS. D. ISOMERENGLEICHGEW. V. ALPHA-KETOLEN 60-0101
- SYNTH. V. 1.2.4-SUBSTITUIERTEN TETRAHYDROISOCHINOLINEN 60-0388
RUSCH C., SYNTH. V. MALECYL- U. GLUTARYL-GLYCYLCHLORID 61-0177
RUSSELL D. W., ISOLIER. U. STRUKTUR V. SPORIDESMOLID IV, EINEM CYCLOHEXADEPSIPEPTID AUS PITHOMYCES MAYDICUS 57-0412
RUSSELL G. A., WEITBEREICHS-HYPERFEINAUFSPALT. BEI BICYCL. SEMIDIONEN 58-0057
RUSSELL J. G., HYDROXYMETHYLKETONE. ALDO-ENOL-GLEICHGEWICHT 53-0039
RUSSO G., TRITERPENE AUS GLYCYRRHIZA GLABRA 4. MITT. 59-0465
RUSTAMOV V. R., GLYKOLAETHER U. IHRE DERIV. 110. MITT. 56-0209
- GLYKOLAETHER U. DERIV. 112. MITT. 58-0219
RUSU J., SPEKTROMETR. UNTERS. IN D. CHINAZOLINREIHE 60-0044
RUTHERFORD R. J. D., EINE NEUE CARBANIONUMLAGERUNG 57-0113
- PARTIELL FLUORIERTE HETEROCYCLEN 4. MITT. 59-0320
RYAN J. J., ISAMSAEURE, EIN AZOMETHINIMIN 54-0304
- PHOTOCHEM. SYNTH. 15.MITT. 55-0305
RYBA O., PHOTOCHEM. RK. D. TERT.-ALKYL-P-BENZOCHINONE IN ALKOHOL. MEDIUM 60-0157
RYBACK G., ABS. STEREOCHEMIE V. (+)-ABSCISIN II 54-0469
RYBINSKAJA M. I., SYNTH. V. KOMPLEXEN VERB. D. 4-BUTYROYL- U. 4-BENZOYL-1.2.3-TRIAZOLS MIT FE(II), FE(III), NI(II), U. CO(II) 56-0027
- BETA-KETOVINYLIER., SYNTH. U. ZERS. V. 3.3-DIARYL-3-HYDROXY-PROPENYL-TRIMETHYL-AMMONIUMSALZEN 59-0268
RYBKINA E. I., SYNTH. D. AETHYLESTERS D. O-ACETYL-BETA-(N-P-BIS-(2-CHLORAETHYL)-AMINOPHENYL)-MILCHSAEURE 59-0227
RYE R. T. B., BLDG. V. KOHLENMONOXID BEI D. PYROLYSE V. N-ALKYL-CHLORACETAMIDEN 56-0142
RYHAGE R., MASSENSPEKTROMETR. UNTERS. V. DITERPENEN, 3.MITT. 56-0063
RYZOV V. A., GESETZMAESSIGK. D. ADDIT. AN KONJUGIERTE ENINKETONE 3. MITT. 59-0176
- GESETZMAESSIGK. D. ADDIT. AN KONJUGIERTE ENINKETONE 4. MITT. 59-0332

S

SAAKJAN A. A., KONDENS. V. VINYL- U. ISOPROPENYLAETHINYL-CARBINOLEN MIT ACETYLENDICARBONSAEURE 61-0349

SAAYMAN H. M., EINIGE STEREOCHEM. IDENT. BIFLAVANOLE AUS D. RINDENTANNINEN V. ACACIA MEARNSII 61-0408
SABINIEWICZ S., INDOLDERIV. 2. MITT. 60-0321
- INDOLDERIV. 1. MITT. 61-0365
SACHETTO J., STRUKTUR D. DIMEREN V. ALPHA-METHYLEN-BENZOCYCLENONEN 61-0405
SADASIVAN N., RHODIUM- U. IRIDIUM-PORPHYRINE 56-0029
SADEK H., KINETIK D. SAUREN HYDROLYSE V. BENZYLACETAT IN GLYKOL-WASSER- U. GLYCERIN-WASSER-GEMISCHEN 59-0129
- ALKAL. HYDROLYSE V. AETHYLACETAT IN GGW. V. GLYKOL ODER GLYCEROL 61-0118
SADYCH-ZADE S. I., EPOXYAMINOPROPIONITRILE D. FURANREIHE 54-0289
SADYKOV A. S., RK. V. GOSSYPOL-TETRAMETHYLAETHER MIT EPICHLORHYDRIN 58-0442
SAEED M. A., RK. V. SULFOXIDEN MIT SULFONYLHALOGENIDEN 61-0540
SAEED S. A., SYNTH. V. METHYL-1-DESOXY-1-MERCAPTO-RIBOSIDEN U. HYDROLYSE V. METHYL-1-DESOXY-1-MERCAPTO-ALPHA-D-RIBOPYRANOSID 57-0355
SAEGUSA T., SYNTH.-RK. MIT KOMPLEX-KATALYSATOR 4. MITT. 54-0206
- SYNTH.-RK. MIT KOMPLEXKATALYSATOR 5. MITT. 56-0190
- PD-KATALYSIERTE RK. V. AETHYLEN, GAMMA-BUTYROLACTON U. CUCL2 61-0159
SAEKI H., ZUR CHEMIE D. BENZOLGLYKOLS 16.MITT. 55-0327
SAFAROV G. I., DIENOPHILIE U. DIENAKTIVITAET D. CYCLOHEXYLVINYLKETONS 58-0365
SAFE S., ELEKTRONENSTOSS-INDUZIERTE UMLAGER. V. NATUERL. POLYACETYLENEN 54-0046
- NATUERL. ACETYLENE 26.MITT. 58-0537
- 2-O-ALPHA-D-GALAKTOPYRANOSYLGLYCERIN AUS LAURENCIA PINNATIFIDA 61-0482
SAGIDULLIN R. R., CHLORIER. V. 2-NITRO-4-TERT.-BUTYLPHENOL 57-0166
- STRUKTUR U. RK.-FAEHIGK. D. STICKSTOFFHALTIGEN DERIV. V. CARBONYLVERB. 19. MITT. 59-0246
- OX. V. O-AMINOPHENOLAETHERN MIT PBO2 59-0381
SAGNER Z., FARBIGK. AROMAT. DIAZOVERB. MIT CHINONDIAZID-STRUKTUR 55-0190
- BLDG. V. AZOVERB. BEI D. ZERS.-RK. AROMAT. DIAZOVERB. IN WSS. MEDIUM 57-0120
SAGRAMORA L., CHROMON- U. FLAVON-7-CARBONSAEUREN 57-0301
SAGREDOS A. N., GEWINN. V. BETA-DIKETONEN UEBER IHRE BORDIFLUORID-KOMPLEXE 53-0061
- GAMMA-PYRON-BLDG. DURCH SELBSTKONDENSATION V. CARBONSAEUREN ODER DEREN DERIV. 61-0414
SAHASRABUDHE M. B., SYNTH. V. POTENTIELLEN ANTIKREBSMITTELN 1. MITT. 59-0311
- SYNTH. V. POTENTIELLEN ANTIKREBSMITTELN 2. MITT. 59-0312
SAINSBURY M., 1.2-DIHYDRO-ISOCHINOLINE 5. MITT. 61-0420
SAINT-RUF G., THERM. ZERS. AROMAT. ALDAZINE U. DEREN ANWEND. IN D. PRAEPARATIVEN CHEMIE 56-0160
SAIR M. I., STEREOCHEMIE DER HELVOLSAEURE 59-0090
SAITO I., PHOTOSENSIBILISIERTE OX. HYDROXYLIERTER PURINE 61-0440
SAITO S., MAGNET. ANISOTROPIE D. CYCLOBUTANSYST. MIT GEFALTETER STRUKTUR 55-0044
- TOTALSYNTH. V. SECURININ U. VIROSECURININ 55-0338
SAITO T., TRIS-(TRIPHENYLPHOSPHIN)-KOBALT-DIHYDRID, EIN MOL. STICKSTOFF BINDENDER KOMPLEX 59-0035
SAK M., SYNTH. U. UMWANDL. EINIGER N-PHENYL-GLYCIN-DERIV. 56-0194
SAKABE N., STRUKTUR V. CODAPHNIPHYLLIN 54-0389
- STRUKTUR V. GINKGOLID A, EINEM NEUEN DITERPENOID-TRILACTON 57-0381
SAKAI S., C-D-RING-SPALT. V. DIHYDROCORYNANTHEINDERIV., PARTIALSYNTH. V. DIHYDROBURNAMICIN 53-0190
- KINET. UNTERS. D. ADDIT.-RK. V. TRIMETHYLSILYL- U. TRIMETHYLGERMYLAMINEN MIT BETA-PROPIOLACTON 54-0107
- ADDIT.-RK. V. ALKOXYGERMANEN 56-0017
- RK. D. ORGANOMETALLVERB. D. 4. GRUPPE 5. MITT. 60-0025
SAKAKIBARA H., ABBAURK. V. CALYCANTHIN 61-0484
SAKALAUSKAJTE K. I., NEUE LOKALANAESTHETICA 6-ALLYL(PROPYL)-5-(BETA-ALKYLAMINO-AETHOXY)-1.4-BENZO-DIOXANE U. IHRE STRUKTURANALOGEN 54-0346
SAKAN T., STRUKTUR V. ACTINIDIOLID, DIHYDROACTINIDIOLID U. ACTINIDOL 57-0388
SAKATA I., BESTANDTEILE D. JAPAN. PFEFFERMINZOELS 1.MITT. 61-0523
SAKURAI H., ISOLIER. V. YUZURIMIN A U. B AUS DAPHNIPHYLLUM MACROPODUM MIQUEL 60-0453
SALAUEN M., POLAROGRAPHIE U. ELEKTROCHEM. RED. V. 2-ACETYL-FURAN IN EINER SAUREN WASSER-TETRAHYDROFURAN-MISCHUNG 60-0109
SALAUN M., IDENTIFIZIER. EINES DURCH ELEKTROCHEM. RED. V. 2-ACETYL-THIOPHEN IN SAUREM MEDIUM IN WASSER-THF ERHALTENEN PROD. 54-0293
SALCEANU C., MOL.-ASSOZIAT. U. -DISSOZIAT. IN W.-ESSIGSAEURE-GEMISCHEN 54-0079
SALEMNIK G., FULVENE U. THERMOCHROME AETHYLENE 46.MITT. 61-0284
SALICHOV I. S., DIARYLFULVENE IN D. DIENSYNTH. 61-0122
SALIMGAREEVA F. G., HALOGENACETALE V. PENTAERYTHRIT 54-0345
SALIN B., DARST. DIMERER AROMAT. THIOLAETHER UEBER INTERMEDIAERE ORGANOMAGNESIUMVERB. IN GGW. GERINGER MENGEN COCL2 60-0253
SALISBURY K., UEBERBESETZTE MOLEKUELE 1. MITT. 57-0233
- UEBERBESETZTE MOL. 2.MITT. 61-0304
SALMON J. R., SOLVOLYSE V. MYRTANYL-TOSYLATEN, VGL. D. TORSIONS- U. BRUECKENEFFEKTE 59-0128
SALMON-LEGAGNEUR F., ALPHA.ALPHA-DISUBSTITUIERTE DICARBONSAEUREN U. SAEUREN MIT GEMISCHTER FUNKT. U. IHRE DERIV. 38. MITT. 57-0208
- ALPHA.ALPHA-DISUBSTITUIERTE DICARBONSAEUREN U. SAEUREN MIT GEMISCHTER FUNKT. U. IHRE DERIV. 39.MITT. 57-0209
SALUDJIAN P., ZIRKULARDICHROIT. UNTERS. D. KONFORM. V. FERRICYTOCHROM C AUS PFERDEHERZ 58-0519
SALVATORI T., TAUTOMERE FORMEN V. SAUERSTOFFHALT. DERIV. D. 1.3.5-TRIAZINS 5. MITT. 59-0144
- BIOSYNTH. V. OPHIOBOLINEN 61-0563
SALVI A., RK. V. HYDRAZONHALOGENIDEN MIT PYRIDIN, CHINOLIN U. ISOCHINOLIN 61-0426
SALVINIEN J., MOL.-KOMPLEXE V. CHLORANIL MIT AROMAT. VERB. IN CHLOROFORM 56-0097
SALZWEDEL M., KERNMAGNET. RESONANZ-SPEKTREN SUBSTITUIERTER TRANS-STILBENE 53-0017
- KERNMAGNET. RESONANZSPEKTREN SUBSTITUIERTER CIS-STILBENE 53-0019
SAMEK Z., TERPENE 183. MITT. 55-0353
- STRUKTUR D. LEPRARSAEURE, EINES CHROMONS AUS FLECHTEN 58-0376
- TERPENE 186. MITT. 58-0453
- TERPENE 187. MITT. 59-0468
SAMIS E. M., SYNTH. V. 4.4'-DIAMINO-DIPHENYLAETHER 60-0221
SAMITOV J. J., ALKOXYVERB. 24. MITT. 60-0394
SAMLEWICZ L., GLYKOSIDE U. AGLYKONE 291. MITT. 55-0336
SAMODUMOV S. A., OX.-RK. AROMAT. ALPHA-DIKETONE IM ALKAL. MEDIUM 61-0099
SAMSURIN A. A., KETOALDEHYDE 1. MITT. 56-0174
- KETOALDEHYDE 3. MITT. 60-0193
SAMUEL E. L., 2-TRIHALOGENMETHYL-BENZAZOLE 1. MITT. 53-0139
- 2-TRIHALOGENMETHYL-BENZAZOLE 2. MITT. 53-0140
- 2-TRIHALOGENMETHYL-BENZAZOLE 3. MITT. 53-0141
- 2-TRIHALOGENMETHYL-BENZAZOLE 4.MITT. 53-0142
SAMUSIK B. N., CYCLISIER. EINES ACETYLENNITRILS DURCH RADZIZEVSKI-RK. 54-0375
SANCHEZ E., ARGENTIN. PFLANZEN 22.MITT. 55-0407
- ARGENTIN. PFLANZEN 23.MITT. 55-0408
SANDBERG F., BIOSYNTH. V. MESCALIN IN PEYOTE-KAKTEEN 59-0507
SANDER H., BEITRAG ZUR CHEM. DIFFERENZIER. INNERHALB D. ART V. SOLANUM DULCAMARA L. 58-0527
SANDERMANN W., DITERPENSAEUREN AUS OXYSTIGMA OXYPHYLLUM I. LEONARD (LEGUMINOSAE) 60-0465
SANDERSON W. A., UMLAGER. EINES NEOPENTYLAMIN-OXIDS 53-0050
SANDSTROEM J., BARRIERE D. INNERENROTAT. UM D. C-C-DOPPELBIND. IN KETENMERCAPTALEN U. AMINALEN 59-0089
SANGSTER I., MONOSACCHARIDE MIT STICKSTOFFHALT. RING 13.MITT. 55-0323
SANNICOLO F., TEILNAHME D. NACHBARGRUPPEN AN SOLVOLYSERK. V. ALPHA-CHLOR-KETONEN 56-0217
SANO H., AMINOCYCLITE 15. MITT. 60-0426
SANQUER M., DIPOLMOMENTE EINIGER DICYANAETHYLENE 56-0034
SANTAMBROGIO A., CYCLISIER. V. 2-METHYL-BUTIN-(3)-OL-(2) 1.MITT. 58-0173
- CYCLISIER. V. 2-METHYL-BUTIN-(3)-OL-(2) 2.MITT. 58-0174
SANTAVY F., ISOLIER. U. CHEMIE D. ALKALOIDE AUS PFLANZEN D. GATT. PAPAVER 36. MITT. 54-0398
- UMWANDL. CD. ALKALOIDS R-S (PAPAVERRUBIN A) AUS PAPAVER RHOEAS L. IN ISORHOEADIN 54-0399
- SUBSTANZEN AUS D. PFLANZEN D. UNTERFAMILIE WURMBAEOIDEAE U. IHRE DERIV. 66. MITT. 54-0477
- SUBSTANZEN D. PFLANZEN D. UNTERFAMILIE WURMBAEOIDEAE U. IHRE DERIV. 65. MITT. 54-0481
SANTELLI M., SYNTH. IN D. REIHE D. MITTELGROSSEN RINGE 56-0251
SANTHANAM P. S., STRUKTUR V. MIKANOLID, EINEM NEUEN SESQUITERPEN-DILACTON V. MIKANIA SCANDENS (L.)WILLD. 61-0518
SANTOS A. A., SYNTH. IN D. HETEROCYCL. REIHE 9. MITT. 56-0394
SAPPELT R., IMIDAZOLIN-DIONE-(4.5) 1. MITT. 59-0326
SARA L., STRAHL.-INDUZIERTE FESTSTOFF-POLYMERISAT. 19.MITT. 57-0428
SARAF S. D., PHARMAKOLOG. AKT. BENZO(B)THIOPHEN-DERIV. 3. MITT. 57-0266
SARANIN J. A., UMLAGER. V. PHENACYLMALODINITRIL ZUM 5-PHENYL-3-CYAN-2-AMINO-FURAN 57-0254
- RK. V. METALLDERIV. V. H-ACIDEN VERB. MIT ALPHA-HALOGENKETONEN 2. MITT. 58-0308
SARAPOVA R. I., SUBSTITUIERTE LACTONE U. IHRE UMWANDL. 10. MITT. 54-0228
SARGENT M. V., UMWANDL. V. TRI-O-METHYL-SOLORINSAEURE IN TETRA-O-METHYL-AVERYTHRIN 61-0289
SARGESON A. M., ABS. KONFIG. U. STEREOSPEZIFITAET D. (SARKOSINATO-BIS-(AETHYLENDIAMIN)-KOBALT(III))-IONS 58-0002
- ABSOLUTE KONFIG. D. (+)(589)-TRANS-DICHLORO-TRIAETHYLENTETRAMINKOBALT(III)-IONS 59-0004
SARNIN G. P., RK. V. SYMM.-TRINITROBENZOLDERIV. MIT POCL3 IN GGW. V. PYRIDIN 1. MITT. 54-0178
- RK. V. SYMM. TRINITROBENZOLDERIV. MIT POCL3 IN GGW. V.

PYRIDIN 2. MITT. 54-0179
- DERIV. V. 2.4.6-TRINITRO-THIOPHENOLEN 61-0196
SARTORI P., PERFLUORACYLOXY-VERB. D. POSITIVEN JODS 58-0009
- RK. V. METALLHALOGENIDEN MIT PERFLUORMONOCARBONSAEUREN 4. MITT. 59-0023
SASADA Y., ROENTGENSTRUKTURBESTIMMUNG VON 1.2.3.4-TETRACHLOR-5.6-DI-N-PROPYLCALICEN 53-0034
SASAKI M., UBICHINONE U. VERWANDTE SUBSTANZEN 11. MITT. 57-0047
SASAKI S., IN ZWEI STUFEN VERLAUFENDE ABSPALT. V. ALDEHYDEN U. KETONEN BEI D. FRAGMENTIER. V. ACYCL. ALPHA-GLYKOL-DIESTERN 59-0072
- STRUKTUR V. FIBRAURIN U. EINEM NEBENPROD. AUS FIBRAUREA CHLOROLEUCA 59-0455
SASAKI T., HETEROAROMATIZITAET 5.MITT. 61-0355
SASAKI Y., ACUTUMIN U. ACUTUMIDIN, CHLORHALTIGE ALKALOIDE MIT NEUART. SKELETT 1. MITT. 59-0438
- ACUTUMIN U. ACUTUMIDIN, CHLORHALTIGE ALKALOIDE MIT NEUARTIGEM SKELETT 2. MITT. 59-0439
SASEK V., STEROIDE 103.MITT. 55-0430
SASTRY S. D., TERPENOIDE 106. MITT. 56-0447
- TERPENOIDE 107. MITT. 58-0449
SATENSTEJN A. I., DEUTEROAUSTAUSCH V. VERATROL, 1.4-BENZODIOXAN U. 1.3-BENZODIOXOL MIT TRIFLUORESSIGSAEURE 56-0131
SATGE J., RK. D. GERMANIUM-PHOSPHOR-BIND. V. TRIALKYLGERMANYLPHOSPHINEN 60-0023
SATHE S. S., BERICHTIGTE STRUKTUREN V. DIPHYLLIN U. JUSTICICIN A 61-0557
SATO N., C-NOR-D-HOMOSTEROIDE U. VERWANDTE ALKALOIDE 8. MITT. 56-0156
- SYNTH. U. KMR-SPEKTREN V. 22.27-IMINO-17.23-OXIDO-JERVAN-DERIV. 56-0425
SATO T., PYROLYSE V. ORGAN. VERB. 2.MITT. 57-0116
- PYROLYSE V. ORGAN. VERB. 3. MITT. 57-0389
SATO Y., TOTALSYNTH. V. SECURININ U. VIROSECURININ 55-0338
SATONAKA H., GESCHW. D. RK. V. SUBSTITUIERTEN O-METHOXYPHENYLMAGNESIUMBROMIDEN MIT DI-TERT.-BUTYL-KETON 58-0132
SATTAR A., PROTONIER. V. KONJUGIERTEN ENOLDERIV. 3. MITT. 55-0087
SATYANARAYANA P., KRIST. BESTANDTEILE V. EUPHORBIACEAE 6. MITT. 56-0205
SAUCY G., NEUARTIGE SYNTH. V. BETA-KETOALLENEN DURCH RK. V. TERT. ACETYLENCARBINOLEN MIT VINYLAETHERN, EINE ERGIEBIGE METH. ZUR DARST. D. PSEUDOJONONS U. VERWANDTER VERB. 58-0187
- 9BETA.10ALPHA-STEROIDE 3. MITT. 60-0484
SAUER J., STUDIE D. DIELS-ALDER-RK. 6. MITT. 53-0048
- STUDIE D. DIELS-ALDER-RK. 7. MITT. 53-0116
- DIELS-ALDER-RK. 8. MITT. 54-0108
SAUER L., 1.2-DIAZETIDINE. 2. MITT. 53-0123
SAUMAGNE P., INTERPRETAT. D. IR-SPEKTREN V. 3.3-DIMERCAPTO-1-(THIENYL-(2))-PROPEN-(2)-ON-(1) U. 3.3-DIMERCAPTO-1-PHENYL-PROPEN-(2)-ON-(1) ZWISCHEN 625-1800CM(-1) U. NACHWEIS D. CHELATBLDG. C=O....HS 54-0025
SAUNDERS B. C., PEROXYDASE-WRKG. 15. MITT. 53-0054
- UNTERS. D. PEROXYDASEWRKG. 16.MITT. 55-0175
- PEROXYDASE-WRKG. 17. MITT. 57-0433
SAUNDERS J. K., PHENYLBRUECKENBLDG. IN DIMETHYLPHENYLALU-MINIUM 61-0005
SAUNDERS L., CHEM. VERSCHIEB. 1. MITT. 58-0045
- CHEM. VERSCHIEB. 2. MITT. 58-0046
SAUNDERS M., MITTLERE U. GROSSE MIT D. DIAMANTGITTER UEBERLAGERBARE RINGE 58-0079
SAUNDERS R. M., UMLAGER. BEI D. SOLVOLYSE EINIGER P-NITRO-BENZOYLSULFONSAEUREESTER V. KOHLEHYDRATEN 55-0329
SAUS A., DARST. DEFINIERT TRITIIERTER OLEFINE, (SYNTH. V. IN ALLYLSTELL. TRITIIERTEM N-OCTEN-(1)) 55-0115
- GEMEINSAME EINW. V. ELEMENTAREM SCHWEFEL U. GASFOERM. AMMONIAK AUF KETONE 58. MITT. 56-0349
- ZUR KENNTNIS D. WILLGERODT-KINDLER-RK. 4. MITT. 59-0164
SAUVAITRE H., ANWEND. D. MOL.-DIAGRAMME EINIGER OXIME BEI D. DEUT. V. ASSOZIAT.-ERSCHEIN. 58-0074
SAVAGE D. S., AMINOSTEROIDE 2.MITT. 57-0400
SAVEANT J., MECHANISMUS D. ELEKTROCHEM. RED. ALPHA-SUBSTITUIERTER ALDEHYDE U. KETONE 1. MITT. 56-0110
- MECHANISMUS D. ELEKTROCHEM. RED. ALPHA-SUBSTITUIERTER ALDEHYDE U. KETONE 2. MITT. 56-0111
- MECHANISMUS D. ELEKTROCHEM. RED. ALPHA-SUBSTITUIERTER ALDEHYDE U. KETONE 3. MITT. 56-0112
- MECHANISMUS D. ELEKTROCHEM. REDUKTION ALPHA-SUBSTITUIERTER ALDEHYDE U. KETONE 4. MITT. 56-0113
- MECHANISMUS D. ELEKTROCHEM. RED. ALPHA-SUBSTITUIERTER ALDEHYDE U. KETONE 5. MITT. 61-0096
SAVEL'EV V. L., PYRAN, SEINE ANALOGA U. VERWANDTE VERB. 25. MITT. 57-0253
SAVIDAN L., MECHANISMUS D. EINW. V. CHLORWASSERSTOFF AUF CYCLOHEXANDIOLE-(1.3) 56-0249
SAVOIR R., TRITERPENE 8. MITT. 54-0032
- TRITERPENE 13. MITT. 58-0461
SAWADA N., STRUKTUREN V. CAMELLIAGENIN A, B UND C AUS CAMELLIA JAPONICA L. 54-0420
SAWADA S., OPT. ROTATIONSDISPERS. V. TRANS-CYCLAN-1.2-DICARBONSAEURETHIONAMIDEN 61-0031
SAWAKI Y., KINETIK D. SALPETERSAEUREOX. V. BENZALDEHYDEN ZU BENZOESAEURE 54-0092
- BLDG. V. PERSAEUREN DURCH PERHYDROLYSE MIT H2O2 IN ALKAL. LSG. 61-0205
SAWANT B. M., NIMBININ, EIN NEUES TETRANORTRITERPENOID 61-0524
SAWHNEY S. N., HOCHFLUORIERTE ANALOGE V. PHARMAKOLOG. WIRKSAMEN VERB. 55-0160
SAWLEWICZ L., GLYKOSIDE U. AGLYKONE 290. MITT. 55-0335
SAXTON J. E., UMLAGER. V. 2.3-DIMETHYL-1-(3-OXOBUTENYL-(1))INDOL 58-0316
SAYIGH A. A. R., METALLCARBONYLE ALS KATALYSATOREN BEI D. UMWANDL. V. ISOCYANATEN IN CARBODIIMIDE 57-0216
SBRANA G., IR- U. RAMANSPEKTREN V. 1.2.5-THIADIAZOL U. ZUORDN. SEINER SCHWING. 57-0018
SCALA A., BIS-(METHYLMERCAPTO)-METHAN, EIN AROMASTOFF D. WEISSEN TRUEFFEL, TUBER MAGNATUM PICO 57-0137
- NOMENKLATUR D. OPHIOBOLINE 61-0141
- BIOSYNTH. V. OPHIOBOLINEN 61-0563
SCARAMUZZA L., KRISTALL- U. MOLEKULARSTRUKTUR V. BIS-(N.N-DIAETHYLDITHIOCARBAMATO)-NITROSYL-EISEN(II) 60-0007
SCARPATI R., SYNTH. V. CARBONSAEUREN U. GAMMA-OXO-CARBONSAEUREN AUS 2.2-DIALKOXY-2.3-DIHYDRO-FURANEN 59-0303
SCARTAZZINI R., PYRAMIDENINVERSION V. SULFONIUMIONEN, RACEMISIER. V. ADAMANTYL-(1)-AETHYL-METHYL-SULFONIUMPERCHLORAT 60-0148
SCATTURIN A., SYNTH. V. PEPTIDANALOGEN D. N-TERMINALEN EIKOSAPEPTIDSEQUENZ D. RIBONUCLEASE A 2. MITT. 53-0241
- SYNTH. V. PEPTIDANALOGEN D. N-TERMINALEN EICOSAPEPTIDSEQUENZ D. RIBONUCLEASE A 4. MITT. 57-0411
SCHAAFSMA S. E., CHEMIE D. CYCLOPROPANONE 4.MITT. 57-0189
- CHEMIE D. CYCLOPROPANONE 5.MITT. 57-0190
- CHEMIE D. CYCLOPROPANONE 6. MITT. 60-0238
SCHAAL C., RK. V. THIOHARNSTOFF MIT OXETAN U. SUBSTITUIERTEN OXETANEN 57-0251
SCHAAP A., CHEMIE V. ACETYLENAETHERN 88. MITT. 57-0129
SCHAEFER F. C., CYCLOADDIT. MESOION. OXAZOL-5-ONE AN EINIGE HETEROMEHRFACHBIND. 58-0302
SCHAEFER H., KETENDERIV. 12. MITT. 54-0136
- SAEUREKATALYSIERTE RK. V. NITROSOVERB. 1. MITT. 57-0115
SCHAEFER J. P., STRUKTUR V. ANISOMYCIN 60-0096
SCHAEFER R., METALLORGAN. VERB. 45. MITT. 60-0018
- METALLORGAN. VERB. 46.MITT. 60-0019
SCHAEFER W., CHEMIE SUBSTITUIERTER BENZOCHINONE 2. MITT. 55-0151
- GEMEINSAME EINW. V. ELEMENTAREM SCHWEFEL U. GASFOERM. AMMONIAK AUF KETONE 58. MITT. 56-0349
- OX. V. (14)C-MARKIERTEN PHENOLEN (LIGNINMODELLEN) IN WSS.-ALKAL. LSG. MIT SAUERSTOFF 59-0121
- OMMOCHROME 24. MITT. 59-0444
- OX.-RK. MIT HEXAMETHYL-BICYCLO(2.2.0)HEXADIEN-(2.5) (=HEXAMETHYL-DEWAR-BENZOL) 61-0312
SCHAEFFER L., STEREOCHEMIE 15. MITT. 58-0487
SCHAFFNER K., PROTONENRESONANZSPEKTROSKOP. UNTERS. AN BICYCLO(2.2.1)HEPTAN- U. BICYCLO(2.2.2)OCTAN-DERIV., EINFL. V. SUBSTITUENTEN AUF D. CHEM. VERSCHIEB. 54-0037
- PHOTOCHEM. RK. 39. MITT. 54-0277
- PHOTOCHEM. RK. 40. MITT. 54-0445
SCHAIRER H., CHEMIE D. PHORBOLS 3.MITT. 60-0475
SCHAIRER H. U., STRUKTUR U. STEREOCHEMIE D. TETRACYCL. DITERPENS PHORBOL AUS CROTON TIGLIUM L. 61-0519
SCHALLER K., ZUR KONSTIT. EINES KONDENS.-PROD. AUS HOMOPHTHALSAEUREHALBESTERCHLORID 3. MITT. 53-0157
SCHALTEGGER H., RK. V. HALOGENIERTEN SYMM.-TRIAZINEN MIT CYCLOPENTADIENYLNATRIUM 57-0239
SCHAMP N., FAVORSKII-UMLAGER. V. D.CHLORMETHYLKETONEN 60-0190
SCHANK K., THERM. ZERS. NITROSIERTER ACETESSIGESTER 56-0187
- UMSETZ. V. NATRIUM-P-TOLUOLSULFINAT MIT ORGAN. HALOGENIDEN 57-0169
- ISOMERISIER. V. 2.3-EPOXY-CYCLODODECANON 1.MITT. 58-0260
- SEKUNDAERE DIALKOXY-ACETAMIDE AUS DIKETEN 60-0191
SCHANZ R., NATUERL. GERBSTOFFE 34. MITT. 61-0466
- NATUERL. GERBSTOFFE 35.MITT. 61-0467
SCHARF H., TETRACYCLO(3.2.1.1(3,8).0(2,4))NONEN-(6), PHOTOCHEM. DIMERISIER. U. KATION. UMLAGER. IN INDAN 56-0308
- DARST. V. 3.5-DI-TERT.-BUTYL-CUMOL 58-0218
- MASSENSPEKTROMETR. UNTERS. AN EINIGEN VERBRUECKTEN POLYCYCL. KW-STOFFEN 61-0059
- PRAEPARATIVE PHOTOCHEM. SYNTH. 8.MITT. 61-0306
SCHASCHEL E., IR-SPEKTREN V. B-METHOXY- U. B-TRIDEUTEROMETHOXY-BORAZINEN U. -BOROXINEN U. TRI(METHOXY(D3))BORAN 56-0003
SCHATZ B., ANOMALE CLAISEN-UMLAGERUNG. 2. MITT. 53-0127
SCHEEL U., ALPHA-THIOCYANATO- U. ALPHA-ISOTHIOCYANATOSUL-FIDE 53-0059
- ACETOXY-METHYLRHODANID U. ALKOXY-METHYLENSENFOELE 58-0204
SCHEER H., SUBSTITUIERTE PHOSPHORYLHALOGENIDE 2.MITT. 56-0026

SCHEFFER F., RK. MIT 1.1.1-TRIFLUORACETON 1. MITT. 57-0188
SCHEFFLER K., MESOMERE ARSEN-RADIKALE 60-0228
SCHEFFOLD R., SYNTH. V. AZAPROTOANEMONINEN 57-0273
- RELATIVE REAKTIVITAET V. NUKLEOPHILEN, VORL. MITT. 60-0011
SCHEIDEGGER U., CYCL., GEKREUZT-KONJUGIERTE BIND.-SYST. 13.MITT. 58-0052
SCHEINMANN F., SYNTHET. UNTERS. IN BEZUG AUF FRANKLINON U. SAEUREKATALYSIERTE UMLAGER. V. PYRONOCHROMANON-DERIV. 53-0155
- ISOLIER. NEUER BIFLAVANONE AUS D. KERNHOLZ V. GARCINIA BUCHANANII 55-0410
- BESTANDTEILE V. CASIMIROA EDULIS LLAVE ET. LEX 8. MITT. 58-0362
- EXTRAKTE AUS GUTTIFEREN 5. MITT. 58-0511
- INHALTSSTOFFE V. GUTTIFERAE 6. MITT. 58-0526
- BEMERK. ZUR MASSENSPEKTROMETR. U. THERM. FRAGMENTIER. V. FLAVANONEN U. BIFLAVANONEN 61-0502
SCHEIT K. H., METHYL-DERIV. D. 4-THIOURIDINS 53-0186
- SYNTH. V. OLIGO- U. POLYNUCLEOTIDEN 12. MITT. 61-0479
SCHEITHAUER M., ORGAN. SCHWEFELVERB. 74. MITT. 57-0142
- ORGAN. SCHWEFELVERB. 77. MITT. 58-0112
SCHEITHAUER S., ORGAN. SCHWEFELVERBINDUNGEN 82. MITT. 58-0194
SCHELLENBECK P., DARST. V. TRI-TERT.-BUTYLPHOSPHIN 54-0176
SCHELLENBERGER A., IR-SPEKTROSKOP. UNTERS. D. STEREOCHEMIE U. ENERGIEUEBERTRAG. IN INTRAMOL. WASSERSTOFFBRUECKEN SUBSTITUIERTER PHENYLGLYOXYLSAEUREN, ZUR THEORIE D. ALPHA-KETOSAEUREN, 15.MITT. 54-0060
SCHENCK G., ZUR ANALYTIK EINIGER HYDROXYCUMARANONE-(3) 58-0312
- POLYHYDROXYAURONE MIT VICINALEN HYDROXYLGRUPPEN 58-0313
SCHENCK G. O., ISOBENZPINAKOL ALS URSACHE D. SPEKTRALEN EFFEKTS BEI D. PHOTORED. D. BENZOPHENONS 53-0013
- ALKYLIER. V. METALLKETYLEN 55-0150
- PHOTOSENSIBILISIERTE OX. V. ALKYLSUBSTITUIERTEN FURANEN 59-0299
- EINW. V. WASSERFREIEM ALUMINIUMCHLORID AUF O-(3-ACETOXY-3-METHYL-BUTYL)- U. O-(3-METHYL-DELTA(2)-BUTENYL)-PHENYLACETAT 60-0265
SCHERER K. V. JUN., SOLVOLYSE V. BRUECKENKOPF-SUBSTITUIERTEN BICYCLO-(2.2.0)-HEXANEN 61-0316
SCHERILLO G., SYNTH. V. CARBONSAEUREN U. GAMMA-OXO-CARBONSAEUREN AUS 2.2-DIALKOXY-2.3-DIHYDRO-FURANEN 59-0303
SCHETTY G., KOORDINAT.-WEISE V. CHROMKOMPLEXEN AUS D. AZOFARBSTOFF 1-AMINO-2-HYDROXY-NAPHTHALIN-4-SULFONSAEUREPIPERIDID - 1-PHENYL-3-METHYL-5-PYRAZOLON 54-0011
- UEBER PENTACYCL. AZOFARBSTOFF-CHROM(III)- U. -KOBALT(III)-KOMPLEXE V. 'DREW-PFITZNER'-TYPUS 58-0029
SCHEU D., CHEM. RASSEN BEI ARZNEIPFLANZEN 5.MITT. 59-0506
SCHEUER P. J., NITRIER. V. 2.3-DIMETHOXY-NAPHTHALIN 58-0279
- POLYHYDROXYNAPHTHOCHINONE, DARST. U. HYDROLYSE V. METHOXYLDERIV. 61-0274
SCHEUERMANN H., SYNTH. V. 1.3.5-TRIAZINEN 59-0391
SCHICK H., SYNTH. V. 2-ALKYL-1.3-DIKETONEN DURCH BISACYLIER. V. ENOLACETATEN 57-0201
SCHIELE C., STRUKTUR D. PHOTOCHROMEN FORM D. 6-NITRO-2H-1-BENZOPYRAN-(2-SPIRO-2')-1'.3'.3'-TRIMETHYLINDOLINS 56-0367
- BIND.-VERHAELTNISSE U. FARBE BEIM 6-NITRO-2H-1-BENZOPYRAN(2-SPIRO-2')-1'.3'.3'-TRIMETHYL-INDOLIN 58-0076
- STRUKTUR V. FORMAZANEN 59-0223
SCHIEMANN G., UMSETZ. MIT KRYOLITH 4.MITT. 54-0482
- FLUORIER. ORGAN. VERB. MIT CHLORTRIFLUORID 5.MITT. 58-0166
- UMSETZ. MIT CHLORTRIFLUORID 7. MITT. 59-0168
SCHILDKNECHT H., ARTHROPODENABWEHRSTOFFE 23. MITT. 58-0538
- ARTHROPODEN-ABWEHRSTOFFE 25. MITT. 58-0541
SCHILL G., GEZIELTE SYNTH. V. CATENA-VERB. 8. MITT. 59-0409
- GEZIELTE SYNTH. V. CATENA-VERB. 9.MITT. 61-0060
SCHILLING P., OX. V. (14)C-MARKIERTEN PHENOLEN (LIGNINMODELLEN) IN WSS.-ALKAL. LSG. MIT SAUERSTOFF 59-0121
SCHIMMER B. P., IDENTITAET V. NEOXANTHIN U. FOLIAXANTHIN 59-0443
SCHIMPL A., IDENTIFIZIER. V. N-BETA-ASPARAGYL- U. N-GAMMA-GLUTAMYL-2-DESOXY-2-ACETAMIDO-BETA-D-GLUCOSYLAMIN-DERIV. DURCH MASSENSPEKTROMETRIE 57-0443
- STRUKTURAENDER. BEI D. MUTAROTAT. D. ZUCKEROSAZONE 60-0094
SCHINDLBAUER H., THERM. STABILITAET AROMAT. TERT. PHOSPHINE 54-0120
- 1,4-PHENYLEN-BIS-DIPHENYLDERIV. D. ELEMENTE D. 5. HAUPTGRUPPE D. PERIODENSYST. 59-0002
SCHINDLER E., DECARBOXYLIER. BEI BETA-KETOSAEUREAMIDEN 60-0248
SCHIRMACHER D., SPIROHETEROCYCL. VERB. 7. MITT. 60-0225
SCHIRTLADZE N. N., ALKYLIER. V. 6.13-DIHYDROPENTACEN 58-0285
SCHLEUSENER E., UMSETZ. MIT KRYOLITH 4.MITT. 54-0482
SCHLIMME E., RK. MIT 1.1.1-TRIFLUORACETON 1. MITT. 57-0188
SCHLOEGL K., FERROCENDERIV. 32. MITT. 54-0012
- CYCLISIERENDE TRIMERISIER. V. FERROCENYLACETYLENEN U. ACETYLFERROCEN, 1.2.4- U. 1.3.5-TRIFERROCENYLBENZOLE 56-0023
- FERROCENDERIV. 33. MITT. 59-0031
- FERROCENDERIV. 34. MITT. 59-0032
- OPT. AKTIVITAET U. ABS. KONFIG. V. RUTHENOCENDERIV. 61-0001
SCHLOEMER K., CHINOLE, CHINOLAETHER U. CHINOLESTER AUS ARYLIERTEN PHENOLEN 54-0185
SCHLOSSER M., UMLAGER. VINYLOGER CARBONSAEURECHLORIDE 5. MITT. 61-0130
SCHMEISSER M., PERFLUORACYLOXY-VERB. D. POSITIVEN JODS 58-0009
SCHMELZER H., HOCHTEMP.-CHLORIER. V. AMINEN U. ACYLAMINEN 2. MITT. 55-0112
- DERIV. D. DICHLORMALEINIMIDS 60-0324
SCHMID H., OPT. ROTAT.-DISPERS. 42.MITT. 54-0014
- PHOTORK. V. N-HETEROCYCLEN 6. MITT. 54-0315
- UEBER D. PHOTOCHEM. CYCLISIER. V. 2-ALLYLPHENOLEN 7. MITT. UEBER PHOTORK. V. HETEROCYCLEN 54-0334
- CONOFLORIN 54-0394
- WEITERE ALKALOIDE AUS ASPIDOSPERMA LIMAE WOODS. 54-0395
- ALKALOIDE V. ASPIDOSPERMA DISCOLOR A. DC. 54-0396
- ISOLIER. QUART. ALKALOIDE AUS PLEIOCARPA TUBICINA STAPF 55-0341
- PAPAVER BRACTEATUM LINDL 4. MITT. 55-0429
- ITERATIONSVERF. ZUR BERECHN. D. DISSOZIATIONSKONST. V. AMPHOLYTEN ODER ZWEIBASIGEN SAEUREN, GLEICHGEW.-KONST. V. O- U. P-AMINOBENZOESAEURE IN W. 56-0105
- GLEICHGEW. V. ORTHANIL- U. METANILSAEURE MIT D. WASSERSTOFFION IN W. KURZE MITT. 56-0106
- MASSENSPEKTROMETR. VERH. QUARTAERER STICKSTOFFVERB. 6. MITT. 57-0044
- MASSENSPEKTROMETR. VERH. QUART. STICKSTOFFVERB. 7.MITT. 58-0437
- OXYDATIVE UMWANDL. V. 17-ALKOXY-ASPIDOSPERMIDIN-DERIV. IN 17.17-DIALKOXY-17.18-DIHYDRO-1.18-DEHYDRO-ASPIDOSPERMIDINE 60-0446
SCHMID J. J., STRUKTUR V. MIKANOLID, EINEM NEUEN SESQUITERPEN-DILACTON V. MIKANIA SCANDENS (L.)WILLD. 61-0518
SCHMID K. H., ANORGAN. AZIDE 6. MITT. 55-0002
- ANORGAN. AZIDE 7.MITT. 55-0010
SCHMID L., 1.2-ALKYLSUBSTITUIERTE PHENANTHRENE U. DIHYDROPHENANTHRENE 54-0261
- SPHINGOLIPIDE 1. MITT. 56-0193
- SPHINGOLIPIDE 2. MITT. 59-0197
SCHMIDBAUR H., ISOMERE METALLORGAN. VERB. 4.MITT. 55-0006
- ISOSTERE METALLORGAN. VERB. 5. MITT. 55-0007
- ISOSTERE METALLORGAN. VERB. 6. MITT. 55-0008
- ISOSTERE METALLORGAN. VERB. 7. MITT. 55-0009
- ISOSTERE METALLORGAN. VERB. 8. MITT. 56-0013
- NEUE WEGE ZU ORGANOGALLIUMHALOGENIDEN 2. MITT. 56-0016
- ISOSTERE METALLORGAN. VERB. 9. MITT. 58-0019
SCHMIDPETER A., PHOSPHAZENE 4. MITT. 56-0195
SCHMIDT A., SYNTH. MIT NITRILEN 14. MITT. UEBER GLUTAZINE 59-0363
SCHMIDT D., KINETIK U. MECHANISMUS D. SAEUREKATALYSIERTEN HYDROLYSE V. 2-DIAZO-ACENAPHTHENON-(1) 55-0086
SCHMIDT F., AUFBAU D. BENZ(G)INDOLIZIN- U. D. BENZO(A)CHINOLIZIN-RINGGERUESTES MIT HILFE V. LACTONEN 56-0374
SCHMIDT G. H., FLUORESZIERENDE STOFFE AUS ROTEN WALDAMEISEN D. GATTUNG FORMICA (INS. HYM.), 5.MITT. 54-0461
SCHMIDT H. W. H., ZUR SAEUREKATALYSIERTEN RK. V. MANNURONOLACTON MIT METHANOL 53-0187
- GAS-CHROMATOGRAPH. UNTERS. AN URONSAEUREN U. URONSAEUREDERIV. 60-0515
SCHMIDT K., DARST. V. SCOPIN AUS SCOPOLAMIN 56-0429
SCHMIDT O. T., NATUERL. GERBSTOFFE 34. MITT. 61-0466
- NATUERL. GERBSTOFFE 35.MITT. 61-0467
- NATUERL. GERBSTOFFE 36. MITT. 61-0468
- NATUERL. GERBSTOFFE 37. MITT. 61-0469
- NATUERL. GERBSTOFFE 38. MITT. 61-0470
- NATUERL. GERBSTOFFE 39. MITT. 61-0471
- NATUERL. GERBSTOFFE 40. MITT. 61-0472
SCHMIDT U., BETA-POLYCARBONYLVERB. 2. MITT. 55-0124
SCHMIDTNER K., SPEKTROSKOP. UNTERS. AN KOMPLEXVERB. 10. MITT. 54-0013
SCHMITT J., BUTEN-(2)-OLIDE-(4) 4.MITT. 54-0290
SCHMITT K., SYNTH. V. 5-PHENYL-4.1-BENZOTHIAZEPIN-DERIV. 58-0419
- SYNTH. V. PYRIDO(1,2-A)BENZIMIDAZOL-4-CARBONSAEUREN 60-0377
SCHMITZ E., DIAZIRIDINE, 8.MITT. 53-0121
- OXAZIRIDINE 4.MITT. 57-0248
- CYCL. DIAZOVERB. 7. MITT. 59-0292
- CYCL. DIAZOVERB. 6. MITT. 59-0295
- OXAZIRIDINE 5. MITT. 61-0336
- OXAZIRIDINE 6. MITT. 61-0337
- OXAZIRIDINE 7. MITT. 61-0338
SCHMUTZ J., UEBER IN 11-STELL. AMINO-SUBSTITUERTE DIBENZO(B,F)-1.4-THIAZEPINE U. -OXAZEPINE 9. MITT. UEBER SIEBENGLIEDR. HETEROCYCLEN 54-0374

SCHNABEL E., VERBESSERTE SYNTH. V. TERT.-BUTYLOXYCARBONYL-AMINOSAEUREN DURCH PH-STAT-RK. 57-0159
SCHNABEL G., UNTERS. AN SIEBENRING-SYST. 4. MITT. 60-0280
SCHNEIDER G., RUTARETIN, EIN NEUES FUROCUMARIN AUS RUTA GRAVEOLENS L. 53-0250
- EINFL. D. BENACHBARTEN BENZOYLGRUPPE IM 1.2- U. 1.3-DIOLSYST. 54-0097
SCHNEIDER H., NACHBARGRUPPENWRKG. U. UMLAGER. BEI 2-METHYLENCYCLOHEXYLCARBINYLVERB. 56-0125
- HOMOALLYLUMLAGER. BEI PYROLYSERK. 58-0134
SCHNEIDER W., DARST. V. 3-(OMEGA-HYDROXYALKYL)-SUBSTITUIERTEN N-METHYLPIPERIDINEN U. N-METHYLPIPERIDONEN-(2) 60-0378
SCHNEIDER-BERNLOEHR H., NACHBARGRUPPENWRKG. U. UMLAGER. BEI 2-METHYLENCYCLOHEXYLCARBINYLVERB. 56-0125
- HOMOALLYLUMLAGER. BEI PYROLYSERK. 58-0134
SCHNIERLE F., STOKVIS-RK. (SR) 14. MITT. 54-0300
SCHNOES H. K., STEREOCHEMIE V. CLIVONIN U. CLIVIMIN 54-0066
SCHNUR P., ISOMERENBLDG. BEI D. NITRIER. EINFACHER U. SUBSTITUIERTER PARAFFINKOHLENWASSERSTOFFE 54-0095
SCHOELLKOPF U., UMLAGER. ORGAN. ANIONEN 6. MITT. 58-0140
- METHOXYMETHYL-LITHIUM AUS CHLORMETHYL-METHYLAETHER U. LITHIUM IN METHYLAL 59-0019
- ACETOLYSE V. ENDO- U. EXO-BICYCLO(N.1.0)ALKYL-TOSYLATEN 61-0119
SCHOELLNER R., ASSOZIATIONSVERH. V. GLYCERIDEN 60-0099
SCHOEN J., ARYLAMIDE V. 2-ARYLAMINO-CYCLOPENTEN-(1)-THIOCARBONSAEUREN U. IHRE ANWEND. ZUR SYNTH. V. HETEROCYCL. VERB. 53-0160
SCHOENBERG A., UMSETZ. V. ALIPHAT. DIAZOVERB. MIT ACETALEN, ORTHOCARBONSAEUREESTERN U. IHREN SCHWEFEL-ANALOGA UNTER LEWIS-SAEURE-KATALYSE 6. MITT. 55-0129
- ORGAN. SCHWEFELVERB. 50. MITT. 55-0297
- D. EINW. V. DIARYLDIAZOMETHANEN AUF CHLORAMIN T U. AUF DITHIOURETHANE 58-0281
SCHOENDUVE E., ACYL-ENAMINE 11.MITT. 58-0242
SCHOENENBERGER H., AUFTRENN. ORGAN. BASEN DURCH CRAIG-VERTEIL. 7.MITT. 55-0091
- ZYTOSTATICA 5. MITT. 56-0118
- ZYTOSTATICA 6. MITT. 56-0119
- ZYTOSTATIKA 7. MITT. 60-0262
SCHOEPF C., DELTA(1)-PIPERIDEIN U. VERWANDTE VERB. 13. MITT. 55-0313
SCHOEPFLIN G., BEMERK. ZU EINEM FORMELVORSCHLAG FUER 'SILYBIN' 61-0411
SCHOFIELD J. A., AMINOSAEUREN U. PEPTIDE 6.MITT. 58-0502
SCHOFIELD K., ABS. KONFIG. V. 1S.5S-(-)-ARGEMONIN U. V. 1R.3R-(+)-TROEGERSCHER BASE 53-0182
- CHINOLIZIDINE 4.MITT. 57-0318
- CHINOLIZIDINE 5.MITT. 57-0319
- GESCHW. D. AROMATENNITRIER. IN SCHWEFELSAEURE 58-0116
- D. PIGMENTE D. STOCKLACKS 2. MITT. 58-0445
SCHOGT J. C. M., SYNTH. V. LACTONEN 2. MITT. 58-0371
SCHOLL I., DARST. U. RK. D. 2.2.3-TRIMETHYL-CYCLOHEXANON-(4)-CARBONSAEURE 58-0262
SCHOLZ M., CHEMIE ANGEREGTER ZUSTAENDE 1. MITT. 54-0129
- UEBER D. DARST. D. 4-STYRYL-AZULENS U. EINIGER SUBSTITUIERTER ANALOGA 54-0264
- MO-BERECHN. AN HETEROCYCLEN 1. MITT. 56-0072
- MO-BERECHN. AN HETEROCYCLEN 2. MITT. 56-0073
SCHOMANN P., UEBER RK. V. AMIDRAZONEN MIT 1.2-UNGESAETTIGTEN KETONEN 55-0247
SCHON D., HOFMANN-ABBAU V. 3-SUBSTITUIERTEN 3-HYDROXY-1.1-DIMETHYL-PIPERIDINIUM-HYDROXIDEN U. VALENZISOMERIE V. 1-DIMETHYLAMINO-PENTADIENEN-(2.4) 2.MITT 53-0166
SCHORN G., ACYL-LACTON-UMLAGER. 37. MITT. 56-0313
SCHORR M., N-ALKYLDERIV. D. 6-AMINO-PENICILLANSAEURE 56-0480
SCHORS A., PROPADIEN-CHEMIE 3. MITT. 55-0122
- PROPADIEN-CHEMIE 2.MITT. 55-0164
- PROPADIEN-CHEMIE 4. MITT. 60-0392
SCHORTA R., PHOTOCHEM. RK. 39. MITT. 54-0277
SCHOTT G., SOLVOLYSE V. DIMETHYL-ARYL-ACETOXY-SILANEN MIT N-PROPANOL 59-0124
SCHRAGE K., ADDIT. V. N-CHLORURETHAN U. N.N-DICHLORURETHAN AN BUTEN-(2) 61-0166
- UV-LICHT INDUZIERTE ADDIT. V. N-CHLORURETHAN AN BICYCLO(2.2.1)HEPTEN-(2) 61-0305
SCHRAMM S., OXAZIRIDINE 4.MITT. 57-0248
- OXAZIRIDINE 5. MITT. 61-0336
- OXAZIRIDINE 6.MITT. 61-0337
- OXAZIRIDINE 7.MITT. 61-0338
SCHREIBER J., KONDENS. V. BRENZTRAUBENSAEURE MIT CYCLOHEXANON 1. MITT. 57-0257
- THERAPEUT. INTERESSANTE PYRIDAZINDERIV. 2. MITT. 57-0336
SCHREIBER K., ALKALOIDE AUS VERATRUM ALBUM SUBSP. LOBELIANUM (BERNH.) SUESSENGUTH 12. MITT. 53-0198
- STERINE U. TRITERPENOIDE 11. MITT. 55-0363
- NOTIZ ZUR ABS. KONFIG. V. 1.2.3.6.7.11B-HEXAHYDRO-4H-PYRAZINO(2.1-A)ISOCHINOLIN, OPT. ROTAT.-DISPERS. U. ZIRKULARDICHROISMUS 8. MITT. 56-0395
- SOLANUM-ALKALOIDE 80. MITT. 56-0434
- OPT. ROTATIONSDISPERS. U. ZIRKULARDICHROISMUS 7. MITT. 57-0308
- SOLANUM-ALKALOIDE 81. MITT. 58-0434
- SOLANUM-ALKALOIDE 79.MITT. 58-0473
- ISOLIER. V. NEOCHLOROGENIN U. PANICULOGENIN AUS SOLANUM PANICULATUM L. 58-0474
SCHROEDER B., STUDIE D. DIELS-ALDER-RK. 6. MITT. 53-0048
- STUDIE D. DIELS-ALDER-RK. 7. MITT. 53-0116
- DIELS-ALDER-RK. 8. MITT. 54-0108
SCHROEDER E., TOTALSYNTH. OPT. AKT. STEROIDE 2. MITT. 55-0391
- TOTALSYNTH. OPT. AKT. STEROIDE 3.MITT. 57-0406
- TOTALSYNTH. OPT. AKT. STEROIDE 4. MITT. 60-0488
SCHROLL G., MASSENSPEKTROMETRIE 17. MITT. 53-0026
- ENAMIN-CHEMIE 9.MITT. 54-0336
- ELEKTRONENSTOSS-UNTERS. 3.MITT. 55-0049
- MASSENSPEKTROMETRIE 20.MITT. 61-0061
- ELEKTRONENSTOSSRK. 20 MITT. SKELETTUMLAGER. ORGAN. SCHWEFELVERB. BEI ELEKTRONENSTOSS 61-0062
SCHUETZ P. E., EINIGE ACYLDERIV. D. 2.6-DIMETHOXY-ANTHRACENS 53-0101
- BLDG. V. SYST. D. CHROMANONTYPS UEBER DIE ACYLIER. V. 2.6-DIHYDROXY-ANTHRACENDERIV. 53-0152
SCHUIERER E., PSEUDOHALOGENO-METALLVERB. 18. MITT. 60-0001
SCHUIJL P. J. W., KONFORM. D. ESTER RC(=O)SR', RC(=S)OR' U. RC(=S)SR' 56-0085
SCHULTE-ELTE K., PHOTOSENSIBILISIERTE OX. V. ALKYLSUBSTITUIERTEN FURANEN 59-0299
SCHULTE-ELTE K. H., EINE AUSSERGEWOEHNL. STEREOSPEZIFITAET BEI D. HYDROBORIER. D. DIASTEREOMEREN (1R)-ISOPULEGOLE MIT DIBORAN 54-0288
- SYNTH. V. EXALTON U. RAC. MUSCON AUS CYCLODODECANON 55-0170
- THERM. UMLAGER. D. CARYOPHYLLENE 55-0368
SCHULZ C. O., PHOSPHOR-WASSERSTOFF SPIN-SPIN-KOPPL. IN WEITEN BEREICHEN IN AROMAT. SYST. 59-0052
SCHULZ G., UNTERSCHEID. V. 5ALPHA- U. 5BETA-DELTA(1)-3-OXO-19-NORSTEROIDEN MITTELS PROTONENRESONANZ- U. MASSENSPEKTROSKOPIE 58-0080
- VORK. V. 20-HYDROXY-ECDYSON IN VITEX MEGAPOTAMICA 58-0539
- NOTIZ ZUR STRUKTUR D. CUBEBINS 60-0066
SCHULZ J., NATUERL. GERBSTOFFE 36. MITT. 61-0468
- NATUERL. GERBSTOFFE 37.MITT. 61-0469
- NATUERL. GERBSTOFFE 38. MITT. 61-0470
SCHULZ L., 1.1-DICYAN-CYCLOPROPANE 56-0270
SCHULZ M., HALOGENALKYLHYDROPEROXIDE 2. MITT. 53-0057
- ZUCKERPEROXIDE 3. MITT. 58-0428
- HALOGENALKYLHYDROPEROXIDE 3. MITT. 60-0418
SCHULZ R. C., OPT. ROTAT.-DISPERS. BEI WSS. LSG. V. JOD-AMYLOSE U. JOD-AMYLOPEKTIN 58-0034
SCHULZE W., STICKSTOFFLOST-DERIV. DURCH RK. V. N.N-BIS-(BETA-CHLOR-AETHYL)-P-TRICYANVINYL-ANILIN MIT NATRIUMSALZEN V. OH-, NH-, PH- U. SH-ACIDEN VERB. 61-0214
SCHUMACHER G., UMSETZ. MIT P-METHOXYPHENYL-DITHIO-PHOSPHONSAEUREANHYDRID 60-0226
SCHUMANN D., LUPINEN-ALKALOIDE 38. MITT. 54-0390
- SCHLUESSELBRUCHSTUECKE IN D. MASSENSPEKTREN V. ALKALOIDEN 6. MITT. 59-0073
SCHUNCK R., EINIGE UMSETZ. D. 1-LACTAMS V. 2-THIO-HYDANTOIN-(BETA-PROPIONSAEURE)-(5) 54-0307
- NEUE SYNTH. V. OMEGA-PEPTIDEN V. ALPHA-AMINO-DICARBONSAEUREN 54-0451
SCHUNK E., SYNTH. U. EIG. V. ALIPHAT. ALPHA.ALPHA.ALPHA-TRISUBSTITUIERTEN KETONEN 6. MITT. 60-0181
SCHURIG H., RK. V. BETA-CHLOR-VINYLALDEHYDEN 1. MITT. 54-0373
SCHUSTER E., BETA-LACTAME 4.MITT. 56-0337
SCHUSTER P., ZUR KENNTNIS CYCL. ACYLALE 15. MITT. 58-0097
SCHUSTER-WOLDAN H., AROMATENKOMPLEXE V. METALLEN 97.MITT. 55-0019
SCHUTT G. W., GAS-CHROMATOGRAPH. U. MASSENSPEKTROMETR. UNTERS. D. TRIMETHYLSILYLAETHER V. VITAMIN A U. EINIGEN SEINER ISOMEREN 60-0086
SCHUTTE L., ABBAURK. V. HISTIDIN MIT JOD 57-0122
- UNTERS. EINES MOEGL. (14)C-ISOTOPEN-EFFEKTES BEI PHOTODISSOZIAT. 58-0142
SCHWARTZ I. L., SYNTH. V. L-SELENOCYSTEIN-DERIV. U. -PEPTIDEN 59-0485
SCHWARZ R., ZUR FRAGE D. 'HELICHRYSUM-AURONOLS', EINE BERICHTIG. 55-0271
SCHWARZ V., STEROID-DERIV. 50. MITT. 58-0484
SCHWARZHANS K. E., RK. V. OXEPINDERIV. MIT EISENPENTACARBONYL 59-0029
SCHWEIZER P., CHEMIE D. BORS 39. MITT. 60-0200
SCHWENDEMAN R. H., LAD.-VERTEIL. IN DICARBONIUMIONEN 56-0056
SCHWENDEMANN R. H., DICARBONIUMIONEN D. BIPHENYL-REIHE 56-0036
SCHWENK U., RK. MIT ISOBUTYRALDEHYD 2. MITT. 61-0444
SCHWENKER G., DARST. V. BETA-HYDROXY-ALPHA-PHENYLALKANCARBONSAEUREESTERN 60-0212
SCHWINUM E., DIGITANOLGLYKOSIDE 15. MITT. 54-0430
SCHWOCHAU M., BETA-POLYCARBONYLVERB. 2. MITT. 55-0124
SCIAKY R., VILSMEIER-HAACK-RK. MIT KETO-STEROIDEN U. DERIV. 5. MITT. 58-0475
- VILSMEIER-HAACK-RK. MIT KETOSTEROIDEN U. DERIV. 6. MITT. 58-0476
- NEUES REAGENZ ZUR VERESTER. D. HYDROXYLGRUPPEN V. STEROIDEN 58-0477
SCOFFONE E., SYNTH. V. PEPTIDANALOGEN D. N-TERMINALEN EIKOSAPEPTIDSEQUENZ D. RIBONUCLEASE A. 1. MITT. 53-0240
- SYNTH. V. PEPTIDANALOGEN D. N-TERMINALEN

EIKOSAPEPTIDSEQUENZ D. RIBONUCLEASE A 2. MITT. 53-0241
- SYNTH. V. PEPTIDANALOGEN D. N-TERMINALEN EIKOSAPEPTIDSEQUENZ D. RIBONUCLEASE A 3. MITT. 53-0242
- SYNTH. V. PEPTIDANALOGEN D. N-TERMINALEN EICOSAPEPTIDSEQUENZ D. RIBONUCLEASE A 4. MITT. 57-0411
SCOLASTICO C., STRUKTUR U. STEREOCHEMIE V. PSIADIOL, EINEM NEUEN DITERPENOID 60-0463
SCOPES P. M., OPT. ROTATIONSDISPERS. 40. MITT. 54-0015
- OPT. ROTAT.-DISPERS. 44. MITT. 58-0035
- OPT. ROTAT.-DISPERS. 45. MITT. 61-0034
- OPT. ROTAT.-DISPERS. 46. MITT. 61-0035
- OPT. ROTAT.-DISPERS. 47. MITT. 61-0036
SCOTT A. I., UMWANDL. EINES POLYPYRONS IN PHENOL. VERB. 56-0364
- PYRON-UNTERS. 1. MITT. 61-0402
SCOTT F. L., BECKMANN-UMLAGER. V. MANNICH-BASEN- U. VERWANDTEN OXIMEN 53-0075
- SYNTH. U. SOLVOLYSE V. ARYL-CARBO-(1-METHYL-1H-TETRAZOLYL-(5))-HYDRAZONSAEUREBROMIDE, EIN WEG ZU 6-ARYL-3-METHYL-(1.2.4)-TRIAZOLO(4.3-D)TETRAZOLEN 54-0320
- (35)S-UNTERS. D. UMLAGER. V. PHENYLSULFAMSAEURE ZU SULFANILSAEURE 56-0141
- UMLAGER. EINER NEUEN GRUPPE V. AZIDEN-SAEUREHYDRAZONAZIDEN 56-0214
- KINETIK D. SYN-ANTI-ISOMERIE V. 2.4-DINITROPHENYLHYDRAZONEN 60-0143
- ISOMERISIER. V. ORTHANILSAEURE IN GGW. V. H2(35)SO4 ZU SULFANILSAEURE 60-0147
SCOTT J. M. W., BEISPIEL EINER STEREOSELEKTIVEN ISOTOPENAUSTAUSCH-RK. 56-0045
SCOTT J. W., UMERKENN. D. KONFIG. V. VERATRAMIN U. JERVIN 59-0437
SCOTT K. W., OLEFIN-METATHESE, EINE NEUARTIGE RK. ZUR GERUEST-UMFORM. V. UNGESAETT. KW-STOFFEN 61-0132
SCOTT W. L., 1.2-DIHYDRO-CYCLOBUTA(B)CHINOLIN 57-0310
SCROWSTON R. M., TAXINE, 5.MITT. 56-0489
- N.N-DIMETHYL-2-FLUOR-2-PHENYLAETHYLAMIN, DARST. U. SOLVOLYSE IN WSS. ACETON 57-0178
SCUKINA M. N., SYNTH. V. BENZOMORPHOLINDERIV. 5. MITT. 57-0341
- DERIV. D. HYDROXYLAMINS 61-0387
SEARLE R. J. G., MECHANISMUS D. SAUREN HYDROLYSE V. CARBAMATEN 58-0121
SEEBOTH H., AMINOMETHYLIER. V. TETRALON-(1)-SULFONSAEURE-(3) U. NAPHTHOLSULFONSAEUREN, DARST. V. METHYLNAPHTHOLSULFONSAEUREN 53-0098
SEELIGER A., RK. D. MONOSACCHARIDE MIT RHODANWASSERSTOFFSAEURE 55-0324
- PROTONENRESONANZSPEKTREN V. SOLVATATIONSDIASTEREOMEREN 58-0048
SEELIGER W., D. UMSETZ. V. 2-ALKYL-DELTA(2)-OXAZOLINEN MIT BROM U. CHLOR 55-0254
SEELYE R. N., ALKALOIDE AUS RYE-GRAD (LOLIUM PERENNE L.) 3. MITT. 58-0439
SEEMANN W., UNTERS. AN ACYL-ENAMINEN 10. MITT. 61-0386
SEETERRAM S. G., KATALYT. WRKG. BEI D. KUPPL. V. ARYLHALOGENIDEN MIT KUPFEROXID 58-0266
SEGAL A., SYNTH. V. LAURATEN D. PYROGALLOLS U. VERWANDTER PHENOLE 57-0167
SEGNINI D., BEST. D. KONSTIT. U. SYNTH. EINES NEUEN FLAVONS AUS CISTUS MONSPELIENSIS L. 58-0361
SEGRE A., KOORDINAT. KLEINER MOL. DURCH BIS-(TRIPHENYLPHOSPHIN)-PLATIN(0), RK. MIT H2S, H2SE U. H2TE 60-0034
SEIBER J. N., TRENN. V. ASYMM. ORGANOPHOSPHORAMIDEN U. DEREN STEREOSPEZIF. UMWANDL. 61-0379
SEIBL J., METASTABILE UEBERGAENGE IN MASSENSPEKTREN ORGAN. VERB. 54-0043
- AROMEN 14.MITT. 55-0415
SEIDL G., SYNTH. V. 5-PHENYL-4.1-BENZOTHIAZEPIN-DERIV. 58-0419
SEIDLOVA V., NEUROTROPE U. PSYCHOTROPE SUBSTANZEN 10. MITT. 58-0404
SEINA Z. N., SYNTH. V. AROMAT. DICARBONSAEUREN U. IHREN DERIV. MIT HILFE V. DIMETHYLCARBAMYLCHLORID 54-0204
SEJCENKO V. I., MECHANISMUS D. SMILES-UMLAGER. V. O-METHYLDIARYLSULFONEN, UMLAGER. V. DIMESITYLSULFON 57-0306
SEJNKER J. N., STEREOCHEMIE U. KONFORM.-ANALYSE 8. MITT. 54-0064
- SYNTH. V. KOMPLEXEN VERB. D. 4-BUTYROYL- U. 4-BENZOYL-1.2.3-TRIAZOLS MIT FE(II), FE(III), NI(II), U. CO(II) 56-0027
SEKERA A., MECHANISMUS D. RK. V. DIMETHYL- U. METHYLARYLSULFOXIDEN MIT AROMAT. ORGANOMAGNESIUMVERB. 57-0171
SELIM M., TAUTOMERIE HETEROCYCL. VERB. 4. MITT. 57-0297
- TAUTOMERIE HETEROCYCL. VERB. 4. MITT. 57-0297
SELVA A., STEREOSPEZIF. HYDROBORIER. SYMM. SUBSTITUIERTER OLEFIN. STEROIDE 59-0479
SELVARAJAN R., 1.4-CYCLOADDIT. AN EIN KETOKETEN 58-0414
SEMENOVSKY A. V., CYCLISIER. V. ISOPRENOIDEN VERB., STEREOCHEMIE D. ADDIT. AN D. TERMINALE (2.3)-DOPPELBIND. 56-0080
SEMIN G. K., BEZIEH. ZWISCHEN D. NQR-FREQUENZEN V. MONOSUBSTITUIERTEN (35)CL-CHLORBENZOLEN U. D. SIGMA-HAMMETT-KONST. 59-0093
KORRELAT. ZWISCHEN KERNQUADRUPOLRESONANZFREQUENZEN U. TAFT-KONST. SIGMA (STERN) 60-0049
SEMONSKY M., SUBSTANZEN MIT ANTINEOPLAST. WIRKSAMK. 15. MITT. 56-0495
- SYNTH. V. 6.6-DIMETHYL-6H-PYRANO(3.2-B,5.6-B')-BIS-(1)BENZOTHIOPHEN 60-0359
- SUBSTANZEN MIT ANTINEOPLAST. WRKG. 18. MITT. 60-0396
SEN GUPTA A. K., GEOMETR. ISOMERIE D. DELTA(4)-CHOLESTENON-(3)-DINITROPHENYLHYDRAZONE 54-0447
SENJAVINA L. B., SYNTH. V. KOMPLEXEN VERB. D. 4-BUTYROYL-U. 4-BENZOYL-1.2.3-TRIAZOLS MIT FE(II), FE(III), NI(II), U. CO(II) 56-0027
SENJAVINA L. V., RK. V. BROMCYANESSIGSAEUREESTER MIT AROMAT. ALDEHYDEN UNTER D. BEDING. D. REFORMATZKI- U. WIDEQVISTRK. 2. MITT. 56-0271
SENN M., IDENTIFIZIER. V. N-BETA-ASPARAGYL- U. N-GAMMA-GLUTAMYL-2-DESOXY-2-ACETAMIDO-BETA-D-GLUCOSYLAMIN-DERIV. DURCH MASSENSPEKTROMETRIE 57-0443
- STRUKTUR U. VORK. V. ARABINOSEMYCOLATEN IN D. LIPIDEN V. ZWEI MYCOBAKTERIEN-STAEMMEN 60-0427
SENNING A., RK. V. DIMETHYLSULFOXID MIT ELEKTROPHILEN SCHWEFELVERB. 54-0150
- STRUKTUR EINES N-CARBAMOYLDERIV. V. 2-AMINO-DELTA(2)-THIAZOLIN, MASSENSPEKTROMETRIE EINES (15)N-DERIV. V. 2-AMINO-DELTA(2)-THIAZOLIN 57-0043
- GEHINDERTE INNERE ROTAT. UM D. N-S-BIND. IN N.N-DIMETHYLTRICHLORMETHANSULFINAMID 61-0047
SENOH S., NEUE METABOLITE AUS PSEUDOMONAS OVALIS, 2-NONAPRENYL-PHENOL U. 2-NONAPRENYL-3-METHYL-6-METHOXY-1.4-BENZOCHINON 56-0483
SEPULVEDA L., 6-AMINO-FULVENE 3. MITT. UEBER HETEROSUBSTITUIERTE FULVENE 53-0178
SERAFIN B., ARYLBORVERB. 13.MITT. 61-0456
SERAFINOWA B., RK. ORGAN. ANIONEN 10.MITT. 60-0260
SERBAN N., STEROIDALKALOIDE 58. MITT. 56-0462
SEREBRENNIKOVA G. A., LIPIDE 26. MITT. 58-0193
SEREBRJANSKAJA A. I., DEUTEROAUSTAUSCH V. VERATROL, 1.4-BENZODIOXAN U. 1.3-BENZODIOXOL MIT TRIFLUORESSIGSAEURE 56-0131
SEREE DE ROCH I., KINET. UNTERS. D. OX. V. AETHERN IN FL. PHASE 61-0100
SERGEEVA N. S., SYNTH. V. CARBONSAEUREDERIV. UNTER D. BEDING. D. SAEUREKATALYSE AUS CO, OLEFINEN U. ACYLIERBAREN VERB. 25. MITT. 59-0169
SERGEEVA Z. F., ISOMERENVERHAELTNIS BEI EINER AZOKUPPL. 7. MITT. 59-0153
SERGEEVA Z. I., SYNTH. U. EIG. V. ALLYLHYDRAZINEN 60-0196
- UNGESAETT. ALKYLHYDRAZONE, KONDENS. V. ISOPROPYLHYDRAZIN MIT UNGESAETT. CARBONYL-VERB. 60-0337
- RLK. V. CHLORACETYLENE MIT HYDRAZINEN 3.MITT. 61-0377
SERNE H., DARST. V. ALKIN-(1)-YL-SYMM.-TRIAZINEN 57-0349
SERRATOSA F., ZERS. V. ALPHA-DIAZOKETONEN U. BETA-KETOSULFONIUMYLIDEN, CYCLOPROPANIER. V. ALPHA-DIAZOKETONEN 58-0258
SERVIS K. L., INNERE RUECKUMLAGER. BEI D. SOLVOLYSE V. CYCLOPROPYLCARBINYLDERIV. 56-0124
SESHADRI R., TERPENOIDE 99. MITT. 55-0361
SESHADRI T. R., CUPRESSUFLAVON, EIN NEUES BIFLAVONYLPIGMENT 53-0204
- LANCEOLARIN, EIN NEUES ISOFLAVON-GLYKOSID D. DALBERGIA LANCEOLARIA 53-0205
- KONSTIT. V. MANGIFERIN 55-0270
- KONSTIT. V. SELINON, EINEM NEUEN FLAVANON AUS SELINUM VAGINATUM CLARKE 55-0272
- STRUKTUR V. CLADOFULVIN 55-0351
- NEUARTIGE UMLAGER. D. LATIFOLINGRUNDGERUESTES 56-0277
- CHEM. BESTANDTEILE D. WURZELN V. SELINUM VAGINATUM 1. MITT. 57-0298
- NEUE SYNTH. V. 3-PHENYL-4-HYDROXY-CUMARINEN 58-0363
- EIN NEUER WEG ZUR SYNTH. V. ROTENOIDEN, SYNTH. V. DEHYDROMUNDUSERON U. DEHYDROELLIPTON 58-0364
- SYNTH. V. LUCERNOL U. SATIVOL-DIMETHYLAETHER 58-0374
- SYNTH. V. (+-)-7.8.4'-TRIMETHOXYPTEROCARPAN U. (+-)-7-HYDROXY-8.4'-DIMETHOXYPTEROCARPAN 61-0401
SESTAKOVA S. I., DARST. V. 5-ALKYL-PENTACHLOR-CYCLOPENTADIENEN 61-0237
SETKINA V. N., RED. V. SUBSTITUIERTEN PHTHALSAEUREANHYDRIDEN MIT LIALH4 60-0274
SEVCENKO V. V., STRUKTUR U. RK.-FAEHIGK. V. HYDRAZINDERIV. 10. MITT. 61-0126
SEVCUK M. I., QUART. AMMONIUMSALZE AUS DITERTIAEREN DIAMINEN U. ALPHA-BROMALKYL-ARYLKETONEN 56-0235
SEVERIN T., UMSETZ. V. POLYNITROAROMATEN MIT PHLOROGLUCIN IN ALKAL. LSG. 3. MITT. 53-0113
- RK. V. HALOGENNITROVERB. 1. MITT. 61-0313
SEVIN A., STEREOISOMERIE D. TERT. ALPHA-ALKINOLE, NMR-UNTERS. V. ALLENPHOSPHINOXIDEN 60-0095
SEYDEL J. K., HYDROLYSEKINETIK D. PYRIDINCARBONSAEUREANHYDRIDE 59-0125
SEYDEN-PENNE J., NEOPENTYL-PHENYLAETHER 55-0142
- SYNTHESE VON PHENOLAETHERN DER NEOPENTYL-STRUKTUR 7. MITT. 55-0152
- LSGM.-EFFEKT AUF D. RK. V. BITOSYLATEN MIT NACN ZU VERB. MIT NEOPENTYLSTRUKTUR 60-0259
SEYFARTH H., PEROXYGENIER. V. ACETALEN 2.MITT. 61-0455
SEYFARTH H. E., PEROXYGENIER. V. ACETALEN 1.MITT. 54-0302
SEYMOUR R. J., NICHTAEQUIVALENZ D. METHYLENPROTONEN V. N-BENZYL-N-(O-CHLORPHENYL)-2-CHLOR-ACETAMID U. N-NITROSO-N-BENZYL-O-CHLOR-ANILIN 58-0083
SHABAN M. A. E., KOHLEHYDRATDERIV. V. 1-SUBSTITUIERTEN 1.2.3-TRIAZOLEN 57-0417

SHACHIDAYATOV C., RK. V. CYANHYDRINEN MIT ALPHA.BETA-UNGESAETT. ALDEHYDEN 55-0157
SHADBOLT R. S., PYRIMIDINE 2. MITT. 59-0386
SHAH L. G., SYNTH. V. POTENTIELLEN ANTIKREBSMITTELN 1. MITT. 59-0311
SHAHAK I., ORGAN. FLUORVERB. 36. MITT. 55-0127
SHAHIDI I., MECHANISMUS D. BLDG. V. 1-PHENYL-PYRIDINIUMCHLORID AUS 1.7-DIPHENYL-1.7-DIAZA-HEPTATRIEN-(1.3.5) 53-0162
SHAH-MALAK F., KONFORM. U. GLEICHGEW., KOMPLEXBLDG. ZWISCHEN SUBSTITUIERTEN CYCLOHEXANCARBONSAEURENITRILEN U. JODMONOCHLORID 54-0062
SHAIKH I. N., KONSTIT. V. LACCAINSAEURE B 59-0445
SHAMMA M., STEREOCHEMIE D. C-3-AETHYLSEITENKETTE V. ULEIN U. SEINEN ANALOGEN 59-0092
- D. PROBLEM D. 1.2.9.10-TETRA-OXYGENIERTEN APORPHINE U. D. STRUKTUR D. QUARTAEREN APORPHINS AUS FAGARA TINGUASSOIBA 59-0431
- STEREOCHEMIE V. HERBACEIN U. HERBALIN 60-0084
- THALICTRUM-ALKALOIDE 4.MITT.D 61-0483
SHANBHAG S. N., TERPENOIDE 95. MITT. 55-0357
SHANNON J. S., REGULATOREN D. ZELLTEIL. IN PFLANZENGEWE-BEN 3. MITT. 53-0230
- AUTOX. D. KONJUGIERTEN TRIENSEITENKETTE V. EBELINLACTON 54-0404
SHANNON P. V. R., CHEMIE D. TERPENE 3. MITT. 56-0455
- CHEMIE D. TERPENE 4. MITT. 58-0457
SHAPIRO J. S., 1.1-DIMETHYL-CYCLOPROPAN DURCH PYROLYSE V. NEOPENTYLCHLORID 59-0237
SHARMA H. L., UNTERS. D. SYNTH. V. NITROPHENOTHIAZINEN DURCH SMILES-UMLAGER., RK. V. HALOGENNITROBENZOLEN MIT O-AMINOTHIOPHENOL 57-0345
SHARMA R. K., PHOTOCHEM. CARBOXYMETHYLIER. V. OLEFINEN MIT JOD- U. BROM-ESSIGSAEURE 59-0179
- BLDG. V. DEHYDROBENZOLEN DURCH PHOTOLYSE V. 1.2-DIJOD-ARYL-VERB. 59-0206
SHARMA S. C., STEROIDE U. WALDENSCHE UMKEHR. 60. MITT. 59-0481
SHARMA V. N., UNTERS. D. SYNTH. V. NITROPHENOTHIAZINEN DURCH SMILES-UMLAGER., RK. V. HALOGENNITROBENZOLEN MIT O-AMINOTHIOPHENOL 57-0345
SHARPLESS K. B., STELL.-ABHAENG. SELEKTIVITAET BEI D. KONTROLLIERTEN OX. V. POLYOLEFINEN 60-0115
SHAVEL J. JUN., FISCHER-INDOL-AEHNL. SYNTH., EIN VERSUCH ZUR DARST. V. BENZOFURANEN U. BENZOTHIOPHENEN 55-0223
SHAW D., (1)H-NMR-SPEKTRUM V. DIAMAGNET. U. PARAMAGNET. KOMPLEXEN D. SELTENERDMETALLSALZE MIT EINEM AROMAT. AMIN 54-0001
SHAW G., PURINE, PYRIMIDINE U. IMIDAZOLE 26. MITT. 58-0433
SHAW M. A., EIN STABILES ALKYLIDENDIPHOSPHORAN 58-0243
SHAW R. A., THERM. KONDENS.-RK. V. PHENYLTHIOPHOSPHON-SAEUREDIAMIDEN, EIN NEUES PHOSPHOR-STICKSTOFF-SCHWE-FEL-RINGSYST. 56-0359
SHAW S. J., CHEMIE D. SANTONINS 8. MITT. 55-0373
SHAWL E. T., SYNTH. V. BIS-(TRIFLUORMETHYL)-1.2-DISELENETEN U. CIS-1.2-DITRIFLUORMETHYLAETHYLEN-1.2-DISELENOLATO-KOMPLEXEN 61-0029
SHEALY Y. F., ACTINOBOLIN 1. MITT. 57-0415
SHECHTER E., ZIRKULARDICHROIT. UNTERS. D. KONFORM. V. FERRICYTOCHROM C AUS PFERDEHERZ 58-0519
SHELDON R. A., RK. V. TETRAPHENYLDIPHOSPHIN MIT AROMAT. CARBONSAEUREN 61-0229
SHEMYAKIN M. M., TETRACYCLIN-REIHE. 44. MITT. 53-0109
- STEREOCHEMIE V. OLIVOMYCINEN 54-0453
- STEREOCHEMIE D. WITTIG-RK. MIT NICHTSTABILISIERTEN U. HALBSTABILISIERTEN YLIDEN 59-0258
- BEITRAG ZUR SYNTH. BESTAENDIGER DERIV. V. AZACYCLOLEN 60-0402
SHENFELD I., ORGAN. RK. IN SCHMELZEN U. FESTKOERPERN 5. MITT. 61-0143
SHENHAR A., SYNTH. V. DL-P-TRIMETHYLSILYL-PHENYLALANIN ENTHALTENDEN DIPEPTIDEN 61-0551
SHEPPARD R. C., PEPTIDE 24. MITT. 53-0233
SHERIF S., 1-PHENYL-NAPHTHALIN 6. MITT. 56-0294
- HETEROCYCL. AZOFARBSTOFFE 1. MITT. 58-0350
SHERSTYUK V. P., NEUE SYNTH. V. 3-ALKOXY-PYRIDINEN 55-0289
SHETH J. P., SYNTH. V. RAC.-O.O'-DIMETHYL-ISOCHONDODEN-DRIN 56-0426
SHIBAEV V. N., MECHANISMUS D. RK. V. HYDROXYLAMIN U. O-METHYL-HYDROXYLAMIN MIT CYTIDIN 61-0124
SHIBAEVA R. P., MECHANISMUS D. RK. V. HYDROXYLAMIN U. O-METHYL-HYDROXYLAMIN MIT CYTIDIN 61-0124
SHIBANO T., DIMERISAT. V. BUTADIEN MIT PALLADIUM-KOMPLEX-KATALYSATOREN 59-0110
SHIBATA H., ZUR CHEMIE D. BENZOLGLYKOLS 16.MITT. 55-0327
SHIBATA S., STEREOCHEMIE V. PROTOPANAXADIOL, SAEURE-KATALYSIERTE EPIMERISIER. D. C-20-HYDROXYLS V. BETULAFOLIENTRIOL, PROTOPANAXADIOL U. IHREN DERIV. 54-0423
- 20-EPIPROTOPANAXADIOL, EIN SAPOGENIN D. GINSENOSIDE R(B-1), R(B-2) U. R(C) 61-0536
SHIBATA T., KETEN U. SEINE DERIV. 13.MITT. 61-0175
SHIBUYA M., STRUKTUR U. STEREOCHEMIE V. TRICHOKAURIN, EINEM NEUEN DITERPENOID AUS ISODON TRICHOCARPUS KUDO 56-0439
- ORIDONIN, EIN NEUES DITERPENOID AUS ISODONARTEN 57-0379
- STEREOCHEMIE D. ACETOXY-GRUPPE AN C-15 V. TRICHOKAURIN 59-0461
- CHEM. UMWANDL. V. TRICHOKAURIN IN (-)-KAUREN, ATISIN, GARRYIN U. VEATCHIN 59-0462
SHIELDS T. C., DIREKTE BEOBACHT. V. CYCLOPROPENEN BEIM DEHYDROCHLORIEREN V. CHLORCYCLOPROPANEN 60-0235
SHIGEMATSU N., TOTALSYNTH. V. SECURININ U. VIROSECURININ 55-0338
SHIGEMITSU Y., PHOTOCYCLOADDITION VON ACETYLCYANID AN OLEFINE 53-0122
SHIMA T., UBICHINONE U. VERWANDTE SUBSTANZEN 11. MITT. 57-0047
SHIMANOUCHI H., ROENTGENSTRUKTURBESTIMMUNG VON 1.2.3.4-TETRACHLOR-5.6-DI-N-PROPYLCALICEN 53-0034
SHIMAOKA A., BIOCHEM. UMWANDL. V. PFLANZENSTEROIDEN 1. MITT. 58-0533
SHINE R. J., STEREOCHEMIE D. C-3-AETHYLSEITENKETTE V. ULEIN U. SEINEN ANALOGEN 59-0092
- STEREOCHEMIE V. HERBACEIN U. HERBALIN 60-0084
- THALICTRUM-ALKALOIDE 4.MITT.D 61-0483
SHINOHARA M., CHROMOMYCIN A2, A3 U. A4 53-0246
SHIOIRI T., SYNTH. V. 1-METHYL-16-DESMETHOXYCARBONYL-20-DESAETHYLIDEN-VOBASIN 54-0397
SHIOMI M. T., STRUKTUR V. BIS-(TRIPHENYL-PHOSPHIN)-AETHYLEN-NICKEL 59-0010
SHIOTA M., RK. V. CYCLOALKANONEN IN GEGENWART V. PLATIN-METALL-KATALYSATOREN U. WASSERSTOFF 59-0241
SHIPOLINI R., STRUKTUR V. APAMIN 61-0550
SHIRASAKA M., STRUKTUR V. SICCANIN 58-0375
SHIROTA Y., RK. V. BENZYLSULFONYLHALOGENIDEN MIT PHENYL-LI, DARST. V. SULFONEN 54-0190
- RK. D. CLAISEN-KONDENS.-TYP EINES SULFONSAEUREESTERS, RK. V. PHENYLBENZYLSULFONAT MIT PHENYLLITHIUM 61-0200
SHISHIDO T., TROPONOID-BENZOID-UMLAGER. BEI PYROLYT. PROZESSEN 59-0150
SHKROB A. M., BEITRAG ZUR SYNTH. BESTAENDIGER DERIV. V. AZACYCLOLEN 60-0402
SHOJI J., STRUKTURUNTERS. UEBER D. KLEINSTEN BAUSTEINE V. CHINOXALINANTIBIOTIKA 55-0402
SHONO T., VERB. MIT KLEINEN RINGEN 14. MITT. 54-0180
SHOPPEE C. W., STEROIDE 28. MITT. 55-0392
- STEROIDE U. WALDENSCHE UMKEHR. 60. MITT. 59-0481
- D. STRUKTUR V. DIGACETIGENIN 61-0535
SHROOT B., BRUECKENRINGSYST. 10. MITT. 53-0114
SHVO Y., HETEROCYCL. SYNTH. MIT O-AMINONITRILEN 28. MITT. 59-0376
- EINE GERINGE ENERGIESCHWELLE FUER D. DREH. UM C-C-DOPPELBIND. 61-0080
SICHER J., AENDER. D. BLDG.-GESCHW. V. CYCLOALKENEN AUS CYCLOALKYLBROMIDEN MIT D. RINGGROESSE ALS HINWEIS AUF D. MECHANISMUS 54-0106
- STEREOCHEM. UNTERS. 40. MITT. 57-0203
- FOLGER. FUER STRUKTUR U. RINGSPANNUNGSENERGIE AUS D. 'INTRAANNULAREN' SUBSTITUT. D. CYCLODECANRINGES 58-0070
- SYN-ANTI-ELIMINIER.-DICHOTOMIE, GEMEINSAMES MERKMAL IN D. HOFMANN-ELIMINIER. 59-0137
- STEREOCHEM. UNTERS. 41. MITT. 60-0119
- STEREOCHEM. UNTERS. 42. MITT. 60-0120
SICSIC S., GEMINALE SUBSTITUTION BEI DEN CYCLOHEXANEN 1. MITT. 56-0130
SIDALL T. H. III, BEWEIS EINER LANGSAMEN ROTAT. UM D. BENZOL-CARBONYL-BIND. IN EINEM META-SUBSTITUIERTEN BENZAMID 59-0053
SIDDAPPA S., BENZIMIDAZOLE, 7.MITT. 54-0305
- SYNTH. V. 1-SUBSTITUIERTEN 5-HYDROXY-2-PHENYL-INDOL-DERIV. AUS CHINONEN 55-0238
- DARST. HALOGEN- U. METHYLSUBSTITUIERTER INDOLE U. IHRER DERIV. 59-0318
SIDHU G. S., STRUKTUR V. DIOSPYRIN 56-0290
- (-)-ISODIOSPYRIN, EIN NEUARTIGES, ATROPISOMERIE AUFWEISENDES BINAPHTHOCHINON, U. ANDERE EXTRAKTE AUS DIOSPYROS CHLOROXYLON 60-0269
SIDKY M. M., RK. MIT ORGANOPHOSPHORVERB. 3. MITT. 53-0095
- RK. MIT ORGANOPHOSPHORVERB. 4. MITT. 53-0171
- SPALT.-RK. MIT ORGAN. DISULFIDEN 56-0161
- UNTERS. AN SUBSTITUIERTEN 7-METHYL-FUROCHROMONEN, KHELLIN U. VISNAGIN 59-0351
SIEBER A. A. F., BESTRAHL. V. 2.2'-BIS-(PHENYLAETHINYL)-BIPHENYL 60-0159
SIEBER W., 1.8-DEHYDRO-NAPHTHALIN 1. MITT. 58-0250
SIEGLE P., SUBSTITUIERTE PENTAPHENYL-CYCLOPENTADIENYL-VERB. U. TETRACYCLONE 3.MITT. 55-0038
SIEGLITZ A., 1-HYDROXY-NAPHTHALIN-CARBONSAEUREN-(3) U. IHRE AZOFARBSTOFFE 57-0221
SIEGRIST A. E., DARST. HETEROCYCL. SUBSTITUIERTER STILBENVERB., D. ''ANIL-SYNTH.'' 57-0185
SIEHR W., SYNTH. V. OLIGO- U. POLYNUCLEOTIDEN 8. MITT. 58-0432
SIEPER H., 2.2.6.6-TETRAMETHYL-PIPERIDYL-1-THIYL - EIN NEUES STABILES RADIKAL 56-0378
- NITROSIER. AROMAT. AMINE MIT DIPHENYLNITROSAMIN 58-0157
- BILDUNGSWEISE ISOMERER FREIER NITROPHENYL-PHOSPHONSAEUREESTER 58-0241
- NAPHTHOTRIAZINE 1. MITT. 59-0393
- NAPHTHOTRIAZINE 2. MITT. 59-0394
- NAPHTHOTRIAZINE 3. MITT. 59-0395
SIEWERDT R., ARTHROPODENABWEHRSTOFFE 23. MITT. 58-0538

SIGEL C. W., TOTALSYNTH. V. DITERPENOIDEN, A-B-C-SKLETT 4. MITT. 59-0470
SIGG H. P., STRUKTUR D. PHENAZIN-N-OXIDE 55-0464
- DESAMINIER. V. 6-AMINOPENICILLANSAEURE 60-0494
SIGWALT P., VERW. V. LEBENDEN KONJUGIERTEN DIEN-POLYMEREN IM HINBLICK AUF D. DARST. V. SEQUENZ-KOPOLYMEREN 1. MITT. 61-0558
SIJPESTEIJN A. K., ISOLIER. U. IDENTIFIZIER. V. ALPHA-METHYLEN-BUTYROLACTON, EINER FUNGITOX. SUBSTANZ AUS TULPEN 61-0567
SIKEMEIER C., SYNTH. U. CHIRALITAET D. (-)-CANNABIDIOLS 55-0413
- INHALTSSTOFFE D. HASCHISCH 2. VORL. MITT. SYNTH. V. (-)-DELTA(6,1)-3.4-TRANS-TETRA-HYDROCANNABINOL SOWIE V. (+-)-DELTA(6,1)-3.4-TRANS-TETRAHYDROCANNABINOL 60-0496
SILA B., SYNTH. V. AMINOSAEUREN IN D. CUMARON-GRUPPE 3. MITT. 53-0126
- SYNTH. V. AMINOSAEUREN D. CUMARONGRUPPE 4. MITT. 55-0219
SILBERG A., THIAZOLE 16. MITT. 60-0347
SILVER H. B., DARST. V. DI-N-ALKYLPHOSPHINSAEURE-AMIDEN U. -ESTERN 61-0186
SILVERMAN G., CHINAZOLINE U. 1.4-BENZODIAZEPINE 35. MITT. 59-0403
SIM G. A., STRUKTUR D. BENZILMONOXIME 56-0088
- STEREOCHEMIE V. GERMACRANOLID-SESQUITERPENEN 60-0092
SIM K. Y., LINDCARPIN, EIN ALKALOID AUS LINDERA PIPERICARPA BOERL (LAURACEAE) 55-0345
- SYNTH. V. MIKANIN, COMBRETOL U. 3.5.7-TRIHYDROXY-2'-METHOXY-FLAVON U. REINIG. V. FLAVONEN DURCH SUBL. 58-0372
SIMAMURA O., PHOTOLYSE V. BENZOYLPEROXID IN AROMAT. LSGM. U. DURCH O2 INDUZIERTE AROMAT. BENZOYLOXYLIER. 61-0139
SIMANDOUX J., ANWEND. D. KINET. ISOTOPENEFFEKTES IN DEUTERIERTEM W. ZUR UNTERS. D. HYDRATATIONSMECHANISMUS V. ALPHA-METHYLSTYROLEN 60-0140
SIMCHEN G., SYNTH. IN D. HETEROCYCL. REIHE 9. MITT. 56-0394
SIMES J. J. H., AUTOX. D. KONJUGIERTEN TRIENSEITENKETTE V. EBELINLACTON 54-0404
- KONSTIT. D. BEI D. OX. V. OLEANADIEN-(11.13(18))-SAEURE-(28)-METHYLESTER ERHALTENEN BETA.GAMMA-UNGESAETT. LACTONS C31H44O5 56-0454
SIMON H., UNTERS. ZUR HYDRAZON-AZO- U. -EN-HYDRAZIN-TAUTOMERIE SOWIE ENTSPRECHENDER TAUTOMERIEN BEI SEMICARBAZONEN DURCH WASSERSTOFFAUSTAUSCH 59-0102
SIMON J., QUELL.-UNTERS. AN WOFATIT KPS U. DESSEN AUFHELL.-PROD. 60-0499
SIMON M. S., 4-BETA-AMINOAETHYLAMINO-1.2-(AETHYLEN-1'.2'-DIAMINO)-ANTHRACHINON, KONDENS.-PROD. AUS AETHYLENDIAMIN U. LEUKOCHINIZARIN 56-0392
SIMON W., 'LONG-RANGE'-KOPPL. ZWISCHEN PROTONEN GEMINALER METHYLGRUPPEN IN KERNRESONANZSPEKTREN 54-0036
- PROTONENRESONANZSPEKTROSKOP. UNTERS. AN BICYCLO-(2.2.1)HEPTAN- U. BICYCLO(2.2.2)OCTAN-DERIV., EINFL. V. SUBSTITUENTEN AUF D. CHEM. VERSCHIEB. 54-0037
- KOMPLEXE V. NONACTIN U. MONACTIN MIT NATRIUM-, KALIUM- U. AMMONIUM-IONEN 60-0015
SIMONET J., SYMM. EPSILON-DIKETONE, DARST. U. ELEKTROCHEM. RED. 60-0167
SIMONETTA M., KRISTALLSTRUKTUR V. 2.4.6-TRINITRO-PHENETOL 58-0085
- KINETIK D. RK. V. PIPERIDIN MIT HALOGEN-NITRONAPHTHALINEN 5. MITT. 58-0123
SIMONNIN M., UNTERS. D. KONFIG. U. KONFORM. V. 9.10-DIHYDROANTHRACEN-CHINOLEN MIT GESAETT. SEITENKETTEN DURCH KERNMAGNET. RESONANZ 56-0087
- ALKINYL-AMINOPHOSPHINE U. ALKINYL-AMINOPHOSPHINOXIDE, SYNTH. U. SPEKTROGRAPH. UNTERS. 56-0196
- BEST. D. VORZEICHENS D. PROTON-PROTON-KOPPL.-KONST. BEI ENINEN, CIS-1-METHOXY-BUTEN-(1)-IN-(3) U. CIS-1-METHOXY-PENTEN-(1)-IN-(3) 60-0054
SIMON-ORMAI K., RK. V. 2-OXO-5.5-DIAETHOXY- U. 2-OXO-5.5-AETHYLENDIOXY-CYCLOHEXANCARBONSAEUREESTERN MIT BROM, N-BROM-SUCCINIMID U. SELENDIOXID, EINE NEUART. AROMATISIER. 55-0186
SIMONOV A. M., UNERWARTETE BLDG. V. 2-NITRO- U. 2.2'-AZO-BENZIMIDAZOL 58-0337
- AZOKUPPL. D. BENZOLS U. SEINER HOMOLOGEN MIT BENZIMIDAZOL-2-DIAZONIUMSALZEN 60-0335
SIMONOVITCH C., SYNTH. EINES PROSTAGLANDINS 58-0261
SIMPSON R. F., STRUKTUR V. OLEARIN, EINEM DITERPENDILACTON 54-0403
SIMPSON W. R. J., STEROIDE 312. MITT. 61-0542
SINCLAIR R. L., SELEKTIVE SPALT. V. PEPTIDEN DURCH ALKALI IN GGW. V. UEBERGANGSMETALLIONEN 56-0477
SINGER E., ORGAN. SCHWEFELVERB. 50. MITT. 55-0297
- D. EINW. V. DIARYLDIAZOMETHANEN AUF CHLORAMIN T U. AUF DITHIOURETHANE 58-0281
SINGER G. M., BASE-KATALYSIERTE DEPROTONIER. IN PYRIDIN-N-OXIDEN U. PYRIDINIUMSALZEN 54-0124
SINGER L. A., STEREOSPEZIFITAET BEI D. UEBERTRAG. V. WASSERSTOFFATOMEN AUF ISOMERE VINYLRADIKALE, D. AUS CIS-UND TRANS-TERT.-BUTYL-ALPHA-BROM-PERCINNAMATEN ERZEUGT WURDEN 54-0215
SINGER M. I. C., EIN SELENONIUM-YLID 59-0264
SINGH H., POLYHYDROXYNAPHTHOCHINONE, DARST. U. HYDROLYSE V. METHOXYLDERIV. 61-0274
SINGH M. P., KINETIK U. MECHANISMUS D. OX. D. DISACCHARIDE MELIBIOSE, CELLOBIOSE, LACTOSE U. MALTOSE DURCH HEXACYANOFERRAT(III) IN ALKAL. LSG. 55-0077
SINGH P., FOMENTARSAEURE, EIN NEUARTIGER TYPUS EINER ALKYLBERNSTEINSAEURE AUS FOMES FOMENTARIUS (L.) FR. 53-0066
SINGH U. P., ACYLIER. EINES ENAMINS D. ACETESSIGSAEUREMETHYLESTERS 55-0234
SINH M., UMLAGER. V. 4-FORMYL-ANTIPYRIN IN 4-ACETYL-2-METHYL-1-PHENYL-PYRAZOLON-(5) 56-0347
SINJAVSKIJ V. G., SYNTH. V. 1-ISOCYANATO-6-ALKOXYCARBONYL-AMINO-HEXANEN U. 1.6-BIS-(ALKOXYCARBONYLAMINO)-HEXANEN 56-0189
- RK. V. HEXAMETHYLEN-DIISOCYANAT MIT EINIGEN ALKOHOLEN 59-0193
SINKEVIC L. V., DERIV. D. BETA-HYDRAZINO-PROPIONSAEURE 57-0284
SINNEMA A., SYNTH. U. UNTERS. V. GAMMA-SUBSTITUIERTEN ALPHA-AETHOXYCARBONYL-GAMMA-LACTONEN 55-0220
SINOU D., HETEROCYCL. CHLORHYDRINE 3. MITT. 60-0372
SIOUFFI A., HALOGENIER. V. EINFACH-UNGESAETT. ALIPHAT. VERB. IN ALLYL-STELL. 9. MITT. 59-0161
- RED. EINIGER BROMIERTER FETTSAEUREN 60-0188
SIPOS P., DIREKTE SYNTH. V. PSEUDOALDOBIURONSAEURE 54-0385
SIRCAR J. C., AZASTEROIDE 6. MITT. 54-0440
SISCOVIC E., TERPENOIDE 100. MITT. 55-0362
SISIDO K., OPTISCH AKTIVE ORGANO-ZINN-VERBINDUNGEN. 1. MITT. 53-0003
- SYNTH. V. BOSHNIALACTON U. SEINEN STEREOISOMEREN 56-0272
SISKOVSKAJA N. G., STEREOCHEM. UNTERS. 22.MITT. 54-0412
SJOEBERG B., RACEMATTRENN. V. CIS- U. TRANS-2-METHYLCYCLOHEXANOL 57-0195
- ENZYMAT. HYDROLYSE V. EINIGEN PENICILLINEN U. CEPHALOSPORINEN DURCH ESCHERICHIACOLI-ACYLASE 58-0520
SKATTEBOL L., CHEMIE D. GEM.-DIHALOGEN-CYCLOPROPANE 6.MITT. 55-0165
SKELL P. S., MONO- U. POLYRADIKALE AUS HALOGENVERB., EIN GASPHASEN-ALKALIMETALL-REAKTOR 58-0544
SKINGLE D. C., MIT PELTOGYNOL VERWANDTE HEMIKETALE, SYNTH. V. ROBINSONS' HEMIKETAL 58-0360
SKJUDITE M. R., BERECHN. NACH D. LCAO-MOH-METH. V. KONJUGIERTEN ENAMINEN, ELEKTRONENSPEKTREN V. EINFACHEN BETA-AMINOVINYLCARBONYL-SYST. 60-0074
SKOLDINOV A. P., ENOLDERIV. V. ALKOXYMALONDIALDEHYDEN 54-0153
SKOLIK J., KERNMAGNET. RESONANZUNTERS. D. INTRAMOL. WASSERSTOFFBIND. IN D. MONOKAT. V. SPARTEIN- U. ALPHA-ISOSPARTEIN-N-OXID 56-0082
SKOROCHODOV I. I., BLDG. V. FULVALEN BEI D. OX. V. CYCLOPENTADIENYLIDEN D. ALKALIMETALLE 57-0206
SKOROCHODOV S. S., SYNTH. U. POLYMERISAT. V. SUBSTITUIERTEN DIAZOALKANEN 1. MITT. 54-0169
- SYNTH. U. POLYMERISAT. V. BETA- U. ALPHA-SUBSTITUIERTEN DIAZOALKANEN 2. MITT. 58-0205
SKOWRONSKI R., STEREOCHEMIE D. ADDIT. ALPHA- U. BETA-UNGESAETT. ORGANOMETALLVERB. AN O- U. P-CHINONE, AN CYCLOHEXANDION-(1.4) U. AN BENZIL 56-0300
SKRIPCENKO V. K., STRUKTUR U. RK.-FAEHIGK. V. HYDRAZINDERIVATEN 8.MITT. 61-0109
- STRUKTUR U. RK.-FAEHIGK. V. HYDRAZINDERIV. 9. MITT. 61-0110
SKROWACZEWSKA Z., RED. V. 3.5-DINITROPYRIDIN U. SEINEN IN 2-STELLUNG DURCH SUBSTITUENTEN 1. ORDN. SUBSTITUIERTEN DERIV. 4. MITT. 55-0275
- UMLAGER. V. 2.4.6-KOLLIDIN-N-OXID BEI D. EINW. V. ACETANHYDRID 60-0382
SKVARCENKO V. R., MASSENSPEKTREN U. STRUKTUR ORGAN. VERB. 14. MITT. 58-0066
- AROMAT. KW-STOFFE 34. MITT. 60-0272
- AROMAT. KW-STOFFE 35. MITT. 61-0295
SLADKOV A. M., RK. V. KUPFERACETYLENIDEN MIT SAEUREHALOGENIDEN 61-0263
SLAMA K., DEHYDROJUVABION - EINE NEUE VERB. MIT JUVENILHORMONAKTIVITAET AUS D. BALSAMTANNE 55-0417
SLATER G., SYNTH. AUS PYRIDINALDEHYDEN 2. MITT. 59-0353
SLATER G. P., RK. V. KETONEN MIT OX.-MITTELN 3. MITT. 57-0408
SLATES H. L., TOTALSYNTH. D. MAKROLIDS ZEARALENON 56-0481
SLINCKX G., KINETIK D. VINYL-AUSTAUSCHRK. ZWISCHEN BENZOESAEURE U. ESSIGSAEURE-VINYLESTER 55-0079
- STEREOCHEMIE D. CYCLOPROPYL-ALLYL-UMLAGER. 1. MITT. 60-0290
- STEREOCHEMIE D. CYCLOPROPYL-ALLYL-UMLAGER. 2.MITT. 60-0291
SLIWA H., SYNTH. NEUER HETEROCYCLEN 60-0387
SLJUSARCUK V. T., DIREKTE JODIER. V. PHENANTHRENCHINON, FLUOREN U. SEINEN DERIV. 61-0282
SLOMINSKIJ J. L., CYANINE U. HEMICYANINE AUS D. ANIL D. ACETOPHENONS 54-0282
SLOSAR J., ANTHRACHINON-FARBSTOFFE 3. MITT. 61-0287
- ANTHRACHINON-FARBSTOFFE 4. MITT. 61-0288
SLOUKA J., UMSETZ. V. AZLACTONEN MIT AMINOVERB. 1.MITT. 56-0407
SLUSARCHYK W. A., D. PROBLEM D. 1.2.9.10-TETRA-OXYGENIERTEN APORPHINE U. D. STRUKTUR D. QUARTAEREN APORPHINS AUS FAGARA TINGUASSOIBA 59-0431

SLYKOVA N. I., 1.3-DIPOLARE CYCLOADDIT. V. NITRONSAEUREESTERN AN KONJUGIERTE UNGESAETT. VERB. 60-0342
SMAGOWSKI H., SPEKTROPHOTOMETR. UNTERS. D. RK. V. ACRIDIN MIT CARBONSAEUREN IN BENZOL 1. MITT. 55-0017
SMALBERGER T. M., DIMERE PIPERIDIN-ALKALOIDE AUS AZIMA TETRACANTHA LAM., AZIMIN, AZCARPIN U. CARPAIN 61-0493
SMALLEY A. W., D. WRKG. D. FERROCENYLGRUPPEN AUF D. ZERS. V. QUARTAEREN PHOSPHONIUMHYDROXIDEN 54-0122
SMEJKAL J., 1-HALO-BICYCLO(2.2.2)OCTANE 58-0291
SMETS G., KINETIK D. VINYL-AUSTAUSCHRK. ZWISCHEN BENZOESAEURE U. ESSIGSAEURE-VINYLESTER 55-0079
SMID P. M., CHEMIE D. ALPHA-DIAZOSULFONE 10.MITT. 56-0216
SMIDSROD O., CHEM. HETEROGENITAET V. CARRAGHEENANEN, GEZEIGT DURCH FRAKTIONIERTE FAELL. MIT KALIUMCHLORID 57-0436
- EINFL. D. PH U. D. PUFFERIONEN AUF D. ZERS. V. KOHLENHYDRATEN DURCH FENTONS REAGENZ 58-0147
- SEQUENZ V. URONSAEUREESTERN IN ALGINSAEURE 60-0504
- BEZIEH. ZWISCHEN CHEM. STRUKTUR U. PHYSIKAL. EIG. V. ALGINATEN 60-0505
SMIDT J., BEWEIS FUER EINEN 'THROUGH-SPACE'-MECHANISMUS EINER WEITREICHENDEN PROTON-PROTON-KOPPL. IN ACETON 54-0050
SMIRNOV A. N., EPR V. RADIKALEN-DERIV. D. THIOXANTHHYDROLDIOXIDES 60-0056
SMIRNOV B. P., SYNTH. AUF BASIS V. POLYCHLORIDEN D. BENZOLS 6.MITT. 61-0207
SMIRNOV J. D., ELEKTRORED. V. 1.4-DICYAN-BUTEN-(1) 59-0188
SMIRNOV S. K., ELEKTRORED. V. 1.4-DICYAN-BUTEN-(1) 59-0188
SMIRNOVA V. V., CHEMIE D. FREIEN RADIKALE D. HYDRAZINREIHE 46. MITT. 57-0244
SMIT W. A., CYCLISIER. V. ISOPRENOIDEN VERB., STEREOCHEMIE D. ADDIT. AN D. TERMINALE (2.3)-DOPPELBIND. 56-0080
SMITH C. P., ORGAN. VERB. MIT 5-BIND. PHOSPHOR 25. MITT. 59-0269
- ''PENTAOXYPHOSPHORANE'' AUS D. RK. V. FLUORENON MIT TRIALKYLPHOSPHITEN 61-0395
SMITH D., BLDG. EINES FUENFRINGIONS DURCH ELEKTRONENSTOSS 58-0061
SMITH G. F., AKUAMMA-ALKALOIDE 9. MITT. 57-0363
SMITH G. H., CYCLOHEPTATRIEN- U. TROPYLIUM-METALLKOMPLEXE 4. MITT. 58-0021
- CYCLOHEPTATRIEN- U. TROPYLIUM-METALLKOMPLEXE 5. MITT. 58-0022
SMITH G. N., URSPRUNG NATUERL. VORKOMMENDER ACETYLENE 55-0117
SMITH H., NEUART. TOTALSYNTH. V. STEROIDEN MIT SAUERSTOFF IN 11-STELL. 61-0546
SMITH L. R., STEROIDE U. WALDENSCHE UMKEHR. 60. MITT. 59-0481
SMITH N., UMWANDL. V. DODECYLPYRIDINIUMBROMID 1.MITT. 59-0360
SMITH P., THEORIE D. ELEKTROPHILEN SUBSTITUT. IN 3-SUBSTITUIERTEN INDOLEN 57-0104
SMITH R., STRUKTUR V. HYDROCYANSALID, EINEM NEUEN MG-REAGENZ 61-0347
SMITH R. A. J., SELIN-11-EN-4ALPHA-OL AUS D. AETHER. OEL V. PODOCARPUS DACRYDIOIDES 55-0370
- DITERPENE AUS D. AETHER. OEL V. DACRYDIUM COLENSOI 55-0374
SMITH R. C., VERBESSERTE TECHNIK ZUR AUFZEICHN. KURZZEIT.-ELEKTRONENSPINRESONANZSPEKTREN 60-0512
SMOLDERS R. R., DARST. V. METHYLCYCLANYLKETONEN DURCH RK. NACH DARZENS-KONDAKOV U. NENITZESCU 60-0241
SMOLIKOVA J., STRUKTUR D. LEPRARSAEURE, EINES CHROMONS AUS FLECHTEN 58-0376
SMRT J., OLIGONUCLEOTIDE 16. MITT. 54-0386
- SYNTH. V. 2'.5'-O-GESCHUETZTEN RIBONUCLEOSIDEN 55-0310
- SCHUTZ V. HYDROXYLGRUPPEN IN DIRIBONUCLEOSIDPHOSPHATEN 61-0478
SMUSKEVIC J. I., RK. V. ALDEHYDEN MIT OLEFINEN 3. MITT. 60-0365
SNAREVIC A. I., QUART. AMMONIUMSALZE AUS DITERTIAEREN DIAMINEN U. ALPHA-BROMALKYL-ARYLKETONEN 56-0235
SNATZKE G., D. NEUTRALEN SESQUI- U. TRITERPENE D. WEIHRAUCHS 54-0407
- SYNTH. D. BEIDEN STEREOISOMEREN 2-CARBOXYADAMANTANONE-(4) 58-0290
- BITTERE PRINZIPIEN D. CUCURBITACEEN 16. MITT. 58-0460
- 19-NOR-5BETA-METHYL-STEROIDE 4. MITT. 58-0492
- TETRACYCL. TRITERPENE AUS CEDRELA ODORATA L. 60-0457
SNELL B. K., THERM. RK. EINIGER PHOSPHORIMIDATE 59-0204
SNOBL D., AROMAT. DIAZO- U. AZOVERB. 72. MITT. 57-0079
- DIAZOTIER. D. AMINOPHENOLE IN KONZ. FLUORBORSAEURE 57-0181
SNOWLING G., RK. V. PHENYLACETONITRIL MIT CS2 U. D. DARST.V. 4-ARYL-ISOTHIAZOLEN 53-0144
SOBTI R. R., SYNTH. V. (+-)-ISOLONGIFOLEN 60-0469
SOCHOR I. N., ANIONEN D. DINITROMETHYLVERB. 2. MITT. 57-0019
SOFER H., ITERATIONSVERF. ZUR BERECHN. D. DISSOZIATIONSKONST. V. AMPHOLYTEN ODER ZWEIBASIGEN SAEUREN, GLEICHGEW.-KONST. V. O- U. P-AMINOBENZOESAEURE IN W. 56-0105
- GLEICHGEW. V. ORTHANIL- U. METANILSAEURE MIT D. WASSERSTOFFION IN W. KURZE MITT. 56-0106
SOKOLOVA M. S., 7-AZA-INDOLDERIV. 25. MITT. 57-0085
SOKOLOVA T. D., STEREOCHEMIE D. ACETYLENSYNTH. 5. MITT. 58-0390
SOLIMAN F. M., RK. MIT ORGANOPHOSPHORVERB. 3. MITT. 53-0095
- RK. MIT ORGANOPHOSPHORVERB. 4. MITT. 53-0171
SOLLADIE-CAVALLO A., UNTERS. EINIGER VERB. AUS D. REIHE D. OXY- U. THIO-DIESSIGSAEURE 1. MITT. 56-0183
SOLLMAN P. B., ABS. KONFIG. V. SULFOXIDEN, 2-THIA-5ALPHA-ANDROSTAN-17BETA-OL-OXIDE 60-0482
SOLOMON M. D., EINE MOEGL. ZWISCHENSTUFE IN D. SESQUITERPENBIOSYNTH. 54-0417
SOMERVILLE A. W., SYNTH. AUS PYRIDINALDEHYDEN 2. MITT. 59-0353
SOMME R., STRUKTUR EINES GALAKTOMANNANS AUS ANTHYLLIS VULNERARIA L. 60-0503
SOMMER R., ORGANOZINNVERB. 15. MITT. 55-0012
- ABFANGRK. KURZLEB. RADIKALE 2. MITT. 56-0116
SOMOGYI L., CYCLISIER.-RK. V. MONO- U. DISUBSTITUIERTEN BIGUANIDEN MIT PHENYLISOTHIOCYANAT 59-0392
SOMOV G. V., RADIKAL. RK. V. CYCLOPENTANON U. CYCLOHEXANON MIT UNGESAETT. VERB. 56-0254
SOMVICHIEN N., CUMARINE AUS PTAEROXYLON OBLIQUUM 58-0373
- UMTATIN U. VERWANDTE CHROMONE AUS D. KERNHOLZ V. PTAEROXYLON OBLIQUUM 60-0371
- CHROMONE MIT OXEPINRING AUS PTAEROXYLON OBLIQUUM 61-0457
SONDHEIMER F., TERPENSYNTH. 13.MITT. 53-0099
- VERWEND. D. KERNMAGNET. DOPPELRESONANZ FUER D. UNTERS. UMKEHRBARER INTRAMOL. PROZESSE 54-0035
- SYNTH. AUF D. GEBIET D. HERZAGLYKONE 7. MITT. 54-0434
- UNGESAETT. MAKROCYCL. VERB. 44.MITT. 57-0229
- UNGESAETT. MAKROCYCL. VERB. 47. MITT. 58-0253
- BESTANDTEILE V. CASIMIROA EDULIS LLAVE ET. LEX 8. MITT. 58-0362
- SYNTH. V. A-NOR-19-NOR-TESTOSTERON 58-0480
- UNGESAETTIGTE MAKROCYCL. VERB. 49. MITT. 61-0241
SONG K. M., TRIS-(TRIPHENYLPHOSPHIN)-KOBALT-DIHYDRID, EIN MOL. STICKSTOFF BINDENDER KOMPLEX 59-0035
SONNTAG F. I., PHOTOCHLORIER. V. BICYCLO(2.2.0)HEXAN 54-0272
SOOD M. S., KONSTIT. V. SELINON, EINEM NEUEN FLAVANON AUS SELINUM VAGINATUM CLARKE 55-0272
- CHEM. BESTANDTEILE D. WURZELN V. SELINUM VAGINATUM 1. MITT. 57-0298
SOPOVA A. S., NUCLEOPHILE SUBSTITUTION V. 1-HALOGEN-2-NITROALKENEN 61-0231
SORENSEN T. S., CYCLOBUTADIENYL-KATIONEN. ELEKTRONENSTOSS-INDUZIERTE FRAGMENTIER. V. PYRIDAZIN 60-0058
SORM F., STRUKTUR V. VALERIANOL, EINEM SESQUITERPENALKOHOL V. EREMOPHILANTYP AUS BALDRIANOEL 54-0416
- TERPENE 183. MITT. 55-0353
- AMINOSAEUREN U. PEPTIDE 68.MITT. 55-0394
- NUCLEINSAEUREBESTANDTEILE U. IHRE ANALOGEN 89.MITT. 55-0406
- DEHYDROJUVABION - EINE NEUE VERB. MIT JUVENILHORMONAKTIVITAET AUS D. BALSAMTANNE 55-0417
- N-SUBSTITUIERTE DERIV. V. 4-HYDROXY-1H-PYRIMIDINON-(6) VORL. MITT. 56-0389
- STEROID-ALKALOIDE AUS MALOUETIA ARBOREA MIERS. U. MALOUETIA TAMAQUARINA (AUBL.) A.DC. 56-0431
- STEROIDE 104. MITT. 56-0464
- AMINOSAEUREN U. PEPTIDE 70. MITT. 56-0475
- AMINOSAEUREN U. PEPTIDE 71. MITT. 56-0476
- NUCLEINSAEUREKOMPONENTEN U. IHRE ANALOGA 93. MITT. 57-0333
- ISOLIER. V. ECDYSTERON (CRUSTECDYSON) AUS POLYPODIUM VULGARE L. RHIZOMEN 57-0405
- AUFNAHME V. (14)CO2 AUS D. RK.-ATMOSPHAERE BEI D. ISOMERISIER. V. KALIUMSALZEN D. BENZOLDICARBONSAEUREN ZU KALIUMTEREPHTHALAT 58-0148
- TERPENE 186. MITT. 58-0453
- TERPENE 187. MITT. 59-0468
SOROKINA A. N., KONDENS. V. TERT.-ALKYLHYDROPEROXIDEN MIT LAEVULINSAEUREESTERN 59-0191
SOSTAKOVSKIJ M. F., HALOGENACETALE V. PENTAERYTHRIT 54-0345
- SYNTH. V. ACETYLENAMINOALKOHOLEN 57-0155
- RK. V. 2-METHYL-2-VINYLOXYMETHYL-1.3-DIOXOLAN MIT MERCAPTANEN 60-0331
SOTI F., STEROID-ALKALOIDE AUS MALOUETIA ARBOREA MIERS. U. MALOUETIA TAMAQUARINA (AUBL.) A.DC. 56-0431
SOTIROPOULOS J., NEUE METH. ZUR SYNTH. V. ALPHA-THIOCARBAMOYL-KETONEN IN D. D-CAMPHER-REIHE 60-0473
SOUCHAY P., ENDIOL-KETOL-TAUTOMERIE V. DIHYDROXYFUMARSAEURE U. DEREN EINFL. AUF D. DECARBOXYLIER. 60-0102
SOUKUP H., CYCLISIERENDE TRIMERISIER. V. FERROCENYLACETYLENEN U. ACETYLFERROCEN, 1.2.4- U. 1.3.5-TRIFERRROCENYLBENZOLE 56-0023
SOULIER J., SYNTH. U. REAKTIVITAET VEREINFACHTER MODELLE V. 15.16-DIAZA-STEROIDEN 61-0549
SOURNIA A., UNTERS. V. POLY-ALPHA-METHYL-STYROL-PROBEN IN BZL.- U. TOLUOL-LSG. DURCH LICHTSTREUUNG U. IR-SPEKTROSKOPIE 54-0475
SOURON C., KRISTALL- U. MOLEKULARSTRUKTUR D. VITAMINS K(5) (VORL. MITT.) 56-0094
SOUTHAM R. M., MOL.-PHOTOCHEMIE4. MITT. 54-0128
SOUTHERN M. C., BASENKATALYSIERTE ISOMERISIER. V. 2-ACETYLIMINO-3-PHENACYL-THIAZOLIDIN 56-0352

SOUTHGATE R., STEREOCHEM. UNTERS. ZUR BIOSYNTH. V. NARCOTIN, PROTOPIN U. CHELIDONIN 60-0443
SOUTHWICK P. L., CYCLISIERUNGSPHASE D. FISCHERSCHEN INDOLSYNTH., STRUKTUR U. BEDEUT. V. PLIENINGERS ZWISCHENPROD. 57-0256
SOVA V. V., SYNTH. U. UMWANDL. V. AETHINYLIERTEN BETA-CHLORHYDRINEN UNTER EINFL. V. ALKALI 59-0297
SOVIAR K., STRUKTUR D. LEPRARSAEURE, EINES CHROMONS AUS FLECHTEN 58-0376
SOYER N., SYNTH. D. 1.2.4.5-TETRAFORMYL-BENZOLS 57-0172
SPANGENBERG E., 2.5-DIKETOPIPERAZINE 6. MITT. 60-0404
SPANSWICK J., DIELS-ALDER-RK. MIT BIINDENYLEN 1. MITT. 61-0300
- DIELS-ALDER-RK. MIT BIINDENYLEN 2. MITT. 61-0301
SPARROW D. R., OPT. ROTATIONSDISPERS. 40. MITT. 54-0015
SPASOV A., HYDRIER. V. ARYLIERTEN AZETIDINTHIONEN-(2) ZU ARYLSUBSTITUIERTEN 3-AMINO-PROPANTHIOLEN-(1) 57-0250
SPAUKE K., PHENOXAZINE 10. MITT. 58-0040
SPAYD R. W., UMLAGER. V. ALPHA-TRIKETONEN 60-0145
SPEAKE R. N., CYTOCHALASINE, EINE NEUE KLASSE BIOLOG. AKT. SCHIMMELPILZSTOFFWECHSELPROD. 54-0458
SPEAKMAN J. C., EINIGE 'SEHR KURZE' WASSERSTOFFBIND. 54-0072
SPEAKMAN P. R. H., AUSTAUSCHRK. BEI ACYCL. KOHLENHYDRAT-DERIV. 2. MITT. 59-0419
- AUSTAUSCHRK. ACYCL. KOHLENHYDRATDERIV. 3.MITT. 59-0420
SPENCER H., KONSTIT. V. IPECOSID, EIN MONOTERPENOIDES ISOCHINOLIN 56-0444
SPENCER J. F. T., NEUER TYP EINES MAKROCYCL. LACTONS AUS TORULOPSIS APICOLA 60-0429
SPENCER T. A., FURANSYNTH. DURCH 1.4-ADDIT. V. CARBAETHOXYCARBEN AN ALPHA-METHOXYMETHYLENKETONE 58-0482
SPENGEL S., D. GLYKOSIDE D. BLAETTER V. ISOPLEXIS ISOBELLIANA (WEBB) MASF 3. MITT. 60-0510
SPICER E. K., ELEKTROLYT. OX. V. DICARBONSAEUREN 59-0239
SPICKETT R. G. W., BICYCL. PYRIMIDINDERIV. MIT STICKSTOFFBRUECKENKOPFATOMEN, 1.MITT. 56-0400
- BICYCL. PYRIMIDINDERIV. MIT STICKSTOFFBRUECKENKOPFATOMEN 2. MITT. 56-0401
SPICYNA L. J., BIMOLEKULARE ALKYLIDENARYLAMINE 11.MITT. 58-0389
SPILLANE W. J., (35)S-UNTERS. D. UMLAGER. V. PHENYLSULFAMSAEURE ZU SULFANILSAEURE 56-0141
- ISOMERISIER. V. ORTHANILSAEURE IN GGW. V. H2(35)SO4 ZU SULFANILSAEURE 60-0147
SPINDLER E., 1.3-DIPOLARE CYCLOADDIT. 31. MITT. 60-0133
SPITELLER G., MASSENSPEKTREN SCHWACH ANGEREGTER MOLEKUELE. 3.MITT. 53-0025
- ALKALOIDE AUS VINCA HERBACEA W. K. 56-0498
- SCHLUESSELBRUCHSTUECKE IN D. MASSENSPEKTREN V. ALKALOIDEN 6. MITT. 59-0073
- SAMANDARIN U. VERWANDTE ALKALOIDE 17.MITT. 61-0498
SPITELLER-FRIEDMANN M., MASSENSPEKTREN SCHWACH ANGEREGTER MOLEKUELE. 3.MITT. 53-0025
SPOTSWOOD T. M., ELEKTROSTAT. FELDEFFEKTE U. PMR-SPEKTREN V. PYRIDINDERIV. IN H-BRUECKEN BILDENDEN LSGM. 55-0043
SPRAGG R. A., KERNMAGNET. RESONANZUNTERS. D. GEHINDERTEN INNEREN ROTAT. IN D. DAMPFPHASE, DIMETHYL-NITROSAMIN 58-0071
SPRINZL M., NUCLEINSAEUREKOMPONENTEN U. IHRE ANALOGA 93. MITT. 57-0333
SPRIO V., STRUKTUR V. ATRACTYLOSID 61-0474
SPROESSLER B., SYNTH. V. N-PYRUVOYL-ANTHRANILSAEURE U. V. L-GLUTAMINSAEURE-5-ANTHRANILID 57-0182
SPRYSKOV A. A., SYNTH. AUF BASIS V. POLYCHLORIDEN D. BENZOLS 6.MITT. 61-0207
SPUNTA G., HETEROAROMAT. KATIONEN 7.MITT. 57-0084
SREJBERT A. I., SYNTH. V. DIACETATEN HALOGENHALT. ALPHA.ALPHA'-DIHYDROPEROXIDE 56-0172
- SYNTH. D. BIS-(HYDROXYMETHYL)-PEROXID-DINITRATES 57-0133
SRINIVASAN M., TRITERPENE V. CALOPHYLLUM INOPHYLLUM LINN. 57-0376
- BERICHTIGTE STRUKTUREN V. DIPHYLLIN U. JUSTICICIN A 61-0557
SRINIVASAN R., PHOTOCHLORIER. V. BICYCLO(2.2.0)HEXAN 54-0272
SRIVASTAVA K. C., DISSOZIAT. V. SUBSTITUIERTEN BENZOESAEUREN 58-0144
SRIVASTAVA R. K., KINETIK U. MECHANISMUS D. OX. D. DISACCHARIDE MELIBIOSE, CELLOBIOSE, LACTOSE U. MALTOSE DURCH HEXACYANOFERRAT(III) IN ALKAL. LSG. 55-0077
SROKA W., REAKTIVITAET V. AMINOSAEUREGRUPPEN 1. MITT. 59-0199
- PEPTIDE 63.MITT. 61-0552
STAAB H. A., ZUR KONJUGATION IN MAKROCYCL. BIND.-SYST. 7. MITT. 53-0089
- INVERS. U. STEREOCHEMIE MONO- U. BICYCL. HYDRAZIN-DERIV. 55-0062
- KONJUGAT. IN MAKROCYCL. BIND.-SYST. 8. MITT. 55-0179
- ZUR KONJUGAT. IN MAKROCYCL. BIND.-SYST. 9. MITT. 55-0180
STABINSKY Y., UMLAGER. V. TRICHLORMETHYLSULFENSAEURE-ALKYLESTERN 57-0134
STAHL E., CHEM. RASSEN BEI ARZNEIPFLANZEN 5.MITT. 59-0506
STAHL-LARIVIERE H., EMPIRISCHER ZUSAMMENHANG ZWISCHEN NMR D. PROTONS U. FLUORS U. IHRE BEZIEH. ZUR MOL.-STRUKTUR 5. MITT. 55-0040
STANILAND P. A., CHEMIE D. TERPENE 3. MITT. 56-0455
- CHEMIE D. TERPENE 4. MITT. 58-0457
- DIMERE NEBENPROD. BEI D. DARST. V. 2.4-DIMETHOXY-BENZYLCYANID AUS 2.4-DIMETHOXY-BETA-NITRO-STYROL 61-0268
STANLEY W. L., NEUES CUMARIN AUS GRAPEFRUCHTSCHALENOEL 59-0346
STANOVNIK B., SYNTH. V. PYRIDAZINDERIV. 8. MITT. 53-0175
- SYNTH. V. 1.2.4-THIADIAZOLO-(4.5-A)-BENZIMIDAZOL-1.1-DIOXID, EINES NEUEN HETEROCYCL. SYST. 58-0355
- HETEROCYCLEN 49. MITT. 59-0379
STANSFIELD F., UMWANDL. EINIGER DIHALOGENCYCLOPROPANE IN UNGESAETT. KETONE 55-0184
STANTON D. W., ALKALOIDE AUS RYE-GRAD (LOLIUM PERENNE L.) 3. MITT. 58-0439
STANWAY D. N., BIOSYNTH. V. PILZMETABOLITEN 2. MITT. 57-0435
STARCHER P. S., MECHANISMUS D. EPOXYDAT. V. OLEFINEN U. WEITERE MOEGLICHE ANWEND. D. 1.3-DIPOLAR-MECHANISMUS D. OX. MIT PEROXYSAEUREN 58-0125
STARK B. P., PEROXYDASE-WRKG. 17. MITT. 57-0433
STAROSTIN V. P., ISOMERE UMWANDL. D. 4.5-DICHLORNAPHTHALIN-1-SULFONSAEURE 54-0255
STAROWIEYSKI K., KOMPLEXE AUS ORGANOALUMINIUMVERB. U. ESTERN U. IHRE INFRAROTSPEKTREN 60-0002
STARR L., CYCLOBUTANTETRACARBONSAEUREDIANHYDRID DURCH RK. V. TRICYCLO(4.2.2.0(2,5))DECEN-(9)-TETRACARBONSAEURE-(3.4.7.8)-TETRAMETHYLESTER MIT SALPETERSAEURE 59-0252
STAUNTON J., STEREOCHEM. UNTERS. ZUR BIOSYNTH. V. NARCOTIN, PROTOPIN U. CHELIDONIN 60-0443
STAVAUX M., HETEROCYCL. SCHWEFELVERB. 28. MITT. 60-0299
STEFANOVIC G., STRUKTUR V. GLYCERIN-ACETALEN 61-0435
STEFANOVIC M., SELEKTIVE BORANRED. V. PROGESTERON 58-0481
- DARST. U. PHOTOLYSE V. 2-DIAZO-6-HYDROXYIMINO- U. 2.6-BIS-DIAZO-4-TERT.-BUTYL-CYCLOHEXANON 60-0243
STEFANOVSKY J., OPT. DREH.-VERMOEGEN U. KONFORM. 3. MITT. 59-0043
STEFANSKA B., TUMORHEMMENDE VERB. 35. MITT. 57-0313
STEGLICH W., RK. V. ALPHA-AMINOSAEUREN MIT TRIFLUORESSIGSAEUREANHYDRID 1. MITT. 54-0313
- 2-DICHLORMETHYLEN-PSEUDOOXAZOLONE-(5) 59-0331
STEIGER W., SYNTH. V. HETEROCYCLEN 89. MITT. 54-0322
STEIN R. P., NEUART. TOTALSYNTH. V. STEROIDEN MIT SAUERSTOFF IN 11-STELL. 61-0546
STEINBERG H., CHEMIE D. CYCLOPROPANONE 4.MITT. 57-0189
- CHEMIE D. CYCLOPROPANONE 5.MITT. 57-0190
- CHEMIE D. CYCLOPROPANONE 6. MITT. 60-0238
STEINERT G., HYDRAZINRK. 2. MITT. 61-0464
STEINMETZ R., PHOTOSENSIBILISIERTE C4-CYCLOADDIT. MIT VINYLENCARBONAT 53-0132
- PHOTOCYCL. ADDIT. V. CARBONYLVERB. AN ALLENE 59-0296
STEPANOV B. I., ISOMERENVERHAELTNIS BEI AZOKUPPL. 6. MITT. 56-0292
- ISOMERENVERHAELTNIS BEI EINER AZOKUPPL. 7. MITT. 59-0153
- ISOMERENVERHAELTNIS BEI EINER AZOKUPPL. 8. MITT. 59-0154
STEPANOV F. N., ADAMANTAN U. SEINE DERIV. 12. MITT. 57-0237
- ADAMANTAN U. SEINE DERIV. 13. MITT. 57-0238
- ADAMANTAN U. SEINE DERIV. 14. MITT. 59-0290
- VINYLESTER D. TEREPHTHALSAEURE 3. MITT. 60-0213
STEPANOV I. P., MASSENSPEKTROMETRIE '. ALPHA-OXIDEN U. KETONEN 54-0044
STEPHEN A., RED. CYCL. ACYLALE MIT LIALH4 54-0241
STEPHEN A. M., ANWEND. D. GAS-FL.-CHROMATOGRAPHIE FUER D. STRUKTURUNTERS. V. POLYSACCHARIDEN 2. MITT. 53-0252
- ANWEND. D. GAS-FLUESSIG-CHROMATOGRAPHIE ZUR STRUKTURUNTERS. V. POLYSACCHARIDEN 3. MITT. 55-0322
STEPHENS R., CIS-1H.1H.4H-TRIFLUOR-BUTADIEN-(1.3), CHARAKTERISIER. EINES NEUEN KONJUGIERTEN DIENS DURCH NMR-SPEKTROSKOP. ANALYSE 54-0033
- PERFLUORCYCLOALKENYL-LITHIUM-VERB. 56-0012
STEPHENSON G. F., MESO-REAKTIVITAET V. PORPHYRINEN U. VERWANDTEN VERB. 3. MITT. 59-0448
STEPHENSON I. L., BIND.-DISSOZIAT.-ENERGIEN U. BLDG.-WAERMEN V. TRIMETHYLSILYLVERB. 61-0086
STERBA V., BLDG. V. AZOVERB. BEI D. ZERS.-RK. AROMAT. DIAZOVERB. IN WSS. MEDIUM 57-0120
- ANTHRACHINON-FARBSTOFFE 3. MITT. 61-0287
- ANTHRACHINON-FARBSTOFFE 4. MITT. 61-0288
STERESCU M., UNTERS. AUF D. FURFUROL-GEBIET 44. MITT. 60-0311
- UNTERS. AUF D. FURFUROL-GEBIET 45. MITT. 60-0312
STERK H., INFRAROTSPEKTROSKOP. UNTERS. AM 4-HYDROXY-CARBOSTYRIL U. SEINEN DERIV. 54-0081
- ZUM PROBLEM D. MICHAEL-ADDIT. AN CUMARIN 54-0331
- THERM. BLDG. V. KETENCARBONSAEUREDERIV. 59-0149
STERMITZ F. R., ALKOHOLAUFNAHME BEI D. PHOTOLYSE V. PAPAVERIN 57-0314
- PAPAVERACEEN-ALKALOIDE 7. MITT. 57-0366
STERN R. L., DAMPFDRUCKE V. CIS- U. TRANS-ESTERN V. 4-TERT.-BUTYL-CYCLOHEXANCARBONSAEURE U. 4-TERT.-BUTYL-CYCLOHEXANOL 61-0088
STERNBACH L. H., CHINAZOLINE U. 1.4-BENZODIAZEPINE 32.MITT. 55-0320
- CHINAZOLINE U. 1.4-BENZODIAZEPINE 35. MITT. 59-0403
STERNHELL S., TAUTOMERIE U. SYN-ANTI-ISOMERIE D. P-NITROSO-PHENOL P-BENZOCHINON-MONOXIM-SYST. 53-0038
- EINE HOHE BARRIERE FUER D. ROTAT. AN EINER SP(2)-SP(3)

KOHLENSTOFF-KOHLENSTOFF-BIND. 60-0088
STETTER H., 1.3.5.7-TETRASUBSTITUIERTE ADAMANTANE 58-0286
 - VERB. MIT UROTROPIN-STRUKTUR 37. MITT. 59-0374
STEUDEL R., ISOLIER. D. DICHLORCARBENS 58-0165
STEVENS C. L., 6-DESOXY-5-THIO-L-TALOPYRANOSE 54-0380
STEVENS I. D. R., CYCLOPROPANONE U. VERWANDTE VERB. 3. MITT. 58-0298
 - UMLAGER. V. CYCLOPROPYLCARBENEN 61-0236
STEVENS M. F. G., TRIAZINE U. VERWANDTE PROD. 1.MITT. 58-0417
STEVENS R. R., STICKSTOFFYLIDE 2. MITT. 55-0001
STEVENS T. E., BECKMANN-FRAGMENTAT. V. ALPHA-DIFLUORAMINO-FLUORIMINEN, EIN WEG ZU ALPHA-DIFLUORAMINO-FLUORIDEN 60-0218
STEWART H. N. M., BESTANDTEILE HOCHSIEDENDER PETROLEUMDESTILLATE 10.MITT. 57-0218
 - BESTANDTEILE HOCHSIEDENDER PETROLEUMDESTILLATE 11.MITT. 57-0219
STEWART O. J., KATALYT. WRKG. BEI D. KUPPL. V. ARYLHALOGENIDEN MIT KUPFEROXID 58-0266
STEWART T., BRUECKENRINGSYST. 10. MITT. 53-0114
STEWART W. E., BEWEIS EINER LANGSAMEN ROTAT. UM D. BENZOL-CARBONYL-BIND. IN EINEM META-SUBSTITUIERTEN BENZAMID 59-0053
STINE W, R., ORGANOPHOSPHORCHEMIE 3. MITT. 59-0077
STIRLING C. J. M., UMLAGER. EINES SULFINSAEURE-ALKINYLESTERS IN EIN ALLENSULFON 54-0194
STIVEL N. E., SPEKTROPHOTOMETR. UNTERS. D. KINETIK D. HYDRATAT. D. CROTONALDEHYDS U. SEINER KONDENS. MIT ACETON 57-0107
STOCK L. M., EPR-SPEKTREN V. SEMICHINONEN 4.MITT. 56-0059
STOCK P., RK. MIT IMIDSAEUREESTERN 6. MITT. 53-0170
STOCKIJ A. A., NITRIER. V. UNGESAETT. VERB. 2.MITT. 61-0392
STODDART J. F., UNTERS. AN URONSAEURESUBSTANZEN 21. MITT. 61-0561
STOECKELMANN G., FLUORIER. ORGAN. VERB. MIT CHLORTRIFLUORID 5.MITT. 58-0166
STOECKLIN W., GLYKOSIDE U. AGLYKONE 288. MITT. 55-0333
 - GLYKOSIDE U. AGLYKONE 289.MITT. 55-0334
STOESSL A., ALTERSOLANOL A, EIN NEUART. TETRAHYDROANTHRACHINON 58-0282
STOICESCU C., UNTERS. AUF D. FURFUROL-GEBIET 44. MITT. 60-0311
 - UNTERS. AUF D. FURFUROL-GEBIET 45. MITT. 60-0312
STOJANOVIC F. M., SYNTHET. RK. V. DIMETHYLFORMAMID 23. MITT. 60-0349
STOJANOVSKAJA J. I., THIOSULFONSAEUREN 18.MITT. 60-0209
STOJILJKOVIC A., RK. MIT BLEITETRAACETAT 11. MITT. 54-0134
 - DARST. U. PHOTOLYSE V. 2-DIAZO-6-HYDROXYIMINO- U. 2.6-BIS-DIAZO-4-TERT.-BUTYL-CYCLOHEXANON 60-0243
STOLJAROW B. W., ISOMERISIER. U. FRAGMENTIER. V. CARBENIUMIONEN BEI D. SCHWEFELSAUREN ALKYLIER. 61-0190
 - ZUS. D. DURCH SCHWEFELSAURE ALKYLIER. V. TOLUOL ERHALTENEN CYMOLE 61-0191
STOLL M., AROMEN 13. MITT. 55-0414
 - AROMEN 14.MITT. 55-0415
STOLLE K., BIOSYNTH. V. CATHARANTHUS-ALKALOIDEN 59-0510
STOLOW R. D., KERNMAGNET. DOPPELRESONANZ-UNTERS. BEI CHEM. AUSTAUSCH, EFFEKT D. SPIN-SPIN-KOPPL. 57-0028
STONE A., MOLEKULARSTRUKTUR V. FUENF- U. SECHSGLIEDRIGEN CYCL. SULFONATEN 56-0090
STONE A. L., MOLEKULARSTRUKTUR V. ZWEISAEURIGEM ALPHA.BETA.GAMMA.DELTA-TETRAPYRIDYL-(4)-PORPHIN U. ALPHA.BETA.GAMMA.DELTA-TETRAPHENYLPORPHIN 58-0069
STONE F. G. A., VALENZTAUTOMERIE IN CYCLOOCTATETRAEN-RUTHENIUM-TRICARBONYL 60-0003
STOODLEY R. J., BLDG. EINES 2.3-DIHYDRO-1.4-THIAZINONS-(3) BEI DESAMINIER. V. 6-AMINO-PENICILLANSAEURE 55-0316
STOPSKIJ V. S., RLK. V. CHLORACETYLENE MIT HYDRAZINEN 3.MITT. 61-0377
STORCK W., VINYL-NAPHTHOCHINONE-(1.4) 55-0195
STOREY R. A., POLYFLUORHETEROCYCL. VERB. 9. MITT. 53-0161
STORM D. L., FURANSYNTH. DURCH 1.4-ADDIT. V. CARBAETHOXYCARBEN AN ALPHA-METHOXYMETHYLENKETONE 58-0482
STOTHERS J. B., BEST. D. FREIEN KONFORM.-ENERGIE D. FORMYLGRUPPE DURCH (1)H-KERNMAGNET. RESONANZ 56-0076
 - EINGESCHRAENKTE ROTAT. IN SUBSTITUIERTEN ACETOPHENONEN U.BENZALDEHYDEN, INTERESSANTER LOESUNGSMITTELEFFEKT 59-0054
STRADI R., ENAMINE 21. MITT. 57-0293
 - ENAMINE 22. MITT. 58-0346
 - ENAMINE 24. MITT. 58-0348
 - ENAMINE 26. MITT. 61-0308
STRASNENKO A. V., RK. V. ANISOL U. PHENETOL MIT CYCLOPENTANON IN GGW. V. BF3-H3PO4 54-0240
STRATING J., CHEMIE D. ALPHA-DIAZOSULFONE 10.MITT. 56-0216
 - CHEMIE D. ALPHA-DIAZOSULFONE 9. MITT. 56-0253
 - RK. V. GAMMA-THIOPYRAN-1.1-DIOXID 57-0304
 - MANNICH-KONDENS. EINER SULFINSAEURE MIT ALDEHYDEN U. CARBONSAEUREAMIDEN, SULFONAMIDEN ODER LACTAMEN 4. MITT. 58-0225
 - CHEMIE V. SULFINEN 3.MITT. 60-0162
 - CHEMIE V. SULFINEN 4.MITT. 60-0163
 - CHEMIE D. SULFINE 5. MITT. 61-0103
 - CHEMIE D. ALPHA-DIAZOSULFONE 11. MITT. 61-0131
 - SYNTH. V. ARYL-METHOXYMETHYL-SULFONEN 61-0199
STRAUB P. A., RECHENSCHIEBERBERECHN. V. HUECKEL-MOLEKELORBITALEN 54-0054
STRAUSZ O. P., PHOTOLYSE V. TRICARBONYL-CYCLOBUTADIEN-EISEN, HINWEIS AUF D. BLDG. V. FREIEM CYCLOBUTADIEN 59-0017
STREITH J., PHOTOISOMERISIER. V. PYRIDINIUMDICYANMETHYLID ZU 2-(2.2-DICYAN-VINYL)-PYRROL 57-0276
STREULI C. A., SEK. PHOSPHINOXIDE, EINFL. D. STRUKTUR AUF SAEURESTAERKE U. GESCHW. D. SPALT. V. DISULFIDEN 55-0094
STRICKLER H., AETHER. OELE 6. MITT. 57-0196
STRICKMANN G., THIONCARBONSAEUREESTER 1.MITT. 58-0195
 - THIONCARBONSAEUREESTER 2. MITT. 58-0325
STRICKSON J. A., OX. V. PHENOLEN MIT CHROMYLCHLORID 1. MITT. 59-0216
STROH H., SUBSTITUIERTE INDOLYL-(2)-ESSIGSAEUREAETHYLESTER U. DEREN RK. 53-0129
 - KONDENS, V. CARBONYLVERB. MIT HYDRAZINEN 17. MITT. 54-0203
STROHMEIER W., KOMPLEXSALZE D. DIAETHYLBERYLLIUMS MIT QUARTAEREN AMMONIUMHALOGENIDEN 54-0003
STRUB K., UNTERS. UEBER D. VERH. ORGAN. MISCHPHASEN 5. MITT. 58-0093
STRUCK R. F., ACTINOBOLIN 1. MITT. 57-0415
STRZALKO T., SYNTH. V. PHENOLAETHERN D. NEOPENTYL-STRUKTUR 7. MITT. 55-0152
STUART J. M., STER. VERLAUF D. QUATERNIER. V. 1-ALKYL-4-PHENYL-PIPERIDINEN, N-ALKYLNORTROPANEN U. A. BASEN 59-0151
STUART K. L., ALKALOIDE V. CROTON-ARTEN 6. MITT. 53-0195
 - D. ALKALOIDE 8.14-DIHYDROSALUTARIDIN U. 8.14-DIHYDRONORSALUTARIDIN AUS CROTON LINEARIS JACQ. 54-0388
 - FLAVININ, EIN NEUES MORPHINANDIENON-ALKALOID AUS CROTON FLAVENS L 60-0452
 - PHENOLOX. U. BIOSYNTH. 14. MITT. 61-0571
STUART R. S., DIREKTE DARST. V. VOLLSTAENDIG DEUTERIERTEN HOCHMOL. KW-STOFFEN 59-0161
STUART S. N., ZUSAMMENFALL D. SATELLITENBANDEN IM (1)H-NMR-SPEKTRUM V. DIMETHYLQUECKSILBER U. METHYLQUECKSILBERJODID 57-0004
STUBER F., RK. V. HALOGENIERTEN SYMM.-TRIAZINEN MIT CYCLOPENTADIENYLNATRIUM 57-0239
STUEHMER K., ZUR KENNTNIS AROMAT. 1.3-DIALDEHYDE, RK. D. 5-METHOXY-6-HYDROXY-ISOPHTHALALDEHYDS 53-0074
STUKALO E. A., DERIV. V. N-ACYLIMINO-KOHLENSAEUREN 2.MITT. 57-0174
STURTZ G., ELIMINIER.-ADDIT.-RK. BEI VERSCHIEDENEN BETA,GAMMA-UNGESAETTIGTEN BETA-HALOGENPHOSPHONATEN, UEBERFUEHR. IN BETA-KETO-VERB. 57-0164
 - (1)H- U. (31)P-NMR-UNTERS. V. PHOSPHONATEN 58-0038
 - DARST. V. ALPHA-UNGESAETT. KETONEN AUS BETA-KETO-PHOSPHONATEN 61-0154
STUTE R., MASSENSPEKTROMETR. UNTERS. 18. MITT. 61-0064
SU E. F., VERWERT. D. INTAKTEN C-KETTE D. METHIONINS FUER D. BIOSYNTH. V. AZETIDIN-2-CARBONSAEURE IN CONVALLARIA MAJALIS 58-0535
SU T., ACETOLYSE V. ENDO- U. EXO-BICYCLO(N.1.0)ALKYL-TOSYLATEN 61-0119
SUAMI T., AMINOCYCLITE 15. MITT. 60-0426
 - EINE EINFACHE SYNTH. V. STREPTAMIN U. ACTINAMIN 60-0493
SUBBA RAO G. S. R., BISNORSTEROID MIT AROMAT. RING C 55-0386
 - KRIST. BESTANDTEILE V. EUPHORBIACEAE 6. MITT. 56-0205
 - TOTALSYNTH. V. (+)-EQUILENIN- U. (+)-ISOEQUILENIN-METHYLAETHER, BEMERK. ZU PYCLISIER. MITTELS POLYPHOSPHORSAEURE 60-0485
SUBBA RAO H. N., PHOTOCHEMIE D. ZERUMBONS 53-0086
SUBBARATNAM A. V., SYNTH. U. STRUKTUR V. 3-BENZYL-2.6-DIPHENYL-2H-THIOPYRAN-5-CARBALDEHYD 54-0335
SUBERT G., HYDRAZINVERB. ALS HETEROBESTANDTEILE IN PEPTIDEN 8. MITT. 61-0171
SUBRAHMANYAM G., CYCLOPROPANONE U. VERWANDTE VERB. 2. MITT. 56-0320
SUBRAMANIAM P. S., BESTANDTEILE VON MESUA FERREA L. 1. MITT. 53-0203
 - SYNTH. V. EVOXANTHIN 57-0362
 - STRUKTUR V. MIKANOLID, EINEM NEUEN SESQUITERPEN-DILACTON V. MIKANIA SCANDENS (L.)WILLD. 61-0518
SUBRAMANIAN G., STERINE U. TRITERPENOIDE 11. MITT. 55-0363
SUBRAMANYAM V., SYNTH. V. EVOXANTHIN 57-0362
SUCHY M., TERPENE 186. MITT. 58-0453
SUCKER H., ACETYLCHOLIN 13. MITT. 60-0507
SUCROW W., KETONE DURCH BASENKATALYSIERTE AUTOXYDATION V. ALDEHYDEN 53-0220
SUEHIRO T., STUFENWEISE 4-BENZYLIER. D. 5-HYDROXY-2-METHYL-3-AETHOXYCARBONYL-INDOLS 55-0230
 - DURCH SAEURE KATALYSIERTE UMLAGER. V. 5-OXO-2-METHYL-4.4-DIBENZYL-3-AETHOXYCARBONYL-4.5-DIHYDRO-INDOL 55-0231
SUGASAWA T., PARTIALSYNTH. V. ALDOSTERON 57-0401
SUGIMOTO N., TOTALSYNTH. V. SECURININ U. VIROSECURININ 55-0338
SUGINAOME H., C-NOR-D-HOMOSTEROIDE U. VERWANDTE ALKALOIDE 8. MITT. 56-0156

SUGIYAMA H., STRUKTUREN V. A(1)-BARRIGENOL U. R(1)-BARRIGENOL 58-0468
SUGIYAMA M., SYNTH. V. 1-HYDROXY-3-ISOBUTYL-6-(1-HYDROXY-1-METHYL-AETHYL)-2-PYRAZINON U. D. STRUKTUR V. MUTAASPERGILLSAEURE 55-0306
SUHR H., NUCLEOPHILE SUBSTITUT. 8.MITT. 55-0088
SUJKIN N. I., ALKENYLIER. V. ORTHO- U. ORTHO,ORTHO-SUBSTITUIERTEN PHENOLEN DURCH ALLYLALKOHOL IN D. DAMPFPHASE 54-0184
SULLIVAN C. E., D. WRKG. D. FERROCENYLGRUPPEN AUF D. ZERS. V. QUARTAEREN PHOSPHONIUMHYDROXIDEN 54-0122
SULLIVAN R., DURCH REAKTION VON GRIGNARD-VERBINDUNGEN MIT EINIGEN ALICYCLISCHEN, POLYFLUORIERTEN OLEFINEN RESULTIERENDE SUBSTITUTIONS- UND UMLAGERUNSREAKTIONEN. EINFLUSS DER RINGGROESSE AUF DIE PRODUKTVERTEILUNG 53-0085
SUL'MAN M. L., HYDROLYSE V. TRICHLORACETIMIDATHYDROHALOGENIDEN 57-0144
- NITROALKYLIMIDATE 1. MITT. 59-0182
SULSTON J. E., SYNTH. V. OLIGORIBONUCLEOTIDEN 2. MITT. 59-0422
- SYNTH. V. OLIGORIBONUCLEOTIDEN 3. MITT. 59-0423
SULTANOV J. M., SYNTH. U. FOLGERK. D. P-CHLOR-THIOPHENOLS 61-0197
SULTANOV R. A., EPOXYAMINOPROPIONITRILE D. FURANREIHE 54-0289
SULZBERG T., DICARBONIUMIONEN D. BIPHENYL-REIHE 56-0036
SUMMERS G. H. R., 5ALPHA,7ALPHA-CYCLOSTEROIDE 58-0485
- BROMIER. V. 7BETA-ACETOXY-5ALPHA-CHOLESTANON-(4) 59-0482
SUNDBERG R. J., PROTONENMAGNET. RESONANZSPEKTREN V. AROMAT. NITROSOVERB. 57-0025
SUNDER-PLASSMANN P., STEROIDE 307. MITT. 54-0433
SUNJIO J., NEUE BLDG.-WEISE D. RUHEMANN-PURPURS, RK. V. 2-OXIMINO-INDANDION-(1.3) MIT NINHYDRIN 58-0273
SUNKO D. E., SEKUNDAERE WASSERSTOFF-ISOTOPEN-EFFEKTE, 9. MITT. 54-0098
- 'BICYCLOBUTONIUM-ION', RK. V. (1-METHYLCYCLOPROPYL)-CARBINYLU. 1-METHYLCYCLOBUTYLMETHANSULFONATEN MIT NATRIUMBORHYDRID UNTER SOLVOLYT. BEDING. 54-0099
SUNTHANKAR S. V., SYNTH. V. OESTRON-ZWISCHENPROD. 55-0169
SUQUET M., BUTEN-(2)-OLIDE-(4) 4.MITT. 54-0290
SURZUR J., RADIKAL. CYCLISIER. V. AETHYLENMERCAPTANEN 56-0316
- RADIKAL. ADDITION V. ESTERN AN AETHYLENALKOHOLE 60-0194
SUSCHITZKY H., SYNTH. HETEROCYCL. VERB. 15. MITT. 53-0137
- SYNTH. V. 1.2-DISUBSTITUIERTEN BENZIMIDAZOLEN DURCH N-HETEROPARAFFINRINGSPALT. 54-0310
- SYNTH. V. HETEROCYCL. VERB. 16.MITT. 55-0239
- SYNTH. HETEROCYCL. VERB. 17. MITT. 58-0303
- EINE EINFACHE SYNTH. V. GAMMA-PYRONEN 58-0382
- SYNTH. V. HETEROCYCLEN 19. MITT. 59-0294
SUSCHITZKY H. S., SYNTH. HETEROCYCL. VERB. 18. MITT. 58-0352
SUSKOVA N. V., FURYLALKINE 11. MITT. 60-0308
SUSTMANN R., 1.3-DIPOLARE CYCLOADDIT. 25. MITT. 53-0136
- 1.3-DIPOLARE CYCLOADDIT. 27. MITT. 58-0334
- 1.3-DIPOLARE CYCLOADDIT. 28. MITT. 58-0335
- 1.3-DIPOLARE CYCLOADDIT. 29. MITT. 59-0324
- 1.3-DIPOLARE CYCLOADDIT. 30. MITT. 59-0325
- 1.3-DIPOLARE CYCLOADDIT. 31. MITT. 60-0133
SUSUKI T., RK. FREIER RADIKALE BEI ORGAN. ELEKTRODENPROZESSEN 3. MITT. 59-0106
- RK. FREIER RADIKALE BEI ORGAN. ELEKTRODENPROZESSEN 4. MITT. 59-0107
SUSZ B. P., ADDIT.-VERB. V. LEWIS-SAEUREN 28. MITT. 54-0027
SUSZKO J., MOL.-STRUKTUR U. EIG. V. PHTHALYL- U. PHTHALIDYL-MALONSAEUREESTERN 53-0078
- STRUKTUR U. UMWANDL. V. NAPHTHALYL-MALONSAEUREESTER 55-0194
- ANOMALE RK. D. NAPHTHALYLMALONESTERS 56-0288
- NAPHTHALIDYL-MALONSAEUREESTER 56-0289
- SYNTH. OPT. AKT. ALPHA.ALPHA'-(NAPHTHYLEN-(1.6)-DIOXY)-DIPROPIONSAEUREN 61-0276
SUTER H., BENZTHIAZOLE ALS EVTL. ORALE ANTIDIABETICA 58-0343
SUTER P. J., STRUKTUR EINER C12-SAEURE AUS D. SAMEN V. PHASEOLUS MULTIFLORUS 58-0197
SUTHERLAND I. O., ROTAT.-ISOMERIE V. FULVEN-DERIV. 54-0069
- KONFORM.-VERH. V. TRI-O-CARVACROTID DURCH KERNMAGNET. RESONANZ-SPEKTROSKOPIE 56-0067
- KONFORM.-AENDER. IN HETEROCYCL. ANALOGA D. METACYCLOPHANS, WECHSELWRKG. ZWISCHEN UNGEBUNDENEN ELEKTRONENPAAREN 60-0083
- SYNTHET. NAEHER. AN D. CYCLOHEPTA(D.E.F)FLUORENSYST. 60-0278
- RK. V. DIMETHYLSULFOXONIUMMETHYLID MIT BENZOPYRON-(4)-DERIV. 60-0362
- KONSTIT. U. SYNTH. V. MUNDULEA-LACTON 60-0363
- TORSIONSBARRIEREN IN N.N'-DIACYLHYDRAZINEN 61-0050
SUTHERLAND J. K., EINE MOEGL. ZWISCHENSTUFE IN D. SESQUITERPENBIOSYNTH. 54-0417
SUTHERLAND R. G., 1.4-(FERROCENYLEN-(1.1'))-PENTANON-(1) (1-METHYL-4-OXO-(4)-FERROCENOPHAN) - EINE NEUE CYCLISIER.-RK. 56-0022
SUZUKI A., MAGNET. ANISOTROPIE D. CYCLOBUTANSYST. MIT GEFALTETER STRUKTUR 55-0044
- STRUKTUR V. PIERICIDIN B U. STEREOCHEMIE D. PIERICIDINE 58-0510
SUZUKI J., SYNTH. V. DEHYDROBUFOTENIN 56-0484
SUZUKI T., BESTANDTEILE V. MEERESPFLANZEN 7. MITT. 61-0522
SUZUKI Y., BESTANDTEILE V. MEERESPFLANZEN 6. MITT. 55-0149
- HETEROAROMATIZITAET 5.MITT. 61-0355
SVAB A., 5.6-DIHYDRO-FURO(2.3-D)PYRIMIDINE 57-0330
SVATEK E., 2.5-DIHYDROXY-PYRIMIDINE U. IHRE DERIV. 57-0331
SVEC V. I., SPEKTRALUNTERS. V. PFLANZENOELEN U. TIER. FETTEN 3. MITT. 61-0044
- LIPIDE 28.MITT. 61-0151
SVECHGEJMER G. A., HYDROLYSE V. TRICHLORACETIMIDATHYDROHALOGENIDEN 57-0144
- NITROALKYLIMIDATE 1. MITT. 59-0182
SVECOV-SILOVSKIJ N. I., EINIGE ALPHA,BETA-DIACYL-PHENYLHYDRAZINE 61-0217
SVENSSON S., METHYL-6-DESOXY-6-NITRO-GLUCOPYRANOSIDE 57-0354
SVERDLOV E. D., MECHANISMUS D. RK. V. HYDROXYLAMIN U. O-METHYL-HYDROXYLAMIN MIT CYTIDIN 61-0124
SVINDLERMAN G. S., HYDROXYLAMINDERIV. MIT HERBIZIDER WRKG. 6.MITT. 54-0205
SVOBODA M., STEREOCHEM. UNTERS. 40. MITT. 57-0203
- FOLGER. FUER STRUKTUR U. RINGSPANNUNGSENERGIE AUS D. 'INTRAANNULAREN' SUBSTITUT. D. CYCLODECANRINGES 58-0070
- STEREOCHEM. UNTERS. 41. MITT. 60-0119
SWAMINATHAN S., HYDRATISIER. V. BICYCL. AETHINYLALKOHOLEN U. IHREN DERIV. 58-0275
- 1.4-CYCLOADDIT. AN EIN KETOKETEN 58-0414
SWAN G. A., CHEMIE D. MELANINE 3. MITT. 61-0370
- CHEMIE D. MELANINE 4. MITT. 61-0371
- CHEMIE D. MELANINE 5. MITT. 61-0372
SWAN R. J., OPT. ROTAT.-DISPERS. 42.MITT. 54-0014
SWELIM A., FREIRADIKAL. RK.-WEG D. BAEYER-VILLIGER-RK. 60-0111
SWENTON J. S., KONKURRIERENDE CYCLISIER. IN D. PHOTOCHEMIE V. BIPHENYLYL-(2)-ISOCYANAT 60-0301
SWINBOURNE E. S., 1.1-DIMETHYL-CYCLOPROPAN DURCH PYROLYSE V. NEOPENTYLCHLORID 59-0237
SWOBODA G. A., PHYTOCHEM. UNTERS. 5. MITT. 53-0249
SY M., DISMUTAT. V. PHENYLDIHYDROBENZO(B)THIOPHENEN U. NEUE SYNTH. V. ALKYLBIPHENYLEN 57-0268
- KONDENS. V. CARBONYLDERIV. MIT THIOPHEN U. NEUE ANWEND. D. DESULFURIERENDEN HYDRIER. 60-0317
SYHORA K., STEROID-DERIV. 50. MITT. 58-0484
SYKES P., RED. V. THIAZOLIUMSALZEN MIT NABH4 2.MITT. 61-0104
- RED. V. THIAZOLIUMSALZEN MIT NABH4 61-0389
SYKULSKI J., GLYKOSIDIER.-RK. IN D. KLASSE D. AMINO-FLAVONOIDE 4. MITT. 57-0358
- GLYKOSIDIER.-RK. IN D. KLASSE D. AMINOFLAVONOIDE 5.MITT. 60-0433
SYMES W. R., ORGANOMETALLRK. 6. MITT. 58-0020
SYMONS M. C. R., ANWEND. V. SPEKTROSKOP. U. RELAXAT.-TECHNIKEN ZUR UNTERS. V. TERT.-BUTYLALKOHOL-WASSER-GEMISCHEN 57-0073
- ELEKTRONENSPINRESONANZ-NACHWEIS V. DURCH GAMMA-RADIOLYSE AUS KRISTALLINEN DIARYLCARBONATEN GEBILDETEN RADIKALPAAREN 59-0065
- ELEKTRONENSPINRESONANZ V. 2-PYRIDYL IN GAMMA-BESTRAHLTEM PYRIDIN 60-0055
SYPER L., UMLAGER. V. 2.4.6-KOLLIDIN-N-OXID BEI D. EINW. V. ACETANHYDRID 60-0382
SZABO D., DARST. U. EIG. V. 1.1.3-TRIMETHYL-BUTADIEN-(1.3)-CARBONSAEURE-(2) 61-0156
SZABO I., CHEM. UMSETZ. V. DIOLEN U. CYCL. AETHERN 27. MITT. 55-0215
SZABO J. A., ORD V. EINIGEN MORPHIN- U. CODEIN-DERIV. 55-0023
SZABO Z. G., THERM. ADDIT. V. BROM AN AETHYLEN IN D. GASPHASE 1. MITT. 59-0141
- THERM. ADDIT. V. BROM AN AETHYLEN IN D. GASPHASE 2. MITT. 59-0142
SZABOLCS J., IDENTITAET V. NEOXANTHIN U. FOLIAXANTHIN 59-0443
SZAFRANEK J., UEBER D. S-O-BANDE-D. IR-SPEKTRUMS V. DIMETHYLSULFIT 55-0030
SZALAJKO U., BEST. D. RELATIVEN AUTOX.-GESCHW. VERSCHIEDENER KOHLENWASSERSTOFFE DURCH KONKURRENZRK. 60-0113
SZANTAY C., CHEMIE D. HETEROCYCL., PSEUDOBAS. AMINOCARBINOLE 32. MITT. 59-0380
SZANTO A., NITRIERTE SULFONAMID-QUECKSILBER-VERB. 55-0432
SZARVASI E., NAPHTHYLSUBSTITUIERTE AMINOTHIOAETHER 57-0223
SZCZEPANSKI C. V., CHEMIE D. PHORBOLS 3.MITT. 60-0475
- STRUKTUR U. STEREOCHEMIE D. TETRACYCL. DITERPENS PHORBOL AUS CROTON TIGLIUM L. 61-0519
SZEIMIES G., 1.3-DIPOLARE CYCLOADDITIONEN 32. MITT. 61-0121
SZENTE A., UNTERS. IN D. CYCLITREIHE 34. MITT. 54-0225
- UNTERS. IN D. CYCLITREIHE 35.MITT. 58-0005

SZKRYBALO W., BICYCLO(1.1.1)PENTAN DURCH HG-SENSIBILISIERTE U. -NICHTSENSIBILISIERTE GASPHASEN-PHOTOLYSE V. BICYCLO(2.1.1)HEXANON-(2) 55-0210
SZMANT H. H., SUBSTITUENTEN-EFFEKTE IN D. KOOX.-RK. V. INDEN MIT AROMAT. THIOLEN, NACHW. EINES GLEICHGEW. V. KLASS. U. BRUECKENRADIKALEN 61-0081
SZRETTER-SZMID M., CHEMIE D. NITROPARAFFINE 71. MITT. 59-0398

T

TABONE J., STRUKTUR U. AKTIVITAET D. 'ACYLOPHILEN' BEREICHS D. URIDINDIPHOSPHATGLUCOSE-GLYKOGENTRANSFERASE D. KANINCHENMUSKELS U. D. PFLANZL. URIDINDIPHOSPHATGLUCOSE-ANTHRANYL-TRANSFERASE 56-0496
TABUSHI I., CYCLOADDIT. V. VINYLDIAZOMETHAN MIT UNGESAETT. VERB. 59-0323
- RK. V. DEHYDROBENZOL MIT DISULFIDEN 61-0202
TACHISTOV V. V., MASSENSPEKTREN U. STRUKTUR V. BETA-KETOESTERN 56-0064
TADOKORO G., STRUKTUR U. REAKTIVITAET V. KLEINEN RINGSYST. 2. MITT. 56-0123
TAEGER E., EINW. V. METALLEN AUF ALPHA-HALOGENAETHER 4.MITT. 57-0008
TAHARA A., SYNTH. U. KONFORM. V. TRICYCL. 20-NORDITERPENEN MIT AROMAT. C-RING 58-0446
TAHK F. C., SYNTH. U. STEREOCHEMIE V. ISATYLIDENESSIGSAEUREDERIV. 54-0299
TAIGEL G., RK. D. MONOSACCHARIDE MIT RHODANWASSERSTOFFSAEURE 55-0324
- PROTONENRESONANZSPEKTREN V. SOLVATATIONSDIASTEREOMEREN 58-0048
- VERDAZYLE. 14. MITT. 59-0400
- FERNKOPPL. BEI GLUCOPYRANOSEN IN D. 1-C-KONFORM. 61-0079
TAJIRI A., ELEKTRONENSTRUKTUR U. SPEKTREN V. TRIAFULVEN, TRIAFULVALEN U. CALICEN 58-0072
TAKADA S., STRUKTUR V. GINKGOLID A, EINEM NEUEN DITERPENOID-TRILACTON 57-0381
- ANORMALE AUFHEB. D. ABSCHIRM. EINES METHINPROTONS DURCH EINE BENACHBARTE ACETYLGRUPPE 60-0050
TAKAGI K., BENZOFURAN 32.MITT. 54-0348
- CYCLOADDIT. V. VINYLDIAZOMETHAN MIT UNGESAETT. VERB. 59-0323
TAKAGI Y., GINKGOLIDE, 4.MITT. 54-0467
- ESR-SPEKTRUM V. 2.3.5-TRIPHENYL-TETRAZOLIUM 61-0055
TAKAHASHI H., ABBAURK. V. CALYCANTHIN 61-0484
TAKAHASHI N., HOCHAUFGELOESTE MASSENSPEKTREN V. GIBBERELLINEN 55-0051
- GIBBERELLIN IN UNREIFEN SAMEN V. PHARBITIS NIL 55-0418
- STRUKTUR V. PIERICIDIN B U. STEREOCHEMIE D. PIERICIDINE 58-0510
TAKAHASHI S., DIMERISAT. V. BUTADIEN MIT PALLADIUM-KOMPLEX-KATALYSATOREN 59-0110
- SYNTH. V. 6-DESOXY-D-ARABINO-HEXOFURANO-5-ULOSE, D. ZUCKERKOMPONENTE V. HYGROMYCIN A 59-0415
TAKAHASHI T., D. STRUKTUR V. SHIONON 60-0471
- UMWANDL. V. FRIEDELIN IN TETRANORSHIONANSAEURE-METHYLESTER 60-0472
TAKAKU M., RK. V. SULFONIUMYLIDEN MIT SULFONYLCHLORIDEN 59-0214
TAKAMIZAWA M., ABBAURK. V. CALYCANTHIN 61-0484
TAKASE K., TOTALSYNTH. V. CHAMAECYNON 60-0468
TAKASHIMA T., D. RK. V. OMEGA-PHENYLMERCAPTO-ACETOPHENON 61-0235
TAKASUGI M., INFRAROTSPEKTROSKOP. UNTERS. UEBER D. ORIENTIER. D. EINSAMEN ELEKTRONENPAARE BEI PIPERIDIN-DERIV. 61-0043
TAKAYA H., PHOTOCHEM. RK. V. AZIDOAMEISENSAEURE-AETHYLESTER MIT CYCL. AETHERN U. ACETALEN 53-0120
TAKEDA K., UNTERS. UEBER SIEBENGLIEDRIGE RINGDERIV. 6. MITT. 56-0086
- INHALTSSTOFFE D. WURZEL V. LINDERA STRYCHNIFOLIA VILL. 12.MITT. 57-0385
- BIOCHEM. UMWANDL. V. PFLANZENSTEROIDEN 1. MITT. 58-0533
TAKEDA M., SYNTH. V. B-C-TRANS-MORPHIN 56-0428
TAKEDA N., SYNTH.-RK. MIT KOMPLEXKATALYSATOR 5. MITT. 56-0190
TAKEMOTO T., ZUR NOMENKLATUR D. NEUEN VERB. AUS AMANITA-ARTEN 54-0314
- SESQUITERPENOIDE 7. MITT. 54-0402
- SESQUITERPENOIDE 11. MITT. 59-0450
- STRUKTUR V. CYASTERON, EINE NEUE INSEKTENHAEUTENDE C29-SUBSTANZ AUS CYATHULA CAPITATA 61-0541
TAKESHITA Y., SESQUITERPENOIDE 7. MITT. 54-0402
TAKEUCHI H., RK. V. ANTHRACEN MIT SCHWEFELDIOXID IN GGW. V. BENZOYLPEROXID. BLDG. V. ANTHRACENSULFONEN 57-0224
- ANORMALE OPT. ROTAT.-DISPERS. V. STEROIDGEBUNDENEN TETRAHYDROFURANONEN 60-0039
TAKHISTOV V. V., ELEKTRONENSTOSS U. MOL.-DISSOZIAT. 16. MITT. 59-0068
TAKIZAWA K., OPTISCH AKTIVE ORGANO-ZINN-VERBINDUNGEN. 1. MITT. 53-0003
TALATY C. N., STRUKTUR D. REAKTIONSPRODUKTES V. 2-AMINOTHIOPHENOL MIT ACETYLENDICARBONSAEURE-DIAETHYLESTER 57-0343
- SYNTH. V. 4-HYDROXY-, 4-CHLOR-, 4-AMINO- U. 4-SUBSTITUIERTEN AMINO-ISOXAZOLO(5.4-D)PYRIMIDINEN 61-0437
TALATY E. R., THERM. CIS-TRANS-ISOMERISIER. SUBSTITUIERTER AZOBENZOLE, LITERATURKORREKTUR 54-0114
TALBOT J., EINFL. D. REINH. V. PROPARGYLALKOHOL AUF SEINE INHIBIER.-FAEHIGK. D. KORROS. V. EISEN IN SAUREM MEDIUM 56-0510
TALIK T., NITRAMINOPYRIDIN-DERIV. 1.MITT. 56-0376
- HALOGENIER.-RK. D. 9-VINYL-CARBAZOLS 57-0272
- NITRAMINO-PYRIDINE 1. MITT. 59-0358
TALIK Z., DARST. U. EIG. V. 2-METHYL-3-FLUOR-4-NITRO-PYRIDIN-N-OXID 55-0276
- NITRAMINOPYRIDIN-DERIV. 1.MITT. 56-0376
TAM N. D., UEBER BOKETONOSIDE, SAPONINE AUS GLEDITSCHIA FERA MERR. (AUSTRALIS HEMSL., SINENSIS LAM.) 54-0422
TAM S. W., SYNTH. V. GEMINAL METHYLIERTEN 4-CHLORBUTYLAMINEN 55-0134
TAMBURASEV Z., ERYTHROMYCIN-UNTERS., 9-AMINO-3-O-CLADINOSYL-5-O-DESOSAMINYL-6.11.12-TRIHYDROXY-2.4.6.8.10.12-HEXAMETHYL-PENTADECANOLID-(13) 57-0416
TAMBURRO A., SYNTH. V. PEPTIDANALOGEN D. N-TERMINALEN EIKOSAPEPTIDSEQUENZ D. RIBONUCLEASE A. 1. MITT. 53-0240
- SYNTH. V. PEPTIDANALOGEN D. N-TERMINALEN EICOSAPEPTIDSEQUENZ D. RIBONUCLEASE A 4. MITT. 57-0411
TAMM C., HOMO-ISOFLAVONE, EINE NEUE KLASSE V. NATURSTOFFEN, ISOLIER. U. STRUKTUR V. EUCOMIN U. EUCOMOL 61-0413
- BIOSYNTH. V. STEROIDSAPOGENINEN, EINBAU U. VERTEIL. D. RADIOAKTIVITAET V. (2-14C)- U. (3-14C)-MEVALONAT IN TIGOGENIN 61-0574
TAMURA S., HOCHAUFGELOESTE MASSENSPEKTREN V. GIBBERELLINEN 55-0051
- GIBBERELLIN IN UNREIFEN SAMEN V. PHARBITIS NIL 55-0418
- STEREOCHEM. STRUKTUR V. PYRETHROSIN, CYCLOPYRETHROSIN-ACETAT U. ISOCYCLOPYRETHROSIN-ACETAT 58-0454
- STRUKTUR V. PIERICIDIN B U. STEREOCHEMIE D. PIERICIDINE 58-0510
TAMURA Y., TOTALSYNTH. V. SECURININ U. VIROSECURININ 55-0338
TAN E. L., LANSOESAEURE, EIN BICYCL. TRITERPEN 61-0526
TANABE M., SYNTH. V. 1BETA.2BETA-METHYLEN-STEROIDEN 58-0470
TANAHASHI Y., D. STRUKTUR V. SHIONON 60-0471
TANAKA A., TOTALSYNTH. V. (+-)-CHAMIGREN 56-0442
TANAKA K., CHROMOMYCIN A2, A3 U. A4 53-0246
TANAKA N., STEREOCHEMIE V. PROTOPANAXADIOL, SAEURE-KATALYSIERTE EPIMERISIER. D. C-20-HYDROXYLS V. BETULAFOLIENTRIOL, PROTOPANAXADIOL U. IHREN DERIV. 54-0423
TANAKA O., STEREOCHEMIE V. PROTOPANAXADIOL, SAEURE-KATALYSIERTE EPIMERISIER. D. C-20-HYDROXYLS V. BETULAFOLIENTRIOL, PROTOPANAXADIOL U. IHREN DERIV. 54-0423
- 20-EPIPROTOPANAXADIOL, EIN SAPOGENIN D. GINSENOSIDE R(B-1), R(B-2) U. R(C) 61-0536
TANAKA T., WECHSELWRKG. V. BENZOL MIT BIS-(N.N-DIALKYLDITHIOCARBANATO)-METHYLZINN U. BIS-(N.N-DIMETHYLDITHIOCARBAMATO)-METHYLZINN-HALOGENEN 61-0006
TANIDA H., UMLAGER. D. BENZOBICYCLO-(3.2.0)-HEPTENYL-SYST. ZU D. (INDENYL-(2))-AETHYL- U. BENZOBICYCLO-(2.2.1)-HEPTENYL-SYST. 54-0278
- RK. V. BENZOCYCLOBUTADIEN MIT D. SIMMONS-SMITH-REAGENZ, PSEUDOINDEN ALS MOEGL. ZWISCHENPROD. 60-0266
TANIEWSKI M., KINETIK U. MECHANISMUS D. THERM. ZERS. V. 2-METHYL-PENTEN-(1) 57-0118
- SPEZIF. UMWANDL. V. OLEFINEN IN GGW. FESTER KATALYSATOREN 58-0151
TANNER H., 2-DICHLORMETHYLEN-PSEUDOOXAZOLONE-(5) 59-0331
TANZER C. I., ELEKTROSTAT. FELDEFFEKTE U. PMR-SPEKTREN V. PYRIDINDERIV. IN H-BRUECKEN BILDENDEN LSGM. 55-0043
TARAKANOVA A. V., ADDIT. V. DICHLORCARBEN AN 2-METHYL-BICYCLO(2.2.1)HEPTEN-(5) 57-0236
TARDELLA P. A., RINGERWEITER. 5. MITT. 59-0271
TARTAKOVSKIJ, ISOXAZOLIZIDINE 6.MITT. 60-0339
TARTAKOVSKIJ V. A., ISOXAZOLIZIDINE 4. MITT. 57-0287
- MECHANISMUS D. THERM. ZERS. V. NITRONAETHERN 58-0145
- ISOXAZOLIZIDINE 5.MITT. 58-0339
- 1.3-DIPOLARE CYCLOADDIT. V. NITRONSAEUREESTERN AN KONJUGIERTE UNGESAETT. VERB. 60-0342
TARZIA G., SYNTH. V. CAMPESTERIN 55-0383
TASCUK K. G., SYNTH. EINIGER DIQUART. AMMONIUMSALZE AUS N.N'-SUBSTITUIERTEN HEXAMETHYLENDIAMINEN U. SUBSTITUIERTEN BROMMETHYL-STILBENEN BZW. -TOLANEN 54-0216
TASKER P. A., ADDIT.-RK. HETEROCYCL. VERB. 27. MITT. 61-0432
TASOVAC R., DARST. U. PHOTOLYSE V. 2-DIAZO-6-HYDROXYIMINO- U. 2.6-BIS-DIAZO-4-TERT.-BUTYL-CYCLOHEXANON 60-0243
TATCHELL A. R., ASYMM. SYNTH. 3. MITT. 54-0137
TATE M. E., CYCLITE 24. MITT. 58-0254
TATEMATSU A., VERH. V. SEMICARBAZONEN IM MASSENSPEKTROMETER 56-0062
- ORGAN. MASSENSPEKTROMETRIE 8. MITT. 60-0064
TATIBOUET F., SYNTH. U. RK. V. ORGANOCADMIUMVERB. CD IN HEXAMETHYLPHOSPHOTRIAMID 54-0006
TATLOW J. C., AROMAT. POLYFLUORVERB. 36.MITT. 55-0141
- PERFLUORCYCLOALKENYL-LITHIUM-VERB. 56-0012

TATSUOKA S., CHROMOMYCIN A2, A3 U. A4 53-0246
TAUB D., TOTALSYNTH. D. MAKROLIDS ZEARALENON 56-0481
- UMWANDL. IN D. 1.2.5.6-TETRAHYDRO-PYRIDIN-REIHE 61-0433
TAUBER J., TETRAZOLYL-MERCAPTOMETHYL-ISOCYANATE U. IHRE DERIV. 55-0265
TAUER E., PHOTOCHEM. SYNTH. HETEROCYCL. FUENFRINGE 58-0326
TAVS P., UNTERS. D. RK.-PROD. AUS OLEFINEN, WEISSEM PHOSPHOR U. SAUERSTOFF 54-0175
- RED. D. O-ALKYLSALZE V. PHOSPHINOXIDEN, PHOSPHONATEN U. PHOSPHONITEN 54-0210
- 2.2.6.6-TETRAMETHYL-PIPERIDYL-1-THIYL - EIN NEUES STABILES RADIKAL 56-0378
- SYNTH. D. TRANS-AETHYLEN-DIPHOSPHONSAEURE-(1.2)-ESTERS U. UMSETZ. ZU CYCLOHEXAN-DIPHOPHONSAEURE-(1.2) 58-0213
- NAPHTHOTRIAZINE 1. MITT. 59-0393
- NAPHTHOTRIAZINE 2. MITT. 59-0394
- NAPHTHOTRIAZINE 3. MITT. 59-0395
TAYLOR D. A. H., WESTAFRIKAN. HOELZER 19. MITT. 53-0210
- STRUKTUR V. HEUDELOTTIN AUS TRICHILIA HEUDELOTTII 54-0435
- STRUKTUR V. ENTANDROPHRAGMIN 54-0459
- TRITERPENE AUS SALVIA GLUTINOSA L. 56-0456
- EXTRAHIERBARES AUS D. SAMEN V. KHAYA SENEGALENSIS 57-0422
- CUMARINE AUS PTAEROXYLON OBLIQUUM 58-0373
- NYASIN, EIN INHALTSSTOFF V. KHAYA NYASICA STAPF. 59-0463
- INHALTSSTOFFE AUS D. SAMEN V. KHAYA ANTHOTHECA (WELW.)C.DC. 59-0504
- UMTATIN U. VERWANDTE CHROMONE AUS D. KERNHOLZ V. PTAEROXYLON OBLIQUUM 60-0371
- CHROMONE MIT OXEPINRING AUS PTAEROXYLON OBLIQUUM 61-0457
- STRUKTUR V. ABBEOKUTON, EINEM DITERPEN AUS DIDYMOSALPINX ABBEOKUTAE 61-0532
TAYLOR D. R., CROTONIN, EIN FURANOID-NORDITERPEN AUS CROTON LUCIDUS L. 56-0443
- TETRACYCL. TRITERPENE AUS CEDRELA ODORATA L. 60-0457
- ZWEI-WEG-CYCLOADDIT. V. FLUOROLEFINEN AN PROPADIEN 61-0125
- LIMONOIDE V. TRICHILIA HAVANENSIS JACQ., EINE EPOXID-UMLAGER. 61-0514
TAYLOR E. C., TETRAHYDROCANNABINANALOGE, SYNTH. V. 2-(3-METHYL-OCTYL-(2))-3-HYDROXY-6.6.9-TRIMETHYL-7.8.9.10-TETRAHYDRO-DIBENZO(B.D)PYRAN 53-0156
- SYNTH. V. BETA-OXO-ADIPINSAEUREDIAETHYLESTER 54-0167
- HETEROCYCL. SYNTH. MIT O-AMINONITRILEN, 26. MITT. 54-0360
- SYNTH. V. HETEROCYCLEN AUS O-AMINONITRILEN 27. MITT. 54-0361
- BEQUEME TOTALSYNTH. V. 8.13-DIAZA-18-NOR-OESTRONMETHYLAETHERN 54-0441
- BEQUEME OX. V. HYDROXYLAMINEN ZU NITROSOVERB. 56-0198
- RINGERWEITER. V. ANTHRANIL ZU CHINOLIN-1-OXIDEN 59-0333
- HETEROCYCL. SYNTH. MIT O-AMINONITRILEN 28. MITT. 59-0376
- EINE GERINGE ENERGIESCHWELLE FUER D. DREH. UM C-C-DOPPELBIND. 61-0080
TAYLOR G. M., AFZELIA CUANZENSIS-SAMENOEL, QUELLE FUER CREPENINSAEURE U. 14.15-DEHYDROCREPENINSAEURE 57-0421
TAYLOR J. A., NATUERL. VORKOMMENDE THIOPHENE 3. MITT. 57-0265
- SYNTH. V. ARYL- U. HETEROCYCL. SUBSTITUIERTEN ACETYLENEN UEBER KUPFERACETYLIDE 61-0358
TAYLOR L. D., PHOTOCHROME CHELATBILDENDE AGENTIEN 57-0014
TAYLOR P. J., KONFIG.-ANALYSE V. EINIGEN DEKALINAMINO-SAEUREN, NEUE KRITERIEN, DIE AUF PK-AENDER. IN BIN. WSS. LSGM. BERUHEN 56-0103
TAYLOR W. I., ALKALOIDE AUS RYE-GRAD (LOLIUM PERENNE L.) 3. MITT. 58-0439
TAYLOR-SMITH R., WESTAFRIKAN. PFLANZEN 6. MITT. 61-0517
TCHELITCHEFF S., WRKG. V. NATRIUMAMID AUF QUATERN. AMMONIUMVERB. 1.MITT. 58-0207
TEBBY J. C., EIN STABILES ALKYLIDENDIPHOSPHORAN 58-0243
- RK. V. TRIARYLPHOSPHINEN MIT PHENYLACETYLEN IN GGW. V. W. 59-0270
TEDDER J. M., INDOLIZINDIAZONIUMSALZE 59-0357
TEICHMANN H., RK. V. DIALKYLPHOSPHITEN MIT THIOHARNSTOFF 58-0203
TEISSIER B., MESOMERE ARSEN-RADIKALE 60-0228
TEISSIER P., RADIKAL. ADDITION V. ESTERN AN AETHYLENALKOHOLE 60-0194
TELDER A., LANGSAME PROTONENUEBERTRAG. BEI D. NITRIER. V. ANTHRACEN, BEST. D. KINET. ISOTOPENEFFEKTS D. WASSERSTOFFS BEI D. NITRIER. V. NAPHTHALIN U. ANTHRACEN MIT NITRONIUMTETRAFLUOROBORAT 57-0100
- AROMAT. SULFONIER. 16. MITT. 58-0117
TELLER E., 1.2-DIBENZOYLOXY-AETHYLEN 59-0219
TEL'NJUK E. N., DERIV. D. ACENAPHTHYLENS 54-0259
- HALOGENDERIV. V. ACENAPHTHYLEN 3. MITT. 59-0279
TEMNIKOVA T. I., MASSENSPEKTROMETRIE V. ALPHA-OXIDEN U. KETONEN 54-0044
- SYNTH. V. SUBSTITUIERTEN BETA-CHLORHYDRINEN D. STYROLS U. KINETIK IHRER RK. MIT BASEN IN WASSER-DIOXAN-LSG. 2. MITT. 54-0187
- MASSENSPEKTREN U. STRUKTUR V. BETA-KETOESTERN 56-0064
- ISOMERE UMWANDL. V. EPOXIDVERB. MIT BEWEGL. WASSERSTOFFATOMEN IN D. KOHLENSTOFFSEITENKETTE 11. MITT. 57-0246
- UMLAGER. V. PHENACYLMALODINITRIL ZUM 5-PHENYL-3-CYAN-2-AMINO-FURAN 57-0254
- PINAKOLIN-UMLAGER. BEI D. HALOGENIER. TERT. UNGESAETT. ALKOHOLE 58-0185
- RK. V. METALLDERIV. V. H-ACIDEN VERB. MIT ALPHA-HALOGENKETONEN 2. MITT. 58-0308
TEMPLETON R., CURVULARIN 5.MITT. 58-0232
TEN HAKEN P., EINE NEUE RK. MIT D. METHANSULFINAT-ION 55-0146
TENHUNEN A., UNTERS. V. METALLKOMPLEXEN V. PYRAZIN U. SEINEN DERIV. 1. MITT. 61-0011
TENNANT G., POLYAZAHETEROCYCL. VERB. 2. MITT. 61-0453
TEPPER H., SCHWEINEGALLENSAEUREN 6. MITT. 58-0493
TERABE S., SYNTH. U. EINIGE RK. V. 7-HALOGEN- U. 7.7-DIHALOGENNORCARANEN 55-0213
TERAHARA A., GINKGOLIDE, 1.MITT. 54-0464
- GINKGOLIDE, 2.MITT. 54-0465
- GINKGOLIDE, 3.MITT. 54-0466
- GINKGOLIDE, 4.MITT. 54-0467
- GINKGOLIDE, 5.MITT. 54-0468
TERATAKE S., RK. V. BENZOCYCLOBUTADIEN MIT D. SIMMONS-SMITH-REAGENZ, PSEUDOINDEN ALS MOEGL. ZWISCHENPROD. 60-0266
TER BORG A. P., CHEMIE D. CYCLOHEPTATRIENS 14. MITT. 58-0136
TERECHINA N. F., CARBONYLDERIV. D. FLUORENREIHE 4. MITT. 61-0283
TERENT'EV V. A., SPEKTROSKOP. UNTERS. D. UMKEHRBAREN ADDIT. V. TERT.-BUTYLHYDROPEROXID AN ACETALDEHYD 56-0135
- SPEKTROPHOTOMETR. UNTERS. D. KINETIK D. HYDRATAT. D. CROTONALDEHYDS U. SEINER KONDENS. MIT ACETON 57-0107
- EINFL. D. STRUKTUR V. HYDROPEROXIDEN U. EINIGEN ALDEHYDEN AUF D. KINETIK NICHTKATALYT. BLDG. V. ALPHA-HYDROXY-PEROXIDEN 60-0155
TERPINSKI J., IMIN-ENAMIN-TAUTOMERIE 9.MITT. 57-0112
TERRIER F., HETEROCYCL. SCHWEFELVERB. 27. MITT. 60-0298
TESAROVA A., UNTERS. IN D. PYRIDINREIHE 17.MITT. 57-0316
- PYRIDINE 18. MITT. 58-0395
TEUBER H., SYNTH. V. HETEROCYCLEN MIT HYDROXYMETHYLEN-KETONEN. 8. MITT. 53-0165
- SULFONYLAZOKETONE U. TETRAHYDROINDAZOLE AUS BENZOLSULFONYLHYDRAZONEN CYCL. BETA-DICARBONYLVERB. 56-0348
- RK. MIT NITROSODISULFONAT 34. MITT. 59-0356
TEZUKA H., KINETIK D. SALPETERSAEUREOX. V. BENZALDEHYDEN ZU BENZOESAEURE 54-0092
TEZUKA T., ORGAN. PHOTOCHEMIE 5. MITT. 56-0307
THACKER D., ALLG. LEWIS-SAEURE-KATALYSE D. GLYKOSID-ANOMERISAT. U. O-N-GLYKOSYLUMLAGER. 54-0383
THADANI C. K., FRIEDEL-CRAFTS-ACETYLIER. V. ANTHRACEN IN NITROBENZOL-LSG. 61-0292
THALLER V., NATUERL. ACETYLENE 25. MITT. 58-0536
- NATUERL. ACETYLENE 26.MITT. 58-0537
- STRUKTUR V. CAROTATOXIN, EINEM NATUERL. GIFT AUS KAROTTEN 59-0496
THANG D. C., CARCINOGENE STICKSTOFFVERB. 57. MITT. 57-0325
THAWLEY A. R., RK. V. 5ALPHA-HYDROXYSTEROIDEN 7. MITT. 53-0224
THEANDER O., ZUCKERSAEUREN AUS D-XYLOSE U. D-FRUCTOSE 58-0425
THEILACKER W., OLEFINRK. 1. MITT. 58-0170
THEISSEN F., RELATIVE REAKTIVITAETEN D. DOPPELBIND. IN STELL.- U. KONFIG.-ISOMEREN N-OLEFINEN 5. MITT. 55-0090
THEOBALD D. W., METHYLIER. V. (+)-CARVON 1. MITT. 59-0456
THEODOROPOULOS D., SYNTH. V. L-SELENOCYSTEIN-DERIV. U. -PEPTIDEN 59-0485
THEODOROPULOS S., PROTONIER. V. N-PHENYL-PYRROLEN 54-0083
THEUS P., NITROTHIOPHEN- U. NITROFURANDERIV. 1.MITT. 61-0565
THEWALT K., HYDROGENOLYSE V. ALPHA-ALKYL-FURFURYLIDEN-ACETALDEHYDEN 61-0348
THEZE M., EPOXYNITRILE 2. MITT. 56-0199
THIAGARAJAN V., KINETIK D. OX. V. ISOPROPANOL MIT N-BROM-SUCCINIMID 61-0102
THIBAUD Y., LEWIS-BASEN, 9-ARYLAMINO-ANTHRACENE 1. MITT. 54-0260
THIELENS G., KINETIK D. RK. V. HYDRATISIERTEN ELEKTRONEN, SCHEINBARE WIDERSPRUECHE ZWISCHEN WERTEN AUS D. IMPULSRADIOLYSE U. GLEICHGEW.-UNTERS. 56-0007
THIELMANN H. W., STRUKTUR U. STEREOCHEMIE D. TETRACYCL. DITERPENS PHORBOL AUS CROTON TIGLIUM L. 61-0519
THIES H., ZYTOSTATICA 5. MITT. 56-0118
- ZYTOSTATICA 6. MITT. 56-0119
- ADSORPT.-VERH. V. ALKALOIDSALZEN GEGENUEBER KIESELGEL 59-0099
- ZYTOSTATIKA 7. MITT. 60-0262
THIJS L., CHEMIE V. SULFINEN 3.MITT. 60-0162
- CHEMIE V. SULFINEN 4.MITT. 60-0163
THIJSSENS T. P. G. W., EIG. V. DIAZOSULFONATEN 1.MITT. 57-0117
THOMA K., ZUR FRAGE EINES EINFL. D. 'HYDROPHIL-LIPOPHILEN GLEICHGEW. (HLB-WERT)' V. TENSIDEN AUF ABGABE U. WRKG. ANTIBAKTERIELLER STOFFE 16. MITT. UEBER D. EINFL. V. HILFSSTOFFEN BEI D. HERST. V. ARZNEIZUBEREIT. 53-0254
- BEST. V. PHARMAZEUT. HILFSSTOFFEN U. ARZNEISTOFFEN 10.

MITT. 61-0575
THOMAS A. F., MASSENSPEKTREN IN D. ANALYSE 9. MITT. 55-0050
- MASSENSPEKTREN IN D. ANALYSE 10. MITT. 57-0045
- D. KONFIG. V. ''CARQUEJOL'' (2-ISOPROPENYL-3-METHYLEN-CYCLOHEXEN-(4)-OL) U. D. BEVORZUGTE KONFORM. D. O-NEOISOMENTHOLS 57-0386
THOMAS B. R., D. CHEMIE D. ORDN. ARAUCARIALES 6.MITT. 55-0411
- CHEMIE D. ARAUCARIA-ARTEN 7. MITT. 59-0071
THOMAS C. B., SYNTH. V. ZWEI 3.3.3-TRIARYL-PROPENEN U. ZWEI 2-METHYL-3.3.3-TRIARYL-PROPENEN 59-0261
THOMAS D. M., EINE NEUE KLASSE V. CAROTINOIDEN 57-0369
THOMAS G., KRISTALLSTRUKTUR V. NICKELPICOLINAT-TETRAHYDRAT 56-0089
THOMAS H., STABILE PHENOXY-KATIONEN AUS ARYLIERTEN PHENOLEN 53-0090
THOMAS J. A. G., VERW. V. AETHOXYACETYLEN ZUR SYNTH. V. N-GESCHUETZTEN AMINOSAEUREN 53-0069
THOMAS J. M., PHOTOCHEM. UMWANDL. IN KRIST. ANTHRACENEN, BEDEUT. V. KRIST.-FEHLERN 59-0095
THOMAS J. O., DARST. V. N-FORMYL-AMINOSAEUREN UNTER VERW. V. N.N'-DICYCLOHEXYL-CARBODIIMID 53-0070
- AMINOSAEUREN U. PEPTIDE 6.MITT. 58-0502
THOMAS P. J., AMINOSAEUREN U. PEPTIDE 72. MITT. 58-0495
THOMAS T. R., CYCL. QUATERNAERE AMMONIUMSALZE 4. MITT. 56-0397
THOMPSON A. R., SCHUTZ V. ENDSTAENDIGEN AETHINYLGRUPPEN BEI GRIGNARD-SYNTH. 61-0225
THOMPSON J. M. C., BASEN-KATALYSIERTE RK. D. GLYOXALS 1.MITT. 56-0398
THOMPSON W. R., UNGEWOEHNL. GRIGNARD-ADDITION AN EIN CUMARIN 61-0127
THOMSON A., ORGAN. PHOTOCHEMIE 4. MITT. 59-0159
THOMSON J. B., TERPENOIDE 60. MITT. 57-0069
- EIN UNGEWOEHNL. AROMAT. SECO-STEROID 57-0396
- MASSENSPEKTROMETRIE BEI STRUKTURELLEN U. STEREOCHEM. PROBLEMEN 122. MITT. 58-0062
THOMSON R. H., CHINONE 8. MITT. 61-0406
THORP R. G., METALL-LIGAND-WECHSELWRKG. IN KOBALT(III)-KOMPLEXEN, D. SICH V. VITAMIN B12 ABLEITEN 59-0034
THORPE M. C., ACTINOBOLIN 1. MITT. 57-0415
THRIFT R. I., DERIV. V. 2-AMINO-TETRALIN 55-0196
- EINIGE HALOGENIERTE AMINE 56-0231
THUILLIER A., EINW. V. DICHLORJODBENZOL AUF ENDO-NORBORNEN-(5)-CARBONSAEURE-(2), ENDO.ENDO-NORBORNEN-(5)-DICARBONSAEURE-(2.3) U. DEREN ANHYDRID 57-0394
- SYNTH. V. 1.2-DITHIOL-THIONEN-(3) 58-0333
THUILLIER G., OX. EINES PHENOLAETHERS MIT PERCHROMSAEURE IN SALZSAUREM MEDIUM 57-0168
- KONDENS.-RK. V. 2-METHYL-1.2-DIHYDROISOCHINOLIN, EINEM CYCL. ENAMIN 57-0321
THULLIER G., SYNTH. V. 1.2.4-SUBSTITUIERTEN TETRAHYDROISOCHINOLINEN 60-0388
THURMAN J. C., UEBERGANGSZUSTAENDE BEI D. DECARBOXYLIER. V. BETA-OXO-SAEUREN U. BETA,GAMMA-UNGESAETT. SAEUREN 59-0148
THYAGARAJAN, CLAISEN-UMLAGER. 4. MITT. 57-0299
THYAGARAJAN B. S., CLAISEN-UMLAGER. 5. MITT. 61-0232
- CLAISEN-UMLAGER. 6. MITT. 61-0233
- PHOTOCHEM. CYCLISIER. V. BENZANILIDEN 61-0423
THYS L., CHEMIE D. SULFINE 5. MITT. 61-0103
TIBANOV P. V., HYDROXYLAMINDERIV. MIT HERBIZIDER WRKG. 6.MITT. 54-0205
TICHONOV V. I., RED. FORMYLIER. D. ANTHRACHINONS 61-0286
TICOZZI C., SYNTH. V. DERIV. D. PYRAZOLO(3.4-D)PYRIMIDINS 56-0387
TIDD B. K., PHYTOTOX. VERB. AUS FUSARIUM EQUISETI 3. MITT. 54-0455
TIERS G. V. D., STEREOISOMERISIER. V. PERFLUOR-N-METHYLEN-ISOPROPYLAMIN 60-0144
TILAK B. D., SYNTH. V. POTENTIELLEN ANTIKREBSMITTELN 1. MITT. 59-0311
- SYNTH. V. POTENTIELLEN ANTIKREBSMITTELN 2. MITT. 59-0312
TILLE A., KINETIK U. MECHANISMUS KATALYT. ADDITIONSRK. AN KUMULIERTE DOPPELBIND.-SYST. 3. MITT. 53-0047
TILLETT J. G., CHLORIER. U. BROMIER. CYCL. SULFITE 55-0119
- UMESTER. CYCL. ESTER 55-0121
TILLEY B. P., CHEMIE D. BORS 39. MITT. 60-0200
TIMMLER H., ANLAGER.-RK. V. DICHLORESSIGSAEUREDERIV. 60-0185
TIMMONS C. J., UNTERS. UEBER PHOTOCHEMIE 3.MITT. 61-0399
- PHOTOCHEM. UNTERS. 4. MITT. 61-0400
TINGEY G. L., MONO- U. POLYRADIKALE AUS HALOGENVERB., EIN GASPHASEN-ALKALIMETALL-REAKTOR 58-0544
TINKER O. B., OX. EINIGER PYROGALLOL- U. PURPUROGALLIN-DERIV. 59-0207
TINSLEY S. W., MECHANISMUS D. EPOXYDAT. V. OLEFINEN U. WEITERE MOEGLICHE ANWEND. D. 1.3-DIPOLAR-MECHANISMUS D. OX. MIT PEROXYSAEUREN 58-0125
TIOLLAIS R., HYDRIER. EINIGER KONJUGIERTER DIENAMINE 59-0195
TIPPING A. E., PERFLUORALKYL-DERIV. D. STICKSTOFFS 25. MITT. 59-0196
TIRA S., NEUE BETA-DIKETONE AUS HELICHRYSUM ITALICUM G. DON. 53-0062
TIROUFLET J., METALLOCENE 10. MITT. 55-0013
TISCENKO D. V., PROD. D. CHLORIER. V. 1.1.2.3-TETRAMETHYL-CYCLOHEXADIEN-(2.4) 2. MITT. 57-0193
TISCHER W., QUELL.-UNTERS. AN WOFATIT KPS U. DESSEN AUFHELL.-PROD. 60-0499
TISLER M., SYNTH. V. PYRIDAZINDERIV. 8. MITT. 53-0175
- SYNTH. V. 1.2.4-THIADIAZOLO-(4.5-A)-BENZIMIDAZOL-1.1-DIOXID, EINES NEUEN HETEROCYCL. SYST. 58-0355
- HETEROCYCLEN 49. MITT. 59-0379
TISSERAND M., UMLAGER. D. BENZOYLOXYGRUPPEN V. BENZOESAEUREALLYLESTERN DURCH JODOSILBERBENZOATKOMPLEXE, EINFL. D. ELEKTRONEGATIVITAET D. ARYLGRUPPEN D. ALLYLESTER U. D. KOMPLEXEN SILBERSALZES 55-0016
TITTLE B., RK. V. CHLORFLUORALKANEN MIT TRIAETHYLPHOSPHIT 59-0170
TITZ M., TABELLEN V. QUANTENCHEM. DATEN 12. MITT. 60-0035
TIZANE D., AZOLE, SYNTH., NMR- U. UV-SPEKTREN V. DELTA(3)-PYRAZOLINEN 61-0380
- AZOLE, PROTONIER. U. QUATERNISIER. V. DELTA(3)-PYRAZOLINEN 61-0381
TOBE M. L., EINFUEHR. V. ISOCYANWASSERSTOFF IN SAEUREKATALYSIERTE RK. V. ORGANOPENTACYANOCOBALTAT (III)-IONEN 57-0012
TOBINAGA S., TERPENOIDE 59. MITT. 53-0033
TOCHTERMANN W., UNTERS. AN SIEBENRINGSYST. 3. MITT. 55-0319
- UNTERS. AN SIEBENRING-SYST. 4. MITT. 60-0280
TODA F., NEUE DARST. V. PSEUDOXAZOLONEN 61-0385
TODA T., 2.5.7-TRIPHENYL-NORCARADIEN U. VERWANDTE CYCLOHEPTATRIENE 61-0320
TODD A. R., CYCLISIER. ZWISCHEN KERNEN 21. MITT. 61-0332
- CYCLISIER. ZWISCHEN KERNEN 22. MITT. 61-0333
TODD K. H., INDOLIZINDIAZONIUMSALZE 59-0357
TODD L., UNTERS. UEBER PHOSPHORYLIER. 30. MITT. 61-0226
TODD M. J., MECHANISMUS D. REDUKTIVEN CYCLISIER. V. NITROVERB. DURCH DREIWERT. ORGANOPHOSPHORVERB. 56-0310
TODESCO P. E., NUCLEOPHILE AROMAT. SUBSTITUTION. REAKTIVITAET D. THIOMETHOXID-IONS MIT EINIGEN AROMAT. HALOGENVERB. 60-0130
TODT K., MONOSACCHARIDE MIT N-HALT. RING, 12. MITT. UEBER MONOSACCHARIDE MIT N-HALT. SIEBENRING 54-0378
TOFT P., WESTAFRIKAN. HOELZER 19. MITT. 53-0210
- WESTAFRIKAN. HOELZER 20. MITT. 58-0467
TOGANJAN S., KONDENS. V. HALOGENDERIV. D. ALKADIENE-(1.3) MIT AROMAT. VERB. 1. MITT. 58-0244
TOHIER J., UNTERS. D. HEMIMERCAPTALS HOCO-CH(SH)-S-CH2-COOH 56-0186
TOKARZEWSKA M., HOMO- U. KOPOLYMERISAT. V. HOMOLOGEN C8-METHACRYLATEN 55-0421
TOKOROYAMA T., SYNTH. V. SCLERIN U. SCLEROLID, METABOLITE V. SCLEROTINIA LIBERTIANA 55-0199
TOKUMARU K., PHOTOLYSE V. BENZOYLPEROXID IN AROMAT. LSGM. U. DURCH O2 INDUZIERTE AROMAT. BENZOYLOXYLIER. 61-0139
TOKURA N., RK. V. BENZYLSULFONYLHALOGENIDEN MIT PHENYL-LI, DARST. V. SULFONEN 54-0190
- RK. V. ANTHRACEN MIT SCHWEFELDIOXID IN GGW. V. BENZOYLPEROXID. BLDG. V. ANTHRACENSULFONEN 57-0224
- RK. D. CLAISEN-KONDENS.-TYP EINES SULFONSAEUREESTERS, RK. V. PHENYLBENZYLSULFONAT MIT PHENYLLITHIUM 61-0200
TOLDY L., PIPERAZINDERIVATIVE 2. MITT. 59-0383
TOLKACHEV O. N., SYNTH. V. RAC.-O.O'-DIMETHYL-ISOCHONDODENDRIN 56-0426
TOLKMITH H., TRENN. V. ASYMM. ORGANOPHOSPHORAMIDEN U. DEREN STEREOSPEZIF. UMWANDL. 61-0379
TOLSTIKOV G. A., STEREOCHEM. UNTERS. 22.MITT. 54-0412
TOLSTIKOVA L. F., STEREOCHEM. UNTERS. 22.MITT. 54-0412
TOMALIA D. A., ALKOXYCARBONIUMIONEN 3. MITT. 56-0055
- ISOMERISIER. V. AZIRIDINO-SULFINYLCHLORIDEN ZU 2-CHLOR-N-SULFINYLALKYLAMINEN 60-0303
TOMASCHEWSKI G., ZUR RK. V. DIPHENYLPHOSPHINSAEURE-HYDRAZID MIT BETA-KETOESTERN 55-0241
TOMASIK P., RED. V. 3.5-DINITROPYRIDIN U. SEINEN IN 2-STELLUNG DURCH SUBSTITUENTEN 1. ORDN. SUBSTITUIERTEN DERIV. 4. MITT. 55-0275
TOMCIN A. B., STRUKTUR U. UMWANDL. AROMAT. DIAZOVERB. 37. MITT. 56-0232
TOM DIECK H., METALL(0)-VERB. MIT NICHTAROMAT. STICKSTOFF-PI-SYST. 6. MITT. 54-0152
TOMILOV A. P., MECHANISMUS D. BEI D. ELEKTROLYSE V. ALKYLHALOGENIDEN IN DIMETHYLFORMAMID VERLAUFENDEN KATHODENPROZESSES 54-0086
- ELEKTRORED. V. 1.4-DICYAN-BUTEN-(1) 59-0188
TOMIOKA H., PHOTOCHEM. ADDIT. V. MONOCHLORAMIN AN CYCLOHEXEN 55-0109
TOMITA M., SYNTH. V. DL-CEPHARANTHIN 56-0427
- ACUTUMIN U. ACUTUMIDIN, CHLORHALTIGE ALKALOIDE MIT NEUART. SKELETT 1. MITT. 59-0438
- ACUTUMIN U. ACUTUMIDIN, CHLORHALTIGE ALKALOIDE MIT NEUARTIGEM SKELETT 2. MITT. 59-0439
TOMKO J., ALKALOIDE AUS VERATRUM ALBUM SUBSP. LOBELIANUM (BERNH.) SUESSENGUTH 12. MITT. 53-0198
TOMLINSON A. A. G., STRUKTUR V. (CU(EN)2)(BF4)2 U. INFRAROT-SPEKTROSKOP. MERKMAL FUER ''SEMI-KOORDINIERTE'' POLYANIONEN 59-0007
TOMOEDA M., SYNTH., ORD U. ZIRKULARDICHROISMUS V. NEUEN STEROIDHETEROCYCLEN, D. AM RING D MIT EINEM 4-OXO-PERHYDROPYRIDAZINSYST. KONDENSIERT SIND 55-0388
TONAMI F., TRITERPENOIDE AUS BUPLEURUM FLACATUM L. 1. MITT. 61-0509
- TRITERPENOIDE AUS BUPLEURUM FALCATUM L. 2. MITT.

61-0510

TONEMAN L. H., ELEKTRONENBEUG. AN GASEN, MOL.-STRUKTUR V. BICYCLO(2.1.1)HEXAN 54-0057

TONIOLO C., RK. NICHTAROMAT. HETEROCYCLEN MIT DIKETEN 56-0312

- REAKTIVITAET CHARAKTERIST. GRUPPEN IN NICHTAROMAT. HETEROCYCLEN 4. MITT. 61-0327

TONSBEEK C. H. T., KONST. D. HYDROLYT. DISSOZIAT. SUBSTITUIERTER 4-AMINO-BENZOESAEUREN 60-0152

- DECARBOXYLIER. SUBSTITUIERTER 4-AMINO-BENZOESAEUREN IN SAURER WSS. LSG. 60-0153

TOOKEY H. L., BLDG. EINES TOX. BUTENOLIDS DURCH FUSARIUM NIVALE (FRIES) CESATI, ISOLIERT AUS ROHRSCHWINGEL (FESTUCA ARUNDINACEA SCHREB.) 54-0164

TORBINA R. A., SPEKTRALUNTERS. V. PFLANZENOELEN U. TIER. FETTEN 3. MITT. 61-0044

TORCK B., ANWEND. D. KINET. ISOTOPENEFFEKTES IN DEUTERIERTEN W. ZUR UNTERS. D. HYDRATATIONSMECHANISMUS V. ALPHA-METHYLSTYROLEN 60-0140

TORII Y., NEUE DARST. V. PSEUDOXAZOLONEN 61-0385

TOROMANOFF E., SYNTH. D. CHRYSANTHEMSAEURE (VORL. MITT.) 1. MITT. 56-0268

- STER. ELEKTRONEN-EFFEKT BEI D. RED. EINIGER CYCLANONE 60-0117

TORRE A., EINE MOEGL. ZWISCHENSTUFE IN D. SESQUITERPEN-BIOSYNTH. 54-0417

TORRES-SERRES J., UMWANDL. D. PHENYLALANINS IN LIGNIN-BILDENDE GLUCOSIDE 58-0534

TORSSELL K., POSITIVE HALOGENVERB. 6. MITT. 57-0135

- ISOLIER., STRUKTUR U. SYNTH. V. ALKALOIDEN AUS VALERIANA OFFICINALIS L. 57-0364

TORTORELLA V., SYNTH. V. 22.23-DIHYDRO-BRASSICASTERIN 55-0382

- SYNTH. V. CAMPESTERIN 55-0383

- VERW. V. 2-HALOGEN-PYRIDIN-N-OXIDEN IN D. PEPTID-CHEMIE, ANWEND. V. 2-FLUOR-PYRIDIN-N-OXID ZUR ANALYSE V. N-TERMINALEN AMINOSAEUREN 55-0400

- OPT. ROTAT.-DISPERS. V. N-(2-PYRIDYL-N-OXID)-AMINOSAEUREN, EMPIR. WECHSELBEZIEH. ZWISCHEN COTTON-EFFEKT U. CHROMOPHOREN SUBSTITUENTEN 58-0032

TOSATO M. L., TAUTOMERE FORMEN V. SAUERSTOFFHALT. DERIV. D. 1.3.5-TRIAZINS 5. MITT. 59-0144

TOSHIMA N., EINFL. D. LSGM. AUF D. PHOTORK. V. TETRAPHENYLCYCLOPENTADIENON 53-0105

- EINE UNGEWOEHNL. PHOTOCHEM. UMWANDL. V. TETRAPHENYLCYCLOPENTADIENON 53-0106

TOSOLINI G., EINHORN-RK. MIT AMINOSAEUREN 1. MITT. 61-0182

- EINHORN-RK. MIT AMINOSAEUREN 2. MITT. 61-0183

- EINHORN-RK. MIT AMINOSAEUREN 3. MITT. 61-0184

TOTH A., STRUKTUR D. PHENAZIN-N-OXIDE 55-0404

TOTH I., PIPERAZINDERIVATIVE 2. MITT. 59-0383

TOUBE T. P., STRUKTUR D. ALKALOIDS AUS GENTIANA TIBETICA KING 56-0424

- STRUKTUREN V. EDULITIN U. EDULININ 24. MITT. 59-0066

TOUBIANA R., ALPHA-OX. EINES CYCLOPROPAN-DERIV. D. STEROID-REIHE 54-0431

- BESTANDTEILE V. MYCOBAKTERIEN 99. MITT. 54-0470

- STRUKTUR V. VERNOLID, EINEM NEUEN SESQUITERPENESTER AUS VERNONIA COLORATA 56-0449

TOUZIN A., KONDENS. V. 2-BROM-PROPENAL-ACETAL MIT AROMAT. KERNEN 60-0267

TOVSTEJN M. N., KATALYT. RED. V. NITROBENZOL MIT ISOPROPYLALKOHOL 54-0135

TOYODA T., ISOLIER. U. STRUKTUR V. PACHYSANDIOL-A U. EINE ANMERK. ZUR STEREOCHEMIE V. CERIN 61-0521

TRAENCKNER H., METHOXYMETHYL-LITHIUM AUS CHLORMETHYL-METHYLAETHER U. LITHIUM IN METHYLAL 59-0019

TRAGER W. F., ALKALOIDE VOM CORYNANTHEIDINTYP 1.MITT. 53-0030

- ALKALOIDE V. CORYNANTHEIDINTYP 2. MITT. 53-0031

- ABS. KONFIG. V. PAYNANTHEIN U. HIRSUTIN 54-0067

TRAORE I. K., STEREOSPEZIFITAET D. RED. V. BENZYLIDENACE-TON 57-0186

TRAPP H., STABILE CARBENOIDE 24. MITT. 55-0092

TRATT K. H., PURINE 5. MITT. 61-0445

TRAVS P., NAPHTHOTRIAZINE 4. MITT. 59-0396

TREBOGANOV A. D., MAKROCYCL. VERB. 8.MITT. 57-0146

- MAKROCYCL. VERB. 9. MITT. 58-0256

TREIBS A., ISOINDIGOIDE FARBSTOFFE D. PYRROL-REIHE 57-0274

TRENSE U., PHOTOOXIMIER. BICYCL., AM BRUECKENKOPF DEUTERIERTER KW-STOFFE 58-0292

TRESCOVA E. G., ANWEND. D. IR-SPEKTROSKOPIE ZUR BEST. D. KONFIGURATION V. 2-SUBSTITUIERTEN PHENYLCYCLOPROPANEN 60-0085

TRIPPETT S., RK. V. TETRAPHENYLDIPHOSPHIN MIT AROMAT. CARBONSAEUREN 61-0229

TRISCHMANN H., VERDAZYLE. 14. MITT. 59-0400

- VERDAZYLE 16. MITT. 59-0401

- TERT.-BUTYL-BIS-BENZOLAZO-METHAN 61-0219

TROCHA-GRIMSHAW J., KATALYSE D. WASSERSTOFFUEBERTRAG. V. PROPANOL-(2) AUF ALPHA.BETA-UNGESAETT. KETONE DURCH ORGANOIRIDIUMVERB., EINE KOHLENSTOFF-IRIDIUM-VERB. MIT CHELATISIERTER KETOGRUPPE 60-0031

TROFIMOV B. A., VINYLPROPARGYLDIAETHER D. GLYKOLE 54-0149

- VINYLAETHER, D. DREIWERT. PHOSPHOR ENTHALTEN 1. MITT. 56-0168

- VINYLAETHER D. HALOGENALKOHOLE 1. MITT. 56-0170

TRONICH W., ISOSTERE METALLORGAN. VERB. 7. MITT. 55-0009

TROSCENKO A. S., ADDIT. V. 9-DIAZO-FLUOREN AN UNGESAETT. VERB. 2. MITT. 58-0280

TROSCENKO A. T., ADDIT. V. 9-DIAZOFLUOREN AN UNGESAETT. VERB. 1. MITT. 57-0234

- OXIME V. 2- U. 4-PHENYL-XANTHONEN U. IHRE BECKMANNSCHE UMLAGER. 57-0350

TROST B. M., 1.2-DIBROM-PYRACYLEN, EIN NEUES AROMATISCHES SYSTEM 53-0108

TROTMAN-DICKENSON A. F., KINETIK D. ZERS. V. CHEM. AKTIVIERTEM AETHYLFLUORID 59-0146

TROYANOWSKY C., SYNTH. V. ALPHA-BROM-HYDROXY U. -ACETOXY-ALLENEN U. NMR-UNTERS. 54-0159

- SYNTH. EINFACHER ALPHA- U. GAMMA-ALLENVERB. 60-0170

TRPIN J., SYNTH. V. CYCLOPENTANON-(2)-CARBONSAEUREAETHYL-ESTER 56-0222

TRZECIAK H., TUMORINHIBIERENDE VERB. 36. MITT. 55-0298

TSATSAS G., SUBSTITUIERTE BETA-HYDROXY-BETA-PHENYL-ALKYLAMINE 61-0221

TSCHAPKE B., UEBER D. DARST. D. 4-STYRYL-AZULENS U. EINIGER SUBSTITUIERTER ANALOGA 54-0264

TSCHESCHE R., ALKALOIDE AUS RHAMNACEEN 1. MITT. 53-0199

- DIGITANOLGLYKOSIDE 14. MITT. 53-0226

- DIGITANOLGLYKOSIDE 15. MITT. 54-0430

- DIGITANOLGLYKOSIDE 16. MITT. 55-0379

- DIGITANOLGLYKOSIDE 17. MITT. 56-0470

- EVOCARPIN, EIN NEUES ALKALOID AUS EVODIA RUTAECARPA 56-0502

- SARSAPARILLOSID, EIN SAPONINDERIV. MIT BIS-GLYKOSID. FUROSTANOLSTRUKTUR 60-0437

TSINA R. V., RK. V. SOLVATISIERTEN ELEKTRONEN MIT WASSER IN FL. AMMONIAK 61-0015

TSUCHIHASHI G., PHOTOCYCLOADDIT. V. THIOBENZOPHENON AN OLEFINEN 58-0401

TSUCHIJA T., HOCHAUFGELOESTE MASSENSPEKTREN V. GIBBERELLINEN 55-0051

TSUCHIYA T., PYROLYSE V. ORGAN. VERB. 2.MITT. 57-0116

TSUDA K., STRUKTUR V. SICCANIN 58-0375

- STEREOCHEMIE DER HELVOLSAEURE 59-0090

- NOMENKLATUR D. OPHIOBOLINE 61-0141

- BIOGENESE V. OPHIOBOLINEN, D. URSPRUNG D. SAUERSTOFFATOMS IN D. OPHIOBOLINEN 61-0562

TSUDA T., PD-KATALYSIERTE RK. V. AETHYLEN, GAMMA-BUTYROLACTON U. CUCL2 61-0159

TSUDA Y., ENDGUELTIGE ZUORDNUNG DER GESAETTIGTEN KOHLENWASSERSTOFFE, DIE SICH VON HYDROXYHOPANON, DIPLOPTEN, ZEORIN UND DUSTANIN ABLEITEN 53-0208

- OOSPOLID, EIN ZEHNGLIEDRIGES CYCL. LACTON AUS OOSPORA ASTRINGENES 60-0497

TSUJI J., ORGAN. SYNTH. MIT HILFE V. EDELMETALLVERB. 32. MITT. 58-0031

TSUJI T., STRUKTUR U. REAKTIVITAET V. KLEINEN RINGSYST. 2. MITT. 56-0123

TSUTSUMI S., PHOTOCYCLOADDITION VON ACETYLCYANID AN OLEFINE 53-0122

- PHOTOLYSE V. N-BUTYLCYANAT 57-0152

- RK. FREIER RADIKALE BEI ORGAN. ELEKTRODENPROZESSEN 3. MITT. 59-0106

- RK. FREIER RADIKALE BEI ORGAN. ELEKTRODENPROZESSEN 4. MITT. 59-0107

- PHOTOADDIT. V. DIAETHYLOXOMALONAT AN OLEFINE 60-0304

TSUYUKI T., UMWANDL. V. FRIEDELIN IN TETRANORSHIONANSAEU-RE-METHYLESTER 60-0472

TSVETKOV E. N., BEZIEH. ZWISCHEN D. NQR-FREQUENZEN V. MONOSUBSTITUIERTEN (35)CL-CHLORBENZOLEN U. D. SIGMA-HAMMETT-KONST. 59-0093

- KORRELAT. ZWISCHEN KERNQUADRUPOLRESONANZFREQUENZEN U. TAFT-KONST. SIGMA (STERN) 60-0049

TUBUL A., OX. V. OELSAEUREMETHYLESTER MIT QUECKSILBERACE-TAT 56-0182

TUCEK E., SYNTH. U. IR-SPEKTREN V. ARYL-ISOSELENOCYANATEN 56-0226

- DARST. SUBSTITUIERTER SELENOSEMICARBAZIDE U. SELENOSEMICARBAZONE 56-0227

- SYNTH. V. MONO- U. DISUBSTITUIERTEN ARYL-SELENOHARNSTOFFEN 58-0233

TUCK B., CHLORIER., SULFONIER. U. NITRIER. V. PYRROLO(1.2-A)CHINOXALINEN 59-0385

TUCKER B., METALLCARBONYLE ALS KATALYSATOREN BEI D. UMWANDL. V. ISOCYANATEN IN CARBODIIMIDE 57-0216

TUCKER R. B., KINETIK D. OX. SUBSTITUIERTER TOLUOLE MIT CHROMYLCHLORID 59-0113

TUCKER W. P., CHEMIE D. TRIS-(ALKYLMERCAPTO)-METHYLIONEN 1. MITT. 60-0180

TUFARIELLO J. J., RK. V. ORGANOBORANEN MIT DIMETHYLSULFO-NIUM-METHYLID 59-0203

TULJAKOVA S. P., LIPIDE, SYNTH. V. DL-ERYTHRO-2-N.3-O-DISTEAROYL-DIHYDROSPHINGOSIN 61-0174

TULL R., NEUE SYNTH. V. SULFONYLHARNSTOFFEN 57-0170

TULLOCH A. P., NEUER TYP EINES MAKROCYCL. LACTONS AUS TORULOPSIS APICOLA 60-0429

TULUS R., ISOLIER. V. LANATOSID A AUS D. BLAETTERN V. DIGITALIS VIRIDIFLORA LINDL 60-0508

TUNEMOTO D., SULFONIUM- U. OXOSULFONIUM-CARBALKOXYMETHY-LIDE 54-0189

TUPPY H., SYNTHET. KETOSIDE D. N-ACETYL-D-NEURAMINSAEURE 3. MITT. 54-0384

TURBANOVA E. S., RICHT. D. ION. U. RADIKAL. ANLAGER. V. HALOGENWASSERSTOFFEN AN 1.3-DIACETYLEN-KOHLENWASSER-STOFFE 61-0113

TURCAS A., NITRIERTE SULFONAMID-QUECKSILBER-VERB. 55-0432
TURNBULL K. R., ABS. KONFIG. U. STEREOSPEZIFITAET D. (SARKOSINATO-BIS-(AETHYLENDIAMIN)-KOBALT(III))-IONS 58-0002
TURNER A. B., LSGM.-EINFL. IN D. NMR-SPEKTROSKOPIE, BEST. D. KONFIG. V. 3-RING-CARBONYLVERB. DURCH BENZOL-INDUZIERTE CHEM. VERSCHIEB. 55-0041
- SYNTH. V. (+-)-PULVILLORSAEURE U. (+-)-DIHYDROPULVILLORSAEUREMETHYLESTER 61-0407
TURNER D. W., CARBONYL-PI-IONISAT.-POTENTIAL V. FORMALDEHYD 58-0141
- PHOTOELEKTRONENSPEKTREN V. BENZOL, HEXAFLUORBENZOL U. PYRIDIN 61-0095
TURNER G. L., METHOXYDECHLORIER. V. PHENANTHRIDINDERIV. 56-0129
TURNER J. C., KONSTIT. V. IPECOSID, EIN MONOTERPENOIDES ISOCHINOLIN 56-0444
- NITRIER. V. GLYCYRRHETINSAEURE 59-0452
TURNER R. W., BASENKATALYSIERTE ISOMERISIER. V. 2-ACETYLIMINO-3-PHENACYL-THIAZOLIDIN 56-0352
TURNER W. B., CYTOCHALASINE, EINE NEUE KLASSE BIOLOG. AKT. SCHIMMELPILZSTOFFWECHSELPROD. 54-0458
TURRO N. J., MOL.-PHOTOCHEMIE4. MITT. 54-0128
- CYCLOPROPANONE 6. MITT. 61-0254
TURSCH B., TRITERPENE 8. MITT. 54-0032
- TERPENOIDE 58. MITT. 54-0424
- TRITERPENE 9. MITT. 56-0302
- TRITERPENE 13. MITT. 58-0461
TUSHAUS L. A., KONFORM.-ANALYSE 53. MITT. 59-0085
TUTE M. S., PYRIMIDINE 15. MITT. 59-0387
TYERMAN W. J. R., PHOTOLYSE V. TRICARBONYL-CYCLOBUTADIEN-EISEN, HINWEIS AUF D. BLDG. V. FREIEM CYCLOBUTADIEN 59-0017
TYKVA R., AUFNAHME V. (14)CO2 AUS D. RK.-ATMOSPHAERE BEI D. ISOMERISIER. V. KALIUMSALZEN D. BENZOLDICARBONSAEUREN ZU KALIUMTEREPHTHALAT 58-0148
TYRRELL H. J. V., BEST. D. UEBERFUEHR.-WAERMEN EINIGER ZWITTERIONEN IN W. AUS VOLUMENAENDER. 59-0098

U

UCCIANI E., OX. V. OELSAEUREMETHYLESTER MIT QUECKSILBERACETAT 56-0182
- RED. EINIGER BROMIERTER FETTSAEUREN 60-0188
UCHIDA Y., TRIS-(TRIPHENYLPHOSPHIN)-KOBALT-DIHYDRID, EIN MOL. STICKSTOFF BINDENDER KOMPLEX 59-0035
UCHINO M., DIMERISIER. V. PROPYLEN DURCH NICKEL-KOMPLEXE 60-0172
UDA H., TOTALSYNTH. V. (+-)-CHAMIGREN 56-0442
- STRUKTUR D. ZIZANOESAEURE, EINEM NEUEN SESQUITERPEN IM VETIVEROEL 60-0467
UEDA K., KORRIGIERTE STRUKTUR V. BILOBANON 61-0511
UEDA S., BIOSYNTH. D. BITTEREN GLUCOSIDE D. GENTIANAZEEN, D. GENTIOPICROSIDS, D. SWERTIAMARINS U. D. SWEROSIDS 61-0572
UEKI M., RK. SCHWEFELHALT. PHOSPHONIUMSALZE 61-0201
UESUGI S., BROMIER. V. ADENIN-NUCLEOSIDEN U. -NUCLEOTIDEN 54-0351
UFF B. C., DIIMID-RED. V. AROMAT. ALDEHYDEN 59-0213
- PROTONEN-FERNKOPPL. IN REISSERT-VERB. 61-0052
UGGLA R., KUPFERKOMPLEXE V. 1.2-DIAMINOPROPAN 1. MITT. 59-0013
UGI I., STEREOSELEKTIVE SYNTH. 2. MITT. 61-0208
UGLOVA E. V., DARST. V. ALPHA-BROM-MERCURI-AETHYL-BENZOL U. SEINE SPALT. IN ANTIPODEN 59-0021
UGO R., STRUKTUR V. BIS-(TRIPHENYL-PHOSPHIN)-CARBONATO-PLATIN(II) 59-0008
- KOORDINAT. KLEINER MOL. DURCH BIS-(TRIPHENYLPHOSPHIN)-PLATIN(0), RK. MIT H2S, H2SE U. H2TE 60-0034
UHDE G., THERM. UMLAGER. D. CARYCPHYLLENE 55-0368
ULBRICHT G., EINW. V. HYDRAZINHYDRAT AUF MONOTHIOPHTHALIMID U. DESSEN N-ALKYL- U. N-ARYL-DERIV. 56-0336
ULBRICHT T. L. V., NUCLEOSIDE. 4. MITT. 53-0188
- ALLG. LEWIS-SAEURE-KATALYSE D. GLYKOSID-ANOMERISAT. U. O-N-GLYKOSYLUMLAGER. 54-0383
- PYRIMIDINE 2. MITT. 59-0386
ULLMAN E. F., REVERSIBLE CYCLOHEXADIEN-HEXATRIEN-VALENZ-ISOMERISIER. EINE NEUE KLASSE PHOTOCHROMER VERB. 55-0024
- IDENTITAET V. PHOTOCHEM. ZWISCHENVERB. BEI D. CYCLOHEXADIEN-BIND.-AUTOMERISIER., UMLAGER. ZU BICYCLO(3.1.0)HEXENEN 55-0102
ULLMANN E., BEST. V. PHARMAZEUT. HILFSSTOFFEN U. ARZNEISTOFFEN 10. MITT. 61-0575
ULLMANN K., ZUM CHEMISMUS D. VIOLETTFAERB. D. 4-METHYL-2.6-DI-TERT.-BUTYL-PHENOLS IN ALKAL. MEDIUM 54-0244
ULM K., SYNTH. V. OXINDOL-DERIV. 59-0314
ULRICH H., METALLCARBONYLE ALS KATALYSATOREN BEI D. UMWANDL. V. ISOCYANATEN IN CARBODIIMIDE 57-0216
UMANI-RONCHI A., SYNTHESE VON FUENFGLIEDRIGEN HETEROCYCLEN AUS DIMETHYLOXOSULFONIUM-METHYLID 53-0146
UMBACH W., STABILE PHENOXY-KATIONEN AUS ARYLIERTEN PHENOLEN 53-0090
UMEZAWA H., STRUKTUR V. PYRIDOMYCIN 61-0085
UNDERWOOD W. G. E., PMR-UNTERS. V. PTEROCARPANDERIV. KONFORM. D. 6A.11A-DIHYDRO-6H-BENZOFURO(3.2-C)(1)BENZOPYRAN-RINGSYST. 57-0057
UNKOVSKIJ B. V., STEREOCHEMIE D. ACETYLENSYNTH. 5. MITT. 58-0390
UNTERHALT B., ZUR DUENNSCHICHTCHROMATOGRAPHIE V. OXIMEN GESAETT. U. UNGESAETT. AMINOKETONE 3. MITT. 53-0093
- DARST. V. N-PHTHALIMIDOMETHYL- U. N-BENZOESAEURESULFIMIDOMETHYL-N-ACYL-AMINEN 56-0319
- STRUKTUR V. PHTHALIMIDO- U. O-BENZOESAEURESULFIMIDO-KETOXIMEN 59-0334
UPADHYAY J., PARAMAGNET. FERROCEN-SAEUREADDUKTE 59-0033
URAGG H., SPALT. MITTELS DIAZONIUMVERB. U. CHINONIMIDCHLORID 11. MITT. 56-0234
URBANSKI T., CHEMIE D. NITROPARAFFINE 71. MITT. 59-0398
URECKAJA G. J., SYNTH. D. AETHYLESTERS D. O-ACETYL-BETA-(N-P-BIS-(2-CHLORAETHYL)-AMINOPHENYL)-MILCHSAEURE 59-0227
- CARBONYLDERIV. D. FLUORENREIHE 4. MITT. 61-0283
URICKAJA M. J., 7-AZA-INDOLDERIV. 25. MITT. 57-0085
URRY G., VERBESSERTE SYNTHESE FUER N.N'-THIOCARBONYLDIIMIDAZOL 58-0336
USAKOVA T. M., SYNTH. U. UMWANDL. V. PRIM. U. SEK. DIACETYLENGLYKOLEN U. ALKOXY- U. ALKYLTHIOENINALKOHOLEN 58-0176
JSKERT A., GEGENSTROMVERTEIL. V. TRICHOMYCIN, CANDICIDIN U. HAMYCIN, D. ANTIFUGALEN HEPTAEN-MACROLID-ANTIBIOTIKA DER AROMAT. UNTERGRUPPE 55-0405
JSUBOVA E. N., SYNTH. U. FOLGERK. D. P-CHLOR-THIOPHENOLS 61-0197
JTIMOTO K., SYNTH. V. BOSHNIALACTON U. SEINEN STEREOISOMEREN 56-0272
JTLEY J. H. P., KONFORM. U. GLEICHGEW., KOMPLEXBLDG. ZWISCHEN SUBSTITUIERTEN CYCLOHEXANCARBONSAEURENITRILEN U. JODMONOCHLORID 54-0062
JYEO S., STEREOCHEMIE U. ABS. KONFIG. V. STENIN U. TUBEROSTEMONIN 59-0436
- STRUKTUR V. GLAUPALOL, EINEM NEUEN FURANOCUMARIN AUS GLAUCIDIUM PALMATUM SIEB. ET ZUCC. 60-0360
- KORRIGIERTE STRUKTUR V. BILOBANON 61-0511

V

VACIAGO A., KRISTALL- U. MOLEKULARSTRUKTUR V. BIS-(N.N-DIAETHYLDITHIOCARBAMATO)-NITROSYL-EISEN(II) 60-0007
VAEAENAENEN E., SYNTH. NEUER EPHEDRIN-DERIV. 57-0367
VAGLINI U., KONDENS. V. ALPHA-PROPIONYL-PROPIONSAEURE-AETHYLESTER U. OXALSAEUREDIAETHYLESTER 56-0262
VAIS J., ADAMANTAN U. DESSEN DERIV. 9. MITT. 55-0205
VALADE J., DARST. V. ENOXY- U. POLYENOXY-SILANEN AUS ENOXY-STANNANEN MIT CHLOR-SILA SILANEN 54-0172
- BEST. D. SAUERSTOFFBIND.-WINKELS IN HEXAMETHYLDISILOXAN U. EINIGEN TRIORGANO-ALKOXY- ODER -AROXY-SILANEN MIT HILFE D. DIPOLMOMENTE 57-0056
- SPALT. V. ALPHA-ZINN-KETONEN, -ESTERN U. -NITRILEN DURCH ALKYLHALOGENIDE 57-0147
- ORGANOSILICIUMVERB. MIT AMINFUNKT. 3. MITT. 59-0094
- RK. V. TRIORGANOZINNHYDRIDEN MIT KONJUGIERTEN SYST., KONJUGIERTE ALKENKETONE 60-0024
VALENTA M., VERS. IN D. FURANREIHE 7.MITT. 55-0221
VALENTA Z., STRUKTUR V. RYANODIN 53-0248
VALENTINE J. H., CYCLOHEPTATRIEN- U. TROPYLIUM-METALLKOMPLEXE 4. MITT. 58-0021
- CYCLOHEPTATRIEN- U. TROPYLIUM-METALLKOMPLEXE 5. MITT. 58-0022
VALENZUELA P., SAEUREKATALYSIERTE HYDROLYSE V. NERYLPYROPHOSPHAT U. GERANYLPYROPHOSPHAT 61-0117
VALLINO M., KRISTALLISAT. V. ACETYLENMAGNESIUMVERB. 56-0004
VALOVOJ V. A., MASSENSPEKTREN U. STRUKTUR ORGAN. VERB. 16. MITT. 59-0070
- MASSENSPEKTREN V. ORGAN. VERB. 17. MITT. 60-0060
VALPERTZ H., DARST. V. TETRAPHOSPHOR-TRITHIO-DIJODID AUS DIPHOSPHORTETRAJODID 58-0012
VANAG G. J., EINFL. D. STRUKTUR D. ANIONEN V. BETA-DIKETONEN AUF D. GESCHW. U. RICHT. D. ALKYLIER. 60-0118
VAN BARNEVELD J., PERI-EFFEKT BEI D. HYDRIER. V. 1-TERT.-BUTYL- U. 1.4-DI-TERT.-BUTYL-NAPHTHALIN AN PALLADIUM 59-0084
VAN BEEK L. K. H., EIG. V. DIAZOSULFONATEN 1.MITT. 57-0117
VAN BEKKUM H., PERI-EFFEKT BEI D. HYDRIER. V. 1-TERT.-BUTYL- U. 1.4-DI-TERT.-BUTYL-NAPHTHALIN AN PALLADIUM 59-0084
VAN BOOM J. H., CHEMIE D. ACETYLENAETHER 87. MITT. 55-0118
VANCAK L. A., THIOSULFONSAEUREN 18.MITT. 60-0209
VAN DEN AKKER M., TRIPHENYLPHOSPHONIUM- U. TRIAETHYLPHOSPHONIUMHYLOGENIDE 56-0236
VAN DEN BROEK P., DREISTUFENSYNTH. EINES NICKEL-CORRIN-PERCHLORATES AUS PYRROL. ZWISCHENPROD. 59-0037
VAN DER HEYDEN A., PHOTORK. AROMAT. VERB. 13.MITT. 56-0233
VAN DER KERK G. J. M., 3-PHENYL-3-BENZOBOREPIN, EIN C-B-HETEROCYCLUS MIT AROMAT. CHARAKTER 56-0411
VAN DER LINDE H. J., RADIKAL-AUSBEUTE V. PROPIONALDEHYD BEI D. RADIOLYSE V. N-PROPANOL 54-0130
VAN DER PLAS H. C., RINGUMWANDL. BEI RK. V. HETEROCYCL. HALOGENVERB. MIT NUCLEOPHILEN 6.MITT. 54-0369
- RINGVERAENDER. BEI RK. V. HETEROCYCL. HALOGENVERB. MIT NUKLEOPHILEN 10. MITT. 60-0397

VAN DER WERF S., ROTAT.-BARRIEREN D. ESTERFUNKT. V. EINIGEN CARBAMATEN, ANWEND. EINES ITERATIVEN COMPUTERPROGRAMMS BEI EINER NMR-UNTERS. 55-0061
VANDEWALLE M., CHEM. RK. IN D. REIHE D. TRICYCLO(7.3.1.0-(2,7))-DELTA(2,7)-TRIDECENOLE-(1) 57-0241
- MASSENSPEKTROMETRIE 1. MITT. 60-0061
VAN DINE G. W., ACETOLYSE V. ENDO- U. EXO-BICYCLO(N.1.0)-ALKYL-TOSYLATEN 61-0119
VAN DORP D. A., SYNTH. V. ACETALEN DURCH ALKYLIER. V. 1.1-DIAETHOXY-2-PROPIN 60-0232
VAN DORT H. M., SALCOMIN KATALYSIERTE OX. V. PHENOLEN, NEUE METH. ZUR DARST. V. P-BENZOCHINONEN 58-0227
VANE G. W., ABS. KONFIG. V. 1S.5S-(-)-ARGEMONIN U. V. 1R.3R-(+)-TROEGERSCHER BASE 53-0182
- CIRCULAR-DICHROISMUS U. STEREOCHEMIE EINES NEUEN FUNGALEN TETRAHYDROFURANS 60-0037
VANEL R., SAEUREKATALYSIERTE UMLAGER. 17. MITT. 61-0314
- SAEUREKATALYSIERTE UMLAGER. 18. MITT. 61-0315
VAN DYKE C. H., WEITBEREICHS-H-H-SPIN-SPIN-KOPPL. IN METHYLSULFID-DERIV. V. SILAN U. GERMAN 60-0004
VAN ES T., DERIV. V. 5-DESOXY-5-SELENO-D-XYLOSE 59-0411
VAN FOSSEN R. Y., VERGLEICHENDE UNTERS. ZWISCHEN THERMOLYT. U. ELEKTRONENSTOSS-FRAGMENTIER. 2. MITT. 53-0052
VAN HEIJENOORT J., BEST. D. AMINOSAEURESEQUENZEN IN OLIGOPEPTIDEN DURCH D. MASSENSPEKTROMETRIE 9. MITT. 61-0068
VAN HELDEN R., OXYDATIVE KUPPL. V. VINYLACETAT MIT PALLADIUMACETAT, SYNTH. V. 1.4-DIACETOXY-BUTADIEN-(1.3) 56-0173
VAN HOOIDONK C., REAKTIVITAET V. ORGANOPHOSPHORVERB. 3. MITT. 58-0120
VAN KAMP H., UNTERS. V. STERINEN 32. MITT. 56-0471
VAN LANDEGHEM H., CHEMIE D. HARNSTOFFES 5. MITT. 54-0111
VAN LEEUWEN P. W. N. M., KOMPLEXE MIT S=O-HALT. LIGANDEN 3.MITT. 61-0003
VAN LEUSEN A. M., CHEMIE D. ALPHA-DIAZOSULFONE 10.MITT. 56-0216
- CHEMIE D. ALPHA-DIAZOSULFONE 9. MITT. 56-0253
- CHEMIE D. ALPHA-DIAZOSULFONE 11. MITT. 61-0131
- SYNTH. V. ARYL-METHOXYMETHYL-SULFONEN 61-0199
VAN LOHUIZEN O. E., KATALYT. OX. V. 4-ARYLOXY-PHENOLEN 58-0111
VAN MEETEREN H. W., RINGUMWANDL. BEI RK. V. HETEROCYCL. HALOGENVERB. MIT NUCLEOPHILEN 6.MITT. 54-0369
- RINGVERAENDER. BEI RK. V. HETEROCYCL. HALOGENVERB. MIT NUKLEOPHILEN 10. MITT. 60-0397
VAN MEURS N., NMR-SUBSTITUENTENKONST. V. ALKYLBENZOLEN 55-0035
VAN PEE W., CHEMIE D. HARNSTOFFES 3. MITT. 54-0109
VAN REIJENDAM J. W., SYNTH. U. SPEKTRAL-DATEN V. 3.3-BIFURAN 57-0252
VAN TAMELEN E. E., STELL.-ABHAENG. SELEKTIVITAET BEI D. KONTROLLIERTEN OX. V. POLYOLEFINEN 60-0115
VAN TILBORG W. J. M., CHEMIE D. CYCLOPROPANONE 4.MITT. 57-0189
- CHEMIE D. CYCLOPROPANONE 5.MITT. 57-0190
VAN VALKENBURG C. F., CYCL. SULFITE V. GLYCERIN U. SEINEN CHLORHYDRINEN 60-0412
VAN VELZEN J. C., NUKLEOPHILE AROMAT. ADDIT. 7. MITT. 54-0008
VAN VLIET E., UNTERS. V. STERINEN 32. MITT. 56-0471
VAN VOORST J. D. W., C-NITROSOVERB. 3. MITT. 54-0141
- C-NITROSO-VERB. 4. MITT. 58-0056
VAN WILLIGEN H., TRIPLETT-ESR-SPEKTREN D. NEGATIVEN IONEN V. EINIGEN BETA-DIKETONEN 58-0058
VAN WOERDEN H. F., KONFORM. NICHTAROMAT. RINGVERB. 35. MITT. 57-0059
- KONFORM. NICHTAROMAT. RINGVERB. 36.MITT. 57-0060
VAN WOERDEN J. F., CYCL. SULFITE V. GLYCERIN U. SEINEN CHLORHYDRINEN 60-0412
VAN WOERKOM G. M., CYCL. SULFITE V. GLYCERIN U. SEINEN CHLORHYDRINEN 60-0412
VARETTI E. L., NEUE PHOTOCHEM. WEGE ZU PERFLUORMETHYLCARBONAT 61-0138
VAREY P. F., PHOSPHORYL-UEBERTRAG. UNTER VERW. V. GEMINALEN DIHALOGENIDEN 54-0174
VARGA E., STRAHL.-INDUZIERTE FESTSTOFF-POLYMERISAT. 19.MITT. 57-0428
VARGA J., STRAHL.-INDUZIERTE FESTSTOFF-POLYMERISAT. 19.MITT. 57-0428
- STRAHLENINDUZIERTE FESTSTOFFPOLYMERISAT. 20. MITT. 59-0500
VARGHA L., DERIV. V. ALKOXYBENZOESAEUREN 3.MITT. 55-0155
VARHELYI C., NEUE STELLUNGSISOMERE REINECKESALZAEHNL. VERB. MIT TOLUIDINEN 56-0020
VARIERAS Y., UNTERS. IN D. REIHE D. HOMOISOCHROMANS 59-0405
VARNIKOVA G. V., MAKROCYCL. VERB. 8.MITT. 57-0146
VARSAVSKIJ S. L., MECHANISMUS D. BEI D. ELEKTROLYSE V. ALKYLHALOGENIDEN IN DIMETHYLFORMAMID VERLAUFENDEN KATHODENPROZESSES 54-0086
- ELEKTRORED. V. 1.4-DICYAN-BUTEN-(1) 59-0188
VARSHNEY I. P., BETA-CYCLOLAVANDULAL, EIN NEUER NATUERL. VORKOMMENDER MONOTERPEN-TYP 60-0464
VARTANJAN S. A., UNTERS. D. ADDIT. V. AMINEN AN VINYLACETYLENCARBINOLEN DURCH GAS-FL.-CHROMATOGRAPHIE 58-0209
VARVOGLIS A. G., LICHTEMPFINDL. SCHUTZGRUPPE FUER PHOSPHATESTER 59-0212
- PHOTOCHEM. PHOSPHORYLIER. 59-0228
VASIL'EV A. F., HYDROXYLAMINDERIV. MIT HERBIZIDER WRKG. 6.MITT. 54-0205
VASIL'EV N. P., RK. V. 2-METHYL-2-VINYLOXYMETHYL-1.3-DIOXOLAN MIT EINWERTIGEN ALKOHOLEN 60-0330
- RK. V. 2-METHYL-2-VINYLOXYMETHYL-1.3-DIOXOLAN MIT MERCAPTANEN 60-0331
VASINA I. V., STEREOCHEMIE V. OLIVOMYCINEN 54-0453
VASINA T. V., 3.3.6.6-TETRAMETHYL-CYCLOHEPTANON U. SEINE DERIV., SYNTH. V. 1.1.4.4-TETRAMETHYL-CYCLOHEPTAN 58-0257
VASISHTA S. C., RK. V. ORGANOMETALLVERB. 7.MITT. 61-0020
VASKELIS A., OSZILLOGRAPH. POLAROGRAPHIE MIT RECHTWINKL. WECHSELSTROM 3. MITT. 60-0107
VASS G., STRUKTURAENDER. BEI D. MUTAROTAT. D. ZUCKEROSAZONE 60-0094
VASSOVA A., ALKALOIDE AUS VERATRUM ALBUM SUBSP. LOBELIANUM (BERNH.) SUESSENGUTH 12. MITT. 53-0198
VAUDESCAL P., HOMOLYT. RK. V. ENAMINEN MIT CCL4 59-0175
VAVRINA J., 5.6-DIHYDRO-FURO(2.3-D)PYRIMIDINE 57-0330
VDOVCOVA E. A., HALOGENALKYLIER. D. AROMAT. KERNS MIT ALLYLHALOGENIDEN 58-0217
- ALKYLIER. AROMAT. VERB. MIT DIENKOHLENWASSERSTOFFEN U. IHREN HYDROCHLORIDEN 14. MITT. 58-0245
- ALKYLIER. V. AROMAT. VERB. MIT DIENKOHLENWASSERSTOFFEN U. IHREN HYDROCHLORIDEN 15. MITT. 59-0208
- ALKYLIER. V. AROMAT. VERB. DURCH DIENKOHLENWASSERSTOFFE U. IHRE HYDROCHLORIDE 16. MITT. 59-0209
VECCHI M., GASCHROMATOGRAPH. U. MASSENSPEKTROMETR. UNTERS. V. VITAMIN-B6-TRIMETHYLSILYLDERIV. 55-0401
- GAS-CHROMATOGRAPH. U. MASSENSPEKTROMETR. UNTERS. D. TRIMETHYLSILYLAETHER V. VITAMIN A U. EINIGEN SEINER ISOMEREN 60-0086
VECERA M., IONISATIONSKONST. V. SUBSTITUIERTEN 2-NITROPHENOLEN IN 50 PZIG. WSS. AETHANOL 56-0102
VEEFKIND A. H., IN 7-STELL. SUBSTITUIERTE NORBORNADIENE, STER. VERLAUF V. ADDIT.-RK. UNGESAETT. BICYCLO(2.2.1)-HEPTANDERIV., GUELTIGK.-BEREICH D. ALDERSCHEN EXO-REGEL 61-0324
VEENLAND J. U., SAEUREKATALYSIERTE RK. V. PSEUDOJONON IN WASSER 61-0155
VEIBEL S., MECHANISMUS D. GUERBET-RK. 57-0109
VEILLARD-ROYER H., MECHANISMUS D. ELEKTROCHEM. RED. ALPHA-SUBSTITUIERTER ALDEHYDE U. KETONE 5. MITT. 61-0096
VEITHEN A., 19-NOR-5BETA-METHYL-STEROIDE 4. MITT. 58-0492
VELLUZ L., TRIENSTEROIDKONSTIT. U. ANABOL. WRKG. 58-0479
VELO L., D. KATALYT. WRKG. V. BF3 BEI D. CYCLOADDIT. V. BENZONITRIL AN NITRILE U. CARBONYLVERB. 53-0148
VENE J., RK. V. DIMORPHOLINO-ESSIGSAEURE U. GLYOXYLSAEURE MIT OLEFINEN 54-0365
VENKATARAMAN K., KONSTIT. V. LACCAINSAEURE B 59-0445
- MORELLOFLAVON, EIN 3(8)-FLAVONYLFLAVAN AUS D. KERNHOLZ V. GARCINIA MORELLA 61-0409
VENKATARAMANI P. S., HYDRATISIER. V. BICYCL. AETHINYLALKOHOLEN U. IHREN DERIV. 58-0275
VENKATASUBRAMANIAN N., KINETIK D. OX. V. ISOPROPANOL MIT N-BROM-SUCCINIMID 61-0102
VENKATESWARA RAO V., BETA-LACTAMDERIV. 53-0125
- SYNTH. SUBSTITUIERTER BETA- U. GAMMA-LACTAME 53-0131
VENKATESWARLU A., EINE NEUE RK. V. 4-DICHLORMETHYL-4-METHYL-CYCLOHEXADIEN-(2.5)-ON-(1) 54-0230
- NEUART. VERDRAENG.-RK. AN ALPHA-CHLORDIPHENYLACETAMIDEN 56-0284
VENKATESWARLU V., CHEM. UNTERS. V. EMBELIA RIBES, 8.MITT. 54-0366
VENTER K. K., FURYLALKINE, 8.MITT. 54-0028
VERBIT L., OPT. AKT. AROMAT. CHROMOPHORE 6. MITT. 59-0042
VERESCAGIN L. I., FURYLALKINE, 8.MITT. 54-0028
- SYNTH. V. AETHINYLKETONEN MIT HILFE V. CD-DERIV. 54-0214
- FURYLALKINE 10. MITT. 59-0302
- FURYLALKINE 11. MITT. 60-0308
- FURYLALKINE 12. MITT. 61-0351
VERESCAGINA A. A., KINETIK U. MECHANISMUS D. ALKAL. HYDROLYSE V. ESTERN 2.MITT. 56-0121
VERETENOVA T. N., VINYLESTER D. TEREPHTHALSAEURE 3. MITT. 60-0213
VERKADE P. E., DARST. EINIGER NEUER M-DI-TERT.-BUTYL-BENZOLDERIV. 54-0177
VERMA G. S. P., ANWEND. V. SPEKTROSKOP. U. RELAXAT.-TECHNIKEN ZUR UNTERS. V. TERT.-BUTYLALKOHOL-WASSER-GEMISCHEN 57-0073
VERMES B., SYNTH. V. WIGHTIN U. ECHIOIDININ, ZWEI FLAVONE AUS ANDROGRAPHIS WIGHTIANA 54-0329
- SYNTH. EINIGER FLAVONKOMPONENTEN AUS RICINOCARPUS STYLOSUS 60-0364
VERNENGO M. J., ALKALOIDE AUS CASSIA CARNAVAL SPEG., CASSIN U. CARNAVALIN 55-0344
VERNIN G., PHENYLIER. V. ALKYLTHIAZOLEN DURCH P-SUBSTITUIERTE BENZOYLPEROXIDE IM NEUTRALEN U. SAUREN MILIEU 54-0316
- RADIKAL. PHENYLIER. V. THIAZOL, NEUE VERTEIL. D. ISOMEREN-REAKTIVITAET 58-0107
- RADIKAL. PHENYLIER. V. MONO- U. DIMETHYLPYRIDINEN 59-0369

VERNON C. A., STRUKTUR V. APAMIN 61-0550
VERNY M., PROPARGYL-UMLAGER. BEI 2-HALOGENBUTIN-(3)-
SAEURE-(1)-ALKYLESTERN 60-0189
- PROPARGYL-UMLAGER. 2. MITT. 61-0179
VERONESE F. M., PROD. D. OX. V. TRYPTOPHAN MIT
PERAMEISENSAEURE 55-0232
- OZONOLYSE V. 7-HYDROXY-DERIV. D. TRYPTOPHANS 55-0233
- PEPTIDE D. KYNURENINS 57-0409
VERRIER M., DARST. U. SPEKTROSKOP. EIG. IM UV U. IR
EINIGER ISOMERER ALPHA-KETOLE IN AROMAT. RESTEN, D.
MIT D. CARBONYL KONJUGIERT ODER NICHT KONJUGIERT SIND
57-0020
- GLEICHGEWICHTSEINSTELLUNG ISOMERER ALPHA-KETOLE, DEREN
ARYL-RESTE MIT D. CARBONYL KONJUGIERT ODER NICHT
KONJUGIERT SIND, D. SCHWACHE EINFL. D. KONJUGAT. AUF
D. RELATIVE STABILITAET D. ISOMEREN 57-0082
VERTESY L., D. NEUTRALEN SESQUI- U. TRITERPENE D.
WEIHRAUCHS 54-0407
VESCHAMBRE H., FORTLEIT. V. ELEKTRONENEFFEKTEN BEI
SUBSTITUIERTEN TOLANEN 55-0191
VESELY M., BLDG. V. AZOVERB. BEI D. ZERS.-RK. AROMAT.
DIAZOVERB. IN WSS. MEDIUM 57-0120
VESSIERE R., ALLYLUMLAGER. BEI DICHLORBUTENVERB.,
GAMMA.GAMMA-DICHLOR-VINYLESSIGSAEURE, GAMMA.GAMMA-
DICHLOR-CROTONSAEURE U. EINIGE DERIV. 54-0157
- NUCLEOPHILE SUBSTITUT. AN EINEM AETHYLENKOHLENSTOFF,
WRKG. V. ORGANOMAGNESIUMVERB. AUF BETA-HALOGEN-
CROTONSAEURENITRILE 59-0180
- PROPARGYL-UMLAGER. BEI 2-HALOGENBUTIN-(3)-SAEURE-(1)-
ALKYLESTERN 60-0189
- PROPARGYL-UMLAGER. 2. MITT. 61-0179
VESTWEBER M., HETARINE 7. MITT. 60-0137
- HETARINE 8. MITT. 60-0138
VETESNIK P., IONISATIONSKONST. V. SUBSTITUIERTEN 2-
NITROPHENOLEN IN 50 PZIG. WSS. AETHANOL 56-0102
VETTER W., GASCHROMATOGRAPH. U. MASSENSPEKTROMETR.
UNTERS. V. VITAMIN-B6-TRIMETHYLSILYLDERIV. 55-0401
- CHEMIE D. VITAMINS E 7. MITT. 58-0504
- GAS-CHROMATOGRAPH. U. MASSENSPEKTROMETR. UNTERS. D.
TRIMETHYLSILYLAETHER V. VITAMIN A U. EINIGEN SEINER
ISOMEREN 60-0086
- GEZIELTE SYNTH. V. CATENA-VERB. 9.MITT. 61-0060
VEYRIERES A., DERIV. V. DL-2-AMINO-2-DESOXY-
GLYCERINALDEHYD 59-0198
VIALLE J., ORGAN. SCHWEFEL-VERB. 15. MITT. 57-0198
- DARST. U. RK. V. 5-ARYL-3-IMINO-1.2-DITHIOL-
HYDROCHLORIDEN 58-0332
- 5-ARYL-1.3.4-DITHIAZOLTHIONE-(2) 60-0357
VIALLEFONT P., UNTERS. UEBER AZOLE 24. MITT. 61-0345
- UNTERS. UEBER AZOLE 25. MITT. 61-0346
- 1.2.4-TRIAZINE 61-0452
VIALLET P., MOL.-KOMPLEXE V. CHLORANIL MIT AROMAT. VERB.
IN CHLOROFORM 56-0097
VIANELLO E., RED. D. ACETYLENBIND. IN PROPARGYL- U.
PHENYL-PROPARGYLALDEHYD 57-0088
VICKERY B., PHOTOLYSE IN FLUESSIGER PHASE 11. MITT.
55-0106
VIDAL M., NEUE SYNTH. V. 1.2-DIALKYL-ACETYLCYCLOPROPENEN
55-0171
VIDALI G., SYNTH. V. PEPTIDANALOGEN D. N-TERMINALEN
EIKOSAPEPTIDSEQUENZ D. RIBONUCLEASE A. 1. MITT.
53-0240
- SYNTH. V. PEPTIDANALOGEN D. N-TERMINALEN
EIKOSAPEPTIDSEQUENZ D. RIBONUCLEASE A 3. MITT. 53-0242
- SYNTH. V. PEPTIDANALOGEN D. N-TERMINALEN
EICOSAPEPTIDSEQUENZ D. RIBONUCLEASE A 4. MITT. 57-0411
VIDAL-MADJAR C., GAS-FESTKOERPER-CHROMATOGRAPHIE AN
KRISTALLINEN ORGAN. VERB., TRENN. V. PHENOLEN AN
KUPFERPHTHALOCYANIN 60-0514
VIEL C., PARACHINONE, 1.MITT. 56-0218
VIELES P., UNTERS. EINIGER VERB. AUS D. REIHE D. OXY- U.
THIO-DIESSIGSAEURE 1. MITT. 56-0183
- EIG. EINIGER N-SPIRO-AMMONIUMVERB. (MORPHOLONIUM- U.
PIPERAZINIUMVERB.) 59-0371
VIELLARD H., SYST. DARC, STRUKTURDARST. NACH DER METH. D.
'DESCRIPTEUR PAR ENVIRONNEMENT LIMITE' (DEL) 54-0051
VIEN L., UEBER D. DARST. D. 4-STYRYL-AZULENS U. EINIGER
SUBSTITUIERTER ANALOGA 54-0264
VIGEVANI A., ENAMINE 20. MITT. 57-0292
- ENAMINE 26. MITT. 61-0308
VIGNAU M., TRIENSTEROIDKONSTIT. U. ANABOL. WRKG. 58-0479
VIITALA A., EINFL. D. DRUCKES AUF D. AETHANOLYSE V.
BENZOYL- U. ANISOYLCHLORID 55-0085
VIKTOROVA E. A., ALKENYLIER. V. ORTHO- U. ORTHO,ORTHO-
SUBSTITUIERTEN PHENOLEN DURCH ALLYLALKOHOL IN D.
DAMPFPHASE 54-0184
VILAR A., KONDENS.,RK. V. 2-METHYL-1.2-DIHYDROISOCHINO-
LIN, EINEM CYCL. ENAMIN 57-0321
VIL'DAVSKAJA A. I., RICHT. D. ELEKTROPHILEN U.
NUKLEOPHILEN ANLAGER. AN NITRODIENE U. NITROENINE
57-0127
VILKOV L. V., MOL.-STRUKTURUNTERS. AN (CH3)2NSO2CL DURCH
ELEKTRONENBEUG. 59-0081
VILL C., BROMDECARBOXYLIER. D. 3.5-DIBROMSALICYLSAEURE
58-0124
VILLE A., CHEMIE D. FLAVONE 5.MITT. 55-0330
VILLIERAS J., ANWEND. D. HALOGENMAGNESIUMAUSTAUSCH-RK.
AUF D. DARST. V. ALPHA-SUBSTITUIERTEN ORGANOMAGNESIUM-
VERB. 56-0163
- DARST. U. EIG. V. GEM.-HALOGEN-GRIGNARD-VERB. 2. MITT.
58-0013
- WRKG. V. GESAETT. ALIPHAT. MAGNESIUMVERB. AUF
POLYHALOGENIERTE METHANVERB. 58-0169
- NICHTRADIKAL. LI-LSG. IN HEXAMETHYLPHOSPHOTRIAMID
(HMPT), RK. MIT EINIGEN GEM.-HALOGENDERIV. 59-0163
VILSMAIER E., RK. MIT PHOSPHINALKYLENEN 16. MITT. 59-0260
VINCENT E., VERH. U. REAKTIVITAET V. HETEROCYCLOAMMONIUM-
VERB. BEI D. SYNTH. V. CYANIN- U. CARBOCYANIN-
FARBSTOFFEN 7. MITT. 55-0287
VINCENT E. J., PHYSIKO-CHEM. UNTERS. AN THIAZOLEN 4.
MITT. 57-0055
VINCENT M., CYCLOALKAN-SPIRO-HETEROCYCLEN 1.MITT. 60-0341
VINCENT S., DARST. U. EIG. EINIGER CHLOR-DERIV. V.
THIOPHEN U. V. ALKYL-THIOPHENEN 60-0316
VINCENZI C., HETEROAROMAT. KATIONEN 8. MITT. 57-0305
VINKLER P., ORD V. EINIGEN MORPHIN- U. CODEIN-DERIV.
55-0 3
VINUTHA A. R., BASE-KATALYSIERTE DEPROTONIER. IN PYRID -
N-OXIDEN U. PYRIDINIUMSALZEN 54-0124
VIOLLAND R., KONFIG.-BEST. ADRENALINVERWANDTER ALPHA-
AMINO-CYCLANOLE MITTELS NMR 60-0275
VIREY A., IR-ABSORPT.-SPEKTREN V. MONOAMINO-BENZOL- U. -
NAPHTHALIN-MONOSULFONSAEUREN U. IHREN KALIUMSALZEN IM
BEREICH V. 1400 BIS 3650 CM(-1) 60-0046
VIREY J., IR-ABSORPT.-SPEKTREN V. MONOAMINO-BENZOL- U. -
NAPHTHALIN-MONOSULFONSAEUREN U. IHREN KALIUMSALZEN IM
BEREICH V. 1400 BIS 3650 CM(-1) 60-0046
VIRTAMO I., EINHEITSZELLE, RAUMGRUPPE U. ANDERE
EIGENSCHAFTEN V. BIS-(1.3-PROPANDIAMIN)-KUPFER(II)-
BROMID 59-0014
VIRTANEN A. I., BIOSYNTH. V. CYCLOALLIN IN D. ZWIEBEL
61-0569
VIRTANEN P. O. I., N-METHYL-2-PYRROLIDON ALS MEDIUM FUER
CHEM. RK. 2.MITT. 55-0084
- N-METHYL-PYRROLIDON-(2) ALS MEDIUM FUER CHEM. RK.
3.MITT. 61-0087
VISCONTINI M., FLUORESZIERENDE STOFFE AUS ROTEN
WALDAMEISEN D. GATTUNG FORMICA (INS. HYM.), 5.MITT.
54-0461
- UEBER PTERINCHEMIE 18. MITT. 55-0308
- PYRROLIZIDINCHEMIE 8. MITT. 60-0323
VISHWAPAUL, CHEM. BESTANDTEILE D. WURZELN V. SELINUM
VAGINATUM 1. MITT. 57-0298
VISNEVECKIJ V. M., SYNTH. V. ARYLMETHANOLGLYCIDAETHERN
54-0182
VISNJAKOVA T. P., RK. V. ACETYL- U. 1.1'-DIACETYL-
FERROCEN MIT NATRIUMACETYLID IN FL. AMMONIAK 59-0030
VISSER J. P., OPT. ROTAT.-DISPERSION V. PELLETIERIN, EINE
BESTAETIG. D. ABS. KONFIG. 54-0063
VISWANATHAN N., TRITERPENE V. CALOPHYLLUM INOPHYLLUM
LINN. 57-0376
- BERICHTIGTE STRUKTUREN V. DIPHYLLIN U. JUSTICICIN A
61-0557
VITA G., EINHORN-RK. MIT AMINOSAEUREN 3. MITT. 61-0184
VITENBERG A. G., RK. V. DIAZOESSIGSAEUREAETHYLESTER MIT
KUPFERSALZEN V. FETTSAEUREN 61-0157
VIVALDI R., SYNTH. IN D. REIHE D. 2-BENZYL- U. 2-
PHENAETHYL-THIAZOLE 58-0345
- THERM. ZERS. V. N-BENZYL-THIAZOLIUMCHLORIDEN IN GGW.
V. CU 60-0348
VIVARELLI P., NUCLEOPHILE REAKTIVITAET V. 2-CHLOR-
BENZIMIDAZOL U. 2-CHLOR-N-METHYL-BENZIMIDAZOL 59-0132
- BENZIMIDAZOLE 2. MITT. 59-0133
- BENZIMIDAZOLE 3. MITT. 59-0134
VLACIL F., KONFIG. D. SALICYLALDEHYDTHIOSEMICARBAZONS
57-0064
VLAHOV R., TERPENE 184.MITT. 55-0354
- TERPENE 185.MITT. 55-0355
VLASOV V. M., SYNTH. U. UMWANDL. D. ACETALE V. PRIMAER-
TERT.-ACETYLENGLYKOLEN 56-0171
VOEGTLE F., PROTONENRESONANZ-UNTERS. AN SIEBENGLIEDR.
RINGVERB. 1. MITT. 53-0018
VOELCKER C., SYNTH. V. 8H-PHTHALAZINO(1.2-B)CHINAZOLONEN-
(8) 55-0302
VOELKL A., UNTERS. ZUR BIOSYNTH. D. MUTTERKORNALKALOIDE
3. MITT. 61-0564
VOESSING R., TOTALSYNTH. OPT. AKT. STEROIDE 1.MITT.
55-0390
VOGEL E., DIPOLMOMENTE 1.6-UEBERBRUECKTER (10)-ANNULENE
54-0017
VOGT B. R., SYNTH. V. NORADAMANTAN 60-0292
VOGT D. C., ANWEND. D. GAS-FLUESSIG-CHROMATOGRAPHIE ZUR
STRUKTURUNTERS. V. POLYSACCHARIDEN 3. MITT. 55-0322
VOGT H. J., VERGLEICHENDE CHEM. UNTERS. AN GINSENGDROGEN
58-0543
VOGT W., INHIBITOR-EFFICIENCY V. HYDROCHINON BEI AUTOX.-
RK. 58-0105
VOIGT A., AKT. ESTER 9. MITT. 60-0124
VOJCECHOVSKAJA A. L., SUBSTITUIERTE LACTONE U. IHRE
UMWANDL. 10. MITT. 54-0228
- SUBSTITUIERTE LACTONE U. IHRE FOLGERK. 11. MITT.
61-0246
VOLGER H. C., CU-KATALYSIERTE OX. V. UNGESAETTIGTEN
CARBONYLVERB. 6. MITT SYNTH. V. ALPHA,BETA-
UNGESAETTIGTEN GAMMA-LACTAMEN DURCH OXYDATIVE KUPPL.
V. UNGESAETTIGTEN KETONEN UND AMMONIAK 56-0332
- OXYDATIVE DIMERISIER. V. BETA-SUBSTITUIERTEN ALPHA-
OLEFINEN DURCH PALLADIUMACETAT 61-0258

VOLKE J., ARZNEIMITTELANALYSEN MITTELS POLAROGRAPHIE ODER OSZILLOPOLAROGRAPHIE 7.MITT. 56-0108
VOLKENSTEIN M. V., PROTONENMAGNET. RESONANZSPEKTRUM U. STRUKTUR V. 4.6-DIHYDROXY-PYRIMIDIN U. SEINEN DERIV. 55-0036
VOLKMER R., SILACYCLEN 2. MITT. 61-0460
VOLKOV A. N., SYNTH. U. UMWANDL. V. TERT. DIACETYLEN- U. ALKOXYENINALKOHOLEN ALICYCL. REIHE 56-0263
VOLKOVA L. V., LIPIDE 26. MITT. 58-0193
VOLLBRACHT L., KATALYT. OX. V. 4-ARYLOXY-PHENOLEN 58-0111
VOLOD'KINA V. I., BLDG. V. CYCLOHEXADIENONEN BEI D. INTRAMOLEKULAREN ALKYLIER. IN D. REIHE D. RAEUML. BEHINDERTEN PHENOLE 57-0235
VOLODKOVIC S. D., DARST. V. 5-ALKYL-PENTACHLOR-CYCLOPENTADIENEN 61-0237
VOLOSIN G. A., THIOSULFONSAEUREN 15. MITT. 54-0192
VOLYNSKIJ V. E., NUCLEOPHILE SUBSTITUTION V. 1-HALOGEN-2-NITROALKENEN 61-0231
VOROB'EV L. N., KATALYT. ADDIT. ORGAN. SAEUREN AN ENINKOHLENWASSERSTOFFE IN D. DAMPFPHASE 2. MITT. 60-0186
VORONENKOV V. V., EINFL. D. STER. HINDER. AUF D. GESCHW. D. OX. V. CHLORALKYLBENZOLEN 54-0090
VORONINE N., SYNTH. EINIGER 2-IMINO-OXAZOLIDON-(4)-DERIV. 8. MITT. 55-0251
VORONKOV M. G., KERNQUADRUPOLRESONANZ, INDUKT.-EFFEKT U. KONJUGAT. D. GEMINALEN SUBSTITUENTEN IN ORGAN. CHLORVERB. 55-0034
- RK. V. SCHWEFEL MIT ORGAN. VERB. 11. MITT. 57-0154
VOROZCOV I. N., RK. V. TETRAFLUORDEHYDROBENZOL MIT AROMAT. KW-STOFFEN U. IHREN DERIV. 54-0279
VORSANGER H., BENZOTHIAZOLE 2.MITT. 55-0098
- BENZTHIAZOLE 3. MITT. 55-0099
- UNTERS. IN D. BENZOTHIAZOLREIHE 4.MITT.G 60-0103
VOS A., STRUKTUR V. DISULFID-DIOXIDEN (THIOLSULFONATEN) 55-0054
VO-VAN-TRI, CYCLOALKAN-SPIRO-HETEROCYCLEN 1.MITT. 60-0341
VOVELLE C., WRKG. V. DI-TERT.-BUTYL-PEROXID AUF KALTE FLAMMEN IN DIAETHYLAETHER-LUFT-GEMISCHEN UNTER VERMINDERTEM DRUCK 60-0156
VOVSI B. A., SYNTH. U. RK. V. BETA-LACTONEN 3. MITT. 59-0189
VOWINKEL E., DARST. V. CARBONSAEUREESTERN MITTELS O-ALKYL-N.N'-DICYCLOHEXYL-ISOHARNSTOFFEN 53-0076
VRBA Z., SULFURIER. 9. MITT. 58-0223
VROMEN S., HETEROCYCL. SYNTH. MIT O-AMINONITRILEN, 26. MITT. 54-0360
VUL'FSON N. S., RK. V. BROMCYANESSIGSAEUREESTER MIT AROMAT. ALDEHYDEN UNTER D. BEDING. D. REFORMATZKI- U. WIDEQVISTRK. 2. MITT. 56-0271
- RK. V. BROMCYANESSIGSAEUREAETHYLESTER MIT AROMAT. ALDEHYDEN UNTER D. BEDING. D. REFORMATZKY- U. WIDEQUISTRK. 3. MITT. 57-0214
VYAS H., ALKOHOLAUFNAHME BEI D. PHOTOLYSE V. PAPAVERIN 57-0314
VYRBANOV S., CYCLOTRIMERISAT. V. ACETYLENEN 9.MITT. 56-0148
VYSTRCIL A., TRITERPENE, 12.MITT. 56-0445

W

WACHE H., RK. MIT PHOSPHONYL- U. THIOPHOSPHONYLDICHLORIDEN 59-0254
- SYNTH. V. OXINDOL-DERIV. 59-0314
WACHTER H. A., KOMPLEXE V. NONACTIN U. MONACTIN MIT NATRIUM-, KALIUM- U. AMMONIUM-IONEN 60-0015
WACHTMEISTER C. A., BLDG. V. CYCLOPROPAN- U. DIHYDROBENZOFURAN-DERIV. DURCH OXYDATIVE KUPPL. V. METHYLEN-BIS-1.3-CYCLOHEXANDIONEN 58-0270
WADE R., CYTOAKT. AMINOSAEUREN U. PEPTIDE 12. MITT. 57-0156
WAEGELL B., BEST. D. VORZEICHENS D. KONST. D. ALLYLKOPPL. IN 13-METHOXY-5ALPHA-PODOCARPATETRAEN-(6.8.11.13) 57-0038
- ZUGANG ZUM BICYCLO(4.2.1)NONAN-SYST. 58-0289
WAELTI M., UNTERS. UEBER D. VERH. ORGAN. MISCHPHASEN 5. MITT. 58-0093
WAGNER G., GLYKOSIDE V. HETEROCYCLEN 18. MITT. 59-0425
- GLYKOSIDE V. HETEROCYCLEN 19.MITT. 59-0426
- GLYKOSIDE V. HETEROCYCLEN 21. MITT. 61-0475
- GLYKOSIDE V. HETEROCYCLEN 22. MITT. 61-0476
WAGNER H., ISOFLAVONGLYKOSIDE 8.MITT. 53-0189
- TRANSACYLIER. IN D. FLAVONOID-REIHE 1. MITT. 56-0368
- SYNTH. D. MIKANINS, EINES FLAVONOLS AUS MIKANIA CORDATA (BURM. F.) B. L. ROBINSON 58-0369
- STRUKTURAUFKLAERUNG V. DIDYMIN, EINEM ISOSAKURANETIN-RUTINOSID AUS MONARDA DICYMA L. 58-0430
- UNTERS. UEBER ISORHAMNETINGLYKOSIDE 2. MITT. 60-0432
WAGNER J., KONFORM.-WECHSEL IN HETEROCYCL. SYST. D. TYPS BICYCLO(4.4.0)DECAN U. BICYCLO(3.3.0)OCTAN 56-0078
WAGNER M., VERBESSER. D. DARST. V. 6-AZA-STEROIDEN 58-0490
WAGNER P. J., STEIGER. D. QUANTENWIRKSAMK. DURCH POLARE LSGM. AUF D. PHOTOELIMINIER. V. TYP II 57-0125
WAGNER-JAUREGG T., STRUKTUR D. ADDITIONSPROD. V. N-N-BUTYLMALEINIMID AN STYROL 56-0339
- UMSETZ. D. 16ALPHA.17ALPHA-EPOXY-16BETA-METHYLPREGNENOLONS MIT AMMONIAK U. PRIM. AMINEN 61-0543
WAGNON J., SKELETT-UMLAGER. V. DELTA(5)-ANDROSTEN-3BETA.17BETA-DIOL, EIN CHEM. NACHW. 54-0432
WAHLBERG I., CHEMIE C. ARAUCARIA-ARTEN 7. MITT. 59-0071
WAHLBERG K., ISOLIER., STRUKTUR U. SYNTH. V. ALKALOIDEN AUS VALERIANA OFFICINALIS L. 57-0364
WAHREN M., SAEUREKATALYSIERTE RK. V. NITROSOVERB. 1. MITT. 57-0115
WAIGHT E. S., EINE NEUE KLASSE V. CAROTINOIDEN 57-0369
- IDENTITAET V. NEOXANTHIN U. FOLIAXANTHIN 59-0443
- STRUKTUR V. HYDROCYANSALID, EINEM NEUEN MG-REAGENZ 61-0347
WAISS A. C. JUN., NEUES CUMARIN AUS GRAPEFRUCHTSCHALENOEL 59-0346
WAJER T. A. J. W., C-NITROSOVERB. 3. MITT. 54-0141
- C-NITROSOVERB. 4. MITT. 58-0056
- C-NITROSOVERB. 5. MITT. 60-0236
WAKALSKI W. W., POLYFLUORARENE 8. MITT. 53-0094
WAKAMATSU S., AROMATISIER. V. CYCLOHEXANDIONDIOXIMEN 53-0079
WAKATSUKI T., 1-(3-METHYL-INDOLYL-(2))-PYRIDINIUMBROMID, SYNTH. U. AUTOX. SEINES HYDRIER.-PROD. 55-0280
WAKEFIELD B. J., ERSATZ ALLER 6 F-ATOME IN HEXAFLUORBENZOL DURCH NACH IN METHANOL 53-0072
- RK. V. N-BUTYL-LITHIUM MIT PENTACHLORPYRIDIN, EIN LSGM.-EFFEKT 56-0146
- ADDUKTE V. 2.5.6-TRICHLOR-3.4-DEHYDROPYRIDIN MIT AROMAT. KW-STOFFEN 60-0383
WAKSELMAN C., VGL. D. MASSENSPEKTREN D. AGLYKONS D. ASCAROSIDS B U. D. 2.6-DIHYDROXY-HENTRIAKONTANS 57-0141
- DARST. V. OXACYCLANEN 4. MITT. 59-0293
- ISOLIER. V. 2.3-EPOXY-TETRAHYDROPYRAN 60-0368
WALBORSKY H. M., OPT. ROTATIONSDISPERS. V. TRANS-CYCLAN-1.2-DICARBONSAEURETHIONAMIDEN 61-0031
WALDAU E., POLYACETYLENVERB. 125. MITT. 56-0330
- POLYACETYLENVERB. 129. MITT. 59-0491
WALDRON N. M., OX. EINIGER PYROGALLOL- U. PURPUROGALLIN-DERIV. 59-0207
WALKER D. C., CHAGI 55-0153
WALKER D. M., CYCLISIERUNGSPHASE D. FISCHERSCHEN INDOLSYNTH., STRUKTUR U. BEDEUT. V. PLIENINGERS ZWISCHENPROD. 57-0256
WALKER J., BIOSYNTH. V. THIAMIN 2.MITT. 58-0525
WALKER K. A. M., HOMOGENE HYDRIER. IN GGW. V. S-VERB. 58-0110
- HYDRIER. V. EINIGEN CHINONEN ZU ENDIONEN 61-0279
WALKER R. T., EINIGE N-6-ACYLIERTE CYTOSINE 53-0173
WALKOWICZ C., STEREOISOMERE 6.6-DIMETHYL-BICYCLO(3.1.0)-HEXANOLE-(3) 59-0287
WALKOWICZ M., STEREOISOMERE 6.6-DIMETHYL-BICYCLO(3.1.0)-HEXANOLE-(3) 59-0287
WALLBILLICH G., 1.3-DIPOLARE CYCLOADDITIONEN 27. MITT. 58-0334
- 1.3-DIPOLARE CYCLOADDIT. 28.MITT. 58-0335
- 1.3-DIPOLARE CYCLOADDIT. 29. MITT. 59-0324
- 1.3-DIPOLARE CYCLOADDIT. 31. MITT. 60-0133
WALLENFELS K., MECHANISMUS D. WASSERSTOFFUEBERTRAG. MIT PYRIDINNUCLEOTIDEN, 28. MITT. 54-0049
- CIS-1.2-DICYAN-1.2-DIFLUOR-AETHYLEN 55-0131
- 2.4-DICYAN- U. 2.4.6-TRICYAN-FLUORBENZOL 55-0158
- 1.3.5-TRICHLOR-2.4.6-TRICYAN-BENZOL U. 1.3.5-TRIFLUOR-2.4.6-TRICYAN-BENZOL 57-0177
WALLER D. P., 4-BETA-AMINOAETHYLAMINO-1.2-(AETHYLEN-1'.2'-DIAMINO)-ANTHRACHINON, KONDENS.-PROD. AUS AETHYLENDIAMIN U. LEUKOCHINIZARIN 56-0392
WALTER K. R., PHENOXAZINE 10. MITT. 58-0040
WALTER R., SYNTH. V. L-SELENOCYSTEIN-DERIV. U. -PEPTIDEN 59-0485
WALTHER W., GASCHROMATOGRAPH. U. MASSENSPEKTROMETR. UNTERS. V. VITAMIN-B6-TRIMETHYLSILYLDERIV. 55-0401
- GAS-CHROMATOGRAPH. U. MASSENSPEKTROMETR. UNTERS. D. TRIMETHYLSILYLAETHER V. VITAMIN A U. EINIGEN SEINER ISOMEREN 60-0086
WALTON D. R. M., SCHUTZ V. ENDSTAENDIGEN AETHINYLGRUPPEN BEI GRIGNARD-SYNTH. 61-0225
WAMHOFF H., ACYL-LACTON-UMLAGER. 37. MITT. 56-0313
- HETEROCYCLEN DURCH ABFANGRK. AN GEOEFFNETEN ACYL-LACTONEN, 4. MITT. 56-0393
- ACYL-LACTON-UMLAGER. 40. MITT. 58-0392
- SYNTH. V. DELTA-LACTAMEN AUS 5-CHLORVALERIANSAEUREAMIDEN 59-0178
- ACYL-LACTON-UMLAGER. 41. MITT. 60-0307
WAN J. K. S., PHOTOLYSE V. TRIPHENYLMETHANTHIOL 59-0157
WANDERS A. C. M., KINETIK D. ISOMERISIER. V. TOLUOLSULFONSAEUREN IN WSS. SCHWEFELSAEURE 56-0137
- NMR-SPEKTREN V. CH3ALCL2-DONATOR-KOMPLEXEN IN GGW. GERINGER UEBERSCHUESSE V. (CH3ALCL2)2 ODER DONATOR 58-0050
WANG J. T., WEITBEREICHS H-H-SPIN-SPIN-KOPPL. IN METHYLSULFID-DERIV. V. SILAN U. GERMAN 60-0004
WANG K., PHYTOCHEM. UNTERS. 5. MITT. 53-0249
- PHYTOCHEM. UNTERS. 6.MITT. 55-0412
WANG P. Y., SULFATANORDN. IN HEPARIN 56-0418
WARBURTON M. R., ZWEI-WEG-CYCLOADDIT. V. FLUOROLEFINEN AN PROPADIEN 61-0125
WARD J. J., 1-AZATRICYCLO(3.3.0.0(2.8))OCTADIEN-(3.6) 57-0270
WARD J. P., SYNTH. V. ACETALEN DURCH ALKYLIER. V. 1.1-DIAETHOXY-2-PROPIN 60-0232

WARD N. D., DIIMID-RED. V. AROMAT. ALDEHYDEN 59-0213
WARD R., PHARMAKODYNAM. VERB. 5. MITT. 56-0435
WARG P. A., DARST. U. ENZYMAT. C-1.2-DEHYDRIER. V. (1-(3)H) OESTREN-(4)-DION-(3.17) (83 PZ. BETA) 54-0427
WARING J. M., EINW. V. ACETANHYDRID AUF 1-NITROSO-4-HYDROXY-4-PHENYL-PIPERIDIN 59-0368
WARNHOFF E. W., EINSTUF. UMWANDL. D. C-ATOM-ASYMMETRIE IN D. BIPHENYL-ASYMMETRIE U. IHRE BEZIEH. ZUR ABS. KONFIG. V. CARANIN 60-0090
- CAMPHERENOL- U. -HOMOENOLACETAT 61-0527
WARNOCK W. D. C., HYDROXYSKYTANTHIN I U. II, ZWEI NEBENALKALOIDE AUS SKYTANTHUS ACUTUS MEYEN 61-0486
WARRELL D. C., UMLAGER. V. POLYARYL-BICYCLO(2.2.1)HEPTEN-(2)-ONEN-(7) U. -BICYCLO(3.2.0)HEPTEN-(3)-ONEN-(2) 61-0323
WARREN C. D., ALLYLAETHER ALS SCHUTZGRUPPE IN D. KOHLENHYDRATCHEMIE 57-0356
WARREN F. L., RHIZOPHORACEEN-ALKALOIDE 2. MITT. 54-0391
- RHIZOPHORACEEN-ALKALOIDE 3. MITT. 54-0392
- RHIZOPHORACEEN-ALKALOIDE 1. MITT. 55-0346
WARRENER R. N., SYNTH. V. HETEROCYCLEN AUS O-AMINONITRILEN 27. MITT. 54-0361
WARTSKI L., DARST. V. OXACYCLANEN 4. MITT. 59-0293
- ISOLIER. V. 2.3-EPOXY-TETRAHYDROPYRAN 60-0368
WASADA N., HOCHAUFGELOESTE MASSENSPEKTREN V. GIBBERELLINEN 55-0051
- PYROLYSE V. ORGAN. VERB. 2.MITT. 57-0116
WASIELEWSKI C., SYNTH. V. DEPSIPEPTIDEN 3. MITT. 55-0395
WASSERMANN A., PARAMAGNET. FERROCEN-SAEUREADDUKTE 59-0033
WATANABE H., PHOTOCHEM. CYCLOADDIT. V. BENZOPHENON AN FURANE 54-0376
WATANABE T., ANORMALE OPT. ROTAT.-DISPERS. V. STEROIDGEBUNDENEN TETRAHYDROFURANONEN 60-0039
WATERFIELD W. R., SPALT. V. HEXAHYDRO-INDOLPYRROCOLIN ZU NEUNGLIEDR. RINGSYST. 54-0377
WATERMAN D. C. A., KINET. H-ISOTOPEN-EFFEKT IN EINER PROTONEN-AUSTAUSCHRK., D. ALLGEMEIN SAEUREKATALYSIERTE HYDROLYSE V. CYANKETENDIMETHYLACETAL 54-0102
WATKINS R. J., 1.5-WASSERSTOFFWANDER. IN MITTELGROSSEN 3.4-EPOXY-CYCLOALKENEN 57-0352
WATLING A., VERW. V. PHENYLNATRIUM BEI D. DARST. V. ALKYLPYRIDINEN 55-0295
WATSON D. G., ROENTGEN-STRUKTUR-ANALYSE V. ALL-CIS-1.6-DICHLOR-CYCLODEKATETRAEN-(1.3.6.8) 61-0084
WATTS C. T., CYCLOPROPANONE U. VERWANDTE VERB. 3. MITT. 58-0298
WAWERSIK H., STRUKTUR V. HYDRIDOTETRACYCLOPENTADIENYLTRIRHODIUM 61-0008
WAY J. K., METHANSULFONYL- U. BENZOLSULFONYL-DERIV. V. INDAZOLINON-(3) 59-0329
WEAVER S. J., CHEMIE D. SILYLAMINE 6. MITT. 60-0123
WEBB N. C., D. KRIST.- U. MOL.-STRUKTUR V. DIMETHYLSULFONDIIMIN 55-0066
WEBB N. E., SUBSTITUIERTE PYRROLO(3.4-D)PYRIMIDINE, IHRE DARST. AUS 3-AMINO-4-CYAN-DELTA(3)-PYRROLINEN 57-0339
- 3-AMINO-4-THIOCARBAMOYL-DELTA(3)-PYRROLINE, IHRE UMWANDL. IN PYRROLO(3.4-D)PYRIMIDINTHIOLE-(4) 57-0340
WEBER J., ELEKTRONENZUSTAENDE V. PERIMETER-PI-SYST. 2. MITT. 54-0024
WEBER S., TOTALSYNTH. D. MAKROLIDS ZEARALENON 56-0481
WEBER W., B-N-VERB. 28.MITT. 59-0202
WEBERNDOERFER V., 1.3-DIPOLARE CYCLOADDITIONEN. 26. MITT. 53-0092
- 1.3-DIPOLARE CYCLOADDITIONEN 27. MITT. 58-0334
- 1.3-DIPOLARE CYCLOADDIT. 28.MITT. 58-0335
WEBSTER G. R. B., PYRON-UNTERS. 1. MITT. 61-0402
WECHSBERG M., 1.3.5-TRIMETHYL- U. 1.3.5-TRI(METHYL(D3))-BORAZINDERIV. 56-0010
WECKHERLIN S., IR-SPEKTROSKOP. UNTERS. AN ISOTOPEN STICKSTOFFVERB. 4. MITT. 53-0051
WEDE U., DARST. V. 3-(OMEGA-HYDROXYALKYL)-SUBSTITUIERTEN N-METHYLPIPERIDINEN U. N-METHYLPIPERIDONEN-(2) 60-0378
WEEDON B. C. L., TOTALSYNTH. V. ASTAXANTHIN U. HYDROXYECHINENON 54-0401
- EINE NEUE KLASSE V. CAROTINOIDEN 57-0369
- IDENTITAET V. NEOXANTHIN U. FOLIAXANTHIN 59-0443
WEFER J. M., REISSERT-VERB., EINE REISSERT-VERB. AUS PHTHALAZIN 54-0347
WEGE D., OXYDATIVE DECARBOXYLIER. V. EXO- U. ENDO-2-CARBOXY-BORNAN MIT BLEI-TETRACETAT 54-0271
WEGENER J., RK. MIT STICKSTOFFTRIFLUORID 3. MITT. 61-0016
WEGLER R., UMSETZ. V. CARBONYLVERB. MIT SAEURECHLORIDEN IN GGW. TERT. AMINE 2. MITT. 58-0200
- DARST. V. FORMAMIDINEN U. DICHLORACETIMIDSAEUREESTERN AUS SCHIFFSCHEN BASEN D. CHLORALS 59-0177
- UMSETZ. V. KETONEN MIT KETEN IN GGW. V. BORTRIFLUORID 59-0300
- ANLAGER.-RK. V. DICHLORESSIGSAEUREDERIV. 60-0185
WEHLAN H., TOTALSYNTHESE DES A-NOR-2.3-DIAZA-STEROIDRINGSYSTEMS 53-0218
WEHRLI H., PHOTOCHEM. RK. 40. MITT. 54-0445
- STEROIDE U. SEXUALHORMONE 232. MITT. 57-0403
WEHRLI W., GLYKOSIDE U. AGLYKONE 292. MITT. 60-0477
WEHRT H., INHALTSSTOFFE D. GRUENEN KNOLLENBLAETTERPILZES 26.MITT. 53-0234
WEIDENBRUCH M., RK. V. METALLHALOGENIDEN MIT PERFLUORMONOCARBONSAEUREN 4. MITT. 59-0023
WEIDMANN R., ANWEND. D. PARTIELLEN SPALT. IN HOMOGENER PHASE 6. MITT. 55-0064
WEIGELE M., STRUKTUR V. MYXIN 54-0456
WEILL-RAYNAL J., ASYMM. SYNTH. IN D. OESTRADIOLREIHE 56-0467
WEINGES K., STRUKTUR EINES C30H26O12-PROCYANIDINS AUS KOLANUESSEN 58-0506
- RK. AN FLAVAN-DERIV. 5. MITT. 61-0415
WEINHARDT K. K., C-C-SPALT. MIT KBH4, VORSCHLAG ZUM MECHANISMUS 55-0291
WEINMAN J., ABSORPTION D. FREIEN OH-GRUPPE IM BEREICH 3600 CM(-1), PRIM. GESAETT. ALIPHAT. ALKOHOLE 57-0022
- ABSORPT. D. FREIEN OH-GRUPPE V. 3-HYDROXY-STEROIDEN BEI 3600 CM(-1) 58-0041
WEINMAN S., ABSORPTION D. FREIEN OH-GRUPPE IM BEREICH 3600 CM(-1), PRIM. GESAETT. ALIPHAT. ALKOHOLE 57-0022
- ABSORPT. D. FREIEN OH-GRUPPE V. 3-HYDROXY-STEROIDEN BEI 3600 CM(-1) 58-0041
WEINSTEIN B., PHYTOCHEM. UNTERS. 5. MITT. 53-0249
- OLIGOMERE V. ALLENEN 2. MITT. 55-0167
- PHYTOCHEM. UNTERS. 6.MITT. 55-0412
- MAGNET. NICHTAEQUIVALENZ EINER ISOPROPYLGRUPPE AUF GRUND STER. HINDER. 56-0044
- NMR-SPEKTROSKOP. UNTERS. D. STER. REINH. V. MODELL-PEPTIDEN 61-0078
WEINTRAUB J. W., SYNTH. V. APORPHINEN 61-0427
WEISBURGER E. K., CARCINOGENE STICKSTOFFVERB. 57. MITT. 57-0325
WEISE A., CYANSAEUREESTER 12. MITT. 57-0175
WEISGERBER G., CARBONYLIER. ALIPHAT. KW-STOFFE IN GGW. V. HF-SBF5 55-0111
- TETRACYCLO(3.2.1.1(3,8).0(2,4))NONEN-(6), PHOTOCHEM. DIMERISIER. U. KATION. UMLAGER. IN INDAN 56-0308
- ACYL-LACTON-UMLAGER. 38. MITT. 56-0314
- ACYL-LACTON-UMLAGER. 39. MITT. 56-0315
WEISS E., GLYKOSIDE U. AGLYKONE 284. MITT. 54-0425
- GLYKOSIDE U. AGLYKONE 285 MITT. STROGOSID, STRUKTURBEST. 54-0426
- GLYKOSIDE U. AGLYKONE 286. MITT. 55-0331
- GLYKOSIDE U. AGLYKONE 287. MITT. 55-0332
- GLYKOSIDE U. AGLYKONE 288. MITT. 55-0333
- GLYKOSIDE U. AGLYKONE 290. MITT. 55-0335
- GLYKOSIDE U. AGLYKONE 291. MITT. 55-0336
- GLYKOSIDE U. AGLYKONE 292. MITT. 60-0477
- GLYKOSIDE U. AGLYKONE 293. MITT. 60-0478
WEISS F., UMLAGER. V. STRUKTUREN MIT DIALLYLCHARAKTER 1. MITT. 59-0255
- UMLAGER. V. STRUKTUREN MIT DIALLYLCHARAKTER 2. MITT. 59-0256
WEISS J. A., STEREOCHEMIE D. C-3-AETHYLSEITENKETTE V. ULEIN U. SEINEN ANALOGEN 59-0092
- STEREOCHEMIE V. HERBACEIN U. HERBALIN 60-0084
WEISS R., THIOACYLISOCYANATE, 6.MITT. 54-0367
- THIOACYL-ISOCYANATE 7. MITT. 58-0297
WEISSENFELS M., RK. V. BETA-CHLOR-VINYLALDEHYDEN 1. MITT. 54-0373
- UMSETZ. V. BETA-KETOALDEHYDEN U. BETA-DIKETONEN MIT O-PHENYLENDIAMIN 58-0421
WELCH J. G., MECHANISMUS D. 'SALZ-EFFEKTES' BEI CARBENOID-RK. 60-0132
- EINFL. V. HALOGENIDIONEN AUF EINE ALPHA-ELIMINIER.-RK. 60-0136
WELFORD M., WESTAFRIKAN. HOELZER 19. MITT. 53-0210
WELLER W. T., SYNTH. V. LACTONEN 1. MITT. 58-0370
- SYNTH. V. LACTONEN 2. MITT. 58-0371
WELLMAN K. M., CIS-TRANS-ISOMERIE BEI N-ARYL-FORMAMIDINIUMSALZEN 57-0058
- STRUKTUR V. MONO-, DI- U. TRI-PROTONIERTEN BIGUANIDEN 60-0067
- BEZIEH. ZWISCHEN COTTON-EFFEKT IN D. LAD.-UEBERTRAG.-BANDE U. D. ABS. KONFIG. V. ALPHA-AMINOSAEUREN IN KUPFER(II)-KOMPLEXEN 61-0002
WELLS P. R., SPIN-SPIN-KOPPL. IM WEITEN BEREICH IN TOLYL-BLEI-VERB. 58-0044
- (1)H-KERNMAGNET. RESONANZSPEKTREN V. METHYLQUECKSILBER-VERB. 61-0004
WELLS R. J., ABS. KONFIG. V. 1S.5S-(-)-ARGEMONIN U. V. 1R.3R-(+)-TROEGERSCHER BASE 53-0182
- CHINOLIZIDINE 4.MITT. 57-0318
- CHINOLIZIDINE 5.MITT. 57-0319
WELSH D. A., CYCLISIERUNGSPHASE D. FISCHERSCHEN INDOLSYNTH., STRUKTUR U. BEDEUT. V. PLIENINGERS ZWISCHENPROD. 57-0256
WELTERS R., ALKALOIDE AUS RHAMNACEEN 1. MITT. 53-0199
WELVART Z., GEMINALE SUBSTITUTION BEI DEN CYCLOHEXANEN 1. MITT. 56-0130
WELZEL P., DIGITANOLGLYKOSIDE 14. MITT. 53-0226
- DIGITANOLGLYKOSIDE 16. MITT. 55-0379
WENDE A., FERROCENDERIV. 8. MITT. 58-0023
WENDLBERGER G., SYNTH. D. GLUCAGONS 11. MITT. 53-0231
- SYNTH. D. GLUCAGONS 12. MITT. 53-0232
- SYNTH. D. GLUCAGONS 14. MITT. 55-0398
WENDLER N. L., TOTALSYNTH. D. MAKROLIDS ZEARALENON 56-0481
- UMWANDL. IN D. 1.2.5.6-TETRAHYDRO-PYRIDIN-REIHE 61-0433
WENNEIS W. F., ARTHROPODEN-ABWEHRSTOFFE 25. MITT. 58-0541
WENNERBECK I., BARRIERE D. INNERENROTAT. UM D. C-C-DOPPELBIND. IN KETENMERCAPTALEN U. AMINALEN 59-0089
WENTRUP G., SOLVOLYSEN V. (CYCLOOCTEN(4)-YL-(1)-METHYL)-TOSYLAT U. ENDO-BICYCLO(3.3.1)NONYL-(2)-TOSYLAT 58-0295

WEPSTER B. M., DARST. EINIGER NEUER M-DI-TERT.-BUTYL-BENZOLDERIV. 54-0177
- DARST. V. 4- ODER 5-SUBSTITUIERTEN 2-TERT.-BUTYLBENZOESAEUREN 54-0197
- PERI-EFFEKT BEI D. HYDRIER. V. 1-TERT.-BUTYL- U. 1.4-DI-TERT.-BUTYL-NAPHTHALIN AN PALLADIUM 59-0084
WERMUTH C., KONDENS. V. BRENZTRAUBENSAEURE MIT N-METHYL-PIPERIDON-(4) 54-0325
- DARST. EINIGER AMINOALKYLHYDRAZINE 56-0191
- KONDENS. V. BRENZTRAUBENSAEURE MIT CYCLOHEXANON 1. MITT. 57-0257
- KONDENS. V. BRENZTRAUBENSAEURE MIT CYCLOHEXANON 2. MITT. 57-0258
- THERAPEUT. INTERESSANTE PYRIDAZINDERIV. 2. MITT. 57-0336
- THERAPEUT. INTERESSANTE PYRIDAZINDERIV. 3. MITT. 57-0337
WERNER G., DARST. V. SCOPIN AUS SCOPOLAMIN 56-0429
WERNER H., EIN NEUER WEG ZUR DARST. SUBSTITUIERTER METALLCARBONYL-KOMPLEXE V. CHROM U. MOLYBDAEN 53-0005
WERNER P., ROENTGENSTRUKTURUNTERS. V. EINIGEN FLAVINDERIV. 57-0075
- KRIST.-STRUKTUR V. CA- U. SR-3-DESOXY-2-C-HYDROXYMETHYL-D-ERYTHRO-PENTONAT U. EINIGE HUECKEL-BERECHN. UEBER D. ENTSPRECHENDE SAEURE 57-0076
WERNER W., EVOCARPIN, EIN NEUES ALKALOID AUS EVODIA RUTAECARPA 56-0502
WERSTIUK N. H., KONSTIT. U. STEREOCHEMIE V. CULMORIN 54-0406
WESEMANN W., N-(BETA-CARBOXY-ACRYLOYL)- U. N-MALEOYL-VERB. V. AMINOSAEUREN 54-0295
WESSEL H., OLEFINRK. 1. MITT. 58-0170
WESSELY F., RED. CYCL. ACYLALE MIT LIALH4 54-0241
WESSLEN B., ALDOL-RK. V. FORMALDEHYD IN NICHTWSS. MEDIEN 1. MITT. 60-0160
- ALDOL-RK. V. FORMALDEHYD IN NICHT-WSS. MEDIEN 2. MITT. 60-0161
WESSLING D., ISOMERISIER. V. 2.3-EPOXY-CYCLODODECANON 1.MITT. 58-0260
WESTERHOF P., STERINE 31.MITT. 56-0463
WESTFELT L., CHEMIE D. ORDN. PINALES 40. MITT. 57-0383
- CHEMIE D. ORDN. PINALES 41. MITT. 57-0384
WESTGEEST J. C. P., PYRAZOLE 3. MITT. 54-0031
WESTLEY J. W., MAGNET. NICHTAEQUIVALENZ EINER ISOPROPYLGRUPPE AUF GRUND STER. HINDER. 56-0044
- BEST. D. ABS. KONFIG. V. ALPHA-ALKYLPHENYLESSIGSAEUREN DURCH GAS-FL.-CHROMATOGRAPHIE 56-0079
WESTOVER L. B., PRAEPARATIVE GAS-FLUESSIGKEITS-CHROMATOGRAPHIE ZUR (2)H-MARKIER. ORGAN. VERB. 56-0159
WESTPHAL Y. L., CHEMIE D. CYCLOHEPTATRIENS 14. MITT. 58-0136
WESTWOOD R., N.N-DIMETHYL-2-FLUOR-2-PHENYLAETHYLAMIN, DARST. U. SOLVOLYSE IN WSS. ACETON 57-0178
WEUFFEN W., NITROTHIOPHEN- U. NITROFURANDERIV. 1.MITT. 61-0565
WEXLER S., PHOTOSENSIBILISIERTE OX. V. ALKYLSUBSTITUIERTEN FURANEN 59-0299
WEYER J., SELEKTIVE KATALYT. OX. 24. MITT. 60-0423
WEYERSTAHL P., EINFACHE DARST. V. 1.1-DIHALOGEN-CYCLOPROPANEN 59-0236
- RK. MIT PHOSPHONYL- U. THIOPHOSPHONYLDICHLORIDEN 59-0254
WHALLEY W. B., EINIGE AUSNAHMEN V. D. AXIAL-HALOGEN-KETON-REGEL 54-0439
- ABS. KONFIG. V. (+)-2-METHYL-2-ISOPROPYL-GLUTARSAEURE U. (+)-2-METHYL-2-ISOPROPYL-BERNSTEINSAEURE 56-0180
- CHEM. VERSCHIEB. 1. MITT. 58-0045
- CHEM. VERSCHIEB. 2. MITT. 58-0046
- CHEM. VERSCHIEB. 3.MITT. 58-0047
- ORD 45. MITT. 61-0034
- SYNTH. V. (+-)-PULVILLORSAEURE U. (+-)-DIHYDROPULVIL-LORSAEUREMETHYLESTER 61-0407
WHARTON C. W., CYTIDYL-2'.3'-PHOSPHAT ALS OBLIGATOR. ZWISCHENPROD. BEI D. DURCH RIBONUCLEASE KATALYSIERTEN HYDROLYSE V. CYTIDYL-3'.5'-CYTIDIN 54-0476
WHATELEY T. L., LEUCKART-RK. MIT 4-TERT.-BUTYL-CYCLOHEXANON 61-0252
WHEATLEY P. J., STRUKTUR V. ANISOMYCIN 60-0096
WHEELER T. S., STEREOCHEM. UNTERS. AN FLAVANEN 53-0158
WHIPPLE E. B., PROTONIER. V. N-PHENYL-PYRROLEN 54-0083
- PHOTOCHEM. ADDIT. V. BENZOPHENON AN FURAN 59-0304
WHISTLER R. L., DERIV. V. 5-DESOXY-5-SELENO-D-XYLOSE 59-0411
WHITE D. E., STRUKTUR V. A1-BARRIGENOL U. R1-BARRIGENOL 56-0459
WHITE E. H., BESTRAHL. V. 2.2'-BIS-(PHENYLAETHINYL)-BIPHENYL 60-0159
WHITE E. P., ISOLIER. V. (+-)-2-ACETAMIDO-2.5-DIHYDRO-5-OXOFURAN AUS FUSARIUM EQUISETI 55-0226
WHITE J. W., NIEDERFREQUENTE MOL.-BEWEG. V. HARNSTOFF DURCH NEUTRONENSREUUNGSSPEKTROSKOPIE 54-0052
WHITEHURST J. S., ABS. KONFIG. V. 1S.5S-(-)-ARGEMONIN U. V. 1R.3R-(+)-TROEGERSCHER BASE 53-0182
WHITFIELD F. B., ALPHA-FARNESEN, D. DUFOUR-DRUESEN-SEKRET D. AMEISE APHAENOGASTER LONGICEPS (F. SM.) 58-0463
WHITHAM G. H., SOLVOLYSE D. TRICHLORACETATS V. ENDO-BICYCLO(3.1.0)HEXEN-(2)-YL-(6)-METHANOL 54-0224
- DARST. V. 3-ACETOXY-CHOLESTADIEN-(1.3) 54-0444
- SOLVOLYT. UMLAGERUNGEN V. BICYCLO(3.2.0)HEPTEN-(6)-YL-(2)- U. BICYCLO(3.2.0)HEPTYL-(2)-DERIV. 55-0093
- SYNTH. V. TRANS-CYCLOOCTEN-(1)-OL-(3) DURCH HYDROLYSE V. EXO-8-BROM-BICYCLO(5.1.0)OCTAN 57-0194
WHITING D. A., BESTANDTEILE V. SEQUOIA SEMPERVIVENS, STRUKTUREN V. SEQUIRIN B U. C 55-0409
WHITTAKER D., SOLVOLYSE V. MYRTANYL-TOSYLATEN, VGL. D. TORSIONS- U. BRUECKENEFFEKTE 59-0128
WHYTE J. N. C., POLYSACCHARIDE AUS SOJABOHNEN 3. MITT. 58-0515
- POLYSACCHARIDE AUS SOJABOHNEN 4. MITT. 58-0516
WIBBERLEY D. G., INDOLIZINE 4. MITT. 58-0398
- 1.8-NAPHTHYRIDINE 2. MITT. 61-0434
WIBERG N., ANORGAN. AZIDE 6. MITT. 55-0002
- ANORGAN. AZIDE 7.MITT. 55-0010
WICK A. K., SCHMELZRK. MIT ALUMINIUMCHLORID 3.MITT. 55-0200
WIEBER M., RK. V. METHYLDICHLORPHOSPHIN MIT EINIGEN O-DISUBSTITUIERTEN BENZOLEN 55-0261
WIEDER G., NATUERL. GERBSTOFFE 39. MITT. 61-0471
WIEGRAEBE W., D. INFRAROT-SPEKTREN EINIGER P-TOLUOLSULFONYL-VERB. 56-0040
WIEGREBE W., UEBERFUEHR. V. 1-BENZYL-ISOCHINOLIN IN BERBINIUM-SALZE 2. MITT. 58-0386
WIELAND D., SYNTH. V. PYRIMIDINTHIONEN-(4) U. PYRAZOLO(3.4-D)PYRIMIDINEN 53-0172
WIELAND P., STEROIDE 210. MITT. 54-0438
WIELAND T., INHALTSSTOFFE D. GRUENEN KNOLLENBLAETTERPILZES 26. MITT. 53-0234
- INHALTSSTOFFE D. GRUENEN KNOLLENBLAETTERPILZES 27. MITT. 53-0235
- INHALTSSTOFFE D. GRUENEN KNOLLENBLAETTERPILZES 28.MITT. 53-0236
- INHALTSSTOFFE D. GRUENEN KNOLLENBLAETTERPILZES 29. MITT. 53-0237
- INHALTSSTOFFE D. GRUENEN KNOLLENBLAETTERPILZES 30. MITT. 53-0238
- INHALTSSTOFFE D. GRUENEN KNOLLENBLAETTERPILZES 31. MITT. 53-0239
- INHALTSSTOFFE D. GRUENEN KNOLLENBLAETTERPILZES, 32. MITT. 58-0503
- INHALTSSTOFFE D. GRUENEN KNOLLENBLAETTERPILZES 33. MITT. 60-0491
WIEMANN J., ZWEIFACHE RED. V. HEPTADIEN-(3.5)-ON-(2) 56-0261
- NMR-UNTERS. D. STEREOCHEMIE D. DUPLIKATIVEN REDUKTION V. UNGESAETTIGTEN ALDEHYDEN U. KETONEN MIT MAGNESIUM 57-0065
- EINW. V. NATRIUM AUF GEMISCHE V. ALPHA,BETA-AETHYLEN-KETONEN U. ACRYLONITRIL 57-0151
- STEREOSPEZIFITAET D. RED. V. BENZYLIDENACETON 57-0186
WIEMER R., STUDIE D. DIELS-ALDER-RK. 6. MITT. 53-0048
WIERSUM U. E., STABILE FURANIUMIONEN 60-0313
WIESNER K., STRUKTUR V. RYANODIN 53-0248
- SYNTH. IN D. LYCOPODIUM-ALKALOID-REIHE 4. MITT. 56-0432
- SYNTH. IN D. REIHE D. LYCOPODIUM-ALKALOIDE 5. MITT. 58-0436
- SYNTH. IN D. LYCOPODIUM-ALKALOID-REIHE 6. MITT. 60-0448
WIJERS H. E., DARST. U. THERM. ZERS. V. 5-PENTYL-1.2.3.4-THIATRIAZOL 60-0358
WILBRAHAM A. C., RADIOLYT. ZERS. V. ALPHA-LIPONSAEURE DURCH X-STRAHLEN IN WSS. LSG., EINE KETTENRK. 61-0374
WILCOX C. F. JUN., EINFL. V. CYCLOPROPYLGRUPPEN U. KONKURRIERENDER EINFL. D. NORBORNANSYST. 60-0125
WILD D., PROTONENRESONANZ-UNTERS. AN SIEBENGLIEDR. RINGVERB. 1. MITT. 53-0018
WILD U., UNTERS. REVERSIBLER PHOTOPROZESSE DURCH BLITZLICHTPHOTOLYSE 3.MITT. 55-0020
- UNTERS. REVERSIBLER PHOTOPROZESSE DURCH BLITZLICHTPHOTOLYSE 4. MITT. 57-0015
WILDE H., SYNTH. V. 1-AMINO-4-ARYL-1.2.3-TRIAZOLEN AUS ALPHA.ALPHA-DIBROM-CARBONYLVERB. 61-0390
WILDSCHUT G. A., CARBANION-BLDG. AUS ESTERN D. ORTHOTHIOKOHLENSAEURE DURCH NUKLEOPHILE SUBSTITUTION AN SCHWEFEL 59-0192
WILEY G. A., ORGANOPHOSPHORCHEMIE 3. MITT. 59-0077
WILHELM A., BIND.-VERHAELTNISSE U. FARBE BEIM 6-NITRO-2H-1-BENZOPYRAN(2-SPIRO-2')-1'.3'.3'-TRIMETHYL-INDOLIN 58-0076
WILK M., EINFL. D. SOLVATAT. AUF ABSORPT. U. FLUORESZENZ V. CHINOLINDERIV. 55-0029
WILKENS H. J., FRAGMENTIER.-RK. 16. MITT. 55-0083
- ENONAMIN-ENOLIMIN-TAUTOMERIE 57-0083
WILKINSON G., HOMOGENE KATALYT. HYDRIER. V. UNGESAETT. ALDEHYDEN ZU GESAETT. ALDEHYDEN 55-0113
- SELEKT. KATALYT. HOMOGENE HYDRIER. V. ENDSTAENDIGEN OLEFINEN UNTER VERW. V. TRIS-(TRIPHENYLPHOSPHIN)-HYDRIDOCHLORORUTHENIUM-(II), H-D-AUSTAUSCH U. ISOMERISIER.-RK. V. OLEFINEN 58-0108
- RHENIUM(IV)-NITRILKOMPLEXE 59-0028
- BIS-(TRIPHENYLPHOSPHIN)-CARBONATO-PLATIN(II) 59-0039
WILLECOMME B., UNTERS. IN D. REIHE D. SULFONAMIDE 59-0384
WILLHALM B., BLDG. U. UMWANDL. V. ESTERN, 72.MITT. 54-0368
- MASSENSPEKTREN IN D. ANALYSE 9. MITT. 55-0050
- AROMEN 13. MITT. 55-0414
- AROMEN 14.MITT. 55-0415
- MASSENSPEKTREN IN D. ANALYSE 10. MITT. 57-0045
- BLDG. U. UMWANDL. V. ESTERN 75.MITT. 60-0408

WILLIAMS C. A. J., SYNTH. IN D. LYCOPODIUM-ALKALOID-REIHE 4. MITT. 56-0432

WILLIAMS D. H., MASSENSPEKTROMETRIE 17. MITT. 53-0026
- MASSENSPEKTROMETRIE 18.MITT. 53-0027
- WANDER. AN DURCH ELEKTRONENSTOSS ERZEUGTE CARBONIUMIONEN 54-0042
- RHIZOPHORACEEN-ALKALOIDE 3. MITT. 54-0392
- EIN STABILES ALKYLIDENDIPHOSPHORAN 58-0243
- NMR-SPEKTREN V. VIERGLIEDRIGEN CARBOCYCL. RINGSYST. 59-0057
- MASSENSPEKTROMETRIE 20.MITT. 61-0061

WILLIAMS D. L. H., BETEILIG. V. HYDROXYLGRUPPEN BEI ADDIT. V. JOD AN UNGESAETT. ALKOHOLE 58-0129

WILLIAMS G. H., BRAUCHBARE SYNTH. V. ARYLBENZOLEN 59-0262

WILLIAMS J. L. R., BOR-PHOTOCHEMIE, 1-PHENYLCYCLOHEXA-DIEN-(1.4) AUS NA-TETRAPHENYLBORAT 54-0238

WILLIAMS J. M., SELEKTIVE ACYLIER. V. PYRANOSIDEN 1.MITT. 55-0321
- SELEKTIVE ACYLIER. V. PYRANOSIDEN 2. MITT., 57-0353

WILLIAMS J. O., PHOTOCHEM. UMWANDL. IN KRIST. ANTHRACENEN, BEDEUT. V. KRIST.-FEHLERN 59-0095

WILLIAMS J. R., NEUE PHOTOCHEM. UMLAGER. BETA,GAMMA-UNGESAETT. CYCL. KETONE 56-0158
- PHOTOCHEM. SYNTH. V. A-NOR-5ALPHA.10ALPHA-STEROIDEN 59-0477

WILLIAMS P., CIS- U. TRANS-ISOMERISIER. BEI 2-(1-INDANYLIDEN)-INDAN-1-ON 61-0270

WILLIAMS P. J., ALPHA-FARNESEN, D. DUFOUR-DRUESEN-SEKRET D. AMEISE APHAENOGASTER LONGICEPS (F. SM.) 58-0463

WILLIAMS R. J. P., METALL-LIGAND-WECHSELWRKG. IN KOBALT(III)KOMPLEXEN, D. SICH V. VITAMIN B12 ABLEITEN 59-0034

WILLIAMS R. L., STRUKTUR V. TETRAMEREM ALPHA-METHYL-STYROL 59-0257

WILLIAMS R. O., SYNTH. V. NORADAMANTAN MIT FUNKT. AM C(2) 60-0294
- BLDG. V. DIHYDROPYRANEN AUS CIS-HEXEN-(3)-DION-(2.5) U. FULVENEN 60-0361
- UMLAGER. V. OXO-DICYCLOPENTADIENEN 61-0321

WILLIAMSON M. P., 1-INDENYLIDENTRIPHENYLPHOSPHORAN 58-0274

WILLIS C. R., CROTONIN, EIN FURANOID-NORDITERPEN AUS CROTON LUCIDUS L. 56-0443

WILLIS J. A. D., SUBSTITUIERTE PYRROLO(3.4-D)PYRIMIDINE, IHRE DARST. AUS 3-AMINO-4-CYAN-DELTA(3)-PYRROLINEN 57-0339
- 3-AMINO-4-THIOCARBAMOYL-DELTA(3)-PYRROLINE, IHRE UMWANDL. IN PYRROLO(3.4-D)PYRIMIDINTHIOLE-(4) 57-0340

WILLITZER H., STICKSTOFFLOST-DERIV. DURCH RK. V. N.N-BIS-(BETA-CHLOR-AETHYL)-P-TRICYANVINYL-ANILIN MIT NATRIUMSALZEN V. OH-, NH-, PH- U. SH-ACIDEN VERB. 61-0214

WILMSHURST T. H., VERBESSERTE TECHNIK ZUR AUFZEICHN. KURZZEIT. ELEKTRONENSPINRESONANZSPEKTREN 60-0512

WILOTH F., DECARBOXYLIER. BEI BETA-KETOSAEUREAMIDEN 60-0248

WILSON D. A., RK. V. STERINEN MIT DIMETHYLSULFOXID U. ACETANHYDRID 57-0404

WILSON G. E. JUN., ACIDITAET V. THIOLESTERN 58-0075

WILSON J. G., H-N-C-H-KOPPL. IN D. NMR-SPEKTREN V. 3-AMINO-ACRYLSAEUREESTERN 60-0051

WILSON J. M., MASSENSPEKTROMETRIE BEI STRUKTUR- U. STEREOCHEM. PROBLEMEN 90. MITT. 54-0039

WILSON L. A., KINETIK D. ZERS. EINES PHOSPHORYLIERTEN TRIAZOLINS, NACHWEIS EINES DIPOLAREN INTERMEDIAEREN IONS 54-0126

WINCH R. W., RK. V. PHENYLACETONITRIL MIT CS2 U. D. DARST.V. 4-ARYL-ISOTHIAZOLEN 53-0144

WINDHOLZ T. B., TRICHLORAETHOXYCARBONYL, EINE ALLGEMEIN VERWENDBARE SCHUTZGRUPPE 60-0166
- ANALOGON V. 18-NOROESTRON MIT AROMAT. C-RING 61-0545

WINGLER F., TRIMERISIER. V. AETHYLIDENMALONSAEURE-DIMETHYLESTER 60-0247

WINKLER H., STEREOCHEMIE D. BROM-ELIMINIER. V. VIC.-DIBROMIDEN MIT PHENYLLITHIUM 60-0173

WINKLER H. J. S., STEREOCHEMIE D. BROM-ELIMINIER. V. VIC.-DIBROMIDEN MIT PHENYLLITHIUM 60-0173

WINSON P. H., SELBSTASSOZIAT. V. PHENYLBORONSAEURE-DIBENZYLESTER 58-0095

WINSTEIN S., SOLVOLYSE V. 9-SUBSTITUIERTEN 10-ANTHRANYL-SYST. 59-0130

WINTER M., AROMEN 13. MITT. 55-0414
- AROMEN 14.MITT. 55-0415

WINTER R. E. K., PHOTOCHEM. ISOMERISIER. V. 1-ACETYL-BICYCLO(4.1.0)HEPTAN, INTRAMOL. UMLAGER. 59-0289

WINTERFELD K., SYNTH. D. 5-(PYRIDYL-(2))-5.6.7.8-TETRAHYDRO-CHINOLINS U. EINIGER 8-SUBSTITUIERTER DERIV. 60-0380

WINTERFELDT E., RK. AN INDOLDERIV. 4. MITT. 58-0393

WINTERS L. J., UMWANDL. V. DODECYLPYRIDINIUMBROMID 1.MITT. 59-0360

WINTERS T. E., BIOSYNTH. V. PHENOLEN 11. MITT. 58-0272

WIRTH M., ORGAN. SCHWEFELVERB. 80. MITT. 58-0383

WIRTHWEIN R., HETARINE 7. MITT. 60-0137
- HETARINE 8. MITT. 60-0138

WISE E. J., MASSENSPEKTREN ORGAN. VERB. 2.MITT. 55-0052

WISE W. B., KERNMAGNET. RESONANZUNTERS. V. BIS-(ALLYL)-RHODIUM-CHLORID 59-0006

WISKOTT E., NORADAMANTAN DURCH ALUMINIUMHALOGENID-KATALYSIERTE UMLAGER. 60-0293

WITEK H., RK. V. TRIS-(CARBAETHOXY)-METHAN 1. MITT. 55-0128
- RK. V. TRICARBAETHOXYMETHAN 2. MITT. 57-0328
- RK. V. TRICARBAETHOXY-METHAN 3. MITT. 60-0400

WITKOP B., ISOLIER. V. RHAZIDIN U. AKUAMMIDIN AUS ASPIDOSPERMA QUEBRACHO BLANCO, STRUKTUR V. RHAZIDIN 53-0196

WITTIG G., METHYLENIERTE METALLHALOGENIDE 5. MITT. 57-0242
- RK.-WEISE V. 2.2'-DILITHIUM-BIPHENYL GEGENUEBER METALLHALOGENIDEN 2. MITT. 59-0018

WITTMANN H., SPALT. MITTELS DIAZONIUMVERB. U. CHINONIMIDCHLORID 11. MITT. 56-0234
- SYNTH. V. HETEROCYCLEN 94. MITT. 59-0342

WITZLER F., CIS-1.2-DICYAN-1.2-DIFLUOR-AETHYLEN 55-0131
- 2.4-DICYAN- U. 2.4.6-TRICYAN-FLUORBENZOL 55-0158
- 1.3.5-TRICHLOR-2.4.6-TRICYAN-BENZOL U. 1.3.5-TRIFLUOR-2.4.6-TRICYAN-BENZOL 57-0177

WODAK J., PEROXYDASE-WRKG. 15. MITT. 53-0054

WOENCKHAUS C., D. INTRAMOL. WECHSELWRKG. IN COENZYMEN 3. MITT. 53-0243

WOJACZYNSKI K., STEREOSELEKTIVER WEG ZUR DARST. ALPHA,BETA-UNGESAETT. ALKOHOLE 5. MITT. 56-0255

WOJCIECHOWSKI J., RK. D. 5-BROMURACILYL-(4)-ESSIGSAEURE 57-0327
- SYNTH. EINIGER NEUER 2.4.6-TRISUBSTITUIERTER PYRIMIDINE 60-0399

WOJCIECHOWSKI L., RK. V. DIMERCAPTO-MALEINSAEURE 7.MITT. 60-0395

WOJNAROWSKI W., STEREOCHEM. UNTERS. IN D. CEDRANREIHE 2.MITT. 55-0367
- ZUGANG ZUM BICYCLO(4.2.1)NONAN-SYST. 58-0289

WOJTKOWIAK B., INFRAROTSPEKTROSKOP. UNTERS. D. SUBSTITUENTENEFFEKTE AUF D. MOL.-ASSOZIAT. UEBER WASSERSTOFFBRUECKEN 57-0081

WOJTKOWSKI P., RK. V. ORGANOBORANEN MIT DIMETHYLSULFONI-UM-METHYLID 59-0203

WOLF F., DURCH JOD KATALYSIERTE SCHWEFELKOHLENSTOFF-CHLORIER. 58-0181
- UMSETZ. MIT TRICHLORMETHANTHIOSULFENYLCHLORID 58-0224

WOLF H., CHLOROPHYLL U. HAEMIN 13.MITT. 59-0447

WOLF R., PHOSPHORANE MIT PHOSPHOR-WASSERSTOFF-BIND. 54-0317
- OPT. ROTAT.-DISPERS. BEI WSS. LSG. V. JOD-AMYLOSE U. JOD-AMYLOPEKTIN 58-0034

WOLF W., PHOTOCHEM. CYCLISIER. V. BENZANILIDEN 61-0423

WOLFF M. E., CYCL. DERIV. V. STEROIDHYDROXAMSAEUREN 53-0228

WOLFROM M. L., SULFATANORDN. IN HEPARIN 56-0418

WOLFSBERGER W., ISOMERE METALLORGAN. VERB. 4.MITT. 55-0006
- ISOSTERE METALLORGAN. VERB. 5. MITT. 55-0007
- ISOSTERE METALLORGAN. VERB. 6. MITT. 55-0008

WOLLMANN H., CHEM. U. PHYSIOLOG.-CHEM. STUDIEN AN DERMATOMYCETEN 2. MITT. 59-0503
- CHEM. U. PHYSIOLOG.-CHEM. STUDIEN AN DERMATOMYCETEN 3. MITT. 60-0455

WOLLRAB V., NATURWACHSE 5. MITT. 56-0499

WOLMAN Y., SYNTH. AKTIVIERTER ESTER V. N-GESCHUETZTEN AMINOSAEUREN 57-0160
- POLYHEXAMETHYLENCARBODIIMID, EIN UNLOESL. KONDENS.-REAGENS IN D. PEPTIDSYNTH. 61-0176

WOLOVSKY R., UNGESAETT. MAKROCYCL. VERB. 47. MITT. 58-0253

WOLSKI A., TUMORINHIBIERENDE VERB. 36. MITT. 55-0298

WOLSTENHOLME W. A., ISOLIER. NEUER BIFLAVANONE AUS D. KERNHOLZ V. GARCINIA BUCHANANII 55-0410
- BEST. D. AMINOSAEURESEQUENZEN IN OLIGOPEPTIDEN DURCH D. MASSENSPEKTROMETRIE 9. MITT. 61-0068
- BEMERK. ZUR MASSENSPEKTROMETR. U. THERM. FRAGMENTIER. V. FLAVANONEN U. BIFLAVANONEN 61-0502

WONG L., EINFUEHR. V. ISOCYANWASSERSTOFF IN SAEUREKATALYSIERTE RK. V. ORGANOPENTACYANOCOBALTAT (III)-IONEN 57-0012

WOODGATE P. D., PHOTOCHEMIE V. HYDROXYCYCLOHEXADIENONEN 60-0285

WOODS M., RK. ZWISCHEN TRIPHENYLPHOSPHIN U. 5-METHOXYFURAN-2.3.4-TRICARBONSAEURE-TRIMETHYLESTER 61-0223

WOODS M. C., ORGAN. PHOTOCHEMIE, 4. MITT. 54-0243
- GINKGOLIDE, 3.MITT. 54-0466
- GINKGOLIDE, 4.MITT. 54-0467
- GINKGOLIDE, 5.MITT. 54-0468
- PENTACYCLO(7.5.0.0(2.7).0(5.13).0(6.12))TETRADECADIEN-(3.10)-ON-(8) 55-0212
- STRUKTUR V. FIBRAURIN U. EINEM NEBENPROD. AUS FIBRAUREA CHLOROLEUCA 59-0455

WOODWARD P., KRISTALLSTRUKTUR V. PENTAAETHYL-CYCLOPENTAPHOSPHIN-MOLYBDAEN-TETRACARBONYL, (C2H5P)5MO(CO)4, U. TETRAAETHYL-CYCLOTETRAPHOSPHIN-WOLFRAM-TETRACARBONYL, (C2H5P)4W(CO)4 61-0007

WOOLARD G. R., STRUKTUR V. EURYOPSONOL 58-0307

WOOLLIAMS P. R., PARAMAGNET. FERROCEN-SAEUREADDUKTE 59-0033

WOOTTEN M. J., ANWEND. V. SPEKTROSKOP. U. RELAXAT.-TECHNIKEN ZUR UNTERS. V. TERT.-BUTYLALKOHOL-WASSER-GEMISCHEN 57-0073

WORSCHECH K., CHINOLE, CHINOLAETHER U. CHINOLESTER AUS ARYLIERTEN PHENOLEN 54-0185
WOTSCHOKOWSKY M., POLYACETYLENVERB. 134. MITT. 61-0554
WRAGG K., STRUKTUR V. ENTANDROPHRAGMIN 54-0459
WRIGHT D. E., D. PIGMENTE D. STOCKLACKS 2. MITT. 58-0445
WRIGHT I. G., PYRON-UNTERS. 1. MITT. 61-0402
WRIGHT M., SYNTH. V. TRANS-CYCLOOCTEN-(1)-OL-(3) DURCH HYDROLYSE V. EXO-8-BROM-BICYCLO(5.1.0)OCTAN 57-0194
WRIGHT S. H. B., BICYCL. PYRIMIDINDERIV. MIT STICKSTOFFBRUECKENKOPFATOMEN, 1.MITT. 56-0400
- BICYCL. PYRIMIDINDERIV. MIT STICKSTOFFBRUECKENKOPFATOMEN 2. MITT. 56-0401
WRIGHT W. G., RHIZOPHORACEEN-ALKALOIDE 2. MITT. 54-0391
- RHIZOPHORACEEN-ALKALOIDE 1. MITT. 55-0346
WRIGHT W. V., KINETIK D. BROMADDIT. AN OLEFINEN 10. MITT. 61-0111
WRIGLEY J. O. L., CYCL. ORGANOPHOSPHORVERB. 4. MITT. 53-0179
WROBEL J. R., ULTRAVIOLETT-SPEKTRUM V. TETRAHYDROTHIOPHEN 55-0026
WROBEL J. T., SPALT. V. KOHLENSTOFF-STICKSTOFF-BIND. IN HETEROCYCL. QUATERN. AMMONIUMSALZEN 2. MITT. 57-0271
- SPALT. V. KOHLENSTOFF-STICKSTOFF-BIND. IN HETEROCYCL. QUATERN. AMMONIUMSALZEN 3. MITT. 61-0216
WROTEK J., INDOLDERIV. 2. MITT. 60-0321
- INDOLDERIV. 1. MITT. 61-0365
WU C., LAD.-VERTEIL. IN DICARBONIUMIONEN 56-0056
WUCHERPFENNIG W., VERBESSERTE SYNTH. V. CYCLOHEXADIEN-(1.3) 58-0252
- DIENADDITIONEN V. N-SULFINYLCARBONAMIDEN 61-0450
WUENSCH E., SYNTH. D. GLUCAGONS 11. MITT. 53-0231
- SYNTH. D. GLUCAGONS 12. MITT. 53-0232
- SYNTH. D. GLUCAGONS 13. MITT. 55-0397
- SYNTH. D. GLUCAGONS 14. MITT. 55-0398
WUENSCHE C., DIMETHOXYCARBEN BEI D. GASPHASENPYROLYSE EINES 7.7-DIMETHOXY-NORBORNADIENS 55-0209
WUEST H., STEREOSELEKTIVE SYNTH. ZWEIER STEREOISOMERER TRIOXIDE C18H30O3, V. AMBREINOLID U. SCLAREOLLACTON AUS (+)-MANOOLDERIV. 60-0462
WUESTHOFF M. T., STRUKTUR U. STEREOCHEMIE D. KETOSAEUREN, D. SICH V. MENTHOFURAN-PHOTOPEROXID ABLEITEN 59-0253
- PHOTOSENSIBILISIERTE OX. V. ALKYLSUBSTITUIERTEN FURANEN 59-0299
WULF H., KRISTALLSTRUKTUR V. MACROSALHIN-BROMID 58-0086
WULFF G., SARSAPARILLOSID, EIN SAPONINDERIV. MIT BIS-GLYKOSID. FUROSTANOLSTRUKTUR 60-0437
WULFF J., CYCLOADDIT. V. NITRILOXIDEN AN METHYLENPHOSPHORANE 55-0262
- UMSETZ. D. NITRILOXIDE MIT IMINOPHOSPHORANEN 55-0263
WULFMAN D. S., 1-AZATRICYCLO(3.3.0.0(2.8))OCTADIEN-(3.6) 57-0270
WUNDERER H., UEBER D. CHEM. AUFBAU D. APFELSCHALE 4. MITT. 56-0452
WURMB R., NATUERL. GERBSTOFFE 34. MITT. 61-0466
- NATUERL. GERBSTOFFE 35.MITT. 61-0467
- NATUERL. GERBSTOFFE 36. MITT. 61-0468
- NATUERL. GERBSTOFFE 37.MITT. 61-0469
WYLDE J., KINETIK U. MECHANISMUS D. RINGOEFFN. V. EPISULFIDEN DURCH SEK. AMINE 1. MITT. 58-0149
- KINETIK U. MECHANISMEN D. RINGOEFFN. V. EPISULFIDEN IN SAUREM MEDIUM 2. MITT. 58-0150
WYLDE R., EINFL. STER. EFFEKTE AUF D. CHEM. U. NMR-SPEKTROSKOP. EIG. V. TRANS-9-AMINO-10-DEKAHYDRO-NAPHTHOL 57-0037
WYLER H., PRAEBETANIN, EIN SCHWEFELSAEURE-HALBESTER D. BETANINS, EIN BEITRAG ZUR KENNTNIS DER BETACYANE 55-0350
- UMWANDL. V. BETANIDIN U. BETANIN IN NEOBETANIDINDERIV. 61-0499
WYMORE C. E., BIS-(TRIPHENYLPHOSPHIN)-CARBONATO-PLATIN(II) 59-0039
WYNBERG H., CHEMIE D. POLYTHIENYLE 3. MITT. 54-0291
- THIENO-(3.4-B)-THIOPHEN, D. DRITTE THIOPHTHEN 55-0229
- SYNTH. U. SPEKTRAL-DATEN V. 3.3-BIFURAN 57-0252
- STABILE FURANIUMIONEN 60-0313
- ISOKONDENSIERTE THIENOPYRROLE, 5-AETHYL-5H-THIENO(2.3-C)PYRROL, EIN NEUES HETEROAROMAT. SYST. 60-0318
WYRZYKIEWICZ E., HYDROLYSE EINIGER BENZOXAZOLDERIV. 56-0350
WYZGOWSKA L., RK. V. TRIS-(CARBAETHOXY)-METHAN 1. MITT. 55-0128

Y

YAGI H., TOTALSYNTH. V. (+-)-GLAZIOVIN DURCH PHENOL. OX.-KOPPL. 59-0429
YAGIL G., PROTONENDISSOZIAT.-KONST. V. PYRROL, INDOL U. VERWANDTEN VERB. 59-0103
YAHYA H. K., NITROMETHAN-KONDENS. MIT DIALDEHYDEN, 8.MITT. 60-0424
YAMADA K., ANORMALE AUFHEB. D. ABSCHIRM. EINES METHINPROTONS DURCH EINE BENACHBARTE ACETYLGRUPPE 60-0050
YAMADA S., SYNTH. V. 1-METHYL-16-DESMETHOXYCARBONYL-20-DESAETHYLIDEN-VOBASIN 54-0397
- N-OXIDE V. N-HETEROAROMATEN MIT PI-ELEKTRONENDEFIZIT 8. MITT. 55-0101
- 1-(3-METHYL-INDOLYL-(2))-PYRIDINIUMBROMID, SYNTH. U. AUTOX. SEINES HYDRIER.-PROD. 55-0280
- EINFL. V. FUNKTIONELLEN NACHBARGRUPPEN AUF D. BLDG. V. ASYMM. ZENTREN IN 1.2-STELL. BEI D. RED. V. KETONEN MIT NABH4 57-0091
- N-OXIDE V. N-HETEROAROMATEN MIT PI-ELEKTRONEN-UNTERSCHUSS 9.MITT. 58-0422
- NICHTENZYMAT. UMWANDL. V. PHENYLALANIN IN TROPASAEURE 60-0214
YAMAKAWA K., STEREOCHEMIE, RINGSCHLUSS- U. RINGOEFFNUNGS-RK. V. FERROCENOPHAN-AETHERN 60-0091
YAMAMOTO K., STRUKTUR V. GLAUPALOL, EINEM NEUEN FURANOCUMARIN AUS GLAUCIDIUM PALMATUM SIEB. ET ZUCC. 60-0360
YAMAMOTO Y., OOSPOLID, EIN ZEHNGLIEDRIGES CYCL. LACTON AUS OOSPORA ASTRINGENES 60-0497
YAMAMURA S., STRUKTUR V. CODAPHNIPHYLLIN 54-0389
- ZWEISTUFENSYNTH. D. PYRONO-CHINOIDSYST. 57-0277
- ISOLIER. V. YUZURIMIN A U. B AUS DAPHNIPHYLLUM MACROPODUM MIQUEL 60-0453
- UNTERS. AN DAPHNIPHYLLIN 61-0492
YAMANAKA H., SYNTH. U. EINIGE RK. V. 7-HALOGEN- U. 7.7-DIHALOGENNORCARANEN 55-0213
- RINGERWEITER. V. 7-HALOGEN- U. 7.7-DIHALOGEN-2-OXANORCARANEN IN CHINOLIN 60-0414
- KETEN U. SEINE DERIV. 13.MITT. 61-0175
YAMAUCHI M., PHOTOCYCLOADDIT. V. THIOBENZOPHENON AN OLEFINEN 58-0401
YAMAWAKI Y., TOTALSYNTH. V. SECURININ U. VIROSECURININ 55-0338
YAMAZAKI I., SYNTH. U. KMR-SPEKTREN V. 22.27-IMINO-17.23-OXIDO-JERVAN-DERIV. 56-0425
YAMAZAKI M., BIOSYNTH. V. EVODIA-ALKALOIDEN 2.MITT. 61-0573
YANAGI K., NEUES ERGEBNIS EINER PERI-WECHSELWRKG. 56-0138
YANKOV L., ISOLIERUNG UND CHARAKTERISIERUNG VON GERANYLGERANIOL 53-0058
YANOVSKAYA L. A., RK. V. CYANHYDRINEN MIT ALPHA.BETA-UNGESAETT. ALDEHYDEN 55-0157
YATAGAI M., CHAMIGREN, EIN SESQUITERPENKOHLENWASSERSTOFF MIT EINEM NEUARTIGEN KOHLENSTOFFGERUEST 56-0441
YATES P., QUECKSILBER-DERIVATE VON ALPHA-DIAZOKETONEN 53-0002
- STRUKTUR U. STEREOCHEMIE V. DESAURIN (AUS ACETOPHENON) 53-0036
- BILDUNG VON DIHYDRO-SYMM.-TETRAZINEN DURCH REAKTION VON ALPHA-DIAZOKETONEN MIT BASEN 53-0180
- NEUE UNTERS. D. STRUKTUR EINES VERMEINTL. DIBENZO(A.E)CYCLOOCTENTRIONS 61-0403
- ''DIMETHYLMANGOSTINHYDROCHLORID'' 61-0500
YATES S. G., BLDG. EINES TOX. BUTENOLIDS DURCH FUSARIUM NIVALE (FRIES) CESATI, ISOLIERT AUS ROHRSCHWINGEL (FESTUCA ARUNDINACEA SCHREB.) 54-0164
YEKUNDI K., D. BIOLOG. VERH. V. FETTSAEUREN MIT DREIFACHBIND. 2. MITT. 55-0431
YIP R. W., PHOTOCHEMISCHE SYNTHESEN. 14. MITT. 53-0060
YOGEV A., CHIRALITAET D. ISOLIERTEN DOPPELBINDUNGSCHROMOPHORS 58-0033
YOKOE I., N-OXIDE V. N-HETEROAROMATEN MIT PI-ELEKTRONENDEFIZIT 8. MITT. 55-0101
- N-OXIDE V. N-HETEROAROMATEN MIT PI-ELEKTRONEN-UNTERSCHUSS 9.MITT. 58-0422
YOKOTA T., GIBBERELLIN IN UNREIFEN SAMEN V. PHARBITIS NIL 55-0418
YOKOYAMA H., IDENTITAET V. NEOXANTHIN U. FOLIAXANTHIN 59-0443
YONEDA F., BEQUEME OX. V. HYDROXYLAMINEN ZU NITROSOVERB. 56-0198
YOSHIDA H., SYNTH. V. POLYSTYROL MIT VERDAZYL-STRUKTUR 61-0560
YOSHIDA T., CHAMIGREN, EIN SESQUITERPENKOHLENWASSERSTOFF MIT EINEM NEUARTIGEN KOHLENSTOFFGERUEST 56-0441
YOSHIKAWA H., TOTALSYNTH. V. SECURININ U. VIROSECURININ 55-0338
YOSHIKOSHI A., WECHSELSEITIGE UMWANDL. ZWISCHEN HIBAEN U. KAUREN 55-0356
- TOTALSYNTH. V. (+-)-CHAMIGREN 56-0442
- STRUKTUR D. ZIZANOESAEURE, EINEM NEUEN SESQUITERPEN IM VETIVEROEL 60-0467
YOSHIMURA J., NITROMETHAN-KONDENS. MIT DIALDEHYDEN 6. MITT. 59-0427
YOSHIZAWA J., SYNTH., ORD U. ZIRKULARDICHROISMUS V. NEUEN STEROIDHETEROCYCLEN, D. AM RING D MIT EINEM 4-OXO-PERHYDROPYRIDAZINSYST. KONDENSIERT SIND 55-0388
YOSHIZUMI H., ORGAN. MASSENSPEKTROMETRIE 8. MITT. 60-0064
YOSIOKA I., STRUKTUREN V. AESCIGENIN U. PROTOAESCIGENIN IN BEZIEH. ZU D. THEASAPOGENOLEN A U. B (BARRINGTOGENOL C) KONFIG. D. HYDROXYLGRUPPEN AM RING E 54-0421
- STRUKTUR V. JEGOSAPOGENIN, 21-TIGLOYL-BARRINGTOGENOL C 59-0474
- SAPOGENINE AUS ROSSKASTANIEN-SAPONINEN DURCH BODENBAKTERIEN-HYDROLYSE, EIN NEUES NEBENSAPOGENIN, 16-DESOXY-BARRINGTOGENOL C 60-0479
YOUNG G. T., ANCHIMERE BESCHLEUNIG. D. AMINOLYSE V. ESTERN U. D. ANWEND. ZU PEPTID-SYNTH. 54-0113
- AMINOSAEUREN U. PEPTIDE 25. MITT. 57-0410
YOUNG R. H., DICARBONIUMIONEN D. BIPHENYL-REIHE 56-0036
- LAD.-VERTEIL. IN DICARBONIUMIONEN 56-0056
YOVANIDIS C., NEUE METH. BEI PEPTID-SYNTH. 4. MITT. 61-0553

YU R. J., SYNTH. V. 3 STEROISOMEREN D. 2-DESOXYSTREPTAMINS 55-0174
YUDIN A. T., STEREOCHEM. UNTERS. 40. MITT. 57-0203

Z

ZABZA A., STEREOSELEKTIVER WEG ZUR DARST. ALPHA,BETA-UNGESAETT. ALKOHOLE 5. MITT. 56-0255
ZACHARKIN L. I., ALLYLBROMIER. V. TRANS.TRANS.TRANS- U. CIS.TRANS.TRANS-CYCLODODECATRIEN-(1.5.9) 54-0221
ZACHAROVA N. A., DERIV. D. BETA-HYDRAZINO-PROPIONSAEURE 57-0284
- ESTER V. TROPIN, 1-DIAETHYLAMINO-PROPANOL-(2) U. DIAETHYLAMINOAETHANOL 60-0261
ZACHOVA J., STEROID-DERIV. 50. MITT. 58-0484
ZAGOREVSKIJ V. A., PYRAN, SEINE ANALOGA U. VERWANDTE VERB. 25. MITT. 57-0253
ZAHN H., REAKTIVITAET V. AMINOSAEUREGRUPPEN 1. MITT. 59-0199
- PEPTIDE 63.MITT. 61-0552
ZAHN U., GALENIK D. VITAMINE 12. MITT. 59-0354
ZAHRADNIK R., PHYSIKAL. EIG. U. CHEM. REAKTIVITAETEN V. ALTERNIERENDEN KW-STOFFEN U. VERWANDTEN VERB. 11. MITT. 60-0043
ZAJCEV V. V., DERIV. D. BETA-HYDRAZINO-PROPIONSAEURE 57-0284
ZAJCEVA M. G., STEREOCHEMIE D. ACETYLENSYNTH. 5. MITT. 58-0390
ZAJONC V. I., STRUKTUR U. UMWANDL. V. AROMAT. DIAZOVERB. 41. MITT. 61-0269
ZAKATOVA N. V., RK. V. AROMAT. AETHERN U. THIOAETHERN MIT ALKALIMETALLEN 58-0143
ZAKHARYCHEV A. V., KONDENS. V. VINYLCYCLENOLEN MIT CYCL. 1.3-DIKETONEN 55-0385
ZALKOW L. H., WEITBEREICHS-HYPERFEINAUFSPALT. BEI BICYCL. SEMIDIONEN 58-0057
ZALUKAEV L. P., 2-ARYL-INDANDIONE-(1.3) IN RADIKALRK., ZUSAMMENHANG ZWISCHEN D. STRUKTUR U. D. ANTIOXYDATIVEN WRKG. 58-0101
- VERW. V. 2-ARYL-INDANDIONEN-(1.3) BEI D. INHIBITORMETH. 58-0102
- BIMOLEKULARE ALKYLIDENARYLAMINE 11.MITT. 58-0389
- ADDIT. V. ACYLESSIGSAEUREESTERN AN 2-ARYLIDEN-INDANDIONE-(1.3) 2.MITT. 61-0272
ZALUSKI M., SYNTH. V. 4-SUBSTITUIERTEN FURO(2.3-D)PYRIDAZINEN 54-0357
ZAMBONELLI L., KRISTALL- U. MOLEKULARSTRUKTUR V. BIS-(N.N-DIAETHYLDITHIOCARBAMATO)-NITROSYL-EISEN(II) 60-0007
ZAMIR L. (COHEN), STER. ASPEKTE D. INTRAMOL. CYCLISIER. V. 2-ARYL-CYCLOHEXYLESSIGSAEUREN 3. MITT. 53-0102
ZAMLYNSKI W., INNERE ROTAT. UM D. C(AROM)-O-BIND. 1. MITT. 57-0062
- INNERE ROTAT. UM D. C(AROM)-O-BIND. 2. MITT. 60-0069
ZANDER M., NACHW. D. DOPPELBIND.-CHARAKTERS IN METHYLDERIV. D. PHENANTHRENS, PYRENS, CHRYSENS U. CORONENS DURCH NMR 54-0038
- INNERMOL. UMLAGER. V. ANELLIERTEN CARBAZOLEN 61-0364
ZANNUCCI J. S., DAMPFDRUCKE V. CIS- U. TRANS-ESTERN V. 4-TERT.-BUTYL-CYCLOHEXANCARBONSAEURE U. 4-TERT.-BUTYL-CYCLOHEXANOL 61-0088
ZAORAL M., AMINOSAEUREN U. PEPTIDE 68.MITT. 55-0394
- AMINOSAEUREN U. PEPTIDE 70. MITT. 56-0475
- AMINOSAEUREN U. PEPTIDE 71. MITT. 56-0476
ZARVA T. V., SYNTH. V. AETHINYLKETONEN MIT HILFE V. CO-DERIV. 54-0214
ZARYTOVA V. F., SYNTH. V. RIBONUCLEOSIDEN U. DIRIBONUCLEOSID-PHOSPHATEN, D. 2-CHLOR-AETHYLAMIN U. STICKSTOFF-LOST-RESTE ENTHALTEN 61-0480
ZAVADA J., AENDER. D. BLDG.-GESCHW. V. CYCLOALKENEN AUS CYCLOALKYLBROMIDEN MIT D. RINGGROESSE ALS HINWEIS AUF D. MECHANISMUS 54-0106
- SYN-ANTI-ELIMINIER.-DICHOTOMIE, GEMEINSAMES MERKMAL IN D. HOFMANN-ELIMINIER. 59-0137
- STEREOCHEM. UNTERS. 41. MITT. 60-0119
- STEREOCHEM. UNTERS. 42. MITT. 60-0120
ZAVGORODNIJ S. V., RK. V. ANISOL U. PHENETOL MIT CYCLOPENTANON IN GGW. V. BF3-H3PO4 54-0240
ZAWADOWSKI T., KONDENS.-RK. V. 3-PHENANTHROL MIT FORMALDEHYD 57-0227
ZAYED S. M. A. D., SPALT.-RK. MIT ORGAN. DISULFIDEN 56-0161
- THIENOBENZOPYRONE U. -FURANE 59-0313
- EIG. V. (ARYLMERCAPTO)ACETHYDROXAMSAEUREN 60-0207
ZBIRAL E., RK. MIT PHOSPHORORGAN. VERB. 11. MITT. 59-0230
- RK. MIT PHOSPHORORGAN. VERB. 12. MITT. 59-0234
ZDANOV J. A., SYNTH. V. PYRYLIUMSALZEN AUS CYCL. TERTIAEREN ALKOHOLEN 59-0347
ZDANOV S. I., POLAROGRAPHIE V. CYCLOPENTADIENYLTHALLIUM 60-0010
ZDANOVIC E. S., SYNTH. D. OPT. AKT. ALPHA-HYDROXY-BETA.BETA-DIMETHYLGAMMA-BUTYROLACTONE (PANTOLACTONE) 59-0190
ZDANOVICH V. I., ION. HYDRIER. D. AETHYLENBIND. U. D. DOPPELBIND. V. CARBONYLGRUPPEN 58-0109
ZDERO C., POLYACETYLENVERBINDUNGEN. 119. MITT. 53-0064
- POLYACETYLENVERB. 121. MITT. 54-0147
- POLYACETYLENVERB. 123. MITT. 56-0328
- POLYACETYLENVERB. 128. MITT. 59-0490
- UEBER FLAVONE AUS CENTAUREA-ARTEN 61-0410
- POLYACETYLENVERB. 135. MITT. 61-0555
ZEFIROV N. S., RK. V. FURAN MIT AZODICARBONSAEUREAETHYLESTER 56-0321
- 1.2-ADDIT. V. AZODIBENZOYL AN FURAN 56-0322
ZEHETNER W., PHOTOLYSE V. PODOCARPONITRILOXID U. MESITONITRILOXID 61-0369
ZEILE K., NEUE INDOLO(3.2-E)(2)BENZAZONINE AUS TETRAHYDRO-13H-ISOINDOLO(1.2-A)-BETA-CARBOLINEN 59-0408
ZELLNER G., BRENZTRAUBENSAEURE MIT O-DIAMINEN 3. MITT. 59-0328
ZELLNER H., BRENZTRAUBENSAEURE MIT O-DIAMINEN 3. MITT. 59-0328
ZEMLICKA J., NUCLEINSAEUREBESTANDTEILE U. IHRE ANALOGEN 89.MITT. 55-0406
- NUCLEINSAEUREKOMPONENTEN U. IHRE ANALOGA 92.MITT. 57-0332
- AMINOACYLDERIV. D. NUCLEOSIDE, NUCLEOTIDE U. POLYNUCLEOTIDE 2. MITT. 58-0509
ZENDA H., PHOTOLYSE V. 2.3-DIPHENYL-DELTA(2)-CYCLOPROPEN-CARBONSAEURE-AZID U. IHRES HOMOLOGEN 59-0158
ZENK M. H., EINBAU D. SHIKIMISAEURE IN 1.2-DIHYDROXY-ANTHRACHINON (ALIZARIN) DURCH RUBIA TINCTORUM L. 54-0479
ZEPTER R., STEROIDE AUS HYODESOXYCHOLSAEURE, UEBER D. SEITENKETTENABBAU EINER 6BETA.19-EPOXY-CHOLANSAEURE 53-0225
ZERVAS L., NEUE METH. BEI PEPTID-SYNTH. 4. MITT. 61-0553
ZIEGER H. E., SYNTH. U. DISSOZIAT.-KONST. ISOMERER NAPHTHYL-(1)-NAPHTHALINCARBONSAEUREN 60-0270
ZIEGLER E., INFRAROTSPEKTROSKOP. UNTERS. AM 4-HYDROXY-CARBOSTYRIL U. SEINEN DERIV. 54-0081
- SYNTH. V. HETEROCYCLEN 88. MITT. 54-0321
- SYNTH. V. HETEROCYCLEN 89. MITT. 54-0322
- SYNTH. V. HETEROCYCLEN 90. MITT. 54-0323
- SYNTH. V. HETEROCYCLEN 91. MITT. 54-0324
- SYNTH. V. HETEROCYCLEN 92. MITT. 56-0343
- THERM. BLDG. V. KETENCARBONSAEUREDERIV. 59-0149
- SYNTH. GEMISCHTFUNKTIONELLER MALONSAEUREDERIV. 59-0186
- SYNTH. V. HETEROCYCLEN 93. MITT. 59-0341
- SYNTH. V. HETEROCYCLEN 94. MITT. 59-0342
ZIFFER H., NEUE PHOTOCHEM. UMLAGER. BETA,GAMMA-UNGESAETT. CYCL. KETONE 56-0158
- PHOTOCHEM. SYNTH. V. A-NOR-5ALPHA.10ALPHA-STEROIDEN 59-0477
ZIGEUNER G., HETEROCYCLEN 15. MITT. 54-0356
ZIGIC-MAMUZIC L., RK. MIT BLEITETRAACETAT. 10. MITT 53-0128
ZIKAN V., SUBSTANZEN MIT ANTINEOPLAST. WRKG. 18. MITT. 60-0396
ZIL'BERMAN E. N., PROD. D. RK. V. 1.1.2.2-TETRACHLOR-AETHAN MIT ALCL3 61-0266
ZILKHA A., SYNTH. V. DL-P-TRIMETHYLSILYL-PHENYLALANIN ENTHALTENDEN DIPEPTIDEN 61-0551
ZIMINSKI T., RETROALDOLSPALT. U. OXYDATIVER ABBAU V. AMPHOTERICIN B. PARTIALSTRUKTUR D. ANTIBIOTIKUMS 53-0244
ZINNER G., UNSYMM. AMINALE 61-0328
ZIRNGIBL L., UMSETZ. D. 16ALPHA.17ALPHA-EPOXY-16BETA-METHYLPREGNENOLONS MIT AMMONIAK U. PRIM. AMINEN 61-0543
ZISSMANN E., BIOSYNTH. D. AETHYLSEITENKETTE V. STIGMASTERINDERIV. IM SCHLEIMPILZ DICTYOSTELIUM DISCOIDEUM 55-0389
ZIVKOVIC L., RK. MIT BLEITETRAACETAT 12. MITT. 61-0188
ZOBACEVA M. M., SYNTH. V. DELTA(1)-PYRROLINEN 58-0317
ZOELLER J. H. JUN., CYCL. KONJUGIERTE DIANION-RADIKALE 2. MITT. 55-0046
ZOLLER W., PIEZOCHROMIE U. THERMOCHROMIE D. DEHYDRODIANTHRONE 53-0012
ZOLLINGER H., NUCLEOPHILE AROMAT. SUBSTITUTIONS-RK. 6. MITT. 54-0103
- NUCLEOPHILE AROMAT. SUBSTITUT.-RK. 7.MITT. 54-0104
- NUKLEOPHILE AROMAT. SUBSTITUT.-RK. 8. MITT. 57-0034
- NUKLEOPHILE AROMAT. SUBSTITUT.-RK. 9. MITT. 57-0035
- NUKLEOPHILE AROMAT. SUBSTITUT.-RK. 10. MITT. 57-0036
ZOLTEWICZ J. A., WASSERSTOFF-DEUTERIUM-AUSTAUSCH IN EINIGEN HALOPYRIDIN-N-OXIDEN, RELATIVE STELL.-AKTIVITAET 53-0046
ZONSZAJN F., NMR-UNTERS. D. AUSTAUSCHRK. V. AROMAT. PHENOL-PROTONEN IM ALKAL. MEDIUM (NAOD) 2. MITT. 60-0129
ZORINA E. F., HALOGENACETALE V. PENTAERYTHRIT 54-0345
- SYNTH. D. BETA.BETA-DICHLORVINYLAETHER V. UNGESAETT. ALKOHOLEN 59-0171
ZORN H., 1,4-PHENYLEN-BIS-DIPHENYLDERIV. D. ELEMENTE D. 5. HAUPTGRUPPE D. PERIODENSYST. 59-0002
ZOTOVA S. A., SYDNONE U. SYDNONIMINE 33. MITT. 59-0339
ZOVKO M. J., VERW. V. KOMPLEXBILDNERN ZUR AKTIVIER. V. KUPFER BEI D. ULLMANN-BIARYL-SYNTH. 54-0236
ZSAKO J., THIAZOL-VERB. 1. MITT. 60-0343
ZUBIANI G., GEM.-DIMETALLVERB., RK. V. GEM.-DIALUMINIUMVERB. MIT ALDEHYDEN U. KETONEN 57-0192
ZUBOVICS Z., NEUE SYNTH. D. SUDACHITINS U. DESMETHOXY-SUDACHITINS 58-0377
ZUENDORF W., STABILE CARBENOIDE, 21.MITT. 54-0218
ZUKOVA N. A., ISOMERE AMINOAZONAPHTHALINE U. IHRE SPEKTREN 59-0274

ZUMAN P., QUANT. BEHANDL. V. SUBSTITUENTENEFFEKTEN IN D. POLAROGRAPHIE 5. MITT. 60-0106
ZUPANCIC B. G., SYNTH. V. CYCLOPENTANON-(2)-CARBONSAEUREAETHYLESTER 56-0222
- VERBESSERTE SYNTH. V. CYCLOHEXADIEN-(1.3) 58-0252
- DECARBOXYLIER. V. 2.2'-BICINCHONINSAEURE ZU 2.2'-BICHINOLIN 58-0396
ZURINA F. G., RK. V. BROMCYANESSIGSAEUREESTER MIT AROMAT. ALDEHYDEN UNTER D. BEDING. D. REFORMATZKI- U. WIDEQVISTRK. 2. MITT. 56-0271
- RK. V. BROMCYANESSIGSAEUREAETHYLESTER MIT AROMAT. ALDEHYDEN UNTER D. BEDING. D. REFORMATZKY- U. WIDEQUISTRK. 3. MITT. 57-0214
ZUTTER H., BENZTHIAZOLE ALS EVTL. ORALE ANTIDIABETICA 58-0343
ZVEZDINA E. A., UNERWARTETE BLDG. V. 2-NITRO- U. 2.2'-AZO-BENZIMIDAZOL 58-0337
ZVILICHOVSKY G., KONDENS. V. UREIDO-OXY-VERB. MIT ACETYLACETON IN SAURER LSG. SYNTH. U. EIG. V. N-ALKOXY- U. N-HYDROXY-DERIV. V. 1.2-DIHYDRO-4.6-DIMETHYL-2-OXOPYRIMIDIN 53-0174
ZVONKOVA E. N., LIPIDE, SYNTH. V. DL-ERYTHRO-2-N.3-O-DISTEAROYL-DIHYDROSPHINGOSIN 61-0174
ZWANENBURG B., MECHANISMUS D. RK. V. ALPHA-DIAZOSULFONEN 4.MITT. 55-0147
- CHEMIE V. SULFINEN 3.MITT. 60-0162
- CHEMIE V. SULFINEN 4.MITT. 60-0163
- CHEMIE D. SULFINE 5. MITT. 61-0103
ZWANENBURG D. J., THIENO-(3.4-B)-THIOPHEN, D. DRITTE THIOPHTHEN 55-0229
- ISOKONDENSIERTE THIENOPYRROLE, 5-AETHYL-5H-THIENO(2.3-C)PYRROL, EIN NEUES HETEROAROMAT. SYST. 60-0318
ZWEIG A., MECHANISMUS D. ELEKTROCHEMILUMINESZENZ 54-0016
- KUMULATIVE EINFL. KONJUGIERTER SUBSTITUENTEN AUF D. PI-SYST.-EIG. AROMAT. KW-STOFFE 12. MITT. 59-0055
ZWICK A., SYNTH. D. GLUCAGONS 12. MITT. 53-0232
ZWIERZAK A., PHOSPHORIGSAEURE-AMIDE 2. MITT. 59-0200
ZYMALKOWSKI F., EINIGE SYNTH. MIT N-BENZYLGLYCINESTER 53-0167
- PRIM. ENAMIN D. 1-AETHOXY-PENTAN-2,4-DIONS U. SEIN REAKTIVES VERHALTEN 55-0283
- EINE STEREOSELEKTIVE SYNTH. V. CIS- U. TRANS-3-PHENYL-2-CARBOXY-PYRROLIDON-(5) 56-0338
- AUFBAU D. BENZ(G)INDOLIZIN- U. D. BENZO(A)CHINOLIZIN-RINGGERUESTES MIT HILFE V. LACTONEN 56-0374
ZYSMAN A., NMR-UNTERS. D. STEREOCHEMIE D. DUPLIKATIVEN REDUKTION V. UNGESAETTIGTEN ALDEHYDEN U. KETONEN MIT MAGNESIUM 57-0065

Sachregister

Das Sachregister enthält in alphabetischer Folge die für die referierten Originalveröffentlichungen als wesentlich erkannten Stichwörter (Sach- und Verbindungsklassenbegriffe, anorganische Verbindungen u. a.). Im Gegensatz zum kumulierten Jahresregister wurden Hinweise sowie Verweisungen von einzelnen Stichwörtern auf benutzte verwandte, über- oder untergeordnete Registrierorte eingeschoben. Kurztexte erläutern die Eintragungen unter den Stichwörtern.

A

ABGASE
SMOKE, ZUS. 59-0517
ACETALE
V. ACETYLENGLYKOLEN, DARST., RK. 56-0171
GLUTACONALDEHYDMONO-, DARST. 58-0184
PROPYL-ALKOXYMETHYL-AETHER, DARST. 58-0219
HEMIKETALE, DARST. 58-0360
ACETYLENKETALE DARST. 59-0020
FURFUROL-, DARST. 59-0308
V. GLYOXYLSAEUREAMIDEN, DARST. 60-0191
D. CH2O, DARST. 60-0231
DARST. AUS 1.1-DIAETHOXY-2-PROPIN 60-0232
D. GLYCERINS, DARST. 60-0302
ALDEHYD-GLYCERIN-ACETALE, DARST. 61-0435
5-NITRO-THIOPHEN-2-ALDEHYDACETALE, DARST. 61-0565
CYCL., SYNTH. 59-0375
MASSENSPEKTRUM 53-0027
CYCL. ACYLALE, ACIDITAET 58-0097
PROPIONALDEHYD-, HYDROLYSE 56-0285
PEROXYGENIER. 54-0302
PEROXYGENIER. 61-0455
RK. MIT ALIPHAT. DIAZOVERB. 55-0129
KETALE, RK. MIT SEK. AMINEN U. AZIDEN 58-0347
RK. MIT ORGANOMETALLVERB. 57-0132
ALPHA,BETA-UNGESAETT., RK. 58-0172
RK. MIT AZIDO-AMEISENSAEURE-AETHYLESTER 53-0120
FURFUROL-, ADDIT.-RK. 59-0306
ACETOLYSE
* S. UNTER SOLVOLYSE
ACETYLENE
* S. KOHLENWASSERSTOFFE (ACETYLENE)
ACETYLENVERBINDUNGEN
UNGESAETT. AMIDE AUS CHRYSANTHEMUM 53-0064
FURYLALKINE, IR-SPEKTREN 54-0028
POLYACETYLENVERB., AUS TRIBUS HELENIEAE 54-0147
AUS GATT. MATRICARIA 54-0463
ACETYLENAETHER, DARST. 55-0118
POLYACETYLENVERB. AUS BERKHEYA ADLAMII 56-0328
NATUERL. S-HALT., SYNTH. 56-0329
POLYACETYLENVERB. AUS SERRATULA 56-0330
NATUERL. POLYINACETATE, DARST. 56-0331
PHENYL-ALKINYL-KETONE, RK. 58-0247
POLY-, AUS SAUSSUREA PECTINATA 59-0490
POLY-, AUS SERRATULA GMELINI 59-0491
POLY-, AUS CHRYSANTHEMUM 59-0492
POLY-,AUS DAHLIA MERCKII 59-0493
POLY-, AUS ARTEMISIA SELENGENSIS 59-0494
POLY-, AUS CENTAUREA DEUSTA 59-0495
FURYLALKINE, DARST. 61-0351
POLY-,AUS HELIANTHEAE 61-0554
POLY-, ISOLIER. 61-0555
POLYACETYLENVERB., DARST. 53-0133
POLY-, AUS CARLINA-ARTEN 58-0507
BIOSYNTH. AUS OELSAEURE 55-0117
AETHINYLKETONE, SYNTH. 54-0214
ALKINYLAMINE, DARST., RK. 56-0166
ALKINOLE, DARST., RK. 56-0171
ALPHA-ACETYLEN-KETONE, SYNTH., UV, IR 56-0215
PROPARGYLVERB. D. GRUPPE IVB, DARST. 56-0239
ACETYLENALKOHOLE, DARST. 56-0263
DARST. AUS ALLENYLVERB. 57-0129
ALPHA-ALKINYL-SYMM.-TRIAZINE, DARST. 57-0349
POLYFUNKTIONELLE ACETYLENE 58-0177
ARYL-BUTENINE, DARST. 61-0230
ARYL- U. HETEROARYL-, DARST. 61-0358
POLYACETYLENE, MASSENSPEKTRUM 54-0046
MAGNETOROTAT. 54-0019
ACETYLEN-P-VERB., NMR-SPEKTREN 54-0030
TOLANE, SUBSTITUENTEN-EINFL. 55-0191
POLYACETYLENVERB.,CYCLISIER. 53-0112
ACETYLENKETONE, UMLAGER. IN ALLENKETONE 55-0073
CYCLOTRIMERISAT. 56-0148
KATALYT. HYDRATAT. 54-0146
BICYCL. AETHINYLALKOHOLE, HYDRATISIER. 58-0275
RK. MIT NI(CO)4 U. H2O 61-0137
ACETYLENKETONE, AMINOMETHYLIER. 56-0242
ELEKTRO- U. NUKLEOPHILE ANLAGER. 57-0127
RK. MIT BENZONITRIL-OXIDEN 59-0140
ALKINYLCARBINOLE, RK. 56-0250
RK. MIT DIAZOFETTSAEUREESTERN 57-0282
CYCLOADDIT. MIT BETAINEN 58-0331
RK. MIT SAEUREHALOGENIDEN 61-0263
BEST. (SCHLAFMITTEL) 56-0509
ACETYLIERUNG
* S. UNTER ACYLIERUNG
ACIDITAET
* S. UNTER DISSOZIATION,ELEKTROLYTISCHE
ACRIDINE
NITRO-9-AMINO-ACRIDINE, DARST. 57-0313
RK. AM C9 57-0101
RK. AM C-9 61-0116
ACTINOMYCINE
SYNTH. 53-0245
N-2-SUBSTITUIERTE, DARST. 55-0403
ACYLALE
* S. UNTER ACETALE
ACYLIERUNG
* S. AUCH FRIEDEL-CRAFTS-REAKTIONEN
V. FERROCEN 55-0013
FORMYLIER. V. UNGESAETT. KW-STOFFEN 58-0452
V. ANTHRACEN 61-0292
V. DIPHENYL-VERB. 54-0204
V. 1-METHYL-FLUOREN 54-0257
V. 2-METHYL-FLUOREN 60-0271
D. PI-KOMPLEXE AROMAT-2 SBCL3 61-0106
FUROYLIER. V. AROMAT. VERB. 61-0350
V. AROMATEN IN GGW. V. ALCL3 61-0105
V. AROMATEN IN GGW. V. SBCL3 61-0107
V. FURAN U. THIOPHENEN (KINETIK) 57-0097
TRIFLUORACETYLIER. V. THIOPHENEN, FURANEN U. PYRROLEN 59-0122
SUCCINOYLIER. V. BENZOFURANEN 61-0352
V. AROMAT. DIAMINEN (KINETIK) 58-0115
V. AMINEN MIT OPT.-AKT. ANHYDRIDEN 61-0208
V. 2.6-DIHYDROXY-ANTHRACEN-DERIV. 53-0152
N-ACETYLIER. V. AMINO-ALKOHOLEN 56-0335
ACETYLIER. V. CYCLOHEXANOL 57-0096
V. HARNSTOFFDERIV. 58-0235
V. BETA-ENAMIN-KETONEN 55-0176
TRANSACYLIER. V. FLAVONOIDEN 56-0368
N-FORMYLIER. V. AMINOSAEUREN 53-0070
V. BETA-PYRROLIDINO-CROTONSAEURE-METHYLESTER 55-0234
FORMYLIER. V. PORPHYRIN-CU 55-0349
BENZOYLIER. V. HYDRAZIDEN 61-0109
ACETYLIER. V. HYDRAZIDEN 61-0110
TRANS- V. AMIDEN 61-0143
V. PYRANOSIDEN 55-0321
SELEKTIVE, V. PYRANOSIDEN 57-0353
V. STEROIDEN 53-0227
ADDITIONSREAKTIONEN
* ADDIT. V. HALOGEN(WASSERSTOFFEN)
S. UNTER HALOGENIERUNG
DIELS-ALDER-RK. 53-0116
NUCLEOPHILE AROMAT. ADDIT. 54-0008
DIELS-ALDER-RK. 54-0108
V. THIOPHENOL AN ALKENE 56-0211
CYCLOADDIT.- U. -ELIMINIER.-RK. 58-0294
CYCLOADDIT., 1.4-DIPOLARE 58-0403
DIELS-ALDER-RK. 53-0048
1.3-DIPOLARE CYCLOADDIT. 53-0136
CYCLOADDIT. V. ISOCHINOLIN 56-0405
CYCLOADDITION V. DIPHENYLNITRILIMIN 58-0334
1.3-DIPOLARE CYCLOADDIT. 58-0335
V. AZIDEN AN GRIGNARDVERB. 60-0352
V. ESSIGSAEURE AN CYCLOHEXEN 60-0141
V. ALKOHOLEN AN KETENE 53-0047
CYCLOADDIT. V. NITRILIMINEN 53-0092
V. HETEROCYCLEN 58-0338
V. ALKOXY-GERMANEN AN PHENYLISOCYANAT 56-0017
V. DIBUTYL-SN(IV)-VERB. 61-0021
V. DIAZOFLUOREN AN OLEFINE 58-0280
V. NH2CL AN CYCLOHEXEN 55-0109
V. HALOGEN U. H2O2 AN OLEFINE 53-0057
HYDROGALLIER. V. UNGESAETT. KW-STOFFEN 56-0016
V. BENZOYLCARBEN AN 1.3-DIENE 58-0269
HYDRATAT. V. ALPHA-METHYLSTYROLEN 60-0140
V. NO2CL AN OLEFINE 60-0234

CYCLOADDIT. V. NORBORNADIEN 60-0288
DIEN-RK. V. FULVENEN 61-0122
HYDRATAT. V. ACETYLENEN 54-0146
AN KONJUGIERTE DIENE 61-0544
DIELS-ALDER-RK. V. DIHYDROAROMATEN 53-0055
ZWISCHEN ANTHRACENEN 57-0226
DIELS-ALDER-RK. V. DICYCLOPENTADIEN 61-0123
DIELS-ALDER-RK. V. BI-INDENYLEN 61-0300
DIELS-ALDER-RK. V. BIINDENYLEN 61-0301
V. NORBORNADIENEN (STEREOCHEMIE) 61-0324
MICHAEL-RK. V. PYRIDINEN 56-0377
V. PYRROL AN BZL. 57-0269
V. SENFOELEN U. CS2 AN AZOMETHINE 58-0418
DIELS-ALDER-RK. V. PYRIDONEN-(2) 61-0432
V. HALOGENOLEFINEN 57-0128
PROPADIEN-AETHYLEN-CYCLOADDIT. 61-0125
ELEKTROPHILE U. NUKLEOPHILE, AN NITRODIENE U. -NITROENINE 57-0127
V. 9-DIAZO-FLUOREN AN UNGESAETT. VERB. 57-0234
V. PHENYLDIIMID AN PHENYLACETYLEN 59-0259
CYCLO-, V. VINYLDIAZOMETHAN MIT UNGESAETT. VERB. 59-0323
V. AMINEN AN ARINE 60-0137
V. AMINEN AN ARINE 60-0138
CYCLOADDIT. V. AZIDEN 61-0121
HYDROBORIER. V.ISOPULEGOLEN 54-0288
DIELS-ALDER-RK. V. OXAZOLEN 54-0452
V. AMINEN AN VINYLACETYLENCARBINOLE 58-0209
DIELS-ALDER-RK. V. ANTHRON- U. ANTHROLDERIV. 58-0287
V. CH3OH AN BICYCLOBUTANE 60-0295
V. MERCAPTANEN AN EIN BUTEN-IN 60-0135
V. MERCAPTANEN AN PHENYLACETYLENE 60-0139
V. SI(GE)-AMINEN AN PROPIOLACTON 54-0107
HYDROSTANNIER. V. KONJUGIERTEN DIENEN 55-0012
V. DIISOBUTYL-ALH AN N-UNDECENE 55-0090
V. METHYLDISIL- U. -STANNAZAN AN CS2 60-0025
CYCLOADDIT. MIT VINYLENCARBONAT 53-0132
V. 4-PHENYL-1.2.4-TRIAZOLIN-DION-(3.5) 54-0108
V. ALKOHOLEN AN HARNSTOFFE 54-0109
V. ALKOHOLEN AN HARNSTOFFE 54-0110
V. ISOCYANID AN BETA.GAMMA-UNGESAETT. ALKOHOLE 54-0206
V. ISOTHIOCYANATEN AN INDOLIZINE 55-0278
ANLAGER. AN 3-TERT.-BUTYLCYCLOHEXANON 54-0229
AN 3-TERT.-BUTYLCYCLOHEXANONE 54-0232
V. BENZOPHENON AN FURANE 54-0376
V. OLEFINEN AN P-BENZOCHINON 55-0105
V. TERT.-BUTYLHYDROPEROXID AN ACETALDEHYD 56-0135
V. CYCLOALKANONEN AN UNGESAETT. VERB. 56-0254
HYDRATISIER. V. CROTONALDEHYD 57-0107
V. ALKINEN AN ANTHRACHINON 57-0225
V. A. U. AETHANAL AN BETA-PINEN 57-0393
CYCLO- V. BENZOPHENON AN FURANE 58-0311
CYCLO- V. THIOBENZOPHENON AN OLEFINE 58-0401
V. ISOCYANATEN AN KETOKETENE 58-0414
AN KONJUGIERTE ENINKETONE 59-0176
V. BENZOPHENON AN FURAN 59-0304
DIENSYNTH. MIT FURFUROL 59-0306
DIENSYNTH. MIT FURFUROL 59-0307
DIENSYNTH. MIT FURFUROL 59-0308
CYCLOADDIT. V. FORMALDOXIM AN OLEFINE 59-0330
V. ENINKETONEN 59-0332
MICHAEL-RK., (STEREOCHEMIE) 60-0247
V. AETHYLENKETONEN AN CH2-GRUPPEN 60-0255
ADDIT. V. UNGESAETT. KETONEN AN KETONE 61-0262
CYCLO- V. BENZONITRILOXIDEN AN ARYLACETYLENE 59-0140
V. NITRILIMINEN AN UNGESAETT. VERB. 59-0324
1.3-CYCLOADDIT. V. ''CARBONYL-YLIDEN'' 60-0353
CYCLOADDIT. V. BENZONITRIL-OXID 53-0148
V. NITRILOXIDEN MIT PHOSPHORANEN 55-0262
CYCLOADDIT. AN DIPHENYLNITRILIMIN 60-0133
DIELS-ALDER-RK. V. BENZOL 61-0317
V. BIS-CARBOMETHOXYCARBEN AN OLEFINE 53-0049
V. ACETYLCYANID AN OLEFINE 53-0122
DIELS-ALDER-RK. V. OCIMEN 53-0215
MICHAEL-ADDIT., AN CUMARIN 54-0331
V. THIOBENZOYLISOCYANAT AN OLEFINE 54-0367
CYCLOADDIT. AN STEROIDE 54-0433
V. MALEINSAEUREANHYDRID AN BZL. 55-0106
V. CH2N2 AN ALPHA-ACETYL-ACRYLSAEUREESTER 55-0248
V. ACETOXY-ESSIGSAEURE-METHYLESTER AN OLEFINE 56-0184
V. MALEINSAEUREDERIV. AN STYROL 56-0339
CYCLOADDIT. V. ISOCHINOLIN 56-0404
V. AMINEN AN ACETYLENCARBONSAEUREESTER 58-0127
V. AMINEN AN ACETYLENCARBONSAEUREESTER 58-0128
CYCLO- V. MESOION. OXAZOLONEN 58-0302
CYCLOADDIT. V. BETAINEN AN ACETYLENE 58-0331
V. CARBONSAEUREN AN SELENOHARNSTOFF 59-0222
V. DICHLORESSIGSAEURE-DERIV. AN AETHYLENVERB. 60-0185
V. CARBONSAEUREN AN ENINE 60-0186
V. ESTERN AN AETHYLEN-ALKOHOLE 60-0194
MICHAEL-ADDIT. V. CYCLOHEXANON MIT BRENZTRAUBENSAEUREN 60-0296
CYCLO- V. NITRONSAEUREESTERN AN DIENE 60-0342
V. HYDRAZIDEN AN ISOCYANATE 61-0126
DIENADDIT. V. N-SULFINYL-CARBONAMIDEN 61-0450
HYDROBORIER. V. BORONSAEUREESTERN 55-0162
CYCLOADDIT. V. HETEROCYCL. SULFINYL-AMINEN 60-0410
V. THIONYLAMINEN 56-0402
V. DIHALOGENCARBENEN AN ALLENE 54-0140
V. SULFENEN AN ENAMINE 55-0120
ADDIT. V. DICHLORCARBEN AN PROPADIEN 55-0164
HYDROBORIER. V. TERPENEN 58-0457
STEREOSPEZIF. HYDROBORIER. V. STEROIDEN 59-0479
ADDITIONSVERBINDUNGEN
* S. UNTER KOMPLEXVERBINDUNGEN (UND KOMPLEXBILDNER)
ADSORPTION
V. ALKALOIDEN AN KIESELGEL 59-0099
CHEMISORPT. U. DESORPT.-SPEKTREN 58-0006
AEPFEL
ZUS. D. BLATT- U. FRUCHTWACHSE 56-0499
VORK. V. TRITERPENEN 58-0531
CHEM. AUFBAU D. APFELSCHALE 56-0452
AETHER
* AETHERKETONE USW. S. UNTER HYDROXYKETONE USW.
* ENOLAETHER S. UNTER ENOLE, GLYKOLAETHER S. UNTER GLYKOLE
* S. AUCH ACETALE, AMINOAETHER, PHENOLAETHER
CUMULENAETHER, DARST. 55-0116
ALPHA-HALOGEN-, EINW. V. METALLEN 57-0008
RK. MIT AMINEN 57-0158
RK. MIT UNGESAETT. RADIKALEN 59-0172
METHYLPHENYLAETHINYLCARBINOL-ALKOXYMETHYLAETHER, DARST. 60-0231
GAMMA-CHLORAETHER, DARST. 56-0209
TETRAHYDROFURAN-, DARST. 56-0325
ALLYL-, DARST. 58-0172
PHENANTHRYL-, DARST. 59-0282
ARYLMETHANOLGLYCIDAETHER, DARST. 54-0182
TETRAHYDROPYRANYL-, ORD 61-0034
MASSENSPEKTREN V. ALIPHAT. AETHERN 53-0025
ASYMM. AETHYL-, NMR 56-0046
GLYCIDYL-, RK. 57-0148
AETHOXYPYRROLE, VERW. ZUR DARST. V. FARBSTOFFEN 58-0319
GLYCIDYLAETHER, RK. 59-0049
BUTEN-(2)-YL-, 1.4-SPALT. 61-0149
ALPHA-CHLORIERTE, RK. IN GGW. V. ZN 61-0278
HALOGEN- U. DIAETHER, CYCLISIER. 59-0293
SPALT. MIT BF3 56-0169
GEM.-ALKOXYORGANO-MG-VERB., DARST., ZERS. 58-0160
OX. MIT O2 61-0100
CYAN-, HYDRIER. 56-0210
RK. MIT AZULEN 60-0276
CHLORMETHYL-ALKYL-AETHER, RK. 58-0219
DIALKYL- U. DIARYL-, BLDG. 58-0215
GEM. ALKOXYORGANO-MG-VERB., RK. 58-0161
PROPARGYLAETHER, RK. MIT KETONEN 58-0177
CYCLOHEPTATRIEN-(2.4.6)-YL-ALKYL-, DARST. 60-0239
ALPHA-CHLOR-, RK. MIT ARYLACETONITRILEN 60-0260
AETHINIERUNG
* S. UNTER ALKYLIERUNG
AETHYLENVERBINDUNGEN
* S. AUCH STYROLE, STILBENE
ROTAT.-BARRIEREN 53-0014
ALLEN-ALKOHOLE, SYNTH. 54-0138
ALLENE 54-0139
ALLENE ADDIT. V. CARBENEN 54-0140
KUMULENE, DARST., ELEKTRONENSTRUKTUR 55-0055
OLIGOMERE V. ALLENEN, DARST. 55-0167
ELEKTRONENSTRUKTUR 57-0054
CYCL. KUMULENE, DARST. 57-0232
ADDIT.-RK. 59-0233
VERB. D. VITAMIN-A-REIHE, SYNTH. 59-0245
DIENE, STEREOCHEMIE 60-0150
STER. STOER. IN ALLYL- U. PSEUDOALLYLSYST. 55-0078
FUNKTIONELLE DIENE, STEREOCHEMIE, TRENN. 56-0167
KUMULENE, SYNTH. 54-0140
ALLENE, DARST., NMR 54-0159
ALLENKETONE, BLDG. AUS ACETYLENKETONEN 55-0073
ALIPHAT. TRIENE-(1.2.3), DARST. 55-0114
1.2-DI-HETEROARYL-AETHYLENE, DARST. 56-0160
ALLENVERB. D. GRUPPE IVB, DARST. 56-0239
TRIARYLPROPENE, DARST. 59-0261
ALLENVERB., DARST. 60-0170
FLUOREN-(2)-ARYL-AETHYLENE, UV 54-0258
PHENYL-PYRIDYL-ALKENE, POLAROGRAPHIE 55-0074
POLYENE, DARST. 58-0168
ADDIT.-RK. 53-0047
ELEKTROLYT. DIMERISIER. V. OLEFINEN 54-0085
EPOXYOLEFINE, CYCLISIER. 56-0323
EPOXYOLEFINE, CYCLISIER. 56-0324
ION. HYDRIER. 58-0109
DIENAMINE, HYDRIER. 59-0195
HALOGENIER. IN ALLYL-STELL. 59-0161
ALIPHAT., RK. MIT BZL. 56-0221
RK. MIT 9-DIAZO-FLUOREN 57-0234
KONJUGIERTE, ADDIT. V. STANNANEN 55-0012
RK. MIT CYCLOALKANONEN 56-0254
ELEKTRO- U. NUKLEOPHILE ANLAGER. 57-0127
RK. MIT ACETOXY-ESSIGSAEURE-METHYLESTER 56-0184
RK. MIT DICHLORESSIGSAEUREDERIV. 60-0185
AGLYKONE
* S. UNTER GLYKOSIDE
ALDEHYDE
* S. AUCH AMINOALDEHYDE
KETOALDEHYDE, RK. ZU D. ACETALEN 56-0174
KETO-, RED. MIT LIALH4 60-0193
PROTONIERTE, NMR U. STRUKTUR 61-0092

BENZALDEHYDE, ROTAT. 59-0054
BLDG. 59-0072
ENOLDERIV. V. ALKOXYMALONDIALDEHYDEN, DARST. 54-0153
D- U. T-MARKIERTE, DARST. 56-0213
PYRIMIDIN-ALDEHYDE-(5), DARST. 56-0394
THIOPHENALDEHYDE, DARST. 57-0267
NEO-, DARST. 59-0169
PYRIDIN-, SYNTH. 59-0353
9-CHLOR-10-ANTHRACENCARB-, DARST. 61-0286
UNGESAETT., ELEKTRONENSTRUKTUR 57-0054
ALPHA-SUBSTITUIERTE, ELEKTROCHEM. RED. 56-0110
ALPHA-SUBSTITUIERTE, ELEKTROCHEM. RED. 56-0112
ALPHA-SUBSTITUIERTE, ELEKTROCHEM. RED. 56-0113
HALOGENTHIOPHEN--, POLAROGRAPH. VERH. 59-0109
RK. MIT GEM.-DIALUMINIUMVERB. 57-0192
AROMAT. 1.3-DIALDEHYDE, RK. 53-0074
BETA-CHLOR-VINYLALDEHYDE RK. 54-0373
UNGESAETT., ADDIT. V. NUCLEOPHILEN IONEN 56-0071
ALPHA-FORMYLKETONE, ENOLISIER. 53-0039
UNGESAETT., CYCLISIER. 56-0305
EPSILON.ZETA-AETHYLEN-, CYCLISIER. 61-0273
ALPHA.BETA-UNGESAETT., SELEKTIVE DECARBONYLIER. 58-0031
BASENKATALYSIERTE AUTOX. 53-0220
OX. MIT AG(II)-KOMPLEXEN 54-0089
BENZALDEHYDE, KINETIK D. HNO3-OX. 54-0092
UNGESAETT., HYDRIER. ZU GESAETT. 55-0113
ALPHA-SUBSTITUIERTE, ELEKTROCHEM. RED. 56-0111
UNGESAETT., DUPLIKATIVE RED. 57-0065
PYRIDINCARB-, ELEKTROLYT. RED. 57-0316
DIIMID-RED. V. AROMAT. ALDEHYDEN 59-0213
ALPHA-ALKYL-FURFURYLIDENACET-, HYDROGENOLYSE 61-0348
BENZ-, KOMPLEXE MIT CR(CO)3 56-0021
1-FORMYL-AZULENE PROTONIER. 58-0130
RK. MIT DIACETYLEN 58-0176
RK. MIT NA-GUAJAZULENIAT 54-0264
AROMAT. ALDEHYDE, RK. 55-0286
2-FORMYLCYCLOHEXANONE, RK. 54-0312
BETA-KETO-,RK. 58-0421
DI-, KONDENS. MIT CH3NO2 59-0427
ALPHA.BETA-UNGESAETT., RK. 55-0289
RK. MIT HYDROPEROXIDEN 60-0155
ACETALISIER. MIT GLYCERIN 61-0435
RK. MIT THIAZOLIN-THION 59-0337
RK. MIT ALKYLAMINOARSINEN 56-0381
RK. MIT TRIMETHYLSILYLAZID 60-0202
RK. MIT ORGANOZINNVERB. 54-0009
RK. MIT ORGANO-ZN-VERB. 55-0005
RK. MIT ORGANO-SN-VERB. 58-0020
RK. MIT MN- U. CR-CARBONYLEN 59-0027
RK. MIT RAPANON 54-0366
BENZALDEHYDE, RK. 57-0188
RK. MIT NH3 U. MERCAPTOBUTYRALDEHYD 57-0344
POLYEN-, RK. MIT DMF U. POCL3 61-0172
RK. MIT OMEGA-PHENYLMERCAPTO-ACETOPHENON 61-0235
RK. MIT P-CHINONEN 61-0291
BENZALDEHYDE, RK. MIT ISOCHINOLINIUMBROMID 55-0290
AROMAT., RK. MIT ISOCHINOLINIUMSALZEN 61-0428
CYCLOADDIT. AN BENZONITRIL-OXID 53-0148
RK. MIT 3-CYANMETHYL-THIOPHEN 54-0292
ALPHA.BETA-UNGESAETT., RK. MIT CYANHYDRINEN 55-0157
STEREOSPEZIF. RK. MIT ACRYLONITRIL 59-0181
RK. MIT BETA-KETOCARBONSAEUREN 54-0196
AROMAT. RK. MIT BROMCYANESSIGESTER 56-0271
AROMAT., REFORMATZKY- U. WIDEQVIST-RK. 57-0214
MANNICH-RK. 58-0225
RK. MIT ESSIGESTERN 58-0228
RK. MIT 3-AMINO-PROPIONAMIDOXIM 60-0354
ACET-, RK. MIT PHOSPHORSAEUREAMIDEN 58-0242
AROMAT., RK. 59-0269
ALGEN
MEERALGEN, ISOLIER. V. DIBROMPHENOLEN 55-0149
ASCOPHYLLUM NODOSUM, ALGINATE 60-0505
LAMINARIA HYPERBOREA, ALGINATE, ISOLIER. 60-0505
CHLORELLA, AKT. BR(-)-AUFNAHME 59-0509
RHODOMELA LARIX, ISOLIER. V. DIBROMPHENOLEN 55-0149
ALGINSAEURE
URONSAEURE-SEQUENZ 60-0504
CHEM. STRUKTUR U. PHYSIKAL. EIG. 60-0505
ALICYCLEN
* KOHLENWASSERSTOFFE(ALICYCLISCHE)S.DORT
* RINGSYSTEME (ALICYCLEN) S. DORT
ALIPHATISCHE VERBINDUNGEN
KOPPL.-KONST.-REAKTIVITAETS-BEZIEH. 60-0071
ALKALIMETALLE
VERW. ZUR POLYMERISAT. V. PENTADIEN 56-0493
RK. MIT AETHERN U. SULFIDEN 58-0143
RK. MIT ORGANO-GE-VERB. 56-0018
ALKALIMETALLVERBINDUNGEN
CYCLOPENTADIENYLIDE, OX. 57-0206
ALKALIMETALL-ADDUKTE V. AROMAT. AZOXYVERB. 56-0229
CYANURATE, RK. MIT BR2 56-0408
ALKYL-GE-ALKALIMETALLVERB., RK.-FAEHIGK. 56-0018
ALKALI-DIALKYLPHOSPHIDE,RK. 54-0217
ALKALOIDE
CHINOLIZIN-, BIOGENESE U. SYNTH. 53-0165
CHLORHALT. ALKALOIDE 59-0439
PAVIN-, ABS. KONFIG. 61-0490
CORYNANTHEIDINE, KONFIG., KONFORM. 53-0030
CORYNANTHEIDINE 53-0031
STEROID-, PHOTOLYSE 56-0156
STEROIDALKALOIDE 56-0462
PEPTID-, KONSTIT. 58-0500
APORPHINALKALOIDE, STRUKTUR 59-0431
CHLORHALT., STRUKTUR 59-0438
STEROID-, UMLAGER. 59-0480
UNCARINE, STEREOCHEMIE 55-0063
OXINDOL-, NOMENKLATUR 58-0154
KONFIG. 59-0092
C-9-KONFIG. V. CINCHONAALKALOIDEN 61-0072
MORPHIN-ALKALO'DE BIOSYNTH. 53-0192
BERBERIN-, BLDG. 59-0440
NORTHEBAINDERIV., DARST. 56-0436
6-OXO-MORPHINANE, DARST. 58-0391
APORPHIN- --, MODELLRK. FUER SYNTH. 59-0248
APORPHIN-, SYNTH. 61-0427
1-PHENAETHYLISOCHINOLIN-, DARST. 59-0433
MORPHINE U. CODEINE, ORD 55-0023
INDOL-, ORD U. ZIRKULARDICHROISMUS 61-0033
INDOLALKALOIDE, ORD U. UV 54-0014
13-OXOPROTOPIN-, MASSENSPEKTRUM 58-0063
MASSENSPEKTREN 59-0073
MASSENSPEKTROMETRIE 61-0058
ADSORPT. AN KIESELGEL 59-0099
PROTOPIN-, PHOTOCHEM. RK. 59-0440
DIHYDROCORYNANTHEIN-DERIV. C-D-RING-SPALT. 53-0190
17-ALKOXY-ASPIDOSPERMIDINE, OX. 60-0446
DARST. U. TRENN. V. THALLEIOCHIN 55-0433
ALKALOIDE AUS...
* S. AUCH MUTTERKORN
AUS VOACANGA AFRICANA 55-0339
STEROIDALKALOIDE AUS MALOUETIA 56-0431
AUS CASSIA CARNAVAL 55-0344
AUS APOCYNACEEN 60-0454
AUS AZIMA TETRACANTHA 61-0493
AUS ACONITUM HETEROPHYLLUM 54-0405
AUS AKUAMMA 57-0363
AUS ALANGIUM LAMARCKII 58-0530
AUS ANDROCYMBIUM BURKEI 54-0477
AUS ANDROCYMBIUM CAPENSE 54-0477
AUS ANDROCYMBIUM EUCOMOIDES 54-0477
AUS ANDROCYMBIUM LONGIPES 54-0477
AUS ANDROCYMBIUM MELANTHIOIDES 54-0477
AUS ANGUILLARIA DIOICA 54-0477
AUS ANISOTES SESSILIFLORUS 61-0488
AUS ARTHROPODEN, BIOSYNTH. 58-0541
AUS ASPIDOSPERMA DISCOLOR 54-0396
AUS ASPIDOSPERMA 54-0395
ASPIDOSPERMA QUEBRACHO BLANCO 53-0196
BAEAOMETRA COLUMELLARIS, COLCHICINE 54-0477
AUS BUXUS BALEARICA WILLD. 56-0438
AUS CATHARANTHUS, BIOSYNTH. 59-0510
CINCHONA-, OPT. ROTATIONSDISPERS. 53-0011
AUS COLCHICUM AUTUMNALE 54-0481
AUS COLLETIA SPINOSISSIMA 55-0408
AUS CONOPHARYNGIA DURISSIMA 59-0441
ALKALOIDE AUS CROTONARTEN 53-0195
AUS CROTON FLAVENS 60-0452
AUS CROTON LINEARIS 54-0388
AUS DIPIDAX TRIQUETRA 54-0477
AUS EVODIA RUTAECARPA BIOSYNTH. 61-0573
AUS EVODIA RUTAECARPA 56-0502
AUS GAMBIR 61-0485
AUS GENTIANA TIBETICA 56-0424
AUS GLORIOSA VIRESCENS 54-0461
AUS HELIOTROPIUM INDICUM L. 55-0347
AUS IPECACUANHA, KONSTIT. 59-0432
AUS KAKTEEN 56-0430
AUS KAKTEEN BIOSYNTH. 54-0478
AUS KOPSIA-ARTEN 58-0438
AUS LINDERA PIPERICARPA 55-0345
AUS LITTONIA MODESTA 54-0481
AUS LOLIUM PERENNE 58-0439
LUPINEN-ALKALOIDE 54-0390
AUS LYCOPODIUM 58-0436
LYCOPODIUM- (SYNTH.) 56-0432
AUS ORNITHOGLOSSUM GLAUCUM 54-0477
AUS ORNITHOGLOSSUM VIRIDE 54-0477
AUS PAPAVERACEEN, ISOLIER. 57-0366
AUS PAPAVER 53-0197
AUS PAPAVER, ISOLIER. 54-0398
AUS PAPAVER RHOEAS 54-0399
AUS PHYSOSTIGMA VENENOSUM 60-0439
AUS PIPER LONGUM 57-0361
AUS PLEIOCARPA TUBICINA 55-0341
ALKALOIDE AUS RHAMNACEEN 53-0199
RHIZOPHORACEEN-ALKALOIDE 54-0391
RHIZOPHORACEEN-ALKALOIDE, 54-0392
RHIZOPHORACEEN-ALKALOIDE 55-0346
AUS SALAMANDER, MASSENSPEKTREN 61-0498
AUS SENECIO SCELERATUS 57-0368
AUS SKIMMIA JAPONICA 60-0451
AUS SOLANUM, LEPTINIDIN 56-0434
SOLANUM, ISOLIER. V. JURUBIN 58-0473
AUS STRYCHNOS SPLENDENS, SPLENDOLIN 61-0491
AUS TABERNAEMONTANA AMYGDALIFOLIA 58-0435
AUS THALICTRUM 61-0483
AUS VALERIANA OFFICINALIS 57-0364
AUS VINCA HERBACEA 57-0365
AUS VINCA HERBACEA, ISOLIER. 56-0498

AUS VINCA 55-0340
AUS VOACANGA 60-0445
AUS WURMBAEA CAPENSIS 54-0477
AUS WURMBAEA SPICATA 54-0477
AUS WURMBAEA PURPUREA 54-0477
ALKANE
* S. KOHLENWASSERSTOFFE (PARAFFINE)
ALKENE
* S. KOHLENWASSERSTOFFE (OLEFINE)
ALKINE
* S. KOHLENWASSERSTOFFE (ACETYLENE)
ALKINYLIERUNG
* S. UNTER ALKYLIERUNG
ALKOHOLE
* AMINOALKOHOLE USW., ENOLE, GLYKOLE, HALOGENHYDRINE, INOSITE, PHENOLE S. DORT
TRICHLORAETHOXYCARBONYL- ALS SCHUTZGRUPPE 60-0166
UNTERS. IN D. CYCLITREIHE 54-0225
TERT.-BUTYL-CYCLOHEXANOLE, KONFORM. 54-0064
SEK., ABS. KONFIG. 55-0064
PIPERIDINOLE, STEREOCHEMIE 58-0018
TERT. ALPHA-ALKINOLE, STEREOISOMERIE 60-0095
3-(TETRAHYDROFURYL-(2))-PROPANOLE, BLDG. 61-0348
HYDROXYALKINE, DARST. 54-0002
OPT.-AKT. SEK. ALKOHOLE, DARST. AUS KETONEN 54-0137
ALLENALKOHOLE, SYNTH. 54-0138
ALLENINOLE, DARST. 54-0139
1.3-DI-(PHENYL)-ALLYLALKOHOLE, DARST. 54-0212
3(E)-TERT.-BUTYL-CYCLOHEXANOLE, DARST. 54-0229
2.5-DI-TERT.-BUTYL-CYCLOHEXANOLE, DARST. 55-0168
ALKINOLE, DARST., RK. 56-0171
1-ALKYL-2-METHYL-CYCLOPENTANOLE, KONFIG. 56-0252
ALPHA.BETA-UNGESAETT., DARST. 56-0255
ACETYLENALKOHOLE, DARST. 56-0263
CYCLOHEPTANOLE, DARST. 56-0305
ALPHA-ALLEN-, DARST. 57-0130
3-MERCAPTO-PROPANOLE-(1), DARST. 57-0251
MERCAPTOPROPANOLE, DARST. 58-0183
N-ALKYLAZETIDINOLDERIV., DARST. 58-0301
CARAN-5-OLE, KONFORM. 59-0467
MONOCYCL., DARST. 61-0251
3E-TERT.-BUTYL-CYCLOHEXANOLE, KONFORM. 54-0232
HETEROCYCL. ALKOHOLE, DARST. 55-0267
BETA-HYDROXYALKINE, DARST. 57-0129
HYDROXYMETHYLCHINOLINE, H-BIND. U. UV 55-0029
1.1-DIPHENYL-ALKANOLE, IR 55-0033
PRIM. GESAETT. ALIPHAT., INTRAMOL. H-BIND. 57-0022
'ISOBENZPINAKOLE', DARST., UV 53-0013
ARYL-PHENYL-CARBINOLE, UV 60-0043
TRICYCLO(7.3.1.0(2.7))TRIDECENOLE, MASSENSPEKTREN 60-0061
ALIPHAT., IONISAT.-POTENTIALE 55-0070
CYCLANOLE, NMR 54-0058
SPIN-SPIN-KOPPL.-EFFEKT 57-0028
HYDROXYPHTHALANE BASIZITAET D. HYDROXYPHTHALANE 53-0041
PIPERIDINOLE-(4), DEHYDRATISIER. 55-0089
TRICYCLO-TRIDECENOLE-(1), RK. 57-0241
1-PHENYL-AETHANOLE, DEHYDRATISIER. AN AL2O3 60-0131
H-D-AUSTAUSCH 56-0159
HALOGENIER. (PINAKOLIN-UMLAGER.) 58-0185
DEHYDRATISIER. MIT BF3 56-0169
GAMMA-UNGESAETT. SEK., DEHYDRATISIER. 61-0150
TETRAHYDROFURYLCARBINOLE, CYCLISIER. 61-0353
TETRAHYDROFURYLCARBINOLE, DEHYDRATISIER. 61-0354
OX. MIT PB-TETRAACETAT 53-0128
OX. MIT AG(II)-KOMPLEXEN 54-0089
ACYCL., OX. MIT PB-TETRAACETAT 61-0188
HYDROGENOLYSE UNTER KONFIG.-INVERS. 53-0043
PYRIDYLCARBINOLE, RED. 57-0316
CYCLOPROPYLCARBINOLE, RED. 58-0268
(1R)-ISOPULEGOLE, HYDROBORIER. 54-0288
THREO- U. ERYTHRO-1.2-DIARYLPROPANOLE-(1) RK. 56-0134
UNGESAETT., J2-ADDIT. 58-0129
BICYCL. AETHINYLALKOHOLE HYDRATISIER. 58-0275
PHENYL-ACETYLEN-, HYDRATISIER. 59-0232
CYCLOHEXANPOLYOLE, KOMPLEXBLDG. MIT MO, W U. B 58-0005
RK. MIT AZULEN 60-0276
RK. MIT TRANS-AQUODIPYRIDIN-IRIDIUM(III)-CHLORID 60-0033
TERT.-ACETYLENCARBINOLE, RK. 58-0187
VINYLACETYLENCARBINOLE, RK. MIT AMINEN 58-0209
RK. 60-0330
RK. MIT SULFOLANEN 58-0315
RK. MIT N.N-DIAETHYL-AMINO-TRIMETHYL-SILAN 60-0123
ADDIT. AN KETENE (KINETIK) 53-0047
VINYLCYCLENOLE, RK. MIT DIKETONEN 55-0385
RK. MIT KETONPHENYLHYDRAZONEN 57-0217
PYRIDINIUMCARBINOLE, TTC-RK. 53-0149
RK. MIT TROPYLIUMBROMID 60-0239
BETA.GAMMA-UNGESAETT. ALKOHOLE, RK. 54-0206
RK. MIT CYCLOHEXYLISOCYANID 56-0190
SEK., KINET. RACEMATSPALT. 55-0065
ALKINYLCARBINOLE, RK. 56-0250
RK. MIT ACETANHYDRID 57-0096
ADDIT. V. ESTERN 60-0194
ALKENYLAETHINYL-CARBINOLE, RK. 61-0349
AMPHOTERE METALL-ALKOXIDE, HYDROLYSE 60-0026
ALKOHOLYSE
* S. UNTER SOLVOLYSE
ALKYLENIMINE
1-AROYL-, RK. MIT DMSO 58-0299
KONFIG. U. NMR 55-0041
STEREOCHEMIE D. BLDG. AUS OXIMEN 55-0216
2H-AZIRINE, DARST. 56-0317
ARYL-AROYL-, RK. MIT DIPHENYLJODONIUMJODID 58-0340
ALKYLENOXIDE (EPOXIDE)
EPOXYNITRILE, RK. MIT ORGANO-MG-VERB. 56-0318
ISOMERIE-UMWANDL. 57-0246
CHINON-EPOXIDE, DARST. 61-0334
UNGESAETT., ADDIT. V. MORPHOLIN BZW. PIPERIDIN 61-0398
EPOXYNITRILE, RK. MIT MG-VERB. 56-0199
POLYIN-, AUS CENTAUREA 59-0495
GLYCIDAETHER DARST. 54-0182
EPOXYALKYLAMINOALKYLFURANE, DARST. 54-0289
ALPHA-FUNKTIONELLE, DARST. 57-0247
ALKYLOXIRANE, DARST. 59-0265
STILBENOXIDE, DARST. 59-0269
CHALKON-OXIDE, DARST. 59-0275
ALKYL-2.3-EPOXYPROPYLAMINE, DARST., RK. 59-0407
ALPHA-ALLEN-, DARST. 61-0339
1-PHENYL-1.2-EPOXYPROPANE MASSENSPEKTREN 54-0044
ALIPHAT. ALPHA.BETA-EPOXYKETONE, MASSENSPEKTREN 61-0056
-DERIV. V. CINCHONAALKALOIDEN, NMR 61-0072
ALKOXY-, RK. 57-0148
CL-SUBSTITUIERTE PHENOXY-EPOXY-PROPANE, IR 59-0049
D. 12-METHYLEN-TIGOGENINS, DARST. 61-0533
EPOXYOLEFINE, CYCLISIER. 56-0323
EPOXYOLEFINE, CYCLISIER. 56-0324
OXIRANE, PHOTOFRAGMENTIER. 61-0335
ALPHA-SUBSTITUIERTE, RK. MIT PHENYLHYDRAZIN 54-0449
RK. MIT ORGANO-MG- BZW. -CD-VERB. 58-0221
ALKYLENSULFIDE (EPISULFIDE)
TRIPHENYL-AETHYLENSULFIDE, DARST. 55-0297
RINGOEFFN. 58-0150
RK. MIT SEK. AMINEN 58-0149
ALKYLGRUPPEN
METHYLGRUPPEN NMR-SPEKTREN 53-0015
METHYLGRUPPEN, EINFL. AUF RK. V. PYRIDINEN 57-0099
SCHUTZ V. ENDSTAENDIGEN AETHINYLGRUPPEN BEI GRIGNARD-SYNTH. 61-0225
ARYLSUBSTITUIERTE, ACIDITAET 59-0136
METHYLGRUPPEN, SUBMIKROBEST. 58-0546
ALKYLIERUNG (UND ARYLIERUNG)
* S. AUCH FRIEDEL-CRAFTS-REAKTIONEN
AETHINIER.-RK. 54-0340
MIT AZETIDINIUM-KATIONEN 54-0284
MIT BENZYLOXYMETHYL-HALOGENIDEN 58-0276
BETA-KETOVINYLIER. MIT VINYLTRIMETHYLAMMONIUMVERB. 59-0268
ALKYLIERUNG (V. SPEZIELLEN STOFFEN)
V. ALKYLPYRIDINEN 55-0295
V. CYCLOHEXENOLATEN (KINETIK) 61-0108
HALOGENARYLIER. V. UNGESAETT. VERB. 58-0236
V. 6.13-DIHYDRO-PENTACEN 58-0285
V. AROMAT. VERB. 59-0208
V. AROMAT. VERB. 59-0209
V. BZL. MIT ALIPHAT. ALKOHOLEN 61-0190
V. TOLUOL MIT N-PROPANOL 61-0191
V. AKTIVIERTEN AROMATEN 55-0192
HALOGENALKYLIER. V. AROMATEN 58-0217
V. AROMATEN 58-0245
PHENYLIER. V. THIAZOLEN 54-0316
AM N V. PIPERIDINEN 54-0341
PHENYLIER. V. PYRIDINEN (KINETIK) 57-0099
V. PICOLINEN MIT CH3LI 58-0388
PHENYLIER. V. METHYLPYRIDINEN 59-0369
V. AROMAT. KW-STOFFEN MIT HALOGENALKADIENEN 58-0244
METHYLIER. V. CINNOLINEN 53-0169
V. TOLUIDINEN 54-0094
V. AMINEN (KINETIK) 57-0098
AM C-ATOM V. ENAMINEN 59-0174
AN C U. O V. PHENANTHRENCHINON 53-0104
ALLYLIER., V. PHENOLEN 54-0186
INTRAMOL. C-ALKYLIER. EINES DIPHENOLS 54-0273
ALLYLIER. V. PHENOLDERIV. 58-0267
V. METHYLPHENOLEN 60-0205
V. CYCLOALKANONEN MIT UNGESAETT. VERB. 56-0254
V. 1.3-DIKETONEN MIT ALPHA-BROM-EPOXIDEN 56-0311
ALKINYLIER. V. ANTHRACHINON 57-0225
CYCLOPROPANIER. V. ALPHA-DIAZOKETONEN 58-0258
METHYLIER. V. (+)-CARVON 59-0456
V. DIKETONEN (KINETIK) 60-0118
ALKINYLIER. V. 3-METHOXY-BUTANON-(2) 60-0227
V. ALKENYLSULFONIUMVERB. 59-0244
TRITYLIER. V. CYANVERB. 57-0175
V. ARYLACETONITRILEN 60-0260
V. TRIS-(CARBAETHOXY)-METHAN MIT ALKYLHALOGENIDEN 55-0128
CHLORMETHYLIER. V. SULFONYLAMINOTOLUOLEN 56-0210
CHLORMETHYLIER. V. ANISOLEN 56-0212
ALKYLIER. V. METALLKETYLEN 55-0150
ALLENE
* S. UNTER AETHYLENVERBINDUNGEN

ALLYLIERUNG
* S. UNTER ALKYLIERUNG
ALUMINIUM
ALS SULFURIER.-KATALYSATOR 56-0149
RK. MIT BENZYLIDENAMINEN 56-0118
RED. V. SCHIFFSCHEN BASEN MIT 56-0119
ZUR RED. V. BENZYLIDENAMINEN 60-0262
ALUMINIUMVERBINDUNGEN
AL-ACETYLACETONATE, DARST., RK. 54-0007
CH3ALCL2-DIISOPROPYLAETHER-KOMPLEX, NMR 58-0050
AL-TRIAETHYL, DARST. 60-0017
METHYL-AL-VERB., KOMPLEXBLDG. MIT DIGLYME 60-0018
ERDALKALI-ALKYLALUMINATE, DARST. 60-0021
ALBR3-DICYANACETYLEN, BLDG. U. RK. 61-0317
POLYMERISAT. V. ACENAPHTHYLEN MIT TICL4-ALH(ISO-C4H9)2 55-0420
ALCL3-AROMATEN-KOMPLEXE 59-0003
RK. V. AL-TRIISOPROPYLAT 54-0091
AL-AETHYLAT, EINFL. AUF RK. 56-0119
LITHIUM-TRIMETHOXY-ALUMINIUMHYDRID, RK. 58-0307
AL-DIKETEN-EINLAGER.-VERB., DARST. 59-0025
ALCL3-(C6H5)3PO, DARST., STRUKTUR 56-0026
KOMPLEXE MIT AL-TRIHALOGENIDEN 55-0008
AL-KOMPLEXVERB. V. N-SILYL-PHOSPHINIMINEN 55-0006
KOMPLEXE V. TRIPHENYL-AL, DARST. 55-0007
DIISOBUTYL-ALH, ADDIT. AN N-UNDECENE 55-0090
ALLYLALUMINIUMBROMID U. PROPARGYLALUMINIUMBROMID, RK. 56-0300
EINFL. V. CH3-ALCL2 U. (CH3)2-ALCL AUF NMR-SPEKTREN 57-0004
GEM.-DIALUMINIUMVERB., RK. 57-0192
ORGANOALANE, VERH. V. HALOGENMETHYLALANEN 58-0015
((CH3)2ALOGE(CH3)3)2, DARST. 58-0019
AL2(C6H5)6, KRIST.-STRUKTUR 59-0011
ALKYLALAN-TRIMETHYLAMIN-N-OXID-ADDUKTE, DARST. 59-0514
AL-METHYLESTER-KOMPLEX, FREQUENZVERSCHIEB. IM IR 60-0002
AETHYLALUMINIUM-VERB., DARST. 60-0017
PHENYLALUMINIUM-VERB., DARST. 60-0019
METHYLALUMINIUM-DIJODID, DARST. 60-0020
CHLORDIAETHYL-AL, EINFL. AUF D. DIMERISIER. V. PROPEN 60-0172
AL-ARYL-ALKYL-VERB., NMR 61-0005
AETHYL-ALCL2, EINFL. AUF OLEFINE 61-0132
BETA.BETA-DIMETHYL-ACRYLSAEURE-METHYLESTER-ALCL3-KOMPLEX 54-0333
AL-TARTRAT-SULFAT-HYDRATE, ZERS. 59-0022
ALUMINIUMVERBINDUNGEN (ANORGANISCHE)
ALBR3, RK. MIT METALLCARBONYLEN 59-0038
ALBR3,RK. MIT N-TRIMETHYLSILYL-TRIMETHYLPHOSPHINIMIN 55-0008
ALCL3, RK. MIT METALLCARBONYLEN 59-0038
ALCL3, SCHMELZRK. MIT ANTHRACHINONEN 55-0200
ALCL3, RK. MIT ANTHRACEN 55-0056
ALCL3, RK. MIT TETRACHLORAETHAN 61-0266
ALCL3,RK. MIT N-TRIMETHYLSILYL-TRIMETHYLPHOSPHINIMIN 55-0008
ALCL3, EINFL. AUF D. RED. SCHIFFSCHER BASEN 56-0119
ALCL3, EINFL. AUF AROMATENUMLAGER. 56-0342
ALCL3, EINFL. AUF RK. MIT ORGANO-SI-VERB. 58-0215
ALCL3, WRKG. AUF PHENYLACETATE 60-0265
ALCL3, KATALYT. WRKG. 61-0106
ALCL3, VERW. ALS KATALYSATOR BEI D. ACYLIER. V. AROMATEN 61-0105
ALCL3,RK. MIT DICHLORPHOSPHORYL-TRIPHENYLPHOSPHONIUM-CHLORID 56-0026
ALJ3,RK. MIT N-TRIMETHYLSILYL-TRIMETHYLPHOSPHINIMIN 55-0008
V-AL2O3-KATALYSE D. OLEFINUMWANDL. 58-0151
AL(CLO4)3, RK. MIT TETRAMETHYLENSULFOXID 61-0003
AMEISEN
FLUORESZIERENDE VERB. AUS AMEISEN 54-0461
ALPHA-FARNESEN AUS APHAENOGASTER 58-0463
AMIDALE 55-0041
* S. UNTER AMINALE
AMIDE, ORGANISCHE
* S. UNTER SAEUREAMIDE
AMIDINE
* S. UNTER SAEUREAMIDINE
AMINALE
V. BETA-CHLOR- BZW. BETA-ACETOXYAETHYLAMINEN, DARST. 55-0133
DARST. 56-0381
1.2-DIACYLAMINO-1.2-AETHANDIOLE DARST. 56-0398
N-ARYL-, DARST. 60-0165
MONOQUART. SALZE, DARST. 60-0389
UNSYMM., DARST. 61-0328
KETEN-, ROTAT.-BARRIERE UM C-C-DOPPELBIND. 59-0089
AMINE, ORGANISCHE
* WEITERE AMINOVERB., WIE AMINOAETHER USW. S. DORT
TRICHLORAETHOXYCARBONYL- ALS SCHUTZGRUPPE 60-0166
6-AMINOFULVENE, DARST. 53-0178
9-ARYLAMINO-ANTHRACENE, ELEKTROCHEM. OX. 54-0260
ENAMINE, RK. MIT VINYL-METHYL-KETON 54-0332
CARBOXYAETHYLIER. 54-0336
ALPHA-HALOGENIERTE, RK. MIT PARAFORMALDEHYD 55-0133
CYCLOHEXEN-(1)-YLAMINE, RK. 55-0314
N-FLUOR-VERB. 56-0362
ENAMINDERIV. D. ACETALDEHYDS, RK. 56-0402
UNGESAETT., CHLORIER. 57-0153
ENAMINE, DARST., RK. 58-0346
ENAMINE V. METHYL-ALKYLKETONEN 58-0349
N-CHLORMETHYL-ANILINE, DARST. 60-0165
EINFL. AUF GRIGNARD-RK. 60-0176
PHENYLISOPROPYLAMINE, ARZNEIMITTEL 60-0381
ALPHA-HALOGENIERTE, RK. 60-0389
ALPHA-HALOGENIERTE, RK. 61-0167
EN-, AUTOKONDENS. 61-0308
SEK.-ALKYLAMINE, ABS. KONFIG. 55-0064
NAPHTHYLAMINE, DARST. 53-0097
ANILINONITROPYRIDINE, DARST. 53-0159
1-DIMETHYLAMINO-PENTADIENE-(2.4), DARST. 53-0166
AMINOPROPIONITRILE D. FURAN-REIHE, DARST. 54-0289
DIAMINO-DIPHENYLE, DARST. 55-0108
4-CHLORBUTYLAMINE, DARST. 55-0134
2-AMINO-TETRALINE, SYNTH. 55-0196
TERT.-AMINE DARST. 55-0239
REINECKE-SALZE, DARST. 56-0020
DIPHENYLAETHYLENDIAMINE, DARST. 56-0118
ALKINYLAMINE, DARST., RK. 56-0166
AMINOALKYLHYDRAZINE, DARST. 56-0191
HALOGENIERTE ANILINE DARST. 56-0231
ENAMINE, DARST. 56-0381
1-FURYL-5-AMINO-ALKANE, CYCLISIER. 56-0409
PHENYLENDIAMINE, TUBERKULOSTATICA 56-0503
3-AMINOAMIDOXIME, DARST. 57-0161
NAPHTHYLSUBSTITUIERTE AMINOTHIOAETHER, DARST. 57-0223
DIARYL-PROPIN-(2)-YL-, DARST. 57-0346
ALLYLAMINE DARST. 58-0207
SEK., DARST. AUS BENZALAMINEN 58-0265
AMINOAZONAPHTHALINE, SPEKTREN 59-0274
ALKYL-2.3-EPOXYPROPYLAMINE, DARST., RK. 59-0407
CARYL-(5)-AMINE, KONFORM. 59-0467
AROMAT. ENAMINE, DARST. 60-0219
1.2-DIARYLAETHYLEN-DI-, DARST. 60-0262
DARST. AUS KETOXIMEN U. DIBORAN 60-0264
AMINO-INDOLE, SYNTH. 60-0327
5-AMINO-1.4-BENZODIOXANE, DARST. 60-0393
AMINOALKANTHIOLE DARST. 61-0153
ALKYLAMINO-2.3-DICHLOR-BUTENE-(2), DARST. 61-0173
ALKYL-CYCLOHEXYL-, DARST. 61-0252
DARST. DURCH REDUKTIVE AMINIER. 61-0425
3-AMINO-FLUORENE, DARST., PK 53-0100
2-ALKYL-HEXYL-, DARST. 58-0263
AMINOALKENE U. ALKANE, DARST. 59-0195
AMINOSULFONSAEUREN, IR-SPEKTREN 60-0046
ANILINE, SIGMA-KONST. 60-0070
ENAMINE, INNERE ROTAT. 55-0057
EN-, ROTAT. UM C-C-DOPPELBIND. 61-0080
ACIDITAETSFUNKT. D. GEMISCHE MIT W. 56-0104
BENZYLAMINE, STRUKTUR U. BASIZITAET 56-0130
AMINONITRILE U. -AMIDOXIME, BASIZITAET 57-0086
PRIM. AMINE, DISSOZIAT.-KONST. 58-0099
ELEKTR. EIG. V. GEMISCHEN MIT W. 54-0084
ALKYLAMIN-HYDROCHLORIDE, DAMPFDRUCK 55-0069
ENAMINE, C-ALKYLIER. 59-0174
HOMOLYT. RK. MIT TETRACHLORMETHAN 59-0175
O-DIAMINE, RK. MIT BRENZTRAUBENSAEURE 59-0328
O-AMINO-THIOPHENOLE CYCLISIER. 55-0099
ENAMINE, UMLAGER. 56-0230
TOLUIDINE U. XYLIDINE, KONDENS.-RK. 58-0324
ALIPHAT. AMINE, PHOTOLYSE IN H2O2-LSG. 54-0132
ALKYLAMINE DEHYDRIER. 54-0133
PRIM. U. SEK. AMINE, RK. 54-0134
HALOGENANILINE, SCHONENDE OX. 54-0207
AROMAT., PHOTOCHEM. OX. (KINETIK) 58-0153
ANILINE, H-D-AUSTAUSCH 54-0105
ANILINE, H-ISOTOPENEFFEKT BEI NITRIER. 54-0127
TRINITROANILINE, CHLORIER. MIT POCL3 54-0179
HOCHTEMP.-CHLORIER. 55-0112
1-DIAETHYLAMINO-1-ARYL-AETHYLENE, RK. 56-0337
RK. MIT S 57-0154
ALIPHAT. MONO- U. DI-, RK. MIT S 57-0290
DI-, KOMPLEXE MIT CU 61-0012
DIALKYL-, RK. MIT SICL4 61-0018
RK. MIT D. ISOXAZOLINOPYRIDINIUM-ION 59-0139
RK. MIT 1.3-OXAZIN-4.6-DIONEN 59-0186
KONKURRENZADDIT. AN ARINE 60-0137
KONKURRENZADDIT. AN ARINE 60-0138
RK. MIT 2-TRIHALOGENMETHYL-BENZIMIDAZOLEN 53-0140
ALKYLEN-DIAMINE RK. MIT 2-TRIHALOGENMETHYL-BENZAZOLEN 53-0142
RK. MIT OX- BZW. THIAZEPINEN 54-0374
RK. MIT HALOGENVERB. (KINETIK) 57-0098
RK. MIT NITRO-HALOGEN-BENZOLEN 55-0088
AROMAT., RK. MIT NITROAROMATEN ZU KOMPLEXEN 57-0036
ARYLAMINE, NITROSIER. 58-0157
ENAMINE, TRANSAMINIER.-RK. 58-0348
TOLUIDINE, ALKYLIER. 54-0094
ADDIT. AN VINYLACETYLENCARBINOLE 58-0209
PRIM., RK. MIT DIHALOGENPROPANOLDERIV. 58-0301
SEK., RK. MIT KETALEN U. ARYLAZIDEN 58-0347
RK. MIT CHLORHYDRINEN (KINETIK) 60-0127
SEK., RK. MIT EPISULFIDEN 58-0149
RK. MIT SULFOLANEN 58-0315
AMIN-N-MG-VERB., OX. 58-0321
2-AMINO-3.4-DIHYDRONAPHTHALINE, RK. 53-0097
SEK., RK. MIT HARNSTOFFEN 54-0111

AMINE, RK. MIT SELENOSENFOELEN 58-0233
ENAMINE, RK. MIT CS2 58-0383
SEK. AMINE, RK. MIT DICHLORMETHYLCYCLOHEXADIENONEN 54-0230
2-PIPERIDINO-ANILINE, RK. 54-0310
N.N.N'.N'-TETRAMETHYL-ALKYLENDIAMINE RK. 56-0235
DIAMINE, MANNICH-RK. 57-0351
PRIM. AROMAT., RK. 58-0385
PRIM.-, RK. 60-0325
RK. MIT CYCLOPROPANON 61-0254
INAMINE, RK. 59-0266
1-ARYL-2.2.2-TRIHALOGENAETHYL-, DARST 57-0176
SEK., RK. MIT ALPHA-AMINO-STILBENEN 55-0292
O-PHENYLENDIAMINE, RK. 53-0139
ENAMINE, RK. MIT NITRILIMINEN 59-0324
AROMAT. AMINE, RK. 53-0129
PRIM., RK. MIT THIOPHTHALIMIDEN 56-0336
RK. MIT AZLACTONEN 56-0407
RK. MIT ALPHA,BETA-UNGESAETT. ESTERN 57-0157
AROMAT. DIAMINE, ACYLIER. (KINETIK) 58-0115
ADDIT. AN ACETYLENCARBONSAEUREESTER 58-0127
ADDIT. AN ACETYLENCARBONSAEUREESTER 58-0128
RK. MIT METHYL-PROPIOLAT 58-0211
RK. MIT EINEM BETA-PROPIOLACTON 59-0189
ALKYLENDI-, RK. 60-0408
ARYL-, RK. MIT PROPIN-(2)-YL-MALONESTER 60-0440
ACYLIER. MIT OPT.-AKT. ANHYDRIDEN 61-0208
ENAMINE, RK. MIT SAEURECHLORIDEN 61-0307
DI-, RK. 61-0373
THIOALKOHOL-, RK. 61-0373
RK. MIT SULFONYLCARBODIIMIDEN 60-0168
PRIM., RK. MIT PREGNENONEN 61-0543
KETONISOMERISIER. MIT AMINEN 54-0195
TERT., BEST. MIT ALPHA.GAMMA-ANHYDRO-ACONITSAEURE 57-0442

AMINOAETHER
DARST. AUS CYANAETHERN 58-0210
2.2-DIPHENOXY-AETHYLAMINE, DARST. 59-0210
2-AMINOALKYL-PROPARGYLAETHER, DARST. 58-0177
O-AMINOPHENOLAETHER, OX. MIT PBO2 59-0381

AMINOALDEHYDE
ALIPHAT., DARST. 57-0322
ALPHA-AMMONIO-ALDEHYDE, RED. 56-0112
UNGESAETT., RK. MIT METALLORGAN. VERB. 59-0233

AMINOALKOHOLE
ACETYLEN-, SYNTH. 57-0155
EPHEDRIN-DERIV., DARST. 57-0367
N-PHENYL-ALANINOLE, DARST. 60-0199
3-ARYLAMINO-PROPANOLE-(1), DARST. 60-0222
FLUORIERTE ADRENALINE, DARST. 55-0160
2-AMINO-CYCLANOLE, DARST. 60-0275
EPHEDRINDERIV., SYNTH., PHARMAKOLOGIE 61-0220
2-AMINO-1-ARYL-ALKANOLE-(1) DARST. 61-0221
D. EPHEDRINREIHE, RINGSCHLUSSRK. 59-0043
AETHANOLAMINE, POLYMERISAT. 60-0500
1.2-DIARYL-4-DIMETHYLAMINO-BUTANOLE-(2), RK. 54-0181
5-AMINO-PENTANOLE, CYCLISIER. 54-0339
PHENYLAETHANOLAMINE, RK. 58-0238
RK. MIT 2-TRIHALOGENMETHYL-BENZAZOLEN 53-0142
MIT SEK. N, SELEKTIVE N-ACETYLIER. MIT KETEN 56-0335
RK. MIT ALKYLBENZOYLCHLORIDEN 54-0200
RK. MIT O-METHOXYCARBONYL-PHENYL-ISOTHIOCYANAT 60-0408
RK. 61-0373

AMINOKETONE
* S. AUCH CHINONE
TAUTOMERIE 57-0083
AMINOALKINONE, DARST. 56-0242
OXOALKIN-(2)-YL-AMINE, DARST. 58-0248
1.2-DIAMINO-CYCLOBUTEN-3.4-DIONE, DARST. 61-0255
PHENACYLAMMONIUMBROMIDE DARST. 56-0235
ELEKTRONENSTRUKTUR 60-0074
ANILINOMETHYL-CYCLOHEXENONE, CYCLISIER. 60-0386
ENAMINOKETONE, CIS-TRANS-ISOMERISIER. 57-0112
BETA-ARYLAMINO-KETONE, RED. 60-0222
BETA-, RK. MIT DIHYDROISOCHINOLINEN 59-0380
BETA-ENAMIN-KETONE, ACYLIER. 55-0176

AMINOLYSE
* S. UNTER SOLVOLYSE

AMINOMETHYLIERUNG
* S. UNTER KONDENSATIONSREAKTIONEN

AMINOPHENOLE
N-METHYLIERTE NITRO-, DARST. 58-0239
5-ALKYLAMINOAETHOXY-1.4-BENZODIOXANE, SYNTH. 56-0383
OX. ZU SULFONEN U. SULFONATEN 61-0194
DIAZOTIER. 57-0181
O-AMINO-PHENOLE, RK. 53-0139
O-, ENZYMAT. OX. 59-0501

AMINOSAEUREN
OPT. ROTAT.-DISPERS. V. SELENOARYLESTERN 55-0021
RK. ZU CYCL. PEPTIDEN 58-0502
(4-PHENYLAZOPHENYL)-AMIDE, LICHTABSORPT. 61-0030
AMINODEKALINCARBONSAEUREN, KONFIG. 56-0103
GESCHW. D. PEPTID-BLDG. 55-0135
DARST. V. N-GESCHUETZTEN VERB. 53-0069
N-FORMYL-AMINOSAEUREN, DARST. 53-0070
CUMARONYLAMINOSAEUREN, DARST. 53-0126
AMINOSAEUREN D. CUMARONGRUPPE, SYNTH. 55-0219
N-TOLUOL-P-SULFONYL-GLYCINESTER, DARST. 55-0237
RADIKAL., DARST. 56-0379
N-SUBSTITUIERTE, DARST. 57-0157
N-TERT.-BUTOXY-, DARST. 57-0159
N-GESCHUETZTE AKTIVIERTE ESTER, DARST. 57-0160
CBO-AMINOISOBUTYRYL-, DARST. 58-0496
N-ACETYL-L-CYSTEIN-METHYLAMIDE, DARST. 59-0199
2-HALOGEN-3-AMINO-CROTONSAEUREESTER, DARST. 61-0179
N-ACETYL-, DARST. 61-0180
AMINOTOLUOYLBENZOESAEUREN, CYCLISIER. 61-0287
N-ARYL-GLYCINE, DARST. 56-0194
6-ALKYLAMINO-PENICILLANSAEUREESTER, SYNTH. 56-0480
N-DERIV. V. ALPHA-AMINOSAEUREN, ZIRKULARDICHROISMUS 53-0009
N-(PYRIDYL-(2)-N-OXID)-AMINOSAEUREN, ROTAT.-DISPERS. 58-0032
CU-KOMPLEXE, COTTON-EFFEKT 61-0002
GAMMA-HYDROXYAMINOSAEURELACTONE, MASSENSPEKTREN 53-0235
N-PHTHALOYL-, MASSENSPEKTREN 57-0041
KYNURENINE, MASSENSPEKTREN 57-0046
3-AMINO-ACRYLSAEUREESTER, H-N-C-H-KOPPL. 60-0051
4-AMINOBENZOESAEUREN, DISSOZIAT.-KONST. 60-0152
N-ACYL-DL-HOMOSERINDERIV., CYCLISIER. 55-0240
N-TRICHLORACETYL-, RK. MIT POCL3 59-0331
4-AMINO-BENZOESAEUREN, DECARBOXYLIER. 60-0153
TRYPTOPHANE, OZONISAT. 55-0233
-CHINOLYL-ESTER, RACEMISIERUNGSFREIE AMINOLYSE 60-0124
RK. MIT TRIMETHYLCHLORSILAN 58-0214
N-ACYL-, RK. MIT GUANIDIN 60-0216
RK. MIT CH2O (GLEICHGEW.-KONST.) 60-0098
EINHORN-RK. 61-0182
EINHORN-RK. 61-0183
EINHORN-RK. 61-0184
RK. MIT TRIFLUORESSIGSAEUREANHYDRID 54-0313
RK. MIT HEXOSEN 58-0429
N-ACYL-ALPHA-AMINOSAEURE-HYDRAZIDE, SELBSTKONDENS. 55-0136
CYTOAKT., DARST. 57-0156
BEST. TERMINALER AMINOSAEUREN 55-0400
N-ALPHA-CHLORACYL-L-VAL-METHYLESTER, NMR 56-0044
N-GLYKOLYL-AMINOSAEUREESTER, DARST. 55-0395
BETA-AMINO-ZIMTSAEUREESTER, RK. 55-0238
N-MALEOYL-AMINOSAEUREESTER, DARST. 54-0295
AMINOSAEURE-ALKYLESTER, BASIZITAET 53-0042
N-ARYL-ALPHA-CHLORACETAMIDO-ESSIGSAEUREESTER, RK. 53-0124
-ESTER, AMINOLYSE 54-0113
AMINOSAEUREBENZYLESTER, N-FORMYLIER. 53-0070

AMINOXIDE
PHOTOCHEM. UMLAGER. 55-0101
N-OXIDE V. N-HETEROAROMATEN 58-0422
ALDOXIMANHYDRID-N-OXIDE, DARST. 53-0091
N-METHYL-N-BENZYL-ANILINOXIDE UMLAGER. 58-0140
PHENYLAETHANOLAMIN-OXIDE, DARST. 58-0238
INDOLENIN-N-OXIDE, DARST., TAUTOMERIE 58-0322
AMINO-PYRIDIN-N-OXIDE, DARST. 60-0379
CHINAZOLIN-3-OXIDE, UV-SPEKTREN 60-0044
N-(PYRIDYL-(2)-N-OXID)-AMINOSAEUREN ROTAT.-DISPERS. 58-0032
AROMAT., MASSENSPEKTREN 60-0064
PYRAZIN-N-OXIDE, PHOTO-RK. 56-0390
PYRIDIN-N-OXIDE H-D-AUSTAUSCH 54-0124
ISOCHINOLIN-N-OXIDE, PHOTOLYSE 60-0415
CHLORPYRIDIN-N-OXIDE, H-D-AUSTAUSCH 53-0046
POLYHALOGEN-, NUCLEOPHILE RK. 59-0294
2-HALOGEN-PYRIDIN-N-OXIDE, ANALYT. VERW. 55-0400

AMMONIAK
MG-ADDUKTE MIT DIPHENYL, PHENANTHREN U. ANTHRACEN IN FL. NH3 58-0014
RK. MIT 4.6-DIMETHOXY-3-CHLORMETHYLPHTHALID 60-0328
RK. MIT 2-TRIHALOGENMETHYL-BENZIMIDAZOLEN 53-0140
RK. MIT CHLOR-DIBENZO-THIAZEPIN 54-0374
RK. MIT SUBSTITUIERTEN BENZOLEN 55-0141
RK. MIT 3-BROMMETHYL-PENTADIEN-(1.2) 60-0170
RK. MIT PYRYLIUMSALZEN 58-0399
RK. MIT AETHYL-MGBR 59-0230
OXYDATIVE KUPPL. MIT UNGESAETT. KETONEN 56-0332
RK. MIT KETONEN 56-0349
NH3, RK. MIT 3.3'-(SYMM.-TETRATHIANDIYLIDEN)-DICAMPHER 60-0473
RK. MIT 3-MERCAPTO-BUTYRALDEHYD 57-0344
RK. MIT ARYLCHLORFORMIAT 55-0186
RK. MIT ALPHA-FORMYL-LACTONEN 56-0314
RK. MIT ALPHA-ACYL-THIOL-LACTONEN 56-0315
RK. MIT VALERIANSAEUREAETHYLESTERN 58-0392
RK. MIT SAEUREAMIDEN 61-0178
RK. MIT 2-CHLOR-3-OXO-INDOLENIN-4-SULFOCHLORID 59-0316
RK. 61-0146
RK. MIT PREGNENONEN 61-0543
NH3, VERW. ZUR AKTIVIER. V. CU 54-0236
EINFL. AUF D. VERSEIF. 60-0026
BEST. V. HYPONITRIT IN GGW. V. -- 57-0440

AMMONIUMVERBINDUNGEN
NH4SBCL6,RK. MIT PCL5 56-0195
(NH4)2PBCL6, RK. MIT NAN3 60-0001
(NH4)2SNCL6, RK. MIT NAN3 60-0001
(NH4)6MO7O24-3 C2H5OH, BLDG. 60-0026
NH4CLO4, ELEKTROLYSE IN ACETONITRIL 59-0106
NH4SCN, KOMPLEXBLDG. MIT NONACTIN U. MONACTIN 60-0015

NH4(POS(NH2)2), RK. MIT HF 56-0011
NH4(POSF2), DARST. 56-0011
(NH4)2(PO2SF), DARST. 56-0011
AMMONIUMVERBINDUNGEN, QUARTAERE
* S. AUCH BETAINE, IMMONIUMVERBINDUNGEN
HETEROCYCLOAMMONIUM-VERB., RK. 55-0285
THIAZOLOPYRIDINIUM-SALZE SYNTH. 56-0382
CYCL., SYNTH. 56-0397
N-VINYL-PYRIDINIUMSALZE, RK. 59-0366
D. HEXAMETHYLENDIAMINS. MIT STILBENEN, DARST. 54-0216
1-AETHYL-PIPERIDINIUMVERB., DARST. 54-0341
BENZTHIAZOLIUMVERB., BLDG. 55-0099
PYRIDINIO-ANTHRACHINONE, DARST. 55-0200
QUART. MORPHIN-DERIV., DARST. 55-0342
N-STYRYL-PYRIDINIUMSALZE, DARST. 58-0394
SUBSTITUIERTE PROPENYL-TRIMETHYLAMMONIUMVERB. DARST. 59-0268
2-ALKYL-CHINOLIZINIUM-SALZE SYNTH. 59-0367
N-SPIRO-, DARST., EIG. 59-0371
V. ASYMM. AMINALEN, DARST. 60-0389
3-(P-SULFAMOYLPHENYL)-TETRAZOLIUMVERB., DARST. 55-0266
QUART. FLAVINIUMSALZE, DARST. 55-0307
PYRIDINIUM-2-ALDOXIM-PHOSPHATE, DARST., BIOCHEM. WRKG. 58-0542
DIALKYL-BENZYL-AETHOXYCARBONYL-, DARST. 60-0220
4.4'-BIPYRIDINIUMSALZE, DARST. 61-0430
LAD.-VERTEIL. IN ANILINIUM- U. PYRIDINIUM-IONEN 59-0083
QUART. N-VERB., MASSENSPEKTREN 54-0040
MASSENSPEKTREN 57-0044
QUATERN. PIPERIDINIUM-SALZE, NMR 53-0021
PYRIDINIUMSALZE, N-H-KOPPL. 56-0053
KOMPLEXE MIT DIAETHYL-BE 54-0003
AZETIDINIUM-KATIONEN ALS ALKYLIER.-MITTEL 54-0284
CHINOLINIUMVERB., KONSTIT. 55-0287
HETEROCYCLOAMMONIUMVERB., RK. 55-0288
PYRIDINMETHOJODIDE H-D-AUSTAUSCH MIT NAOD 54-0124
3-HYDROXY-1.1-DIMETHYL-PIPERIDINIUM-HYDROXIDE 53-0166
BENZTHIAZOLIUMVERB., RINGOEFFN. 55-0098
HETEROCYCL. SPALT. V. C-N-BIND. 57-0271
1-BENZYL-ISOCHINOLINIUMVERB., RED. 55-0291
ALPHA-KETO-AMMONIUMSALZE, RED. 56-0111
THIAZOLIUMSALZE, RED. MIT NABH4 61-0104
ELEKTRORED. IN FL. NH3 61-0216
THIAZOLIUMSALZE, RED. MIT NABH4 61-0389
RK. MIT NANH2 58-0207
N-PHENACYL-ISOCHINOLINIUMSALZ, RK. 61-0443
STILBENYL-PYRIDINIUMBROMIDE, RK. 55-0292
ISOCHINOLINIUMSALZE, RK. MIT ALDEHYDEN 61-0428
PYRIDINIUMCARBINOLE, TTC-RK. 53-0149
1.2-DIALKYL-CHINOLINIUM-JODIDE, RK. 55-0286
MASSENSPEKTREN 58-0437
AMPHOTERE VERBINDUNGEN
AMPHOLYT, DISSOZIAT.-KONST. (VERF.) 56-0105
AMYLOPEKTIN
ORD D. J2-KOMPLEXES 58-0034
AMYLOSE
ORD D. J2-KOMPLEXES 58-0034
AMYLOSEAETHER, DEPOLYMERISIER. 58-0513
ANAESTHETIKA
* S. UNTER ARZNEIMITTEL
ANALGETIKA
* S. UNTER ARZNEIMITTEL
ANALYSE
* V. SPEZIELLEN STOFFEN S. DORT
AN WOFATIT SBW 58-0545
MASSENSPEKTREN IN D. ANALYSE 57-0045
STUDIEN AN ANORGAN. N-VERB. 57-0439
STUDIEN AN ANORGAN. N-VERB. 57-0440
STUDIEN AN ANORGAN. N-VERB. 57-0441
GLYKOLSPALTENDE REAGENZIEN 60-0513
V. ORGAN. VERB. (SUBMIKRO-METH.) 58-0546
ANHYDRIDE VON CARBONSAEUREN
* S. UNTER SAEUREANHYDRIDE
ANOMERISIERUNGEN
* S. UNTER UMLAGERUNGEN
ANTHOCYANIDINE
KONDENS.-RK. 55-0268
PRO- U. LEUKO-, AUS SALACIA 59-0508
ANTHRACHINONFARBSTOFFE
* S. UNTER FARBSTOFFE, ORGANISCHE
ANTIBIOTIKA
* SPEZIELLE S. UNTER D. ENTSPRECHENDEN STICHWORT
LEUCOMYCINE, CHEMIE D. LEUCOMYCINE 54-0454
LEUCOMYCINE, KONSTIT. 56-0479
OLIVOMYCINE, STEREOCHEMIE 54-0453
CHINOXALINANTIBIOTIKA, STRUKTUR 55-0402
AUS STREPTOMYCES GALILAEUS 61-0566
CHROMOMYCINE VORK. 53-0246
GEGENSTROMVERTEIL. 55-0405
ANTIDIABETIKA
* S. UNTER DIABETES
ANTIGENE
DARST. 60-0434
ANTIMITOTIKA
* S. UNTER ZELLEN
ANTIMON
RK. MIT MONOJOD-PENTAFLUOR-BENZOL 59-0024
ANTIMONVERBINDUNGEN
DONATOR-SBCL5-KOMPLEXE, DISSOZIAT.-KONST. IN DICHLORAETHAN 56-0099
DARST. V. TERT.-BUTYL-HEXAFLUOROANTIMONAT(V) 61-0120
ACYLIER. D. KOMPLEXE PI-AROMAT-2 SBCL3 61-0106
SB-ORGAN. PEROXIDE 58-0212
PHTHALYLIUMHEXACHLOROANTIMONATE(V) 58-0309
ACYL-SBCL6, RK. MIT HYDROXYSTEROIDEN 58-0477
(+) BZW. (-)-KSBO(C4H4O6), RK. 59-0040
PHENALENHEXACHLOROANTIMONAT, NMR-UNTERS. 58-0052
(N(PCL3)2)SBCL6, DARST. 56-0195
HSBF6 U. (2)HSBF6, BLDG. 61-0097
HSBF6, RK. MIT NEOPENTAN 61-0120
RK. MIT H2 U. D2 61-0097
CYCL. OXONIUMSALZE V. HSBF6, RK. U. HYDROLYSE
SBCL5-H2O, DISSOZIAT.-KONST. IN 1.2-DICHLORAETHAN 56-0099
SBCL5, ADDIT.-VERB. MIT BENZOYLCHLORIDEN 54-0027
SBF3, RK. MIT SPCL3 BZW. SPBR3 58-0011
SBF3, RK. MIT P-ISOTHIOCYANATEN 60-0013
RK. MIT TRIMETHYLSIYLAZID 55-0002
ANTISEPTIKA
* S. UNTER DESINFEKTION (UND DESINFEKTIONSMITTEL)
ARABAN
VORK. IN PINUS PINASTER 58-0426
AROMASTOFFE
KAFFEEAROMA, INHALTSSTOFFE 55-0414
INHALTSSTOFFE D. KAFFEE-AROMAS 55-0415
V. WEISSEN TRUEFFELN 57-0137
AROMATEN
* KOHLENWASSERSTOFFE(AROMATISCHE) S.DORT
* RINGSYSTEME (AROMATEN) S. DORT
ARSENVERBINDUNGEN
AS(C6H5)4-AZIDO-METALLKOMPLEXE, DARST. 60-0001
TRIS-(BRENZCATECHINATO)-ARSENAT(V), STEREOCHEMIE 57-0051
ASCL3, RK. MIT N-(DIAETHYL-PHENYL)-NAPHTHYLAMIN 57-0324
ASCL3, RK. MIT NAPHTHYLAMINOPHENANTHRENEN 57-0325
ARSENTRIOXID, RK. MIT 2-LITHIUM-BIPHENYL 60-0263
ARYLIERUNG
* S. UNTER ALKYLIERUNG
ARZNEIMITTEL
PHARMAKODYNAM. VERB. 56-0435
PHENYLISOPROPYLAMINE 60-0381
EINFL. V. HILFSSTOFFEN AUF D. ARZNEIMITTELWIRKSAMK. 53-0254
FLIESSEIG. V. PUDERROHSTOFFEN 60-0511
ANALYSE DURCH KMR 56-0509
POLAROGRAPH. ANALYSE 56-0108
U. PHARMAZEUT. HILFSSTOFFE, BEST. 61-0575
LOKALANAESTHET. 1.4-BENZODIOXANE 54-0346
1.4-BENZODIOXANE, LOKALANAESTHET. WRKG. 56-0383
LOKALANAESTHETIKA 60-0407
ANALGET. WRKG. EINES FUROBENZOPYRONS 59-0351
SYNTHET. ANALGETIKA 56-0504
ANALGETIKA, DARST. 56-0505
NITROTHIOPHENCARBALDEHYDACETALE 61-0565
BENZOFURANE, HERZ- U. KREISLAUFBEEINFLUSS. 54-0290
HYPOTENSIVE EIG. EINES PHENALENOLS 60-0275
GEFAESSWRKG. V. OXAZOLEN 60-0340
CARDIOVASCULAERE WRKG. V. OXAZOLIDONEN 60-0341
HYDRAZINOPROPIONSAEUREDERIV. 57-0284
CARBAMATE MIT HYPNOT. WRKG. 59-0383
BEST. V. SCHLAFMITTELN 56-0509
SEDATIVA, THALIDOMID-ANALOGA 59-0362
ALKOXYBENZOESAEUREESTER ALS SPASMOLYTIKA 55-0155
SPASMOLYTIKA, AMINOTHIOAETHER 57-0223
PHENYL-PYRAZOLIDONE-(3) 57-0284
SPASMOLYT. WIRKSAME BENZILSAEURE-ESTER 60-0256
ASSOZIATION
* S. UNTER ZWISCHENMOLEKULARE KRAEFTE
ATOMABSTAENDE
* S. UNTER MOLEKULARSTRUKTUR
AUTASSOZIATION
* S. UNTER ZWISCHENMOLEKULARE KRAEFTE
AZEPINE
DARST. 55-0318
PROTONENRESONANZUNTERS. 53-0018
UMLAGER. 54-0234
AZIDE, ORGANISCHE
SILOXYALKYL-, DARST. 60-0202
RK. MIT CH-AKT. VERB. 55-0148
RK. MIT AKT. METHYLENVERB. 59-0267
PHENYL-, CYCLOADDITION 61-0121
ARYL-, RK. MIT KETALEN U. SEK. AMINEN 58-0347
RK. MIT GRIGNARDVERB. 60-0352
ARYL-, RK. MIT KETIMINEN 57-0293
AZINE
BENZAL-, LUMINESZENZ 60-0041
PHTHALIMID-, DARST. 56-0336
ALDAZINE, THERM. ZERS. 56-0160
AZIRIDINE
* S. ALKYLENIMINE
AZLACTONE
RK. MIT AMINEN 56-0407
AZOVERBINDUNGEN
* S. AUCH AZOFARBSTOFFE
4-ARYLAZO-ISOXAZOLONE,STRUKTUR 57-0031
HALOGENAZOBENZOLE,BLDG. 54-0207

BLDG. BEI D. ZERS. V. AROMAT. DIAZOVERB. 57-0120
AZOCHRYSENE, DARST. 55-0204
AMINOAZONAPHTHALINE, UV U. IR 59-0274
2.2'-DIALKOXY-AZOBENZOLE, DARST. 59-0381
2-ARYLAZO-BENZIMIDAZOLE, DARST. 60-0335
ADAMANTYL-AZOBENZOLE, SPEKTREN 59-0290
LOESCH. D. FLUORESZENZ 59-0045
AZOBENZOLE, CIS-TRANS-ISOMERISIER. 54-0114
FRAGMENTIER. 58-0103
FRAGMENTIER. 58-0264
RK. MIT DIAZOVERB. 55-0258
KUPPL. MIT PHENOLEN (KINETIK) 55-0097
AZOBENZOLE, RK. MIT KETEN 53-0123
RK. MIT MESOION. OXAZOLONEN 58-0302
N-HETEROAROMAT., RK. MIT N-YLIDEN 61-0421
AZOXYVERBINDUNGEN
AROMAT., UMLAGER. 57-0110
AROMAT., ALKALIMETALL-ADDUKTE 56-0229
AZULENE
ZIRKULARDICHROISMUS 56-0086
TETRAHYDROAZULENONE, DARST. 54-0242
4-STYRYL-AZULENE, DARST. 54-0264
MONO- U. 1.3-DISUBSTITUIERTE, DARST. 60-0276
DARST. 60-0277
QUANTENCHEM. BERECHN. 54-0020
1-FORMYL- U. 1-ACETYL-AZULENE, RK. 58-0130

B

BAEYER-VILLIGER-REAKTION
* S. UNTER UMLAGERUNGEN
BAKTERIEN
* S. UNTER MIKROBEN
BALDRIANOELE
* S. UNTER OELE, AETHERISCHE
BARBITURSAEUREN
N-BENZOYL-BARBITURSAEUREN, DARST. 55-0299
5-ALKYL-, DARST. AUS TRICARBAETHOXY-METHANEN 57-0328
DIALKYLAMINO-ALKYL-BARBITURSAEUREN 58-0405
5-PHENYL-THIOCARBAMOYL-, DARST. 60-0400
BARIUMVERBINDUNGEN
BA-ALKYLALUMINATE, DARST. 60-0021
2-PHOSPHONOBUTANDION, BA-SALZ 59-0201
APO-ATRACTYLOSID, BA-SALZ , DARST. 61-0474
BIS-(2-SULFO-PHENOXY)-1.3.5-TRIAZIN, BA-SALZ 56-0406
BA-BIS-(TRIS-(BRENZCATECHINATO)-ARSENAT(V)), DARST. 57-0051
BASEN
LEWIS-BASEN, OX. 54-0260
ORGAN., EINFL. AUF D. IR-SPEKTRUM V. CHLOROPHYLL A 57-0017
RK. MIT ELEKTRONENAKZEPTOREN 53-0020
CRAIG-VERTEIL. V. ORGAN. BASEN 55-0091
BASIZITAET
* S. UNTER DISSOZIATION,ELEKTROLYTISCHE
BECKMANN-UMLAGERUNG
* S. UNTER UMLAGERUNGEN
BENZIMIDAZOLE
MANNICH-RK. 54-0305
1.2-DIHYDRODERIV., RK. 54-0309
2-CHLOR-, NUCLEOPHILE RK. 59-0133
2-CHLOR-N-METHYL-, NUCLEOPHILE RK.-FAEHIGK. 59-0134
1.2-DIHYDRO-, RK. MIT HYDRIDIONAKZEPTOREN 61-0378
2-TRIHALOGENMETHYL-BENZIMIDAZOLE, DARST. 53-0139
1-(5-CHLOR-PENTYL)-BENZIMIDAZOLE, DARST. 54-0310
2-VINYL-, DARST. 57-0289
-SULFONAMIDE, DARST. 58-0355
2-(ALPHA-KETO-ALKYL)-, DARST. 59-0328
2-ARYLAZO-, DARST. 60-0335
2-CHLOR-, NUCLEOPHILE SUBSTITUT.-RK. 59-0132
2-TRIHALOGENMETHYL-BENZIMIDAZOLE, RK. MIT NH3 U. AMINEN 53-0140
2-TRIHALOGENMETHYLBENZIMIDAZOLE, RK. 53-0142
DARST., RK. 53-0137
DARST., HYPOGLYKAEM. WRKG. 58-0343
BENZOYLIERUNG
* S. UNTER ACYLIERUNG
BERYLLIUMVERBINDUNGEN
(R4N)X-BE(C2H5)2, R ALKYL, X HALOGEN, BE(C2H5)2 54-0003
BETAINE
TRIALKYL-AMMONIO-AZO-DICYAN-METHYLIDE,DARST. 54-0170
VIC.-TRIAZOLO(4.5-D)PYRIMIDINIUM-BETAINE, DARST. 55-0312
VIC.-TRIAZOLO(4.5-D)PYRIDINIUM-BETAINE, DARST. 55-0315
CYCLOADDIT. MIT ACETYLENVERB. 58-0331
BIENENGIFT U. WESPENGIFT
TEILSYNTH. D. BESTANDTEILS MELITTIN 57-0413
ISOLIER. V. APAMIN 61-0550
BINDUNG, CHEMISCHE
* S. UNTER VALENZ
BINDUNGSLAENGEN UND -WINKEL
* S. UNTER MOLEKULARSTRUKTUR
BIOCHEMIE
BIOSYNTH. V. PILZSTOFFWECHSELPROD. 57-0435
BIOSYNTH. V. CROTONOSIN 61-0571
BIOSYNTH. V. CEVODIA-ALKALOIDEN 61-0573
BIOSYNTH. V. PHENOLEN 53-0192
BIOSYNTHESE
* S. UNTER BIOCHEMIE
BIRCH-REDUKTION
* S. UNTER REDUKTION
BIRNEN
ZUS. D. BLATT- U. FRUCHTWACHSE 56-0499
BITTERSTOFFE
V. GINKGO BILOBA 54-0464
V. CUCURBITACEEN 58-0459
V. CUCURBITACEEN 58-0460
AUS POLEIGAMANDER 59-0459
V. SIMARUBACEEN 59-0497
BLEIVERBINDUNGEN
PROPARGYL- U. ALLENDERIV. V. PB., DARST. 56-0239
PB-TETRAAETHYL, DARST. 60-0017
PB-TETRAACETAT-OX. V. BENZOYLHYDRAZONEN 61-0393
PB(SCH2CH(NH2)COOCH3)2, HYDROLYSE 61-0014
DARST., RK. V. ORGANOBLEIVERB. 53-0004
PB-TETRAALKYLE, RK. MIT GECL4 57-0011
P-TOLYL-PB-VERB., SPIN-SPIN-KOPPL. 58-0044
TETRAORGANOPLUMBANE, RK. 59-0016
(TRIAETHYL)-(AETHINYL)-PB-VERB., DARST. U. RK. 59-0026
PB-TETRAACETATE, RK. MIT ALKOHOLEN 61-0188
(AS(C6H5)4)2(PB(N3)6) , DARST. 60-0001
RK. MIT PB-TETRAACETAT 53-0056
PB-TETRAACETAT, RK. 53-0091
RK. V. PB-TETRAACETAT MIT AMINEN 54-0134
BLEI-TETRAACETAT, ZUR DECARBOXYLIER. V. 2-CARBOXY-BORNANEN 54-0271
PB-TETRAACETAT, RK. MIT KETON-ARYLHYDRAZONEN 57-0217
PB-PERFLUORACETATE, ZERS. 59-0023
PB-TETRAACETAT, OX. V. LONGIFOLOLEN 59-0460
KOMPLEXON I-PB-CHELAT (STABILITAETSKONST.) 60-0009
OX. MIT PB-TETRAACETAT 53-0128
H2(PB(JO3)6), DARST. 56-0019
PBO2, OX. V. O-AMINOPHENOLAETHER 59-0381
PB(SCN)2, RK. MIT TRICHLORACETYLCHLORID 57-0174
BLUTFARBSTOFFE
DARST. 53-0130
HAEMOGLOBIN, SYNTH. D. BETA-KETTE 58-0497
HAEMOGLOBIN, SYNTH. D. BETA-KETTE 58-0498
MASSENSPEKTREN 55-0053
BOHNEN
GIBBERELLINE 59-0516
BORSAUERSTOFFSAEUREN
BORSAEURE,CHELATBLDG. MIT MESOINOSIT 60-0100
BORVERBINDUNGEN
BORDIFLUORID-KOMPLEXE, DARST. 53-0061
3-PHENYL-3-BENZOBOREPIN-DIMETHYLAMIN-KOMPLEX, PMR 56-0411
SCYLLIT-DIBORAT-KOMPLEX 54-0225
BLDG.-KONST. V. B-KOMPLEXEN MIT CYCLITEN 58-0005
3-PHENYL-3-BENZOBOREPIN, DARST. 56-0411
BF3-(CH3-COOH)2, EINFL. AUF RK. 55-0079
(DIAETHYLBORYL(AMIN)- BZW. (PY.))-SALZE, B-C-BEST. 59-0514
DARST. V. PYRIDINCARBINOL-BORKOMPLEXEN 53-0149
BLDG. V. BF3-ALKOHOL-KOMPLEXEN 56-0169
KALIGNOST, RK. 57-0135
HBF4, ADDUKTBLDG. MIT FERROCEN 59-0033
DIOXOLENIUM-TETRAFLUOROBORATE(III), DARST., RK. 54-0097
OXONIUMTETRAFLUOROBORATE, DARST., RK. 54-0210
DIOXOLENIUM-TETRAFLUOROBORATE(III), DARST., RK. 54-0222
BOREPIN-TRITYL-TETRAFLUOROBORAT-KOMPLEX, PMR 56-0411
((C2H5)3O)(BF4), RK. MIT INDOXYLCARBONSAEURE-AETHYLESTER 59-0319
B-N-VERB. 28.MITT. 59-0202
BCL3, RK. MIT O-AMINO-THIOPHENOL 59-0202
BF3, ZERS. V. PEROXIDEN 60-0174
BF3, RK. MIT AETHERN U. ALKOHOLEN 56-0169
BF3, EINFL. AUF D. RK. V. OLEFIN MIT ZN-ORGANYLEN 57-0242
BF3, KATALYT. WRKG. BEI HYDRIER. 58-0268
BBR3,RK. MIT S4(NH)4 59-0202
BH3, LAD.-DICHTE, ENERGIE 54-0055
BH3,ADDIT.-VERB. MIT PHOSPHINEN U. PHOSPHITEN 54-0018
BH3, RK. MIT TRIMETHYLAMMONIUMMETHYLID 55-0001
BH3, RK. MIT BORONSAEUREESTERN 55-0162
B2H6,HYDROBORIER. V. DIASTEREOMEREN ISOPULEGOLEN 54-0288
DIBORAN, RED. V. CYCLOHEXANONEN 53-0044
B2H6,ZUR HYDRIER. V. KETONEN U. ALKOHOLEN 58-0268
B2H6, RK. MIT TERPENEN 58-0457
B10H14, RK. MIT TRIMETHYLAMIN-N-OXID 59-0514
B2O3,RK. MIT NF3 56-0009
BORANE (BORINE), ORGANISCHE
METHYLDIBORANE, IR 56-0038
ARALKYL-, ARYL-, AR-CYCLOALKYL-, PYROLYSE 57-0245
AMINO-, RK. MIT CO2 BZW. CS2 60-0200
AMINOBORANE, RK. MIT S-VERB. 59-0202
RK. MIT TRIMETHYLAMMONIUMMETHYLID 55-0001
RK. MIT SULFONIUM-METHYLID 59-0203
BORAZINE (BORAZOLE)
1.3.5-TRIMETHYL-, DARST. 56-0010
B-METHOXY-BORAZINE,IR 56-0003
PI-KOMPLEXE MIT CR, ELEKTRONENSTRUKTUR 59-0075

BORONSAEUREN
ARYLBORONSAEUREN DISSOZIAT. 54-0082
BIS-(BORONSAEURE-ESTER), OX. 55-0162
BROM
BR-ION, NMR U. STABILITAET 60-0011
ADDIT. AN AETHYLEN 59-0141
ADDIT. AN AETHYLEN 59-0142
RK. MIT MONOJOD-PENTAFLUOR-BENZOL 59-0024
OX. V. ISOPROPANOL MIT BROM 61-0102
RK. MIT ALKALIMETALLCYANURATEN 56-0408
AKT. BR(-)-AUFNAHME V. PFLANZEN 59-0509
ABTRENN. V. BROMIDIONEN 58-0545
BROMIERUNG
* S. UNTER HALOGENIERUNG

C

CADMIUM
RK. V. CD(+) MIT N2O BZW. H2O2 56-0007
RK. MIT ALKYLJODIDEN 54-0006
CADMIUMVERBINDUNGEN
BIS-(HEXAMETHYL-PHOSPHO-TRIAMID)-CADMIUM(II)-JODID, DARST. 54-0006
CD(SCH2CH(NH2)COOCH3)2, HYDROLYSE 61-0014
AETHINYLKETONE AUS AETHINYL-CD-VERB. 54-0214
BIS-(2.3-DIMETHYLBUTYL)-CD, RK. 55-0382
RK. V. DIALKYL-CD 55-0383
DIALKYL-CD, RK. MIT SAEUREDERIV. 58-0370
(P(C6H5)4CD2(N3)5) , DARST. 60-0001
ORGANOCADMIUMVERB., RK. MIT EPOXIDEN 58-0221
CYSTEIN-CD-MERCAPTID, DARST. 59-0199
CD-DIALLYL, RK. MIT CARBONYLVERB. 57-0131
CD-DIALKYLE, RK. MIT PENTIN-(4)-SAEURECHLORID 60-0182
RK. V. DIMETHYL- BZW. DIPHENYLCADMIUM 61-0247
CD-AL2O3-KATALYSE D. OLEFINUMWANDL. 58-0151
3 CDSO4 MIT 7 H2O, RK. MIT NAN3 60-0001
CAESIUM
POLYMERISAT. V. PENTADIEN MIT CS 58-0512
CAESIUMVERBINDUNGEN
CS-CHROMAT(III)-KOMPLEXE MIT AZOFARBSTOFFEN 54-0011
ISOLIER. V. AZOFARBSTOFF-ME(III)-KOMPLEXEN ALS CS-VERB. 58-0029
CYCL. POLYPENTADIEN-CS-VERB., BLDG. 56-0493
DINITROMETHYL-CS-VERB., IR 57-0019
CSF-2 BE(C2H5)2, LEITFAEHIGK.- U. THERM. VERH. 54-0003
CSF, RK. MIT P2O3F4 60-0014
CALCIUMVERBINDUNGEN
CA-ALKYLALUMINATE, DARST. 60-0021
CA-D-GLYCERAT, DARST. 53-0192
CA-L-GLYCERAT, DARST. 53-0192
CA-GLUCOSACCHARINAT, KRISTALLSTRUKTUR 57-0076
CA-LACTOBIONAT, RK. 58-0147
CA-POLYSACCHARID AUS GINSENG 58-0543
CA(CLO4)2, RK. MIT CYCL. SULFOXIDEN 61-0003
CARBAMINSAEUREN
* ESTER S. URETHANE
TEREPHTHALOYL-BIS-CARBAMOYLDERIV., DARST. 54-0202
CARBAMOYLHYDROXAMSAEUREN, DARST. 54-0158
CARBANIONEN U. CARBKATIONEN
* TROPYLIUMVERBINDUNGEN S. DORT
TRIS-METHYLTHIO-METHYLKATION, DARST. 60-0180
BICYCLOBUTONIUMION 54-0099
ALKOXYCARBONIUMIONEN 56-0055
PHENONIUM-ION, BLDG. 56-0134
CYCLOBUTADIENYL-KATIONEN, BLDG. 60-0058
CARBONIUMIONEN AUS 1.3-DIKETONEN 60-0112
1.1'-BIS-(ALPHA-ISOPROPYLIO)-FERROCEN-DIKATION, BLDG. 61-0025
METHYLOXOCARBONIUMION, BLDG. 56-0115
PHENOXYCARBONIUMIONEN DARST. 53-0090
CYCLOPROPENYLIUMSALZE, DARST. 55-0193
DARST. V. CYCLOPROPENYLIUM-KATIONEN 61-0257
STABILE FURANIUMIONEN, BLDG. 60-0313
ARYLPHENYLMETHYL-KATIONEN, UV 60-0043
BIPHENYLEN-BIS-DIPHENYLCARBONIUM-IONEN, UV 56-0036
EIG. D. METHYLKATIONS 54-0055
SCHWING.-MODELLE FUER CARBONIUMIONEN 54-0056
D. TETRACYCLO(4.3.0.0(2,4).0(3,7))NONYL-(8)-CARBONIUM-ION 54-0077
ARENONIUMIONEN, VALENZZUSTAND 55-0056
PENTAPHENYL-CYCLOPENTADIENYL-KATIONEN, ESR 55-0038
PHENYLEN-BIS-DIPHENYLCARBONIUM-IONEN, NMR 56-0056
ARYLCARBKATIONEN, POLAROGRAPHIE 59-0108
CARBONIUMIONEN, RK. MIT H2 61-0097
CARBENIUM-IONEN, ISOMERISIER. 61-0190
CYCLOPROPENYLIUMSALZE, RK. 55-0192
BLDG. BEI D. ACETOLYSE 60-0287
NITROALKAN-ANIONEN, IR-SPEKTREN 57-0019
CYCLOALKYL-CARBINYL-ANIONEN, BLDG. 58-0264
AMMONIO-AZO-DICYAN-METHYLIDE, DARST. 54-0170
4-AZAPENTALENYLANION, DARST. 61-0362
SULFON-1.3- U. -1.1-DIANIONEN, DARST. 61-0261
LAD.-VERTEIL. IN D. ENOLAT-CARBENIAT-IONEN 56-0071
ESR V. BETA-DIKETON-ANIONEN 58-0058
CARBANION-UMLAGER. 57-0113
PYRIDYLMETHYLANIONEN, RK. 56-0377
CARBAZOLE
HALOGENAETHYL-, DARST. 57-0272
CARBENE
* S. UNTER RADIKALE
CARBOCYANINE
* S. UNTER FARBSTOFFE
CARBODIIMIDE
* S. UNTER IMIDE
CARBOHYDRAZONSAEUREDERIVATE
* S. UNTER HYDRAZONE
CARBONSAEUREN
* AMINOSAEUREN USW. S. DORT
* S. AUCH GALLENSAEUREN, HUMINSAEUREN
ALPHA-PHENYL-ADIPINSAEUREN, DARST. 57-0208
KONFIG. 53-0007
ALKYLPHENYLESSIGSAEUREN, KONFIG. 56-0079
HEPTEN-(6)-SAEUREN, BLDG. 55-0207
BENZOESAEUREN, BLDG.-KINETIK 54-0092
TRANS-ALKENCARBONSAEUREN,DARST. 54-0155
2-TERT.-BUTYL-BENZOESAEUREN, DARST. 54-0197
AROMAT. DICARBONSAEUREN, DARST. 54-0204
DARST. AUS ALPHA-PYRONEN 54-0333
ALKYL(ARYL)-PYRAZIN-CARBONSAEUREN, DARST. 54-0358
SYNTH. MIT 1.1-DICHLOR-AETHYLEN 55-0110
ALICYCL., DARST. 55-0111
P-ALKYL-PHENYLESSIGSAEUREN, DARST. 56-0162
CARBOXYMETHYL-PIMELINSAEUREN, DARST. 56-0181
ISONICOTINSAEURE-DERIV., DARST. 56-0497
ZIMTSAEUREN, DARST. 57-0188
CHROMON- U. FLAVON-, DARST. 57-0301
LANGKETT., DARST. 58-0201
SYNTH. AUS N-PARAFFINEN 59-0185
ARYLMETHYLEN-CYCLOPROPAN- 59-0250
GAMMA-METHYLEN-PIMELINSAEUREN, DARST. 59-0256
OPT.-AKT. SULFINYLESSIGSAEUREN, DARST. 59-0273
EPOXYPHTHALSAEUREN, DARST. 59-0306
THIOPHEN-, DARST. 59-0312
ALPHA-ALKYL-PHENYL-ESSIGSAEUREN, KONFIG. 60-0079
OMEGA-SELENINO-ALKYL-, DARST. 60-0178
NAPHTHYL-(1)-NAPHTHALIN-, DARST. 60-0270
D. TETRAHYDRO-1.4-AETHANO-NAPHTHALINS, DARST. 60-0286
3-CARBOXY-INDOLYL-(1)-ESSIGSAEUREN, DARST. 60-0321
PYRIDO(1,2-A)BENZIMIDAZOL-4-, DARST. 60-0377
LANGKETT., SYNTH. 61-0165
DODECAHYDROPHENANTHREN-9-, DARST. 61-0293
HYDRAZINOPROPIONSAEUREN, DARST. 57-0284
DARST. AUS ALDEHYDEN U. PHOSPHIT-YLIDEN 61-0330
COTTON-EFFEKT 61-0035
DICARBONSAEUREN, MOL.- U. KRIST.-STRUKTUR 54-0075
NAPHTHALIN-, DIPOLMOMENTE 59-0046
BETA(ALPHA)-PHENYL-CARBONSAEUREN, MASSENSPEKTRUM 54-0042
CIS-U. TRANS-OCTADECENSAEUREN, NMR 56-0048
RK. MIT ACRIDIN (GLEICHGEW.-KONST.) 55-0017
MONO-, PK-WERTE DURCH EMK-MESS. 56-0107
BENZOESAEUREN, DISSOZIAT.-KONST. 58-0144
HALOGENTHIOPHEN--, POLAROGRAPH. VERH. 59-0109
BENZOESAEUREN, DISSOZIAT.-KONST. IN DMF 60-0105
ACIDITAET 61-0093
DITHIOLYLIDEN-CYANESSIGSAEUREDERIV., DARST. 60-0298
2-ARYLCYCLOHEXYLESSIGSAEUREN, CYCLISIER. 53-0102
2-CARBOXY-BORNANE DECARBOXYLIER. 54-0271
RADIOLYSE D. WSS. LSG. 60-0158
DIMERE ALPHA-NITROSOCARBONSAEUREN, ZERS. 61-0391
BUTEN-(3)-SAEUREN, DECARBOXYLIER. (KINETIK) 59-0148
THIAZOLCARBONSAEUREDERIV., RED. 58-0341
BENZOESAEUREN, KOMPLEXE MIT CR(CO)3 56-0021
3.5-DIBROMBENZOESAEUREN, BROMDECARBOXYLIER. 58-0124
ALKAN-, KONDENS. 61-0414
RK. MIT DIAZONEOPENTAN 58-0208
AROMAT., RK. MIT TETRAPHENYLDIPHOSPHIN 61-0229
RK. MIT ISOHARNSTOFFEN 53-0076
RK. MIT ISOCYANATEN (KINETIK) 54-0112
DELTA(2)-ALKEN-, ADDIT. AN SELENOHARNSTOFF 59-0222
RK. MIT AMIDEN 61-0143
MIT DREIFACHBIND., BIOLOG. VERH. 55-0431
ISATYLIDEN-ESSIGSAEURE-DERIV. DARST. 54-0299
K-HYDROGENSALZE, H-BRUECKENBIND. 54-0072
OMEGA-CL-CARBONSAEUREDERIV., NQR-TAFT-KONST.-BEZIEH. 60-0049
SYNTH. V. ALIPHAT. FLUORCARBONSAEUREN 54-0162
TETRAFLUORPHTHALSAEURE-DERIV., RK. 53-0077
TRIHALOGENESSIGSAEUREN, RK. 57-0176
DICHLOR-BUTENSAEUREN, ALLYLUMLAGER. 54-0157
ALPHA-FLUOR-ZIMTSAEUREN, DECARBOXYLIER. 58-0249
BROM-FETTSAEUREN, RED. 60-0188
PERFLUOR-MONOCARBONSAEUREN, RK. 59-0023
TRIHALOGENESSIGSAEUREDERIV., RK. 56-0244
DICHLORESSIGSAEUREDERIV., ADDIT.-RK. 60-0185
CARBONYLE (U. ANORGAN. CARBONYLVERB.)
S-HALT. METALLCARBONYLE, DARST. 58-0026
METALL-, 156. MITT. KATION. (CO)-KOMPLEXE 9. MITT. 59-0038
CYCLOPENTADIENYL-MN- U. BENZOL-CR-METALL-, ALS KATALYSATOREN BEI D. UMWANDL. V. ISOCYANATEN 59-0027 57-0216
CARBONYLIERUNG
* S. UNTER OXOSYNTHESE
CARBONYLVERBINDUNGEN
BETA-POLYCARBONYLVERB., DARST. 55-0124
D. FLUORENREIHE, DARST. 61-0283
ALPHA-DIAZO-CARBONYLVERB. DARST. 55-0148

ALPHA-FLUOR-, DARST. 58-0300
ALPHA-HYDRAZINO-, DARST. 61-0171
KOMPLEX-BLDG. MIT HCL 54-0080
D. CYCLOHEXENE, UV- U. IR-SPEKTREN 61-0040
ALPHA-ALKINYL-CARBONYLVERB. MAGNETOROTAT. 54-0019
ALPHA.BETA-UNGESAETT., DEKONJUGIER. 55-0072
REDUKTIVE METALLIER. 56-0279
FRAGMENTIER.-RK. 55-0207
FRAGMENTIER.-RK. 55-0217
BETA,GAMMA-UNGESAETT., PHOTOLYSE 57-0197
FRAGMENTIER. DURCH ELEKTRONENSTOSS 58-0062
ALPHA-NITROSO-CARBONYLVERB., FRAGMENTIER. 58-0163
UNGESAETT., CU-KATALYSIERTE OX. 56-0332
REDUZIERENDE METALLIER. 57-0207
RK. MIT AKTIVIERTEM ZN 58-0159
PHOTO-RK. MIT ALLENEN 59-0296
KONDENS. MIT THIOPHEN 60-0317
KONDENS. MIT HYDRAZINEN 54-0203
UNGESAETT., RK. MIT ISOPROPYLHYDRAZIN 60-0337
RK. MIT AMINOAETHYLPHOSPHIN 56-0355
RK. MIT ALKOXYMETHYL-MG-CHLORIDEN 58-0161
BETA-DICARBONYLVERB., RK. 53-0074
BETA-DI-, RK. MIT BETA-CHLOR-VINYLKETONEN 61-0271
RK. MIT SULFONIUMYLIDEN 59-0265
CYCLOADDIT. AN BENZONITRIL-OXID 53-0148
RK. MIT SAEURECHLORIDEN 58-0200
RK. MIT AMINOPHOSPHINEN 56-0386
BEST. (OXIM-METH.) 59-0515
CARBOWACHS
* S. UNTER PLASTE
CARDENOLIDE
* S. UNTER HERZGIFTE
CAROTINOIDE
AUS FLAGELLATEN, NMR-UNTERS. 57-0369
V. MYCOBACTERIUM PHLEI 57-0370
AUS BAKTERIEN, ISOLIER. 58-0441
CARRAGHEENIN
KAPPA-CARRAGHENAN AUS SEETANG 58-0514
ZUS., EIG. 57-0436
CELLULOSEDERIVATE
* HEMICELLULOSE S. DORT
OXOCELLULOSE-DERIV., DARST. 55-0434
CEPHALOSPORINE
CHEMIE D. CEPHALOSPORINS P(1) 54-0443
HYDROLYSE DURCH E. COLI-ACYLASE 58-0520
CER
ALS SULFURIER.-KATALYSATOR 56-0149
REDOXSYST. CE(IV)-W. 57-0005
CERVERBINDUNGEN
NMR D. KOMPLEXES MIT 4.4'-DI-N-BUTYL-2.2'-DIPYRIDYL 54-0001
CE(OH)4, EINFL. AUF D. SUBMIKRO-BEST. V. C-METHYLGRUPPEN 58-0546
CEREBROSIDE
CEREBROSID-SULFATE, DARST. 58-0508
CHAGI
* S. UNTER PHENOLE
CHALKONE
NAPHTHALINANALOGA, DARST. 59-0275
SPALT.-RK. MIT P-NITRO-BENZOLDIAZONIUMCHLORID 56-0234
ALPHA-METHYL-, ALGAR-FLYNN-OYAMADA-OX. 55-0273
MEERWEIN-PONNDORF-RED. 54-0212
CHEMIEFASERN
FARBSTOFFE FUER SYNTHET. FASERN 53-0159
CHELATE
* S. UNTER KOMPLEXVERBINDUNGEN (UND KOMPLEXBILDNER)
CHEMISORPTION
* S. UNTER ADSORPTION
CHINAZOLINE
DARST., RK. 59-0403
1.2.3.4-TETRAHYDRO-CHINAZOLINE, SYNTH. 54-0322
1H.3H-CHINAZOLINDITHIONE-(2.4), DARST. 54-0361
TETRAHYDROCHINAZOLINONE, DARST. 60-0402
UV-SPEKTREN 60-0044
CHINOLINE
4-HYDROXY-CARBOSTYRILE, TAUTOMERIE 54-0081
CHINOLONE, TAUTOMERIE 57-0083
N-ACYLCHINOLINE, KONFIG. AM N 56-0081
-ALKALOIDE AUS SKIMMIA JAPONICA 60-0451
ANHYDROBASEN D. CHINOLINE,KONSTIT. 55-0286
POLYFLUORHYDROXYCHINOLINE, TAUTOMERIE 53-0161
4-HYDROXY-CARBOSTYRILE SYNTH. 54-0324
2-ALKOXYCHINOLINE, DARST. 55-0293
DEKAHYDROCHINOLINE, STEREOCHEMIE 58-0390
5-PYRIDYL-(2)-TETRAHYDRO-, DARST. 60-0380
-CHINONE-(7.8), DARST. 59-0356
UV-SPEKTREN (LSGM.-EINFL.) 55-0029
ANILINOTETRAHYDRO-, RK. 58-0389
FLUORCHINOLINE, NMR 58-0049
(14N)HYDROXY-, NMR 59-0051
TETRAHYDRO-, RED. MIT NA IN FL. NH3 57-0271
AMINOCHINOLINE, RK. MIT CH2O 54-0342
1.2-DIALKYL-1.2-DIHYDRO-CHINOLINE, RK. 55-0288
CHINONDIAZIDE
UV-SPEKTREN 55-0190
KUPPL.-RK. 58-0133
CHINONE
RK. MIT KETENEN 53-0168
NAPHTHOCHINONE, RK. MIT DIKETONEN 54-0256
BENZO-, CHEMIE 55-0151
P-BENZOCHINONE, DARST. 54-0218
AUTOX. 57-0173
RK. ZU BENZOTROPOLONEN 59-0284
-EPOXIDE, DARST. 61-0334
DEHYDRO-ALPHA- U. -BETA-LAPACHON, DARST. 61-0406
BIS-BENZOCHINONYL-ALKANE, DARST. 54-0366
AMPHI-ANTHRA-, SYNTH. 56-0297
BENZOCHINONE,DARST. 58-0227
NAPTHAZARINE, DARST. 58-0277
D. TETRACYCLINREIHE, DARST. 58-0284
CHINOLIN-CHINONE-(7.8),DARST. 59-0356
AMINO-2-METHYL-ANTHRA-, DARST. 61-0287
VINYL-NAPHTHOCHINONE-(1.4), DARST. 55-0195
NAPHTHACENCHINONE, DARST. 55-0201
DIHYDROXYANTHRACHINONE, KRIST.-STRUKTUR 58-0088
DIHYDROXYANTHRACHINONE, KRIST.-STRUKTUR 58-0089
AMINOANTHRACHINONE, RK. 55-0200
PHENANTHREN-, DEHYDRIER. V. HYYDRONAPHTHALINEN 57-0222
TERT.-ALKYL-P-BENZO-, PHOTOCHEMIE 60-0157
RK. MIT ALIPHAT. U. AROMAT. ALDEHYDEN 61-0291
TOCOCHINONE, DIMERISIER. 58-0505
ANTHRACHINONE, PHOTO-RK. 59-0280
HYDRIER. 61-0279
DIHYDRO-DINAPHTHOPHENAZIN-DI-, RK. 58-0407
POLYHYDROXY-NAPHTHO-, SELEKTIVE METHYLIER. 61-0274
ADDIT.-RK. (STEREOCHEMIE) 56-0300
O-, RK. MIT MALODINITRIL 56-0301
RK. MIT AMINOZIMTSAEUREESTERN 55-0238
ROLLE IN D. PHOSPHORYLIERENDEN OX. 57-0278
CHINOXALINE
CHINOXALINANTIBIOTIKA, STRUKTUR 55-0402
STEROID-, STRUKTUR 61-0538
CHLOR
CL-ION, NMR U. STABILITAET 60-0011
RK. MIT VERZWEIGTEN KW-STOFFEN 54-0145
RK. MIT PERFLUORMORPHOLIN 56-0362
RK. MIT MONOJOD-PENTAFLUOR-BENZOL 59-0024
ABTRENN. V. CHLORIDIONEN 58-0545
CHLORSAUERSTOFFSAEUREN
HCLO4, ADDUKTBLDG. MIT FERROCEN 59-0033
HCLO4,RK. MIT ALPHA-DIAZOSULFONEN 55-0147
CHLORVERBINDUNGEN
METALLCHLORIDE, KATALYT. WRKG. 55-0197
DAMPFDRUCK V. HCL UEBER AMIN-HCL 55-0069
HCL, RK. MIT 1.3-DIMETHYL-BENZIMIDAZOLIN 54-0308
HCL, ANLAGER.-VERB. V. HCL AN CARBONYLVERB. 54-0080
CLF3, RK. MIT VINYLFLUORID 58-0166
CLF3,RK. MIT VINYLCHLORID 59-0168
CLO2, RK. MIT ORGAN. VERB. 55-0154
CLO2, RK. MIT ORGAN. VERB. 61-0195
CHLORIERUNG
* S. UNTER HALOGENIERUNG
CHLORIN
* S. UNTER CHLOROPHYLLE
CHLORMETHYLIERUNG
* S. UNTER ALKYLIERUNG
CHLOROLYSE
* S. UNTER SOLVOLYSE
CHLOROPHYLLE
DARST. V. VERWANDTEN VERB. 53-0130
MASSENSPEKTREN V. CHLORINEN 55-0053
-VERWANDTE VERB. 55-0349
CHLORINE, ELEKTROCHEM. RED. 59-0446
METHYL-PHAEOPHORBIDE 59-0447
CHLORINE, DARST. 53-0202
MESO-OXO-PORPHINOGENE, DARST. 53-0130
CHROMSAUERSTOFFSAEUREN
CRO3, VERW. ZUR SUBMIKROBEST. V. C-METHYLGRUPPEN 58-0546
PERCHROMSAEURE, RK. MIT HYDROCHINONDIMETHYLAETHER 57-0168
CHROMVERBINDUNGEN
SUBSTITUIERTE BZL.-CR-TRICARBONYLE 56-0021
TRICARBONYLCYCLOHEPTATRIEN-CR-VERB., DARST. 58-0021
TRICARBONYLCHROMCYCLOHEPTATRIENE, SYNTH. 58-0022
REINECKESALZ-ANALOGE, DARST., THERM. ZERS. 56-0020
DARST. V. AMIN-CR-CARBONYLEN 53-0005
DARST. V. REINECKATEN 60-0393
BENZOL-CHROM-TRICARBONYL-ENONE, DARST. 59-0027
PI-KOMPLEXE 59-0075
CR(CO)5C(OCH3)C6H5(BZW. CH3), DARST. 60-0028
((N-C4H9)4N)3(CR(N3)6) , DARST. 60-0001
CR(III)-AZOFARBSTOFF-KOMPLEXE 54-0011
CR(III)-ACETAT, RK. 58-0029
CHROMYLACETAT, RK. MIT CYCLO-3.5-ALPHA-ANDROSTAN 54-0431
CR(CO)6, RK. MIT BENZALDEHYDDIAETHYLACETALEN 56-0021
CRO2CL2, RK. MIT TOLUOLEN 59-0113
CRCL3,MIT 6 H2O RK. MIT NAN3 60-0001
CRCL3, KOMPLEXBLDG. MIT AZOFARBSTOFFEN 54-0011
CRF3, DARST. AUS NF3 U. CR2O3 61-0016
CHROMANE
* S. AUCH CHROMONE, CUMARINE
NATUERL. CHROMENE, KONFIG. 60-0087
CHROMANONE,DARST. 53-0152
2H-BENZOPYRANE, HYDROXYLIER. 54-0330

CHROMATOGRAPHIE
POLARITAET V. STATIONAEREN PHASEN 58-0092
ZUR D-MARKIER. V. ORGAN. VERB. 56-0159
GAS- V. PHENOLEN U. ALKANEN 60-0514
TRENN. V. 2.4-DIMETHYL-HEXANSAEUREESTERN 55-0125
V. PERDEUTERIERTEN FETTSAEUREESTERN 57-0042
GAS- - V. POLYSACCHARIDEN 53-0252
V. POLYSACCHARIDEN 55-0322
GASCHROMATOGRAPHIE V. URONSAEUREN 60-0515
V. VITAMIN-B(6)-DERIV. 55-0401
V. VITAMIN-A-TRIMETHYLSILYLAETHERN 60-0086
GAS-, V. LINIMENTEN 56-0508
PAPIER-, V. 8-PYRIDYL-PURINEN 59-0370
PEAKVERBREITER. ALS FUNKT. D. FLIESSGESCHW. 57-0438
DC V. AMINOKETONOXIMEN 53-0093
CHROMOMYCINE
* S. UNTER ANTIBIOTIKA
CHROMONE
UNTERS. IN D. CHROMON-REIHE 53-0151
VORK. IN PTAEROXYLON 60-0371
VORK. IN NIESHOLZ 53-0154
-CARBONSAEUREN, DARST. 57-0301
2-ARYL-CHROMENTHIONE-(4), DARST. 60-0299
BENZOPYRONE-(4), RK. 60-0362
CINNOLINE
METHYLIER. V. NITRODERIV. 53-0169
CLAISEN-UMLAGERUNG
* S. UNTER UMLAGERUNGEN
CLEMMENSEN-REAKTION
* S. UNTER REDUKTION
COENZYME
* S. ENZYME
COPE-UMLAGERUNG
* S. UNTER UMLAGERUNGEN
COTTON-EFFEKT
* S. UNTER ROTATION, OPTISCHE
CRUSTACEEN
DAPHNIA MAGNA, CAROTATOXINWRKG. 53-0251
CUCURBITACINE
KONSTIT. 58-0459
RING-A-ALPHA-KETOLE, STEREOCHEMIE 58-0460
CUMARANE
* S. AUCH CUMARONE
HYDROXYCUMARANONE-(3), ANALYSE 58-0312
DARST. AUS NAPHTHYL-CHLORAETHANEN 60-0310
CUMARANONE-(3), DARST. 60-0362
2-BENZYL-3-OXO-, RK. MIT BF3-AETHERAT 58-0363
CUMARINE
KONSTIT. 55-0269
VORK. IN NIESHOLZ 53-0154
ISOLIER. AUS PTAEROXYLON OBLIQUUM 58-0373
4-PHENYL-, VORK. IN PFLANZEN 60-0370
ISOLIER. AUS SELINUM VAGINATUM 57-0298
DARST. 53-0074
3-PHENYL-4-HYDROXY-, DARST. AUS CUMARANEN 58-0363
3-ACYL-, DARST., UMLAGER. 56-0313
VERH. IM MASSENSPEKTROMETER 61-0063
CUMARONE
CUMARONYLAMINOSAEUREN, DARST. 53-0126
DARST. AUS O-ARYL-OXIMEN 54-0287
ALPHA-(CUMARONYL-(3))-GLYCINE, DARST. 55-0219
DARST. AUS O-ARYL-KETONOXIMEN 55-0223
DARST. AUS PHENOXYESSIGSAEUREN 55-0224
POLYHYDROXYAURONE, DARST. 58-0313
3-ACYL-BENZOFURANE, RK. 54-0348
RK. MIT BERNSTEINSAEURE-METHYLESTER-CHLORID 61-0352
CYANAMIDE
AROYL-, DARST. 57-0174
RK. MIT TRITYLPERCHLORAT 57-0175
CYANINE
* S. UNTER FARBSTOFFE
CYANSAEURE
ARYLESTER, DARST. 55-0187
ARYLESTER, DARST. 55-0188
ARYLESTER, DARST. 55-0189
ESTER, RK. MIT TRITYLPERCHLORAT 57-0175
CYANSAEUREESTER, RK. MIT BETA-KETOSAEUREDERIV. 56-0396
CYANSAEUREESTER, RK. MIT BRCN 53-0080
CYCLANONE
* S. UNTER KETONE
CYCLISIERUNG
* S. UNTER RINGSYSTEME
CYCLOADDITIONEN
* S. UNTER ADDITIONSREAKTIONEN
CYTOCHROME
* S. ENZYME

D

DAMPFDRUCK
V. AMINHYDROCHLORIDEN 55-0069
V. TERT.-BUTYL-CYCLOHEXAN-CARBONSAEUREESTERN 61-0088
V. BIN. SYST. MIT FORMAMIDEN 57-0077
V. CYCLOHEXAN-AF.-SYST. 58-0093
DATURA
BLDG. V. ((14)C)METELOIDIN AUS (2-(14)C)DL-ISOLEUCIN 57-0437
DECARBONYLIERUNG
* S. UNTER DISSOZIATIONSREAKTIONEN
DECARBOXYLIERUNG
* S. UNTER DISSOZIATIONSREAKTIONEN
DEHYDRATISIERUNG
* S. UNTER ELIMINIERUNGSREAKTIONEN
DEHYDRIERUNG
* S. UNTER OXYDATION
DEHYDROHALOGENIERUNG
* S. UNTER ELIMINIERUNGSREAKTIONEN
DEPRESSIVA
* S. UNTER NERVEN
DEPSIDE
CYCLODEPSIPEPTIDE AUS PITHOMYCES 57-0412
DESAMINIERUNG
* S. UNTER ELIMINIERUNGSREAKTIONEN
DESINFEKTION (UND DESINFEKTIONSMITTEL, ANTISEPTIKA)
EINFL. V. TENSIDEN 53-0254
DEXTRAN
HELIX-KONFORM. IN LSG. 59-0079
DIABETES (MELLITUS)
BENZTHIAZOLE ALS ANTIDIABETIKA 58-0343
DIAZEPINE
5H-1.2-DIAZEPINE, DARST. 56-0410
DIAZINE
RADIKALBLDG. 58-0152
DIAZONIUMVERBINDUNGEN
* S. UNTER DIAZOVERBINDUNGEN
DIAZOVERBINDUNGEN
AROMAT. DIAZOVERB. 53-0037
ALPHA-DIAZO-BETA-KETOSULFONE, PHOTOLYSE 56-0216
BIS-DIAZONIUMVERB., RK. 56-0232
DIAZOSULFONE, CHEM. VERHALTEN 56-0251
DIAZOSULFONATE, DISSOZIAT.-KONST. 57-0117
DIAZOFETTSAEUREESTER, RK. 57-0282
CYCL., DARST., RK. 59-0295
OMEGA-DIAZOFETTSAEUREESTER,RK. 61-0342
OMEGA-DIAZO-FETTSAEUREESTER, RK. 61-0343
DIAZOALKANE SYNTH. U. POLYMERISAT. 54-0169
ALPHA-DIAZO-CARBONYLVERB., DARST. 55-0148
DARST. AUS AMINOPHENOLEN 57-0181
BETA-ALKOXY-DIAZOALKANE, ZERS. 58-0171
DIAZOCYCLOPENTADIENE, DARST. 59-0267
ALKOXYDIAZOALKANE, SYNTH. 58-0205
INDOLIZINDIAZONIUMSALZE, DARST. 59-0357
4'-HYDROXY-4-XENYLDIAZONIUMSALZE, UV 55-0190
AROMAT., STRUKTUR U. RK. 61-0269
ALPHA-DIAZOSULFONE, RK. 55-0147
SPALT.-RK. MIT UNGESAETT. KETONEN 56-0234
AROMAT., RK. MIT HALOGENOLEFINEN 58-0236
DIARYLDIAZOALKANE, RK. 59-0321
ALPHA-DIAZOKETONE, RK. MIT BASEN 53-0180
BETA-ARYL-DIAZOKETONE, CYCLISIER. 54-0242
ARYLDIAZONIUMTETRAFLUOBORATE,CYCLISIER. 58-0164
AROMAT., ZERS.-RK. IN WSS. MEDIUM 57-0120
ALPHA-DIAZOKETONE, CYCLOPROPANIER. 58-0258
DIAZO-BENZANILIDE, THERM. ZERS. 61-0332
DIAZO-BENZANILIDE, KATALYT. ZERS. 61-0333
DIAZOALKANE, VGL. D. KATALYT., THERM. U. PHOTOLYT. ZERS. 61-0148
ALPHA-DIAZOKETONE, RK. MIT HGO 53-0002
RK. MIT AZOVERB. 55-0258
ALIPHAT., RK. MIT ACETALEN 55-0129
DIAZONIUMVERB., KUPPL.-RK. 58-0133
ARYLDIAZONIUMCHLORIDE, RK. 54-0191
DIAZOMETHANE, RK. MIT THIOCARBONYLVERB. 55-0297
RK. MIT DITHIOL-THIONEN 60-0300
DIAZOALKANE, RK. 58-0400
ALIPHAT., FORMYLIER. 60-0349
PHENYLDIAZOMETHANE, RK. 60-0336
DIARYLDIAZOMETHANE, RK. 58-0281
DICHTE (SPEZIFISCHES GEWICHT)
V. TETRAALKOXYSILANEN 59-0047
V. METHYLPYRROLIDON-W. GEMISCHEN 61-0087
DIELEKTRIZITAETSKONSTANTE
V. W.-AMIN-GEMISCHEN 54-0084
V. TETRAALKOXYSILANEN 59-0047
V. GEMISCHEN V. ORGAN. VERB. MIT W. 56-0032
V. CH3COOH-ASSOZIAT 58-0096
V. NAPHTHALIN-1-CARBONSAEUREN 59-0046
DIELS-ALDER-REAKTION
* S. UNTER ADDITIONSREAKTIONEN
DIENE
* S. UNTER AETHYLENVERBINDUNGEN
DIENKOHLENWASSERSTOFFE
* S. UNTER KOHLENWASSERSTOFFE (OLEFINE)
DIENSYNTHESEN
* S. UNTER ADDITIONSREAKTIONEN
DIFFUSION
V. ZWITTERIONEN IN W. 59-0098
DIGITALIS
DIGITALISART. WRKG. V. STROGOSID 54-0426
QUANT. GLYKOSIDZUS. D. BLAETTER 56-0506
QUANT. GLYKOSIDZUS. D. BLAETTER 56-0507
DIGITALIS VIRIDIFLORA, LANATOSID A 60-0508
ISOPLEXIS ISABELLIANA, GLYKOSIDE 60-0510
DIMERISIERUNG
* S. UNTER POLYMERISATION

DIOLE
* S. UNTER GLYKOLE
DIPOLMOMENT
* S. MOMENT, ELEKTRISCHES
DISMUTATION
* S. UNTER OXYDOREDUKTION
DISSOZIATION, ELEKTROLYTISCHE
V. ORGAN. VERB. 58-0099
V. METHOXYBENZOLDIAZOSULFONATEN 57-0117
PK(A) V. PI-C5H5MN(CO)5CH2COOH U. PI-C5H5FE(CO)2 CH2COOH 59-0001
KINET. ACIDITAET V. TRIPHENYLMETHANEN 59-0136
PK-WERTE V. HOCHACIDEN KW-STOFFEN 61-0094
ACIDITAET, V. DIBENZOFLUORENEN 58-0100
PK-WERTE V. 1-ARYLPYRROLEN 54-0083
PK-WERTE V. AZAINDOLEN U. -INDOLINEN 57-0085
PK V. 8-PYRIDYL-PURINEN 59-0370
PK V. (HETERO)AROMAT. BASEN 60-0104
PROTONIER. V. N-HETEROCYCLEN 61-0045
IONISAT.-KONST. PK-WERTE V. 3-AMINO-FLUORENEN 53-0100
V. W.-AMIN-GEMISCHEN 54-0084
BASIZITAET V. 4-AMINO-TOLANEN 55-0191
D. GEMISCHE V. AMINEN MIT W. 56-0104
BASIZITAET V. HYDROXYPHTHALANEN 53-0041
V. KONJUGIERTEN ENOLAETHERN 55-0087
V. NITROPHENOLEN 56-0102
V. PHENOLEN U. BENZOESAEUREN 60-0105
PK-WERTE V. SEK. PHOSPHINOXIDEN 55-0094
PK(A) V. ALKYLARYLPHOSPHINEN 59-0082
PK V. DITHIOCARBAMINSAEUREN 61-0134
BASIZITAET V. AMINOSAEUREESTERN 53-0042
PK(A) V. 1-HYDROXY-2-OXODIHYDROPYRIMIDINEN 53-0174
MOL.-DISSOZIAT. IN ESSIGSAEURE-W.-MISCH. 54-0079
PROTONIER. V. ACRIDIN MIT SAEUREN 55-0017
PK V. AMINODEKALINCARBONSAEUREN 56-0103
V. MONOCARBONSAEUREN 56-0107
V. AMINONITRILEN U. -AMIDOXIMEN 57-0086
V. OXINDOL-3-CARBONSAEURE-ESTERN 57-0275
DISSOZIAT.-KONST. V. PYRAZOLONEN 58-0098
DISSOZIAT. V. BENZOESAEUREN 58-0144
V. 4-AMINOSAEUREN 60-0152
PK-WERTE V. NAPHTHYL-(1)-NAPHTHOESAEUREN 60-0270
PK V. 2-ARYL-THIAZOL-4-CARBONSAEUREN 60-0343
PK V. UNGESAETT. CARBONSAEUREN 61-0093
V. ARYLBORONSAEUREN 54-0082
V. ORTH- U. METANILSAEURE 56-0106
V. O- U. P-AMINOBENZOESAEURE 56-0105
PK V. INDOLEN 59-0103
PH IN DMF 59-0104
V. SBCL5-KOMPLEXEN ORGAN. VERB. IN 1.2-DICHLORAETHAN 56-0099
DISSOZIATIONSREAKTIONEN
PYROLYSE, HOMOALLYLUMLAGER. 58-0134
V. O-PHENYLENSULFIT 53-0052
FRAGMENTIER.-RK. (STER. BEDING.) 54-0121
V. CHINOLYL-TOSYLATEN 55-0083
PYROLYSE V. DIMETHYL-NEOPENTYL-AMIN-OXID 53-0050
PYROLYSE V. CAMPHAN-DERIV. 57-0116
V. ORGANO-CO(III)-KOMPLEXEN 58-0027
THERM. ZERS. V. (R4N)X-2 BE(C2H5)2 (R=ALKYL, X=HALOGEN) 54-0003
V. ZIRAM U. ZINEB 54-0168
PYROLYSE V. CAMPHEROXIM 57-0389
V. ACETYLEN 54-0119
V. 2-METHYL-PENTEN-(1) (KINETIK) 57-0118
PYROLYSE V. TROPONDERIV. 59-0150
V. OXETANEN 55-0214
V. 3.3-DIALKYL-OXETANEN 57-0121
V. 2.3-DIAZABICYCLO(2.2.1)HEPTEN 57-0338
THERMOLYSE V. 3-AZA-BICYCLO(3.2.0)HEPTENEN-(6) 58-0323
THERMOLYSE V. OXADIAZOLINEN 60-0353
V. AKTIVIERTEM C2H5F (KINETIK) 59-0146
V. 5-PENTYL-1.2.3.4-THIATRIAZOL 60-0358
V. PHENYLAZO-TRIPHENYL-METHAN U. NITROSO-ACETANILID 57-0119
V. AROMAT. DIAZOVERB. (MECHANISMUS) 57-0120
FRAGMENTIER. V. AZOVERB. 58-0103
FRAGMENTIER. V. AZOVERB. 58-0264
V. DIAZO-ALKANEN 61-0148
V. CYCLOHEXANONPEROXIDEN 56-0122
D. OZONIDS V. HEXEN-(1) 56-0143
V. BENZOYLPEROXID 56-0220
V. ARYLALKYLSULFOXIDEN 55-0095
V. TERT. AROMAT. PHOSPHINEN 54-0120
PYROLYSE V. ORGANOBORANEN 57-0245
PYROLYSE V. PHENYL-DIMETHYL-SILAN 54-0209
ZERS. V. ORGANO-TI-VERB. 58-0016
V. THIOHARNSTOFFEN 56-0228
FRAGMENTIER.-RK. AN CARBONYLVERB. 55-0217
V. CH3-CHO (KINETIK) 56-0144
V. ACETALDEHYD 56-0145
V. UNGESAETT. KETONEN 56-0256
THERMOLYSE V. UNGESAETT. KETONEN 56-0257
THERMOLYSE V. UNGESAETT. KETONEN 56-0258
V. UNGESAETT. KETONEN 56-0259
SELEKTIVE DECARBONYLIER. V. ALPHA.BETA-UNGESAETT. ALDEHYDEN 58-0031
FRAGMENTIER. V. ALPHA-NITROSO-CARBONYLVERB. 58-0163
V. 2-PROPYL-N.N-DIMETHYL-PIPERIDINIUMHYDROXID 60-0391
DECARBAETHOXYLIER. V. DIESTERN 53-0088
V. 4-METHYLMERCAPTO-PHENYLPERESSIGSAEURE-TERT.-BUTYLESTER 54-0125
DECARBOXYLIER. V. CARBOXY-BORNANEN 54-0271
THERMOLYSE V. ESTERN 55-0076
V. HUMINSAEUREN 55-0096
V. DIACYLPEROXIDEN 56-0116
V. N-ALKYLCHLORACETAMIDEN 56-0142
V. HYDROXIMINOACETESSIGESTERN 56-0187
RADIKAL., V. DIACYLPEROXIDEN 58-0104
O-METHYL-ACI-NITRO-MALONSAEURE-DIMETHYLESTER 58-0145
DECARBOXYLIER.-RK. 58-0521
V. MALONSAEURE-DERIV. (MECHANISMUS) 59-0149
DECARBOXYLIER. V. DIHYDROXYFUMARSAEURE 60-0102
V. 4-AMINOBENZOESAEUREN 60-0153
DECARBOXYLIER. V. LYSIN 60-0198
DECARBOXYLIER. V. BUTEN-(3)-SAEUREN 59-0148
EINES PHOSPHORYLIERTEN TRIAZOLS 54-0126
THERM. ZERS. V. PHOSPHONSAEUREDERIV. 60-0201
V. PROPIONYLRADIKALEN (KINETIK) 56-0114
V. (14)C-MARKIERTER D-GLUCOSE 56-0413
V. STEROID-PHENYL-SULFOXIDEN 57-0398
DOKUMENTATION
AUTOMAT. AUFFINDEN V. STRUKTURELLEN AEHNLICHK. IN VERB. 57-0001
DRUESEN
ALPHA-FARNESEN (DRUESENSEKRET V. APHAENOGASTER) 58-0463
CYBISTERON AUS PROTHORAXDRUESEN V. CYBISTER 58-0538

E

EDELMETALLVERBINDUNGEN
VERW. ZUR DECARBONYLIER. V. UNGESAETT. ALDEHYDEN 58-0031
EINHORN-REAKTION
* S. UNTER KONDENSATIONSREAKTIONEN
EISEN
FE(II), EINFL. AUF DECARBOXYLASEN 59-0502
ARMCO, PROPARGYLALKOHOL ALS KORROS.-INHIBITOR FUER NACL-LSG. 56-0510
EISENVERBINDUNGEN
EISEN(III)-TRIS-ACETYLACETONAT, RK. 54-0007
FERROCEN-DERIV., DARST., RK. 55-0013
STEREOCHEMIE V. FERROCENDERIV. 60-0091
PHOSPHIN-(CO)-FE-KOMPLEXE, DARST. 59-0038
PHOTOLYSE V. TRICARBONYL-CYCLOBUTADIEN-EISEN 59-0017
DARST. V. ORGAN. FE(CO)3-KOMPLEXEN 58-0025
HAEMINVERWANDTE VERB., DARST., RK. 55-0349
PY.-FE(III)CL-PORPHYRINE, BLDG.-KONST. 59-0015
OXEPIN-FE(0)-CARBONYLE, DARST. 59-0029
FE-(4-ACYL-1.2.3-TRIAZOLYL)-VERB. 56-0027
FE(NO)(S2CN(C2H5)2)2, KRIST.-STRUKTUR 60-0007
FERROCENYLPHOSPHONIUMVERB. 54-0122
FERROCENOPHAN, DARST. 56-0022
TRIFERROCENYLBENZOLE, DARST. 56-0023
RK. V. 2-FERROCENYL-PYRIDIN 56-0024
PI-C5H5FE(CO)2CH2COR (R NH2,OH,OCH3),DARST., RK., STRUKTUR 59-0001
FORMYL- U. ACETYLFERROCENE, RK. 59-0027
FERROCEN-SAEURE-ADDUKTE, KONSTIT. 59-0033
1.2-DISUBSTITUIERTE FERROCENE, DARST. 61-0026
BIS-CYCLOOCTATETRAEN-FE BZW. CYCLOOCTATETRAEN-FE(CO)3 58-0024
ALKINYLFERROCENE, DARST. 59-0030
PHTHALYLIUMTETRACHLOROFERRATE (III) 58-0309
(AS(C6H5)4)2(FE(N3)5) , DARST. 60-0001
DARST. V. FERROCENCARBONSAEUREN 59-0031
TRIS-(DIAETHYLDITHIOPHOSPHINATO)-EISEN(III) 55-0015
PHTHALYLIUM-TETRACHLOROFERRATE(III) 59-0301
HFECL4, ADDUKTBLDG. MIT FERROCEN 59-0033
FE-PENTACARBONYL, SAFROL-ISOMERISIER. 54-0301
FE(CO)4BR2, RK. MIT PHENYL-DIAETHYLPHOSPHIN 59-0038
FE(CO)5, RK. MIT OXEPINEN 59-0029
FE(CO)5 U. FE2(CO)9 ALS KATALYSATOR (ISOCYANATUMLAGER.) 57-0216
FECL3, RK. MIT METALLCARBONYLEN 59-0038
FECL3, EINFL. AUF D. OX. V. SORBINSAEURE 57-0095
FECL3,EINFL. AUF D. KETONBLDG. 57-0138
FE(NO3)3 MIT 9 H2O, RK. MIT NAN3 60-0001
FE(CLO4)3, RK. MIT PENTAMETHYLENSULFOXID 61-0003
FE2(SO4)3, EINFL. AUF D. OX. V. SORBINSAEURE 57-0095
ELEKTROLYSE
V. NA-DIALKYL-MALONATEN 61-0163
V. TRIPHENYL-DIARYLAETHYL-PHOSPHONIUMSALZEN 59-0260
ELEKTROLYT. DIMERISIER. V. OLEFINEN 54-0085
V. ALKYLHALOGENIDEN IN DMF 54-0086
ELEKTROCHEM. OX. V. 9-ARYLAMINO-ANTHRACENEN 54-0260
V. 2.4.6-TRI-TERT.-BUTYL-ANILIN 59-0217
V. 2.4.6-TRIS-TERT.-BUTYL-ANILIN 60-0223
V. HYDROXYPHENONEN 55-0185
ELEKTRO-RED. V. ALDEHYDEN U. KETONEN 56-0110
V. ALDEHYDEN U. KETONEN 56-0112
V. ALDEHYDEN U. KETONEN 56-0113
ELEKTROLYT. RED. V. PROPINALEN 57-0088
V. 2-ACETYL-FURAN 60-0109
V. PYRIDINCARBALDEHYDEN U. ACETYLPYRIDINEN (RED.) 57-0316
V. ALDEHYDEN U. KETONEN 56-0111
ELEKTRORED. V. IMIDAZOL-2-CARBONSAEUREN 57-0087

KATHOD. RED. V. THIAZOLCARBONSAEUREDERIV. 58-0341
ELEKTROLYT. OX. V. DI-NA-MALONAT 59-0239
ELEKTRONEN
SOLVATISIERTE-, RK. MIT W. IN FL. NH3 61-0015
ELEKTRONENDICHTE IN MOLEKUELEN
* S. UNTER MOLEKULARSTRUKTUR
ELEKTRONENSPINRESONANZ
* S. UNTER MAGNETISMUS
ELEKTRONENSTRUKTUR V. VERBINDUNGEN
* S. UNTER MOLEKULARSTRUKTUR
ELEKTRONENVERTEILUNG IN MOLEKUELEN
* S. UNTER MOLEKULARSTRUKTUR
ELIMINIERUNGSREAKTIONEN
BEI ORGANOHALOGENVERB. 59-0138
HOFMANN-ELIMINIER., MECHANISMUS 59-0137
DESAMINIER. V. 5-AMINO-STEROIDEN 58-0492
DESAMINIER. V. AMPHETAMIN 60-0134
DEHYDRATISIER. V. TETRAHYDROFURYLCARBINOLEN 61-0353
V. 10-BROM-DIBENZO-THIEPIN U. -OXEPIN 55-0319
HOFMANN-ABBAU V. PIPERIDINIUMVERB. 53-0166
V. TERT.-BUTYLBROMID 55-0084
HCL-ELIMINIER. AUS 2-CHLOR-OCTAN 57-0106
V. BR AUS VIC.-DIBROMIDEN 60-0173
V. HBR IN ALKYLBROMIDEN 60-0237
AUS 1.2-DIHALOGENVERB. 61-0162
DESAMINIER. V. PROPYLAMIN 59-0152
DEHYDRATISIER. V. 1-ARYLAETHANOLEN 60-0131
DEHYDRATISIER. V. TETRAHYDROFURYLCARBINOLEN 61-0354
DEHYDRATISIER. V. 1.2-DIARYL-4-DIMETHYL-AMINO-
BUTANOLEN-(2) 54-0181
DEHYDRATISIER. V. PIPERIDINOLEN 55-0089
DEHYDRATISIER. V. ALKOHOLEN 56-0169
HOFMANN-ABBAU EINES AMINOALKOHOLS 58-0293
DEHYDROHALOGENIER. V. CHLORAETHANEN 60-0310
DEHYDRATAT. V. SEK. ALKOHOLEN 61-0150
V. TOSYLHYDRAZONEN 56-0468
V. QUART. PHOSPHONIUMVERB. 54-0122
V. CYCLOALKYL-TRIMETHYL-AMMONIUM-SALZEN 60-0120
DESAMINIER. V. AMINOSAEUREN 60-0494
DESAMINIER. V. PHENYLAETHYLAMIN 60-0230
DEHYDRATISIER. V. GUAJOLEN 55-0358
V. TOSYLOXY-STEROIDEN 57-0407
ENAMINE
* S. UNTER AMINE
ENOLE
XANTHOPHAN-ENOL, KONSTIT. 58-0378
XANTHOPHANENOLE, RK. 58-0379
GLAUKOPHAN-ENOLE, KONSTIT. 58-0380
POLYKETOENOLE U. CHELATE 58-0381
ALLENENOLE, DARST. 54-0139
ENOLDERIV. V. ALKOXYMALONDIALDEHYDEN, DARST. 54-0153
ENOL-LACTONE, DARST. 54-0227
VINYLAETHERDERIV. D. P(III) 56-0168
ENOLAETHER, DARST. 58-0171
VINYL-, DARST. 58-0172
BETA-KETO-ENOLATE, DARST. 59-0025
DICHLORVINYLAETHER, DARST. 59-0171
CAMPHERENOL- U. -HOMOENOLACETATE, DARST. 61-0527
LAD.-VERTEIL. IN D. ENOLAT-CARBENIAT-IONEN 56-0071
VINYL-CHLORALKYL-, ELEKTROPHILE ADDIT. 56-0170
VINYL-, RK. 58-0187
AETHOXY-DIENE-(1.3), UMLAGER. 60-0150
DIEN-OLAETHER, HYDROLYSE (KINETIK) 55-0087
-ESTER U. -AETHER, RK. MIT DICHLORCARBEN 55-0166
ALKALI-CYCLOHEXENOLATE, ALKYLIER. 61-0108
ENOLLACTONE, RED. 53-0114
1.2-DIALKOXY-AETHYLENE, RK. 55-0289
VINYL-, RK. MIT NITRILIMINEN 59-0324
ENOLACETATE, ACYLIER. 57-0201
ENOLISIERUNG
* S. UNTER UMLAGERUNGEN
ENTLADUNG, ELEKTRISCHE
FUNKEN-, IN STEARINSAEURE-CCL4 56-0179
ENZYME
COENZYME, INTRAMOL. WECHSELWRKG. 53-0243
VORK. IM BLUTEGEL 60-0507
ACYLASE, WRKG. AUF PENICILLINE U. CEPHALOSPORINE
58-0520
MONOAMINOXYDASE, INHIBITORWRKG. V. HYDRAZIDEN
56-0341
AMINOPEPTIDASE, RK. MIT ALPHA-AMANITIN 53-0238
D-AMINOSAEUREOXYDASE, RK. MIT ALPHA-AMANITIN 53-0238
CHOLINESTERASE, HEMM. 58-0542
FERRICYTOCHROM C, KONFORM. 58-0519
GULONATDEHYDROGENASE AUS HEFE 59-0502
KETOGULONATDECARBOXYLASE IN HEFE 59-0502
LACCASE, OX. V. O-AMINOPHENOLEN 59-0501
ORSELLINSAEUREDECARBOXYLASE, RK. 58-0521
PAPAIN, EINFL. AUF HYDRAZIDE 55-0136
PEROXYDASE ZUR OX. V. MESIDIN 53-0054
PEROXYDASE, WRKG. AUF PHENOLE 57-0433
PEROXYDASE OX. V. MESIDIN 55-0175
RIBONUCLEASE A, DARST. D. N-TERMINALEN PEPTIDS
53-0240
DARST. D. N-TERMINALEN PEPTIDS 53-0241
DARST. D. N-TERMINALEN PEPTIDS 53-0242
RIBONUCLEASE A, DARST. D. N-TERMINALEN PEPTIDS
57-0411
RIBONUCLEASE,KATALYSE BEI CYTIDYL-3'.5'-CYTIDIN
54-0476
SCHNECKENFERMENT, WRKG. AUF GYMNEMASAEURE 55-0333
URIDINDIPHOSPHATGLUCOSE-GLYKOGEN-TRANSFERASE 56-0496
URIDINDIPHOSPHATGLUCOSE-ANTHRANYL-TRANSFERASE 56-0496
EPIMERISIERUNGEN
* S. UNTER UMLAGERUNGEN
EPISULFIDE
* S. ALKYLENSULFIDE
EPOXIDE
* S. ALKYLENOXIDE
EPOXYDATION
* S. UNTER OXYDATION
ERDALKALIMETALLE
RK. 60-0021
ERDALKALIMETALLVERBINDUNGEN
ERDALKALI-BIS-TETRAALKYLBORATE, DARST. 60-0021
ERDALKALI-BIS-TETRAAETHYLALUMINATE, DARST. 60-0021
ERDOEL
GEWINN. V. PARAFFINWACHS 57-0444
ESTER
* S. AUCH GLYCERIDE
DARST. U. RK. 54-0368
OMEGA-DIAZOFETTSAEURE-, RK. 57-0282
OMEGA-DIAZOFETTSAEUREESTER, RK. 61-0342
OMEGA-DIAZOFETTSAEUREESTER, RK. 61-0343
ALKYLBENZOESAEURE-AMINOALKYLESTER, DARST. 54-0200
BLDG. U. UMWANDL. 57-0103
HYDROLYSE (MECHANISMUS) 58-0234
INDOLYL-(2)-ESSIGSAEURE-AETHYLESTER, DARST. 53-0129
NITROSO-ACYLOXY-ALKANE, DARST. 53-0056
CHLORCARBONSAEUREESTER, DARST. 53-0065
DARST. 53-0076
SULFONIUM-CARBALKOXY-METHYLIDE, DARST. 54-0189
1.1.1-TRIS-(CARBAETHOXY)-ALKANE, DARST. 55-0128
ALPHA-CARBAETHOXY-GAMMA-BUTYROLACTONE DARST. 55-0220
ALPHA-HALOGEN-VINYLESTER, DARST. 56-0244
O-ACETYL-ALKINYL-CARBINOLE DARST. 56-0250
DARST. D. LAURATE 57-0167
TRICHLORESSIGSAEURE-, DARST. 57-0307
ACRYLSAEURE-, DARST. 58-0228
BAS. BENZOESAEUREESTER, DARST. 58-0229
4-ARYL-BUTTERSAEURE-, DARST. 59-0303
DARST. U. RK. 60-0408
DICARBONSAEURE-MONOALKYL-CYANMETHYL-, RK. MIT
PHENYLHYDRAZIN 61-0160
NITRO-DIMETHYLACRYLSAEURE-, DARST. 61-0392
INDOL-3-CARBONSAEUREESTER, SYNTH. 57-0275
IMIDAZOLCARBONSAEURE-, DARST., RK. 58-0433
MONO-O-ACRYLOYL-GLYKOLE, DARST. 60-0187
BENZILSAEUREAMINOESTER, DARST. 60-0258
STEROIDACETATE, OPT. ROTAT.-DISPERS. 58-0035
AETIANSAEURE-, COTTON-EFFEKTE 61-0035
CHOLANSAEURE-, COTTON-EFFEKTE 61-0036
ESTER V. UNGESAETT. ALIPHAT. SAEUREN, MASSENSPEKTREN
53-0026
PHENYLCARBONSAEUREESTER MASSENSPEKTRUM 54-0042
PERDEUTERIERTE, MASSENSPEKTREN U. CHROMATOGRAPHIE
57-0042
NAPHTHALIN-CARBONSAEURE-, DIPOLMOMENTE 59-0046
V. ALPHA-GLYKOLEN, MASSENSPEKTREN 59-0072
OXALATE, MASSENSPEKTREN 60-0062
ALPHA,BETA-UNGESAETT., MASSENSPEKTREN 61-0061
(1)H-NMR V. AETHYLESTERN 53-0016
HALOGENTHIOPHENCARBONSAEURE-, POLAROGRAPH. VERH.
59-0109
BETA.BETA-DIALKYL-ACRYLSAEUREESTER, RK. 54-0333
UMESTER. V. CYCL. ESTERN 55-0121
V. ALPHA-ACETYLEN-GAMMA-HALOGEN-ALKOHOLEN, DARST.
58-0175
BERNSTEINSAEURE-MONO-(CHLOR-PHENYL)-ESTER,UMLAGER.
55-0156
ALPHA.ALPHA'-ISOBUTENDIOL-, UMLAGER. 59-0256
2-HALOGEN-BUTIN-(3)-SAEURE-(1)-ESTER UMLAGER. 60-0189
UNGESAETT. DIAZO-, CYCLISIER. 60-0315
DECARBAETHOXYLIER. V. DIESTERN 53-0088
THERMOLYSE V. ESTERN 55-0076
ALPHA-ACETOXY-SAEUREESTER, BLDG., THERM. ZERS.
56-0184
PYROLYSE (HOMOALLYLUMLAGER.) 58-0134
NA-DIALKYL-MALONATE, ELEKTROLYSE 61-0163
RED. MIT HMGBR 60-0385
BIPHENYL-2-CARBONSAEUREMETHYLESTER, HYDROLYSE 55-0080
BENZOESAEUREESTER,RK. MIT CR(CO)6 BZW. W(CO)6 56-0021
ALKAL. HYDROLYSE (KINETIK) 56-0120
ALKAL. HYDROLYSE (KINETIK) 56-0121
FETTSAEUREESTER, CHLORIER. 58-0084
D. SPIRO-CYCLOPROPAN-NORBORNANE,SOLVOLYSE 60-0125
TEREPHTHALSAEURE-VINYLESTER, HCL- U. HBR-ANLAGER.
60-0213
ALPHA-SN-, RK. MIT ALKYLHALOGENIDEN 57-0147
ALPHA.BETA-UNGESAETT., RK. MIT AMINEN 57-0157
2-HALOGEN-BUTIN-(3)-SAEURE-ESTER, RK. MIT SEK. AMINEN
61-0179
ADDIT. AN AETHYLEN-ALKOHOLE 60-0194
RK. MIT MG-BENZYLCYANID 54-0201
RK. MIT ORGANO-ZN-VERB. 55-0005
KONDENS.-RK. MIT MG-ORGAN. VERB. 57-0149
TRICARBAETHOXY-METHANE, RK. 57-0328
ESSIGSAEURE-, RK. 58-0228
ALPHA,BETA-UNGESAETT., RK. MIT NITRILIMINEN 59-0324
RK. MIT NITRILEN 59-0345

BENZOESAEUREALLYLESTER, RK. 55-0016
BETA-DIAETHYLPHOSPHONOCARBONSAEURE-, ESTERKONDENS. 55-0139
CARBONSAEURE-(1-BENZOYL-ALKYL)-ESTER, RK. 53-0135
EUROPIUMVERBINDUNGEN
NMR D. KOMPLEXES MIT 4.4'-DI-N-BUTYL-2.2'-DIPYRIDYL 54-0001
EXTRAKTION
GEGENSTROM-VERTEIL. V. ANTIBIOTIKA 55-0405

F

FARBE
PIEZO- U. THERMOCHROMIE, V. DEHYDRODIANTHRONEN 53-0012
V. 1.3.6'.8'-TETRAMETHYL-DEHYDRODIANTHRON 55-0020
V. 6-NITRO-2H-1-BENZOPYRAN-(2-SPIRO-2')-TRIMETHYLINDOLIN 56-0367
PHOTO- U. THERMOCHROMIE V. SPIROPYRANEN 57-0014
PHOTO- U. THERMOCHROMIE V. DEHYDRODIANTHRONEN 58-0036
PHOTOCHROMIE EINES TRIPHENYLFURANONS 60-0314
THERMOCHROMIE V. CYCLOPENTADIENONEN 59-0272
THERMO- U. PHOTOCHROMIE V. SPIROPYRANEN 55-0107
PHOTOCHROMIE V. XANTHONDERIV. 55-0024
FARBSTOFFE
* S. AUCH BLUTFARBSTOFFE
FUER SYNTHET. FASERN 53-0159
AZOFARBSTOFFE, SYNTH. 57-0221
AZOFARBSTOFFE ALS KOMPLEXBILDNER 55-0204
DARST. 53-0143
KUPPL. MIT PHENOLEN (KINETIK) 55-0097
AZOFARBSTOFFE, AZOFARBSTOFF-CR(III)- U. -CO(III)-KOMPLEXE, DARST. 58-0029
AZOFARBSTOFFE, HETEROCYCL. 58-0350
DIAZAMEROCYANIN-, DARST. 55-0097
CYANIN- U. CARBOCYANINFARBSTOFFE, SYNTH. 55-0285
CYANIN-, SYNTH. 55-0286
CYANIN-, SYNTH. 55-0287
CYANINE U. CARBOCYANINE, DARST. 55-0288
INDIGO-DERIV., DARST. 56-0343
ISOINDIGOIDE FARBSTOFFE D. PYRROL-REIHE, DARST. 57-0274
INDIGOIDE, DARST. 58-0319
PHTHALOCYANINE ALS KATALYSATOREN 54-0088
DIAZAMEROCYANINE,DARST. 53-0143
CYANINE U. HEMICYANINE, DARST. 54-0282
CYANINFARBSTOFFE, DARST. 60-0406
CYANIN-, DARST. 60-0413
POLYMETHINCYANINE, DARST. 61-0172
ARSAMETHINCYANINE, DARST. 61-0331
FARNE
TRITERPENOIDE 53-0209
FAWORSKI-UMLAGERUNG
* S. UNTER UMLAGERUNGEN
FERMENTE
* S. ENZYME
FERROCENE
NMR U. KONSTIT. 54-0012
FERROCENYLENOXADIAZOLE, DARST. 58-0023
-CARBONSAEUREN, DARST. 59-0031
METHYL-, ORD U. KONFIG. 59-0032
1.2-DISUBSTITUIERTE, SYNTH. 61-0026
ALKINYLFERROCENE,DARST. 59-0030
FERROCENOPHAN-AETHER, STEREOCHEMIE 60-0091
FERROCENYLACETYLENE, TRIMERISIER. 56-0023
FERROCENYL-ARYL-SULFONE, RK. 56-0025
FETTE
IR-SPEKTROMETR. UNTERS. U. BEST. 61-0044
FISCHOELE, VERSEIF. 59-0518
FLAMMEN
* S. UNTER VERBRENNUNG
FLAVANE (U. FLAVANOIDE)
* S. AUCH FLAVONE
BIFLAVANOLE AUS ACACIA 61-0408
STEREOCHEMIE 53-0158
BIFLAVAN-DERIV., AUS XANTHORRHOEA 54-0326
UMLAGER. BEI D. RED. MIT LIALH4-ALCL3 61-0415
FLAVINE
5-ACYL-FLAVOHYDROCHINONE, RK. 55-0307
FLAVONOIDE
* S. UNTER FLAVONE
FLAVONOLE
* S. UNTER FLAVONE
FLAVONE
SYNTH. V. (2-14C)-PRUNIN 55-0330
GLUCOSYL-FLAVONOLE, NMR 60-0052
BISFLAVONOIDE, STRUKTURUNTERS. 58-0443
FLAVANONE U. BIFLAVANONE, STRUKTUR 61-0502
BIFLAVANONE, AUS GARCINIA BUCHANANII 55-0410
-CARBONSAEUREN, DARST. 57-0301
DARST. 58-0372
AUS RICINOCARPUS STYLOSUS, SYNTH. 60-0364
6-AMINOMETHYL-RUTINYL-(8)-METHANE, DARST. 60-0495
TRANSACYLIER. 56-0368
FLAVONOLLACTONE, RED. 58-0360
AMINOFLAVONOIDE, GLYKOSIDIER.-RK. 57-0358
AMINOFLAVONOIDE, GLYKOSIDIER.-RK. 60-0433
FLECHTEN
BESTANDTEILE 61-0066
FLUESSIGKEITEN
THERMODYNAMIK V. BIN. GEMISCHEN 57-0077
FLUESSIGKEITSSTRUKTUR
V. W.-TERT.-BUTANOL-MISCH. 57-0073
FLUOR
ABTRENN. V. FLUORIDIONEN 58-0545
FLUORVERBINDUNGEN
HF, RK. MIT AMIDOTHIOPHOSPHATEN 56-0011
HF, RK. MIT TETRAPHENYLPHOSPHONIUM-DIAZIDOTHIOPHOSPHAT 60-0012
HF, RK. MIT CHOLESTERINEN 58-0489
FLUORESZENZ
* S. UNTER LUMINESZENZ
FLUORIERUNG
* S. UNTER HALOGENIERUNG
FORMAZANE
KONSTIT. 59-0223
ALKYL-, CYCLISIER. 56-0060
N-FORMYL-, DARST. 59-0401
TRIARYL-, DARST. 61-0218
1-(P-SULFAMOYLPHENYL)-FORMAZANE, DARST. 55-0266
FORMOLYSE
* S. UNTER SOLVOLYSE
FORMYLIERUNG
* S. UNTER ACYLIERUNG
FRAGMENTIERUNGSREAKTIONEN
* S. UNTER DISSOZIATIONSREAKTIONEN
* BEI DER MASSENSPEKTROSKOPIE S. DORT
FRIEDEL-CRAFTS-REAKTIONEN
* S. AUCH ACYLIERUNG, ALKYLIERUNG
ACETYLIER. V. AL- U. FE(III)-ACETYLACETONATEN 54-0007
V. BZL. MIT UNGESAETT. ALIPHAT. VERB. 56-0221
V. O-FLUOR-CHLORBENZOL 61-0264
FRIEDEL-CRAFTS-RK. V. CHLORANISOLEN 55-0156
V. POLYMETHOXY-ACETOPHENONEN 55-0151
REVERSIBILITAET D. C-ACETYLIER. 54-0093
V. ANISOL 58-0231
V. DELTA(3)-CAREN 59-0457
FULVENE
6-AMINO-FULVENE, DARST. 53-0178
6-DIALKYLAMINOFULVENE, ROTAT.-ISOMERIE 54-0069
DARST. AUS DICYCLOPROPYLDERIV. 55-0165
6-AMINO-FULVENE, SYNTH. 54-0234
AUTOX. IN GGW. V. ALKOHOLATEN 61-0260
RK. MIT CIS-HEXENDION 60-0361
DIARYLFULVENE, DIEN-RK. 61-0122
FUNGIZIDE UND FUNGISTATIKA
* S. UNTER PILZE
FURANE
FURYLALKINE, IR-SPEKTREN 54-0028
DARST. 54-0327
DIHYDROFURYLIUMSALZE, DARST. 55-0218
SYNTH. 55-0221
FURYLARYLPENTADIINONE, DARST. 59-0302
FURYLALKINE, DARST. 60-0308
ALKINYLIER. 61-0351
3-ACETYL-(1-HYDROXYALKYL)-4.5-DIHYDRO-FURANE, BLDG. 56-0311
2.5-DIALKYL-TETRAHYDRO-FURANE, KONFIG. 53-0128
BETA-FURANONE, DARST. 53-0138
DARST. AUS ARYLACETYLENGLYKOLEN 54-0281
EPOXYAMINOPROPIONITRILE D. FURANREIHE, DARST. 54-0289
2-OXO-2.5-DIHYDRO-FURANE, DARST. 54-0290
5-(FURYL-(4))-BENZO(B)FURANE, DARST. 54-0290
TETRAHYDROFURANE, DARST. 55-0215
TETRAHYDROFURANAETHER, DARST. 56-0325
3-HYDROXYMETHYL-TETRAHYDRO-, SYNTH. 56-0327
1-FURYL-5-AMINO-ALKANE, CYCLISIER. 56-0409
DARST. V. OPT.-AKT. DERIV. 57-0259
FURYLACETYLENE, DARST. 57-0265
2-AMINO-3-CYAN-, DARST. 58-0308
SYNTH. DURCH RK. V. CARBAETHOXYCARBEN AN KETONE 58-0482
DICARBOMETHOXYFURFUROLACETALE, DARST. 59-0308
ARYL-FURYL-KETONE, DARST. 61-0350
4(5)-ALKYL-TETRAHYDROFURYLCARBINOLE, DARST. 61-0353
FURANOIDE, VERDRAENG.-RK. 57-0357
BROMIER. (KINETIK) 59-0123
TETRAHYDROFURYLCARBINOLE, DEHYDRATISIER. 61-0354
RK. MIT O2 ZU OZONIDEN 55-0227
PHOTOOX. 59-0299
TETRAHYDRO-, OX. MIT O2 61-0100
ALPHA-FURFURYLIDEN-ALDEHYDE, HYDROGENOLYSE 61-0348
2.2-DIALKOXY-2.3-DIHYDRO-, HYDRIER. 59-0303
TETRAHYDROFURAN-TOSYLATE, RK. 56-0326
PHOTO-RK. MIT BENZOPHENON 54-0376
CYCLOADDIT. AN BENZOPHENON 58-0311

G

GAERUNG
HEMM. D. MILCHSAEUREGAER. 61-0275
GALAKTOMANNANE
GALAKTOGLUCO- AUS PINUS PINASTER, KONSTIT. 58-0426
AUS ANTHYLLIS VULNERARIA, KONSTIT. 60-0503
GALLENSAEUREN
ALLOCHOLANSAEUREN,DARST. 58-0472
SCHWEINEGALLENSAEUREN 58-0493
BIOSYNTH., STOFFWECHSEL 58-0540
CHOLANSAEUREN, COTTON-EFFEKT 61-0036

GALLIUMVERBINDUNGEN
KOMPLEXE MIT GACL3 55-0008
GA-KOMPLEXVERB. V. N-SILYL-PHOSPHINIMINEN 55-0006
KOMPLEXE V. TRIPHENYL-GA, DARST. 55-0007
ORGANO-GA-HALOGENIDE, DARST. 56-0016
ORGANOGALLOGERMOXANE, DARST. U. EIG. 58-0019
GACL4(-), IR, GA-CL-BIND. 57-0003
GACL3 RK. MIT N-TRIMETHYLSILYL-TRIMETHYLPHOSPHINIMIN 55-0008
GA-CHLORID, EINFL. AUF RK. MIT ORGANO-SI-VERB. 58-0215
GAHCL2, RK. MIT UNGESAETT. KW-STOFFEN 56-0016
GAHBR2, RK. MIT UNGESAETT. KW-STOFFEN 56-0016
GEGENSTROMVERTEILUNG
* S. UNTER EXTRAKTION
GERBSTOFFE
NATUERL., BREVILAGIN 1 61-0466
NATUERL.,BREVILAGIN 2 61-0467
NATUERL., TERCHEBIN 61-0468
UMWANDL.-PROD. V. BREVILAGINEN 61-0469
NATUERL., GALLOYL-GLUCOSEN 61-0470
NATUERL., SYNTH. V. BAUSTEINEN 61-0471
NATUERL., ALGAROBIN 61-0472
GERMANIUM
RK. MIT JOD-FLUOR-BENZOLEN 59-0024
GERMANIUMSAUERSTOFFSAEUREN
GERMANIUMSAEURE,CHELATBLDG. MIT MESOINOSIT 60-0100
GERMANIUMVERBINDUNGEN
PROPARGYL- U. ALLENDERIV. V. GE, DARST. 56-0239
ABBAU V. PHENYL-CYCLOGERMANEN 57-0010
ORGANO-GE-VERB. (ORGANYL-GE-CHLORIDE, PHENYL-GE-HYDRIDE) 57-0011
GAMMA-CARBONYL- BZW. GAMMA-HYDROXY-ALKYL-GERMYL-VERB., DARST 61-0019
GEH3SCH3, DARST., NMR-UNTERS. 60-0004
DARST. U. RK. V. ALKYLGERMANEN 53-0071
C-C-EINSCHIEB. BEI GE-N-BIND. 54-0010
TRIMETHYLGERMYLAMINE,RK. 54-0107
TRIMETHYLGERMYL-VERB.,DARST. 55-0009
GERMYL-PHOSPHINIMINE, DARST. 56-0013
TRIBUTYL-ALKOXY-GERMANE, RK. 56-0017
DARST., RK. V. ORGANO-GE-VERB. 56-0018
ORGANOGALLOGERMOXANE, DARST. U. EIG. 58-0019
GE(C6H5)4, BIS-(OCTAFLUOR-BIPHENYLEN)-GERMAN, DARST. 59-0024
DARST. V. GERMACYCLANEN 60-0419
GE(OCOCF3)4 , DARST. 59-0023
TRIALKYLGERMANYLPHOSPHINE, RK. 60-0023
GECL4, RK. MIT HG(OCOCF3)2 59-0023
GECL4, RK. MIT PB-TETRAALKYLEN 57-0011
GEH3CL,RK. MIT NASCH3 60-0004
GEJ2, RK. 61-0019
GIBBERELLINE
IDENTIFIKAT. IN PFLANZEN 59-0516
GIBBERELLIN A13,NACHW. IN BOHNEN 59-0516
MASSENSPEKTREN 55-0051
GINSENOSIDE
* S. UNTER SAPONINE
GLUCOMANNANE
POLYOSIDE AUS PINUS PINASTER 58-0426
GLYCERIDE
UNSYMM. 1.2-DIGLYCERIDE, DARST. 56-0178
DI-, OH-VALENZBANDEN 61-0044
ASSOZIATIONSVERH. 60-0099
GLYKOLE
ACETYLEN-, DARST. 59-0173
2-ALKYL-HEPTANDIOLE, BLDG. 61-0348
DIACETYLEN-, DARST. 58-0176
(1-HYDROXY-CYCLOPENTYL)-CARBINOLE, DARST. 59-0243
1.1-DIPHENYL-AETHANDIOLE, DARST. 57-0207
CHEM. UMWANDL. 57-0121
ACETYLEN-GAMMA-, RK. 61-0259
ARYLACETYLENGLYKOLE, CYCLISIER. 54-0281
PINAKOLIN-UMLAGER. 61-0247
CYCLOPROPANDIOLE, SPALT. 54-0211
GLYKOLSPALTENDE REAGENZIEN 58-0238
PRUEF. V. NABIO3 ZUR -ANALYSE 60-0513
GLYKOLAETHER D. AROMAT. REIHE, DARST. 56-0209
HYDROXYAETHER, STEREOCHEMIE 60-0227
VINYLPROPARGYLDIAETHER, DARST. 54-0149
(2-AETHOXY-CYCLOBUTYL)-ALKYL-CARBINOLE,DARST. 54-0223
ALKOXY-ENINALKOHOLE, DARST. 58-0176
4-ALKOXY-BUTIN-(2)-OLE-(1), DARST. 58-0177
POLYAETHER D. GLYCERINS, DARST. 60-0177
GLYKOLMONOAETHER, RK. 58-0162
GLYKOSIDE
* DIGITALIS- S. UNTER DIGITALIS
* S. AUCH HERZGIFTE, NUCLEOSIDE
ISOFLAVONGLYKOSIDE, DARST. 53-0189
N-ACETYL-D-NEURAMINSAEUREKETOSIDE, DARST. 54-0384
GLYKOSIDE U. AGLYKONE (CARDENOLIDE) 54-0425
GLYKOSIDE U. AGLYKONE 54-0426
MANSONIN U. STROPHOTHEVOSID 55-0332
AGLYKONE, GYMNEMASAEURE 55-0333
U. AGLYKONE 55-0334
AUS ASCLEPIAS LILACINA 55-0335
AUS ASCLEPIAS LILACINA 55-0336
V. HETEROCYCLEN, DARST. 59-0425
V. HETEROCYCLEN, DARST. 59-0426
ISORHAMNETIN-, STRUKTUR 60-0432
U. AGLYKONE 60-0478
V. PI-MANGEL-HETEROAROMATEN, HYDROLYSE 61-0475
RIBOPYRANOSIDE U. -FURANOSIDE V. PYRIDONEN, DARST. 61-0476
POLYACETYLEN-, VORK. 59-0491
U. AGLYKONE (V. GONGRONEMA TAYLORII) 60-0477
LIGNIN-BILDENDE, BIOSYNTH. 58-0534
GLUCOSIDE, BIOSYNTH. IN GENTIANAZEEN 61-0572
NEUE METH. D. GLYKOSYLIER. 54-0379
PYRIMIDINON-N-GLYKOSIDE, DARST. 56-0389
6-DESOXYNITRO-GLUCOPYRANOSIDE, DARST. 57-0354
N-GLYKOSYL-6-AMINOFLAVONE, DARST. 57-0358
OESTROGEN-MONOGLUCURONIDE, DARST. 57-0399
AMINOFLAVON-N-, DARST. 60-0433
2-DESOXY-GLUCOSIDE, ORD 61-0034
MASSENSPEKTREN 58-0065
PYRANOSIDE, SELEKTIVE ACYLIER. 57-0353
ACYLIERTE PEROXY-, FRAGMENTIER. 58-0428
ANOMERISAT. U. O-N-UMLAGER. 54-0383
PERJODATOX., RK. MIT AMINEN U. ACETONDICARBONSAEURE 53-0176
PYRANOSIDE, SELEKTIVE ACYLIER. 55-0321
GOLDVERBINDUNGEN
AU(I)-, AU(III)-KOMPLEXE V. OLEFINEN 55-0018
(AS(C6H5)4)(AU(N3)4) , DARST., RK. 60-0001
AUCL, RK. MIT NAN3 60-0001
GRIGNARD-REAKTIONEN
* S. UNTER KONDENSATIONSREAKTIONEN
GRIGNARD-VERBINDUNGEN
* S. UNTER MAGNESIUMVERBINDUNGEN
GUANIDINE
BIGUANIDE, STRUKTUR 60-0067
1.1-DIALKYL-2-AROYL-, DARST. 57-0174
ACYL-, DARST. 60-0216
SYNTH., CYCLISIER. 57-0291
N(2)-SULFONYL-, DARST. 60-0168
DIAMINOGUANIDINE, RK. 58-0351
1.2-DIAMINO-, RK. MIT DIPHENYLCARBODIIMID 57-0295
BIGUANIDE, CYCLISIER.-RK. 59-0392
RK. MIT NITRILEN 59-0344
GUERBET-REAKTION
* S. UNTER KONDENSATIONSREAKTIONEN
GUMMI
GUMMI ARABICUM, STRUKTURUNTERS. 53-0252
GUMMIARABICUM, STRUKTUR 61-0561
GUMMI ARABICUM, V. ACACIA KARROO 55-0322
TRAGANTH-, BESTANDTEILE 58-0518

H

HAEMOGLOBIN
* S. UNTER BLUTFARBSTOFFE
HAFNIUMVERBINDUNGEN
HF(OCOCF3)4 , DARST. 59-0023
HFCL4, RK. MIT TRIFLUORESSIGSAEURE 59-0023
HALOGENALKYLIERUNG
* S. UNTER ALKYLIERUNG
HALOGENVERBINDUNGEN
CCL3-S-VERB., DARST. AUS CS2 58-0181
RADIKALBLDG. 58-0544
RK. MIT AZULEN 60-0276
HALOGENCYANE, RK. MIT DIPHENOLEN 55-0189
HALOGENCYANE, RK. 53-0097
HALOGENCYANIDE,RK. MIT PHENOLEN 55-0187
HALOGENHYDRINE
HETEROCYCL., RK. MIT NACN 60-0372
BLDG. AUS OLEFINEN (MECHANISMUS) 60-0251
STYROL-BETA-CHLORHYDRINE, DARST. 54-0187
FLUORALKOHOLE, ASSOZIAT. 55-0031
FLUORALKOHOLE, INTRAMOL. H-BIND. 55-0032
CHLORALKYL-CARBINOLE, CYCLISIER. 59-0297
POLY-AETHYLENGLYKOL-, RK. MIT AMINEN (KINETIK) 60-0127
HALOGENIERUNG
CHLORIER. V. ALKANEN (TEMP.-EINFL.) 58-0167
FLUORIER. V. ORGAN. VERB. MIT CLF3 58-0166
CHLORIER. VON ALLEN U. PROPINEN 53-0082
ALLYLBROMIER. V. CYCLODODECATRIENEN 54-0221
V. BICYCLO(2.2.0)HEXAN 54-0272
CHLORIER. V. 1.1.2.3-TETRAMETHYL-CYCLOHEXADIEN-(2.4) 57-0193
V. OLEFINEN IN ALLYLSTELL. 58-0170
BROMIER. V. AETHYLEN (MECHANISMUS) 59-0141
BROMIER. V. AETHYLEN (KINETIK) 59-0142
BROMIER. V. DIPHENYLAETHYLENEN (KINETIK) 61-0111
BROMIER. V. AROMATEN (BERECHN.) 61-0112
HALOGENWASSERSTOFF-ADDIT. AN DIACETYLENE 61-0113
CHLORIER. V. ALIPHAT. VERB. 58-0084
V. OELSAEURE-DERIV. 59-0161
BROMIER. V. PYRAZOLEN 55-0245
V. 2-ALKYL-DELTA(2)-OXAZOLINEN 55-0254
V. 9-VINYL-CARBAZOL 57-0272
V. PYRROLO(1.2-A)CHINOXALINEN 59-0385
V. SYMM.-TRINITROBENZOLDERIV. 54-0178
V. SYMM.-TRINITROBENZOL-DERIV. 54-0179
CHLORIER. V. AMINEN U. ACYLAMINEN 55-0112
CHLORIER. V. NITRO-TERT.-BUTYL-PHENOL 57-0166
CHLORIER. V. CS2 IN GGW. V. J2 58-0181
SILYLSUBSTITUIERTER TOLUOLE 54-0096
BROMIER. ASYMM. KETONE 58-0118

JODIER. V. PHENANTHRENCHINON U. FLUORENDERIV. 61-0282
CHLORIER. V. HYDROXYSAEUREVERB. 53-0065
BROMIER. V. THIOPHENEN, FURANEN U. PYRROLEN 59-0123
V. CYCL. SULFITEN 55-0119
V. ADENIN-NUCLEOTIDEN U. -NUCLEOSIDEN 54-0351
HF-ADDIT. AN CHOLESTERINE 58-0489
HANF
VERH. V. INHALTSTOFFEN BEIM RAUCHEN 58-0529
HASCHISCH, CANNABINOLE 55-0419
HARNSTOFFE (CARBAMIDE)
N(1).N(3)-DIARYL-HYDANTOINSAEUREESTER,CYCLISIER. 56-0194
CARBAMYLAMINOALKYLPHOSPHORSAEUREESTER, HYDROLYSE 58-0234
NITROPHENYL-, UV-SPEKTREN 55-0028
RK. ZU HETEROCYCLEN 57-0295
RK. ZU HETEROCYCLEN 57-0296
N-ALKYL-N'-PHOSPHONOXYALKYL-, HYDROLYSE. 57-0103
RK. MIT AMINEN 54-0111
RK. MIT ALKOHOLEN 54-0109
RK. MIT PENTANOL (KINETIK) 54-0110
RK. MIT TRICARBAETHOXY-METHANEN 57-0328
KONDENS. MIT ACETYLACETON 53-0174
RK. MIT VINYLPHENYLKETONEN 54-0356
RK. MIT CARBONSAEUREANHYDRIDEN (KINETIK) 54-0112
RK. MIT ISATOSAEUREANHYDRID 54-0322
ACYLIER. 58-0235
1.3-DIALKYL-, RK. MIT ARYLSULFONAMIDEN 57-0170
HARZE
STOCKLACK, LACCAINSAEURE B 59-0445
V. CUPRESSUS SEMPERVIRENS, DITERPENE 61-0507
V. CUPRESSUS SEMPERVIRENS, BESTANDTEILE 61-0508
GALBANUM KW-STOFF AUS GALBANUM-ESSENZ 54-0471
STOCKLACK, PIGMENTE 58-0445
HASCHISCH
* S. UNTER HANF
HEFEN
ABBAU D. ERGOSTERINS IN 55-0425
DESOXYGLUCOSESTOFFWECHSEL 57-0434
ERGOSTERINBEST. 58-0523
VITAMIN-D2-BEST. 58-0524
HEMICELLULOSEN
HEMICELLULOSE AUS SISALFASER 59-0418
HEMIKETALE
* S. UNTER ACETALE
HEPARIN
KONSTIT. 56-0418
HERBIZIDE
* S. UNTER UNKRAUTBEKAEMPFUNG
HERZ
* S. UNTER ORGANE
HERZMITTEL
* S. UNTER ARZNEIMITTEL
HERZGIFTE (HERZGLYKOSIDE)
* DIGITALIS-GLYKOSIDE S. UNTER DIGITALIS
CARDENOLIDE AUS MANSONIA ALTISSIMA 55-0332
CARDENOLIDE, AUS STROPHANTHUS 54-0425
ISOLIER. V. CARDENOLIDEN 55-0331
CARDENOLIDE AUS ASCLEPIAS LILACINA 55-0335
HERZAGLYKONE, SYNTH. 54-0434
CARDENOLIDE, ORD 55-0022
HETEROCYCLEN
* S. UNTER RINGSYSTEME
HOFMANN-ABBAU
* V. TERT.AMINEN S. UNTER ELIMINIERUNGS-REAKTIONEN
HOLZ
AUS WESTAFRIKA 53-0210
MORELLOFLAVON AUS D. KERNHOLZ V. GARCINIA MORELLA 61-0409
HORMONE
STEROIDHORMONE, DARST. 55-0380
STEROID-SYNTH. 56-0309
JUVENILHORMONAKTIVITAET V. DEHYDROJUVABION 55-0417
INSEKTENHORMONE AUS PFLANZEN 58-0539
JUVENILHORMON, -AKTIVITAET V. JUVABION 59-0471
HORMONALE WRKG. V. OXYTOCINEN 56-0474
HORMONALE WRKG. V. VASOPRESSINEN 56-0475
HORMONALE WRKG. V. VASOPRESSINEN 56-0476
WRKG. V. SYNTHET. ALPHA(H)-ACTH 59-0486
ANTIGONADOTROPE WRKG. V. 7ALPHA-METHYLOESTROGENEN 54-0437
PROGESTERON-WRKG. V. 19-NORPREGNANDIENEN 54-0436
OESTROGENE WRKG. V. 7ALPHA-METHYLOESTROGENEN 54-0437
OESTROGENE WRKG. V. 11.12-SECO-DOISYNOLSAEUREN 59-0276
OESTROGENE WRKG. V. 8ALPHA-OESTRAN-DERIV. 60-0488
INSULIN,TEILSYNTH. 61-0552
PROSTAGLANDIN-ANALAGON 53-0229
WRKG. V. SYNTHET. PROSTAGLANDINEN 58-0261
SEXUAL-, U. STEROIDE 57-0403
ANDROGENE OESTRATRIENE 58-0479
HUMINSAEUREN
STRUKTUR 56-0482
ESR-SPEKTREN 57-0040
DECARBOXYLIER.-TEMP. 55-0096
HYDANTOINE
UMLAGER. 54-0306
3- U. 5-SUBSTITUIERTE, DARST. 57-0281
5-(BETA-HYDROXY-(BROM)-AETHYL)-, DARST. 55-0240
1-ARYL-3-PHENYL-HYDANTOINE, DARST. 56-0194
HYDRATATION (U. SOLVATATION)
* ANLAGER.-RK. AN ORGAN. VERB.
S. UNTER ADDITIONSREAKTIONEN
SOLVATATIONSDIASTEREOMEREN-KOMPLEXE, (1)H-NMR 58-0048
HYDRAZIN
RK. MIT ZUCKERN 61-0464
N2H4-MONOHYDRAT, RK. MIT CU(NO3)2 U. NAN3 60-0001
RK. MIT SPF3 60-0217
N2H4-HYDRAT,RK. MIT NAN3 60-0001
-HYDRAT, RK. MIT NITRAMINOPYRIDINEN 56-0376
RK. D. HYDRATS MIT EINEM PYRIMIDIN 58-0406
N2H4-HYDRAT, RK. MIT IMINOAETHERN 53-0180
RK. V. N2H4-H2O MIT ACYLPYRIMIDINEN 53-0172
HYDRAZINHYDRAT, RK. 57-0334
RK. MIT MERCAPTOTRIAZINEN 61-0452
RK. MIT AETHYL-MGBR 59-0230
N2H4-HYDRAT,RK. MIT CYANATOTERPHENYL 55-0187
N2H4-HYDRAT,RK. MIT ARYLCYANAT 55-0188
RK. MIT ARYL-ISOSELENOCYANATEN 56-0227
RK. D. HYDRATS MIT DIALDEHYDEN 54-0269
RK. D. HYDRATS MIT DICARBONYL-THIOPHENEN 61-0442
N2H4-HYDRAT, RK. MIT DITHIOLEN 58-0332
HYDRAZINHYDRAT, RK. MIT DITHIOMALONSAEUREAMIDEN 53-0134
RK. MIT THIOPHTHALIMIDEN 56-0336
RK. MIT UNGESAETT. AZLACTONEN 56-0407
RK. MIT OXAZOLONEN 58-0146
RK. MIT XANTHOPHAN-ENOLEN 58-0379
RK. 60-0328
HYDRAZINHYDRAT, RK. MIT SULFANILYLCHLORIDEN 53-0081
HYDRAZIN- U. HYDRAZINIUMVERBINDUNGEN
(N2H5C(NO2)3), KRISTALLSTRUKTUR 56-0092
HYDRAZINVERBINDUNGEN, ORGANISCHE
* S. AUCH AZINE, HYDRAZONE, HYDRAZOVERBINDUNGEN, SAEURE-HYDRAZIDE, SULFONSAEUREN
N.N'-DIALKYL-HYDRAZO-DICARBOXYLATE, KONFORM. 57-0068
HYDRAZINO-CARBONSAEUREN, SYNTH. 61-0171
AMINOALKYLHYDRAZINE, DARST. 56-0191
BETA-HYDRAZINO-SAEUREN, DARST. 57-0284
ALLYL-, DARST. 60-0196
REAKTIVITAET 61-0109
REAKTIVITAET 61-0110
REAKTIVITAET 61-0126
HYDRAZINOAZANAPHTHALINE, AUSTAUSCH D. HYDRAZINO-GRUPPE 61-0431
RK. MIT CHLORACETYLENEN 61-0377
RK. MIT BENZOYL-ISOTHIOCYANAT 53-0147
RK. MIT BENZOYLISOCYANAT 58-0423
RK. MIT CARBONYLVERB. 54-0203
RK. MIT EINEM BETA-PROPIOLACTON 59-0189
HYDRAZINOLYSE
* S. UNTER SOLVOLYSE
HYDRAZONE
TOSYLHYDRAZONSALZE, ZERS. MIT BASEN 56-0468
N-METHYL-PHENYLHYDRAZONE, KONFIG. 55-0060
2.4-DINITROPHENYL-, SYN-ANTI-ISOMERIE 60-0143
N.N-DIBENZOYLHYDRAZONE, DARST. 53-0121
V. BIS-ARYLSULFONYL-KETONEN,DARST. 54-0191
BETA-KETOESTERPHOSPHINYLHYDRAZONE, DARST. 55-0241
UNGESAETT. ALKYL-, DARST. 60-0337
ARYLGLYOXAL-BIS-, DARST. 61-0390
ARYL-CARBOHYDRAZONBROMIDE, SYNTH. 54-0320
ARYL- U. AROYL-, UV-ABSORPT. 55-0028
TRICHLORPHENYL-, UV 58-0237
BENZOYLHYDRAZONE, UV 54-0198
2.4.6-TRIMETHYL-BENZOLSULFONYLHYDRAZONE,UV 60-0210
INNERE ROTAT. 55-0057
SAEURE-HYDRAZON-AZIDE, UMLAGER. 56-0214
CYCLOPROPYL-METHYL-KETON-TOSYL-, CARBENOIDE ZERS. 61-0236
ALKYL-BETA-HYDROXYAETHYL-, TAUTOMERIE 61-0454
ALKOXYKETON-TOSYL-, ZERS. 58-0171
SULFONYL-, OX. 56-0348
KETONPHENYL-, RK. MIT PB-TETRAACETAT 57-0217
OXYDIERBARK. 59-0246
BENZOYL-, OX. MIT PB-TETRAACETAT 61-0393
ALKYL-, RK. MIT BENZYLISOCYANAT 58-0423
ACYLHYDRAZONE, RK. 55-0258
RK. MIT AMIDEN U. SULFONYLCHLORIDEN 57-0262
HYDRAZOVERBINDUNGEN
HYDRAZOBENZOLE, UMLAGER. 55-0108
HYDRAZYLE
* S. UNTER RADIKALE
HYDRIERUNG
V. BENZYLALKOHOL-DERIV. UNTER KONFIG.-INVERS. 53-0043
EDELMETALL-KATALYSATOREN 57-0006
V. OLEFINEN (RU-KOMPLEX) 58-0108
IN GGW. V. S-VERB. 58-0110
V. TRIASTERAN 53-0118
V. ALKYLNAPHTHALINEN (KINETIK) 59-0084
V. UNGESAETT. ZU GESAETT. ALDEHYDEN 55-0113
HYDROGENOLYSE V. AZABICYCL. KETONEN 59-0361
V. CHINONEN 61-0279
DESULFURIERENDE, V. DITHIENYLMETHANEN 60-0317
HYDROBORIERUNG
* S. UNTER ADDITIONSREAKTIONEN
HYDROFORMYLIERUNG
* S. UNTER OXOSYNTHESE

HYDROGENOLYSE
* S. UNTER HYDRIERUNG
HYDROLYSE
* S. AUCH SOLVOLYSE
VERSEIF.-WRKG. V. LIOH, NAOH U. KOH 59-0518
V. AMPHOTEREN METALL-ALKOXIDEN 60-0026
V. ACETYLHYDRAZIN (KINETIK) 55-0126
V. CIS-(CO(EN)2(NH2CH2CO2C2H5)CL)(2+) 61-0013
V. 9-CHLOR-ACRIDIN 57-0101
V. 9-CHLOR-ACRIDIN (KINETIK) 61-0116
V. DIEN-OLAETHERN (KINETIK) 55-0087
V. CARBAMATEN (HCL) 58-0121
SAEUREKATALYSIERTE, V. 2-DIAZO-ACENAPHTHENON-(1) 55-0086
V. ALPHA-FORMYL-PROPIOPHENON (KINETIK) 56-0127
V. THIACHROMYLIUMPERCHLORATEN 57-0084
V. ARYLSYDNONIMINEN 58-0352
V. CYANKETENDIMETHYLACETAL 54-0102
V. HISTIDINMETHYLESTER 54-0100
V. BIPHENYLCARBONSAEUREESTERN 55-0080
ALKAL., V. ESTERN (KINETIK) 56-0120
ALKAL., V. ESTERN (KINETIK) 56-0121
SELEKTIVE, V. PEPTIDEN 56-0477
V. PYRIDINCARBONSAEUREANHYDRIDEN 59-0125
V. BENZYLACETAT (KINETIK) 59-0129
V. CYSTEINMETHYLESTER-METALL-KOMPLEXEN 61-0014
V. HIPPURSAEURE-METHYLESTER 61-0114
V. AETHYLACETAL (KINETIK) 61-0118
V. O-METHANSULFONAMIDO-BENZOESAEURE-P-NITROPHENYLESTER 53-0045
V. SULFENSAEUREESTERN, KINETIK 54-0101
V. OPT.-AKT. AETHYLTHIOPHOSPHONSAEURE-O-AETHYLESTER-CHLORID 55-0138
V. DELTA(2)-CYCLOBUTENYLMETHYLTOSYLAT 59-0240
EINES BENZOLSULFONYL-GLUCOPYRANOSIDS 59-0414
V. N(4)-ACETYL-SULFANILAMID (GESCHW.) 61-0115
V. MONOTERPENPHOSPHATEN 61-0504
V. 3.3-DIMETHYL-BUTYLPHOSPHAT 56-0128
V. ALKYLCARBAMYLAMINO-ALKYLPHOSPHORSAEUREN 57-0103
V. DIAETHYLPHENYLPHOSPHATEN 58-0120
V. PHOSPHORSAEUREESTERN 58-0234
V. DIHYDRO-TERPENYL-PHOSPHATEN 61-0505
V. KOHLENHYDRAT-DERIV. 55-0329
SELEKTIVE V. ACETAMIDODESOXYZUCKERN 56-0415
V. GLUCOPYRANOSYL-OXY-PI-MANGEL-HETEROAROMATEN 61-0475
V. TERPENPYROPHOSPHATEN (KINETIK) 61-0117
V. CYTIDYL-3'.5'-CYTIDIN 54-0476
HYDROXAMSAEUREN
RK. MIT DICYCLOHEXYLCARBODIIMID 54-0158
HYDROXIMSAEUREN V. STEROIDEN 53-0228
SALICYLHYDROXAMSAEUREN, RK. MIT SOCL2 55-0249
ARYLAMINO-ACETHYDROXAMSAEUREN, DARST. 56-0194
BENZ-AMINOOXY-SAEURE, CYCLISIER. 59-0399
ARYLMERCAPTO-ACET-, FUNGISTAT. WIRKSAMK. 60-0207
HYDROXIDIONEN
BLDG. 61-0015
HYDROXYKETONE
* S. AUCH CHINONE
DIHYDROANTHRACENCHINOLE, KONFIG. 56-0087
CHINOLE U. DERIV., DARST. 54-0185
BETA-HYDROXYKETONE, DARST. 54-0196
HYDROXYMETHYLENCYCLOHEXENONE, DARST. 54-0233
BETA-KETOALKOHOLE, SYNTH. 56-0175
DARST. 59-0374
ALKOXY-PHENYLACETAMIDOCARBONSAEUREN, DARST. 61-0180
DARST., SPEKTREN 57-0020
O-HYDROXY-AMINO-PHENONE, H-BIND. 61-0090
HYDROXYACETOPHENONE, ELEKTROLYSE 55-0185
HYDROXYMETHYLENKETONE, RK. MIT AMINEN 53-0165
HYDROXYMETHYLENKETONE, ALDO-ENOL-GLEICHGEW. 53-0039
METHOXYACETOPHENONE, ENTACYLIER. 55-0151
ALPHA-KETOLE, ISOMERISIER. 57-0082
UNGESAETT., UMLAGER. 57-0303
ALPHA-KETOLE, ISOMERISAT. (GLEICHGEW.) 60-0101
HYDROXYCYCLOHEXADIENONE, PHOTOCHEMIE 60-0285
1-HYDROXY-CYCLOPENTYL-ALKYLKETONE, DARST. 59-0243
2-HYDROXYMETHYLENCYCLANONE, RK. 54-0312
O-HYDROXY-ACETOPHENONE, RK. 54-0290
RK. MIT ISATIN 60-0322
ALPHA-METHOXYMETHYLEN-, RK. 58-0482
HYDROXYLAMIN
NH2OH-HYDROCHLORID, RK. MIT CYANATOTERPHENYL 55-0187
NH2OH-HYDROCHLORID, RK. MIT ARYLCYANAT 55-0188
RK. MIT 3-MERCAPTO-BUTYRALDEHYD 57-0344
RK. MIT CYTIDIN 61-0124
BEST. V. HYPONITRIT IN GGW. V. -- 57-0440
HYDROXYLAMIN- UND HYDROXYLAMMONIUMVERB.
NITROHYDROXYLAMINAT, BEST. NEBEN ANORGAN. N-VERB. 57-0441
HYDROXYLAMINVERBINDUNGEN, ORGANISCHE
N-METHYL-N-PHENYL-O-BENZYL-HYDROXYLAMINE, DARST. 58-0140
N.N-BIS-TRIFLUORMETHYL-, DARST. 59-0194
DARST., TUBERKULOSTAT. AKTIVITAET 61-0387
AROMAT. U. CYCLOHEXYL-, OX. 56-0198
HERBIZIDE WRKG. 54-0205
HYDROXYLIERUNG
* S. UNTER OXYDATION
HYDROXYSAEUREN
HYDROXYCARBONSAEUREHYDRAZIDE, DARST. 54-0245
ALKOXYBENZOESAEUREN, DARST. 55-0155
DIGLYKOLSAEUREAETHYLESTER, DARST. 56-0183
DARST. 61-0267
HYDROXYCARBONSAEUREHYDRAZIDE, DARST. 54-0246
HYDROXYCARBONSAEUREHYDRAZIDE, DARST. 57-0215
ALPHA-MYCOLSAEUREN, AUS MYCOBACTERIUM SMEGMATIS 54-0473
MYCOLSAEUREN, KONSTIT. 58-0271
ABS. KONFIG. 54-0059
ABS. KONFIG. V. TERT.-BUTYL-PHENOXYPROPIONSAEUREN 54-0183
1-HYDROXY-NAPHTHALINCARBONSAEUREN-(3), SYNTH. 57-0221
5-HYDROXY-ALKEN(BZW. ALKIN)-(2)-SAEUREN, DARST. RK. 58-0371
DICARBALKOXYDIAETHYLAETHER, DARST. 60-0192
2-HALOGEN-3-ALKYLOXY-CROTONSAEURE-ESTER,DARST. 61-0179
2-ALKOXY-CARBONSAEUREN, DARST. 61-0180
ARYLOXYALKYLCARBONSAEUREN, DARST. 56-0208
HYDROXY-OCTADECANSAEUREN, IR 56-0039
BETA-HYDROXYSAEUREESTER, IR U. NMR 57-0108
ALPHA-, OPT. DREH. BEI BASENZUSATZ 60-0040
CYCLOPROPANOL-CARBONSAEUREN, SPALT. 54-0211
U. -ESTER, RK. MIT AZULEN 60-0277
HYDROXYALKENCARBONSAEUREESTER, DARST. 60-0193
HYDROXY-PHENYLALKANCARBONSAEUREESTER, DARST. 60-0212
BENZILSAEUREESTER, DARST. 60-0261
ALPHA-METHYL-OMEGA-HYDROXY-BETA-OXA-SAEUREN, RK. 54-0166
HYDROXYCARBONSAEUREESTER,CHLORIER. 53-0065
HYPNOTIKA
* S. UNTER ARZNEIMITTEL
HYPOTENSIVA
* S. UNTER ARZNEIMITTEL

I

IMIDAZOLE
* S. AUCH HYDANTOINE
C-SUBSTITUIERTE IMIDAZOLE, DARST. 53-0135
2-(BENZIMIDAZOLYL-(2)-2-IMIDAZOLINE, DARST. 53-0142
IMIDAZOLIDIN-THIONE-(4), DARST. 56-0349
AMINOIMIDAZOLCARBONSAEUREAMIDE, DARST., NUCLEOSIDDERIV. 58-0433
IMIDAZOLIN-DIONE-(4.5), DARST. 59-0326
ABBAURK. MIT J2 57-0122
IMIDCHLORIDE (IMINOCHLORIDE)
CHLORIER. 55-0112
IMIDE
CARBODIIMIDE, RK. MIT DIHALOGENKETENEN 59-0298
IMIDOAETHER (IMINOAETHER, IMINOESTER)
NITROALKYLIMIDATE, DARST. U. ZERS. 59-0182
ADIPINSAEUREDIIMID-DI-ALKYLESTER, DARST. 54-0160
FORMIMIDATE, DARST. 56-0190
DICHLORACET-, DARST. 59-0177
IMIDSAEUREESTER, RK. 53-0170
RK. MIT ISATINEN 55-0293
RK. MIT N2H4-H2O 53-0180
N-ACYL-BENZIMIDSAEUREESTER, RK. 54-0370
IMINE
* S. AUCH SCHIFFSCHE BASEN
N-BENZOYLBENZALDIMINE, DARST. 59-0218
PYRIDYL-KETIMINE, IR U. TAUTOMERIE 57-0023
ALPHA-DIFLUORAMINO-FLUOR-, RK. 60-0218
ASYMM. RED. 58-0010
RK. MIT AKTIVIERTEM ZN 58-0159
KETIMINE, RK. MIT ARYLAZIDEN 57-0293
DIMETHYLKETENIMINE,RK, MIT O-CHINONEN 53-0168
IMINOPHOSPHORANE
* S. PHOSPINIMINE
IMMONIUMVERBINDUNGEN
* S. AUCH AMMONIUMVERBINDUNGEN,QUARTAERE
DARST. 61-0424
STEROID-IMMONIUMVERB., PHOTORED. 58-0434
INDENE
BENZOFULVENE, TAUTOMERIE 59-0101
1-AETHYLIDEN-2-METHYL-INDENE, DARST. 54-0248
INDANDION-ANALOGA, DARST. 54-0267
2-(3-OXO-ALKEN-(1)-YL)-INDANDIONE-(1.3), DARST. 61-0271
CIS-8-METHYL-HYDRINDANE, RINGERWEITER. 58-0135
BI-INDENYLE, DIELS-ALDER-RK. 61-0300
BIINDENYLE, DIELS-ALDER-RK. 61-0301
INDANDIONE, RK. MIT BENZYLBROMID 60-0118
2-ARYLIDEN-INDANDION-(1.3), RK. 61-0272
ARYLINDANDIONE, VERW. IN D. ANALYSE 58-0102
INDIGOFARBSTOFFE
* S. UNTER FARBSTOFFE
INDIUMVERBINDUNGEN
KOMPLEXE MIT IN-TRIHALOGENIDEN 55-0008
IN-KOMPLEXVERB. V. N-SILYL-PHOSPHINIMINEN 55-0006
((CH3)2INOGE(CH3)3)2, DARST. 58-0019
INBR3,RK. MIT N-TRIMETHYLSILYL-TRIMETHYLPHOSPHINIMIN 55-0008
INCL3,RK. MIT N-TRIMETHYLSILYL-TRIMETHYLPHOSPHINIMIN 55-0008
IN-CHLORID, EINFL. AUF RK. MIT ORGANO-SI-VERB. 58-0215

INDOLE
CYCLOADDIT. 58-0393
INDOLYL-(1)-ESSIGSAEUREN, DARST. 60-0321
3-CARBOXY-5-HYDROXY-, DARST. 61-0365
N-ACYLINDOLINE, KONFIG. AM N 56-0081
5-HYDROXY-2-PHENYL-INDOLE, DARST. 55-0238
MIT TERT.-AMINRESTEN IM BENZOLRING, DARST. 55-0239
MECHANISMUS D. FISCHER-SYNTH. 57-0256
4-NITRO-7-(N.N-ALKYLENAMINO)-INDOLE 58-0303
N-HYDROXY-, DARST., TAUTOMERIE 58-0322
OXINDOLE, DARST. 59-0314
HALOGEN-METHYL-, DARST. 59-0318
O- U. C-ALKYLIERTE INDOXYLE DARST. 59-0319
DIOX-, DARST. AUS HYDROXYKETONEN U. ISATIN 60-0322
AMINO-, SYNTH. 60-0327
1-BENZYL-DIOXINDOLE, DARST. 54-0299
INDOLYLMETHYLHYDRAZIDE, DARST. 56-0341
2-OXO-INDOLIN-3-CARBONSAEURE-ESTER SYNTH. 57-0275
PHOSPHORESZENZ U. ESR 55-0025
ORD U. ZIRKULARDICHROISMUS 61-0033
PK- U. SIGMA-WERTE 59-0103
ELEKTROPHILE SUBSTITUT. (THEORIE) 57-0104
SPEZIF. DEUTERIER. 61-0372
7-HYDROXY-, OZONISAT. 55-0233
2-AETHOXY- U. 2-AETHYLMERCAPTO-, AUTOX. 61-0363
INDOLINE, RED. MIT NA IN FL. NH3 57-0271
NITROVINYLIER. 58-0320
N-MG-VERB., OX. 58-0321
ISATINE, RK. 55-0293
INOSITE
AETHER, SELEKTIVE ACETOLYSE 58-0254
AROMATISIER. 59-0242
C- U. O-METHYL-, KOMPLEXBLDG. MIT MO U. W 58-0005
C-HYDROXYMETHYL-, KOMPLEXBLDG. MIT MO U. W 58-0005
INSEKTEN
FARBSTOFFE D. APHIDIDAE 57-0372
FARBSTOFFE D. APHIDIDAE 57-0373
ABWEHRSTOFF D. WASSERKAEFERS 58-0538
INSEKTENGIFTE
* BIENENGIFT S. DORT
INSEKTIZIDE
* S. UNTER SCHAEDLINGSBEKAEMPFUNG
INSULIN
* S. UNTER HORMONE
IONEN
* CARBANIONEN U. -KATIONEN S. DORT
UMLAGER. V. ORGAN. ANIONEN 58-0140
GAS-, STRUKTURDETAILS 61-0063
IONISAT.-POTENTIAL V. CH2O 58-0141
IONISAT.-POTENTIAL V. DEHYDROBENZOL 60-0065
IONISAT.-POTENTIALE V. FLUORBENZOLEN 59-0078
PHOTOIONISAT. V. ALKANEN 53-0023
PHOTOIONISAT. V. BZL., PY. U. HEXAFLUORBENZOL 61-0095
IONENAUSTAUSCH (U. IONENAUSTAUSCHER)
AMPHOTERE AUSTAUSCHERHARZE, DARST., EIG. 58-0007
WOFATIT SBW, ANALYT. VERW. 58-0545
TRENN. V. HYPONITRIT U. N-BASEN AN WOFATIT KPS 57-0440
BEI D. BEST. V. CARBONYLVERB. 59-0515
IRIDIUMVERBINDUNGEN
PHOTOIONISAT. V. ALKANEN 53-0023
HIRCL2((CH3)2SO)3, H-UEBERTRAG.-KATALYSATOR 60-0031
AQUO-DIPYRIDIN-IRIDIUM(III)-CHLORID, RK. 60-0033
KOMPLEXE V. IR-CARBONYLCHLORIDEN 53-0008
((CH3)2SO)2IRCL2 (ALPHA-BENZYL-ACETOPHENON), STRUKTUR 60-0006
IR-PORPHYRIN, DARST. 56-0029
IR(CO)CL,RK. MIT HAEMATOPORPHYRINDIAETHYLESTER 56-0029
IR(CO)CL,RK. MIT HAEMATOPORPHYRINDIAETHYLESTER 56-0029
ISOCHINOLINE
POLYFLUORHYDROXYISOCHINOLINE, TAUTOMERIE 53-0161
SPIROISOCHINOLINE, DARST. 55-0294
DARST. AUS PYRYLIUMSALZEN 58-0399
TETRAHYDRO-, SYNTH. 60-0388
6.7-DIMETHOXY-TETRAHYDRO-, DARST. 56-0505
BENZYL-TETRAHYDRO-, ORD U. ZIRKULARDICHROISMUS 61-0033
DIHYDROISOCHINOLINE, UMLAGER. 55-0282
1-BENZYL-6-OXO-OKTAHYDRO-, CYCLISIER. 58-0391
-N-OXIDE, PHOTOLYSE 60-0415
2-HYDROXYALKYL-TETRAHYDRO-, DEHYDRIER. 58-0410
1-BENZYL-ISOCHINOLINE, BIRCH-RED. 53-0163
N-PHENACYL-ISOCHINOLINIUMSALZ, RK. 61-0443
AMINOISOCHINOLINE, RK. MIT CH2O 54-0342
RK. MIT KETONEN 59-0380
ISOCHINOLINIUMSALZE, RK. MIT ALDEHYDEN 61-0428
ISOCYANIDE
* S. ISONITRILE
ISOCYANSAEURE, ESTER
THIOACYLISOCYANATE, RK. 54-0367
DARST. AUS AROMAT. NITROVERB. 55-0159
TETRAZOLYL-MERCAPTOMETHYL-ISOCYANATE, DARST. 55-0265
1-ISOCYANATO-6-ALKOXYCARBONYLAMINO-HEXANE, DARST. 56-0189
N-(ISOCYANATO-HEXYL)-URETHANE, DARST. 59-0193
UMLAGER. ZU CARBODIIMIDEN 57-0216
CYCLOADDIT. AN KETOKETENE 58-0414
RK. MIT 1.3-THIAZINEN 54-0368
AROMAT., RK. 56-0273
RK. MIT CARBONSAEUREN (KINETIK) 54-0112
RK. MIT HYDRAZIDEN (KINETIK) 61-0126
ISOFLAVONE
ISOFLAVONGLYKOSIDE, DARST. 53-0189
HOMO-, VORK. U. KONSTIT. 61-0413
ISOHARNSTOFFE
N-CYAN-O-AETHYL-, DARST. 61-0168
O-ALKYL-N.N'-DICYCLOHEXYL-ISOHARNSTOFFE RK. MIT CARBONSAEUREN 53-0076
ISOINDOLE
ACETYL-, BLDG. AUS 1.4-BENZODIAZEPINONEN 55-0320
1-IMINO-3-OXO-ISOINDOLINE, DARST. 56-0336
PHTHALIMIDINE, DARST. 60-0328
ISOINDOLINONE, SYNTH. 61-0332
ISOMERIE
* STEREO- S. STEREOCHEMIE
ISOMERISIERUNGEN
* S. UMLAGERUNGEN
ISOMORPHIE
K2(MN(JO3)6), MIT ALKALIMETALLHEXAJODATOPLUMBATEN(IV) 56-0019
ISONITRILE
ARYL-ISOCYANIDE, RK. MIT SE 56-0226
ISOPRENOIDE
CYCLISIER. (STEREOCHEMIE) 56-0080
ISOTHIAZOLE
4-ARYL-ISOTHIAZOLE, DARST. 53-0144
ISOTHIOCYANSAEURE
* -ESTER S. UNTER SENFOELE
RK. MIT INDOLIZINEN 55-0278
ISOTHIOHARNSTOFFE
BIS-GUANYL-DISULFIDE, RK. 58-0356
N-AROYL-N'-ARYL-S-ARYLAMINO-, DARST. 61-0213
CYCL., ELEKTROPHILE SUBSTITUT. 61-0327
CYCL., RK. MIT DIKETEN 56-0312
ISOTOPE
H-ISOTOPEN-EFFEKTE 54-0098
H-ISOTOPENEFFEKT BEI NITRIER. 54-0127
KINET. H-D-EFFEKT BEI D. NITRIER. V. KW-STOFFEN 57-0100
ISOTOPENEFFEKTE AUF D. RK. V. STYROLEN 60-0140
ISOTOPENEFFEKTE IN H-AUSTAUSCH-RK. 61-0136
H-ISOTOPENEFFEKTE BEI CYANKETENDIMETHYLACETAL 54-0102
(18)O-AUSTAUSCH V. SULFOXIDEN 56-0132
(18)O-AUSTAUSCH V. SULFOXIDEN 56-0133
ISOTOPEN-METH. ZUR UNTERS. V. RK.-MECHANISMEN 57-0119
ISOXAZOLE
ISOXAZOLONE, BLDG. DURCH CYCLISIER. 61-0384
UMLAGER. 53-0138
5-ARYL-ISOXAZOLE, DARST., UV 56-0138
ARYLAZOISOXAZOLONE, STRUKTUR 57-0031
3-HYDROXY-ALKYL-4.5-DIHYDRO-, DARST. 58-0339
ISOXAZOLIDINE, DARST. 59-0330
N-ACYL-ISOXAZOLONE-(5), DARST. 61-0386
N-ACETYL-CYCLOSERINE, NMR- U. MASSENSPEKTREN 53-0024
3-PHENYL-2-ISOXAZOLINE, NMR 59-0325
3-HYDROXY-ISOXAZOLE, PHOTOUMLAGER. 54-0315
ISOMERISIER. (KINETIK) 56-0139

J

JOD
J-ION, NMR U. STABILITAET 60-0011
J2-ADDIT. AN UNGESAETT. ALKOHOLE 58-0129
J(-), EINFL. AUF CHLORCARBENOID-RK. 56-0157
EINFL. AUF ACETYLIER. 57-0097
ABTRENN. V. JODIDANIONEN 58-0545
JODSAUERSTOFFSAEUREN
HJO3, RK. MIT PB(IV)-ACETAT 56-0019
JODVERBINDUNGEN
PERFLUORACYLOXY-VERB. D. POSITIVEN JODS 58-0009
KOMPLEXE MIT ALKOHOLEN 55-0070
AMYLOSE- U. AMYLOPEKTIN-J2-KOMPLEXE, ORD 58-0034
JCL,RK. MIT CYCLOHEXYLCYANIDEN 54-0062
JODIERUNG
* S. UNTER HALOGENIERUNG
JONONE
PHOTOSENSIBILISIERTE OX. 55-0104

K

KAFFEE
KAFFEEAROMA, INHALTSSTOFFE 55-0414
KAFFEEAROMA, INHALTSSTOFFE 55-0415
KALIUM
POLYMERISAT. V. PENTADIEN MIT K 58-0512
RK. MIT DIBUTYL-GE-DICHLORID 56-0018
KALIUMVERBINDUNGEN
AROMAT. IONENRADIKAL-VERB. 54-0023
RK. V. TRIAETHYL-GERMYL-KALIUM 56-0018
APO-ATRACTYLOSID, DI-K-SALZ , DARST. 61-0474
H-BIND. IN K-HYDROGENCARBOXYLATEN 54-0072
K-NAPHTHOLE, ALKYLIER. 58-0276
KALIUM-TERT.-BUTYLAT , EINFL. AUF D. VERSEIF. 60-0026
RK. V. K-TERT.-BUTOXID 60-0120
K-CYCLOHEXENOLATE, ALKYLIER. 61-0108
K-DIPHENYLPHOSPHID BZW. -ARSIN, RK. 59-0002
CYCL. POLYPENTADIEN-K-VERB., BLDG. 56-0493

DINITROMETHYL-K-VERB., IR 57-0019
K-TRINITROMETHAN, RK. 57-0135
KALIUMCYCLOPENTADIENYLID, OX. 57-0206
K-TRINITROTHIOPHENOLATE, DARST. 61-0196
DARST. V. K-AZAPENTALENID 61-0362
DI-K-CYANAMIDODITHIOCARBONAT, RK. 57-0288
TRI-K-CYANURAT, RK. MIT BR2 56-0408
ISOMERISIER. V. K-PHTHALATEN, RK. MIT (14)CO2 58-0148
KSCN-KOMPLEXE MIT NONACTIN U. MONACTIN, DARST. 60-0015
SACCHARIN-KALIUM, RK. 59-0334
K-SALZE V. ALKANSELENONSAEUREN 60-0179
K-BICYCLO-OCTADIENYL, DARST. 61-0310
K-P-BENZOYL-PHENYL-DIAZOTAT, RK. MIT H(+) 61-0269
K-SALZE D. MEISENHEIMER-KOMPLEXE V. NITROANISOLEN 57-0034
K-PYRUVAT, RK. 57-0336
KOCN, RK. MIT IMINO-DIACETONITRIL 56-0273
KBR, EINFL. AUF D. NBS-OX. V. ISOPROPANOL 61-0102
KCL, PY.-ADSORPT. 58-0094
KCL, RK.MIT P2O3F4 60-0014
K(AUCL4), RK. MIT NAN3 60-0001
K2(PTCL4), RK. MIT NAN3 60-0001
KCN-4 BE(C2H5)2, LEITFAEHIGK.- U. THERM. VERH. 54-0003
K3FE(CN)6, OX. V. DISACCHARIDEN 55-0077
KF-2 BE(C2H5)2, LEITFAEHIGK.- U. THERM. VERH. 54-0003
KF, RK. MIT PERFLUORMORPHOLIN 56-0362
K-HALOGENIDE, AUSTAUSCHRK. MIT NA-AMALGAM 60-0017
KBH4, SPALT. V. ISOCHINOLINIUMVERB. MIT 55-0291
K2(HGJ4), RK. 57-0234
K2MOO4, BLDG. AUS MOLYBDAEN(VI)-SAEURE-DIAETHYLESTER-DIAMMONIAK-ADDUKT 60-0026
K2(NO(SO3)2), RK. MIT 7-HYDROXY-CHINOLINEN 59-0356
KOH, VERSEIF.-WRKG. AUF ALPHA-MONOLAURIN U. FISCHOELE 59-0518
KALIUM-DIPHENYLPHOSPHID, RK. 54-0217
KALIUM-SELENOCYANAT, RK. 58-0233
KSCN,RK. MIT MONOSACCHARIDEN 55-0324
KSCN, KOMPLEXBLDG. MIT NONACTIN U. MONACTIN 60-0015
K3(CR(SCN)6), RK. 56-0020
KALORIMETRIE
ZWILLINGSKALORIMETER, BESCHREIB. 59-0513
KASTANIEN
ROSS-, SAPOGENINE 60-0479
KATALYSE
SYNTH.-RK. MIT KOMPLEXKATALYSATOR 56-0190
METALLCARBONYLE ZUR UMWANDL. V. ISOCYANATEN 57-0216
EDELMETALL-HYDROXID-KATALYSATOREN, DARST. 57-0006
KOMPLEX-KATALYSATOR, RK. 54-0206
BEI ARYLHALOGENID-KUPPL. (CU2O) 58-0266
KERNMAGNETISCHE RESONANZ
* S. UNTER MAGNETISMUS
KERNPHYSIK U. KERNCHEMIE
NEUTRONENSTREUUNG AN HARNSTOFF 54-0052
KERNQUADRUPOLRESONANZ-SPEKTRUM
* S. UNTER SPEKTRUM
KETALE
* S. ACETALE (UND KETALE)
KETENE
KETENDERIV., RK. 54-0136
RK. MIT NH3 61-0175
INTERMEDIAERE BLDG. 59-0342
-CARBONSAEUREDERIV., BLDG. 59-0149
DIMERE, RK. MIT METALLORGAN. VERB. 56-0175
(ALPHA-OXOTETRAMETHYLEN)-KETENE, 1.4-CYCLOADDIT. 58-0414
DIHALOGEN-, RK. MIT CARBODIIMIDEN 59-0298
RK. MIT O-CHINONEN 53-0168
KETENIMINE
* S. IMINE
KETIMINE
* S. UNTER IMINE
KETOLE
* S. UNTER HYDROXYKETONE
KETONE
* S. AUCH AMINOKETONE, CHALKONE, CHINONE, HYDROXY-KETONE, KETONSAEUREN
BICYCLO(3.3.1)NONANONE 53-0117
RK. MIT AMEISENSAEURE 54-0248
TETRACYCLONE, RK. 55-0038
2-ACETYL-CYCLANONE, RK. ZU PYRAZOLEN 55-0243
KETOALDEHYDE, RK. ZU D. ACETALEN 56-0174
CYCLOPROPANONE, ADDIT. V. AMINEN 57-0189
CYCLOPROPANONE, ADDIT. V. SAEUREN 57-0190
PHENYL-ALKINYL-, DARST. 58-0246
ARYL-ALKINYL-, RK. 58-0248
XANTHYRONE, KONSTIT. 58-0378
XANTHYRONE, RK. 58-0379
POLYKETOENOLE U. CHELATE 58-0380
RK. MIT ENOLEN 58-0381
D. BENZODIOXANREIHE, DARST. 59-0372
KETOALDEHYDE RED. MIT LIALH4 60-0193
BICYCLOKETONE, DARST. 56-0320
TERT.-BUTYL-CYCLOHEXANONE, KONFORM. 54-0064
CYCLOPROPYL- U. AZIRIDINYLKETONE, NMR 55-0041
ALPHA.ALPHA'-DIHALOGEN-CYCLOALKANONE, DIPOLMOMENT 57-0063
CYANAETHYL-CYCLOHEXANONE, KONFORM. 57-0071
CYCLOBUTANONE, ZIRKULARDICHROISMUS 56-0031
BETA-DIKETONE, AUS HELICHRYSUM ITALICUM 53-0062
BICYCLO(3.1.1)- U. (3.2.0)HEPTANONE-(6), BLDG. 55-0207
BLDG. 59-0072
BETA-DIKETONE, DARST. 53-0061
CYCLANONE, DARST. 53-0087
ACYLANTHRACENE, DARST. 53-0101
BETA-FURANONE, DARST. 53-0138
1-BENZYL-HYDROISOCHINOLONE-(6), DARST. 53-0163
SYNTH. AUS ALDEHYDEN 53-0220
ALPHA-ACETYLEN-ALPHA'-ALLEN-KETONE, SYNTH. 54-0154
1.5-DIKETONE, DARST. 54-0196
AETHINYLKETONE, SYNTH. 54-0214
ALPHA-DICHLOR-CYCLOOCTANONE, DARST. 54-0226
ALKYL-CYCLOPENTENONE-(3), DARST. 54-0227
INDANDIONE, DARST. 54-0267
FURANOXANTHONE,DARST. 54-0327
DARST. AUS DELTA-KETOSAEUREN 54-0333
ALICYCL. DARST. 55-0111
KETOVERB. AUS TRIMETHYLSILYLESTERN 55-0124
3-ARYL-CYCLOHEXEN-(2)-ONE, DARST. 55-0169
DIALKYL-ACETYLCYCLOPROPENE, DARST. 55-0171
1-ACYLOXY-2-ACYL-CYCLOALKENE, DARST. 55-0176
UNGESAETT. CYCL., DARST. 55-0184
CHINOCYCLOPROPENE, DARST. 55-0193
2-ACETYL-BIPHENYLENE, OX. 55-0202
OMEGA-CYAN-ACETOPHENONE, UV 56-0138
OMEGA-CYAN-ACETOPHENONE, BLDG. 56-0139
BETA-DIKETONE, SYNTH. 56-0175
ALPHA-ACETYLEN-KETONE, SYNTH., UV, IR 56-0215
2-CHLORVINYL-ARYL-KETONE, DARST. 56-0241
ASYMM., DARST. 56-0283
10H-PHENANTHRONE-(9), DARST. 56-0299
ACYLOXIRANE, DARST. 56-0318
1-OXO-2-(3-ARYL-ALLYLIDEN)-TETRALINE, SULFURIER. 56-0345
SULFONYLAZO-, DARST. 56-0348
BENZ(CD)AZULENONE, DARST. 56-0373
ALIPHAT. POLYALKYL-, SYNTH. 57-0138
ALPHA.ALPHA.ALPHA-TRISUBSTITUIERTE ALIPHAT., DARST. 57-0139
ALPHA.ALPHA.ALPHA-TRISUBSTITUIERTE ALIPHAT., DARST. 57-0140
2-ALKYL-1.3-DI-, DARST. 57-0201
2-PHENYL-CYCLOPENTANONE, DARST. 57-0208
CYCLOPENTYL-METHOXYMETHYL-, DARST. 58-0162
BETA-KETO-ALLENE, DARST. 58-0187
CYCLOHEXADIEN-(2.4)-ONE-(6), PHOTOUMLAGER. 58-0259
ALICYCL., DARST. 58-0365
OKTAAETHYL-GEMINIPORPHYRIN-POLYKETONE, DARST. 58-0444
BETA-KETO-ENOLATE, DARST. 59-0025
METHYLAETHINYL-, DARST. 59-0026
PHENYL-ALKENYL-, DARST. 59-0232
BETA-KETOVINYLIER. 59-0268
NAPHTHYL-AROYL-AETHYLENOXIDE, DARST. 59-0275
1-(FURYL-(2))-5-ARYL-PENTADIIN-ONE-(1), DARST. 59-0302
CYCLOHEXADIENONE, DARST. 59-0322
DIKETONE, DARST. 59-0374
PHENOXAZONE, DARST. 59-0501
EPSILON-DI-, ELEKTROCHEM. RED. 60-0167
ALIPHAT., TRISUBSTITUIERTE, DARST. 60-0181
GAMMA-ACETYLEN-, DARST. 60-0182
ALPHA-ALLEN- U. BETA-ACETYLEN-, SYNTH. 60-0183
AETHYLEN-BETA-DI-, SYNTH. 60-0184
METHYL-CYCLANYL-, DARST. 60-0241
CHLORBENZOPHENONE, DARST. 60-0257
1.4-DIARYL-BUTANDIONE-(1.4), DARST. 60-0362
3-THIOCARBAMOYL-, DARST. 60-0473
MONOCYCL., DARST. 61-0251
PROPINONE, DARST. 61-0263
2-(2-ACYL-1-ARYL-AETHYL)-INDANDIONE-(1.3), DARST. 61-0272
ENDIONE, DARST. AUS CHINONEN 61-0279
BICYCLO(3.3.1)NONAN-2.9-DIONE, DARST. 61-0307
ARYLFURYL-, DARST. 61-0350
2-METHYL-3(5)-ALKYL-CYCLOPENTEN-(2)-ONE, DARST. 54-0228
1-METHYL-2-BENZOYL-FLUORENE, DARST., RK. 54-0257
DI-, CYCLISIER. 57-0303
(+)(S)-ALKYL-VINYL-, DARST. 58-0186
2-ALKYL-1.3-DI-, DARST. 58-0188
DARST. 58-0511
ALPHA-UNGESAETT., DARST. 61-0154
PYRAZOLYL-, DARST. 61-0382
FURYL- U. THIENYL-ALKINYL-KETONE,IR 54-0028
PHENOXAZONE-(3), IR-SPEKTREN 58-0040
DEHYDRODIANTHRONE, FARBE 53-0012
DEHYDRODIANTHRONE, PHOTO- U. THERMOCHROMIE 58-0036
CYCLOPENTADIENONE, THERMOCHROMIE 59-0272
UNGESAETT., ELEKTRONENSTRUKTUR 57-0054
PHENYLKETONE, MASSENSPEKTREN 54-0044
CYCLOBUTANONE, FRAGMENTIER. 56-0065
BENZOPHENONE, MASSENSPEKTREN 60-0057
2-ACYLTHIOPHENE, MASSENSPEKTREN 61-0057
ALIPHAT. ALPHA.BETA-EPOXY-, MASSENSPEKTREN 61-0056
CYCLOHEXANONE, NMR 56-0057
ESR V. BETA-DIKETON-ANIONEN 58-0058
ACETOPHENONE, ROTAT. 59-0054

ALPHA-OXIMINOKETONE CHEM. VERSCHIEB. U. KONFIG. 58-0055
HALOGENACETYLTETRALINE, KONSTIT. 54-0252
ALPHA-SUBSTITUIERTE, ELEKTROCHEM. RED. 56-0110
ALPHA-SUBSTITUIERTE, ELEKTROCHEM. RED. 56-0112
ALPHA-SUBSTITUIERTE, ELEKTROCHEM. RED. 56-0113
HALOGENTHIOPHEN-METHYL-, POLAROGRAPH. VERH. 59-0109
ACETOPHENONE, ASSOZIAT. UEBER INTERMOL. H-BRUECKEN 57-0081
RK.MIT GEM.-DIALUMINIUMVERB. 57-0192
UNGESAETT., ADDIT. V. NUCLEOPHILEN IONEN 56-0071
CYCLOPROPENONE, RINGOEFFN.-RK. 56-0366
2-PHENYL-CYCLOPENTANONE, RK. 57-0209
2-ARYL-INDANDIONE, RADIKALRK. 58-0101
PHENYL-ALKINYL-KETONE,ADDIT.-RK. 58-0247
ENINKETONE, ADDIT. 59-0176
UNGESAETT. SECHSRING-, RK. 59-0248
ENINKETONE, ADDIT. 59-0332
ALPHA-CYCLOPROPYL-, RK.-FAEHIGK. 60-0254
ALPHA-DIAZOKETONE RK. MIT BASEN 53-0180
ISOMERISIER. MIT S U. AMINEN 54-0195
BETA-ARYL-DIAZOKETONE, CYCLISIER. 54-0242
BETA-ACETYLEN-, UMLAGER. 55-0073
BETA,GAMMA-UNGESAETT. CYCL., PHOTOCHEM. UMLAGER. 56-0158
H-D-AUSTAUSCH 56-0159
UNGESAETT., THERMOCYCLISIER. 56-0256
UNGESAETT. KETONE, THERMOCYCLISIER. 56-0258
ALKENYL-CYCLOHEXANONE, THERM. ZERS. 56-0259
FLUORENYLKETONE, UMLAGER. 56-0299
NORBORNYL-, MASSENSPEKTREN 57-0045
CYCLOHEXEN-(2)-ONE-(1), DIMERISIER. 58-0126
ARYL-ALKYL-KETONE, WILLGERODT-KINDLER-RK. 58-0411
PHENYLBUTANONE, WILLGERODT-KINDLER-RK. 58-0412
ALPHA-TRI-, UMLAGER. 60-0145
DICHLORMETHYL-, FAVORSKII-UMLAGER. 60-0190
ISOMERISIER. 61-0247
MESITYL-, PHOTOISOMERISIER. 61-0299
BICYCLO(3.2.0)HEPTADIENONE, UMLAGER. 61-0319
DICYCLOPENTADIENONE UMLAGER. 61-0321
ARYLBICYCLO(2.2.1)HEPTENONE, UMLAGER. 61-0322
ARYLBICYCLO(2.2.1)HEPTENONE, UMLAGER. 61-0323
BETA-KETOSULFONE, PHOTOLYSE 53-0060
CYCLOBUTANONE, PHOTOLYSE 54-0128
CYCL. ALPHA.BETA-UNGESAETT., FRAGMENTIER. 55-0211
ALPHA-DIAZO-BETA-KETOSULFONE, PHOTOLYSE 56-0216
UNGESAETT. KETONE, THERMOCYCLISIER. 56-0257
PHOTOLYSE (LSGM.-EINFL.) 57-0125
ALPHA-DIAZO-, CYCLOPROPANIER. 58-0258
CYCLOHEXADIENONE, PHOTOLYSE 59-0247
3.5-DI-TERT.-BUTYL-PHENYL-, RK. 61-0204
RK. MIT OX.-MITTELN 57-0408
METHYLEN-BIS-CYCLOHEXANDIONE, OX. 58-0270
P-X-BENZOPHENONE, BAEYER-VILLIGER-RK. 60-0111
AROMAT. 1.2-DI-, OX. 61-0099
BENZOPHENONE, PHOTORED. 53-0013
CYCLOHEXANONE, RED. MIT DIBORAN 53-0044
3.4-DIALKYL-DELTA(2)-CYCLOHEXENONE, RED. 55-0078
OXETANONE U. TETRAHYDROFURANONE, RED. 55-0215
ALPHA-SUBSTITUIERTE, ELEKTROCHEM. RED. 56-0111
ASYMM. RED. 56-0278
ARYL-ALKYL-, HYDRIER. 57-0006
PROPIOPHENONE, RED. (STEREOCHEMIE) 57-0091
1.2-DI-, RED. MIT H2S 57-0142
ACETYLPYRIDINE, ELEKTROLYT. RED. 57-0316
BENZILE, RED. MIT H2S 58-0112
CYCLOPROPYL-, RED. MIT B2H6 58-0268
RED. (STEREOCHEMIE) 59-0166
CYCLOALKANONE, HYDRIER. 59-0241
HYDROGENOLYSE V. AZABICYCL. KETONEN 59-0361
ALPHA.BETA-UNGESAETT., RED. 60-0031
CYCLANONE, STER. EFFEKT AUF D. RED. 60-0117
POLAROGRAPH. RED. 61-0096
1.4-DI-, CLEMMENSEN-RED. 61-0144
ASYMM. RED. 54-0137
ALPHA-DIAZOKETONE, RK. MIT HGO 53-0002
ALIPHAT. KETONE, RK. MIT H2S 53-0073
2-ACETYLCYCLANONE, RK. MIT HYDRAZINEN 55-0244
ALPHA-CHLOR-KETONE, SOLVOLYSE 56-0217
RK. MIT S U. NH3 56-0349
ASYMM., BROMIER. 58-0118
1-ACETYL-AZULENE,PROTONIER. 58-0130
1.3-DIKETONE, CARBONIUMION-BLDG. 60-0112
BETA.DELTA-TRI-, RK. MIT P4S10 60-0299
ARYL-DIBROMMETHYL-, RK. MIT N2H4 61-0390
CYCLOALKANONE, RK. MIT UNGESAETT. VERB. 56-0254
1-PHENYLBUTANONE, WILLGERODT-RK. 59-0164
VINYL-METHYL-, RK. 59-0380
RK. MIT ALKYLHALOGENIDEN 57-0147
BETA-DI-, RK. MIT BENZYLBROMID 60-0118
ALPHA-SUBSTITUIERTE, RK. MIT PHENYLHYDRAZIN 54-0449
ALPHA,BETA-UNGESAETT., SPALT.-RK. MIT BENZOLDIAZONIUMCHLORID 56-0234
ALPHA-BROMKETONE, RK. MIT DIAMINEN 56-0235
DIKETONE U. KETOALDEHYDE, RK. 58-0421
FLUORENONE, RINGERWEITER.-RK. 59-0282
CYCL. 1.3-DIKETONE, RK. MIT CYCLENOLEN 55-0385
RK. MIT PROPARGYLAETHERN 58-0177
ARYLMETHYLKETONE, RK. MIT DMSO 58-0328
RK. MIT THIAZOLIN-THION 59-0337
RK. MIT DITHIOL-THIONEN 60-0300
RK. MIT BIS-(O-AMINO-PHENYL)-DISULFID 61-0451
RK. MIT ALKYLAMINOARSINEN 56-0381
RK. MIT TRIAETHYLSILAN 58-0215
RK. MIT ORGANOZINNVERB. 54-0009
ALPHA-AETHYLEN-KETONE, GRIGNARD-RK. 54-0148
RK. MIT ORGANO-ZN-VERB. 55-0005
RK. MIT ORGANO-SN-VERB. 58-0020
ALPHA-HALOGEN-, RK. 58-0308
RK. MIT MN- U. CR-CARBONYLEN 59-0027
BETA-CHLORALKYL-KETONE, RK. 59-0297
UNGESAETT., RK. MIT TRIARYLSTANNANEN 60-0024
RK. MIT ALKYL-MG-BROMIDEN 60-0176
TETRALONE, RK. 53-0097
VINYLPHENYLKETONE,RK. 54-0356
2-BROM-CYCLOHEXAN-1.3-DIONE, RK. 58-0414
DIKETONE, RK. MIT NAPHTHOCHINONEN 54-0256
ALPHA-HALOGENKETONE, RK. 54-0290
DIKETONE, RK. MIT DIBENZYLKETON 55-0178
ACETYLENKETONE, AMINOMETHYLIER. 56-0242
ALPHA,BETA- UNGESAETT., KONDENS.-RK. 56-0264
2-ALKYL-CYCLOHEXANONE, MANNICH-RK. 56-0274
RK. MIT NH3 U. MERCAPTOBUTYRALDEHYD 57-0344
ION. HYDRIER. 58-0109
RK. MIT KETEN 59-0300
ALKYL-ARYL-, ALDOLRK. MIT HCHO 60-0160
RK. MIT AETHYL-METHYL-KETON 60-0255
ALPHA-AETHYLEN-, ADDIT. AN KETONE 61-0262
BETA-CHLOR-VINYL-, RK. MIT BETA-DICARBONYLVERB. 61-0271
ENONE, RK. MIT SULFOXONIUMVERB. 57-0210
2-AROYL-AZIRIDINE, RK. 58-0340
METHYL-, RK. 59-0366
RK. MIT DIMETHYL-SULFOXONIUMMETHYLID 60-0242
ENONE, ADDIT. V. METHYLENGRUPPEN 57-0199
CYCLOADDIT. AN BENZONITRIL-OXID 53-0148
KONDENS. MIT ACRYLONITRIL 57-0151
BETA-DIAETHYLPHOSPHONO-KETONE, ESTERKONDENS. 55-0139
UNGESAETT., RK. MIT AMIDRAZONEN 55-0247
TROPONE, RK. MIT AZODICARBONSAEUREDIAETHYLESTER 60-0416
ALPHA-KETO-SULFIDE, RK. 59-0215
FLUORENONE, RK. MIT P-VERB. 56-0293
ARYLINDANDIONE, VERW. IN D. ANALYSE 58-0102

KETONSAEUREN
THEORIE D. ALPHA-KETOSAEUREN 54-0060
ETA-AROYL-PROPIONSAEUREN, DARST. 55-0156
PHENYLGLYOXYLSAEUREN, STEREOCHEMIE 54-0060
3-AROYL-PROPIONSAEUREN, BLDG. 54-0365
BETA-KETO- U. DIACYLESSIGSAEUREESTER, DARST. 55-0124
-ESTER, SYNTH. 56-0188
4-ARYL-4-OXO-BUTTERSAEUREN, DARST. 59-0303
GAMMA-, DARST. AUS TRIPHENYL-(ACYL-METHYLEN)-PHOSPHORANEN 61-0227
OXOCYCLOHEXENCARBONSAEUREESTER, DARST. 61-0250
ALPHA-ACETYL-ACRYLSAEUREESTER, RK. MIT CH2N2 55-0248
OCTALINOYLCARBONSAEUREESTER, DARST. 61-0251
KETO-OCTADECANSAEUREN, IR 56-0039
ACETESSIGESTER, MASSENSPEKTREN 56-0064
ESTER, MASSENSPEKTREN 59-0068
VINYL-(ALKOXYCARBONYL-ALKYL)-, RK. 58-0201
OXOCYCLOPENTANCARBONSAEUREDERIV. FUER STEROIDSYNTH. 61-0537
BETA-, DECARBOXYLIER. 59-0148
-AMIDE, THERMOLYSE ZU KETONEN 60-0248
HETEROCYCL. BETA-KETODICARBONSAEUREESTER, RED. 55-0267
ALPHA-OXOCARBONSAEUREESTER, RK. MIT H2S 57-0142
ACYLESSIGSAEUREESTER, ADDIT.-RK. 61-0272
DELTA-KETOSAEUREESTER,DARST. 54-0333
BETA-KETOSAEUREESTER, RK. 55-0241
RK. MIT ALDEHYDEN 54-0196
BETA-OXO-CARBONSAEUREESTER, RK. MIT H2S 53-0073

KETYLE
* S. UNTER RADIKALE

KINETIK
* S. UNTER REAKTIONSGESCHWINDIGKEIT
* - V. SPEZIELLEN REAKTIONEN
* S. UNTER D. BETREFFENDEN STICHWOERTERN

KOBALT
CO ALS DEUTERIER.-KATALYSATOR 58-0384
RK. V. CO(+) MIT N2O BZW. H2O2 56-0007

KOBALTVERBINDUNGEN
CO-CARBONYL-NO-KOMPLEXE 58-0173
PHENYLMERCAPTO-CO-CARBONYLE 58-0026
DIKOBALTOCTACARBONYL , RK. 58-0026
KOHLENHYDRAT-KOBALTDERIV. 55-0014
CF3C(CO3(CO)9), (CO)4COCF2CF2CO(CO)4, CF3CFCO2(CO)7, DARST. 60-0029
CO(III)-AETIOPORPHYRINE I 58-0440
PY.-CO(III)CL-PORPHYRIN, BLDG.-KONST. 59-0015
(CO(PYRAZIN))SO4, KRIST.-STRUKTUR 61-0011
CO-(4-ACYL-1.2.3-TRIAZOLYL)-VERB. 56-0027
(+)(589)-TRANS-(CO(TRIEN)CL2)CL, ABS. KONFIG. 59-0004
(H2CO(P(C6H5)3)3), (N2CO(P(C6H5)3)3), DARST. 59-0035
CO-SULFOXID-KOMPLEXE, IR 61-0003
DIMESITYLENYL-CO, KATALYSATOR 56-0203
PYRIDINIOMETHYLPENTACYANOCOBALTATE(III) 57-0012
ORGANO-CO(III)-KOMPLEXE, PHOTOCHEMIE 58-0027

ACYL- U. ALKOXYCARBONYLKOBALT(III)-CHELATE 58-0028
CO(EN)2SO3NCS, KRIST.-STRUKTUR 59-0012
SALCOMIN, KATALYSATOR 58-0227
CO(III)-ACIDO-AQUO-TETRAMMIN-PERCHLORAT-KOMPLEXE 54-0059
SARKOSINATO-(EN)2-CO(III)-KOMPLEX 58-0002
CO(II)-ACETAT, RK. 58-0029
CO-AETHYLENDIAMINDIACETAT-((-)-PN) ,TRANS-ISOMERE 61-0027
CIS-(COCL(H2NCH2C(O)OC2H5)CL2)-KOMPLEXE, HYDROLYSE 61-0013
(CO(H-SALICYLATO)(EN)2)-KATION, ZERS. 61-0028
DIALKYLDITHIOPHOSPHINATO-KOMPLEXE 55-0015
BIS-(DI-TERT.-BUTYLSTICKSTOFFOXID)-KOBALT(II)-HALOGENIDE 54-0013
CO(III)-KOMPLEXE V. VITAMIN B12-DERIV. 59-0034
KOMPLEXE MIT SPIROPYRANEN 57-0014
(CO(NH3)5CO3)NO3, RK. 53-0007
COBR2,RK. MIT MESITYLENYL-MGBR 56-0203
COBR2, RK. MIT DI-TERT.-BUTYLSTICKSTOFFOXID 54-0013
COCL2, RK. MIT DI-TERT.-BUTYLSTICKSTOFFOXID 54-0013
CO(BF4)2, RK. MIT CYCL. SULFOXIDEN 61-0003
COJ2, RK. MIT DI-TERT.-BUTYLSTICKSTOFFOXID 54-0013
KOBALT-MOLYBDAT ZUR DEHYDRIER. V. BUTAN 54-0143
CO(CLO4)2, RK. MIT CYCL. SULFOXIDEN 61-0003
COSO4-7 H2O, IR, RK. MIT PYRAZIN 61-0011
COSO4, EINFL. AUF D. OX. V. SORBINSAEURE 57-0095
KOHLENHYDRATE
* S. AUCH GLYKOSIDE
ALLYLAETHER ALS SCHUTZGRUPPE IN D. KOHLENHYDRATCHEMIE 57-0356
THIOSEPTANOSEN, DARST. 59-0417
GASCHROMATOGRAPHIE V. POLYSACCHARIDEN 53-0252
ANHYDROZUCKER, SYNTH. 58-0427
POLYSACCHARIDE AUS SOJABOHNEN 58-0515
POLYSACCHARIDE AUS SOJABOHNEN 58-0516
AUS SOJABOHNEN 58-0517
CA-POLYSACCHARID AUS GINSENG 58-0543
ZUCKER,DARST. 58-0428
SELENO-, DARST. 59-0411
VERZWEIGT-KETT. ZUCKER, SYNTH. 59-0416
POLYSACCHARID AUS OXOCELLULOSE, DARST. 55-0434
NMR-UNTERS. 54-0058
GLUCOPYRANOSEN, NMR (FERNKOPPL. IN D. 1-C-KONFORM.) 61-0079
POLYSACCHARIDE, GASCHOMATOGRAPHIE 55-0322
PENTOSEN, UMLAGER. 60-0420
ZERS. DURCH FENTONS REAGENZ 58-0147
OX. MIT AG(II)-KOMPLEXEN 54-0089
DISACCHARIDE, OX. MIT K3FE(CN)6 55-0077
HEXOFURANOSEN, OX. 55-0337
MONOSACCHARIDE, RK. MIT HSCN 55-0324
POLYSACCHARIDE, DEPOLYMERISIER. 58-0513
RK. MIT OXONIUMSALZEN 56-0415
HEXOSEN, RK. MIT AMINOSAEUREN 58-0429
GLYKOFURANOSYLCHLORIDE, DARST. 59-0410
KOHLENHYDRATE (DERIVATE)
ONSAEURELACTONE-(1-4), BLDG. 58-0425
ZUCKERESTER, DARST. 53-0065
N-HALT., DARST. 54-0286
MONOSACCHARIDE MIT N-HALT. RING 54-0378
STICKSTOFFHALT. MONOSACCHARIDE, DARST. 55-0323
AMINOZUCKER, KONFIG. 59-0421
ZUCKER-ORTHOESTER, RK., DARST. 54-0379
DARST. V. KOBALTDERIV. 55-0014
3-DESOXY-RIBOFURANOSE-DERIV., DARST. 55-0325
3-HALOGEN-3-DESOXY-D-HEXOSEN SYNTH. 55-0326
INOSIT-MONOPHOSPHATE, SYNTH. 55-0327
V. 1.2.3-TRIAZOLEN, DARST. 56-0417
1-MERCAPTO-RIBOSIDE, DARST. 57-0355
GALAKTOSE-SULFATE, DARST. 58-0508
TETRAAMINO-, SYNTH. 60-0422
NITRO- U. AMINODERIV., DARST. 60-0424
THIOANALOGE MIT S IM RING, DARST. 59-0406
ZUCKERALKOHOLNITRATE, ZIRKULARDICHROISMUS 57-0013
MANNITE, POLAROGRAPHIE 60-0108
KOHLENHYDRAT-EPOXIDE, HYDROFORMYLIER. 54-0382
ACYCL. DERIV., 1.4-METHOXYGRUPPEN-WANDER. 59-0419
ACYCL. DERIV., SUBSTITUT.-RK. 59-0420
GEMISCHTE 1.1-BIS-N-ACETALE, UMLAGER. 55-0328
-SULFONSAEUREESTER, SOLVOLYT. UMLAGER. 55-0329
1.6-ANHYDRO-BETA-D-HEXOPYRANOSEN, SELEKTIVE OX. 60-0423
4.6-BENZYLIDEN-HEXOSIDE, SOLVOLYSEGESCHW. 55-0081
AMINOZUCKER, RK. MIT HNO2 56-0414
ALDONSAEURE-GAMMA-LACTONE, RK. 54-0203
LIALH4-KOMPLEXE ZUR RED. V. KETONEN 56-0278
GLUCOSAMIN-DERIV., MASSENSPEKTROSKOP. NACHW. 57-0443
KOHLENSAEUREN
ACYLIMINO-KOHLENSAEUREESTER, DARST. 57-0174
DIARYLESTER, GAMMA-RADIOLYSE, RADIKALBLDG. 59-0065
THIOCARBONATE, OX. 58-0327
BENZYL-ARYL-CARBONATE, RK. 57-0160
ORTHOTHIOKOHLENSAEUREESTER, RK. 59-0192
-DERIV., CARBODIIMIDE, DARST. 57-0216
KOHLENWASSERSTOFFE
HOCHACIDE, PK-WERTE 61-0094
ZUORDN. V. -- AUS TERPENOIDEN 53-0208
AUS APFEL- U. BIRNENWACHSEN 56-0499
DARST. V. PER-D-VERB. 59-0167
RELATIVE AUTOX.-GESCHW. 60-0113
KOHLENWASSERSTOFFE (PARAFFINE)
* ALKYLSUBSTITUIERTE ALICYCLEN BZW. AROMATEN S. UNTER KOHLENWASSERSTOFFE (ALICYCLISCHE) BZW.
* KOHLENWASSERSTOFFE (AROMATISCHE), HALOGENIERTE - S. UNTER KOHLENWASSERSTOFFE (HALOGENIERTE)
PARAFFINE, RK. ZU CARBONSAEUREN 59-0185
KONFORM. V. ALKANEN 61-0074
ALKANE, KONFORM. 61-0075
N-ALKANE, KONFORM. 56-0030
PARAFFINE, ZUS. IN WACHSEN 56-0499
DARST. V. NEOPARAFFINEN 59-0169
1.2-DIARYL-AETHANE, DARST. 59-0260
ESR V. PHOTOIONISIERTEN ALKANEN 53-0023
ALKANE, MISCH.-WAERMEN 58-0091
N-ALKANE AROMATISIER. 54-0133
NITRIER. V. PARAFFINEN 54-0095
VERZWEIGTE KW-STOFFE, CHLOROLYSE 54-0145
ALKANE, CHLORIER. (TEMP.-EINFL.) 58-0167
ALKANE, SUBSTITUT. AM C-ATOM 61-0120
KOHLENWASSERSTOFFE (OLEFINE)
* S. AUCH AETHYLENVERBINDUNGEN
* ALKENYLSUBSTITUIERTE ALICYCLEN BZW. AROMATEN S. UNTER KOHLENWASSERSTOFFE (ALICYCLISCHE) BZW.
* KOHLENWASSERSTOFFE (AROMATISCHE), HALOGENIERTE - S. UNTER KOHLENWASSERSTOFFE (HALOGENIERTE)
DARST. D. LI-VERB. 53-0001
NMR 53-0014
KONJUGIERTE DIENE, POLYMERISAT. 54-0474
ALPHA-OLEFINE, RK. MIT SN-RADIKALEN 58-0106
OLEFINE, CHLORIER. IN ALLYLSTELL. 58-0170
OLEFINE, ZUS. IN WACHSEN 56-0499
T-OLEFINE, DARST. 55-0115
VINYLACETYLENE, DARST. 55-0116
DARST. AUS KETONEN BZW. ALDEHYDEN 57-0192
OLEFINE, ROTAT. UM C-C-DOPPELBIND. 61-0080
N-UNDECENE, ADDIT. V. DIBUTYL-ALH 55-0090
OLEFINE, PHOTO-RK. 56-0363
OLEFINE,KATALYT. UMWANDL. 58-0151
OLEFINE, ADDIT. V. ISOELEKTRON. MOL. 58-0298
OLEFINE, RK. ZU HALOGENHYDRINEN 60-0251
OLEFINE, METATHESE 61-0132
ENDSTAEND. OLEFINE, ISOMERISIER. 61-0140
ISOMERISIER. V. DIARYLDODECENEN 54-0237
OLEFINE, HYDRODIMERISIER. 59-0155
OLEFINE,KATALYT. METATHESE-RK. 61-0132
ALPHA-OLEFINE, OXYDATIVE POLYMERISAT. 61-0258
OX. MIT AG(II)-KOMPLEXEN 54-0089
N-ALKENE AROMATISIER. 54-0133
OLEFINE, EPOXYDIER. MIT PEROXYSAEUREN 58-0125
POLYOLEFINE, SELEKTIVE OX. 60-0115
1-OLEFINE, HYDRIER. (RU-KOMPLEX) 58-0108
RK. MIT HALOGEN U. H2O2 53-0057
N-OLEFINE, SULFATIER. 54-0144
RK. V. OLEFINEN MIT P U. LUFT-O2 54-0175
DIENE, CARBONYLIER. 54-0227
OLEFINE, RK. MIT DIHALOGENGALLANEN 56-0016
OLEFINE, RK. MIT NO2CL 60-0234
OLEFINE, HYDROBORIER. 61-0135
RK. MIT AROMAT. VERB. 59-0209
RK. MIT AZULEN 60-0276
DIEN-, ALS ALKYLIERUNGSMITTEL 58-0245
DIEN-KW-STOFFE, RK. MIT AROMAT. VERB. 59-0208
ALKENE, PHOTOCHEM. ADDIT. V. THIOPHENOL 56-0211
OLEFINE,RK. MIT ALPHA-DIAZOSULFONEN 56-0253
RK. MIT CHLORMETHYL-METHYLSULFID 58-0328
UNGESAETT., RK. MIT ALKALIPHOSPHIDEN 54-0217
KONJUGIERTE DIENE, RK. MIT STANNANEN 55-0012
OLEFINE, ADDIT. AN P-BENZOCHINON 55-0105
1.3-DIEN-, RK. MIT DIAZOACETOPHENON 58-0269
1.3-ALKANDIENE, DIELS-ALDER-RK. 58-0365
OLEFINE, PHOTORK. MIT THIOBENZOPHENON 58-0401
ALLENE, RK. MIT CARBONYLVERB. 59-0296
ALKENE, RK. MIT NITRILEN 58-0334
CARBENADDIT. AN OLEFINE 53-0049
SUBSTITUIERTE BUTADIENE, RK. 53-0116
RK. MIT ACETYLCYANID 53-0122
OLEFINE, RK. MIT BENZOYLOXYMETHYLZINK-DERIV. 57-0242
UNGESAETT., VILSMEIER-FORMYLIER. 58-0452
OLEFINE, CARBOXYMETHYLIER. 59-0179
OLEFINE, RK. 60-0304
OLEFINE, RK. MIT DIAZOFETTSAEUREESTERN 61-0342
KOHLENWASSERSTOFFE (ACETYLENE)
* S. AUCH ACETYLENVERBINDUNGEN
* ALKINYLSUBSTITUIERTE AROMATEN S. UNTER KOHLENWASSERSTOFFE (AROMATISCHE), HALOGENIERTE- S. UNTER KOHLENWASSERSTOFFE (HALOGENIERTE)
ACETYLENE, BIOSYNTH. 58-0536
ACETYLENE, BIOSYNTH. 58-0537
ACETYLENE, MASSENSPEKTREN 56-0061
CYCLOTRIMERISAT. 56-0148
KONJUGIERTE DIACETYLENE, PHOTORED. 55-0116
PROPIN-KW-STOFFE. CHLORIER. 53-0082
DIACETYLEN-, HALOGENWASSERSTOFF-ADDIT. 61-0113
ACETYLENE, RK. MIT DEHYDROBENZOL 58-0288
ALKINE, DARST., RK. 54-0002
RK. MIT ALKALIPHOSPHIDEN 54-0217
ALKINE, RK. MIT ANTHRACHINON 57-0225
ALKINE, PHOTOADDIT. 57-0240
ALKINE, RK. MIT NITRILEN 58-0334

ENIN-, ADDIT. V. ORGAN. SAEUREN 60-0186
KOHLENWASSERSTOFFE (ALICYCLISCHE)
* HALOGENIERTE - S. UNTER KOHLENWASSERSTOFFE (HALOGENIERTE)
CYCLOALKANE, KONFORM. 58-0079
CYCLOALKANE, KONFORM., SPANN.-ENERGIE 54-0065
CYCLOALKENE, BLDG. AUS D. BROMIDEN 54-0106
CYCLOALKENE, BLDG.-GESCHW. 60-0120
METHYLCYCLOPENTADIENE, DARST. 55-0165
VERBRUECKTE POLYCYCL., MASSENSPEKTREN 61-0059
CYCLODODECATRIENE, ISOMERISIER. 58-0251
GEKREUZT-KONJUGIERTE METHYLENCYCLOHEXADIENE, UMLAGER. 59-0475
TETRACYCL. OLEFINE, DIMERISIER. 61-0306
BENZYL-NAPHTHEN-KW-STOFFE, AUTOX. 54-0239
ALICYCL., RK. MIT MG ZU KOMPLEX-VERB. 54-0004
ALICYCL., CARBONYLIER. 55-0111
BICYCL., PHOTOOXIMIER. 58-0292
RK. MIT HALOGENEN 59-0085
CYCL. ALLENE, HYDRATISIER. 53-0087
KOHLENWASSERSTOFFE (AROMATISCHE)
* HALOGENIERTE - S. UNTER KOHLENWASSERSTOFFE (HALOGENIERTE)
1.1-DIPHENYL-ALKANE, IR 55-0033
TETRAMETHYL-ANTHRACENE, DARST. 60-0272
TETRACENE, DARST. 61-0295
AROMATEN, VORK. IM SMOKE 59-0517
AROMAT., BLDG. AUS C2H2 54-0119
CYCLOPOLY-M-PHENYLENE, DARST. 53-0089
BENZOLOGE D. PHENALENS, DARST. 54-0270
POLY-M-PHENYLENE, DARST. 55-0179
AROMAT., FLUORESZENZ U. PHOSPHORESZENZ 57-0016
BIND.-ABSTAENDE 53-0028
QUANTENCHEM. BERECHN. V. AROMATEN 54-0020
AROMATEN, ELEKTRONENSTRUKTUR 58-0078
AROMAT., PI-SYST.-EIG. 59-0055
POLYCYCL. AROMAT., ENERGIECHARAKTERISTIK 60-0035
DIPHENYLALKANE, MASSENSPEKTREN 59-0069
NMR D. METHYLDERIV. V. AROMAT. KW-STOFFEN 54-0038
ALKYLBENZOLE, CHEM. VERSCHIEB. 55-0035
AROMAT., NMR 59-0062
AROMAT., STATIST. U. DYNAM. INDICES 58-0073
AROMAT., RETENT.-INDICES 58-0092
CARCINOGENE KW-STOFFE, RK. 61-0294
ALKINYL-BENZOLE, CYCLISIER. 53-0110
ALKINYLBENZOLE, TRIMERISIER. 53-0111
1-(BETA-NAPHTHYL)-2-ARYL-AETHYLENE, MO-BERECHN. 54-0129
POLYCYCL. AROMAT., UMLAGER. 56-0342
DIBENZO(A.E)FLUORANTHENE, DARST. 59-0283
AROMAT., RADIKAL. OX. (KINETIK) 57-0092
AROMAT., ETARD-OX. MIT CRO2CL2 57-0093
AROMAT. ANOD. OX. 59-0107
AROMAT., NITRIERGESCHW. 58-0116
AROMATEN, KOMPLEXE MIT ALCL3 59-0003
AROMAT., RK. MIT TETRAFLUOR-DEHYDROBENZOL 54-0279
AROMAT., RK. MIT CHLORBUTADIENEN 58-0244
PHENYLACETYLENE, RK. MIT MERCAPTANEN 60-0139
AROMAT., AZOKUPPL. 60-0335
AROMAT., RK. MIT DICYANACETYLEN 61-0317
METHYL-FLUORENE, ACYLIER. 54-0257
KOHLENWASSERSTOFFE (HALOGENIERTE)
POLYFLUORARENE, DARST., RK. 53-0094
GEM.-DIHALOGEN-CYCLOPROPANE, RK. 55-0165
HALOGEN-ACENAPHTHYLENE, DARST. 54-0259
POLYHALOGENMETHANE, DARST. 54-0482
FLUORCHLORAETHANE, DARST. 59-0168
FLUORCHLORALKANE, RK. MIT TRIAETHYLPHOSPHIT 59-0170
DIHALOGEN-CYCLOPROPANE, DARST. 59-0236
HALOGENACENAPHTHYLENE, DARST. 59-0279
ALKYLCHLORCYCLOPENTADIENE, DARST. 61-0237
7-HALOGEN-NORCARANE, SYNTH. 55-0213
IR-INTENSITAET D. C-CL-BANDE 54-0026
HALOGENCYCLOALKANE, KONFORM. 59-0086
POLYCHLORALKANE, MASSENSPEKTREN 59-0070
DICHLORCYCLOOCTANE, DIPOLMOMENT 59-0085
ALPHA.ALPHA.OMEGA-TRICHLOROLEFINE, MASSENSPEKTREN 60-0060
FLUORBENZOLE, IONISAT.-POTENTIALE 59-0078
TERT.-BUTYL- U. ADAMANTYLHALOGENIDE, NMR 61-0046
ALKYLHALOGENIDE, ELEKTROLYSE 54-0086
MONO- U. POLYJOD- U. -BROMBENZOLE, GLEICHGEW. 55-0071
HALOGENOLEFINE, ADDIT.-RK. 57-0128
FLUORALKANE, RED. U. HYDROLYSE 60-0171
PERFLUOR-OLEFINE, SUBSTITUT.-RK. 60-0175
HALOGENBENZOLE, RK. IN APROTON. LSGM. 60-0204
CHLORALKINE, CYCLISIER. 53-0110
CHLORALKINE, POLYMERISIER. 53-0112
DIHALOGEN-TRICYCLO-OCTANE, RINGOEFFN. 60-0291
CYCLOALKYLBROMIDE, HBR-ELIMINIER. 54-0106
ALKYLHALOGENIDE, ELIMINIER.-RK. 57-0106
1.2-DIJOD-AROMATEN, PHOTOLYSE 59-0206
HALOGEN-CYCLOPROPANE, ZERS. 57-0191
CHLORALKYLBENZOLE, OX. (STER. HINDER.) 54-0090
CHLORAETHYLENE, OX. 57-0094
CHLORAETHYLENE, OX. (MECHANISMUS) 59-0114
HALOGENAETHYLENE, OX. (MECHANISMUS) 59-0115
ARYLHALOGENIDE, HYDROGENOLYSE ZU D. AROMAT. KW-STOFFEN 57-0006
ALLYLHALOGENIDE, CARBONYLIER. 53-0063
ALKYLJODIDE, RK. MIT CD 54-0006
DIHALOGENCYCLOPROPANE, RK. 55-0184
FLUOROLEFINE, RK. MIT CO2(CO)8 60-0029
ALKYLBROMIDE, SUBSTITUT. U. ELIMINIER. 60-0237
ALLYLHALOGENIDE, RK. MIT AROMATEN 58-0217
CHLORBUTADIENE, RK. MIT AROMAT. KW-STOFFEN 58-0244
ALKENYLCHLORIDE, RK. MIT AROMAT. VERB. 59-0208
1-HALOGENALKENE, RK. MIT DICHLORCARBEN 55-0166
FLUORIERTE OLEFINE, RK. MIT 9-DIAZO-FLUOREN 58-0280
CHLORACETYLENE, RK. MIT HYDRAZINEN 61-0377
RK. MIT AETHYLATIONEN 53-0084
ARYLHALOGENIDE, SUBSTITUT.-RK. 60-0130
POLYFLUORCYCLOOLEFINE, GRIGNARDIER. 53-0085
ALKYLHALOGENIDE, RK. MIT ORGANO-SN-VERB. 57-0147
METHANHALOGENVERB., RK. MIT ALIPHAT. MG-VERB. 58-0169
VIC.-DIBROMIDE, BR-ELIMINIER. 60-0173
HALOGENTETRALINE, ACETYLIER. 54-0252
AETHYLHALOGENIDE, RK. MIT SUBSTITUIERTEM BUTENOLID 54-0290
BENZALCHLORIDE, RK. 54-0174
METHYLHALOGENIDE, VERBRENN.-INHIBITOREN 58-0008
KOLORIMETRIE
ALPHA.GAMMA-ANHYDRO-ACONITSAEURE ZUR KOLORIMETR., BEST. V. TE 57-0442
KOMPLEXVERBINDUNGEN (U. KOMPLEXBILDNER)
SOLVATATIONSDIASTEREOMEREN-KOMPLEXE 58-0048
LAD.-UEBERTRAG.-KOMPLEXE IN LSG. 55-0070
POLYKETOENOLE U. CHELATE 58-0378
POLYKETOENOLE U. CHELATE 58-0379
POLYKETOENOLE U. CHELATE 58-0380
POLYKETOENOLE U. CHELATE 58-0381
BIS-(DI-TERT.-BUTYLSTICKSTOFFOXID)-KOBALT(II)-HALOGENIDE 54-0013
AZIDO-METALLKOMPLEXE, DARST., SPEKTREN 60-0001
METALLCARBONYLKOMPLEXE 53-0008
V. NITROAROMATEN MIT AROMAT. AMINEN 57-0036
ADDIT.-VERB. V. LEWIS-SAEUREN 28. MITT. 54-0027
FERROCEN, KONDENS. MIT SAEUREANHYDRIDEN 55-0013
AROMATENKOMPLEXE V. METALLEN 55-0019
ACYLIER. V. PI-KOMPLEXEN 61-0106
ACYLIER. V. PI-KOMPLEXEN 61-0107
PI-KOMPLEXE ZWISCHEN AROMAT. VERB. U. NITROSYLKATIONEN 57-0079
AQUO-DIPYRIDIN-IRIDIUM(III)-CHLORID, RK. 60-0033
METALL(0)-VERB. MIT NICHTAROMAT. STICKSTOFF-PI-SYST. 54-0152
AZOFARBSTOFF-CR(III)- U. -CO(III)-KOMPLEXEN 58-0029
CU-KOMPLEXE V. 1.2-DIAMINOPROPAN 59-0013
STABILITAET V. CU-DIAMIN-KOMPLEXEN 61-0012
METALL-SPIROPYRAN-KOMPLEXE, PHOTO- U. THERMOCHROMIE 57-0014
KOMPLEXBLDG. V. CYCLITEN MIT MO, W U. B 58-0005
METALLCARBONYLE, KOMPLEXE MIT PHOSPHINEN U. ARSINEN 53-0008
CIS-BICYCLO(6.1.0)NONATRIEN-(2.4.6)-MO-TRICARBONYL, DARST. 53-0006
METHYLMETALLOCENE 54-0012
TRIALKYLMETALL-AETHERATE, RK. MIT N-SILYL-PHOSPHINIMINEN 55-0006
METHYLENIERTE METALLHALOGENIDE 57-0242
CARBOXYMETHYLUEBERGANGSMETALL-, METALL-C(BETA)-WECHSELWRKG. 59-0001
V. METHYLALUMINIUM-VERB. MIT DIGLYME 60-0018
ANLAGER.-VERB. V. HCL AN CARBONYLVERB., BLDG. 54-0080
N-ARYL-METHANTRICARBONSAEUREDIAETHYLESTER-THIOAMID-NI-CHELAT 53-0068
CO(III)-ACIDO-AQUO-TETRAMMIN-PERCHLORATE 54-0059
KOMPLEXON I-CHELATE (STABILITAETSKONST.) 60-0009
KSCN-, NASCN- U. NH4SCN-KOMPLEXE MIT NONACTIN U. MONACTIN 60-0015
DIALKYLDITHIOPHOSPHINATO-KOMPLEXE 55-0015
CHINODIMETHAN- U. ISOINDEN-FE(CO)3-KOMPLEXE, DARST. 58-0025
ALKOHOL-JOD-KOMPLEXE, ENERGIE D. CT-BANDE 55-0070
V. ORGAN. OXOVERB. 59-0022
MESOINOSIT-CHELATE MIT ANORGAN. SAEUREN 60-0100
CYCLOHEXANCARBONSAEURENITRIL-JCL-KOMPLEXE, DARST. 54-0062
ADDIT.-VERB. AUS BH3 U. PHOSPHINEN BZW. PHOSPHITEN 54-0018
AL-, GA- U. IN-KOMPLEXE MIT SILYLPHOSPHINIMIN 55-0008
DARST. V. ALKYLMETALLKOMPLEXEN V. N-SILYL-PHOSPHINIMINEN 55-0006
D. N-SILYL-PHOSPHINIMINE MIT ORGANOMETALLVERB. 55-0007
PI-KOMPLEXE V. HETEROAROMATEN 59-0075
NMR D. BZL.-NITROSAMIN-KOMPLEXES 56-0051
CF3J-TRIMETHYLAMIN-KOMPLEX, BLDG. 56-0068
V. NITROAROMATEN MIT AZID-IONEN, NMR 57-0035
KOMPLEXE V. NITROARENEN 53-0020
V. NITROANISOLEN, NMR U. ELEKTRONENSTRUKTUR 57-0034
NMR V. -- V. ANTHRACENEN 58-0043
V. CHLORANIL U. AROMATEN 56-0097
RED. MIT LIALH4-ZUCKERKOMPLEXEN 56-0278
KOMPLEXBILDENDE AZOFARBSTOFFE, DARST. 55-0204
ORGANOMETALLKOMPLEXE, VERW. ALS KATALYSATOREN 57-0392
KONDENSATIONSREAKTIONEN
KONSTIT. D. REFORMATSKI-KOMPLEXES 54-0163
REFORMATZKI-RK. V. AROMAT. ALDEHYDEN 56-0271

GRIGNARD-RK., EINFL. V. CUCL 58-0131
GRIGNARD-ANALOGE RK. V. C-SN-VERB. 54-0009
V. GESCHUETZTEN AETHINYLVERB. 61-0225
VILSMEIER- V. UNGESAETT. KW-STOFFEN 58-0452
V. AROMAT. KW-STOFFEN MIT CHLORBUTADIENEN 58-0244
V. AZOVERB. MIT PHENOLEN (KINETIK) 55-0097
ISOMERENVERHAELTNISSE BEI D. AZOKUPPL. 56-0292
GUERBET-RK., MECHANISMUS 57-0109
AZOKUPPL., ISOMERENVERHAELTNIS 59-0153
AZOKUPPL., ISOMERENVERHAELTNISSE 59-0154
V. 2.4-DINITROCHLORBENZOL MIT BENZOTRIAZOLEN 59-0338
GRIGNARD-RK. MIT TICL4-KOMPLEX 60-0022
VILSMEIER-RK. V. THIOPHENEN 57-0267
V. 2-BROM-PROPENAL-DIAETHYLACETAL MIT AROMATEN 60-0267
V. POLYFLUORCYCLOOLEFINEN MIT GRIGNARD-VERB. 53-0085
V. ALKOXY-HARNSTOFFEN MIT ACETYLACETON 53-0174
GRIGNARD-RK. V. ALPHA-AETHYLEN-KETONEN 54-0148
MANNICH-RK. V. BENZIMIDAZOLEN 54-0305
V. VINYLTETRALOLEN U. DIKETONEN 55-0385
AMINOMETHYLIER. V. ACETYLENKETONEN 56-0242
V. ALPHA,BETA- UNGESAETT. KETONEN 56-0264
MANNICH-RK. V. 2-ALKYL-CYCLOHEXANONEN 56-0274
V. CROTONALDEHYD MIT ACETON 57-0107
EINES KETONS MIT GRIGNARDVERB. 58-0132
V. SULFINSAEUREN 58-0225
V. TOCOCHINONEN 58-0505
ABWEICHENDE MICHAEL-KONDENS. 59-0286
V. HCHO MIT ALKYLARYLKETONEN 60-0160
GRIGNARD.-RK. V. 3-METHOXY-BUTANON-(2) 60-0227
GRIGNARD-RK. V. CUMARIN 61-0127
LEUCKART-RK. MIT 4-TERT.-BUTYL-CYCLOHEXANON 61-0252
ALDOLRK. V. FORMALDEHYD 60-0161
V. FLAVYLIUMSALZ MIT CATECHIN 55-0268
V. 2-BENZOYL-BENZOESAEURE MIT PHENYLESSIGSAEURE 54-0268
V. N-METHYL-PIPERIDON-(4) MIT BRENZTRAUBENSAEURE 54-0325
GRIGNARD-RK. V. MALEINIMIDEN 55-0236
MANNICH-, V. 1-ACETONYL-THEOBROMINEN 55-0303
REFORMATSKY-RK., STEREOCHEMIE 57-0108
V. ESTERN MIT MG-ORGAN. VERB. 57-0149
V. AROMAT. ALDEHYDEN 57-0214
V. CYCLOHEXANON MIT BRENZTRAUBENSAEURE 57-0257
V. BRENZTRAUBENSAEURE MIT CYCLOHEXANON 57-0258
ACYLOIN- V. GAMMA-LACTONESTERN 57-0380
V. ESSIGSAEURE MIT NH2OH 59-0143
V. CYCLOHEXANON MIT BRENZTRAUBENSAEUREN 60-0296
V. ALDEHYDEN MIT 3-AMINO-PROPIONAMIDOXIM 60-0354
V. DIHYDROXYFUMARSAEURE MIT HYDRAZINEN 61-0128
EINHORN-RK. V. AMINOSAEUREN 61-0182
EINHORN-RK. V. AMINOSAEUREN 61-0183
EINHORN-RK. V. AMINOSAEUREN 61-0184
AMINOMETHYLIER. V. NAPHTHOLSULFONSAEUREN 53-0098
V. BETA-DIAETHYLPHOSPHONO-CARBONSAEUREESTERN U. -KETONEN 55-0139
V. PHENYL-THIOPHOSPHONSAEUREDIAMIDEN 56-0359
STOBBE-KONDENS. V. CARBAETHOXYAETHANPHOSPHONAT 57-0162
ROBINSON-SCHOEPF-KONDENS. V. OX. GLYKOSIDEN 53-0176
CLAISEN-KONDENS. V. STEROIDEN AN C(16) 53-0227
VILSMEIER-HAACK-RK. MIT KETOSTEROIDEN 58-0475
VILSMEIER-HAACK-RK. MIT KETOSTEROIDEN 58-0476
KONFIGURATION
* S. UNTER STEREOCHEMIE
KONFORMATION
* S. UNTER STEREOCHEMIE
KONSERVIERUNG
EINFL. V. TENSIDEN 53-0254
KONSTITUTION
MATHEMAT. MODELL ZUR BESCHREIB. V. STRUKTUREN 54-0051
NAEHER.-CHARAKTER D. SIGMA-KONST. 60-0070
AUTOMAT. AUFFINDEN V. STRUKTURELLEN AEHNLICHK. IN VERB. 57-0001
KONSTITUTION (UND PHYSIKAL.EIGENSCHAFTEN)
U. IR V. BENZOYLCHLORID-ADDIT.-VERB. 54-0027
U. IR V. ACETYLENVERB. 54-0028
SUBSTITUENTENEINFL. AUF UV V. CHINOLINEN 55-0029
U. INDUKT.-EFFEKT IN ORGAN. CL-VERB. 55-0034
NQR-FREQUENZEN U. TAFT-KONST. 60-0049
U. OPT. EIG. V. SULFOXIDEN 61-0277
U. MUTAROTAT. V. ZUCKEROSAZONEN 60-0094
U. MASSENSPEKTREN V. ACETESSIGESTERN 56-0064
U. MASSENSPEKTREN V. ORGAN.VERB. 59-0069
U. MASSENSPEKTREN V. ORGAN. VERB. 59-0070
MASSENSPEKTROMETRIE BEI STRUKTURELLEN PROBLEMEN 61-0056
U. PMR V. PYRAZOLEN 54-0031
U. NMR V. OLEANENDERIV. 54-0032
U. NMR V. BICYCLOHEPTAN- U. OCTAN-DERIV. 54-0037
U. NMR V. F-ORGAN. VERB. 55-0040
U. NMR-CHEM. VERSCHIEB. V. PHENOLEN 57-0026
U. NQR-FREQUENZEN V. CHLORBENZOLEN 59-0093
U. NMR V. PYRAZOLINEN U. ISOXAZOLINEN 59-0325
U. KOPPL.-KONST. V. ALIPHAT. VERB. 60-0071
U. PK-WERTE V. PHOSPHINOXIDEN 55-0094
U. PK-WERTE V. INDOLEN 59-0103
U. PK V. 2-ARYL-4-CARBOXY-THIAZOLEN 60-0343
U. F. V. ALIPHAT. DICARBONSAEUREN 54-0075
U. ASSOZIAT. UEBER H-BRUECKEN 57-0081
KONSTITUTION (UND REAKTIONSFAEHIGKEIT)
U. REAKTIVITAET V. BENZONITRILEN 56-0042
U. BASIZITAET BEI BENZYLAMINEN 56-0130
U. RK.-FAEHIGK. V. HYDRAZONEN 59-0246
EINFL. AUF RK. V. AROMATEN 55-0080
U. RK.-FAEHIGK. V. BENZIMIDAZOLEN 59-0134
U. HYDRIER. BEI NAPHTHALINEN 59-0084
U. OX. V. STEROIDEN MIT OSO4 54-0446
U. KOOX. V. THIOLEN MIT INDEN 61-0081
U. RED. V. PROPIOPHENONEN 57-0091
U. ANTIOXYDATIVE WRKG. V. INDANDIONEN 58-0101
U. PHENYLIER. V. PYRIDIN 57-0099
U. ALKYLIER. V. DIKETONEN 60-0118
U. RK.-FAEHIGK. V. SPIRANEN 56-0123
U. RK. V. PHOSPHINOXIDEN 55-0094
U. SOLVOLYSE V. ALPHA-CHLOR-KETONEN 56-0217
U. HYDROLYSE V. BIPHENYLCARBONSAEUREESTERN 55-0080
GESCHW. D. PEPTIDBLDG. V. AMINOSAEURE 55-0135
U. ACETOLYSE V. CYCLOHEXYL-TOSYLATEN 54-0097
EINFL. AUF SOLVOLYSEGESCHW. 54-0098
U. SOLVOLYSE V. SULFENSAEUREDERIV. 55-0082
U. NUCLEOPHILE RK. V. 2-CHLORBENZIMIDAZOLEN 59-0133
U. RK. V. 1.2-DIARYL-PROPANOLEN 56-0134
U. ADDIT.-RK. AN N-UNDECENE 55-0090
U. HBR-ELIMINIER. AUS CYCLOALKYLBROMIDEN 54-0106
U. ELIMINIER. AN PIPERIDINOLEN 55-0089
U. RK. V. QUART. PHOSPHONIUMVERB. 54-0122
U. RK. V. NITRIL-OXIDEN MIT ARYLACETYLENEN 59-0140
EINFL. AUF ADDIT. V. DIPOLAROPHILEN AN DIPHENYLNITRILIMIN 60-0133
U. RK. V. NITRILIMINEN MIT UNGESAETT. VERB. 59-0324
EINFL. AUF ZERS. V. ALLYLESTERN 55-0076
U. TELOMERISAT. V. AETHYLEN 56-0147
U. HYDROCARBOXYLIER. V. ACETYLENEN 61-0137
U. RK. V. ALDEHYDEN MIT HYDROPEROXIDEN 60-0155
KONSTITUTION U. BIOLOGISCHE EIGENSCHAFTEN
WACHSTUMSAKTIVITAET U. CHEM. STRUKTUR 61-0251
WACHSTUMSAKTIVITAET U. CHEM. STRUKTUR 61-0250
U. OESTROGENE WRKG. V. DOISYNOLSAEUREN 59-0276
KORROSION
PROPARGYLALKOHOL ALS KORROS.-INHIBITOR FUER FE 56-0510
KREISLAUFMITTEL
* S. UNTER ARZNEIMITTEL
KRISTALLSTRUKTUR
V. MG-THF-VERB. 56-0004
EINES CU-AMIN-KOMPLEXES 59-0013
V. TRIMETHYLZINN-MANGANPENTACARBONYL 58-0003
V. 2-BROM-2-NITRO-FENCHAN 54-0070
V. GERMACRATRIEN-AGNO3-1ZU1-ADDUKT 60-0097
V. CU(EN)2(BF4)2 59-0007
V. ((CH3)3C-C-C-C(CH3)3, CH3C6H4NH2PTCL2) 59-0009
V. (CU(1.3-PN)2)BR2 59-0014
V. FE(NO)(S2CN(C2H5)2)2 60-0007
V. ZN(2.9-DIMETHYL-1.10-PHENANTHROLIN)CL2 61-0010
(((C6H5)3P)2PTCO3), STRUKTUR 59-0008
V. ((P(C6H5)3)2NI(C2H4)) 59-0010
V. CARBOXYMETHYL-METALL-KOMPLEXEN 59-0001
V. DMSO-IR-BENZYLACETOPHENON 60-0006
V. RH3H(PI-C5H5)4 61-0008
V. CO(CN)2SO3NCS 59-0012
D. ACETYLACETONATO-CU-CHINOLIN-ADDUKTS 60-0005
V. NI-PICOLINAT-TETRAHYDRAT 56-0089
V. (+)-3-ISOPROPYL-3-METHOXYCARBONYL-3-METHYL-PROPIONSAEURE 56-0180
V. (CO(EN)2(O-CO-CH2-NH-CH3))J2 MIT 2 H2O 58-0002
V. SR-VIOLURAT-TETRAHYDRAT 60-0008
V. (AZULEN-MO(CO)3CH3)2 61-0009
V. PORPHINDERIV. 58-0069
V. 1.8.10.9-TRIAZABORADECALIN 61-0083
V. 1.2.3.4-TETRACHLOR-5.6-DI-N-PROPYL-CALICEN 53-0034
EINES 1.3-DIAZA-2.4-DIPHOSPHACYCLOBUTANS 54-0076
V. DIMEREM 1.3-DIBROM-ACETONPEROXID 60-0418
V. ALL-CIS-1.6-DICHLOR-CYCLODEKATETRAEN-(1.3.6.8) 61-0084
V. P-BROM-N-NITRO-N-METHYL-ANILIN 55-0067
V. HYDRAZIN-NITROFORM 56-0092
V. VITAMIN K(5) 56-0094
V. 2.4.6-TRINITRO-PHENETOL 58-0085
V. DISULFID-DIOXIDEN 55-0054
V. DIMETHYLSULFON-DIIMIN 55-0066
EINES N-METHYLSULFONYL-SULFILIMINS 60-0076
EINES TRIS-(TRIPHENYLPHOSPHORANYLIDEN-AMINO)-BENZOLS 59-0096
V. AL2(C6H5)6 59-0011
V. DESAURIN 53-0036
V. 3-BENZYL-2.6-DIPHENYL-2H-THIOPYRAN-5-CARBALDEHYD 54-0073
V. 2.3-DIBROM-ANTHRACHINON-(1.4) 56-0093
V. DIHYDROXYANTHRACHINONEN 58-0088
V. DIHYDROXYANTHRACHINONEN 58-0089
V. BENZIL-ALPHA-MONOXIM-P-BROMBENZOAT 56-0088
V. HEXAMETHONIUMDICHLORID-DIHYDRAT 56-0095
V. 1.3.10-TRIMETHYL-ISOALLOXAZINIUM-JODID 57-0075
MACROSALHIN-BROMID 58-0086
V. 2.3-DIMETHYL-BENZOTHIAZOLIUM-SALZEN 60-0077
V. N-ALPHA-NAPHTHYL-DELTA(4)-CIS-TETRAHYDRO-PHTHALAMIDSAEURE 54-0071
V. ALIPHAT. DICARBONSAEUREN 54-0075
EINES TRICYCLODODECANS 54-0275

V. LAURINTEROL-ACETAT 57-0074
V. CIS-CYCLOOCTEN-CARBONSAEURE-(1) 59-0097
V. CIS-CYCLOBUTAN-1.3-DICARBONSAEURE 61-0082
V. N-(P-BROM-PHENYL)-BENZOLSULFONAMID 55-0068
V. SULTONEN 56-0090
V. TRIS-(P-NITRO-PHENYL)-PHOSPHAT 56-0091
V. 2-OXO-2-PHENOXY-1.3.2-DIOXA-PHOSPHORINAN 57-0061
V. CA- U. SR-ALPHA-D-GLUCOISOSACCHARINAT 57-0076
V. MONOTROPEIN 59-0091
V. 2ALPHA-BROM-ARBORINON 53-0035
V. PHORBOL-5-BROMFUROAT 61-0513
V. 17BETA-BROMACETOXY-DELTA(4)-9BETA.10ALPHA-ANDROSTEN-3-ON 54-0074
V. TUBEROSTEMONIN-METHOBROMID 59-0436
V. ACUTUMIN 59-0438
V. PYRIDOMYCIN 61-0085
V. PALMARIN 56-0074

KRYOSKOPIE
V. HEXAMETHYLPHOSPHORTRIAMID (HMPT) 56-0005
KRYOSKOP. ASSOZIAT.-BEST. 59-0100

KUMULENE
* S. UNTER AETHYLENVERBINDUNGEN

KUPFER
CU-ZN, RK. MIT JODALKYLBENZOAT 57-0242
AKTIVIER. V. CU BEI D. BIARYLSYNTH. 54-0236
EINFL. AUF D. OX. V. CARBONYLVERB. 56-0332
EINFL. AUF ARYLOXY-PHENOL-OX. 58-0111

KUPFERVERBINDUNGEN
THERM. ZERS. V. BENZOYLPEROXID DURCH CU-SALZE 56-0220
CU-KOMPLEXE V. RADIKAL. AMINOSAEUREN 56-0379
CU-SALZE V. ALPHA', BETA'-UNGESAETT. BETA-DIKETONEN, DARST. 57-0303
MIT 8-AETHOXYCARBONYL-NAPHTHOYL-(1)-MALONSAEUREDIAETHYLESTER 55-0194
CU-ACETYLIDE, RK. MIT SAEUREHALOGENIDEN 61-0263
CU-PHTHALOCYANINE ALS OX.-KATALYSATOREN 54-0088
DEUTEROPORPHYRIN IX-DIMETHYLESTER-CU-KOMPLEX, FORMYLIER. 55-0349
PY.-CU-PORPHYRINE, BLDG.-KONST. 59-0015
CU(I)-SALZ EINES PROPINOLAETHERS, RK. 61-0358
CU(EN)2(BF4)2, STRUKTUR 59-0007
BIS-(1.2-DIAMINOPROPAN)-KUPFER(II)-NITRAT, KRIST.-STRUKTUR 59-0013
(CU(1.3-PN)2)BR2, ROENTGENSTRUKTURUNTERS. 59-0014
CU-DIAMIN-KOMPLEX 61-0012
CU-BETAIN-KOMPLEX, DARST. 61-0255
1-ACETOXY-2-(TETRAHYDROPYRANYL-(2)-OXY)-BUTIN-(3)-YL-4-CU 56-0328
RK. V. CU-ACETYLIDEN 56-0329
KUPFER(I)-ACETYLIDE, RK. 57-0265
CU-ACETYLENIDE, RK. MIT 5-JOD-FURANEN 61-0351
KOMPLEXE MIT BETA-DIKETONEN 53-0061
BIS-(3-METHYL-2.4-PENTANDIONATO)-KUPFER(II), DARST. 57-0201
BIS-(1.3-DIKETON)-CU-CHELATE 58-0188
(CH3COCHCOCH3)2CU MIT C9H7N, STRUKTUR 60-0005
(P(C6H5)4)(CU(N3)3) , DARST. 60-0001
MIT ORNITHINDERIV. 53-0240
DARST. V. MUSCAZON-CU-KOMPLEXEN 54-0303
CU-ACETAT, EINFL. AUF D. RK. V. VINYLACETAT 56-0173
CU(II)-AMINOSAEURE-KOMPLEXE, COTTON-EFFEKT 61-0002
CU-SALZE V. FETTSAEUREN, RK. 61-0157
DARST. V. 16-TRIFLUORACETYL-OESTRON-3-METHYL-AETHER-CU-SALZ 53-0227
KOMPLEXE MIT SPIROPYRANEN 57-0014
CUCL,VERWEND. ALS KATALYSATOR 54-0206
CUCL, EINFL. AUF D. KETONBLDG. 57-0138
CUCL, EINFL. AUF GRIGNARDIER. 58-0131
CUCL2, EINFL. AUF D. PEPTID-HYDROLYSE 56-0477
CU(BF4)2, RK. MIT CYCL. SULFOXIDEN 61-0003
CU-HALOGENIDE, RK. MIT 2.2'-DILITHIUM-BIPHENYL 59-0018
CU(NO3)2 MIT 3 H2O, RK. MIT N2H4-H2O U. NAN3 60-0001
ARYLHALOGENID-KUPPL. MIT CU2O 58-0266
CU(CLO4), RK. MIT CYCL. SULFOXIDEN 61-0003
CUSO4, RK. MIT NAN3 60-0001
CUSO4, EINFL. AUF D. OX. V. SORBINSAEURE 57-0095

L

LACTAME
AMINOBETA-, SYNTH. 54-0283
BETA-LACTAME 56-0337
KONDENSIERTE BETA-, DARST. 61-0449
STEREOCHEMIE U. FRAGMENTIER. 61-0065
DARST. 53-0124
BETA-LACTAM-DERIV., DARST. 53-0125
SYNTH. 53-0131
ALPHA,BETA-UNGESAETT. GAMMA-, DARST. 56-0332
AZAPROTOANEMONINE, SYNTH. 57-0273
ALPHA-ACETYL-DELTA-, DARST. 58-0392
DELTA-, DARST. AUS 5-CHLORVALERIANAMIDEN 59-0178
ZERS. DURCH ELEKTRONENSTOSS 58-0060
THIO-BETA-, RED. MIT LIALH4 57-0250
MANNICH-RK. 58-0225

LACTONE
BUTEN-(2)-OLIDE-(4), DARST. 54-0290
UNGESAETT. GAMMA-THIO-, UMLAGER. 60-0142
GAMMA.DELTA-DIALKYL-GAMMA-VALERO-, RK. 61-0246
KONFORM. U. OPT. AKTIVITAET 60-0038
SESQUITERPEN-, AUS ARTEMISIA 58-0462
ENOL-LACTONE, DARST. 54-0227
VALEROLACTONE, DARST. 54-0333
GAMMA-PHENYL-GAMMA-BUTYROLACTONE, DARST. 54-0365
ALPHA-CARBAETHOXY-GAMMA-BUTYROLACTONE, DARST. 55-0220
BETA-HALOGEN-GAMMA-BUTYROLACTONE, SYNTH. 56-0185
GAMMA-BUTYROLACTONE DARST. 56-0268
GAMMA-ALKOXYLACTONE, SYNTH. 56-0285
ALPHA-AMINOMETHYLEN-, UMLAGER. 56-0314
ALPHA-ACETYL-DELTA-ALKOXY-GAMMA-VALERO-, DARST. 57-0150
OPT.-AKT. BETA-, DARST. 58-0200
GESAETT. DELTA- U. EPSILON-, SYNTH. 58-0370
SYNTH. 58-0371
BETA-, RK. MIT AMINEN 59-0189
GAMMA-LACTONE, DARST. 59-0300
DARST. AUS HETEROCYCL. CHLORHYDRINEN 60-0372
ALPHA-ACYL-DELTA-LACTONE, DARST., RK. 56-0313
GAMMA-HYDROXYAMINOSAEURELACTONE, MASSENSPEKTREN 53-0235
DELTA-METHYL-GAMMA-ALKYL-DELTA-VALEROLACTONE, RK. 54-0228
ACYL-, RK. ZU PYRANO-PYRIMIDINEN 56-0393
ALANTOLACTONE, RK. 59-0451
ACYL-LACTON-UMLAGER. 58-0392
ALPHA-AETHOXYCARBONYLMETHYL-ALPHA-ACYL-GAMMA-, UMLAGER. 60-0307
ALPHA-ACETYL-, RK. MIT MERCAPTANEN 61-0164
ENOLLACTONE, RED. 53-0114
FLAVONOLLACTONE, RED. 58-0360
GAMMA-LACTONESTER, ACYLOINKONDENS. 57-0380

LADUNGSVERTEILUNG IN MOLEKUELEN
* S. UNTER MOLEKULARSTRUKTUR

LANTHANVERBINDUNGEN
NMR D. KOMPLEXES MIT 4.4'-DI-N-BUTYL-2.2'-DIPYRIDYL 54-0001

LEITFAEHIGKEIT, ELEKTRISCHE
V. (R4N)X-2 BE(C2H5)2 (R=ALKYL, X=HALOGEN) 54-0003
V. AMINOZUCKERN 59-0421
V. NA-DITHIOCARBAMATEN IN W. 61-0134
V. W.-AMIN-GEMISCHEN 54-0084

LEUCKART-REAKTION
* S. UNTER KONDENSATIONSREAKTIONEN

LEUCOMYCINE
* S. UNTER ANTIBIOTIKA

LICHTABSORPTION
V. AMINOSAEURE-(4-PHENYLAZOPHENYL)-AMIDEN 61-0030

LICHTSTREUUNG
V. POLY-ALPHA-METHYL-STYROL-LSG. 54-0475
OPT. ANISOTROPIE V. N-ALKANEN 56-0030

LIGNANE
ORD U. ZIRKULARDICHROISMUS 61-0033
MASSENSPEKTREN 61-0067

LIGNIN
GUAJACYLGLYCERIN AUS FICHTEN 53-0253
FICHTEN-, DILIGNOLE 61-0556
BIOSYNTH. V. VORSTUFEN 58-0534

LIGNINSULFONSAEUREN
DARST. 59-0220

LIPOIDE (LIPIDE)
* PHOSPHATIDE, SPHINGOLIPOIDE S. DORT
DARST. 58-0193
V. MYCOBACTERIUM, INHALTSSTOFFE 59-0499
GLYKO-, BLDG. IN HEFE 56-0420

LITHIUM
VERW. ZU POLYMERISAT. 56-0492
POLYMERISAT. V. PENTADIEN MIT LI 58-0512
EINFL. AUF DIMERISIER. 58-0126

LITHIUMVERBINDUNGEN
AROMAT. IONENRADIKAL-VERB. 54-0023
LITHIUM-ACETYLIDE, RK. 54-0340
RK. V. TRIALKYLGERMYL-LI-VERB. 56-0018
LI-ARYLE, ADDIT. 59-0233
BUTYL-LI, RK. MIT PENTACHLORPYRIDIN 56-0146
HEPTAFLUOR-PROPYL-LI, RK. MIT B-VERB. 56-0357
TERT.-BUTYL-LI, RK. 60-0088
3-FURYL-LI, RK. 57-0252
UMLAGER. MIT LI-AETHYLENDIAMIN 55-0359
LI-DIMETHYLAMID, RK. 57-0346
RK. V. LI-(4-PHENYL-2.6-BIS-(4-METHOXY-PHENYL))-PHENOLAT 53-0090
DILITHIUMDERIV. V. KETONEN, RK. 56-0279
LI-NAPHTHOLE, ALKYLIER. 58-0276
LITHIUM-TRIMETHOXY-ALUMINIUMHYDRID, RK. 58-0307
LI-CYCLOHEXENOLATE, ALKYLIER. 61-0108
DARST. U. RK. V. ALKINYL-LI 54-0002
RK. V. P-PHENYLEN-DILITHIUM 59-0002
PENTADIENYL-LI-VERB., DARST. 53-0001
NMR V. PENTADIENYL-LI-VERB. 53-0014
RK. V. TOLYL-LI 53-0094
FLUOREN-LI, DARST. 54-0022
RK. V. C6H5-LI MIT BENZYLSULFONYLHALOGENIDEN 54-0190
CH3LI, RK. 54-0265
LI-ACETYLID-AETHYLENDIAMIN-KOMPLEX, RK. 54-0408
BUTYL-LI, RK. 54-0470
RK. V. TRIMETHYLAMMONIUMMETHYLID-LIBR-ADDUKT 55-0001
RK. V. METHYL-LITHIUM 55-0008
RK. V. CH3-LI MIT CYCLOPROPENEN-(1) 55-0171
RK. V. DI-LI-PHENOLATEN 55-0189
LI-ACETYLENID, RK. 55-0369

PERFLUORCYCLOALKENYL-LI-VERB., BLDG. 56-0012
N-BUTYL-LI, RK. MIT FERROCENYLPYRIDIN 56-0024
RK. V. METHYL-LITHIUM 56-0157
PHENYLLITHIUM U. P-TOLYLLITHIUM, RK. 56-0202
CYCL. POLYPENTADIEN-LI-VERB., BLDG. 56-0493
BUTYL-LI, RK. MIT POLYVINYLPYRIDIN 56-0494
LICH3, RK. MIT HALOGEN-PHENYL-GERMANEN 57-0010
DINITROMETHYL-LI-VERB., IR 57-0019
9-LI-ANTHRACEN, DARST. 57-0100
LIR (R=CH3, N-C4H9), RK. MIT ALLENYLTHIOAETHERN 57-0129
TERT.-BUTYLLITHIUM, RK. 57-0139
CYCLOPROPYL-LI, RK. 57-0183
O-TOLYL-LI, RK. MIT 3-PICOLIN 57-0309
PHENYL-LI, LI-J-AUSTAUSCH MIT JODCAMPHER 57-0391
N-BUTYLLITHIUM, RK. 58-0010
ORGANO-LI-VERB., VERH. V. HALOGENMETHYLALANEN 58-0015
LIOGE(CH3)3, RK. 58-0019
PHENALEN-LI, NMR-UNTERS. 58-0052
PHENYLLITHIUM, RK. MIT PHENYL-ALKINYL-KETONEN 58-0247
6.13-DI-LI-DIHYDRO-PENTACEN, RK. 58-0285
LICH3 ZUR METHYLIER. V. NICOTIN 58-0387
CH3LI, RK. MIT PICOLINEN 58-0388
LI-CATECHIN, RK. 58-0506
METHOXYMETHYL-LI 59-0019
2-(2-METHYL-1.3-DIOXOLANYL-(2))-AETHINYL-LI, DARST. 59-0020
LI-ORTHOTHIOAMEISENSAEUREESTER 59-0192
ALPHA-CHLOR-BETA-METHYL-STYRYL-LI, RK. 59-0231
DARST., RK. V. LI-DIISOPROPYLAMID 59-0265
LI-DIACETYLEN, RK. MIT ANISALDEHYD 59-0492
CH3LIJ, RK. 60-0132
LITHIUMORGAN. VERB., RK. 60-0263
PHENYLLITHIUM,LI-TETRAHYDROCHINOLIN,RK. 60-0380
LI-N-BUTYL, RK. 61-0026
PHENYLLITHIUM, RK. 61-0200
LI-N-C4H9, RK. 61-0238
N-BUTYL-LI, RK. 61-0362
LI-BETA-AMINOAETHYLPHENYLPHOSPHID, DARST. 61-0388
AETHINYL-LI, RK. MIT CYCLOALKENONEN 56-0251
RK. V. METHYL-LI MIT TETRALONEN 59-0276
LI-TRIORGANO-PHOSPHINIMIDE, DARST., RK. 56-0013
RK. V. LI-ACETAT 56-0173
LI-CYANURATE, RK. MIT BR2 56-0408
RED. MIT LIALH4-ZUCKERKOMPLEXEN 56-0278
RK. V. METHYL-LI MIT DIBROMCYCLOPROPANEN 55-0165
CHLORALKYL-LI-VERB., RK. 61-0187
LI(C5H5MN(CO)2ACYL), DARST. 60-0028
RK. V. METHYL-LI 60-0136
LITHIUMVERBINDUNGEN (ANORGANISCHE)
PH-WERTE D. LI-SALZ-SAEUREPUFFER 59-0104
LI-HYDRIDO-DIOLATO-ALUMINATE(III), VERW. ZUR RED. 59-0166
LICL, EINFL. AUF D. RK. V. VINYLACETAT 56-0173
LIOCN, DARST., REINIG. 56-0014
LIF, RK. MIT CHBR3 IM FESTBETT 54-0482
LI-HALOGENIDE, EINFL. AUF RK. 56-0157
LIALH4 RED. V. DIINENOLEN U. DIINENDIOLEN 54-0139
LIALH4, RED. V. CYCLANONEN MIT 60-0117
LIALH4, KOMPLEX MIT CYCLOHEXYLIDEN-ALPHA-D-GLUCOFURANOSE 54-0137
LIALH4, KOMPLEXBLDG. MIT ZUCKERDERIV. 56-0278
LIJ, 'SALZ-EFFEKT' BEI CARBENOID-RK. 60-0132
LIJ, EINFL. AUF D. RK. V. OLEFIN MIT ZN-ORGANYLEN 57-0242
LIOH, VERSEIF.-WRKG. AUF ALPHA-MONOLAURIN U. FISCHOELE 59-0518
LICLO4, ELEKTROLYSE IN ACETONITRIL 59-0106
LITHIUM-DIALKYLPHOSPHIDE,RK. 54-0217
LOESUNGEN U. MISCHUNGEN
ASSOZIIERTE IDEALE LSG. (THEORIE) 59-0100
LOESUNGSMITTEL
EINFL. AUF IR-INTENSITAETEN V. RCCL2-VERB. 54-0026
EINFL. AUF NMR V. FORMAMIDINEN 55-0039
EINFL. AUF D. NMR BEI 3-RING-CARBONYLVERB. 55-0041
EINFL. AUF D. PMR V. PYRIDINVERB. 55-0043
N-METHYLPYRROLIDON, ALS LSGM. FUER RK. 55-0084
EINFL. AUF RK. V. C4H9LI MIT PENTACHLORPYRIDIN 56-0146
EINFL. AUF D. ALKYLIER. V. AMINEN 57-0098
EINFL. AUF S(N)2-RK. 57-0105
EINFL. AUF PHOTORK. V. KETONEN 57-0125
SOLVATATIONSDIASTEREOMEREN-KOMPLEXE, (1)H-NMR 58-0048
EINFL. AUF NMR-SPEKTREN V. CYCLOPROPANEN 58-0053
EINFL. AUF D. GRIGNARDIER. 58-0131
EINFL. AUF NMR V. ORGAN. SAEUREN 59-0061
FUER PHOTO-OX. 59-0156
EINFL. AUF D. DESAMINIER. V. AMPHETAMIN 60-0134
EINFL. AUF RK. V. TOSYLATEN MIT NACN 60-0259
EINFL. AUF CYCLISIER. EINES TRIPHENYL-FURANONS 60-0314
-EFFEKTE AUF NMR 61-0046
EINFL. AUF UV V. CHINOLINEN 55-0029
EINFL. AUF ROTAT. V. CARBONYLVERB. 59-0054
EINFL. AUF DIPOLMOMENTE 58-0037
EINFL. AUF PK-WERTE 60-0104
EINFL. AUF D. SPALT. V. PEROXIDEN 57-0390
EINFL. AUF CYCLISIER. 53-0063
EINFL. AUF RK. V. TETRACYCLON 53-0105
EINFL. AUF D. PHOTORK. V. ACENAPTHYLEN 56-0153
EINFL. AUF D. AZIDOLYSE V. TOSYLSTEROIDEN 56-0462
LOESUNGS- U.MISCHUNGSWAERME (BZW.-ENERGIE)
V. ESSIGSAEURE-W.-GEMISCHEN 54-0079
V. ALKANEN 58-0091
CYCLOHEXAN-AE.-SYST. 58-0093
LUMINESZENZ (FLUORESZENZ, PHOSPHORESZENZ)
* S. AUCH UNTER SPEKTRUM
ELEKTROCHEMILUMINESZENZ 54-0016
FLUORESZIERENDE VERB. AUS AMEISEN 54-0461
V. AROMAT. KW-STOFFEN 57-0016
PHOSPHORESZENZ V. INDOLEN 55-0025
FLUORESZENZ V. CHINOLINEN 55-0029
CHEMI- V. ISOCHINOLINIUMVERB. 59-0044
FLUORESZENZ-LOESCH. V. AZOVERB. 59-0045
V. 1.3.6'.8'-TETRAMETHYL-DEHYDRODIANTHRON 57-0015
V. BENZALAZINEN 60-0041
LUPINEN
ISOLIER. V. (-)-DIHYDROZEATIN 56-0391
LUTETIUMVERBINDUNGEN
NMR D. KOMPLEXES MIT 4.4'-DI-N-BUTYL-2.2'-DIPYRIDYL 54-0001

M

MAGNESIUM
MG IN FL. NH3 ALS RED.-MITTEL F. NAPHTHALIN 59-0277
RK. MIT ORGANOHALOGENVERB. 57-0007
RK. MIT OLEFINEN U. METHYLENCHLORID 61-0242
MAGNESIUMVERBINDUNGEN
AROMAT. MG-VERB., DARST. 54-0004
AROMAT. IONENRADIKAL-VERB. 54-0023
PHENYL-MGBR, RK. MIT BENZOYLINDANON 57-0220
ALKYL-MG-BROMIDE U. DIAETHYLMAGNESIUM, RK. 57-0249
GRIGNARD-VERB., ADDIT. 59-0233
PHENYLMAGNESIUMHALOGENIDE, SPALT. CYCL. P-VERB. 53-0179
DARST., RK. V. 3-NITRO-PHTHALSAEUREANHYDRID 55-0230
RK. V. BRMG-(CH2)4-5-MGBR 61-0315
ALKENYL- U. ALKINYL-MG-HALOGENIDE, RK. 60-0240
PENTAFLUORPHENYL-MGBR, RK. 54-0208
METHYLPENTADIEN-MG-VERB., ZERS. 58-0168
MG-BIS-(DIPIKRYLAMINAT), RK. MIT CHOLIN 55-0428
DIALKYLAMINO-MG-BROMIDE, RK. 61-0018
AMIN-N-MG-VERB., OX. 58-0321
AMINO-GRIGNARD-VERB., DARST. U. RK. 59-0230
MG-NAPHTHOLE, ALKYLIER. 58-0276
SULFONYLALKENYL-MGBR, DARST. 57-0204
MG-SULFOXID-KOMPLEXE, IR 61-0003
AETHYL-MAGNESIUMBROMID, RK. MIT POLYFLUORCYCLOOLEFINEN 53-0085
RK. V. PENTAFLUOR-PHENYL-MAGNESIUMBROMID 53-0094
AETHOXYMAGNESIUM-MALONSAEUREAETHYLESTER-AMID, RK. 53-0109
PROPEN-(1)-YL-(2)-MAGNESIUMBROMID 53-0236
VINYL-MAGNESIUMBROMID, RK. 53-0237
METHYLINDENYL-MGBR 54-0005
FLUOREN-MG, DARST. 54-0022
RK. V. MG-ALKYL- U. -ARYL-BROMIDEN U. BENZYL-MG-CHLORIDEN 54-0159
RK.-PROD. V. BENZYLCYANID U. MG 54-0201
P-ANISYLMAGNESIUMBROMID, RK. 54-0248
PROTOLYSE V. DICROTYLMAGNESIUM 55-0003
2-METHYL-ALLYL-MAGNESIUMCHLORID U. METHYL-MAGNESIUMJODID, RK 55-0134
AETHOXYCYCLOHEXENON, GRIGNARDIER. 55-0169
METHYL-MAGNESIUMJODID, RK. 55-0257
RK. V. METHYL-MAGNESIUMBROMID 55-0385
BIS-(PHENYL-AETHINYL)-MAGNESIUM MIT 4 THF, BLDG. 56-0004
GRIGNARDS, RK. MIT ORGANOHALOGENVERB. U. SAEUREANHYDRIDEN 56-0163
RK. V. SYMM. ORGANO-MG-VERB. 56-0199
MESITYLENYL-MGBR, RK. MIT COBR2 56-0203
GRIGNARD-REAGENZIEN, RK. 56-0248
PENTENYL-MAGNESIUMBROMID, RK. 56-0259
PROPINYL-MG-BROMID, RK. 56-0300
RK. V. PENTEN-(4)-YL-MAGNESIUMBROMID 56-0481
ORGANYL-MG-VERB., DARST. 57-0007
TETRAFLUORPYRIDYL-(4)-MGBR, RK. 57-0009
CH3MGBR U. C6H5MGBR, RK. 57-0082
GRIGNARD-VERB., RK. 57-0138
TERT.-BUTYL-MG-CHLORID, RK. 57-0139
RK. V. GRIGNARD-VERB. MIT CYCLODODECANON 57-0146
KONDENS. V. ESTER MIT MG-ORGAN. VERB. 57-0149
ARYL-MG-BROMIDE, RK. 57-0215
RK. V. GRIGNARD-VERB. MIT TICL4 58-0016
N-BUTYL-MGBR, RK. 58-0062
GRIGNARDVERB., RK. MIT KETON 58-0132
GEM. ALKOXYORGANO-MG-VERB., DARST. U. ZERS. 58-0161
RK. V. ALIPHAT. MG-HALOGENIDEN 58-0169
RK. V. ORGANOMAGNESIUMVERB. 58-0172
AETHINYL-MGBR, DARST. 59-0020
ADDIT.-VERB. V. MG ZUR METALLIER. 59-0165
ALKYL-MGBR, RK. MIT DIALKOXYBUTINEN 59-0172
ALKIN-(1)-YLMAGNESIUMBROMIDE, RK. 59-0173
ALKYL-MG-BROMIDE, RK. 59-0180
BRMG-PHENYLACETYLEN, RK. 59-0297
PHENYLSULFONYLMETHYLMAGNESIUMBROMID, RK. 59-0374
FARNESYL-MGBR, RK. MIT ALDEHYDEN 59-0454
POLYIN-MG-BR, RK. 59-0493

RK. V. GRIGNARDVERB. MIT TICL4 60-0022
ALKYL-MG-BROMIDE, RK. IN TERT. AMINEN 60-0176
ALKYLMAGNESIUMHALOGENIDE, RK. 60-0181
ALLENYLMAGNESIUMBROMID, RK. 60-0183
RK. V. GRIGNARDVERB. 60-0226
DIPHENYLMETHYLENAMINO-MGBR, RK. 60-0256
BENZYL-MGCL, RK. 60-0332
RK. V. GRIGNARDVERB. MIT AZIDEN 60-0352
PYROLYSE V. AETHYL-MGBR 60-0385
ALKYL-MG-HALOGENIDE, RK. MIT ALKYLBROMIDEN 61-0074
PHENYLMAGNESIUMBROMID, RK. 61-0200
ARYL-MG-BR, RK. MIT MORPHOLINO-DIPHENYL-FORMYL-THIOPHEN 61-0359
RK. V. ARYL-MG-HALOIDEN MIT ALDEHYDEN 61-0407
AETHYL-MGJ, RK. 61-0422
R2MG, RMGBR, RK. MIT EPOXYNITRILEN 56-0318
ARYL-MG-BROMIDE BZW. METHYL-MG-BROMID, RK. 57-0020
GEM.-HALOGEN-MG-VERB., DARST. 58-0013
GEM.-ALKOXYORGANO-MG-VERB., DARST., ZERS. 58-0160
ORGANOMAGNESIUMVERB., RK. MIT EPOXIDEN 58-0221
MG-ALKANSULFINATCHLORIDE 58-0180
ALKINYL-MG-BROMIDE, RK. 57-0349
ALKYLMERCAPTO-PHENYL-MG-VERB., RK. 60-0253
RK. V. AETHYL-MG-BROMID MIT AMINEN 58-0321
GRIGNARD-VERB. RK. 54-0223
GRIGNARD-VERB., RK. MIT SULFOXIDEN 57-0171
CHLORALKYL-MG-HALOGENIDE, RK. 61-0187
RK. MIT AETHOXYALKYLDIBROMIDEN 60-0150
CYCLISIER. ZU DECA-M-PHENYLEN MIT GRIGNARDVERB. 55-0180
GRIGNARD-VERB., RK. MIT MALEINIMIDEN 55-0236
GRIGNARD-REAGENTIEN, RK. 56-0294
ORGANO-MG-HALOGENIDE, RK. MIT PYRONEN-(2) 56-0371
MAGNESIUMVERBINDUNGEN (ANORGANISCHE)
RK. MIT AROMAT. KW-STOFFEN 58-0014
MGBRNH2, DARST., RK. MIT TRIPHENYLDIBROMPHOSPHORAN 59-0230
MGBR2, KRISTALLSTRUKTUR D. KRIST. MIT 4 THF 56-0004
MGBR2, RK. MIT EPOXYNITRILEN 56-0199
MGBR2, EINFL. AUF RK. 55-0005
HMGBR, RED. V. ESTERN 60-0385
MGBRNH-NH2, DARST., RK. MIT TRIPHENYLDIBROMPHOSPHORAN 59-0230
MGJ2, EINFL. AUF D. RK. V. OLEFIN MIT ZN-ORGANYLEN 57-0242
MG(CLO4)2, RK. MIT CYCL. SULFOXIDEN 61-0003
MAGNETISMUS
PROTONENRESONANZ V. AZEPINEN 53-0018
NMR V. PHYTOTOX. VERB. 54-0455
CHEM. VERSCHIEB. V. 3-RING-CARBONYLVERB. 55-0041
NMR V. ANDROSTANOLEN 58-0045
ANISOTROPIEN D. C-C-DOPPELBIND. 58-0046
NMR V. DITERPENEN 58-0047
NMR V. DIAZIRIDINEN 59-0059
VERBESSERTE AUFZEICHN. V. ESR-SPEKTREN 60-0512
15-N-H-KOPPL.-KONST. 55-0037
PMR U. INNERE ROTAT. 55-0057
NMR V. O-METHYL-OXIMEN 55-0059
NMR V. N-METHYL-PHENYLHYDRAZONEN 55-0060
NMR V. BENZODIAZEPINEN 57-0032
NMR BEI INTRAMOL. PROZESSEN 54-0035
NMR V. CHROMOMYCINEN 53-0246
NMR U. SUBSTITUENTENEINFL. 55-0040
NMR V. SELTENERDMETALLKOMPLEX 54-0001
V. PT(P(C6H5)3)2SH2 U. PT(P(C6H5)3)2SEH2 60-0034
NMR V. PENTADIENYL-LI-VERB. 53-0014
NMR V. METHYLMETALLOCENEN 54-0012
NMR V. CH3-HG-CH3 U. CH3-HG-J 57-0004
NMR V. (RH(C3H5)2CL)2 59-0006
NMR V. METHYL-HG-VERB. 61-0004
NMR V. AL-ALKYL-ARYL-VERB. 61-0005
NMR V. ALDOXIMEN U. VERWANDTEN VERB. 61-0049
NA-SALZE ORGAN. SAEUREN, KMR 59-0061
NMR-BEST. V. KOMPLEX-KONST. 60-0009
DITHIOCARBAMATO-SN-VERB., PMR 61-0006
PMR V. CYCL. VERB. 53-0022
H-KOPPL. ZWISCHEN GEMINALEN CH3-GRUPPEN 54-0036
NMR V. OXIMEN 56-0054
PI-DELOKALISAT. U. SPIN-SPIN-KOPPL. 60-0075
ESR-SPEKTREN V. ALKANEN 53-0023
NMR D. METHYLDERIV. V. AROMAT. KW-STOFFEN 54-0038
NMR V. ALKYLBENZOLEN 55-0035
NMR D. ANTHRACENONIUM-IONS 55-0056
NMR V. 1.1.4.4-TETRAMETHYL-CYCLOHEXAN 56-0140
CHEM. VERSCHIEB. V. NAPHTHALINEN 59-0055
NMR V. CYCLOBUTANEN 59-0057
H-NMR V. AROMAT. KW-STOFFEN 59-0062
NMR V. ORGANOHALOGENVERB. 59-0138
KOPPL.-KONST. V. ALIPHAT. VERB. 60-0071
NMR V. STILBENEN 53-0017
NMR V. STILBENEN 53-0019
NMR V. BICYCLOHEPTAN- U. OCTAN-DERIV. 54-0037
NMR V. PINAN-DERIV. 55-0044
NMR V. BICYCLO(2.2.1)HEPTENEN 57-0029
NMR, ALLYLKOPPL. 57-0038
PHENAFULVENE, NMR-UNTERS. 58-0052
NMR V. CYCLOPROPANDERIV. 58-0053
NMR V. (18)-ANNULENEN 58-0253
NMR V. CYCLOPROPANEN 59-0060
H-NMR V. UNGESAETT. RINGSYST. 61-0053
PMR V. PYRAZOLEN 54-0031
NMR V. 2.5-DIMETHYL-1-(2.6-DIMETHYLPHENYL)-PYRROL 54-0083
ESR V. INDOLEN 55-0025
PMR V. PYRIDINVERB. 55-0043
NMR V. POLYCYCL. S-HETEROCYCLEN 55-0045
NMR V. CYCL. HYDRAZINEN 55-0062
NMR V. 1.3-DIOXANEN 56-0047
NMR V. PYRIDINEN 56-0052
NMR V. DECAHYDROCHINOLINEN 56-0075
NMR V. 1.2.4-TRIAZOLEN 58-0051
NMR V. 1.3-DIOXANEN 58-0082
NMR V. PYRIMIDINEN 59-0058
NMR V. 2-PYRAZOLINEN U. ISOXAZOLINEN 59-0325
NMR V. VERDAZYLEN 59-0400
NMR V. OCTAAETHYL-PORPHINEN 59-0448
NMR V. FLAVONEN 60-0052
NMR V. PROTONIERTEN N-HETEROCYCLEN 61-0045
NMR D. OXIRAN-DERIV. V. CINCHONAALKALOIDEN 61-0072
NMR V. TRIAZOLEN 61-0345
NMR V. 3-PYRAZOLINEN 61-0380
NMR V. 2R.3T.4T-TRIFLUOR-BUTADIEN-(1.3) 54-0033
NMR V. FLUORDIHYDRONAPHTHALINEN 54-0034
(19)F-NMR V. FLUORCHINOLINEN 58-0049
NMR V. 5-HALOGENPYRIMIDINEN 59-0056
NMR V. PHENOTHIAZINEN 59-0064
SPINRESONANZ V. CYCLOHEXANEN 59-0086
NMR V. TERT.-BUTYL- U. ADAMANTYLHALOGENIDEN 61-0046
V. M-DIFLUORBENZOL 61-0051
NMR V. 1.1.2-TRICHLOR- U. 1.1.2-TRIBROMAETHAN 61-0077
KMR V. NITROARENKOMPLEXEN 53-0020
ESR V. DIAZOTATRADIKALEN 53-0037
NMR V. 6-DIALKYLAMINOFULVENEN 54-0069
NMR D. BZL.-NITROSAMIN-KOMPLEXES 56-0051
NMR V. AROMAT. NITROSOVERB. 57-0025
NMR V. DIMETHYL-NITROSAMIN 58-0071
NMR V. CYCLOHEPTATRIENON-ACETALEN 60-0280
V. CIS-1.4-DIHYDROXY-2.3-BENZOCYCLOHEPTEN U. -DIACETAT, NMR 53-0029
NMR V. CYCL. ALKOHOLEN 54-0058
PMR V. 4.6-DIHYDROXYPYRIMIDINEN 55-0036
NMR V. ASYMM. AETHYLAETHERN 56-0046
NMR V. 2-CHLOR-CYCLOHEXANOLEN 56-0101
KMR V. IMINO-OXIDO-JERVANEN 56-0425
CHEM. VERSCHIEB. V. PHENOL. VERB. 57-0026
SPIN-SPIN-KOPPL. BEI ALKOHOLEN 57-0028
NMR V. AMINO-DEKAHYDRONAPHTHOL 57-0037
NMR V. DIHYDROANTHRACENEN 58-0043
NMR V. (14N)HYDROXYCHINOLINEN 59-0051
NMR V. CHROMON-KETENACETAL-ADDUKTEN 59-0063
NMR V. GLYCERO-PENTEN-PYRANEN 59-0087
KOPPL.-KONST. V. METHOXYENINEN 60-0054
NMR V. N-PHENYLALANINOLEN 60-0199
NMR V. GEH3SCH3 U. SIH3SCH3 60-0004
SPIN-KOPPL. IN ORGANO-P-VERB. 54-0029
NMR V. ACETYLEN-P-VERB. 54-0030
NMR V. DIPHOSPHINEN 56-0050
NMR V. ALLENPHOSPHINOXIDEN 60-0095
V. TETRA-P-TOLYL-PB 58-0044
NMR V. CARBAMATEN 55-0061
ESR V. BESTRAHLTEN DIARYLCARBONATEN 59-0065
NMR V. O-VERB. 53-0113
PMR V.1.2-DIAZETIDINONEN 53-0123
NMR V. CUPRESSUFLAVON-HEXAMETHYLAETHER 53-0264
THROUGH-SPACE KOPPL. IN ACETON 54-0050
PMR V. CYCLOHEXANONEN U. -OLEN 54-0064
NMR V. POLYMETHYLEN-PYRAZOLEN 55-0243
NMR V. METHYL-CYCLOHEXANONEN 56-0057
EPR V. SEMICHINONEN 56-0059
NMR V. DIHYDROANTHRACENCHINOLEN 56-0087
NMR V. O-ENAMINOKETONEN 57-0112
ESR-AUFSPALT. V. BICYCL. SEMIDIONEN 58-0057
NMR V. N.N-DIMETHYL-FORMAMIDINEN 55-0039
PMR EINES PYRAZINOANTHRACHINONS 56-0392
DIOXIME U. OXIMINOKETONE 58-0055
NMR V. QUART. PIPERIDINIUM-SALZEN 53-0021
NMR, OXO-TRIARYL-CYCLOHEXADIENYLIUM-HEXACHLOROANTIMONAT 53-0090
NMR V. ANHYDROBASEN V. CHINOLINIUMVERB. 55-0287
NMR V. SULFONIUMSALZEN 56-0002
N-H-KOPPL. IN PYRIDINIUMSALZEN 56-0053
NMR V. SPARTEIN-N-OXIDEN 56-0082
NMR V. AETHYLESTERN 53-0016
NMR V. DIACETYLCYCLOSERIN 53-0024
CHROMOMYCINONDERIV., NMR 53-0247
NMR V. ALLENEN 54-0159
NMR V. DMF 55-0042
NMR V. ALPHA-ACYLAMINO-NITRILEN 55-0161
NMR V. N-CHLORACYL-VAL-METHYLESTERN 56-0044
NMR V. OCTADECENSAEUREN 56-0048
NMR V. APOPODOPHYLLINSAEUREESTER 56-0049
NMR V. TRI-O-CARVACROTID 56-0067
NMR V. HISPIDIN-ANALOGEN 56-0488
NMR V. ANILIDEN 57-0030
NMR V. BETA-HYDROXYSAEUREESTERN 57-0108
NMR V. ORGAN. SAEUREN U. SALZEN 59-0061
NH-CH-KOPPL. IN AMINOACRYLESTERN 60-0051
NMR D. SALZE V. N-DITHIOCARBOXY-AMINEN 61-0048
PROTONENFERNKOPPL. IN REISSERT-VERB. 61-0052
CHEM. VERSCHIEB. V. ALANYL-PEPTIDEN 61-0078

NMR V. ALKINYLPHOSPHIN-AMIDEN 56-0196
KOPPL.-KONST. V. BETA.GAMMA-UNGESAETT. PHOSPHONATEN 57-0162
NMR V. PHOSPHONATEN 57-0205
NMR V. PHOSPHONATEN 58-0038
P-H SPIN-SPIN KOPPL. 59-0052
P-H-KOPPL.-KONST. V. DIOXAPHOSPHORINANEN 60-0053
ESR V. DIANION-RADIKALEN 55-0046
ESR V. PTERIN-RADIKALEN 55-0308
NMR V. ALKOXYCARBONIUMIONEN 56-0055
NMR V. PHENYLEN-BIS-DIPHENYLCARBONIUM-IONEN 56-0056
ESR V. RADIKALEN AUS MALONSAEUREDIAMID 56-0058
ESR, V. VERDAZYLEN 56-0060
V. PHENYL-TROPYLIUM-KATIONEN 56-0096
ESR V. THIAZOLYL-DINITROPHENYL-HYDRAZYLEN 56-0353
ESR V. 1.2.3-TRIHYDRO-PYRENYL 57-0039
ESR V. PHENYLNITROXIDEN 58-0056
ESR V. BETA-DIKETON-ANIONEN 58-0058
ESR V. 2-PYRIDYL 60-0055
ESR V. THIOXANTHHYDROLDIOXID-RADIKALEN 60-0056
ESR V. BENZIMIDAZOLYL-HYDRAZYLEN 60-0334
ESR V. 2.3.5-TRIPHENYL-TETRAZOLIUM 61-0055
NMR D. MEISENHEIMER-KOMPLEXE 57-0034
NMR D. KOMPLEXE V. NITROAROMATEN MIT AZID-IONEN 57-0035
NMR D. KOMPLEXE V. NITROAROMATEN MIT AROMAT. AMINEN 57-0036
(1)H-NMR V. SOLVATATIONSDIASTEREOMEREN-KOMPLEXEN 58-0048
FERNKOPPL. BEI GLUCOPYRANOSEN 61-0079
NMR V. OLEANEN-DERIV. 54-0032
NMR V. STEROIDKETONEN 53-0015
NMR V. STEROID-WESTPHALEN-LETTRE-DERIV. 55-0304
CORYNANTHEIDINE, NMR 53-0031
NMR V. GINKGOLIDEN 54-0468
NMR V. DERIV. D. GLAUCARUBINS 55-0416
ESR V. HUMINSAEUREN 57-0040
KMR-BEST. V. SCHLAFMITTELN 56-0509
V. DEHYDRODIANTHRONEN 58-0036
SUSZEPTIBILITAET V. PYREN 56-0035
NMR V. PTEROCARPANEN 57-0057

MAKROLIDE
* S. UNTER LACTONE

MANGAN
MN(II), EINFL. AUF DECARBOXYLASEN 59-0502

MANGANSAUERSTOFFSAEUREN
MNO4(-), OX. V. HYPONITRIT 57-0439

MANGANVERBINDUNGEN
MN(CO)5H, RK. MIT N-FLUOR-VERB. 56-0362
TRIMETHYLZINN-MANGANPENTACARBONYL, STRUKTUR 58-0003
PY.-MN(III)CL-PORPHYRINE, BLDG.-KONST. 59-0015
MN-SULFOXID-KOMPLEXE, IR 61-0003
PI-C5H5MN(CO)5CH2COR (R NH2,OH,OCH3) DARST., RK., STRUKTUR 59-0001
CYCLOPENTADIENYL-MANGAN-TRICARBONYL-ENONE, DARST. 59-0027
C5H5MN(CO)2C(OCH3)C6H5 (BZW. CH3) 60-0028
HYDROXY-ALKIN-CYCLOPENTADIENYL-MN-TRICARBONYLE, DARST. RK. 61-0024
THERM. ZERS. V. MANEB U. MANGAN-TRITHIOCARBONAT 54-0168
(N(C2H5)4)2(MN(N3)4) , DARST. 60-0001
MN(CLO4)2, RK. MIT CYCL. SULFOXIDEN 61-0003
MNSO4, EINFL. AUF D. OX. V. SORBINSAEURE 57-0095
MNSO4, EINFL. AUF D. SUBMIKRO-BEST. V. C-METHYLGRUPPEN 58-0546

MANNICH-BASEN
V. ACETONYL-THEOBROMINEN, SYNTH. 55-0303
DARST., RK. 53-0098

MANNICH-REAKTION
* S. UNTER KONDENSATIONSREAKTIONEN

MARIHUANA
* S. UNTER HANF

MASSANALYSE
KONDUKTOMETRIE V. ADDUKTEN AUS MG U. AROMAT. KW-STOFFEN 58-0014

MASSENSPEKTROSKOPIE
STEREOISOMERIE U. MASSENSPEKTRUM 58-0064
MASSENSPEKTRUM V. ESTERN 53-0026
MASSENSPEKTROMETRIE 53-0027
V. GLUCOSIDEN 58-0065

MASSENSPEKTROSKOPIE (SPEZIELLE STOFFE)
BEI STEREOCHEM. PROBLEMEN 54-0045
V. PEPTIDEN 56-0066
V. DELTA(2)-THIAZOLINEN 57-0043
V. KYNURENINEN 57-0046
BEI STRUKTURELLEN U. STEREOCHEM. PROBLEMEN 58-0062
MASSENSPEKTROMETR. U. THERMOLYSE-RK. 53-0052
MASSENSPEKTROMETRIE BEI STEREOCHEM. PROBLEMEN 54-0039
V. OCTINEN 56-0061
V. NORBORNYLKETONEN 57-0045
ZUR UNTERS. V. RK.-MECHANISMEN 57-0119
V. UNGESAETT. ESTERN U. NITRILEN 61-0061
V. TRICHLORALKENEN 60-0060
V. QUART. N-VERB. 57-0044
V. ORGAN. OXALATEN 60-0062
V. STEROIDLACTONEN 59-0074
V. ALKALOIDEN 58-0063
V. GLYOXAL U. DIACETYL 57-0048
WRKG. V. TAUTOMERIEN 58-0062
V. PHENANTHRENEN 58-0066
V. GLYKOL-DIESTERN 59-0072
V. SALAMANDER-ALKALOIDEN 61-0498
MASSENSPEKTREN V. SCHWACH ANGEREGTEN MOL. 53-0025
V. ISOPROPYLIDENCYCLOHEXANEN 55-0050
V. 1.2-OXAZARINGSYST. 55-0052
V. ALIPHAT. ALPHA.BETA-EPOXYKETONEN 61-0056
V. ORGAN. VERB. (METASTABILE UEBERGAENGE) 54-0043
V. KLEINEN RINGEN 56-0065
V. DIPHENYLALKANEN 59-0069
V. POLYCHLORALKANEN 59-0070
V. AROMAT. N-OXIDEN 60-0064
V. INSTABILEN ORGAN. MOL. 60-0065
V. POLYACETYLENEN 54-0046
V. PENTACYCLODECANEN 55-0048
V. TRIPTYCEN 60-0059
V. VERBRUECKTEN POLYCYCL. KW-STOFFEN 61-0059
V. 9.10-DIHYDRO-PHENANTHRENEN 55-0049
MASSENSPEKTREN V. DIOXOLANEN 53-0027
V. LINEAREN DI-, TRI- U. TETRAPYRROLVERB. 54-0039
V. EPOXIDEN U. KETONEN 54-0044
FRAGMENTIER. V. AMINOPYRIMIDINEN 55-0047
MASSENSPEKTREN V. PHTHALANEN 58-0067
V. PYRIDAZIN 60-0058
V. KOMPLEXEN LIGNANEN 61-0067
V. AROMAT. AZOXYVERB. 57-0110
V. TRICYCLOALKENOLEN 60-0061
MASSENSPEKTREN V. ALIPHAT. AETHERN 53-0025
V. THIONYLANILIN 54-0041
V. PENTYLMERCAPTANEN 54-0045
V. ARYLALKYLSULFOXIDEN 55-0095
V. ORGAN. SCHWEFELVERB. 61-0062
V. CARBAMINSAEUREDERIV. 58-0061
V. BETA-LACTAMEN 58-0060
V. BENZOPHENONEN 60-0057
V. 3.4-DIPHENYL-4.5-EPOXY-CYCLOPENTEN-(2)-ON-(1) 60-0063
V. 2-ACYL-THIOPHENEN 61-0057
V. CATENAVERB. 61-0060
V. SEMICARBAZONEN 56-0062
V. QUART. N-VERB. 54-0040
MASSENSPEKTRUM V. MACROSALHIN-CHLORID 58-0437
SPEKTREN V. CYCLOSERINDERIV. 53-0024
D. ESTER V. UNGESAETT. SAEUREN 53-0026
V. CARBONSAEUREN U. ESTERN 54-0042
MASSENSPEKTREN V. GIBBERELLINEN 55-0051
V. ACETESSIGSAEUREESTERN 56-0064
V. PHTHALIMIDEN 57-0041
V. PERDEUTERIERTEN FETTSAEUREESTERN 57-0042
V. MERCAPTOCARBONSAEUREESTERN 58-0059
V. MYCOLSAEUREN 58-0271
V. 2-PYRONEN U. CUMARINEN 61-0063
FRAGMENTIER. V. BETA-LACTAMEN 61-0065
V. OLIGOPEPTIDEN 61-0068
V. BETA-KETOESTERN 59-0068
V. CYCLODEPSIPEPTIDEN 60-0068
V. ORGANO-P-VERB. 59-0067
V. DITERPENEN 56-0063
V. MELIACINEN 58-0068
V. CROTONOSINALKALOIDEN 53-0195
V. HYDROXYSPARTEINEN 59-0073
V. RHOEADIN-ALKALOIDEN 61-0058
V. VITAMIN-B(6)-DERIV. 55-0401
V. UBICHINONEN 57-0047
V. CHLORINEN 55-0053
V. TRITERPENMETHYLAETHERN 55-0363
UNTERS. AN NATURSTOFFEN 58-0435
MASSENSPEKTROSKOP. BEST. V. PERMETHYLGALAKTOSIDEN 61-0064

MERCAPTALE U. MERCAPTOLE
NITRO-KETEN-MERCAPTALE, DARST. 54-0136
1-MERCAPTO-RIBOSIDE, DARST. 57-0355
ACETALDEHYD-DIALKYLMERCAPTALE, DARST. 60-0331
CYCL. HEMITHIOACETALE, DARST. 59-0406
KETEN-, ROTAT.-BARRIERE UM C-C-DOPPELBIND. 59-0089
RK. MIT ALIPHAT. DIAZOVERB. 55-0129

MERCAPTANE
* S. AUCH SULFIDE, ORGANISCHE, THIOSAEUREN
AROMAT. THIOLE, DARST. 54-0193
DITHIOLE, DARST. 58-0183
THIOPHENOLE, DARST. 56-0211
GEM.-DITHIOLE, DARST. AUS KETONEN 57-0198
3-MERCAPTO-PROPANOLE-(1) DARST. 57-0251
PYRROLO(3.4-D)PYRIMIDINTHIOLE-(4) SYNTH. 57-0340
AMINOALKAN-, DARST. AUS THIAZOLIDINTHIONEN 61-0153
PENTYLMERCAPTANE, MASSENSPEKTROMETRIE 54-0045
O-AMINO-THIOPHENOLE, CYCLISIER. 55-0099
OMEGA-MERCAPTO-AETHYLENE, CYCLISIER. 56-0316
ALPHA-, MECHANISMUS D. OX. 60-0114
RK. MIT KOHLENSUBOXID 58-0196
RK. MIT NACN U. BR2 61-0212
ADDIT. AN TRANS-1-AETHYLMERCAPTO-3-METHYL-BUTADIEN-(1.3) 60-0135
ADDIT. AN PHENYLACETYLENE 60-0139
AROMAT., KOOX. MIT INDEN 61-0081
AMINOMERCAPTANE RK. MIT 2-TRIHALOGENMETHYL-BENZAZOLEN 53-0142
RADIKAL-RK. MIT CHLORNORBORNENEN 58-0296
RK. 58-0224
O-AMINO-THIOPHENOLE, RK. 53-0139

RK. MIT LACTONEN 61-0164
AMINO-THIOALKOHOLE, RK. 61-0373
MERCAPTOSAEUREN
THIODIESSIGSAEUREESTER, DARST. 56-0183
(5-PURINYL-(6)-MERCAPTO)-VALERIANSAEUREESTER, DARST. 56-0495
ESTER, UMLAGER. DURCH ELEKTRONENSTOSS 58-0059
MESOIONISCHE VERBINDUNGEN
SYDNONE, SPALT. DURCH HCL 59-0339
MESOION. OXAZOLONE, CYCLOADDIT. 58-0302
3-ARYL-SYDNONE, SOLVOLYSE 58-0352
FORMAMIDINIUMCARBODITHIOATE, RK. 58-0331
METALLE (U. LEGIERUNGEN)
EINW. AUF HALOGENAETHER 57-0008
UEBERGANGSMETALLIONEN, EINFL. AUF D. PEPTID-HYDROLYSE 56-0477
METALLVERBINDUNGEN
ISOSTERE METALLORGAN. VERB. 55-0006
ISOSTERE METALLORGAN. VERB. 55-0007
ORGANOMETALL-PHOSPHINALKYLENE, SYNTH. 55-0009
ISOSTERE METALLORGAN. VERB. 56-0013
GEM.-DIMETALLVERB., RK. 57-0192
METALLORGAN. VERB., RK. 58-0016
ISOSTERE METALLORGAN. VERB. 58-0019
METHYLFERROCENE, ORD U. KONFIG. 59-0032
AETHYLMETALL-VERB., DARST. 60-0017
METHYLMETALL-VERB., KOMPLEXBLDG. MIT DIGLYME 60-0018
PHENYLMETALL-VERB., DARST. 60-0019
METHYLMETALLHALOGENIDE, DARST. 60-0020
METALLORGAN. VERB., DARST. 60-0021
METALLOCENE, KONFORM. 56-0001
METALLEINLAGER.-RK. MIT DIKETEN 59-0025
ADDIT. UNGESAETT. ORGANOMETALLVERB. AN CARBONYLVERB. 56-0300
ORGANOMETALLVERB. 58-0017
ORGANOMETALLRK. 58-0020
RK. V. METALLDERIV. V. H-ACIDEN VERB. 58-0308
ISOSTERE METALLORGAN. VERB. 55-0008
DOPPELZERSETZUNGSRK. 53-0004
ORGANOMETALLVERB., REAKTIVITAET 57-0131
RK. V. ORGANOMETALLVERB. 59-0016
ORGANOMETALLVERB. D. 4. GRUPPE 60-0025
RK. V. ORGANOMETALLVERB. MIT ALPHA-AETHYLENACETALEN 57-0132
METALLORG. VERB., RK. MIT DIMEREN V. KETENEN 56-0175
ADDIT. AN VINYLOGE DIMETHYLFORMAMIDE 59-0233
METALLCHLORIDE, ALS SULFURIER.-KATALYSATOREN 56-0149
METALLHALOGENIDE, RK. 59-0023
METHANOLYSE
* S. UNTER SOLVOLYSE
METHINCYANINE
* S. UNTER FARBSTOFFE, ORGANISCHE
METHYLENGRUPPEN
RK. V. AKT. METHYLENVERB. 59-0267
NICHTAEQUIVALENZ D. PROTONEN 58-0083
RK. V. AKT. CH2-VERB. MIT ANTHRANIL 59-0333
RK. V. AKT. METHYLENVERB. 53-0074
METHYLGRUPPEN
* S. UNTER ALKYLGRUPPEN
METHYLIERUNG
* S. UNTER ALKYLIERUNG
MICHAEL-REAKTIONEN
* S. UNTER ADDITIONSREAKTIONEN
MIKROBEN
ISOLIER. V. CAROTINOIDEN 58-0441
EINFL. V. TENSIDEN AUF D. WRKG. ANTIBAKTERIELLER STOFFE 53-0254
BAKTERIOSTAT. WRKG. V. SULFONAMID-FORMAZANEN 55-0266
BAKTERICIDE (AMIDRAZONE) 57-0262
ANTIMIKROBIELLE THIOSULFANILSAEUREESTER 60-0209
BAKTERIOSTAT. NITROTHIOPHENCARBALDEHYDDIALKYLACETALE 61-0565
B. SPHAERICUS, OESTRENDIONDEHYDRIER. 54-0427
BODENBAKTERIEN, HYDROLYSE V. SAPONINEN DURCH 60-0479
CALONECTRIA DECORA, HYDROXYLIER. 59-0478
MYCOBAKTERIEN, ARABINOSE-MYCOLATE 60-0427
MYCOBACTERIUM AVIUM, HEMM. IN VITRO 56-0497
MYCOBAKTERIEN,BESTANDTEILE 54-0473
MYCOBAKTERIEN, BESTANDTEILE 54-0470
MYCOBACTERIUM PHLEI, CAROTINOIDE 57-0370
MYCOBACTERIUM PHLEI, MYCOLSAEUREN 59-0499
ALPHA-MYCOLSAEUREN AUS MYCOBACTERIUM SMEGMATIS 54-0473
MYCOBACTERIUM TUBERCULOSIS, HEMM. IN VITRO 56-0497
PSEUDOMONAS OVALIS, METABOLITE 56-0483
STAPHYLOCOCCUS AUREUS, BAKTERIZIDE 53-0254
TRICHOMONAS VAGINALIS, BEKAEMPF. 55-0432
MIKROORGANISMEN
STOFFWECHSELPROD. 57-0414
STEROIDUMWANDL. DURCH 58-0522
FLAGELLATEN, ACETYLENCAROTINOIDE 57-0369
MINERALOELE
BESTANDTEILE V. HOCHSD. DESTILLATEN 57-0218
BESTANDTEILE V. HOCHSD. DESTILLATEN 57-0219
MISCHUNGSWAERME
* S. UNTER LOESUNGS- UND MISCHUNGSWAERME
MOHN
ALKALOID E AUS PAPAVER BRACTEATUM 55-0429
VORK. V. OREOPHILIN IN PAPAVER 53-0197
ISOLIER. U. CHEMIE D. ALKALOIDE 54-0398
PAPAVER CAUCASICUM, PAPAVERRUBIN C 56-0437
PAPAVER RHOEAS 54-0399
PAPAVER SOMNIFERUM, MORPHINBIOSYNTH. 59-0511
MOLEKULARSTRUKTUR
MATHEMAT. MODELL ZUR BESCHREIB. V. STRUKTUREN 54-0051
V. NAPTHYLAETHYLENEN 54-0129
WINKELMESS. AN DREIDING-MODELLEN 57-0049
ATOMABSTAENDE IN MAKROCYCL. SYST. 53-0028
V. BICYCLO(2.1.1)HEXAN 54-0057
WINKEL V. CYCLOPENTAN 56-0084
BIND.-LAENGEN IN DIHYDROPYRIDINEN 54-0049
O-BIND.-WINKEL IN SILOXANEN 57-0056
SCHWING.-EFFEKTE 54-0055
POTENTIALFUNKT. V. CYCLOALKANEN 54-0065
PMR U. INNERE ROTAT. 55-0057
V. BENZYLANILINEN 58-0083
SCHWING.-EFFEKTE 54-0056
V. FLUORDIHYDRONAPHTHALINEN 54-0034
U. NMR V. F-ORGAN. VERB. 55-0040
V. ENAMINEN U. HYDRAZONEN 55-0057
INNERE ROTAT. V. DIMETHYL-NITROSAMIN 58-0071
INNERE ROTAT. UM C(AROM)-O-BIND. 57-0062
INNERE ROTAT. UM C(AROM.)-O-BIND. 60-0069
ROTAT.-BARRIERE EINER SP(2)-SP(3) C-C-BIND. 60-0088
V. KETENMERCAPTALEN U. -AMINALEN 59-0089
MOL.-SCHWING. V. HARNSTOFF 54-0052
ROTAT.-BARRIEREN BEI CARBAMATEN 55-0061
ROTAT.-BARRIERE V. DMF 55-0042
ROTAT. IN FORMAMIDINEN 59-0080
TORSIONSBARRIEREN IN N.N'-DIACYLHYDRAZINEN 61-0050
V. DIMETHYLAMIDOSCHWEFELSAEURECHLORID 59-0081
ROTAT. IN EINEM SULFINAMID 61-0047
HUECKEL-MOS U. ORBITALENERGIEN 54-0054
ELEKTRONENSTRUKTUR V. KONJUGIERTEN VERB. 58-0078
V. PERIMETER-PI-SYST. 54-0024
D. PI-KOMPLEXE V. HETEROAROMATEN 59-0075
CHINOIDER ZUSTAND V. CHINONANILEN 53-0040
V. PENTADIENYL-LI-VERB. 53-0014
V. KONDENSIERTEN AZULEN-SYST. 54-0020
V. KUMULENEN 55-0055
ELEKTRONENSTRUKTUR V. OCTALEN 57-0050
V. TRIAFULVEN, TRIAFULVALEN, CALICEN 58-0072
V. ALTERNIERENDEN KW-STOFFEN 58-0073
V. AROMAT. KW-STOFFEN 59-0055
ELEKTRONENSTRUKTUR V. BICYCLO(3.1.0)HEXATRIEN 61-0071
ELEKTRONENSTRUKTUR V. TRIMETHYLENMETHAN 53-0053
V. DIHYDROPYRENEN 54-0024
TRIPLETT-ZUSTAND V. CYCLOPROPYLIDEN 54-0078
ELEKTRONENVERTEIL. BEI ANTHRACENEN 58-0077
QUANTENCHEM. DATEN V. AROMATEN 60-0035
HMO-BERECHN. AN TRANS-STILBENEN 60-0073
LCAO-BERECHN. V. BENZOLEN 61-0112
V. TRANS-1.2-DIPYRIDYL-AETHYLENEN 54-0053
TRIPLETTZUSTAND V. INDOLEN 55-0025
MO-BERECHN. V. HETEROCYCLEN 56-0072
MO-BERECHN. V. HETEROCYCLEN 56-0073
V. (IS)OXAZOL 57-0024
ELEKTRONENSTRUKTUR V. THIAZOLEN 57-0055
ELEKTRONENDICHTE V. HETEROCYCLEN 59-0076
V. PIPERIDINEN 61-0043
ELEKTRONENUEBERGAENGE IN AROMAT. CHLORAZINEN 57-0053
HMO-BEHANDL. V. -O-NO2-, -N-NO2- U. -C-NO2-GRUPPEN 56-0109
ELEKTRONENSTRUKTUR V. ANILIN 61-0039
V. ARYL-PHENYLCARBINOLEN 60-0043
V. 8-HYDROXY-CHINOLIN U. SEINEN AZADERIV. 61-0070
ELEKTRONENSTRUKTUR V. SULFONEN 57-0072
LAD.-VERTEIL. V. P-ORGAN. VERB. 55-0058
V. FLUOREN-TRIARYL-PHOSPHAZINEN 55-0058
LAD.-VERTEIL. V. PHOSPHINEN 59-0082
V. TETRAALKOXYSILANEN 59-0047
V. 1.3.6'.8'-TETRAMETHYL-DEHYDRODIANTHRON 57-0015
ELEKTRONENSTRUKTUR V. AETHYLENVERB. 57-0054
V. BETA-AMINOVINYLKETONEN 60-0074
LCAO-BERECHN. V. OXIMEN 58-0074
ELEKTRONENSTRUKTUR V. FLAVYLIUMVERB. 59-0048
LAD.-VERTEIL. IN AMMONIUMVERB. 59-0083
V. DICYANDIHYDRO-PYRIDINEN 56-0069
V. 3-PHENYL-SYDNON 56-0070
LAD.-VERTEIL. IN DICARBONIUMIONEN 56-0056
V. VERDAZYLEN 57-0052
ELEKTRONENSTRUKTUR D. MEISENHEIMERKOMPLEXE 57-0034
MOLLUSKEN
SEPIA OFFICINALIS, OMMINE 59-0444
MOLYBDAENVERBINDUNGEN
TRICARBONYL-CYCLOHEPTATRIEN-MO-KOMPLEX, DARST. 58-0021
DARST. V. AMIN-MO-CARBONYLEN 53-0005
KOMPLEXE V. MO MIT CYCLITEN 58-0005
MOO2(OC2H5)2 MIT 2NH3, VERSEIF. 60-0026
(C2H5P)5MO(CO)4, KRIST.-STRUKTUR 61-0007
BICYCLONONATRIEN-MO-KOMPLEXE 53-0006
PI-C5H5MO(CO)3CH2COR (R NH2,OH,OCH3), DARST., RK., STRUKTUR 59-0001
MO(CO)5C(OCH3)C6H5(BZW. CH3), DARST. 60-0028
(AZULEN-MO(CO)3CH3)2, KRIST.-STRUKTUR 61-0009
1.4-DIAZA-BUTADIEN-MOLYBDAEN-TETRACARBONYLE, DARST. 54-0152
KOMPLEXON I-MO(VI)-CHELAT (STABILITAETSKONST.) 60-0009

MO-AL2O3-KATALYSE D. OLEFINUMWANDL. 58-0151
MO(CO)6 ALS KATALYSATOR 57-0216
MOO2F2, BLDG. 61-0016
MOF3, BLDG. AUS NF3 U. MO ODER MON 61-0016
MOF6, DARST. AUS NF3 U. MO, MON ODER MOS2 61-0016
MOMENT, ELEKTRISCHES
V. ANILINIUM- U. PYRIDINIUMIONEN 59-0083
V. CYCLOHEXANEN 59-0086
V. ORGANO-P-VERB. 60-0042
V. 1.6-UEBERBRUECKTEN (10)-ANNULENEN 54-0017
V. 1.2-DICHLOR-AETHAN U. CHLORACETON 58-0037
V. DICHLORCYCLOOCTANEN 59-0085
V. 1.1.2-TRICHLOR- U. 1.1.2-TRIBROMAETHAN 61-0077
V. NITRO-GRUPPEN 56-0109
V. N-, P-, AS-, SB-, BI-VERB. 59-0002
V. ALKYLARYLPHOSPHINEN 59-0082
V. ALKOXYSILANEN 57-0056
V. TETRAALKOXYSILANEN 59-0047
V. ALPHA.ALPHA'-DIHALOGEN-CYCLOALKANONEN 57-0063
V. O-ACYLOXIMEN 60-0078
V. 1.1-DICYANAETHYLENEN 56-0034
V. THIOSAEUREAMIDEN 56-0033
V. CYCL. SULFITEN 57-0060
MORPHOLINE (TETRAHYDRO-1.4-OXAZINE)
PHENYL-MORPHOLINO-THIOPHENE, DARST. 58-0412
N-SPIRO-MORPHOLONIUMVERB. DARST., RK. 59-0371
MORPHOLINO-ARYL-ACETONITRILE, DARST. U. H-AUSTAUSCH 56-0213
MUTTERKORN
BIOSYNTH. D. MUTTERKORNALKALOIDE 61-0564
MYRJ
45, EINFL. AUF BAKTERIZIDWIRKSAMK. 53-0254
49,EINFL. AUF BAKTERIZIDWIRKSAMK. 53-0254
53,EINFL. AUF BAKTERIZIDWIRKSAMK. 53-0254

N

NAPHTHALINE
-1.3-DISULFONSAEUREN, DARST. 56-0287
BINAPHTHYLE-(1.1'), OPT. AKTIVITAET 58-0139
NAPHTHAZARINE, DARST. 58-0277
AMINOAZO-, UV U. IR 59-0274
TETRAHYDRO-1.4-AETHANO-NAPHTHALINE, DARST. 60-0286
1-HYDROXY-NAPHTHALIN-CARBONSAEUREN-(3), SYNTH. 57-0221
TETRAHYDRO-, ORD U. ZIRKULARDICHROISMUS 61-0033
FLUORDIHYDRONAPHTHALINE, NMR 54-0034
3.4-DIHYDRO-NAPHTHALINE, DISMUTAT. 54-0253
NAPHTHYLAETHYLENE, PHOTOCYCLISIER. 54-0129
METHYL-HYDRO-, DEHYDRIER. 57-0222
1-ALKYL- U. 1.4-DIALKYL-, HYDRIER. (KINETIK) 59-0084
SULFONIER. (KINETIK) 58-0117
HALOGENNITRO-, RK. 58-0123
HYDRONAPHTHALINE MIT QUART. CH3-GRUPPEN, RK. 53-0104
NAPHTHOLE
NAPHTHOL-(1)-SULFONSAEUREN, DARST. 53-0098
NATRIUM
POLYMERISAT. V. PENTADIEN MIT - 58-0512
RK. MIT KETONEN U. NITRILEN 57-0151
NATRIUMVERBINDUNGEN
NATRIUM-ACETYLIDE, RK. 54-0340
NA-CYANAMIDO-THIOCARBAMATE, RK. 57-0288
ELEKTROLYSE V. DIALKYL-NATRIUMMALONATEN 61-0163
AROMAT. IONENRADIKAL-VERB. 54-0023
NAPHTHALIN-NA, RK. MIT PHENYLCYCLOGERMANEN 57-0010
NA-TERT.-AMYLAT BEI WITTIG-RK. 60-0169
4-BENZOYL-1.2.3-TRIAZOLYL-NA, RK. MIT METALLHALOGENIDEN 56-0027
RK. V. NA-PHENOLATEN 55-0187
RK. V. P-PHENYL-NA-PHENOLAT 55-0188
NA-AETHINYLALKOHOLATE, DARST. RK. 56-0250
NA-NAPHTHOLE, ALKYLIER. 58-0276
NA-SALZ V. HYDROXYPYRON, RK. 60-0363
RK. V. NA-CARBOXYLATEN 61-0201
DARST., RK. V. 1-ALKINYL-NA 54-0002
NA-SALZE V. 2-MERCAPTO-BENZTHIAZOL U. -BENZIMIDAZOLEN, RK. 58-0343
NASCH3, RK. MIT GEH3CL 60-0004
NATRIUMMETHYLMERCAPTID , RK. 60-0164
KALIGNOST, RK. 57-0135
NATRIUMTETRAPHENYLBORAT, RK. 60-0030
NA-MALONSAEUREDIAETHYLESTER, RK. 53-0236
FLUOREN-NA, DARST. 54-0022
RK. V. CYCLOPENTADIENYL-NA 55-0019
BETA-KETO-ALDEHYD-NA-SALZE, RK. 55-0148
CYCL. POLYPENTADIEN-NA-VERB., BLDG. 56-0493
DINITROMETHYL-NA-VERB., IR 57-0019
CYCLOPENTADIENYL-NA, RK. 57-0239
2-(2-METHYL-1.3-DIOXOLANYL-(2))-AETHINYL-NA 59-0020
NA-ACETYLID, RK. MIT FERROCENEN 59-0030
NA-VERB. V. INDANDIONEN, RK. 60-0165
PHENYLACETYLEN-NA, NA-PHENAETHINYLMERCAPTID, RK. 60-0332
NA-CAMPHER, RK. 60-0473
CYCLOPENTADIENYL-NA, RK. 61-0238
DARST. V. NA-AZAPENTALENID 61-0362
NATRIUM-KETYLE 55-0150
NA-BIS-TRIFLUORMETHYLHYDROXYLAMIN, RK. 59-0194
VERW. V. NA-ACETAT ZUR CU-AKTIVIER. 54-0236
EINBAU V. NA-ACETAT IN KAKTUSALKALOIDE 54-0478
ZN-N-CYANALKYL- U. N-CARBOXYALKYL-DITHIOCARBAMATE, DARST. 55-0132
ZERS. V. NA-TRICHLORACETAT 55-0166
HYDROXYFETTSAEURE-NA-VERB., DARST. 56-0183
TRI-NA-CYANURAT, RK. MIT BR2 56-0408
NA-GLUCONAT, RK. 58-0147
NA-TARTRATO-ALUMINAT-HYDRATE, ZERS. 59-0022
NASCN-KOMPLEXE MIT NONACTIN U. MONACTIN, DARST. 60-0015
DARST. V. METHANTRICARBONSAEURE-THIOAMID-NA-SALZEN 53-0068
NA-BENZOLSULFINAT, RK. 53-0143
RK. V. NA-NAPHTHALINSULFONATEN 54-0255
NA-DIALKYLDITHIOPHOSPHINATE, RK. 55-0015
CHLORAMIN T, RK. 58-0281
SACCHARIN-NATRIUM, RK. 59-0334
NA-ALKYLSULFINATE, RK. 59-0501
NA-2-METHOXY-NAPHTHYL-(1)-METHAN-SULFINAT, RK. 60-0162
N-METHYL-ARENSULFAMID-NA-SALZE, BLDG. 61-0198
BEST. V. SURAMIN-NATRIUM 61-0575
RK. MIT GLUCOSAMINDERIV. 61-0465
NA-SALZE D. MEISENHEIMER-KOMPLEXE V. NITROANISOLEN 57-0034
RK. V. NA-MALONDINITRIL 58-0308
NA-THIOLBENZOAT, RK. MIT SACCHARIDEN 54-0380
NA-CYANAMID, RK. 61-0168
NATRIUMVERBINDUNGEN (ANORGANISCHE)
NANH2, EINFL. AUF DIMERISIER. 58-0126
NAN3, RK. MIT METALLSALZEN 60-0001
RK. MIT CHLORTHIOFORMIAT 55-0188
NAN3, RK. MIT 1-O-TOSYL-D-RIBIT 55-0304
NABIO3, PRUEF. FUER GLYKOLANALYSE 60-0513
NA2CO3, EINFL. AUF D. FAVORSKI-UMLAGER. V. BROMCYCLOBUTANON 57-0111
NATRIUM-TETRACARBONYLCOBALTAT(-1), RK. 55-0014
NACLO2,RK. MIT ALPHA.ALPHA'-DIHYDROXY-P-XYLOL 55-0154
NAN3, RK. MIT P4S4O6 60-0012
NAF, RK. MIT P4S4O6 60-0012
NAF, RK. MIT P2O3F4 60-0014
UMSETZ. MIT KRYOLITH 54-0482
NA-HALOGENIDE, AUSTAUSCHRK. MIT K-AMALGAM 60-0017
NABH4,RK. MIT THIAZOLIUMSALZEN 61-0389
NABH4, RED. V. CYCLANONEN MIT 60-0117
NABH4, RED. V. THIAZOLIUM-SALZEN MIT 61-0104
NA2N2O2, REINDARST. V. VERD. LSG. 57-0439
NA2(PB(JO3)6), DARST. 56-0019
NAJ, RK. MIT DITOSYLATEN 56-0326
NANO2, RK. MIT 2-BENZYLAMINOMETHYL-TETRALON-(1)-SULFONSAEURE 53-0098
NAOH, VERSEIF.-WRKG. AUF ALPHA-MONOLAURIN U. FISCHOELE 59-0518
NAJO4,OX. V. GLUCOPYRANOSYLAMINEN 53-0183
NAJO4, RK. 58-0238
NAHSO3,RK. MIT CHLOR-METHYL-ACROLEIN 54-0145
NAHSO3, RK. MIT BENZYL-METHYL-KETON 54-0195
NASCN, RK. MIT CH3HGCL 61-0004
NASCN, KOMPLEXBLDG. MIT NONACTIN U. MONACTIN 60-0015
NA2S2O3, RK. MIT DIAMINEN 57-0154
NATURSTOFFE
MIT NITROGRUPPEN 59-0498
NEODYMVERBINDUNGEN
NMR-SPEKTRUM D. KOMPLEXES MIT 4.4'-DI-N-BUTYL-2.2'-DIPYRIDYL 54-0001
NERVEN
INDOLYLMETHYLHYDRAZIDE ALS PSYCHOTROPICA 56-0341
NEUROTOX. WRKG. V. CAROTATOXIN 53-0251
AZEPINDERIV. ALS NEUROLEPTIKA 54-0374
BAS. BENZOESAEUREESTER, NEUROTROPE WRKG. 58-0229
NEURO- U. PSYCHOTROPE VERB. 58-0404
NEUROTROPE U. PSYCHOTROPE VERB. 60-0373
CARBAMATE MIT DEPRESSIVER WRKG. 59-0383
ZENTRALDAEMPFENDE WRKG. V. DIFLUORPROTHIADEN 58-0420
NEUROLEPTIKA UND NEUROTROPIKA
* S. UNTER NERVEN
NICKEL
RK. V. NI(+) MIT N2O BZW. H2O2 56-0007
NICKELVERBINDUNGEN
NI-SALZE, RK. 56-0206
NI-CARBONYL-TRIPHENYLPHOSPHIN-KOMPLEXE 58-0173
KOMPLEXVERB. D. NULL- U. ZWEIWERTIGEN NI 58-0174
NI-MESO-PYROMETHYLPHAEOPHORBID A 55-0053
PY.-NI-PORPHYRINE, BLDG.-KONST. 59-0015
NI-CORRIN-SALZE, DARST. 59-0037
NI-TETRAHYDROCORRINE 60-0456
NI-(4-ACYL-1.2.3-TRIAZOLYL)-VERB., DARST., STRUKTUR 56-0027
(NI(DIAETHYLENTRIAMIN))(2+), ELEKTRONENSPEKTREN 59-0005
NI-SULFOXID-KOMPLEXE, IR 61-0003
NI(PCL2OR)4 (R=ALKYL), DARST., MAGNET. ROTAT. 56-0028
NI(II)-HALOGENID-PHOSPHIN-KOMPLEXE 60-0172
NI(SCH2CH(NH2)COOCH3)2, HYDROLYSE 61-0014
((P(C6H5)3)2NI(C2H4)), STRUKTUR 59-0010
(PI-C5H5NI(P(C6H5)3)2)SNCL3, DARST. 59-0036
NI-METHYL-AETHYL-GLYOXIM 56-0262
NI-(4-METHYL-CYCLOHEXANDION-(1.2))-DIOXIMAT, AROMATISIER. 53-0079
NI(II)-CHELAT V. SALICYLALDEHYD-THIOSEMICARBAZON,

DARST. 57-0064
NI-PICOLINAT-TETRAHYDRAT, KRISTALLSTRUKTUR 56-0089
RK. V. NI-ACETAT 56-0206
FORMAZAN-NI-KOMPLEXE, BIND.-ZUSTAND 59-0223
DARST. V. METHANTRICARBONSAEURE-THIOAMID-NI-KOMPLEXEN 53-0068
DIALKYLDITHIOPHOSPHINATO-KOMPLEXE 55-0015
CYCLOHEXANDITHIOPHOSPHONSAEURE-NI-SALZE 59-0254
NI-AL2O3-KATALYSE D. OLEFINUMWANDL. 58-0151
NICL2, RK. MIT ORGANO-P-VERB. 59-0254
NICL2, EINFL. AUF D. PEPTID-HYDROLYSE 56-0477
NICL2, KATALYT. EINFL. AUF D. RK. V. TRIALKYLSILANEN 60-0203
NI(BF4)2, RK. MIT CYCL. SULFOXIDEN 61-0003
NI(CLO4)2, RK. MIT CYCL. SULFOXIDEN 61-0003
NISO4, EINFL. AUF D. OX. V. SORBINSAEURE 57-0095
NITRAMINE
V. PYRIDINEN, DARST. 56-0376
CYCL., DARST. U. NITROLYSE 57-0351
D. PYRIDINS, RK. MIT P-HALOGENIDEN 59-0358
HMO-BEHANDL. 56-0109
V. PRIM. AMINEN, POLAROGRAPH. RED. 57-0089
NITRENE
* S. UNTER RADIKALE
NITRIERUNG
V. (9-D)-ANTHRACEN U. (1.4-D2)-NAPHTHALIN (KINETIK) 57-0100
V. ACRYLATEN 61-0392
V. KW-STOFFEN 54-0095
V. PYRROLO(1.2-A)CHINOXALINEN 59-0385
V. ANILINEN (H-ISOTOPENEFFEKT) 54-0127
V. 2.3-DIMETHOXY-NAPHTHALIN 58-0279
V. 2-P-TOLUOYL-BENZOESAEURE 61-0287
V. 2-(3-CHLOR-4-METHYL-BENZOYL)-BENZOESAEURE 61-0288
NITRILE
* S. SAEURENITRILE
* S. AUCH ISONITRILE
NITRILIMINE
RK. MIT UNGESAETT. VERB. 59-0324
NITRILOXIDE
PHOTOLYSE 61-0369
RK. MIT ARYLACETYLENEN 59-0140
CYCLOADDIT. AN PHOSPHORANE 55-0262
BENZONITRILOXIDE, RK. MIT IMINOPHOSPHORANEN 55-0263
NITRIL-N-OXIDE, RK. 59-0332
NITROSAMINE
DARST. 58-0157
NITROSOVERBINDUNGEN
C-NITROSOVERB., RK. MIT ALKOXY-RADIKALEN 54-0141
ISOMERISIER. D. DIMEREN 60-0236
NITROSO-ACYLOXY-ALKANE, DARST. 53-0056
DARST. AUS HYDROXYLAMINEN 56-0198
ALKYLNITROSOBENZOLE, NMR 57-0025
TAUTOMERIE-GLEICHGEW. 53-0038
NITROSOALKANE, UMLAGER. (KINETIK) 57-0115
FRAGMENTIER. 58-0163
DIMERE ALPHA-NITROSOCARBONSAEUREN, ZERS. 61-0391
NITROSOARENE, RK. MIT RAPANON 54-0366
NITROSYLVERBINDUNGEN
NOF, BLDG. 56-0009
NOBF4 DARST. AUS NF3 U. B2O3 56-0009
NO(MOO2F3), DARST. AUS NF3 U. MOO3 61-0016
NOPF6,BLDG. AUS NF3 U. P2O5 56-0009
NOPF6, DARST. AUS NF3 U. POF3 61-0017
(NO)2SIF6,DARST. AUS SIO2 U. NF3 56-0009
NITROSYLTETRAFLUORODISULFAT DARST. 56-0009
NO(VOF4), DARST. AUS NF3 U. V2O5 61-0016
NO(WOF5), DARST. AUS NF3 U. WO3 61-0016
NOHSO4, KOMPLEXBLDG. V. AROMAT. VERB. U. NO(+) 57-0079
NITROVERBINDUNGEN
DINITROMETHYLVERB., IR-SPEKTREN D. ALKALISALZE 57-0019
NITROPARAFFINE, RK. MIT SILANEN 59-0398
VORK. IN PFLANZEN 59-0498
ANILINONITROPYRIDINE, DARST. 53-0159
8-NITRO-ISOXAZOLIZIDINE, DARST. 57-0287
NITROPHENOTHIAZINE, SYNTH. 57-0345
AMINONITROPHENOLE, DARST. 58-0239
NITRO-HYDROCHINONE, DARST. 59-0211
TRINITROPHENOLE, DARST. 61-0196
ALKYLNITROBENZOLE, NMR 57-0025
TETRAFLUOR-NITROBENZOLE, RK. 55-0141
RED. UNTER CYCLISIER. 56-0310
O-ALKYL-ACI-, THERM. ZERS. 58-0145
CHLOR-NITRO-PHENOLE, OX. 55-0144
3.5-DINITROPYRIDINE, RED. 55-0275
ALIPHAT., HYDRIER. ZU AMINEN U. HYDROXYLAMINEN 57-0006
RK. MIT AKTIVIERTEM ZN 58-0159
TRINITROBENZOLE, CHLORIER. 54-0178
TRINITROBENZOLE, CHLORIER. MIT POCL3 54-0179
AROMAT., RK. MIT KOHLENMONOXID 55-0159
AROMAT., RK. MIT AZID-IONEN ZU KOMPLEXEN 57-0035
NITRODIENE U. NITROENINE, ELEKTRO- U. NUKLEOPHILE ANLAGER. 57-0127
NITRONSAEUREESTER, CYCLOADDIT. AN DIENE 60-0342
HALOGENNITROAROMATEN, NUCLEOPHILE SUBSTITUT. 61-0344
FLUORNITROBENZOLE, NUCLEOPHILE SUBSTITUT.-RK. 61-0346
NITRO-HALOGEN-BENZOLE, RK. 55-0088
AROMAT. RK. MIT AROMAT. AMINEN ZU KOMPLEXEN 57-0036
HALOGENNITRONAPHTHALINE, RK. 58-0123
POLYNITROAROMATEN, RK. MIT PHLOROGLUCIN 53-0113
NITROANISOLE, RK. MIT METHYLAT-IONEN 57-0034
NITROARENE, SIGMA-KOMPLEXE 53-0020
NITROTOLUOLE, ALDOLRK. MIT HCHO 60-0161
NITROXIDE
* S. UNTER RADIKALE
NITRYLVERBINDUNGEN
NO2CL, RK. MIT OLEFINEN 60-0234
NO2BF4, RK. MIT NAPHTHALIN U. ANTHRACEN 57-0100
NOMENKLATUR
V. AMANITAWIRKSTOFFEN 54-0314
FUER D. PERHYDROTRIPHENYLEN-SYST. 56-0275
V. OXINDOLALKALOIDEN 58-0154
BEZEICHN. V. DIMEREN NITROSOVERB. 60-0236
D. BIS-HOMO-CUBANE 60-0287
D. OPHIOBOLINE 61-0141
NUCLEINSAEUREN
NUCLEINSAEUREBESTANDTEILE U. ANALOGA 54-0362
NUCLEINSAEUREBESTANDTEILE U. ANALOGA 54-0363
NUCLEINSAEUREBESTANDTEILE, SYNTH. 55-0406
NUCLEINSAEUREANALOGE 56-0361
-KOMPONENTEN U. IHRE ANALOGA 57-0332
-KOMPONENTEN U. IHRE ANALOGA 57-0333
BESTANDTEILE 56-0360
NUCLEOSIDE
GLUCOPYRANOSYLCYTOSINE, DARST. 53-0188
NICHTGLYCOSID. NUCLEOSIDE 55-0304
AMINOACYL-DERIV. 58-0509
THEOPHYLLIN-NUCLEOSIDE, DARST. 59-0427
ANTIGENE MIT NUCLEOSID-DETERMINANTEN 60-0434
METHYLDERIV. V. 4-THIOURIDIN, DARST. 53-0186
DESOXYGLUCOPYRANOSYLCYTOSINE, DARST. 53-0188
TRITYLURIDINE, DARST. 55-0309
RIBONUCLEOSIDE, DARST. 55-0310
AMINOIMIDAZOLCARBONSAEUREAMID-, DARST. 58-0433
METHOXYMETHYLIDEN-NUCLEOSIDE 59-0422
ADENIN-, DARST. 60-0428
RIBO-, DARST.
ORD U. ZIRKULARDICHROISMUS 61-0033
ADENINNUCLEOSIDE, BROMIER. 54-0351
HYDRAZINOLYSE 61-0383
RIBONUCLEOSIDE, ZUR NUCLEOTID-SYNTH. 58-0431
NUCLEOTIDE
TRICHLORAETHANOL ALS SCHUTZGRUPPE 60-0430
OLIGONUCLEOTIDE, SYNTH. 54-0386
AMINOACYL-DERIV. 58-0509
TRI-, OPT. ROTAT.-DISPERS. 61-0032
TRINUCLEOTIDE BIOCHEM. BLDG. 56-0421
OLIGO-, DARST. 57-0360
DINUCLEOSIDPHOSPHATE, DARST. 58-0431
OLIGO- U. POLY-, DARST. 58-0432
AMINOIMIDAZOLCARBONSAEUREAMID-, DARST. 58-0433
OLIGORIBONUCLEOTIDE, DARST. 59-0422
METHOXYAETHYLIDEN-, DARST. 59-0423
DESOXY- MIT 5'-PHOSPHATGRUPPE, DARST. 60-0431
OLIGO-, DARST. 61-0479
DIRIBONUCLEOSID-PHOSPHATE DARST. 61-0480
DIRIBONUCLEOSIDPHOSPHATE, SCHUTZ D. OH-GRUPPEN 61-0478
PYRIDINNUCLEOTIDE, H-UEBERTRAG. 54-0049
ADENINNUCLEOTIDE, BROMIER. 54-0351
HYDRAZINOLYSE 61-0383

O

OBERFLAECHENAKTIVE VERBINDUNGEN
EINFL. AUF BAKTERIZIDWIRKSAMK. 53-0254
OELE, AETHERISCHE
AUS CHAMAECYPARIS TAIWANENSIS, CHAMIGREN 56-0441
CYPERUS SCARIOSUS, TERPENALKOHOLE 59-0469
V. DACRYDIUM COLENSOI, DITERPENE 55-0374
AUS HAMAMELIS VIRG., CARBONYLVERB. 60-0509
V. ROSMARINUS OFFICINALIS L. L-JASMONSAEURE-METHYLESTER 60-0476
RAINFARN-, UMBELLULON 59-0506
MINZOELE, TERPENE 55-0354
COSTUSWURZELOEL, COSTOLFRAKT. 56-0446
BAUMWOLLOEL, HG-ELEKTRODENKAPAZITAET D. LSG. 60-0107
CITRUSOELE, NEUES CUMARIN 59-0346
HOPFENOELE, OXETONDERIV. 57-0423
HOPFENOEL, DIOXABICYCLOOCTAN 59-0349
PFEFFERMINZOELE, BESTANDTEILE 61-0523
MINZOELE, ZUS. 59-0505
PINACEENOELE, BEST. V. FICHTENNADELOEL 56-0508
VALERIANOL AUS BALDRIANOEL 54-0416
VETIVEROELE, ZIZANOESAEURE 60-0467
OLEFINE
* S. KOHLENWASSERSTOFFE (OLEFINE)
OLIVOMYCINE
* S. UNTER ANTIBIOTIKA
OMMOCHROME
OMMINE, KONSTIT. 59-0444
ONIUMVERBINDUNGEN
HEMICYANINE D. DIHYDROFURYLIUM-TYPS, DARST. 55-0218
PHTHALYLIUMSALZE, RED. 58-0309
PHTHALYLIUM-PERCHLORATE, RK. 59-0301

OPIUM
PORPHYROXIN U. PAPAVERRUBIN C AUS JAPAN. 56-0437
ORGANE, HERZ
FERRICYTOCHROM C 58-0519
CORONARWRKG. EINES PYRROLIDINYL-BENZ(E)ISOINDOLS 56-0339
ORGANOANTIMONVERBINDUNGEN
PEROXIDE U. HYDROPEROXIDE V. 58-0212
ORGANOARSENVERBINDUNGEN
PENTAFLUORARSEN-DERIV., DARST. 54-0208
PHENYLARSONIUMTHIOPHOSPHATE, DARST. 58-0011
ARSAMETHINCYANINE, DARST. 61-0331
ARSINE, KOMPLEX-BLDG. 53-0008
AMINOARSINE, RK. MIT CARBONYLVERB. 56-0381
ORGANOBORVERBINDUNGEN
BENZO-BOROXAZINE, DARST. 61-0456
HEPTAFLUOR-PROPYLBORVERB., DARST. 56-0357
UEBERTRAG.-RK. 55-0162
VERW. ZUR RED. V. IMINEN 58-0010
ANALYSE 59-0514
ORGANOBROMVERBINDUNGEN
* S. AUCH KOHLENWASSERSTOFFE (HALOGENIERTE)
3-ARYL-4-BROM-SYDNONE, AMINOLYSE 58-0352
ORGANOCHLORVERBINDUNGEN
* S. AUCH KOHLENWASSERSTOFFE (HALOGENIERTE)
NQR-TAFT-KONST.-BEZIEH. 60-0049
CHLORBENZOLE, HAMMETT-KONST. 59-0093
TRINITRO-CHLORBENZOLE, DARST. 54-0178
ARYL-PERCHLOR-AZA-ALKENE, DARST. 55-0112
KERNQUADRUPOLRESONANZ 55-0034
CYCLOPROPYLCHLORIDE, THERM. RINGOEFFN. 60-0290
2.2-DINAPHTHYL-CHLORAETHANE, RK. 60-0310
ORGANOELEMENTVERBINDUNGEN
PROPARGYL- U. ALLENVERB. D. GRUPPE IVB, DARST. 56-0239
ORGANOFLUORVERBINDUNGEN
* S. AUCH KOHLENWASSERSTOFFE (HALOGENIERTE)
AROMAT. POLYFLUORVERB. 53-0077
POLYFLUORHETEROCYCLEN, TAUTOMERIE 53-0161
SYNTH. 54-0162
SYNTH. 54-0171
FLUORALKOHOLE, ASSOZIAT. 55-0031
ALPHA-FLUORSAEUREAMIDE, DARST. 55-0127
ALPHA-FLUOR-CARBONYLVERB., DARST. 58-0300
FLUORAROMAT. VERB., SYNTH. 59-0024
ALPHA-DIFLUORAMINO-FLUORIDE, DARST. 60-0218
FLUORIERTE ALKOHOLE U. DIOLE, INTRAMOL. H-BIND. 55-0032
NMR U. MOL.-STRUKTUR 55-0040
FLUORCHINOLINE, NMR 58-0049
AROMAT. POLYFLUORVERB., RK. 55-0141
POLYFLUORARENE, SUBSTITUT.-RK. 58-0122
FLUORNITROBENZOLE, NUCLEOPHILE SUBSTITUT.-RK. 61-0346
BENZYLFLUORIDE FORMOLYSE 56-0201
ORGANOHALOGENVERBINDUNGEN
* S. AUCH KOHLENWASSERSTOFFE (HALOGENIERTE)
HALOGENNITROAROMATEN, NUCLEOPHILE SUBSTITUT. 61-0344
(TRIHALOGENSILYL)-BENZYLHALOGENIDE, DARST. 54-0096
GEM.-HALOGEN-MG-VERB., DARST. 58-0013
NMR U. BIMOL. ELIMINIER. 59-0138
RK. V. AROMAT. HALOGENVERB. 54-0254
HETEROCYCL., RINGUMWANDL. 54-0369
ARYLHALOGENIDE, KUPPL.-RK. DURCH CU2O 58-0266
BENZYLOXYMETHYL-HALOGENIDE, VERW. ZUR ALKYLIER. 58-0276
1.2-DIHALOGEN-VERB., ELIMINIER.-RK. 61-0162
BETA-UNGESAETT., RK. MIT MG 58-0168
RK. MIT AMINEN (KINETIK) 57-0098
HALOGENNITRONAPHTHALINE, RK. 58-0123
RK. MIT GRIGNARD-VERB. 56-0163
HALOGENMETHYLALANE, RK. 58-0015
ALPHA-HALOGENKETONE, RK. 58-0308
GEM.-, RK. MIT LITHIUMDIMETHYLAMID 59-0163
BETA-HALOGEN-CROTONSAEURENITRILE, RK. 59-0180
2-BROM-CYCLOHEXAN-1.3-DIONE, RK. 58-0414
RK. MIT SULFINAT-ANIONEN 57-0169
ORGANOJODVERBINDUNGEN
* S. AUCH KOHLENWASSERSTOFFE (HALOGENIERTE)
JOD-TRIS-PERFLUORCARBOXYLATE, DARST. 58-0009
DIARYLJODONIUMSALZE SYNTH. 61-0192
JODYL-ANTHRACHINONE, DARST. 61-0290
ORGANOPHOSPHORVERBINDUNGEN
* S. AUCH RINGSYSTEME (HETEROCYCLEN)
DARST. DURCH PHOTORK. 54-0235
STEREOCHEMIE D. NUKLEOPHILEN SUBSTITUT.-RK. 55-0138
RK. MIT FLUORENONEN 56-0293
BLDG. V. RU-KOMPLEXEN 58-0030
OLEFIN-P2O(N)-VERB., DARST. 54-0175
DARST. V. ENAMIDEN V. THIOPHOSPHINSAEUREESTERN 58-0242
PHENYLPHOSPHONIUMTHIOPHOSPHATE, DARST. 58-0011
LAD.-VERTEIL. U. REAKTIVITAET 55-0058
(13)C-(31)P SPIN-KUPPL. 54-0029
MASSENSPEKTREN 59-0067
DIPOLMOMENTE 60-0042
RK. MIT ORGANOPHOSPHOR-VERB. 53-0095
RK. MIT ORGANOPHOSPHOR-VERB. 53-0171
REAKTIVITAET 58-0120
LAD.-VERTEIL. U. REAKTIVITAET 59-0082
RK. MIT NUKLEOPHILEN 59-0230
ORGANOSCHWEFELVERBINDUNGEN
* S. AUCH RINGSYSTEME (HETEROCYCLEN)
DARST. 53-0073
ORGANOPHOSPHORVERB. D. S U. SE 55-0138
RK. MIT DIAZOMETHANEN 55-0297
DARST. 57-0142
DARST. 57-0198
SULFENE, RK. MIT YLIDEN 58-0240
MASSENSPEKTREN 61-0062
EINFL. BEI KATALYT. HYDRIER. 58-0110
ORGANOSELENVERBINDUNGEN
ORGANOPHOSPHORVERB. D. S U. SE 55-0138
N-ALKANSELENINSAEUREN, RK. MIT HNO3 BZW. H2O2 54-0151
ARYLISOSELENOCYANATE, DARST. 56-0226
SELENOSEMICARBAZIDE U. -CARBAZONE, DARST. 56-0227
ARYLSULFONYLIMINO-SELENOCHLORIDE, DARST. 58-0222
ARYL-SELENOHARNSTOFFE, DARST. 58-0233
CARBOXYALKYL-ISOSELENOHARNSTOFFE, DARST. 59-0222
ALKAN-SELENINSAEUREN, DARST. 60-0178
ALKANSELENONSAEUREN, DARST. 60-0179
SELENO-ALPHA-AMINOSAEURE-SE-ARYLESTER, OPT. ROTAT.-DISPERS. 55-0021
SELENOSENFOELE, RK. MIT AMINEN 58-0233
ORGANOSILICIUMVERBINDUNGEN
* S. AUCH RINGSYSTEME (HETEROCYCLEN)
RADIKAL. HALOGENIER. 54-0096
PYROLYSE 54-0209
SI-N-BIND. 58-0214
CHEMIE D. SI-N-BIND. 58-0358
CHEMIE D. SI-N-BIND. 58-0359
ACIDITAET U. IR-SPEKTREN 59-0094
C-SILYL-PYRAZOLE, DARST. 61-0376
PROPARGYL- U. ALLENDERIV. D. SI, DARST. 56-0239
RK. V. DIALKYLAMINOSILANEN 59-0398
N-SILYL-PHOSPHINIMINE, RK. MIT TRIALKYLMETALL-AETHERATEN 55-0006
TRIMETHYLSILYL-AMINE, RK. 54-0107
ORGANOSTICKSTOFFVERBINDUNGEN
* S. AUCH RINGSYSTEME (HETEROCYCLEN)
METALL(0)-KOMPLEXE MIT NICHTAROMAT. N-PI-SYST. 54-0152
CARCINOGENE STICKSTOFF-VERB., 54-0342
N-FLUOR-VERB. 2. MITT. 56-0362
SI-N-BIND. 58-0214
CHEMIE D. SI-N-BIND. 58-0358
CHEMIE D. SI-N-BIND. 58-0359
PERFLUORALKYLIERTE -, RK. MIT UNGESAETT. SYST. 59-0196
IR-SPEKTROSKOP. UNTERS. 53-0051
OX. V. N-HALT. ORGAN. VERB. 59-0116
RK. MIT PB-TETRAACETAT 54-0134
CARCINOGENE WRKG. 57-0324
CARCINOGENE WRKG. 57-0325
ORTHOESTER (U. A. ORTHOCARBONSAEUREDERIVATE)
1.1-DIALKOXY-1-DIMETHYLAMINO-ALKANE, DARST. 60-0197
STEREOSELEKTIVE HYDROLYSE 53-0219
RK. MIT ALIPHAT. DIAZOVERB. 55-0129
ORTHOTHIOESTER
RK. MIT ALIPHAT. DIAZOVERB. 55-0129
OSAZONE
BLDG.-MECHANISMUS 54-0428
ZWISCHENSTUFEN D. BLDG. BEI STEROIDEN 54-0449
ZUCKER-, MUTAROTAT. 60-0094
OSMIUMVERBINDUNGEN
OSO4, ADDIT. AN DELTA(1.4)-STEROIDE 54-0446
OXAZINE
PHENOXAZONE, IR 58-0040
SPIRO-1.3-, DARST. 59-0341
5-NITRO-2-SILA-TETRAHYDRO-1.3-, DARST. 59-0398
3.5-DIARYL-5-AMINO-DIHYDRO-1.2-, DARST. 61-0447
1.2-, MASSENSPEKTREN 55-0052
1.3-OXAZIN-4.6-DIONE, RK. 59-0186
OXAZIRANE
2-ACYL-, DARST. 61-0336
2-ACYL-OXAZIRIDINE, RK. 61-0337
RK. MIT BASEN 61-0338
OXAZOLE
* S. AUCH AZLACTONE
DARST., RK. 53-0135
2-(BENZIMIDAZOLYL-(2)-2-OXAZOLINE, DARST. 53-0142
OXAZOLIDONE-(5), DARST. 54-0313
3H-OXAZOLONE-(2), DARST. 54-0315
2-IMINO-OXAZOLIDONE-(4), TAUTOMERIE 55-0251
2.N-ALKYL(ARYL)-OXAZOLIDINE, DARST. 55-0253
OXAZOLIDINE, DARST. 56-0351
PEPTIDOXAZOLONE, DARST. 58-0496
4.5-POLYMETHYLEN-2-AMINO-, DARST. 60-0340
2-ALKYLIDEN-3-OXAZOLIN-5-ONE, DARST. 61-0385
4-HETEROCYCLIDEN-OXAZOLONE-(5), DARST. 56-0365
PSEUDOOXAZOLONE-(5), DARST. 59-0331
OXAZOLIDIN-DIONE, INTENSITAET D. CO-VALENZ 60-0047
MESOION. OXAZOLONE-(5),CYCLOADDIT. 58-0302
PEPTIDOXAZOLONE, RACEMISIER. 58-0146
OXAZOLIDINE, DEHYDRIER. 55-0252
HALOGENIER. 55-0254
2-BENZYLIDEN-OXAZOLONE-(5), RK. 61-0180
4-METHYL-5-ALKOXY-OXAZOLE, DIELS-ALDER-RK. 54-0452
OXDIAZOLE
2-AMINO-1.3.4-, RK. MIT (THIO)SEMICARBAZID 57-0291
1.3.4-DELTA(3)-OXDIAZOLINE, BLDG.-MECHANISMUS 61-0393

1.2.4-OXADIAZOLE, DARST. 53-0148
2-N-SULFONYLAMINO-1.3.4-OXADIAZOLE, DARST. 55-0259
DELTA(3)-1.3.4-OXADIAZOLINE, THERMOLYSE 60-0353
3-PHENYL-5-AMINO-1.2.4-, DARST. 57-0297
MONO- U. POLYFERROCENYLEN-, DARST. 58-0023
4.5-DIHYDRO-1.2.4-, DARST. 60-0354
OXIME
O-ACYL-, KONFIG. U. KONFORM. 60-0078
O-METHYL-OXIME, NMR 55-0059
ALPHA-IMIDO-KETO-, KONFIG. 59-0334
ALIPHAT. CHLOROXIME, DARST. U. RK. 53-0138
10-AMINO-ANTHRON-OXIME, DARST. 58-0283
THIO-, DARST. V. DIALKOXY(THIO)PHOSPHORYLDERIV. 60-0256
PYRIDINIUM-2-ALDOXIM-PHOSPHATE, DARST., BIOCHEM. WRKG. 58-0542
UV 61-0042
ANISOTROPIE D. C=N-OH-GRUPPE 56-0054
ALDOXIME, (15)N=CH-KOPPL. 61-0049
DIOXIME U. OXIMINOKETONE, CHEM. VERSCHIEB. U. KONFIG. 58-0055
HALOGENTHIOPHENALDEHYD-, POLAROGRAPH. VERH. 59-0109
DUENNSCHICHTCHROMATOGRAPHIE 53-0093
AUTASSOZIAT. 58-0074
SYN-ANTI- U. TAUTOMERIEGLEICHGEW. 53-0038
CYCLOHEXANDIONDIOXIME, AROMATISIER. 53-0079
METHYL-ARYL-KET-, KONDENS. 61-0447
BECKMANN-UMLAGER. 53-0075
UMLAGER. ZU BENZOFURANEN 54-0287
O-ARYL-KETONOXIME, CYCLISIER. 55-0223
PHENYL-XANTHON-, BECKMANNSCHE-UMLAGER. 57-0350
O-ARYL-, UMLAGER. 60-0211
HYDROXIMINOACETESSIGESTER, THERM. ZERS. 56-0187
AROMAT. ALDOXIME, OX. 53-0091
RED. MIT LIALH4 55-0216
2-ALKYL-CYCLOHEXANON-, RED. 58-0263
KETO-, RK. MIT DIBORAN ZU AMINEN 60-0264
V. CR(CO)3 (RC6H4CHO), DARST. V. POLAROGRAPHIE 56-0021
OXIRANE
* S. ALKYLENOXIDE
OXONIUMVERBINDUNGEN
STEREOSELEKTIVE HYDROLYSE V. CYCL. OXONIUMIONEN 53-0219
RK. MIT KOHLENHYDRATEN 56-0415
OXOSYNTHESE
CARBONYLIER. V. PIPERYLEN 56-0177
HYDROCARBOXYLIER. V. ACETYLENEN 61-0137
CARBONYLIER. V. ALLYLHALOGENIDEN 53-0063
V. KETONEN U. CARBONSAEUREN AUS KW-STOFFEN 55-0111
CARBONYLIER. V. DIENEN 54-0227
V. BUTENCARBONSAEUREN 56-0176
HYDROFORMYLIER. EINES EPOXYZUCKERS 54-0382
OXYDATION
* ELEKTRO- S. UNTER ELEKTROLYSE
* S. AUCH OXYDOREDUKTION
AUTOX., INHIBITORWRKG. V. HYDROCHINON 58-0105
AG(II)-KOMPLEXE ALS OX.-MITTEL 54-0089
OXYDATION (SPEZIELLER STOFFE)
V. 1.6-ANHYDRO-BETA-D-HEXOPYRANOSEN 60-0423
V. HYDRINDANON NACH BAEYER-VILLIGER 59-0271
SULFONIUMSALZE, KORNBLUM-OX. 57-0135
V. STEROIDIMINEN 53-0194
V. HYPONITRIT IN ALKAL. LSG. 57-0439
V. CYCLOPENTADIENYLIDEN 57-0206
V. AMINEN MIT PB-TETRAACETAT 54-0134
V. GLUCOPYRANOSYL-AMINEN 53-0183
V. THIOCARBONATEN MIT PERSAEUREN 58-0327
V. MERCAPTANEN (MECHANISMUS) 60-0114
V. AROMAT. KW-STOFFEN MIT CRO2CL2 57-0093
V. TOLUOL (PROD.-VERTEIL.) 59-0117
V. AETHYLBENZOL (PROD.-VERTEIL.) 59-0118
V. ISOPROPYLBENZOL (PROD.-VERTEIL.) 59-0119
V. TERT.-BUTYL-BENZOL (PROD.-VERTEIL.) 59-0120
V. KW-STOFFEN (RELATIV-GESCHW.) 60-0113
SELEKTIVE, V. POLYOLEFINEN 60-0115
V. CIS-POLYBUTADIEN (MECHANISMUS) 61-0098
SCHONENDE OX. V. CYCLOPENTAN 61-0239
SCHONENDE OX. V. CYCLOHEPTAN 61-0240
AUTOX. V. FULVENEN 61-0260
V. HEXAMETHYL-BICYCLO(2.2.0)HEXADIEN-(2.5) 61-0312
AUTOX. V. CYCLOALKANEN 54-0239
RADIKAL., V. KW-STOFFEN 57-0092
V. TOLUOLEN MIT CHROMYLCHLORID 59-0113
AUTOX. V. INDOLEN 61-0363
V. CHLORALKYLBENZOLEN 54-0090
V. TRICHLORAETHYLEN (KINETIK) 57-0094
V. CHLORAETHYLENEN (MECHANISMUS) 59-0114
V. CHLORAETHYLENEN (MECHANISMUS) 59-0115
V. MESIDIN MIT PEROXYDASE 53-0054
V. 1-((14)C)METHYLCYCLOHEXANOL 54-0116
V. HALOGENANILINEN 54-0207
V. N.N-DIMETHYL-P-PHENYLAZO-ANILIN 57-0179
V. AROMAT. AMINEN (KINETIK) 58-0153
V. N-HALT. ORGAN. VERB. 59-0116
V. ISOPROPANOL MIT NBS (KINETIK) 61-0102
V. ALKOHOLEN MIT BLEI-TETRAACETAT 61-0188
V. HYDRAZINOAZANAPHTHALINEN 61-0431
V. PHENOLEN 53-0192
AUTOX. V. CUMOL 54-0088
PEROXYGENIER. V. ACETALEN 54-0302
V. PHENOLEN 55-0144
V. ALKOXYPHENOLEN 57-0212
V. ALKOXYPHENOLEN 57-0213
V. 4-ARYLOXY-PHENOLEN 58-0111
EIN-ELEKTRONEN-OX. V. PHENOLEN 58-0113
V. (14)C-MARKIERTEN PHENOLEN 59-0121
V. PHENOLEN (STER. HINDER.) 59-0402
V. LONGIFOLOLEN 59-0460
V. AETHERN (KINETIK) 61-0100
RADIOLYT., V. PURINEN 61-0438
PEROXYGENIER. V. ACETALEN 61-0455
KOOX. V. THIOLEN MIT INDEN 61-0081
V. BENZYL-ALKYL-SULFIDEN 61-0101
V. ORGANOBORVERB. 59-0514
V. THIOHARNSTOFF MIT H2O2 60-0116
V. BENZALDEHYDEN (KINETIK) 54-0092
PHOTOOX. V. JONONEN 55-0104
BAEYER-VILLIGER-OX. V. 2-ACETYL-BIPHENYLENEN 55-0202
V. ALPHA-METHYLCHALKONEN 55-0273
V. UNGESAETT. KETONEN 56-0332
V. METHYLEN-BIS-CYCLOHEXANDIONEN 58-0270
AUTOX. V. FURFUROL 60-0312
V. AROMAT. 1.2-DIKETONEN 61-0099
V. AROMAT. ALDOXIMEN 53-0091
V. PHENYLHYDRAZONEN MIT PB-TETRAACETAT 57-0217
V. TRYPTOPHAN MIT HCO3H (PROD.-ZUS.) 55-0232
V. OELSAEUREMETHYLESTER 56-0182
OX. V. SORBINSAEURE 57-0095
PHOTOOX. V. HYDROXYPURINEN 61-0440
V. DISACCHARIDEN MIT K3FE(CN)6 55-0077
V. HEXOFURANOSEN 55-0337
V. TERPENEN (KATALYSE DURCH ORGAN. METALLKOMPLEXE) 57-0392
V. CYCLO-3.5ALPHA-ANDROSTAN 54-0431
V. 7-DEHYDROCHOLESTERIN 55-0381
V. O-METHYL-PODOCARPSAEURE 54-0263
AUTOX. V. EBELINLACTON 54-0404
OXYDATIVE KUPPL. V. AZOFARBSTOFFEN 53-0143
OXYDATION (DEHYDRIERUNG)
V. BUTAN 54-0143
DEHYDRIER. V. OXAZOLIDINEN 55-0252
AROMATISIER. V. 1.4-CYCLOHEXANDIONDERIV. 55-0186
DEHYDRIER. V. STEROIDEN. 53-0104
V. STEROIDEN MIT CHLORANIL 53-0221
DEHYDRIER. V. OESTREN-(4)-DION-(3.17) 54-0427
DEHYDRIER. V. HYDRONAPHTHALINEN 57-0222
OXYDATION (OZONOLYSE)
OZONOLYSE V. ARYL-VINYL-VERB. 58-0156
OZONISIER. V. FURANEN 55-0227
OZONOLYSE V. 7-HYDROXY-TRYPTOPHANEN 55-0233
OXYDATION (EPOXYDATION)
V. OLEFINEN MIT PEROXYSAEUREN 58-0125
OXYDATION (HYDROXYLIERUNG)
V. 2H-BENZOPYRANEN 54-0330
IN 17ALPHA V. CARDENOLIDEN 54-0434
HYDROXYLIER. V. DELTA(1.4)-STEROIDKETONEN 54-0446
OXYDATION (BIOLOGISCHE SYSTEME)
CHINONE IN D. PHOSPHORYLIERENDEN OX. 57-0278
OXYDOREDUKTION
ISOTOPENEFFEKTE IN H-AUSTAUSCH-RK. 61-0136
H-UEBERTRAG. MIT PYRIDINNUCLEOTIDEN 54-0049
REDOXSYST. CE(IV)-W. 57-0005
TISCHTSCHENKO-RK. V. ACETALDEHYD 54-0091
DISMUTATION V. DIHYDRO-NAPHTHALINEN 54-0253
DISMUTAT. V. ALKYLPHENOLEN 55-0220
DISPROPORTIONIER. V. CYCLOHEXEN 55-0100
V. ALPHA-PHENYLSUBSTITUIERTEN OLEFINEN MIT 1.4-DIHYDROBENZOL 61-0189
DISPROPORTIONIER. V. BENZOTHIOPHENEN 57-0268
DISMUTAT. V. CARVACROL 58-0137
ZWISCHEN UNGESAETT. KETONEN U. PROPANOL 60-0031
OZONIDE
V. FURANEN, BLDG. 55-0227
V. ARYL-VINYL-VERB. ZERS. 58-0156
OZONISIERUNG UND OZONOLYSE
* S. UNTER OXYDATION

P

PALLADIUM
PD-KOHLE-KATALYSATOREN, DARST. 57-0006
PALLADIUMVERBINDUNGEN
PD-ACETAT, RK. 61-0258
PD(TETRAAETHYL-DIAETHYLENTRIAMIN)-(SECN)(B(C6H5)4), DARST. 60-0030
DIJODO-BIS-(TRIBUTYLPHOSPHIN)-PD 54-0227
BIS-(DICHLORO-STYROL-PALLADIUM(II)) 55-0181
(AS(C6H5)4)2(PD(N3)4) , DARST., RK. 60-0001
PD-ACETAT, RK. MIT VINYLACETAT 56-0173
KATALYT. WRKG. V. PD-KOMPLEXEN 59-0110
PD(N3)2, DARST. 60-0001
PDCL2, RK. MIT KSECN 60-0030
PDCL2, RK. MIT VINYLACETAT 56-0173
PD(NO3)2, RK. MIT NAN3 60-0001
PD(OH)2, PD(OH)2-KOHLE-KATALYSATOREN, DARST. 57-0006
PAPAIN
* S. UNTER ENZYME

PAPIER
KONDENSATORPAPIER, ALTER. 58-0042
PAPIERCHROMATOGRAPHIE
* S. UNTER CHROMATOGRAPHIE
PARAFFIN
PARAFFINWACHS AUS BALAYIEM-ROHOEL 57-0444
PARFUEMERIE U. RIECHSTOFFE
VERW. V. GALBANUM IN D. PARFUEMERIE 54-0471
TETRAHYDROFURAN U. ANDERE AETHER ALS RIECHSTOFFE 56-0325
AMBERAEHNL. GERUCH EINES LABDANDERIV. 60-0462
PENICILLINE
HYDROLYSE DURCH E. COLI-ACYLASE 58-0520
PEPTIDE
SYNTH. 53-0233
U. AMINOSAEUREN 55-0021
DARST. V. LYSIN-VASOPRESSIN-ANALOGEN 55-0394
ELEDOISIN-ANALOGE, SYNTH. 55-0399
OXYTOCIN-ANALOGA, DARST. 56-0474
D-ARG(8)- U. D-LYS(8)-VASOPRESSIN, DARST. 56-0475
VASOPRESSIN-ANALOGA, DARST. 56-0476
CYTOAKT. PEPTIDE U. AMINOSAEUREN 57-0156
ACYLPEPTID-P-NITRO-PHENYLESTER, RACEMISIER. 57-0410
U. AMINOSAEUREN 58-0495
PEPTIDALKALOIDE, KONSTIT. 58-0500
CYCLODEPSIPEPTIDE, DARST. 58-0502
PEPTIDE AUS GLY, PHE U. LEU, DARST. 60-0489
MASSENSPEKTREN 61-0068
CYCLODEPSIPEPTIDE AUS PITHOMYCES 57-0412
AUS GINSENG 58-0543
GESCHW. D. PEPTID-BLDG. AUS AMINOSAEUREN 55-0135
SYNTH. V. OLIGOPEPTIDEN 53-0231
ZUM AUFBAU V. GLUCAGON 53-0232
HEXAPEPTID V. RIBONUCLEASE A 53-0240
DODEKAPEPTID V. RIBONUCLEASE A 53-0241
OKTAPEPTID V. RIBONUCLEASE A 53-0242
CHROMOPEPTIDE, SYNTH. 53-0245
SYNTH. DURCH AMINOLYSE 54-0113
DARST. V. OMEGA-PEPTIDEN 54-0451
DEPSIPEPTIDE, SYNTH. 55-0395
TRIPEPTIDE, SYNTH. 55-0396
SYNTH. D. GLUCAGONS 55-0397
GLUCAGON, SYNTH. 55-0398
N'-FORMYL-KYNURENYLPEPTIDE, SYNTH. 56-0478
KYNURENINPEPTIDE, DARST. 57-0409
EICOSAPEPTID V. RIBONUCLEASE A, DARST. 57-0411
SYNTH. EINER MELITTIN-TEILSEQUENZ 57-0413
PEPTIDOXAZOLONE, DARST. 58-0496
PEPTIDE D. BETA-KETTE V. HAEMOGLOBIN 58-0497
PEPTIDE D. BETA-KETTE V. HAEMOGLOBIN 58-0498
TETRA-, DARST. 58-0499
L-SELENOCYSTEINYLPEPTIDE, SYNTH. 59-0485
RACEMISIERUNGSFREIE SYNTH. 60-0124
DIPEPTIDE, SYNTH. 61-0176
DL-P-TRIMETHYLSILYL-PHE-DIPEPTIDE 61-0551
N-S-WANDER. V. N-(O-NITROPHENYLSULFENYL)-GRUPPEN 61-0553
MOL.-ROTAT. V. OLIGOPEPTIDEN 53-0010
OPT. ROTAT.-DISPERS. 54-0015
CYCLODEPSI-, MASSENSPEKTRUM 60-0068
CHEM. VERSCHIEB. U. STER. REINH. 61-0078
INTRAMOL. RK. IN PEPTIDAEHNL. SYST. 53-0177
PEPTIDOXAZOLONE, RACEMISIER. 58-0146
ABBAU DURCH SPALT. V. N-THIOBENZOYL- 59-0484
RACEMISIER. BEI D. SYNTH. 60-0146
HYDROLYSE IN GGW. V. CU(II) ODER NI(II) 56-0477
TERT.-BUTYLOXYCARBONYL-, ABSPALT. D. SCHUTZGRUPPE 60-0490
BEST. D. AMINOSAEURESEQUENZ 56-0066
N-TERMINALE SEQUENZANALYSE 58-0501
BEST. V. TERMINALEN AMINOSAEUREN 55-0400
PEROXIDE
ZERS. (KINETIK) 54-0125
V. ORGANOANTIMONVERB. 58-0212
1.3-DIHALOGENACETON-, STRUKTUR 60-0418
ALPHA-HALOGEN-ALKYLHYDROPEROXIDE, DARST. 53-0057
ALPHA.ALPHA'-DIACETOXY-BETA.BETA'-DIHALOGEN-DIALKYL-, DARST. 56-0172
1.3-DIOXOLAN-PEROXIDE, DARST. 54-0302
ZERS. (ALKYL-O-HETEROLYSE) 60-0174
DIACYL-, ZERFALL 56-0116
CYCLOHEXANONPEROXIDE, ZERS. 56-0122
ALKYL-PEROXIDE, SPALT. IN APROT. LSGM. 57-0390
DIACYL-, INDUZIERTE ZERS. 58-0104
HYDRO-, RADIKAL. ZERS. 59-0147
BENZOYLPEROXIDE, RK. MIT THIAZOLEN 54-0316
HYDRO-, RK. MIT ALDEHYDEN 60-0155
TERT.-ALKYL-HYDRO-, RK. 59-0191
PERSAEUREN
DARST. 61-0205
PERUNDECYLENATE, DARST. 61-0158
PFEFFERMINZOEL
* S. UNTER OELE, AETHERISCHE (MINZOELE)
PFLANZEN
ARGENTIN. PFLANZEN 55-0407
ARGENTIN. PFLANZEN 55-0408
UNTERS. V. PFLANZEN 54-0387
STEROIDKOMPONENTEN 58-0471
NITROVERB. AUS 59-0498
GIBBERELLINE 59-0516
PHYTOCHEM. UNTERS. 53-0249
FLUECHT. PFLANZENSTOFFE 54-0213
PHYTOCHEM. UNTERS. 55-0412
BESTANDTEILE V. MEERESPFLANZEN 61-0522
FARBSTOFFE, BETACYANE 55-0350
AKT. BR(-)-AUFNAHME V. PFLANZEN 59-0509
INHIBITORWRKG. V. HYDRAZIDEN 53-0081
REGULATOREN D. ZELLTEIL. 53-0230
WUCHSSTOFF AMINOBIOPTERIN 55-0301
WRKG. V. 2.3.5.6-TETRACHLOR-BENZOL-DIAZONIUMHYDROGENSULFAT 56-0243
WACHSTUMSREGULATOREN 56-0208
UMWANDL. V. STEROIDEN 58-0533
BIOSYNTH. V. LIGNINVORSTUFEN 58-0534
BIOSYNTH. V. PHENYLPOLYACETYLENEN 58-0536
BIOSYNTH. V. PHENYLPOLYACETYLENEN 58-0537
BIOSYNTH. V. ELEAGNIN 59-0512
PFLANZEN (SPEZIELLE PFLANZEN)
* S. AUCH ALGEN, FARNE, FLECHTEN, PILZE
ABIES BALSAMEA L., DEHYDROJUVABION 55-0417
ACACIA MEARNSII, MEARNSITRIN 59-0428
ACACIA MEARNSII, BILEUKOFISETINIDINE 59-0449
ACACIA MEARNSII, BIFLAVANOLE 61-0408
ACONITUM HETEROPHYLLUM 54-0405
ACTINIDIA POLYGAMA, TERPENE 57-0388
ADINA CORDIFOLIA, CORDIFOLIN 59-0434
AEGLE MARMELOS 54-0462
AEPFEL S. DORT
AESCULUS TURBINATA B., 54-0421
AFZELIA CUANZENSIS, CREPENINSAEURE 57-0421
AGATHIS AUSTRALIS, INHALTSSTOFFE 55-0411
AGAVE SISALANA, HEMICELLULOSE 59-0418
AGERATUM CONYZOIDES, INHALTSSTOFFE 60-0369
ALANGIUM LAMARCKII THW., ALKALOIDE 58-0530
AMBROSIA CONFERTIFLORA, CONFERTIFLORIN 59-0453
AMBROSIA PERUVIANA PERUVININ 54-0457
ANDROCYMBIUM BURKEI, 54-0477
ANDROCYMBIUM CAPENSE, 54-0477
ANDROCYMBIUM EUCOMOIDES, 54-0477
ANDROCYMBIUM LONGIPES, 54-0477
ANDROCYMBIUM MELANTHIOIDES, 54-0477
ANGUILLARIA DIOICA, 54-0477
ANISOTES SESSILIFLORUS, ALKALOIDE 61-0488
ANTIRHEA PUTAMINOSA, ANTIRHIN 56-0423
ANTHYLLIS, GALAKTOMANNAN 60-0503
APHANAMIXIS POLYSTACHYA, APHANAMIXIN 56-0472
ARAUCARIALES, INHALTSSTOFFE 55-0411
ARAUCARIA, DIPHENYLPENTAN-VERB. 59-0071
ARNICA MONTANA, STERINE 55-0426
ARTEMISIA DOUGLASIANA, ARGLANIN 58-0455
ARTEMISIA DOUGLASIANA, DOUGLANIN 58-0462
ARTEMISIA SELENGENSIS, POLYINE 59-0494
ASCLEPIAS LILACINA, PREGNAN-GLYKOSIDE 55-0335
ASCLEPIAS LILACINA, PREGNANDERIV. 55-0336
ASPIDOSPERMA DISCOLOR 54-0396
ALKALOIDE AUS ASPIDOSPERMA 54-0395
ASPIDOSPERMA QUEBRACHO BLANCO 53-0196
AZIMA TETRACANTHA, ALKALOIDE 61-0493
BACCHARIS GENISTELLOIDES PERS., BETA-ELEMEN 57-0386
BAEAOMETRA COLUMELLARIS, 54-0477
BALFOURODENDRON, RIBALININ 54-0387
BAPTISIA SPAEROCARPA 53-0189
BERSAMA ABYSSINICA, INHALTSSTOFFE 61-0517
BERKHEYA ADLAMII, INHALTSSTOFFE 56-0328
BIRNEN S. DORT
BOHNEN S. DORT
BUPLEURUM FALCATUM, TRITERPENOIDE 61-0509
BUPLEURUM FLACATUM, TRITERPENOIDE 61-0510
BUXACEAE, STEROIDALKALOIDE 56-0438
CAESALPINIA BREVIFOLIA, BREVILAGIN 1 61-0466
CAESALPINIA BREVIFOLIA, BREVILAGIN 2 61-0467
CAESALPINIA BREVIFOLIA,ALGAROBIN 61-0472
CALOPHYLLUM INOPHYLLUM, TERPENE 57-0376
CALENDULA OFFICINALIS, STERINE 55-0426
CALOPHYLLUM TOMENTOSUM, CUMARINE 60-0370
CAMELLIA JAPONICA 54-0419
CAMELLIA JAPONICA, 54-0420
CAMELLIA SASANQUA, TRITERPENE 55-0371
CAMELLIA SINENSIS, TRITERPENE 55-0371
CARALLUMA DALZIELII, ESTERAGLYKONE 56-0470
CARLINA, POLYINE 58-0507
CARNEGIA GIGANTHEA, ALKALOIDE 56-0430
CASSIA CARNAVAL, ALKALOIDE 55-0344
CASIMIROA EDULIS, BESTANDTEILE 58-0362
CASSIPOUREA-ARTEN, S-HALT. BASEN 55-0346
CASSIA FISTULA, INHALTSSTOFFE 53-0206
CATHARANTHUS, ALKALOIDBIOSYNTH. 59-0510
CEDRELA ODORATA, INHALTSSTOFFE 53-0211
CEDRELA ODORATA, ODORATON U. ODORATOL 60-0457
CEDRELA TOONA ROXB., VORK. V. GERANYLGERANIOL 53-0058
CENTAUREA, FLAVONE 61-0410
CENTAUREA DEUSTA, POLYINEPOXIDE 59-0495
CENTAUREA MURICATA, POLYINE 61-0555
CENTAUREA SALONITANA, SALONITENOLID 58-0453
CENTELLA ASIATICA, MADECASSOSID 59-0472
CHAENACTIS DC., POLYINE 54-0147
CHIONOGRAPHIS, STEROIDE 58-0471
CHRYSANTHEMUM CARINATUM, POLYINE 59-0492
CHRYSANTHEMUM FRUTESCENS L., UNGESAETT. AMIDE

53-0064
CINNAMOSMA FRAGRANS, SESQUITERPENE 59-0466
CISTACEAE, FLAVONE 58-0361
COLCHICUM AUTUMNALE 54-0481
COLLETIA SPINOSISSIMA, ALKALOIDE 55-0408
COLOSPERMUM MOPANE MOPANIN 61-0503
CONVALLARIA MAJALIS, METHIONINVERWERT. 58-0535
CONOPHARYNGIA DURISSIMA, ALKALOIDE 59-0441
CONOPHARYNGIA, (+)-CONOFLORIN 54-0394
CROTON FLAVENS, FLAVININ 60-0452
CROTON LINEARIS JACQ., DIHYDROSALUTARIDIN 54-0388
CROTON LINEARIS JACQ., CROTONOSIN 61-0571
CROTON LUCIDUS, CROTONIN 56-0443
CUCURBITACEEN, BITTERSTOFFE 58-0459
CUCURBITACEEN, BITTERSTOFFE 58-0460
CUPRESSUS CUPRESSUFLAVON 53-0204
CUPRESSUS SEMPERVIRENS, TERPENE 55-0366
CUPRESSUS SEMPERVIRENS, BESTANDTEILE 61-0507
CUPRESSUS SEMPERVIRENS, BESTANDTEILE 61-0508
CYNOGLOSSUM OFFICINALE L, HELIOSUPIN 59-0442
CYPERUS SESQUITERPENOIDE 59-0450
DACRYDIUM COLENSOI, DITERPENE 55-0374
DAHLIEN, POLYACETYLENBIOSYNTH. 58-0536
DAHLIEN, POLYACETYLENBIOSYNTH. 58-0537
DALBERGIA LANCEOLARIA, LANCEOLARIN 53-0205
DAPHNIPHYLLUM MACROPODUM 54-0389
DAPHNIPHYLLUM MACROPODUM, YUZURIMIN A U. B 60-0453
DATURA S. DORT
DAUCUS CAROTA, CAROTATOXIN 53-0251
DIDYMOSALPINX ABBEOKUTAE, DITERPEN 61-0532
DIGITALIS S. DORT
DIOSPYROS CHLOROXYLON (EBENACEAE), (-)-ISODIOSPYRIN 60-0269
DIPIDAX TRIQUETRA, 54-0477
DRYOBALANOPS AROMATICA, DRYOBALANON 60-0466
EMBELIA RIBES CHEM. UNTERS. 54-0366
ENTADA PHASEOLOIDES, ENTAGENSAEURE 55-0375
ERYTHROXYLON MONOGYNUM ROXB., BESTANDTEILE 57-0424
EUPHRASIA ROSTKOVIANA, BESTANDTEILE 55-0427
EUPHRASIA ROSTKOVIANA, BESTANDTEILE 56-0501
EUPHORBIACEEN, BESTANDTEILE 56-0205
EVODIA RUTAECARPA, ALKALOIDE 61-0573
FAGARA HYEMALIS, TEMBAMID 61-0222
FERULA GALBANIFLUA 54-0471
FIBRAUREA CHLOROLEUCA, FIBRAURIN 59-0455
GAILLARDIA-ARTEN, POLYINE 54-0147
GARCINIA BUCHANANII, BIFLAVANONE 55-0410
GARCINIA BUCHANANII, BISFLAVONOIDE 58-0443
UNECHTE KOLANUSS, CYCLOARTENOL IN 55-0372
GENTIANACEAE, GLUCOSID-BIOSYNTH. 61-0572
GIGARTINA SKOTTSBERGII S. ET G., KAPPA-CARRAGHENAN 58-0514
GINKGO BILOBA 54-0464
GINGKO BILOBA, GINKGOLID A, B, C 57-0381
GINSENG, SAPONINE 54-0423
GINSENG, CHEM. UNTERS. 58-0543
GLAUCIDIUM PALMATUM, GLAUPALOL 60-0360
GLEDITSCHIA FERA MERR., SAPONINE 54-0422
GLORIOSA VIRESCENS 54-0481
GLYCYRRHIZA GLABRA, TRITERPENE 59-0465
GONGRONEMA TAYLORII, GLYKOSIDE 60-0477
GRATIOLA OFFICINALIS, WIRKSTOFFE 56-0500
GUIZOTIA OLEIFERA, POLYACETYLENE 61-0554
GUTTIFEREN, XANTHONE 58-0511
GUTTIFEREN, INHALTSSTOFFE 58-0526
GYMNEMA SYLVESTRE, GYMNEMASAEURE 55-0333
HAMAMELIS VIRG., INHALTSSTOFFE 60-0509
HANF S. DORT
HELENIUM-ARTEN, POLYINE 54-0147
HELICHRYSUM ITALICUM 53-0062
HELIETTA LONGIFOLIATA, HELIETTIN 55-0407
HELIOTROPIUM INDICUM L., ACETYLINDICIN 55-0347
HESPERIS MATRONALIS, HESPERALIN 55-0428
HYMENOCARDIA ACIDA, HYMENOCARDIN 58-0500
INULA RACEMOSA, ALANTOLACTONE 59-0451
ISODON TRICHOCARPUS, TRICHOKAURIN 56-0439
KAFFEE S. DORT
KASTANIEN S. DORT
KHAYA SENEGALENSIS, KHIVORIN-DERIV. 57-0422
KHAYA NYASICA, ZUS. 59-0463
KHAYA ANTHOTHECA, INHALTSSTOFFE 59-0504
KOPSIA FRUCTICOSA, ALKALOIDE 58-0438
LAGENARIA SICERARIA, CUCURBITACINE 58-0459
LANSIUM DOMESTICUM, LANSOESAEURE 61-0526
LASERPITIUM LATIFOLIUM L., INHALTSSTOFFE 59-0468
LAURENCIA PINNATIFIDA, 2-O-ALPHA-D-GALAKTOPYRANOSYL-GLYCERIN-HEXAACETAT 61-0482
LEUCADENDRON-ARTEN, BESTANDTEILE 57-0420
LEUCADENDRON, LEUCODRIN 59-0488
LINDERA PIPERICARPA (LAURACEAE), ALKALOIDE 55-0345
LINDERA STRYCHNIFOLIA VILL., INHALTSSTOFFE 57-0385
LIPARIS KURAMERI, KURAMERIN 60-0450
LIPARIS KUMOKIRI, KUMOKIRIN 60-0450
LIPARIS NERVOSA, NERVOSIN 60-0449
LITTONIA MODESTA 54-0481
LOLIUM PERENNE, ALKALOIDE 58-0439
LOPHOPHORA WILLIAMSII, 54-0478
LOPHOPHORA WILLIAMSII, MESCALIN-BIOSYNTH. 59-0507
LUPINEN S. DORT
LYCOPODIUM, ALKALOIDE 58-0436
LYCOPODIUM FAWCETTII, FAWCETTIMIN 55-0343
MALAXIS CONGESTA, MALAXIN 61-0494
MALOUETIA, STEROIDALKALOIDE 56-0431
MANSONIA ALTISSIMA, CARDENOLIDE 55-0331
MANSONIA ALTISSIMA A.CHEV., CARDENOLIDE 55-0332
MANGIFERA INDICA, MANGIFERIN 55-0270
MARSDENIA CUNDURANGO, GLYKOSIDE 55-0379
MATRICARIA-ARTEN POLYINE 54-0463
MATRICARIA CAUCASICA, POLYINE 54-0463
MATRICARIA TENUIFOLIA, POLYINE 54-0463
MECONOPSIS CAMBRICA 53-0197
MELIA AZADIRACHTA, TRITERPENE 57-0382
MELIACEAE, INHALTSSTOFFE 53-0210
MENISPERMUM DAURICUM, CHLORHALT. ALKALOIDE 59-0438
MENTHA AQUATICA, OELZUS. 59-0505
MENTHA PIPERITA, TERPENE 55-0354
MERENDERA BULBOCODIUM, 54-0477
MESUA FERREA, MESUAXANTHONE
MIKANIA SCANDENS, MIKANOLID 61-0518
MOHN S. DORT
MONARDA DIDYMA, DIDYMIN 58-0430
MURRAYA EXOTICA L., MEXOTICIN 61-0412
NARDOSTACHYS, NARDOSTACHON 58-0449
NARDOSTACHYS JATAMANSI, CALARENOL 56-0447
NEOLITSEA ZEYLANICA, TERPENE 53-0212
NEOLITSEA ZEYLANICA VORK. V. SESQUITERPENEN 53-0213
NEOLITSEA ZEYLANICA VORK. V. SESQUITERPENEN 53-0214
NIESHOLZ, CHROMONE 53-0154
OLEARIA HETEROCARPA, OLEARIN 54-0403
OPLOPANAX JAPONICUS, OPLODIOL 56-0453
ORNITHOGLOSSUM GLAUCUM, 54-0477
ORNITHOGLOSSUM VIRIDE, 54-0477
OXYSTIGMA OXYPHYLLUM, DITERPENSAEUREN 60-0465
PALATOXIA LAG., POLYINE 54-0147
PAPAVER SOMNIFERUM, MORPHINBIOSYNTH. 59-0511
PARAVALLARIS MICROPHYLLA, ALKALOIDE 60-0454
PEYOTE, MESCALIN-BIOSYNTH. 59-0507
PFEFFER S. DORT
PHARBITIS NIL, GIBBERELLIN 55-0418
PINALES, INHALTSSTOFFE 57-0383
PINALES, INHALTSSTOFFE 57-0384
PINUS PINASTER, GALAKTOGLUCOMANNAN 58-0426
PIPER, INHALTSSTOFFE 55-0027
PIPER LONGUM, PIPERLONGUMIN 57-0361
PLATHYMENIA RETICULATA, PLATHYTERPOL 60-0459
PLEIOCARPA TUBICINA, ALKALOIDE 55-0341
PODOCARPACEEN CHEMIE D. PODOCARPACEEN 54-0263
PODOCARPUS DACRYDIOIDES, SELIN-11-EN-4ALPHA-OL AUS 55-0370
POLYPODIUM VULGARE, SERRATEN 54-0413
POLYPODIUM VULGARE L., ECDYSTERON 57-0405
POLYGALA PAENEA 54-0472
PSEUDOCEDRELA KOTSCHYII, 7-DESACETYL-GEDUNIN U. -A2 61-0530
PTAEROXYLON OBLIQUUM, PEUCENIN 57-0302
PTAEROXYLON OBLIQUUM, CUMARINE 58-0373
PTAEROXYLON, CHROMONE 60-0371
PTAEROXYLON OBLIQUUM, CHROMONE 61-0457
RAINFARN, UMBELLULON 59-0506
RAPS S. DORT
RHAMNACEEN, ALKALOIDE 53-0199
ROMNEYA COULTERI, (-)-RETICULIN 57-0366
RUBIA TINCTORUM 54-0479
RUEBEN S. DORT
RUTA GRAVEOLENS, RUTARETIN 53-0250
SALACIA CHINENSIS, ANTHOCYANIDINE 59-0508
SALVIA GLUTINOSA L., TRITERPENE 56-0456
SAUSSUREA PECTINATA, ACETYLENE 59-0490
SCUTIA BUXIFOLIA SCUTIANIN 53-0199
SELINUM VAGINATUM, SELINON 55-0272
SELINUM VAGINATUM, BESTANDTEILE 57-0298
SENECIO SCELERATUS, ALKALOIDE 57-0368
SENF S. DORT
SEQUOIA SEMPERVIVENS, BESTANDTEILE 55-0409
SERRATULA, FLAVON 61-0410
SERRATULA GMELINI, POLYINGLYKOSIDE 59-0491
SERRATULA RADIATA INHALTSSTOFFE 56-0330
SERJANIA SP., SERJANSAEURE 58-0461
SIMARUBACEEN, BITTERSTOFFE 59-0497
SINOMENIUM ACUTUM, CHLORHALT. ALKALOIDE 59-0438
SKIMMIA JAPONICA, ALKALOIDE 60-0451
SKYTANTHUS ACUTUS, ALKALOIDE 61-0486
SMILAX ASPERA, 31-NORCYCLOARTANOL 61-0525
SOLANUM DULCAMARA, CHEM. DIFFERENZIER. 58-0527
SOLANUM PANICULATUM, BESTANDTEILE 58-0474
SONCHUS TUBERIFER, TUBERIFERIN 1-0529
SONNENBLUMEN S. DORT
STROPHANTHUS GRATUS 54-0425
STROPHANTHUS GRATUS 54-0426
STRYCHNOS SPLENDENS, SPLENDOLIN 61-0491
STYRAX JAPONICA, 53-0033
SYMPHONIA GLOBULIFERA, XANTHONE 58-0526
TABAK S. DORT
TABERNAEMONTANA AMYGDALIFOLIA, ALKALOIDE 58-0435
TAGETES ERECTA, BITHIENYLACETYLENE 61-0554
TAIWANIA CRYPTOMERIOIDES, TAIWANIN 55-0412
TAIWANIA CRYPTOMERIOIDES, T-CADINOL 60-0458
TARAXACUM OFFICINALE, STERINE 55-0426
TERMINALIA CHEBULA, TERCHEBIN 61-0468
TERMINALIA CHEBULA, GALLOYL-GLUCOSEN 61-0470

TERMINALIA, FLAVELLAGSAEUREN 54-0247
TERMINALIA, INHALTSSTOFFE 58-0532
TEUCRIUM POLIUM (POLEIGAMANDER), BITTERSTOFFE 59-0459
THALICTRUM FENDLERI, ALKALOIDE 61-0483
THELOCACTUS, ALKALOIDE 56-0430
TRICHILIA HAVANENSIS, HAVANENSIN-ACETATE 61-0514
TRICHILIA HEUDELOTTII, HEUDELOTTIN 54-0435
TULPEN, METHYLENBUTYROLACTON 61-0567
TURBINA CORYMBOSA, CORYMBOSIN 59-0424
TURRAEANTHUS AFRICANUS, TURRAEANTHIN 58-0467
TUSSILAGO FARFARA, STERINE 55-0426
UNCARIA GAMBIER, GAMBIRIN 56-0433
UNCARIA GAMBIER, INDOL-ALKALOIDE 61-0485
VALERIANA OFFICINALIS 54-0416
VALERIANA OFFICINALIS, ALKALOIDE 57-0364
VANGUERIA TOMENTOSA, VANGUERIN 56-0452
VERNONIA COLORATA, VERNOLID 56-0449
VETIVERIA, KHUSINOLOXID 55-0361
VETIVERIA ZIZANOIDES ZIZANOESAEURE 60-0467
VINCA HERBACEA, ALKALOIDE 56-0498
VINCA HERBACEA W.K., ALKALOIDE 57-0365
VINCA ROSEA (CATH. ROSEUS), INHALTSSTOFFE 55-0340
VITEX MEGAPOTAMICA, ECDYSONE 58-0539
VOACANGA AFRICANA, N-OXY-VOACAMIN 55-0339
WEIHRAUCH (OLIBANUM), TERPENE 54-0407
WEIDENROESCHEN, TRITERPENOIDE 56-0457
WEIZEN S. DORT
WURMBAEOIDEAE, SUBSTANZEN 54-0477
WURMBAEOIDEAE, SUBSTANZEN 54-0481
WURMBAEA CAPENSIS, 54-0477
WURMBAEA SPICATA, 54-0477
WURMBAEA PURPUREA, 54-0477
XANTHORRHOEA, BIFLAVAN-DERIV. 54-0326
ZALUZANIA AUGUSTA, ISOLIER. V. ZALUZANIN 53-0207
ZANTHOXYLUM RHETSA, MULLILAMDIOL 58-0450
ZINGIBER ZERUMBET, ZERUMBON 55-0359
ZUCKERROHR S. DORT
ZWIEBELN S. DORT
PHAEOPHORBIDE
* S. UNTER CHLOROPHYLLE
PHARMAKOLOGIE
PHARMAKODYNAM. VERB., MONOCROTALINE 56-0435
PHARMAZIE
GALENIK D. VITAMINE 59-0354
PHASENGLEICHGEWICHTE
D. SYST. LACTULOSE-LACTOSE-W. 61-0089
PHENOLAETHER
* S. AUCH AMINOAETHER
DIMETHOXYANTHRACENE, DARST. 53-0101
ALLYL-(2.6-DIALKYL)-PHENYLAETHER, DARST. 54-0184
P.P'-DIALKOXYDIPHENYLCYCLOPENTANE DARST. 54-0240
NEOPENTYL-PHENYL-AETHER, DARST. 55-0142
MIT NEOPENTYLSTRUKTUR, SYNTH. 55-0152
PHENOXYMETHYL-ISOCHINOLINE, DARST. 56-0505
CHLOR-PHENOXY-EPOXY-PROPANE, IR 59-0049
ANISOLE, ASSOZIAT. UEBER INTERMOL. H-BRUECKEN 57-0081
ALLYLIER. 54-0186
ALPHA.ALPHA'-BIS-(ARYLOXY)-ISOBUTENE, UMLAGER. 59-0255
1.4-DIARYLOXY-TRANS-2-BUTENE, CLAISEN-UMLAGER. 61-0232
1.4-DIARYLOXY-TRANS-2-BUTENE, CLAISEN-UMLAGER. 61-0233
ALKOXYPHENOLE, OX. 57-0212
ALKOXYPHENOLE, OX. 57-0213
RK. MIT ALKALIMETALLEN 58-0143
ANISOLE, ALPHA.GAMMA-DIMETHYLIER. 58-0245
ALLYLIER. 58-0267
2-ARYLSULFONYLAMINO-ANISOLE, CHLORMETHYLIER. 56-0212
CHLORANISOLE, FRIEDEL-CRAFTS-RK. 55-0156
PHENOLE
* S. AUCH AMINOPHENOLE
TRICHLORAETHOXYCARBONYL- ALS SCHUTZGRUPPE 60-0166
CHAGI, KONSTIT. 55-0153
HYDROCHINON- U. RESORCIN-DERIV., STEREOISOMERIE 60-0069
VORK.IN BOLETUS SCABER 56-0486
4-VINYL-(2.6-DIALKYL)-PHENOLE, DARST. 54-0184
THIOCARBAMOYL-MERCAPTOMETHYL-PHENOLE, DARST., ZERS. 56-0206
2-(5-ARYL-1.2-DITHIOLYLIO-(3))-PHENOLATE, DARST. 56-0344
STER. AUFBAU 57-0062
BIOSYNTH. 58-0272
NITRO-HYDROCHINONE, DARST. 59-0211
CYCLOALKYLKRESOLE, DARST. 59-0263
2.4.6-TRINITROTHIOPHENOLE, DARST. 61-0196
O-ISOPENTENYL-, DARST. 61-0234
ISOPROPYLPHENOLE, TRENN., REINIG. 55-0143
PHOTOCHEMIE (UEBERGANGSZUSTAND) 57-0126
DIHYDROXYANTHRACHINONE, KRIST.-STRUKTUR 58-0088
DIHYDROXYANTHRACHINONE, KRIST.-STRUKTUR 58-0089
NMR-CHEM. VERSCHIEB. 57-0026
2-NITRO-, DISSOZIAT.-KONST. 56-0102
DISSOZIAT.-KONST. IN DMF 60-0105
ASSOZIAT. UEBER INTERMOL. H-BRUECKEN 57-0081
TAUTOMERIE-GLEICHGEW. 53-0038
ARYLIERTE PHENOLE RK. ZU PHENOXONIUMSALZEN 53-0090
ALLYLIER. 54-0186
2-ALLYL-PHENOLE, CYCLISIER. 54-0334
ALKYLPHENOLE, DISMUTAT. 58-0220
OX. U. BIOSYNTH. 53-0192
OX. (EINFL. D. OX.-MITTELS U. D. STRUKTUR) 55-0144
ALKOXY-, OX. 57-0212
ALKOXY-, OX. 57-0213
4-ARYLOXY-PHENOLE OX. 58-0111
2-ALKOXY-4.6-DI-TERT.-BUTYL-, EIN-ELEKTRONEN-OX. 58-0113
OX. IN GGW. V. SALCOMIN 58-0227
(14)C-MARKIERTE, SEITENKETTEN-OX. 59-0121
ALKYL-PYROGALLOLE, OX. 59-0207
OX. MIT CHROMYLCHLORID 59-0216
OX. (STER. HINDER.) 59-0402
NITROPHENOLE, CHLORIER. 54-0178
H-D-AUSTAUSCH 60-0128
H-D-AUSTAUSCH 60-0129
BETA.DELTA-DIKETON-, DARST., RK. 60-0299
KRESOLE, ALPHA.GAMMA-DIMETHYLIER. 58-0245
ALLYLIER. 58-0267
METHYL-, ALKYLIER. 60-0205
RK. MIT 2-TRICHLORMETHYL-BENZIMIDAZOL 53-0141
KUPPL. MIT HETEROCYCL. AZOVERB. (KINETIK) 55-0097
MONO- U. DI-, RK. MIT HALOGENCYANEN 55-0187
TERT.-BUTYL-DIPHENOLE, RK. MIT BRCN 55-0189
RK. MIT N.N'-DICYCLOHEXYL-CARBODIIMID 56-0223
RK. MIT NEOPENTYLTOLUOLSULFONAT 55-0142
2.6-SUBSTITUIERTE OX. DURCH PEROXYDASE 57-0433
PHENYLIERUNG
* S. UNTER ALKYLIERUNG
PHOSPHATIDE (PHOSPHO(R)LIP(O)IDE)
POLYGLYCERIN- , SYNTH. 61-0151
PHOSPHAZINE, ORGANISCHE
FLUORENON-(9)-, LAD.-VERTEIL. 55-0058
PHOSPHINE, ORGANISCHE
TERT. AROMAT., THERM. ZERS. 54-0120
TERT.-PHOSPHINE, DARST. 54-0217
TETRA-(DIPHENYLPHOSPHINOMETHYL)-METHAN-DERIV., DARST. 60-0225
ALKYLAMINO-BIS-DIHALOGEN-, DARST. 61-0170
ADDIT.-VERB. MIT BH3, EIG. 54-0018
ALKYLARYL-, DIPOLMOMENTE U. PK(A) 59-0082
DIALKYL-AETHINYL-PHOSPHINE, NMR 54-0030
BIS-(DIPHENYLPHOSPHINO)-ALKANE, NMR 56-0050
PHOSPHINALKYLENE, RK. 59-0260
ALKYLGERMYL-, RK. UNTER SPALT. D. GE-P-BIND. 60-0023
KOMPLEX-BLDG. 53-0008
TRIPHENYLPHOSPHINMETHYLENVERB. RK. MIT BRCN 53-0080
TRIARYL-, RK. 59-0270
RK. MIT FLUORENONEN 56-0293
PHOSPHINIMINE
IMINOPHOSPHORANE, RK. MIT BENZONITRILOXIDEN 55-0263
PHOSPHINOXIDE
ALLEN-, KONSTIT. 60-0095
ALLENYL-, STEREOCHEMIE 60-0227
BENZYLDIPHENYL-, BLDG. 61-0229
DIALKYL-AETHINYL-PHOSPHINOXIDE, NMR 54-0030
ALLEN-PHOSPHINOXIDE, NMR 56-0252
RED. MIT MG 54-0210
PK-WERTE U. RK. MIT DISULFIDEN 55-0094
PHOSPHINSAEUREN
PHOSPHINSAEUREVERB., DARST. 53-0179
DIALKYLDITHIOPHOSPHINSAEUREN, KOMPLEXE 55-0015
THIOLPHOSPHINSAEUREPHENYLESTER, DARST. 55-0094
DIPHENYLPHOSPHINYLHYDRAZIDE, DARST. 55-0241
BENZYL-AETHYL-PHOSPHINSAEUREN, DARST. 56-0237
-AMIDE U. -ESTER, DARST. 61-0186
DIALKINYLPHOSPHINSAEURE-AMIDE, DARST. 56-0196
DIPHENYLPHOSPHINSAEURE-BENZYLESTER, BLDG. 61-0229
RED. MIT MG 54-0210
PHOSPHOLIP(O)IDE
* S. PHOSPATIDE
PHOSPHONIGE SAEUREN
KETO-, POLAROGRAPH. RED. 61-0096
PHOSPHONIUMVERBINDUNGEN, ORGANISCHE
TRIPHENYL-PYRRYL-, DARST. 59-0230
H-BIND. IN PHOSPHONIUMHALOGENIDEN 56-0236
S-HALT., RK. 61-0201
ZERS. MIT NAOH (KINETIK) 54-0122
TRIPHENYL-DIARYLAETHYL-PHOSPHONIUMSALZE, DARST. 59-0260
BIS-PHOSPHONIUMSALZE, HYDROLYSE 58-0415
PHOSPHONSAEUREN
DICARBONYL-PHOSPHONSAEURE-ESTER 59-0201
ALKAN (CYCLOALKAN) PHOSPHONSAEUREN BLDG. 54-0175
PHOSPHONSAEUREVERB., DARST. 53-0179
BENZYL-PHOSPHONSAEUREN, DARST. 56-0237
STEROIDPHOSPHONATE, DARST. 56-0460
STEROIDPHOSPHONATE, DARST. 56-0461
NITROPHENYL-PHOSPHONSAEUREESTER, DARST. 58-0241
ALKINYLPHOSPHONSAEURE-DIAMIDE, DARST. 56-0196
-DIAMIDE, SYNTH. 56-0197
ALLYLPHOSPHONSAEUREESTER, DARST. 57-0162
THIOPHOSPHONSAEUREN, RACEMATSPALT. 57-0163
ALIPHAT. U. ALICYCL., NMR 57-0205
ARYLMETHANPHOSPHONSAEUREN, NMR 59-0052
STEREOCHEMIE D. NUKLEOPHILEN SUBSTITUT.-RK. 55-0138
ASYMM. PHENYLTHIOPHOSPHONAMIDE,DARST. 61-0379
UNGESAETT. HALOGEN-, RK. 57-0164
THIOPHOSPHONSAEUREAMIDE, RK. 56-0359
ESTER, RK. MIT TRIMETHYLAMIN 59-0205

-DICHLORIDE, RK. MIT O- U. S-VERB. 59-0254
BETA-KETO-PHOSPHONATE, RK. MIT ALDEHYDEN 61-0154
BETA-DICARBONYL-PHOSPHONESTER, DARST. 55-0139
ESTER, NMR 58-0038
NUKLEOPHILE REAKTIVITAET 61-0146
RED. MIT MG 54-0210
PHOSPHOR
RK. MIT OLEFINEN U. O2 54-0175
RK. MIT MONOJOD-PENTAFLUOR-BENZOL 59-0024
PHOSPHORSAUERSTOFFSAEUREN
H3PO4-O-PHENYLEN-ESTER -BROMID, RK. 58-0191
RK. MIT TRIMETHYLPHOSPHIT 55-0166
PENTAOXYPHOSPHORANE, DARST. 61-0395
PHOSPHORSAEURE-MONOARYLESTER, RK. 54-0174
PHOSPHITE, OX.-RK. 54-0089
TRIKOVALENTE PHOSPHITE, RK. 56-0293
H3PO3, ESTER, H-D-AUSTAUSCH 56-0159
DIALKYLPHOSPHITE, RK. MIT THIOHARNSTOFF 58-0203
TRIALKYLPHOSPHITE, RK. 59-0269
H3PO3, TRIALKYLESTER, RK. MIT FLUORENON 61-0395
ALKYL-PHOSPHITE, RK. 58-0216
H3PO3, TRIALKYLESTER, RK. MIT BENZOLSULFENYLCHLORID 61-0201
PHOSPHORIGSAEURE-AMIDE, DARST. 59-0200
N.N'-TETRAMETHYL-DIAMIDOPHOSPHITE, DARST. 56-0197
H3PO3-TRIAMIDE, RK. MIT CARBONYLVERB. 56-0386
ALKYLPHOSPHINE, ADDIT.-VERB. MIT BH3, EIG. 54-0018
ALKYLPHOSPHITE, RK. 53-0095
DIALKYLPHOSPHITE, RK. MIT BENZOPHENAZINCHINON 53-0171
PYRIDINIUM-2-ALDOXIMSALZE DARST., BIOCHEM. WRKG. 58-0542
TERPENYL-PHOSPHATE, HYDROLYSE 61-0505
H3PO4-TRIESTER, RK. MIT TRIMETHYLAMIN 59-0205
OMEGA-(ALKYL-CARBAMYL-AMINO)-ALKYLPHOSPHORSAEUREN, HYDROLYSE 57-0103
DIAETHYLPHENYLPHOSPHATE, HYDROLYSE 58-0120
H3PO4-ESTER, HYDROLYSE-MECHANISMUS 58-0234
H3PO4, ESTER V. TERPENALKOHOLEN, HYDROLYSE 61-0504
ESTER D. H3PO4, RK. MIT CS2 61-0145
H3PO4, AMINOALKYLESTER, RK. 60-0408
H2NPOF2, DARST. 60-0014
ESTER D. AMIDOPHOSPHORSAEURE, RK. 61-0146
MONOAMIDOPHOSPHORSAEURE-ESTER, DARST. V. ENAMIDEN 58-0242
DIALKYL-(1.2-BENZOPHENAZINYL-(4))-ESTER, DARST. 53-0171
HOPOF2, DARST., RK. 60-0014
IMIDOPHOSPHATE, THERM. RK. 59-0204
HPOS(N3)2, PHOSPHONIUMSALZE, DARST. 60-0012
DIALKOXY- U. DIALKOXYTHIOPHOSPHORYL-THIOOXIME, DARST. 60-0256
AROMAT. THIONOPHOSPHATE, P-H SPIN-SPIN KOPPL. 59-0052
PHOSPHORYL- U. THIOPHOSPHORYLVERB. 60-0217
HPS2(N3)2, PHOSPHONIUMSALZE DARST. 60-0012
HPS2(CN)2, PHOSPHONIUMSALZE DARST. 60-0012
DITHIOPHOSPHORSAEURE-SYMM.-TRIAZINYLESTER, DARST. 59-0397
MONOAMIDOTHIOPHOSPHORSAEURE-ESTER, DARST. V. ENAMIDEN 58-0242
SP(NH-NH2)3, DARST. 60-0217
AROYLIMIDO-THIOPHOSPHORSAEURE-O.O.S-TRIALKYLESTER, DARST. 61-0206
HPOSCL2, QUART. P- U. AS-SALZE 58-0011
HPOSCLF, QUART. P- U. AS-SALZE 58-0011
HPOS(N3)F, PHOSPHONIUMSALZE, DARST. 60-0012
HPOSF2, PHOSPHONIUMSALZE, DARST. 60-0012
DIFLUORTHIOLPHOSPHATE, DARST. 55-0140
TERPENYL-PYROPHOSPHATE, HYDROLYSE 61-0505
ESTER D. H4P2O7, RK. 61-0145
H4P2O7, ESTER V. TERPENALKOHOLEN, HYDROLYSE 61-0504
PHOSPHORVERBINDUNGEN
PHOSPHAZENE 56-0195
PF6(-), RK. MIT FE(CO)2(P(C6H5)(C2H5)2)2BR2 59-0038
PO(N(CH3)2)3, VERW. ALS KRYOSKOP. LSGM. 56-0005
SPBR2F, DARST. 58-0011
SPBR3, FLUORIER. MIT SBF3 58-0011
POF2CL, DARST. 60-0014
POCL3, RK. MIT NF3 61-0017
POCL3, BEST. D. DIPOLMOMENTES 60-0042
POCL3, RK. MIT TRINITROBENZOLDERIV. 54-0178
SPCL2F, RK., DARST. 58-0011
SPCL3, RK. MIT QUART. P- U. AS-VERB. 58-0011
PCL5, RK. MIT NH4(SBCL6) 56-0195
PCL5, RK. MIT ACETAMIDOGLUCOSE 61-0462
(PCL4)SBCL6, DARST. 56-0195
F2PO(NCO), DARST. 56-0008
PHOSPHORFLUORIDE, DARST. 60-0013
THIOPHOSPHORSAEURE-TRIFLUORID, RK. MIT NAOH 55-0140
POF2CL, BLDG. AUS NF3 U. POCL3 61-0017
POFCL2, BLDG. AUS NF3 U. POCL3 61-0017
POF3, DARST. 60-0014
POF3, DARST. AUS NF3 U. POCL3 61-0017
P2O3F4, DARST., RK. 60-0014
P2O3F4, RK. MIT KSCN 60-0013
POF3 DARST. AUS NF3 U. P2O5 56-0009
POF3, RK. MIT SI(NCO)4 56-0008
SPF3, RK. 60-0217
PF5, BLDG. AUS NF3 U. POF3 61-0017
TETRAPHOSPHOR-TRITHIO-DIJODID, DARST. 58-0012
P2J4, RK. MIT H2S 58-0012
P2O5, RK. MIT NF3 56-0009
P2O5, RK. MIT HOPOF2 60-0014
P4S4O6, RK. MIT NAN3, NAF, KCN 60-0012
P2S2, RK. MIT 3-ACETYLAMINO-PROPANOL 54-0368
P4S10, RK. 60-0297
P4S10, RK. MIT HYDROXY-1.2.4-TRIAZINEN 61-0452
RK. MIT AROYLSENFOELEN 55-0264
P4S10, RK. 60-0299
PHOSPHORISOTHIOCYANATE, DARST. 60-0013
PHOSPHORANE
ORGANOMETALLSUBSTITUIERTE PHOSPHINALKYLENE, DARST. 55-0009
METHYLENPHOSPHORANE, WITTIG-RK. 56-0136
TRIPHENYLPHOSPHINMETHYLENE, RK. MIT BRCN 53-0080
ALKINYL-TETRAPHENYL-, DARST. 61-0228
PHOSPHINALKYLENE, RK. 61-0227
CYCLOADDIT. AN NITRILOXIDE 55-0262
NUCLEOPHILE RK. 58-0424
PHOSPHORESZENZ
* S. UNTER LUMINESZENZ
PHOSPHORYLIERUNG
UEBER ONIUM-ZWISCHENSTUFEN 61-0226
PHOTOCHEM., V. METHANOL 59-0228
PHOTOCHEMIE U. STRAHLENCHEMIE
PHOTOCHEM. RK. V. STEROIDEN 54-0445
V. 1.3.6'.8'-TETRAMETHYL-DEHYDRODIANTHRON 55-0020
PHOTOCHEM. SYNTH. 55-0305
PHOTOCHEM. UMWANDL. 55-0378
BLITZLICHTPHOTOLYSE U. REVERSIBLE PHOTO-RK. 57-0015
PHOTOLYSE V. HN3 56-0152
V. KLEINEN RINGEN 57-0124
MOL.-DIAGRAMME FUER PHOTOCHEM. RK. 57-0126
V. AROMAT. VERB. 56-0233
V. BENZOL 56-0151
PHOTO-RK. V. N-HETEROCYCLEN 54-0315
V. HYDROXYCYCLOHEXADIENONEN 60-0285
PHOTOCHEM. BLDG. V. ALKALOIDEN 59-0440
PHOTO-RK. V. ANTHRACHINONEN 59-0280
PRAEPARATIVE PHOTOCHEM. SYNTH. 61-0306
PHOTOCHEM. SYNTH. V. O-HETEROCYCLEN 54-0334
PHOTOCHEM. SYNTH. V. HETEROCYCL. FUENFRINGEN 58-0326
PHOTOSYNTH. V. ANNOTININDERIV. 56-0432
PHOTOLYSE V. CYCLOBUTANONEN 54-0128
V. NA-TETRAPHENYLBORAT 54-0238
PHOTOCHEM. RK. V. 5-PHENYL-TROPOLON 57-0211
RADIOLYSE V. A. IN SAEURE 60-0151
PHOTOLYSE V. BENZOYLPEROXID 61-0139
V. TRICARBONYL-CYCLOBUTADIEN-EISEN 59-0017
V. DIPHENYLACETYLEN 56-0150
V. ANTHRACENEN (EINFL. V. KRIST.-FEHLERN) 59-0095
PHOTOCARBOXYMETHYLIER. V. OLEFINEN 59-0179
PHOTOLYSE V. 2.3-DIAZABICYCLO(2.2.1)HEPTEN 57-0338
PHOTOLYSE V. ALDRIN 56-0304
PHOTOLYSE V. 1.2-DIJODAROMATEN 59-0206
V. H2O2-LSG. IN AMINEN 54-0132
PHOTOLYSE V. ALKYLAZIDEN 56-0152
PHOTOCHEM. PHOSPHORYLIER. V. METHANOL 59-0228
PHOTOLYSE V. DIAZO-ALKANEN 61-0148
PHOTOLYSE V. 2-ALLYLOXY-PHENYL-DIAZOMETHAN 61-0329
RADIOLYSE V. PROPANOL 54-0130
PHOTODISSOZIAT. (ISOTOPENEFFEKT) 58-0142
V. AROMAT. SULFONEN 54-0131
PHOTOLYSE V. TRIPHENYLMETHANTHIOL 59-0157
PHOTOLYSE V. N-BUTYLCYANAT 57-0152
V. BETA-KETOSULFONEN 53-0060
V. TETRAFLUOR-2.3-DIAZABUTADIEN-(1.3) 54-0142
PHOTOLYSE V. BICYCLOHEXANON 55-0210
V. ALPHA-DIAZO-BETA-KETOSULFONEN 56-0216
PHOTOLYSE V. ALPHA-PHENYLKETONEN 56-0320
PHOTOLYSE D. SYST. H2O2-ACETON 57-0123
PHOTOLYSE V. KETONEN (LSGM.-EINFL.) 57-0125
V. BETA,GAMMA-UNGESAETT. CARBONYLVERB. 57-0197
PHOTOLYSE V. CYCLOHEXADIENONEN 58-0259
PHOTOLYSE V. CYCLOHEXADIENONEN 59-0247
PHOTOLYSE V. ANTIPYRIN 59-0327
PHOTOLYSE V. CAMPHEROXIM 57-0389
PHOTOLYSE EINES CHINOXALIN-DI-N-OXIDS 54-0364
PHOTOLYSE V. NITRILOXIDEN 61-0369
PHOTOLYSE V. METHYLDIAZOMALONAT 56-0154
V. CYCLOPROPENCARBONSAEUREAZIDEN 59-0158
PHOTOZERS. V. OXIRANEN 61-0335
V. 1.3.2-DIOXAPHOSPHOLEN 56-0358
PHOTO-OX., NEUES LSGM.-SYST. 59-0156
PHOTORED. V. DIACETYLENEN 55-0116
PHOTOOX. V. FURANEN 55-0227
PHOTOOX. V. FURANEN 59-0299
RADIOLYT. OX. V. PURINEN 61-0438
PHOTOOX. V. TRICHLORAETHYLEN (KINETIK) 57-0094
PHOTOCHEMIE PHOTOCHEM. OX. V. AROMAT. AMINEN 58-0153
PHOTOOX. V. DIALKOXYANTHRACENEN 60-0273
RED. V. BENZOPHENONEN IM UV 53-0013
PHOTOOX. V. JONONEN 55-0104
PHOTO-RK. V. TROPOLONEN 57-0255
PHOTOOX. V. HYDROXYPURINEN 61-0440
PHOTORED. V. STEROID-IMMONIUMVERB. 58-0434
PHOTOHALOGENIER. V. KW-STOFFEN 54-0145
PHOTOCHLORIER. V. BICYCLO(2.2.0)HEXAN 54-0272
PHOTOCHLORIER. V. 1-PHENYL-PROPAN 56-0204
PHOTOUMLAGER. V. ISOXAZOLEN 54-0315

V. 2-ALLYL-PHENOLEN 54-0334
PHOTOCHEM. UMLAGER. V. N-OXIDEN 55-0101
V. ISAMSAEURE 55-0305
PHOTOLYSE V. JERVAN-NITRITEN 56-0156
V. CYCL. KETONEN (UMLAGER.) 56-0158
PHOTOCHEM. ADDIT. AN ALKENE 56-0211
PHOTO-RK. V. OLEFINEN 56-0363
V. PYRAZIN-N-OXIDEN 56-0390
GAMMA-BESTRAHL. V. PYRIDIN U. DIAZINEN 58-0152
PHOTOCHEM. ADDIT. V. N-METHYL-MALEINIMID AN OLEFINE 58-0323
PHOTOISOMERISIER. V. BICYCLOHEPTAN 59-0289
VALENZISOMERISIER. V. NORBORNADIENDERIV. 59-0309
PHOTOKONDENS. V. ACETON MIT DIOXAPHOSPHOLEN 59-0340
PHOTOMETHYLIER. V. PYRIDINEN 59-0382
V. 2.2'-BIS-(PHENYLAETHINYL)-BIPHENYL 60-0159
PHOTORK. V. METHACRYLSAEURE-METHYLESTER 60-0448
PHOTORK. V. AROMAT. KETONEN 61-0204
PHOTOADDIT. V. OLEFINEN AN BENZOCHINON 55-0105
PHOTOADDIT. V. MALEINSAEUREANHYDRID AN BZL. 55-0106
PHOTOCHEM. RK. V. ORGANO-CO-KOMPLEXEN MIT (CO) 58-0027
PHOTOLYT. RK. V. PENTAFLUORJODBENZOL 53-0094
V. NAPHTHYLAETHYLENEN 54-0129
PHOTORK. V. PHOSPHORVERB. 54-0235
V. 1.2.3-TRIPHENYL-CYCLOPROPEN 55-0103
PHOTOCHEM. RK. V. NH2CL MIT CYCLOHEXEN 55-0109
V. TETRACYCLO(4.3.0.0(2,4).0(3,7))NONEN-8 56-0308
PHOTOADDIT. V. ALKINEN AN METHOXY-P-BENZOCHINON 57-0240
PHOTOOXIMIER. DEUTERIERTER BICYCLEN 58-0292
PHOTOADDIT. AN DIENE 61-0544
PHOTOCHEM. CYCLOHEXADIEN-UMLAGER. 55-0102
PHOTOADDIT. ZWISCHEN ANTHRACENEN 57-0226
PHOTOSUBSTITUT. V. BENZOLEN 59-0159
PHOTOCYCLISIER. V. STILBEN-ANALOGEN 61-0303
V. SPIROPYRANEN 55-0107
1.4-PHOTOADDIT. V. PYRROL AN BZL. 57-0269
V. FUROCUMARINEN U. -CHROMONEN 58-0368
PHOTOALKYLIER. V. CYCL. AETHERN 61-0325
V. TRANS-4-STYRYL-PYRIMIDIN 61-0399
PHOTOCYCLODEHYDRIER. V. STYRYLVERB. 61-0400
V. VINYLENCARBONAT 53-0132
PHOTO-UMLAGER. V. ZERUMBON 53-0086
V. TETRAPHENYLCYCLOPENTADIENON 53-0105
V. TETRAPHENYLCYCLOPENTADIENON 53-0106
V. PHORON 53-0153
PHOTO-RK. V. BENZOPHENON MIT FURANEN 54-0376
PHOTO-RK. V. ANTHRONEN 56-0155
V. UNGESAETT. KETONEN 56-0256
PHOTOLYSE V. UNGESAETT. KETONEN 56-0257
PHOTOLYSE V. UNGESAETT. KETONEN 56-0258
PHOTOLYSE V. UNGESAETT. KETONEN 56-0259
PHOTODIMERISIER. V. TROPON 56-0307
PHOTOUMLAGER. EINES 1-PHENYLBUTENONS-(1) 57-0187
PHOTORK. V. THIOBENZOPHENON MIT OLEFINEN 58-0401
V. BENZOPHENON MIT FURAN 59-0304
V. 3.4-DIPHENYL-4.5-EPOXY-CYCLOPENTEN-(2)-ON-(1) 60-0063
PHOTOLYSE V. P-BENZOCHINONEN 60-0157
PHOTOUMLAGER. V. DIAZO-CYCLOHEXANONEN 60-0243
V. GEHINDERTEN AROMAT. KETONEN 61-0299
V. 2.4-DIPHENYL-5.5-DIMETHYL-DELTA(1)-PYRROLIN-1-OXID 54-0297
PHOTOISOMERISIER. V. PYRIDINIUM-DICYANMETHYLID 57-0276
PHOTOLYSE V. ISOCHINOLIN-N-OXIDEN 60-0415
V. AZIDOFORMIAT MIT AETHERN 53-0120
PHOTOCYCLOADDITION V. ACETYLCYANID AN OLEFINE 53-0122
PHOTOCYCLOADDIT. V. CARBONYLVERB. AN ALLENE 59-0296
V. CYCL. KETONEN 54-0277
V. STEROIDEN 55-0378
V. UNGESAETT. DICARBONSAEUREN IN WSS. LSG. 60-0158
PHOTOADDIT. V. DIAETHYLOXOMALONAT AN OLEFINE 60-0304
PHOTOCHEM. CYCLISIER. V. BENZANILIDEN 61-0423
V. 16.17-EPOXY-20-OXOPREGNANEN 53-0216
PHOTOADDIT. AN STEROIDE 54-0433
V. TESTOSTERONEN 54-0445
PHOTORK. V. CHINONEN MIT ALDEHYDEN 61-0291
V. ISOSTEROIDEN 54-0442
PHOTODIMERISIER. V. ACENAPTHYLEN 56-0153
PHOTODIMERISIER. V. ANTHRACENEN 58-0077
PHOTODIMERISAT. V. P-BENZOCHINON 53-0107
DIMERISAT. EINES TROPONOIDS 54-0243
PHOTODIMERISIER. V. HISPIDIN-ANALOGEN 56-0488
IMPULSRADIOLYSE FUER KINETIKMESS. 56-0007
PHOTOCHROMIE
* S. UNTER FARBE
PHOTOIONISATION
* S. UNTER IONEN
PHOTOLYSE
* S. UNTER PHOTOCHEMIE U. STRAHLENCHEMIE
PROTONENRESONANZ(SPEKTREN)
* S. UNTER MAGNETISMUS
PROTONIERUNG
* S. UNTER DISSOZIATION,ELEKTROLYTISCHE
PHYTOCHEMIE
* S. UNTER PFLANZEN
PIEZOCHROMIE
* S. UNTER FARBE
PIGMENTE
PIGMENTE D. STOCKLACKS 58-0445
PILZE
* S. AUCH HEFEN
HOEHERE, BESTANDTEILE 56-0485
HOEHERE, BESTANDTEILE 56-0486
HOEHERE, BESTANDTEILE 56-0488
HOEHERE, BESTANDTEILE 56-0487
PILZINHALTSSTOFFE 58-0528
PILZMETABOLITE, BIOSYNTH. 57-0435
FUNGIZIDE THIOLSULFONSAEUREESTER 54-0192
DITHIOCARBAMAT-FUNGIZIDE 55-0132
FUNGICIDE 56-0208
FUNGICIDE (AMIDRAZONE) 57-0262
FUNGISTAT. NITROTHIOPHEN-2-CARBALDEHYDACETALE 61-0565
WACHSTUMSHEMM. 61-0567
PILZE (SPEZIELLE PILZE)
AMANITA, NOMENKLATUR D. WIRKSTOFFE 54-0314
AMANITA MUSCARIA, MUSCAZON 54-0303
AMANITA MUSCARIA, INHALTSSTOFFE 54-0315
AMANITA PHALLOIDES, INHALTSSTOFFE 53-0235
AMANITA PHALLOIDES, INHALTSSTOFFE 53-0237
AMANITA PHALLOIDES, INHALTSSTOFFE 53-0238
TOXINE 58-0503
AMANITA PHALLOIDES, INHALTSSTOFFE 53-0234
KNOLLENBLAETTERPILZ, INHALTSSTOFFE 53-0236
AMANITA PHALLOIDES, INHALTSSTOFFE 53-0239
GRUENER KNOLLENBLAETTERPILZ, INHALTSSTOFFE 60-0491
BASIDIOMYCETEN, EINW. AUF STEROIDE 55-0430
BOLETUS SCABER PHENOL. BESTANDTEILE 56-0486
BOTRYTIS-CINEREA, FUNGISTAT. WRKG. V. DISULFIDE(58-0224
CANDIDA ALBICANS ZUR ANTIBIOTIKABEST. 55-0405
CEPHALOSPORIUM ACREMONIUM, INHALTSSTOFFE 54-0443
CHAETOMIUM COARCTATUM, EIN TETRAHYDROFURANDERIV. 60-0306
COCHLIOBOLUS HETEROSTROPHUS, OPHIOBOLINEN 61-0562
COCHLIOBOLUS MIYABEANUS OPHIOBOLINE 61-0563
DAEDALEA QUERCINA, QUERCINSAEUREDERIV. 56-0451
DERMATOMYCETEN, PIGMENTE 59-0503
DICTYOSTELIUM DISCOIDEUM, BIOSYNTH. MIT 55-0389
FOMES FOMENTARIUS, FOMENTARSAEURE 53-0066
FUSARIUM EQUISETI, (+-)-2-ACETAMIDO-2.5-DIHYDRO-5-OXOFURAN 55-0226
FUSARIUM NIVALE AUS FESTUCA 54-0164
FUSARIUM GRAMINEARUM, AUROFUSARIN 55-0226
FUSARIUM NIVALE, BUTENOLIDBLDG. 54-0164
GIBBERELLA FUJIKUROI, GIBBERELLIN A(15) 54-0460
HELMINTHOSPORIUM DEMATIOIDEUM, CYTOCHALASINE 54-0458
LACTARIUS QUIETUS, EINW. AUF STEROIDE 55-0430
METARRHIZIUM ANISOPLIAE, CYTOCHALASINE 54-0458
OOSPORA ASTRINGENES, OOSPOLID 60-0497
PAXILLUS INVOLUTUS, INVOLUTIN 56-0485
PENNISETUM TYPHOIDEUM, BIOSYNTH. V. MUTTERKORNALKALOIDEN 61-0564
PIPTOPORUS BETULINUS, POLYPORENSAEURE-A-DERIV. 61-0568
PITHOMYCES, SPORIDESMOLID IV 57-0412
POLYPORACEAE, TRITERPEN 56-0451
PORIA OBLIQUA (PERS) BRES.,PHENOL. PROD. 55-0153
RHIZOCTONIA SOLANI, FUNGISTAT. ARYLTHIOHYDRO + XAMSAEUREN 60-0207
SCHWANNIOMYCES, MYOINOSIT-ABBAU 59-0502
STREPTOMYCES GALILAEUS, ANTHRACYCLINONPIGMENTE 61-0566
STREPTOMYCES KITASATOENSIS, LEUCOMYCIN A3 54-0454
SUILLUS VARIEGATUS, VARIEGATSAEURE 59-0489
TORULOPSIS GROPENGIESSERI, GLYKOLIPIDE 56-0420
TRICHOLOMA GRAMMOPODIUM, STOFFWECHSEL 55-0117
TRICHOTHECIUM ROSEUM, ROSENONOLACTON 56-0448
TUBER MAGNATUM PICO, AROMASTOFF 57-0137
TYROMYCES ALBIDUS, TYROMYCINSAEURE 58-0466
PUCCINIA GRAMINIS, FUNGIZIDE 53-0081
PIPERAZINE
DARST. (NARKOTICA) 59-0383
2.5-DIKETO-, DARST. 60-0404
DARST. 56-0399
N-SPIRO-PIPERAZINIUMVERB. DARST., RK. 59-0371
TETRAHYDROXY-, DARST. 56-0398
PIPERIDINE
PIPERIDINOLE, STEREOCHEMIE 58-0018
STER. VERLAUF D. QUATERNIER. 59-0151
ALLYL (PROPARGYL)-PIPERIDINE, DARST. 54-0339
1-(2-PHENYL-AETHYL)-4-AETHOXYCARBONYL-PIPERIDINE, DARST. 56-0504
1-(ALPHA-PIPERIDINO-GLYCYL)-, DARST. 58-0352
4-ALKOXY-4-ARYL-, DARST. 58-0397
3-(OMEGA-HYDROXYALKYL)-N-METHYL-, DARST. 60-0378
AMINOALKYL-, DARST. 61-0425
ORIENTIER. EINSAMER ELEKTRONENPAARE 61-0043
C-(N-)-ALKYLPIPERIDINE PMR 53-0022
PIPERIDINOLE-(4), ELIMINIER.-RK. 55-0089
RED. (STEREOCHEMIE) 59-0355
1-METHYL-PIPERIDONE, WITTIG-RK. 54-0343
BEST. DURCH KMR 56-0509
PLANCHER-REAKTION
* S. UNTER UMLAGERUNGEN

PLASTE
LINEARE SYNTHET. POLYMERE, BERECHN. D. F. 55-0424
POLYPENTADIENE, NMR 56-0492
ALPHA.OMEGA-DI-LI-POLYISOPREN, DARST., RK. 57-0432
POLYISOPREN, BLDG.-KINETIK 54-0474
POLYPENTADIENE, DARST. 58-0512
POLYISOBUTYLEN U. KOPOLYMERISATE, GEFRIEREN V. LSG. 57-0429
POLY-PENTADIENE-(1.3), MIKROSTRUKTUR 61-0559
POLYAETHYLENE, SCHMELZPUNKTBERECHN. 55-0424
ISOBUTYLEN-ISOPREN-COPOLYMERISATE, RK. 57-0430
ISOBUTYLEN-ISOPREN-COPOLYMERISATE, RK. 57-0431
ISOBUTYLENCOPOLYMERISATE, DARST. 57-0432
CIS-1.4-POLYBUTADIEN, OX. 61-0098
POLYBUTADIEN, AKT. ZENTREN 61-0558
POLYISOPREN, AKT. ZENTREN 61-0558
POLY-N-VINYL-SUCCINIMID, BLDG. 59-0500
POLY-2-VINYL-PYRIDIN, RK. 56-0494
POLYMETHACRYLATE 55-0421
ISOBUTYLEN-METHYLMETHACRYLATCOPOLYMERISATE, DARST. 57-0431
POLYMETHYLSTYROL, TAKTIZITAET 60-0498
ISOBUTYLEN-STYROL-COPOLYMERISATE, DARST. 57-0430
POLY-ALPHA-METHYL-STYROL, IR U. LICHTSTREUUNG 54-0475
METHACRYLAT-COPOLYMERISATE 55-0421
VINYLPYRIDINKOPOLYMERISATE, DARST. 56-0494
KOPOLYMERISAT. AUS STYROL U. DIVINYLBENZOL, VERNETZ.-DICHTE 56-0491
BENZO-INDEN-POLYMERISATEN 56-0303
WOFATIT KPS, ZUR TRENN. V. HYPONITRIT U. N-BASEN 57-0440
QUELLUNG V. WOFATIT KPS 60-0499
AETHYLENOXID-COPOLYMERISATE, DARST. 57-0432
PROPYLENOXIDPOLYMERISATE, RK. 57-0432
POLYAETHYLENGLYKOLAETHER, -ESTER, EINFL. AUF BAKTERIZIDWRKG. 53-0254
POLYESTER, SCHMELZPUNKTBERECHN. 55-0424
RK. V. POLY-PROPYLENADIPAT 57-0432
BICYCLOHEPTEN-5-CARBOXY-BICYCLO(2.2.1)HEPTEN-(2)-COPOLYMERE 57-0426
DELTA(5)-BICYCLO(2.2.1)HEPTEN-DICARBONSAEURE-ALLYLESTER- 57-0427
POLYAMINE, DARST. 60-0500
HARNSTOFFHARZE, DARST. 57-0432
POLYAMIDE, SCHMELZPUNKTBERECHN. 55-0424
AUS AETHANOLAMIN BZW. D. N-METHYLVERB. MIT CO2 60-0501
POLYURETHANE, DARST. 57-0432
AUS AETHANOLAMINEN U. CO2 60-0500
POLYSILOXAN, DARST. 59-0023
(BUTYL)3SN-(O-CH(CCL3))N-OCH3, DARST. 58-0020
PLATINVERBINDUNGEN
KRIST.-STRUKTUR V. ((CH3)3C-C-C-C(CH3)3, CH3C6H4NH2PTCL2) 59-0009
OPT. ISOMERE V. CIS-(PT(EN)2CL2)CL2 59-0040
(((C6H5)3P)2PTCO3), DARST. 59-0008
PT(P(C6H5)3)2SH2, PT(P(C6H5)3)2SEH2, DARST., NMR 60-0034
DARST. V. DIPLATIN-TETRACYCLOPENTADIENYL 55-0019
((C6H5)3P)2PTCO3, DARST. 59-0039
(AS(C6H5)4)2(PT(N3)4) , DARST., RK. 60-0001
HEXACHLOROPLATINATE V. AZACYCLOHEPTANEN, DARST. 56-0409
H2(PTCL6), RK. MIT NAN3 60-0001
PTCL2, RK. MIT CYCLOPENTADIENYL-NATRIUM 55-0019
POLARISATION, ELEKTROLYTISCHE
RK. V. AROMAT. KW-STOFFEN AN D. PT-ANODE 59-0106
ELEKTROLYSE V. NA- BZW. K-TETRAAETHYLALUMINAT 60-0017
ELEKTROKAPILLARVERH. V. PYRIDIN 58-0094
POLAROGRAPHIE
V. OBERFLAECHENAKT. VERB. 60-0107
V. ORGAN. HG-VERB. 56-0006
V. BENZALDEHYD-CHROMTRICARBONYL U. DERIV. 56-0021
V. CYCLOPENTADIENYLTHALLIUM 60-0010
V. PHENYL-PYRIDYL-ALKENEN 55-0074
V. HALOGENTHIOPHENEN 59-0109
V. 9-ARYLAMINO-ANTHRACENEN 54-0260
V. NITRAMINEN 57-0089
V. CARBINOLEN U. AETHYLENEN 59-0108
V. CYTOSTAT. MANNIT-DERIV. 60-0108
V. ACETYL-HALOGEN-TETRALINEN 54-0252
V. ALDEHYDEN U. KETONEN 56-0110
V. ALDEHYDEN U. KETONEN 56-0111
V. ALDEHYDEN U. KETONEN 56-0112
V. ALDEHYDEN U. KETONEN 56-0113
V. PROPINALEN 57-0088
V. 2-ACETYL-FURAN 60-0109
POLAROGRAPH. RED. V. EPSILON-DIKETONEN 60-0167
V. BENZALDEHYD-SEMICARBAZONEN 60-0106
V. ALPHA-KETOPHOSPHONIUMSALZEN 61-0096
V. IMIDAZOL-2-CARBONSAEUREN 57-0087
ZU ARZNEIMITTELANALYSEN 56-0108
POLARONEN
KINETIK V. RK. 56-0007
POLYKONDENSATION
* S. UNTER POLYMERISATION
POLYMERE
* S. PLASTE
POLYMERISATION
TRIMERISIER. V. ALKINYLBENZOLEN 53-0111
ELEKTROLYT. DIMERISIER. V. OLEFINEN 54-0085
V. ISOPREN (KINETIK) 54-0474
V. VINYL-NAPHTHOCHINONEN-(1.4) 55-0195
V. ACENAPHTHYLEN 55-0420
V. HOMOLOGEN C8-METHACRYLATEN 55-0421
TELOMERISAT. V. AETHYLEN 56-0147
V. ACETYLEN 56-0203
V. BENZO-INDENEN 56-0303
V. STYROL MIT DIVINYLBENZOL 56-0491
FESTSTOFFPOLYMERISAT. V. BIN. SYST. 57-0428
V. STYROL MIT COPOLYMEREN (KINETIK) 57-0430
V. METHYLMETHACRYLAT MIT COPOLYMEREN 57-0431
V. FERROCENDICARBONSAEURECHLORIDEN 58-0023
KATALYSATOR (BIS-CYCLOCTATETRAEN-EISEN) 58-0024
DIMERISIER. V. CYCLOHEXENONEN 58-0126
DIMERISIER. V. TOCOCHINONEN 58-0505
V. CIS- U. TRANS-PENTADIEN-(1.3) 58-0512
KATALYT. DIMERISIAT. V. BUTADIEN 59-0110
HYDRODDIMERISIER. V. OLEFINEN 59-0155
DIMERISAT. V. PROPEN 60-0172
V. AETHANOLAMIN MIT CO2 60-0502
V. PENTADIEN-(1.3) 61-0559
V. BICYCLO(2.2.1)HEPTEN-2.3-DICARBONSAEURE-ALLYLESTER 57-0427
V. N-VINYL-SUCCINIMID 59-0500
CYCL V. FERROCENYLACETYLENEN 56-0023
V. 1.2.3-TRIPHENYL-CYCLOPROPEN 55-0103
V. FL. ALLEN 55-0167
CYCLOTRIMERISAT. V. ACETYLENEN 56-0148
RADIKAL., V. NORBORNEN-DERIV. 57-0425
TRIMERISIER. V. CHLORALKINEN ZU BENZOL-KAEFIG-VERB. 53-0112
V. DIAZOALKANEN 54-0169
V. DIAZOALKANEN 58-0205
DIMERISIER. V. HOMOPHTHALIMIDEN 55-0294
V. METHYLMETHACRYLAT 55-0422
V. METHYLMETHACRYLAT 55-0423
V. NORBORNENEN MIT MALEINSAEUREANHYDRID 57-0426
POLYMORPHIE (U. ALLOTROPIE)
V. ALIPHAT. DICARBONSAEUREN 54-0075
PORPHYRINE
PY.-METALL-, BLDG.-KONST. 59-0015
VINYLPORPHYRINE, DARST. 53-0202
RH- U. IR-PORPHYRINE, DARST. 56-0029
OKTAAETHYL-GEMINIPORPHYRIN-POLYKETONE, DARST. 58-0444
NI-PORPHINE, DARST. 60-0456
ACETAMIDOAETHYLPORPHYRINE, DARST., RK. 53-0202
DEUTEROPORPHYRINE, DARST. 55-0349
2-HYDROXYALKYL-CO(III)-AETIOPORPHYRINE I 58-0440
DEUTERIER. D. MESO-STELL. 59-0448
ELEKTROCHEM. RED. 59-0446
POTENTIALE
* IONISATIONS- S. UNTER IONEN
POTENTIALFUNKTIONEN VON MOLEKUELEN
* S. UNTER MOLEKULARSTRUKTUR
PRASEODYMVERBINDUNGEN
NMR D. KOMPLEXES MIT 4.4'-DI-N-BUTYL-2.2'-DIPYRIDYL 54-0001
PROSTAGLANDINE
* S. UNTER HORMONE
PSYCHOTROPIKA
* S. UNTER NERVEN
PTERINE
PTERIN-RADIKALE, BLDG., ESR 55-0308
LUMAZIN-DERIV. AUS WALDAMEISEN 54-0461
-4-CARBONSAEURE U. METHYLDERIV., SYNTH. 61-0446
ANLAGER. V. W. U. A. 55-0311
PURINE
* S. AUCH NUCLEOSIDE
* S. AUCH NUCLEOTIDE
SYNTH. 54-0352
METHYLMERCAPTO-, DARST. 61-0445
1-ACETONYL-8-AMINO-THEOBROMINE, DARST. 55-0303
SYNTH. AUS 4-AMINO-5-ALKYLAMINOPYRIMIDINEN 60-0398
PURINYLMERCAPTOSAEUREESTER, DARST. 56-0495
8-PYRIDYL-, DARST. 59-0370
IR-SPEKTREN 59-0050
RADIOLYT. OX. 61-0438
PHOTOOX. 61-0440
HYDRAZINOLYSE 61-0383
PYRANE
* S. AUCH PYRONE
* S. AUCH PYRYLIUMVERBINDUNGEN
DIHYDRO-, BLDG. 60-0361
DARST. AUS ARYLACETYLENGLYKOLEN 54-0281
DARST. U. RK. 55-0289
DIHYDROPYRANE, DARST. 58-0365
DIHYDRO-, DARST. 61-0354
4-PYRANYLIDEN-OXAZOLONE-(5), DARST. 56-0365
SPIRO-, THERMO- U. PHOTOCHROMIE 57-0014
D-GLYCERO-PENTEN-(2)-, KONFORM. 59-0087
SPIROPYRANE, PHOTOCHEM. RK. 55-0107
2.3-DIALKOXY-DELTA(3)-DIHYDRO-, UMLAGER. 58-0184
2-AETHOXY-2.3-DIHYDRO-PYRANE RK. 54-0223
PYRAZINE
IDENTIFIZIER. IN KAFFEEAROMA 55-0415
ALKYL(ARYL)-PYRAZIN-CARBONSAEUREN, DARST. 54-0358
2-AMINOPYRAZINE, DARST. 54-0359

GLUCOSYLOXY(MERCAPTO)-, DARST. 59-0425
PYRAZOLE
PMR-UNTERS. 54-0031
1-(2.4-DINITRO-PHENYL)-PYRAZOLE, SYNTH. 55-0243
1-(2.4-DINITROPHENYL)-PYRAZOLE, SYNTH. 55-0244
BROMIER. 55-0245
DARST. 53-0134
DELTA(2)-PYRAZOLINE, DARST. 53-0136
BICYCL., DARST. 54-0311
4.5-POLYMETHYLEN-PYRAZOLE, DARST. 55-0242
1.5-DIPHENYL-PYRAZOLINE, DARST. 55-0247
DELTA(1)-PYRAZOLIN-3-CARBONSAEUREESTER, DARST. 55-0248
3.4.5-TRIALKYL-, DARST. 58-0188
3-AMINO-5-ARYL-, DARST. 58-0332
PYRAZOLINE, DARST. 59-0323
4(5)-CARBALKOXY-2-PYRAZOLINE, DARST. 59-0324
C-SILYL-, DARST. 61-0376
PYRAZOLYL-KETONE, DARST. 61-0382
3.5-BIS-ARYLAMINO-, DARST. 58-0330
PYRAZOLINE, DARST. 61-0342
3-PYRAZOLINE, DARST. 61-0380
1.3-DIPHENYL-2-PYRAZOLINE, NMR 59-0325
3-PYRAZOLINE, PROTONIER. 61-0381
RINGOEFFN. MIT BASEN 57-0283
3-ACETYL-PYRAZOLINE, UMLAGER. 57-0286
OX. ZU PYRAZOLONEN 60-0338
PYRAZOLONE
DIPHENYLPHOSPHINYL-PYRAZOLONE, DARST. 55-0241
4-BROMPYRAZOLONE, DARST. AUS PYRAZOLEN 55-0245
(2-N.N-ALKYLENAMINO-5-NITRO-PHENYL)-PYRAZOLONE 58-0303
3-ALKOXY-, DARST. 58-0325
DARST. AUS PYRAZOLEN 60-0338
PYRAZOLIDINDIONE-(3.5), DARST. 60-0394
DISSOZIAT.-KONST. 58-0098
PYRAZOLIDONE-(3), RK., DARST. 57-0284
PYRIDAZINE
1.2.3.6-TETRAHYDRO-PYRIDAZINE, STEREOCHEMIE 55-0062
SYNTH. 53-0175
SYNTH. 59-0379
3-P-METHOXYPHENYL-6-PYRIDAZONE, DARST. 60-0396
1-(NITROPHENYL)-3.6-DIOXO-1.2.3.6-TETRAHYDRO-, DARST. 60-0401
(DIHYDRO)PYRIDAZONE-(3), DARST. U. RED. 57-0337
PYRIDINE
UNTERS. 54-0343
DICYAN-DI-HYDRO-, MOL.-STRUKTUR 56-0069
MICHAEL-RK. V. PYRIDINEN 56-0377
2.6-DIARYL-3.5-DICYAN-1.4-DIHYDRO-, DARST. 57-0315
UNTERS. 57-0316
HYDRIERTE --, DARST. 58-0395
1-METHYLPYRIDONE, LIALH4-RED. 60-0376
IDENTIFIZIER. IN KAFFEEAROMA 55-0415
ANILINONITROPYRIDINE, DARST. 53-0159
SYNTH. 53-0164
4-HYDROXY-PYRIDONE-(2) SYNTH. 54-0323
2-OXO-TETRAHYDROPYRIDINE, DARST. 54-0336
2-METHYL-3-HYDROXY-PYRIDINE, DARST. 54-0452
SUBSTITUIERTE, SYNTH. 55-0281
3-ALKOXY-PYRIDINE, DARST. 55-0289
NITRAMINO-, RK. MIT HYDRAZIN 56-0376
ISONICOTINSAEURE-DERIV. DARST. 56-0497
3-HALOGEN-5-NITRO-PYRIDINE, DARST. 57-0312
4-HYDROXY-5.6-POLYMETHYLEN-2-OXO-, DARST. 59-0341
-ALDEHYDE, SYNTH. 59-0353
PURINYL-(8)-, DARST. 59-0370
2-TETRAHYDRO-CHINOLYL-(5)-, DARST. 60-0380
ALKYL-, DARST. 55-0295
1-ARYL-3-ANILINOCARBONYL-, DARST. U. RK. 58-0385
4.4'-BIPYRIDINIUMSALZE, DARST. 61-0430
PYRIDYL-KETIMINE, IR U. TAUTOMERIE 57-0023
IR V. TICL4-KOMPLEXEN 58-0017
TRANS-1.2-DIPYRIDYL-AETHYLENE, STRUKTUR 54-0053
N-METHYL-DIHYDROPYRIDINE, GRENZZUSTAENDE 54-0049
PMR (EINFL. D. LSGM.) 55-0043
ALPHA-SUBSTITUIERTE, CHEM. VERSCHIEB. 56-0052
PHENYL-PYRIDYL-ALKENE, POLAROGRAPHIE 55-0074
ASSOZIAT. UEBER INTERMOL. H-BRUECKEN 57-0081
TETRAHYDRO-, RK. 61-0433
DIHYDROPYRIDINE, THERMOLYSE 54-0234
3.5-DINITRO-, RED. 55-0275
HYDRIER. ZU PIPERIDINEN 57-0006
NITRAMINO-, RK. MIT PHOSPHORHALOGENIDEN 59-0358
2(2-HYDROXYALKYL)-, SPALT. 59-0359
PHENYLIER. MIT BENZOYL-PEROXID 57-0099
RK. MIT PHENACYLBROMID (KINETIK) 59-0131
RK. MIT PROPIOLSAEURE-METHYLESTER 56-0372
RADIKAL. PHENYLIER. 59-0369
PYRIDONE-(2), DIELS-ALDER-RK. 61-0432
PYRIMIDINE
* S. AUCH BARBITURSAEUREN, NUCLEOSIDE
URIDINE, DARST. 55-0309
-SULFONE U. -SULFOXIDE, DARST. 57-0334
5-NITRO-PYRIMIDINE, DARST. 57-0335
N-AMINOURACILE 58-0405
5-HALOGEN-, NMR (LSGM.-EINFL.) 59-0056
NUCLEOPHILE RK. 59-0386
PYRIMIDIN-2-OLE, NITROSIER. 59-0387
BIPYRIMIDINYLE, SYNTH. 59-0388
DARST. 53-0170
PYRIMIDINTHIONE-(4), SYNTH. 53-0172
ACYLIERTE CYTOSINE, DARST. 53-0173
5-(2-HYDROXY-PHENYL)-PYRIMIDINE, DARST. 54-0348
2-OXO-TETRAHYDROPYRIMIDINE, DARST. 54-0356
3H-PYRIMIDIN-4-THIONE, DARST. 54-0360
5-METHOXY-THIOURACIL-DERIV. DARST. 56-0360
4-HYDROXY-1H-PYRIMIDINONE-(6), DARST. 56-0389
PYRIMIDIN-ALDEHYDE-(5), DARST. 56-0394
HERST. AUS CYANATEN 56-0396
2.5-DIHYDROXY-, DARST. 57-0331
N.N'-DIARYL-URACILE, DARST. 59-0026
DARST. AUS NITRILEN 59-0345
1-HYDROXY-2-OXODIHYDROPYRIMIDINE, DARST. 53-0174
1-AMINO-5.6-DIHYDRO-URACILE, DARST. 54-0362
ELEKTRONENSTOSSUNTERS. 55-0047
4.6-DIHYDROXYPYRIMIDINE, NMR 55-0036
NMR 59-0058
PHOTO-INDUZIERTE METHYLIER. 59-0382
4-(BIS-(BETA-HYDROXY-AETHYL)-AMINO)-PYRIMIDINE, CYCLISIER. 55-0300
1.2-DIHYDRO-2-IMINO-, DIMROTH-UMLAGER. 58-0408
HYDROXYPYRIMIDINE, CYCLISIER. 57-0330
HYDRAZINOLYSE 61-0383
2- BZW. 6-ALKYL-4-CHLOR-PYRIMIDINE, RK. 54-0123
2.4.6-TRISUBSTITUIERTE, DARST. 60-0399
PYROLYSE
* S. UNTER DISSOZIATIONSREAKTIONEN
PYRONE
GAMMA-PYRONE, RK. MIT HIPPURSAEUREDERIV. 56-0365
PHENOL., SYNTH. 61-0402
GAMMA-, DARST. 61-0404
XANTHYRONE, KONSTIT. 58-0378
GLAUKOPHANENOLE, KONSTIT. 58-0380
DARST. AUS DELTA-KETOSAEUREESTERN 54-0333
DARST. AUS CYCLOPROPENEN U. PYRIDINIUMVERB. 56-0366
STYRYL-, SYNTH. 56-0487
2.3-DIHYDRO-, DARST. 57-0303
GAMMA-, SYNTH. AUS ALIPHAT. CARBONSAEUREN 58-0382
TETRAALKYL-GAMMA-, DARST. 61-0414
6-ARYLAETHYL-4-METHOXY-PYRONE, UV 55-0027
2-, VERH. IM MASSENSPEKTROMETER 61-0063
XANTHYRONE, RK. 58-0379
DIHYDROPYRONE-(4), RINGOEFFN. 60-0184
ALPHA-, RK. MIT ORGANO-MG-HALOGENIDEN 56-0371
PYRROLE
DARST., RK. 53-0202
POLY-, MASSENSPEKTREN 54-0039
1-PHENYL-2.5-DIMETHYL-PYRROLE, PROTONIER. 54-0083
METHYLEN-PYRROLONE, DARST. 54-0300
5-PHENYLPYRROLONE, DARST. 57-0274
DELTA(1)-PYRROLINE, DARST. 58-0317
1-ALKYL-2.4-DIPHENYL-, DARST. 60-0325
2.4-DIARYL-, DARST. 61-0447
AETHOXY-, VERW. ZUR DARST. V. FARBSTOFFEN 58-0319
BROMIER. (KINETIK) 59-0123
PYRROLENINE, PLANCHER-UMLAGER. 59-0315
LINEARE TETRA-, CYCLISIER. 60-0456
AETHOXY, OX. 58-0318
ALKYL-, AUTOX. 61-0368
PYRYLIUMVERBINDUNGEN
FLAVYLIUMVERB., ELEKTRONENSTRUKTUR 59-0048
DARST. AUS TERT. ALKOHOLEN 59-0347
1-ARYL-ISOBENZO-, RK. MIT NH3 58-0399

Q

QUECKSILBER
RK. MIT PENTAFLUORJODBENZOL 53-0094
RK. MIT JOD-FLUOR-BENZOLEN 59-0024
QUECKSILBERLEGIERUNGEN (AMALGAME)
RK. MIT 4-BROM-TETRAFLUOR-PYRIDIN 57-0009
QUECKSILBERVERBINDUNGEN
HG-TERT. BUTYLMERCAPTID, DARST. 58-0180
HG-DIAETHYL, DARST. 60-0017
DIAETHYLQUECKSILBER , RK. 60-0021
METHYL-HG-VERB., NMR U. STABILITAET 60-0011
HGCL2-KOMPLEXE, DARST. 53-0167
HG-VERB. V. 1.1-DIPHENYLEN-2-AETHINYL-CYCLOPROPAN 57-0234
BIS-(JODMETHYL)-HG, DARST. 58-0013
ACETYLCYTOSIN-HG, RK. 53-0188
HG(SCH2CH(NH2)COOCH3)2, HYDROLYSE 61-0014
ALPHA-DIAZOKETON-HG-DERIV., BLDG. 53-0002
DARST. V. BIS-(PENTAFLUORPHENYL)-QUECKSILBER 53-0094
DARST. V. HG-ALKYL-MERCAPTIDEN 53-0134
DINATRIUM-2.7-DIBROM-4-HYDROXYMERCURIFLUORESCEIN U. NATRIUM- 53-0254
HG-DIBENZYL, DEUTERODEMERCURIER. 56-0015
PHENYL-TRIBROMMETHYL-HG, RK. MIT CYCLONONENOL 56-0251
NMR V. CH3-HG-CH3 U. CH3-HG-J 57-0004
BENZYLMERCURIHALOGENIDE, IR 58-0001
ALPHA-BROM-MERCURI-AETHYL-BENZOL 59-0021
HG(C6F5)2 U. (PERFLUORBIPHENYLEN-HG)4, DARST. 59-0024
RK. V. HG-DIALKYLEN U. K 59-0185
MENTHOFURAN -HGCL2-DERIV. , DARST. 59-0505
CH3HG-VERB., NMR-UNTERS. 61-0004
HG(II)-DERIV. V. 2-AETHINYL-5-JOD-THIOPHEN, DARST. 61-0358
BIS-(FLUORPYRIDYL)-HG-VERB. 57-0009

(P(C6H5)4)(HG(N3)3), DARST. 60-0001
HG(CH3-COO)2, EINFL. AUF RK. 55-0079
POLAROGRAPHIE ORGAN. HG-VERB. 56-0006
HG(OCOCF3)2 , RK. 59-0023
HG-BIS-(TRIFLUORMETHYL-AMID) , DARST., RK. 59-0196
CHLORMERCURI-BENZAMIDOPURIN, RK. 59-0410
HG(II)-ACETAT, EINFL. AUF D. OX. V. ISOPROPANOL 61-0102
BENZAMINO-CHLORMERCURIPURIN, RK. 61-0477
HG(II)-ACETAT, RK. MIT OELSAEUREMETHYLESTER 56-0182
CYSTEIN-HG-MERCAPTIDE, DARST., RK. 59-0199
NITRIERTE SULFONAMID-HG-VERB. 55-0432
QUECKSILBERVERBINDUNGEN (ANORGANISCHE)
HGCL2, GEMISCH MIT TRIPHENYLCHLORMETHAN, POLAROGRAPHIE 59-0108
HGCL2,RK. MIT PENTAFLUOR-PHENYL-MAGNESIUMBROMID 53-0094
HGCL2, RK. MIT EINER GRIGNARDVERB. 57-0009
HGCL2, EINFL. AUF D. RED. SCHIFFSCHER BASEN MIT AL 56-0119
HG(CN)2,RK. MIT AETHYLMERCAPTAN 53-0134
HG(NO3)2, RK. MIT NAN3 60-0001
HGO,RK. MIT PENTAFLUOR-PHENYLHYDRAZIN 53-0094
HGO, RK. MIT DIAZOMETHYLKETONEN 53-0002
HGSO4, RK. MIT N-ACETYL-L-CYSTEIN-METHYLAMID 59-0199
QUELLUNG
V. WOFATIT KPS 60-0499

R

RACEMATSPALTUNG
* S. UNTER ROTATION, OPTISCHE
RACEMISIERUNG
* S. UNTER ROTATION, OPTISCHE
RADIKALE
ABFANG-RK. V. KURZLEB. RADIKALEN 56-0116
RK. MIT NAPHTHOTRIAZINEN 59-0396
RK. MIT AETHERN 59-0172
RADIKALE (RADIKALREAKTIONEN)
ABFANGRK. 58-0104
RK. BEI ORGAN. ELEKTRODENPROZESSEN 59-0106
RK. BEI ORGAN. ELEKTRODENPROZESSEN 59-0107
RADIKALRK. V. PYRIDIN 57-0099
RADIKAL. PHENYLIER. V. THIAZOL 58-0107
RADIKAL. ADDIT. AN PINEN 57-0393
2-ARYL-INDANDIONE, RADIKALRK. 58-0101
RADIKAL-ADDIT. V. ACETOXY-ESSIGSAEURE-METHYLESTER 56-0184
RADIKALE (ANORGANISCHE)
HO2-, NO2-, BLDG. (AUS H. U. AKT. N) 56-0117
RADIKALE (ORGANISCHE)
RK. MIT HALOGENIERTEN POLYCYCLEN 58-0296
NACHW. V. KURZLEB. RADIKALEN DURCH ESR 60-0512
ANION- V. AROMAT. AZOXYVERB. 56-0229
BLDG. AUS PROPANOL 54-0130
BLDG. AUS ORGAN. VERB. U. AKT. N 56-0117
UV D. FLUORENRADIKALANIONS 54-0022
DIANION-RADIKALE, ESR 55-0046
AROMAT. IONENRADIKALE, UV 54-0023
RADIKALE (ALKYLRADIKALE)
VINYLRADIKALE, DARST. 54-0215
CYCLOPENTAN-, RK. ZU CYCLOHEXANEN 60-0245
RADIKALE (ARYLRADIKALE)
PHENYL-, RK. MIT 1-METHYL-NAPHTHALIN 56-0291
1.2.3-TRIHYDRO-PYRENYL, ESR 57-0039
PHENYL-, RK. MIT 2-METHYL-PYRIDIN 57-0323
RK. D. PHENYLRADIKALS 54-0249
RADIKALE (CARBENE)
STABILE CARBENOIDE 54-0218
RK. V. CARBENEN MIT CYCLOHEXEN 54-0265
STABILE CARBENOIDE 55-0092
CARBENRK. V. STYRYL-LI-VERB. 59-0231
CARBENE, KOMPLEXE MIT UEBERGANGSMETALLEN 60-0028
ANTHRONYLIDENCARBEN, BLDG. 56-0155
TOLYLSULFONYL-ACYL-CARBENE 56-0216
CARBENE, BLDG. AUS HALOGEN-CYCLOPROPANEN 57-0191
DICHLORCARBEN, BLDG. U. RK. 58-0165
FORMYLCARBEN, DARST. 57-0280
BETA-ALKOXY-ALKYL-CARBENE, RK. 58-0171
PHENYLCYAN- U. -METHOXYCARBONYLCARBEN, BLDG. 61-0335
ELEKTRONENSTRUKTUR V. TRIMETHYLENMETHAN 53-0053
TRIPLETT-ZUSTAND V. CYCLOPROPYLIDEN 54-0078
BIS-(METHOXYCARBONYL)-CARBEN, RK. 56-0154
CARBEN, SALZEFFEKTE BEI RK. 60-0132
ALKOXYCARBONYLCARBENE, INTRAMOL. RK. 58-0190
SULFONYLCARBENE, WOLFF-UMLAGER. 61-0131
CARBENE, OX. MIT DMSO 58-0158
ADDIT. V. BIS-CARBOMETHOXYCARBEN AN OLEFINE 53-0049
DICHLORCARBEN, ADDIT. AN PROPADIEN 55-0164
DIHALOGEN-CARBENE, RK. MIT CYCLOHEXEN 55-0213
CARBENE, RK. MIT DIEN-, ENIN- U. DIIN-SYST. 56-0246
BENZOYLCARBEN, ADDIT. AN 1.3-DIENE 58-0269
CHLORCARBENOID-RK. 56-0157
CARBAETHOXYCARBEN, RK. 58-0482
CARBENE, RK. MIT ENOLESTERN 55-0166
RADIKALE (N-RADIKALE UND NITRENE)
VERDAZYLE ESR 56-0060
THIAZOLYL-DINITROPHENYL-HYDRAZYLE, DARST. 56-0353
NITROXIDE, DARST. 56-0379
VERDAZYLE, LCAO-MO-BERECHN. 57-0052
HYDRAZYLBIRADIKALE, DARST. 57-0243
HYDRAZYLBIRADIKALE, DARST. 57-0244
BENZIMIDAZOLYL-HYDRAZYLE, DARST. 60-0334
P-SUBSTITUIERTE PHENYLDIAZOTATRADIKALE, ESR 53-0037
NITRENE, BLDG. 56-0310
PHENOTHIAZINYL ESR 59-0389
PTERIN-RADIKALE, BLDG., ESR 55-0308
PYRIDIN- U. DIAZIN-, DARST. 58-0152
VERDAZYL-RADIKALE, DARST. 61-0560
ALKOXY-ALKYL-NITROXIDE, DARST. U. ESR 54-0141
DI-TERT.-BUTYLNITROXID-KOMPLEXE, DARST. 54-0013
ESR V. RADIKALEN AUS MALONSAEUREDIAMID 56-0058
PHENYLNITROXIDE, ESR-UNTERS. 58-0056
VERDAZYLE, NMR 59-0400
VERDAZYLE, RINGOEFFNUNG 59-0401
ARYL-TERT.-BUTYL-STICKSTOFFOXIDE, ZERS. 61-0054
CARBAETHOXYNITREN, RK. MIT BZL. 55-0318
AETHOXYCARBONYLNITREN, RK. 56-0295
RADIKALE (O- UND S-RADIKALE)
PHENOXYL-, BLDG. 58-0113
PHENOTHIAZIN-NITROXID,ESR 59-0389
AS-HALT. PHENOXYLE, DARST. 60-0228
2.2.6.6-TETRAMETHYL-PIPERIDYL-(1)-THIYL-RADIKAL, DARST. 56-0378
TERT.-BUTOXYRADIKAL, RK. 53-0082
ALKOXY-RADIKALE, RK. MIT NITROSOVERB. 54-0141
ADDIT. AN ENAMINE 55-0120
PROPIONYLRADIKALE, ZERS. 56-0114
RADIKALE (SEMICHINONE UND KETYLE)
SEMICHINONE, EPR 56-0059
BICYCL. SEMIDIONE, ESR-HYPERFEINAUFSPALT. 58-0057
METALLKETYLE, ALKYLIER. 55-0150
RADIKALE (ANDERE RADIKALE)
SN-RADIKALE, RK. MIT OLEFINEN 58-0106
BLDG. AUS HALOGENVERB. 58-0544
EIN 4.4'-BISPYRIDIN-RADIKALKATION, DARST. 59-0360
IN BESTRAHLTEN DIARYLCARBONATEN 59-0065
D. THIOXANTH-HYDROL-DIOXIDE, ESR 60-0056
ISOMERISIER. U. ZERFALL (KINETIK) 59-0147
NAPHTHACEN-RADIKALANION, RED. 59-0105
RADIOLYSE
* S. UNTER PHOTOCHEMIE U. STRAHLENCHEMIE
RAMAN-SPEKTRUM
* S. UNTER SPEKTRUM
RAPS
BRASSICOSID AUS WINTERRAPS 60-0432
REAKTIONEN
STOKVIS-RK. 54-0300
HOMOLYT. RK. (MECHANISMUS) 57-0119
MODIFIKAT. D. FRANKLAND-RK. 58-0159
MODIFIKAT. D. FRANKLAND-RK. 58-0416
THERM. ORGAN. RK. 61-0319
SCHMELZRK. MIT ALCL3 55-0200
IN SCHMELZEN U. FESTKOERPERN 61-0143
GASPHASEN-ALKALIMETALL-REAKTOR 58-0544
REAKTIONSENERGETIK U. -GLEICHGEWICHTE
D. RK. V. HARNSTOFFEN MIT AMINEN 54-0111
BLDG.-ENTHALPIE V. DEHYDROBENZOL 60-0065
V. BROM- U. JODBENZOLEN 55-0071
RK.-GLEICHGEW. 1.1-DIMORPHOLINO-AETHAN U. N-VINYL-MORPHOLIN 56-0402
BLDG.-WAERME, V. TRIMETHYLSILYLVERB. 61-0086
GLEICHGEW. V. ISOMEREN ALPHA-KETOLEN 57-0082
D. FORMOL-RK. MIT AMINOSAEUREN 60-0098
REAKTIONSFAEHIGKEIT
STOER.-BEHANDL. D. CHEM. REAKTIVITAET 55-0075
QUANT. UNTERS. 56-0126
V. NUKLEOPHILEN 60-0011
REAKTIONSGESCHWINDIGKEIT
KINETIK D. RINGINVERS. 57-0032
RECHENMASCHINEN (U. SPEICHERELEMENTE)
COMPUTERPROGRAMM ZUR AUSWERT. V. NMR 55-0061
REDUKTION
* ELEKTRO- S. UNTER ELEKTROLYSE
* KATALYT.,MIT WASSERSTOFF S. HYDRIERUNG
* POLAROGRAPH., S. UNTER POLAROGRAPHIE
* S. AUCH OXYDOREDUKTION
CLEMMENSEN- V. 1.4-DIKETONEN 61-0144
MIT LIALH4 (STEREOCHEMIE) 59-0355
V. DIACETYLENEN ZU VINYLACETYLENEN 55-0116
V. NAPHTHACEN U. SEINEM NEGATIVEN ION 59-0105
V. NAPHTHALIN MIT MG IN FL. NH3 59-0277
V. STYROL-SYST. (STEREOCHEMIE) 56-0298
BIRCH-RED. V. ISOCHINOLINEN 53-0163
V. OXETANONEN U. TETRAHYDROFURANONEN 55-0215
V. 1-METHYL-2-PYRIDONEN 60-0376
V. 3.5-DINITROPYRIDINEN 55-0275
V. NITROVERB. MIT ORGANO-P-VERB. 56-0310
V. IMINEN MIT ORGANOBORVERB. 58-0010
V. ORGANO-P-VERB. 54-0210
V. CYCLOHEXANONEN MIT DIBORAN 53-0044
ASYMM. RED. V. KETONEN 54-0137
V. 3.4-DIALKYL-DELTA(2)-CYCLOHEXENONEN 55-0078
DUPLIKATIVE RED. V. ALDEHYDEN 57-0065
V. PROPIOPHENONEN (STEREOCHEMIE) 57-0091
V. BENZYLIDENACETON 57-0186
V. CARBONYLVERB. 57-0207
ION. HYDRIER. V. KETONEN U. OLEFINEN 58-0109
V. BENZIL MIT H2S (MECHANISMUS) 58-0112

V. KETONEN U. ALKOHOLEN MIT DIBORAN 58-0268
V. CYCLOHEXANONEN (STEREOCHEMIE) 59-0166
DIIMID-RED. V. AROMAT. ALDEHYDEN 59-0213
V. CYCLANONEN (STER. EFFEKTE) 60-0117
REDUKTIVE AMINIER. V. 2-HYDROXY-1.6-HEXANDIAL 61-0425
V. OXIMEN MIT LIALH4 55-0216
V. ISOCHINOLINIUMVERB. 55-0291
V. PHTHALYLIUMSALZEN 58-0309
V. THIAZOLIUMSALZEN MIT NABH4 61-0104
V. THIAZOLIUMSALZEN 61-0389
V. DELTA-ENOLLACTONEN 53-0114
V. CYCL. ACYLALEN 54-0241
V. NEOSAEURECHLORIDEN 59-0169
V. BROM-FETTSAEUREN 60-0188
RED. V. ESTERN MIT HMGBR 60-0385
V. CYCLOALKYLMETHANSULFONATEN 54-0099
ANOMALE RED. V. TRITERPENEN 56-0302
V. DIELS-ALDER-ADDUKTEN D. DITERPEN-REIHE 60-0474
STEREOSPEZIF., EINES STEROIDS 55-0390
V. FLUORCHOLESTANONEN MIT LIBH4 58-0489
V. NITROBENZOL 54-0135
REFORMATSKY-REAKTION
* S. UNTER KONDENSATIONSREAKTIONEN
REFRAKTION
CYCLOHEXAN-AE.-SYST. 58-0093
V. TETRAALKOXYSILANEN 59-0047
V. METHYLPYRROLIDON-W. GEMISCHEN 61-0087
V. ADDIT.-VERB. AUS BH3 U. P-VERB. 54-0018
REISSERT-VERBINDUNGEN
AUS PHTHALAZIN, DARST. 54-0347
NMR, C1-C3-PROTONEN-KOPPL. 61-0052
RESONANZ
IN MAKROCYCL. BIND.-SYST. 55-0180
GEKREUZT KONJUGIERTE BIND.-SYST. 58-0052
V. AS-HALT. PHENOXYLEN 60-0228
BEI KUMULENEN 55-0055
V. MAKROCYCL. BIND.-SYST. 53-0028
KONJUGAT. IN MARKOCYCL. SYST. 53-0089
V. FLUOREN-TRIARYL-PHOSPHAZINEN 55-0058
RHENIUM
ALS SULFURIER.-KATALYSATOR 56-0149
RHENIUMVERBINDUNGEN
PI-C5H5RE(CO)5CH2COR (R NH2,OH,OCH3) DARST., RK., STRUKTUR 59-0001
RECL4(NITRIL)2, DARST. 59-0028
RECL5, RK. MIT NITRILEN 59-0028
RHODIUM
RH-PD-KOHLE-KATALYSATOREN, DARST. 57-0006
RHODIUMVERBINDUNGEN
RHCL-TRIS-TRIPHENYLPHOSPHIN-KOMPLEX 55-0113
KOMPLEXE V. RH-CARBONYLCHLORIDEN 53-0008
CHLORO-(TRIPHENYLPHOSPHIN)-RHODIUMVERB., RK. 58-0031
KATALYT. HYDRIER. MIT ((C6H5)3P)3 RHCL 58-0110
(RH(C3H5)2CL)2, NMR-SPEKTRUM 59-0006
RH3H(PI-C5H5)4, STRUKTUR 61-0008
(AS(C6H5)4)3(RH(N3)6) , DARST. 60-0001
RH-PORPHYRIN, DARST. 56-0029
(RHCL(CO)2)2, RK. MIT MESOPORPHYRINDIAETHYLESTER 56-0029
RH(NO3)2 MIT 2 H2O, RK. MIT NAN3 60-0001
RH(OH)3, RH(OH)3-PD(OH)2-KOHLE-KATALYSATOREN, DARST. 57-0006
RINGERWEITERUNGSREAKTIONEN
* S. UNTER RINGSYSTEME
RINGOEFFNUNGSREAKTIONEN
* S. UNTER RINGSYSTEME
RINGSCHLUSSREAKTIONEN
* S. UNTER RINGSYSTEME
RINGSYSTEME, ANORGANISCHE
P-N-S-RINGSYST. 56-0359
RINGSYSTEME, ORGANISCHE
* SPEZIELLE - S. UNTER DEN SPEZIELLEN STICHWOERTERN
KONFORM. V. NICHTAROMAT. RINGEN 53-0032
CYCLISIER. V. CIS-2.5-HEXADIENOYL-CHLORID 53-0063
RINGSPALT., V. 1.1-DIBUTYL-GERMA-CYCLOBUTAN 53-0071
CYCLISIER. V. 2-METHYL-1.3.4-PENTATRIEN 53-0083
CYCLISIER. V. DITHIOMALONDIAMIDEN 53-0134
CYCLISIER. V. 1.7-DIPHENYL-1.7-DIAZA-HEPTATRIEN-HYDROCHLORID 53-0162
CYCLISIER. V. N-(BETA-AMINO-THIOCROTONOYL)-ACYLAMIDEN 53-0172
RINGSPALT., V. CYCLOPROPANDERIV. 54-0211
RINGOEFFN. MIT AZETIDINIUM-VERB. 54-0284
CYCLISIER. V. ACRYLOYLAMINOSAEUREN 54-0295
MAKROCYCL. BIND.-SYST., KONJUGAT. 55-0180
CYCLISIER. V. FERROCENYLACETYLENEN 56-0023
CYCLISIER. V. OMEGA-MERCAPTO-AETHYLENEN 56-0316
RINGOEFFN. V. CYCLOPROPENEN 56-0366
CYCLISIER. V. KETO-IMINO-AETHERN 56-0396
RINGERWEITER. D. HYDRINDAN-SYST. 58-0135
CYCLISIER. V. 2-METHYL-BUTIN-(3)-OL-(2) 58-0174
CYCLISIER. V. DIAMINOGUANIDINEN 58-0351
MORPHINAN-RINGSCHLUSS 58-0391
RINGERWEITER. V. FLUORENONEN 59-0282
CYCLISIER. V. HALOGEN- U. DIAETHERN 59-0293
CYCLISIER. EINES AMINOFUMARSAEUREESTERS 59-0320
RINGERWEITER. V. ANTHRANIL 59-0333
RINGOEFFN. V. VERDAZYLEN 59-0401
RINGOEFFN. V. DIHYDROPYRONEN-(4) 60-0184
RINGOEFFN. V. CYCLOPROPYLCHLORIDEN 60-0290
RINGOEFFN. V. CYCLOPROPYLHALOGENIDEN 60-0291
RINGERWEITER. V. OXANORCARANEN 60-0414
CYCLISIER. MIT POLYPHOSPHORSAEURE 60-0485
CYCLISIER. V. EPSILON.ZETA-AETHYLENALDEHYDEN 61-0273
CYCLISIER. V. DIAZO-BENZANILIDEN 61-0332
CYCLISIER. V. DIAZO-BENZANILIDEN 61-0333
RINGERWEITER. V. TETRAHYDROFURYLCARBINOLEN 61-0354
MULTIMACROCYCL. VERB., DARST. 53-0111
MULTIMAKROCYCL. VERB., DARST. 53-0112
BRUECKENRINGSYST., DARST. 53-0114
ASTERANE 53-0118
BRUECKENRINGSYST., DARST. 55-0172
CYCLOBUTANE, ORD 56-0031
DEHYDROAZULENONE, KONFORM. 56-0086
CYCLISIER. V. EPOXYOLEFINEN 56-0323
CYCLISIER. V. EPOXYOLEFINEN 56-0324
MAKROCYCL. VERB., DARST. 57-0146
UNGESAETT. MAKROCYCL. VERB., DARST. 57-0229
OXACYCLOVERB., DARST. 57-0261
MAKROCYCL. VERB., DARST., RK. 58-0256
RINGERWEITER. V. HYDRINDANEN 59-0271
MULTIMACROCYCL. VERB., DARST. 53-0110
CYCLISIER. EINES TRIPHENYL-FURANONS 60-0314
MASSENSPEKTRUM V. CATENAVERB. 61-0060
KONJUGAT. IN MAKROCYCL. BIND.-SYST. 53-0089
MAKROCYCL. BIND.-SYST., KONJUGAT. 55-0179
NICHTAROMAT., KONFORM. 57-0060
KONFORM. V. NICHTAROMAT. RINGVERB. 57-0061
PMR 53-0022
CYCLOHEXADIENE, NMR 61-0053
BASIZITAET D. HYDROXYPHTHALANE 53-0041
STRUKTUR U. REAKTIVITAET KLEINER RINGE 56-0123
PHOTOCHEMIE V. KLEINRINGVERB. 57-0124
BICYCL. SYST., HYDRIDVERSCHIEB. 54-0274
AETHYLENKETONE, THERMOCYCLISIER. 56-0259
CYCLISIER. V. ALKINYL-BENZOLEN 53-0110
CYCLISIER. V. N-ALKANEN U. N-ALKENEN 54-0133
RINGOEFFN.-RK., V. BENZOTHIAZOLEN 60-0103
RINGUMWANDL. BEI HETEROCYCLEN 54-0369
CYCLISIER. BEI D. RED. V. NITROVERB. 56-0310
CYCLISIER. V. 2-ALLYL-PHENOLEN 54-0334
CYCLISIER. V. 5-AMINO-PENTANOLEN-(1) 54-0339
CYCLISIER. V. 2-METHYL-BUTIN-(3)-OL-(2) 58-0173
RINGSCHLUSSRK. V. AMINOALKOHOLEN 59-0043
CYCLISIER. V. BIGUANIDEN 59-0392
CYCLISIER. V. BETA-ARYL-DIAZOKETONEN 54-0242
CYCLISIER. V. OXOISOPRENOIDEN 56-0080
THERMOCYCLISIER. V. KETONEN 56-0256
THERMOCYCLISIER. V. KETONEN 56-0257
THERMOCYCLISIER. V. UNGESAETT. KETONEN 56-0258
CYCLISIER. V. UNGESAETT. ALDEHYDEN 56-0305
CYCLISIER. V. ALPHA', BETA'-UNGESAETT. BETA-DIKETONEN 57-0303
RINGVERENG.-RK. 59-0272
CYCLISIER. V. 2-ARYLCYCLOHEXYLESSIGSAEUREN 53-0102
CYCL. AETHER, PHOTOCHEM. RK. 53-0120
CYCLISIER. V. UNGESAETT. DIAZOESTERN 60-0315
CYCLISIER. V. AMINOTOLUOYLBENZOESAEUREN 61-0287
CYCLISIER. V. BENZANILIDEN 61-0423
RINGSYSTEME (ALICYCLEN)
* S. AUCH KOHLENWASSERSTOFFE (ALICYCLISCHE)
KLEINE --, FRAGMENTIER. 56-0065
HYDROAROMAT. VERB., RK. 61-0189
PENTACYCLODECANE, MASSENSPEKTREN 55-0048
GEM.-DIHALOGEN-CYCLOPROPANE, RK. 55-0165
ADAMANTANDERIV., DARST. 55-0205
PENTACYCLO(5.3.0.0(2.6).0(3.9).0(4.8))DECANE, DARST. 55-0206
TAXINE, KONSTIT. 56-0489
TAXINE, STEREOCHEMIE 56-0490
DODEKAHYDROPHENANTHRENE, KONFORM. 57-0066
DODECAHYDROPHENANTHRENE, KONFORM. 57-0067
ADAMANTANDERIV., DARST. 57-0237
ADAMANTANDERIV., RK. 57-0238
CYCLOHEPTATRIENE, METALLKOMPLEXE 58-0021
CYCLOHEPTATRIENE, METALLKOMPLEXE 58-0022
CYCLOHEPTATRIENE, RK. 58-0136
MAKROCYCL. RINGSYST. 58-0253
ADAMANTYL-AZOBENZOLE, SPEKTREN 59-0290
PENTACYCLODECANE, BIS-HOMO-CUBANE, NOMENKLATUR 60-0287
CYCLOPROPANE, NMR 55-0041
9.10-DISUBSTITUIERTE CIS-DEKALINE, RINGINVERS. 56-0083
PHENYLCYCLOPROPANE, KONFIG. 6010085
CYCLOHEXENE, FREIE ENERGIE BEI KONFORM.-AENDER. 61-0037
CYCLOPROPANE, BLDG. AUS OLEFINEN 57-0242
CYCLOHEXANE, BLDG. AUS CYCLOPENTANRADIKALEN 60-0245
CYCLOBUTENE, BLDG. 61-0236
CYCLOPROPANE, DARST. 53-0049
BICYCLO(2.2.2)OCTENE, DARST. 53-0150
RADIALENE, DARST. 54-0218
ENDO-METHYLENNORBORNENE, DARST. 54-0220
NORCARANE, DARST. 54-0265
(4.4.4)PROPELLANE, DARST. 54-0280
1.2-DIALKYL-3-ACETYLCYCLOPROPENE, SYNTH. 55-0171
CHINOCYCLOPROPENE, DARST. 55-0193
CHLORDAN-HOMOLOGE, DARST. 55-0208
MITTELGROSSE -, DARST. 56-0251

CYCLOPROPANE DARST. 56-0253
1.1-DICYAN-CYCLOPROPANE, DARST. 56-0270
CYCL. POLYPENTADIENE, KONSTIT. 56-0493
CYCLOPROPANE, DARST. AUS SULFONEN 57-0204
ACYLCYCLOPROPANE, DARST. 57-0210
1-ARYL-CYCLOPROPANE, DARST. 57-0214
BICYCLO(4.2.1)NONENE, DARST. 58-0289
TRICYCLONONANE, DARST. 58-0289
BICYCLO(4.2.1)NONADIENE, DARST. 58-0289
BICYCLO(2.2.2)OCTANE, DARST. 58-0291
METHYLFLUORCHLORCYCLOPROPANE, DARST. 59-0235
CYCLOHEXENE U. OKTALINE, REAKTIVITAET 59-0249
CATENA-VERB., DARST. 59-0409
PHENYLCYCLOPROPANE, DARST. 60-0136
DISUBSTITUIERTE ACYLCYCLOPROPANE, DARST. 60-0242
DIHYDRO-(10)-ANNULENE, DARST. 61-0241
CYCLOPROPANE, DARST. 61-0242
CYCL. KUMULENE, DARST. 61-0243
TETRACYCLONONYLDERIV., DARST. 54-0077
PENTACYCLO-TETRADECADIEN-(3.10)-DERIV. DARST. 55-0212
JERVANDERIV., DARST., NMR 56-0425
BICYCLO(5.4.0)UNDECANE, DARST. 59-0285
NICHTAROMAT., KONFORM. 57-0059
CYCLODECANE, INTRAANNULARE SUBSTIT. 58-0070
(10)-ANNULENE DIPOLMOMENT 54-0017
PINAN-DERIV., NMR 55-0044
BICYCLO(2.2.1)HEPTENE, KMR 57-0029
CYCLOPROPANDERIV., NMR 58-0053
CARBOCYCL. 4-RINGSYST., NMR 59-0057
CYCLOPROPANE, NMR 59-0060
BICYCLOHEPTAN- U. OCTAN-DERIV., NMR 54-0037
DIHYDROAROMAT. VERB., DIELS-ALDER-RK. 53-0055
CYCLOHEXADIENE, RK. 53-0150
CYCLOALKYLDERIV., SOLVOLYSE 54-0098
BENZOBICYCLO-(3.2.0)-HEPTENYL-SYST., RK. 54-0278
CYCLOHEXANE, GEMINALE SUBSTITUT. 56-0130
ALICYCLEN, SUBSTITUT.-RK. 56-0247
CYCLOPROPENE, RINGOEFFN. 56-0366
TETRASUBSTITUIERTE ADAMANTANE, RK. 58-0286
CYCLOHEXADIENE, PHOTOCHEM. UMLAGER. 55-0102
CYCL. HOMOALLYLVERB., UMLAGER. 56-0125
BICYCLO(2.2.1)HEPTENE, POLYMERISAT. 57-0425
BICYCLOHEPTENE, KOPOLYMERISAT. MIT MALEINSAEUREANHYDRID 57-0426
1-AETHINYL-CYCLOHEXENE, ISOMERISAT. 59-0238
CYCLOHEPTATRIENE, ISOMERISIER. 61-0320
OXO-DICYCLOPENTADIENE, UMLAGER. 61-0321
CYCL. STYROL-SYST., RED. 56-0298
BICYCLO(3.2.0)HEPT(EN)YL-TOSYLATE, ACETOLYSE 55-0093
DIHALOGENCYCLOPROPANE, RK. 55-0184
BICYCLO-(2.2.0)-HEXANE, SOLVOLYSE 61-0316
CYCLOPROPYLCARBINYLDERIV., RK. 56-0124
BICYCLOBUTANE, ADDIT. V. METHANOL 60-0295
DIHALOGENMETHYLENCYCLOPROPANE RK. 54-0140
BICYCLO(3.3.1)NONANE FORMOLYSE 54-0274
POLYCYCL. BRUECKENVERB., RK. MIT RADIKALEN 58-0296
RINGSYSTEME (AROMATEN)
* S. AUCH KOHLENWASSERSTOFFE (AROMATISCHE)
CYCL. KONJUGIERTE BIND.-SYST. 58-0052
PENTAPHENYL-CYCLOPENTADIENYL-VERB., DARST. 55-0038
BIPHENYLENE, DARST. 55-0202
TRIBENZOCYCLOHEPTATRIENE, DARST. 60-0280
POLYCYCL. BIPHENYLENE, DARST. 61-0296
DEHYDROBENZOLE, AUS DIJODAROMATEN 59-0206
PHENANTHRENE, DARST. 53-0105
M-DI-TERT.-BUTYL-BENZOLE, DARST. 54-0177
POLYCYCL. AROMAT. VERB., DARST. 55-0198
DIPHENYLE, DARST. 57-0268
1.8-DEHYDRO-NAPHTHALIN, BLDG. 58-0250
BIPHENYLE, SYNTH. 59-0262
BIS-INDENO-FLUORENE, SYNTH. 60-0279
AROMAT. POLYCYCL. VERB., DARST. 61-0297
1.2-DIALKYL-PHENANTHRENE, DARST. 54-0261
6.13-DIHYDRO-PENTACENE, DARST. 58-0285
ANTHRACENE, DARST. 59-0281
BENZOTROPOLONE, DARST. 59-0284
DIHYDROPYRENE UV 54-0024
TOLUOLE U. BENZYLHALOGENIDE, IR 58-0001
AROMAT., UV-ABSORPT.-SPEKTREN 61-0041
AROMAT., ORD U. ZIRKULARDICHROISMUS 61-0033
ANTHRACENE, ELEKTRONENVERTEIL. 58-0077
ANTHRACENE, PHOTOCHEM. UMWANDL. 59-0095
9.10-DIHYDROPHENANTHRENE, MASSENSPEKTREN 55-0049
ALKYLPHENANTHRENE, MASSENSPEKTREN 58-0066
SIEBENGLIEDR. RINGVERB., PROTONENRESONANZUNTERS. 53-0018
NMR V. DIHYDROANTHRACENEN 58-0043
NAPHTHALINE, CHEM. VERSCHIEB. 59-0055
DIBENZOFLUORENE, ACIDITAETSUNTERSCHIEDE 58-0100
PARACYCLOPHANE, RACEMATSPALT. 54-0276
BENZOLDERIV., GLEICHGEW.-EINSTELL. 55-0071
AROMAT., EINFL. D. STRUKTUR AUF RK.-FAEHIGK. 55-0080
AROMAT., PHOTORK. 56-0233
AROMAT. SUBSTIT. 58-0164
BENZO-INDENE, KATION. POLYMERISAT. 56-0303
ANTHRACENE, DIMERISIER. 57-0226
TOLUOLE, OX. MIT CRO2CL2 59-0113
(HETERO)AROMAT., HYDRIER. ZU D. GESAETT. RINGVERB. 57-0006
AROMATEN, SULFONIER. (KINETIK) 58-0117
10-ANTHRANYL-VERB., SOLVOLYSE 59-0130
AROMAT., ACYLIER. 61-0105
AROMAT., ACYLIER. 61-0106
AROMAT., ACYLIER. D. KOMPLEXE MIT SBCL3 61-0107
AROMAT., BROMIER. (LCAO-BERECHN.) 61-0112
FLUORENDERIV., JODIER. 61-0282
DIBENZOFULVENE, HYDROBORIER. 61-0284
AROMAT., RK. ZU PI-KOMPLEXEN 57-0079
AROMAT., ALKYLIER. 58-0245
AROMAT., ALKYLIER. MIT DIEN-KW-STOFFEN 59-0208
AROMAT., ALKYLIER. MIT DIEN-KW-STOFFEN 59-0209
ARINE, BIPHENYLENE, DARST. 60-0289
ULLMANN-SYNTH. V. BIARYLEN 54-0236
AROMATEN, HALOGENALKYLIER. 58-0217
ARINE, KONKURRENZ-ADDIT. V. SEK. AMINEN 60-0137
ARINE, KONKURRENZ-ADDIT. V. SEK. AMINEN 60-0138
AROMAT., PHOTORK. MIT BENZOYLPEROXID 61-0139
AROMATEN, CHLORANIL-KOMPLEXE 56-0097
AROMAT. POLYFLUORVERB., RK. 55-0141
CYCLOPROPENYLIUMSALZE, RK. 55-0192
AROMAT., RK. MIT 1.4-DISAEURE-ANHYDRIDEN 59-0225
AROMAT. M-, RK. MIT SAEUREANHYDRIDEN 59-0350
2-METHYL-FLUORENE, ACYLIER. 60-0271
AROMAT., FUROYLIER. 61-0350
O-DISUBSTITUIERTE BENZOLE, RK. 55-0261
RINGSYSTEME (HETEROCYCLEN)
HETEROCYCLEN, DARST. 58-0303
DIAZIRIDINE, NMR 59-0059
CYCLISIER. V. ALPHA-BENZAMINOOXY-CARBONSAEUREN 59-0399
DIAZIRIDINE, RK. 53-0121
1.2-DIAZETIDINE, DARST., INVERS. 53-0123
2-TRIHALOGENMETHYL-BENZAZOLE, DARST. 53-0139
2-TRIHALOGENMETHYL-BENZAZOLE, RK. 53-0140
2-TRIHALOGENMETHYL-BENZAZOLE 53-0141
2-TRIHALOGENMETHYL-BENZAZOLE, RK. 53-0142
POLYFLUORHETEROCYCLEN, TAUTOMERIE 53-0161
AZABENZOCYCLOHEPTENONE, DARST. 53-0181
2.3-DIAZABICYCLO(2.2.1)HEPTYL-RINGSYST., KONFORM. 54-0061
HETEROCYCLEN VERB. MIT KLEINEN RINGEN 54-0180
HETEROCYCL. DERIV., DARST. 54-0256
BICYCL. PYRAZOLE, DARST. 54-0311
AZOLE, DARST. 54-0312
HETARINE, BLDG. AUS BROMCHINOLINEN 54-0344
2-OXO-TETRAHYDROPYRIMIDINE, DARST. 54-0356
DARST. V. OX- BZW. THIAZEPINEN 54-0374
POLYCYCL. S-HETEROCYCLEN, NMR 55-0045
BENZTHIAZOLE, RINGOEFFN. 55-0098
BENZTHIAZOLE, DARST. 55-0099
OXETANE, THERM. ZERS. 55-0214
AZOLE V. HYDROXYMETHYLEN-KETONE, DARST. 55-0242
AZOLE, SYNTH. 55-0243
AZOLE, SYNTH. 55-0244
AZOLE, BROMIER. 55-0245
TETRAZOLONAPHTHYRIDINE, DARST. 55-0284
NAPHTHYRIDINE, DARST. 55-0296
10-BROM-DIBENZO-THIEPIN U. -OXEPIN, RK. 55-0319
1.4-BENZODIAZEPINE, 1.4-BENZODIAZEPINONE, UMLAGER. 55-0320
S-HETEROCYCLEN, DARST. 56-0344
5-HETEROCYCLEN, DARST. 56-0345
HETEROCYCL. DERIV. V. 1.4-NAPHTHOCHINONEN 56-0346
POLYTHIAADAMANTANE, DARST. 56-0384
THIA-OXA-ADAMANTANE, DARST. 56-0385
HETEROAROMAT. KATIONEN, HYDROLYSE 57-0084
7-AZA-INDOLE, PK(A)-WERTE 57-0085
OXAZIRIDINE, DARST. 57-0248
3-OXA-7-THIA-TRICYCLODECANE, DARST. 57-0260
NAPHTHO(2.3-D)IMIDAZOL-DIONE-(4.9), DARST. 57-0285
8-NITRO-ISOXAZOLIZIDINE, DARST. 57-0287
CHINOLIZIDINE, DARST. 57-0318
CHINOLIZIDINE, DARST. 57-0319
RINGVERENGER. 57-0326
1.3.2-BENZODIOXAPHOSPHOLE, RK. 58-0191
FLUORHETEROCYCLEN, SYNTH. 58-0304
FLUORHETEROCYCLEN, DARST. 58-0305
2-AMINO-1.3.4-OXDIAZOLE ACYLIER. 58-0353
2-AMINO-1.3.4-OXDIAZOLE, ALKYLIER. 58-0354
INDOLIZINE, DARST. 58-0398
CHINOLIN- U. CHINOXALIN-N-OXIDE, PHOTOPROD. 58-0422
PARTIELL FLUORIERTE HETEROCYCLEN 59-0135
FLUOR-HETEROCYCLEN, DARST. 59-0320
CHINOLIZINE, 2-ALKYLCHINOLIZINIUMSALZE, DARST. 59-0367
NAPHTHOTRIAZINE, DARST. 59-0393
NAPHTHOTRIAZINE, RK. 59-0394
NAPHTHOTRIAZINE, RK. MIT CYANISOPROPYLRADIKALEN 59-0395
NAPHTHOTRIAZINE, RK. MIT RADIKALEN 59-0396
HETEROCYCL. GLYKOSIDE, DARST. 59-0425
GLUCOSYL(THI)OXY-CHINOXALINE, DARST. 59-0426
BENZOTHIAZOLE, RINGOEFFN. 60-0103
1.2-DIHYDRO-3.1-BENZOTHIAZINONE, DARST. 60-0297
S-HETEROCYCLEN, DARST., EIG. 60-0298
TRITHIAPENTALENE, DARST. 60-0299
5-ARYL-1.2-DITHIOLTHIONE-(3), RK. MIT DIAZOVERB. 60-0300
8-NITROISOXAZOLIZIDINE, DARST. 60-0339
REAKTIVITAET V. HETEROCYCLEN 61-0326

DARST., RK. 61-0434
1.3.6.8-TETRAOXA-2.7-DISILA-CYCLODECADIENE, DARST. 61-0460
GLYKOSIDE V. HETEROAROMATEN HYDROLYSE 61-0475
14-AZA-11-OXO-STEROIDE, DARST. 61-0547
HALOGENIERTE TETRAHYDRO-PHTHALANE, DARST. 55-0222
HETEROCYCL. CHLORHYDRINE RK. MIT NACN 60-0372
KONDENSIERTE S-HETEROCYCLEN DARST. 61-0419
3H-1.4-BENZODIAZEPINE, RINGINVERS. (KINETIK) 57-0032
BICYCL. HETEROCYCLEN, KONFORM. 56-0078
HETEROCYCL. METACYCLOPHANANALOGA, KONFORM. 60-0083
CYCL. HYDRAZINE, STEREOCHEMIE 55-0062
1.3-DIOXANE, KONFORM.-BEST. 58-0082
5-ALKYL-1.3-DIOXANE, KONFORM. 61-0076
OXEPINOCHROMONE, VORK. IN PTAEROXYLON 61-0457
2-HYDROXY-THIACHROMENE, BLDG. 57-0084
ALKOXYAETHOXYMETHYLDIOXOLANE, DARST. 60-0330
OXETANE, DARST. 53-0122
PROTONENRESONANZUNTERS. 53-0123
1-ARYL-4-CARBAETHOXYAZETIDINONE-(2), DARST. 53-0124
1-ARYL-4.4-DICARBAETHOXY-AZETIDINONE-(2), DARST. 53-0125
2-(INDOLYL-(2)-METHYL)-1.3.4-OXADIAZOLE, DARST. 53-0129
3H-1.2-DITHIOLE, DARST. 53-0133
HETEROCYCLEN, DARST. 53-0137
IMIDAZO(4.5-G)BENZOXAZOLE, DARST. 53-0137
2-TRIHALOGENMETHYL-BENZOTHIAZOLE, DARST. 53-0139
2-TRIHALOGENMETHYL-BENZOXAZOLE, DARST. 53-0139
SYNTH. V. 5-GLIEDRIGEN HETEROCYCLEN 53-0146
1.3.4-DIOXAZOLE, DARST. 53-0148
PYRONOCHROMANONE, DARST. 53-0155
5.6-CYCLOPENTENO-PYRIMIDINE, DARST. 53-0160
DARST. V. HETEROCYCLEN 53-0165
BENZO(A)CHINOLIZIN-DERIV., DARST. 53-0165
3-ARYLIMINO-2.3-DIHYDRO-1.4-BENZODIOXANE, DARST. 53-0168
4-(DI-O-ALKYLPHOSPHORYLOXY)-1.2-BENZOPHENAZINE, DARST. 53-0171
PYRAZOLO(3.4-D)PYRIMIDINE, SYNTH. 53-0172
IMIDAZO(1.2-B)PYRIDAZINE, DARST. 53-0175
DIHYDRO-SYMM.-TETRAZINE, DARST. 53-0180
1.2.4.5-TETRAZINE, DARST. 53-0180
A-NOR-2.3-DIAZA-STEROID-SYST., SYNTH. 53-0218
1.3-DITHIOLANONE-(4), DARST. 54-0136
1.3.3-TRIPHENYL-4-AMINO-AZETIDINONE, DARST. 54-0283
3.4-EPIMINO-TETRAHYDROFURANE, SYNTH. 54-0286
TRIAZOLO(4.3-D)TETRAZOLE, SYNTH. 54-0320
HETEROCYCLEN, SYNTH. 54-0321
5.6-POLYMETHYLEN-PYRIDONE-(2), SYNTH. 54-0321
HETEROCYCLEN SYNTH. 54-0322
HETEROCYCLEN, SYNTH. 54-0323
HETEROCYCLEN, SYNTH. 54-0324
FURANOXANTHONE, DARST. 54-0327
BENZO(G)CHINOLINE, DARST. 54-0340
PYRIDOBENZACRIDINE DARST. 54-0342
CUMARINOPYRIDOCHINOLINE DARST. 54-0342
5-(2-ALKYLAMINO-AETHOXY)-1.4-BENZODIOXANE DARST. 54-0346
THIENO(2.3-D)PYRIMIDINE, DARST. 54-0349
THIENO(3.2-D)PYRIMIDINE, SYNTH. 54-0350
ISOXAZOLO(5.4-D)PYRIMIDINE, DARST. 54-0355
FURO(2.3-D)PYRIDAZINE, SYNTH. 54-0357
HETEROCYCLEN, SYNTH. AUS AMINONITRILEN 54-0360
HETEROCYCLEN, SYNTH. AUS AMINONITRILEN 54-0361
PYRAZOLO(3.4-D)PYRIMIDINDITHIONE-(4.6), DARST. 54-0361
TETRAOXO-TETRAHYDRO-XANTHENE, DARST. 54-0366
TETRAOXO-TETRAHYDRO-PHENOXAZINE, DARST. 54-0366
1H-1.5-BENZODIAZEPINE DARST. 54-0373
DI- U. TRIOXA-TRICYCLONONANE DARST. 54-0376
SPIRO-OXETANE, DARST. 55-0105
HEXA-ARYL-HETARYL-BENZOLE, DARST. 55-0178
HALOGEN-PHTHALANE, DARST. 55-0222
BENZOTHIOPHENE, VERS. D. DARST. 55-0223
PYRROLO(1.2-A)BENZO(F)INDOLE, DARST. 55-0235
HETEROCYCL. VERB., SYNTH. 55-0239
3-HYDROXY-1.2-BENZISOXAZOLE, DARST. 55-0249
1.3.4-OXADIAZOLINE, DARST. 55-0258
BENZOPHOSPHOLE, DARST. 55-0261
TRIPHENYL-1.2.5-OXAZAPHOSPHOLE, DARST. 55-0262
DITHIAZOL-THIONE, DARST. 55-0264
HETERO-CYCLOHEXANVERB., DARST. 55-0267
FURO(3.2-G)CUMARINE, DARST. 55-0269
NAPHTHO(1.8-BC)THIOPYRANDERIV., DARST. 55-0274
OXAZOLO(2.3-A)ISOCHINOLINE, KONSTIT. 55-0290
1.3-DITHIACYCLOPENTANE, DARST. 55-0297
5-OXO-IMIDAZOLINO(1.2-C)PYRIMIDINE, DARST. 55-0300
8H-PHTHALAZINO(1.2-B)CHINAZOLONE-(8), DARST. 55-0302
VIC.-TRIAZOLO(4.5-D)PYRIMIDINE, DARST. 55-0312
VIC.-TRIAZOLO(4.5-D)-PYRIMIDINE, RK. 55-0315
6-AZA-LUMAZINDERIV., DARST. 55-0317
STEROIDHETEROCYCLEN, ORD U. ZIRKULARDICHROISMUS 55-0388
ANELLIERTE AZIRINE, DARST. 56-0317
BICYCL. AETHER, DARST. 56-0323
INDIGODERIV., SYNTH. 56-0343
NAPHTH(2.3-D)IMIDAZOL-DIONE-(4.9) DARST. 56-0346
TETRAHYDROINDAZOLE, DARST. 56-0348
PHOSPHAZOLIDINE, DARST. 56-0355
CYCL(3.2.2)AZINE, DARST. 56-0372
CYCL(3.3.2)AZINONE, DARST. 56-0373
BENZ(G)INDOLIZINE, DARST. 56-0374
BENZ(A)CHINOLIZINE, DARST. 56-0374
FUROCHINOLINE, SYNTH. 56-0380
THIAZOLO(3.2-A)PYRIDINIUM-SALZE SYNTH. 56-0382
PYRAZOLO(3.4-D)PYRIMIDINE, DARST. 56-0387
BENZO(G)CHINOXALINDIONE, RK. 56-0388
PYRANO-PYRIMIDINE, SYNTH. 56-0393
HETEROCYCL. ALDEHYDE, DARST. 56-0394
PYRIDOTHIAZOLO-PYRAZIDINE, SYNTH. 56-0397
SYMM.-TRIAZOLO(4.3-A)PYRIMIDINE, SYNTH. 56-0400
SYMM.-TRIAZOLO(4.3-A)PYRIMIDINE, SYNTH. 56-0401
AZACYCLOPHEPTANE, DARST. 56-0409
OKTAHYDROTHIOXANTHENE, DARST. 57-0144
1.4-DIOXEPANE, DARST. 57-0241
8-HETEROCYCLEN, DARST. 57-0245
2.3-DIPHENYL-BENZO(B)FURANE, DARST. 57-0263
HETEROCYCLEN AUS HARNSTOFF-DERIV. 57-0295
HETEROCYCL. VERB. AUS HARNSTOFFVERB. 57-0296
DIHYDROTHIOPYRAN-1.1-DIOXIDE, DARST. 57-0304
HETEROCYCLEN, SYNTH. 57-0317
BENZ(C)ACRIDINE, DARST. 57-0324
BENZO(A)CARBAZOLE, DARST. 57-0324
PHENANTHRO- U. FLUORENOACRIDINE, DARST. 57-0325
1.3-DITHIOLANE, DARST. 57-0326
SULFONYLAMINO-PHTHALAZINE, DARST. 57-0329
DIHYDRO-FURO(2.3-D)PYRIMIDINE, DARST. 57-0330
PYRROLO(3.4-D)PYRIMIDINE, DARST. 57-0339
PYRROLO(3.4-D)PYRIMIDINTHIOLE-(4), SYNTH. 57-0340
BENZOMORPHOLINE, DARST. 57-0341
2H-1.4-BENZOXAZINE, DARST. 57-0341
BENZOFURANO-OXAZINE, DARST. 57-0342
DITHIA-AZA-BICYCLONONANE, DARST. 57-0344
NITROPHENOTHIAZINE, SYNTH. 57-0345
ALKYL- U. ARYLDIOXANE DARST. 58-0162
N-S-HETEROCYCLEN, DARST. 58-0297
DITHIAZOLE, DARST. 58-0297
THIADIAZINE, DARST. 58-0297
N-ALKYLAZETIDINOLDERIV., DARST. 58-0301
FURO(2.3-D)PYRIMIDINE, DARST. 58-0308
3-AZA-BICYCLO(3.2.0)HEPTENE, DARST. U. THERMOLYSE 58-0323
HETEROCYCL. FUENFRINGE, SYNTH. 58-0326
TETRAOXABICYCLOOCTANE, DARST. 58-0328
DIAMINO-METHYLEN-1.3-DITHIOLE, DARST. 58-0331
DITHIOL-THIONE SYNTH. 58-0333
BENZOTRIAZOLE, AZOFARBSTOFFE 58-0350
BENZTHIAZOL-2-SULFONAMIDE, DARST. 58-0355
AMINOBENZTHIAZOLE, DARST. 58-0356
1.2.4-THIADIAZOLIDINE, DARST. 58-0356
1.3-DIAZA-2-SILA-CYCLOPENTANE, DARST. 58-0358
1.3-DIAZA-2-SILA-CYCLOPENTANE 58-0359
2H-THIOPYRAN-THIONE-(2), DARST. 58-0383
OXA-AZA-VERB., DARST. 58-0410
HYDROTHIADIAZINTHIONE, DARST. 58-0418
BENZOTHIAZEPINE, DARST. 58-0419
1.5-BENZODIAZEPINE, DARST. 58-0421
ALKINYL-1.3-DIOXOLANE, DARST. 59-0020
OXACYCLANE, DARST. 59-0293
N-HETEROCYCLEN, DARST. 59-0294
2-AETHINYL-OXETANE, DARST 59-0297
THIENOBENZOPYRANE, DARST. 59-0313
THIENOBENZOFURANE, DARST. 59-0313
METHYLENDIOXY-INDOLE, DARST. 59-0317
INDAZOLINONE-(3), DARST. 59-0329
HETEROCYCLEN, DARST. 59-0341
CHINOLIZINONE, SYNTH. 59-0343
HETEROCYCLEN, DARST. AUS SAEUREDERIV. 59-0344
HETEROCYCLEN, DARST. AUS SAEUREDERIV. 59-0345
ISOCUMARINE, DARST. 59-0348
FURO(3.2-G)BENZOPYRONE-(5), DARST. 59-0351
AMINOACYLBENZODIOXANE, DARST. 59-0372
HETEROCYCLEN, DARST. AUS O-AMINONITRILEN 59-0376
IMIDAZO(1.2-B)PYRIDAZINE, DARST. 59-0379
PYRIMIDODIISOCHINOLINE, DARST. 59-0380
PHENAZINE, DARST. 59-0381
TRIAZINO-ACENAPHTHENE, DARST. 59-0390
1.4-BENZODIAZEPINE, DARST., RK. 59-0403
FLUORENO(1.9-EF)-1.4-DIAZEPINE, DARST. 59-0404
HOMOISOCHROMONE, DARST., RK. 59-0405
8-RING-HETEROCYCLEN DARST. 59-0407
INDOLO(3.2-E)BENZAZONINE, DARST. 59-0408
2-AMINOPHENOXAZONE, DARST. 59-0501
2-DIMETHYLAMINO-1.3-DIOXOLANE, DARST. 60-0197
OXETANE, DARST. 60-0304
2-OXO-FURO(2.3-B)FURANE, DARST. 60-0307
3-OXA-BICYCLO(3.1.0)HEXANE, DARST. 60-0315
PHTHALIMIDINE, DARST. 60-0319
HYDRO-BENZ(C.D)INDOLE, SYNTH. 60-0320
2-AETHOXYMETHYL-1.3-DIOXOLANE, DARST. 60-0331
PYRROLO(3.4-C)PYRAZOLE, DARST. 60-0336
CYCLOALKAN(SPIRO-5')OXAZOLIDONE, DARST. 60-0341
1.2-BENZISOTHIAZOLIN-THIONE-(3), DARST. 60-0346
3-IMINO-3H-1.2-BENZODITHIOLE, DARST. 60-0346
2.1.3-BENZOTHIADIAZOLE, DARST. 60-0355
5-ARYL-1.3.4-DITHIAZOLTHIONE-(2), DARST. 60-0357
HETEROCYCLEN AUS DICUMAROL, DARST. 60-0367
9-(3-DIMETHYLAMINOPROPYLIDEN)-THIOXANTHENE, DARST. 60-0373

PYRIDO(1,2-A)BENZIMIDAZOLE, DARST. 60-0377
AZA-TRICYCLODODEKAPENTAENE, DARST. 60-0383
PHENANTHRIDINE, DARST. 60-0386
HETEROCYCLEN, SYNTH. 60-0387
BETA-CARBOLINE, SYNTH. 60-0390
5-AMINO-1.4-BENZDIOXANE, DARST. 60-0393
1.3-DIOXANE, DARST. 60-0394
1H-BENZO(C)PYRAZOLO(1.2-A)CINNOLINE, DARST. 60-0403
DIBENZO(C.D)(1.2)THIAZIN-S-OXIDE, BROMIER. 60-0405
HETEROCYCL. N-SULFINYL-AMINE, CYCLOADDIT. 60-0410
7-HALOGEN-2-OXA-NORCARANE, RK. 60-0414
BENZ(F)-1.3-OXAZEPINE, DARST. 60-0415
SILACYCLANE, DARST. 60-0419
FUROCHINOLINE, DARST. 60-0440
ALKYLIERTE CYCL. AETHER, DARST. 61-0325
PHENANTHRIDONE, SYNTH. 61-0332
1.3.4-DIOXAZOLE, DARST. 61-0336
3-ALKYL-PHTHALIDE, DARST. 61-0349
NAPHTHO(2.1-B)FURANE, DARST. 61-0352
CYCL. N-ACYL-ISOHARNSTOFFAETHER, DARST. 61-0373
CYCL. N-ACYL-ISOTHIOHARNSTOFFAETHER, DARST. 61-0373
CYCL. N-ACYL-GUANIDINE, DARST. 61-0373
1.3-AZA-PHOSPHOLIDINE, DARST. 61-0388
FUROXANDICARBONSAEUREESTER, DARST. 61-0392
PYRAZOLO-PYRIMIDINE, DARST. 61-0396
N-HALT. HETEROCYCLEN, SYNTH. 61-0397
PYRAN-SPIRO-CYCLOALKENOBENZOLVERB., DARST. 61-0405
BENZO(C)PHENANTHRIDINE, SYST. 61-0420
DIAZADERIV. V. CARCINOGENEN KW-STOFFEN, DARST. 61-0429
8-METHYL-8-AZAPURINE, DARST. 61-0439
THIENO-PYRIDAZINE, DARST. 61-0442
PYRAZINO-DIISOCHINOLINE, DARST. 61-0443
TETRAHYDRO-1.3.4-OXADIAZINE, TAUTOMERIE 61-0454
BENZO-BOROXAZINE, DARST. 61-0456
1.3.4.6-TETRAHYDRO-2H-5.1-BENZO-THIAZOCINONE-(2), DARST. 61-0459
15.16-DIAZASTEROIDE, DARST. 61-0549
ISOXAZOLO(4.5-D)PYRIMIDINE, DARST. 54-0353
ISOXAZOLO(4.5-D)PYRIDAZINE, DARST. 54-0354
HYDROXY-1.2.3-BENZOTHIADIAZOLE, SYNTH. 55-0260
5-ALKYLAMINOAETHOXY-1.4-BENZODIOXANE, SYNTH. 56-0383
1-(PHENYLTHIO-(BZW.-OXY-)METHYL-TETRAHYDRO-CARBOLINE, DARST. 56-0505
TETRAHYDRONAPHTHYRIDINE, DARST. 57-0311
5-ARYL-3-IMINO-1.2-DITHIOLE, DARST., RK. 58-0332
1.4-DITHIINE, DARST., RK. 58-0402
1.3.2-DIOXAPHOSPHOLANE, DARST. 59-0269
DIAZIRIDINE, DARST. 59-0295
PHTHALANE, DARST. 59-0301
ARYL-1.2-DITHIOLE, DARST. 59-0322
MELDRUMSAEUREN, DARST. 59-0373
5-OXO-1.4-DIOXAZINE, DARST. 59-0399
THIENOPYRROLE, DARST. 60-0318
4-HYDROXY-1-THIACUMARINE, DARST. 60-0374
ISOXAZOLO(5.4-D)PYRIMIDINE, DARST. 61-0437
TRIAZOLOBENZOTRIAZINE, DARST., RK. 61-0453
3.5-DIHYDRO-1H-4.1-BENZOTHIAZEPINONE-(2), DARST. 61-0459
CHLORAZINE, ELEKTRONENUEBERGAENGE 57-0053
7-ANILINO-PYRANOOXAZINE, DARST. U. RK. 58-0385
SELENAZOLIDIN-DIONE, INTENSITAET D. CO-VALENZ 60-0047
AZETIDINONE-(2) U. -DIONE-(2.4), IR-CO-BANDE 60-0048
HETEROCYCLEN MO-BERECHN. 56-0072
HETEROCYCLEN MO-BERECHN. 56-0073
N-HETEROCYCLEN, ELEKTRONENSTRUKTUR 58-0078
HETEROAROMATEN, ELEKTRONENSTRUKTUR D. PI-KOMPLEXE 59-0075
N-HETEROCYCLEN, ELEKTRONENDICHTE 59-0076
2-ALKYL-1.3-DIOXOLANE, MASSENSPEKTRUM 53-0027
1.2-OXAZARINGVERB., MASSENSPEKTREN 55-0052
MELIACINE, MASSENSPEKTREN 58-0068
3H-BENZO-1.5-DIAZEPINE, NMR 53-0018
5.5-DIALKYL-1.3.2-DIOXAPHOSPHIRANE, NMR 57-0027
BENZOFURO(3.2-C)(1)BENZOPYRANE, NMR 57-0057
PHENOTHIAZINE, NMR 59-0064
DIOXAPHOSPHORINANE, KONFORM. U. NMR 60-0053
N-HETEROCYCLEN, NMR D. PROTONIERTEN FORM 61-0045
2.2-DIMETHYL-1.3-DIOXANE, SPIN-SPIN-KOPPL. 56-0047
HETEROAROMATEN, NUKLEOPHILE SUBSTITUT. 54-0123
PHOTO-RK. V. N-HETEROCYCLEN 54-0315
HETEROCYCL. HALOGENVERB., RINGUMWANDL. 54-0369
OXETANE, DARST. 55-0215
AMINOBENZOFURANE, RK. MIT ACETESSIGESTER 56-0380
3.3-DIALKYL-OXETANE, THERM. ZERS. 57-0121
DIHYDROBENZO(B)THIOPHENE, DISPROPORTIONIER. 57-0268
HETEROCYCLEN, ADDIT.-RK. 58-0338
8-NITRO-ISOXAZOLIZIDINE, RK. 58-0339
PHENYLIMIDAZOTHIAZOLE, RK. 58-0342
FUROCUMARINE, PHOTOADDIT. 58-0368
FUROCHROMONE, PHOTOADDIT. 58-0368
ELEKTROPHILE SUBSTITUT. V. CYCL. ISOTHIOUREINEN 61-0327
1.2-DIHYDRO-NAPHTHO(2.1-B)PYRANONE, DARST. 61-0416
OKTAHYDROTHIOXANTHENE, DISPROPORTIONIER. 61-0418
HETEROCYCLEN, ADDIT.-RK. 61-0432
N-HETEROCYCLEN, DEUTERIER. 58-0384
1.2-DIAZETIDINONE, UMLAGER. 61-0340
ANELLIERTE CARBAZOLE, INNERMOL. UMLAGER. 61-0364
7.8.9.10-TETRAHYDRO-DIBENZO(B.D)PYRANE, DARST., RK. 53-0156
6-CHLOR-PHENANTHRIDINE, RK. 56-0129
1.3.2-DIOXAPHOSPHOLE, PHOTOLYSE 56-0358
POLYAZAINDENE, H-D-AUSTAUSCH 59-0377
2-ALKYL-1.3-DIOXOLANE, OX. 54-0302
1.3.5-TRIOXANE, PEROXYGENIER. 61-0455
AZETIDINTHIONE-(2), RED. 57-0250
PHTHALYLIUMSALZE, RED. 58-0309
OXAZINE, RINGSPALT. 53-0164
1.3.2-DIOXTHIOL-S-OXIDE, HALOGENIER. 55-0119
6A-THIATHIOPHTHENE, DARST., RK. 55-0256
BENZOXAZOLDERIV., HYDROLYSE 56-0350
DINAPHTHOPHENAZIN-DICHINONE, RK. 58-0407
OXEPINE, RK. MIT FE(CO)5 59-0029
PYRROLO(1.2-A)CHINOXALINE, RK. 59-0385
3-ALKYL-BENZOTHIAZOLE, RK. 55-0288
BENZOTRIAZOLE, RK. MIT DINITROCHLORBENZOL 59-0338
INDAZOLE, RK. MIT HALOGENNITROAROMATEN 61-0344
PHTHALANE, MASSENSPEKTREN 58-0067
GERMACYCLOBUTANE, RK. 53-0071
INDOLIZINE, RK. MIT ISOTHIOCYANATEN 55-0278
OXETANE, RK. MIT THIOHARNSTOFF 57-0251
HETEROCYCLEN, RK. MIT DIKETEN 56-0312
CYCLISIER. ZU ISOXAZOLONEN 61-0384
BENZO(B)THIOPHEN-DERIV., DARST. 57-0266
BENZTHIAZOLE, DARST., HYPOGLYKAEM. WRKG. 58-0343
RINGVERENG(ER)UNGSREAKTIONEN
* S. UNTER RINGSYSTEME
ROBINSON-SCHOEPF-REAKTION
* S. UNTER KONDENSATIONSREAKTIONEN
ROTATION(SBARRIEREN) IN MOLEKUELEN
* S. UNTER MOLEKULARSTRUKTUR
ROTATION,MAGNETISCHE (FARADAY-EFFEKT)
V. TETRAKIS-(ALKOXY-DICHLORPHOSPHIN)-NI-VERB. 56-0028
V. ALPHA-ALKINYL-CARBONYLVERB. 54-0019
V. ADDIT.-VERB. AUS BH3 U. P-VERB. 54-0018
ROTATION,OPTISCHE
V. AMINOALKOHOLEN 59-0043
DARST. V. OPT.-AKT. ORGANO-SN-VERB. 53-0003
V. OPT. AKT. PHENOXYPROPIONSAEUREN 54-0183
ASYMM. SYNTH. V. OESTRANEN 56-0467
OPT.-AKT. SULFINYLESSIGSAEUREN, DARST. 59-0273
SYNTH. V. OPT.-AKT. IMINO-TETRAHYDROFURANEN 54-0286
OPT.AKT. FURANE 57-0259
ASYMM. SYNTH. V. OPT.-AKT. SEK. ALKOHOLEN 54-0137
RED. MIT OPT.-AKT. ORGANOBORVERB. 58-0010
OPT. AKT. BETA-LACTONE, DARST. 58-0200
OPT.-AKT. STEROIDE, SYNTH. 55-0390
OPT.-AKT. STEROIDE, SYNTH. 55-0391
U. SYNTH. V. OPT.-AKT. STEROIDEN 57-0406
OPT.-AKT. STEROIDE, TOTALSYNTH. 60-0488
GASCHROMATOGRAPH. ENANTIOMEREN-SPALT. 61-0181
OPT. SPALT. IN HOMOGENER PHASE 55-0064
OPT. SPALT. U. KONFIG. 55-0065
OPT. SPALT. EINES PARACYCLOPHANS 54-0276
OPT. SPALT. V. PERHYDROTRIPHENYLEN 56-0275
RACEMATSPALT. V. METHYLCYCLOHEXANOLEN 57-0195
OPT. SPALT. V. PHENYLPHOSPHONAMIDEN 61-0379
OPT. SPALT. V. RAC. ARGEMONIN 53-0193
U. KONFORM. BEI CYCL. LACTONEN 60-0038
V. ALPHA-HYDROXYCARBONSAEUREN 60-0040
V. AMINOZUCKERN 59-0421
V. ESTERN 58-0035
ROTATIONSDISPERS.-UNTERS. 53-0011
ORD V. INDOLALKALOIDEN 54-0014
V. CYCLOBUTANONEN 56-0031
DISPERS. U. ZIRKULARDICHROISMUS V. PYRAZINO-ISOCHINOLIN 56-0395
ZIRKULARDICHROISMUS V. BETA-PIPECOLIN 57-0308
V. AETIANSAEUREN 61-0035
V. CHOLANSAEUREN 61-0036
ORD V. FERROCEN-DERIV. 59-0032
-DISPERS. V. RUTHENOCENEN 61-0001
V. HETEROARYL-AETHANOLAMINEN 59-0042
ROTAT.-DISPERS. V. TETRAHYDROPYRANYLAETHERN 61-0034
ROTAT.-DISPERS. V. PELLETIERIN 54-0063
MOL.-ROTAT. V. OLIGOPEPTIDEN 53-0010
ROTAT.-DISPERS. V. PEPTIDEN 54-0015
DISPERS. V. HYDROXYSAEUREN 54-0059
V. N-SUBSTITUIERTEN AMINOSAEUREN 58-0032
ORD V. CYCLANDICARBONSAEURETHIOAMIDEN 61-0031
ORD V. SELENO-ALPHA-AMINOSAEURE-SE-ARYLESTERN 55-0021
ORD V. AMYLOSE- U. AMYLOPEKTIN-J2-KOMPLEXEN 58-0034
ROTAT.-DISPERS. V. TRITERPENOIDEN 54-0412
ORD V. CARDENOLIDEN 55-0022
ORD V. STEROIDHETEROCYCLEN 55-0388
-DISPERS., V. 17-PHENYLAZO-STEROIDEN 60-0036
-DISPERS. V. EPOXYSTEROIDEN 60-0039
ROTATIONSDISPERS. V. ALKALOIDEN 53-0011
CORYNANTHEIDINE, ORD 53-0031
ROTAT.-DISPERS. V. LIMATINEN 54-0395
ORD V. MORPHIN- U. CODEIN-DERIV. 55-0023
ROTAT.-DISPERS. V. TRINUCLEOTIDEN 61-0032
V. ALPHA-HYDROXY-CARBONSAEURE-CO-KOMPLEXEN 53-0007
COTTON-EFFEKT BEI CU-AMINOSAEURE-KOMPLEXEN 61-0002
ORD U. ZIRKULARDICHROISMUS V. AROMAT. VERB. 61-0033
ZIRKULARDICHROISMUS V. AZULENONEN 56-0086
ZIRKULARDICHROISMUS V. OXOCHINOZILIDINEN 57-0319
AMINOSAEUREN, ZIRKULARDICHROISMUS 53-0009
CD V. S(+)-MILCHSAEURE 59-0041

CD V. TRIS-(BRENZCATECHINATO)-ARSENAT(V) 57-0051
CD V. ZUCKERALKOHOLNITRATEN 57-0013
ZIRKULARDICHROISMUS V. STEROIDHETEROCYCLEN 55-0388
CORYNANTHEIDINE, CD 53-0031
ZIRKULARDICHROISMUS V. ARGEMONIN U. TROEGERSCHER BASE 53-0182
ZIRKULARDICHROISMUS D. UNCARINE 55-0063
ZIRKULARDICHROISMUS V. CEDRANEN 55-0367
ZIRKULARDICHROISMUS V. FERRICYTOCHROM C 58-0519
MUTAROTAT. V. ZUCKEROSAZONEN 60-0094
RACEMISIER. V. BINAPHTHYL-(1.1')-VERB. 58-0139
RACEMISIER. EINES SULFONIUM-IONS 60-0148
V. 8'-METHYL-1.1'-BINAPHTHYL-8-CARBONSAEURE 54-0118
RACEMISIER. V. ACYLPEPTIDEN 57-0410
RACEMISIER. V. AMINOSAEUREN 60-0146
ROTATIONSISOMERIE
* S. UNTER STEREOCHEMIE
ROTENOIDE
DARST. 58-0364
RUBIDIUM
POLYMERISAT. V. PENTADIEN MIT RB 58-0512
RUBIDIUMVERBINDUNGEN
CYCL. POLYPENTADIEN-RB-VERB., BLDG. 56-0493
DINITROMETHYL-RB-VERB., IR 57-0019
ISOPROPYL-3-METHOXYCARBONYL-3-METHYLPROPIONSAEURE, RB 56-0180
RBF-2 BE(C2H5)2, LEITFAEHIGK.- U. THERM. VERH. 54-0003
RUEBEN
ISOLIER. V. PRAEBETANIN 55-0350
RUTHENIUM
RU-PD-KOHLE-KATALYSATOREN, DARST. 57-0006
RUTHENIUMVERBINDUNGEN
RU-PHOSPHIN-KOMPLEXE 58-0030
ABS. KONFIG. V. RUTHENOCENEN 61-0001
PHOSPHIN-(CO)-RU-KOMPLEXE, DARST. 59-0038
TRIS-(TRIPHENYLPHOSPHIN)-HYDRIDO-CHLORO-RUTHENIUM-(II) 58-0108
RUTHENOCENE, KONFIG. 61-0001
CYCLOOCTATETRAEN-RU(CO)3, VALENZTAUTOMERIE 60-0003
RUCL3, RK. MIT 1.2-BIS-(METHYL-PHENYL-PHOSPHINO)-AETHAN 58-0030
RU(OH)3, RU(OH)3-PD(OH)2-KOHLE-KATALYSATOREN, DARST. 57-0006

S

SAEUREAMIDE
ACYL-ENAMINE 58-0242
SULFONYLOXAMIDE U. OXANILAMIDE, DARST. 59-0184
N-DICHLORMETHYLEN-CARBON-, RK. 61-0373
BENZIMIDAZOLYL-(2)-FORMAMIDE, DARST. 53-0140
ACYLIERTE CYTOSINE, DARST. 53-0173
CYCLOHEXYL-PROPIONAMIDE, DARST. 54-0336
DARST. V. STEROIDAMIDEN 54-0429
ALPHA-FLUOR-ALKANSAEUREAMIDE, DARST. 55-0127
ALPHA-ACYLAMINO-NITRILE, CYCLISIER. 55-0161
IMIDOMETHYL-ACYLAMINE, DARST. 56-0319
MALONSAEURE-, DARST. 59-0186
ALKOXYBENZYL-BENZAMIDE, DARST. 59-0218
SEK. DIALKOXY-ACETAMIDE, DARST. 60-0191
BENZAMIDE, DARST. 60-0328
ALPHA-(N(2)-CARBAMOYL-HYDRAZINO)-, DARST. 61-0171
AROYLAMIDO-THIOPHOSPHORSAEURE-ESTER, DARST. 61-0206
ISONICOTINSAEUREAMIDE,DARST. 60-0381
N-(CHLORMERCAPTO-METHYLEN)-ARYLCARBONSAEUREAMIDE, DARST. 61-0213
OXAMIDE, MASSENSPEKTRUM 60-0062
FORMAMIDE, THERMODYNAMIK 57-0077
ALPHA-CHLOR-DIPHENYLACETAMIDE, RK. MIT N-METHYLPIPERAZIN 56-0284
AMIDCHLORIDE, ADDIT. AN UNGESAETT. VERB. 58-0155
N-(BETA-AMINO-THIOCROTONOYL)-ACYLAMIDE, CYCLISIER. 53-0172
LYSERGSAEUREAMIDE, EPIMERISIER. 53-0191
N-ALKYLCHLORACETAMIDE, PYROLYSE 56-0142
BETA-KETO-, THERMOLYSE 60-0248
HOCHTEMP.-CHLORIER. 55-0112
N-SULFINYL-, ADDIT. AN DIENE 61-0450
N-VINYLAMIDE, RK. MIT DICHLORCARBEN 55-0166
RK. MIT HYDRAZONEN U. SULFONYLCHLORIDEN 57-0262
MANNICH-RK. 58-0225
TRANSACYLIER. 61-0143
AMINOMETHYLIER. MIT CH2O U. ALANIN 61-0182
SAEUREAMIDINE
* S. AUCH SAEUREANILIDE
FORMAMIDINIUMSALZE, ISOMERIE 57-0058
BENZIMIDAZOLYL-(2)-FORMAMIDINE, DARST. 53-0140
DARST. 53-0170
FORMAMIDINE, DARST. 59-0177
METHYLEN-BENZAMIDINE, DARST. 60-0215
N'-ARYL-N.N-DIMETHYLFORM-, GEHINDERTE ROTAT. 59-0080
N.N-DIMETHYL-FORMAMIDINE, NMR 55-0039
RK. MIT ACYL-ISOTHIOCYANATEN 60-0409
AMIDINE, RK. MIT DIPHENYLKETEN 54-0283
RK. MIT IMINAETHER-DERIV. 54-0370
RK. MIT H2S 58-0192
SAEUREAMIDOXIME
3-AMINO-, DARST. 57-0161
3-ALKYLIDENAMINO-PROPIONAMIDOXIME,DARST. 60-0354
AMINO-, DISSOZIAT.-KONST. 57-0086
SAEUREAMIDRAZONE
DARST. (BAKTERICIDE, FUNGICIDE) 57-0262
RK. MIT UNGESAETT. KETONEN 55-0247
SAEUREANHYDRIDE
RK. ZU KETENEN 59-0342
PHTHALSAEUREANHYDRIDE, RED. 60-0274
RK. MIT H2S 57-0142
PYRIDINCARBON-, HYDROLYSE 59-0125
DI-, RK. MIT M-AROMAT. VERB. 59-0225
RK. MIT AROMAT. M-VERB. 59-0350
OPT.-AKT., RK. MIT AMINEN 61-0208
UNSYMM., RK. MIT FERROCEN 55-0013
RK. MIT HARNSTOFFEN (KINETIK) 54-0112
RK. MIT AMIDEN 61-0143
SAEUREANILIDE
PYRIDIN-3-CARBOXYANILIDE, DARST. 53-0164
2-OXO-PYRIDIN-CARBONSAEURE-ANILIDE, DARST. 55-0281
MALONSAEURE-, DARST. 59-0186
1-ARYL-PYRIDIN-3-CARBONSAEUREANILIDE, DARST. U. RK. 58-0385
NMR-SPEKTREN 57-0030
DIAZO-BENZ-, THERM. ZERS. 61-0332
DIAZO-BENZ-, KATALYT. ZERS. 61-0333
BENZANILIDE, PHOTOCHEM. CYCLISIER. 61-0423
SAEUREAZIDE
ARYLHYDRAZON-, UMLAGER. 56-0214
SAEUREBROMIDE
DARST. MITTELS O-PHENYLENDIOXYPHOSPHORTRIBROMID 58-0191
SAEURECHLORIDE
AMIDCHLORIDE, ADDIT. AN UNGESAETT. VERB. 58-0155
VINYLOGE, UMLAGER. 61-0130
KATALYT. RED. 59-0169
BENZOYLCHLORIDE, ADDIT.-VERB. MIT TICL4 54-0027
(+)(S)-CARBONSAEURECHLORIDE, RK. 58-0186
ALPHA.BETA-UNGESAETT., RK. MIT ENAMINEN 61-0307
ALKOHOLYSE IN APROT. LSGM. 60-0126
RK. MIT THIOAETHERN 60-01^4
AROMAT., RK. MIT TRIALKYLSILANEN 60-0203
RK. MIT GRIGNARD-VERB. 57-0138
RK. MIT DITHIOBIURETEN 59-0391
RK. MIT CARBONYLVERB. 58-0200
SUBSTITUIERTE MALONSAEUREDICHLORIDE RK. 54-0321
MALONSAEUREDICHLORIDE RK. 54-0324
RK. MIT DIALKYL-ACRYLSAEUREESTERN 54-0333
RK. MIT ACYLHYDRAZONEN 55-0258
SAEUREHALOGENIDE
HYDRAZONO-, RK. MIT N-HETEROCYCLEN 61-0426
RK. MIT CU-ACETYLIDEN 61-0263
SAEUREHYDRAZIDE
HYDROXYCARBONSAEURENHYDRAZIDE, DARST. 54-0246
CYCL. DICARBONSAEUREHYDRAZIDE, DARST. 57-0329
CHINOLINSAEURE-, REVERSIBLE UMLAGER. 61-0441
N.N-DIBENZOYLHYDRAZONE, DARST. 53-0121
INDOLYL-(2)-ESSIGSAEURE-HYDRAZIDE, DARST. 53-0129
1.2-DIACYLHYDRAZINE, DARST. 55-0136
MALONSAEURE-BIS-(2-PHENYL-HYDRAZIDE), DARST. 55-0220
DIALKYL-GLYKOLSAEURE-PHENYLHYDRAZIDE, DARST. 57-0215
DICARBONSAEURE-ALKYLESTER-PHENYLHYDRAZIDE, DARST. 61-0160
1-AROYL-2-ACYL-1-PHENYLHYDRAZINE, DARST. 61-0217
INDOLYLMETHYLHYDRAZIDE, DARST. 56-0341
DARST. AUS UNGESAETT. AZLACTONEN 56-0407
AROYLHYDRAZONE UV-ABSORPT. 55-0028
N.N'-DIACYL-HYDRAZINE, TORSIONSBARRIEREN 61-0050
RK. MIT ISOCYANATEN 61-0126
ACYLHYDRAZONE, RK. 55-0258
KINETIK D. BENZOYLIER. 61-0109
KINETIK D. ACETYLIER. 61-0110
N-BENZOYL-HYDRAZINE, RK. 55-0259
HYDROXYCARBONSAEUREHYDRAZIDE, DARST. 54-0245
SAEUREIMIDE
ALPHA-HYDROXIMINO-, KONFIG. 59-0334
GAMMA-ARYL-ITACONSAEUREIMIDE,DARST. 56-0271
N-PHTHALIMIDOMETHYL-ACYLAMINE, DARST. 56-0319
THIOPHTHALIMIDE, RK. MIT N2H4 56-0336
N-TRICHLORMETHANSULFENYL-, SYNTH. 59-0251
N-ALKOXYMETHYL-DICHLORMALEINIMIDE, DARST. 60-0324
N-ALKYL-PHTHALIMIDE, MASSENSPEKTREN 57-0041
HOMOPHTHALIMIDE, DIMERISIER. 55-0294
BETA-, ALS ZWISCHENPROD. 56-0337
HOMOPHTHALIMIDE,RK. 54-0338
N-BROM-, RK. MIT DISULFIDEN 56-0281
DICARBONSAEUREIMIDE, RK. 58-0224
MALEINIMIDE, GRIGNARD-RK. 55-0236
DICHLORMALEINIMIDE, RK. 58-0402
SAEUREN
RK. MIT BENZOYLCHLORIDEN 54-0027
AMBIDENTE SAEUREN 58-0097
ORGAN. SAEUREN U. SALZE, NMR 59-0061
REAKTIVITAET V. PI-KOMPLEXEN AROMAT-LEWISSAEURE 61-0105
REAKTIVITAET V. PI-KOMPLEXEN AROMAT-LEWISSAEURE 61-0106
REAKTIVITAET V. PI-KOMPLEXEN AROMAT-LEWISSAEURE 61-0107
ORGAN., ADDIT. AN ENIN-KW-STOFFE 60-0186

SAEURENITRILE
* S. AUCH ISONITRILE
ALKIN-, RK. 58-0246
EPOXYNITRILE, RK. MIT ORGANO-MG-VERB. 56-0318
EPOXYNITRILE, RK. MIT HF-BF3 58-0300
EPOXYNITRILE, RK. MIT MG-VERB. 56-0199
CYANAETHYL-CYCLOHEXANONE, KONFORM. 57-0071
ALKYLNITRILE, DARST. AUS AMINEN 54-0134
TRIALKYL-AMMONIO-AZO-DICYAN-METHYLIDE DARST. 54-0170
ALPHA-ALKYLBENZYLCYANIDE, DARST. 54-0201
2-(THIENYL-(3))-ACRYLONITRIL, DARST. 54-0292
ARYLSULFONYL-ACETONITRILE, DARST. 55-0145
OMEGA-CYAN-ACETOPHENONE, UV 56-0138
OMEGA-CYAN-ACETOPHENONE, BLDG. 56-0139
ARYLCYANIDE, DARST. 56-0160
ALPHA-HALOGEN-VINYL-NITRILE, DARST. 56-0244
1.1-DICYAN-CYCLOPROPANE, DARST. 56-0270
2.4.6-TRICYANBENZOLE, DARST. 57-0177
UNGESAETT. CIS-, DARST. 59-0181
ARYL-, DARST. 61-0142
ALPHA-(N(2)-CARBAMOYL-HYDRAZINO)-, DARST. 61-0171
TRANS-ALKENNITRILE, DARST. 54-0155
BENZONITRILE, IR U. REAKTIVITAET 56-0042
1.1-DICYANAETHYLENE, DIPOLMOMENTE 56-0034
ALPHA,BETA-UNGESAETT., MASSENSPEKTREN 61-0061
AMINO-, DISSOZIAT.-KONST. 57-0086
O-AMINONITRILE, RK. MIT ORTHOESTERN 54-0360
RK. MIT O-CHINONEN 56-0301
RK. ZU PYRIMIDINEN 59-0345
CYAN-STILBENE, RK. 61-0422
CYAN-OLEFINE, ELEKTROLYSE 54-0085
ALPHA-ACYLAMINO-NITRILE, CYCLISIER. 55-0161
GLUTAZINE AUS NITRILEN 59-0363
CYANAETHER, HYDRIER. 58-0210
CYCLOHEXANCARBONITRILE, KOMPLEX-BLDG. 54-0062
2.3-DICYAN-CYCLOPROPANE, HYDROLYSE 56-0271
ALPHA-SN, RK. MIT ALKYLHALOGENIDEN 57-0147
ARYL-ACETONITRILE, RK. MIT ALPHA-CHLORAETHERN 60-0260
CYANO-OLEFINE, RK. MIT PHOSPHORANEN 61-0256
BETA-HALOGEN-CROTON-, RK. 59-0180
PHENYLACETONITRILE, RK. MIT CS2 53-0144
RK. MIT GUANIDINEN 59-0344
O-AMINONITRILE, KONDENS. MIT CS2 54-0361
RK. MIT ALDEHYDEN 55-0157
3-ARYL-3-AMINO-ACRYLONITRILE, RK. 57-0315
RK. MIT MESOION. OXAZOLONEN 58-0302
CYCLOADDIT. AN BENZONITRIL-OXID 53-0148
ARYLACETONITRILE, CYANALKYLIER. 61-0209
RK. MIT TRITYLPERCHLORAT 57-0175
SALBEN
ANALYSE V. LINIMENTEN 56-0508
SALZE
ORGAN. SALZE, PHYSIKO-CHEM. EIG. 55-0069
EINFL. AUF D. OX. V. SORBINSAEURE 57-0095
SAMARIUMVERBINDUNGEN
NMR D. KOMPLEXES MIT 4.4'-DI-N-BUTYL-2.2'-DIPYRIDYL 54-0001
SAPOGENINE
CAMELLIAGENINE, STRUKTUR 54-0419
AESCIGENINE, STRUKTURUMERKENN. 54-0421
NACHW. IN GINSENG 58-0543
STEROID-, BIOSYNTH. 61-0574
UMWANDL. IN PFLANZEN 58-0533
SAPONINE
ISOLIER. AUS GLEDITSCHIA FERA 54-0422
NACHW. IN GINSENG 58-0543
GINSENOSIDE, ZUS. 61-0536
EPIMERISIER. AM C20-HYDROXYL 54-0423
AUS ROSSKASTANIE 60-0479
SAUERSTOFF
KINETIK D. SAUERSTOFF-ABSORPT. 58-0153
ABSORPT. IN ALKOHOL. HUMINSAEURELSG. 57-0040
RK. MIT SUBSTITUIERTEN PHENOLEN 55-0144
SCHAEDLINGSBEKAEMPFUNG
CYCLODIEN-INSEKTIZIDE 55-0208
CHLORDAN-DERIV., DARST. 55-0208
PYRIDINIUM-2-ALDOXIM-PHOSPHATE, INSEKTIZIDE 58-0542
INSEKTICIDE WRKG. V. PIERICIDIN A U. B 58-0510
SCHIFFSCHE BASEN (ANILE, AZOMETHINE)
* S. AUCH IMINE
AZOMETHINBASEN, UV-SPEKTREN 54-0258
CHINON-ANILE, CHINOIDER ZUSTAND 53-0040
DARST. 53-0074
LACTONANILE, DARST. 53-0168
RED. V. BENZYLIDENALKYLAMINEN 60-0262
POLYMETHINIUMSALZE, RK. 58-0206
PHOTOCYCLISIER. 58-0326
BENZYLIDENALKYLAMINE, RED. 56-0118
RED. MIT AL (MECHANISMUS) 56-0119
CHLORIER. 55-0112
RK. MIT S 57-0290
RK. MIT HETEROCYCLEN 57-0185
D. CHLORALS. RK. MIT AMINEN 59-0177
RK. MIT SENFOELEN BZW. CS2 58-0418
CYCLOPENTANONANILE,RK. MIT ISOTHIOCYANATEN 53-0160
CYCLOALKANONANILE, RK. 54-0321
CYCLOALKANON-ANILE, RK. 59-0341
SCHLAFMITTEL
* S. UNTER ARZNEIMITTEL
SCHMELZ- U. ERSTARRUNGSVORGAENGE
F. V. ALIPHAT. DICARBONSAEUREN 54-0075
SCHWEFEL
S(1D), BLDG., RK. 60-0154
RK. MIT ALIPHAT. AMINEN 57-0154
RK. MIT DICHLORCARBEN 58-0165
RK. MIT JOD-FLUOR-BENZOLEN 59-0024
RK. MIT AMINEN, IMINEN U. THIOAMIDEN 57-0290
RK. MIT 2-(NAPHTHYL-(2)-AMINO)-PHENANTHREN 57-0325
RK. MIT PHENYLACETYLEN-NA 60-0332
RK. MIT KETONEN 56-0349
RK. MIT ARYLDITHIOESSIGSAEURESALZEN 53-0144
KETONISOMERISIER. MIT S U. AMINEN 54-0195
EINFL. AUF D. RK. V. AETHYL-AZIDOFORMIAT MIT CYCLOHEXAN 58-0202
SCHWEFELSAUERSTOFFSAEUREN
SO2,RK. MIT NF3 56-0009
SO2, RK. MIT TRIBUTYL-SN-OXIDEN 61-0020
SO2, RK. MIT DIBUTYL-SN-VERB. 61-0021
SO2, RK. MIT ANTHRACEN 57-0224
TRIMETHYLENSULFITE, KONFORM. 57-0059
CYCL. SULFITE, KONFORM. 57-0060
AZIRIDINO-SULFINYLCHLORIDE, ISOMERISIER. 60-0303
CYCL. GLYCERIN-SULFITE, DARST. 60-0412
THIONYLAMINE, RK. MIT TERPENEN 56-0403
2-CHLOR-N-SULFINYL-ALKYLAMINE, DARST. 60-0303
N.N'-DISULFINYL-O-PHENYLENDIAMINE, DARST. 60-0356
AMINOALKYLSULFATE, RK. MIT CS2 61-0153
H2SO4, AMINOALKYLESTER, RK. 60-0408
AMIDOSCHWEFELSAEURE, RK. MIT GLYOXAL 56-0399
CHLORSULFONSAEURE,RK. MIT ACETANILIDEN 53-0081
HSO3CL, RK. MIT BETANIN 55-0350
DIALKYLSULFATE, DARST., RK. 54-0144
HYDROXYLAMIN-O-SULFONSAEURE, DARST., RK. 57-0248
(HSO3)2NO,RK. 59-0356
S2O3(2-), NMR U. STABILITAET 60-0011
THIOSULFATE V. ALIPHAT. AMINEN, DARST. 57-0154
SCHWEFELVERBINDUNGEN
RK. MIT AMINOBORANEN 59-0202
RK. V. H2S MIT CHLORACETONEN 60-0417
SCHWEFELCHLORIDE, RK. MIT ACRYLVERB. 58-0199
SOCL2, RK. MIT NF3 61-0017
SO2CL2, RK. MIT NF3 61-0017
SOCL2, RK. MIT AZIRIDINEN 60-0303
SOCL2,RK. MIT PENTAERYTHRIT 54-0145
SOCL2,RK. MIT BETA-(P-METHOXY-PHENYL)-AETHYLALKOHOL 54-0273
SOCL2, RK. MIT 1.3-DIOLEN 57-0060
SOCL2, RK. MIT EINEM ANDROSTAN 56-0470
S2CL2, RK. MIT TOLUOL 56-0149
S2CL2, RK. MIT ACENAPHTHEN 55-0197
SCL2, RK. MIT ACRYLSAEUREDERIV. 58-0199
SOF2, DARST. AUS NF3 U. SOCL2 61-0017
SO2FCL, DARST. AUS NF3 U. SO2CL2 61-0017
SO2F2, DARST. AUS NF3 U. SO2CL2 61-0017
SOF2 DARST. AUS SO2 BZW. SO3 U. NF3 56-0009
SO2F2 DARST. AUS SO2 BZW. SO3 U. NF3 56-0009
SF4, BLDG. AUS NF3 U. MOS2 61-0016
SF6, BLDG. AUS NF3 U. MOS2 61-0016
SF6,DARST. AUS SO2 BZW. SO3 U. NF3 56-0009
SF6, DARST. AUS NF3 U. SOF2 61-0017
H2S RK. MIT MALEINIMIDEN 58-0402
ALKYLSULFIMID- U. -DIIMID-DERIV., DARST. 61-0152
S7NH, VERS. D. RK. MIT AMINOBORANEN 59-0202
S4(NH)4, VERS. D. RK. MIT AMINOBORANEN 59-0202
SO3,RK. MIT NF3 56-0009
H2S, RK. MIT P2J4 58-0012
H2S,RK. MIT 2-ANILINO-4.6-DICHLOR-1.3.5-TRIAZIN 56-0406
H2S, RK. MIT PT(P(C6H5)3)2 60-0034
H2S, RK. MIT CYANATOTERPHENYL 55-0187
H2S, RK. MIT BIPHENYLCYANAT 55-0188
H2S,RK. MIT BETA-OXO-CARBONSAEUREESTERN 53-0073
H2S, RK. MIT DIKETONEN U. CARBONSAEUREDERIV. 57-0142
H2S, RK. MIT CYCL. KETONEN 57-0198
H2S, RED. V. BENZILEN MIT H2S 58-0112
H2S, RK. MIT PENTADION-(2.4) 56-0385
POLYSULFIDE V. ALIPHAT. AMINEN, DARST. 57-0154
POLYSULFIDE D. TOLUOLS, DARST. 56-0149
SEDATIVA
* S. UNTER ARZNEIMITTEL
SEESTERNE, SEEGURKEN U. SEEIGEL
ISOLIER. V. GRISEOGENIN 54-0424
SELEN
RK. MIT DICHLORCARBEN 58-0165
RK. MIT JOD-FLUOR-BENZOLEN 59-0024
RK. MIT HEXAFLUOR-BUTIN-(2) 61-0029
RK. MIT ARYL-ISOCYANIDEN 56-0226
RK. MIT DICHLORSULFONAMIDEN 58-0222
SELENVERBINDUNGEN
SEOF2,DARST. AUS NF3 U. SEO2 56-0009
SEF6,DARST. AUS NF3 U. SEO2 56-0009
SEO2,RK. MIT NF3 56-0009
H2SE, RK. MIT PT(P(C6H5)3)2 60-0034
SELENOCYANSAEURE
ARYL-ISOSELENOCYANATE, DARST. 56-0226
ESTER, N-ALKYL-DISELENIDE 54-0151
ARYL-ISOSELENOCYANATE, RK. V. HYDRAZINEN 56-0227

SELENOSEMICARBAZONE
DARST. 56-0227
SELTENERDMETALLVERBINDUNGEN
NMR V. DIPYRIDYLKOMPLEXEN 54-0001
SEMICARBAZONE
2-(BETA-CYAN-AETHYL)-SEMICARBAZONE, RK. 54-0362
1.4-DIARYL-, DARST. 56-0214
NITROPHENYL-, UV-SPEKTREN 55-0028
METHYL-PHENYLSEMICARBAZONE, UV 56-0037
MASSENSPEKTREN 56-0062
POLAROGRAPH. RED. 60-0106
BENZYLIDEN-, ACYLIER. 58-0235
SEMICHINONE
* S. UNTER RADIKALE
SENF
BRASSIDIN AUS ACKERSENF 60-0432
SENFOELE
ALPHA-ISOTHIOCYANAT-ALKYLSULFIDE, DARST. 53-0058
RK. MIT NA-MALONSAEUREESTER 53-0068
DARST. 53-0134
ARYLISOTHIOCYANATE, RK. 60-0206
ALKOXYMETHYLSENFOELE, DARST. 58-0204
NUKLEOPHILE ADDIT. AN 60-0168
ARYLMETHYL-, CHLORIER. 55-0112
BENZIMIDOYLISOTHIOCYANATE, CHLORIER. 60-0215
RK. MIT 3-AMINO-PROPANOL-(1) 54-0368
ARYLISOTHIOCYANATE,RK. MIT CYCLOPENTANONANILEN 53-0160
RK. MIT AZOMETHINEN 58-0418
ACYL-ISOTHIOCYANATE, RK. MIT AMIDINEN 60-0409
SILANE, ORGANISCHE
TRIALKYL-ALKIN(BZW. ALKADIENYL)-SILANE, DARST. 56-0239
OPT. AKT. VINYL-, DARST. 56-0240
ALPHA-CHLORALKYL-, DARST. 61-0187
O-BIND.-WINKEL IN ALKOXYTRIMETHYLSILANEN 57-0056
ARYL-DIMETHYL-SILANE, PYROLYSE 54-0209
SILYLSUBSTITUIERTE TOLUOLE, HALOGENIER. 54-0096
CHLORSILANE, RK. MIT AETHERN 58-0215
RK. MIT DISULFIDEN 60-0229
TRIMETHYL-, BIND.-DISSOZIAT.-ENERGIEN 61-0086
ALKYL-SILANE,RK. MIT ORGANO-GE-VERB. 53-0071
RK. MIT STANNANEN 54-0172
TRIALKYL-, RK. MIT CARBONSAEURECHLORIDEN 60-0203
SILANOLE, ORGANISCHE
PHENYLOXYTRIALKYLSILANE, BLDG. 58-0215
ALKOXYTRIAETHYLSILANE, BLDG. 58-0215
ENOXYSILANE, DARST. 54-0172
DIMETHYL-ARYL-ACETOXY-SILANE, SOLVOLYSE 59-0124
SILAZANE, ORGANISCHE
TETRAKIS-(DIALKYLAMINO)-SILANE, DARST. 61-0018
ACIDITAET U. IR-SPEKTREN 59-0094
SILBER
AG(I), EINFL. AUF D. OX. V. HYPONITRIT 57-0439
SILBERVERBINDUNGEN
AG-ACETAT, RK. MIT HYDRAZINOPYRIDINEN 56-0376
AG-PHOSPHATE, RK. MIT CS2 61-0145
KRIST.-STRUKTUR D. GERMACRATRIEN-AGNO3-ADDUKTES 60-0097
AG-CYTOSINE, RK. 53-0188
HYDROXYPYRAZIN-AG-SALZE, RK. 59-0425
HYDROXYCHINOXALIN-AG-SALZE, RK. 59-0426
TRINITROMETHYL-SILBER, IR 57-0019
AG-ACETAT, RK. MIT BROMBENZAZEPINEN 53-0181
AG(II)-PICOLINAT, RK. 54-0089
AROYL-AGJ, RK. 55-0016
(2.2-D2)SILBER-PROPIONAT, RK. 55-0257
RK. V. AG-ACYLHYDRAZONEN 55-0258
AG-PERFLUORCARBOXYLATE, RK. 58-0009
AG-SALZE V. MALEINIMIDEN, DARST. 58-0402
AG-SALZ D. 1-H-2-PHENYL-IMIDAZOLIN-DION-(4.5) 59-0326
AG2-CYANAMID, RK. 61-0168
AGN3, RK. MIT (N(C2H5)4)(FEBR4) 60-0001
AGOCN, RK. MIT LI 56-0014
AGF, RK. MIT DIPHENYLTHALLIUMBROMID 60-0001
AGNO3, EINFL. AUF D. FAVORSKI-UMLAGER. V. BROMCYCLOBUTANON 57-0111
AGCLO4, ELEKTROLYSE IN ACETONITRIL 59-0106
RK. MIT DICHLORDIMETHYLAETHER 58-0204
SILICAGEL (U.A.KIESELSAEUREPRAEPARATE)
ADSORPT. V. ALKALOIDEN AN 59-0099
AEROSIL U. FUELLSTOFF R972, EINFL. AUF ZINKOXID 60-0511
SILICIUMVERBINDUNGEN
((CH3)3SI(NCO)), RK. MIT COF2 56-0008
SICL4, RK. MIT P2O3F4 60-0014
SICL4, RK. MIT SEK. AMINEN U. N-DERIV. 61-0018
SICL4, RK. MIT ALKOHOLEN 59-0047
SICL4, RK. MIT PERFLUOR-MONOCARBONSAEUREN 59-0023
SI(NCO)4, RK. MIT POF3 U. COF2 56-0008
SIF4,BLDG. AUS SIO2 U. NF3 56-0009
SI(OPOF2)4, DARST. 60-0014
SIO2,RK. MIT NF3 56-0009
SILOXANE, ORGANISCHE
V. CYCLOHEXANOLEN U. -DIOLEN, DARST. 55-0177
MOLEKULARSTRUKTUR 59-0047
SMILES-UMLAGERUNG
* S. UNTER UMLAGERUNGEN
SOJABOHNEN
POLYSACCHARIDE 58-0515
POLYSACCHARIDE 58-0516
POLYSACCHARIDE 58-0517
SOLVATATION
* S. UNTER HYDRATATION U. SOLVATATION
SOLVOLYSE
* S. AUCH HYDROLYSE
ACETOLYSE V. ORGANOPLUMBANEN 59-0016
U. UMLAGER. 56-0125
V. SPIRANEN D. CYCLOPROPYLCARBINYL-TYPS 56-0123
V. CYCLOPROPYLCARBINYLDERIV. 56-0124
V. 10-ANTHRANYL-VERB. 59-0130
V. BICYCLO-(2.2.0)-HEXANEN (KINETIK) 61-0316
V. SPIROCYCLOPROPAN-NORBORNANDERIV. 60-0125
CHLOROLYSE V. KW-STOFFEN 54-0145
FORMOLYSE V. PHENYL-OXIRANEN 54-0180
HYDRAZINOLYSE V. PURINEN U. PYRIMIDINEN 61-0383
ALKOHOLYSE V. HALOGENCYCLOBUTENEN 53-0084
H-ISOTOPEN-EFFEKTE 54-0098
V. TERT.-BUTYLBROMID 55-0084
V. BENZYLFLUORID (KINETIK) 56-0200
V. BENZYLFLUORIDEN 56-0201
NITROLYSE V. NITRAMINEN 57-0351
V. CIS- U. TRANS-2-BROM-CYCLOHEXANOL 56-0126
SOLVOLYSEVERH. D. AETHYLENDISULFONYLSCHUTZGRUPPE V. KETONEN 53-0223
V. ORGAN. DISULFIDEN MIT TRIPHENYLARSIN 56-0161
ALKOHOLYSE V. N.N-DIAETHYLAMINO-TRIMETHYL-SILAN 60-0123
V. CYCLOHEXANON-DERIV. 55-0207
V. ALPHA-FORMYL-PROPIOPHENON (KINETIK) 56-0127
V. ALPHA-CHLOR-KETONEN 56-0217
V. BROMSYDNONEN 58-0352
AMINOLYSE V. ESTERN 54-0113
V. CYCLOPROPANDERIV. 54-0211
EINES BICYCL. TRICHLORACETATS 54-0224
V. BENZOYL- U. ANISOYLCHLORID 55-0085
HYDRAZINOLYSE V. UNGESAETT. AZLACTONEN 56-0407
V. DIMETHYLARYLACETOXYSILANEN (KINETIK) 59-0124
V. AMINOSAEURE-CHINOLYL-ESTERN 60-0124
METHANOLYSE V. P-NITROBENZOYLCHLORID 60-0126
V. CYCLOALKYLMETHANSULFONATEN 54-0099
V. 3-AMINO-CYCLOHEXYLTOSYLATEN 54-0121
V. TOLYLOXY-CHINOLINEN 55-0083
V. BICYCLO(3.2.0)HEPT(EN)YL-(2)-TOSYLATEN 55-0093
V. P-X-BENZOLSULFONESTERN 55-0217
V. METHYL-GIBBERELLIN A(5)-7-P-TOLUOLSULFONAT 57-0102
V. TOSYLATEN (MECHANISMUS) 58-0295
V. MYRTANYL-TOSYLATEN 59-0128
V. DELTA(2)-CYCLOBUTENYLMETHYL-TOSYLAT 59-0240
V. CYCLODECYLTOSYLATEN 60-0119
V. TRICHLORMETHANSULFENSAEURE-ARYLESTERN 60-0121
ACETOLYSE V. PENTACYCLODECYLTOSYLATEN 60-0287
ACETOLYSE V. BICYCLOALKYLTOSYLATEN 61-0119
ACETOLYSE V. FENCHOLTOSYLAT 61-0515
METHANOLYSE V. CH3OCLO3 59-0126
V. D-PYRANOSIDEN (GESCHW.) 55-0081
V. POLYSACCHARIDEN 58-0513
V. 3BETA-TOSYL-DELTA(5)-STEROIDEN 56-0462
ACETOLYSE V. 3BETA-TOSYLOXY-CHOLESTENEN 59-0127
SONNENBLUMEN
ISOLIER. V. STERINEN 55-0426
SPASMOLYTIKA
* S. UNTER ARZNEIMITTEL
SPEKTROSKOPIE
MULTIPLE-SCAN-, V. INSTABILEN VERB. 56-0038
IN STARK SAURER LSG. 56-0115
IN STARK SAUREN LSG. 61-0091
IN STARK SAUREN LSG. 61-0092
IR-UNTERS. V. KONDENSATORPAPIEREN 58-0042
IR V. PIPERIDINEN 61-0043
SPEKTRUM
SPEKTREN U. STEREOCHEMIE 54-0398
SPEKTRUM (ELEKTRONENSPEKTRUM)
UV V. 2.4.6-TRICHLOR-PHENYLHYDRAZONEN 58-0237
UV V. NI-AMIN-KOMPLEXEN 59-0005
UV V. DIHYDROPYRENEN 54-0024
UV V. 1.2-DIALKYLPHENANTHRENEN 54-0261
UV V. TOLANEN 55-0191
UV V. N-2.4-DINITROPHENYL-N'-ARYL-AETHYLENDIAMINEN 61-0041
UV V. DIHYDROPYRIDINEN 54-0049
UV V. 1-ARYLPYRROLEN 54-0083
UV V. DIMETHYLISOXAZOLIN-5-ONEN 54-0318
UV V. TETRAHYDROTHIOPHEN 55-0026
UV V. CHINOLINEN 55-0029
UV V. ISOXAZOLEN U. CYANKETONEN 56-0138
UV V. 8-PYRIDYL-PURINEN 59-0370
UV V. CHINAZOLINEN 60-0044
UV V. 3-PYRAZOLINEN 61-0380
UV V. CHLORAZINEN 57-0053
UV V. AMINOAZONAPHTHALINE, 59-0274
UV V. ADAMANTYL-AZOBENZOLEN 59-0290
UV V. ANILIN 61-0039
UV V. HYDROXYPHTHALANEN 53-0041
UV V. ARYLCARBINOLEN U. IHREN KATIONEN 60-0043
UV V. N-, P-, AS-, SB-, BI-VERB. 59-0002
UV V. PHENOXYRADIKALEN U. -KATIONEN 53-0090
UV V. NAPHTHOCHINON-(1.4) U. ANTHRACHINON-(1.4)

54-0021
UV V. KAWA-LACTONEN 55-0027
UV V. 3.4- U. 4.5-POLYMETHYLEN-PYRAZOLEN 55-0243
UV V. PHENANTHRONEN U. FLUORENYLKETONEN 56-0299
UV V. 1.3.6'.8'-TETRAMETHYL-DEHYDRODIANTHRON 57-0015
UV V. ALPHA-KETOLEN 57-0020
UV V. ALPHA.ALPHA'-DIHALOGEN-CYCLOALKANONEN 57-0063
UV V. 2-ACYL-CYCLOPENTAN-1.3-DIONEN 60-0244
UV V. CARBONYLHALT. CYCLOHEXENEN 61-0040
UV V. ALPHA-ACETYLEN-KETONEN 56-0215
UV V. BENZOYLHYDRAZONEN 54-0198
UV V. FLUORENYL-(2)-VERB. 54-0258
UV-SPEKTREN V. SEMICARBAZONEN 55-0028
UV, V. METHYL-PHENYL-SEMICARBAZONEN 56-0037
UV V. OXIMEN 61-0042
UV V. 1-HYDROXY-2-OXODIHYDROPYRIMIDINE, DARST. 53-0174
UV-SPEKTREN V. AZATRITHIONEN 55-0264
UV V. BENZOLSULFONYL-HYDRAZONEN 60-0210
UV V. BA-BIS-((+)-TRIS-(BRENZCATECHINATO)-ARSENAT(V)) 57-0051
UV V. FLUOREN-METALL-VERB. 54-0022
UV V. AROMAT. IONENRADIKALEN 54-0023
UV V. BIPHENYLEN-BIS-DIPHENYLCARBONIUM-IONEN 56-0036
UV V. THIAZOLYL-DINITROPHENYL-HYDRAZYLEN 56-0353
CORYNANTHEIDINE, UV 53-0031
UV V. INDOLALKALOIDEN 54-0014
UV V. LUMAZINEN 54-0461
SPEKTRUM (ROTATIONS-SCHWINGUNGS-SPEKTRUM)
V. GACL4(-) 57-0003
IR U. REAKTIVITAET V. BENZONITRILEN 56-0042
IR V. BENZYLMERCURIHALOGENIDEN 58-0001
IR V. ESTER-AL-METHYL-KOMPLEXEN 60-0002
IR V. BENZOYLCHLORID-ADDIT.-VERB. 54-0027
IR V. CYCLOPROPYLIDENCYCLOPROPANEN 56-0276
IR U. KONFIG. V. CYCLOPROPANEN 60-0085
IR V. DIPHENYL-ALKANEN U. -ALKANOLEN 55-0033
IR V. 1.2-DIALKYLPHENANTHRENEN 54-0261
IR V. TOLANEN 55-0191
IR V. ACETYLENDERIV. D. FURANS U. THIOPHENS 54-0028
IR V. DIMETHYL-ISOXAZOLIN-5-ONEN 54-0318
IR- U. RAMAN- V. 1.2.5-THIADIAZOL 57-0018
TICL4-KOMPLEXE MIT PYRIDINEN, IR 58-0017
IR V. CL-KW-STOFFEN 54-0026
AMINOAZONAPHTHALINE, IR 59-0274
IR V. FLUORALKOHOLEN 55-0032
IR V. 2-CHLOR-CYCLOHEXANOLEN 56-0101
IR-SPEKTREN V. GLYCIDYLAETHERN 59-0049
IR V. METHYLDIBORANEN 56-0038
IR V. N-, P-, AS-, SB-, BI-VERB. 59-0002
IR V. DINITROMETHYLALKALIVERB. 57-0019
IR V. ARYL-ISOSELENOCYANATEN 56-0226
IR V. PHENOXYRADIKALEN U. -KATIONEN 53-0090
IR V. CUPRESSUFLAVON-HEXAMETHYLAETHER 53-0204
IR V. THIENYL-(2)-PROPENONEN-(1) 54-0025
SCHWING.-SPEKTRUM V. CH2O 54-0056
V. ANTHRACHINON U. -D8-VERB., IR 56-0041
IR V. ALPHA-KETOLEN 57-0020
IR V. CYCLOPENTANON 57-0021
IR V. ALPHA.ALPHA'-DIHALOGEN-CYCLOALKANONEN 57-0063
IR V. PHENOXAZONEN-(3) 58-0040
IR-BANDENVERDOPPL. 60-0045
IR V. 2-ACYL-CYCLOPENTAN-1.3-DIONEN 60-0244
IR V. CARBONYLHALT. CYCLOHEXENEN 61-0040
IR V. ALPHA-ACETYLEN-KETONEN 56-0215
IR V. PYRIDYL-KETIMINEN 57-0023
IR-SPEKTREN V. PHTHALIDEN 53-0078
IR V. 1-HYDROXY-2-OXODIHYDROPYRIMIDINE, DARST. 53-0174
IR V. DILEUCIN-HYDROCHLORID 54-0047
IR V. 4-HYDROXY-CARBOSTYRILEN 54-0081
IR V. ALPHA-ACYLAMINO-NITRILEN 55-0161
IR V. HYDROXY- U. KETO-OCTADECANSAEUREN 56-0039
RAMAN-, V. MALEINSAEURE 56-0043
IR V. BETA-HYDROXYSAEUREESTERN 57-0108
IR V. CH3COOH-ASSOZIAT 58-0096
IR V. THEOPHYLLINEN U. THEOBROMINEN 59-0050
CO-VALENZ V. AZOL-DIONEN 60-0047
IR-CO-INTENSITAET V. AZETIDINONEN 60-0048
V. ALPHA.BETA- U. ALPHA.ALPHA'-DIGLYCERIDEN, IR 61-0044
IR V. P-TOSYLVERB. 56-0040
IR V. AMINOSULFONSAEUREN 60-0046
IR V. DIMETHYLSULFIT 55-0030
IR V. BORAZINEN U. BOROXINEN 56-0003
IR V. ANDROSTANOLEN 58-0041
IR V. CHROMOMYCIN A3 53-0246
IR V. CHLOROPHYLL A 57-0017
IR V. POLY-ALPHA-METHYL-STYROL 54-0475
SPEKTRUM (MIKROWELLEN-,ROENTGEN-SPEKTRUM)
QUADRUPOLKONST. V. (IS)OXAZOL 57-0024
KERNQUADRUPOLRESONANZ V. ORGANO-CL-VERB. 55-0034
NQR-FREQUENZEN V. CHLORBENZOLEN 59-0093
NQR-TAFT-KONST.-BEZIEH. V. ORGAN. CL-VERB. 60-0049
MIKROWELLEN- V. CH3COOH 58-0096
SPHINGOLIPOIDE
SPHINGOLIPIDE, CERAMIDAEHNL. VERB. 56-0193
SPHINGOLIPIDE 2. MITT. SYNTH. CERAMIDAEHNL. VERB. 59-0197
SPIROVERBINDUNGEN
CYCLOALKAN(SPIRO-5')OXAZOLIDONE, DARST. 60-0341
OXETONDERIV. AUS HOPFENOEL 57-0423
SPIROKETAL-ENOLAETHER, AUS CHRYSANTHEMUM 59-0492
TRISPIROHENEICOSANE, DARST. 54-0273
SPIROHOMOPHTHALIMIDE, DARST. 54-0338
SPIRO-OXETANE, DARST. 55-0105
SPIROISOCHINOLINE, DARST. 55-0294
SYNTH. V. SPIROHETEROCYCLEN 56-0238
DISPIRO(5.1.5.2)PENTADECANE, SYNTH. 56-0309
SPIRO(5.2)OCTADIENONE, DARST. 57-0235
DARST. AUS CARBONYLVERB. U. ALLENEN 59-0296
SPIRO-1.3-OXAZINE, DARST. 59-0341
N-, DARST., EIG. 59-0371
PYRAN-SPIRO-CYCLOALKENOBENZOLVERB., DARST. 61-0405
BISPIROPYRANE, DARST., LUMINESZENZ 58-0366
SPIROPYRANE, PHOTO- U. THERMOCHROMIE 57-0014
SPIROPYRANE, PHOTHOCHEM. RK. 55-0107
V. CYCLOPROPYLCARBINYLTYP, SOLVOLYSE 56-0123
SPIRO-CYCLOPROPAN-NORBORNANE, SOLVOLYSE 60-0125
STAERKE
STRUKTUR 60-0506
STEREOCHEMIE (ALLGEMEINES)
STEREOCHEMIE, 28. MITT. 56-0317
V. TAXINEN 56-0490
KONFIG. V. L(+)-MILCHSAEURE U. A. HYDROXYSAEUREN 54-0059
MASSENSPEKTROMETRIE BEI STEREOCHEM. PROBLEMEN 54-0045
KONFORM.-ANALYSE 54-0064
KINET. METH. FUER D. KONFORM.-ANALYSE 54-0068
KONFORM.-ANALYSE 54-0229
OSAZONBLDG. V. STEROIDKETONEN 54-0428
MASSENSPEKTROMETRIE BEI STRUKTUR- U. STEREOCHEM. PROBLEMEN 58-0062
MASSENSPEKTROMETRIE BEI STEREOCHEM. PROBLEMEN 54-0039
KONFORM.-ANALYSE 54-0231
KONFORM.-ANALYSE 54-0232
SPEKTREN U. STEREOCHEMIE 54-0398
KONFIG. U. OPT. SPALT. 55-0065
KONFORM.-ANALYSE 55-0377
MASSENSPEKTROMETRIE BEI STEREOCHEM. PROBLEMEN 61-0056
TOPOCHEM. MODELL ZUR BESCHREIB. V. STRUKTUREN 54-0051
STEREOCHEMIE (VON ANORGANISCHEN STOFFEN)
V. CR(III)-KOMPLEXEN MIT AZOFARBSTOFFEN 54-0011
V. RU-PHOSPHIN-KOMPLEXEN 58-0030
V. METALLOCENEN 56-0001
KONFIG. V. FERROCENEN 59-0032
ABS. KONFIG. V. RUTHENOCENEN 61-0001
EINES CO(III)-KOMPLEX-IONS 58-0002
V. TRIS-(BENZCATECHINATO)-ARSENAT(V) 57-0051
V. (+)(589)-TRANS-(CO(TRIEN)CL2)CL 59-0004
V. ALPHA-HYDROXY-CARBONSAEURE-CO-KOMPLEXEN 53-0007
STEREOCHEMIE (IN C-KETTEN)
KONFORM. V. ALKANEN 61-0074
KONFORM. V. ALKANEN 61-0075
KONFORM. V. N-ALKANEN 56-0030
KONFORM. V. AMINOALKOHOLEN 59-0043
V. SEK. ALKOHOLEN U. AMINEN 55-0064
KONFIG. V. LARIXOL 53-0096
INVERS. V. SULFONIUM-IONEN (KINETIK) 60-0148
V. PHENYLGLYOXYLSAEUREN 54-0060
V. PHENOXYPROPIONSAEUREN 54-0183
V. ALKYL-PHENYL-ESSIGSAEUREN 56-0079
V. (+)-2-METHYL-2-ISOPROPYL-GLUTAR- U. -BERNSTEINSAEURE 56-0180
KONFORM. V. N.N'-DIALKYL-HYDRAZO-CARBOXYLATEN 57-0068
V. LABDANOL- U. EPERUSAEURE 58-0458
KONFIG. V. ALPHA-ALKYL-PHENYL-ESSIGSAEUREN 60-0079
V. PIERICIDIN A U. B 58-0510
STEREOCHEMIE (AN DOPPELBINDUNGEN)
V. FUNKTIONELLEN DIENEN 56-0167
U. REAKTIVITAET V. UNGESAETT. VERB. 59-0249
KONFORM. V. 1.1-DIPHENYL-AETHYLENEN 61-0111
SYN-ANTI-GLEICHGEW. V. P-BENZOCHINON-MONOXIMEN 53-0038
V. DELTA(4)-CHOLESTEN-3-ON-HYDRAZONEN 54-0447
V. O-METHYL-OXIMEN 55-0059
V. N-METHYL-PHENYLHYDRAZONEN 55-0060
V. TRANS-SALICYLALDEHYD-THIOSEMICARBAZON 57-0064
KONFIG. V. DIOXIMEN U. OXIMINOKETONEN 58-0055
KONFIG. V. O-ACYLOXIMEN 60-0078
V. 2.4-DINITROPHENYLHYDRAZONEN 60-0143
V. N-ARYLFORMAMIDINIUMSALZEN 57-0058
STEREOCHEMIE (VON CARBOCYCLEN)
KONFORM. V. NICHTAROMAT. RINGVERB. 53-0032
KONFORM. V. NICHTAROMAT. RINGVERB. 57-0061
KONFORM. V. CYCLOALKANEN 54-0065
KONFORM. V. CYCLOPENTAN 56-0084
KONFIG. V. CYCLOPROPANEN 60-0085
V. OPT. AKT. CYCLOBUTANONEN 56-0031
KONFORM. V. CYCLOBUTAN-VERB. 59-0063
KONFORM. V. CYCLOPENTANEN 59-0086
KONFIG. V. 3-RING-SYST. 55-0041
STABILITAET D. KONFORM. BEI CYCLOHEXENEN 61-0037
V. 9.10-DISUBSTITUIERTEN CIS-DEKALINEN 56-0083
V. TRANS-1.2-DIHALOGEN-CYCLOHEXANEN 59-0086
V. 2-CHLOR-CYCLOHEXANOLEN 56-0101
KONFORM. V. CYCLOHEXANOLEN 54-0064
V. CYCLOHEXANOLEN U. -ONEN 54-0064
KONFORM.-GLEICHGEW. V. METHYL-CYCLOHEXANONEN 56-0057

V. CIS- U. TRANS-4-TERT.-BUTYL-CYCLOHEXAN-CARBALDEHYD 56-0076
KONFORM. V. HALOGENCYCLOHEXANONEN 57-0070
KONFORM. V. CYCLOHEXANONEN 57-0071
CYCLOHEXYLCYANIDE, KONFORM. 54-0062
V. (+)-ABSCISIN II 54-0469
V. AMINODEKALINCARBONSAEUREN 56-0103
KONFORM. V. CYCLOHEXYLTOSYLATEN 54-0068
KONFIG. V. ALPHA-AMINO-CYCLANOLEN 60-0275
CYCLOALKANE, KONFORM. 58-0079
CYCLOALKANE, KONFORM. 58-0079
V. (18)-ANNULENEN 58-0253
V. BICYCLO(5.4.0)UNDECANEN 59-0285
V. 6.6-DIMETHYL-BICYCLO(3.1.0)-HEXANOLEN 59-0287
EINES PERHYDROAZULENONS 56-0086
V. DIHALOGENCYCLOALKANONEN 57-0063
DEFORMIERTE KONFORM. V. CYCLODECANEN 57-0203
V. METACYCLOPHAN U. ANALOGEN 60-0083
KONFORM. V. CIS-1.4-DIHYDROXY-2.3-BENZOCYCLOHEPTEN
KONFORM. V. HYDROPHENANTHRENEN 57-0066
KONFORM. V. HYDROPHENANTHRENEN 57-0067
KONFORM. V. CYCLOHEPTATRIENON-ACETALEN 60-0280
V. POLYSUBSTITUIERTEN PHENOLEN 57-0062
FEHLEN V. STEREOISOMEREN BEI AROMAT. HYDROXYVERB. 60-0069
KONFORM. V. DIHYDROANTHRACENCHINOLEN 56-0087
CIS-TRANS-ISOMERIE V. CHINONANILEN 53-0040
V. OKTAHYDROPHENANTHRENCARBONSAEUREN 53-0103
STEREOCHEMIE (VON HETEROCYCLEN)
V. O-THIAZIN-NORBORNAN-SYST. 56-0403
INVERS. IN DIAZIRIDINEN 59-0059
KONFORM. V. DIAZABICYCLOVERB. 54-0061
KONFORM. V. TRIMETHYLENSULFITEN 57-0059
KONFORM. V. CYCL. SULFITEN 57-0060
V. 2.5-DIALKYL-TETRAHYDROFURANEN 53-0128
KONFORM. V. DECAHYDROCHINOLINEN 56-0075
KONFORM. V. HETEROCYCLEN 56-0078
EINES HEXAHYDRO-4H-PYRAZINO(2.1-A)ISOCHINOLINS 56-0395
RINGINVERS. BEI BENZODIAZEPINEN 57-0032
V. OXOCHINOZILIDINEN 57-0319
KONFORM.-BEST. V. 1.3-DIOXANEN 58-0082
KONFORM.-GLEICHGEW. BEI 5-ALKYL-1.3-DIOXANEN 61-0076
V. CYCL. HYDRAZINEN 55-0062
V. TETRAMISOL-ISOMEREN 56-0354
V. DEKAHYDROCHINOLINEN 58-0390
KONFORM. V. D-GLYCERO-PENTEN-(2)-PYRANEN 59-0087
V. DESAURIN 53-0036
KONFORM. V. 3-PHENYL-SYDNON 56-0070
V. 4.4'-BIPYRIDINIUMSALZEN 61-0430
V. ISATYLIDENESSIGSAEUREDERIV. 54-0299
KONFIG. V. THIANAPHTHENOXIDEN 55-0228
V. N-ACYLINDOLEN U. -TETRAHYDROCHINOLINEN 56-0081
D. KETOSAEUREN D. MENTHOFURANPEROXIDS 59-0253
KONFORM.-ANALYSE BEI CYCL. LACTONEN 60-0038
V. BENZOFURO-BENZOPYRANEN 57-0057
V. DIOXAPHOSPHORINANEN 60-0053
STEREOCHEMIE (VON NATURSTOFFEN)
KONFORM. U. LOESLICHK. V. DEXTRANEN 59-0079
KONFIG. V. CYCL. ALKOHOLEN 54-0058
V. AMINOZUCKERN 59-0421
KONFORM. V. SWEROSID 57-0359
SOLVATATIONSDIASTEREOMEREN-KOMPLEXE 58-0048
KONFORM. D. STEROIDGERUESTES 53-0032
KONFORM. V. WESTPHALEN-LETTRE-DERIV. 55-0384
V. BROM-5-CYAN-CHOLESTAN-3-ONEN 58-0488
V. 5-FLUORCHOLESTANOLEN 58-0489
KONFIG. V. STEROID-PHENYL-SULFOXIDEN 57-0398
ABS. KONFIG. V. SULFOXIDEN 60-0481
ABS. KONFIG. V. SULFOXIDEN 60-0482
V. OXODIMETHYL-DELTA(5)-STEROIDEN 54-0439
D. A-RINGES IN 5BETA-3-KETO-STEROIDEN 55-0377
V. 6.6-DIHALOGEN-9BETA.10ALPHA-TESTOSTERONEN 56-0463
V. CHOLESTEN-(6)-ON-(3) U. ANDROSTEN-(6)-ON-(3) 60-0082
V. 6.7-METHYLEN-TESTOSTERONEN 54-0445
KONFIG. D. CARDENOLIDE 55-0022
CHIRALITAET V. STEROIDEN 58-0033
UNTERSCHEID. V. 5ALPHA- U. 5BETA-STEROIDEN 58-0080
V. 2-BROM-CHOLESTEN-3-ONEN 58-0487
V. STEROIDEN 59-0481
KONFORM. V. AETIANSAEUREN 61-0035
V. CHOLANSAEUREN 61-0036
KONFIG. V. ERGOCALCIFEROL-EPOXIDEN 60-0487
V. OXINDOL-ALKALOIDEN (NOMENKLATUR) 58-0154
KONFIG. V. LEPTINIDIN 56-0434
C-9-KONFIG. V. CINCHONAALKALOIDEN 61-0072
KONFIG. V. PELLETIERIN 54-0063
CORYNANTHEIDINE, KONFIG., KONFORM. 53-0030
V. FORMOSANIN U. UNCARIN A 60-0081
KONFIG. V. 1S.5S-(-)-ARGEMONIN 53-0182
V. MORPHIN-ALKALOIDEN 53-0192
ABS. KONFIG. V. (-)-ARGEMONIN 53-0193
V. INDOLALKALOIDEN 54-0014
V. CLIVONIN U. CLIVIMIN 54-0066
V. PAYNANTHEIN U. HIRSUTINE 54-0067
STEREOCHEMIE V. UNCARINEN 55-0063
V. ULEINALKALOIDEN 59-0092
V. TUBEROSTEMONIN U. STENIN 59-0436
KONFIG. V. CARANIN 60-0090
V. FLAVANEN 53-0158
KONFORM. V. CARANEN 59-0467
V. TOCOTRIENOLEN 60-0492
53-0029
ABS. KONFIG. V. KESSANDERIV. 54-0402
V. CULMORIN 54-0406
V. GLYRRHETINSAEUREDERIV. 54-0412
KONFIG. V. KHUSINOLOXID 55-0361
V. CANNABIDIOL 55-0413
V. TETRAHYDROCANNABINOL 55-0419
V. TERT. ALPHA-ALKINOLEN 60-0095
D. ACETALE D. GLYCERINS MIT ALIPHAT. ALDEHYDEN 61-0435
V. BIFLAVANOLEN AUS ACACIA 61-0408
KONFIG. V. CHROMOMYCINON 53-0247
KONFIG. V. CAMPHER 60-0093
D. GINKGOLIDE 54-0467
KONFORM. V. TRI-O-CARVACROTID 56-0067
D. EPOXIDRINGS IN PALMARIN 56-0074
V. ALPHA-D-GLUCOISOSACCHARINSAEURE 57-0076
IN D. STACHEN-REIHE 54-0410
V. CAMPHANEN 54-0418
KONSTIT. V. LASERPITIN 55-0353
KONFIG. V. OPLODIOL 56-0453
V. LAURINTEROL U. APLYSIN 57-0074
V. CUCURBITACIN-D-DERIV. 58-0460
V. GERMACRANOLID-SESQUITERPENEN 60-0092
V. CAROTOL 60-0461
V.PHORBOL 61-0513
V. PHORBOL 61-0519
KONFIG. V. BARRINGTOGENOL C U. VERWANDTEN VERB. 57-0069
V. STERCOBILIN 53-0201
V. OLIVOMYCINEN 54-0453
V. HELVOLSAEURE 59-0090
V. CEDRAN-BR-VERB. 55-0367
D. GAMBOGSAEURE 60-0087
STEREOCHEMIE (V. POLYMEREN)
KONFORM. V. FERRICYTOCHROM C 58-0519
STEREOCHEMIE (ROTATIONSISOMERIE)
RINGINVERS. IN CYCLOHEXAN 56-0140
ROTAT.-ISOMERIE V. FULVENEN 54-0069
INVERS. AN 1.2-DIAZETIDINONEN 53-0123
EINGESCHRAENKTE ROTAT. BEI CARBONYLVERB. 59-0054
KONFORM. D. ESTERGRUPPIER. 56-0085
ROTAT.-ISOMERIE V. NAPHTHOESAEUREN 59-0046
STEREOCHEMIE (V. REAKTIONEN)
STEREOSELEKTIVE SYNTH. V. UNGESAETT. ALKOHOLEN 56-0255
V. RK. D. KAURENS 54-0411
ASYMM. SYNTH. V. DIPEPTIDEN 60-0080
ASYMM. SYNTH. 54-0137
ASYMM. SYNTH. V. KETONEN 56-0283
D. DARST. V. PHENYL-CARBOXY-PYRROLIDONEN 56-0338
STEREOSELEKTIVE SYNTH. V. AMIDEN 61-0208
ASYMM. SYNTH. V. ALKOHOLEN 58-0114
STEREOSPEZIF. DARST. V. ACYL-CYCLOPROPANEN 60-0242
D. SYNTH. V. CIS-BETA-BERGAMOTEN 55-0369
D. BIOSYNTH. V. OPIUMALKALOIDEN 60-0443
D. H-UEBERTRAG. AUF VINYLRADIKALE 54-0215
D. RK. V. CFCL MIT OLEFINEN 59-0235
D. HYDROGENOLYSE V. BENZYLALKOHOL-DERIV. 53-0043
D. RED. MIT LIALH4 59-0355
D. RED. V. CYCL. STYROL-SYST. 56-0298
D. CYCLOHEXANONRED. 53-0044
ASYMM. RED. V. KETONEN 56-0278
D. DUPLIKATIVEN RED. V. ALDEHYDEN 57-0065
D. RED. V. KETONEN 57-0091
D. RED. V. BENZYLIDENACETON 57-0186
D. RED. V. CYCLOHEXANONEN 59-0166
D. AZIRIDINBLDG. 55-0216
D. RED. V. THIAZOLIUM-SALZEN 61-0104
D. RED. V. DITERPEN-DIELS-ALDER-ADDUKTEN 60-0474
D. EPOX. V. STEROIDEN 55-0384
D. RED. EINES STEROIDS 55-0390
D. QUATERNISIER. V. PIPERIDINEN 54-0341
D. QUATERNIER. V. PIPERIDINEN 59-0151
D. ALKINYLIER. V. ANTHRACHINON 57-0225
D. ALKINYLIER. V. 3-METHOXY-BUTANON-(2) 60-0227
D. QUATERNISIER. V. MORPHINDERIV. 55-0342
D. SOLVOLYSE V. CHINOLYL-TOSYLATEN 55-0083
D. HYDROLYSE V. CYCL. ORTHOESTERN 53-0219
D. SOLVOLYSE V. CYCLODECYLTOSYLATEN 60-0119
D. AZIDOLYSE V. 3BETA-TOSYL-DELTA(5)-STEROIDEN 56-0462
D. S(N)2'-RK. 56-0077
D. SUBSTITUT. V. ALICYCLEN 56-0247
D. SUBSTITUT. IN PERFLUOROLEFINEN 60-0175
D. SUBSTITUT. AN HYDROXYSTEROIDEN 56-0473
D. O-AUSTAUSCHS V. PHENYLSULFOXY-ESSIGSAEUREN 56-0045
D. NUKLEOPHILEN SUBSTITUT.-RK. AM THIOPHOSPHORYL-ZENTRUM 55-0138
D. HYDROBORIER. V. ISOPULEGOLEN 54-0288
D. NORBORNADIEN-DIMERISAT. 60-0288
D. HYDROBORIER. V. OLEFINEN (ASYMM. INDUKT.) 61-0135
D. HYDROBORIER. V. DIALKYLCYCLOHEXEN 55-0168
D. ADDIT. V. NORBORNADIENEN 61-0324
D. ELIMINIER. V. VIC.-DIBROMIDEN 60-0173
D. RK. V. PHENYLDIIMID MIT PHENYLACETYLEN 59-0259
D. ANLAGER. AN 3-TERT.-BUTYLCYCLOHEXANON 54-0229

D. ANLAGER. AN 3-TERT.-BUTYLCYCLOHEXANONE 54-0232
D. ADDIT. AN ISOPRENOIDDOPPELBIND. 56-0080
D. ADDIT. V. UNGESAETT. VERB. AN CARBONYLVERB. 56-0300
D. ADDIT. V. METHYLEN AN ENONE 57-0199
D. MICHAEL-RK. 60-0247
V. CYCLOADDITIONEN 58-0334
D. PHOTOADDIT. V. MALEINANHYDRID AN BZL. 55-0106
D. ADDIT. V. AMINEN AN ACETYLENVERB. 58-0127
D. HYDROBORIER. V. CHOLESTENEN 59-0479
D. GRIGNARDIER. 58-0131
D. ZERFALLS V. VINYL-LI-VERB. 55-0092
D. CYCLOPROPYL-ALLYL-UMLAGER. 60-0290
D. CYCLOPROPYL-ALLYL-UMLAGER. 60-0291
D. COPEUMLAGER. 61-0129
D. REFORMATSKY-RK. 57-0108
AM C-20-OH V. SAPOGENINEN 54-0423
D. UMLAGER. EINES ISOSTEROID-KETONS 54-0442
N-ALKYLIDEN-AMIDE, VERS. D. CYCLISIER. 55-0223
D. ZERS. V. 2.3-DIAZABICYCLO(2.2.1)HEPTEN 57-0338
D. CARBONYLIER. V. ALLYLHALOGENIDEN 53-0063
WALDEN-UMKEHR V. BICYCLOHEPTEN-SULFOXIDEN 59-0291
D. THERMOCYCLISIER. V. KETONEN 56-0258
D. WITTIG-RK. MIT YLIDEN 59-0258
D. CYCLISIER. V. 2-ARYLCYCLOHEXYLESSIGSAEUREN 53-0102
D. CYCLISIER. V. TOCOPHEROLCHINON 58-0504
STEREOCHEMIE (STER.EFFEKTE U.HINDERUNGEN)
V. CYCLODECANEN 58-0070
STER. STOER. IN ALLYL- U. PSEUDOALLYL-SYST. 55-0078
KONFORM.-EFFEKTE BEI SULFONEN 57-0072
STER. SPANN. IN CYCLOHEXENEN 59-0088
D. FRAGMENTIER. V. CYCLOBUTANONEN 56-0065
STEREOISOMERIE U. MASSENSPEKTRUM 58-0064
BEI D. FRAGMENTIER. V. LACTAMEN 61-0065
STER. HINDER. U. NMR V. VAL-METHYLESTERN 56-0044
KONFORM. U. LOESLICHK. V. DEXTRANEN 59-0079
STER. HINDER. BEI D. OX. V. CHLORALKYLBENZOLEN 54-0090
STER. BEDING. V. FRAGMENTIER.-RK. 54-0121
STER. HINDER. BEI RK. V. 4-CHLORPYRIMIDINEN 54-0123
, STER. EINFL. AUF D. SOLVOLYSE V. D-PYRANOSIDEN 55-0081
STER. HINDER. BEI N-OXIDEN 55-0101
STER. EFFEKTE AUF D. RED. V. CYCLANONEN 60-0117
STER. EINFL. AUF D. RK. V. QUART. CYCLOAMMONIUMVERB. 60-0120
STER. EFFEKTE AUF D. HYDROCARBOXYLIER. V. ACETYLENEN 61-0137
EINFL. AUF RK. V. AROMATEN 55-0080
STER. EFFEKTE AUF KOPPL. KONST. V. UNGESAETT. PHOSPHONATEN 57-0162
STER. EFFEKTE IN 9-AMINODEKAHYDRONAPHTHOL-(10) 57-0037
STER. HINDER. BEI D. RK. V. ARYLCYANATEN 55-0189
STER. EINFL. AUF D. RK. V. THIOCARBONYLVERB. 55-0297
STERINE
ISOLIER. AUS KUBAN. ZUCKERROHR 55-0363
SYNTH. 56-0463
UNTERS. UEBER STERINE 56-0471
ISOLIER. AUS COMPOSITAE 55-0426
STEREOCHEMIE D. EPOX. 55-0384
RK. MIT DMSO U. ACETANHYDRID 57-0404
STEROIDALKALOIDE
* S. UNTER ALKALOIDE
STEROIDE
HYDROXYSTEROIDE, NMR 53-0015
OX. V. STEROIDIMINEN 53-0194
STEROIDE 296. MITT. SYNTH. V. NEUEN 2-METHYL-CORTICOIDEN 53-0222
CYCLOBUTANO-STEROIDE, DARST. 54-0433
6-DEHYDRO-19-NOR-STEROIDE, SYNTH. 54-0436
AZASTEROIDE, DARST. 54-0440
3-OXO-, ADDIT. V. OSO4 54-0446
1ALPHA.2ALPHA-EPOXY-3-OXOANDROSTANE, RK. 54-0448
DIGACETIGENIN, STRUKTUR 55-0392
5ALPHA-CHOLESTANE, DARST. 55-0393
UMWANDL. DURCH BASIDIOMYCETEN 55-0430
NITRITE V. HOMOSTEROID-DIOLEN, PHOTOLYSE 56-0156
6.7-SUBSTITUIERTE B-HOMOSTEROIDE, DARST. 56-0464
STEROID-PHENYL-SULFOXIDE, PYROLYSE 57-0398
AMINOSTEROIDE 57-0400
DARST. EINES 3-AZA-A-HOMOSTEROIDS 57-0403
C-NOR-CARDENOLIDE, DARST. 58-0469
N-HALT. STEROIDE 58-0478
-DERIV., SYNTH. 58-0484
DARST. V. 10BETA-AMINO-STEROIDEN 58-0486
5-AMINO-, DESAMINIER. 58-0492
STEROIDAMINE, DARST. 58-0494
BIOSYNTH., STOFFWECHSEL 58-0540
SUBSTITUENTENEFFEKTE 59-0127
NEOERGOSTERINE, RK. 59-0483
11-OXO-9BETA.10ALPHA-, SYNTH. 60-0484
BIS-DEHYDRODOISYNOLSAEUREN, SYNTH. 61-0542
14-AZA-11-OXO-STEROIDE, DARST. 61-0547
METHYLOESTROGENE, DARST. 54-0437
METHYLOESTROGEN, DARST. 54-0438
CHINOXALINO-, STRUKTUR 61-0538
KONFORM. D. STEROIDGERUESTES 53-0032
3-OXO-4.4-DIMETHYL-DELTA(5)-STEROIDE, KONFORMAT. 54-0439
5BETA-3-KETO-STEROIDE, KONFORM. 55-0377
CHIRALITAET 58-0033
5-FLUORCHOLESTANOLE, DARST. 58-0489
UNTERSCHEID. D. 5ALPHA- U. 5BETA-ISOMEREN 58-0080
PREGNANDERIV. AUS ASCLEPIAS LILACINA 55-0335
AUS ASCLEPIAS LILACINA 55-0336
AUS KULTURPFLANZEN 58-0471
NACHW. IN GINSENG 58-0543
PYRAZOLO(3'.4'-16.17)STEROIDE, DARST. 53-0216
SYNTH. EINES STEROID-RINGSYST. 53-0218
PREGNENONE-(20), DARST. 53-0220
STEROID-CHLORANIL-DIENADDIT.-VERB., DARST. 53-0221
3BETA-SUBSTITUIERTE 6BETA-ACETOXY-5ALPHA-HYDROXY-CHOLESTANE WESTPHALENUMLAGER. 53-0224
DARST. AUS HYODESOXYCHOLSAEURE 53-0225
11.12-DISUBSTITUIERTE PREGNANE, DARST. 53-0226
STEROIDHYDROXIMSAEUREN, DARST. 53-0228
STEROIDAMIDE, DARST. 54-0429
12ALPHA.20R-EPOXY-5ALPHA.14BETA.17BETAH-PREGNANE, SYNTH. 54-0430
8.13-DIAZA-18-NOROESTRONAETHER, DARST. 54-0441
STEROIDOSAZONE, ZWISCHENPROD. 54-0449
STEROIDHETEROCYCLEN, ORD U. ZIRKULARDICHROISMUS 55-0388
OPT.-AKT., SYNTH. 55-0390
OPT.-AKT., SYNTH. 55-0391
A-NORCHOLESTANOLE-(2), DARST. 56-0100
STEROIDPHOSPHONATE, DARST. 56-0460
3ALPHA-AZIDO-DELTA(5)-STEROIDE, DARST. 56-0462
V. 6.6-DIHALOGENTESTOSTERONEN 56-0463
ASYMM. SYNTH. V. OESTRADIOLEN 56-0467
6.7-METHYLEN-STEROIDE, DARST. 56-0471
5ALPHA.13ALPHA-ANDROSTAN-17-ONE, DARST. 57-0397
ALDOSTERON-DERIV., DARST. 57-0401
STEROIDGLYKOSIDE, DARST. 57-0402
TOTALSYNTH. 57-0406
1BETA.2BETA-METHYLEN-, DARST. 58-0470
5ALPHA,7ALPHA-CYCLOSTEROIDE, DARST. 58-0485
AZA-, DARST. 58-0490
SECO- U. AZA-SITOSTERINE 58-0491
A-NOR-5ALPHA.10ALPHA-STEROIDE, DARST. 59-0477
A-NOR-D-HOMO-ANDROSTANE, DARST. 59-0480
20ALPHA-AMINO-, DARST. 60-0483
OPT.-AKT., TOTALSYNTH. 60-0488
SYNTH. AUS CYCLOPENTANCARBONSAEUREDERIV. 61-0537
11-O-HALT., SYNTH. 61-0546
EPOXYSTEROIDE, DARST. 61-0548
15.16-DIAZA-, DARST. 61-0549
2-METHYL-6-FLUOR-CORTICOIDE, DARST. 53-0222
16-HYDROXYMETHYLEN-17-OXO-ANDROSTANE, DARST. 55-0380
STEROIDPHOSPHONATE, DARST. 56-0461
DELTA(4.9.11)-OESTRATRIENE, DARST. 58-0479
2-OXA-DELTA(4.9.11)-OESTRATRIENE, DARST. 58-0479
2-BROM-19-NOR-CHOLESTEN-3-ONE 58-0487
BROM-5BETA-CYAN-CHOLESTANONE, DARST., STEREOCHEMIE 58-0488
3-HYDROXY-ANDROSTANE, IR 58-0041
OPT. ROTAT.-DISPERS. 58-0035
17-PHENYLAZOANDROSTENE, ORD 60-0036
EPOXY-, OPT. ROTAT.-DISPERS. 60-0039
ORD U. ZIRKULARDICHROISMUS 61-0033
AETIANSAEUREN, COTTON-EFFEKTE 61-0035
COTTON-EFFEKT 61-0036
LACTOSTEROIDE, WINKELMESS. 57-0049
STEROIDLACTONE, MASSENSPEKTRUM 59-0074
STEROIDKETONE, NMR 53-0015
ANDROSTAN-3-OLE, NMR 58-0045
5-HYDROXY-, RK. 53-0224
3-OXO-11BETA-HYDROXY-OESTRADIENE-(4.9), RK. 56-0473
TOSYLOXY-, RK. MIT NA-AZID 57-0407
KETOSTEROIDE, VILSMEIER-HAACK-RK. 58-0476
UMWANDL. DURCH MIKROORGANISMEN 58-0522
16ALPHA.17-EPOXY-20-OXO-PREGNANE, UMLAGER. 53-0216
PINAKOLINUMLAGER. 53-0217
ISOSTEROIDKETONE, PHOTOCHEM. UMLAGER. 54-0442
32-HYDROXY-LANOSTANE, UMLAGER. 55-0387
CHOLESTANE, SKELETTUMLAGER. 56-0465
CHOLESTAN-1-OL U. TOLUOLSULFONAT, RK. 59-0481
PHOTOCHEMIE V. CHOLESTERYLACETAT U. CHOLESTEN 55-0378
DEHYDRIER. V. STEROIDEN. 53-0104
STEROIDIMINE, OX. 53-0194
DEHYDRIER. 53-0221
18-HYDROXIMINOPREGNANE, OX. 53-0228
DEHYDRIER. 57-0222
SECO-, ERGOCALCIFEROL-EPOXIDE, KONFIG. 60-0487
3.6-DIMETHOXY-OESTRAEN-CARBONSAEUREN, RK. MIT H2(PD-C) 57-0395
FLUORCHOLESTAN-3-ONE, RED. 58-0489
STEREOSPEZIF. HYDROBORIER. 59-0479
-1.4-DIKETONE, CLEMMENSEN-RED. 61-0144
KETOSTEROIDE, RK. 58-0475
CHOLESTERINDERIV., RK. MIT HF 58-0489
ACYLIER. AN C(16) 53-0227
STEROIDALKOHOLE, KINET. RACEMATSPALT. 55-0065
ISOBUFADIENOLIDE, DARST. 59-0476
UMWANDL. IN PFLANZEN 58-0533
ANALYSE 54-0480
STEROIDSAPOGENINE
* S. UNTER SAPOGENINE

STICKSTOFF
BEST. D. DESORPT.-SPEKTRUMS 58-0006
ATOMAR RK. MIT ORGAN. VERB. U. W. 56-0117
STICKSTOFFSAUERSTOFFSAEUREN
HNO3, ESTER, HMO-BEHANDL. 56-0109
HYPONITRIT, PHOTOMETR. BEST. 57-0439
HYPONITRIT, BEST. IN GGW. V. N-BASEN 57-0440
HYPONITRIT, BEST. NEBEN ANORGAN. N-VERB. 57-0441
NITRIT, BEST. NEBEN ANORGAN. N-VERB. 57-0441
NITRAT, BEST. NEBEN ANORGAN. N-VERB. 57-0441
STICKSTOFFVERBINDUNGEN
IR-SPEKTROSKOP. UNTERS. 53-0051
ANORGAN. N-VERB., ANALYSE 57-0439
ANALYSE V. ANORGAN. N-VERB. 57-0440
ANORGAN. N-VERB., ANALYSE 57-0441
B-N-VERB. 28.MITT. 59-0202
ANORGAN. AZIDE, ((CL4SBN3)2) 55-0002
ANORGAN. AZIDE, ((CL2SN(N3)X)) 55-0010
HN3, PHOTOLYSE 56-0152
HN3, RK. MIT TRIMETHYLPHOSPHIN 56-0013
((CH3)3P=NH2)N3, DARST., RK. MIT LICH3 56-0013
N3-ION, NMR U. STABILITAET 60-0011
NSF, BLDG. AUS NF3 U. MOS2 61-0016
NF3, RK. MIT NICHTMETALLOXYHALOGENIDEN 61-0017
NF3, RK. MIT V-, CR-, MO- U. W-VERB. 61-0016
NF3,RK. MIT NICHTMETALLOXIDEN 56-0009
N2F4,BLDG. AUS SO2 U. NF3 56-0009
DIIMIN, BLDG. 57-0248
DIIMID-RED. V. AROMAT. ALDEHYDEN 59-0213
NO,BLDG. AUS NF3 U. NICHTMETALLOXID 56-0009
N2O, RK. MIT NI(+), CD(+) U. CO(+) 56-0007
N2O,RK. MIT NF3 56-0009
NO, EINFL. AUF ZERS. V. 2-METHYL-PENTEN-(1) 57-0118
NO2,RK. MIT NF3 56-0009
NSF, BLDG. AUS NF3 U. MOS2 61-0016
STICKSTOFFLOSTE
STICKSTOFFLOSTE, DARST. 54-0305
DARST. 61-0214
STICKSTOFFOXIDE (ORGANISCHE)
* S. UNTER RADIKALE
STILBENE
SYNTH. V. HETEROCYCL. SUBSTITUIERTEN TRANS- 57-0185
DARST. 56-0160
DIHYDROPYRIDINOSTILBENE DARST. 59-0366
NMR V. TRANS-STILBENEN 53-0017
NMR D. CIS-VERB. 53-0019
MONOSUBSTITUIERTE TRANS-, HMO-BERECHN. 60-0073
CYAN-, RK. 61-0422
-ANALOGA, PHOTOCYCLISIER. 61-0303
STOBBE-REAKTION
* S. UNTER KONDENSATIONSREAKTIONEN
STOFFWECHSEL
ANABOLE OESTRATRIENE 58-0479
V. BEHENOLSAEURE 55-0431
V. GALLENSAEUREN 58-0540
STRAHLUNG
GAMMA-BESTRAHL. V. PYRIDIN U. DIAZINEN 58-0152
STRONTIUMVERBINDUNGEN
SR-ALKYLALUMINATE, DARST. 60-0021
SR-GLUCOSACCHARINAT, KRISTALLSTRUKTUR 57-0076
STYROLE
* S. AUCH CHALKONE
BETA-FLUOR-STYROLE, DARST. 58-0249
1.1-DIPHENYLAETHYLENE, BROMIER. (KINETIK) 61-0111
RK. MIT DIPHENYLNITRILIMIN 58-0335
RK. MIT ESSIGSAEUREN 54-0365
SUBSTITUENTENEFFEKTE
* S. UNTER KONSTITUTION
SUBSTITUTIONSREAKTIONEN
* S. AUCH HALOGENIERUNG
STEREOCHEMIE D. S(N)2'-RK. 56-0077
ELEKTROPHILE, MOL.-DIAGRAMME 57-0126
V. BENZYLHALOGENIDEN MIT D. AZID-ION 57-0105
V. ORGANO-SN-VERB. 57-0147
NUKLEOPHILE, AM THIOPHOSPHORYL-ZENTRUM 55-0138
V. SULFINAT-ANIONEN 57-0169
V. 2.4-DINITRO-FLUOR BENZOL MIT BENZYLAMIN 54-0103
V. 2.4-DINITRO-FLUORBENZOL MIT MORPHOLIN 54-0104
V. TRIMETHYLAMIN MIT NITROHALOGENBENZOLEN 55-0088
V. BIS-(DICHLORO-STYROL-PALLADIUM(II)) 55-0181
V. HG-DIBENZYL MIT DCL 56-0015
LI-J-AUSTAUSCH V. JODCAMPHER U. PHENYLLITHIUM 57-0391
V. TETRAORGANOPLUMBANEN 59-0016
V. FERROCENEN 61-0026
V. POLYMETHINIUMSALZEN 58-0206
INTRAANNULARE, V. CYCLODECANEN 58-0070
AM AZULEN 60-0276
AM ALKAN-C DURCH PROTONEN 61-0120
ELEKTROPHILE, V. 9.10-DIMETHYL-TRIPTYCEN 61-0309
NUCLEOPHILE V. AETHYLENVERB. 59-0180
GEMINALE SUBSTITUT. V. CYCLOHEXANEN 56-0130
V. NITROANISOLEN 57-0034
V. NITROAROMATEN 57-0035
NUKLEOPHILE AROMAT., THEORIE 57-0036
AROMAT. SUBSTIT. 58-0164
V. KONJUGIERTEN MAKROCYCLEN 58-0253
V. MONOSUBSTITUIERTEN BENZOLEN 59-0159
V. ALKYLCHLORPYRIMIDINEN 54-0123
METHOXYDECHLORIER. V. PHENANTHRIDINEN 56-0129
V. 3-SUBSTITUIERTEN INDOLEN 57-0104
BEI FURANEN 57-0259
NUKLEOPHILE AROMAT., V. PICOLIN 57-0309
V. HALOGENCYCLOBUTENEN MIT AETHYLAT 53-0084
V. POLYFLUORCYCLOOLEFINEN BEI D. GRIGNARDIER. 53-0085
NUCLEOPHILE, V. 2-CHLOR-BENZIMIDAZOLEN 59-0132
V. 2-CHLORBENZIMIDAZOLEN 59-0133
V. TETRAFLUOR-BENZOTHIOPHEN 59-0135
V. AROMAT. HALOGENIDEN (KINETIK) 60-0130
V. PERFLUOROLEFINEN 60-0175
V. ALKYLBROMIDEN 60-0237
S(N)2-RK. V. AMINEN 57-0098
D. HALOGENS V. 1-JOD-1-PHENYL-2-NITRO-AETHYLEN 61-0231
NUCLEOPHILE, V. HALOGEN-NITROAROMATEN DURCH INDAZOLE 61-0344
NUCLEOPHILE, V. FLUORNITROBENZOLEN DURCH 1.2.4-TRIAZOLE 61-0346
D. HYDRAZINO-GRUPPE GEGEN H U. D 61-0431
V. ERYTHRO- U. THREO-1.2-DIARYLPROPANOLEN-(1) 56-0134
V. AETHYLENCHLORHYDRINEN MIT AMINEN 60-0127
ELEKTROPHILE, V. CYCL. ISOTHIOHARNSTOFFEN 61-0327
V. ORTHOTHIOKOHLENSAEUREESTERN 59-0192
V. PYRIDINEN MIT PHENACYLBROMID 59-0131
V. HALOGEN-NAPHTHALINEN 54-0254
V. ESSIGSAEURE-VINYLESTER MIT BENZOESAEURE 55-0079
VERDRAENG.-RK. AN ALPHA-CHLOR-DIPHENYLACETAMIDEN 56-0284
V. KOHLENHYDRAT-DERIV. 59-0419
V. KOHLENHYDRATDERIV. 59-0420
ELEKTROPHILE - V. DELTA(3)-CAREN 59-0457
V. FLUORARENEN (MECHANISMUS) 58-0122
SULFATIERUNG
* S. UNTER SULFURIERUNG
SULFENSAEUREN
SULFENIMIDE, DARST. 56-0281
-AMIDE, SYNTH. 59-0251
TRICHLORMETHANSULFENSAEUREAMIDE, RK. 57-0090
ALKYLESTER, UMLAGER. 57-0134
-ARYLESTER, SOLVOLYSE 60-0121
TRICHLORMETHANSULFENSAEUREDERIV., RK. 55-0082
ARYLSULFENSAEUREESTER, HYDROLYSE 54-0101
CHLORFLUORMETHYLSULFENYL-PSEUDOHALOGENIDE, DARST. 54-0156
SULFIDE, ORGANISCHE
ALPHA-(ISO)THIOCYANATO-ALKYLSULFIDE, DARST. 53-0059
ACENAPHTHENYL-POLYSULFIDE, DARST, 55-0197
TETRAZOLYL-METHYL-, DARST. 55-0265
PHENYLMERCAPTOMETHYL-ISOCHINOLINE, DARST. 56-0505
NAPHTHYLSUBSTITUIERTE AMINOTHIOAETHER, DARST. 57-0223
ALKYLTHIOENINALKOHOLE, DARST. 58-0176
PERCHLORMETHYLSULFIDE, DARST. AUS CS2 58-0181
THIAZOLYL-(2)-, DARST. 59-0336
M-PHENYLEN-BIS-, DARST. 60-0208
AROMAT. BIS-THIOLAETHER, DARST. 60-0253
ALKYLPHENYL-, DARST. 61-0201
DITHENYL-, SYNTH. 61-0361
PURINYL-METHYL-, DARST. 61-0445
CHOLESTANYL-(3)-, DARST. 61-0540
DI- U. TRISULFIDE, DARST., FUNGISTAT. WRKG. 58-0224
DISULFIDE, SPALT. DURCH PHOSPHINOXIDE 55-0094
DISULFIDE, SPALT.-RK. 56-0161
AROMAT. THIOAETHER, RK. MIT ALKALIMETALLEN 58-0143
BENZYL-ALKYL-, OX. 61-0101
DI-BENZOYL-(DI)SULFIDE, RED. 55-0183
RK. MIT CARBONYLEN 58-0026
DI-, RK. MIT DEHYDROBENZOL 61-0202
DI-, RK. MIT TRIALKYLSILANEN 60-0229
DISULFIDE, RK. MIT N-BROMIMIDEN 56-0281
DIALKYLAMINOALKYL-THIOAETHER, SPALT. 60-0164
ALPHA-KETO-, RK. 59-0215
SULFIDIMINE (SULFILIMINE)
N-ACYL-, BIND.-SYST. 60-0076
SULFINSAEUREN
BLDG. AUS SULFONEN 56-0025
SUBSTITUT.-RK. D. ANIONS 57-0169
RK. MIT TRICHLORMETHAN-THIO-SULFENYL-CHLORID 58-0224
ARYLSULFINSAEURESALZE, RK. 55-0145
SULFONE
ALPHA-DIAZOSULFONE 56-0216
DIAZOSULFONE 56-0253
KONFORM.-EFFEKT 57-0072
DARST. 54-0190
ANTHRACEN-, BLDG. 57-0224
BLDG. 61-0131
BLDG. AUS P-AMINOPHENOLEN 61-0194
PHENYLSULFONYLAETHYL-CYCLOHEXANON-ENAMINE, DARST. 55-0314
CYCL., RINGVERENG. 56-0268
DISULFONYLPARACYCLOPHANE, SYNTH. 56-0412
DIHYDROTHIOPYRAN-1.1-DIOXIDE, DARST. 57-0304
PYRIMIDYL-, DARST. 57-0334
ARYL-METHOXYMETHYL-, PHYSIKAL. EIG. 61-0199
ALPHA-DIAZOSULFONE,RK. 55-0147
O-METHYL-DIARYL-, SMILES-UMLAGER. 56-0025
METHYLDIARYLSULFONE, UMLAGER. 57-0306
BETA-KETOSULFONE, PHOTOLYSE 53-0060
AROMAT., PHOTOLYSE 54-0131
DIAZO-, PHOTORK. MIT CH3OH 61-0131
RK. D. GRIGNARD-VERB. MIT MALONESTERN 57-0204
AETHYLENDISULFONYLVERB. V. KETONEN, RK. 53-0223

CH-ACIDE, RK. MIT ARYLISOTHIOCYANATEN 60-0206
BIS-ARYLSULFONYL-METHANE, RK. 54-0191
SULFONIUMVERBINDUNGEN
OXOSULFONIUM-CARBALKOXY-METHYLIDE, DARST. 54-0189
ALKOXYDIMETHYL-, DARST. 57-0135
NMR 56-0002
RK. ZU SULFONIUMYLIDEN 59-0265
PYRAMIDENINVERS. (KINETIK) 60-0148
BETA-KETOSULFONIUMYLIDE, ZERS. 58-0258
ALPHA-KETO-SULFONIUMSALZE, RED. 56-0111
THIACHROMYLIUMPERCHLORATE, HYDROLYSE 57-0084
1.2-DITHIOLIUMSALZE, DARST., RK. 58-0330
INTRAMOL. C-ALKYLIER. 59-0244
SULFONIUMYLIDE, RK. 59-0214
SULFONSAEUREN
ALKAN-, RK. MIT ANILIN 58-0179
NAPHTHALIN-1.3-DISULFONSAEUREN, DARST. 56-0287
AMINO-, IR-SPEKTREN 60-0046
TOLUOL-, ISOMERISIER. (KINETIK) 56-0137
NAPHTHOL-(1)-SULFONSAEUREN, RK. 53-0098
SULFONSAEUREN (ANHYDRIDE, ESTER)
THIOLSULFONATE, KONSTIT. 55-0054
CYCLOHEXYLARYLSULFONATE, KONFORM. 54-0068
BLDG. 61-0131
BLDG. AUS AMINOPHENOLEN 61-0194
ENOLSULFONATE, DARST. 59-0214
DEKAHYDROCHINOLYL-TOSYLATE, FRAGMENTIER.-RK. 55-0083
ESTER, RK. 61-0203
TOLUOLSULFONATE, SOLVOLYSE 61-0515
BICYCLOOCTENYLTOSYLATE, UMLAGER. BEI D. RED. 61-0311
P-NITRO-BENZOLSULFONSAEURE-ESTER, SOLVOLYSE 55-0329
CYCLOALKYLMETHANSULFONATE RK. 54-0099
3-AMINO-CYCLOHEXYLSULFONATE, SOLVOLYSE 54-0121
PROPANDIOL-(1.3)-DISULFONATE, RK. 55-0152
CYCLODECYL-TOSYLATE, SOLVOLYSE 60-0119
TOSYLATE, RK. MIT NACN 60-0259
P-X-BENZOLSULFONSAEUREESTER, SOLVOLYSE 55-0217
BICYCLO(N.1.0)ALKYL-TOSYLATE, ACETOLYSE 61-0119
SULFONSAEUREN (-AMIDE,-IMIDE,-HYDRAZIDE
* UND -UREIDE)
SULFONHYDRAZIDE, DARST. U. RK. 53-0081
SULFONAMID-FORMAZANE, DARST. 55-0266
SULFANILAMIDE, DARST. 55-0432
ARENSULFON-BENZHYDRYLIDENAMIDE, DARST. 56-0282
N-BENZOESAEURESULFIMIDOMETHYL-ACYLAMINE, DARST. 56-0319
SULFONYL-AZOVERB., DARST. 56-0348
1-ALKYL-3-ARYLSULFONYL-HARNSTOFFE, DARST. 57-0170
MONOSULFAMIDO-PHTHALAZINE, DARST. 57-0329
ARYLSULFONYLIMINO-SELENOCHLORIDE, DARST. 58-0222
BENZTHIAZOL- U. IMIDAZOL-SULFONAMIDE, DARST. 58-0355
-AMIDE D. OXAMIDSAEURE, DARST. 59-0184
N-SULFONYLVERB. V. INDAZOLINON-(3), DARST. 59-0329
BENZOLSULFONSAEUREPIPERAZIDE, SYNTH. 59-0384
AMINO- U. MERCAPTO-METHYLENSULFONAMIDE, DARST. 60-0333
ARENSULFONIMIDSAEURECHLORIDE, DARST. 61-0198
AMINO-CHLOR-METHYLENSULFONAMIDE, DARST. 61-0211
SULFANILYLHYDRAZIDE, DARST. U. RK. 53-0081
SULFONAMIDDISULFIDE, DARST., FUNGISTAT. WRKG. 58-0224
2.4.6-TRIMETHYL-BENZOLSULFONYL-HYDRAZONE, UV 60-0210
DIAETHYLAMINO-AETHANSULFONSAEUREAMIDE, DARST. 60-0407
ABSPALT. V. TOLUOLSULFONYL-GRUPPEN 55-0237
N-CHLOR-N-ALKYL-ALKANSULFONAMIDE, UMLAGER. 57-0136
ARYLSULFONYLOXAMIDSAEUREN, RK. 54-0161
SULFONYLCARBODIIMIDE, RK. 60-0168
ARYLSULFONYLAMINO-TOLUOLE, CHLORMETHYLIER. 56-0210
2-(N-ARYLSULFONYL-N-METHYL-AMINO)-ARENSULFONYLANISOLE 56-0212
N-DICHLORMETHYLEN-SULFONAMIDE, RK. 55-0259
SULFONAMIDE, MANNICH-RK. 58-0225
SULFONSAEUREN (SULFOHALOGENIDE)
BUTANDISULFOCHLORIDE, DARST. 58-0182
BENZYLSULFONYLHALOGENIDE, RK. 54-0190
SULFONYLCHLORIDE, RK. 59-0214
SULFOCHLORIDE, RK. MIT HYDRAZONEN U. AMIDEN 57-0262
TERT. ALKANSULFOHALOGENIDE 58-0180
SULFOXIDE
SULFINE, RK. 60-0163
(18)O-AUSTAUSCH 56-0132
(18)O-AUSTAUSCH 56-0133
DISULFID-DIOXIDE, KONSTIT. 55-0054
ABS. KONFIG. 60-0481
ABS. KONFIG. 60-0482
SULFINE, DARST. 60-0162
OPT.-AKT. 1-PHENYL-BROMNAPHTHYL-, DARST. 61-0277
PYRIMIDYL-, DARST. 57-0334
OPT.-AKT. SULFINYLESSIGSAEUREN, DARST. 59-0273
BICYCLOHEPTEN-, WALDEN-UMKEHR 59-0291
ARYLALKYLSULFOXIDE, MASSENSPEKTREN U. RK. 55-0095
STEROIDPHENYL-, ABS. KONFIG. U. PYROLYSE 57-0398
DIMETHYL- U. METHYLARYL-, RK. MIT ORGANO-MG-VERB. 57-0171
CHOLESTANYL-(3)-, RK. MIT SULFONYLCHLORIDEN 61-0540
SULFURIERUNG
SN-CHLORIDE ALS KATALYSATOREN 55-0197
METALLCHLORIDE ALS KATALYSATOREN 56-0149
V. NAPHTHALINEN 58-0117
V. ANILIN 58-0223
SULFATIER. V. OCTENEN 54-0144
V. PYRROLO(1.2-A)CHINOXALINEN 59-0385
SULTONE
ALPHA-DITHIOPYRONE, DARST. 58-0383
KRISTALL- U. MOLEKULARSTRUKTUR 56-0090
SUSZEPTIBILITAET, MAGNETISCHE
* S. UNTER MAGNETISMUS

T

TABAK
UNGESAETT. ALDEHYD AUS TABAK 54-0414
TANTALVERBINDUNGEN
TA-ALKYLOXIDBROMIDE 61-0023
TAOBR3-ADDUKTE, DARST. 61-0023
TAUTOMERIE
TAUTOMERIE V. FORMYLKETONEN 53-0039
V. BENZOFULVENEN 59-0101
V. POLYFLUORHETEROCYCLEN 53-0161
V. 4.6-DIHYDROXYPYRIMIDINEN 55-0036
V. O-HALT. DERIV. D. 1.3.5-TRIAZINS 59-0144
V. HYDRAZONEN U. SEMICARBAZIDEN 59-0102
V. MESITYLOXID 55-0072
V. 2-ACETYL-3-HYDROXY-5-METHOXY-BENZOCHINON-(1.4) 55-0224
ENONAMIN-ENOLIMIN-TAUTOMERIE 57-0083
IMIN-ENAMIN- V. AMINOKETONEN 57-0112
V. KETONEN 58-0062
V. ACETOACETYLPHENOLEN 61-0090
P-BENZOCHINON-MONOXIM - P-NITROSO-PHENOL-GLEICHGEW. 53-0038
V. 2-IMINO-OXAZOLIDONEN-(4) 55-0251
V. PYRIDYL-KETIMINEN 57-0023
RING-KETTEN- V. TETRAHYDROOXADIAZINEN 61-0454
BEI N-HYDROXYINDOLEN 58-0322
V. 1-HYDROXY-2-OXODIHYDROPYRIMIDINE, DARST. 53-0174
V. 4-HYDROXY-CARBOSTYRILEN 54-0081
V. HYDROXYTHIENYLCARBONYL-VERB. 54-0294
V. DIMETHYLISOXAZOLIN-5-ON 54-0318
V. DIHYDROXYFUMARSAEURE 60-0102
TELOMERISATION
* S. UNTER POLYMERISATION
TELLUR
RK. MIT 1.2-DIJOD-TETRAFLUOR-BENZOL 59-0024
TELLURSAUERSTOFFSAEUREN
TELLURSAEURE,CHELATBLDG. MIT MESOINOSIT 60-0100
TELLURVERBINDUNGEN
H2TE, RK. MIT PT(P(C6H5)3)2 60-0034
TERPENE
JEGOSAPOGENOL AUS STYRAX JAPONICA 53-0033
OLEANEN-DERIV., NMR 54-0032
TETRACYCL. DITERPENOIDE 54-0410
TETRACYCL. DITERPENOIDE 54-0411
ROTAT.-DISPERS. 54-0412
TERPENOIDE, SYNTH. 54-0415
TERPENOIDE 54-0424
(-)-KAURENOLE, UMLAGER. 55-0348
LASERPITIN U. ANALOGA, KONSTIT. 55-0353
SESQUITERPENE AUS MENTHA PIPERITA 55-0354
IN MENTHA PIPERITA 55-0355
TERPENOIDE, SUKSDORFIN 55-0357
TERPENOIDE, DEHYDRATISIER. V. GUAJOLEN 55-0358
TERPENOIDE, UMLAGER. 55-0359
TERPENOIDE, SYNTH. 55-0360
TERPENOIDE, KHUSINOLOXID 55-0361
TAUREMISIN U. SAUSSUREALACTON, DARST. 55-0362
DARST., ISOLIER. U. CHARAKTERISIER. 55-0363
CARYOPHYLLENE, THERM. UMLAGER. 55-0368
TRITERPENOIDE AUS ENTADA PHASEOLOIDES 55-0375
TRITERPENOIDE, ENTAGENSAEURE 55-0376
TRITERPENE, ANOMALE RED. 56-0302
TRITERPENE, DARST. 56-0445
AUS COSTUS-WURZELOEL 56-0446
ISOLIER. AUS PFLANZEN 56-0447
SESQUITERPENOIDE, OPLODIOL 56-0453
CARENE, HYDROBORIER. 56-0455
TERPENOIDE U. TRITERPENOIDE, KONFIG. 57-0069
TERPENOIDE, SYNTH. 57-0378
AUS NARDOSTACHYS JATAMANSI 58-0449
TERPENOIDE AUS ZANTHOXYLUM RHETSA 58-0450
SESQUI- AUS CENTAUREA SALONITANA 58-0453
HYDROBORIER. 58-0457
TRITERPENE AUS SERJANIA SP. 58-0461
SESQUITERPENOIDE AUS CYPERUS 59-0450
TERPENOIDE AUS INULA RACEMOSA 59-0451
TRITERPENE AUS GLYCYRRHIZA GLABRA 59-0465
LASERPITINDERIV., ISOLIER., KONSTIT. 59-0468
TERPENALKOHOLE AUS CYPERUS 59-0469
AUS BUPLEURUM FALCATUM 61-0510
SESQUITERPENE, STEREOCHEMIE 60-0092
ODORATON U. ODORATOL 60-0457
CAMPHANE, STEREOCHEMIE 54-0418
TRITERPENOIDE AUS POLYPODIUM 53-0209
ISOLIER. AUS NEOLITSEA ZEYLANICA 53-0212
SESQUITERPENE V. NEOLITSEA ZEYLANICA 53-0213
SESQUITERPENE V. NEOLITSEA ZEYLANICA 53-0214
IM WEIHRAUCH 54-0407
DITERPENPHENOLE, AUS CUPRESSUS SEMPERVIRENS 55-0366
TRITERPENE AUS CAMELLIA-ARTEN 55-0371
DITERPENE IN AETHER. OELEN 55-0374
AUS WEIDENROESCHEN 56-0457

ISOLIER. AUS CALOPHYLLUM 57-0376
SESQUITERPENLACTONE AUS ARTEMISIA 58-0455
SESQUITERPENLACTONE AUS ARTEMISIA 58-0462
TRITERPENOIDE IN APFELSCHALEN 58-0531
SESQUI-, AUS AMBROSIA 59-0453
GEH. IN MENTHA AQUATICA 59-0505
DITERPENSAEUREN AUS OXYSTIGMA OXYPHYLLUM 60-0465
TRI-, AUS BUPLEURUM FALCATUM 61-0509
TERPENOIDE AUS SONCHUS 61-0529
MELIACINE, ISOLIER. 61-0530
TRITERPENOIDE AUS MELIA AZADIRACHTA 57-0382
ISOLIER. AUS ACTINIDIA POLYGAMA 57-0388
TRITERPENE AUS SALVIA GLUTINOSA 56-0456
DI-, IN CUPRESSUS SEMPERVIRENS 61-0507
SESQUITERPENE, BIOSYNTH. 54-0417
TERPENSYNTH. 53-0099
9-HYDROXY-MENTHOLE, DARST. 54-0288
DITERPENSAEUREN, SYNTH. D. A-RINGES 56-0324
SESQUI-, DARST. 59-0466
TRICYCL. 20-NORDITERPENE, DARST. 58-0446
AROMAT. DI-, MASSENSPEKTREN 56-0063
PINAN-DERIV., NMR 55-0044
DITERPENE, NMR 58-0047
M-, DISPORTIONIER. 58-0451
AUTOX. (KATALYSE DURCH ORGAN. METALLKOMPLEXE) 57-0392
SELEKTIVE OX. 60-0115
STEREOCHEMIE D. RED. 60-0474
BIOSYNTH. (MODELL-RK.) 61-0504
PYROLYSE V. CAMPHAN-DERIV. 57-0116
DITERPEN-GAMMA-LACTONESTER, ACYLOINKONDENS. 57-0380
FRIEDEL-CRAFTS-ACYLIER. 59-0457
NORBORNENE, RK. MIT THIONYLAMINEN 56-0403
SESQUITERPENE, KONFIG. 54-0402
TETRACYCLINE
SYNTH. V. AUSGANGSSTOFFEN 56-0181
SYNTH. 53-0109
CHINONE D. TETRACYCLINREIHE, DARST. 58-0284
TETRAZOLE
TETRAZOLYL-MERCAPTOMETHYL-ISOCYANATE, DARST. 55-0265
THALLIUMVERBINDUNGEN
4-BENZOYL-1.2.3-TRIAZOLYL-THALLIUM(I) 56-0027
CYCLOPENTADIENYL-TL, POLAROGRAPHIE 60-0010
(AS(C6H5)4)(TLBR2(N3)2) , DARST. 60-0001
TLBR3-LSG., RK. MIT NAN3 60-0001
THERMOCHROMIE
* S. UNTER FARBE
THERMODYNAMIK U. STATISTISCHE MECHANIK
V. BIN. SYST. 58-0091
V. BIN. FORMAMID-GEMISCHEN 57-0077
THERMOLYSE
* S. UNTER DISSOZIATIONSREAKTIONEN
THIADIAZOLE
2-HALOGENACETYLAMINO-5-ALKYL-1.3.4-, ANTIMITOT. WRKG. 56-0356
THIADIAZOLE, DARST. 58-0297
2-ALLYLAMINO-1.3.4-THIADIAZOLE, DARST. 61-0394
THIAZINE
DARST. V. NORBORNENDERIV. V. - 56-0403
DELTA(3)-DIHYDROMETATHIAZINE, DARST. 57-0344
2-IMINO-TETRAHYDRO-1.3-THIAZINE, DARST. 54-0368
THIAZOLE
2-ARYL-4-CARBOXYTHIAZOLE, PK-WERTE 60-0343
POLYTHIAZOLYLE, DARST. 60-0345
4-FORMYL-THIAZOLE, DARST. 60-0347
2-(BENZIMIDAZOLYL-(2)-2-THIAZOLINE, DARST. 53-0142
ISOTOPENMARKIERTE, DARST. 55-0257
THIAZOLIDONE, TUBERKULOSTATICA 56-0503
4-AMINO-, DARST. 57-0288
SYNTH. AUS AMINEN U. S 57-0290
2-BENZYL- U. 2-PHENAETHYL-THIAZOLE, DARST. 58-0345
2-ALKYLTHIO-, DARST. 59-0336
4.5-TETRAMETHYLEN-2-AMINO-, DARST. 60-0340
THIAZOLIDINTHIONE, DARST. 61-0153
ELEKTRONENSTRUKTUR 57-0055
THIOZOLIDIN-DIONE, INTENSITAET D. CO-VALENZ 60-0047
ASSOZIAT.-KONST. 59-0100
THIAZOLCARBONSAEUREDERIV., RED. 58-0341
THIAZOLIUMSALZE, RED. MIT NABH4 61-0104
THIAZOLIUMSALZE, RED. MIT NABH4 61-0389
ALKYLTHIAZOLE, PHENYLIER. 54-0316
THIIRANE
* S. ALKYLENSULFIDE
THIOCARBAMINSAEUREN
N-ALKYL-DITHIOCARBAMATE, DARST. 55-0132
DI-, PK(A) 61-0134
THIOCARBAMYLAMINOALKYLPHOSPHORSAEUREESTER, HYDROLYSE 58-0234
THIOCARBONYLVERBINDUNGEN
RK. MIT DIAZO-METHANEN 55-0297
RK. MIT MESOION. OXAZOLONEN 58-0302
THIOCYANSAEURE (RHODANWASSERSTOFF)
ESTER, DARST. AUS MERCAPTANEN 61-0212
ALPHA-THIOCYANATO-ALKYLSULFIDE, DARST. 53-0059
SCN-ION, NMR U. STABILITAET 60-0011
ESTER, RK. MIT TRITYLPERCHLORAT 57-0175
THIOHARNSTOFFE (THIOCARBAMIDE)
CYCLISIER.-RK. MIT HCL 54-0368
THERM. SPALT. 56-0228
RK. MIT VINYLPHENYLKETONEN 54-0356
RK. MIT ISATOSAEUREANHYDRID 54-0322
DITHIOBIURETE, RK. MIT CARBONSAEURECHLORIDEN 59-0391
THIOKETONE
DITHIOL-THIONE DARST. 58-0333
THIADIAZIN- U. TRIAZINTHIONE, DARST. 58-0418
THIOPHENE
POLYTHIENYLE, SYNTH. 54-0291
2-HYDROXY-THIOPHENE, TAUTOMERIE 54-0294
THIENYLACETYLENE, DARST. 57-0265
THIOPHENALDEHYDE, DARST. 57-0267
5-NITRO-THIOPHEN-2-ALDEHYDACETALE, DARST. 61-0565
THIOPHENACETYLENVERB. AUS HELIANTHEAE 61-0554
DARST. V. POLYINYLTHIOPHENEN 53-0133
DARST. AUS N.N'-DIARYL-DITHIOMALONSAEUREDIAMIDEN 53-0134
3-SUBSTITUIERTE THIOPHEN-VERB., DARST. 54-0292
PHENYL-MORPHOLINO-THIOPHENE, DARST. 58-0412
SUBSTITUIERTE, DARST. 59-0311
HYDROXYMETHYL-CARBOXY-, DARST. 59-0312
THIENYL-ARYL-METHINE, DARST. 61-0359
DICARBONYL-, RK. MIT N2H4 61-0442
CHLOR- U. ALKYL-CHLOR-, DARST. 60-0316
THIENYLALKINE, IR-SPEKTREN 54-0028
2-ACYL-, MASSENSPEKTREN 61-0057
HALOGEN-, POLAROGRAPH. VERH. 59-0109
BROMIER. (KINETIK) 59-0123
5-ALKYL-4-THIOLEN-2-ONE, UMLAGER. 60-0142
3-AMINO-SULFOLANE, RK. 58-0315
3-ALKOXY-SULFOLANE, RK. 58-0315
RK. MIT ACETANHYDRID 57-0097
THIOSAEUREN
THIOACYL-ISOCYANATE 58-0297
MONOTHIONMALONSAEUREESTER, RK. 58-0325
ESTER, KONFORM. 56-0085
N-ARYL-METHANTRICARBONSAEURE-THIOAMIDE, NA- BZW. NI-SALZE 53-0068
CAMPHER-THIOCARBONSAEURE-AMIDE, DARST. 60-0473
THIOCROTONSAEURE-ARYLAMIDE, DARST. 61-0178
CYCLOPENTENTHIOCARBONSAEURE, DARST., RK. 53-0160
N-AMINOMETHYLTHIOCARBONAMIDE, DARST. 56-0219
N-THIOBENZOYL-L-ALPHA-AMINOSAEUREN, ZIRKULARDICHROISMUS 53-0009
CYCLANDICARBONTHIOAMIDE, ORD 61-0031
ACIDITAET V. THIOLESTERN 58-0075
THIOSAEUREAMIDE, DIPOLMOMENTE 56-0033
DI-BENZOYL-(DI)SULFIDE, RED. 55-0183
DITHIOMALONSAEURE-DIAMIDE, RK. 58-0330
ALPHA-ACYL-THIOL-LACTONE, RK. 56-0315
THIOAMIDE, DARST. 58-0192
N.N'-DIARYL-DITHIOMALONSAEURE-DIAMIDE, RK. 53-0134
DITHIOCARBONSAEUREESTER, RK. MIT CHINONEN 54-0136
THIOACYLISOCYANATE, RK. 54-0367
-ESTER, DARST. 61-0201
DITHIOCARBONSAEUREESTER-S-OXIDE, DARST. 61-0103
THIOMALONSAEUREESTER, DARST., RK. 58-0194
ESTER, THION-ENTHIOL-TAUTOMERIE 58-0195
THIOSEMICARBAZONE
HALOGENTHIOPHENALDEHYD-, POLAROGRAPH. VERH. 59-0109
THIOSULFONSAEUREN
THIOSULFONSAEUREN, RK. 54-0192
N-CARBOMETHOXY-THIOSULFANILSAEUREESTER, DARST. 60-0209
THIOSULFONSAEURE-S-AETHYLESTER, DARST. 54-0192
THIOURETHANE
THIOCARBAMOYL-MERCAPTOMETHYL-PHENOLE, DARST., ZERS. 56-0206
N-ARYLOXYACETYLTHIOLCARBAMATE, DARST. 56-0225
V. BORANEN, DARST. 60-0200
RK. MIT DIARYLDIAZOMETHANEN 58-0281
THORIUMVERBINDUNGEN
TH(OCOCF3)4 , DARST. 59-0023
THCL4, RK. MIT TRIFLUORESSIGSAEURE 59-0023
TIERFARBSTOFFE
AUS APHIDIDAE 57-0371
D. APHIDIDAE 57-0372
D. APHIDIDAE 57-0373
AUS APHIDIDAE 57-0374
TISCHTSCHENKO-REAKTION
* S. UNTER OXYDOREDUKTION
TITANVERBINDUNGEN
TI-PERFLUORACYLOXYVERB., DARST. 59-0023
POLYMERISAT. V. ACENAPHTHYLEN MIT TICL4-ALH(ISO-C4H9)2 55-0420
TICL4-KOMPLEXE MIT PYRIDINEN 58-0017
C-C-EINSCHIEB. BEI TI-N-BIND. 54-0010
TI-TETRABUTANOLAT, EINFL. AUF RK. 55-0090
TICL4-(C6H5)3PO, DARST., STRUKTUR 56-0026
DARST. U. ZERS. V. PHENYL- U. BENZYL-TI-VERB. 58-0016
TICL4-AMIN-KOMPLEX., RK. 60-0022
(CL2TI(N3)2)N, DARST. 55-0010
(BR2TI(N3)2)N, DARST. 55-0010
TIOBR2, RK. MIT TRIFLUORESSIGSAEURE 59-0023
TIBR4, RK. MIT TRIFLUORESSIGSAEURE 59-0023
TICL4, RK. MIT GRIGNARD-VERB. 58-0016
TIOCL2, RK. MIT TRIFLUORESSIGSAEURE 59-0023
TICL4, IR V. KOMPLEXEN MIT PYRIDINEN 58-0017
TICL4, RK. MIT ((C6H5)3PP(CL)2O)CL 56-0026
TICL4, RK. MIT GRIGNARDVERB. 60-0022
TICL4, ADDIT.-VERB. MIT BENZOYLCHLORIDEN 54-0027
TICL4, RK. MIT PERFLUOR-MONOCARBONSAEURE 59-0023

TON
SCHIEFER-, TRIMETHYL-TETRADECAN 59-0454
TOXIKOLOGIE
TOXIZITAET V. CARDENOLIDEN 55-0332
TRIAZENE
AROMAT. DIAZOAMINOVERB., UMLAGER. 53-0051
TRIAZINE, 1.2.3-
TRIAZINE U. VERWANDTE PROD. 58-0417
TRIAZINE, 1.2.4- (ASYMM.)
4-AMINO-3-METHYLMERCAPTO-5-OXO-4.5-DIHYDRO-, RK. 61-0397
DARST. AUS HYDRAZIDEN 56-0407
DARST. 61-0452
TRIAZINE, 1.3.5- (SYMM.)
O-HALT., TAUTOMERIE 59-0144
ALKINYL-, DARST., RK. 57-0349
HEXAHYDRO-THIOXO-, DARST. 58-0418
2-AMINO-SYMM.-TRIAZINE, DARST. 59-0344
DARST. AUS BIURET-DERIV. U. CARBONSAEURECHLORIDEN 59-0391
-THIONE, DARST. 60-0409
DARST. AUS N-ACYL-BENZIMIDSAEUREESTERN 54-0370
NUKLEOPHILE RK. 56-0406
HALOGENIERTE, RK. MIT CYCLOPENTADIENYL-NA 57-0239
TRIAZOLE, 1.2.3- (VIC.)
N-METHYL-, DARST. 60-0350
-KOHLEHYDRATDERIV., DARST. 56-0417
1.2.3-TRIAZOLE, DARST. 57-0293
1-(4-NITRO-PHENYL)-, DARST. AUS ENAMINEN 58-0348
1.4.5-TRIALKYL-1.2.3-TRIAZOLE, SYNTH. 57-0292
4-ARYL-1.2.3-, DARST. 61-0390
TRIAZOLE, 1.2.4-
-SULFONSAEUREN, DARST. 57-0294
BROMIER. 60-0351
3-PHENYL-DELTA(3)-1.2.4-TRIAZOLIN-5-THIONE, DARST. 53-0147
DARST. AUS 1.2-DIAMINO-3-PHENYL-GUANIDINEN 57-0295
DARST. 57-0296
DARST. 58-0351
DARST. AUS DIAMINOGUANIDIN 57-0291
NMR 58-0051
NMR 61-0345
SUBSTITUT.-RK. MIT FLUORNITROBENZOLEN 61-0346
AMINO-, CYCLISIER. 56-0401
TRIMERISIERUNG
* S. UNTER POLYMERISATION
TRITYLIERUNG
* S. UNTER ALKYLIERUNG
TROPOLONE
-METHYLAETHER, DARST. 61-0319
ALKYL-PURPUROGALLINE, DARST. 59-0207
PHOTOCHEM. UMLAGER. 57-0255
TROPONOIDE
DARST. 54-0269
PHOTODIMERISAT. 54-0243
UMLAGER. 59-0150
TROPYLIUMVERBINDUNGEN
METALLKOMPLEXE, DARST. 58-0021
METALLKOMPLEXE, DARST. 58-0022
TUBERKULOSE
PHENYLENDIAMINE, TUBERKULOSTATICA 56-0503
DARST. V. TUBERKULOSTATIKA 56-0497
TUMOREN (GESCHWUELSTE)
CARCINOGENE N-VERB. 54-0342
CARCINOGENE ORGANO-N-VERB. 57-0324
CARCINOGENE ORGANO-N-VERB. 57-0325
TUMORINHIBIERENDE VERB. 55-0298
ONKOLYT. WRKG. V. LEUROSIDIN 55-0340
ZYTOSTATIKA 56-0118
ZYTOSTATIKA 56-0119
CYTOSTAT. WIRKSAMK. V. THIADIAZOLEN 56-0356
ANTINEOPLAST. SUBSTANZEN 56-0495
TUMORINHIBIERENDE VERB. 57-0313
ANTIKREBSWRKG. V. 2.5-BIS-THIURONIUMMETHYL-THIOPHENDICHLORID 59-0311
ANTIKREBSWRKG. V. THIOPHENTHIURONIUMVERB. 59-0312
ANTIULCEROGENE WRKG. V. PIPERAZINEN 59-0383
CYTOSTATIKA, POLAROGRAPHIE 60-0108
ANTINEOPLAST. WRKG. V. PYRIDAZONDERIV. 60-0396
TUMORHEMMSTOFFE 55-0279
TWEEN
20, EINFL. AUF BAKTERIZIDWIRKSAMK. 53-0254
60, EINFL. AUF BAKTERIZIDWIRKSAMK. 53-0254
80, EINFL. AUF BAKTERIZIDWIRKSAMK. 53-0254
85, EINFL. AUF BAKTERIZIDWIRKSAMK. 53-0254

U

UBICHINONE
MASSENSPEKTREN 57-0047
UEBERFUEHRUNG U. IONENBEWEGLICHKEIT
V. OCTADECYL-TRIMETHYL-AMMONIUM-PIKRAT 57-0078
UMLAGERUNGEN
* RACEMISIER.S.UNTER ROTATION,OPTISCHE
SAEUREKATALYSIERTE 61-0314
ANOMALE CLAISEN-UMLAGER. 53-0127
BAEYER-VILLIGER-RK., MECHANISMUS 60-0111
UEBER CARBANIONEN 57-0113
HOMOALLYLUMLAGER. 58-0134
UMLAGERUNGEN (SPEZIELLE STOFFE)
V. ALLYLVERB. 59-0256
V. IMINOPYRIMIDINEN (DIMROTH-) 58-0408
V. OXALATEN DURCH ELEKTRONENSTOSS 60-0062
CLAISEN-UMLAGER. V. 1.4-DIPHENOXY-BUTIN-(2) 57-0299
V. DIMETHYL-NEOPENTYL-AMIN-OXID 53-0050
V. ISAMSAEURE 55-0305
V. CYCLOPROPYLCARBINYLDERIV. 56-0124
V. 1.1-BIS-N-ACETALEN 55-0328
V. CYCL. ALPHA-ACYL-DELTA-LACTONEN 56-0313
V. ALPHA-AMINOMETHYLEN-LACTONEN 56-0314
V. ARYL-ALKYL-KETONEN 58-0411
MIT PHENYLBUTANONEN 58-0412
WILLGERODT-KINDLER- V. PHENYLBUTANONEN 59-0164
BEI D. RK. V. BUTINSAEUREESTERN MIT AMINEN 61-0179
ENOLISIER. V. 2-ACYL-CYCLOPENTAN-1.3-DIONEN 60-0244
V. CIS-BICYCLO(6.1.0)NONATRIEN-(2.4.6)-MOLYBDAENTRICARBONYL 53-0006
CYCLOPROPYL-ALLYL-UMLAGER. 60-0290
CYCLOPROPYL-ALLYL-UMLAGER. 60-0291
V. POLYACETYLENEN 54-0046
V. DIARYLDODECENEN 54-0237
V. TETRACYCLO(4.3.0.0(2,4).0(3,7))-NONEN-(8) 56-0308
CIS-TRANS-ISOMERISIER. V. CYCLODODECATRIENEN 58-0251
V. GEKREUZT-KONJUGIERTEN METHYLENCYCLOHEXADIENEN 59-0475
V. BREXAN 60-0293
COPE- V. TRANS-3-METHYL-3-PHENYL-HEPTADIEN-(1.5) 61-0129
V. ENDSTAEND. OLEFINEN 61-0140
ALLYL- V. KONJUGIERTEN DIENEN 61-0544
HYDRIDVERSCHIEB. IN BICYCLEN 54-0274
V. CYCLOHEXADIEN-HEXATRIEN-SYST. 55-0024
V. CYCLOHEXADIEN-VERB. 55-0102
V. CYCL. HOMOALLYLVERB. 56-0125
V. AROMAT. KW-STOFFEN 56-0342
V. 1-AETHINYL-CYCLOHEXEN-DERIV. 59-0238
V. 2.2'-BIS-(PHENYLAETHINYL)-BIPHENYL 60-0159
V. BICYCLONONATRIENEN 61-0318
V. 1H-AZEPINEN 54-0234
V. SAFROL ZU ISOSAFROL 54-0301
V. DIHYDROISOCHINOLINEN 55-0282
V. 5-ARYLISOXAZOLEN 56-0138
V. 5-ARYLISOXAZOLEN 56-0139
V. PYRROLENINEN 56-0333
V. 5H-1.2-DIAZEPINEN 56-0410
V. EPOXID-VERB. MIT BEWEGL. H-ATOMEN 57-0246
V. EPOXYCYCLOALKENEN 57-0352
V. NAPHTHALIN-ENDOXIDEN 58-0138
PLANCHER-, V. PYRROLENINEN 59-0315
ISOMERISIER. V. AZIRIDINOSULFINYLCHLORIDEN 60-0303
V. ANELLIERTEN CARBAZOLEN 61-0364
V. POLYFLUORCYCLOOLEFINEN 53-0085
DIAZOAMINO-UMLAGER. 53-0051
CIS-TRANS-ISOMERISIER. V. AZOBENZOLEN 54-0114
V. HYDRAZOVERB. 55-0108
CLAISEN-, V. ENAMINEN 56-0230
V. NITROSOALKANEN (KINETIK) 57-0115
V. CYCLOHEPTATRIENEN 58-0136
V. PYRIMIDINEN 58-0406
V. 32-HYDROXY-LANOSTANEN 55-0387
D. LATIFOLIN-GERUESTES 56-0277
PINAKOLIN-UMLAGER. 58-0185
V. ALKYLPHENOLEN 58-0220
V. 2-PHENYL-BORNEOL 58-0465
V. TRIMETHOXYTRIAZIN 59-0144
CLAISEN-, V. ALPHA.ALPHA'-BIS-(ARYLOXY)-ISOBUTENEN 59-0255
V. AETHOXYDIENEN 60-0150
CLAISEN-UMLAGER., 5. MITT. 61-0232
V. 1.4-DIARYLOXY-TRANS-2-BUTENEN 61-0233
PINAKOLIN- V. PROPANDIOLEN-(2.3) 61-0247
BEI D. RK. V. FLAVANOL-(3)-DERIV. 61-0415
V. O-METHYL-DIARYLSULFONEN 56-0025
CLAISEN- V. ALLYLPHENYLSELINID 57-0264
SMILES- V. DIARYLSULFONEN 57-0306
SMILES- V. DIPHENYLSULFIDEN 57-0345
V. THIOHYDANTOINEN 54-0306
V. ISOCYANATEN ZU CARBODIIMIDEN 57-0216
V. BETA-KETOSULFONEN 53-0060
BECKMANN-UMLAGER. V. OXIMEN 53-0075
V. TRICYCLO(4.3.2.0(1,6))UNDECEN-(10)-ON-(2) 53-0115
V. 2-METHYL-(2-(14)C)BUTANON-(3) 54-0188
V. KETONEN 54-0195
V. 10-AETHYL-2-KETO-DELTA(1(9).3(4))-HEXAHYDRO-NAPHTHALIN 54-0251
V. ALPHA.BETA-UNGESAETT. CARBONYLVERB. 55-0072
V. BETA-ACETYLENKETONEN 55-0073
V. PULEGONEPOXIDEN 55-0173
BAEYER-VILLIGER-RK. V. 2-ACETYL-BIPHENYLENEN 55-0202
V. UNGESAETT. CYCL. KETONEN 56-0158
V. FLUORENYLKETONEN 56-0299
ISOMERISIER. V. ALPHA-KETOLEN 57-0082
V. 2-BROM-CYCLOBUTANON NACH FAVORSKI 57-0111
V. ENAMIN-KETONEN 57-0112
V. HEXAMETHYLACETON 57-0140
V. PULEGONOXID 57-0202
V. 3-ACETYL-1-PYRAZOLINEN 57-0286
V. ALLENKETOALKOHOLEN 57-0303
V. TOCOCHINONEN 58-0505

DIENON-PHENOL- (MECHANISMUS) 59-0145
V. TROPON- ZU BENZOL-DERIV. 59-0150
EINES BICYCLO-NONADIENDIONS 60-0089
V. ALPHA-KETOLEN (GLEICHGEW.) 60-0101
V. DICHLORMETHYLKETONEN 60-0190
V. GEHINDERTEN AROMAT. KETONEN 61-0299
V. 5-ARYL-BICYCLO(2.2.1)HEPTENONEN 61-0322
V. BICYCLOHEPTENONEN 61-0323
WILLGERODT-KINDLER-RK. 58-0413
V. O-ARYL-OXIMEN 54-0287
V. XANTHONOXIMEN 57-0350
V. PERFLUOR-N-METHYLEN-ISOPROPYLAMIN 60-0144
V. O-ARYL-OXIMEN 60-0211
BECKMAN V. ALPHA-DIFLUORAMINO-FLUORIMINEN 60-0218
V. QUART. MORPHIN-DERIV. 55-0342
V. PYRIDINIUM-DICYANMETHYLID 57-0276
V. 2.4.6-KOLLIDIN-N-OXID 60-0382
V. N.N.N-TRIMETHYL-ALPHA-PHENYL-NEOPENTYLAMMO + NIUMCHLORID 61-0133
V. PHENACYLMALODINITRIL 57-0254
V. DELTA-ENOLLACTONEN 53-0114
V. N-(BETA-HYDROXYPROPIONYL)-2-METHYL-3.6-DIOXOMORPHOLIN 53-0177
V. 5ALPHA-HYDROXYSTEROIDEN 53-0224
V. O-ACETYLSALICYLAMID 54-0117
ALLYL-UMLAGER. V. DICHLOR-BUTENSAEUREN 54-0157
V. AETHERCARBONSAEUREESTERN 54-0166
V. ANTI-2-HYDROXY-BENZO-(3.4)-BICYCLO-(3.2.0)-HEPTENACETAT 54-0278
V. BENZOESAEUREALLYLESTERN 55-0016
V. CHLORPHENYL-SUCCINATEN 55-0156
EINES DIHYDROINDOLS 55-0231
V. 1.4-BENZDIAZEPINONEN ZU ISOINDOLEN 55-0320
V. SAEURE-(ARYLHYDRAZON)-AZIDEN 56-0214
V. ALPHA-ACYL-THIOL-LACTONEN 56-0315
V. 4-FORMYL-ANTIPYRIN 56-0347
V. ACETYLIMINOPHENACYLTHIAZOLIDIN 56-0352
EPIMERISIER. V. 2-HYDROXYGIBBANLACTONEN-(1-4A) 57-0419
ISOMERISIER. V. K-PHTHALATEN 58-0148
ACYL-LACTON- 58-0392
V. 5-ALKYL-THIOLEN-2-ONEN 60-0142
V. ACYLLACTONEN 60-0307
EINES ALLENAMIDS (MECHANISMUS) 60-0326
V. CIS-PERCHLOR-PENTADIEN-(1.3)-AL-(5) 61-0130
V. 1.2-DIAZETIDINONEN 61-0340
V. 6-ARYL-8-AZAPHTHALAZINDIONEN-(1.4) 61-0441
V. ISODIGITOXIGENIN 61-0534
IN CYSTEIN-PEPTIDEN 61-0553
V. P-TOLUOLSULFINSAEURE-PROPARGYLESTER 54-0194
V. 4.5-DICHLOR-NAPHTHALIN-1-SULFONSAEURE 54-0255
V. BICYCLO(3.2.0)HEPT(EN)YL-(2)-TOSYLATEN 55-0093
V. TOLUOLSULFONSAEUREN (KINETIK) 56-0137
V. PHENYLSULFAMSAEURE 56-0141
V. METHANSULFENSAEUREESTERN 57-0134
V. ORTHANILSAEURE 60-0147
V. SULFONYLCARBENEN 61-0131
V. BICYCLOOCTENYL-TOSYLATEN BEI D. RED. 61-0311
BEI SULFEN-ENAMIN-ADDIT. 55-0120
V. ORGAN. ANIONEN 58-0140
V. HYDROPEROXID-RADIKALEN 59-0147
ANOMERISIER. V. GLUCOPYRANOSIDEN 54-0115
O-N-GLYKOSYLUMLAGER. 54-0383
SOLVOLYT., BEI KOHLENHYDRAT-DERIV. 55-0329
V. PENTOSEN 60-0420
V. HIBAEN ZU KAUREN 55-0356
THERM. UMLAGER. V. CARYOPHYLLENEN 55-0368
V. THUJOPSEN-DERIV. 57-0114
V. MONOTERPENEN (KINETIK) 61-0117
V. 16.17-EPOXY-20-OXOPREGNANEN 53-0216
PINAKOLINUMLAGER. V. STEROIDEN 53-0217
AM C-20-OH V. SAPOGENINEN 54-0423
V. ANDROSTENDIOL 54-0432
V. ISOSTEROID-KETONEN 54-0442
V. 6BETA-BROM-4BETA.5-EPOXY-5BETA-CHOLESTAN-3BETA-OL 54-0450
PHOTOINDUZIERTE UMLAGER. V. STEROIDNITRITEN 56-0156
V. 4ALPHA.5-EPOXY-CHOLESTANEN 56-0465
V. 3-AMINO-DELTA(5)-STEROIDEN 59-0480
V. (-)-KAURENOLEN 55-0348
V. DESMOTROPOSANTONINEN 55-0373
UNGESAETTIGTE VERBINDUNGEN
KONJUGIERTE, ELEKTRONENSTRUKTUR 58-0078
HALOGENARYLIER. MIT DIAZOVERB. 58-0236
NITRIER. 61-0392
RK. MIT DIAZOFLUOREN 58-0280
CYCLOADDIT. V. NITRONESTERN 60-0342
UNKRAUTBEKAEMPFUNG
PHYTOTOX. VERB. AUS FUSARIUM EQUISETI 54-0455
HERBICIDE 56-0208
HERBIZIDE HYDROXYLAMINDERIV. 54-0205
URANVERBINDUNGEN
ALKOXY-U-BROMIDE, DARST. 60-0027
(AS(C6H5)4)2(UO2(N3)4) , DARST. 60-0001
UO2(NO3)2, RK. MIT NAN3 60-0001
UREIDE
V. ARYLOXYCARBONSAEUREN, DARST. 56-0224
URETHANE (CARBAMINSAEUREESTER)
KINETIK D. BLDG. 54-0109
1.6-BIS-(ALKOXYCARBONYLAMINO)-HEXANE, DARST. 56-0189
N-ARYLOXYACETYLCARBAMATE, DARST. 56-0225
HEXAMETHYLENDI-, DARST. 59-0193
CARBAZINSAEUREESTER, DARST. 59-0221
V. BORANEN U. BORATEN, DARST. 60-0200
N-QUART., DARST. 60-0220
N-ALPHA-CHLORALKYLIDEN-, DARST. 61-0211
PHENYLCARBAMATE, CYTOAKTIVITAET 57-0156
2-BROMMETHYL-PENTYLCARBAMATE, DARST. (NARKOTICA) 59-0383
NITROPHENYL-, UV-SPEKTREN 55-0028
ROTAT.-BARRIEREN BEI CARBAMATEN 55-0061
MASSENSPEKTREN 58-0061
N.N-DIAETHYLCARBAMINSAEUREESTER, HYDROLYSE 58-0121
URONSAEUREN
ALDOBIOURONSAEUREN,BLDG. 58-0518
GASCHROMATOGRAPH. VERH. 60-0515

V

VALENZ
IN METHYLDERIV. V. AROMAT. KW-STOFFEN 54-0038
VALENZZUSTAND V. ARENONIUMIONEN 55-0056
BIND.-SYST. V. N-SULFONYL-SULFIDIMINEN 60-0076
BIND.-DISSOZIAT.-ENERGIEN V. (CH3)3SI-VERB. 61-0086
IN BIS-(TRIMETHYL-SILYL)-SILYL-AMIN 57-0002
ART D. P-O-BIND. 60-0042
V. ALIPHAT. DICARBONSAEUREN 54-0075
H-BIND. IN HYDROXYMETHYL-CHINOLINEN 55-0029
INTRAMOL. H-BIND. BEI FLUORALKOHOLEN 55-0032
INTRAMOL. H-BIND. BEI PRIM. ALKOHOLEN 57-0022
H-BIND. V. PHOSPHONIUMHALOGENIDEN 56-0236
H-BIND. BEI O-HYDROXYPHENONEN 61-0090
H-BIND. IN SPARTEIN-N-OXID 56-0082
INTRAMOL. H-BIND. IN PHENYLGLYOXYLSAEUREN 54-0060
U. MOL.-ASSOZIAT. (SUBSTITUENTENEFFEKTE) 57-0081
H-BRUECKEN IM SYST. P-KRESOL-ACETON 58-0054
H-BIND. V. DILEUCIN-HYDROCHLORID 54-0047
H-BRUECKEN IN K-H-CARBOXYLATEN 54-0072
VALERIANACEEN-OELE
* S. UNTER OELE, AETHERISCHE
VANADINVERBINDUNGEN
PYRIDIN-VO(2+)-PORPHYRINE, BLDG.-KONST. 59-0015
(AS(C6H5)4)2(VO(N3)4) , DARST. 60-0001
-AL2O3-KATALYSE D. OLEFINUMWANDL. 58-0151
VOCL2, RK. MIT NAN3 60-0001
VCL(1,5) F(1,5),DARST. AUS NF3 U. VCL3 61-0016
VCL3, RK. MIT DICHLORPHOSPHORYL-TRIPHENYLPHOSPHONIUM-CHLORID 56-0026
VOF3, BLDG. 61-0016
VF3, DARST. AUS NF3 U. VCL3 61-0016
VF5, DARST. AUS NF3 U. VCL3 61-0016
V2O5, EINFL. AUF D. SUBMIKRO-BEST. V. C-METHYLGRUPPEN 58-0546
VASELINE
STOER. D. NMR-SPEKTREN V. POLYMEREN 56-0492
VERBRENNUNG (U. FLAMMEN)
V. H2-LUFT (EINFL. V. METHYLHALOGENIDEN) 58-0008
V. N-PENTAN IN O2 58-0090
V. AE.-LUFT-GEMISCHEN 60-0156
VERDAMPFUNGSWAERME (U. -ENERGIE)
V. ALKYL- U. DIALKYLAMINHYDROCHLORIDEN 55-0069
VERDAZYLE
* S. UNTER RADIKALE
VERDRAENGUNGSREAKTIONEN
* S. UNTER SUBSTITUTIONSREAKTIONEN
VERTEILUNG (ZWISCHEN VERSCHIEDENEN PHASEN)
CRAIG-VERTEIL. V. ORGAN. BASEN 55-0091
VILSMEIER-(HAACK)-REAKTION
* S. UNTER KONDENSATIONSREAKTIONEN
VINYLIERUNG
* S. UNTER ALKYLIERUNG
VIREN (UND VIRUSKRANKHEITEN)
ZUCKER MIT ANTIVIRUS-WRKG. 59-0410
VISKOSITAET
V. METHYLPYRROLIDON-W. GEMISCHEN 61-0087
V. ESSIGSAEURE-W.-GEMISCHEN 54-0079
V. 2-VINYL-PYRIDIN-POLYMERISATEN 56-0494
VITAMINE
VITAMIN E, STEREOSPEZIF. RK. 58-0504
VERB. D. VITAMIN-A-REIHE, DARST. 59-0245
VITAMIN-A-SILYLAETHER, TRENN. 60-0086
MENACHINONE, SAURE ISOMERISIER. 57-0278
COBALAMIN, METALL-LIGAND-WECHSELWRKG. 59-0034
GALENIK D. VITAMINE 59-0354

W

WACHSE
KW-STOFF-ZUS. 56-0499
AUS SOWJET. TUIMASA-SCHWEROEL 57-0445
WACHSTUM
-AKTIVITAET V. KETONEN, ALKOHOLEN U. LACTONEN 61-0251
-AKTIVITAET V. KETOSAEUREN U. KETOESTERN 61-0250
WASSER
W.-TERT.-BUTANOL-MISCH. 57-0073
RK. MIT ELEKTRONEN 61-0015
RK. MIT AKT. N 56-0117

RK. MIT P2O3F4 60-0014
WASSERSTOFF
BLDG. AUS W. U. SOLVATISIERTEN ELEKTRONEN 61-0015
BEST. D. DESORPT.-SPEKTRUMS 58-0006
RK. V. H-ATOMEN MIT CH3CHO 59-0111
RK. MIT CARBONIUMIONEN 61-0097
DEUTERIER. V. N-HETEROCYCLEN 58-0384
H-D-AUSTAUSCH V. PORPHYRINEN 59-0448
H-D-AUSTAUSCH U. H-T-AUSTAUSCH IN TRIPHENYLMETHANEN
00504-R06820 59-0136
H-D-AUSTAUSCH IN KW-STOFFEN 59-0167
H-D-AUSTAUSCH V. ORGAN. VERB. 56-0159
H-D-AUSTAUSCH IN OLEFINEN 58-0108
H-D-AUSTAUSCH IN POLYAZAINDENEN 59-0377
H-D-AUSTAUSCH V. PHENOLAETHERN 56-0131
H-D-AUSTAUSCH V. PHENOLEN 60-0128
H-D-AUSTAUSCH V. PHENOLEN 60-0129
H-D-AUSTAUSCH IN CHLORPYRIDIN-N-OXIDEN 53-0046
H-D-AUSTAUSCH IN ANILINIUMSALZEN 54-0105
H-D-AUSTAUSCH V. PYRIDINMETHOJODIDEN 54-0124
D-AUSTAUSCH V. (ALPHA.ALPHA-D2)-PHENYLSULFOXY-
ESSIGSAEURE 56-0045
H-T-AUSTAUSCH V. HYDRAZONEN U. SEMICARBAZIDEN 59-0102
WASSERSTOFF(BRUECKEN)BINDUNG
* S. UNTER VALENZ
WASSERSTOFFPEROXID
SYST. H2O2-ACETON, PHOTOLYSE 57-0123
RK. MIT NI(+), CD(+) U. CO(+) 56-0007
WEIZEN
FUNGIZIDE GEGEN PUCCINIA GRAMINIS AUF WEIZEN 53-0081
WIRKSTOFFE
ARTHROPODENABWEHRSTOFFE 58-0538
ARTHROPODEN-ABWEHRSTOFFE 58-0541
WISMUTVERBINDUNGEN
PENTAPHENYLWISMUT, RK. 60-0263
P-PHENYLEN-BIS-DIPHENYLBISMUTIN , IR U. UV 59-0002
WOFATIT KPS
* S. UNTER PLASTE
WOLFRAMVERBINDUNGEN
SUBSTITUIERTE BENZOESAEURE-METHYLESTER-W-TRICARBONYLE
56-0021
KOMPLEXE V. W MIT CYCLITEN 58-0005
(C2H5P)5W(CO)4, STRUKTUR 61-0007
PI-C5H5W(CO)3CH2COR (R NH2,OH,OCH3), DARST., RK.,
STRUKTUR 59-0001
W(CO)5C(OCH3)C6H5(BZW. CH3), DARST. 60-0028
KOMPLEXON I-W(VI)-CHELAT (STABILITAETSKONST.) 60-0009
W(CO)6 ALS KATALYSATOR 57-0216
W-AL2O3-KATALYSE D. OLEFINUMWANDL. 58-0151
W(CO)6, RK. MIT M-TOLUOYLSAEURE-METHYLESTERN 56-0021
WCL6, EINFL. AUF D. UMLAGER. V. OLEFINEN 61-0132
WF6, DARST. AUS NF3 U. W 61-0016
WUERMER
BLUTEGEL, VORK. V. ACETOKINASE 60-0507

X

XANTHOGENSAEUREN
SALZE V. CYCL., NMR 61-0048

Y

YLIDE (U. YLENE)
* S. AUCH PHOSPHORANE
STICKSTOFFYLIDE, DARST., RK. 55-0001
AMMONIO-AZO-DICYAN-METHYLIDE, DARST. 54-0170
SULFONIUM-CARBALKOXY-METHYLIDE, DARST. 54-0189
SULFONIUM-, DARST. 59-0265
PHOSPHIT-YLIDE, DARST. U. RK. 61-0330
- BLDG. U. EINFL. V. NA-TERT.-AMYLAT BEI D. WITTIG-RK.
60-0169
STEREOCHEMIE D. WITTIG-RK. 59-0258
PHOTOUMLAGER. EINES YLIDS (ISAMSAEURE) 55-0305
BETA-KETOSULFONIUM-, ZERS. 58-0258
RK. MIT HETEROAROMAT. AZOVERB. 61-0421
CARBONYL-, CYCLOADDIT. 60-0353
PHOSPHOR-, RK. MIT SULFENEN 58-0240
SULFONIUM-, RK. 59-0214
YTTRIUMVERBINDUNGEN
NMR D. KOMPLEXES MIT 4.4'-DI-N-BUTYL-2.2'-DIPYRIDYL
54-0001

Z

ZELLEN
BR(-)-AUFNAHME V. PFLANZENZELLEN 59-0509
ANTIMITOT. WRKG. V. THIADIAZOLEN 56-0356
ZERSETZUNG, THERMISCHE
* S. UNTER DISSOZIATIONSREAKTIONEN
ZINK
RK. V. MIT AG-AKTIVIERTEM ZN 58-0159
RED. MIT DURCH AG AKTIVIERTEM ZN 58-0416
ALS SULFURIER.-KATALYSATOR 56-0149
RK. MIT OLEFINEN U. METHYLENCHLORID 61-0242
RK. MIT METHYL-CHLORMETHYLAETHER 57-0008
CU-ZN, RK. MIT JODALKYLBENZOAT 57-0242
ZINKVERBINDUNGEN
RK. V. ALPHA-CHLORIERTEN AETHERN IN GGW. V. 61-0278
PY.-ZN-PORPHYRINE, BLDG.-KONST. 59-0015
ZN(2.9-DIMETHYL-1.10-PHENANTHROLIN)CL2, KRIST.-
STRUKTUR 61-0010
ZNCL(OCH3), DARST. 57-0008
DARST. V. ZN-BENZYL-MERCAPTID 58-0159
ZN(SCH2CH(NH2)COOCH3)2, HYDROLYSE 61-0014
N.N-DIAETHYLAMINO-CARBONYLMETHYLZINKBROMID 54-0163
BIS-(ALPHA-PHENYLAETHYL)-ZN, RK. 59-0021
ALPHA-CARBOXY-ALKYL-ZN-BROMIDE, DARST. 60-0192
DIMETHOXYBENZYL-ZNBR, RK. MIT HEXANAL 61-0407
BENZOYLOXYMETHYLZINK-VERB., RK. MIT OLEFINEN 57-0242
THERM. ZERS. V. ZINEB, ZIRAM U. ZN-TRITHIOCARBONATEN
54-0168
(P(C6H5)4)2(ZN(N3)4) , DARST. 60-0001
DARST. V. ZN-N-CYANALKYL- U. N-CARBOXYALKYL-
DITHIOCARBAMATEN 55-0132
ZN-OXALESSIGSAEUREESTER-BROMID 58-0198
KOMPLEXON I-ZN-CHELAT (STABILITAETSKONST.) 60-0009
KOMPLEXBLDG. MIT SPIROPYRANEN 57-0014
REAKTIVITAET MIT ALDEHYDEN, KETONEN U. ESTERN 55-0005
ZN-DIALLYL, RK. MIT CARBONYLVERB. 57-0131
ZN-DIALKYLE, RK. MIT PENTIN-(4)-SAEURECHLORID 60-0182
ZINKVERBINDUNGEN (ANORGANISCHE)
ZNBR2, EINFL. AUF RK. 55-0005
ZNBR2, EINFL. AUF D. RK. V. OLEFIN MIT ZN-ORGANYLEN
57-0242
ZNCL2, RK. MIT 2.9-DIMETHYL-1.10-PHENANTHROLIN
61-0010
ZNCL2, EINFL. AUF D. RK. V. OLEFIN MIT ZN-ORGANYLEN
57-0242
ZNCL2, EINFL. AUF RK. MIT ORGANO-SI-VERB. 58-0215
ZNCL2, EINFL. AUF D. RK. V. TRIALKYLSILANEN 60-0203
ZNJ2, EINFL. AUF D. RK. V. OLEFIN MIT ZN-ORGANYLEN
57-0242
ZNO, FLIESSEIG. 60-0511
ZN(CLO4)2, RK. MIT CYCL. SULFOXIDEN 61-0003
ZNSO4 MIT 7 H2O, RK. MIT NAN3 60-0001
ZINN
ALS SULFURIER.-KATALYSATOR 56-0149
RK. MIT JOD-FLUOR-BENZOLEN 59-0024
ZINNVERBINDUNGEN
STANNYLPHENYL-ACETYLENE, SYNTH. 61-0225
ORGANOZINNVERB., RK. 55-0011
HYDROSTANNIER. V. KONJUGIERTEN DIENEN 59-0012
TRICHLORO-ZINNAZID-TRIMETHYLSILYLAZID-ADDUKT 55-0010
DARST. V. ORGANOZINNVERB. 53-0003
DARST., RK. V. ORGANOZINNVERB. 53-0004
C-C-EINSCHIEB. BEI SN-N-BIND. 54-0010
TRIMETHYLSTANNYL-VERB., DARST. 55-0009
STANNYL-PHOSPHINIMINE, DARST. 56-0013
CYCLOPROPAN-SN-VERB., SUBSTITUT. 56-0247
3.3-DIMETHYL-3-BENZOSTANNEPIN, RK. MIT C6H5BCL2
56-0411
TRIMETHYLZINN-MANGANPENTACARBONYL, STRUKTUR 58-0003
SN(C6F5)4, BIS-(OCTAFLUOR-BIPHENYLEN)-STANNAN, DARST.
59-0024
TRIMETHYL-(SUBST. PROPENYLOXY)-STANNAN, DARST.
59-0025
(C4H9)3SNOPOF2, DARST. 60-0014
STANNANE, RK. MIT ALPHA,BETA-UNGESAETT. KETONEN
60-0024
RK. V. HEXAMETHYLDISTANNAZAN 60-0025
ORGANOZINNVERB. V. MALEINSAEURE, DARST. 61-0022
RK. V. ORGANOZINNVERB. 54-0009
TRIBUTYLZINNMETHYLAT BZW. -PHENOLAT, RK. 58-0020
DITHIOCARBAMATO-SN-VERB., EINFL. V. BZL. 61-0006
RK. V. TRIBUTYL-SN-OXIDEN 61-0020
RK. V. DIBUTYL-SN(IV)-VERB. 61-0021
(AS(C6H5)4)2(SN(N3)6) , DARST. 60-0001
SN(OCOCF3)4 , DARST. 59-0023
SN-MALEINATE, DARST. 61-0022
ORGANO-SN-VERB., SPALT. DURCH ALKYLHALOGENIDE 57-0147
ENOXY-TRIBUTYLSTANNANE, RK. MIT SILANEN 54-0172
ZINNVERBINDUNGEN (ANORGANISCHE)
(CL2SN(N3)2)N, DARST. 55-0010
(CL2SN(N3)2)N, DARST. 55-0010
SNCL2, KATALYT. WRKG. BEI D. SULFURIER. 55-0197
SNCL2, RK. MIT (PI-C5H5NIP(C6H5)3)CL 59-0036
SNCL4, RK. MIT TRIMETHYLSILYLAZID 55-0010
SNCL4,RK. MIT ORGANOZINNVERB. 53-0004
SNCL4, RK. MIT HG(OCOCF3)2 59-0023
SNCL4, EINFL. AUF ACETYLIER. 57-0097
ZIRKONIUMVERBINDUNGEN
C-C-EINSCHIEB. BEI ZR-N-BIND. 54-0010
ZRCL4-(C6H5)3PO, DARST., STRUKTUR 56-0026
ZR(OCOCF3)4 , DARST. 59-0023
ZRCL4, RK. MIT ((C6H5)3PP(CL)2O)CL 56-0026
ZRCL4, RK. MIT TRIFLUORESSIGSAEURE 59-0023
ZIRKULARDICHROISMUS
* S. UNTER ROTATION, OPTISCHE
ZUCKERROHR
ISOLIER. V. TRITERPENMETHYLAETHERN 55-0363
ZWIEBELN
BIOSYNTH. V. CYCLOALLIIN 61-0569
ZWISCHENMOLEKULARE KRAEFTE
ASSOZIATIONSVERH. V. GLYCERIDEN 60-0099
MOL.-ASSOZIAT. IN ESSIGSAEURE-W.-MISCH. 54-0079
ASSOZIAT. UEBER INTERMOL. H-BRUECKEN 57-0081
ASSOZIAT. V. THIAZOLEN 59-0100
AUTASSOZIAT. V. CYCLOHEXYLAMIN 57-0080
ASSOZIAT. V. FLUORALKOHOLEN 55-0031
ASSOZIAT. V. 4-HYDROXYPYRIMIDINEN 59-0056

AUTASSOZIAT. V. OXIMEN 58-0074
ASSOZIAT. V. BETA-NAPHTHOLORANGE 56-0098
AUTASSOZIAT. V. PHENYL-BORONSAEURE-DIBENZYLESTER 58-0095

ZYTOSTATIKA
* S. UNTER TUMOREN

FSC
www.fsc.org
MIX
Papier | Fördert gute Waldnutzung
FSC® C083411

Zeitfracht Medien GmbH
Ferdinand-Jühlke-Straße 7
99095 Erfurt, Deutschland
produktsicherheit@kolibri360.de